■ 2016年6月，国务院南水北调办主任鄂竟平带队对南水北调中线一期工程邢台—卫辉段工程输水运行和防汛工作进行检查。（国务院南水北调办监督司 供稿）

■ 2016年4月，国务院南水北调办主任鄂竟平在郧阳区青山镇周家河村了解贫困户生产生活情况。（谭 文 摄）

■ 2016年3月，中央纪委派驻纪检组组长田野考察南水北调中线一期工程邓州管理处运行管理情况。
（中线建管局　供稿）

■ 2016年8月，国务院南水北调办防汛指挥部总指挥、副主任张野查看南水北调中线一期工程峪河暗渠抢险加固工程。
（温端湖　摄）

■ 2016年7月，国务院南水北调办副主任蒋旭光带队检查南水北调中线一期工程河南、河北段防汛抢险工作。
（国务院南水北调办监督司　供稿）

■ 2016年5月，国务院南水北调建委会专家委员会主任陈厚群院士出席调水工程建设与运行管理交流会并作学术报告。
（国务院南水北调办政研中心　供稿）

2016年8月，北京市领导夏占义带队现场踏勘，推进南水北调配套工程大兴支线前期工作。
（北京市南水北调办 供稿）

2016年10月11日，山东省省委副书记龚正视察南水北调工程。 （李新强 摄）

■ 2016年10月，河南省省长陈润儿调研南水北调中线一期工程穿黄工程。　　（余培松　摄）

■ 2016年1月，2016年南水北调工作会议在北京市召开。
（国务院南水北调办综合司　供稿）

2016年5月，调水工程建设与运行管理交流会在北京市召开。

（国务院南水北调办政研中心　供稿）

2016年6月，国务院南水北调办举办党支部书记“两学一做”学习教育专题培训班。

（国务院南水北调办直属机关党委　供稿）

■ 2016年7月，国外调水工程运行管理学术报告会在北京市召开。

（国务院南水北调办政研中心　供稿）

■ 2016年3月，南水北调中线干线工程首次开展突发水污染应急演练。

（余培松　摄）

■ 2016年4月，南水北调工程运行管理举报公告牌揭牌现场。（中线建管局 供稿）

■ 2016年8月，国务院南水北调办组织党员干部到北京市西城区人民检察院预防职务犯罪警示教育基地学习参观，接受警示教育。（国务院南水北调办直属机关党委 供稿）

■ 2016年4月，国务院南水北调办在郑州市组织召开南水北调中线工程规范运行管理现场会。

（国务院南水北调办建管司　供稿）

■ 2016年2月，北京市南水北调配套工程建设先进评选表彰工作电视电话会召开。

（北京市南水北调办　供稿）

■ 2016年9月，"同饮一江水"南水北调中线工程水源地豫鄂陕三省群众代表到北京市考察。
（北京市南水北调办　供稿）

■ 2016年12月，北京市召开"江水进京两周年"新闻发布会。（北京市南水北调办　供稿）

■ 2016年7月，南水北调中线一期工程抗洪抢险取得胜利。（中线建管局　供稿）

■ 2016年12月，国务院南水北调办直属机关团委、机关工会共同组织举行第三届“通水杯”拔河比赛。

（国务院南水北调办直属机关党委　供稿）

■ 2016年8月，山东省南水北调建管局组织举办南水北调技能大赛。（李新强　摄）

■ 2016年8月，南水北调东线一期工程泗洪泵站工程。（东线总公司　供稿）

■ 2016年12月，南水北调东线一期工程万年闸泵站调水运行。（李新强　摄）

■ 2016年4月，南水北调东线一期工程泗阳站工程。（东线总公司　供稿）

■ 2016年6月，南水北调东线一期工程大屯水库入库泵站机组。 （李新强　摄）

■ 2016年6月，南水北调东线一期工程长沟泵站水泵机组。 （李新强　摄）

2016年6月，南水北调东线一期工程东湖水库。（李新强　摄）

2016年4月，南水北调中线一期工程终点团城湖明渠。（北京市南水北调办　供稿）

■ 2016年4月，南水北调中线一期工程南阳市段生态带建设。

（余培松　摄）

■ 2016年3月，南水北调中线一期工程汉江中下游治理工程兴隆水利枢纽电站。

（湖北省南水北调办　供稿）

■ 2016年9月，南水北调中线一期工程丹江口大坝晚霞。（班静东　摄）

■ 2016年6月，南水北调中线一期工程陶岔渠首工程。（中线建管局　供稿）

■ 2016年9月，南水北调中线一期工程正定段渠道。（中线建管局 供稿）

■ 2016年9月，南水北调中线一期工程穿黄工程。（中线建管局 供稿）

■ 2016年6月，南水北调中线一期工程湍河渡槽。（中线建管局 供稿）

■ 2016年5月，湖北省郧阳区挖断岗移民村生产发展新面貌。（谭 文 摄）

CHINA SOUTH-TO-NORTH WATER DIVERSION PROJECT CONSTRUCTION YEARBOOK

中国南水北调工程建设年鉴

2017

《中国南水北调工程建设年鉴》编纂委员会

中国电力出版社
CHINA ELECTRIC POWER PRESS

图书在版编目(CIP)数据

中国南水北调工程建设年鉴．2017/《中国南水北调工程建设年鉴》编纂委员会编．—北京：中国电力出版社，2017.12
ISBN 978-7-5198-1144-0

Ⅰ．①中… Ⅱ．①中… Ⅲ．①南水北调－水利工程－中国－2017－年鉴 Ⅳ．①TV68－54

中国版本图书馆 CIP 数据核字（2017）第 224809 号

出版发行：中国电力出版社
地　　址：北京市东城区北京站西街 19 号（邮政编码 100005）
网　　址：http://www.cepp.sgcc.com.cn
责任编辑：姜　萍　安小丹　孙建英
责任校对：黄　蓓　太兴华　李　楠
装帧设计：张俊霞　赵姗姗
责任印制：蔺义舟

印　　刷：北京盛通印刷股份有限公司
版　　次：2017 年 12 月第一版
印　　次：2017 年 12 月北京第一次印刷
开　　本：787 毫米×1092 毫米　16 开本
印　　张：37.75
字　　数：913 千字　10 插页
印　　数：0001—2000 册
定　　价：**300.00** 元

《中国南水北调工程建设年鉴》
编纂委员会

《中国南水北调工程建设年鉴》编纂委员会办公室

编　辑　部

编 辑 说 明

一、《中国南水北调工程建设年鉴》是由国务院南水北调工程建设委员会办公室主办的专业年鉴，是逐年集中反映南水北调工程建设、运行管理、治污环保及征地移民等过程中的重要事件、技术资料、统计报表的资料性工具书，自 2005 年起每年编印一卷。

二、《中国南水北调工程建设年鉴 2017》记载 2016 年的重要事件，重点反映工程建设、运行管理、质量安全、征地移民、治污环保和重大技术攻关等方面的工作情况。共设 16 个篇目，包括：全面通水两周年（特辑）、重要会议、重要讲话、重要事件、政策法规、重要文件、考察调研、文章与专访、综合管理、东线工程、中线工程、西线工程、配套工程、队伍建设、统计资料、大事记。另有重要活动剪影和英文目录。

三、本年鉴所载内容实行文责自负。年鉴内容、技术数据及是否涉密等均经撰稿人所在单位把关审定。

四、本年鉴一律使用法定计量单位。技术术语、专业名词、标点符号等使用力求符合规范要求或约定俗成。

五、本年鉴力求内容全面、资料准确、整体规范、文字简练，并注重实用性、可读性和连续性。

《中国南水北调工程建设年鉴》编辑部

2017 年 9 月

篇　　目

目　　录

贰 重要讲话

叁 重要事件

肆 政策法规

伍 重要文件

陆 考察调研

柒 文章与专访

捌 综合管理

玖 东线工程

拾 中线工程

拾壹 西线工程

拾贰 配套工程

拾叁 队伍建设

拾肆 统计资料

拾伍 大事记

特 辑 | 全面通水两周年

南水北调东、中线一期工程分别于 2013 年、2014 年建成通水，如期实现党中央、国务院确定的建设目标。习近平总书记、李克强总理、张高丽副总理分别批示，要求加强运行管理，深化水质保护，强抓节约用水，保障移民发展，使南水北调工程造福人民。

总体效益

供水保障有力

东、中线一期工程通水以后，南水北调受水区覆盖北京、天津2个直辖市，及河北、河南、山东、江苏等省的33个地级市，为受水区开辟了新的水源，改变了供水格局，提高了供水保证率。

东线一期工程通水以来，2016年底累计调入山东省境内水量约11亿m^3，年均增幅近100%，受益人口超过4000万人，大大缓解了山东省水资源短缺矛盾。2016年山东省平原区地下水位较2015年同期上升0.19m。东线工程完善了江苏省原有江水北调工程体系，增强了受水区的供水保障能力，提高了扬州、淮安、徐州等7市50个区县共计4500多万亩农田的灌溉保证率。江苏省通过东线工程向骆马湖补水，为保障苏北地区生产生活、航运和生态环境发挥了重要作用。

中线一期工程通水以来，使得沿线受水区北京、天津、石家庄、郑州、新乡、保定等18座大中城市的供水保障能力得到有效改善。截至2016年12月12日，中线一期工程累计调入干渠水量62.5亿m^3，累计分水量59.8亿m^3，惠及北京、天津、河北、河南四省市近4700万人。其中，北京市分水19.2亿m^3，受益人口1100万人；天津市分水13.4亿m^3，受益人口850万人；河南省分水22.1亿m^3，受水县区36个，受益人口1600万人；河北省分水5.1亿m^3，受水县区37个，受益人口1140万人。截至2016年底，湖北省通过引江济汉工程向下游河道补水54.4亿m^3，889万人从中受益。

（国务院南水北调办综合司）

● 南水北调东线工程泵站

水质大幅改善

南水北调成败在水质，东线一期工程在加强工程建设的同时，大力加强水污染治理和生态环境建设。经过江苏、山东两省地方政府十几年不懈努力，在水利、环保、城建、交通等多部门的协同配合下，提前实现了输水干线水质全部达标的承诺，并稳定达到了地表水Ⅲ类标准，沿线生态环境显著改善。

中线水源区及沿线地区采取了强有力的治污环保措施，中线一期工程通水之后，水质保持稳定。特别是丹江口水库，水质一直保持在Ⅱ类及以上。

在受水区，北京市自来水集团的监测显示，使用南水北调水后自来水硬度由原来的380mg/L降至120～130mg/L。在媒体实地走访时，市民普遍表示自来水水质明显改善，水碱减少、口感变甜。天津市中心城区的两次水质变化给老居民带来了深刻感受：一次是20世纪80年代引滦入津后由又苦又咸的海河水变成滦河水；再一次就是喝上甘甜的长江水。平时喜欢喝茶的人们更能真切体会到饮用水口感的变化。河北省供水逐步切换为南水北调水源，沧州、衡水、邢台、邯郸等即将彻底告别祖祖辈辈饮用苦咸水、高氟水的历史，随着水厂的建成，更多的县市将逐步实现水源切换，预计到2020年将有3000多万人喝上优质的南水北调水。河南省受水区城市不少家庭净水器具下岗，家里养殖对水质要求较高的观赏鱼时也不再使用桶装水，直接使用自来水。

（国务院南水北调办综合司）

南水北调中线工程水质取样

生态效益显现

水是维系经济社会发展和良好生态系统的基础和命脉，建设生态文明、提高生态安全离不开水资源的保障。南水北调工程通过调水和治污工程的实施，在生态文明建设和保障生态安全中发挥了重要作用。

工程全面通水两年来，受水区6省市加快了南水北调水对当地地下水水源的置换，已压减地下水开采量2.78亿m^3。北京市、河南省许昌市城区及山东省平原地区等超采区的地下水位已经开始回升。南水北调工程的生态效益不断显现。

山东省为应对东平湖、南四湖生态危机，通过东线工程向东平湖、南四湖上级湖分别生态调水0.55亿m^3、1.45亿m^3，极大地改善了两湖的生产、生活和生态环境。东线工程累计为济南市小清河补水2.4亿m^3，改善了小清河上游济南市区段水质和生态环境。自2015年2月起，利用南水北调工程向济南市保泉补源0.58亿m^3，让已经“视觉停喷”的泉城济南重现百泉齐涌的美丽景观。东线工程不仅为城市、工业供水，促进了经济、社会发展，而且城市和工业用水可回收重复利用，用于回灌地下水，恢复地下水位，增强地下水循环的可再生性。山东省地下水开采得到有效遏制，局部地区地下水位上升，大部分地区地下水位下降速率减缓。

江苏省通过东线工程向骆马湖补水，运行期间骆马湖水位由21.87 m上升至23.10 m，为保障地区生产生活、航运和生态环境发挥了重要作用。2014年，为保护南四湖下级湖的湖泊生态环境，利用工程进行应急生态补水累计8069万m^3。通过东线水环境治理，提高了区域水环境容量和承载能力，使得工程沿线的城乡水环境极大改善。淮安市获得国家环保模范城市称号，原来以脏乱差闻名的“煤都”徐州，也以碧湖、绿地、清水成为宜人居住的绿色之城。

北京市利用南水北调水每天向城市河湖补水17万～26万m^3，增加水面面积约550hm^2，城市河湖水质明显改善。随着南水北调水进京，多年来超采严重的密云、怀柔、顺义地下水水源地，地下水水位下降趋势被遏制。2016年10月，全市地下水平均埋深25.46 m，同比上升0.53 m。同时，通过工程向密怀顺水源地试验性补水0.84亿m^3，补水区域地下水位明显上升，与2015年同期相比，局地最大升幅达8.08 m。

天津市在通水后加快了滨海新区、环城四区地下水水源转换工作，地下水位累计回升0.17 m。利用南水北调水置换出的引滦水和本地水向河道实施补水，改善了城市环境，有效补充了农业和生态环境用水。随着应急补水变为常态化补水，水系循环范围扩大，促进了水生态环境的改善。

河北省利用南水北调工程先后向滹沱河、七里河生态补水0.7亿m^3，使该区域缺水状况得到有效缓解，河道重现生机。

河南省利用南水北调工程向郑州西流湖和鹤壁淇河进行生态补水。郑州等14座城市地下水水源得到涵养，地下水位得到不同程度的回升。许昌市借助南水北调水实施水源置换，开展生态补水，进行水系连通工程和水生态文明建设，中心城区和郊区浅层地下水位较 2014 年回升约 2.6 m。

湖北省改善了区域生态环境，省内绝迹多年的中华秋沙鸭、黑鹳等国家一级保护动物先后出现在兴隆水域。南水北调工程及渠道两侧的绿化带建设，也成为一道风景线，改善了生态环境，美化了人们的生活。

（国务院南水北调办综合司）

丹江口库区的生态环境

防汛抗旱兼顾

2014 年，山东省利用东线工程向潍坊应急供水 1566 万 m^3。江苏省境内刘山站、解台站、金湖站、淮安三站、淮安四站投入抗旱排涝运行，累计抽水 5.8 亿 m^3，为缓解淮北地区旱情和宝应湖周边排涝发挥了积极作用。2015 年，江苏省境内刘山站、解台站投入淮北地区抗旱运行，抽水 6882 万 m^3，为保障地区生产生活、航运和生态环境发挥了重要作用。宝应站、金湖站投入排涝运行，抽水 1.8 亿 m^3，缓解里下河地区和宝应湖地区的涝情。

2014 年，河南省遭遇 63 年来最严重夏旱，部分城市出现供水困难，特别是平顶山市，主要水源地白龟山水库蓄水减少，已低于死水位 97.5 m，供水水源不足，已严重影响到城市供水安全，百万市区人口面临用水危机。针对严重旱情，中线工程从丹江口水库向平顶山市应急调水 5011 万 m^3，为这座百万人口的城市缓解两个多月的“水荒”。平顶山也因此成为河南段首个受益城市。

引江济汉工程在湖北省防汛抗旱中也发挥了重大作用，累计向长湖、东荆河补水约 5.3 亿 m^3，有效解决东荆河区域灌溉及 80 万人饮水水源问题，并通过多次向沿线河湖补水，满足了 204 万亩农田灌溉用水及水产养殖需求。2016 年 7 月，为应对湖北省强降雨，引江济汉工程开启高石碑出水闸撇洪，撇洪 1 亿 m^3，有效缓解了长湖防汛压力。2016 年“7·19”特大暴雨后，中线工程紧急向河北石家庄、邯郸市区调水，保证了城市的用水紧急需求。南水北调工程还向河北衡水紧急调水 5000 万 m^3，减轻了衡水市的旱情。

（国务院南水北调办综合司）

南水北调中线抗洪抢险

经济效益初显

东、中线一期工程通水后，由于沿线省市增加了水资源的供给，直接给城市及人口供水，并兼顾重点区域的工农业供水。经测算，每年将增加工农业产值近千亿元。而且，南水北调受水区是重要的工业经济发展聚集区、能源基地和粮食主产区，通过调水可以让这些地区破除水资源短缺的瓶颈，更加有利于这些地区发挥区位优势、资源优势，建立富有特色的主导产业，并促进关联产业的发展。

南水北调工程通水以后，一方面，使北京、天津、石家庄、济南等北方大中城市基本摆脱缺水的制约，为经济结构调整包括产业结构、地区结构调整创造机会和空间。另一方面，进一步促进受水区节水工作的开展，在受水区带动发展高效节水行业，淘汰限制高耗水、高污染行业的发展。各地大力推广工农业节水技术，逐步限制、淘汰高耗水、高污染的建设项目，实行区域内用水总量控制，加强用水定额管理，提高用水效率和效益。此外，南水北调工程实行成本核算，促进水价机制改革，通过价格杠杆的作用进一步促进节水型农业、工业、服务业发展。

在建设期间，南水北调工程对水源区和沿线地区加大治污环保力度，投资数百亿元进行水污染治理和生态环境建设，沿线地区在加大水污染治理的同时，加快产业结构调整的步伐，关停并转了数千家污染严重的企业，严格环境准入，积极调整产业结构，培育发展一批新型生态环保产业。

在东线治污之初，山东省内造纸厂有 700 多家，遍布各流域，排污量占了全省排污量的 70%，一家厂就能染黑一条河，治污工作开展以来，通过实行严格的排放标准，对治污不达标的企业坚决关停，投巨资加快清洁生产，700 多家企业最后只剩下 10 家，到 2010 年造纸行业 COD 排放量比 2002 年减少了 62%，而产业规模却是原来的 3.5 倍，利税是原来的 4 倍，实现了经济与环保双赢。

在中线水源区，对矿物采选和冶炼、黄姜皂素生产、汽车电镀等重点水污染行业加大治理力度，坚决关闭治理不达标企业，积极推进工业清洁生产，同时做强做大优势装备制造业，加快发展中药材和绿色食品加工业，积极发展以旅游业为主的服务业。例如，中线渠首所在的淅川县九重镇针对生态建设需要和移民土地减少实际，大力发展施用农药、化肥少，经济效益好的金银花产业，通过建基地示范带动全镇发展金银花面积 1.35 万亩，年综合产值近亿元，成为当地涵养水源、保养水质、快速致富的黄金产业。

南水北调工程之水，既是促进发展之水，又是促进改革之水。全社会正在通过南水北调工程每一滴水的高效节约利用，促使经济结构调整和产业优化升级，为地区经济社会发展注入新的动力。

（国务院南水北调办综合司）

● 南水北调中线工程穿越城市

沿线受益

北京市

一、供水保障

2014年12月27日南水北调江水进京两年以来，截至2016年底北京累计收水19.47亿m^3，其中2015～2016年度接纳来水11.04亿m^3，是规划分配水量10.5亿m^3的105%，提前完成了国家南水北调工程5年达效的要求；南水北调来水供水占北京市城区供水近七成，极大缓解了北京水资源严重短缺的状况；供水水质始终稳定在地表水环境质量标准II类以上，水质优良，有效改善了居民用水条件；全市直接受益人口超过1100万。南水北调江水进京对北京市供水保障作用巨大。

调水平稳，极大缓解了水资源紧缺形势。北京市以“节水优先、空间均衡、系统治理、两手发力”的新时期治水思想为指导，全面贯彻《京津冀协同发展规划纲要》，科学制定用水计划，优先使用外调水，努力把好水用在刀刃上。按照“喝、存、补”的用水原则，19.47亿m^3的进京江水，有13.27亿m^3用于自来水厂供水，2.8亿m^3存入大中型水库，3.4亿m^3用于回补地下水和中心城区河湖环境。南水北调来水已成为城区供水的主力水源，中心城区供水安全系数由1.0提升至1.2，北京市的人均水资源量由100m^3左右增加到约150m^3，地下水下降趋势得到缓解，显著改变了首都的水资源保障格局。

规划科学，成功构建了城区安全供水格局。南水北调配套工程已基本建成沿西四环以及东、南、北五环的一条输水环路，并建设了向城市东部、西部输水的支线工程及密云水库调蓄工程，形成北京市“地表水、地下水、外调水”三水联调、环向输水、放射供水、高效用水的安全保障格局，为中心城及城市副中心、房山、大兴、门头沟等新城打通了新的水源输送通道。未来还将逐步修建第二条输水环路，为中心城区人口、非首都功能疏解到远郊区域提供资源条件。

北京市有郭公庄水厂、第三水厂、第九水厂、田村山净水厂、309水厂、门头沟城子水厂、长辛店水厂等七座水厂接纳南水北调来水，总规模超过300万m^3/天。南水北调来水入京量稳定在日均340万m^3左右，其中水厂取水225万m^3（夏季供水高峰期），占城区日供水量超过七成。供水范围现已基本覆盖中心城区、丰台河西地区及大兴、门头沟等新城，昌平、通州部分地区居民也能喝上南水。此外，通州水厂、第十水厂基本具备供水条件，良乡、黄村两座水厂正在紧张建设中，石景山、亦庄、门城三座水厂即将开工。

存补有序，显著增加了水资源战略储备。南水北调通水以后，主力水厂使用南水北调水置换密云水库水，2016 年密云水库总供水量仅 0.6 亿 m^3，两年累计减少出库水量近 10 亿 m^3，此外通过建成的南水北调来水调入密云水库调蓄工程，共计向十三陵、怀柔、密云等水库输水约 2.8 亿 m^3，其中存入密云水库 2 亿 m^3，加之汛期降雨、上游来水增加等因素，密云水库蓄水量已超过 16 亿 m^3，创 2000 年以来的蓄水新高。不断增加的水库蓄水量，还有利于水生态涵养，为将来下游河道清水长流创造条件。

支撑有力，助推了国家战略计划实施。北京市科学调整南水北调市内配套工程建设项目时序，为保证城市副中心、北京新机场等重点区域供水和非首都功能疏解夯实水资源基础。

通州支线、通州水厂原计划于 2020 年建成，结合国家战略实施以及重点区域城市规划、人口计划、用水需求，研究优化了配套工程建设计划，两个项目提前建成，成为北京城市副中心第一批建成的基础设施项目。通州水厂正在运行调试，一期规模为 20 万 m^3/ 天、二期 40 万 m^3/ 天，远期 60 万 m^3/ 天，将大大提高城市副中心的水资源承载能力。同时，河西支线、大兴支线等输水工程建设也正紧张推进，能有效支撑西部地区、北京市新机场区域用水需求，并开辟连通河北省、北京市两地配套工程的南水进京第二条通道，促进非首都功能的疏解。

二、水质改善

南水北调来水进京后，优良的水质有效地改善了居民用水条件，让市民有了实实在在的“获得感”，居民饮水水质有了明显改善，在以南水北调来水为单一水源的郭公庄水厂的供水范围内效果尤为突出，自来水硬度由以前的 380mg/L 降为 120 ~ 130mg/L，居民普遍反映自来水水碱减少、口感变甜。

三、生态效益

按照南水北调来水“喝、存、补”的利用原则，北京市科学调度，在最大限度满足自来水厂用水的情况下，积极将南水北调水存入水库调蓄、向应急水源地试验性补水、尝试向重点城市河湖补水，取得了显著的生态环境效益。

南水北调通水以后，北京市主力水厂使用南水置换密云水库水，两年累计减少出库水量近 10 亿 m^3，同时共计向十三陵、怀柔、密云等水库输水约 2.8 亿 m^3。不断增加的水库蓄水量，保证了水库的自净能力，大大降低了水华发生的风险，保证了水库一直维持在Ⅱ类优质水体，利于水生态涵养，也为将来下游河道清水长流创造条件。

首都市民的“获得感”也来自于水环境的好转。通过向中心城区河湖补充清水，与现有的再生水联合调度，增强了水体的稀释自净能力，城区水环境质量明显改善，重点城市河湖水质接近地表水Ⅲ类标准。南水北调向昆明湖、晓月湖、园博湖、“六海”、北护城河等城市河湖补水，改善水质和提升景观效果的同时，也传承着历史文化，给人更好的水环境体验。南水北调大宁调蓄水库、团城湖调节池、亦庄调节池等配套工程也实现蓄水，增加水面面积约 550hm^2。

南水北调工程沿线预留了接口，可实现与北京市水利基础设施、五大水系的连通，充分发挥南水北调工程效益，扩大外调水供水范围、回补地下水，为城市河湖及沿线河流生态恢复提供条件。

江水进京两年来，北京市逐步关停自备井，压采地下水共约 2.5 亿 m^3，提前完成国务院下达的到 2020 年的压采任务，促进了地下水的涵养和回升。根据北京市的实际情况，2016 年主要开展如下工作：一是实施城区自备井置换工程，完成 160 家自备井置换任务，停用自备井 103 眼，年置换地下水开采量 1400 万 m^3。超额完成年初《自备井置换工作年度计划》中确定的 146 家单位的置换任务。二是压减水源地开采量。2015 年 9 月起怀柔应急水源地取水量由 26.5 万 m^3/ 天减至 10 万 m^3/ 天，平谷应急水源地和潮白河水源地取水量由 28 万 m^3/ 天减至 18 万 m^3/ 天，合计每日压减 26.5 万 m^3，应急水源地处于热备份状态。2016 年全市地下水开采 17.48 亿 m^3，在 2015 年的 18.19 亿 m^3 基础上年度地下水开采量压减 0.71 亿 m^3。平原区地下水位止降缓升，地下水位年降幅由 2014 年的 1.14m 减缓到 2015 年的 0.09m，至 2016 年末地下水位同比回升 0.52m。地下水储量增加 2.2 亿 m^3。三是适时开展地下水回补。在满足江水资源最优利用基础上，抓住一切有利时机，科学调度、利用有限水资源适时回补涵养水源地。江水利用首先满足生活用水增长需求，并在 2015 年基础上新增替代地下水 0.55 亿 m^3，新增替代地表水 0.57 亿 m^3。在满足用水增长需求的同时，适时通过人工回灌向潮白河水源地等补源工程回补地下水，2016 年全年利用江水回补地下水 0.65 亿 m^3。回补范围达 24 km^2，回补区域地下水位最小回升 5.42m，最大回升 13.98m，平均回升 7.5m，效果显著。

● 南水北调中线终点北京团城湖明渠广场

四、防汛抗旱

自2016年7月19日1时起，北京市迎来2016年入汛以来最强降雨，局地达大暴雨。截至2016年7月21日8时，北京市南水北调工程沿线平均降雨245.5mm，最大降雨点为密云水库调蓄工程前柳林泵站，降雨量为379mm。针对本次强降雨天气，北京市南水北调办迅速部署、积极应对、稳妥处置，系统上下协力保障工程安全运行、平稳调水。

2016年7月19日，北京市南水北调办召开电视电话会，传达、落实北京市防汛综合演练暨主汛期工作部署会会议精神，进一步严肃汛期工作纪律和要求。20日9时，北京市防指将应急响应由Ⅳ级升级为Ⅲ级，北京市南水北调办同步启动汛情视频会商，布置工程防汛抢险任务。20日11时50分，北京市防汛应急响应升级为Ⅱ级。针对暴雨橙色预警和工程出现的险情，北京市南水北调办领导兵分多路督查防汛部署落实情况。

北京市南水北调工程经受住了两天强降雨的考验，按照市委市政府和市防指的统一部署指挥，坚持做到防汛责任制落实到位、防汛措施应对到位、风险预判提前防范到位、应急处置统筹指挥到位、汛情工情信息通报到位，上下同心，全力以赴确保首都供水安全。

五、创新发展

通水以来，北京市围绕“多调水、管好水、用好水”的工作思路，统筹高效调度水资源，规范化工程运行管理，强化水质监测保护，确保工程运行平稳、调水安全顺畅、水质入户安全，让首都居民喝上、用上南来的好水。

保证“从丹江口到家门口、从源头到龙头”的水质安全。一是筑牢水污染防线。北京市南水北调办在工程关键部位设置水污染突发事故防治“三道防线”，确保问题水“不入京、不入城、不入厂”，保证水源安全。二是打造监测网络体系。与上游省市建立信息共享机制，打造南水北调水质监测网络体系，通过实验室监测、自动监测、应急移动监测等多种方式跟踪监测来水水质；自来水集团在全市增设了161个供水管网终端水质监测点，覆盖居民小区3500多个，同时安装了水质在线监测仪500多台，实现了从源头到管网用户终端全过程的水质在线实时监测，保证入户安全。三是研究避免“水土不服”。先后开展了自来水管网适应性研究、密云水库水生态适应性研究，潮白河水源地试验补水水质水生态跟踪监测研究，南水藻类风险控制研究等课题。现阶段监测及研究结果表明，自来水、密云水库、潮白河水源地水质水生态安全。

保证工程运行安全无事故。一是依法联防保工程安全。北京在沿线各省市中率先颁布南水北调工程保护办法、率先划定水源保护区和工程保护范围，与工程沿线地方政府建立了联管联防机制。二是规范管理保平稳运行。组建运行管理机构，定人定岗定责，明确工序流程和操作标准，不断规范各项工程运行管理制度。三是精细调度确保用水高效。北京市南水北调办、水务局、自来水集团等相关涉水单位，共同搭建了水资源调度平台，科学调度“喝、存、补”，实现各类水资源平稳调度、无缝衔接。四是快速反应保四个安全。强化安全生产和应急处置能力提升，完善各类应急预案并加强演练，确保工程、水质、运行和人员“四个安全”。

自2008年9月南水北调中线京石段工程通水以来，北京市南水北调工程已安全运行8年有余。

（北京市南水北调办工程处）

（刘　宇）

南水北调中线北京大宁调蓄水库泵站

天津市

一、供水保障

2014年12月12日，南水北调中线一期工程通水。12月27日，南水北调水正式进入天津。截至2016年底，南水北调中线一期工程累计向天津安全输送引江水12.69亿m^3，安全输水751天，水质常规监测24项指标保持在地表水Ⅱ类标准及以上。

南水北调中线工程通水大大缓解了天津市水资源短缺问题。天津市是资源型缺水城市，属重度缺水地区。引江通水前，城市生产生活主要靠引滦调水解决，农业和生态环境用水要靠天吃饭，地表水利用率接近70%，远远超出水资源承载能力，水资源供需矛盾十分突出。通水两年来，天津市新增城市供水量12.69亿m^3，供水区域覆盖中心城区、环城四区、滨海新区、宝坻、静海城区及武清部分地区等14个行政区，面积超过1200 km^2，约900万市民从中受益，较好地满足了城市生产生活用水需求，天津市水资源保障能力实现了战略性突破。

南水北调中线工程通水有效提高了天津城市供水保证率。通水前，天津市城市生产生活主要依靠引滦单一水源，有很大的风险性。通水后，天津在引滦工程的基础上，又拥有了一个充足、稳定的外调水源，中心城区、滨海新区等经济发展核心区实现了双水源供水保障，城市供水"依赖性、单一性、脆弱性"的矛盾得到了有效化解，城市供水安全得到了更加可靠的保障。

南水北调中线工程通水成功构架了天津市城乡供水新格局。通水前，天津供水格局为城市以引滦供水为主，地下水作补充，辅以再生水和海水淡化水，引黄济津供水作应急；农村农业生产以当地地表水、入境水为主，地下水做补充，农村生活以地下水为主。通水后，天津构架出了一横一纵、引滦引江双水源供水保障的新的城市供水格局，形成了双水源相互连接、联合调度、互为补充、优化配置、统筹运用的城市供水体系。

天津市海河津湾广场段

二、生态效益

南水北调中线工程通水有力促进了天津城市水环境改善。由于水资源短缺，生态用水长期得不到补给，通水前，天津河道大多断流、河湖水域面积萎缩，河道水质难以保证。虽然近年来实施了三轮治理，水环境质量有所好转，但由于环境用水长期得不到补充，水环境无法得到根本的转变。通水后，城市生产生活用水水源得到有效补给，替换出一部分引滦外调水，有效补充生态环境用水，促进了水生态环境的改善，环境水质明显好转，中心城区 4 条一级河道共 8 个监测断面全部达到或优于 V 类水。

南水北调中线工程通水成功促使天津地下水压采工作加快进程。天津市是重度资源型缺水城市，地下水曾是最为可靠的供水水源之一，历史上开采量最高曾达到 10 亿 m^3。随着地下水保护力度不断加大，地下水超采势头得到有效控制，开采量持续下降，但由于多年超采，地下水仍处于超采状态。作为南水北调中线受水区，2014 年 8 月 1 日，市政府批复了《天津市地下水压采方案》，要求到 2020 年底，全市深层地下水年开采量控制在 0.9 亿 m^3 以内。市政府办公厅也印发通知，重新划定地下水禁采区和限采区区域范围。引江通水后，按照 2015 年天津市政府批复的《天津市地下水水源转换实施方案》，全市有任务的 9 个区全面启动实施地下水压采工作，并向天津市政府递交了责任书，累计压采地下水 3500 万 m^3，占城市地下水开采量的 30%。

（天津市南水北调办）

天津市津滨水厂引江水质检测

河北省

一、供水保障

2016 年度供水量较 2015 年有明显提高，河北 7 个区市建成南水北调地表水厂 104 座，沿线市县陆续用上了达到或优于地表水Ⅱ类指标的汉江水，居民用水水质明显改善，受益人口达到 1140 万。2016 年 4 月中线工程通过石津干渠向衡水市引应急抗旱灌溉水量 4710 万 m^3。

● 南水北调河北省西黑山节制闸

二、生态效益

南水北调工程通水后，已向滹沱河、七里河、滏阳河、李阳河、泜河、午河等生态补水累计达 3000 多万 m^3，不仅使区域缺水状况得到有效缓解，而且提升了生态景观效果，为市民休闲娱乐提供了良好水环境。

南水北调工程提供的稳定水源，还将减少受水区地下水开采。在石家庄市栾城装备制造产业园区地表水厂，南水北调原水干净清澈，源源不断地注入到净水池，经过过滤沉淀处理，输送到有关企业用户。

通过大力推动南水北调、引黄入冀补淀等重大引调水工程建设，今年河北省大中型水库蓄水量达 42.9 亿 m^3，是 1996 年以来最多的一年，区域内水资源紧张状况有效缓解。今年河北省地下水超采综合治理试点范围扩大到 9 市 115 个县（市、区），全年总投资 87.12 亿元，计划通过采取“节、引、蓄、调、管”等综合措施，到 2017 年 3 月前累计形成农业压采能力 22.3 亿 m^3。

华北明珠白洋淀

三、防汛抗旱

2016 年，受“7·19”特大暴雨影响，河北省石家庄市区饮用水水源地岗南和黄壁庄水库、邯郸市区饮用水水源地岳城水库水体浊度增高，超出水厂处理能力，影响市民饮水安全。河北省、石家庄市南水北调办和河北水务集团紧急调增南水北调工程向石家庄、邯郸市区的供水量，采取强力措施保障江水供应。2016 年 7 月 20 日 15:00 时，南水北调工程向邯郸市铁西水厂供水量由原来的 9 万 m^3/ 天增加到 18.7 万 m^3/ 天，邯郸市主城区的生活用水绝大部分已切换为长江水。7 月 25 日 8 时，南水北调配套工程石家庄西北输水管线（含泵站）已按最大应急供水能力向石家庄市西北水厂供水。

一是高度重视全力以赴，迅速启动应急供水工作模式。河北省、石家庄市南水北调办和河北水务集团把保障江水供应作为一项重要政治任务，迅速启动应急供水工作模式，管理和运行人员全员上岗、坚守一线，密切关注应急供水运行状态。各单位主要领导、分管领导多次到工程一线现场检查指挥，2016 年 7 月 22 日、24 日，河北省南水北调办先后两次现场检查督导石家庄市南水北调配套工程西北输水管线并在西北泵站召开会议。7 月 25 日，省南水北调办和河北水务集团召开主任办公会议，专题研究调度应急供水工作，及时协调解决相关问题。各级南水北调部门迅速行动、分工协作，全力以赴保障江水供应。

二是加强协调科学调度，及时增加南水北调供水量。加强与中线建管局的沟通协调，及时调增南水北调供水量，确保总干渠水量、水位等满足河北省供水需求。南水北调配套工程运管人员与南水北调总干渠和水厂运管人员随时保持联系，确保信息畅通，大家精心操作、密切配合，石家庄市西北水厂平稳地实现了由 1 台泵正常供水工况到 4 台泵全部运转应急供水工况的切换，邯郸市铁西水厂南水北调供水量由原来的 9 万 m^3/ 天逐步增加到 14 万 m^3/ 天、18.7 万 m^3/ 天。

三是做好设备维护保养，强化工程物资保障。南水北调配套工程运行人员冒着35℃的高温，对闸门、拦污栅等逐一进行巡视检查，对水泵、电动机、配电柜、变压器等设备逐一进行检修保养，保证了所有工程设备以良好状态投入运行。针对4台水泵首次全部运行的应急工况，已定购一套同型号水泵备用，并备足水泵等设备的备品备件，制作输水管道备用钢管。加快另一回路永久供电线路施工，应急架设一条临时供电线路，保证正常供电。及时组织清除供水线路上的违章建筑，保障供水安全。

四是分工协作密切配合，加大现场巡查力度。河北省南水北调办全体人员周末和节假日也坚守工作岗位，保持24h通讯畅通，及时协调处理应急供水相关问题。河北水务集团负责石家庄西北泵站分水口门以上工程及泵站运行，西北泵站运行人员由每班2人增加至3人，设备巡查频率由2h一次调整为半小时一次。石家庄市南水北调办负责西北泵站分水口门以下工程，安排专人24h巡查。邯郸市南水北调办抽调全办精兵强将，加强应急供水力量，2人一组每天至少巡查3遍。成立了应急供水抢险队伍，开展应急运行抢险培训，一旦出现问题保证以最快速度抢修。加强与设计单位、设备供应单位、安装单位、电力保障单位24h现场值守人员的联系，遇到特殊情况协调联动，保障工程设备安全平稳运行。

在抗击“7·19”洪涝灾害中，石家庄市西北水厂、邯郸市铁西水厂全部采用南水北调水源供水，南水北调工程为保障河北城市供水安全发挥了巨大作用。

（河北省南水北调办）

河南省

一、供水保障

2016年，工程持续平稳运行，综合效益充分发挥。截至2016年底，南水北调中线工程累计向北方供水61.21亿m^3，其中河南省供水达22.67亿m^3，占中线工程供水总量的37%。2015～2016供水调度年完成河南省内供水13.45亿m^3，为年度计划调水量的102.6%。实现了南阳、漯河、平顶山、许昌、郑州、焦作、新乡、鹤壁、濮阳、安阳、周口11个省辖市及邓州市、滑县2个省直管县市等规划受水区通水全覆盖，1800万城镇居民用上优质的南水。在南水北调供水范围内，通过控采地下水，涵养地下水源，城市地下水位得到不同程度回升，其中郑州市回升2.02m，许昌市回升2.6m；通过向沿线河、湖生态补水，补水量达1.06亿m^3，解决了沿线河流生态问题，助力许昌、郑州、安阳、濮阳、南阳等地城市水系建设和鹤壁市“海绵城市”建设；受水区使用南水后，置换出的其他地表水源反哺农业，改善了农业灌溉条件，为河南省粮食生产实现“十三连增”做出了积极贡献。

南水北调中线穿黄工程

二、生态效益

水质决定着南水北调工程的成败，河南省不仅是水源地，也是总干渠线路最长的省份，确保输水水质安全责任十分重大，任务异常艰巨。2016 年，水质保护不放松，多措并举，综合施策，确保输水水质稳定保持在 II 类标准。在常规检测 24 项指标中，有 21 项指标为 I 类。

一是划定水源保护范围，着力依法保护水质。在丹江口水库库区，河南省划定 1596km^2 的饮用水水源保护区，并由河南省政府予以公布；在河南省 731km 长的总干渠两侧，划定了 3054km^2 的保护区。在各类保护区均明确具体保护措施和产业禁入范围。

二是规划的编制和实施。组织实施《丹江口库区及上游水污染防治和水土保持“十二五”规划》，河南省规划项目已全部完成建设任务并投入运行，在水源地水质保护中发挥重要作用。在国家六部委联合对水源地三省（河南省、湖北省、陕西省）“十二五”规划实施情况考核中，河南省综合得分连续四年位居第一。配合国家《丹江口库区及上游水污染防治和水土保持“十三五”规划》的编制工作，2016 年国家发展改革委、国务院南水北调办正在对规划文本进行修改完善；组织编制《河南省南水北调“十三五”专项规划》，并纳入河南省“十三五”规划纲要，2016 年已经省发展改革委审查印发。规划主要内容包括新建调蓄工程、扩大供水目标、建设生态廊道水源区水污染防治 4 大类 28 个项目，规划投资约 596 亿元。这些规划为河南省南水北调后续工作提供了政策依据。

三是严格环评审核，加强点源面源治理。在水源保护区，严把项目审批程序，对库区水质及生态环境有影响的新、改、扩建项目执行严格环境影响评价制度，关闭水源地污染企业 1000 多家，先后否决、终止汇水区域内大型建设项目 59 个，其中 2016 年共受理新建扩建项目 16 个，2 个因存在污染风险被一票否决。2016 年，水源区各地大力发展生态农业，引导群众科学施肥施药，提倡生物防治，推行无公害生产，从源头上减少对丹江口水库水质的污染风险。严把总干渠两侧水源保护区项目准入关，先后对 1000 多个项目进行环境审核，有 600

个存在污染风险的项目被拒之门外。

四是加大执法检查，排除污染风险。会同环保、住建、水利等有关部门开展联合督导和执法检查，彻底消除总干渠两侧污染风险点40处，查处纠正各类环境违法行为376起。

五是发展绿色经济，争取生态补偿。水源区各地积极转变经济增长方式，大力调整产业结构，发展绿色、低碳、循环经济，初步形成一批茶叶、金银花、猕猴桃、食用菌、中药材等生态产业带，走出一条绿色发展之路。2008 ~ 2016年，河南省累计申请中央财政对水源区6县市生态转移支付资金58.72亿元，其中2016年申请生态转移支付资金10.28亿元，为水源地污染治理和生态建设提供了有力支撑。

六是加快生态带建设，筑牢生态屏障。按照“土地流转、大户承包、政府补贴、合作共赢”的模式，加快推进总干渠两侧生态带建设，累计完成生态带绿化面积约23.23万亩，占生态带建设任务86%以上，超额完成国家规划任务；完成丹江口库区环库生态隔离带建设5.17万亩，基本形成闭合圈层，为水源水质安全筑起牢固的生态安全屏障。11月16日，中央环保督察组反馈时，对河南省南水北调水质保护工作给予高度评价。

● 南水北调中线工程南阳市段生态带建设

三、创新发展

管理创新。进入建设期运行阶段后，依法行政、依法管理和加强法制建设已成当务之急。一是加强督促检查，依法征收水费。河南省南水北调配套工程水价核定后，河南省南水北调办按照“先易后难、重点突破、积极引导、带动全局”的思路，加快推进水费收缴工作，制订《河南省南水北调工程水费收缴及使用管理暂行办法》，已报河南省政府待批；2016年全年开展水费收缴专项督导7次，向有关省辖市（直管县市）下发水费催缴函26件；对水费交纳不力的省辖市，已提请省政府进行重点督查。截至2016年底，累计完成水费征收7.8亿元，为工程良性运行提供了保障。二是谋划布局，启动行政执法。与省水利厅协调沟通，办理行政执法委托。2016年，河南省水利厅已与河南省南水北调办签署行政执法委托书，明确将河南省南水北调配套工程水行政执法职权委托省南水北调办实施。按照专职为主、兼职为辅的原则，建立南水北调水政监察支队，已初步确定组成人员，待河南省水利厅批复后即可开展工作。开展执法培训。在安阳市举办河南省南水北调执法工作培训班，与会 80 多人接受系统培训，并现场观摩学习安阳市水政执法经验。调查处理濮阳华源水务公司违规施工导致配套工程输水管道受影响等数起案件，依法维护工程安全运行。三是开展南水北调政策法律研究。与河南省法学会沟通协调，筹备成立河南省法学会南水北调政策法律研究会，确定研究会组成人员，制订研究计划，正在开展研究工作。

经营创新。南水北调中线工程把北京与河南紧紧联系在一起，河南省紧紧抓住国家对口协作的政策机遇，开展与北京市的对口协作。按照“六个一批”，即“产业转移一批、企业嫁接一批、平台搭建一批、产品进京一批、人员培训一批、帮扶结对一批”的工作思路，配合河南省发展改革委编制对口协作规划，涉及工业、农业、生态、环保、科技、教育、医疗、人才交流八大领域，开展水源地市县与北京市对口协作，北京市 6 区与河南省水源区 6 县（市）建立“一对一”结对协作。2011 年以来，豫京两地合作项目已实际投入河南 4319 亿元，占“十二五”时期河南省引进省外资金的 14.3%。2016 年 8 月，河南省委、省政府主要领导亲自率团赴京，推进战略合作，签订《河南省人民政府北京市人民政府战略合作协议》。按照协议，京豫携手把保水质作为第一任务，发挥产业互补优势，坚持省市统筹、区县结对，全面落实协作任务，产业合作逐步深入，民生工程再上台阶，交流合作继续扩大。河南省南水北调办也与北京市南水北调办签署了南水北调系统合作协议，双方商定以落实合作项目为重点，承接产业转移、突出水保环保、强化民生民计、实现互利双赢。随着京豫对口协作的深入推进，一大批项目将落户中原大地，必将为中原崛起、河南省振兴提供强大助力。

（河南省南水北调办）

湖北省

一、生态效益

作为南水北调的补偿工程，汉江兴隆水利枢纽极大地改善了库区两岸农业及生活用水条件，以及上游 70km 航道通航条件。生态改善，中华秋沙鸭、黑鹳等国家一级保护动物出现在汉江兴隆水域。

引江济汉工程已累计向长湖补水约 5.39 亿 m^3，向荆州护城河补水 1.2 亿 m^3。工程缩短了长江、汉江之间的绕道航程近 700km，渠顶道路提档升级为限制性二级公路，在汉江平原腹地开辟了一条便捷通道。

丹江口库区共建成 94 座污水处理厂、44 座垃圾处理场，为完成“一江清水永续北送”使命做出了不懈努力。

二、创新发展

汉江中下游四项治理工程转入运行管理阶段后，湖北省南水北调办（局）不断探索创新管理方式，拓宽管理渠道，深化“以钱养事”，通过政府采购向社会购买质优价廉的服务，促使运行管理水平不断提升，工程综合效益得到充分发挥。2016 年，引江济汉工程年度引水约 37 亿 m^3，满足工程沿线生产、生活和生态用水需求，并在消解汉江局部“水华”和抗击特大洪涝灾害中发挥了重要作用。兴隆水利枢纽极大地改善了库区两岸农业及生活用水条件，使近 300 万亩农田受益，灌溉水源保证率超过 90%，发电 2.2 亿 kW · h。

工程从建设管理转向运行管理阶段后，面对新情况、新任务，湖北省南水北调办（局）坚持抢抓机遇、推进改革、突出重点、科学立项，将需要改革创新，能够改革创新，改革创新后成效显著的，先行立项。经过深入调研、充分研究、反复酝酿，将推进兴隆水利枢纽管理局后勤服务工作社会化、推进引江济汉工程管理社会化等 2 项改革先行纳入改革内容。

兴隆水利枢纽横跨潜江、天门两地，管辖范围大、公共区域及公用设施多，安全管理、环境维护等工作量大。同时，枢纽兼顾发电，电站运行维护以及消防火灾报警系统专业性强。针对运行维护人员数量少、经验不足的问题，湖北省南水北调办（局）对兴隆电站设备设施运行维护、消防安保、物业、绿化养护服务进行委托，并通过外聘技术人员专门从事电站运行管理。

引江济汉工程跨荆州、荆门、潜江三个市，渠道全长 67km，工程沿线有建筑物 107 座需要运行维护，其中，跨渠桥梁 54 座，船闸 4 座，倒虹吸 28 座，闸站 10 座，铁路桥 1 座。目前，引江济汉工程管理局在编人员 71 人，对工程全线进行维护比较吃力。为有效解决人少事多的问题，湖北省南水北调办（局）对引江济汉工程泵站管理、电力线路、渠道管理、物业管理实行“以钱养事”模式，即向社会购买服务、实行管理与养护分离。2016 年共计签订的托管合同 9 个，参与管理 120 人，托管项目资金共计 454.6 万元。

湖北省引江济汉工程

在合同期内，对委托代理单位加强考核，采用定期检查和不定期“飞检”等方式进行检查，并通报检查考核情况，督促托管单位及时整改，将服务资金与考核结果挂钩。

“以钱养事”推进兴隆水利枢纽管理局后勤服务工作社会化改革，有效缓解了人员的不足，让运管人员获得更多的时间专心做好本职工作，提高了设备的运行效率和人员工作效率。特别是一些具有社会职能和专业较强的工作通过社会化购买服务方式，保障了兴隆水利枢纽的运行管理工作取得了很好的成效。通过外聘技术人员“传、帮、带”的作用，使职工的专业知识和实践经验迅速提高，有效提升了运行管理水平。自实行改革创新管理，推行“以钱养事”以来，兴隆水利枢纽现场运行管理与整体生产环境得到了极大的保障与改善，有效避免了“大而全”的被动管理，使“小而精”成为了发展方向，为实现“规范化、科学化、精细化”的运行管理目标奠定了坚实的基础。

引江济汉工程管理局“以钱养事”推进南水北调工程管理社会化，实现了工程管理与养护分离，使引江济汉工程运行养护走上社会化、市场化和专业化的道路。相比传统工程运行管理模式，“以钱养事”管理模式从制度上精简了管理机构、人员，在实施中提高了养护水平，降低了运行成本，有效提高办事效率。主要表现有以下四点：一是资金“节流”显著。目前，引江济汉工程渠道沿线投入养护人员 53 人，若不实施管养分离，53 人每年的人员工资（人均 6 万）等投入就需近 318 万元，而通过渠道管理竞争招标，每年花费管理资金为 125.72 万元，节省大量财政资金。二是减少了财政供养人员。引江济汉工程可行性研究报告核算，需要管理人员 402 人，湖北省编制办公室核定的是 205 人，目前实际只有 71 人。三是发挥专业技术人员作用。一方面为工程迅速转入运行管理提供了技术支撑，提高了工程运行安全系数；另一方面，利用其“传帮带”作用，培养了一批技术熟练的运行管理人才，为南水北调事业持续健康发展提供了人才支撑。四是提高了管理服务质量。引江济汉工程各站所正在逐步实现“花园、公园、果园、乐园”的美好蓝图，成为工程沿线的一道亮丽风景。

（张欧亚　武耕民　雷　鸣）

山东省

一、供水保障

山东省南水北调工程自 2013 年建成以来，经历试通水、试运行、正式运行，圆满完成了三个年度的调水任务，工程运行安全稳定。2016 年 3 月 10 日，调引南水到达山东省最东端的威海市，标志着山东南水北调一期工程 13 个区市的规划供水范围目标全部实现。截至 2016 年 5 月 22 日，省界工程停止运行，山东省顺利完成省界调水计划，3 个调水年度累计调入山东水量约 11 亿 m^3，极大地缓解了旱情。

山东干线公司建立“两级调度，三级管理”的调度运行体系，负责山东省境内南水北调干线工程的工程调度和供水管理工作。一级调度管理机构为山东干线公司本部成立的省调度中心，负责全线工程的统一调度、供水管理。二级调度管理机构为山东干线公司各管理局成立的调度分中心，负责分解落实省调度中心指令，并做好工作组织和地方协调工作。三级运行管理机构为水库、泵站、渠道等现场管理处，负责辖区工程的调度运行、水情测报、水质监测、供水计量、应急抢险等工作，服从上级调度机构的调度指挥。

按照《南水北调工程供用水管理条例》和《山东省南水北调条例》规定，南水北调工程供水应签订供水合同。2016 年 1 月 5 日，山东省南水北调局与东线总公司签订了《南水北调东线一期工程（山东省境内）供水合同》，明确了南水北调东线工程向山东省供水的水量水费等内容。2016 年 4 月，山东省南水北调局与济南、淄博、枣庄、济宁、滨州、聊城、德州、菏泽 8 个市签订了《山东省南水北调东线一期工程供用水合同》，约定了省内工程向各受水市供水的水量及水费等内容。因向胶东地区供水涉及胶东调水工程，2016 年 6 月，山东省南水北调局、山东省胶东调水局与青岛、潍坊和威海市签订了三方供用水协议。调水期间严格按照合同约定做好水量调度管理工作。

按照《南水北调工程供用水管理条例》，南水北调工程水量调度实现月度水量调度方案制度。调水期间，东线总公司组织山东省南水北调局、山东干线公司，每月的月末制定下月的月度供水计划、月度水量调度方案和月度工程运行计划，实现年度水量调度计划的总量控制和逐月滚动修正。

二、生态效益

2016 年，为南四湖上级湖补水 1.45 亿 m^3，为东平湖补水 0.55 亿 m^3，弥补了湖泊干旱缺水的生态之需，使其保持在最低生态水位以上，避免了湖区生态遭受毁灭性破坏。

2016 年，向济南市提供保泉补源生态用水 2723 万 m^3，通过实施回灌补源，维持济南市的泉群持续喷涌。

三、防汛抗旱

2016 年 7 月 19 ~ 20 日，山东省普降大至暴雨。山东省南水北调局、山东干线公司、工程沿线各级管理单位先后通过电话、传真、短信、微信等多种形式，发出雨情预警预报 50 余个（次），各级防汛负责同志和具体责任人全部到岗到位，加密巡视、巡查频次，确保通信值班畅通无阻，工程成功经受了建成以来首次特大暴雨的考验。由于部署周密，措施得当，调度有力，2016 年山东省未出现防汛险情。

根据山东省政府要求，从 2016 年 6 月 7 日开始实施向胶东地区应急供水工作。八里湾泵站自 6 月 8 日运行至 19 日，将原暂存上级湖的长江水集中调水入东平湖，累计应急调水水量 9118 万 m^3。济平干渠渠首闸 6 月 13 日开始向胶东地区延续供水，至 9 月 30 日累计从东平湖应急调水 12 105 万 m^3。胶东干线博兴城南节制闸 6 月 21 日开始向胶东地区应急供水，至 9 月 30 日累计向胶东地区应急供水水量 11 163 万 m^3。

南水北调山东省济平干渠工程

四、创新发展

2016年初，山东干线公司枣庄管理局编制了《枣庄局“创新工作室”实施方案》，成立了创新工作室。截至2016年3月底，枣庄管理局共评审管理创新、技术创新、技术改进共46项。

2016年，山东省南水北调工会以枣庄管理局岗位创新活动为典型，推广南水北调全员岗位创新活动。3月发布了《山东南水北调岗位创新活动实施方案》，组织了三次现场观摩和经验交流活动，组织全体干部和党员同志到枣庄管理局进行现场观摩和学习；组织召开岗位创新专题会议四次，广泛征求各部门、各单位对活动开展的意见建议。

截至2016年9月，山东南水北调共形成岗位创新成果260多项，经过综合评定，评出一、二、三等创新成果190项。

2016年12月，山东省农林水畜牧系统第三届（水利系统第十三届）职工合理化建议经验交流会暨优秀技术创新成果发布会在省南水北调举办，在枣庄颐正园召开了会议。全省农林水畜牧系统各委员单位工会负责人70余人对枣庄管理局韩庄泵站管理处岗位创新成果进行了现场观摩。交流会中，山东省南水北调系统94人获得“全省农林水畜牧系统合理化建议暨技术创新活动先进个人”称号；85项岗位创新成果被评审认定为2014～2016年度职工优秀合理化建议和技术改进成果；枣庄管理局韩庄泵站管理处被省农林水畜牧系统工会评为创新班组；山东干线公司工会获得全省农林水畜牧系统合理化建议暨技术创新活动先进单位。

（邵军晓　刘　霆　许雅静）

江苏省

一、供水保障

2016年，江苏省南水北调工程在以江水北调工程为主导的基础上，按照新建南水北调工程和现有江水北调工程统一调度、联合运行的原则，多次组织省内外调水运行发挥工程效益。一是圆满组织完成2015～2016年度向省外调水任务。1月8日～5月31日，组织分两阶段采取“骆马湖以南段工程间歇式、分时段抽引江水至骆马湖调蓄，骆马湖以北段工程不间断、持续性向山东省供水”的方式，统筹做好调水沟通协调、方案制定、组织实施、督促检查、安全运行、水质监测、信息宣传、调水值班等工作，完成了2016年度向省外供水6.02亿m^3任务。二是2016～2017年度向省外调水顺利开展。根据国务院南水北调办和江苏省政府部署，12月16日起组织开展2016～2017年度向山东省调水运行，运行正常有序。三是全力投入省内抗旱排涝运行。根据江苏省防指统一调度，江苏南水北调刘山站、解台站、蔺家坝等工程及时投入省内新老工程联合抗旱、排涝运行，累计运行42天，累计抽水5.18亿m^3，为缓解旱情、涝情发挥了积极作用。经过省水利、环保、交通、海洋渔业、电力等省南水北调领导小组成员单位的共同努力，投入调水的泵站工程运行有序，河道工程运行平稳，输水水质稳定达标，水量调度满足要求，充分发挥了工程效益和社会效益，获得各级领导、地方政府和人民群众的肯定。

工程建成以来，江苏省水利厅、省南水北调办会同江苏水源公司等省南水北调领导小组成员单位，按照江苏省南水北调新老工程统一调度、联合运行的原则，统筹加强南水北调工程运行管理，充分发挥了南水北调工程综合效益，为缓解北方地区水资源短缺、推动苏北经济社会发展发挥了积极作用。截至2016年底，已经圆满完成了全线试运行、2013～2014年度调水、2014年度向南四湖应急生态调水、2014～2015年度调水、2015～2016年度调水等5批7次向省外调水任务，累计调水至山东省境内12.12亿m^3。

二、水质改善

江苏省南水北调输水沿线正处于工业化、城镇化快速发展期，又位于淮河、沂沭泗流域下游，要承受自身发展和上游客水污染的双重压力，水污染防治压力很大。经省各有关部门及沿线各市的不懈努力，江苏省南水北调一期工程输水干线水质满足治污规划和实施方案中规定的通水条件，在历次调水期间，水质均稳定达到地表Ⅲ类水标准。

各有关部门协调配合保水质。一是强化输水水质监督监测。江苏省环保厅每月对南水北调沿线15个控制断面开展水质监测与评价。调水期间严格执行加密监测制度，严密监控断面水质，强化水质监测预警，发现问题及时通报并跟踪整改情况。二是率先启动“双向补偿”。

在太湖流域、通榆河沿线实行水环境区域单向补偿试点工作的基础上，江苏省于 2014 年在全省各大流域选取了 66 个补偿断面，按照“谁达标、谁受益，谁超标、谁补偿”的原则全面实现“双向补偿”，2015 年度全省补偿资金为 4 亿元，其中正向补偿 3.2 亿元，反向补偿 0.8 亿元；2016 年度全省补偿资金为 3.6 亿元，其中正向补偿 2.7 亿元，反向补偿 0.9 亿元。三是推进污水处理设施建设。在完成治污规划确定的城镇污水处理设施建设任务后，江苏省住房和城乡建设厅继续着力推进城镇污水收集管网及处理设施建设，不断提高污水处理设施运管水平。截至 2016 年底，实现南水北调东线江苏段所在的苏中、苏北地区建制镇污水处理设施基本全覆盖，累计建成污水收集管网约 9650km。江苏省南水北调输水沿线城镇污水处理能力已达 282.5 万 m^3/ 天。四是加强危化品禁运监管。江苏省交通厅切实加强船舶污染防治及危化品禁运监管，“十二五期间”，为江苏航行于京杭运河江苏段的 400t 以上的运输船舶安装了船舶生活污水处理装置，并为江苏省籍危化品船舶安装了“船舶身份识别与轨迹传感器”船载终端。调水期间密切与省南水北调办沟通，协调处理相关企业禁运矛盾，并提前发布年度调水预通告，提醒企事业单位做好生产准备，减少了禁运对沿线经济社会的影响。五是出台一系列重大行动方案。江苏省第十三次党代会上，江苏省委书记李强提出“在南水北调沿线高起点规划建设江淮生态大走廊，以此为主轴构筑起江淮大地的生态安全屏障”，省委、省政府先后出台《“两减六治三提升”专项行动方案》《苏北苏中地区生态保护网建设实施方案》，均把打造南水北调东线清水长廊作为重点任务。六是重视南水北调沿线生态保护修复。省有关部门高度重视南水北调水质保护工作，江苏省财政厅、省国土厅、省环保厅等部门以南水北调东线为核心向国家有关部委积极申报“山水林田湖”生态保护修复试点工程。

明确沿线各市职责。一是地方政府责任明确。沿线地方政府将南水北调断面水质达标纳入治污目标责任书，明确主要领导为第一责任人，把水污染防治工作纳入综合考核指标体系，实行“一票否决制”。以水质目标倒逼治污，建立水质达标“断面长制”，市、县两级政府负责同志担任“断面长”对断面水质和工程项目实行包干负责。二是水源地保护不断加强。扬州市编制了《南水北调东线水源地国家级生态保护区功能规划》，把输水干线周边地区共 340 km^2 范围划定为核心保护区，搬迁关停污染企业，实施植树造林和生态修复。泰州市将引江河长江入河口划为生态红线一级管控区，禁止一切形式开发和建设活动。三是农村环境整治持续推进。依托国家试点支持，各地重点开展农村生活垃圾转运系统和生活污水处理工程建设。全面推进秸秆禁烧和综合利用，开展大规模的秸秆清运和沟渠河塘秸秆“禁抛”大检查，确保不出现秸秆下河污染水体事件。四是各市积极落实专项行动方案要求。沿线各市均成立了“263”专项行动办公室，并结合实际制定行动方案，扬州市编制了《江淮生态大走廊建设规划》，淮安市正在编制《淮河生态经济带发展规划》，宿迁市正在编制《生态经济示范区发展规划》，徐州市也初步提出徐州参与江淮生态大走廊建设的总体思路、主要目标、主要任务和工作重点。

南水北调东线江苏段水质监测

三、创新发展

江苏省南水北调办切实履行运行监管职责，保证工程良性运行。一是明确运行监管各方责任。二是健全运行监督管理制度。三是加强调水期间监督管理。四是加强南水北调工程安全生产监管。江苏水源公司强化管理创新和技术创新，提高工程运行效率，逐步实现管理规范化、标准化、精细化和信息化，保证了工程安全高效运行。积极探索运用新技术，在洪泽站开展泵站远程控制和故障诊断系统试点研究，取得阶段成效；开展'智慧泵站"研发，逐步提高泵站管理效率；针对工程运行期和非运行期管理要求，指导分公司积极探索试点直管泵站项目经理制与经费包干制，降低管理成本，提高管理效益。

2016 年，江苏省南水北调办以南水北调新建工程、江水北调工程、尾水导流工程三大工程体系为基础，结合江苏省南水北调水源区与受水区双重身份、省外供水与省内用水双重保障目标、调水水量与水质双重要求、事业单位与企业单位双重管理模式、调水与防洪及排涝等多重综合功能的五大特点，探索建立了科学高效的管理体制机制，逐步规范了工程运行管理工作。

在构建体制方面，按照南水北调新建工程和江水北调工程统一调度、联合运行的原则，积极研究建立了“省政府统一领导、省水利厅和省南水北调办统筹组织与协调、省防汛防旱指挥机构统一调度、江苏水源公司及厅属管理单位分别具体管理新老工程、省领导小组成员单位分工负责”的南水北调管理体制模式。

在构建机制方面，探索逐步建立了调水工作部省之间、省级机关之间、水利系统内部以及省市之间协调会商、巡查检查、水质保障、应急处置、信息共享等五项工作机制。江苏省南水北调办切实履行南水北调工程运行监管职责，探索建立了工程运行管理监督机制，强化运行监管制度建设，加强南水北调规范化管理监督指导，狠抓南水北调工程安全生产监管与调水出省运行期监管；研究提出了南水北调水价执行建议方案并报省政府。江苏水源公司充分履行项目法人职责，创新构建良性发展机制，优化资源调配，完善三级管理体系，强化管理和技术创新，积极推进规范化管理，拓宽了单位发展的空间，丰富了单位发展的内涵，转型取得了明显成效。江苏省南水北调体制机制的建立，保障了全省南水北调工程安全运行，规范了工程管理，提高了工程效益，促进了全省南水北调的良性发展。

（江苏省南水北调办）

抗洪抢险

进入汛期以来，我国北方多地遭遇持续强降雨，南水北调中线工程沿线的河南、河北、天津等省市防汛形势严峻，河南省辉县，河北省邯郸、邢台等地洪灾严重。沿线各单位迅速启动应对预案，第一时间部署、开展防汛应急处置工作。南水北调各级机构与地方政府、解放军官兵万众一心，打响了一场与洪水搏斗的战役。河南省、市、县政府领导高度重视，迅速赶赴现场，组织抢险。工程一线抢险的员工和部队官兵们，不畏艰险，不怕吃苦，冲锋在前，日夜奋战。

辉县段峪河暗渠抢险现场

2016年7月上旬，受强降水影响，江苏里下河地区水位快速上涨，最高超警戒水位0.93m。为尽快降低里下河地区河网水位，7月5～15日，江苏省南水北调宝应站累计运行918台时，抽排涝水1.14亿m^3，减轻了雨涝灾害损失，发挥了显著的工程效益。

● 宝应站职工下水打捞水草

南水北调中线工程辉县段，连续遭遇2016年7月9日和19日两次暴雨袭击，杨庄沟排水渡槽和峪河暗渠发生险情，当地驻军和预备役官兵第一时间驰援抢险。

● 暴雨如注，洪水没腰也要上

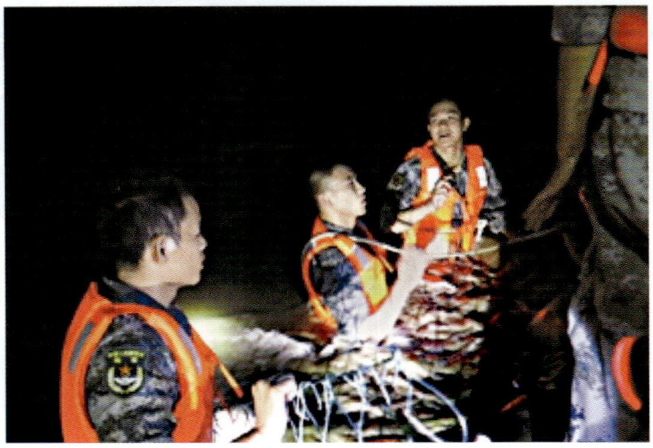

● 手抓护绳，身挡石笼

2016年7月19～20日，北京市普降大到暴雨，南水北调南干渠工程沿线平均降雨量达316mm，最大点降雨量达343mm。暴雨面前，北京市南水北调南干渠管理处的领导及防汛人员全部在岗，迅速部署，积极应对，党员带头，冲锋在前，坚守岗位，保证了南水北调南干渠工程安全供水。

（中线建管局）

壹 重要会议

IMPORTANT MEETING

国务院南水北调办传达十八届中央纪委六次全会精神，中央纪委派驻纪检组正式进驻

2016年1月16日，国务院南水北调办党组书记、主任鄂竟平主持召开会议，传达习近平总书记在十八届中央纪委六次全会上的重要讲话精神，并就配合中央纪委派驻纪检组工作提出了明确要求。中央纪委驻水利部纪检组组长田野传达了王岐山同志在六次全会上所作的工作报告，对综合派驻工作提出了意见和要求。

鄂竟平指出，习近平、王岐山等中央领导同志的重要讲话，充分肯定了党的十八大以来全面从严治党取得的突出成绩，深刻分析了党风廉政建设和反腐败斗争的复杂形势，明确提出了当前和今后一个时期的总体要求和主要任务。讲话既直面问题、切中时弊，又充满自信、催人奋进，对全面从严治党依规治党，创新体制机制强化党内监督，不断取得党风廉政建设和反腐败斗争新成效，具有十分重要的指导意义。要进一步学习、领会、贯彻中央领导重要讲话精神，用以指导南水北调工作实践，促进南水北调各项工作再上新台阶。

鄂竟平强调，欢迎中央纪委派驻纪检组正式进驻国务院南水北调办。国务院南水北调办对中央纪委派驻纪检组进驻期盼已久。党的十八大以来，以习近平同志为总书记的党中央立足党和国家事业发展全局的战略高度，加大反腐倡廉工作力度，提出了一系列新思路、新举措，以实实在在的效果证明了中央党要管党、从严治党的决心和信心。中央纪委派驻纪检组进驻国务院南水北调办，充分体现了中央对南水北调工作的重视，体现了对国务院南水北调办党组、班子成员以及广大党员干部的关心和爱护，有助于各级党组织和广大党员干部更好地遵守党的纪律，有助于从制度上强化党内监督，促进领导班子和领导干部廉洁从政，有助于以更严的标准、更实的作风推动中央决策部署在南水北调工作中全面落实。

鄂竟平代表国务院南水北调办党组郑重表态。一是主动接受派驻纪检组监督。要统一思想，提高认识，以身作则，做好表率，自觉接受监督，不回避矛盾，不掩盖问题。二是严肃政治纪律和政治规矩，严守工作纪律，服从派驻纪检组工作安排，实事求是地汇报工作，全面如实地反映情况。三是落实全面从严治党主体责任，发挥党组抓党建的关键作用，重点履行领导、用人、保障、管理责任，全面加强党的思想建设、组织建设、作风建设、反腐倡廉建设和制度建设。四是认真整改发现的问题，以闻过则喜的态度虚心接受，直面问题，即知即改，立行立改，积极主动地落实整改，决不推卸责任。

鄂竟平对机关各司局、各直属单位提出要求。一是统一思想，充分认识派驻机构和驻在部门是监督与被监督的关系，积极主动配合派驻纪检组的核实、调查等工作，不折不扣地贯彻落实。二是各级党组织要认真落实全面从严治党主体责任，深入学习贯彻《中国共产党廉洁自律准则》和《中国共产党纪律处分条例》，落实好“一岗双责”，把“两个责任”扛在肩上，抓在手中，落到实处，做到守土有责，守土尽责。三是党员干部要强化责任意识和服从意识，把派驻纪检组的监督看作是对自己政治上的关心，认真践行“三严三实”，做到忠诚、干净、担当，对组织忠诚，让组织放心，努力营造南水北调系统风清气正的政治生态。

田野在讲话中指出，中央纪委对中央一级党和国家机关全面派驻纪检机构，是深化纪律检查体制改革的重要成果。综合派驻改变“一对一”模式，有效整合现有派驻机构的力量，做到精简高效。综合派驻纪检组在

一家机关办公、管若干家的事，地位相对超脱，便于提高效能。中央纪委驻水利部纪检组综合监督水利部、国务院南水北调办，属于归口综合派驻，有利于强化监督执纪问责，充分发挥“派”的权威和“驻”的优势。

田野介绍了中央纪委派驻纪检组的工作职责、工作方式等情况，并对有关工作提出四条意见。一是督促主体责任落实。督促驻在部门各级党组织向中央看齐，增强带队伍的自觉性。提醒各级党组织和班子成员履行好“一岗双责”，抓好压力传导，形成纪检工作新常态。二是严格纪律规矩。进一步强化政治纪律，促使党员自觉遵守党纪国法，学好用好党章，运用好“六大纪律”的尺子，实践好监督执纪的“四种形态”。三是抓好纠风肃纪。紧盯“四风”问题，落实中央八项规定精神，管好“关键少数”，促使广大党员廉洁自律。四是强化责任追究。坚决落实“一案双查”要求，强化责任追究，既追究当事人的责任，又追究领导责任和落实两个责任不力的责任。

田野指出，中央纪委派驻纪检组与国务院南水北调办党组的目标是一致的。全面从严治党永远在路上，强化监督只有进行时。希望得到国务院南水北调办党组的指导，也希望办机关党委、纪委密切配合和全力支持。

国务院南水北调办总工程师李新军、总经济师朱卫东，机关各司局和直属单位负责同志参加会议。

（摘自南水北调网，略有删改）

2016年南水北调工作会议在北京市召开

2016年1月26－27日，2016年南水北调工作会议在北京市召开，总结东、中线一期工程全面通水运行以来各项工作，分析通水运行新阶段工作面临的形势，进一步统一思想，明确任务，创新发展，扎实工作，确保工程安全平稳运行，拓展南水北调事业发展空间。国务院南水北调办主任鄂竟平作工作报告。中纪委派驻纪检组组长田野出席会议并讲话。

鄂竟平在讲话中指出，2015年是东、中线一期工程由建设管理期向运行管理期全面转型的第一年。南水北调系统着力规范运行管理，积极落实“三先三后”，切实抓好尾工建设，协调推进后续工程，通水运行开局良好。一是工程运行安全平稳。中线一期工程累计为沿线省市调水25.8亿m^3。东线一期工程连续两年完成调水任务，抽江水95.6亿m^3，向山东供水6亿m^3。二是“三先三后”稳步落实。中线水源区水质持续向好，陶岔取水口、汉江干流水质达到Ⅱ类。东线通水期间水质保持在Ⅲ类。三是移民群众持续稳定。围绕抓稳定、促发展的目标，扎实推进征地移民扫尾、移民后扶等工作，移民生活水平逐步提高，生产条件不断改善，实现了“搬得出、稳得住”的阶段目标。四是尾工建设有序推进。48项尾工已完成47项。中线1238座跨渠桥梁全部交工验收，已移交1232座。五是党的建设齐驱并进。将党建工作与业务工作同部署、同推进、同落实，贯彻全面从严治党要求。认真开展“三严三实”专题教育，把严和实作为思考问题、推动工作的行为准则。配合、协助中央巡视组开展专项巡视，自觉接受监督。

鄂竟平指出，通过一年来的全力扎实推动，南水北调工程综合效益逐步显现。供水保障方面，中线受水区30座城市的供水保证能力得到改善，3800多万居民喝上了南水北调水。水质改善方面，北京市使用南水北调水后，自来水硬度明显降低；河南省受水区不少家庭净水器具下岗，直接使用自来水；河北省沧州市逐步切换为南水北调水源，告别饮用苦咸水、高氟水的历史。生态效益方面，沿线省市通过南水北调工程调水或置换当地原有水源，向河湖进行补水；绝迹多年的中华秋沙鸭、黑鹳等国家一级保护动物出现在丹江口、兴隆等水域。防灾减灾方面，江苏境内工程累计抽水5.8亿m^3，为缓解淮北地区旱情和宝应湖周边排涝发挥了积极作用；引江济汉工程多次向沿线河湖补水，满足农田灌溉用水及水产养殖需求。

鄂竟平指出，党的十八届五中全会确立了“创新、协调、绿色、开放、共享”的五大发展理念，是做好新时期南水北调工作的行动指南。当前，南水北调工作面临诸多有利条件：一是党中央、国务院的持续重视为做好南水北调工作提供了有力保障；二是改革发展大势为推进后续工作提供了坚实的制度基础和广阔的政策空间；三是南水北调工程效益逐步显现，重要性取得广泛共识；四是有关省市对后续工程建设需求强烈；五是运行管理逐步规范。与此同时，也要清醒地看到新时期面临的困难和问题：一是安全运行尚存风险；二是管理体制还未理顺；三是水质保障任务艰巨；四是移民发展后劲不足；五是用水量亟待提高。

鄂竟平强调，2016年是“十三五”规划的开局之年，也是南水北调工程扎实推进运行管理，全面转型开拓的关键之年。南水北调工作总思路是“稳中求好，创新发展”。稳中求好，前提和基础是稳，必须确保；目标和要求是好，要努力追求。2016年，要做到“七个着力”：一是着力抓好工程运行。认真总结东中线工程通水以来的经验教训，逐步提升运行管理规范化、现代化水平，确保工程安全。二是着力保障水质安全。处理好库区发展与治污环保的关系，水源区与干渠保护两手抓，确保水质安全。三是着力促进移民发展。贯彻“以人为本”的理念，协调落实移民帮扶政策，促进移民发展致富，确保库区及工程沿线社会大局稳定。四是着力推动后续工程。加强研究论证，积极协调沟通，创新方式方法，努力推动后续工程早日立项上马。五是着力做好尾工收口。尾工关系工程的功能和形象，变更索赔、竣工决算、工程验收关系到工程能否完美“收官”，不容忽视。六是着力谋划创新发展。创新发展是动力，通水运行期面临的困难和问题会接续而来，要通过创新来引领发展、破解难题，拓展事业发展空间。七是着力强化党建保障。坚决贯彻全面从严治党要求，不断加强和改进党的领导，让广大党员和党组织的创造力、凝聚力和战斗力不断增强。

鄂竟平指出，要继续发扬“负责、务实、求精、创新”的南水北调精神，以新的方法、新的举措推动各项工作落实。一是多动脑，善创新。要适应形势变化，破除思维定式，跳出工作惯性，推进南水北调创新发展。二是踏实干，敢担当。要以问题为导向，多推务实之举，多出务实之策。对定下的事，要持之以恒、咬住不放，从细处着眼、在实处发力。对已干的事，要一干到底、善始善终。三是守法规，讲原则。对于法定职责内的事，要执行好。对于协商确定的事项，要兑现落实。对于违法违规妨碍南水北调工作的，要依法维护权益。四是能合作，重大局。要树立大格局、拓宽大视野，维护南水北调大局。要多走动、常联系、勤协商，同心协力，推动工程安全运行、充分发挥效益。

田野指出，南水北调各单位认真贯彻中央兴水惠民决策部署，积极落实“三先三后”原则，励精图治、攻坚克难，东线中线齐头并进，通水运行开局良好，调水质量持续达标，移民征地稳定有序，资金使用规范高效，向党中央、国务院和人民群众交上了一份满意的答卷。与此同时，认真贯彻中央全面从严治党战略部署，落实党委主体责任和纪委监督责任，执行中央八项规定精神，纠正“四风”，开展“三严三实”专题教育，也都取得了明显成效，南水北调战线风清气正、干事创业的良好氛围正在形成。把管行业与管行风结合起来，把党风廉政建设融入业务工作一同部署并协调推进，是国务院南水北调办党组忠实履行职责的鲜明特征。此次会议强调部署从严治党和党风廉政建设，就是贯彻这一“两手抓”原则的重要安排。

田野就落实十八届中央纪委第六次全会精神，贯彻全面从严治党要求讲了3点意见。一是正确把握当前党风廉政建设形势，切实增强管党治党的责任感。全面从严治党永远在路上，只有进行时，这既是中央的要求，也是推进南水北调各项工作顺利进行的根本保证。2016年是“十三五”规划开局之年，南水北调的任务依然繁重，工程建设、管理、运行和党风廉政建设必须“两手抓、两手硬”。要切实把管党治党主体责任扛在肩上、抓在手里，用“钉钉子”的精神和“踏石留印、抓铁有痕”的劲头，打好遏制违纪违法问题易发多发的攻坚战，为“十三五”时期南水北调工作谋好篇、开好局。二是管党治党根子在党委，关键靠担当。各单位要向中央看齐，也要向办党组看齐，把管党治党的责任当成最根本的政治责任，把抓好党建作为重大的政绩。要加强压力传导，把责任压实压紧。各单位要传导到各个处、各个参建单位，并抓好各方面的工作。要把监督执纪的“四种形态”贯穿于党员干部的日常管理中，将这“四种形态”变成“四种防线”，换来党员干部的不出事、少出事、不出大事。当前，要特别注意结合对中央巡视组发现问题的处理和整改，来把握好、实践好“四种形态”。三是支持纪委落实监督责任，形成党风廉政建设整体合力。党委的主体责任和纪委的监督责任是一体两面，二者相互协调、共同促进，其中主体责任是前提，监督责任是保障。党委的主体责任是党风廉政建设的“牛鼻子”，要切实增强责任意识，当好指挥官，把力量整合起来，把关系理顺。加强顶层设计，不断加强在选人用人、深化作风建设、加强纪律监督、廉政风险防控和坚决惩治腐败等方面的制度建设，用制度管人、管事、管长久。要健全纪检机构，落实人员保障。各单位要结合实际健全完善纪检监察工作机构，优化纪检监察干部队伍。支持纪委通过转职能、转方式、转作风，真正把监督执纪问责的工作担当起来。

工程沿线各省（直辖市）南水北调办事机构、移民机构、环保机构和项目法人负责同志分别进行交流发言，并分组进行讨论，就有关工作提出了建议。

国务院南水北调办总工程师李新军、总经济师朱卫东，机关全体公务员、各直属单位班子成员参加会议。

（摘自南水北调网，略有删改）

中央第十五巡视组专项巡视国务院南水北调办党组情况反馈会在北京市召开

根据中央巡视工作领导小组部署，中央第十五巡视组向国务院南水北调办党组反馈专项巡视情况。2016年2月2日上午，在北京召开了中央第十五巡视组专项巡视国务院南水北调办党组情况反馈会。中央巡视工作领导小组成员、办公室主任黎晓宏向国务院南水北调办党组书记、主任鄂竟平传达了习近平总书记关于巡视工作的重要讲话精神，中央第十五巡视组组长杨文明，副组长丁伯东、李维超、杨景海反馈了专项巡视情况。之后，杨文明同志代表中央巡视组向国务院南水北调办党组领导班子进行了反馈，黎晓宏同志对巡视整改工作提出要求。鄂竟平同志主持会议并作了表态发言。

根据中央统一部署，2015年11月1日~12月31日，中央第十五巡视组对国务院南水北调办党组进行了专项巡视。巡视组认真贯彻中央巡视工作方针和《中国共产党巡视工作条例》，坚决落实政治巡视要求，紧紧围绕加强党的领导这个根本，聚焦全面从严治党，把纪律挺在前面，以“六项纪律”为尺子，从严从实开展巡视监督。通过广泛开展个别谈话，认真受理群众来信来访，调阅有关文件资料，深入了解情况，发现问题、形成震慑，顺利完成了巡视任务。中央巡视工作领导小组听取了巡视组的巡视情况汇报，并向中央政治局常委会报告了有关情况。

杨文明指出，党的十八大以来，国务院南水北调办党组认真贯彻十八大和十八届三中、四中、五中全会精神，深入贯彻习近平总书记系列重要讲话精神，落实主体责任和监督责任的力度不断加大，反腐败斗争取得一定成效。巡视中，巡视组发现和干部群众反映了一些问题，主要是：一是党的领导弱化，党的建设缺失，全面从严治党不力。对全面从严治党统筹部署、以上率下和督促检查不够，对监督执纪问责领导不力，“两个责任”落实不到位；纪检监察力量弱、标准松、调查浅、执纪软，对违纪行为和明显违反中央八项规定精神的人和事，处理不及时、不严格；选人用人程序不规范，存在违规提拔干部问题，个人事项报告不实比例较高。二是工程建设监管不到位，合同变更索赔多，导致工程投资不断增加，个别项目涉嫌利益输送。同时，巡视组还收到反映一些领导干部的问题线索，已按有关规定转中央纪委、中央组织部等有关部门处理。

杨文明提出了4点意见建议。一是切实发挥党组领导核心作用，加强党的建设，推进全面从严治党。巡视发现的问题，根本原因在于党的领导弱化、党的建设缺失、全面从严治党不力。加强党组织建设，立即纠正个别下属单位没有党组织的问题。认真学习贯彻《中国共产党廉洁自律准则》和《中国共产党纪律处分条例》，严格遵守党的政治纪律和政治规矩。二是把握和运用好监督执纪“四种形态”，把纪律和规矩挺在前面，大力支持纪检监察机构履行监督责任。严肃查处违反中央八项规定精神问题。结合巡视反馈指出的问题和提出的意见建议，召开专题民主生活会进行深刻剖析、对照检查，提出整改措施。三是认真执行《党政领导干部选拔任用工作条例》，树立正确的用人导向，坚持党管干部原则，严肃组织人事纪律，严格执行领导干部个人有关事项报告制度和党政干部任职回避制度，认真纠正选人用人中的不规范问题。四是强化对工程质量、招投标、变更索赔等关键环节的监管，防范廉洁风险，理顺工程运行管理机制。

黎晓宏同志指出，南水北调办党组要深入学习贯彻习近平总书记重要讲话精神，坚决落实政治巡视要求，坚持党的领导、加强党的建设、全面从严治党；要高度重视中央巡视组反馈的意见，在条条要整改、件件有着落上集中发力，建立问题、任务、责任清单，逐一抓好落实，按时报告整改情况；要切实履行巡视整改主体责任，加强组织领导，扎紧制度笼子，促进改革发展，确保取得整改实效。对巡视整改情况，要以适当形式向社会公开，接受干部群众的监督，中央巡视工作领导小组办公室将适时组织开展监督检查。

鄂竟平同志表示，习近平总书记关于巡视工作的重要讲话，进一步彰显了党中央坚持党要管党、全面从严治党的坚定决心，为新形势下管党治党特别是坚定不移推进党风廉政建设和反腐败斗争指明了方向。中央第十五巡视组既充分肯定成绩，又严肃中肯指出问题，实事求是、符合实际，南水北调办党组诚恳接受，将坚决把思想和行动统一到习近平总书记重要讲话精神和中央巡视反馈要求上来，以坚定的信心、负责的态度、有力的措施，不折不扣地落实整改。

鄂竟平同志强调，南水北调办党组对整改落实负总责，党组书记是第一责任人，党组成员要按照分工，负责督促各司各单位抓好落实。要抓紧制定整改工作方案，逐项明确责任单位和整改要求，建立整改销号台账和跟踪督办制度，确保整改落实到位。要以整改为契机，全面贯彻从严治党要求，推动“两个责任”落实。要强化建章立制，加强对重点岗位、关键环节和领导干部的监管，完善问责机制，畅通监督渠道，在抓早抓小上下功夫。要把思想政治教育摆在首要位置，引导广大党员牢固树立纪律和规矩意识。要严格执行八项规定，深化作风建设，强化执纪问责，防止“四风”问题反弹。要进一步深化干部人事制度改革，规范干部选拔任用，加强干部监管，努力建设忠诚干净担当的高素质干部队伍。

中央第十五巡视组有关成员、中央纪委驻水利部纪检组负责同志、南水北调办党组领导班子成员出席会议；南水北调办机关、直属事业单位处级以上干部，直属企业单位班子成员、部门及二级企业主要负责同志列席会议。

（摘自中央纪委监察部网站）

中线建管局2016年工作会议在北京市召开

2016年2月3日，中线建管局在北京市召开2016年工作会议。国务院南水北调办主任鄂竟平、副主任张野出席会议。鄂竟平在讲话中强调，要牢牢把握“稳中求好、创新发展”的总基调，确保平稳运行，努力求好，创新增收。中线建管局要根据这个总要求，全面部署做好2016年各项工作。

鄂竟平充分肯定了中线建管局在2015年取得的成绩。他指出，2015年中线建管局在供水压力大、运行难度大，以及各种风险多、矛盾多、队伍新的严峻形势下，工作思路明确，办法措施得力，领导班子坚强有力，干部职工齐心协力，实现了确保足额供水、水质达标的目标。通过一年的努力，适时调整了机构，配齐相应人员，建立了运行机制，提升了工程管护能力和应急处置能力，初步实现了运行规范化，圆满完成了调水任务，交了一份满意的答卷。鄂竟平指出，通水一年来综合效益显著，沿线四省市3800万人受益，北京市地下水位首次回升，主要城市生态环境改善，经济社会生态人文效益明显，意义十分重大。在全面进入运行管理的新阶段，他希望中线建管局正确认识面临的新形势，充分化解好工程事故、自然灾害、突发事件、自身不足等方面风险，全面提高运行管理、应急管理、队伍建设水平。

鄂竟平要求中线建管局认真贯彻落实2016年南水北调工作会议的精神和部署，按照“稳中求好、创新发展”的总要求，开拓各项工作的新局面。对中线建管局来说，“稳”就是要坚持工程平稳运行、水质稳定达标、尾工稳妥收官、干部安全；“好”就是实现工程管理水平一流、工程形象面貌一流、干部职工素质一流、工程效益充分发挥。“求好”，就是要运行管理更规范、机构设置更科学、监管机制更管用，把提高职工素质作为关键，高度重视开拓创新。对中线建管局来讲，“发展”就是盘活现有资产，创造效益最大化；“创新”就是用新的思路经营现有资产、新的理念创立最佳的管理机制、用新的方法推动新时期的新工作。

鄂竟平强调，要坚决贯彻全面从严治党要求，不断加强和改进党的领导，落实党委主体责任和纪委监督责任，高度重视党风廉政建设。全体干部员工要负责敢担当，要务实能干事，要求精上水平，要创新有作为。重点做好4个方面的工作，一是做好巡视反馈问题的整改工作；二是从小事抓起，盯守纪律规矩，全面加强作风建设；三是盯紧风险点和重点人员，严格管控工程决算、设计变更索赔、运行管理招标等行为，在廉政建设上跟党中央及办党组保持一致；四是发挥教育、提醒、内查、内审的作用，从快处置违纪行为。

中线建管局局长张忠义在会上作了《夯

实基础，提升水平，创新发展》的工作报告，他表示将全面贯彻落实南水北调系统工作会议精神，立足于“稳”，狠抓工程度汛，规范运行调度，加强安全监管，抓牢水质保护；稳中求“好”，严格制度执行，注重细节提升，抓好工程管护，提高工程形象；稳中求“新”，深化竞争机制，优化企业管理，强化资源开发，实现创新发展。狠抓党风廉政建设，充分发挥党员先锋模范作用，增强队伍的凝聚力和战斗力。

国务院南水北调办总工程师李新军、总经济师朱卫东，机关各司、各事业单位、东线总公司主要负责同志参加会议。

（摘自南水北调网，略有删改）

北京市南水北调配套工程建设先进评选表彰工作电视电话会召开

2016年2月5日，北京市召开南水北调配套工程建设先进评选表彰工作电视电话会，向在北京市南水北调配套工程建设中作出突出贡献的100家先进集体和1000名先进个人予以表彰。会议厉行节俭办会原则，市政府设立主会场，市南水北调办、市水务局、相关区政府等部门设立17处分会场。国务院南水北调办主任鄂竟平、北京市市长王安顺出席会议并讲话。

北京市常务副市长李士祥主持表彰工作会，市政府党组成员夏占义通报南水北调北京市配套工程建设与通水情况，副市长林克庆宣读表彰决定，与会领导向先进集体、先进个人代表颁发荣誉证书。

夏占义全面总结了北京市南水北调配套工程建设管理等工作情况：一是三大重点确保预期目标圆满完成。北京市实施密云水库调蓄工程，拓展工程布局和功能；建成大口径“城市输水环路”，实现多水源互联互通；拓展滞洪水库功能，兼具防洪与调蓄。二是五大理念引领工程建设顺利推进。围绕“创新、协调、绿色、开放、共享”五大理念，北京市南水北调工作在科技、机制、管理创新，促进产业布局、促进城乡供水服务均等化，改善水环境，优化规划设计施工，引导节水生活方式，做好宣传，做好对口协作等方面发挥了重要作用。三是4条经验积累建设管理宝贵财富。党中央英明决策，国家部委支持指导，是工程目标圆满实现的根本；市委市政府坚强领导，建委会成员单位协调联动，是配套工程圆满成功的前提；落实“三严三实”要求，践行党的群众路线，是配套工程顺利推进的关键；追求卓越的工作理念，甘于奉献的工作团队，是成就南水北调事业的力量源泉。关于下一步工作，他说，一是抓紧完成下一阶段配套工程建设任务；二是科学编制配套工程后续规划；三是精细调度高效用好各种水源；四是深入推进节水型城市建设。

鄂竟平在讲话中说，此次参加北京市南水北调配套工程表彰会这样一个喜庆的大会，满怀喜悦之情。首先是祝贺，祝贺获得表彰的100个先进集体和1000名先进个人，祝贺北京市南水北调工程建设取得了可喜的成绩。然后是感谢，北京市用水量最多，用水居民户比例最高，缴纳水费最快，用水效益最好。充分说明北京市委、市政府认真贯彻党中央、国务院关于南水北调工程的各项决策，不打折扣，广大北京市民对南水北调工程真心拥护和支持。感谢采取“喝、存、补”的科学用水思路，多用水、用足水、用好水，为贯彻执行“三先三后”原则，充分发挥工程效益做出了榜样；感谢北京心系库区，动真情、用实招，为移民稳定、经济发展和水质保护办了很多实事；感谢下大力气宣传南水北调，促进全社会形成爱水、惜水、节水、用好水的良好氛围，让广大市民感受到南水北调工程给大家带来的实实在在的好处。最后是希望，希望北京市切实贯彻好习近平总书记、李克强总理、张高丽副总理对南水北调工程的系列重要指示、批示精神，继续下大气力抓好配套工程建设，让更多的市民尽早喝上南来好水；继续切实加强工程的运行维护和水质保护，确保工程安全、水质安全和用水安全；继续强化节水机制，落实地下水压采规划，统筹水源利用，进一步发挥南水综合效益；继续开展好与水源区的对口协作，实现南北共建、互利双赢，为保证清水永续北送提供稳定的社会基础；继续在推动东线后续工程前期工作上给予国调办支持与配合，促使工程早日开工，早日为首都、为京津冀协同发展开辟一条生命水道。国务院南水北调办也一定会竭尽所能，确保将优质的长江水源源不断地送到首都！

王安顺在讲话中指出，党中央国务院的坚强领导、沿线省市的团结协作是南水进京的根本保障。中央领导及南水北调办等国家相关部门多次亲临北京检查指导工作，推动工程建设顺利进行，为我市做好工程建设指明了方向、提供了强大动力。库区人民顾全大局、舍家为国，40 多万人移民搬迁，涌现出很多可歌可泣的感人故事。20 多万建设大军，夜以继日、艰苦奋战，为南水早日进京作出了巨大贡献。南水进京凝聚着全市南水北调工程建设者、参与者的辛勤劳动和汗水。市委市政府高度重视工程建设和管理，在机构设置、人员配置、资金调配和工程监管等各方面加大力度，积极主动开展工作，明确提出南水北调配套工程要率先开工、率先投入使用。广大的工程建设者和参与者主动担当，攻坚克难，甘于奉献，用智慧和汗水谱写了壮丽的篇章，实现了“调得进、用得上、管得好”的工作目标。最后，王安顺提出要求：一是要再接再厉做好后续工作，让南水北调工程更好惠及人民群众。南水进京只是第一步，要最大限度用足用好南水北调水，还有大量工作要做。一定要按照中央领导提出的明确要求，科学调度，管好用好南水北调水，继续推进后续配套工程建设，持续做好水质监测，确保南水北调工程平稳安全运行、发挥更大效益。二是要立足京津冀协同发展，共同保护好首都水资源。“十三五”时期是我国全面建成小康社会决胜阶段，也是北京落实首都城市战略定位、推动京津冀协同发展、加快建设国际一流的和谐宜居之都的关键阶段，水资源紧缺和水污染仍然是制约首都城市发展的短板。一定要牢固树立和贯彻落实“创新、协调、绿色、开放、共享”的发展理念，按照中央提出的“先节水后调水、先治污后通水、先环保后用水”原则，加快节水型社会建设，大力推进水环境治理，加大与库区和沿线省市的对口协作力度，让这一泓清水真正成为促进发展的友谊之水，造福人民的幸福之水。

北京市领导牛有成、李长友，国务院南水北调办建管司司长李鹏程，中线建管局局长张忠义等出席会议，北京市政府有关部门、有关单位主要负责同志，一线参建单位代表及获奖人员参加会议。

（北京市南水北调办）

南水北调东线总公司 2016 年工作会议在北京市召开

2016 年 2 月 26 日，南水北调东线总公司在北京市召开 2016 年工作会议。国务院南水北调办副主任张野出席会议并作重要讲话。

张野在讲话中充分肯定了东线总公司 2015 年取得的成绩。张野指出，东线总公司在国务院南水北调办党组的坚强领导下，在各有关方面和沿线地方政府的大力支持下，圆满完成了 2014 - 2015 年度调水任务，工程运行平稳，水质稳定达标，为沿线数千万人民提供优质、稳定、可靠的水源。东线工程近期还实施了向南四湖、东平湖补水，极大改善了“两湖”生产、生活和生态环境。东线工程的社会、经济、生态效益逐步显现。东线总公司也通过建制度、定规章、抓落实，管理水平日趋规范，人员队伍不断发展壮大，形成一支朝气蓬勃、积极向上、具有凝聚力和战斗力的团队。

张野强调，东线总公司要认真贯彻落实2016年南水北调工作会议精神，抓住新的机遇，迎接新的挑战，做到“稳中求好，创新发展”。一要深化认识，统一思想，优质、高效完成年度调水任务，努力实现东线效益最大化。二要做好后续工作的筹划，积极推动东线后续工程前期工作。三要理顺体制机制，加强制度建设，使公司管理和运行全面正规化、规范化、制度化。四要创新思路，谋划公司的长远发展。五要不断加强党风廉政建设，建立检查督促机制，切实做到一岗双责。

东线总公司负责同志在会上作了《保运行平稳，促思路创新，努力开创东线发展新局面》的工作报告。东线总公司将在确保工程平稳运行、水质稳定达标的基础上，提高管理的规范化水平，实现公司运营稳中求好，努力使东线的用水效益更好、水质的指标更好、工程的形象更好，用新思路开创东线发展新局面。

国务院南水北调办综合司、投计司、经财司、建管司、环保司负责同志及南水北调东线总公司全体人员参加了会议。

（摘自南水北调网，略有删改）

南水北调工作座谈会在北京市召开

2016年3月2日，南水北调工作座谈会在北京市召开。国务院南水北调办副主任张野主持会议并讲话。

张野在会上介绍了2016年南水北调工作会议有关情况，通报了2015年南水北调工作及2016年南水北调工作安排。在交流发言中，建委会各成员单位相关负责人表示，2015年南水北调工作扎实有效、成绩可观，工程效益逐步显现，得到了社会各界的认可，2016年南水北调工作总体思路清晰，目标明确，部署周密，各成员单位将进一步加大工作力度，继续支持南水北调工程建设、发展。各成员单位相关负责人还就南水北调工程下一步工作提出了具体意见建议。

张野对南水北调工程建委会各成员单位长期以来对南水北调工作的大力支持表示了诚挚地感谢，强调在今后的工作中将认真汲取采纳各成员单位提出的意见建议，希望各成员单位继续支持南水北调工作，在建委会的坚强领导下，共同做好南水北调工作。

水利部、科技部、公安部、财政部、国土资源部、环境保护部、住房和城乡建设部、交通部、审计署、农业部、人民银行、国有资产监督委员会、林业局、法制办、中国保险监督委员会、国家能源局、国家文物局、开发银行等单位相关负责人，国务院南水北调办机关各司相关负责人参加会议。

（摘自南水北调网，略有删改）

南水北调工程投资管理工作座谈会在北京市召开

2016年3月23～24日，国务院南水北调办在北京市召开南水北调工程投资管理工作座谈会。国务院南水北调办副主任张野出席会议并作重要讲话。

张野对南水北调工程投资管理作了充分肯定。一是投资管理规范有序，二是投资管理创新发展，三是投资保障有利，四是投资总体可控。

张野强调，要高度重视投资管理的重要性和艰巨性，随着工程建设逐步收尾，投资管理工作到了最后收口阶段，投资控制任务依然艰巨。针对下一步工作，张野提出3点要求。一是要统一思想，强化细化投资控制目标。各项目法人要切实担负起投资控制的主体责任，严守投资控制底线。二是要集中力量，抓好剩余变更索赔处理。各项目法人要加强领导，坚持以合同为依据，合规合理地处理变更索赔，同时要增强反索赔意识和风险意识。三是要统筹考虑，逐步解决遗留问题。

会议总结了投资计划执行和投资控制情况，交流了投资控制经验，分析了投资控制的形势和工作中面临的问题，研究了进一步加强投资管理工作的措施以及下一步工作。

国务院南水北调办投资计划司、经济与财务司、建设管理司，南水北调工程建设监管中心、设计管理中心，各项目法人、东线公司及中线委托建设管理单位有关负责同志参加会议。

（摘自南水北调网，略有删改）

南水北调工程运行监管工作会议在郑州市召开

2016年3月31日，国务院南水北调办在郑州市召开南水北调工程运行监管工作会议，总结东、中线一期工程全线通水以来的运行监管工作，部署2016年工程运行监管任务。国务院南水北调办副主任蒋旭光出席会议并讲话。

蒋旭光充分肯定了2015年南水北调工程运行监管工作。通过加强工程运行监管制度机制建设，严格检查和整改运管问题，突出监管重点和关键部位，强化重点时期的监督管控，对典型问题开展专项监管，严肃开展运管问题责任追究，初步建立起了工程运行监管工作机制，初步形成了运行监管的高压氛围，实现了平稳供水、安全运行的目标，奠定了规范化管理基础。

蒋旭光指出，要正确分析当前运行监管面临的形势：一方面工程运行监管工作得到普遍重视，工程运行管理逐步规范，对运行监管工作的认识进一步深化，对运行管理基本情况、监管工作重点、规律和节奏等有了更准确的把握；另一方面运行监管工作也面临诸多问题和挑战，当前亟须强化危机意识和忧患意识，深刻认识运行监管工作面临的风险和隐患，深刻认识运行初期工程自身存在的磨合、完善问题和运管队伍能力水平存在的差距，进一步克服松懈、自满、麻痹等情绪，从难、从严、从细、从实做好运行监管工作，确保运行安全。

蒋旭光强调，今后一个时期运行监管的要求是高压从严，持续发力，精准监管，确保安全，为工程规范管理和安全平稳运行提供可靠保障。一是完善工程运行监管制度体系。通过《责任追究办法》的修订和执行中的从严掌握强化威慑作用，制定运行管理举报受理管理办法及奖励实施细则，制定工程运行稽察管理办法，完善重要建筑物和典型渠段重点监管方案，研究运行管理考核评价办法及相应指标体系。二是创新工程运行监管方式，探索建立工程运行监管联动机制，创新检查内容，丰富监管手段，研究建立政府监督层面的考核评价机制，把运行监管和质量监管结合起来。三是充分发挥社会监督作用。重视举报反映的问题线索，在对重大举报事项开展直接调查的同时，加强对一般举报事项的调查结果的复核。四是继续严查问题严格整改严肃问责，适当提高责任等级，明确责任追究对象，注重责任追究依据，增强针对性和精准度。五是加强重点监管和专项监管，进一步调整补充重点项目范围，切实落实运行管理重点项目的管理责任，提高对工程运管重要时期的敏感性。六是加强工程巡查值守和应急工作，对巡查值守工作进行优化安排，切实履行岗位职责，进一步完善应急处置机制，做好与地方应急部门的沟通协调、信息共享和联动配合，确保通水安全万无一失。

蒋旭光要求各单位认真贯彻“稳中求进、创新发展”的总思路，在运行监管中加强领导，落实责任，开拓创新，注重成效，加强协调，发挥合力，长远谋划，强化队伍建设，秉承“严字当头”的监管原则，严抓运行、规范管理、持续高压、精准发力，努力提高工程规范化管理水平，保障工程效益发挥，切实造福沿线人民群众。

会上，国务院南水北调办建管司通报了工程运行管理工作情况并提出建议和要求，监督司、监管中心、稽察大队分别通报了运行监管工作、专项稽察和飞检工作情况。与会代表就工程运行监管工作进行了交流发言。工程沿线各省（直辖市）南水北调办（局）、各工程管理单位代表参加会议。

（摘自南水北调网，略有删改）

南水北调工程2016年度安全生产工作会在扬州市召开

2016年4月7~8日，国务院南水北调办在江苏省扬州市召开南水北调工程2016年度安全生产工作会。国务院南水北调办副主任张野出席会议并讲话。国务院应急办、国家安全生产监督管理总局有关同志出席会议。

张野在讲话中指出，2015年是南水北调工程由建设转入运行的关键一年。一年来，南水北调工程安全生产工作坚持“安全第一，预防为主，综合治理”的工作方针，全面贯彻落实国家安全生产法律法规和有关要求，紧紧围绕确保工程安全运行工作目标，周密部署，强化责任，狠抓落实，确保了东中线年度水量需求足额调度，全年未发生生产安全事故。

张野在肯定成绩的同时，分析了南水北调工程安全生产工作面临的形势，明确了2016年安全生产管理工作的总体思路和目标任务。他强调，当前南水北调东、中线一期工程已全面转入运行管理阶段，安全生产管理面临新体制、新形势和新要求，安全生产管理存在新挑战，任务艰巨。各有关单位要以责任管理为核心，加强组织领导，推动工程运行安全管理标准化、规范化和信息化建设，有效防范和遏制重特大事故发生，确保工程安全平稳运行。

对2016年南水北调工程安全生产工作，张野要求重点抓好以下几方面的工作：一是加强工程运行安全管理工作。各有关单位要按照“党政同责、一岗双责、失职追责”的要求，严格落实安全管理主体责任，加强运行管理体系、管理清单、规章制度及技术标准建设，研究制定工程建设期运行管理阶段安全管理工作方案，全面做好工程安全管理工作。二是做好防洪度汛工作。各有关单位要完善防汛组织机构，制定度汛方案和应急预案，抓好防汛物资储备管理和防汛抢险队伍建设工作，加强与地方防汛指挥部门的沟通联系，建立完善防汛值班制度，组织开展好防汛检查，确保工程度汛安全。三是做好工程安保工作。各有关单位要完善安全保卫组织管理、规章制度和技术标准建设，落实安全保卫主体责任，细化工程保护重点、强化信息安全管理、推广设立警务室，建立长效机制，形成安全防范工作体系，确保安保工作有章可循。四是加强应急保障能力建设。要结合工程运行实际，进一步完善相关预案，明确各类突发事件的防范措施和处置程序，加强应急演练，构建运转高效的应急管理机制，提高应急能力。五是做好隐患排查治理工作。要继续保持隐患排查治理工作的常态化，不断加大隐患排查治理的力度，切实消除事故隐患。六是做好特殊时期安全生产工作。要高度重视做好重大政治活动、节假日、高温、台风、严寒、冰期等特殊时期安全生产和安全运行工作，保证特殊时期生产安全。七是做好安全教育培训。要加强安全生产法律法规、制度规范等宣传培训和现场培训，努力提高职工安全防范能力、自我保护意识，不断提高安全生产管理水平。八是做好工程施工安全生产管理工作。要根据工程实际，坚决克服麻痹思想和侥幸心理，针对有关施工任务，加强安全监管，严防各类施工安全事故发生。九是加强监督检查。要认真组织开展好各层次的监督检查工作，实现监督检查工作的制度化、常态化、规范化，确保安全监督检查工作全面覆盖、不留死角。十是加大安全事故处理力度。要严肃安全事故查处，对发生的事故，严格按照“四不放过”和“依法依规、实事求是、注重实效”的原则，坚决追究责任，严肃问责。

国务院南水北调工程安全生产领导小组成员，各省（直辖市）南水北调办（建管局）、各项目法人、运行管理单位等有关负责同志参加了会议。

（摘自南水北调网，略有删改）

2016年南水北调宣传工作会议在安阳市召开

2016年4月8日，国务院南水北调办在河南省安阳市召开南水北调宣传工作会议，总结近年来工作，交流经验，安排部署下一步宣传工作任务。国务院南水北调办党组成员、副主任蒋旭光出席会议并讲话。

蒋旭光指出，近年来南水北调系统各单位围绕南水北调工程建设和通水运行大局，积极进取，狠抓各项宣传工作的落实，取得积极成效，为南水北调工程成功通水、平稳运行营造了良好的氛围。

蒋旭光强调，宣传工作服务和促进南水北调中心任务的责任十分重大，做好宣传工作是南水北调系统的长期目标。各司局、系统各单位要进一步增强做好南水北调宣传工作的使命感和责任感。要围绕南水北调中心工作，服务大局，系统谋划好、实施好宣传工作。要切实提高认识，加强领导，加大投入，推动宣传工作再上新台阶。

蒋旭光指出，当前，南水北调工程进入通水运行新阶段，宣传工作也面临新任务新挑战，要按照稳中求好、创新发展的要求，积极开拓，创新思路，增强服务功能，为南水北调大局做贡献。宣传工作指导思想是服务南水北调中心工作，为工程运行创造良好氛围，讲好南水北调故事，树立南水北调形象。当前需要特别重视的宣传内容是：南水北调工程的重要作用；南水北调工程的显著效益；工程运行管理取得的成绩和经验；配套工程和尾工建设的进度；移民稳定发展的情况；水质保护的成效；“三先三后”原则；讲好南水北调精神故事。

蒋旭光指出，面临新的宣传形势和任务，要切实强化以下重点工作：一是切实加强宣传策划；二是充分发挥主流媒体作用；三是重视拓展新兴媒体渠道；四是强化信息报送工作；五是抓好舆情监督和应急宣传工作；六是继续加强同相关部门联系；七是利用好南水北调报纸、网站；八是加强南水北调宣传协调配合；九是做好南水北调文化宣传。

国务院南水北调办机关各司、各直属事业单位，各省（直辖市）南水北调办（建管局），移民和环保机构，各项目法人分管宣传工作的负责同志和宣传部门负责人参加会议。

（摘自南水北调网，略有删改）

国务院南水北调办召开廉政工作会

2016年4月19日，国务院南水北调办召开廉政工作会，学习贯彻落实十八届中央纪委六次全会精神和国务院第四次廉政工作会精神，分析南水北调党风廉政建设和反腐败工作形势，安排部署2016年工作。国务院南水北调办党组书记、主任鄂竟平，中央纪委派驻纪检组组长田野出席会议并作讲话，国务院南水北调办党组成员、副主任张野、蒋旭光，总工程师，总经济师及机关全体公务员、直属单位班子成员参加会议。

会议传达学习了习近平总书记在十八届

中央纪委六次全会重要讲话精神以及李克强总理在国务院第四次廉政工作会重要讲话精神。鄂竟平指出，习近平总书记和李克强总理的重要讲话是站在党和国家全局高度对党风廉政建设和反腐败所取得成效的充分肯定，是对当前严峻复杂形势的深刻分析，指明了当前和今后时期的工作目标任务和总体要求。南水北调办广大党员干部要深刻理解总书记和总理的重要讲话精神，认清新形势，领会新要求，认真贯彻落实。

鄂竟平指出，近年来办党组认真贯彻党中央、国务院关于党风廉政建设和反腐败工作部署，落实全面从严治党要求，强化“两个责任”，深入开展“三严三实”专题教育和廉政宣传教育，靠制度管人管事管钱，加强监督执纪问责，党风廉政建设取得了显著成效，确保了南水北调东、中线一期工程如期建成和安全平稳运行。鄂竟平强调，在充分肯定成效的同时必须清醒认识到问题：全面从严治党还有待加强；纪检监督机构力量还有待增强；思想认识还有待提高；监督执纪问责能力还有待提升；党员干部自身问题还有待完善。

鄂竟平要求，要深刻理解中央关于党风廉政建设的新形势和新要求，充分认识党风廉政建设和反腐败工作的严峻性、复杂性和长期性，增强做好工作的信心和决心。鄂竟平强调，结合当前的反腐倡廉工作形势，必须提高以下几个方面的认识：一是必须增强看齐意识。广大党员要向党中央看齐，向党的理论和路线方针看齐，向习总书记看齐。二是必须深刻理解全面从严治党新形势。各级党组织特别是主要负责人，要把抓好党建作为首要之责，切实树立“抓好党建是本质、不抓党建是失职、抓不好党建是不称职”的理念，抓深抓细抓严党的建设。三是必须把纪律建设摆在更加突出的位置。各级党组织和纪检组织必须坚持纪严于法、纪在法前，把纪律挺在前面。四是必须正确把握监督执纪“四种形态”。日常工作中发现问题要真管真严，要同本人见面，谈话函询，及时诫勉，防止小错酿成大错。

鄂竟平指出，南水北调工程已进入通水运行新阶段，必须更加重视党风廉政建设工作，打造一支忠诚、干净、担当的南水北调队伍，坚定不移地做到“政治上跟党走、经济上不伸手、生活上不丢丑”。一是各级党组织要深入开展好“两学一做”学习教育，认真组织学习党章党规和习近平总书记系列重要讲话，教育党员干部做“四讲四有”的合格党员。二是要建设党建和纪检工作平台，探索治党管党新机制，发挥多方合力，层层落实主体责任和监督责任。三是要做好廉政风险防控，规范权力运行，强化监督管理。要把好工程建设和运行管理领域的监督关；要强化党内监督，严格党内政治生活；要把好日常监督关，严格执行《干部任用条例》，严格个人有关事项报告、一报告两评议、谈心谈话、干部问责等制度。四是要严格标准，突出重点，形成反腐倡廉高压态势和有效震慑。坚决惩处违纪违规行为，保持“不敢”违纪的高压态势；加强制度建设，打造“不能”违纪的制度篱笆；加强教育引导，增强“不想”违纪的思想自觉。五是要适应纪检工作新常态，加强纪检机构和纪检队伍建设，不断提高纪检干部监督执纪问责能力和水平。

田野在讲话中指出，十八届中央纪委六次全会和国务院第四次廉政工作会议，是我们做好今年和今后一个时期全面从严治党、党风廉政建设和反腐败工作的基本遵循和指南，我们要把思想和行动统一到中央的决策部署上来，正确认识当前南水北调党风廉政建设的形势，坚定做好纪检工作的信心，立足当前，谋划长远，以顽强的毅力和不屈的韧劲，把南水北调办党风廉政建设和反腐败斗争引向深入。国务院南水北调办纪检部门要在全面从严治党中找准职责定位，强化监督执纪问责，一要抓好“两学一做”学习教育，进一步严明党的纪律；二要常抓长管，夯实管党治党责任；三要创新方式方法，积极探索强化党风廉政建设的有效途径；四要纠风肃纪，驰而不息纠正“四风”；五要铁腕惩腐，继续保持遏制腐败的高压态势；六要抓好自身建设，打造忠诚干净担当的纪检队伍。

（摘自南水北调网，略有删改）

国务院南水北调办召开中线工程规范运行管理现场会

为进一步规范中线工程运行管理工作，2016年4月19~21日，国务院南水北调办组织召开了中线工程规范运行管理现场会。现场会分现场检查、总结座谈会等两阶段，国务院南水北调办主任鄂竟平、副主任蒋旭光分别带队进行了现场检查，参加总结座谈会并讲话。

该次现场检查分南线、北线2个大组共4个小组，采用“飞检”方式，对有关现场管理处运行管理工作进行了抽检。检查中，检查组按照不同工作岗位，对值班人员岗位职责、工作内容、设备操作、故障处置、运行日志、交接班管理等进行了模拟考试提问，并假设突发闸门故障、突发断电等状况，对应急调度、闸门启闭、备用电源启用等应急处置工作进行了演练。

现场检查完成后，2016年4月21日下午，在河南省郑州市组织召开了总结座谈会。4个小组分别通报了现场检查情况，被检查单位负责同志分别作了发言，结合当前工作形势，分析存在的问题，提出了意见建议。鄂竟平主任、蒋旭光副主任与参会人员进行深入交流探讨，并分别作了讲话。

鄂竟平指出，通水以来，运行管理各方围绕工程安全平稳运行和足量供水目标，规范运行管理，落实安全责任，加强工程调度，强化运行监管，开展全面整治，日常管理工作基本走上正轨，但在应对风险的应急处置上还存在较多的缺陷和问题。

鄂竟平强调，南水北调工程是超长距离调水工程，运行管理工作具有连续性、重复性、出问题的可能性及问题后果严重等特性。这些特性决定，要做好运行管理工作、确保工程安全平稳运行，必须要从规范化管理上入手，狠下功夫。

鄂竟平要求，做好运行管理规范化应重点做好以下几方面工作：一是搞清楚做什么。要认真梳理运行管理工作业务，理清风险点和薄弱环节，明确规范运行管理的所有工作内容。二是搞清楚怎么做。要把所有该做的运行管理工作，分层次、分部门、分专业说清工作目标和工作标准，提出具体工作的措施和办法。三是搞清楚谁来做。要确定各项运行管理工作的承办单位和岗位，科学合理的设置内设机构，科学合理的选择委托单位。四是建立奖惩机制。要建立考核奖惩机制，依靠机制保障运行管理规范化，确保各项工作圆满完成。

鄂竟平要求中线建管局要统一思想认识，强化风险意识，提出规范运行管理工作方案，以提高应急管理能力为抓手，全面规范运行管理工作。各有关单位也要将规范运行管理作为工作重点，加强配合协调，共同做好各项工作。

蒋旭光表示，本次现场会形成了共识，达到了预期效果。通过现场检查，明显感受到中线工程去年全面整治工作的显著成效，但也暴露出运管单位应急处置能力薄弱等深层次的问题。针对这些问题，他要求中线建管局要提高对规范化管理紧迫性必要性的认识，强化责任意识；要加强规范化管理体系建设，做好专业门类衔接；要统一规范化标准，高标准严要求；要在考核奖惩的机制上下功夫，用机制的力量提升水平；要采取措施，进一步加强日常管理，从严、从实、从难抓好应急管理；要列出问题清单，提出整改措施，落实责任，认真整改；要加强人才培养，满足专业人才需要，做好运管和建管力量衔接。

国务院南水北调办建管司、监督司、环保司、监管中心负责人和中线建管局班子成员参加会议。

（摘自南水北调网，略有删改）

调水工程建设与运行管理交流会在北京市召开

为提升我国调水工程运行管理水平，促进工程综合效益发挥，2016年5月25～27日，国务院南水北调办政策及技术研究中心、南水北调中线建管局、南水北调东线总公司在北京市共同组织召开了调水工程建设与运行管理交流会。国务院南水北调办主任鄂竟平、副主任张野，国务院南水北调建委会专家委员会主任陈厚群院士、副主任宁远，中国水利水电科学研究院王浩院士、长江委长江勘测规划设计研究院院长钮新强院士出席会议。国内主要调水工程单位、有关高校和科研设计单位及南水北调系统单位负责同志和代表共约110人参加了会议。

鄂竟平围绕“为什么召开会议”“南水北调的做法”“对调水工程的看法”3个方面作了主旨发言。针对社会上对调水工程的不同观点和质疑，鄂竟平结合南水北调十几年来的实践，用大量翔实的事例和数据论述了南水北调工程建设与运行管理多个方面的经验作法。

他指出，南水北调工程经过50多年的充分论证，党中央国务院2002年决定开工建设一期工程，2014年实现了全面通水目标。工程建设质量有保证，运行平稳安全；一期工程移民42万人，搬迁工作很顺利，移民生活也很稳定；调水水质稳定达标，中线一直稳定在Ⅱ类水，东线全部达标，并且持续向好；执行通水初期的水价政策，水价不高，总体上可以承受；供水效益初步显现，前景比较乐观，受益人口已达5000万，中线调水已超过37亿m^3，东线向山东调水已超过10亿m^3。

鄂竟平论述了对修建调水工程的看法，从工程“是否势在必得?”“是否得不偿失?”“是否失而能容?”3个方面加以对比分析，指出了我国修建调水工程是必然选择，宜科学规划、早作决策，发挥对国民经济发展的支撑作用。

鄂竟平强调，无论外界如何评论，调水工程管理单位必须重点做好4件事：一是确保工程安全运行，主要靠实现运行管理规范化；二是追求效益最大化，多供水并利用现有资源，增加工程效益；三是做好工程的调度管理，通过调度减少负面影响和增加正面效益；四是及时发出声音，回答社会上的质疑。

鄂竟平最后说，调水工程方兴未艾，希望大家切实正视问题，拿出自己的观点，做好自己的事，确保已建调水工程健康有序运行，促进新的调水工程适时建设，使我国的水资源得到最佳配置。

交流会上，陈厚群院士结合国务院南水北调建委会专家委员会工作作了南水北调工程建设质量管理方面的学术报告，王浩院士作了《南水北调中线干线工程水量水质联合调度与运行控制》的学术报告，钮新强院士作了《中线一期工程关键技术和二期研究的重点问题》学术报告。

广东粤港供水有限公司、辽宁省水资源管理集团等18家调水工程单位，11家高校、科研院所、规划设计单位，以及南水北调系统单位代表分别作了发言。与会代表围绕调水工程建设与运行管理等议题进行了交流讨论，分别从调水工程的运行管理、工程技术、水质保护、生态影响、水量水费等方面和角度谈了各自的看法和做法。讨论中，代表们认为会议很有意义，各单位交流的经验和做法很有参考、借鉴价值，各调水工程单位间也应该加强经常性的沟通联系，就一些共性问题进行研究探讨。

会后，代表们还参观了南水北调展厅和调度大厅，考察了惠南庄泵站和团城湖调节池。

国务院南水北调办总工程师李新军、总经济师朱卫东出席会议，南水北调系统单位以及国务院南水北调办机关各司和事业单位负责人参加了会议。

（摘自南水北调网，略有删改）

南水北调东线一期工程2015~2016年度水量调度计划执行情况座谈会在扬州市召开

2016年6月8日，水利部水资源司、水利部南水北调规划设计管理局在江苏省扬州市江都区召开南水北调东线一期工程2015~2016年度水量调度计划执行情况座谈会。水利部南水北调规划设计管理局局长陆桂华出席会议并讲话。

会上，江苏、山东两省以及淮河水利委员会、东线总公司分别汇报了2015~2016年度水量调度计划执行情况以及所遇到的问题，并就如何做好南水北调东线一期工程年度水量调度工作提出了建议。

陆桂华充分肯定了各方在年度水量调度工作中所取得的成绩。关于下一步工作，他要求，一是要形成共识。有关各方要就水量调度工作所涉及的有关问题形成共识，以充分发挥南水北调东线一期工程效益。二是要明确责任、各司其职。各单位要依法、依规章办事，明确部门责任，切实履行工作职责。三是要通力合作，提高效率。各单位要做好信息共享等合作工作机制，形成合力，切实提高整体工作效率。

水利部水资源司、水利部南水北调规划设计管理局、淮河水利委员会、东线总公司，山东省水利厅、南水北调办、干线公司，江苏省水利厅、南水北调办、江苏水源公司等单位负责同志参加会议。

（江苏省南水北调办）

南水北调征地拆迁商促会在济南市召开

2016年6月23日，国务院南水北调办在济南市召开南水北调征地拆迁商促会，研究部署干线征迁安置近期重点工作。国务院南水北调办党组成员、副主任蒋旭光出席会议并作讲话。

在听取干线工程沿线各省（直辖市）征迁部门和项目法人的工作情况交流后，蒋旭光指出，在南水北调征迁工作中，工程系统各单位干部精神状态始终保持昂扬斗志，攻坚克难，做了大量卓有成效的工作，取得了显著的业绩。南水北调征迁工作对保证东中线一期工程平稳运行，发挥南水北调工程巨大的经济效益、生态效益和社会效益提供了重要条件和保障，功不可没。

蒋旭光分析了目前征迁工作面临的形势，对下一步重点工作作出部署：一是分类推进征迁任务。当前各省进度存在差异，共同的主要任务是扫尾和验收，也存在各自不同的重点任务，要结合本地区实际情况，把问题吃透，作出具体安排。二是维护稳定，不能缺位失责。要做到情况清楚、心中有数，分类管理、区别对待，从根源上消除化解矛盾，维护沿线征迁群众和谐稳定，保障工程平稳运行。三是以征迁专项验收为抓手，促进完善工作和程序，要积极创造条件，质量为先，稳步推进。四是认真总结征迁工作经验，做好总结宣传工作。

蒋旭光提出做好下一步征迁工作的要求：首先要把握大局，着眼于保障工程效益发挥、平稳运行，保障群众合法权益，社会和谐稳定；其次要加强协调，统一思想，形成合力，促进重点问题的解决；第三要严格程序，适应新常态的要求，要公开透明，依法合规，加强资金监管；第四要务实细致，一以贯之，以严谨细致的态度收好尾，把好事办好。

会前，蒋旭光于2016年6月22日赴东平县调研了南水北调东线一期工程东平湖输蓄水影响处理工程规划补偿项目的实施情况。现场考察东安天普阳光禽畜有限公司、新湖镇机械加工厂、特色农业观光采摘园和蔬菜种植大棚等补偿项目实施运行情况。调研中，蒋旭光强调，实施好这些项目，有关方面要注意服务好引进企业，创造良好的外部环境，鼓励企业开拓思路，积极创新；要服务好群众，尤其是困难群众，做好技能培训，提升致富能力。对下一步工作，蒋旭光要求，一要保证征迁任务圆满完成，不留尾巴；二要维护群众合法权益，确保社会稳定和谐；三要促进地方经济发展；四要结合扶贫开发，加强项目引进和劳务输出，调动群众生产发展积极性；搞好基础设施建设，方便群众生产生活；搞好技能培训，增强群众造血功能。

沿线各省（直辖市）南水北调办（建管局），河南省移民办、中线建管局、安徽省南水北调项目办分管负责同志和有关人员参加会议。

（摘自南水北调网，略有删改）

国务院南水北调办召开庆祝建党95周年暨“两优一先”表彰大会

2016年6月30日，国务院南水北调办召开庆祝建党95周年暨“两优一先”表彰大会，国务院南水北调办党组书记、主任鄂竟平，办党组成员、副主任张野、蒋旭光出席会议，办机关和直属单位党员干部，受表彰的“两优一先”代表参加会议，张野主持会议。

国务院南水北调办党组书记、主任鄂竟平作了讲话。鄂竟平首先指出，中国共产党有着悠久而辉煌的历史，是一个伟大、光荣、正确的党。党的十八大以来，以习近平同志为总书记的党中央提出了治国理政的新理念、新思想、新战略，在中国梦、“两个一百年”的宏伟目标、“五位一体”总体布局、“四个全面”战略布局、五大发展理念、党风廉政建设新要求的指引下，带领全党全国各族人民，战胜了一个又一个困难，取得了一个又一个胜利，在经济建设、政治建设、文化建设、社会建设和生态文明建设等方面都取得了举世瞩目的重大成就，开创了中国特色社会主义事业的新局面。我们庆祝建党95周年，就要牢记党的历史，坚定不移、真心实意地跟党走，高度重视、深刻理解、牢固树立“四个意识”，在南水北调岗位工作上履职尽责创佳绩，为党旗增光添彩。

鄂竟平强调，当前，南水北调工程正值扎实推进运行管理，全面转型开拓的关键之年，工程已全面进入通水运行新阶段。上半年，南水北调工作取得了显著成就，工程平稳运行，移民总体稳定，三先三后全面推进，后续工程抓得很实，一期工程收尾工作进展顺利。下半年，要进一步坚持“稳中求好，创新发展”的总体思路，突出做好六件事：一要强推规范化管理，确保中线工程平稳运行；二要认清形势，盯住移民维稳工作不放松；三要增强责任意识，积极主动推进“三先三后”工作；四要全力协调，尽快理顺南水北调管理体制；五要主动出击，做好南水北调后续工程的前期工作；六要统筹全局，做好南水北调五年发展规划。

鄂竟平指出，国务院南水北调办上半年党建工作取得了积极成效，通过加强中央巡视组反馈意见的整改进一步强化了机关党建工作，通过建立党建工作和纪检工作联席会议制度构建了党建工作平台。下半年，南水北调各级党组织要深刻理解中央全面从严治党的精神，认真贯彻落实全面从严治党的各项要求，落实好主体责任。一要突出强化全面从严治党的思想自觉，进一步落实党建工作的责任，深入推进全面从严治党向基层延伸，扎实推进“两学一做”学习教育。二要教育党员干部做到“三跟三向”：紧跟“四个意识”“五位一体”的总体布局、“四个全面”的战略布局等精神，紧跟党的十八大和十八届三中、四中、五中全会精神，紧跟习近平总书记系列重要讲话精神；坚定政治方向，坚守价值取向，坚持问题导向。三要通过突出问题导向，提高党建工作水平。把心态放正，正确地看待问题；尽心竭力，想办法查找问题；从严从快，认真解决问题。鄂竟平要求，通过强化机关党建工作，打造忠诚、干净、担当的南水北调党员干部队伍，充分发挥机关各级党组织的战斗堡垒作用和广大党员的先锋模范作用，确保南水北调事业始终沿着正确的方向前进。

国务院南水北调办党组成员、副主任、直属机关党委书记蒋旭光宣读了直属机关党委关于表彰“两优一先”的决定，评定马永征等40名同志为国务院南水北调办2015年度优秀共产党员，卢胜芳等32名同志为国务院南水北调办2015年度优秀党务工作者，经财司党支部等10个党支部（总支）为国务院南水北调办2015年度先进基层党组织。鄂竟平、张野、蒋旭光为“两优一先”代表颁奖。优秀共产党员代表政研中心二处副处长张元教，优秀党务工作者代表建设管理司党支部书记、司长李鹏程，先进党支部代表中线局渠首分局党总支书记尹延飞3位同志作了发言。

（摘自南水北调网，略有删改）

国务院南水北调办防汛指挥部召开防汛工作第一次全体会议

2016年7月11日，国务院南水北调办副主任、南水北调办防汛指挥部总指挥张野主持召开南水北调工程2016年度防汛工作第一次全体会议。

会议传达习近平总书记关于防汛救灾工作的重要指示，贯彻落实李克强总理在岳阳防汛工作会议上的重要讲话精神，贯彻落实汪洋副总理在国家防总第二次全体会议上的重要讲话精神，部署当前南水北调工程防洪度汛相关工作。

张野指出，由于强厄尔尼诺影响，主汛期提前，异常天气增多，区域短时降雨量大，雨情、汛情超常，防汛形势严峻。在工程运行管理阶段，南水北调东、中线工程大部分防汛人员尚未遇到强降雨的防汛应急处置情况，备战时间长，容易产生疲惫、麻痹思想。随着天气变化，强降雨带可能北抬，进入工程运行核心区段，加之台风相袭，工程防汛抗洪抢险将会面临更加严峻的考验。

张野强调，要坚决贯彻落实党和国家领导人关于2016年防汛工作的指示和部署，立足于南水北调工程防洪度汛工作实际，重点抓好以下几方面工作：一是落实两个确保，即确保工程沿线人民群众生命财产安全，确保南水北调工程运行和设备设施安全，实现安全输水目标。他强调，在抗洪抢险救援过程中，要提前做好科学有效的处置方案，强调技术可靠，不能盲目抢险，要注意保障抢险人员生命安全。二是要不断完善南水北调工程防洪度汛现场处置方案，做好已出现抗洪抢险工作的经验总结，增强运行管理人员应对洪涝灾害的认识和处置能力。要以近期发生的灾害险情处置情况为经典案例，总结现场处置、处理措施、与地方及部队配合等方面的抢险经验，在中线工程的抗洪抢险工作中加以宣传训导。三是严格落实汛期值班制度，加强值班人员在岗情况抽查，加强工程巡视巡查工作，做到隐患早发现、早处理；配备相应设备设施的专业操作人员，确保操作准确到位，应急供应及时。四是加强防汛队伍建设。要采取灵活有效的防范措施，保证抢险队伍人员的数量和质量，要召之即来，来之能战。要保证抢险物资、材料、设备到位，要保证抢险道路畅通。五是要加强防汛信息有序有效传递，要准确、及时报告雨情、汛情、灾情，确保防汛组织、机制有效运转。六是要加强与地方各级政府和部队联系、密切沟通，要有一支反应速度快、能打胜仗、敢打硬仗的抢险队伍，按照防汛相关要求，听从并配合地方政府及防汛部门指挥，确保抢险工作有序开展，夺取防汛抗洪抢险的胜利。

会议还传达了国家领导人对防洪工作的指示，介绍了国家防总近期防汛抗洪工作和中国气象局近期天气预测情况，组织学习了国家防汛抗旱应急预案Ⅰ～Ⅳ级应急响应及相关要求内容。会议听取了中线建管局近期发生的暴雨洪涝灾害险情处置情况的汇报。会上与会人员对当前防汛形势和相关事项进行了深入讨论。

南水北调办防汛指挥部成员单位、南水北调办防办、中建管线局和东线总公司相关负责人参加会议。

（摘自南水北调网，略有删改）

国外调水工程运行管理学术报告会在北京市召开

为借鉴国外调水工程运行管理先进技术和管理经验，进一步提高南水北调工程运行管理工作水平，2016年7月19日，国务院南水北调办政策及技术研究中心、南水北调中线建管局、南水北调东线总公司在北京市共同组织召开了“国外调水工程运行管理学术报告会”。会议邀请美国加州水资源管理部主任助理、北水南调工程办公室副主任马克·安德森和北水南调工程办公室运行管理部主任约翰·利海，就加州北水南调工程建设和运行管理等问题作专题报告。

加州北水南调工程是当今世界上著名的跨流域调水工程。工程运行40多年来，在供水、防洪、渔业和野生动物保护、水力发电和电网支持、公共娱乐等方面发挥了巨大的效益。特别是在工程建设和运行管理方面，积累了很多先进的科学技术和管理经验。

报告会上，美国加州水资源管理部主任助理、北水南调工程办公室副主任马克·安德森简要介绍了工程概况、建成以来各年度供用水量变化情况、效益发挥情况，畅谈了他们在项目投资决策、制度建设、管理机构设置、投融资、水量调度、供水合同管理、水费核算和收缴等方面的经验和做法。北水南调工程办公室运行管理部主任约翰·利海从加州水资源供需情势开始讲起，着重介绍了工程的主要目标功能、面临的挑战、三角洲水量调度和生态保护、断水管理、能源管理等方面的基本情况和经验做法。

两位专家内容翔实、生动精彩的报告深深吸引了与会代表。在交流发言阶段，南水北调系统有关部门和单位代表，以及广东粤港供水有限公司等国内其他调水工程单位代表结合各自调水工程的实际，分别就工程建设期、运行管理期的一些问题，如项目决策、项目论证审批、项目组织实施、工程设施维护、水量调度计划制定和调整、公益性支出补偿、绩效考核、水费收缴奖惩机制、债券发行等问题，与专家进行了交流探讨。两位专家毫无保留，认真回答了与会代表提出的各类问题。

与会代表认为，这次国际学术报告会，大家共同交流探讨调水工程运行管理方面的有益经验和做法，对提升调水工程运行管理水平，促进调水工程综合效益发挥具有十分重要的作用。特别是加州北水南调工程两位专家的报告，紧密联系实际，具有很强的针对性，不仅开阔了大家的眼界，而且对进一步做好调水工程运行管理，确保工程效益发挥、企业良性经营具有重要的参考借鉴作用。

国务院南水北调办总工程师李新军、总经济师朱卫东出席会议，国务院南水北调办机关、直属事业单位、各省南水北调办、各项目法人和国内有关调水工程单位的负责同志和代表共130余人参加了报告会。

（摘自南水北调网，略有删改）

国务院南水北调办召开防汛工作会议，贯彻落实习近平总书记重要讲话精神

2016年7月21日，国务院南水北调办党组书记、主任鄂竟平主持召开会议，深入学习贯彻习近平总书记关于做好当前防汛抗洪抢险救灾工作的重要讲话精神，进一步安排部署南水北调防汛工作。

当前，南水北调工程沿线的河南、河北、北京、天津、江苏、山东等省市已进入主汛期，特别是中线工程沿线各地迎来了较为集中的强降雨，这是东、中线一期工程建成通水之后首次最强的暴雨洪水考验。

鄂竟平在会上强调，习近平总书记的重要讲话中指出，要全力做好南水北调、西气东输、重要铁路等重大设施防汛抢险相关工作，南水北调系统要深刻认识总书记讲话的重要意义，充分认识我们肩负的重要使命，始终如一、毫不松懈地抓好南水北调防汛工作，确保工程安全运行。

鄂竟平指出，经过参建单位和沿线各级政府、广大群众的共同努力，南水北调工程顺利通过全面通水之后首次暴雨洪水的考验，工程和设施运行安全正常，为沿线各省市提供了安全可靠的饮用水。

关于下一步防汛工作，鄂竟平要求，要认真贯彻落实习近平总书记的重要讲话精神，精心组织，团结协作，全力保障南水北调工程的安全。

一是紧盯雨情、水情、工情。安全是南水北调工程运行的前提条件。各单位要树立防大汛、抗大洪、抢大险的意识，增强预见性和前瞻性，密切关注各种情况变化，做到未雨绸缪、防患未然，坚决杜绝麻痹思想和侥幸心理。

二是落实防汛抗洪责任制。各单位要敢于担当，加强领导，靠前指挥，狠抓落实。尤其要增强全局观念，明确责任，加强协作，形成合力，统筹好上下游、左右岸防汛工作。对工作失职造成人员伤亡和财产损失的要追究责任。

三是抓好水毁工程修复。利用雨势减弱的契机，要统筹安排，抓紧修复暴雨洪水冲毁的工程、设施、道路等，使其尽快发挥作用。协助地方做好交叉建筑物等的修复工作。

四是加强工程安全防范。要全面排查工程沿线的防汛隐患，弥补漏洞，重点加强薄弱环节的安排防范。统筹安排好抢险队伍、防汛物料等工作。做好与防汛主管部门的沟通，争取更多支持。

国务院南水北调办机关有关司、直属单位负责同志参加会议。

（摘自南水北调网，略有删改）

国务院南水北调办防汛指挥部召开防汛工作专题会和防汛工作第二次全体会议

2016年7月23日，受国务院南水北调办主任鄂竟平委托，国务院南水北调办副主任蒋旭光参加了国家防汛抗旱总指挥部会，会后国务院南水北调办立即组织召开了防汛工作专题会，传达汪洋副总理在国家防汛抗旱总指挥部第三次全体会议上的重要讲话精神。

2016年7月25日，国务院南水北调办副主任、南水北调办防汛指挥部总指挥张野主持召开2016年度防汛工作第二次全体会议。传达汪洋副总理在国家防汛抗旱总指挥部第三次全体会议上的重要讲话精神，听取中线建管局关于近期防汛抗洪抢险情况介绍后，结合南水北调东、中线工程防汛抗洪抢险现

状，研究部署了下阶段防汛抗洪抢险工作。

会议强调，在“七下八上”主汛期关键时刻，防汛抗洪抢险形势非常严峻、任务非常艰巨，各有关单位要认真贯彻落实党中央、国务院的决策部署，进一步行动起来，把“两个确保”放在首位，全面强化各项防汛措施，切实落实防汛抗洪抢险责任，立足防大汛、抗大洪、抢大险，防止麻痹思想和侥幸心理，精心组织，勇于担当，各负其责，严格责任追究，加快险工、险情抢护，巩固抗洪成果，加强巡堤查险，做好值班值守，突出防汛重点，做好重点防范，就近就地落实物料供应和抢险队伍，加强汛情、水情、工情预测预报预警，做好科学调度，强化联动协作机制，突出统一指挥，及时宣传报道抗洪抢险一线涌现出来的英雄模范和先进典型，弘扬正能量，鼓舞精气神，要积极引导舆论，主动回应社会关切，全力做好防汛抗洪抢险各项工作。

南水北调办防汛指挥部成员单位、南水北调办防办、中线建管局和东线总公司相关负责人参加会议。

（摘自南水北调网，略有删改）

国务院南水北调办召开防汛会商会，贯彻落实习近平总书记重要讲话精神

2016 年 7 月 26 日上午，国务院南水北调办党组书记、主任鄂竟平主持召开防汛会商会，深入贯彻落实习近平总书记关于做好当前防汛抗洪抢险救灾工作的重要讲话精神。鄂竟平强调，要同心协力、攻坚克难、守土尽责，全力以赴打好打赢南水北调防汛抗洪抢险这场硬仗。张野副主任参加会商会。

2016 年入汛以来，南水北调工程沿线省市发生了多年未遇的大范围强降雨，7 月18 ~ 20 日，河南、河北等地出现移动性强降水过程，河流涨势迅猛，部分地区发生超警戒水位洪水，中线工程面临着通水以来最严峻的汛期考验。

面对险情，南水北调防汛抗洪抢险工作有序、有力、有效开展。加强雨水情监测预报预警，强化应急值守和会商分析，加强工程运行调度，提前发布预警信息，及时启动应急响应，在沿线省市地方政府和解放军、武警部队的支持协助下，工程经受住了洪水的严峻考验，做到了工程运行调度流量可控、水位安全、闸控精准，确保了南水北调中线工程输水安全。

会上指出，当前正处于“七下八上”汛期关键期，防汛抗洪工作依然面临多重考验，处于紧要关头，防汛抗洪抢险形势非常严峻、任务非常繁重。要分析研判当前南水北调中线工程防汛形势，落实好防汛抗洪各项工作。

针对下一步工作，鄂竟平要求，要深入贯彻落实习近平总书记的重要讲话精神，立足于防大汛、抗大洪、抢大险，克服麻痹和松懈厌战思想，明确目标，落实责任，千方百计实现“两确保”——确保人民群众生命安全，确保南水北调工程供水安全。

鄂竟平强调，一要盯住重点工程要害部位，严防死守。紧盯大型河渠交叉建筑物、膨胀土渠段等重点工程，加密巡查频次。二要查找工程险情险点、薄弱环节，及时排查隐患。针对水毁工程，查找工程出险的原因，采取及时有效的抢护措施。三要有手段，强措施，补短板，尽快修复水毁工程。要加强与沿线省市地方政府沟通协调，立足防大汛，统筹做好抢险队伍、物资设备等组织落实工作。他指出，要加密水质监测频次，密切跟踪水质情况，确保水质安全。

鄂竟平最后强调，各部门、各单位要强化责任，强化协作意识，要加强对前期险工原因的综合分析，为下步防汛抢险提供经验。南水北调办防汛部门要加强雨情、水情信息通报，驻地单位对防汛抢险各项工作的落实

要责任到人。全力以赴抓好下一阶段防汛抗洪抢险工作，确保沿线群众生命财产安全和工程供水安全。

国务院南水北调办建管司、监督司、监管中心，中线建管局负责同志参加会议。

（摘自南水北调网，略有删改）

国务院南水北调办召开防汛会商会，贯彻落实国务院领导同志批示精神

2016年7月29日，国务院南水北调办副主任、南水北调办防汛指挥部总指挥张野主持召开防汛会商会，就深入贯彻落实习近平总书记重要讲话精神、张高丽副总理和汪洋副总理重要指示批示精神以及进一步推进南水北调中线工程左岸防洪影响处理工程实施和南水北调工程保护范围划定工作与有关方面进行会商。国家发展改革委、国务院南水北调办投计司、建管司、监督司有关人员参加会议。

张野指出，当前已经入“七下八上”防汛最关键时期，工程沿线省市已进入主汛期，中线工程沿线发生多次强降雨过程，防汛形势复杂严峻。各有关方面均要深入贯彻落实习近平总书记重要讲话精神，以及张高丽副总理和汪洋副总理重要指示批示精神，全力做好南水北调防汛抗洪抢险各项工作，实现“两个确保”，确保人民群众生命安全，确保南水北调工程供水安全。

一是高度重视南水北调防汛工作。各有关方面高度重视南水北调工程防洪度汛工作，立足当前、着眼长远，积极采取有效措施，确保南水北调工程防洪度汛、顺利运行和供水安全。

二是加快中线左岸防洪影响处理工程实施。有关方面要加快推进邯石段左岸防洪影响处理工程前期批复及后续建设工作，加快推进京石段、河南段左岸防洪影响处理工程建设工作。

三是加快南水北调工程保护范围划定。有关方面要依据《南水北调工程供用水管理条例》有关规定，尽快完成工程管理范围和保护范围划定，并采取积极有效措施，加强对工程保护范围内影响工程运行、危害工程安全和供水安全的爆破、打井、采矿、取土、采石、采砂、钻探、建房、建坟、挖塘、挖沟等违法违规行为的治理工作。

国家发展改革委有关部门负责同志表示将进一步加强对南水北调中线工程左岸防洪影响处理工程相关工作力度，高度重视并积极配合做好有关方面工作，切实保障南水北调工程度汛安全、供水安全和沿线人民群众生命安全。

（摘自南水北调网，略有删改）

国务院南水北调办召开防汛工作会议，传达贯彻李克强总理重要讲话精神

2016年7月30日，国务院南水北调办主任鄂竟平主持召开会议，深入学习贯彻李克强总理关于做好防汛工作的重要讲话精神，专门安排部署南水北调防汛工作。国务院南水北调办副主任张野参加会议。

鄂竟平在会上传达了中共中央政治局常委、国务院总理李克强2016年7月29日的重要讲话。他指出，党中央、国务院高度重视防汛工作，当前仍处于“七下八上”的关键期。南水北调系统各单位要深刻领会中央领导的重要讲话精神，充分认识南水北调防汛工作面临的形势、任务和问题，分工负责，加强协作，形成合力，再接再厉，积极主动抓好南水北调防汛工作，确保南水北调工程及设施的安全。

鄂竟平强调，要深入贯彻落实李克强等

中央领导的一系列重要指示精神，扎实做好南水北调防汛工作。

一是要通过召开防汛工作现场会，进一步传达中央领导的重要指示精神，提高对防汛工作紧迫性的认识，层层传导压力。坚决杜绝麻痹、侥幸思想，防范疲惫、厌战心态，增强防汛工作的责任意识、危机意识和紧迫意识。认真总结防汛工作经验教训，分析雨情、水情、工情，进一步研究南水北调防汛工作的措施。

二是抓好防汛工作全面部署。要加强工程沿线的值守巡查，确保防汛工作责任落实到人、落实到岗。密切与防汛部门的沟通联系，形成防汛工作合力。不折不扣落实防汛工作责任制，通过自查、抽查、追查等方式，强化防汛工作责任落实，做到守土有责、失责必究。

三是抓紧抓好水毁工程的修复，重点抓好关系供水安全的水毁工程修复。落实好抢险队伍和机械，确保防汛关键时期人员到位、技术到位、设施到位。

四是加强防汛工作的检查指导。国务院南水北调办领导班子成员将分头带队，赶赴工程沿线，现场检查指导防汛工作。有关部门、单位的领导班子成员也要根据实际情况，深入基层，深入现场，深入一线，对防汛工作进行分类指导和检查落实。

国务院南水北调办机关有关司、直属单位负责同志参加会议。

（摘自南水北调网，略有删改）

南水北调中线防汛抗洪抢险现场工作会在新乡市召开

为全面贯彻落实中央领导同志指示批示精神，南水北调中线干线防汛抗洪抢险现场工作会于2016年8月2~3日在河南省新乡市召开。会议由国务院南水北调办防汛指挥部副总指挥、建管司司长李鹏程主持，国务院南水北调办防汛指挥部总指挥、副主任张野出席会议并讲话。

张野在讲话中，充分肯定了2016年入汛以来南水北调中线防汛抗洪抢险取得的重要阶段性成果。特别是2016年7月9日、19日，河南、河北等地出现的移动性强降水过程中，中线工程经受住了两次超大洪水的严峻考验。

张野强调，工程沿线仍处于主汛期，南水北调工程防汛抗洪抢险形势依然严峻。一是天气形势极端不利；二是左岸防洪影响处理工程实施缓慢；三是南水北调工程保护范围尚未划定；四是工程运行阶段防汛抗洪抢险经验不足。

张野要求，下一步要继续全力做好防汛抗洪抢险各项工作。一是层层夯实责任，各单位要高度重视，切实加强组织领导，履行岗位职责，筑牢“责任大堤”；二是继续加强值守巡查，准确掌握雨情、水情、汛情和险情，进一步完善防汛抗洪抢险值班制度，做好应对各种突发事件的准备工作；三是继续落实抢险队伍、物料和设备，结合工程重点部位和风险点，就地就近部署抢险队伍、物料和设备，保证防汛抗洪抢险道路通畅；四是继续密切工作联系，全面加强与地方政府、解放军、武警部队的工作联系，充分发挥基层党组织和党员领导干部在抗洪抢险工作中的战斗堡垒作用，联防联动，形成合力；五是尽快修复水毁工程，巩固防汛抗洪抢险成果。

根据会议安排，张野率参会人员分别查看了中线峪河暗渠抢险加固工程、杨庄沟排水渡槽、五里屯沟倒虹吸工程。在抢险加固施工现场，张野仔细询问了险情情况，分析出现险情的原因，认真了解正在实施的抢险加固度汛方案。张野要求，要认真总结经验，结合实际，进一步完善工程功能，提高工程运行管理水平。

张野指出，南水北调工程安全度汛责任

重于泰山，关系着北方几千万人的用水安全，必须要坚决贯彻落实好中央领导的重要指示批示精神，进一步完善度汛方案，提高防汛抗洪抢险能力，做好人防物防技防措施准备，克服麻痹和侥幸心理，立足防大汛、抗大洪、抢大险，明确责任，严防死守，夺取今年防汛抗洪抢险的全面胜利。

国务院南水北调办防汛指挥部成员，北京市、天津市、河北省、河南省南水北调办，中线建管局及各分局主要负责人参加会议。

（摘自南水北调网，略有删改）

全面深化京豫战略合作座谈会在北京市召开

2016 年 8 月 22 日，全面深化京豫战略合作座谈会在北京市举行。中共中央政治局委员、北京市委书记郭金龙，北京市委副书记、市长王安顺，北京市人大常委会主任杜德印，河南省委书记、省人大常委会主任谢伏瞻，河南省委副书记、省长陈润儿等出席座谈会，共商两地合作大计，并共同见证签署了《全面深化京豫合作战略协议》以及《北京市南水北调办河南省南水北调办战略合作协议》。

郭金龙代表全北京市人民向河南广大干部群众致以衷心感谢和崇高敬意。他说，南水北调把两地人民紧紧地连在一起。河南人民不仅全力以赴确保了干线工程如期通水，而且围绕平稳供水、清水永续，在库区生态环境保护、沿线流域治理等方面付出了极大努力，作出了巨大牺牲。河南人民这种讲政治、顾大局的精神让我们备受感动。河南历史悠久、文化厚重，是经济大省、新兴工业大省和农业大省，也是人口大省，在国家发展全局中有重要的地位和作用。近年来，河南省委、省政府带领全省人民，主动适应经济发展新常态，深入实施四大国家战略规划，着力打造“四个河南”，干成了一批打基础利长远的大事，正在为落实习近平总书记“让中原更加出彩”的重要指示努力奋斗，中原大地呈现生机勃勃的发展态势。

中线通水以来，北京市已经受水超过 15 亿 m^3，有效缓解了水资源压力。郭金龙说，这里面浸透着河南人民对首都人民的深厚情谊。深化两地战略合作、加强南水北调对口协作，是我们报答水源地人民的重大责任。北京要怀着感恩之心，动真情、用实招、求实效，推动京豫两地合作发展迈入新阶段，让水源地人民有实实在在的获得感。京豫两地资源互补性强，合作基础良好，要紧紧抓住发展这条主线，把对口协作与精准扶贫、精准脱贫工作紧密结合起来，发挥北京教育、医疗等资源优势，支持水源地提高公共服务水平，打好扶贫攻坚战；加强环境建设合作，继续推进重大生态治理和重要环保项目合作，共同打造天蓝水净的优美环境；拓展创新合作发展，支持北京创新资源向河南省辐射转移，推动科技成果在当地转化，在创新发展中实现优势互补、互利共赢；强化工作信息沟通、完善长效合作机制，在政策制定、发展规划、产业承接等方面进一步找准最大“公约数”，强化重大项目的协调，推动两地对口协作和区域合作。

谢伏瞻代表河南省委、省政府向北京市委、市政府长期以来给予河南发展的大力支持表示感谢。他说，近年来，以南水北调中线工程为纽带，河南与北京交流更加密切、合作不断深化，对河南经济社会持续健康发展起到了重要的推动作用。此次来北京考察，目的就是学习借鉴北京推动改革发展的好做法好经验，推动京豫合作向全方位、多领域、高层次迈进。

谢伏瞻说，2014 年 5 月，习近平总书记到河南调研指导工作时指出，实现“两个一百年”奋斗目标、实现中华民族伟大复兴中国梦，需要中原更加出彩。当前和今后一个时期，摆在河南干部群众面前的重大历史任务，就是决胜全面小康、让中原更加出彩。

我们迫切需要向北京等先进地区学习经验，扩大合作交流。河南与北京之间交通便捷、合作基础较好，具有承接北京非首都功能疏解的诸多有利条件和现实需要。我们要抓住难得历史机遇，以承接北京非首都功能疏解为重点来推进双方战略合作持续深化，为河南决胜全面小康、让中原更加出彩提供有力支撑，为北京调整经济结构和空间结构、走出一条内涵集约发展的新路子作出贡献。

谢伏瞻就进一步深化京豫战略合作提出，一是围绕创新发展深化合作。加强科技合作，开展多渠道、多形式的科技交流合作，加强以高校和企业为主体的协同创新，支持中关村国家自主创新示范区和郑洛新国家自主创新示范区加强合作。深化教育合作，积极承接北京向外转移的高校和职业院校，支持和帮助河南培养创新型人才。推进人才交流合作，为北京高层次人才到豫交流服务和投资创业提供平台。二是围绕绿色发展深化合作。共同加强南水北调水质保护，建立定期交流磋商制度，开展水质保护技术交流合作，推动水源保护项目建设及重点生态功能区生态保护和修复，加快构建南水北调中线生态走廊，确保一渠清水永续北送。共同开展大气污染联防联治，共同应对区域突发性生态环境问题。三是围绕开放发展深化合作。深化信息技术产业合作，吸引一批有影响力的信息技术企业和项目落户河南。深化装备制造产业合作，深化商贸物流产业合作，深化金融后台产业合作，深化文化旅游合作，深化高效生态农业合作，推动河南产业结构调整和经济发展。四是围绕共享发展深化合作，在医疗卫生、人力资源、扶贫攻坚等领域加强合作，深化双方在民生领域的合作，不断提高河南公共服务水平和保障能力。

王安顺介绍了北京市经济社会发展和京豫对口协作情况，陈润儿介绍了河南省经济社会发展和京豫对口协作情况，并分别代表北京市政府、河南省政府共同签署两省市《全面深化京豫战略合作协议》。随后，北京市、河南省相关部门还签订了教育、科技、人社、商务、旅游、南水北调等部门间合作协议。

根据协议，双方将在南水北调对口协作、绿色发展、创新发展、开放发展、产业发展、基础设施、教育卫生文化体育、人才交流等方面深化合作，明确双方合作机制，建立双方高层领导互访、部门间协商推进、落实双方战略合作联系单位等机制，继续深化两地交流合作。

郭金龙、王安顺、谢伏瞻、陈润儿等一同先后到北京市轨道交通指挥中心、奥林匹克塔、中关村国家自主创新示范区展示中心考察，了解北京市轨道交通建设运行管理、城市规划建设、科技创新发展等情况。

北京市委常委、常务副市长李士祥，北京市委常委、秘书长、副市长张工，北京市政府党组成员夏占义，河南省委常委、省委秘书长李文慧，河南省委常委、郑州市委书记马懿和河南省直有关部门、部分省辖市负责人参加上述活动。

（河南省南水北调办）

国务院南水北调办召开中线工程防汛工作主任专题办公会

2016 年 9 月 23 日，国务院南水北调办召开中线工程防汛工作主任专题办公会，国务院南水北调办主任鄂竟平主持会议，副主任张野出席会议。会议认真听取了建管司、中线局、稽察大队等单位的中线工程防汛工作总结汇报，对全面总结和做好今后中线工程防洪度汛工作提出了具体要求。建管司、监督司、监管中心、稽察大队、防办、中线建管局主要负责同志参加了会议。

鄂竟平指出，南水北调工程防汛工作得到了党中央、国务院和国家防汛抗旱总指挥部的高度重视和关怀指导，将其列为国家重点防御的重大基础设施。2016 年特大暴雨多次袭击南水北调中线工程，国家防汛抗旱总指挥部派工作组现地检查指导，南水北调工程管理及防汛抗洪抢险人员高度负责，及早准备，主动应战，采取积极有效措施，军民联防联动，科学调度，严防死守，全力有力、有序、有效地做好工程防汛抗洪抢险各项工作，确保了工程运行安全、供水安全和沿线人民群众生命安全，取得了 2016 年防洪度汛工作的关键性胜利。

鄂竟平强调，年度防汛工作接近尾声，中线工程各有关单位要以三级管理机构为基础，以问题为导向，认真总结 2016 年防汛抗洪抢险工作经验，分类总结出现险情的教训，深刻分析险情背后的原因，针对防汛工作短板要举一反三，深入研究，规范管理，认真研究制定切实可行的解决办法。工程管理单位要在三级管理处经验总结的基础上，针对防汛组织协调，重点部位和风险点，基础设施能力保障，物资、技术及设备科学储备，应急抢险处置措施等方面，立足当前，着眼长远，提出 2017 年度保障南水北调工程度汛安全、运行安全和供水安全的防汛工作方案。

会议要求，中线工程管理单位要提前着手中线工程冰期输水准备工作，尽早采购防冰冻灾害的物资和设备，做好防御极端低温条件下工程设备设施正常运行的应对工作，确保冰期供水安全。

（摘自南水北调网，略有删改）

南水北调工程库区移民商促会在郑州市召开

2016 年 9 月 23 日，国务院南水北调办在河南省郑州市召开南水北调工程库区移民商促会，研究当前南水北调库区移民工作有关问题，部署下阶段工作。国务院南水北调办党组成员、副主任蒋旭光出席会议并讲话。会议期间，会见了河南省副省长王铁，并就南水北调移民工作交换了意见。

在听取河南省移民办、湖北省移民局、中线水源公司和长江勘测规划设计研究有限责任公司的工作情况汇报并对有关问题进行讨论后，蒋旭光指出，2016 年各单位按照南水北调系统工作会提出的“稳中求好、创新发展”的工作要求，集中开展了移民信访稳定、县级自验、生产帮扶、后续规划编制、移民成果总结、遗留问题处理等重点工作，取得了显著成效。特别是湖北省经受了特大洪涝灾害的考验，攻坚克难，敢于担当，取得了移民抗洪救灾和灾后重建阶段性重大胜利；河南省积极探索，开拓创新了金融帮扶移民机制，较好地促进了移民生产发展和库区社会稳定。

蒋旭光分析了目前库区移民工作面临的形势，对下一步工作作出部署：一是继续深入高度重视移民稳定工作。把移民稳定工作摆在更加突出的位置上来抓，压实责任，主动作为，不能缺位失责，确保移民稳定大局。二是以移民验收为抓手，完善和推进相关工作。继续加快遗留问题处理，做到“补偿到位、安置到位”。加快新增投资剩余项目审批，完成用地手续办理，尽快签订移民投资任务双包干协议，确保移民验收质量达到国家规定标准。三是做好湖北移民灾后重建工作。要整合政策资金向受灾移民村倾斜，恢复移民生产，修复基础设施，加大技能培训，帮扶移民就业增收，尽快将洪涝灾害造成的损失夺回来。四是继续做好移民生产帮扶发展工作。充分利用国家水库移民后期扶持政策，进一步加大移民帮扶力度，推广移民村社会管理创新，推动后续帮扶规划工作，促进移民安稳发展。五是及时总结移民工作成果。南水北调移民工作成果丰硕，经验弥足珍贵，要把移民实施总结工作作为当前一项重要任务来抓，以对历史和人民负责任的精神，认真总结和传承。

蒋旭光对下一步工作提出 3 点要求：一

是要继续加强地方移民工作协调，争取地方党委、政府进一步加强对移民工作的领导；二是对移民任务再梳理、再部署、再落实，确保2016年各项工作按时完成；三是高度重视移民稳定工作，建立移民信访稳定清单，落实责任人，明确处理时限，确保件件有回音、事事有着落。

国务院南水北调办综合司、征地移民司以及河南省移民办、湖北省移民局、中线水源公司、长江勘测规划设计研究有限责任公司负责同志参加会议。

（摘自南水北调网，略有删改）

南水北调工程验收工作会在济南市召开

2016年10月18日，国务院南水北调办在山东省济南市召开南水北调工程验收工作会。国务院南水北调办副主任、验收工作领导小组组长张野出席会议并讲话。

会议听取了各省（直辖市）南水北调办（建管局）、各项目法人单位验收工作汇报，分析了验收工作面临的形势，研究进一步加强验收工作的措施，部署了下一步工作，并考察了济南段工程。

张野在讲话中指出，工程验收是南水北调工程基本建设程序中的重要一环，做好验收工作，既是完成国家基本建设程序的要求，也是保证工程顺利收尾和充分发挥效益的客观需要。南水北调工程通水验收等工作有序开展，保障了工程如期通水、平稳运行，为受水区经济社会发展、生态文明建设提供了有力的水资源支撑。

张野强调，正在开展的设计单元工程完工验收工作面临工作量大、涉及面广、协调难度高、专项验收难等困难和问题，影响着完工验收工作顺利进行。他要求，一要高度重视验收工作。各单位一定要统一思想，提高认识，把验收工作当作当前及今后几年的一项重要工作抓紧抓好。二要加强验收工作统筹。完工验收工作涉及多个行业门类，环节多，专业性强，技术要求高，要加强组织配合，确保各项工作间统筹协调推进，为完工验收创造条件。三要严格验收程序和计划。各单位要严格执行验收程序和计划，明确工作目标，细化工作任务，落实责任，倒排“工期”，保证验收工作按计划有序开展。四要认真做好验收资料准备。各单位一定要依据完工验收导则等有关规定，认真准备验收资料，提高验收的工作效率。五要严把验收质量关。各单位和验收工作人员要严格执行验收管理有关规定、标准，严把验收条件、质量关，成熟一个验收一个。六要重视发现问题的处理。对验收过程中发现的问题，要制定处理工作计划，落实责任人，妥善处理。

国务院南水北调工程验收工作领导小组成员单位，各省（直辖市）南水北调办（建管局），各项目法人单位参加会议。

（摘自南水北调网，略有删改）

国务院南水北调办党组中心组（扩大）专题学习党的十八届六中全会精神

2016年10月28日，国务院南水北调办党组召开专门会议传达学习党的十八届六中全会精神。10月31日，办党组中心组（扩大）专题学习党的十八届六中全会精神，办党组书记、主任鄂竟平主持学习会并对学习贯彻全会精神提出要求，党组成员、副主任张野、蒋旭光，机关各司各直属单位负责人等中心组扩大成员参加学习。

鄂竟平指出，党的十八届六中全会，是在中国共产党成立95周年、红军长征胜利80周年的历史节点，在全面深化改革、决胜全面小康的关键时刻，召开的一次十分重要的会议。全会确立了习近平总书记的领导核心地位，充分肯定了党的十八届五中全会以来中央政治局的工作，高度评价了全面从严治党取得的成就，全面分析了党的建设面临的形势和任务，系统总结了近年来特别是党的十八大以来全面从严治党的理论和实践，就新形势下加强和规范党内政治生活、加强党内监督作出新的重大部署，对推进党的建设新的伟大工程，推进中国特色社会主义伟大事业，实现中华民族伟大复兴的中国梦，具有重大现实意义和深远历史意义。

鄂竟平强调，学习宣传贯彻党的十八届六中全会精神是当前和今后一段时期全党全国的重要政治任务，国务院南水北调办各级党组织和广大党员干部要深入学习领会习近平总书记在全会上的重要讲话精神，认真学习贯彻全会审议通过的《关于新形势下党内政治生活的若干准则》和《中国共产党党内监督条例》，全面准确把握党的十八届六中全会精神实质和深刻内涵。要从党和国家兴旺发达、长治久安的高度，深刻认识提出“以习近平同志为核心的党中央”的重要意义；要从“四个全面”战略布局整体设计、渐次展开、深度推进的角度，深刻认识全面从严治党这一全会的鲜明主题；要从深入推进全面从严治党、坚持思想建党和制度治党相结合的维度，深刻认识制定《准则》、修订《条例》的重大意义。

鄂竟平要求，党员干部要把思想和行动统一到党的十八届六中全会精神上来，把智慧和力量凝聚到全会确定的各项任务上来，以高度的政治责任感和强烈的使命感，结合南水北调工作实际，切实抓好全会精神的学习宣传贯彻。一要进一步深入学习宣传党的十八届六中全会精神，党组中心组要带头学习；机关党委要认真制定学习方案；党支部要充分利用“三会一课”，通过自学、集体学习、专题讨论、讲党课等多种形式，引导党员干部全面、深入、系统地学习全会精神，迅速掀起学习习近平总书记重要讲话精神和全会精神的热潮。二要进一步增强“四个意识”特别是核心意识，更加紧密地团结在以习近平同志为核心的党中央周围，更加深入地学习习近平总书记系列重要讲话精神，更加扎实地把党中央关于南水北调工作的各项决策部署落到实处。三要进一步落实好全面从严治党责任，坚持把思想政治建设放在首位，着力抓好《准则》和《条例》的贯彻落实，严肃党内政治生活，落实好党风廉政建设“两个责任”，强化党内监督，抓好巡视整改，完善党建制度，营造风清气正、干事创业的政治生态。四要进一步深入开展“两学一做”学习教育，对照贯彻落实全会精神，在查不足、找问题上下功夫，通过继续开展“突出四个意识，落实担当精神”专题学习讨论，认真查找自身存在的问题和不足，要见人见事，列出问题清单，深刻剖析产生问题的根源，提出解决问题的思路和措施。五要进一步抓好南水北调工程建设和运行管理各项工作，切实做好工程运行安全、冬季输水安全、年度供水计划衔接、水费收缴、干部任职交流等重点工作。要认真梳理今年南水北调工作，着手规划明年南水北调工作，理清工作思路，明确工作目标，创新工作方法，以优异的工作成绩迎接党的十九大胜利召开。

参加学习会的同志一致认为，党的十八届六中全会正式提出“以习近平同志为核心的党中央”，是全党全军全国各族人民的共同心愿，是党和国家根本利益所在，大家感到十分振奋，深受鼓舞。大家表示，要认真学习领会、坚决贯彻落实党的十八届六中全会精神，进一步增强“四个意识”，更加紧密地团结在以习近平同志为核心的党中央周围，更加坚定地维护以习近平同志为核心的党中央的权威，更加自觉地在思想上政治上行动上同以习近平同志为核心的党中央保持高度一致，用习近平总书记系列重要讲话精神武装头脑、指导实践，推动南水北调各项工作，不忘初心，继续前进，为实现“两个一百年”奋斗目标和中华民族伟大复兴的中国梦作出新的更大的贡献。

南水北调工程运行管理工作会在天津市召开

2016 年 11 月 25 日，国务院南水北调办在天津市召开南水北调工程运行管理工作会。国务院南水北调办副主任张野出席会议并讲话。

会议听取了各运行管理单位关于工程运行管理情况的汇报和各省（直辖市）南水北调办（建管局）关于工程保护、用水等情况的汇报，交流了经验，分析了面临的形势，研究了加强运行管理工作的措施，部署了下一步工作，并考察了天津段主体工程和天津市配套工程运行管理情况。

张野在讲话中指出，各单位按照 2016 年“稳中求好、创新发展”的总体工作思路，围绕工程平稳运行和足量供水目标，规范运行管理，落实安全责任，加强工程调度，强化运行监管，扎实做好工程运行管理各项工作，圆满地完成了年度供水目标任务。工程运行平稳，水质达标，移民稳定，投资控制有效，工程经济、社会、生态等综合效益持续发挥。

张野强调，南水北调工程运行管理任务复杂艰巨，在运行初期，无论是工程实体还是管理行为上还存在一些突出的带有规律性的问题和短板，说明大家对规范化运行管理的认识还不到位，经验不足，规范化的运行管理体系尚未完全建立，运行管理过程控制还不够严谨，离规范化管理工作要求还有差距。

对下一步工作，张野要求，一要高度重视规范化运行管理工作。要进一步转变观念和工作思路，将工作重心转到运行管理上来，紧抓规范化运行管理工作不放松，严格执行《南水北调工程供用水管理条例》和各项规范、标准，加强运行初期相关基础资料、基础数据的搜集、整理和分析，加强人员培训和考核奖惩，及时总结，扎实推进规范化运行管理各项工作。二要加快构建规范化运行管理体系。当前抓规范化管理的关键是抓好体系建设。要下大力气建立健全规范化运行管理组织体系，明确岗位职责，建立激励约束和考核评价机制。要重点抓好输水调度、安全生产，维修养护、水质保护等主要业务板块规范化体系建设，明确具体工作内容及要求。要不断严格运行管理过程控制，确保相关制度、标准等有效执行，进而保证各体系有效运行。要重视经验总结，积极听取和采纳一线运管人员的意见和建议，调动他们的积极性，上下联动，逐步建立起有效的自我纠错、持续改进的工作机制，不断完善规范化运行管理体系。三要加强“十三五”运行管理工作规划和实施。要确立规范化运行管理永远在路上的思想观念，立足长远，结合实际，确定总体建设目标和任务，并制定保障措施，落实责任，加强考核，确保规划目标按步骤、有计划推进。还要创新发展理念，在确保实现工程安全平稳运行的前提下，抢抓改革机遇，拓展发展思路，实现企业长远发展。四要加强安全生产管理。各单位要始终高度重视安全管理工作，认真汲取近期国内其他工程事故教训，严格落实安全生产责任制和各项保障措施，确保南水北调工程平稳运行和供水安全。特别是在近期冬季运行管理和维修养护等工作中，要注意防火、防冻、防滑、防坠落、防坍塌，消除各类安全隐患，实现安全生产。五要加强冰期输水管理。南水北调工程在冬季承担着向北京、天津、河北和胶东地区供水的重任，要高度重视冰期输水工作，认真总结往年冰期输水经验教训，坚决克服麻痹思想、侥幸心理，对 2016 年冰期输水工作各项措施进行再部署、再检查。要加强冰情观测，做好应急准备，及时应对突发情况，确保冰期输水安全。六要加快配套工程建设。有关省要按照有关要求加快配套工程建设，尽快提高水量消纳能力，利用好引江水源。要加强统筹协调，多措并举，进一步推进地下水压采、水费征缴等各项工作，保障工程运行维护工作正常开展和工程效益正常发挥。他要求各单位认真贯彻党中央、国务院和建委会各项决策部署，继续深入抓好工程运行管理各项工作，为充分发挥南水北调综合效益作出新贡献。

（摘自南水北调网，略有删改）

湖北省政府召开全省南水北调工作座谈会

2016年11月29日下午，湖北省南水北调工作座谈会在湖北省南水北调办（局）召开。湖北省副省长任振鹤出席并讲话。

湖北省政府副秘书长吕江文主持会议。湖北省省直部分单位分管负责人，部分市、直管市、神农架林区政府分管负责人和南水北调办事机构主要负责人，部分县（市、区）政府主要负责人参加会议。

与会代表观摩了兴隆水利枢纽和引江济汉工程远程自动调度系统，听取了湖北省南水北调办（局）主任（局长）郭志高关于南水北调工作情况的汇报，部分地市、省直单位负责人进行了交流发言。

会上，任振鹤代表湖北省政府与襄阳市、荆门市政府签订了《碾盘山水利水电枢纽工程建设征地移民安置责任书》。

任振鹤充分肯定了近年来南水北调工作取得的成绩。他指出，在湖北省委、省政府的坚强领导下，各地各有关部门本着对群众、对历史、对未来高度负责的态度，强化责任担当，狠抓工作落实，较好完成了南水北调各项工作任务，向湖北省委、省政府交出了一份满意答卷。南水北调工程已经成为“两圈两带”省级发展战略的传动轴、推动汉江流域经济社会协调发展的重要引擎。

任振鹤强调，要统筹谋划，切实把南水北调工程打造成汉江生态经济带绿色发展的助推器。一是坚持规范管理与开发利用并举。坚持规范化、科学化、精细化管理，科学调度水资源；沿线各地政府和工程管理单位要跳出工程看工程，转变发展观念，树立运河经济理念，着力打造出一条风光优美、充满活力的运河生态文化旅游经济带。二是环境保护与生态治理并进。要执行最严格的水资源管理制度，将资源保护区、水源保护区、重要水源涵养区列为生态红线区，严格限制开发；要“调头南下”，更加重视汉江中下游生态环境综合治理工作，解决因中线调水量逐年增加而日益突出的水资源供需矛盾。三是建设进度与工程质量并行。既要紧扣工程工期，争取国家尽快审批可行性研究报告、初步设计报告和环境影响评价报告，落实建设资金，制订施工计划和工期保证措施，千方百计加快施工进度；又要建立健全规章制度，明确质量标准，严格按照相关技术规范组织施工，做到以制度管人、按制度办事，确保工程安全。四是服务全国大局与争取湖北利益并重。牢固树立大局意识、担当意识，坚决服从、主动服务、积极参与南水北调工程建设；坚持“南北两利、南北双赢”目标，争取湖北利益的最大化。要按照规划引领、协同发展，生态为基、绿色发展，产业支撑、市场主导，以人为本、城乡统筹的原则，发挥水优势、做好水文章，确保“一库清水永续北送”，保障汉江中下游用水安全。

任振鹤要求，进一步强化组织领导、部门协作和政策执行。汉江沿线党委、政府要对碾盘山征地补偿和拆迁安置工作负总责；各部门要顾全大局、通力协作，加快项目落实；多形式、多渠道宣传碾盘山建设意义，做好群众工作。要紧盯目标、倒排工期，按照既定时间节点加快推进碾盘山水利水电枢纽工程建设，确保早开工、早建成、早受益。

郭志高在汇报时全面总结了近几年工作。一是高点站位，服从大局，全力服务南水北调中线工程。二是传承创新，善作善成，确保4项治理工程效益正常发挥。三是标本兼治，综合治理，稳步推进生态环保工作。四是以人为本，耐心细致，维护征迁群众利益。五是再接再厉，全力以赴，加快推进碾盘山枢纽前期工作。

对下步工作安排，郭志高提出，一是不断提高工程运行管理规范化、精细化、科学化水平。二是认真做好丹江口库区水质保护和生态环境建设。三是切实维护汉江中下游生态安全。四是全力以赴抓好碾盘山枢纽建设工作。

湖北省南水北调办（局）领导、机关各处室、直属各单位主要负责人参加了会议。

（丁　振）

南水北调工程征地移民维护稳定工作会在郑州市召开

2016年12月2日，国务院南水北调办在河南省郑州市召开南水北调工程征地移民维护稳定工作会，传达贯彻中央和国家机关信访稳定工作会精神，总结交流2016年征地移民信访稳定工作成效和经验，研究部署今后一个时期的工作。国务院南水北调办副主任蒋旭光出席会议并讲话。

蒋旭光充分肯定了各地、各单位认真落实“稳中求好、创新发展”工作部署，在征地移民信访稳定排查化解、遗留问题处理、完工验收、移民帮扶发展、临时用地返还、用地手续办理、移民后续规划编报以及湖北省移民救灾维稳等方面取得的显著成效，全面分析了当前征地移民信访稳定形势，明确了今后一个时期工作的目标、任务和要求。蒋旭光强调，中央对信访稳定工作提出了很高的要求，各地、各单位要认真贯彻落实中央和国家机关信访稳定工作会议精神，进一步提高认识，把南水北调征地移民稳定工作放在党中央对全国信访稳定整体布局中，突出“四个意识”，强化责任担当，确保征地移民大局稳定，确保南水北调东中线一期工程平稳通水运行。

针对当前及今后一个时期的工作，蒋旭光要求：一是加强组织领导，落实责任担当。要继续坚持省级政府负责的征地移民工作管理体制，压实地方各级政府的主体责任，探索建立征地移民维护稳定“1234”模式。二是深化信访稳定工作机制。要在现有机制基础上，深化矛盾纠纷排查化解、重点问题巡查督办、信访稳定信息报送、上下联动处置、责任追究等工作机制。三是以“发展促稳定”的理念创新工作方式。要加大移民帮扶力度，注重移民产业转型发展，提高移民就业增收水平，创新移民村社会治理，营造安居乐业的和谐稳定环境。四是多措并举，综合施策。要最大限度地整合当地各种政策和社会资源，运用法律、政策、经济、行政等手段和教育、协商、调解、疏导等办法，积极主动化解矛盾纠纷，抓早、抓小、抓苗头，力争将矛盾化解在基层，把隐患消除在萌芽状态。五是运用法治思维方式推动征地移民稳定工作。要善于用法治精神引领稳定工作、用法治方式破解稳定难题，努力把库区移民和征迁群众的合法合理诉求解决好，引导涉法涉诉问题在法治轨道上解决。

国务院南水北调办综合司、经财司、建管司、征移司、监督司及东中线一期工程沿线各省（直辖市）南水北调办（局）、移民办（局）、建设管理单位负责同志参加会议。

（摘自南水北调网，略有删改）

国务院南水北调办召开党组（扩大）会议，传达学习中央经济工作会议精神

2016年12月19日，国务院南水北调办党组书记、主任鄂竟平主持召开党组（扩大）会议，传达学习中央经济工作会议精神。国务院南水北调办党组成员、副主任蒋旭光出席。

鄂竟平指出，刚刚闭幕的中央经济工作会议是在“十三五”的开局阶段、推进供给侧结构性改革的关键时期，召开的一次十分重要的会议。中央经济工作会议充分肯定了2016年经济社会发展成绩和党的十八大以来确立的适应经济发展新常态的经济政策框架，明确了2017年经济工作总体思路，对统一思想、深化认识、统筹做好今后的经济工作具有重大而深远的意义。

鄂竟平要求，各单位要切实把思想和行动统一到中央经济工作会议作出的重大判断和决策部署上来。一要深入领会好会议精神。各单位要组织传达、学习，准确把握会议的精神实质、总体思路、总基调和方针政策。二要切实贯彻好会议精神。按照会议的安排部署，结合南水北调工作实际以及各单位工作职责，统筹谋划2017年的工作任务，确保各项部署落实到位。

总工程师李新军，机关各司、各直属单位主要负责同志参加会议。

（摘自南水北调网，略有删改）

CHINA SOUTH-TO-NORTH WATER DIVERSION PROJECT CONSTRUCTION YEARBOOK

贰 重要讲话

IMPORTANT SPEECHES

稳中求好 创新发展

——国务院南水北调办主任鄂竟平在2016年南水北调工作会议上的讲话

（2016年1月26日）

同志们：

这次会议是在东、中线一期工程运行开局良好，南水北调工作转型开拓迈出坚实步伐的关键时期召开的，会议的主要任务是：深入贯彻落实党的十八大，十八届三中、四中、五中全会和南阳座谈会议精神，认真总结东中线一期工程全面通水运行以来各项工作，客观分析通水运行新阶段南水北调工作面临的形势，进一步统一思想，明确任务，创新发展，扎实工作，确保南水北调工程安全平稳运行，不断拓展南水北调事业发展新空间。

下面，我讲三点意见。

一、2015年工作总结

2015年是南水北调东、中线一期工程由建设管理期向运行管理期全面转型的第一年。一年来，在党中央、国务院的坚强领导下，在建委会的直接指导下，在中央有关部门、沿线各省（市）的大力支持配合下，南水北调办认真贯彻党的十八大，十八届三中、四中、五中全会精神，深入落实习近平总书记、李克强总理、张高丽副总理、汪洋副总理等中央领导同志关于南水北调工作的重要指示批示及南阳座谈会议要求，把开展“三严三实”专题教育激发出来的严作风和实精神体现在工作中，着力规范运行管理，积极落实“三先三后”，切实抓好尾工建设，协调推进后续工程，通水运行开局良好，供水保障、生态保护、环境改善、抗旱减灾等方面的综合效益逐步显现，南水北调工作在一些重点领域、重要方面实现了新突破，呈现出稳中向好、难中有进的良好态势。

（一）工程运行安全平稳

中线一期工程2014年12月12日正式通水，全面通水运行一年来，经受了汛期运行、冰期输水等考验，工程运行安全平稳，机电设备运转正常，干线调度协调顺畅，累计为沿线京津冀豫四省（市）调水25.8亿m^3。东线一期工程自2013年11月通水以来连续两年圆满完成调水任务，江苏累计抽江水95.6亿m^3，向山东供水6亿m^3。东中两线的运行实践证明，南水北调工程质量安全可靠，运行管理平稳高效，有能力为沿线受水区提供安全、稳定、优质的供水保障。

一年来，我们通过建机制、定规矩、强监管、严追责，逐步规范东、中两线运行管理，保障了工程的安全平稳运行。

推动理顺运行管理体制机制。我们通过函商、上门听取意见、座谈等方式全力协调推动中线运行管理机构组建方案尽早落实。协调有关部门先后三次向国务院报送了中线运行管理机构组建方案，国办四次召集有关部门协商机构组建事宜，目前发展改革委等部门正在按照国办意见研究落实。针对丹江口水库2015年来水少、蓄水不足的情况，多次函商水利部建立会商机制。组建了东线总公司，进一步研究理顺东线总公司运行管理机制，编制了南水北调东线工程运行管理模式方案并积极与各方沟通协商。

建立运行管理规范制度体系。我们把建章立制作为运行管理开好头、起好步的首要任务，制定了年度规范运行管理工作方案，明确任务、责任单位和时限。出台了《东、中线一期工程运行安全监测技术要求》等六项技术标准和规定，使运行管理各项工作有章可循。制定了《中线干线工程运行管理与维修养护实施办法》等一系列制度和手册，使中线运行管理5238项工作内容细化到岗位；编制了14个综合及专项应急预案，并逐级开展培训宣贯；组织中线沿线省（市）编制了断水应急预案，北京、天津、郑州等重点城市开展了应急演练。东线组织开展了泵站标准化试点工作，从规程制度等六个方面推进泵站运行管理标准化。

健全内部机制，充实运行管理队伍。我们立足现实，建立健全内部工作机制，抓好运行管理队伍建设。调整了中线建管局职能，各分局及全线45个现地管理处职责明确、人员基本到位，工程沿线配备了600余名专职巡查人员；建立丹江口水库水情日报制度，及时掌握水库蓄水和调度情况；建立了中线建管局、中线水源公司及沿线省（市）输水调度协调机制，每月协调有关省（市）上报月水量调度计划，制定月调度方案，并抓好落实。东线总公司总部人员已基本到位，管理规章制度逐步健全；直属分公司已完成工商注册登记，人员陆续到岗；山东、江苏子公司组建工作正在积极协商推动。

强化运行监管并严肃问责。强化内部监管和问责追责，确保工程运行安全。印发了《南水北调工程运行管理问题责任追究办法》《强化工程运行管理和突发事件处置责任追究有关事项的通知》以及重点建筑物、典型渠道工程监管要求，延续建设期“高压高压再高压，持续加压不放松”的监管做法，办领导31次带队开展飞检和运行检查，并向国务院专题报告；稽察大队组织了138组次运行飞检，监管中心开展了金结机电、供配电、安全监测和自动化四大系统的综合性稽察，组织对京石段、天津干线开展专业稽察10组次。对飞检和稽察发现的问题，及时约谈处罚责任单位和责任人。此外，还对东中线重要建筑物和典型渠段加强运行监管，确定26座重要建筑物、11段典型渠道为重点监管对象，明确重点监管部位、重点检查内容、组织分工和工作要求。

持续开展《南水北调工程供用水管理条例》的宣传贯彻，利用报纸、网站等媒体扩大宣传影响，与国务院法制办协商落实条例规定的相关措施。北京、天津、河北、山东、河南等省（市）先后制定出台了南水北调工程管理、供用水、水量交易等方面的条例、管理办法和规定，为依法依规开展工程运行管理工作提供了强有力的保障。

推动水价政策落实。我们积极协调执行水价政策，推动中线建管局与京津冀豫四省（市）分别签订了2014～2015年度供水补充协议，共收到水费25.4亿元，其中北京19亿元，天津5.1亿元，河南1亿元，河北0.3亿元；与津冀豫三省（市）签订了2015～2016年度供用水合同，与北京也已基本达成一致，正在履行审批程序。东线总公司与山东签订了2014～2015年度供用水合同，近期又与山东协商签订了2016～2018年度的供用水合同，共计收到水费6.4亿元。水价政策的落实为工程良性运行提供了资金保障。

（二）“三先三后”稳步落实

只有落实好“节水、治污、环保”这“三先”，才能推动工程全面持续发挥作用，实现用水效益的最大化。我们不断夯实治污基础，强化水质安全保障，积极推动地下水压采和节水工作稳步落实。

不断夯实治污基础。抓好《丹江口库区及上游水污染防治和水土保持“十二五”规划》的收官工作，督促水源区及沿线各省抓紧落实规划确定的项目任务，继续推进库区不达标河流“一河一策”综合治理。2015年我办会同有关部委对规划年度实施情况的考核结果表明，中线水源区水质持续向好，陶岔取水口、汉江干流水质达到Ⅱ类，主要入库支流水质符合水功能区水质目标要求。抓好东线深化治污补充项目的实施，会同环保等部门对项目年度实施情况进行了考核，结果表明，东线沿线各控制断面水质均能达到目标要求，通水期间水质保持在Ⅲ类。会同国务院研究室、国务院发展研究中心等部门开展相关研究，推动建立水源保护长效机制。支持京津两市与水源区豫鄂陕三省开展对口协作，两市已安排财政资金15亿元，签订合作项目500多亿元，一大批绿色产业项目在水源区落地。会同沿线各省大力推进中线干线生态带建设，累计完成生态带建设374km。生态补偿机制逐步确立，中央财政自2015年起连续5年给予汉江中下游影响区每年6亿元的专项补助，东线南四湖区2015年也获得了6.7亿元财政专项用于湖泊保护。

强化水质安全保障。完善水质监测体系，东中两线建成水质自动监测站17座。协调环境保护部及有关地方逐月调度分析水质状况及变化趋势并主动应对。开展水源保护区内污染源调查和风险分类，会同各地核查、处理中线沿线垃圾场、污水排放点。2015年春夏之际中线局部渠段藻类密度偏高，我们加强监测巡查，通过人工造峰、提高流速等措施，有效防控藻类繁殖，保障了水质安全。按照张高丽副总理视察工程时提出的防范跨渠桥梁桥面污染风险的要求，组织对中线跨渠桥梁进行了全面评估排查，对发现的问题逐项研究处理方案，加强动态监管，基本消除了桥面污染隐患。湖北、河南、天津等省（市）划定了水源区和干线保护区范围，陕西制定了《陕西省南水北调水源地保护行动方案》，江苏严格航运监管，确保水源区和调水沿线水质安全。

协调推动地下水压采和节水工作稳步落实。从摸情况、建机制入手，协调促进地下水压采和节水工作。组织召开了受水区落实“三先三后”原则工作座谈会，编制了“三先三后”工作方案。各省（市）南水北调办牵头、相关部门配合的工作机制初步建立，及时向办公室报送了情况信息。组织科研单位开展节水和地下水压采评价指标体系研究，提出了评价指标和综合评价方法。受水区各省（市）大力推进地下水压采和节水工作，北京市通过向水源地补水、地下水压采等措施，地下水位16年来历史性首次回升。天津市2015年减少地下水开采许可0.1亿m^3，回填机井110余眼。河北省制定受水区关停自备井行动方案，受水区内新改建项目一律不得取用地下水。河南省直五部门制订了受水区地下水压采实施方案。山东省印发地下水超采区综合整治实施方案和区域综合水价改革指导意见，大力开展全民节水行动。

（三）移民群众持续稳定

2015年，紧紧围绕抓稳定、促发展的目标，扎实推进征地移民扫尾、移民后扶、临时用地复垦退还、协调用地手续办理等各项工作，目前移民生活水平逐步提高，生产条件不断改善，实现了“搬得出、稳得住”的阶段目标，正在迈向“能发展、可致富”的更高水平。

开展矛盾纠纷排查化解和移民扫尾工作。根据国调办统一部署，各有关省积极行动，通过现场联合办公、专案办理等多种形式，排查问题，化解矛盾，促进稳定。排查出的449件问题绝大部分得到了有效解决，维护了移民群众的利益，维护了社会稳定。有关省认真开展移民扫尾工作，加快未完项目实施，启动县级移民安置自验，为省级初验和国家终验打好基础。

加大移民后期扶持力度。为帮助移民发展致富，推动移民长久发展，豫、鄂两省组织编制了南水北调移民后续帮扶发展规划，目前规划初稿已基本完成。两省进一步出台并落实移民后扶政策，加大生产帮扶力度，湖北省创新推广“一站三民”移民村社会治理模式，河南省推进实施“强村富民”发展战略，帮助34.5万库区移民开展技能培训，加强创业扶持，发展移民经济，创新社会管理。移民村在自我管理、自我发展的路上迈出新步伐，移民收入持续增加，集体经济不断壮大，村容村貌文明有序，干部群众精神焕发，形成了安居乐业的良好局面。

在国土资源部门的大力支持下，积极推动冀、豫、鄂三省工程建设用地手续办理工作，有关方案已经国务院同意，现正在全面开展用地组卷报批工作，困扰工程多年的问题得到解决。与国家林业局协调解决林地手续办理问题，目前也已开始相关报批工作。

（四）后续工程难中有进

习近平总书记、李克强总理、张高丽副总理多次强调要做好后续工程筹划。有关地方党委、政府和社会各界对加快东线后续和西线工程建设呼声很高，要求尽快开工、早日达效。我们克服困难，积极协调，努力推动后续工程前期工作。

组织对东线京、津、冀、苏、鲁五省（市）水资源现状与规划进行了专题调研，了解各省（市）用水需求。开展了“南水北调东线后续工程对东线工程综合效益影响分析”研究。

针对中线干线工程没有调蓄工程、存在断水风险等问题，多次召开研讨会，并对京、津、冀、豫四省（市）南水北调配套工程调蓄水库、主要水厂规划及建设情况开展调研，各省（市）积极配合，编制完成了中线断水应急调蓄工程规划初稿，提出了沿线省（市）重点断水应急工程规划选点。

组织对西线水源区川、青两省和受水区晋、陕、甘、宁、蒙五省区分别进行了专题调研，了解有关省区对南水北调西线用水需求和有关工作开展情况。政研中心组织对西线前期工作成果、地方提出的问题建议进行了专题分析研究。

（五）尾工建设有序推进

尾工建设对于完善工程功能、保障运行安全、提升工程形象十分重要。我们统筹兼顾，同步有序抓好尾工建设。

工程扫尾基本完成。通过对剩余尾工进行全面梳理和研判，制定尾工建设督导工作方案，对于梳理提出的48项尾工做到“任务、责任人、完成时间”三明确，并全部纳入督办事项，目前48项尾工已完成47项。定期开展尾工建设进度督导和建设协调，对未按期完成节点目标的责任单位进行通报批评。中线1238座跨渠桥梁已全部交工验收，现已向沿线省（市）移交1232座，剩余6座也将于近期全部移交，河南、河北省市各级领导和省南水北调办对这项工作高度重视，移交过程中顾大局、讲协作，圆满完成了移交任务。全年安全生产无重大伤亡事故。加快临时用地复垦退还工作，现已完成4.98万亩耕地退还工作，剩余0.59万亩已制定具体措施，正在抓紧退还。北京、天津、河南、河北、山东等省（市）采取建立台账、加强督导、分片包干、严格问责等有力措施，进一步加快配套工程建设进度，各地用水量有明显提升。

做好工程建设资金“收口关闸”工作。加强动态投资监控，对中线工程的投资控制进行摸底，加快工程变更处理，严核工程量，严控索赔，严管概算外项目。设管中心对东中线一期工程投资控制情况进行分析，提出了有关分析报告。目前已累计完成投资2847亿元，从尾工建设、变更索赔和竣工结算进展情况来看，如无大的意外，投资可以控制在批复的3082亿元规模内，不超概算。强化内部审计和监管，2015年共委托19家中介机构对全系统3306个单位和组织（乡镇、村）进行了内部审计，对发现的问题及时督促整改，资金使用总体安全高效。

工程验收有序推进。组织编制南水北调设计单元工程完工验收导则，制订了东、中线一期工程设计单元工程完工验收计划，稳步推进各设计单元的水保、环保、档案、移民、完工决算等专项验收工作，为做好设计单元完工验收和工程总体验收打好基础。

（六）党的建设齐驱并进

2015年，我们与全系统的同志们共同学习贯彻中央管党治党要求，以更严的标准、更实的作风推动南水北调事业不断向前发展。我们将党建工作与业务工作同部署、同推进、同落实，强化从严治党要求，严格遵守党章和基层组织工作条例，贯彻全面从严治党要求实施方案，全面推进思想、组织、作风、反腐倡廉和制度建设，为工程建设和运行管理提供坚强的思想政治保障。

落实全面从严治党责任。认真贯彻党组工作条例，充分发挥办党组抓党建的关键作用，切实履行党建主体责任，制定了全面从严治党要求实施意见，成立了党建工作领导小组，构建了党组书记负总责、分管领导分工负责、机关党委推进落实、司局长"一岗双责"的党建工作格局。

认真开展"三严三实"专题教育。将南水北调工作现实需要与"三严三实"要求紧密对接，领导干部带头逐级讲党课，各级党组织开展了严以修身、严以律己、严以用权专题学习研讨，教育引导广大党员干部自觉把严和实作为思考问题、推动工作的基本遵循和行为准则，把"三严三实"专题教育激发出来的严作风和实精神落实到工作之中。

筑牢从严治党的思想基础。围绕学习贯彻习总书记系列重要讲话，加强政治理论、形势政策学习和理想信念教育。选派党员干部到中央党校、国家行政学院等地接受教育培训。及时了解干部职工思想动态，关注解决职工困难，加强人文关怀，激发广大干部群众投身南水北调事业的干劲和热情。

党的组织建设不断巩固。认真组织开好党员领导干部专题民主生活会和组织生活会，坚持"三会一课"、领导干部讲党课和主题党日等制度。召开了系统机关党建工作座谈会，交流了党建工作经验和做法，研讨了贯彻落实全面从严治党要求的思路措施。

落实党风廉政建设主体责任和监督责任。举办基层党支部书记落实主体责任专题培训班，签署了党风廉政建设责任书，严格执行个人有关事项报告制度、领导干部述职述廉制度、干部任前谈话和诫勉谈话制度，切实把纪律和规矩挺在前面。

2015 年末，中央巡视组对国调办进行了专项巡视，这充分体现了中央对南水北调工作的重视和支持，体现了中央对办党组和广大干部群众的关心和爱护。办公室积极配合、全力协助中央巡视工作，自觉接受监督，服从巡视工作安排，实事求是地汇报情况，客观公正地评价干部。总的看，办党组和各单位负责同志比较好地履职尽责，目前还没有发现重大问题，说明我们这么多年强调纪律、强调作风、严查严管是有效的，总体上保证了工程、资金和干部安全。但巡视中也暴露出了一些问题，办党组严肃处理了一些党员干部，大家要引以为鉴。通过巡视，我们进一步查找了执行党的纪律和自身建设方面存在的问题和差距，也更加坚定了以更严的标准、更实的作风推动从严治党各项要求在南水北调工作中全面深入落实的信心和决心。

总的看，通过一年来的全力扎实推动，南水北调各项工作成效显著，工程综合效益开始逐步显现。

供水保障方面，中线受水区 30 座城市的供水保证能力得到有效改善，3800 多万居民喝上了南水北调水。北京市城区供水中南水北调水占比已超过 70%，1100 万市民喝上了南水北调水，中心城区供水安全系数由 1.0 提高到 1.2。天津市中心城区生活用水已全部使用南水北调水，超过 800 万人受益。河北省 2015 年降水偏少，工程通水使得沿线大中城市供水保障率明显提升。河南省南水北调供水范围涵盖了 10 个市，受益人口 1400 余万人。湖北省通过引江济汉工程向下游河道补水 15.7 亿 m^3，889 万人受益。

水质改善方面，北京市自来水集团的监测显示，使用南水北调水后自来水硬度由原来的 380mg/L 降至 120 ~ 130mg/L。在媒体实地走访时，市民普遍表示自来水水质明显改善，水碱减少、口感变甜。河南省受水区城市不少家庭净水器具下岗，家里养殖对水质要求较高的观赏鱼时也不再使用桶装水，直接使用自来水。河北省沧州市供水逐步切换为南水北调水源，开始告别祖祖辈辈饮用苦咸水、高氟水的历史。

生态效益方面，北京市利用南水北调水每天向城市河湖补水17万～26万m^3，增加水面面积约550hm^2，城市河湖水质明显改善。天津市用南水北调水置换出的引滦水和本地水向河道实施补水，改善了城市环境，有效补充了农业和生态环境用水。河南省利用南水北调工程向郑州西流湖和鹤壁淇河进行生态补水；郑州等14座城市地下水水源得到涵养，地下水位得到不同程度回升。许昌市借助南水北调供水，打造全国水生态文明试点城市。河北省利用南水北调工程先后两次向滹沱河、七里河生态补水0.16亿m^3，使该区域缺水状况得到有效缓解，河道重现生机。山东省近期通过南水北调工程向南四湖、东平湖补水，极大地改善了“两湖”的生产、生活和生态环境。湖北省兴隆水利枢纽改善了区域生态环境，省内绝迹多年的中华秋沙鸭、黑鹳等国家一级保护动物先后出现在兴隆水域。

防灾减灾方面，江苏境内刘山站、解台站、金湖站、淮安三站、淮安四站投入抗旱排涝运行，累计抽水5.8亿m^3，为缓解淮北地区旱情和宝应湖周边排涝发挥了积极作用。引江济汉工程在湖北省2015年抗旱中发挥显著作用，多次向沿线河湖补水，满足了204万亩农田灌溉用水及水产养殖需求。

一年来取得的成绩，是上下一心，协同推动的结果。党中央国务院对南水北调工作高度重视，习近平总书记、李克强总理、张高丽副总理在工程建成通水的关键时点作出重要指示批示，为我们指明了方向，提供了保障，注入了动力；中央各有关部门在重大事项协调、运行管理体制机制、计划安排、资金筹集使用、用地政策、治污环保措施落实、治安管理、生态带建设、科技攻关、文物保护、调度运行、供用水管理等工作中，想工程之所想，急工程之所急，从政策、资金、机制等方面对工程运行和建设给予了大力支持；受水区各级党委、政府和沿线干部群众高度重视、积极配合，在运行环境维护、配套工程建设、移民稳定发展、水质保护、提高用水量、跨渠桥梁移交等方面付出了艰辛努力，为工程安全运行、发挥效益创造了良好条件；广大移民舍小家、顾大家、为国家，在新的安置地自强不息创业发展，实现了持续安稳，为工程顺利建设和平稳运行提供了和谐稳定的外部环境；中央各大媒体及沿线地方媒体一如既往的关心关注南水北调工程，持续深入跟踪报道工程运行和效益发挥情况，树立了工程积极正面形象。

一年来取得的成绩，是团结奋进，扎实苦干的结果。我们南水北调系统各级领导和广大干部职工在过去的一年里作出了极大努力，付出了巨大辛劳，通水运行的工作成效充分证明，我们这支队伍不仅仅是有战斗力、有凝聚力、能搞建设的队伍，更是有创新精神和开拓能力，能胜任运行管理工作的队伍。一年来，任务新、经验少是我们开展工作的一个突出感受，尤其是涉及对外协调的工作，缺乏抓手，难度很大，但大家团结一心、步调一致，有条件的全力以赴推，没条件的创造条件推。正是得益于大家这种不等不靠、担当作为的精神和干劲，我们攻克了一个又一个难题，取得了一个又一个成绩，管理制度从无到有，逐步规范；管理队伍由少到多，逐步壮大；移民群众从稳到富，路子更宽；受水地区由点到面，不断扩大，为推进沿线经济社会发展提供了重要水资源支撑，为提高受水区人民群众生活质量发挥了实实在在的作用。

在我们组织的“金秋走中线，饮水话感恩”京津市民代表考察南水北调工程活动中，来自各行各业的普通市民代表对南水北调工程、对南水北调人表达了由衷的感谢和敬意，活动结束后一些代表的家人又专门给我写信表达感谢。我想，来自人民的这份感谢不只属于国调办，也属于关心支持南水北调工程的中央各部门、地方各级党委政府和沿线干部群众，属于为南水北调鼓与呼的媒体朋友，属于为南水北调作出奉献的广大建设者和移民群众，更属于南水北调系统的每一位干部职工。在此，我代表国调办党组对大家长期以来的大力支持、辛勤付出和无私奉献表示衷心的感谢！

二、当前形势分析

东、中线一期工程通水运行开局良好，为工程持续稳定健康运行开了个好头，但这只是万里长征第一步。当前，南水北调工程已全面进入通水运行新阶段，南水北调工作的环境、条件、任务、要求都发生了新的变化，我们必须清醒认识通水运行新阶段面临的大形势，必须准确把握形势发展变化提出的新要求。党的十八届五中全会通过的《中共中央关于制定国民经济和社会发展第十三个五年规划的建议》（以下简称《建议》），明确了“十三五”时期我国经济社会发展必须坚持的六项原则，提出了全面建成小康社会的五大目标要求，确立了五大发展理念，进一步强化了水资源在经济社会发展全局中的战略地位。特别是全会提出的“创新、协调、绿色、开放、共享”五大发展理念是《建议》的精髓和主线，是指导国家改革发展的总纲，更是我们做好新时期南水北调工作的行动指南。党的建设是推进一切事业发展的坚强保障，十八大以来，习近平总书记将全面从严治党上升到了“四个全面”战略布局的新高度，对全面提高党的领导水平和执政能力提出了更高标准和更严要求。最近召开的十八届中央纪委六次全会进一步提出“全面从严治党，核心是加强党的领导，基础在全面，关键在严，要害在治”，深刻阐释了全面从严治党的新内涵，明确提出了管党治党的新要求，南水北调工作只有全面坚决地贯彻落实中央要求，才能打造一支忠诚、干净、担当的南水北调队伍，才能确保南水北调事业沿着正确的方向发展和前进。这就是今后一段时期南水北调工作面临的大形势、大逻辑。

当前，南水北调工作面临诸多有利条件：

一是党中央、国务院的持续重视为我们做好工作提供了有力保障。通水后，党中央国务院对南水北调工作的关心重视程度极高。2015 年中央领导针对南水北调工作共作出 46 次重要批示，涉及运行管理、水质保护、移民发展、效益发挥、后续工程等各个方面。习近平总书记在中办有关总书记湖北考察二次回访调研报告、北京考察二次回访调研报告上两次作出重要批示，要求认真研究移民后扶、生态保护、供水安全保障等方面存在的问题，深入落实相关工作，促进国家有关战略的实现。李克强总理批示指出工程建成通水只是第一步，运行管理、水质保护、用水效益、移民发展等任务依然繁重艰巨，要求我们会同有关方面认真研究存在的问题，完善机制和政策措施，使工程充分发挥效益。张高丽副总理 2015 年 4 月到工程一线视察，并在南阳主持召开南水北调工程建设管理工作座谈会，对下一步工作进行安排部署。中办、国办多次召开会议专题研究协调南水北调工作。党中央国务院的重视和关心是做好南水北调工作最强有力的保障和支撑。

二是改革发展大势为推进后续工作提供了坚实的制度基础和广阔的政策空间。五中全会从国家改革发展全局的高度作出了一系列制度安排和政策要求。其中与南水北调密切相关的有：深化投融资体制改革；深化市场配置要素改革；拓展基础设施建设空间，加快完善水利等基础设施网络；引导国有资本更多投向关系国家安全、国民经济命脉的重要行业和关键领域；支持西部地区改善基础设施，强化生态环境保护；推动京、津冀协同发展，扩大环境容量和生态空间；加大对重点生态功能区的转移支付力度，强化激励性补偿；推动低碳循环发展，建立健全用水权、排污权初始分配制度，推行合同节水管理；建设国家地下水监测系统，开展地下水超采区综合治理；实施脱贫攻坚工程，对生态特别重要和脆弱的实行生态保护扶贫等等。这些制度政策的提出和确立，为我们推进一些想做无抓手、应做有阻力的工作提供了政策空间和良好机遇。

三是南水北调工程效益逐步显现，重要性取得广泛共识。东、中两线运行平稳，工况良好，水质达标，供水范围不断扩大，供用水量不断增加，配套工程建设不断加快，沿线几千万群众受益，工程综合效益逐步显现。虽然针对南水北调的负面声音和不实之词还时有发生，但通水后实实在在的作用和效益使得有关部门和沿线省（市）对南水北调工程的重要作用认识更加一致，广大受水区群众对生活改善的体验更加深切，社会各界对南水北调工程更加理解和认同。

四是有关省（市）对后续工程建设需求强烈。从2015年调研和推进情况来看，京、津、冀、苏、鲁五省（市）支持加快推进东线后续工程；京、津、冀、豫四省（市）积极要求建设中线断水应急工程；晋、蒙、陕、甘、青、宁六省区迫切希望尽快启动西线工程建设；许多全国人大代表、政协委员呼吁及早实施东线后续工程和西线工程。

五是运行管理逐步规范。经过一年来的探索和实践，我们对工程运行管理规律的认识不断深化，工程维护、调度运行、安全生产、应急处置等方面的制度体系不断规范完善，水质保护的有效机制逐步建立健全，运行管理队伍进一步充实到位。协调会商、信息共享的调度运行机制逐步确立。以合同管理为核心的供用水关系日渐理顺，水费收缴逐步到位。这些为工程长期安全稳定健康运行奠定了坚实基础。

与此同时，我们也要清醒地看到，新时期的南水北调工作，面临的困难和问题仍然不少。

一是安全运行尚存风险。虽然东线一期工程圆满完成了两个年度的调水任务，中线一期工程安全运行了一年多，但谁也不敢保证在近3000km的超长战线上，每段渠道、每个枢纽、每台设备都绝对安全可靠。从通水运行情况来看，金结、机电、供电线路的运行还不十分稳定，如中线惠南庄泵站因外部断电致机组短时停机、个别闸门故障误动作等，对工程安全和供水安全构成威胁。中线全线未设应急调蓄工程，自然灾害、突发水污染等突发意外事件无法避免，一旦遭遇则可能导致断水。随着地方配套工程的逐步建成投运，调水量逐步增大，分水口门逐步增加，调度难度和风险也将增加。工程保护范围尚未划定，沿线盗采砂石、违章搭建的情况时有发生。以上这些都对工程安全运行构成风险。

二是管理体制还未理顺，干部队伍素质需要进一步提高。运行管理涉及的利益主体多元，新老矛盾交织，管理体制构建理顺还存在不少困难。东线总公司已挂牌运行一年多，但管理模式仍在与两省协商，整合沿线现有资源、确保工程良性运行存在困难。中线运行管理体制、机构组建历经多次协调、沟通，但各方分歧仍未弥合，仍有大量协调论证工作要做。我们目前的干部队伍总体是好的，基本能够胜任初期运行管理工作的要求，但面对转型开拓的新形势，我们的队伍在思维方式、专业素养、经营管理、创新能力等方面还存在不小的差距，还不能满足事业发展的需要，工作中还存在推诿扯皮、不愿担当、作风漂浮、脱离实际等现象。

三是水质保障任务艰巨。目前，东中两线水质总体良好，但是现在好不等于今后好，治理难保护更难。2015年春夏之际中线局部渠段曾出现藻类密度偏高，给水质保护带来隐患，也发生过车辆掉入总干渠的事件，幸未造成严重后果。随着南水北调水源区及沿线工业化、城镇化进程加快，东线沿线水质保护压力依然较大，中线水源区部分治污环保设施尚未有效运行，农业面源污染问题日益凸显，突发水污染事件隐患仍在，保障水质安全的任务依然十分艰巨。

四是移民发展后劲不足。库区移民目前实现了"搬得出、稳得住"，但他们搬迁后耕地资源少、就业渠道窄，加上之前积蓄少、底子薄，虽然两省开展了一系列帮扶工作，但措施和力度有限，如不采取更为有力的帮扶措施，实现能发展、可致富、奔小康的目标难度不小。

五是用水量亟待提高。受配套工程建设进度滞后、地下水压采推进缓慢等因素影响，受水区各省（市）暂未能完全按设计能力消纳南水北调水，去年中线工程仅完成了年度调水计划的51%，东线虽完成了年度调水任务，但距规划目标还有相当差距。水费征收仍不理想，还有个别省没有签订供水合同，影响运行管理单位正常运转、还贷及工程调度和效益发挥。

综合判断新时期南水北调工作面临的形势，我们面临重大机遇，具备很多有利条件，也需要应对诸多困难和挑战，但只要我们坚定信心，正视困难，精心谋划，主动作为，就一定能够推动南水北调事业更好更快发展。

三、2016 年工作安排

2016 年是"十三五"规划的开局之年，也是南水北调工程扎实推进运行管理，全面转型开拓的关键之年。当前和今后一个时期，南水北调工作要全面落实党的十八大，十八届三中、四中、五中全会精神，按照"五位一体"和"四个全面"战略布局，牢固树立和贯彻落实创新、协调、绿色、开放、共享的发展理念，确保工程安全平稳运行，不断拓展南水北调事业发展的新空间。

2016 年南水北调工作的总思路是"稳中求好，创新发展"。稳中求好，前提和基础是稳，必须确保；目标和要求是好，要努力追求。所谓稳，就是要稳扎稳打，守住工程平稳运行、水质稳定达标、移民保持安稳、尾工稳妥收官这四条底线，确保不发生颠覆性问题和系统性风险；所谓好，就是要在稳的基础上，进一步提升工程运管水平，进一步提升调水水质，进一步提升移民发展水平，进一步提升工程综合效益。创新发展，是五中全会提出的五大发展理念之首，习总书记也讲"创新居于国家发展全局的核心位置"。结合南水北调实际，我认为做好新时期的南水北调工作必须特别注重发挥创新发展理念的突破性和先导性作用，以创新为抓手，引领和推动南水北调工作迈上新台阶，取得新突破。为什么这么说，我们先回头看看这十余年的建设历程，就工程自身来说，无论是工程规模、移民强度、施工难度，南水北调工程都可以说是前无古人；就外部环境而言，南水北调工程是在国家经济快速发展、改革不断深化、水资源供需矛盾日趋尖锐的历史条件下建设的，建设过程中我们遇到的体制的碰撞、理念的交锋、利益的纠葛，令人难忘。可以说十余年的建设历程就是思想、理念、体制、机制、管理、技术等方面逐步摸索、不断创新的过程，可以说没有创新就没有今天南水北调顺利通水、工程安稳运行的大好局面。再让我们展望一下未来，现在工程进入通水运行新阶段，运行管理要全面规范，"三先三后"要深入落实，后续工程要逐步推进，工程效益要不断拓展，我们面临的又是全新的困难和挑战，没有现成的模式、经验、做法可供借鉴，必须以创新的理念来破解风险难题，以创新的理念来拓展工程效益，以创新的理念来开辟发展空间。可以说创新是南水北调与生俱来的基因，也是我们继往开来、再创辉煌的利器，我们要紧紧抓住和依靠创新这一引领发展的第一动力，谋划做好新时期的南水北调工作。就当前南水北调工作而言，创新发展就是要把创新的理念融汇贯穿于我们谋划部署任务、推动工作落实、破解风险难题、开拓事业空间的方方面面工作之中，在创新中求变、求破、求进，在创新中融合协调、绿色、开放、共享的发展理念，走出新路子，闯出新天地，拓展南水北调事业发展的新空间。2016 年要力争在企业市场化运作、后续工程推进、运管体制机制等关键环节有所突破。

贯彻“稳中求好，创新发展”的总思路，做好 2016 年的南水北调工作要做到七个着力：着力抓好工程运行。工程安全是前提，没有工程安全，一切都无从谈起。要认真总结东中线工程通水以来的经验教训，逐步提升运行管理规范化、现代化水平，确保工程安全。着力保障水质安全。水质安全是基础，水质若有问题，我们的所有努力就可能付诸东流。要处理好库区发展与治污环保的关系，水源区与干渠保护两手抓，确保水质安全。同时，要继续推动“三先三后”原则落实，促进节水和地下水压采工作。着力促进移民发展。移民发展是难点，只有几十万移民走上“能发展，可致富，奔小康”的幸福大道，才能说南水北调工程真正建成了、建好了。要贯彻“以人为本”的理念，协调落实移民帮扶政策，促进移民发展致富，确保库区及工程沿线社会大局稳定。着力推动后续工程。后续工程是目标，只有东、中、西三线工程全部建成，国家水资源配置的总体格局框架才能形成，经济社会可持续发展的基础才牢靠。要加强研究论证，积极协调沟通，创新方式方法，努力推动后续工程早日立项上马。着力做好尾工收口。尾工建设是关键，“编筐编篓，重在收口”，工程建设主体任务虽已完成，但尾工关系工程功能和形象，此外变更索赔、竣工决算、工程验收关系到工程能否完美“收官”，不容忽视。着力谋划创新发展。创新发展是动力，通水运行期，南水北调面临的困难和问题会接续而来，我们只有迎难而上，通过创新来引领发展、破解难题，才能拓展事业发展空间，不断取得新的成绩。着力强化党建保障。党的建设是保障，只有坚决贯彻全面从严治党要求，不断加强和改进党的领导，让广大党员和党组织的创造力、凝聚力和战斗力不断增强并在工作实践中充分迸发出来，才能促进南水北调事业不断向前发展。

2016 年具体工作任务如下：

（一）工程运行管理方面

一是协调推动组建中线工程运行管理机构，理顺优化东线运行管理机制，建立完善科学、高效的组织管理体系。二是提升运行管理规范化、标准化水平，进一步完善规程制度，优化业务流程，强化人员培训和队伍建设，组织开展运行管理经验交流。三是抓好水量调度，落实年度水量调度计划，制定并细化水量调度方案。不断提高自动化调度水平，确保科学、有序调度。四是强化安全生产运行，落实安全生产责任制；强化重点项目、重要部位、关键环节的巡视、监测和维修、养护。加快中线保安公司组建，加强安保工作。落实预案、队伍、物资，提高应急处置能力。五是突出高压严管和警示约谈措施，加强监督检查和专项稽察，进一步推进监管工作的规范化，创新监管机制和手段，研究制定工程运行管理评价机制和办法，强化处罚追责措施。六是推动水价政策落实，工程运行管理单位要与用水各方签订供水合同工作，各省（市）要按照约定及时足额缴纳水费，为工程良性运行提供经济支撑。七是抓紧划定沿线工程设施保护范围，组织开展《南水北调工程供用水管理条例》实施情况检查。

（二）落实“三先三后”方面

一是要抓好“十二五”水污染防治和水土保持规划的收尾工作，做好 2015 年度实施情况的考核和总结。二是配合发展改革委完成《丹江口库区及上游水污染防治和水土保持“十三五”规划》编制工作，年内报国务院审批；配合环境保护部做好《重点流域水污染防治规划（2016～2020 年）》编制工作，继续深化东线水污染防治。三是研究建立水源区及干线水质保护长效机制，着重研究干线饮用水水源保护区划定完善工作，促进水源区及沿线生态环境和水质持续改善。四是做好水源区及沿线水质监测，建立完善水质监测体系，加强督促检查和专项稽察，及时排查消除水质保障隐患。五是要继续加大干线生态带建设规划推进实施的力度。六是有关省（市）要做好“三先三后”原则落实有关信息汇总报送工作，落实地下水压采和节水工作措施。七是配合发展改革委推进对口协作工作。

（三）征地移民发展方面

一是继续深入做好移民稳定工作，强化工作措施，畅通信息渠道，及时处置问题隐患，确保库区及工程沿线移民稳定。二是有关省要继续落实好移民后扶政策，根据各安置地的不同情况和条件差异，进一步加大帮扶力度，加快移民生产发展，促进移民就业增收。三是积极配合有关部门，组织有关地方做好移民后续帮扶发展规划的编制和完善工作，协调促进规划早日实施。四是做好干线征迁安置遗留问题处理，妥善解决好影响群众生产生活的突出问题。五是协调配合国土资源部门按照国务院同意的方案加快用地手续办理，河北、河南、湖北等重点省要抓紧完善相关手续。

（四）尾工建设收口方面

一是进一步梳理工程遗留问题，加快扫尾工程建设。二是推进丹江口库区因蓄水引发地质灾害防治规划的编制工作。三是做好投资收口关闸工作，抓好投资控制监督。对超概算风险大的设计单元工程投资使用情况专项检查。严控新增项目，做好特殊预备费和结余投资使用管理。四是组织开展扫尾工程价款结算，为完工财务决算奠定基础；加快完工决算进度，加强对资金的监管，组织开展内部审计，确保资金安全有效运行。五是完善设计单元工程完工验收工作方案，推进专项验收，有序开展完工验收。六是河北、河南、山东等省要加快配套工程建设进度，进一步提高用水量。

（五）推动后续工程方面

一是开展东线后续及西线工程市场化操作可行性和途径的研究。二是加强与东线后续及西线工程有关省（市、区）的联系沟通，形成合力，推动前期工作。三是邀请人大代表、政协委员、学者专家进行实地考察，对有关重大问题积极建言献策。四是组织开展中线断水应急工程投融资体制研究，协调推动具备条件的中线断水应急工程早日立项。五是组织开展有关专题研究。

（六）创新发展工作方面

要树立和运用创新发展理念，对部分重点工作谋划突破，闯出新路。2016 年力争在以下三个方面取得进展：

一是开拓企业市场化运行的新领域。要进一步强化经营和发展意识，从以往主要依靠行政手段协商推动的供用水方式逐步转向主要依靠合同管理为核心的市场化供用水方式，逐步理顺供用水关系，不断培育扩大用水市场，充分发挥工程供水主效益。要厘清管养分离边界，充分发挥自身专业优势，培养造就按市场规律运行的精干高效的自有养护队伍，端自己的碗吃自己的饭，降低工程运行成本。要加快陶岔渠首电站并网发电相关手续的办理，推进西黑山电站项目启动，将手中的资源、资产转化为实实在在的效益，增强企业自身的造血能力。要充分挖掘盘活东中两线已有的资产、品牌、队伍、技术等资源，主动与市场对接，拓展企业经营发展的新空间。

二是创新推进后续工程的新思路。五中全会提出要健全国有资本合理流动机制、引导国有资本更多投向关系国家安全、国民经济命脉的重要行业和关键领域；创新公共服务提供方式，能由政府和社会资本合作提供的，广泛吸引社会资本参与；创新公共基础设施投融资体制，推广政府和社会资本合作模式。我们要抢抓机遇，创新推进后续工程的思路，尝试用市场的办法，探索推动东线后续、中线断水应急及西线工程的可行性。

三是研究南水北调总体运行管理体制的新课题。南水北调总体规划明确东、中、西三线与长江、淮河、黄河、海河相互连接，构成我国“四横三纵、南北调配、东西互济”的水资源配置总体格局。目前，东中线一期工程建成通水，第一阶段建设目标已经实现，东线总公司已经成立，中线工程运行管理机构方案反复酝酿，几经协商，现在也到了论证决策的最后阶段。从目前的情况看，无论是从水资源统一高效配置的长远考虑，还是从南水北调工程多年建设形成的国有资产统一管理、保值增值的迫切要求，以及建立后续工程建设投融资平台的现实需要，都亟须在现有东中线运行管理机构的基础上统筹谋划南水北调工程总体建设运行管理架构。提出南水北调工程总体建设运行管理架构方案是我们的职责所在，也符合五中全会要求。现在推进研究论证工作时机已经成熟，条件已经具备。这是一项全新的任务，对南水北调事业而言意义重大、影响深远，需要我们扎扎实实加以推进。2016 年的主要任务是起步论证，从全局的高度和战略的视角做好南水北调工程总体建设运行管理架构的顶层设计。

（七）加强党的建设方面

一是持续深入学习贯彻党的十八大，十八届三中、四中、五中全会精神和习近平总书记系列重要讲话精神，进一步加强学习型党组织建设，强化理想信念教育，提升队伍能力和素质。二是进一步落实全面从严治党责任，以落实中央巡视组巡视整改意见为契机，不断完善党建工作责任制，落实好行政负责人“一岗双责”，深入探索党建工作与业务工作深度融合的途径，以高素质的党员干部队伍成就南水北调事业。三是按照中央要求扎实开展好有关专题教育活动，进一步强化纪律和规矩意识，充分发挥党建对中心工作的服务和保障作用。四是进一步加强基层党的组织建设，严格党内生活，加强党内民主，坚持“三会一课”制度，推进基层服务型党组织创建，深入开展创先争优活动和主题党日活动。五是进一步加强反腐倡廉和党员干部作风建设，深入学习贯彻《中国共产党廉洁自律准则》和《中国共产党纪律处分条例》，帮助大家算好政治账、经济账、亲情账和自由账，提高拒腐防变的意识和能力；强化各级党组织的党风廉政建设主体责任和各级纪检监察机构的监督责任，层层传导压力、分解责任，推动责任落实；加强对党员干部的教育监督管理，严格执行领导干部述职述廉、民主评议、报告个人事项制度，不断提高党员干部遵纪守法的自觉性；强化监督执纪问责，加强对工程建设和运行管理重要环节和重点岗位人员的监督，认真查处党员领导干部违纪违法问题，落实“一案双查”，严格执行责任追究制度，形成高压震慑。六是进一步发挥工青妇等群众组织的作用，广泛开展干部职工喜闻乐见、有益身心健康的文体活动，开展青年文明号、巾帼建功等创先争优活动，为干部职工多办好事实事，深入推进机关精神文明创建，营造和谐氛围，激发正能量。

同志们，目标已经清晰，任务已经明确，想不想抓落实，敢不敢抓落实，会不会抓落实，是检验干部作风和能力的“试金石”。我们要继续发扬“负责、务实、求精、创新”的南水北调精神，以新的方法、新的举措推动各项工作落实，确保全面完成 2016 年工作任务。

第一，要踏实干，敢担当。2015 年实现了东中两线的安全平稳运行，我们的队伍踏实肯干、担当有为是取得这些成绩的有力保障。天下大事必作于细，天下万事必成于实，过去我们这样，今后仍要继续坚持。要扑下身子，深入一线，以问题为导向，多推务实之举，多出务实之策；对定下的事，要持之以恒、咬住不放，从细处着眼、在实处发力，不达目标誓不罢休；对已干的事，一干到底、善始善终，绝不瞻前顾后、畏首畏尾、患得患失。从身边小事做起、从一点一滴做起，忠诚履职、勇于担责，推动各项任务部署落地生根。没有比人更高的山，没有比脚更长的路，回顾我们十多年的建设历程，只要踏实肯干，所有难题都必将一一化解，南水北调事业一定能再创辉煌。

第二，要多动脑，善创新。现在，南水北调事业正处在至关重要的转型期，任务重、困难多，对于布置的工作任务如果按部就班、一般性地抓一抓那是肯定不行的，需要创造性地开展工作。怎么才能创造性地开展工作？必须要多动脑，善创新。要开动脑筋，想想问题根源找的准不准确、解决的思路对不对头、采取的措施对不对路、运用的方法得不得当，根源不对重新挖、思路不对换思路、措施不对调措施、方法不当改方法，只要开动脑筋，办法总比困难多。要努力想新办法、找新出路。原来习惯于用行政手段推动的，现在有些方面不管用了，就要更加重视运用市场工具引导；过去习惯于跟中央要钱要支持，现在是不是尝试运用民间力量推动一些工作；以前习惯于听命令、按要求做工作，这本身不错，但在新形势新要求下，要主动求变，抬头看看路、观察观察大环境，试着在大的工作格局下主动想想干什么、怎么干，提出建议和思路等。总之，要适应形势变化，破除思维定式，跳出工作惯性，推进南水北调创新发展。

第三，要守法规，讲原则。用法治思维和法治方式推动发展，是十八届五中全会的要求之一。在这个大背景下，南水北调肯定要走依法供用水的道路。前面分析形势时谈到的困难和问题如何才能破解，最重要的就是依靠法规。《南水北调工程供用水管理条例》是专门针对南水北调制定的行政法规，是我们必须执行的工作准则，也是我们维护权益的有力武器。南水北调各项工作基本上在《条例》中都可以找到对应条款，如水费收缴方面，“应当及时、足额缴纳”；提高用水量方面，“受水区要严格控制地下水开发利用”、“将国务院批准的地下水压采总体方案确定的指标目标分解下达”；水质保障方面，《条例》用一章篇幅对各级政府和有关部门的职责作出规定。为强化追责，《条例》列举了各种违法情形以及相应的行政、民事、刑事责任。但从过去一年情况看，《条例》这个武器我们用的还不太好。此外，南水北调历经半个多世纪论证、十余年建设，过程中形成的规划、文件、重要会议决议、协商讨论达成的协议等等都是工程建设运行的重要依据，也是开展工作需要遵守的最起码的原则，我们都应该严格执行。2016 年我们更要守法规，讲原则。对于法定职责内的事，要执行好；对于协商确定的事项，要兑现落实；对于违法违规妨碍南水北调事业的，要依法维护我们的权益。

第四，要能合作，重大局。抓工作首先要顾大局，大河不满小河干，对于我们来说，什么是大局？我以前讲过，保证工程安全高效运行、实现国有资产保值增值、充分发挥工程综合效益是南水北调的大局，是各级南水北调机构应该遵循的共同原则。国家利益至上，我们想问题、办事情都要以这个大局和原则为出发点和落脚点。只有贯彻了这个原则、维护了这个大局，才能逐步实现工程的健康运行，才能实现和维护沿线广大群众的利益，才能保证和巩固各省（市）办（局）、各项目法人自身的利益。目前，运行管理体制机制要逐步建立，各地各单位表达自身的利益诉求很正常，我们也充分理解，但大家始终不要忘记我们是因南水北调这四个字才走在了一起，因共同的理想抱负才风雨同舟这么多年，希望大家树立大格局、拓宽大视野，继续自觉维护南水北调大局。系统上下的同志们要多走动、常联系、勤协商，同心协力，推动工程安全运行、充分发挥效益。

同志们！南水北调工程功在当代、利在千秋。让我们在党中央、国务院的坚强领导下，围绕协调推进“四个全面”战略布局，聚焦五大发展理念，在“十三五”规划开局的新起点上，勇于担当，主动作为，开拓进取，扎实工作，努力推动南水北调事业不断向前发展，为全面建成小康社会作出新的更大贡献！

国务院南水北调办主任鄂竟平在北京市南水北调配套工程建设先进评选表彰工作电视电话会议上的讲话

（2016年2月5日）

大家下午好！在喜迎猴年新春佳节之际，来参加北京市南水北调配套工程表彰会这样一个喜庆的大会，我心里真的是满怀喜悦之情。借此机会，我讲三句话。

第一句话是祝贺。首先要祝贺获得表彰的100个先进集体和1000名先进个人。刚才听了两位代表所作的先进事迹汇报，大家都为南水北调工程忘我奋斗，吃了不少苦，流了不少汗，很不容易。今天你们获得了先进嘉奖，是你们的光荣。国务院南水北调办联合人力资源社会保障部也即将开展主体工程通水表彰，这是党和国家对我们南水北调事业的肯定和鼓励。当然，更值得祝贺的是北京市南水北调工程建设取得了可喜的成绩，北京市南水北调工程开工最早，完工最早，发挥效益最早，2008年就开始消纳河北应急调水，中线工程正式通水短短1年多，北京就消纳南水9.8亿m^3，城市供水保障率从1提高到1.2，1100万市民喝上甘甜的丹江水，不仅如此，北京市还创造性地通过修建京密引水渠反向输水将南水调往怀柔、密云水库，并回补沿途地下水开采水源地，不仅增加了首都的水资源战略储备，也使得北京局部地区地下水位16年来第一次回升。总之，北京市委、市政府、市直各有关部门和全体建设者为南水北调工程倾注了大量心血，取得了实实在在的成绩，不仅为广大北京市民谋福，也为沿线其他省市作出了表率，体现了北京这首善之区“为一域增光，为全局添彩”的气魄，在此，我代表国务院南水北调办对你们表示衷心的祝贺！

第二句话是感谢。南水北调中线工程到今天已经通水近14个月了，累计为沿线京、津、冀、豫四省市调水26亿m^3，超过3800万人喝上了长江水。这其中，北京市用水量最多，用水居民户比例最高，缴纳水费最快，用水效益最好。这充分说明了北京市委、市政府认真贯彻党中央、国务院关于南水北调工程的各项决策，不打折扣，广大北京市民对南水北调工程真心拥护和支持。今天，北京市单为南水北调配套工程这样一件事，召开如此规模的表彰大会，也是不常有的。这充分体现了南水北调工程在北京市委、市政府心中的分量和在保障首都供水安全和京、津、冀协同发展中起到的重要作用。在这里，我要代表国务院南水北调办表达对北京市委、市政府的感谢之情，感谢你们采取了“喝、存、补”的科学用水思路，多用水、用足水、用好水，为贯彻执行“三先三后”原则，充分发挥工程效益作出了榜样；感谢你们心系库区，动真情、用实招，为移民稳定、经济发展和水质保护办了很多实事；感谢你们下大力气宣传南水北调，促进全社会形成爱水、惜水、节水、用好水的良好氛围，让广大市民感受到南水北调工程给大家带来的实实在在的好处。

第三句话是希望。记得在前年年底南水北调进京仪式上，我说过：“南水进京不易，更需倍加珍惜。”今天，我们虽然都喝着甘甜的丹江水，但要想让南水北调工程发挥更大的效益，还有很多工作要做。我相信，在充分发挥南水北调工程效益这一点上，北京市和国务院南水北调办的目标是一致的，利益是相通的。因此，我真诚希望北京市切实贯彻好习近平总书记、李克强总理、张高丽副总理对南水北调工程的系列重要指示、批示精神，继续下大力气抓好配套工程建设，让更多的市民尽早喝上南来好水；继续切实加强工程的运行维护和水质保护，确保工程安全、水质安全和用水安全；继续强化节水机制，落实地下水压采规划，统筹水源利用，进一步发挥南水综合效益；继续开展好与水源区的对口协作，实现南北共建、互利双赢，为保证清水永续北送提供稳定的社会基础；继续在推动东线后续工程前期工作上给予我们支持与配合，促使工程早日开工，早日为首都、为京津冀协同发展开辟又一条生命水道。国务院南水北调办也一定会竭尽所能，确保将优质的长江水源源不断地送到首都！

最后提前给大家拜年！祝新春快乐，猴年大吉！并衷心祝愿北京市事业兴旺发达，人民幸福安康！谢谢大家。

坚持全面从严治党　深入推进党风廉政建设　为南水北调工程建设和运行管理提供有力保证

——国务院南水北调办党组书记、主任鄂竟平在南水北调办廉政工作会议上的讲话

（2016 年 4 月 19 日）

同志们：

我们今天召开廉政工作会议，主要目的是深入贯彻落实十八届中央纪委六次全会精神，学习贯彻国务院第四次廉政工作会精神，分析南水北调党风廉政建设和反腐败工作形势，部署下阶段工作。刚才，田野组长的讲话指出了贯彻十八届中央纪委六次全会和国务院第四次廉政工作会议精神的要点和重点，评价了南水北调系统党风廉政建设的现状，分析了党风廉政建设的形势，对下阶段南水北调系统党风廉政建设和反腐败工作提出了明确要求。会后，我们要把田野组长讲话贯彻落实好。我今天主要讲三个问题：清醒认识南水北调系统党风廉政建设取得的成效和存在的问题；深刻理解中央关于党风廉政建设的新形势新要求；扎实做好南水北调系统党风廉政建设工作。

一、清醒认识南水北调系统党风廉政建设取得的成效和存在的问题

近年来，办党组认真贯彻落实党中央、国务院关于党风廉政建设和反腐败工作部署，从严管党治党，强化监督检查。2015 年，我们按照全面从严治党的要求，全力落实主体责任和监督责任，持续加强作风建设，积极配合中央巡视工作，加强监督执纪问责，党风廉政建设取得了新的进展，为南水北调工程安全平稳运行提供了有力的纪律和作风保证。主要做了五方面工作：一是狠抓“两个责任”不放松。办党组制定了《南水北调办贯彻落实全面从严治党要求实施意见》，构建了党组书记负总责、党组成员分工负责、机关党委推进落实、司局长“一岗双责”的党建工作格局，从党组到机关党委和机关纪委、各司党支部和直属单位党组织，层层传导压力，分解责任，推动责任落实。办领导与各司各直属单位负责同志签署了《党风廉政建设责任书》，以“军令状”的形式把“一岗双责”要求落实到部门负责人身上。二是深入开展“三严三实”专题教育。深入查找了业务工作和党风廉政建设中“不严不实”的问题，列出了整改清单，制定了整改方案，一项一项整改落实，广大党员干部在思想、作风、党性上进行了“补钙加油”，将“严”和“实”的作风植入到日常工作中，将“三严三实”制度化常态化长效化到南水北调工作中。

三是加强廉政宣传教育。我们始终重视咬耳朵扯袖子，逢会必讲，警钟长鸣。去年，我在办公室基层党支部书记落实主体责任专题培训班上特别强调，党员干部要做到“政治上跟党走，经济上不伸手，生活上不丢丑”。我们重视加强理论武装和宣传教育，办党组坚持把反腐倡廉理论作为中心组学习的内容，开展了《中国共产党廉洁自律准则》《中国共产党纪律处分条例》专题学习和知识竞赛，选编了工程建设领域违纪违法案例，组织观看了《守住第一次》《忠诚与背叛》等警示片，组织了系列党日活动强化宗旨意识，开展了“三文明”评选、“家庭助廉”及“守纪律、讲规矩、促成长”主题征文等活动，助力廉政教育，引导党员干部明底线知敬畏。四是靠制度管人管事和管钱。制定了《关于构建教育、制度、监督并重的惩治和预防腐败体系实施意见》《党风廉政建设责任制实施办法》《建立健全惩治和预防腐败体系2013～2017年工作要点》和《关于加强廉政风险防控的意见》等廉政方面的规章制度，强化纪律和规矩。制定了《工程招标投标活动意见》《工程建设安全生产目标考核管理办法》《工程建设信用管理办法》《工程建设质量问题责任追究管理办法》《工程建设资金管理办法》等工程建设管理方面的规章制度，规范工作权限，强化权力约束，加强责任追究，有效遏制腐败发生。制定了《办管干部考核办法》《领导干部问责办法》《重要事项督办办法》等干部队伍建设方面的规章制度，严格考核监督问责，切实增强了党员领导干部管党治党、抓廉政建设的自觉意识。与最高人民检察院联合就南水北调工程建设领域做好预防职务犯罪工作作出部署，通过各级检察机关加强对南水北调主体及配套工程的廉政监督工作，收到很好的震慑效果。五是强化监督执纪问责。业务监督不放松，把廉政工作融入到业务工作中同部署同落实同检查同考核，对重大决策、重要干部任免、重大项目安排和大额度资金使用实行集体研究决策，加强对工程重点领域和关键环节的监督，守住了工程招投标，设计变更和资金管理的关口。日常监督管理得到加强，强化对关键岗位、领导班子、领导干部特别是一把手的监督，严格执行重大事项报告制度，实行领导干部述职述廉考核考廉、干部任前谈话和诫勉谈话，开展专项审计，及时发现问题，快速整改问题，实现了抓早抓小抓苗头。巡视监督取得成效，我们按中央巡视组反馈意见整改了相关问题。同时，办公室内部也成立了巡视组，聚焦“四风”问题对部分单位进行了巡视，对发现的问题做到了立行立改，收到了预期效果。信访案件处理工作得到强化，严格按要求及时查处群众来信来访、举报调查、上级转办的重要案件，及时对举报线索进行调查核实并作出处理。

总的说，过去的一年，在各级党组织的高度重视和广大党员干部的共同努力下，南水北调党风廉政建设取得了显著成效，干部职工经受住了精神和物质的严格考验，巨额工程建设资金得到安全有效使用，历次审计没有发现重大贪腐问题，确保了南水北调东、中线一期工程安全顺利如期建成和安全平稳运行。

当然，在充分肯定党风廉政建设和反腐败工作取得成效的同时，也必须冷静清醒地看到问题，我们的工作离中央的要求还有差距。去年，中央第十五巡视组对我办进行了专项巡视，巡视组在巡视情况的反馈中充分肯定了十八大以来我们所取得的成绩。总的看，办党组和各单位负责同志较好地履职尽责，没有发现重大问题，说明我们这么多年强调纪律、强调作风、严查严管是有效的。但巡视组也指出“部分领导干部全面从严治党意识不强，‘两个责任’落实不到位，执纪问责不严，违反中央八项规定精神问题时有发生”等等问题。这充分反映出不论是在从严治党还是在党风廉政建设上，我们的思想认识和中央的要求还有差距，我们的行动和中央的希望还存在差距，对此，要有清醒的认识。

我认为至少还有这么几个问题不容忽视：一是全面从严治党还有待加强。中央巡视组指出，我办“党的领导弱化，党的建设缺失，全面从严治党不力”，主要表现在4个方面，“党的领导弱化，监督执纪软弱乏力，顶风违纪时有发生，选人用人程序不规范”。目前，我们已经严格按要求进行了整改。但是，同志们还要深入反思，深刻剖析思想根源，从思想和灵魂深处再认识再思考再剖析，确保整改到位，绝不反弹回潮。二是纪检监督机构力量薄弱。纪检机构不完善，力量薄弱，人员不足，没有充分发挥兼职纪委委员的作用；纪检监察、审计稽察、组织人事等部门共同参与监督检查的力度不够、发挥合力不足，很难适应当前纪检工作的新形势和新要求。三是思想认识还有待提高。问题出在表面，根源生在思想。一些同志对党风廉政建设工作新形势新任务的认识还不到位，对“两个责任”的具体内容还不清晰。个别党员干部贯彻落实中央八项规定从思想上还不够重视，尚未形成自觉自愿意识。四是监督执纪问责能力还不足。日常扯耳朵拉袖子做得不够，有些有苗头的现象提醒不够，廉政谈话的覆盖面还不够广，定期谈心谈话做得还不到位。纪检监察工作方法比较简单，研究新情况新问题不够，凭过去的习惯、经验开展工作，创新精神不足，积极性、主动性还有待提高。监管力量较薄弱，案件查办手段有限，对干部个人行为的监管不够、手段不多，特别是对八小时以外的干部管理，还缺乏应有的办法。五是我们党员干部个人身上也还存在这样那样的问题。中央巡视组指出，“从抽查个人事项报告的情况看，每个层级都有未如实报告的情况”，“甚至有干部偷改个人事项报告表”；个别党员干部重工程建设轻党风廉政建设的现象仍然存在，工作中推诿扯皮、偷奸耍滑、不思进取的现象还时有发生；个别干部职工仍存在不认真履责、不敢担当、作风漂浮、脱离实际等方面的问题；还有违规发放津补贴、公车私用等，同时，通过群众来信来访发现工程管理、人员招聘等方面还存在不规范的问题等等。

这些薄弱环节都需要引起我们高度重视，认真研究解决。去年，办党组严肃处理了一些党员干部，大家要引以为戒。可以说，通过去年的巡视，我们进一步查找到了执行党的纪律和自身建设方面存在的问题和差距，更加充分地认识到加强我办党风廉政建设所肩负的责任重大，也更加坚定了以更严的标准、更实的作风推动全面从严治党要求在南水北调工作中深入落实的信心和决心。

二、深刻理解中央关于党风廉政建设的新形势和新要求

前不久，习近平总书记在十八届中央纪委六次全会上发表了重要讲话，站在党和国家全局高度，充分肯定深入推进党风廉政建设和反腐败斗争取得的新成效，深刻分析依然严峻复杂的形势，明确提出当前和今后一个时期的总体要求和目标任务，讲话既直面问题、切中时弊，又充满自信、催人奋进，体现了坚强的党性原则，彰显了党中央的责任担当，是深入推进党风廉政建设和反腐败斗争、全面从严治党的思想武器和行动指南。李克强总理在国务院第四次廉政工作会议的重要讲话，全面回顾总结了过去一年政府系统廉政建设的主要成效，深刻分析了当前的反腐倡廉形势，对今年政府系统反腐倡廉工作作出全面部署、提出明确要求，充分彰显了国务院坚持全面从严治党、深入推进反腐倡廉建设的坚强决心和鲜明态度，对进一步推进政府系统党风廉政建设和反腐败工作具有很强的指导意义。我们要深刻理解总书记、总理的重要讲话精神，认清新形势，领会新要求。

（一）充分认识党风廉政建设和反腐败工作的严峻性复杂性长期性，坚定做好工作的信心和决心。

党的十八大以来，以习近平同志为总书

记的党中央狠抓党风廉政建设和反腐败斗争，形成了反腐高压态势。中央相继出台八项规定、《建立健全惩治和预防腐败体系2013～2017年工作规划》等，开展全面巡视，贪官污吏纷纷被绳之以法。习近平总书记反复强调“党风廉政建设和反腐败斗争形势依然严峻复杂”，“腐败和反腐败呈胶着状态”。党风廉政建设不是一蹴而就的，不可能“毕其功于一役”！这些年来，党中央把党风廉政建设和反腐败斗争作为全面从严治党的重要内容，正风肃纪，反腐惩恶，取得了重大成效。但是，区域性、系统性腐败不断发生，腐败问题，不仅发生在管钱、管物、管项目的权力部门，而且向“清水衙门”延伸，一些腐败行为甚至还关系到党和国家的政治安全；违纪行为、“四风”问题频频出现，“四风”尽管在面上有所收敛，但并没有绝迹，有的问题改头换面，花样翻新，出现了各种变异。这些问题，性质恶劣，危害巨大，令人震惊，教训深刻！不仅恶化政治生态，也严重损害党心民心。习近平总书记指出，反对腐败是党心民心所向。党风廉政建设和反腐败斗争增强了人民群众对党的信任和支持，顺党心，合民意，有着广泛和坚实的政治基础和群众基础。有党心民心作力量源泉，反腐败斗争必定胜利。党的十八大以来，党中央的坚强领导、中央纪委的倾力付出，齐抓共管的工作格局、纪检体制改革的深化推进、人民群众的支持参与，都是做好纪检工作的有利条件。反腐高压态势，整顿了吏治，赢得了民心。我们要把思想统一到党中央对当前形势的判断上来，切实站在“党风廉政建设和反腐败斗争是一场输不起的斗争”的高度，坚定信念，树立必胜的信心和决心，增强做好反腐倡廉工作的历史责任感和使命忧患感。

（二）深刻领会中央精神，把握核心要义。

结合当前反腐倡廉工作形势，我们必须提高以下几个方面的认识：一是必须增强看齐意识。对于中国特色社会主义事业来说，中国共产党是核心、主心骨；对于8700多万中国共产党人来说，党中央是核心、主心骨；对于党中央来说，习近平总书记是核心、主心骨。广大党员干部一定要增强政治意识、大局意识、核心意识、看齐意识，尤其是要增强看齐意识，要向党中央看齐，向党的理论和路线方针看齐，向习总书记看齐。二是必须深刻理解全面从严治党新形势。党中央提出的“四个全面”战略布局既有战略目标，又有战略举措，全面从严治党是根本保障。全面从严治党，核心是加强党的领导，基础在全面，关键在严，要害在治。习近平总书记指出，“要增强管党治党意识、落实管党治党责任”，“把抓好党建作为最大的政绩”。党的建设必须全面从严，各级党组织及其负责人都是责任主体。南水北调办各级党组织特别是主要负责人，要强化主业意识，把抓好党建作为首要之责，牢固树立“抓好党建是本职、不抓党建是失职、抓不好党建是不称职”的理念，认真落实《南水北调办贯彻落实全面从严治党要求实施意见》，把管党治党责任承担好、落实好，在工作的方方面面体现党的领导，把抓深抓细抓严党的建设作为工作的新常态。三是必须把纪律建设摆在更加突出的位置。党要管党、从严治党，首要的是加强纪律建设。习近平总书记反复强调政治纪律和组织纪律，指出在所有党的纪律和规矩中第一位的是政治纪律和政治规矩。南水北调办各级党组织和纪检组织必须坚持纪严于法、纪在法前，把纪律挺在前面，把严守纪律、严明规矩放到重要位置来抓，把维护党的政治纪律放在首位，加强对政治纪律执行情况的监督检查，自觉担负起执行和维护政治纪律的责任。要强化党员干部的纪律意识，要求党员干部严守“六大纪律”，坚决做到“五个必须”和“五个决不允许”，把同党中央保持高度一致变成实实在在的行动，自觉担负起执行和维护政治纪律的责任。四是必须正确把握监督执纪“四种形态”。监督执纪问责，必须坚持惩前毖后、治病救人的方针。全面从严治党，要把握运用监督执纪“四种形态”：让咬耳朵、扯袖子，红红脸、出出汗成为常态，党纪轻处分、组织调整成为大多数，重处分、重大职务调整的是少数，而严重违纪涉嫌违法立案审查的只能是极极少数。日常工作中发现问题要真管真严，要同本人见面，谈话函询、及时诫勉，防止小错酿成大错。王岐山同志讲，要把握好“树木与森林”的关系，要治“病树”、拔“烂树”、保护“森林”。我理解，既要盯住少数烂树，就是惩处极少数；又要放眼整个森林，就是教育大多数，实现“勤浇树、正歪树、治病树、拔烂树、护森林”的目标。惩治惩治，惩是手段，治是根本，出发点是关心爱护党员干部，最终目的是营造风清气正的氛围。

（三）把党中央、国务院要求落实到南水北调党风廉政建设工作实际中去。

中央不断加大反腐倡廉工作力度，充分体现了中央党要管党、从严治党的决心，充分彰显了我们党坚决把反腐败斗争进行到底的勇气，也充分显现了反腐败斗争的震慑力。这对我们搞好廉政工作，确保“三个安全”，既是一种强大的推动力，也让我们感到责任在肩，压力巨大。南水北调东、中线一期工程通水后，中央领导同志的重要指示批示对我们提出了新的要求；2015 年，中央领导针对南水北调工作共作出 46 次重要批示，涉及运行管理、水质保护、移民发展、效益发挥、后续工程等各个方面。面对党中央、国务院的高标准高要求和全国人民的殷切期盼，我们建设为民务实清廉的南水北调工程任重而道远，义不容辞，必须把思想和行动统一到党中央国务院的决策部署上来。今年，南水北调工程已全面进入通水运行新阶段，工程转型之后容易出现各种思潮，产生利益诉求和现实的碰撞，甚至会带来某种“转型的阵痛”，风险增多，机遇与挑战并存，我们所肩负的任务更加艰巨。在南水北调工作“稳中求好，创新发展”之年，我们必须更加重视党风廉政建设工作，勇于担当，敢于负责，驰而不息，久久为攻，打造一支忠诚、干净、担当的南水北调队伍，坚定不移地做到“政治上跟党走、经济上不伸手、生活上不丢丑”，确保南水北调事业始终沿着正确的方向发展和前进。

三、扎实做好南水北调系统党风廉政建设工作

2016 年，南水北调办党风廉政建设工作的总体要求是：深入学习贯彻习近平总书记系列重要讲话精神，全面贯彻党的十八届五中全会和十八届中央纪委六次全会、国务院第四次廉政工作会议精神，落实中央巡视组的整改要求，积极支持配合派驻纪检组工作，坚持全面从严治党，聚焦监督执纪问责，加强纪律建设，强化党内监督，不断取得党风廉政建设和反腐败斗争新成效，为南水北调事业健康发展提供有力的政治纪律保证。

（一）深入开展“两学一做”学习教育。

理论上的高度决定了思想的深度和认识的高度，也决定着行动的力度。做好党风廉政建设工作，首要的是加强思想武装，努力提高党性修养。办党组已经就学习教育作出安排。各级党组织要认真组织好这次学习教育，巩固好党的群众路线教育实践活动和“三严三实”专题教育的成果。一要加强党章党规的学习。要把学习党章放在首要位置，关键在坚定对马克思主义的信仰、对中国特色社会主义和共产主义的信念、对党和人民的忠诚，一些党员干部出现这样那样的问题，归根结底是没把党章当回事、不尊崇党章。二要深入学习习近平总书记系列重要讲话。习近平总书记系列重要讲话，提出了一系列新思想、新观点、新论断和新要求，立意高远、思想深邃、内涵丰富、博大精深，是对中国特色社会主义建设规律和无产阶级政党建设规律的科学认识和发展，是当代中国鲜活的马克思主义。要紧紧把握总书记重要论述中体现的立场观点方法，密切联系思想、工作和生活实际，学深悟透、融会贯通，真正做到内化于心、外化于行。三要教育党员干部争做合格党员。“两学一做”，基础在学，关键在做。深入学习党章党规，学习总书记系列重要讲话，根本目的在于增强党性。党性是每一个党员和党员领导干部对党章的政治思想认同的自觉和实践行动的自律，是党的性质和宗旨在每名党员身上具体化。要教育引导党员干部做讲政治、有信念，讲规矩、有纪律，讲道德、有品行，讲奉献、有作为的合格党员。

（二）建设党建和纪检工作平台，确保两个责任落地生根。

落实“两个责任”是做好党风廉政建设工作的关键，缺一不可，必须全力落实到位。一要探索治党管党新的机制。结合中央巡视整改，探索建立党建和纪检工作的平台，发挥多方合力，为强化两个责任的落实提供新思路新方法。二要继续加压，推动主体责任纵深发展。南水北调办各级党组织书记是全面从严治党主体责任的第一责任人，要手不松、力不减，多措并举，进一步细化责任，传导压力，层层落实，推动主体责任落地生根。今年，重点要推动全面从严治党向南水北调工程沿线基层单位、基层管理处延伸，做到基层党的建设全覆盖、上台阶。三要深化监督，推动监督责任落到实处。机关纪委、直属单位纪委和党支部纪检委员，也要对责任进行层层分解，传导压力，进一步强化监督执纪问责的意识和能力，科学运用监督执纪“四种形态”，切实解决“不愿监督、不敢监督、不会监督”的问题，不当“老好人”，让监督和被监督成为党员干部工作生活中的常态。

（三）持之以恒地做好廉政风险防控，规范权力运行，强化监督管理。

充分认清加强党风廉政建设的重要环节，进一步精准发狠发力，防范好各种廉政风险。一要强化工程建设和运行管理领域的监督检查，认真分析业务工作中出现的新情况新问题，积极研究对策措施。尤其是要加大对“三重一大”执行情况监督的力度，加强对工程结算、财务会计、管护工程招投标、设备物资采购等关键环节、重点岗位和关键权力的制约和监督，确保权力正确行使。二要强化党内监督，严格党内政治生活，落实好民主集中制，发扬党内民主，坚持党内重大事项集体研究，保障党员主体地位，落实党员知情权、参与权、选举权和监督权；坚持开好领导班子民主生活会和党员干部组织生活会，用好批评和自我批评的有力武器，增强党内生活的严肃性、政治性。三要把好日常监督关，严格执行《党政领导干部选拔任用工作条例》，严格个人有关事项报告、一报告两评议、谈心谈话、干部问责等制度，通过专项检查、专项审计、调查走访、巡视、处理线索案件等多种形式严格监督检查，把上级对下级、同级之间以及下级对上级的监督充分调动起来，及时发现问题，督促整改，严肃查处和通报、曝光违纪违规行为，追究责任，确保党内监督落到实处、收到实效。

（四）严格标准，突出重点，形成反腐倡廉高压态势和有效震慑。

一要坚决惩处违纪违规行为，保持“不敢”违纪的高压态势。深入持久地开展“四风”整治，加强对违反中央八项规定精神、违反“六大纪律”行为、落实“两个责任”不到位问题的监督执纪问责，切实让规矩发力、禁令生威。纪检组织和纪检干部要准确把握运用监督执纪的“四种”形态，严明纪律，狠抓作风建设，做到标准不降、要求不松、措施不减、氛围不淡。二要加强制度建设，打造“不能”违纪的制度篱笆。机关各司各直属单位要按照依规治党的要求，进一步完善作风建设、干部队伍建设和业务工作方面的规章制度，用制度管人、管钱、管车、管房、管事。财务部门要规范和严格执行财务管理、经费报销、审计监督等制度，完善预算管理和财务检查，把预防腐败的关口前移。三要加强教育引导，增强“不想”违纪的思想自觉。不断加强干部队伍思想道德教育，践行好“负责、务实、求精、创新”的南水北调核心价值理念，多做“咬耳朵、扯袖子”的工作，及时提醒，警钟长鸣，抓早抓小抓苗头，注意管好身边工作人员和子女，树立良好的家风。采取多种形式加强党风廉政宣传教育，建设廉政文化，形成廉洁从政和干事创业的良好氛围。加强警示教育，发挥违纪案件的警醒作用，用身边案警示身边人。

（五）适应纪检工作新常态，加强纪检机构和纪检队伍建设。

党风廉政建设工作责任重大，使命光荣，我们要适应新形势新任务，加强组织建设，提高履职能力。一要加强纪检监察组织机构建设。要注重选拔德才兼备的优秀干部充实到纪检监察队伍中来，要克服人少事多的困难，不等不靠不要，积极开动脑筋想办法，鼓足劲头干工作，充分发挥机关纪委委员和兼职纪检干部的作用，齐抓共管，形成工作合力。二要加强纪检队伍建设。以思想政治建设、能力建设和作风建设为重点，不断提高纪检干部监督执纪问责能力和水平。纪检监察干部要自觉接受监督，带头践行“三严三实”，做严守纪律、改进作风、拒腐防变的表率。习近平总书记提出的“对党忠诚、个人干净、敢于担当”，是对所有共产党员的基本要求，我们要对纪检干部要求更严格、监督更严格，要更加心存敬畏，戒除贪心，律己以廉，务实负责，切实担负起纪检工作这一神圣职责。

同志们，加强党风廉政建设任重道远，决不能有丝毫懈怠松劲。我们要在党中央、国务院的坚强领导下，深入学习贯彻习近平总书记系列重要讲话精神，扎实工作，锐意进取，勤政有为，苦干实干，切实把全面从严治党要求做到细处，落到实处，不断把党风廉政建设和反腐败工作引向深入，为建设为民、务实、清廉的南水北调工程、夺取南水北调事业的新胜利作出新的更大的贡献！

坚持挺纪在前　夯实管党治党责任　不断取得南水北调党风廉政建设新成效

——中央纪委驻水利部纪检组组长田野在南水北调办廉政工作会议上的讲话

（2016 年 4 月 19 日）

同志们：

今天，国务院南水北调办党组召开 2016 年廉政工作会议，进一步贯彻落实十八届中央纪委第六次全会精神，传达学习国务院第四次廉政工作会议上克强总理的重要讲话，安排部署 2016 年南水北调党风廉政建设和反腐败工作，充分体现了国务院南水北调办党组对全面从严治党和党风廉政建设工作的高度重视。刚才，旭光同志传达了国务院第四次廉政工作会议精神，竟平同志一会儿还要作重要讲话，对今年全面从严治党和党风廉政建设工作作出全面部署，大家都要认真学习领会，切实抓好贯彻落实。我们派驻纪检组也要把握好这两个讲话精神，履行好自身职责。

下面，按照国务院南水北调办党组和会议安排，我就学习贯彻十八届中央纪委第六次全会和国务院第四次廉政工作会议精神，抓好 2016 年纪律检查工作讲三点意见。

一、要学深悟透两个会议精神，把思想和行动统一到中央的决策部署上来

十八届中央纪委第六次全会和国务院第四次廉政工作会议，是在全面建成小康社会决胜阶段召开的两个重要会议，是我们做好今年和今后一个时期全面从严治党、党风廉政建设和反腐败工作的基本遵循和指南。当前，我们一定要深刻领会两个会议的精神实质，内化于心、外化于行，切实把党中央国务院关于全面从严治党和反腐倡廉工作的决策部署落到实处。

中央纪委六次全会精神，主要体现在习近平总书记的重要讲话和中纪委书记王岐山同志所作的工作报告中。1月中旬，国务院南水北调办党组已经作了传达学习，提出了明确的贯彻落实措施。这里，我跟大家再重新回味一下这两篇文献的主要精神，进一步认清形势，明确任务。总书记的重要讲话有四个部分，主要内容可以概括为一个“态势”、两个“没有变”、三个方面重要任务。一个“态势”，就是“反腐败斗争压倒性态势正在形成”，但“党风廉政建设和反腐败斗争的形势依然严峻复杂”。这是全会对当前党风廉政建设和反腐败斗争的形势作出的科学判断。对于这种情况，党中央的态度很明确，就是两个“没有变”——一是坚定不移反对腐败的决心没有变，二是坚决遏制腐败现象蔓延势头的目标没有变。就是说党风廉政建设和反腐败斗争只有进行时，永远在路上，表明我们党将保持既定的力度和势头，继续推进反腐败向纵深发展。为此，总书记在全会上提出了今年要抓三个方面的重要任务，一要坚定不移推进党风廉政建设和反腐败斗争，二要坚定不移推进全面从严治党，三要积极强化党内监督的有效途径。

王岐山同志在中央纪委六次全会上的工作报告，通篇贯彻了总书记系列重要讲话精神，成系统、集大成地体现了党中央管党治党建设党的新理念新思想新战略。在工作报告中，王岐山同志明确要求把“四种形态”运用情况作为检验工作的标准，提出了今年党风廉政建设和反腐败斗争七个方面的任务：一是严明党的纪律，完善监督制度。二是深化体制机制改革，夯实管党治党责任。三是落实巡视工作条例，向全覆盖目标迈进。四是让中央八项规定精神落地生根。五是持续保持遏制腐败的高压态势。六是切实加强基层党风廉政建设。七是建设忠诚干净担当的纪检监察队伍。

国务院第四次廉政工作会议，是继中央纪委六次全会之后召开的又一次事关反腐倡廉工作大局的重要会议。李克强总理在会上的重要讲话，从继续转变政府职能、依法管好权用好权，完善激励和问责机制、确保重大决策部署落实和强化制度监管、聚焦重点推动反腐倡廉等三个方面，对今年政府系统廉政建设工作作出了全面部署，强调要持续深化改革、严格依法行政、注重源头预防，不断把政府系统党风廉政建设和反腐败工作推向深入。李克强总理的重要讲话，已经在有关媒体发布，刚才旭光同志也作了传达，大家要认真学好贯彻好。特别要强调的是，学习国务院第四次廉政工作会议精神，要与学习习近平总书记系列重要讲话和中央纪委六次全会精神结合起来，与学习今年的全国两会精神和李克强总理所作的政府工作报告紧密结合起来，把自己摆进去，强化责任担当，学深悟透，融会贯通。

中央精神就是定音鼓。当前，任务已经十分明确，关键就是要抓好落实。我们要自觉把思想和行动统一到中央纪委第六次全会和国务院第四次廉政工作会议精神上来，按照办党组的部署，深入推进全面从严治党和党风廉政建设，为南水北调事业持续健康发展提供坚强的政治保障，为京、津、冀协同发展提供更加坚强有力的水利支撑。

二、要正确认识当前南水北调党风廉政建设的形势，坚定信心做好纪检工作

总的来看，国务院南水北调办党组是高

度重视党风廉政建设工作的，竟平同志在今年初召开的南水北调工作会议上，对党风廉政建设提出了明确要求。国务院南水北调办党组、机关各司和各直属单位认真落实中央全面从严治党的各项部署，积极推进南水北调党风廉政建设取得了新进展新成效。归纳一下，有这么几个特点。

一是把严明党的政治纪律和政治规矩摆在首位，看齐意识不断增强。国务院南水北调办党组把开展“三严三实”专题教育作为全面从严治党的重要抓手，认真学习习近平总书记关于严明党的纪律和规矩的重要指示精神，以周永康、薄熙来等严重违纪违法案件为反面教材，增强政治敏锐性和政治鉴别力，认真解决存在的不严不实问题，自觉在思想上、政治上、行动上与党中央保持高度一致。积极支持、配合中央巡视组巡视工作，认真落实巡视反馈意见，制定了巡视整改任务清单、责任清单，对存在的问题逐一认真进行整改。

二是在强化“两个责任”上持续加力，管党治党责任深入落实。国务院南水北调办党组成立了党建工作领导小组，坚持业务工作与党风廉政建设“两手抓”“两手硬”，抓班子带队伍，层层传导压力。通过出台落实全面从严治党实施意见、与各司各直属单位主要负责同志签订《党风廉政建设责任书》、开展巡视等方式，用制度机制推动责任落实。通过举办基层党支部书记落实主体责任专题培训班，不断提高各级党员领导干部特别是“一把手”两手抓的意识和能力。强化纪检部门监督作用，加强对领导班子、领导干部和关键岗位的日常监督管理。

三是把纪律和规矩挺在前面，切实把纪律严起来、立起来。国务院南水北调办党组组织集中学习《廉洁自律准则》和《纪律处分条例》，通过邀请中央纪委有关同志作辅导报告、举办知识竞赛等方式，引导各级党组织和广大党员强化纪律意识，明确行为高线和底线。各单位认真落实中央纪委把纪律和规矩挺到前面的要求，处置问题线索工作逐步规范，查办违纪案件力度进一步加大。办机关纪委在中央巡视组巡视期间，对4名违纪党员进行了组织处理，目前正在积极配合驻部纪检组工作，对中央巡视组移交的有关问题线索进行调查核实。有的单位对出现苗头性、倾向性问题的干部也进行了诫勉谈话和约谈提醒。

四是持之以恒纠正“四风”，落实中央八项规定精神成为新常态。国务院南水北调办党组及各单位认真落实中央八项规定精神，通过日常开展警示教育、在重要节点印发通知等方式，对党员干部及时进行廉政提醒，做到不踩“红线”，有效防止了“四风”问题反弹。机关纪委按月及时向中央国家机关纪工委报送反映问题线索处置情况统计表和落实八项规定精神情况月报表。相关单位对领导干部办公用房进行了改造和调整，不断精简会议文件，严控三公经费。

五是下大力气完善制度机制，织密扎紧制度的笼子。各单位把加强制度建设、执行作为防范廉政风险的重要手段，强化监督制约。办党组将廉政建设融入业务工作，加强对工程招投标、设计变更、资金使用、变更索赔及征地移民等方面的监管，健全完善制度并加强执行，努力确保工程安全、资金安全、生产安全、干部安全。与水利部、住房城乡建设部、工商总局、国资委等建立质量监管联席会议制度，实行质量监管五部联处机制，加强质量监管。中线建管局围绕公务接待、办公用房、会议管理等方面，完善管理制度。东线总公司一年来制定了60余项制度或暂行办法，规范了公司管理、工程运行等各项工作。

在肯定成绩的同时，我们也要清醒地看到，当前南水北调党风廉政建设工作进展还不平衡，还存在一些薄弱环节，中央巡视组对国务院南水北调办党组巡视后也指出了一些问题。比如：部分领导干部全面从严治党的意识不强，对单位党员干部监督教育管理不到位；有些单位党风廉政建设问题易发多发；纪检部门力量弱、标准松，执纪软弱、问责不严；个别单位存在违规决策发放津贴补贴以及公车私用等违反中央八项规定精神问题的情况；有的干部不如实报告个人事项，甚至偷改个人事项报告表；对工程建设监管不力，存在较多廉洁问题和风险，等等。国务院南水北调办党组对此高度重视，特别是竟平同志切实担负起“第一责任人”职责，以身作则、率先垂范，多次召开会议研究具体措施，带头落实整改任务，为各级领导干部树立了看齐的标杆。当然，我们派驻纪检组也要探索研究南水北调党风廉政建设情况和规律，从南水北调工作实际出发就落实好全面从严治党和反腐倡廉工作加强调研、提出对策，协助国务院南水北调办党组共同抓好南水北调党风廉政建设工作。

总而言之，对于成绩和不足，我们要有正确的认识，始终坚定做好纪检工作的信心。当前，党中央对形势的判断没有变、旗帜立场不会变，我们的目标任务就不能变。我们要按照王岐山同志在中纪委六次全会上提出的要求，保持坚强政治定力，有静气、不刮风、不搞运动，立足当前、谋划长远，认准正确方向，踩着不变的步伐，以顽强的毅力和不屈的韧劲，把南水北调党风廉政建设和反腐败斗争一步步引向深入。

三、纪检部门要在全面从严治党中找准职责定位，强化监督执纪问责

习近平总书记在中央纪委第六次全会上强调，纪委要在全面从严治党中找准职责定位，强化监督执纪问责；王岐山同志指出，监督执纪问责是纪委职责的准确定位，是做好纪律检查工作的“纲”。派驻纪检组和南水北调各级纪检部门要把监督执纪问责这个“纲”举起来，聚焦中心任务，创新工作方式，改变工作作风，全面履行职责，着力抓好今年的纪律检查工作。

（一）要抓好“两学一做”学习教育，进一步严明党的纪律

“两学一做”学习教育，就是通过学习党章党规党纪，学习习近平总书记系列重要讲话精神，促使党员干部讲政治、有信念，讲规矩、有纪律，讲道德、有品行，讲奉献、有作为。组织开展“两学一做”，是各级党组织及其负责人的主体责任。国务院南水北调办各级党组织，每个党支部都要担负起全面从严治党的政治责任，深入组织开展“学党章党规、学系列讲话，做合格党员”的学习教育，促使广大党员干部深入学习党章，学习《廉洁自律准则》和《纪律处分条例》，明确基本规范，树立行为标准；进一步学好习近平总书记系列重要讲话，加强理论武装，统一思想行动。各级党组织负责人要增强政治意识、大局意识、核心意识和看齐意识，抓好班子带好队伍，加强对本单位党员干部的管理，引导本单位广大党员干部强化党的意识和组织观念，用纪律和规矩管住全体党员干部。

各级纪检部门要全面履行党章赋予的职责，要以“六大纪律”为尺子，加强对遵守党章、执行党纪情况的监督检查，严肃查处违反党章党规党纪的行为。特别是要把维护党的政治纪律放在党的所有纪律的首位，加强对政治纪律执行情况的监督检查，坚决纠正上有政策、下有对策，有令不行、有禁不止行为，确保中央政令畅通；严肃查处搞团团伙伙、结党营私，政治利益和经济利益相互勾连问题，坚决维护党的团结统一。

（二）要常抓长管，夯实管党治党责任

习近平总书记在中央纪委六次全会上明确要求，各级党组织要担负起全面从严治党的主体责任。落实主体责任，关键是把党的领导落到实处，党委（党组）书记是第一责任人，要把责任传导给所有班子成员，压给下面的党组织书记，特别要推进全面从严治

党向工程沿线基层单位延伸，确保责任落实到位。各级党组织主要负责同志要切实增强责任意识，当好指挥官，把力量整合起来，把关系理顺。要加强顶层设计，不断加强在选人用人、深化作风建设、加强纪律监督、廉政风险防控和坚决惩治腐败等方面的制度建设，用制度管人、管事、管长久。近期，派驻纪检组将与国务院南水北调办党组研究制定沟通党风廉政建设情况的规范性意见，努力形成高效顺畅、配合协调的工作合力。

中央纪委全会要求，动员千遍，不如问责一次。我们要将问责作为推动“两个责任”落实的重要抓手，对执行党的路线方针政策不力，管党治党主体责任缺失、监督责任缺位、给党的事业造成严重损害，“四风”和腐败问题多发频发，巡视整改不落实等问题，严肃追究责任，通过问责把压力层层传导下去，推动各单位将全面从严治党方针落到实处。

（三）要创新方式方法，积极探索强化党风廉政的有效途径

要强化巡视监督。巡视是党内监督的新常态。现在中央明确规定，巡视是对党组织和党员干部的巡视，是政治巡视不是业务巡视。从目前在水利部直属单位开展的巡视情况看，效果是好的，呈现了巡视一个单位，发现一批问题，处理一批人员，教育广大党员干部的震慑效应，党的建设得到明显加强。去年，国务院南水北调办党组也开展了巡视工作，下一步可以进一步强化巡视监督，实现对国务院南水北调办直属单位的巡视全覆盖。

要强化廉政风险防控。这是推进反腐败工作的基础性工作，目的就是规范权力运行。李克强总理在国务院廉政会议上要求各地区各部门要抓紧制定和公布各项权力、责任清单，做到“清单之外无权力，清单之内必须为”。这就是要给权力带上“紧箍咒”，大家要引起重视。各单位要认真查找关键岗位和重点环节权力运行廉政风险点，要严控三公经费，抓好工程建设领域中的风险防范，探索构建廉政风险防控制度体系，把权力关在制度的笼子里。同时，纪委要履行自身职责，要督促所在单位抓好关键岗位人员的教育管理，使之坚定政治理想，提高廉政意识和法律意识，自觉接受监督，依纪依法办事。要加强对干部的交流、轮岗，以防止思想松懈、工作懈怠。

要严肃查办基层违纪违法案件。民心是最大的政治。南水北调是重要的民生工程，点多线长，与沿线人民群众切身利益密切相关，一旦出现违规违纪问题，就会影响人民群众对我们的认可度和满意度，甚至会损害党和政府的形象。纪检部门一定要严肃执纪，坚决查处在办理涉及群众事务时吃拿卡要，甚至欺压群众的行为，对侵害群众切身利益、甚至是与民争利的行为，更要坚决处理，绝不姑息。

（四）要纠风肃纪，驰而不息纠正“四风”

各级纪检部门要在正风肃纪的基础上，紧盯“四风”新形式、新动向，特别关注花样翻新、转入地下的“四风”问题，常抓抓出习惯来，耐心抓抓出长效来，决不让“四风”反弹。要以钉钉子精神揪住“四风”问题不放，紧盯年节假期，一个节点一个节点坚守。要以上率下，看住“关键少数”。对于顶风违纪行为，发现一个处理一个，越往后执纪越严，处分越重。要加大执纪查处和点名曝光力度，对典型“四风”问题一律点名道姓予以通报，让那些我行我素、心存侥幸的人付出代价。要积极引导广大党员干部亮家风树新风，把培育良好家风摆在重要位置，严格管好亲属子女和身边工作人员，廉洁修身，廉洁齐家。

（五）要铁腕惩腐，继续保持遏制腐败的高压态势

要实践好“四种形态”。纪检部门要把

“四种形态”运用情况作为检验工作的标准，严格分类处置问题线索，扩大谈话函询覆盖面，清理暂存线索，坚决把存量减下来；切实把纪律和规矩挺在前面，红脸出汗要成为常态，党纪处分、组织处理要经常使用，坚决把增量遏制住。当然，对严重违纪的，也一定要严肃处理，包括给予重处分，涉嫌违法的移送司法机关。

要健全问题线索管理机制。要注重探索拓宽问题线索的渠道，既注意从巡视（巡查）、司法、审计、信访中发现问题线索，又注意从工程质量和安全事故背后查找问题线索，要以纪律为准绳，提高发现问题线索的能力。坚持抓早抓小，进一步落实廉政谈话提醒机制，对党员干部身上的苗头性、倾向性问题及时警示提醒；对一般性问题要与本人见面，谈话提醒、函询核实，争取党员干部积极主动把问题向组织交代清楚；对指向性明确的问题，要扎实细致地开展初核工作；审核谈话要体现思想政治工作水平，对事实深入细致地把握；审查和审理报告不仅要列明违纪事实，还要有其对所犯错误的认识，附上忏悔录和违纪事实见面材料。

驻部纪检组也要加强对办机关纪委和直属单位纪检部门的协调指导，加强纪检部门之间的协作配合，形成办案工作合力。要加大对各纪检部门纪律审查工作的督办力度，进一步加强案件审理和申诉复查工作，认真履行审核把关和监督制约职责。各纪检部门也要及时向派驻纪检组报告问题线索处置及案件查办情况。

（六）要抓好自身建设，打造忠诚干净担当的纪检队伍

要严把纪检干部入口关，按照忠诚干净担当的标准，真正把那些敢于监督、善于监督的优秀干部选配到纪检队伍中来。要统筹安排纪检干部的选调、使用、交流等工作，提高纪检队伍的战斗力。要加强对纪检干部的教育培训和实践锻炼，积极推进以案代训、交叉办案、异地办案的工作模式，努力提高纪检干部纪律审查工作的能力。今年，派驻纪检组计划举办两期培训班，对南水北调办和水利部纪检干部进行培训。南水北调办五个直属单位的有关同志参加了第一期培训班。第二期培训班将在 5 月份举办，我们将进一步加大对南水北调办纪检干部的培训力度，努力提升南水北调办纪检干部工作水平。

纪检干部最基本的品质就是要立场坚定，敢于担当。有私心杂念、怕得罪人，就不能做纪检工作。要耐得住寂寞，经得住诱惑，拉得下脸来，站得稳脚跟。

信任不能代替监督。监督别人的人，只有自己行得正，站得直，在监督执纪时才能腰杆硬、底气足。纪委要严字当头，严明各项纪律、严格工作程序、狠抓作风建设。纪委领导干部干事要担当，管人也要担当，要进一步严格管理干部，对不符合要求的干部，要坚决采取组织措施；对跑风漏气、以案谋私的害群之马，要坚决清除。

同志们，今年是“十三五”规划开局之年，南水北调工作任务依然艰巨繁重，贯彻中央纪委第六次全会和国务院第四次廉政工作会议精神，推进全面从严治党，加强党风廉政建设和反腐败斗争责任十分重大。我们要紧跟中央部署，坚定信心，努力工作，严管严治、长管长治，在办党组的领导下，为南水北调事业持续健康发展营造良好的政治生态！

CHINA SOUTH-TO-NORTH WATER DIVERSION PROJECT CONSTRUCTION YEARBOOK

叁 重要事件

IMPORTANT EVENTS

南水北调中线2016年初冰期输水运行平稳

中线工程通水以来，总干渠还未出现明显冰情。中线工程冬季输水以来运行平稳，全线正式通水以来累计向北京输水超过9亿m^3。

中线建管局相关负责人介绍，从2008年南水北调京石段工程通水以来，中线工程已经历了6次冰期输水，运行状况正常。主要是通过严格控制水位的变幅，一旦冰盖形成后，确保冰盖下稳定输水。在节制闸门处设置了防冰冻设施，安装了闸门门槽加热设备，防止冰期运行时闸门冻结，保障沿线节制闸的正常运行。

据悉，2016年初南水北调进入冰期运行后，在北京段北拒马河节制闸前，以及各退水闸前等处设置增氧扰动设备，通过扰动水流，防止附近水体结冰。同时，根据现场实际，配备人工捞冰和破冰机械设备，以备应急使用。为满足北京用水需求，2016年初冰期中线工程向北京输水加大流量，入京流量约为30m^3/s，冰期输水流量突破了历年冬季输水最大流量。

（摘自《人民日报》，略有删改）

南水北调东线拟定2015~2016年度供水计划

2015~2016年度，南水北调东线工程计划抽江控制水量41.86亿m^3，其中向山东省净供水4.42亿m^3，主要解决调水沿线的城市、工业用水及湖泊补水。

该次供水由南水北调东线第一梯级的江都站、宝应站抽引长江水入里运河，通过运河线输水至骆马湖，通过台儿庄站经中运河—韩庄运河线输送入南四湖下级湖，经二级坝站至上级湖后，利用长沟站、邓楼站、八里湾站入东平湖，后分两路通过济平干渠渠首闸和东平湖出湖闸分别输水至胶东和鲁北地区。

向山东省供水拟分两个阶段实施，第一阶段为2015年12月~2016年1月，第二阶段为2016年3月~2016年5月。

（摘自新华网，略有删改）

南水北调公益广告《护水篇》在央视播出

2016年1月15日，南水北调公益广告《护水篇》在中央电视台播出。该公益广告从南水北调工程最基层员工的角度切入，展现运行一线员工在艰苦工作环境下，秉承“负责　务实　求精　创新”的南水北调精神，爱岗敬业，无私奉献，护送一渠清水润泽北方，同时呼吁社会各界爱水、节水、护水，保护水资源。南水北调运行管理的岗位众多，该片选择了其中具有代表性的几个岗位进行展示，通过截取寒冬风雪中坡道安全巡视员、安全监督员、水质检测员、调度员的工作画面，展现南水北调人的艰辛和奉献，凸显“护水有我们，节水靠大家”的宣传主题。

《护水篇》是南水北调公益宣传片系列的第六篇，此片制作于南水北调中线工程通水一周年之际，对于通水后时代的节水宣传，以及让社会大众理解南水北调中线工程的重要意义，支持南水北调运行管理工作，都有着更为深远的意义。

（摘自国务院南水北调办网站，略有删改）

南水北调中线调水超30亿m^3

南水北调中线一期工程通水一年多来，截至2016年2月22日已累计向北京、天津、河北、河南四省市调水超 30 亿 m^3。长江水入中线工程总干渠水量累计达 30 亿 m^3，分水水量 28 亿 m^3，工程运行安全平稳，水质稳定达标。中线工程向北京输水 10.2 亿 m^3，向天津输水 4.7 亿 m^3，向河北输水 2 亿 m^3，向河南输水 11.1 亿 m^3。

调水效益初现。中线工程沿线受益城市供水安全系数有效提升，居民用水水质明显改善，地下水环境和城市河湖生态显著优化，社会、经济、生态效益逐步显现。中线工程向北方调水，不仅解决了沿线省市经济社会发展最根本的需求，同时也为京津冀协调发展提供了更为坚实的有力支撑。

（摘自《人民日报》，略有删改）

南水北调东线实现全线供水

南水北调东线一期工程 2016 年 3 月 1 日启动向山东济南、潍坊、青岛和威海等 4 个城市供水，利用胶东引水工程首次向威海市供水，这标志着南水北调东线工程规划供水目标全部实现。

按照水量调度方案，2015～2016 年度南水北调东线抽江控制水量 41.86 亿 m^3，向山东省供水量计划为 4.42 亿 m^3，主要解决枣庄、济宁、济南、潍坊、青岛和威海等城市、工业用水及湖泊补水。其中第一阶段供水于 2016 年 1 月 8～29 日完成，共向山东省净供水 1.60 亿 m^3，主要用于向南四湖上级湖和东平湖补水。第二阶段供水于 2016 年 3～5 月底进行。

（摘自《人民日报海外版》，略有删改）

南水北调首次突发水污染应急演练

为检验中线工程的综合应急能力，2016 年 3 月 24 日南水北调进行了首次突发水污染事件应急实战演练。

7 时 35 分，南水北调新郑段十里铺东南公路桥处，一辆运输危险化学品的汽车失控，撞破隔离网跌至路边，车辆油箱破裂，1 个硫酸罐沿边坡滑入干渠，柴油和硫酸进入水体，危及水质安全。正在巡渠的工作人员王凯峰发现警情，立即上报，南水北调应急指挥系统随即启动。

5 分钟后，7 时 40 分，第一张水污染事件接警单从新郑管理处发出："预测入水硫酸 1t，柴油约 30L，影响范围 100m……"警情直达河南分局、总调中心，报到国务院南水北调办。与此同时，应急队员、移动监测车、救援物质等紧急赶赴现场。

7 时 55 分，南水北调中线启动应急调度Ⅰ级响应。首先切断污染源，不让污水北上。位于北京的总调中心远程控制，立即关闭上、下游闸门，为保万无一失，离下游闸最近的李垌分水口也同时关闭。会商决定，组织实施中和、拦油。设两个中和点，用 30% 氢氧化钠中和水里的硫酸；下游设 2 道围油栏，防止污染物扩散。

在事发地，监测人员穿着防护服，在不同断面反复取样。8 时 50 分，第一批监测结果出来了：水体 pH 值 1.2，为劣Ⅴ类水。到 9 时 25 分，污染带前移 1.98km，距下游闸门 5.9km。这表明污染源控制住了，关闭的闸门下游水质是安全的，李垌分水口可以恢复供水。

11 时 12 分，最新监测数据显示，水体达到排放标准，污染物基本处置完毕。经过商地方政府，由当地环保部门检测合格，开启双洎河退水闸门，将水排出总干渠。为不造成二次污染，在退水闸前设置三道防线，利用石灰石、活性炭等拦截坝，确保水质放心。待渠道排空后，应急终止，转为正常运行。

中线工程全长 1432km，沿途有 1200 多座桥梁，调水风险不可小视。一起局部事故，就可能造成全线断水的系统性风险。通过实战演练，提高突发水污染事件应急能力，从而保证工程运行安全、水质安全。

此次演练实现了“全流程、真动作、实检验、不断水”，没有影响沿线正常供水，将断水风险和持续时间降到最低，将退水影响降到了最低。

（摘自《人民日报》，略有删改）

南水北调工程设立举报公告牌

南水北调工程运行管理举报公告牌于2016年4月21日正式揭牌，标志着工程运行全面接受社会监督。此次设立的举报公告牌，分别设置在南水北调中线工程沿线所有跨渠桥梁的显著位置，共1300余块，公布举报受理电话、电子邮箱和奖励措施，受理范围包括工程运行安全、工程质量、水质环境等问题。

设立举报公告牌，是向全社会表明，南水北调系统诚意接受各界监督，希望集合社会力量，建立全覆盖的工程运行管理举报体系。

（摘自《人民日报》，略有删改）

国务院南水北调办防汛指挥部办公室正式成立

经国务院南水北调办党组研究决定，国务院南水北调办防汛指挥部办公室（以下简称防汛指挥部办公室）于2016年5月12日正式发文成立。防汛指挥部办公室设主任1名，副主任2名，工作人员3名，作为国务院南水北调办防汛指挥部办事机构，设在国务院南水北调办建设管理司，具体负责南水北调工程建设期运行管理阶段防洪度汛日常管理工作。

做好南水北调工程防洪度汛工作，确保工程度汛安全，对于保障工程安全、供水安全和周边人民群众生命财产安全，对于完成工程调水任务，充分发挥工程综合效益，全面实现工程战略目标具有十分重要的意义。防汛指挥部办公室将按照国家防总的要求和部署，在国务院南水北调办党组和国务院南水北调办防汛指挥部的领导下，密切联系、紧紧依靠工程沿线各级人民政府和有关防汛部门，立足南水北调系统各级职能部门和工程管理单位，紧密结合工程运行管理实际，着力打造有南水北调工程特色的防洪度汛安全体系，全力保障工程度汛安全和周边人民群众生命财产安全。

（摘自国务院南水北调办网站，略有删改）

北京东水西调改造工程完工

2016年5月26日，记者从北京市南水北调办获悉，北京南水北调配套工程东水西调改造工程近日完成通水验收。通过引南水北调来水到门头沟、石景山两区，使北京西部地区实现双水源供水，水质和水量得到提升和保障。

东水西调改造工程是利用现有工程对局部管线及建筑物进行改扩建，从颐和园团城湖取南水北调来水，再通过3级泵站输送至北京西部的城子水厂及沿线规划的石景山水厂和五里坨水厂，为门头沟、石景山两区水厂使用“南水”创造条件，实现该地区地下水和地表水双水源，改变了当地一直以来主要依赖地下水的单一供水模式，提升供水保障率。

此项工程于2015年11月正式开工建设，完成了3级泵站改造和约6km的管线改造，输水线路总长约20km，改造后工程总引水规模为4m^3/s。2016年4月底，工程开始试运行调试，5月已正式向门头沟城子水厂输送“南水”。

现有城子水厂的日供水能力由4万m^3提

升至8万m^3，规划新建的石景山水厂、五里坨水厂的日供水能力也将分别达到20万m^3和3万m^3。使京西水厂实现地下水和地表水双水源，基本解决了两区用水的供需矛盾，降低了城市供水风险，同时也为未来涵养京西地区地下水资源，改善城市生态环境创造了条件。

（摘自新华网，略有删改）

南水北调东线年度调水完成

2016年5月29日从国务院南水北调办获悉，随着日前山东台儿庄泵站停机，南水北调东线一期工程2015～2016年度调水任务完成，4.06亿m^3长江水调入山东，有效缓解了供水沿线8座城市和南四湖上级湖、东平湖缺水问题，惠及人口约4000万人。

据悉，南水北调东线一期工程自2016年1月8日开始向山东省调水以来，共有13个梯级18座泵站参与调水运行，截至2016年5月24日，安全运行106天。自2013年11月15日正式通水以来，南水北调东线一期工程已安全顺利完成3个年度向山东省供水的任务，江苏省累计抽江水百亿多立方米，其中累计调水入山东10.91亿m^3。供水期间，工程运行平稳，经环保部监测，水质稳定达标。

（摘自《人民日报》，略有删改）

南水北调中线天津干线工程实现最大流量输水

2016年3月初，根据天津市用水需求，水利部对天津市2015～2016年度供水计划进行了重大调整，在原计划4.5亿m^3的基础上，增加到8.56亿m^3。计划调整前天津干线工程输水流量一直保持在$15m^3/s$左右，计划调整以后输水流量逐步增加至$42m^3/s$。

（摘自新华网，略有删改）

“梦想摇篮——走近南水北调，牵手移民子弟”主题公益活动启动

2016年7月1日，“梦想摇篮——走近南水北调，牵手移民子弟”主题公益活动在河南省南阳市淅川县第一中学正式启动。淅川县移民应届高中毕业生和淅川第一中学高中学生近200余人，与来自千里之外的南水北调中线建管局宣传中心、北京联合大学及其机器人学院、保千里视像科技集团等单位，近距离走近南水北调，面对面地沟通交流，畅谈交流大学青春梦想。

活动现场，北京联合大学机器人学院向移民应届高中毕业生解读招生培养政策、对录取移民新生的奖励和资助政策等，回应了其他年级高中学生关心的问题。高科技企业保千里视像科技集团介绍了与北京联合大学建立战略合作并设立1000万元人民币的“保千里德毅机器人专项成长基金”的背景与目标，与北京联合大学机器人学院共同解读了有关基金助学创业的资助办法，并现场捐资助学，奖励学习成绩优异的移民学生。

北京联合大学机器人学院副院长马楠向媒体介绍了学院2016年招收淅川移民子女考生政策。他表示，凡是2016年淅川移民子女考生考入北京联合大学机器人学院的学生，第一年享受贫困生助学金5000元人民币，第二年符合国家贫困生条件可以继续享受5000元人民币助学金；淅川移民子女考生考入机器人学院的，若其高考考分超过一本分数线的，可以享受机器人学院优秀新生10 000元人民币奖学金。

（摘自中国网，略有删改）

六部委检查丹江口水库水质保护

2016年6月23日，由国务院南水北调办、国家发展改革委、财政部、环境保护部、住房和城乡建设部、水利部等国家六部委组成的调研组到丹江口库区，检查《丹江口库区及上游水污染防治和水土保持“十二五”规划》实施情况。

调研组认为，丹江口市在推进库区“十二五”规划项目建设中，工作指导到位、组织实施规范、监督检查严格、保障措施有力，圆满完成了2015年水污染防治和水土保持任务，水质保护成效显著。

（摘自中国南水北调报，略有删改）

引江济汉工程首次实施泄洪

受连续四轮强降雨影响，自2016年7月1日以来，湖北省长湖水位持续上涨，7月7日11时达到最高水位值31.1m，超警戒水位0.44m，长湖流域防汛压力剧增。引江济汉工程适时排水，协助长湖泄涝。

面对长湖水位居高不下的形势，引江济汉工程在成功应对拾桥河、西荆河、殷家河等中小河流防汛任务后，7月10日8时，又按照湖北省南水北调局关于防汛工作要求，开启高石碑出水闸，通过引江济汉渠道向汉江排水。截至7月11日上午8时，已向汉江排水150万m^3，渠道及长湖水位由30.79m下降到30.65m，下降0.14m，有效缓解了长湖的防汛压力，这是引江济汉工程建成后首次泄洪。

（摘自《中国南水北调报》，略有删改）

丹江口库区首次大面积出现桃花水母

2016年8月8日，诞生于6.5亿年前、有“水中大熊猫”之称的桃花水母，首次大面积出现在丹江口库区。

桃花水母又称桃花鱼，是一种在淡水中生活的小型水母，被誉为生物进化研究的“活化石”，是世界级濒危物种。

近年来，南水北调中线工程水源地陕西、湖北、河南三省加大水源区保护力度，丹江口水库水质日益趋好。河南省淅川县先后关停并转工业企业350多家，累计取缔4万多箱养鱼网箱；先后投资5亿元，在环库区所有乡镇建设了污水处理厂；每年开展大规模的增殖放流活动，发挥水生生物净化水质作用等。种种举措，为丹江口库区建立起一道“水质安全保护网”。丹江口库区水质持续稳定在国家Ⅱ类优质饮用水标准，为桃花水母提供了优良的生长环境。

（摘自《中国南水北调报》，略有删改）

同饮一江水——水源地豫、鄂、陕三省群众代表到津考察南水北调中线工程

2016年9月7日，“同饮一江水——水源地豫、鄂、陕三省群众代表考察南水北调中线工程”活动在天津市正式启动。来自水源地河南、湖北、陕西省的30名群众代表，在津考察了南水北调中线工程天津干线及配套工程，与天津市民面对面交流沟通。

由国务院南水北调办组织的此次“同饮一江水”考察活动，旨在饮水思源，回报水源地豫、鄂、陕群众，走近南水北调中线工程，亲身感受工程建成通水发挥的显著效益，为北方人民带来的巨大福祉。截至2016年9月7日，南水北调中线工程累计向天津市输送引江水超过10亿m^3。

在津期间，豫、鄂、陕群众代表参观了南水北调中线工程天津干线终点——外环河出口闸、曹庄泵站配套工程、芥园水厂，并

走进天津用水居民家中访问。8日，代表们赴北京考察南水北调中线工程北京段及配套工程。

（摘自人民网，略有删改）

环境保护部公布2015年度重点流域水污染防治考核结果

2016年9月18日，根据《重点流域水污染防治专项规划实施情况考核暂行办法》，环境保护部会同国家发展改革委等国务院有关部门，对淮河、海河等重点流域25个省（区、市）政府2015年度实施《重点流域水污染防治规划（2011～2015年）》和《长江中下游流域水污染防治规划（2011～2015年）》情况进行了考核。

考核结果显示：规划确定的各项目标任务基本完成。其中，山东、江苏等17个省（区、市）考核结果为好，河北省、天津市、北京市考核结果为一般。

2015年，规划共确定428个考核断面，实际考核断面415个，其中达标313个，占实际考核断面总数的75.4%，与上年同口径相比提高2.9个百分点。规划共安排6844个水污染防治项目，截至2015年底，完成（含调试）4985个，占项目总数的72.8%。淮河、巢湖、海河流域项目进展较快，松花江、三峡库区及其上游流域项目进展较慢。

（摘自《中国南水北调报》，略有删改）

中线建管局水质保护中心获“全国绿化先进集体”称号

2016年9月18日，中央国家机关绿化委员会办公室表彰了2015年中央国家机关绿化美化先进单位和个人。中线建管局水质保护中心荣获“全国绿化先进集体”称号。

中线建管局严格执行绿化及造林相关规程、规范，突出生态防护，坚持科学规划，布局合理，对防护林及绿化工程进行统一规划。以工程沿线重要节点和重要段落防护林为主，兼顾当地城市规划建设以及需求，优先开展防护林及节点绿化一期工程。南水北调中线工程全线累计完成防护林及节点绿化面积约610hm^2，完成投资约3.34亿元。防护林及绿化工程的建设，有效改善了项目区生态环境，提升了工程整体形象，有利于工程安全和水质保护。

此次表彰了5个全国绿化先进集体，1名全国绿化劳动模范，2名全国绿化先进工作者。

（摘自《中国南水北调报》，略有删改）

北京密云水库蓄水量16年来首次突破15亿m^3

北京最大地表饮用水源地密云水库于2016年9月20日蓄水量达15亿m^3。据悉，这是该水库蓄水量16年来首次突破15亿m^3，比上年同期多蓄水6.13亿m^3，水库水位达140.54m。

密云水库蓄水量增加的一个重要原因是南水北调中线工程来水注入。自“南水北调来水调入密云水库调蓄工程”2015年启动以来，日平均入库江水量近100万m^3。截至目前，密云水库已累计存蓄“南水”1.6亿m^3，其中2016年度存蓄南水约1亿m^3。

“南水”补充的同时，水库还存蓄了大量上游降水。据了解，2016年以来，水库上游来水有所增加，经降水形成地表汇流入库水量达3.42亿m^3。此外，2016年初开始，北京延庆区白河堡水库也向密云水库调水0.69亿m^3。由于外来水补充，密云水库出库水量逐渐减少，2016年以来，水库总供水量0.47亿m^3，比上年同期供水量少0.59亿m^3。

“南水”进京后，北京适时利用“南水”为北京“存水”，增加水资源储备。截至2016

年9月20日，密云、怀柔、十三陵和大宁调蓄水库共存蓄江水2.26亿m^3。“过去密云水库每天出库水量近100万m^3，但由于‘南水’的补充，如今每天出库水量不到10万m^3。”

（摘自新华社，略有删改）

南水北调中线工程调水50亿m^3，京津地区自来水硬度明显降低

2016年9月17日，据国务院南水北调办日前通报，南水北调中线一期工程正式通水以来，输水总量达50亿m^3，受水区水质改善明显。

南水北调中线一期工程自2014年12月12日正式通水，工程惠及北京、天津、石家庄、郑州等沿线十余座大中城市，4000多万居民喝上了南水。截至目前，中线工程累计向京津冀豫调水50亿m^3，四省市已分水47.56亿m^3。北京市自来水集团的监测显示，使用南水北调水后自来水硬度由原来的380mg/L降至120～130mg/L。

南水北调工程来水水质稳定达标，当前北京市城区供水中南水占比已超过70%，共有超过2亿m^3南水储存到北京的密云水库、怀柔水库、十三陵水库和大宁调蓄水库，用水保障率大幅提高。像北京，南水北调来之前，用水保障率只有75%上下，现在提高了95%了。

（摘自央广网，略有删改）

中线工程获得菲迪克工程项目优秀奖

2016年9月26日，在摩洛哥马拉喀什举行的国际咨询工程师联合会（FIDIC，菲迪克）2016年年会上，由长江勘测规划设计研究院担任技术总负责、联合多家设计单位共同勘察设计完成的南水北调中线一期工程，荣获2016年菲迪克工程项目优秀奖。

该工程提出“全线立交、全线自流”的规划设计理念并成功实施，创造了世界调水工程的新奇迹；提出“新老坝体联合受力协同工作”的大坝加高思路，成功实现了水源工程丹江口大坝在正常运行条件下的加高，为世界首例，规模国内第一；首次系统研究了膨胀土渠道工程地质特性、渠坡破坏机理与稳定控制关键技术，成功解决了线路长、挖深大、膨胀性强、水文地质条件复杂的膨胀土边坡稳定问题；建立了超大U形渡槽设计理论和方法，多种形式的渡槽规模均居世界第一，具有开创性的贡献；成功研发出“盾构隧洞预应力复合衬砌”新型输水隧洞结构型式，解决了南水北调中线工程成功穿越黄河的关键性技术难题；建立“管渠流通用、全线建筑物耦合”水力学模拟模型，创新地提出了运行调度控制方案，解决了跨流域长距离实时水量调度等关键技术难题。

2016年度长江勘测规划设计研究院推荐角逐菲迪克大奖的南水北调中线工程是中国南水北调工程的重要组成部分，是缓解中国黄淮海平原水资源严重短缺、优化水资源配置的重大战略性基础设施和改善京津冀等地区水生态和水环境的生态修复工程。工程以其卓越的工程技术、丰富的创新成果、透明和廉洁的工程建设、贯彻可持续发展的理念等，受到评委的青睐和国际同行的高度认可，项目最终获奖可谓实至名归。

中线工程跨越长江、淮河、黄河、海河四大流域，输水线路全长1432km，是世界线路最长的跨流域调水工程。2014年12月12日通水，累计供水超50亿m^3，惠及京津冀沿线多座城市和4000多万人。中线工程变“人逐水而居”为“水随人而至”，支撑了北方经济社会的发展，修复了当地的生态环境，不仅是治水兴水工程，更是名副其实的最大的生态工程。

菲迪克是国际咨询工程师联合会独立的

国际组织，于1913年由欧洲五国独立的咨询工程师协会在比利时根特成立。菲迪克是国际上最有权威的被世界银行认可的咨询工程师组织。由于菲迪克在全球工程咨询行业的权威性地位，其所颁奖项也被誉为行业“诺贝尔奖”。该届会议的主题是“咨询工程师为气候变化把脉”。来自100多个国家的数百名代表参加了此次会议。中国11个参评项目获得2016年的获奖提名，数量在所有成员国中最多。

（摘自《中国南水北调报》，略有删改）

南水北调中线2015～2016年度调水结束

2016年11月，南水北调中线一期工程2015～2016年度调水顺利结束，全年调水38.3亿m^3；工程惠及北京、天津、石家庄、郑州等沿线18座大中城市，4000多万居民喝上了长江水，各项水质指标稳定达到或优于地表水Ⅱ类。

南水北调中线调水使受水区水质明显改善，生态效益初显。北京利用南水向中心城区河湖补充清水，与现有的再生水联合调度，改善了河湖水质，并让地下水位下降速率减缓。河南省通过水源置换，14座城市地下水水源得到涵养。

（摘自《人民日报》，略有删改）

《河南省南水北调配套工程供用水和设施保护管理办法》颁布

2016年11月，河南省政府公布了《河南省南水北调配套工程供用水和设施保护管理办法》（以下简称《办法》），并决定自2016年12月1日起施行。

该《办法》于2016年9月22日河南省政府第102次常务会议通过，共6章38条，包括总则、水量调度、用水管理、工程设施保护、法律责任、附则等内容，坚持统筹兼顾、科学调度、权责明晰、严格保护的原则，确保调度合理、水质合格、用水节约、设施安全，重点解决以下四个方面的问题：

一是重点解决南水北调配套工程供用水和设施保护的管理责任及其分工问题。《办法》明确了河南省水行政主管部门、省环境保护行政主管部门、省政府其他有关部门、南水北调配套工程管理单位，以及配套工程沿线区域、受水区县级以上人民政府的职责。

二是重点解决南水北调配套工程水量调度问题。《办法》对河南省南水北调工程水量分配方案、年度用水计划、年度水量调度计划和月水量调度方案的制定，以及供水定价和受水区年度水量调度计划分配水量的转让问题进行了详细规定。

三是重点解决南水北调配套工程受水区水资源保护问题。《办法》对有关区域的水资源保护、水质保障、水质监测、受水区地下水限制开采制度等内容进行了明确规定。

四是重点解决南水北调配套工程设施保护问题。《办法》划定了配套工程的管理范围和保护范围，并对危害配套工程设施的禁止行为和配套工程管理单位的工程设施保护职责进行了明确规定。

该《办法》的出台，对加强河南省南水北调配套工程供用水管理，充分发挥南水北调配套工程的经济效益、社会效益和生态效益，具有重要的促进作用。

（摘自《中国南水北调报》，略有删改）

南水北调全面通水两年，惠及8700万人

南水北调东中线全面通水两年来，工程运行平稳，水质全线达标，国务院南水北调办2016年12月12日新闻通气会上获悉：汩汩长江水解渴北方，受水区覆盖北京、天津

及河北、河南、山东、江苏等省的33个地级市，受益人口达8700万人。两条输水线成为发展保障线，沿线各地供水保证率提升，治污环保提速，生态环境改善。南水北调，这一水资源优化配置的重大战略性基础工程，取得实实在在的社会、经济、生态综合效益。

保供水，南水解渴。中线一期工程累计调水62.5亿m^3，惠及4700万人，成为许多城市主力水源。在北京，南水占到城区日供水量近七成，中心城区供水安全系数由1.0提升至1.2，“多用地表水、压采地下水”，全市地下水埋深回升0.53m。在天津，14个行政区居民喝上南水，从单一“引滦”变双水源保障。在河南，累计分水22亿m^3，36个县区1600万人受益；在河北，4条配套输水干渠全部建成通水，1140万人受益。东线一期工程调入山东水量11亿m^3，年均增幅近100%，68个区县4000万人受益，大大缓解了山东水资源短缺矛盾。

保水质，环保先行。南水北调成败在水质，从调水源头到沿线各地，铁腕减污，累计关停企业3500多家，新建污水处理厂350家，新建垃圾处理设施150座。经过十多年努力，东线输水干线水质稳定达到了地表水Ⅲ类标准，中线水源区丹江口水库水质一直保持在Ⅱ类及以上。北京使用南水后，自来水硬度由380mg/L降至120~130mg/L，有些居民感叹：“水变软了，水垢少了，变甜了。”河北黑龙港地区将彻底告别饮用苦咸水、高氟水的历史。

保生态，优化配置。两年来，受水区6省市加快南水对当地地下水置换，压采地下水2.78亿m^3。北京“喝、存、补”并举，向城市河湖补水1.74亿m^3，河湖水质明显改善，接近地表水Ⅲ类；天津将南水置换出生态用水，变应急补水为常态化补水，水环境有了保障；山东向东平湖、南四湖生态调水2亿m^3，让干涸湖泊重现生机，补水0.58亿m^3，让泉城济南重现百泉齐涌的美丽景观。

保发展，节水优先。南水来了，先节水、后调水，用水不任性。北京量水而行，农业用水由过去每年20亿m^3，减少到7亿m^3，再生水使用量占到地表水的20.5%。天津精打细算，把水细分为5种：地表水、地下水、外调水、再生水和淡化海水，实现差别定价、优水优用，全市万元工业增加值取水量降到了7.57m^3。调水沿线转变用水方式倒逼发展转型，淘汰限制高耗水、高污染行业，培育新型产业。经测算，东、中线通水后，每年将增加工农业产值近千亿元。

保应急，抗旱减灾。在河南，2014年平顶山大旱，水源地见底，中线工程应急调水5011万m^3，为这座百万人口城市缓解了水荒。在湖北，引江济汉工程累计向长湖、东荆河补水5.3亿m^3，有效解决东荆河区域灌溉及80万人饮水水源问题。

（摘自《人民日报》，略有删改）

东线一期工程2016~2017年度供水启动

2016年12月16日，南水北调东线山东段台儿庄泵站启动调水，2016~2017年度东线一期工程供水工作至此正式开始。

该次供水由南水北调东线江苏段工程输水至骆马湖，通过台儿庄泵站经中运河—韩庄运河线输送入南四湖下级湖，经二级坝站至上级湖后，利用长沟站、邓楼站、八里湾站入东平湖，然后分两路通过济平干渠渠首闸和东平湖出湖闸，分别输水至胶东和鲁北地区。

参与的泵站工程有江都站、宝应站、金湖站、洪泽站、泗洪站、睢宁二站、邳州站、台儿庄站、万年闸站、韩庄站、二级坝站、长沟站、邓楼站、八里湾站。主要参与的调蓄工程有洪泽湖、骆马湖、南四湖、东平湖、大屯水库、东湖水库和双王城水库。

2016~2017 年度计划抽江水量 65.11 亿 m^3，其中向山东省供水 8.89 亿 m^3（净供水量为 5.30 亿 m^3），主要解决调水沿线的城市生活、工业用水，改善沿线地区生态环境，并有效缓解当前胶东地区旱情。

（摘自《中国南水北调报》，略有删改）

CHINA SOUTH-TO-NORTH WATER DIVERSION PROJECT CONSTRUCTION YEARBOOK

肆 政策法规

POLICIES, LAWS AND REGULATIONS

南水北调工程运行管理举报受理管理办法（试行）

2016年7月27日
（国调办监督〔2016〕92号）

第一章 总 则

第一条 为规范南水北调工程运行管理举报受理工作，充分发挥社会监督作用，保障工程安全平稳运行，根据《南水北调工程供用水管理条例》（国务院令第647号）、《南水北调工程运行管理问题责任追究办法（试行）》（国调办监督〔2015〕105号）、《南水北调工程建设质量问题责任追究管理办法》（国调办监督〔2012〕239号）和国务院南水北调工程建设委员会办公室（简称国务院南水北调办）有关工程运行管理的规章制度等，制定本办法。

第二条 本办法适用于南水北调东、中线一期工程运行管理举报事项的受理和办理工作。

第二章 职 责 分 工

第三条 国务院南水北调办下设南水北调工程建设举报受理中心（简称举报受理中心），负责南水北调东、中线一期工程运行管理举报事项的接报、受理、组织调查处理、办结和奖励等工作。

举报受理中心由国务院南水北调办监督司和相关司、南水北调工程建设监管中心（简称监管中心）、南水北调工程建设稽察大队（简称稽察大队）联合组成。

监督司负责组织举报受理工作制度建设、举报事项受理、调查、复核、调查结果处理、举报事项办结和举报信息管理等工作。

相关司按照职责分工，指导、协调和参与有关举报事项的组织调查、复核等工作。

监管中心负责举报信息接收、分析处理、举报事项调查、复核、举报奖励和奖励资金管理等工作。

稽察大队负责举报事项调查、复核等工作。

第四条 各省（直辖市）南水北调办（建管局）、移民办（局）配合国务院南水北调办组织开展举报事项调查和处理等工作；按照职责分工和有关规定，受国务院南水北调办委托，负责属地管理的有关举报事项的调查和处理等工作。

第五条 南水北调各工程管理单位配合国务院南水北调办组织开展举报事项调查和处理等工作；受国务院南水北调办委托，负责工程运行管理的有关举报事项的调查和处理等工作。

第三章 举报事项分类分级

第六条 南水北调工程运行管理举报受理范围为：影响工程运行安全、工程质量、水质环境的问题。

第七条 举报事项分为运行管理、工程质量、水质环境三类。

运行管理类举报事项是指涉及影响主体工程运行安全的运行管理违规行为或工程养护缺陷的举报事项。

工程质量类举报事项是指涉及在建项目工程质量管理违规行为、质量缺陷或质量事故的举报事项。

水质环境类举报事项是指涉及影响工程调水水质、工程环境污染等问题的举报事项。

第八条 南水北调工程运行管理举报事项分一般举报事项和重大举报事项。

一般举报事项是指涉及《南水北调工程运行管理问题责任追究办法（试行）》（简称《运管问题责任追究办法》）界定的较重及以下运行管理问题和《南水北调工程建设质量问题责任追究管理办法》（简称《质量问题责任追究办法》）界定的较重及以下质量问题，

以及其他一般性工程运行管理和质量管理违规行为、工程养护缺陷和质量缺陷、水质保护和环境污染等问题。

重大举报事项是指涉及《运管问题责任追究办法》界定的严重及以上运行管理问题和《质量问题责任追究办法》界定的严重及以上质量问题，以及其他严重及重大工程运行管理和质量管理违规行为、工程养护缺陷和质量缺陷、水质保护和环境污染等问题。

第四章 接报和受理

第九条 举报受理中心接收来自电话、电子邮件、传真、信件、来访等途径反映南水北调工程运行管理问题的举报信息。

第十条 对受理范围内的举报信息，应做好书面记录，填写《南水北调工程运行管理举报电话记录单》（见附件1）（略）；对来访举报，应由至少2名举报受理中心工作人员接访，填写《南水北调工程运行管理举报来访登记表》（见附件2）（略）。

对受理范围外的举报信息和咨询信息，应给予解释说明，或建议举报人通过其他途径反映。

第十一条 对应通过信访、诉讼、仲裁、行政复议等法定途径解决或已审核认定终结的举报事项，不予受理。

对不予受理的举报事项，举报受理中心工作人员应及时告知举报人。

第十二条 受理的举报事项由举报受理中心工作人员填写《南水北调工程运行管理举报受理运转单》（见附件3），（略）举报受理中心根据举报事项内容研究确定组织调查方式。

第五章 调查和处理

第十三条 举报事项调查包括委托调查、专项调查和复核。对一般举报事项实施委托调查；对重大举报事项实施专项调查；对调查结果为不属实的举报事项且需复查核实的，实施复核。

第十四条 委托调查举报事项，举报受理中心以国务院南水北调办综合司函委托相关工程管理单位或省（直辖市）南水北调办组织调查；专项调查举报事项，举报受理中心组织监管中心或稽察大队进行调查；复核举报事项，举报受理中心组织监管中心或稽察大队进行复核。

第十五条 举报事项调查工作应坚持客观、公正、据实、回避的原则。调查结论应就举报反映问题的真实性作出明确判断，且依据充分。对调查过程中发现的举报问题之外的其他问题，调查单位可提出建议，另行处理。

第十六条 调查单位应就需调查的举报事项组成调查组，明确调查负责人，制定调查工作方案。调查组人员组成应根据举报事项的内容、性质等综合确定。调查负责人统筹安排举报事项的调查方式、程序等，并对调查结论负责。

第十七条 调查人员应准确把握举报事项内容，可及时与举报人取得联系，请其配合调查或进一步提供有关证据，并注意保护举报人信息。

第十八条 对反映工程实体问题的举报事项，调查人员应前往举报反映问题的地点或工程部位实地调查。通过现场查勘、调阅工程资料、询问相关人员等方式开展工作，做好拍照、摄像、录音、谈话记录等取证工作，并依据相关规程规范、技术标准等组织对问题进行认证、研判。

第十九条 对反映管理行为问题的举报事项，调查人员应前往举报反映问题行为的发生地点或工程部位实地调查。根据相关管理制度、标准，通过查看管理现场、调阅管理日志或记录、询问相关人员等方式开展工作，并做好拍照、摄像、录音、谈话记录等取证工作。

第二十条 调查组在全面、准确调查核实举报反映问题的基础上，按时限要求提交调查报告。调查报告应事实清楚、证据充分、结论明确。

第二十一条 委托调查举报事项，调查单位在接到调查任务通知后20个工作日内完成调查工作并报送调查报告；专项调查举报事项，调查单位在接到调查任务通知后30个工作日内完成调查工作并提交调查报告；复核举报事项，复核单位在接到复核任务通知后30个工作日内完成复核工作并提交复核报告。

第二十二条 举报事项经查证属实的，责成相关单位对举报事项反映的问题进行整改和处理，并按照《运管问题责任追究办法》和《质量问题责任追究办法》对相关单位和责任人实施责任追究。

第二十三条 举报事项调查工作中有下列情形的，应追究相关单位和人员的责任。

（一）不按要求成立调查组，不实地进行调查取证，调查工作不全面不深入，不按期提交调查报告，调查报告敷衍应付的，对调查单位和调查负责人给予警告。

（二）调查过程避重就轻，对明显存在的实体和管理问题有意回避，刻意降低问题危害程度，改变问题性质的，对调查单位和调查负责人给予通报批评。

（三）调查过程弄虚作假，徇私包庇，隐瞒问题真相，歪曲事实，导致调查结论失实的，对调查单位给予通报批评，并责成调查单位对调查负责人给予行政记过处分。

第二十四条 被调查单位和人员应积极配合举报事项调查工作，如实反映情况，按要求及时提供相关材料，客观真实回答调查问询，必要时做出文字说明。

第二十五条 被调查单位在配合举报事项调查工作中有下列情形的，应追究相关单位和人员的责任。

（一）不配合调查工作，不接受调查人员问询，不按要求提供相关材料，故意拖延时间，影响调查工作进程的，对被调查单位和相关人员给予通报批评，并在中国南水北调网公示。

（二）遮掩事实真相，提供虚假材料，欺瞒调查人员，及打击报复调查人员的，对被调查单位给予通报批评，责成被调查单位对相关人员给予行政记过处分，并在中国南水北调网公示。

第二十六条 举报事项调查中发现的违纪违法问题线索，提交国务院南水北调办纪检工作平台处理。

第六章 办结和奖励

第二十七条 举报事项经调查后，举报受理中心对事实清楚、定性准确、程序规范、档案齐全的举报事项，按程序进行办结，填写《南水北调工程运行管理举报事项办结单》（见附件4）（略）重大举报事项，报国务院南水北调办领导批准办结。

第二十八条 举报受理中心在接到调查报告后10个工作日内决定是否需对不属实举报事项进行复核，并对属实和不需复核的举报事项完成办结；举报受理中心在接到复核报告后下10个工作日内完成办结。

第二十九条 对实名举报工程运行管理、工程质量、水质环境问题的举报人，举报事项经查证属实的，给予50元至50000元人民币的奖励。

第三十条 举报受理中心组织相关单位，对适用奖励的举报事项、举报人、奖励金额进行认定，发出《南水北调工程运行管理举报奖励通知》（见附件5）（略），由监管中心按照《南水北调工程运行管理举报奖励标准》（见附件6）（略）于下10个工作日内对举报人实施奖励。

第三十一条 两个或两个以上举报人分别举报同一问题的，对第一时间举报人按该举报事项奖励金额的80%给予奖励，对其他举报人按举报人数平均分配该举报事项剩余的20%奖励金额分别给予奖励。

第三十二条 两个或两个以上举报人联名举报同一问题的，对举报人按举报人数平均分配该举报事项的奖励金额分别给予奖励。

第七章 保 密

第三十三条 举报受理相关人员必须严格遵守保密规定，不得以任何方式泄露举报人和举报对象的姓名、工作单位、住址、联系方式、举报内容等有关信息；举报调查过程中，调查人员不得透露举报事项调查情况。

第三十四条 举报事项办理结束，有关资料应及时归档。举报及调查材料由专人进行保管，不对外借阅和交流。因工作需要调阅，须书面申请并经举报受理中心审核同意。

第三十五条 对违反保密规定的人员，给予通报批评；造成后果和影响的，视情节轻重，分别给予警告、记过等行政处分。

第八章 附 则

第三十六条 本办法由国务院南水北调办负责解释。

第三十七条 本办法自印发之日起施行。

河南省南水北调配套工程供用水和设施保护管理办法

2016 年 10 月 11 日
（河南省人民政府令
第 176 号）

第一章 总 则

第一条 为加强南水北调配套工程供用水和设施保护管理，充分发挥南水北调配套工程的经济效益、社会效益和生态效益，根据国务院《南水北调工程供用水管理条例》和有关法律、法规规定，结合本省实际，制定本办法。

第二条 本省行政区域内南水北调配套工程的水量调度、用水管理和工程设施保护，适用本办法。

本办法所称南水北调配套工程指南水北调中线工程河南省段分水口门以下，输送、配置、调度南水北调分配水量的供水工程。

第三条 南水北调配套工程供用水和设施保护管理应当坚持统筹兼顾、科学调度、权责明晰、严格保护的原则，确保调度合理、水质合格、用水节约、设施安全。

第四条 省水行政主管部门负责南水北调配套工程的水量调度、运行管理工作，并对南水北调配套工程供用水和设施保护工作进行监督、指导。省环境保护行政主管部门负责南水北调配套工程的水污染防治工作。省人民政府其他有关部门在各自职责范围内，负责南水北调配套工程供用水和设施保护管理的有关工作。

第五条 南水北调配套工程沿线区域、受水区县级以上人民政府具体负责本行政区域内南水北调配套工程供用水及设施保护管理的有关工作。

第六条 南水北调配套工程管理单位具体负责南水北调配套工程的运行、设施保护以及与中线工程管理单位的对接工作。

南水北调配套工程管理单位可以接受水行政主管部门的委托开展配套工程管理的有关行政执法工作。

第二章 水 量 调 度

第七条 南水北调配套工程水量调度遵循节水为先、适度从紧的原则，统筹当地水与外调水，统筹可调水量、输水能力与用水需求，保障城镇用水，兼顾生态用水。

第八条 省南水北调工程水量分配方案由省水行政主管部门会同配套工程管理单位根据国家批复的南水北调工程总体规划制定，报省人民政府批准。

南水北调配套工程水量调度以国务院水行政主管部门下达的年度水量调度计划和受

水区省辖市的水量分配指标为基本依据。

第九条 南水北调配套工程水量调度年度为每年11月1日至次年10月31日。

每年10月15日前，受水区省辖市水行政主管部门根据省南水北调工程水量分配方案，以及本地用水需求提出年度用水计划建议，报省水行政主管部门。

省水行政主管部门根据国务院水行政主管部门确定的中线工程年度可调水量以及受水区省辖市上报的年度用水计划建议，提出省年度用水计划建议，于每年10月20日前报送国务院水行政主管部门，并抄送有关流域管理机构、中线工程管理单位和配套工程管理单位。

年度用水计划建议应当包括年度引水总量建议和月引水量建议。

第十条 省水行政主管部门按照国务院水行政主管部门下达的年度水量调度计划，综合平衡受水区省辖市上报的年度用水计划建议，制定河南省南水北调配套工程年度水量调度计划，在水量调度年度开始前下达有关省辖市人民政府和配套工程管理单位。

第十一条 南水北调配套工程管理单位根据年度水量调度计划制定月水量调度方案，水量细化到分水口、水厂；雨情、水情出现重大变化，月水量调度方案无法实施的，应当及时进行调整并报告省水行政主管部门。

第十二条 南水北调配套工程供水实行由基本水价和计量水价构成的两部制水价，具体供水价格由省政府价格主管部门会同省政府有关部门确定。

水费应当及时、足额缴纳，专项用于上缴干线水费、南水北调配套工程运行维护和偿还贷款。

第十三条 受水区省辖市人民政府授权的部门或者单位应当与配套工程管理单位签订供水合同。供水合同应当包括年度供水量、供水水质、交水断面、交水方式、水价、水费缴纳主体、时间和方式、违约责任等。

第十四条 水量调度年度内受水区省辖市用水需求出现重大变化，需要转让年度水量调度计划分配水量的，在工程许可的条件下，由有关省辖市人民政府授权的部门或者单位协商签订转让协议，确定转让价格，并将转让协议报送省水行政主管部门，抄送配套工程管理单位；省水行政主管部门和配套工程管理单位应当相应调整年度水量调度计划和月水量调度方案。

第十五条 省水行政主管部门应当会同省有关部门和受水区省辖市人民政府以及配套工程管理单位编制省南水北调配套工程水量调度应急预案，报省人民政府批准。

受水区省辖市人民政府应当组织有关部门和单位根据省南水北调配套工程水量调度应急预案，制定相应的应急预案。

第十六条 南水北调配套工程水量调度应急预案应当针对重大洪涝灾害、干旱灾害、生态破坏事故、水污染事故、工程安全事故等突发事件，规定应急管理工作的组织指挥体系与职责、预防与预警机制、处置程序、应急保障措施以及事后恢复与重建措施等内容。

省人民政府或者省人民政府授权的部门宣布启动水量调度应急预案后，可以依法采取下列应急处置措施：

（一）临时限制取水、用水、排水。

（二）统一调度有关河道的水工程。

（三）征用治污、供水等所需设施。

第三章 用 水 管 理

第十七条 南水北调工程水源地、调水沿线区域、受水区县级以上人民政府应当加强工业、城镇、农业和农村、船舶等水污染防治，建设防护林等生态隔离保护带，确保供水安全。

严禁任何单位和个人侵占、损害输水渠道两侧绿化生态带和生态林网。

第十八条 南水北调配套工程水质保障实行县级以上人民政府目标责任制和考核评

价制度。调水沿线区域、受水区县级以上人民政府应当将水质保障情况纳入对有关部门和下级人民政府的考核内容，作为考核评价的重要依据。

第十九条 受水区省辖市环境保护行政主管部门应当按照职责组织对配套工程的水质进行监测。

调蓄工程汇水区域和分水口门应当设置自动水质监测设施。

第二十条 受水区县级以上人民政府应当统筹配置配套工程供水和当地水资源，以配套工程供水替代不适合作为饮用水水源的当地水源，逐步替代超采的地下水，并逐步退还因缺水挤占的农业用水和生态环境用水。

第二十一条 受水区县级以上人民政府应当按照省人民政府批准的地下水压采总体方案确定的地下水开采总量控制指标和地下水压采目标，组织编制本行政区域的地下水限制开采方案和年度压采计划，报省水行政主管部门、国土资源行政主管部门备案。

第二十二条 受水区地下水超采区禁止新增地下水取用水量。具备水源替代条件的地下水超采区应当划定为地下水禁止开采区，禁止取用地下水。

受水区禁止新增开采深层承压水。

第二十三条 受水区县级以上人民政府应当统筹考虑配套工程供水价格与当地地表水、地下水等各种水源的水资源费和供水价格，鼓励充分利用配套工程供水，促进水资源合理配置。

第四章 工程设施保护

第二十四条 调水沿线区域、受水区县级以上人民政府应当做好南水北调配套工程设施安全保护工作，防范和制止危害南水北调配套工程设施安全的行为。

第二十五条 对南水北调配套工程应当依法划定管理范围和保护范围。

南水北调配套工程的管理范围和保护范围，由省水行政主管部门商沿线区域、受水区省辖市人民政府以及相关部门组织划定。

第二十六条 南水北调配套工程管理范围按照批准的工程设计文件划定。

配套工程管理单位应当在工程管理范围边界和地下工程位置上方地面设立界桩、界碑等保护标志，并设立必要的安全隔离设施对工程进行保护；未经配套工程管理单位同意，任何人不得进入设置安全隔离设施的区域。

配套工程管理范围内的土地不得转作其他用途，任何单位和个人不得侵占；管理范围内禁止擅自从事与工程管理无关的活动。

第二十七条 南水北调配套工程保护范围按照下列原则划定：

（一）河道、渠道、水库保护范围按照《河南省水利工程管理条例》的规定划定。

（二）管道、暗涵等地下输水工程为工程设施上方地面以及从其边线向外延伸至30m以内的区域，其中穿越城（镇）区的为工程设施上方地面以及从其边线向外延伸至15m以内的区域。

（三）穿越河流的交叉工程为从管理范围边线向交叉河道上游延伸至500m、下游延伸至1000m以内的区域。

（四）泵站、水闸、管理站、取水口等其他工程设施为从管理范围边线向外延伸至50m以内的区域。

禁止在配套工程保护范围内实施影响工程运行、危害工程安全和供水安全的爆破、打井、采矿、取土、采石、采砂、钻探、建房、建坟、挖塘、挖沟等行为。

第二十八条 在南水北调配套工程管理和保护范围内建设桥梁、公路、铁路、地铁、管道、缆线、取水、排水等工程设施，按照国家规定的基本建设程序报请审批、核准时，审批、核准单位应当征求配套工程管理单位对拟建工程设施建设方案的意见。

前款规定的建设项目在施工、维护、检

修前，应当通报配套工程管理单位，施工、维护、检修过程中不得影响配套工程设施安全和正常运行。

第二十九条 禁止下列危害南水北调配套工程设施的行为：

（一）擅自开启、关闭闸（阀）门或者私开口门，拦截抢占水资源。

（二）擅自移动、切割、打孔、砸撬、拆卸输水管涵。

（三）侵占、损毁或者擅自使用、操作专用输电线路、专用通信线路等设施。

（四）移动、覆盖、涂改、损毁标志物。

（五）侵占、损毁交通、通信、水文水质监测等其他设施。

第三十条 配套工程管理单位应当按照国家相关规定建立健全安全生产责任制和工程巡查养护制度，加强对南水北调配套工程设施的监测、检查、巡查、维修和养护，确保工程安全运行；应当在配套工程沿线村庄、工程与道路交叉口等地段设置安全警示标志，采取相应的工程防范措施。

第三十一条 配套工程管理单位应当按照批准的水量调度应急预案制定配套工程安全应急预案，定期进行应急演练。

第三十二条 在紧急情况下，配套工程管理单位因工程抢修需要临时取土占地或者使用有关设施的，应当及时告知土地或者设施的所有权人或者使用权人，有关单位和个人应当予以配合。配套工程管理单位应当于事后恢复原状；造成损失的，应当依法予以补偿。

第三十三条 水行政主管部门及其委托的执法单位执法人员履行本办法规定的监督检查职责时，有权采取下列措施：

（一）进入现场调查取证，询问、了解有关情况。

（二）检查有关文件、证照等资料，并有权复制。

（三）责令停止违反本办法的行为、履行法定义务。

执法人员在履行监督检查职责时，应当出示执法证件；有关单位或者个人应当给予配合，不得拒绝或者阻碍。

第五章 法 律 责 任

第三十四条 违反本办法有关规定的行为，其他法律、法规已有法律责任规定的，从其规定。

第三十五条 有关人民政府以及水利、环境保护等相关部门及其工作人员违反本办法规定，有下列行为之一的，由主管机关或者监察机关责令改正；情节严重的，对直接负责的主管人员和其他直接责任人员依法给予处分；直接负责的主管人员和其他直接责任人员构成犯罪的，依法追究刑事责任：

（一）不及时制定下达或者不执行年度水量调度计划的。

（二）不编制或者不执行水量调度应急预案的。

（三）不编制或者不执行南水北调配套工程受水区地下水限制开采方案的。

（四）不履行水量、水质监测职责的。

（五）不履行本办法规定的其他职责的。

第三十六条 配套工程管理单位及其工作人员有下列行为之一的，由主管机关或者监察机关责令改正；情节严重的，对直接负责的主管人员和其他直接责任人员依法给予处分；直接负责的主管人员和其他直接责任人员构成犯罪的，依法追究刑事责任：

（一）未依照本办法规定建立安全生产责任制和工程巡查养护制度，或者对工程设施疏于监测、检查、巡查、维修、养护，影响工程安全、供水安全的。

（二）未依照本办法规定在配套工程管理范围以及其他有关位置设置保护标志、安全警示标志的。

（三）未制定本单位配套工程安全应急预案，或者制定而不落实，造成不良后果的。

（四）虚假填报或者篡改工程运行情况等

资料的。

（五）不执行年度水量调度计划或者水量调度应急预案的。

（六）不及时制定或者不执行月水量调度方案的。

（七）不履行本办法规定的其他职责的。

第三十七条 违反本办法规定，有下列行为之一的，由县级以上水行政主管部门责令其停止违法行为，限期恢复原状或者采取补救措施；造成损失的，依法承担赔偿责任。逾期不恢复原状或者未采取补救措施的，给予处罚：

（一）擅自开启、关闭闸（阀）门或者私开口门，拦截抢占水资源的，处1000元以上5000元以下的罚款。

（二）擅自移动、切割、打孔、砸撬、拆卸输水管涵的，处2000元以上2万元以下的罚款。

（三）侵占、损毁或者擅自使用、操作专用输电线路、专用通信线路等设施的，处5000元以上3万元以下的罚款。

（四）移动、覆盖、涂改、损毁标志物的，处1000元以上2万元以下的罚款。

（五）侵占、损毁交通、通信、水文水质监测等其他设施的，处5000元以上3万元以下的罚款。

第六章 附　　则

第三十八条 本办法自2016年12月1日起施行。

河南省南水北调受水区供水配套工程运行监管实施办法（试行）

2016年6月28日

（豫调办〔2016〕69号）

第一章 总　　则

第一条 为规范河南省南水北调受水区供水配套工程（以下简称“配套工程”）运行管理工作，确保工程运行安全，根据《南水北调工程供用水管理条例》（国务院令第647号）及有关法律法规、规程规范、技术标准和河南省南水北调办有关工程运行管理的规章制度，制定本办法。

第二条 本办法适用于配套工程输水管线、泵站、沿线构筑物（含设备）、自动化系统及供电设施等运行管理工作的监督检查活动。

第三条 河南省南水北调办的运行管理监督检查是规范运行管理、保障工程安全运行的重要手段，不代替各级工程管理单位的运行管理工作。

第二章 运行管理职责

第四条 河南省南水北调办负责配套工程运行管理的监督管理工作，组织配套工程运行管理工作的监督检查、考核及奖惩；省南水北调办组建飞检大队、巡查大队、稽察组，具体实施监督检查工作。有关省辖市（省直管县）南水北调办负责辖区内的配套工程运行管理监督检查，并配合省南水北调办做好监督检查工作。

第五条 配套工程各级管理单位是运行管理的责任单位，按各自职责做好运行管理工作，对监督检查发现的问题进行整改。配套工程各级管理单位的主要负责人是运行管理工作的第一责任人；运行管理单位的部门负责人对本部门的运行管理负责，承担运行管理责任；有关人员根据各自的职责承担具体工作责任。

第六条 工程管理单位对委托运行管理的泵站等工程承担管理责任，并应加强对被委托单位的运行管理工作。

第七条 飞检大队、巡查大队、稽察组要按照工程运行管理有关规程规定及要求，认真履行监督检查职责，对工程运行管理单位的管理行为进行监督检查。

第八条 监督检查人员要认真负责，按照有关要求进行检查，对发现的问题及时印发检查通知（报告），并督促整改。

第九条 监督检查人员开展工作时，要认真填写检查记录，留存问题图片。发现问题后，要及时通知有关责任单位，提出整改要求；发现重大问题要在第一时间上报河南省南水北调办，并同时通知有关责任单位，要求立即进行整改。

第十条 对发现的问题，需通过检测进一步查明工程运行状况时，应及时调集检测设备或委托专业试验检测单位开展工作，尽快完成试验检测并出具结果。

第十一条 为提高监督检查工作质量或满足专业检查需要，可聘请专家参与检查工作。

第十二条 监督检查工作的各种检查表格、通知、报告等要及时收集整理，装订成册，归档保存。

第三章 监督管理方式

第十三条 河南省南水北调办监督检查配套工程各级运行管理单位的运行管理违规行为、工程养护缺陷和实体质量，对监督检查发现的可能影响工程运行安全的问题实施责任追究。

第十四条 河南省南水北调办监督检查采用抽检方式，主要为飞检、巡查、稽察等。

飞检、巡查是以突击检查方式对工程管理单位的运行管理工作情况实施检查。

稽察是对工程管理单位运行管理的整体情况或影响运行安全的专项问题开展的稽察活动。

第十五条 配套工程各级管理单位应对工程运行管理问题组织自查自纠，建立问题台账，制订整改措施，及时进行整改。

工程运行管理自查自纠问题汇总表见附件1。

第十六条 河南省南水北调办的飞检、巡查、稽察采取定期或不定期的检查方式，就检查发现问题与被检查单位交换意见，印发整改通知或稽察报告。

被检查单位在自查自纠中已发现并制订整改措施或已按程序向上级报告的问题，在提供相关证明材料后，河南省南水北调办飞检、巡查、稽察时对相关问题不重复计列。

工程运行管理检查问题汇总表见附件2。

第四章 运行管理问题分类

第十七条 配套工程运行管理问题包括工程运行管理违规行为、工程养护缺陷和工程实体质量等。存在问题主要分为：运行管理规章制度、运行管理资料、人员到位及培训、工程巡查、工程养护、工程实体质量、泵站运行、运行调度、自动化系统、安全保卫、应急管理、水质保护等类别。

第十八条 工程运行管理违规行为是指运行管理人员在工作中违反工程运行管理规程规范、规章制度的行为。

工程养护缺陷是指因维修养护缺失或运行管理不当造成工程设施、设备损坏，导致工程平稳运行存在隐患的问题。

工程实体质量问题是指在运行管理中发现的渗（漏）水、爆管、沉降变形、设备无法正常工作等。

第十九条 根据对工程运行的影响程度不同，工程运行管理违规行为、工程养护缺陷、工程实体质量问题分为一般、较重、严重三个等级。

工程运行管理违规行为分类表见附件3。

工程养护缺陷和实体质量问题分类表见附件4。

第五章 责 任 追 究

第二十条 河南省南水北调办对工程运行管理监督检查发现的问题组织会商，依据问题的性质和影响程度实行责任追究。

第二十一条 责任追究对象分为责任单

位和相关责任人，追究形式包括约谈、通报批评、留用察看、责成责任追究等。

第二十二条 河南省南水北调办对发现重大问题的责任单位和责任人实施责任追究；其他问题，责成省辖市（省直管县）南水北调办对有关责任单位和责任人实施责任追究，追究结果应于20个工作日内报河南省南水北调办备案。

第二十三条 对工程运行事故，按照国家有关法律法规及河南省相关规定进行处理。

第六章 附 则

第二十四条 本办法由河南省南水北调办负责解释。

第二十五条 本办法自2016年7月15日起施行。

附件：

1. 工程运行管理自查自纠问题汇总表（略）
2. 工程运行管理检查问题汇总表（略）
3. 工程运行管理违规行为分类表（略）
4. 工程养护缺陷和实体质量问题分类表（略）

湖北省南水北调工程保护办法

2016年11月15日
（湖北省人民政府令第390号）

第一章 总 则

第一条 为了保障南水北调工程安全，充分发挥南水北调工程的经济效益、社会效益和生态效益，根据《中华人民共和国水法》《中华人民共和国防洪法》《中华人民共和国水污染防治法》《湖北省实施〈中华人民共和国水法〉办法》等法律、法规，结合本省实际，制定本办法。

第二条 本省行政区域内南水北调工程的保护，适用本办法。

本办法所称南水北调工程，包括南水北调中线兴隆水利枢纽、引江济汉工程、碾盘山水利水电枢纽等及其配套附属设备设施。

第三条 省南水北调工程建设管理机构负责南水北调工程的保护工作，指导南水北调工程运行管理工作，组织南水北调工程规划的编制和实施，统筹协调南水北调工程保护的重大问题。

省南水北调工程运行单位（以下简称运行单位）具体负责南水北调工程的运行管理工作。

水利、公安、国土资源、环保、交通运输、农业、林业等主管部门在各自职责范围内负责南水北调工程相关保护工作。

第四条 县级以上人民政府应当加强对南水北调工程保护工作的领导，建立健全跨区域和跨部门协调工作机制，完善水利调度、防洪、工程保护执法、水质污染影响和渔业捕捞等工作的通报和会商制度，研究协调解决南水北调工程保护中的重要问题。

南水北调工程沿线各级人民政府应当切实履行对本行政区域内南水北调工程保护工作的具体组织协调职责，开展工程保护的宣传教育，做好工程保护相关工作。

第五条 农村村民委员会、社区等基层组织应当协助当地人民政府各有关部门做好南水北调工程宣传、保护等相关工作。

第二章 工 程 运 行

第六条 运行单位应当遵守南水北调工程保护有关法律、法规和规章，执行国家和本省技术规范、工程设计运行技术条件的要求，健全规章制度和操作规程并组织实施，宣传工程安全与保护知识，保障工程安全运行。

第七条 运行单位应当建立南水北调工程巡查养护制度，配备专门人员对工程进行日常巡查养护，如实记录巡查养护情况。

运行单位发现危害工程安全的隐患，应当及时处理；对工程存在的外部安全隐患自身排除确有困难的，应当向省南水北调工程建设管理机构和工程所在地人民政府报告。省南水北调工程建设管理机构和工程所在地人民政府接到报告后，应当及时处理。

第八条 运行单位应当定期对南水北调工程进行检测、维修，确保其处于良好状态。对工程安全风险较大的区段和场所，应当进行重点监测，采取有效措施防止安全事故的发生；对不符合安全要求的，应当及时改造、更新或者停止使用。

第九条 运行单位对南水北调工程进行巡查养护、检测、维修等作业时，工程沿线的有关单位和个人应当予以配合。

第十条 运行单位应当制定工程安全应急预案，按照规定报有关主管部门同意，并配备抢险救援人员和设备，定期进行应急救援演练。

第三章 工 程 保 护

第十一条 从南水北调工程取用水资源的，应当依法办理取水许可申请。

禁止擅自从南水北调工程取用水资源。

第十二条 工程所在地市、县（市、区）人民政府应当按照依法征收的工程用地范围组织划定南水北调工程管理范围并公告。

第十三条 除法律、法规另有规定外，在南水北调工程管理范围内禁止从事下列行为：

（一）取土、采石、采砂、采矿、爆破、打井、钻探、开沟、挖塘、挖洞、建窑、考古、修坟、拦汊等危害工程安全的行为。

（二）排水，排污入渠，弃置固体废弃物、生产和生活垃圾等影响水环境质量安全的行为。

（三）修建桥梁、码头、厂房、仓库、道路、渡口、涵闸、泵站、管道、暗涵、缆线等与工程无关的建筑物及设施。

（四）游泳、捕捞、垂钓、洗涤、打场晒谷、在非社会通道上通行车辆等影响工程运行的行为。

（五）其他危害工程安全、影响水环境质量安全和工程运行的行为。

第十四条 工程所在地市、县（市、区）人民政府应当在南水北调工程管理范围的相连地域划定保护范围并公告。

南水北调工程保护范围按照下列标准划定：

（一）兴隆水利枢纽、碾盘山水利水电枢纽的保护范围为自管理范围边线向左右岸各延伸100m，办公、生产、生活区保护范围为自管理范围边线向四周延伸100m，大坝保护范围以大坝中轴线向上下游各延伸500m。

（二）引江济汉干渠工程的保护范围为自管理范围边线向外延伸200m，引江济汉东荆河节制工程橡胶坝的保护范围为自管理范围边线向上下游各延伸100m。

第十五条 除法律、法规另有规定外，在南水北调工程保护范围内，禁止从事第十三条第一、二项所列的危害工程安全、影响水环境质量安全和工程运行的行为。

第十六条 在南水北调工程管理范围和保护范围内新建建筑物及设施的，应当符合南水北调工程规划、工程运行安全和其他有关技术要求，按照国家规定的基本建设程序报请审批、核准时，审批、核准单位应当征求省南水北调工程建设管理机构对拟建工程设施建设方案的意见。

前款规定的建设项目在施工、维护、检修前，应当通报运行单位，施工、维护、检修过程中不得影响南水北调工程设施安全和正常运行。

第十七条 在南水北调工程保护范围边线外300m内、水库大坝保护范围外1000m内实施爆破、开采地下资源的，应当采取相应的安全防护措施，确保南水北调工程安全。

第十八条 运行单位应当在南水北调工程管理范围边界和地下工程所在区域设立界桩、界碑、标识等保护标志，在工程经过的主要路口和村庄设置安全警示标志，在泵站、水库的重要部位设置必要的防护设施，配合有关主管部门在禁渔区、限行区设置相应的禁止性标识标牌。

第十九条 任何单位和个人不得从事下列危害南水北调工程的行为：

（一）侵占、损毁输水河道（渠道、管道）、堤防、护岸等工程设施。

（二）侵占、迁移、毁损、妨碍观测、通信、照明、输变电、交通及防护等工程配套设施。

（三）在输水隧洞、渠道、管线、倒虹吸等上方种植深根植物、堆放超重物品。

（四）移动、覆盖、涂改、损毁标志物。

（五）在工程设施上超限行驶或通行履带车辆等。

（六）其他损害南水北调工程的行为。

第二十条 因南水北调工程建设的跨河（渠）交通桥、生产桥和输变电线路等非水利工程设施的管理主体及管理责任，国家有规定的，从其规定；没有规定的，由所在地市、县（市、区）人民政府明确管理主体，落实管理责任。

第二十一条 位于南水北调工程保护范围内的农用地维持既有的土地用途和使用方式，非农用地可依法调整规划改变土地规划用途。规划调整应当符合南水北调工程规划，保障工程运行安全。

第四章 监 督 保 障

第二十二条 省人民政府水行政主管部门负责南水北调工程执法工作的监督与协调，工程所在地市、县（市、区）人民政府水行政主管部门负责南水北调工程的日常执法工作，运行单位应当予以配合。

南水北调工程执法工作涉及跨行政区域的，由其共同的上一级人民政府水行政主管部门负责组织协调。

省南水北调工程建设管理机构在其职责范围内依法做好相关保护工作。

第二十三条 运行单位是治安保卫重点单位，应当设置与治安保卫任务相适应的治安保卫机构，配备专职治安保卫人员保障工程安全，对重点部位定期开展巡查。工程所在地公安机关应当定期对运行单位依法履行治安管理职责的情况进行监督检查，发现问题及时督促改正。

公安机关应当根据治安保卫工作实际，在南水北调工程重要部位设置警务室，维护管理秩序，保护工程和水体安全。

第二十四条 运行单位履行日常管理职责时，对于违反本办法的行为有权采取下列保护措施：

（一）进入现场调查取证，了解有关情况。

（二）检查有关文件、证照等资料，并有权复制。

（三）及时制止违法行为，要求限期改正。

（四）依法采取法律法规规定的其他保护措施。

第二十五条 南水北调工程建设管理机构应当加强南水北调工程保护的宣传和教育工作，增强公众的保护意识，引导公众自觉保护工程安全。

广播、电视、报刊、网络等媒体应当开展南水北调工程保护的公益性宣传，发挥舆论引导和监督作用。

第二十六条 任何单位和个人有权对危害南水北调工程安全的行为进行检举，有关部门或者机构收到检举后应当及时调查处理。

第五章 法 律 责 任

第二十七条 违反本办法，法律法规已有处罚规定的，从其规定；造成南水北调工程损坏的，依法承担赔偿责任；构成犯罪的，依法追究刑事责任。

第二十八条 违反本办法规定，在南水北调工程管理范围内从事游泳、捕捞、垂钓、洗涤、打场晒谷或者在非社会通道上通行车辆等影响工程运行的行为的，由县级以上人民政府水行政主管部门责令改正，予以警告；拒不改正或者情节严重的，处二百元以上一千元以下罚款。

第二十九条 运行单位违反本办法规定，不履行巡查养护、检测和维修、应急演练等职责的，由省南水北调工程建设管理机构责令限期改正；逾期不改正或者造成不良后果的，对直接负责的主管人员和其他直接责任人员依法给予行政处分；构成犯罪的，依法追究刑事责任。

第三十条 南水北调工程建设管理机构或者其他有关行政机关及其工作人员玩忽职守、滥用职权、徇私舞弊的，对直接负责的主管人员和其他直接责任人员依法给予行政处分；构成犯罪的，依法追究刑事责任。

第六章 附 则

第三十一条 本办法自 2017 年 1 月 1 日起施行。

伍 重要文件

IMPORTANT FILES

国家发展改革委关于下达2016年南水北调东中线一期工程特殊预备费投资计划的通知

（发改投资〔2016〕1775号）

国务院南水北调办：

经研究，决定从国家重大水利工程建设基金中安排2016年南水北调东中线一期工程特殊预备费5280万元，专项用于南水北调中线京石段漕河渡槽和邢石段槐河（一）渠道倒虹吸防洪防护两项工程建设（详见附表）。现将有关事项通知如下：

一、抓紧转发下达投资计划。请在接到本通知之日起10个工作日内完成转发下达工作。

二、从严规范项目实施管理。请严格执行投资管理的各项规定，确保工程建设质量。同时请相关地方政府和行业管理部门加强河道采砂管理，确保南水北调工程安全。今后若因在河道采砂影响南水北调工程安全的，要追究相关人员责任，并由损害方承担全部修复责任。

三、加强投资监管工作。请切实履行投资计划执行和监管主体责任，建立健全定期检查制度，制定监管检查工作方案，完善监督检查工作机制，积极开展自查自纠。对监管检查中发现的问题，要按照投资管理有关规定责令相关单位限期落实整改。结合投资项目在线审批监管平台（重大建设项目库模块）和其他已有的项目管理信息平台，健全项目库管理系统，提高在线监管能力，并将检查情况及时提供我委。

四、严肃处理检查中发现的问题。国家发展改革委将适时组织检查，对发现的问题，根据情节轻重，采取通报批评或扣减、收回、暂停安排中央预算内投资等措施予以警示惩戒。

五、建立投资完成情况定期报送制度。请严格执行投资月报制度，每月10日前将截至上月底的投资计划执行进度、项目进展等情况通过投资项目在线审批监管平台（重大建设项目库模块）报送我委。

附件：2016年南水北调东中线一期工程特殊预备费投资计划下达表（略）

国家发展和改革委员会
2016年8月16日

国家发展改革委办公厅关于做好南水北调东中线一期工程用水效益提升有关工作的函

（发改办农经〔2016〕1979号）

财政部、国土资源部、住房城乡建设部、水利部办公厅，南水北调办综合司，北京市、天津市、河北省、河南省、山东省、江苏省人民政府办公厅：

我委《关于推动南水北调东中线一期工程用水效益提升有关问题的请示》（发改农经〔2016〕1646号）已经国务院同意，现印发给你们，请按此做好相关工作。

附件：发改农经〔2016〕1646号文

国家发展和改革委员会办公厅
2016年9月6日

附件

国家发展改革委关于推动南水北调东中线一期工程用水效益提升有关问题的请示

（发改农经〔2016〕1646号）

国务院：

按照去年丁向阳副秘书长、江泽林副秘书长主持召开会议研究协调并报国务院领导同志同意的意见，我委会同水利部、南水北调办、财政部、国土资源部、住房城乡建设部就推动南水北调工程用水效益提升问题进行了认真研究，并征求了北京、天津、河北、河南、山东、江苏等南水北调东、中线一期工程受水区6省（市）意见。现将有关情况和意见报告如下：

一、配套工程建设和水量消纳情况

（一）配套工程建设进展

目前，北京、天津已基本完成配套工程建设任务，实现了配套工程与干线工程同步通水运行的目标，南水北调水占主城区供水的比例分别达到了70%、80%。河北省水厂以上配套工程及大型输水干渠、输水管道工程已基本完工，需新（改）建的120座配套水厂中已建成88座。河南省从总干渠39个分水口门引水至各城市水厂之间总长1000km的输水配套工程已基本完工，79座需新建或改扩建水厂已有48座建设完成。山东省配套工程全部38个供水单元已基本完成主体建设，总投资完成率超过80%，其中23个供水单元完成投资在90%以上，7个供水单元在80%以上。江苏省已有的江水北调体系较为完善，河道输水能力基本满足规划设计要求，同时，为进一步保证南水北调输水干线水质稳定达标，近年来专门组织编制了配套工程总体实施方案并先行实施了部分水质保护补充工程。

总体来看，在各方面的共同努力下，各地的南水北调配套工程建设已取得了很大成效，2016年基本完成水厂以上骨干配套工程建设的难度不大。但由于一些地方的新老水价差异较大、用水意愿不强、工程建设资金不落实等多方面原因，部分受水区的水厂改造、管网衔接、水源转换等工作滞后，水厂配套工程建设任务仍较为艰巨，影响了工程效益的全面发挥。

（二）水量消纳情况

根据南水北调工程供用水管理条例和南水北调东、中线一期工程水量调度方案等有关规定，水利部负责制订南水北调工程年度水量调度计划，南水北调办等有关部门和南水北调工程水源地、调水沿线区域、受水区县级以上地方人民政府在各自职责范围内负责南水北调工程供用水的有关工作。

东线一期工程于2013年11月正式通水，主要供水对象为山东、江苏两省。山东省2014～2015供水年度（当年11月1日至次年10月31日，下同）实际消纳水量2.31亿m^3，占设计供水量的17.1%。2015～2016年度，山东省用水量较上年同期有大幅增长，截至今年6月底实际消纳水量达4.42亿m^3，占设计供水量的33%，已完成年度调水计划。东线工程已先后7次向山东省调水12.12亿m^3。

中线一期工程于2014年年底正式通水，主要供水对象为北京、天津、河北、河南4省市。2014～2015供水年度受水区实际消纳水量18.66亿m^3，占设计供水量的21.9%，其中北京7.1亿m^3、天津3.34亿m^3、河北0.83亿m^3、河南7.38亿m^3，分别占设计供水量的67.7%、38.8%、2.7%、20.6%。2015～2016供水年度计划供水量36.84亿m^3，其中北京11.22亿m^3、天津8.56亿m^3、河北6.36亿m^3、河南10.70亿m^3。截至2016年6月底，中线一期工程本年度向受水区供水22.25亿m^3，占同期计划的99%，占年度计划的60%，其中北京6.83亿m^3、天津4.72亿m^3、河北2.55亿m^3、河南8.16亿m^3。

二、地下水压采情况

根据2013年水利部报国务院批准的《南水北调东中线一期工程受水区地下水压采总体方案》（以下简称《压采方案》），到2020年力争压减城区地下水开采量22亿m^3，削减超采量近三分之一，城区基本实现地下水采补平衡。其中，北京、天津、河北、河南、山东、江苏的地下水压采任务分别为2.17亿m^3、0.61亿m^3、14.56亿m^3、2.37亿m^3、2.29亿m^3、0.1亿m^3。《压采方案》明确受水区地方各级人民政府是地下水压采工作的责任主体。根据水利部近期调研了解的情况，北京、天津、江苏等省市地下水压采工作进展顺利，基本完成了到2020年的压采任务；受南水北调配套工程建设滞后、置换水源不到位等因素影响，山东、河南、河北等省地下水压采工作进展缓慢。

三、下一步工作建议

综合考虑上述情况，我们认为，当前推动南水北调工程用水效益提升的核心任务是进一步落实地方的工作主体责任，切实加快配套工程建设和水量消纳进度。同时，要加强地下水压采工作的监督考核，稳步衔接优化受水区水价体系，尽早充分发挥工程调水能力和综合效益。对涉及部门职责的事项，相关部门要加强指导、支持和监督。

（一）加快完成南水北调配套工程建设任务。按照各地反映的配套工程建设进展情况，北京、天津要在2017年前全面完成配套工程建设任务；河北、河南、山东省要在2018年前全面完成配套工程建设任务；江苏省要在保持现有江水北调和南水北调新建工程安全稳定运行的基础上，在2020年前进一步补充完善配套工程体系，提高向省外调水和工程水质安全保障能力。配套工程建设由受水区省级政府负总责，建设资金以地方自筹为主，同时，要充分发挥市场机制的作用，合理制定供水价格，大力吸引社会资本参与工程建设运营，多渠道筹集建设资金。下一步，国家在已累计安排中央投资42亿元和专项建设基金68.6亿元的基础上，可研究通过专项建设基金等方式继续对配套工程建设给予适当支持。（南水北调办、发展改革委牵头督促落实，财政部、住房城乡建设部、水利部等部门参与）

（二）明确南水北调工程水量分年消纳任务。国务院批准的南水北调东、中线一期工程可行性研究总报告按5年左右的工程达产期开展经济评价。按此安排，并综合考虑《压采方案》工作目标、受水区各省市用水意愿、水源置换进度、资金筹措压力等情况，建议将2020年作为南水北调东、中线一期工程全面实现设计供水能力的目标年份。其中，北京、天津要于2017年前基本消纳全部分配水量，河北、河南、山东、江苏四省要在2020年前具备完全消纳分配水量的能力，并逐年分解落实相关任务指标。在受水区全面形成水量消纳能力之前，可根据工程供水能力等情况研究调整各省市年度分配水量，把河南、河北等地富余水量调配给北京、天津，既可缓解北京、天津等地水资源供需矛盾，也可促进进一步发挥工程效益。此外，对中线工程，为避免运行初期调水能力闲置，如丹江口水库上游来水量允许，在各方面条件具备的情况下，可考虑利用中线主体工程向受水区进行生态补水，缓解当地水资源过度开发问题。（水利部牵头督促落实，南水北调办、发展改革委、财政部、住房城乡建设部等部门参与）

（三）优化衔接受水区水价体系。受水区要把南水北调水纳入区域供水系统共同分摊，统一测算，建立有利于当地水与南水北调水合理配置的水价体系，促进受水区合理使用南水北调水。合理确定本区域的居民和工商业用水价格，并细化制定价格分年分期调整计划，稳步落实。要对地下水超采区、严重超采区实行差别化的价格政策，加快实行居民用水阶梯水价，充分运用价格杠杆调节用水行为，促进节约用水。对一些地方反映南水北调工程受水区供水价格高于当地原水价格、要求进一步降低水价的问题，考虑到目前南水北调工程水价已执行了最优惠的运行还贷水价和受水区严重缺水的实际，为保障工程正常运行；以及利用价格杠杆调整区域经济结构、促进节约用水，暂不宜进一步下调，受水区及相关工程管理单位应严格执行国家制定的现行水价政策。（发展改革委牵头督促落实，财政部、水利部、住房城乡建设部、南水北调办等部门参与）

（四）认真做好地下水压采工作。受水区地方各级人民政府要按照《压采方案》确定的各有关省市压采目标和计划，尽快核定公布地下水禁采与限采范围，明确城区地下水压采年度计划并严格实施，加强农业、工业等各领域节水，加快各类地下水压采工程建设，并抓紧完善地下水监控计量体系，严格禁止继续开采置换出的地下水资源，确保按期完成《压采方案》确定的目标任务。下一步，水利部将会同有关部门在今年启动受水区地下水压采情况评估考核工作，并将评估考核结果向国务院报告。（水利部牵头督促落实，发展改革委、财政部、南水北调办、国土资源部等部门参与）

（五）加大工程供水水费征缴力度。目前，南水北调东、中线水源工程、输水干线工程、各省区配套工程已分别组建了项目法人并签订了供水合同。但由于多方面原因，目前各地欠缴水费的问题比较突出。如2014～2015供水年度中线工程应收水费49.41亿元，目前实收水费仅26.42亿元，占应收水费的53%，其中河北、河南等省的欠缴问题较为严重，不利于工程的正常稳定运行和两部制水价政策效应的发挥。下一步，相关省市政府要负责落实缴纳水费的资金来源，督促其授权的部门或单位及时足额缴纳水费，严格执行供用水合同，保障工程安全平稳运行。有关部门要加强对此项工作的督促协调。（南水北调办牵头督促落实，发展改革委、财政部、水利部等部门参与）

妥否，请示。

国家发展和改革委员会

2016年7月28日

环境保护部办公厅关于印发《重点流域水污染防治“十三五”规划编制技术大纲》的函

（环办污防函〔2016〕107号）

各省、自治区、直辖市人民政府办公厅，发展改革委、科技部、工业和信息化部、财政部、国土资源部、住房城乡建设部、交通运输部、水利部、农业部、卫生计生委、南水北调办、三峡办综合司（办公厅）：

为贯彻落实《水污染防治行动计划》的要求，做好《重点流域水污染防治“十三五”规划》（以下简称《重点流域规划》）编制工作，我部会同发展改革委、水利部等部门编制了《重点流域水污染防治“十三五”规划编制技术大纲》（以下简称《技术大纲》）。经商有关部门同意，现将《技术大纲》（见附件）印送给你们。请各省（区、市）和相关部门按照《重点流域规划》编制部署，组织本省（区、市）、本部门有关人员，做好规划编制的配合工作。

附件：重点流域水污染防治“十三五”规划编制技术大纲（略）

环境保护部办公厅

2016年1月18日

水利部关于印发《南水北调东线一期工程2016～2017年度水量调度计划》的通知

（水资源函〔2016〕382号）

江苏省、山东省人民政府，淮河水利委员会，南水北调东线一期工程管理单位：

根据《南水北调工程供用水管理条例》《南水北调东线一期工程水量调度方案（试行）》等有关规定，我部在江苏省、山东省人民政府水行政主管部门提出的2016～2017年度用水计划建议基础上，组织有关单位制定了《南水北调东线一期工程2016～2017年度水量调度计划》（以下简称《计划》，见附件），现印发你们，请认真组织实施。

一、江苏省、山东省人民政府和南水北调东线一期工程管理单位、各有关部门和单位要切实提高国家南水北调战略决策实施工作重要性的认识，认真贯彻《南水北调工程供用水管理条例》，切实加强组织领导，建立健全水量调度管理责任制，全面落实水量调度、水质保障责任和目标任务，确保实现东线一期工程2016～2017年度水量调度计划，发挥东线一期工程的综合效益。

二、江苏省、山东省受水区地方人民政府要认真贯彻中央新时期治水方针，加快实施最严格水资源管理制度，结合受水区水情、工情，合理配置本地水、引江水和其他水源，加快推进超采区地下水禁采限采，切实保护生态环境。充分发挥政府和市场作用，深化受水区综合水价改革，运用经济杠杆促进水资源优化配置和有效保护。加快东线一期工程配套工程建设，为实现2020年东线一期工程具备完全消纳能力目标创造条件。

三、各有关单位和部门要按照《计划》要求，精心组织，做好调水期间工程运行管理，保证工程安全，确保调水工作顺利实施。东线一期工程管理单位以及江苏省、山东省相关单位要做好月水量调度方案的制定与执行，严格按照规定的水量调度控制指标实施调度，统筹安排好供水、航运、生态等用水需求，减少对船舶通航及安全影响。涉及航运的，应当与交通运输主管部门做好协商。要树立法治思维和规矩意识，严肃调度纪律，切实强化计划执行约束力。年度水量调度计划如需变更，应按原审批程序报批。

四、各有关部门和单位要抓紧制定东线一期工程水量调度应急预案，建立水量调度应急管理机制，完善应急处置措施，切实提高应对各类突发事件的应急处置能力。调水期间，各有关部门和单位要密切关注输水沿线河流、湖泊水量水质等变化，加强信息沟通和工作协作，有效防范、快速处置突发事件，确保供水安全。

五、东线一期工程管理单位以及江苏省、山东省相关单位要依据《计划》要求，认真做好抽江泵站、进出沿线湖泊的泵站、济平干渠渠首闸、过黄河等关键闸站、重要取水口门等水量水质监测，做好与相关流域管理机构、省水行政主管部门和相关工程管理单位水量监测信息的实时传输和共享。调水前，有关部门和工程管理单位应及时向当地港航管理部门通报调水时间、调水流量、各航段流速、水位等水量调度信息，确保调水和航运畅通安全，避免大量船舶滞航拥堵和水上事故发生。江苏省水利厅、山东省水利厅、南水北调东线一期工程管理单位每月28日前要向我部备案下月的月水量调度方案，并抄送淮河水利委员会，涉及东平湖水量调度的，应抄送黄河水利委员会、海河水利委员会；每月5日前向我部报送上月的月水量调度方案执行情况总结，并抄送有关流域管理机构。

六、南水北调规划设计管理局、黄河水利委员会、淮河水利委员会、海河水利委员会、江苏省水利厅、山东省水利厅要按照《计划》确立的监管职责，加强水量调度计划执行情况的监督检查，及时向有关部门、地区和单位通报监管信息。抓紧建立完善水量调度信息共享机制，加快南水北调东线水量调度信息系统建设，健全信息采集和共享机制，提高东线一期工程水量调度管理信息化水平。

做好东线一期工程水量调度工作意义重大，各有关单位和部门要按照《计划》要求，加强领导，精心组织，团结协作，科学调度，为东线一期工程受水区经济社会可持续发展提供水资源支撑和保障。

附件：南水北调东线一期工程2016～2017年度调水量调度计划（略）

水利部

2016年9月29日

水利部关于印发《南水北调中线一期工程2016～2017年度水量调度计划》的通知

（水资源函〔2016〕410号）

北京市、天津市、河北省、河南省、湖北省

人民政府，长江水利委员会，丹江口水库运行管理单位，南水北调中线总干渠管理单位：

根据《南水北调工程供用水管理条例》《南水北调中线一期工程水量调度方案(试行)》(以下简称《方案》)等有关规定，我部组织有关单位制定了《南水北调中线一期工程 2016 ~ 2017 年度水量调度计划》(以下简称《计划》，见附件)，现印发你们，请认真组织实施。

一、《计划》是指导南水北调中线一期工程 2016 ~ 2017 年度水量调度工作的重要依据。受水区各有关省（市）人民政府、各有关部门和单位要认真贯彻《南水北调工程供用水管理条例》《方案》和《计划》，切实加强领导，精心组织，强化责任，狠抓落实，全面完成 2016 ~ 2017 年度水量调度计划任务。

二、中线一期工程受水区县级以上地方人民政府要认真贯彻落实节水优先方针，着力落实最严格水资源管理制度，严格用水总量控制，强化计划用水和节约用水管理。要按照落实中线一期工程水量消纳目标要求，加快地方配套工程建设，统筹配置引江水和当地水源，加快地下水超采治理，按计划完成地下水压采目标，逐步改善生态环境。深化受水区综合水价改革，运用经济杠杆促进水资源优化配置和有效保护。全面落实中线一期工程水质保障目标责任制，落实水资源保护和水污染防治措施，确保城市供水安全。针对连续枯水期来水不确定性的实际情况，要抓紧制定城市供水应急预案，多渠道多水源保障供水安全。

湖北省水行政主管部门、有关地方人民政府要按照《计划》要求，做好汉江中下游水资源配置和用水总量控制工作，完成引江济汉工程补水调度任务，改善汉江兴隆以下河段生态、灌溉、供水、航运条件，保障供水安全。

三、长江水利委员会要切实加强汉江流域、丹江口水库水量调度，认真落实汉江流域水量分配方案，抓紧编制汉江流域水量调度方案和年度水量调度计划，在保障防洪安全的前提下，统筹协调好中线一期工程与汉江流域水量调度，确保汉江流域相关省区实现，水量下泄目标；优化丹江口水库调度方式，科学调控水库蓄泄水量和过程，严格清泉沟用水总量控制，统筹安排好水源区、受水区和汉江中下游用水。要密切关注汉江流域水情、丹江口水库上游来水、水库蓄水和用水计划执行情况，相关情况及时报部。

四、丹江口水库运行管理单位和南水北调中线总干渠管理单位要根据本年度水量调度计划，做好月水量调度方案制订、水量实时调度、水量监测和受水区各分水口门水量交接。月计划供水量应严格按《计划》规定要求控制，计划如需变更，应按原审批程序报批。要完善水量调度应急预案，健全应急管理体系，落实应急管理措施，有效防范和快速处置突发事件，确保输水和供水安全。

五、南水北调中线总干渠管理管理单位应按照《方案》和《计划》要求，建立健全工程运行管理和安全生产责任制，加强对工程设施的监测、检查、巡查、维修和养护，及时足额向丹江口水库运行管理单位缴纳水费，做好调水期间工程运行管理，切实保障工程安全和正常运行，确保调水工作顺利实施。要加强汛期、冰期和工程检修期的输水管理，优化工程运行方案，切实保障受水区供水安全。

六、各有关单位和部门要按照《方案》和《计划》要求，做好主要控制断面的水量水质监测，按规定向有关部门和单位及时报送水量水质监测数据，实现信息共享。有关省(市)水利(水务)厅(局)、丹江口水库运行管理单位、南水北调中线总干渠管理单位每月 28 日前向我部备案下月的月水量调度方案，并抄送长江水利委员会，其中丹江口水库水量调度方案同时抄送长江航务管理局、湖北省交通厅；每月 5 日前向我部报送上月水量调度执行情况总结，并抄送长江水利委员会。

七、南水北调规划设计管理局、长江水

利委员会、淮河水利委员会、海河水利委员会、有关省水利（水务）厅（局）要切实履行水量调度和水质安全保障监督职责，强化监督检查，对监督检查过程中发现的违规引水、违反调度指令等行为，应依法及时查处，并责令其立即纠正，确保中线一期工程水量调度的顺利实施。

做好中线一期工程水量调度工作意义重大，各有关单位和部门要按照《计划》要求，加强领导，精心组织，团结协作，科学调度，为中线一期工程受水区经济社会可持续发展提供水资源支撑和保障。

附件：南水北调中线一期工程 2016～2017 年度水量调度计划（略）

水利部

2016 年 10 月 31 日

有关部委重要文件一览表

序号	文 件 名 称	文号	时间
1	财政部关于批复国务院南水北调工程建设委员会办公室 2016 年部门预算的通知	财农〔2016〕16 号	2016 年 4 月 1 日
2	交通运输部办公厅关于研究解决《南水北调工程供用水管理条例》实施引发问题的函	交办水函〔2016〕210 号	2016 年 3 月 8 日
3	国家防汛抗旱总指挥部关于做好南水北调中线工程防汛工作的意见	国汛〔2016〕15 号	2016 年 7 月 29 日
4	国家防汛抗旱总指挥部关于抓紧处理南水北调中线工程险情隐患和安全度汛问题的通知	国汛〔2016〕17 号	2016 年 9 月 2 日

国务院南水北调办重要文件一览表

序号	文 件 名 称	文号	时间
1	关于印发 2016 年南水北调宣传工作实施方案的通知	国调办综〔2016〕19 号	2016 年 2 月 26 日
2	关于同意成立南水北调工程水质保护中心的通知	国调办综〔2016〕21 号	2016 年 3 月 1 日
3	关于调整国务院南水北调办定点扶贫工作领导小组组成单位及组成成员的通知	国调办综〔2016〕23 号	2016 年 3 月 9 日
4	关于成立南水北调办国产密码应用推进工作领导小组的通知	国调办综〔2016〕31 号	2016 年 3 月 22 日
5	关于印发《贯彻落实 2016 年南水北调工作会议精神重点工作分工意见》的通知	国调办综〔2016〕32 号	2016 年 3 月 22 日
6	关于成立国务院南水北调办防汛指挥部办公室的通知	国调办综〔2016〕56 号	2016 年 5 月 12 日
7	关于印发南水北调系统“七五”法治宣传教育工作规划的通知	国调办综〔2016〕59 号	2016 年 5 月 16 日
8	关于印发《2016 年度办管企业经营业绩考核指标》的通知	国调办综〔2016〕154 号	2016 年 10 月 18 日
9	关于南水北调中线一期工程安全风险评估项目实施方案的批复	国调办投计〔2016〕7 号	2016 年 1 月 28 日
10	关于下达南水北调工程 2016 年第一批投资计划的通知	国调办投计〔2016〕13 号	2016 年 2 月 3 日
11	关于南水北调东线一期工程试运行费用的批复	国调办投计〔2016〕18 号	2016 年 2 月 26 日

续表

序号	文 件 名 称	文号	时间
12	关于下达南水北调工程2016年第二批投资计划的通知	国调办投计〔2016〕38号	2016年4月12日
13	关于下达南水北调工程2016年第三批投资计划的通知	国调办投计〔2016〕58号	2016年5月12日
14	关于南水北调中线京石段漕河渡槽和邢石段槐河(一)渠道倒虹吸防洪防护工程专题设计报告的批复	国调办投计〔2016〕62号	2016年5月20日
15	关于南水北调东线一期南四湖水资源监测工程江苏境内工程实施方案的批复	国调办投计〔2016〕102号	2016年8月3日
16	关于下达南水北调工程2016年第四批投资计划的通知	国调办投计〔2016〕129号	2016年8月29日
17	关于南水北调中线一期引江济汉工程2014年价差报告的批复	国调办投计〔2016〕175号	2016年12月14日
18	关于南水北调中线干线防洪防护应急工程实施方案的批复	国调办投计〔2016〕176号	2016年12月15日
19	关于建立南水北调系统内部审计约束机制的通知	国调办经财〔2016〕51号	2016年5月9日
20	关于印发《国务院南水北调办经济财务专家库管理规定》的通知	国调办经财〔2016〕70号	2016年6月17日
21	关于印发《南水北调工程固定资产分类与代码》的通知	国调办经财〔2016〕76号	2016年6月28日
22	关于做好南水北调工程建设期运行管理项目招标投标管理工作的通知	国调办建管〔2016〕16号	2016年2月22日
23	关于南水北调中线一期工程安全风险评估项目分标方案的批复	国调办建管〔2016〕20号	2016年3月1日
24	关于转发《北京市人民政府明确南水北调中线惠南庄泵站以下北京段干线工程运行管理受委托单位文件》的函	国调办建管函〔2016〕33号	2016年7月26日
25	关于做好2016年南水北调工程安全度汛工作的通知	国调办建管〔2016〕36号	2016年4月11日
26	关于调整南水北调东线一期江苏境内工程管理设施专项工程分标方案的批复	国调办建管〔2016〕43号	2016年4月27日
27	关于南水北调中线干线工程维护及抢险设施物资设备仓库建设项目分标方案的批复	国调办建管〔2016〕49号	2016年5月3日
28	关于南水北调中线干线工程自动化调度与运行管理决策支持系统财务资产信息管理系统分标方案的批复	国调办建管〔2016〕61号	2016年5月17日
29	关于南水北调中线一期穿黄工程孤柏嘴控导工程中铝河南分公司取水补偿等工程委托建设管理的批复	国调办建管〔2016〕66号	2016年5月29日
30	关于南水北调中线一期陶岔渠首枢纽工程上游引渠围挡施工标分标方案的批复	国调办建管〔2016〕67号	2016年6月2日
31	关于荥阳市枯河治理工程邻接南水北调总干渠建设项目委托建设管理的批复	国调办建管〔2016〕68号	2016年6月7日
32	关于强化工程运行管理和突发事件处置责任追究有关事项的补充通知	国调办建管〔2016〕72号	2016年6月27日

续表

序号	文件名称	文号	时间
33	关于进一步做好南水北调工程防汛工作的通知	国调办建管〔2016〕86号	2016年7月22日
34	关于进一步加强南水北调工程建设期运行管理项目采购暨招标投标管理工作的通知	国调办建管〔2016〕95号	2016年8月1日
35	关于贯彻落实中央领导同志指示批示精神继续做好防汛抗洪抢险各项工作的通知	国调办建管〔2016〕101号	2016年8月1日
36	关于南水北调中线京石段漕河渡槽和邢石段槐河(一)渠道倒虹吸防洪防护工程分标方案的批复	国调办建管〔2016〕127号	2016年8月23日
37	关于调整南水北调东线一期里下河水源调整工程招标分标方案的批复	国调办建管〔2016〕131号	2016年9月1日
38	关于调整南水北调东线一期工程江苏段调度运行管理系统工程招标分标方案的批复	国调办建管〔2016〕135号	2016年9月6日
39	关于南水北调东线一期苏鲁省际大沙河闸、杨官屯河闸、姚楼河闸、骆马湖水资源控制工程建设期维修保养及管理标分标方案的批复	国调办建管〔2016〕139号	2016年9月12日
40	关于调整南水北调东线一期江苏境内工程管理设施专项工程招标分标方案的批复	国调办建管〔2016〕140号	2016年9月12日
41	关于南水北调中线淅川县段等53个设计单元工程完工财务决算编制与审核项目招标分标方案的批复	国调办建管〔2016〕150号	2016年10月8日
42	关于调整南水北调东线一期苏鲁省际工程管理设施专项工程配电工程施工标分标方案的批复	国调办建管〔2016〕180号	2016年12月21日
43	关于组织开展南水北调中线一期工程总干渠两侧饮用水水源保护区划定和完善工作的函	国调办环保函〔2016〕6号	2016年2月2日
44	关于进一步做好南水北调工程征地移民稳定工作的通知	国调办征移〔2016〕9号	2016年2月1日
45	关于做好丹江口水库淹没区和移民安置区汛期安全排查处置工作的通知	国调办征移函〔2016〕32号	2016年7月20日
46	关于转送《湖北省移民局关于南水北调中线工程丹江口水库移民抗洪救灾有关情况报告》的函	国调办征移函〔2016〕38号	2016年8月11日
47	关于进一步做好当前南水北调征地移民稳定工作的通知	国调办征移〔2016〕69号	2016年6月13日
48	关于南水北调中线一期工程天津干线天津市1、2段工程征迁安置市级验收申请的批复	国调办征移〔2016〕179号	2016年12月21日
49	关于对调查属实举报事项相关责任单位实施责任追究的通知	国调办监督〔2016〕149号	2016年9月30日
50	关于印发《南水北调东线一期鲁北段工程小运河段设计单元工程档案专项验收意见》的通知	综综合函〔2016〕67号	2016年3月14日
51	关于印发《南水北调中线一期工程天津干线天津市2段设计单元工程档案专项验收意见》的通知	综综合函〔2016〕90号	2016年4月5日

续表

序号	文件名称	文号	时间
52	关于印发《南水北调中线一期工程天津干线保定市1段设计单元工程档案专项验收意见》的通知	综综合函〔2016〕91号	2016年4月5日
53	关于印发《南水北调东线一期长江至骆马湖段其他工程沿运闸洞漏水处理设计单元工程档案专项验收意见》的通知	综综合函〔2016〕95号	2016年4月11日
54	关于印发《南水北调中线一期工程总干渠陶岔渠首至沙河南段湍河渡槽设计单元工程档案专项验收意见》的通知	综综合函〔2016〕204号	2016年7月5日
55	关于印发《南水北调中线一期工程黄河北至漳河南段工程沁河渠道倒虹吸设计单元工程档案专项验收意见》的通知	综综合函〔2016〕314号	2016年11月1日
56	关于印发《南水北调中线一期工程惠南庄泵站设计单元工程档案专项验收意见》的通知	综综合函〔2016〕334号	2016年11月15日
57	关于使用国家重大建设项目库编制三年滚动投资计划有关事宜的通知	综投计〔2016〕4号	2016年1月12日
58	关于对汉江荆门段沿江闸站、崩岸等采取工程措施治理有关事宜的函	综投计函〔2016〕243号	2016年8月31日
59	关于丹江口库区地质灾害防治工程紧急项目有关工作的函	综投计函〔2016〕302号	2016年10月25日
60	关于印发《国务院南水北调办机关会议费管理实施细则》的通知	综经财〔2016〕36号	2016年7月18日
61	关于印发《国务院南水北调工程建设委员会办公室安全生产领导小组第十五次全体会议纪要》的通知	综建管函〔2016〕11号	2016年1月21日
62	关于开展南水北调工程运行安全管理标准化建设工作的通知	综建管〔2016〕16号	2016年4月5日
63	关于做好南水北调工程建设期运行管理阶段技术管理工作的通知	综建管〔2016〕17号	2016年4月11日
64	关于做好特殊时期南水北调工程安全生产管理工作的通知	综建管函〔2016〕17号	2016年1月28日
65	关于做好农民工工资发放工作的通知	综建管函〔2016〕18号	2016年1月28日
66	关于做好南水北调中线工程河北境内两处垃圾场污染源处理工作的通知	综建管函〔2016〕19号	2016年1月29日
67	关于做好水库水电站安全度汛工作的通知	综建管〔2016〕20号	2016年4月14日
68	关于印发《南水北调中线工程规范运行管理现场会纪要》的通知	综建管〔2016〕25号	2016年5月4日
69	关于推进南水北调工程建设期运行管理项目招标投标活动进入公共资源交易平台的通知	综建管〔2016〕26号	2016年5月6日
70	关于印发《清理规范南水北调工程建设保证金工作方案》的通知	综建管〔2016〕45号	2016年9月5日
71	关于加强冰期输水管理确保供水安全的通知	综建管〔2016〕50号	2016年11月7日

续表

序号	文 件 名 称	文号	时间
72	关于加强特殊时期安全生产管理工作的通知	综建管函〔2016〕50 号	2016 年 3 月 3 日
73	关于转发《在招标投标活动中对失信被执行人实施联合惩戒》的通知	综建管〔2016〕52 号	2016 年 11 月 21 日
74	关于对中线干线工程有关问题处理进行督办的通知	综建管函〔2016〕55 号	2016 年 3 月 7 日
75	关于陶岔渠首枢纽工程水电站并网有关事宜的通知	综建管函〔2016〕74 号	2016 年 3 月 21 日
76	关于印发《南水北调中线河南段工程防汛工作交流会议纪要》的通知	综建管函〔2016〕85 号	2016 年 3 月 30 日
77	关于协助做好国家科技支撑计划“南水北调中线水质差异应对关键技术研究与应用”课题研究有关工作的通知	综建管函〔2016〕98 号	2016 年 4 月 13 日
78	关于做好南水北调工程穿城邻村渠段洪涝灾害防范工作的通知	综建管函〔2016〕136 号	2016 年 5 月 20 日
79	关于做好南水北调工程建设中采用新技术新工艺项目运行安全管理工作的通知	综建管函〔2016〕137 号	2016 年 5 月 23 日
80	关于开展中线干线工程通水验收遗留问题整改情况检查的通知	综建管函〔2016〕141 号	2016 年 5 月 24 日
81	关于进一步做好农民工工资支付工作的通知	综建管函〔2016〕152 号	2016 年 5 月 30 日
82	关于做好南水北调中线工程 2015～2016 年度水量调度计划执行工作的通知	综建管函〔2016〕208 号	2016 年 7 月 8 日
83	关于加快陶岔渠首枢纽工程水电站机组验收有关事宜的函	综建管函〔2016〕209 号	2016 年 7 月 8 日
84	关于做好中线工程保护及工程保护范围划定工作的通知	综建管函〔2016〕218 号	2016 年 7 月 21 日
85	关于进一步加强南水北调工程应急预案管理的通知	综建管函〔2016〕230 号	2016 年 8 月 11 日
86	关于开展南水北调中线干线剩余设计单元工程通水验收遗留问题(含 2015 年检查遗留问题)整改情况检查工作的通知	综建管函〔2016〕238 号	2016 年 8 月 29 日
87	关于做好南水北调东线工程管理范围和保护范围划定方案编制工作的通知	综建管函〔2016〕240 号	2016 年 8 月 29 日
88	关于进一步做好南水北调工程安全保护工作的通知	综建管函〔2016〕250 号	2016 年 9 月 12 日
89	关于做好南水北调工程运行调度自动化信息系统安全管理工作的通知	综建管函〔2016〕253 号	2016 年 9 月 14 日
90	关于做好南水北调中线干线工程重要设施实施武警守卫配合工作的通知	综建管函〔2016〕262 号	2016 年 9 月 21 日
91	关于南水北调中线干线工程金结机电设备维护项目液压启闭机维护标招标结果无效的通知	综建管函〔2016〕269 号	2016 年 9 月 26 日
92	关于进一步加强设计单元工程完工验收工作的通知	综建管函〔2016〕353 号	2016 年 11 月 24 日
93	关于开展丹江口库区及上游水污染防治和水土保持“十二五”规划 2015 年度实施情况技术评估工作的通知	综环保〔2016〕15 号	2016 年 3 月 28 日

续表

序号	文件名称	文号	时间
94	关于做好东线一期工程水质保障有关工作的通知	综环保函〔2016〕22 号	2016 年 2 月 1 日
95	关于做好南水北调中线工程藻类水质风险防控工作的通知	综环保函〔2016〕46 号	2016 年 2 月 26 日
96	关于做好南水北调中线干线工程突发水污染事件应急演练配合工作的通知	综环保函〔2016〕75 号	2016 年 3 月 21 日
97	关于南水北调中线一期工程河北段管理范围外生态带建设工作的函	综环保函〔2016〕88 号	2016 年 4 月 1 日
98	关于南水北调中线一期工程管理范围内生态带建设工作的函	综环保函〔2016〕89 号	2016 年 4 月 1 日
99	关于开展 2015 年度丹江口库区及上游水污染防治和水土保持“十二五”规划实施情况考核工作的通知	综环保函〔2016〕174 号	2016 年 6 月 15 日
100	关于印发《南水北调中线总干渠河南段用地手续组卷报批相关问题专题协调会议纪要》的通知	综征移〔2016〕21 号	2016 年 4 月 21 日
101	关于印发《国务院南水北调办定点扶贫工作领导小组全体会议纪要》的通知	综征移函〔2016〕380 号	2016 年 12 月 21 日
102	关于印发《南水北调中线石家庄以南段工程运行管理专项稽察复查报告》的通知	综监督〔2016〕3 号	2016 年 1 月 7 日
103	关于印发《南水北调中线京石段与天津干线工程运行管理情况专项稽察复查报告》的通知	综监督〔2016〕8 号	2016 年 1 月 29 日
104	关于设立南水北调工程运行期举报公告牌的通知	综监督〔2016〕13 号	2016 年 3 月 15 日
105	关于印发《南水北调中线干线京石段涞水境内渠段、漕河渡槽工程、穿黄隧洞工程专项稽察报告》的通知	综监督〔2016〕18 号	2016 年 4 月 13 日
106	关于印发《南水北调东线山东境内工程运行管理专项稽察报告》的通知	综监督〔2016〕22 号	2016 年 4 月 21 日
107	关于印发《南水北调中线湖北省境内工程运行管理专项稽察报告》的通知	综监督〔2016〕27 号	2016 年 5 月 20 日
108	关于印发《南水北调中线干线工程闸门及启闭机系统专项稽察报告》的通知	综监督〔2016〕31 号	2016 年 6 月 24 日
109	关于印发《中线膨胀土渠段稳定性专项巡查报告》的通知	综监督〔2016〕34 号	2016 年 7 月 5 日
110	关于印发《南水北调东线江苏省境内工程运行管理专项稽察报告》的通知	综监督〔2016〕37 号	2016 年 7 月 29 日
111	关于印发《淅川至南阳段膨胀土渠段稳定性专项巡查报告》的通知	综监督〔2016〕46 号	2016 年 9 月 12 日
112	关于印发《南水北调东线山东境内工程运行管理专项稽察问题整改情况复查报告》的通知	综监督〔2016〕47 号	2016 年 9 月 13 日

续表

序号	文件名称	文号	时间
113	关于印发《南水北调中线干线工程安全监测专项稽察报告》的通知	综监督〔2016〕51号	2016年11月7日
114	关于印发《南水北调中线干线京石段工程冰期输水运行设备设施专项稽察报告》的通知	综监督〔2016〕56号	2016年12月12日
115	关于认真做好国家发展改革委对陶岔渠首枢纽工程专项稽察有关配合工作的通知	综监督函〔2016〕206号	2016年7月6日
116	关于强化南水北调工程运行管理规范化试点建设监管工作的通知	综监督函〔2016〕211号	2016年7月14日
117	关于做好陶岔渠首电站专项评估配合工作的通知	综监督函〔2016〕215号	2016年7月19日
118	关于对中线干线工程安全监测进行专项稽察的函	综监督函〔2016〕245号	2016年9月5日
119	关于对中线工程运行管理规范化试点处实施定向监管的通知	综监督函〔2016〕248号	2016年9月9日
120	关于切实加强冰期输水运行监管工作的通知	综监督函〔2016〕345号	2016年11月21日

沿线各省(直辖市)重要文件一览表

序号	文件名称	文号	时间
1	北京市南水北调办关于印发《北京市南水北调工程安全生产隐患排查治理管理办法(试行)》的通知	京调办〔2016〕43号	2016年3月10日
2	北京市南水北调办关于印发《其他工程穿越跨越或邻近北京市南水北调工程设计技术要求(试行)》的通知	京调办〔2016〕132号	2016年8月29日
3	北京市南水北调办关于印发《其他工程穿越跨越或邻近北京市南水北调工程安全影响评价导则(试行)》的通知	京调办〔2016〕133号	2016年8月29日
4	北京市南水北调办关于印发《北京市南水北调工程调水运行信息报送规范》	京调办〔2016〕151号	2016年10月31日
5	北京市南水北调办关于印发《北京市南水北调办案件应诉工作规则》的通知	京调办〔2016〕169号	2016年12月5日
6	北京市南水北调办会同市发展改革委、市规划国土委、市环境保护局、市水务局关于调整南水北调中线干线一期工程(北京段)水源保护区名称的通知	京调办〔2016〕172号	2016年12月19日
7	北京市南水北调办关于印发《北京市南水北调配套水利工程运行管理维护方案》的通知	京调办〔2016〕183号	2016年12月28日
8	河北省南水北调工程建设委员会办公室关于做好南水北调中线干线工程(河北境内)2016年外部安全保卫工作的通知	冀调水综〔2016〕11号	2016年3月29日
9	江苏省南水北调办关于做好2015~2016年度江苏省南水北调工程向省外供水工作的通知	苏调办〔2016〕2号	2016年1月6日

续表

序号	文　件　名　称	文号	时间
10	江苏省南水北调办关于开展江苏南水北调工程2015～2016年度第二阶段向省外供水工作的通知	苏调办〔2016〕13号	2016年2月22日
11	江苏省南水北调办关于印发《南水北调东线一期工程刘老涧二站设计单元工程完工验收鉴定书》的通知	苏调办〔2016〕17号	2016年3月23日
12	江苏省南水北调办关于印发《南水北调东线一期工程骆马湖以南中运河影响处理设计单元工程完工验收鉴定书》的通知	苏调办〔2016〕46号	2016年9月8日
13	江苏省南水北调办关于印发《南水北调东线一期工程洪泽湖抬高蓄水位影响处理设计单元工程完工验收鉴定书》的通知	苏调办〔2016〕47号	2016年9月8日
14	江苏省南水北调办关于开展我省南水北调工程汛期后检查并做好安全生产工作及年度向外省调水准备工作的通知	苏调办函〔2016〕47号	2016年11月14日
15	江苏省南水北调办关于做好2016～2017年度江苏省南水北调工程向外省供水工作的通知	苏调办〔2016〕62号	2016年12月15日
16	河南省南水北调建管局关于印发《河南省南水北调受水区供水配套工程部分分水口门供水线路工程试通水调度运行方案（试行）》的通知	豫调建〔2016〕1号	2016年1月21日
17	河南省移民办关于南水北调丹江口库区淹没影响林地占用手续办理有关问题的紧急函	豫移办〔2016〕1号	2016年1月7日
18	关于印发《河南省南水北调丹江口库区移民安置总体验收初验工作方案》的通知	豫移指〔2016〕1号	2016年11月7日
19	河南省南水北调建管局关于印发《河南省南水北调受水区供水配套工程水污染事件应急预案（试行）》的通知	豫调建〔2016〕7号	2016年7月15日
20	河南省南水北调办关于印发《河南省南水北调受水区供水配套工程泵站代运行管理办法（试行）》的通知	豫调办〔2016〕14号	2016年2月2日
21	河南省南水北调办关于加强思想政治工作，规范南水北调工程运行管理的意见	豫调办〔2016〕33号	2016年4月7日
22	河南省移民办关于淅川县农村移民安置点高边坡防护高填方区房屋基础超深及库周交通新增边坡防护（治理）工程的批复	豫移库〔2016〕39号	2016年11月17日
23	河南省南水北调办关于印发《河南省南水北调受水区供水配套工程突发事件应急调度预案（试行）》的通知	豫调办〔2016〕62号	2016年6月2日
24	河南省南水北调办关于印发《河南省南水北调办公室驻确山县肖庄村脱贫帮扶工作方案》的通知	豫调办〔2016〕79号	2016年7月27日
25	河南省南水北调办关于开展防洪影响处理工程建设督查的通知	豫调办〔2016〕89号	2016年8月19日

续表

序号	文 件 名 称	文号	时间
26	河南省南水北调办关于印发《河南省南水北调工程水费收缴及使用管理会计核算工作指南》的通知	豫调办〔2016〕96 号	2016 年 8 月 25 日
27	湖北省移民局关于印发《湖北省移民局 2016 年工作要点》的通知	鄂移〔2016〕1 号	2016 年 1 月 25 日
28	湖北省移民局关于印发《湖北省移民局关于通过法定途径分类处理信访投诉请求的实施办法》(暂行)的通知	鄂移〔2016〕24 号	2016 年 4 月 13 日
29	关于南水北调中线一期陶岔渠首枢纽工程厂内排水系统及拦鱼设施设计变更的批复	建设〔2016〕56 号	2016 年 6 月 8 日
30	安徽省南水北调项目办关于印发南水北调(东线一期)洪泽湖抬高蓄水位影响处理(安徽省境内)设计单元工程完工验收工作方案的通知	皖洪建管办〔2016〕8 号	2016 年 3 月 15 日

项目法人单位重要文件一览表

序号	文 件 名 称	文号	时间
1	中线建管局关于《南水北调工程供用水管理条例》实施情况的报告	中线局工〔2016〕9 号	2016 年 2 月 25 日
2	中线建管局关于印发《南水北调中线干线工程运行管理规范化建设实施方案》的通知	中线局综〔2016〕19 号	2016 年 5 月 5 日
3	中线建管局关于加强临时用地返还工作的紧急通知	中线局水质〔2016〕25 号	2016 年 3 月 23 日
4	中线建管局关于印发《南水北调中线干线工程建设管理局“建设期运行”财务管理办法(试行)》的通知	中线局财〔2016〕42 号	2016 年 6 月 7 日
5	中线建管局关于印发《南水北调中线干线工程建设管理局年度统计报表制度(试行)》的通知	中线局计〔2016〕147 号	2016 年 11 月 11 日
6	东线总公司关于印发《南水北调东线总公司招标工作委员会议事规则》的通知	东线计发〔2016〕124 号	2016 年 11 月 7 日
7	东线总公司关于调整招标工作委员会组成人员和工作职责的通知	东线人发〔2016〕126 号	2016 年 11 月 9 日
8	东线总公司关于印发《南水北调东线总公司供应商信用信息管理办法(试行)》的通知	东线计发〔2016〕145 号	2016 年 12 月 16 日
9	山东干线公司关于印发《南水北调东线一期工程山东段自动化调度系统运行维护管理办法(试行)》的通知	鲁调水企发〔2016〕4 号	2016 年 1 月 20 日
10	山东干线公司关于印发《山东省南水北调工程 2016 年度汛方案及防汛预案》的通知	鲁调水企安字〔2016〕8 号	2016 年 5 月 31 日
11	山东干线公司关于印发《南水北调东线山东干线有限责任公司工作规则》的通知	鲁调水企发〔2016〕8 号	2016 年 6 月 20 日

续表

序号	文 件 名 称	文号	时间
12	山东干线公司关于印发《南水北调东线山东干线有限责任公司综合应急预案》的通知	鲁调水企安字〔2016〕9 号	2016 年 8 月 15 日
13	山东干线公司关于印发《安全生产目标管理制度》《安全生产责任制度》《安全生产例会制度》《安全生产法律法规和标准规范管理制度》《安全生产文件与档案管理制度》《安全生产记录管理制度》的通知	鲁调水企发〔2016〕10 号	2016 年 6 月 24 日
14	山东干线公司关于印发《水质安全监测管理办法》的通知	鲁调水企发〔2016〕12 号	2016 年 6 月 24 日
15	山东干线公司关于印发《山东省南水北调调水水质突发性污染事件应急预案（试行）》的通知	鲁调水企运字〔2016〕13 号	2016 年 11 月 17 日
16	山东干线公司关于印发《防汛度汛安全管理制度》《仓库安全管理制度》《设备检修制度》《用电安全管理制度》《安全标志管理制度》《设施设备安全管理制度》《安全作业管理制度》的通知	鲁调水企发〔2016〕14 号	2016 年 6 月 24 日
17	江苏水源公司关于印发《江苏南水北调工程运行安全管理标准化建设工作方案》的通知	苏水源调〔2016〕12 号	2016 年 5 月 7 日
18	江苏水源公司关于进一步做好防汛工作的紧急通知	苏水源传〔2016〕34 号	2016 年 7 月 3 日
19	江苏水源公司关于做好工程冬季安全运行工作的通知	苏水源传〔2016〕43 号	2016 年 11 月 24 日
20	中线水源公司关于印发《中线水源公司绩效考核管理办法》的通知	中水源人〔2016〕90 号	2016 年 6 月 27 日
21	中线水源公司关于印发《中线水源公司总经理奖励基金管理办法》的通知	中水源发〔2016〕116 号	2016 年 8 月 17 日
22	中线水源公司关于印发《中线水源工程建设期运行管理项目招标投标管理办法（试行）》的通知	中水源计〔2016〕142 号	2016 年 10 月 10 日

CHINA SOUTH-TO-NORTH WATER DIVERSION PROJECT CONSTRUCTION YEARBOOK

陆 考察调研

VISIT AND INSPECTION

国务院南水北调办主任鄂竟平考察南水北调中线干线工程首次突发水污染应急演练

2016年3月24日，国务院南水北调办主任鄂竟平考察南水北调中线干线工程首次突发水污染应急演练。在国务院南水北调办的统一组织和安排下，南水北调中线建管局在中线干线河南新郑段十里铺东南公路桥模拟一起由突发交通事故引起的水污染事件，并展开应急演练，以此检验中线工程应急管理组织体系和机制运转情况，检验各应急预案的实用性及其衔接有效性，综合检验现场应急处置抢险救援实际执行能力、应急保障和对外协调能力。国务院南水北调办副主任张野主持演练，河南省副省长王铁参加观摩。

此次演练的原则是“全流程、真动作、实检验、不断水”。全流程，包括信息报告、启动响应、先期处置、应急处置、应急结束的全过程；真动作，包括污染分离、水质监测、应急调度、污染处置、通水等实际操作动作；实检验，处置过程全记录，形成正式专项档案资料，实际检验各岗位操作能力和责任落实情况；不断水，不影响沿线正常供水。

演练模拟一辆载有5t危险化学品硫酸的运输车因司机疲劳驾驶，通过十里铺东南公路桥时，失控撞破隔离网，跌至一级马道。交通事故造成运输车油箱破裂，柴油和车上的1罐硫酸进入渠道，部分硫酸沿边坡进入渠道，总计大约有1t硫酸进入渠道水体，污染水质，危及水质安全以及饮水区域人民群众生命安全。

水污染事件发生后，中线建管局所属新郑管理处、河南分局相关三级运行管理机构分别启动应急预案，中线建管局成立应急指挥部，开展应急救援及处置工作。演练过程主要包括“两个阶段、两条主线、五个演练内容”。两个阶段：事件报告及先期处置阶段和现场处置阶段。两条主线：水污染应急处置、应急调度。

鄂竟平认为，这次应急演练目的明确，筹划比较周密；程序很规范，场景也很逼真；同时，指令协调统一，人员动作到位，技术含量较高，为南水北调中线应对突发事件应急处置积累了实战经验。

鄂竟平指出，南水北调中线干线工程线路长，交叉建筑物多，全线自流，无调蓄水库，工程运行管理中面临外界诸多突发意外情况，局部发生事故，就可能造成下游地区甚至全线断水的系统性风险。这就要求各运管单位在工作中，时刻绷紧应急管理这根弦，不断强化危机意识、问题意识和责任意识，防控风险，减少损失。一是加强预案体系建设，不断细化和完善应急工作方案和流程，提高可操作性。二是加强能力建设，强化人员培训，落实岗位责任，对突发事件做到早发现、早研判、早预警、早响应，不断水或短时间断水。三是加强协调配合，按照国家应急管理的要求，加强与工程所在地地方政府和国家有关部门的协调配合，该备案的备案，该报告的报告，该联动的联动。四是加强调度管理，做到快速调度，分段调度，将突发事件沿渠输送的次生灾害降到最低，将断水风险和持续时间降到最低，将上游风险对下游的供水影响降到最低，将退水对当地的影响降到最低。五是加大重大问题研究和相关规律把握，研究越透彻，工作越到位，风险就越可控。

鄂竟平强调，南水北调进入运行期，目前我们最重要的工作就是防范风险。各运管单位一定要高度重视突发事件的应急处置工作，及时发现问题和不足，更新和完善预案体系，提高管理能力和水平，确保工程安全、水质安全。同时，希望借此次应急演练提高公众对于南水北调的风险意识，提示各级政府注重南水北调的风险防范。

国务院应急办、环保部有关同志，北京、天津、河北、河南省（市）南水北调办，综合司、建管司、环保司、监督司，监管中心，中线建管局负责同志参加活动。

国务院南水北调办主任鄂竟平赴定点扶贫县郧阳区调研扶贫工作

2016年4月6~8日，国务院南水北调办主任鄂竟平带队赴定点扶贫县湖北省十堰市郧阳区调研扶贫工作，看望挂职干部和驻村第一书记。湖北省副省长任振鹤陪同调研。

调研期间，鄂竟平一行深入郧阳区青山镇周家河村、柳陂镇亮子湾村等，走访肖荣举、宋志权、李吉强、易千生等户，在畜舍前、稻田边，详细询问每一户家庭人员、收入就业入学、致贫原因，仔细翻看扶贫卡，与群众和当地干部交谈脱贫措施、发展设想等情况，了解扶贫工作进展，倾听群众呼声。现场察看了青山镇青风茶厂、茶店镇樱桃沟村乡村旅游扶贫项目、柳陂镇月亮湖生态农业园项目等，了解项目的运行、收益和群众参与、带动就业等情况。

在郧阳区柳陂镇召开的定点扶贫工作座谈会上，围绕鄂竟平提出的“为什么老乡富不起来?”“地方计划采取什么措施?”“国务院南水北调办在哪些方面介入协助推进?”等问题进行了研讨，郧阳区、青山镇、周家河村汇报了精准扶贫工作进展，湖北省、十堰市介绍了省市扶贫工作有关情况。鄂竟平主任充分肯定了湖北省各级政府对扶贫攻坚工作的高度重视，以及采取的措施和取得的成效。他指出，要认真学习贯彻落实习近平总书记、李克强总理对扶贫工作一系列指示和批示精神，按照党中央国务院《关于打赢脱贫攻坚战的决定》的安排部署，进一步提高认识，尽全心、用足力，加强协调沟通，与郧阳区一道，共同推进郧阳区脱贫攻坚工作。对于下一步工作，鄂竟平强调，在以往移民、环保结合业务工作上倾斜、对口协作上促进、选派挂职干部、办领导定期调研等工作的基础上，着重在产业扶贫上想方设法多谋划、真出力；在与国家有关部门协调、与受水区北京市等联系、参与南水北调工程管护等方面进一步拓展、合力推进。

国务院南水北调办征地移民司、环境保护司和湖北省移民局、十堰市负责同志等参加调研。

国务院南水北调办主任鄂竟平飞检山东干线泵站运行情况

2016年5月10日，国务院南水北调办主任鄂竟平带队对南水北调东线山东境内泵站工程运行情况进行了检查。

鄂竟平一行先后检查了台儿庄泵站、万年闸泵站、韩庄泵站机组的工作运行情况、值班值守情况、高低压供电情况等。

在检查3座泵站期间，泵站机组正在运行。鄂竟平查看了园区环境、清污机工作、门机维修、事故检修闸后，下机坑、进廊道，仔细测听机组运行噪声情况，认真检查机组油位、液压系统运行情况，查阅了机组运行记录、控制柜电器仪表运行记录，考核管理人员对仪器设备的操作熟练程度，询问了泵站机组日常维修内容、维修队伍工作机制、单台泵连续运行时间、巡查内容和频次，以及在运行中还存在哪些问题等。

在泵站管理用房，鄂竟平检查了高低压配电室控制柜、电缆线布设、柴油发电机、灭火器配备，以及中控室值班情况、视频监控情况、机组运行参数监控情况等。鄂竟平询问了泵站人员配备情况及专业背景、泵站管理范围、制度体系建设、防汛度汛准备情况等，详细了解了自动化运行、工作人员轮休制度落实情况、故障维修及质量缺陷处理情况等。

最后，鄂竟平强调，泵站运行要特别注意两个方面，一是应急事件的处置能力，通过几年的运行，管理人员要熟悉常见的事故及处置程序，对于不常见的事故，要摸索、搞清，防患于未然，尽早熟悉掌握有关内容，要借鉴其他泵站运行管理经验，对可能发生的意外事故做好应急预案。二是标准化建设，泵站的运行管理，规范化最为重要，干事要有标准，要制定标准化管理制度，让员工明白应该干什么、怎么干、干成什么样才算满足要求。要主动与先进的管理单位加强联系、学习其经验长处。

国务院南水北调办建管司、监督司、监管中心、稽察大队负责同志陪同检查。

国务院南水北调办主任鄂竟平检查指导南水北调中线工程防汛抢险工作

2016年7月20日，国务院南水北调办主任鄂竟平检查指导南水北调中线工程防汛抢险工作。

鄂竟平先后检查指导了辉县、卫辉渠段的部分明渠、交叉建筑物、高填方、深挖方等工程项目，重点检查指导了峪河暗渠、杨庄沟左排渡槽及韭山路公路桥附近的深挖方渠段防汛抢险工作。

所到之处，鄂竟平仔细查看险情，认真听取情况汇报，提出指导意见，帮助协调解决物料储备、重要机械设备调用等问题，指出工作中存在的一些不足，并对南水北调工程沿线各级干部职工严阵以待、高度警惕、连续奋战的精神给予肯定和鼓励。

检查指导期间，鄂竟平多次强调，今年入汛以来，全国各地普降大雨，南水北调工程沿线不同程度受到影响，出现了一些险情，但由于工程沿线各级单位准备充分，适时启动应急措施，险情得到及时遏制，没有对南水北调输水运行造成重大影响。按照天气的自然规律，7月下旬至8月上旬还有可能遭遇更大的降雨过程。各级单位要继续绷紧防大汛、抗大洪、抢大险这根弦，各级干部要坚守岗位，靠前指挥，决不能放松警惕，决不能麻痹大意，必须以严的要求、实的作风、真的担当扎实做好防汛抢险各项工作，尤其要继续加强对深挖方、高填方、河渠交叉建筑物、左排建筑物等薄弱环节、险工险段的巡查防守和应急处置。同时，要积极做好水毁项目的统计、核查、上报工作，尽快恢复水毁道路、堤坡等基础设施，尽可能把已经产生的灾害损失降到最低，确保今年南水北调工程安全度汛。

国务院南水北调办建管司、防汛办、监管中心、稽察大队、中线建管局和河南省南水北调办负责同志参加了检查指导。

国务院南水北调办主任鄂竟平调研中线工程规范化建设情况

2016年8月25日，国务院南水北调办主任鄂竟平带队对南水北调中线工程运行管理规范化建设工作情况进行专题调研。

此次调研点选在规范化建设试点单位河南分局禹州管理处。调研活动结合“两学一做”开展，深入基层，了解实际，以问题为导向，解决实际问题。

调研中，鄂竟平首先了解了禹州管理处的组织机构、人员配置、专业背景、主要专业分工和履行职责等基本情况，听取了规范化建设的总体思路、主要工作内容、开展工作情况及遇到的主要问题的情况汇报，详细询问了工程巡查、安全监测、调度值班、机电金结、应急管理等方面的管理情况；并与员工亲切交谈，鼓励大家对规范化建设积极建言献策，使工程运行规范化建设早日上台阶、上水平、出成果。在座谈中，鄂竟平多次强调，规范化建设顶层设计固然重要，但更要深入基层听取一线职工的意见，查找不足，改进措施，使规范化建设各种规范、标准、要求更接地气，更符实际。

鄂竟平强调，南水北调工程是线性工程，其管理工作性质具有连续性和重复性，为确保工程安全，规范化管理十分重要，必须引起足够重视。工程规范化建设要从以下 3 方面入手：一是为保工程安全需做哪些工作；二是做到什么程度才算做好；三是这些工作怎么做，谁来做，用什么方法做才能实现科学高效。这些是工程管理规范化建设的工作要点，各级管理人员要在这 3 项要点的基础上理清思路，规划好规范化建设的路线图。要特别重视三级管理处的作用，规范化建设的成败取决于三级管理处。

本次调研仍采用飞检方式，调研没有事先通知，没有预设提纲，没有层层陪同，一竿子插到底，凡当日不须盯岗的同志均参加了调研座谈，气氛轻松愉快、严肃活泼，有批评、有讨论、有教育、有鼓励。座谈后，鄂竟平感谢与会人员能够讲真话、讲实话、不回避矛盾，使调研结果真实、丰富，为指导下一步工作具有现实意义。鄂竟平要求随行的工作人员通过此次调研，整理出需专项研究的课题，下阶段要从实际出发，深入研究，解决问题，扎实抓好规范化建设。

国务院南水北调办建管司、监督司、监管中心、稽察大队、中线建管局负责同志参加调研。

国务院南水北调办主任鄂竟平检查南水北调中线河南段工程节前安全生产工作

2016 年 12 月 29 ~ 30 日，国务院南水北调办主任鄂竟平赴中线工程河南段，检查元旦节前运行管理和安全生产工作。

鄂竟平一行先后检查了河南分局禹州管理处、颍河节制闸、郏县管理处、青龙河控制闸、北汝河节制闸等工程项目的运行管理和安全生产工作。

在管理处中控室，鄂竟平仔细检查闸控系统运行信息，通过视频监控查看闸门开度、运行水位等情况，详细了解河南分局设备设施基础信息数据库创建、调度运行指令执行情况等，与现场管理人员分析探讨安保系统建设和运行管理工作。在闸站，鄂竟平逐一检查了启闭机、控制柜、柴油发电机、消防系统、配电系统、自动化系统运行维护情况，并亲自调取数据复核，现场模拟开展消防演练。在北汝河节制闸附近，鄂竟平走下渠堤，仔细查看渠道水质情况，再三叮嘱运管单位做好水质监测，确保优质输水。

鄂竟平指出，中线工程担负着向北京、天津、河北、河南数十个重要城市几千万人民群众供水的重要任务，元旦、春节即将到来，全线务必绷紧安全这根弦，做好节日值班安排，落实好各项安全措施，盯紧闸门状态和水位变化等关键运行工况，确保输水调度安全。要深入细致抓好安全生产和安保工作，抓关键，抓要害，规范操作，精心维护，确保中线工程安全平稳运行。

鄂竟平还专项检查了现地管理处基层党建工作和“两学一做”学习教育情况。他强调，要持续深入推进“两学一做”学习教育，突出“四个意识”，落实担当精神，增强基层党组织的战斗力，实现党建工作与业务工作有机融合。他走进管理处职工办公室，看望常年奋战在运行管理一线的职工，叮嘱有关方面既要保证节日期间运行管理，也要合理安排员工休息，做好值守人员的各项生活保障。

国务院南水北调办建管司、监督司、中线建管局主要负责同志参加检查。

中央纪委驻水利部纪检组组长田野到南水北调中线建管局检查调研

2016年2月24日，中央纪委驻水利部纪检组组长田野到南水北调中线建管局检查调研，听取了中线建管局总体工作和党风廉政建设工作情况汇报，并与中层以上干部座谈。

田野指出，要把思想认识统一到中央关于党风廉政建设形势的判断上来，增强必胜信心。习近平总书记在中央纪委六次全会上充分肯定了深入推进党风廉政建设和反腐败斗争取得的新成效，对当前的形势作出了依然严峻复杂的判断，提出要坚定不移推进党风廉政建设和反腐败斗争，坚定不移推进全面从严治党，积极强化党内监督的有效途径。中央精神是定音鼓，党中央对形势的判断没有变，旗帜立场没有变，工作的目标任务就不能变。形势越复杂，任务越艰巨，就越要从严治党，加强党风廉政建设。今年是“十三五”规划开局之年，南水北调任务依然繁重，工程建设和党风廉政建设必须“两手抓、两手硬”。中线建管局要在思想行动上跟上中央部署，必须坚定信心不动摇，管党治党不放松，正风肃纪不停步，反腐惩恶不手软。

田野强调，要深刻领会、准确把握全面从严治党的工作要求，切实加强纪律建设。习近平总书记在六次全会上深刻阐释了全面从严治党的新内涵和新要求，为深入推进全面从严治党指明了方向。中线建管局各级党组织要增强政治意识、大局意识、核心意识、看齐意识，切实担负起全面从严治党的主体责任，带好队伍，既管事又管思想管作风，对党员干部真管真严、敢管敢严、长管长严，努力营造风清气正的政治生态。要把纪律建设摆在更加突出的位置，以贯彻执行《廉洁自律准则》和《纪律处分条例》为抓手，着力严明党的纪律和规矩，管住纪律，看住权力。要把“四种形态”贯穿于党员干部的日常管理中，将“四种形态”变成“四种防线”，换来党员干部的不出事、少出事、不出大事。要通过坚持、完善、落实民主集中制，搞好监督顶层设计、强化巡视监督、开展批评和自我批评、抓好一把手监督和发挥好纪检组监督执纪问责作用等方式，不断强化党内监督，管住全体党员干部。

田野要求，要统筹推进中线建管局党风廉政建设各项工作，保证全面从严治党要求和中央纪委六次全会精神的贯彻落实。

座谈会上，田野还对中央纪委派驻纪检组设置情况、主要任务职责等情况做了介绍。

中央纪委驻水利部纪检组组长田野检查丹江口和南水北调渠首水利国有企业党风廉政建设工作

2016年3月24～25日，中央纪委驻水利部纪检组组长田野检查汉江水利水电（集团）有限责任公司、南水北调中线水源有限责任公司党风廉政建设工作。

检查中，田野听取了汉江集团、中线水源公司总体情况和党风廉政建设工作情况汇报，并与两个公司领导班子、部分职工代表共同座谈。田野指出，中央纪委六次全会和全国两会是我们做好今年和今后一个时期工作的遵循和指南。两个公司要把学习会议精神与学习习近平总书记系列重要讲话精神紧密结合起来，进一步统一思想、提高认识、凝聚力量，结合工作实际不断深化企业改革发展，深入推进全面从严治党和党风廉政建设，确保丹江口水利枢纽的高效、安全运行，为南水北调乃至经济社会发展提供强有力的水利支撑。

田野强调，党的领导是水利国有企业持

续健康发展的根本政治保证，如果只抓经济，忽视弱化党的领导，企业发展必然偏离方向。在深化改革过程中，水利国企要把加强党的领导作为头等大事抓紧抓实抓好，充分发挥党组织在公司法人治理结构中的政治核心作用，保证企业发展的正确方向。要坚决落实好管党治党的主体责任，把履行全面从严治党主体责任作为分内之事，真抓真管、真管真严，把强化党的领导体现在具体工作中。党组织和纪检组织要把纪律和规矩挺在前面，实践运用好监督执纪“四种形态”，用党的纪律管住全体党员干部。要切实发挥好基层党组织管党治党的作用，今年要重点抓好“两学一做”学习教育，加强对党员干部的日常教育、管理和监督。要立足自身特点抓好廉洁风险防控工作，进一步建立健全制约有效的权力运行体制，细化管理制度，抓好对领导人员和关键岗位人员的教育管理，强化监督检查，切实加强对权力运行的约束和制衡。

调研期间，田野专程考察了陶岔渠首水利枢纽，与淮委、淮委陶岔建管局有关同志座谈，对工程运行、项目建设、廉洁正纪方面提出了要安全可靠、从严从实的要求。此外，还实地考察了长江流域水资源保护局凉水河水质自动监测站和南水北调中线干线邓州管理处运行管理情况，慰问了基层干部职工。

国务院南水北调办副主任张野检查南水北调东线调水期间运行安全工作

2016 年 1 月 19 ~ 20 日，国务院南水北调办副主任张野检查南水北调东线江苏段工程调水期间运行安全工作。

张野一行先后检查了江都三站、南水北调江都数据中心、宝应站和宝应水质断面人工采样监测中心、蔺家坝站等工程运行管理情况。每到一处，张野都向工作人员详细询问工程运行、水量调度管理有关情况，仔细检查工程运行调度与管理、安全监测仪器数据采集与分析、机电设备操作与保养维护等情况，强调要确保调水期间工程运行平稳安全，如期实现东线年度调水任务。

张野指出，东线一期工程通水以来，南水北调江苏段有关各方高度重视运行安全管理工作，规范管理、上水平，保障了东线工程安全平稳运行。对于下一步工作，张野强调，一是要正确理解调水运行安全的重大意义，严格按照《南水北调工程供用水管理条例》，通过科学合理的调度，确保足量优质供水北上。二是要强化运行安全生产管理，当前正值南水北调东线工程调水关键时期，各单位要围绕运行调度安全，强化日常管理和安全监测，及时系统整理监测数据，加强会商分析，发现异常立即处理，消除隐患，确保工程安全、网络安全、调度安全、信息安全。三是要在运行管理实践中不断探索、研究，创新管理模式，不断推进工程运行管理的规范化、精细化、标准化和科学化，确保工程效益的充分发挥。

国务院南水北调办建管司、环保司、设管中心，江苏省南水北调办，东线总公司、江苏水源公司等有关单位负责同志参加检查。

国务院南水北调办副主任张野考察北京市南水北调配套工程

2016 年 6 月 16 日，国务院南水北调办副主任张野考察北京市南水北调配套工程。

张野一行先后来到北京市南水北调来水调入密云水库调蓄工程溪翁庄泵站、雁栖泵站等现地闸站，详细询问工程运行调度、维修养护、安全生产等情况，现场听取了北京市在落实“喝、存、补”战略，通过南水北调配套工程增加密云水库水资源储备，实现多调水、用好水等方面的工作汇报。

张野对北京市南水北调配套工程建设、

运行管理、效益发挥等方面工作取得的成绩表示充分肯定，并就下一步工作提出要求：一是高标准严要求做好调水运行安全管理工作；二是进一步提高工程、设备设施管理水平和管理队伍建设标准；三是抓好水质监测，确保水质安全。每到一处，张野都亲切看望了职守在工程运行调度一线的干部职工，叮嘱有关方面做好现场工作人员的生活保障，为大家创造良好的工作、生活环境。

国务院南水北调办投计司、建管司，北京市政府办公厅、南水北调办负责同志参加考察。

国务院南水北调办副主任张野检查南水北调中线河北段工程防汛工作

2016年7月11～12日，国务院南水北调办副主任张野检查南水北调中线河北段工程防汛工作。

张野一行冒雨检查了林村北沟左排倒虹吸、霍北垃圾场、邓上沟左排倒虹吸、高店村左排渡槽、北盘石左排倒虹吸、南沟左排倒虹吸等工程防汛重点部位。在现场，张野认真听取防汛工作情况汇报，仔细查看防汛应急工程实施情况，详细了解工程存在的防汛风险以及值班值守、应急处置、防汛预案、物资储备等各项防汛制度措施落实情况，并与现场负责同志深入交流，分析当前防汛工作面临的严峻形势，就做好今年防汛工作提出具体要求。张野强调，各有关单位一定要高度重视防汛工作，认真贯彻落实中央和国家防总的部署要求，立足于防大汛、抗大洪、抢大险，周密安排、强化措施、狠抓落实，切实保障南水北调工程运行安全和周边人民群众生命财产安全。

张野指出，工程沿线即将进入主汛期"七下八上"的关键时段，目前，降雨带正在北移，由江淮流域北移至黄淮、华北地区，将直接影响工程所在区域，工程防汛形势非常严峻。张野要求，要把确保沿线人民群众生命安全放在首位，各级地方有关部门、工程管理单位要密切联系沟通，建立有效的信息共享机制，加强联动配合，制定周密预案，扎实做好群众转移、应急抢险等工作。要进一步完善防汛预案，按照"最坏预计，最高准备"的原则，进一步细化抢险组织程序、物资储备调运、抢险队伍落实、道路通信保障等具体措施，切实提高预案的实用性、针对性和可操作性，确保险情发生时反应信速，行动及时，程序不乱，工作高效。要千方百计加快防汛应急工程实施，工程管理单位、地方政府、设计单位、施工单位等有关各方要加强协调、密切配合，确保应急工程按照实际要求，尽早建成、尽早发挥作用。要切实加强技术力量建设，配备足够的技术人员和设备，努力提高专业能力，在汛情预报预测、工程调度、险情排查、应急抢险等各个环节提供有力技术支撑，为科学防汛、确保工程安全发挥有效作用。

国务院南水北调办建管司、防汛办公室，中线建管局，河北省南水北调办，工程沿线地方政府有关负责同志参加检查。

国务院南水北调办副主任张野检查京石段和天津干线工程运行及冰期输水准备工作

2016年11月1日，在南水北调中线工程即将进入冬季冰期输水前夕，国务院南水北调办副主任张野赴工地现场检查了京石段、天津干线工程运行和冰期输水准备工作情况。

张野一行先后来到天津干线暗函46号通气孔、42号通气孔、6号保水堰、西黑山节制闸，京石段岗头隧洞、漕河渡槽、保定管理处，听取了工程运行情况汇报，仔细查看了工程保护、安全监测和拦冰、融冰、扰冰装置改造升级情况，详细询问了冰期输水应急预案制定与应急物资准备，并抽查了扰冰装置运行情况。

张野指出，中线工程在冬季仍承担着向北京、天津、河北供水的重任。今年以来，工程管理单位认真总结冰期输水经验教训，完善了冰期输水方案，改造了拦冰、融冰、扰冰装置，开展了技术培训，为即将到来的冰期输水做了大量准备工作。但冰期输水难度大、技术要求高，不可预见因素多，要提高警惕，积极应对，进一步完善各项准备工作。他要求，一要高度重视冰期输水工作。今年以来，极端天气多发，各单位要克服麻痹思想、侥幸心理，密切关注天气变化，加强冰情观测，应对可能发生的极端天气，做好抢险准备确保输水安全。二要结合工程实际加强技术创新。要组织进行系统观测，认真研究中线工程冰期输水规律和特点，坚持问题导向做好创新管理和科研规划，不断提升运行管理水平。三要强化冬季安全生产管理。冬季恶劣天气频繁出现，是各类生产安全事故多发、易发期，要在冬季运行管理和维修养护等工作中，提高安全意识，注意防火、防爆、防冻、防滑、防坠落，消除各种不利因素，实现冬季安全生产。

国务院南水北调办建管司负责同志参加检查。

国务院南水北调办副主任蒋旭光飞检中线京石段工程冰期输水运行情况并慰问一线职工

2016 年 1 月 29 ~ 30 日，国务院南水北调办副主任蒋旭光带队，对中线工程北京段、河北段部分工程冰期输水运行情况进行了飞检，检查春节值班落实情况，并慰问一线职工。

蒋旭光一行先后检查了北拒马河暗渠、岗头隧洞、漕河渡槽、天津干线进口闸等项目，检查了河北分局保定管理处、天津分局西黑山管理处调度运行和值班值守情况。

在检查现场，蒋旭光认真听取了管理单位负责人汇报冰期输水情况，现场查看应急处置措施和设备运行情况，详细询问春节假期值班安排情况和职工工作、生活保障情况。蒋旭光指出，本次极寒天气达到了 30 年一遇标准，是对工程冰期输水运行管理的考验，要认真总结经验教训，提高工程运行管理和应急处置能力。他强调，各管理单位要加强值班和巡查，密切关注天气变化，做好应急预案，落实抢险措施，尤其要注意预防融冰过程中对渠堤、建筑物可能带来的损伤破坏，确保供水安全。

飞检过程中，蒋旭光每到一处都嘱咐现场负责人，春节将至一定要在保障工作的前提下，统筹安排好职工的值班和休假，提供必要的工作、生活条件，切实关心职工冷暖和实际困难，让大家在牺牲自我、奉献工程的同时感到组织的关怀和温暖，并提前送上国务院南水北调办党组对一线职工的新春问候。

国务院南水北调办监督司、监管中心、稽察大队负责同志参加检查。

国务院南水北调办副主任蒋旭光检查南水北调山东段工程通水运行监管工作

2016 年 3 月 16 ~ 18 日，国务院南水北调办副主任蒋旭光带队检查南水北调山东段工程通水运行监管工作。其间，会见了山东省副省长赵润田，就有关工作交换了意见。

蒋旭光一行先后来到济宁、聊城、济南、德州等地，实地检查了长沟泵站、邓楼泵站、八里湾泵站、东线穿黄、七一·六五河夏津城区段、大屯水库等工程运行管理情况，检查了德州市有关配套工程建设情况，听取了现场管理单位的情况汇报。

在工程现场，蒋旭光与现场管理单位负责人深入交谈，询问通水期间工程调度运行情况，认真检查泵站厂房、中控室、水泵层、配电室、备件库房的管理情况和管理园区的绿化、安保等情况，查看调度值班记录、安全监测记录和消防设备检查记录等情况，详细了解运管人员配置、值班巡查、设备维修养护、工程验收等工作开展情况。他叮嘱现场管理人员一定要严格执行工程运行管理规章制度，加强工程巡查和安全生产管理，优化调度，规范操作，确保工程平稳安全运行，充分发挥效益。

蒋旭光指出，南水北调东线一期工程通水两年多来，山东段工程实现平稳调度和安全运行，完成调水任务并在防汛抗旱中发挥作用，取得了良好的经济、社会和生态效益。通过不断加强工程运行监管，完善规章制度，强化管理措施，工程形象面貌有明显提升，运行管理水平不断提高。

蒋旭光强调，当前南水北调东、中线一期工程已全面通水运行，社会各界对南水北调工程的关注度和期望值更高，工程运行监管任务依然艰巨。下一步工作中，一要加强工程管理，保障效益发挥。要加强运行监管体系建设，明确责任，突出重点，落实措施，强化巡查，努力实现工程运行管理的规范化和标准化。二要狠抓安全运行，强化应急管理。要重视安全监测分析研判，突出重点项目风险管理，完善应急预案，建立应急体系，落实应急措施，特别要加强汛期的调度运行管理，实现安全可靠运行。三要加强工程宣传教育。结合工程特点和周边环境，开展工程效益发挥情况的宣传和节水教育、环境和生态保护教育、防溺水安全教育等，在扩大工程社会影响的同时，提高沿线群众的安全意识。四要注重统筹，谋划长远。在管好用好主体工程的基础上，推进配套工程建设，注重挖掘工程潜力，扩大企业经营，促进国有资产保值增值。五要以人为本，加强队伍建设。要注重人才培养和作风建设，加强运管人员专业技能培训，组建自己的专业维修养护队伍；努力改善运管人员的工作生活条件，丰富业余文体生活，关心并帮助职工解决实际困难，稳定队伍，实现可持续发展。

国务院南水北调办建管司、监督司、监管中心负责同志参加检查。

国务院南水北调办副主任蒋旭光检查湖北省引江济汉工程防汛和部分移民安置点抗洪救灾工作

2016年7月20～22日，国务院南水北调办副主任蒋旭光带队赴湖北检查引江济汉工程防汛和南水北调移民安置点抗洪救灾工作，看望防汛和抗洪救灾一线的干部职工，慰问受灾群众。期间，在武汉会见了湖北省副省长任振鹤，并就南水北调工程和移民点抗洪救灾工作交换了意见。

蒋旭光一行察看了引江济汉工程荆州段进口段泵站节制闸、荆堤大闸、拾桥河枢纽、西荆河枢纽、引江济汉出水闸和兴隆水利枢纽等工程防汛工作；实地察看了黄冈市团风黄湖农场南水北调移民安置点抗洪救灾工作，并看望和慰问了移民群众。每到一处，蒋旭光都仔细察看汛情和灾情，检查设备运行，详细了解降雨、来水、调度、泄洪等情况，叮嘱要百倍小心、万全准备。在黄湖农场移民安置点，蒋旭光乘坐快艇深入淹没区察看灾情，了解群众房屋淹没、农田、厂房受灾情况，来到转移群众临时安置点、医务室，仔细询问群众吃住、防暑和医疗保障等情况，与当地干部交流做好下一步抗洪救灾工作。

检查中，蒋旭光指出，入汛以来，我国部分地区持续发生了100年一遇的特大暴雨，湖北受灾情况比较严重。党中央、国务院高度重视防汛和抗洪救灾工作。习近平总书记作出一系列重要指示，特别强调要全力做好南水北调、西气东输、重要铁路等重大设施防汛抢险相关工作。经过有关参建单位和地方各级政府、广大干部群众共同努力，引江济汉工程经受住了考验，并在保障工程运行安全的情况下，积极配合有关方面做好泄洪工作；受灾安置点移民群众及时转移、妥善安置，确保了群众生命财产安全。蒋旭光充分肯定湖北在南水北调工程、移民村防汛和抗洪救灾中应对及时、工作到位。

对做好当前防汛和抗洪救灾工作，蒋旭光强调，一要认真贯彻落实习近平总书记的重要讲话精神，精心组织、团结协作，要千方百计，确保人民群众生命财产安全，确保南水北调工程安全。二要严阵以待，加强巡查，努力避免出现安全事故，注意工程设备运行检查、水闸等检修。三要落实值班制度、落实党员先锋岗，发挥各级党组织战斗堡垒作用、领导干部模范带头作用。四要做好受灾移民安置点群众转移、生活保障，加强移民思想引导和心理辅导，确保灾区移民社会稳定。五要加快移民安置点排涝、疫情防治、水毁设施恢复等，避免发生次生灾害，避免人员伤亡。六要争取多渠道支持，多方面努力，谋划灾后生产自救、灾后重建等工作。

国务院南水北调办征地移民司、建设管理司、监督司和湖北省南水北调办、湖北省移民局负责同志等参加检查。

国务院南水北调办副主任蒋旭光调研河南省南水北调丹江口库区移民稳定发展工作

2016年12月5～6日，国务院南水北调办副主任蒋旭光率队赴河南省南阳市调研南水北调丹江口库区移民稳定发展工作。期间，会见了河南省委常委、南阳市委书记穆为民，并就有关移民信访稳定工作交换了意见。

蒋旭光一行深入到淅川县滔河乡双庙村、上集镇竹园移民新村、唐河县昝岗乡双庙移民新村现场，了解库区移民稳定情况和移民村产业发展情况。蒋旭光对今年以来河南省南阳市在移民信访稳定排查化解、遗留问题处理、帮扶生产发展等方面工作取得的成效予以充分肯定。

针对下一步工作，蒋旭光要求：一是要进一步高度重视移民信访稳定工作，按照中央信访稳定工作新要求，加强组织领导，落实责任担当，确保库区社会大局稳定。二是要以库底清理和移民验收为抓手，加快库区遗留问题处理。对个别滞留库区的移民搬迁安置问题，要依法依规，妥善处置，限期整改完成。三是要创新移民发展工作思路。在已取得南水北调移民帮扶发展成效的基础上，进一步拓展思路，加大工作力度，认真借鉴兄弟省份水库移民后续帮扶发展的成功经验，加强移民产业转型发展，注重移民村环境治理和历史文化建设，努力打造南水北调“美丽移民村”品牌，促进移民稳定发展。

国务院南水北调办综合司、征移司，河南省移民办、南阳市政府等有关负责同志参加调研。

北京市领导夏占义带队现场踏勘北京市南水北调配套工程大兴支线前期工作

2016年8月31日，北京市领导夏占义带队现场踏勘大兴支线工程，先后查看地处河北省固安县的工程接入点位置，位于大兴区的拟穿越永定河、拟建调节池位置，听取工作汇报。夏占义要求市有关部门主动配合，落实国家放管服相关要求，建立快速审批通道，共同努力实现项目投资计划落地。

北京市南水北调办、市发展改革委、市财政局、市规划国土委、市水务局、市园林绿化局，大兴区政府及河北省南水北调办主要负责同志一同踏勘。

河南省省长陈润儿考察南水北调中线穿黄工程

2016年10月1日，河南省省长陈润儿赴南水北调中线工程穿黄隧洞南岸进口考察。陈润儿一行听取了南水北调中线工程建管局河南分局负责同志的情况介绍，详细询问了南水北调穿黄工程的规划、设计、施工、运行管理情况。陈润儿对下一步的管理工作提出了明确要求。

一是规范运行管理、确保工程运行安全。南水北调中线工程是重大战略性基础设施工程，事关国计民生。工程建设是基础，运行管理是发挥效益的关键，各级南水北调管理部门一定要增强责任感和使命感，强化培训、完善各项规章制度，规范管理，切实做好供水调度、渠道清淤、工程维护、日常运管等各项工作，确保工程运行安全，让党中央、国务院和沿线人民群众放心。

二是强化环境保护、确保供水水质安全。南水北调工程作为重要饮用水源，成败在水质。全省上下各级环保、水利、南水北调等有关部门一定要高度重视水质保护工作，加大宣传力度，提高水源区和总干渠沿线广大人民群众的水质保护意识和自觉性，以壮士断腕的决心，下大力气关停污染企业，调整农业种植结构改善水源区及总干渠沿线生态环境，制订水污染事件应急预案并认真加以落实，确保一渠清水永续北送。

三是加快工程沿线生态带建设，促进水质保护和生态旅游业健康发展。水源区和干渠沿线各级党委、政府要按照中央和省里的有关规划要求，采取得力措施，加快南水北调工程沿线生态带建设，两年内务必完成建设任务。生态带建设要与当地旅游规划相结合，要高标准、严要求，力争做到“绿化、美化、亮化、彩化”，要四季常青，三季有花。要通过生态带建设，打造一批生态旅游景观，实现水质保护和生态建设的有机结合，努力将南水北调工程建设成生态廊道、绿色长廊、清水走廊。

四是加快受水区水厂及配套管网建设，充分发挥工程效益。受水区沿线各级党委、政府要积极筹措资金，加快城市水厂和配套管网建设步伐，尽快建成通水，使工程效益早日得到充分发挥，让优质的丹江水早日造福沿线广大人民群众。

河南省政府秘书长郭洪昌，以及水利部黄河水利委员会、河南省水利厅、环保厅、林业厅、南水北调办和郑州市政府主要负责同志陪同调研。

湖北省政协主席张昌尔调研兴隆水利枢纽工程

2016年10月20日，湖北省政协主席张昌尔一行赴兴隆水利枢纽进行了实地调研。

张昌尔依次察看了泄水闸、电站、船闸主体建筑和运行管理工作现场，询问枢纽上下游水位、鱼道过鱼情况和船闸过船量等情况，了解到枢纽建成后农田灌溉面积可从过去的196. 8万亩增加到327.6万亩，船闸通航标准由300t提升到1000t，月平均过船量可达600艘时，对工程给予了高度肯定。

张昌尔指出，兴隆水利枢纽工程作为南水北调汉江中下游四项治理工程之一，在改善民生、服务社会方面承担着重要的使命。目前工程综合效益已得到充分显现，成绩令人欣慰。希望在湖北省南水北调局的精心维护和科学管理下，让这一民生工程、生态工程开发更多的潜能，发挥更长远的效益，真正造福民众。

湖北省南水北调办（局）主任（局长）

郭志高、潜江市委副书记龚定荣、潜江市政协主席张宗光、潜江市市长黄剑雄陪同考察。

山东省委副书记龚正赴东湖水库现场调研

2016 年 10 月 11 日，山东省委副书记龚正一行赴东湖水库现场调研。

龚正一行参观了山东省水利基本情况展板，详细询问了全省骨干水网总体布局、雨洪水资源利用、水资源管理、农村水利建设、防汛抗旱保障体系建设以及水生态文明建设等基本情况。龚正对山东省水资源综合治理情况给予充分肯定，并就下一步地下水压采治理、工程安全生产以及争创水生态文明城市提出进一步要求。

龚正一行察看了东湖水库 10kV 配电室和泵站机组、水库入库闸，并沿水库围坝进行了检查巡视。龚正仔细询问了南水北调山东段工程调水运行情况，并重点了解了东湖水库蓄水库容、水质保护相关情况。龚正强调，要高度重视水质保护工作，提高全员水质保护意识，可借鉴国内外先进的水质保护经验做法，高标准、严要求做好运行管理和水质保障各项工作，确保南水北调工程综合效益充分发挥。

CHINA SOUTH-TO-NORTH WATER DIVERSION PROJECT CONSTRUCTION YEARBOOK

文章与专访

ARTICLE AND INTERVIEW

院 士 访 谈

提质增效，开创水资源战略新格局

——东中线工程全面通水两周年
对话中国工程院王浩院士

一、地下水压采

核心内容：华北地区地下水超采历经数十年，现在年均超采地下水60亿m^3左右，累计超采达到1600亿m^3，超采面积和累计超采量规模巨大，引发了地面沉降、裂缝、海水入侵等多种“并发症”。河北、北京、天津等省市分别制定了地下水压采治理方案并强力推进，在这一过程中，南水北调中线工程起到了重要的作用。

华北平原是全球三大地下含水层之一，有着丰补枯欠的多年调节动态平衡特征，但目前处于系统失衡状态，现在年均超采地下水60亿m^3左右，累计超采达到1600亿m^3，根据我主持的国家“973”计划项目“海河流域水循环演变机理与水资源高效利用”研究发现，华北平原百年或千年尺度的地下水蓄积量在十年尺度上被加速消耗。

以地下水超采问题最突出的河北省为例，从20世纪70年代以来，平原区开始大规模开发利用地下水，地下水开采量从1956年的15亿m^3猛增至150亿m^3，形成了全国最严重的地下水超采漏斗群，平原区92%的国土面积属于超采区。全省平原区浅层地下水平均埋深已达16m，石家庄、邢台中北部及邯郸中部平原区浅层地下水埋深大于30m。黑龙港运东地区深层地下水中心水位埋深从20世纪80年代的52m下降到2013年的153m。形成了冀枣衡、沧州、南宫三大深层地下水漏斗区以及高蠡清、肃宁、石家庄、宁柏隆漏斗等四大浅层地下水漏斗区，引发了地面沉降、裂缝、海水入侵等多种“并发症”。

为了应对地下水超采危机，2014年中央1号文件明确提出“开展华北地下水超采漏斗区综合治理”，随后国家财政部、水利部、农业部、国土资源部四部委联合部署了地下水超采综合治理工作，治理重点由黑龙港流域的衡水、沧州、邯郸、邢台4个设区市的49个县(市、区)逐步扩大到全省9个设区市、2个省直管县，共115个县(市、区)，治理面积几乎涵盖了全省平原地区。目标是到2020年退减地下水超采量54亿m^3，压采率达到90%，太行山山前平原浅层水位小幅回升，地下水漏斗中心水位回升、面积减小。到2030年地下水超采量全部得到退减，基本实现采补平衡，地下水漏斗中心水位大幅回升。依据我们团队评估的河北省2014年度地下水超采综合治理项目压采效果，即使是在2014年和2015年降水整体偏枯，地下水补给量减少、灌溉需求量增加的情况下，区域地下水位下降速率已表现出减缓的趋势。

不仅仅河北省在行动，北京市、天津市等省市也都分别制定了地下水压采治理方案并强力推进，在这一过程中，南水北调中线工程起到了重要的作用。北京市坚持“喝” “存”“补”原则，城区供水中南水北调水源占比超过70%，替代了地下水源，还向潮白河、海淀山前等水源地“补”入2.5亿m^3中线水，累计压采地下水超过1亿m^3，地下水下降速率减缓，北京平原地区地下水位下降趋势10多年来首次得到缓解，局部地区地下水位出现回升迹象。天津市深层地下水年开采量已经控制在2.1亿m^3以内，减少地下水许可水量1010万m^3，回填机井110余眼。在河南有15座水厂水源已由开采地下水置换为南水北调水，14座城市地下水水源得到涵养，地下水位得到不同程度提升，仅郑州、许昌两市就关停自备井539眼，地下水位回升明显，其中郑州市中深层地下水位回升2.01m，许昌市回升2.26m。

华北地区地下水超采历经数十年，超采面积和累计超采量规模巨大，地下水全面修复必然要经历由下降幅度减缓到逐步采补平衡再到有所回升的较长过程，随着南水北调中线工程利用的持续推进，外调水源置换地下水的稳定增加，自备井逐步关停备用，必将在地下水修复保护中发挥重要的作用。

二、二期工程

核心内容：为保障京津冀地区水安全，建议加快实施中线工程后续水源工程。三峡库区与汉江相邻，且水量丰富、水质好，是最理想的后续水源地。相关单位提出了大宁河调水方案，引水路线为三峡库区—大宁河—两级泵站提水—汉江支流堵河潘口水库—丹江口水库。

京津冀协同发展是国家战略。水资源水环境严重超载是京津冀地区面临的最主要的水安全问题，而供水安全是实现京津冀协同发展战略的重要保障。自2014年中线一期工程通水以来，已累计向北方调水超过60亿m^3，其中向京津冀地区供水超35亿m^3，受水人口超4000万，在保障京津冀供水安全中发挥着重要的作用。

中线工程运行还面临着两个问题：一是干线的输水安全。南水北调中线干线是一条明渠，全长1432km，有64座节制闸、97座分水闸和54座退水闸，但全线没有调蓄工程，任意一座闸门的运行操作、任何一点突发性水质事件或任何一处工程事故，都涉及其上下游一系列闸门的联动，调度的实时性和联动性极强，增加了水量调度的难度和供水的安全风险。进行南水北调总体规划时，曾设想通过改扩建河北省徐水县境内的瀑河水库作为在线调节水库，但中线干线工程建设时，由于种种原因并未改扩建瀑河水库。建议继续建设瀑河水库，提高中线干线水量调度的灵活性以及向北京、天津供水的可靠性。

二是供水保证率低。受大陆季风气候影响，水源区径流量年际变化大，且出现连续2~3年的枯水年几率很高，规划年最小调水量只有多年平均调水量的2/3。中线工程开工以来，水源区正在建设的有引汉济渭工程和鄂北水资源配置工程。引汉济渭工程每年从汉江上游调水10亿m^3，鄂北水资源配置工程从丹江口水库年引水7.7亿m^3，两项工程合计引调水量17.7亿m^3，将在一定程度影响北调水量。受全球气候变化和上游用水增加影响，丹江口水库入库水量减少趋势明显。1999~2015年丹江口水库入库水量只有327亿m^3，与1998年以前多年平均相比减少了12%。多种因素共同作用下，中线工程供水保证率低将是其面临的第二问题。

为保障京津冀地区水安全，建议加快实施中线工程后续水源工程。三峡库区与汉江相邻，且水量丰富、水质好，是最理想的后续水源地。相关单位也提出了大宁河调水方案，引水路线为三峡库区—大宁河—两级泵站提水—汉江支流堵河潘口水库—丹江口水库。大宁河调水工程实施后，中线工程供水保证率和受水区供水保障程度将大幅提高。还可利用中线干线季节性富裕输水能力，相机向受水区进行生态环境供水，修复受损的生态环境。

（原载2016年12月12日《中国南水北调报》
记者：闫智凯）

提质增效，开创水资源战略新格局

——东中线工程全面通水两周年对话中国工程院钮新强院士

一、综合效益

核心内容：南水北调中线工程，缓解了

受水区的用水压力，提高了受水区城市用水保障率、促进了社会经济发展，改善了受水区生活用水水质，减小了受水区的地下水开采，改善了受水区生态环境。

中线北调水是受水区水源的重要保障。南水北调中线工程自通水以来，丹江口水库已累计向受水区调水 62.5 亿 m^3，其中为北京、天津的供水量已超过了中线一期工程规划给北京、天津的多年平均供水量。中线北调水正逐渐成为中线沿线受水区的重要补充水源，以北京为例，北京市日供水量中南水北调水占比 60% 以上，城区占比甚至超过了 70%，南水北调中线供水已成为北京城市用水的重要水源。

受水区城市供水保证程度高。值得一提的是，2016 年南水北调中线工程与密云水库、怀柔水库、十三陵水库和大宁调蓄水库联合调度，已有超过 2 亿 m^3 的南水北调水储存至这些水库中。这些预存的南水北调水通过合理的水资源统一调配，丰枯互济，可在一定程度上扩大南水北调中线供水的范围和供水能力，亦即在保持 2016 年中线工程的供水条件下，北京市 2017 年可用水量将超过 2016 年。由此可以看出，南水北调中线工程供水效益显著，供水前景良好。

受水区生活用水水质改善显著。南水北调中线通水两年来，丹江口水库的水质各项指标均稳定达到或优于地表水Ⅱ类指标，显著改善了受水区生活用水水质。

减少地下水开采，地下水位下降速率得以控制。中线工程通水前，地下水是京津华北地区生活和工农业生产的重要水源，因缺水被迫大量超采地下水，造成地下水源得不到有效回补，地下水位持续下降，形成大面积地下水位下降漏斗区。随着中线工程一江清水北上，受水区越来越多地使用北调水，对地下水开采量逐步减少，受水区地下水位下降速度明显放缓。

改善受水区生态环境。京津及华北地区工业化和城市化进程加快，用水量急剧增加，使河流入海、入湖水量急剧减少，恶化了水环境。区域内众多河流，多已成为季节性河流，除汛期外基本处于断流干涸状态，入海水量大幅度减少。由于河流干涸，水体减少，致使河道稀释能力降低，加剧了水体污染。南水北调中线工程通水两年来，先后相机向河南省郑州西流湖和淇河生态补水 2700 多万立方米，向河北省石家庄市滹沱河、邢台市七里河生态补水 7000 万 m^3，对当地生态小环境改善起到显著作用，提升了生态景观效果。

促进水源区生态修复。为了保证南水北调中线工程的供水水质，丹江口水库上游地区开展了大规模的环境保护和生态修复措施。这些强有力的生态保护环境与循环发展不仅有利于水源涵养，更有效地保障了中线工程水源区水质，推进了水源区生态文明建设。

提高了汉江中下游地区防洪能力。丹江口水库按最终规模水库正常蓄水位由 157m 提高至 170m，原防洪库容为 55 亿 ~ 77 亿 m^3，加高后防洪库容可达 81 亿 ~ 110 亿 m^3，当汉江发生 1935 年特大型洪水时，通过水库蓄洪，辅以杜家台分洪区和东荆河分洪，汉江中下游仅需个别民垸少量蓄洪，便可保证干堤安全，大大提高了汉江流域防洪能力，大大提高了汉江中下游防洪能力。此外，引江济汉工程作为南水北调中线工程的补偿工程，前后两次帮助长湖向汉江累计撇洪 1 亿 m^3，有效缓解了长湖防汛压力。

降低了汉江中下游水华风险。丹江口水库大坝加高，水库调蓄能力增强，将汛期多余水量蓄存至枯期，并通过引江济汉工程加强长江干流和汉江中下游地区水系连通，在一定程度上提高了枯期径流量，改善了汉江中下游地区水质状况，可有效降低水华风险。

提升了汉江中下游地区的航运能力。为减少或消除调水后对汉江中下游的航运的不利影响，南水北调中线工程规划实施了汉江中下游局部航道整治工程，同时结合江中下游地区梯级开发，将大大提高汉江中下游地区的航运能力，引江济汉工程则直接加强了汉江和长江干流的航运沟通。

二、两部制水价

核心内容：南水北调水价采用的成本水价，受水区签订的用水价格都是通过多方严谨论证得出的，是符合我国国情和受水区水资源利用现状和发展前景的。

中线工程采用两部制水价机制，这一机制的基本依据来自于国家发展和改革委员会、水利部在2003年7月3日发布的《水利工程供水价格管理办法》（第4号部长令）：水利工程供水应逐步推行基本水价和计量水价相结合的两部制水价。

“两部制水价”是指水利工程供水中的基本水价和计量水价。基本水价是按补偿供水直接工资、管理费用和50%折旧费、修理费的原则制定的。基本水价确定之后，收取基本水费按多年平均用水量乘以基本水价而得到，他反映的是水利工程单位向用水户应收取的最低费用，用来维持水利工程单位最基本的正常运转。计量水价按补偿基本水价以外的水资源费、材料费等其他成本、费用，以及计入规定的利润和税金的原则核定。计量水费按实际供水量乘以计量水价而得到。他反映的是实际供水量的货币形式，实行的是多用水多交钱、少用水少交钱的基本原则，有利于用水户节约用水。

国家发展和改革委员会下发的《关于南水北调中线一期主体工程运行初期供水价格政策的通知》，明确了中线工程运行初期分6区段实行成本水价，其中河南、河北两省暂实行运行还贷水价，以后分步到位。南水北调中线水源工程综合水价为每立方米0.13元（含税，下同），干线工程河南省南阳段、河南省黄河南段（除南阳外）、河南省黄河北段、河北省、天津市、北京市各口门综合水价分别为每立方米0.18元、0.34元、0.58元、0.97元、2.16元、2.33元。

南水北调水价仅采用成本水价，受水区签订的用水价格都是通过多方严谨论证得出的，是符合我国国情和受水区水资源利用现状和发展前景的。如果没有水价和水费限制，受水区可能不会结合实际用水情况而“漫天要水”，如果没有水价和水费的限制，受水区可能不会合理配置、充分利用这种优质长江水，造成水资源的严重浪费。因此，中线工程目前采用两部制水价机制，一方面是实现南水北调水资源的最优配置和可持续利用的重要举措，另一方面是推进受水区生态文明建设、节水型社会建设的重要举措。

目前关于生态效益核算还没有通行的办法。完善的、良性的、有效的中线工程生态补偿机制，涉及政府、市场、企业、公众等多个方面，可以从建立生态环境保护法律法规，通过国家扶持、市场化运行等经济手段，对生态效益进行适当的经济补偿，加强中线工程融资机制等方面，使受水区生态效益的外部性内部化、间接性直接化，这对于提高中线工程生态补水的积极性和效益具有一定的促进作用。同时从更广的层面来说，中线工程的生态补偿机制，还应包括对因保护水源区生态环境而失去发展机会的水源区进行资金、技术、物资上的补偿和政策上的优惠。

（原载2016年12月12日《中国南水北调报》
记者：闫智凯）

大经济布局中如何发挥南水北调工程的重要作用

——访中国工程院王浩院士

在南水北调东中线工程全面通水两周年之际，国家973计划项目首席科学家、中国工程院院士王浩在百忙中接受了记者采访。

记者：中线工程通水两周年，请结合“十三五”规划、京津冀协同发展等国家战略，谈谈南水北调工程在未来中国大经济布局中将如何发挥战略性、基础性的作用。

王浩：南水北调工程是实现我国水资源优化配置的战略性工程，是缓解北方缺水地区水资源供需矛盾，保障北方地区经济繁荣、社会发展与生态环境保护的有效途径，不仅是民心工程，也是生态工程。从20世纪50年代提出“南水北调”设想后，经过几十年研究，南水北调的总体布局确定为分别从长江上、中、下游调水，以适应西北、华北等地的发展需要，建成后与长江、淮河、黄河、海河相互联接，构成我国水资源“四横三纵、南北调配、东西互济”的总体格局。南水北调中线工程通水两年来的综合效益已经初步显现，展望未来，南水北调工程必将在支撑受水区域生态建设、经济发展以及人民生活质量改善发挥日益显著的作用。

由于人口增加和经济发展，黄淮海流域出现了长时间、大范围、深度的水资源短缺，在城市与农村、工业与农业、经济与生态之间用水矛盾凸显，突出的区位优势和相对薄弱的水资源条件，形成了黄淮海流域可持续发展的主要矛盾。黄淮海流域水资源安全必须坚持“节水优先、空间均衡、系统治理、两手发力”的治水新思路，其中南水北调工程是实现国家水资源“空间均衡”的战略措施。

南水北调工程规划远景总调水规模448亿m^3，相当于给北方地区新开辟了一条黄河，供水面积达145万km^2，约占我国陆地面积的15%，直接惠及人口达5亿以上，润泽15个省（自治区、直辖市），特别是为44座大中城市解决缺水之忧和择水之苦。仅东、中线一期工程直接供水的县级以上城市就有253个，直接受益人口达1.1亿人，可望彻底改变华北地区长期饮用高氟水、苦咸水和其他含有害物质地下水的状况，改善黄淮海平原地区不断恶化的生态环境，对于推进京津冀协同发展国家重大战略和促进区域生态文明建设具有重要的基础性作用。

记者：南水北调中线工程对促进海河流域和京津冀地区的水资源高效利用有哪些重要意义？

王浩：海河流域和京津冀地区是我们国家人均水资源最少的区域，海河流域人均水资源243m^3，其中北京110m^3，天津80m^3，河北195m^3，少于国际上公认最缺水的以色列，缺水是十分严重的。每年要超采80亿m^3地下水，才能勉强支撑海河流域1.4亿人口的生存发展。2014年12月南水北调中线工程通水以后，累计调水60多亿立方米，京津冀地区水资源安全保障形势有了极大的改观，惠及北京、天津、河南、河北四省市4700多万居民，在保障沿线4省市主要城市供水、改善水质、涵养地下水等方面发挥了重要作用。

首先是供水安全显著提高。中线工程通水后，沿线许多城市的供水格局发生了变化，过去以地下水为主的供水方式正在被中线水所替代。中线工程已经向30多座城市提供居民饮用水。在北京城区，中线水已经占到全部供水的70%，供水安全系数由1.0提高到1.2，超过2亿m^3中线水储存到密云水库、怀柔水库、十三陵水库，对北京市水资源优化调配、丰枯互济起到重要作用。天津市形成了一横一纵、引滦引江双水源保障的城市供水格局，城市供水“依赖性、单一性、脆弱性”矛盾得到了有效化解。

其次是沿线居民喝上了放心水。通水以来，中线水质一直保持稳定，干渠沿线各断面监测结果均达到或优于地表水Ⅱ类水质标准。北京市自来水硬度较高的情况大有改善，特别是以中线水为单一水源的水厂供水范围内效果尤为突出，自来水硬度由以前的380mg/L降为120～130mg/L。同时，中线水让河北廊坊、沧州一些地区告别了苦咸水和高氟水，对改善当地居民的健康状况起到重要作用。随着通水范围的扩大，还可进一步改善河北省66个县市约450万人饮水水质。

第三是地下水得到了一定程度的涵养修复。南水北调中线工程沿线各省市均制定了地下水压采和自备井置换方案，地下水超采得到了一定程度的缓解，局部水生态环境得到改善，在修复生态方面开始发挥重要作用。如北京向地下水水源地补充中线水，回补超采严重的密云、怀柔、顺义地下水水源地，遏制了地下水水位下降趋势，2015 年 9 月出现了 16 年以来地下水位的首次回升。这在南水北调中线通水前是不可能做到的。

记者：目前，华北地区地下水超采、地下水压采达到了什么状态，南水北调中线工程通水两年来对压采地下水采取了哪些有力措施？

王浩：华北平原是全球三大地下含水层之一，有着丰补枯欠的多年调节动态平衡特征，但目前处于系统失衡状态，现在年均超采地下水 60 亿 m^3 左右，累计超采达到 1600 亿 m^3。根据我主持的国家“973”计划项目“海河流域水循环演变机理与水资源高效利用”研究发现，华北平原百年或千年尺度的地下水蓄积量在十年尺度上被加速消耗。

以地下水超采问题最突出的河北省为例，从 20 世纪 70 年代以来，平原区开始大规模开发利用地下水，地下水开采量从 1956 年的 15 亿 m^3 猛增至 150 亿 m^3，形成了全国最严重的地下水超采漏斗群，平原区 92% 的国土面积属于超采区。全省平原区浅层地下水平均埋深已达 16m，石家庄、邢台中北部及邯郸中部平原区浅层地下水埋深大于 30m。黑龙港运东地区深层地下水中心水位埋深从 20 世纪 80 年代的 52m 下降到 2013 年的 153m。形成了冀枣衡、沧州、南宫三大深层地下水漏斗区以及高蠡清、肃宁、石家庄、宁柏隆等四大浅层地下水漏斗区，引发了地面沉降、裂缝、海水入侵等多种“并发症”。

为了应对地下水超采危机，2014 年中央 1 号文件明确提出“开展华北地下水超采漏斗区综合治理”，随后国家财政部、水利部、农业部、国土资源部四部委联合部署了地下水超采综合治理工作。治理重点由黑龙港流域的衡水、沧州、邯郸、邢台 4 个设区市的 49 个县（市、区），逐步扩大到全省 9 个设区市、2 个省直管县，共 115 个县（市、区），治理面积几乎涵盖了全省平原地区。目标是到 2020 年退减地下水超采量 54 亿 m^3，压采率达到 90%，太行山山前平原浅层水位小幅回升，地下水漏斗中心水位回升、面积减小；到 2030 年地下水超采量全部得到退减，基本实现采补平衡，地下水漏斗中心水位大幅回升。依据我们团队评估的河北省 2014 年度地下水超采综合治理项目压采效果，即使是在 2014 和 2015 年降水整体偏枯，地下水补给量减少、灌溉需求量增加的情况下，区域地下水位下降速率已表现出减缓的趋势。

不仅仅河北省在行动，北京市、天津市等省市也都分别制定了地下水压采治理方案并强力推进。在这一过程中，南水北调中线起到了重要的作用。北京市坚持“喝”“存”“补”原则，城区供水中南水北调水源占比超过 70%，替代了地下水源，还向潮白河、海淀山前等水源地“补”入 2.5 亿 m^3 中线水。累计压采地下水超过 1 亿 m^3，地下水下降速率减缓，北京平原地区地下水位下降趋势 10 多年来首次得到缓解，局部地区地下水位出现回升迹象。天津市深层地下水年开采量已经控制在 2.1 亿 m^3 以内，减少地下水许可水量 1010 万 m^3，回填机井 110 余眼。在河南有 15 座水厂水源已由开采地下水置换为南水北调水，14 座城市地下水水源得到涵养，地下水位得到不同程度提升。仅郑州、许昌两市，就关停自备井 539 眼，地下水位回升明显，其中郑州市中深层地下水位回升 2.01m，许昌市回升 2.26m。

华北地区地下水超采历经数十年，超采面积和累计超采量规模巨大，地下水全面修复必然要经历由下降幅度减缓到逐步采补平衡再到有所回升的较长过程。随着南水北调中线工程利用的持续推进，外调水源置换地下水的进一步稳定增加，以及自备井的逐步关停备用，南水北调在地下水修复保护中发挥的重要作用还将进一步体现。

记者：《南水北调工程供用水管理条例》中提出两部制水价，水价形成机制根据什么制定？是否科学？

王浩：中线工程实行两部制水价是科学的。

中线工程实行两部制水价是一种科学的水价制度。一方面，南水北调工程投资大、线路长、涉及面广，利益相关者众多，工程运行难免存在一定的风险性。两部制水价中的基本水价部分能够合理偿还贷款本息、补偿工程基本运行维护费用，避免因初期供水量小引起水费不足而导致工程正常运行的风险。

另一方面，工程供水有丰枯交替、供水量变动的情形，尤其在工程运行初期，受地方配套工程建设进度影响，供水量远达到不到设计供水规模。两部制水价中的计量水价部分能够根据受水区用水户承接水量负担水费，减轻在供水初期及枯水年份的水费负担。

中线工程一期初期水价是合理的。中线工程运行初期供水价格实行成本水价，并按规定计征营业税及其附加。同时，考虑到受水区域经济发展水平差异及其水价承受能力，河南、河北两省暂实行较低的运行还贷水价。河南省干线口门水价为 0.18 ~ 0.58 元/m^3，河北省干线口门水价为 0.93 元/m^3，以后分步到位；天津市、北京市口门综合水价相对较高，分别为2.16 元/m^3、2.33 元/m^3。现行一期工程初期水价符合“补偿成本、公平负担”的水价制定原则，水价形成机制是合理的。

记者：中线工程通水后，沿线各省市用水不太平衡，出现了水价高不愿用、水费难收等情况，如何看待这个问题？

王浩：水费收缴率低将导致工程通水难以为继。中线工程实行公司企业项目法人管理体制，项目法人承担干线主体工程的建设和工程运行管理任务。在工程正式通水后，其运行维护与管理费用通过供水水费回收来支持。但目前的现状是水费收缴很不乐观，各受水区缴纳也参差不齐。其中仅北京市按照签订的供水合同及时足额缴纳了干线供水水费，天津、河南只缴纳了部分水费，河北省配套工程建设相对滞后，供水有限，干线水费基本尚未缴纳。目前中线工程总体水费收缴率处于较低的水平，将引发多项后果：导致偿还贷款本息资金来源不足，各级管理单位存在贷款违约风险；工程维修养护无法正常进行，工程运行安全存在隐患；运行人员工资及日常管理费用不足，人员队伍不稳，工程正常运行无法保证，将影响工程调水顺利实施。

当前中线工程水费收缴的激励约束机制不健全。中线工程受水区水费缴纳率低，其中重要的因素在于缺乏科学有效地水费收缴激励约束机制。中线工程按照《南水北调工程供用水管理条例》实施合同供水，干线工程管理单位与各受水区政府委托管理单位逐年签订供水合同，明确供、用水双方权利义务，其中对水费支付也做出了明文规定。然而，由于缺少违约处罚的强制性规定，或者说违约处罚力度与强度较弱，水费收缴整体的经济、行政、法律、技术等激励约束机制更为缺乏，由此也使得受水区地方拖缴、欠缴水费行为难以遏制，干线工程管理单位面对这种现象无能为力。事实上这也是当前中线工程管理的薄弱环节之处，水费收缴工作在工程运行管理阶段应提到管理工作的重要位置。

积极探索科学的中线工程水费收缴机制。水费收缴机制是针对供水工程明确的供用水户，协调供水方保质足量安全供水与用水方足额及时缴纳水费之间关系，保障工程持续运行的具体方式，其构成要素包含水费收取者、水费缴纳者、水费收缴的方式与途径，以及协调水费收缴的经济、行政、法律、技术等激励手段，体现为健全的水费收缴管理系统运行机制、动力机制与约束机制。南水北调工程水费收缴机制应从有效建立运行机制、科学推进动力机制、合理加强约束机制等方面，探索相应的措施与手段，完善水费收缴机制，促进工程供水管理单位与受水区用水户积极协作，保证供水的优质服务与供水成本有效回收，最终实现南水北调工程持续、稳定、高效地惠泽千万民众。

记者：中线工程通水两周年，目前面临着汉江上游来水偏少等问题，如何加快实施引江补汉工程？如何加快中线二期工程？

王浩：京津冀协同发展是国家战略。水资源水环境严重超载是京津冀地区面临的最主要的水安全问题，而供水安全是实现京津冀协同发展战略的重要保障。自2014年中线一期工程通水以来，已累计向北方调水超过60亿m^3，其中向京津冀地区供水超35亿m^3，受水人口超4000万，在保障京津冀供水安全中发挥着重要的作用。但中线工程运行以来还面临着两个问题：

一是干线的输水安全问题。南水北调中线干线是一条明渠，全长1432km，有64座节制闸、97座分水闸和54座退水闸；但全线没有调蓄工程，任意一座闸门的运行操作、任何一点突发性水质事件或任何一处工程事故，都涉及其上下游一系列闸门的联动，调度的实时性和联动性极强，增加了水量调度的难度和供水的安全风险。开展南水北调总体规划时，曾设想改扩建河北省徐水县境内的瀑河水库作为在线调节水库，但中线干线工程建设时，由于种种原因并未改扩建瀑河水库。建议继续建设瀑河水库，提高中线干线水量调度的灵活性，以及向北京、天津供水的可靠性。

二是供水保证率低问题。受大陆季风气候影响，水源区径流量年际变化大，且出现连续2～3年的枯水年几率很高，规划年最小调水量只有多年平均调水量的2/3。中线工程开工以来，水源区正在建设的有引汉济渭工程和鄂北水资源配置工程。引汉济渭工程每年从汉江上游调水10亿m^3，鄂北水资源配置工程从丹江口水库每年引水7.7亿m^3，两项工程合计引调水量17.7亿m^3，将在一定程度影响北调水量。受全球气候变化和上游用水增加影响，丹江口水库入库水量减少趋势明显。1999～2015年丹江口水库入库水量只有327亿m^3，与1998年以前多年平均相比减少了12%。多种因素作用下，中线工程供水保证率低将是其面临的第二问题。

因此建议，为保障京津冀地区水安全，应加快实施中线工程后续水源工程。三峡库区与汉江相邻，且水量丰富、水质好，是最理想的后续水源地。相关单位也提出了大宁河调水方案，引水路线为三峡库区—大宁河—两级泵站提水—汉江支流堵河潘口水库—丹江口水库。大宁河调水工程实施后，中线工程供水保证率和受水区供水保障程度将大幅提高，还可利用中线干线季节性富裕输水能力，相机向受水区的生态环境供水，修复受损的生态环境。

（原载2016年12月21日《中国南水北调报》
记者：闫智凯　张双虎）

媒体聚焦

人民日报：南水北调中线输水 60 亿 m^3

2016 年 12 月 3 日，南水北调中线一期工程正式通水以来，累计调引南水 60.9 亿 m^3，惠及北京、天津、河南、河北四省市 4200 多万居民。

（原载 2016 年 12 月 3 日《人民日报》
记者：李任滋）

新华网：南水北调两年，8700 万北方人喝上南方水

南水北调东、中线一期工程全面通水两年来，共惠及人口 8700 万人，在保障用水，修复生态，抗旱排涝等方面取得了综合效益。

这项工程东、中线覆盖北京、天津 2 个直辖市，及河北、河南、山东、江苏等省的 33 个地级市。

中线一期工程累计调入干渠 62.5 亿 m^3，累计分水量 59.8 亿 m^3，惠及北京、天津、河北、河南四省市 4700 万人。2015～2016 年调水年度，中线工程分别向北京、天津两市的供水量已经达到规划设计的调水规模。

东线一期工程自通水以来，累计调入山东境内水量约 11 亿 m^3，年均增幅近 100%，受益人口超过 4000 万人，大大缓解了山东水资源短缺矛盾。东线工程还完善了江苏省原有江水北调工程体系，增强了受水区的供水保障能力，为保障苏北地区生产生活、航运和生态环境发挥了重要作用。

南水北上，还明显改善了受水区的水质。北京市自来水集团的监测显示，使用南水北调水后自来水硬度由原来的 380mg/L 降为 120～130mg/L。河南受水区不少家庭净水器具“下岗”，观赏鱼可直接使用自来水养殖。

北京、天津等受水区六省市加快了南水北调水对当地地下水水源的置换，已压减地下水开采量 2.78 亿 m^3。北京市、河南省许昌市城区以及山东省平原地区等超采区的地下水位已经开始回升。

（原载 2016 年 12 月 12 日新华网
记者：侯雪静 董 峻）

经济日报：南水北调东线一期工程通水 3 周年调查：潺潺南来水，千里润北国

2016 年 11 月 15 日，是南水北调东线一期工程正式通水 3 周年的日子。

3 年来，调水沿线治污情况如何？受水人是否喝上了放心水？从劣Ⅴ类水到一渠清水的背后说明了什么？给沿线居民带来了哪些实惠？近日，记者随南水北调东线总公司相关工作人员，前往江苏、山东等地探访湖区、泵站，对南水北调东线一期工程进行实地调研，就以上问题一一寻找答案。

一、一渠江水，永续北送

南水北调东线工程规划分 3 期实施，第一期工程设计抽江水量达 $500m^3/s$，年平均净增供水量 36.01 亿 m^3。通水 3 年来，东线一期工程累计抽引江水 187.66 亿 m^3（含新增供水量）。

“2016 年的水库水位是 129.9m，达到了历史最高值。”站在山东济南市卧虎山水库前，济南市南水北调局调度保护处处长姜鸿翠向记者介绍说，这一成绩得益于南水北调工程，仅 2015～2016 年度东线入库水就有 2500 万 m^3，让 2016 年的济南城再现百泉齐

涌的美丽景观。3年来，调入山东省的水量已累计约11亿m^3，年均增幅近100%，供水量逐年大幅提升。

南水北调东线工程的特点，是水往高处流。20世纪70年代，江苏省就引长江水北上，初步建成了江水北调工程体系，来支援苏北。李松柏告诉记者，东线工程就是在江苏省已有的江水北调工程基础上，逐步扩大调水规模并延长输水线路。

南水北调东线工程规划总长1467km，沿线海拔最高点是山东境内的东平湖。长江水经13级泵站逐级提水北上65m后，才能从东平湖开始，形成自流，实现向冀、津地区和胶东半岛供水。

这一路上，大型提水泵站，中水截蓄导用工程，“T”字形调水干线，南四湖整治疏浚，穿黄隧洞……多个节点工程，结合京杭大运河古航道，建起一条崭新的输水大动脉。

黄河，是南水北调的必经之河。一条黄河将向北的通道拦腰截断，南来之水，如何穿越黄河继续北上？“穿黄隧洞”顾名思义，就是要在黄河的河床下，打通一条贯通南北的输水通道，这一工程因此被誉为“东线咽喉”。

2010年3月25日，随着一声轰鸣，穿黄隧洞成功实现南北贯通。在这里，北上的长江水与东去的黄河水，呈现出历史上第一次立体交叉。

其实，南水北调东线工程，需要穿越的不仅是黄河，小到各种管线、公路，大到一座城市，都需要在设计、施工时逐一研究，寻找最为科学合理的解决方案。济南，就是南水北调东线工程需要穿城而过的一座城市。往来于小清河两岸的人们或许并不清楚，在他们的脚下，隐藏着一条规模庞大的地下涵洞。

江水奔流北上，关键在提升水位的泵站群。位于苏鲁两省边界的台儿庄泵站，是南水北调东线由江苏进入山东的首个工程项目，也是长江水进入山东的第一关。从东平湖开始，长江水顺地势自流，一路北行，穿越黄河后可以为鲁北、河北、天津和北京地区供水；一路向东，直抵胶东半岛的最东端——威海。这条南北长487km、东西长704km的“T”字形输水大动脉，每年可调引长江水13亿m^3，山东13个地级市，68个县、市、区直接受益。

二、重典治污，产业升级

深秋时节的南四湖，碧波荡漾，芦苇丛生，生态之美引人入胜。望着此景，很难想象这里曾经是鱼虾绝迹，污水横流的“死湖”“酱油湖”。而让南四湖“起死回生”的10年漫漫治污路，也正是南水北调东线治污的一个缩影。

南水北调东线工程，成败关键在水质。如果水质不达标，一切都是白忙。

在工程建设之初，国务院就明确提出“三先三后”原则，即：先节水后调水，先治污后通水，先环保后用水。那么，长达上千千米的“清水廊道”能否建成？东线治污又为何被称为“世界第一难”？

南水北调东线总公司副总经理由国文向记者介绍，2002年东线工程启动时，调水沿线水质污染十分严重，甚至有人怀疑，南水北调会不会成为污水北调。专家学者一致认为，东线的成败在治污，关键在山东，重点在南四湖。

此话不无道理，南四湖是南水北调东线重要的输水通道和调蓄湖泊，涉及苏鲁豫皖4省32县，流域面积3.17万km^2。

然而，当时的南四湖流域内遍布着数百家污水排放企业。53条入湖河流，鱼虾全部绝迹，湖区水质全面呈劣Ⅴ类，局部湖区COD甚至高达每升上千毫克。“当时流域沿线的企业污水直接排放，水黑得可以直接当墨水，奇臭无比。”高德刚告诉记者，按照国家南水北调工程治污规划，通水之前必须将沿线污染治理好，使东线工程输水干线全线水质达到地表水Ⅲ类水质标准。

从劣Ⅴ类水变Ⅲ类水质，这需要削减污染负荷80%以上，COD控制在20mg/L以下，这一治污难度举世罕见，甚至被一些专家视为流域治污“世界第一难”。

治污，必经转型之痛。首先要解决的就是确保水质安全和当地经济发展的“矛盾”。要倒逼当地企业调整结构，避免不了转型升级的阵痛。

山东省制定了全国第一个流域性排污标准，其中COD排放标准最高严于当年国家行业标准6倍多，氨氮排放标准最高严于国家行业标准7倍，并且统一用流域性排放标准，取消了行业污染排放的“特权”。这一近乎苛刻的地方标准不仅逼停了许多污染严重的“小土”企业，也倒逼一家家大企业纷纷升级生产工艺，开始了壮士断腕般地环保治污自我革命。

经过改造，山东造纸业产能不降反升，变成低耗能、重环保的绿色产业，在国内处于领先水平。而在国家重点流域水污染防治规划考核中，山东连续9年排名第一。据当地有关部门测算，一系列治污措施推动产业结构升级提前了十几年。

其实，东线治污，难的不仅是南四湖。由于东线处于经济较发达的东部地区，又是主要利用现有的京杭运河输水和湖泊调蓄，因此各省的治污任务都很艰巨，也各具特色。

江苏的做法则是按照“清污分流”和“节水减排”的治污理念，规划实施了一批深化治污项目，主要包括尾水资源化利用及导流工程，断面水质自动监测站网建设等。“过去靠水吃水，沿途的散货小码头较多，油污和生活污水对水体污染严重。”江苏省南水北调办公室处长沈健介绍，江苏对航运污染进行综合治理，对危险品运输更是按照《南水北调工程供水条例》有关规定禁航，这是必须守住的红线。“为了治理面源污染，江苏还专门设立了水产品养殖禁养区、限养区和集中区，并对养殖区废污水进行专项治理。”

江苏、山东两省以壮士断腕的勇气，强力扼污，关停不合格企业，积极引导产业转型，决不让污染源死灰复燃。当地还推行环保问责制和一票否决制。“去年，江苏仅因为南水北调被一票否决的重大建设项目就有17个。”沈健告诉记者。

经过十多年来坚持不懈的流域治污和生态保护，东线工程沿线流域水环境质量得到全面提升，输水干线水质达到地表水Ⅲ类标准，昔日臭气熏天的臭水沟变成了清澈见底的生态廊道。

三、同饮一江水，共圆生态梦

南水北调东线除了输水，给沿线带来最大的变化是什么？毫无疑问，就是生态环境的改善。

通水之前，社会上对于“南水北调”的生态问题十分关注。记者在江苏、山东等地采访时了解到，近年来，随着沿线生态环境的改善，南水北调东线工程流域内的生物多样性显著增强。尤其是被称为“酱油湖”的南四湖，已经脱胎换骨，成功跻身全国水质优良湖泊行列。目前，在南四湖、东平湖栖息的鸟类就达200多种，曾经绝迹多年的小银鱼、鳜鱼、毛刀鱼等对水质要求比较高的鱼类也再度重现。

湿地，因其具有极强的污染降解功能，被誉为“地球之肾”。在修复生态和保护环境方面，湿地发挥着不可替代的作用。山东省南水北调建设管理局副局长罗辉说：“湿地就像是纯天然的污水处理厂。山东所有企业的达标废水在进入南四湖之前，必须流经最后一道防线——湿地进行再净化。”

山东南水北调“治用保”的流域治污策略中，“保”就是生态修复与保护，而湿地是实施这一策略的最大功臣。通过在重点排污口下游、河流入湖口等地，修复自然湿地，建设人工湿地水质净化工程，形成沿河环湖大生态带，进一步增加环境容量，改善生态环境。

“十二五”以来，仅济宁市就建设和修复人工湿地42处、23万亩，水质净化能力达到每天50万t。刘云廷介绍说，河水污染物如果通过湿地再注入湖中，污染物含量会再衰减一半。“我们在湿地里种植一些沉水植物、浮水植物和挺水植物，对水体氮、磷的去除率达到60%以上，出水能够基本达到Ⅲ类水质要求。”

一渠清水一路向北，大河两岸遍地生花。这一渠清水、这一路风景来之不易，背后是受水地和供水地数以万计人们的携手努力。

“南水北调工程，从来就不是一劳永逸的。”沈健在谈到目前东线已经取得的生态成果时说，要保证东线输水干线水质持续稳定达到地表水环境质量Ⅲ类标准，始终任重道远。

（原载2016年11月15日《经济日报》
记者：闫伟奇）

法制日报：南水北调中线一期惠及四千万居民，北京城区供水占七成

从国务院南水北调办公室获悉，截至2016年10月31日，南水北调中线一期工程2015~2016年度调水结束。年调水量38.3亿m^3，水质各项指标稳定达到或优于地表水Ⅱ类指标。

据南水北调办公室负责人介绍，自2014年12月12日中线一期工程正式通水以来，已经平稳运行689天，输水总量58.5亿m^3。工程惠及北京、天津、石家庄、郑州等沿线十八座大中城市，4000多万居民喝上了南水北调水。其中，北京1100万人，天津850万人，河北500万人，河南1600万人。

该负责人指出，南水北调中线工程为受水区开辟了新的水源，改变了供水格局，提高了供水保证率。其中北京市城区供水中南水北调水占比超70%。

（原载2016年12月1日《法制日报》
记者：张红兵）

河北日报：优质南水润燕赵

——写在南水北调中线一期工程正式通水两周年之际

2014年12月12日，南水北调中线一期工程正式通水。两年来，南来的江水沿着总干渠向北流淌，滋润着受水区干渴的土地。

河北省水资源严重匮乏，远道而来的南水为全省经济社会发展注入了新动力。两年来，随着水源逐步切换，水厂及配水管网建设加快，河北省受水区供水保障能力提高，饮用水水质改善，南水北调工程的综合效益初步显现。

一、水源切换逐步进行，越来越多的人喝上了优质南水

2016年12月10日，在邱县布路店村供水站，原来用于加压供水的3台水泵已经停用，供水站的水源也由本地深井水切换为南水。“水厂供水的正常水压就能把水送到村民家中，不再需要水泵加压。”在供水站地下室，邱县水利局局长谢国军指着水泵旁的南水进水管道说。

布路店村供水站为13个村提供饮用水。谈起喝上南水的感受，62岁的布路店村村民马秀海用“轻巧甘甜”来形容。“轻巧”，是指水的硬度低了，水垢少了。马秀海说，以前村民喝的是苦咸水，后来村里打了机井，但因电费贵，半个月才放一次水，家家户户只得挖水窖存水。现在喝上了南水，一拧水龙头就有水，水窖也用不上了。

谢国军介绍，邱县水厂于2016年5月3日正式引入南水。目前全县218个村中已有174个村接入南水，等2016年年底前后供水管线下穿大广高速工程完工后，全县26万人

将全部喝上南水。

不仅是邱县，河北省正有越来越多的地方受益于南水北调工程。据河北省南水北调办有关负责人介绍，除邯郸外，邢台、石家庄、保定、衡水、沧州、廊坊等受水区正陆续实现南水切换。目前，全省建成水厂104座，其中具备接受江水条件的水厂77座，有37个县（市、区）1140多万人喝上了南水。

清澈、甘甜、水垢少，是河北省居民用上南水后的普遍感受。磁县自来水公司经理常振江介绍，磁县是河北省第一个用上南水的地方，随着用水量逐步加大，水质不断改善，许多小区居民不再买桶装水，有的人拆掉了家里的净水器。河北省南水北调办相关负责人说，随着水厂陆续建成投用，河北省更多的地方将逐步实现水源切换，预计到2020年将有3000多万人喝上优质南水。

二、应灾救急改善民生，受水区供水保障能力提高

2016年7月19日凌晨，特大暴雨导致邯郸市主城区饮用水水源地岳城水库水体浑浊，铁西水厂供水告急。面对紧急情况，邯郸市南水北调办会同南水北调中线建管局等单位立即启动应急预案，增加南水北调工程供水量。

7月19日22时，南水北调工程向铁西水厂供水量由每天9万m^3增加到每天14万m^3。到7月20日15时，又调增到每天18.7万m^3，并暂停使用岳城水库水源。日供水能力20万t的铁西水厂开始满负荷供应南水，邯郸主城区全部用上了南水。

同样是在7月，受强降雨影响，石家庄市西北水厂供水暂停，石家庄主城区自7月21日起大面积停水，近200万市民生活受到影响。河北省南水北调办、河北水务集团迅速行动，会同南水北调中线建管局，增加南水供水量。危急时刻，石家庄市南水北调配套工程西北泵站4台水泵全部启用，向西北水厂全力供水。从7月25日开始，应急供水能力达到每天35万m^3，为居民用水提供了保障。

2016年4月，衡水市遇到少有的干旱，农作物受到严重影响。从4月15日开始，河北省利用石津干渠、军齐干渠，紧急引调4300万m^3南水，投入到农业应急灌溉中，有效缓解了衡水的旱情。

河北省南水北调办主任张铁龙介绍，河北省南水北调配套工程水厂以上输水工程建设已进入尾声，廊涿、邢清、保沧、石津4条大型输水干渠已全部具备供水条件。岗南、黄壁庄、西大洋、岳城、东武仕等水库2016年蓄水充足，与南水北调工程联合调度，将为沿线大中城市提供更加可靠稳定的饮用水保证。

三、改善生态扮靓环境，有效缓解区域内水资源紧张

近两年的夏秋时节，一到周末，许多石家庄市民喜欢到滹沱河岸边观光游玩，享受水清岸绿花美的惬意。滹沱河被称为石家庄的母亲河，受气候干旱影响，该河曾一度断流。利用上游水库来水和南水北调充水试验等契机，有关部门几次向滹沱河生态补水，为干涸的滹沱河带来了生机。目前，滹沱河已成为石家庄新的城市名片。

据介绍，南水北调工程通水后，已向滹沱河、七里河、滏阳河、李阳河、泜河、午河等生态补水累计达3000多万立方米，不仅使区域缺水状况得到有效缓解，而且提升了生态景观效果，为市民休闲娱乐提供了良好水环境。

南水北调工程提供的稳定水源，还将减少受水区地下水开采。在石家庄市栾城装备制造产业园区地表水厂，记者看到，南水北调原水干净清澈，源源不断地注入到净水池，经过过滤沉淀处理，输送到有关企业用户。

河北省南水北调配套工程建设时间紧、线路长、征迁任务重，受客观因素制约，推进难度很大。张铁龙说，有关部门将根据工程建设需要，及时召开配套工程建设推进会，实行水厂以上输水工程建设通报制度。同时，对各市配套工程逐项现场督导，派出专人盯守“卡脖子”工程，务必在2016年年底前实现工期目标。2017年，随着受水区覆盖面的扩大，年度调水量将稳步增加，南水北调效应会更加明显。

（原载2016年12月12日《河北日报》记者：马彦铭）

人民网：润泽苏鲁3周年，几多成果几多难

2013年11月15日，从扬州江都的“源头”起，一条干线总长1467km的输水线路，把滚滚长江水由北至南引至苏北、山东半岛和鲁北地区。这一天，南水北调东线一期工程正式通水。

3年过去，“东线”如今不只是一条输水线路。对江苏和山东来说，它已成为盘活区域水资源、提升沿线经济社会发展质量的一条“活力之源”。

这一工程不仅用“逆流而上”的实践体现着集中力量办大事的优势，而且蕴藏着沿线各地因地制宜、协力保障清水北上的智慧和能力。那么，南水北调东线一期工程由梦想变为现实的过程中，经过了怎样攻坚克难？这项关系我国水资源整体优化配置的工程，又给受水地区带来了怎样的效益和改变？

一、脉络：江苏勇著先鞭，江水润泽山东

南水北调东线工程的起点，是江苏省扬州市的江都水利枢纽。在京杭大运河、新通扬运河和淮河入江尾闾芒稻河的交汇处，记者走进了这座气势磅礴、景致宜人的国家级水利风景区。

穿过银杏树密布的“黄金大道”，一座刻着“源头”二字的纪念碑十分醒目。碑文书写了南水北调工程的历史功绩，也见证着江苏作为引水源头的重大责任：

“乾坤得定，水利大兴，领袖又指点江山，绘制南水北调宏图，江苏勇著先鞭。”

始建于20世纪60年代的江都水利枢纽工程，最初的功能是进行江苏省境内的“江水北调”，达到“控扼江淮，治淮排涝”的目的。东线一期工程利用已有的“江水北调”工程，在其基础之上逐步扩大调水规模，并将输水线向北延伸，将“江水北调”升级为“南水北调”。

南水北调面临的首要问题自然是如何让江水“逆流”。绵延数千里的东线线路中，海拔最高点在山东境内的东平湖。为了到达东平湖，长江水需要经过13个梯级泵站逐级提水，提升65m之后，才能从东平湖开始形成自流，向鲁北地区和胶东半岛供水。这13个梯级泵站构成了世界上大型泵站数量最集中的现代化泵站群。

除利用江苏原“江水北调”工程外，东线一期工程还利用了京杭运河及山东境内的济平干渠等既有工程。同时，沿线途径洪泽湖、骆马湖、南四湖、东平湖四大胡泊，造就了新老工程交叉、内流外源交织的特点。

这一特点贯穿在东线工程体系的各个环节中。自江都到山东省境内，供水沿线一个个规模浩大的工程，无不体现出这一体系涉及方方面面的复杂性与综合性。

在东线第二梯级泵站上，记者见到了目前亚洲最大的“水路立交”工程——淮安水利枢纽工程。它既是南水北调东线工程输水干线上的节点，又是淮河水东流入海的控制点。“水路立交”上部的渡槽可供京杭运河航运之需，是南水北调东线工的调水通道；下部的涵洞自西向东，沟通淮河的入海水道，可防100年一遇的特大洪水。东线一期工程对古运河航线的利用，使现代水利工程与古运河文化实现了和谐的融合，构成了工程干线上一道亮丽的风景。

当江水行至山东境内，输水干线出东平

湖后，开始分两路送水：一路向北，在位山附近经隧洞穿过黄河，送水到达鲁北；另一路向东，通过胶东输水干线到达威海。为送长江水穿越黄河，南水北调东线穿黄工程于2012年修建完成。这一南水北调东线的关键控制性项目，打通穿黄河隧洞，并连接东平湖和鲁北段输水干线，成功实现了调引长江水至鲁北地区，也为未来通过这一工程向河北省东部、天津和北京地区供水创造了条件。

调水的需求带来许多技术上的难题，而东线一期工程的顺利实现，也伴随着无数的技术攻关和创新。

在江苏省宿迁市的南水北调东线一期工程第六梯级站皂河站，工作人员向记者介绍，皂河站安装的6HL-70型立式全调节混流泵，主泵叶轮直径长度为亚洲之最，被称为“亚洲第一泵”。山东鲁北段大屯水库全库盘铺膜共铺设土工膜501万m^2，土工膜焊接长度1000多千米，在国内尚属首次。可以说，南水北调东线一期工程攻坚克难的成果，直接提高了国内大型泵站的设计制作水平，乃至推动制造业水平的进步。

二、关键：力克水质难关，“一江清水北上”

南水北调东线一期工程建设的参与者们都明白，东线的关键问题是水质。水质的好坏直接关系到整个工程的成败。

然而东线工程启动之前面临的治水任务极其艰巨，几乎被认为是“不可能实现的目标”。

在东线一期工程通水前，全线COD入河量须削减29万t，削减率为82%；氨氮入河量须削减2.8万t，削减率为84%，这在世界治污史上也没有先例。

针对这一情况，国务院制定了《南水北调东线工程治污规划》。为了落实该规划，保证工程水质在通水之前达到规划要求，苏鲁两省此后开始了长达10多年坚韧不拔的努力。

“江苏作为送水的源头，也是第一受水区，想让‘一江清水北上’，必须狠抓治污难题。”江苏省南水北调办沈健处长对记者介绍，江苏省把治污问题作为重点，完善了调水水质的保障机制：由省环保厅统筹负责境内南水北调水污染防治工作，加强水质保障的监督管理；省交通厅做好运河航运保障和危化品禁运监督管理，省住建厅抓好污水处理厂及配套管网运行监管，从体制上保障治污工作的有序展开。

同时，江苏省实施规划了一批深化治污项目，包括尾水资源化利用及导流工程、污水自理厂管网配套和断面水质自动监测站网建设，同时对沿线治污重点行业进行升级改造，减少COD和氨氮排放量，以及设立水产品养殖禁养区、限养区和集中区，对养殖区废污水进行专项治理。

而在山东省，规划东线工程之时，沿线的水质几乎“不堪入目”。山东省南水北调建管局副局长罗辉直言，当时的治水任务之重让他“感到无望”。

基于这种严峻的形势，山东省南水北调治污的依法管理工作责任重大。山东率先出台了全国首个针对南水北调治污的地方性法规《山东省南水北调沿线区域水污染防治条例》，还发布实施了严于国家标准的《山东省南水北调工程沿线水污染物综合排放标准》。依据这一标准，治理淘汰落后的产能实施工业污染治理“再提高工程”，对沿线城镇污水处理厂实施进一步的改造升级，全部升级到一级A标准。

在这一过程中，山东供水沿线数量众多、污染严重的造纸企业，成了重点改造的对象。而对造纸行业的有效改造，也成为山东治污成果的一个侧面展示。

在济宁市，市环保局副局长刘云廷告诉记者，当地治污工作对造纸行业的影响深远。曾经的济宁拥有数十家造纸厂，为了配合南水北调的治污工作，政府倒逼造纸企业改革升级，在用水量和排放量等方面执行严格的地方标准。

“当时有人担心高标准会不会把造纸企业‘治死’。”刘云廷说，实际的结果却是，山东的造纸业并没有萎缩，产能不降反升了。

“现在山东的造纸行业，在倒逼升级之下成为了一个低耗能、重环保的绿色产业，”刘云廷表示，“这一系列治污措施推动产业结构升级提前了十几年。”

“东线的关键问题是水质，而水质保障的重点在南四湖。”罗辉告诉记者，南四湖是东线干线必经之路，内源外源交叉，南四湖治水是“跑不掉的难题”。为此，山东实施了环南四湖、东平湖人工湿地项目建设，加强水系生态建设，强化入湖水质治理。

经过10多年坚持不懈的流域治污和生态保护，南水北调东线一期工程输水干线的水质全部达到了地表水Ⅲ类标准。而南四湖的治理成果，也成了南水北调东线一期工程沿线流域水环境质量改善的最好体现。

在济宁市的一处人工湿地边，刘云廷感慨起南四湖的转变：“当年南四湖因为水又黑又臭，被称为‘酱油湖’，现在已经跻身全国水质优良湖泊行列。这一结果对我们真是非常难能可贵。”他还跟记者谈起一个“令人惊喜的转变”——在南四湖绝迹很多年的小银鱼、鳜鱼、毛刀鱼等一些对水质要求比较高的鱼类，如今又重新出现了。

三、效益：“活”齐鲁水资源，“远不仅是调水”

1952年，毛泽东视察黄河时曾说：“南方水多，北方水少，如有可能，借点水来也是可以的。”这是“南水北调”伟大设想的第一次明确提出。而南水北调东线一期工程，主要是为了缓解苏北、山东半岛和鲁北地区的城市缺水问题。

南水北调江苏水源公司副总经理冯旭松向记者介绍，自2013年南水北调东线一期工程试通水以来，江苏省境内工程已完成了7次调水出省任务，累计抽江14.69亿 m^3，调水出省约11亿 m^3。同时，江苏新建南水北调工程积极参与省内抗旱、排涝运行，有效缓解了苏北地区用水问题。

3年里调水量的成倍增长十分瞩目：2013～2014调水年度调水1亿多立方米，2014～2015调水年度调水3亿多立方米，2015～2016调水年度调水6亿多立方米，2016～2017调水年年度计划调水近9亿 m^3。这与受水地区经济飞速发展对于水资源的需求增长密切相关。

冯旭松总结南水北调东线一期工程3年来的工作时指出，“3年来工程运行安全平稳，供水量逐年大幅提升。”他认为，这一工程的社会、经济、生态效益及战略作用正在日益凸显。

对于主要受水地山东而言，这一工程带来的带来更是持续、综合的效益，远不止近11亿 m^3 的水量这么简单。

“南水北调这么大一个工程，功效远不仅是调水、缓解水资源短缺矛盾而已，”罗辉对记者指出，“我们要通过自己的工程体系把整个区域水资源盘活，把长江水、黄河水、当地地表水以及各类非常规的水汇集到一块，构建联合调度、优化配置的骨干水网，这是一个非常庞大的体系。”

罗辉认为，南水北调是一个支点，撬动了山东整个地区水利方面的大改革，“我们构建骨干水网，从无到有，使山东的区域供水网络发展起来。”

利用南水北调骨干工程、配套工程以及地方水网工程，山东已经形成了一张供水网。干线向各个地方输水，一些时候也能反向补水，为干旱年份的水资源供给提供保障。2015年潍坊遭遇严重干旱，国家又要求引黄济青改扩建工程必须开工建设，潍坊市面临用水无着的严峻局面。山东利用南水北调新建双王城水库的蓄水，向潍坊城区及寿光市应急供2271万 m^3，保证了潍坊市用水需求。

南水北调对地区生态的改善也功不可没。罗辉介绍，从2013~2014年度开始，南四湖、东平湖已经启动了生态调水，保障了南四湖的生态安全。这些水在必要的时候又可以调去解决城市应急用水，实现“一水两用”。“我们的目的是江水来了以后，用好、配置好水资源，同时把原来长期以来因为缺水造成的生态危害恢复好，把占用的农村农业用水逐渐归还回去，对地下水的压采进行限制回补，恢复我们的大生态。”

对于这项建成运行3个年头的工程，外界的期待和其建设者参与者所承受的压力都是不言而喻的。罗辉对记者说，他始终认为南水北调作为一项公益性的工程，需要人们从多个层面上审视它的综合效益和历史贡献。同时他指出：“工程的特点也决定了它需要协调、平衡各方利益诉求，实现最优效用，这需要一个过程。”

2016年11月，东线2016~2017年度调水工作也启动在即。从江苏到山东，沿线各地都已蓄势待发，为迎接向山东调水8.89亿m^3的计划做好了准备。这项牵动万千百姓利益的工程，将继续随着江水奔涌的路径，撬动沿线区域经济社会的发展。

（原载2016年11月14日人民网
记者：陈　孟）

搜狐网：南水北调中线生态效益显著

北京市遵循“喝”“存”“补”的原则，利用南水北调，助推生态文明建设。利用南水向中心城区河湖补充清水，与现有的再生水联合调度，增强了水体的稀释自净能力，改善了河湖水质。向怀柔应急、潮白河、海淀山前等水源地试验“补”入2.5亿m^3南水，各应急水源地每日压减地下水开采26.5万m^3，累计压采超过1亿m^3，地下水下降速率减缓，补水区生态环境得到明显改善。促进“三先三后”的落实，坚持做到“不截污、不给水”，形成了治污倒逼机制。

南水北调有力促进了天津城市水环境改善。由于水资源短缺，生态用水长期得不到补给，引江通水前，天津河道大多断流、河湖水域面积萎缩，河道水质难以保证。虽然近年来实施了3轮治理，水环境质量有所好转，但由于环境用水长期得不到补充，水环境无法得到根本的转变。引江通水后，城市生产生活用水水源得到有效补给，替换出一部分引滦外调水，有效补充农业和生态环境用水，同时变应急补水为常态化补水，扩大水系循环范围，促进了水生态环境的改善。截至2016年10月，引滦累计向景观河道补水3.04亿m^3，有效改善了城市水环境。2016年春天，受引滦水质和冰冻期影响，中心城区河道水质有所下降，4月，天津开始实施引江直接向中心城区河道补水，使环境水质明显好转，中心城区4条一级河道共8个监测断面中，1~4月达到或优于V类水的只有1个，引江补水后8个监测断面全部达到或优于V类水，实现100%达标。

成功促使天津市地下水压采加快进程。天津是重度资源型缺水城市，地下水曾是最为可靠的供水水源之一，历史上开采量最高曾达到10亿m^3。近年来，随着地下水保护力度不断加大，地下水超采势头得到有效控制，开采量持续下降，但由于多年超采，地下水仍处于超采状态。作为南水北调中线受水区，2014年8月1日，天津市政府批复了《天津市地下水压采方案》，要求到2020年底，全市深层地下水年开采量控制在0.9亿m^3以内。天津市政府办公厅也印发通知，重新划定地下水禁采区和限采区区域范围，要求引江通水后更加严格管理地下水。引江通水以来，天津加快了滨海新区、环城四区地下水水源转换工作，共80余户用水单位完成水源转换，吊销许可证73套，减少地下水许可水量1010万m^3，回填机井110余眼。2014年，全市年总供用水量约26.18亿m^3，其中地下水5.34亿m^3，约占全市供水量的20%；2015年，全市年总供用水量约26.77亿m^3，其中地下水4.92亿m^3，约占全市供水量的18.3%，地下水在全市总供水量中所占比例明显降低。

南水北调中线工程通水后，先后向石家庄市滹沱河、邢台市七里河生态补水近3000万m^3，使该区域缺水状况得到了有效缓解，河道重现波光粼粼的场面，提升了生态景观效果，为市民休闲娱乐提供了良好的水环境。南水北调工程提供的稳定水源，减少了受水区地下水开采，促进了地下水压采工作的开展，对有效缓解区域内水资源紧张状况，加强水资源保护，涵养地下水，改善水生态环境发挥了重要作用。

金秋十月，在石家庄市东部滹沱河两岸，一到了周末，成群结队的人们来到水边嬉戏，尽情享受着水清岸绿花美的惬意。受气候干旱的影响，作为石家庄的母亲河——滹沱河，一度断流，是南水北调中线工程为滹沱河带来了生机，利用上游水库来水和南水北调充水试验的契机，适时向滹沱河生态补水。

河北沿线城市水环境得到有效改善。南水北调工程通水后，已多次向石家庄市滹沱河、邢台市七里河，以及省内的滏阳河、李阳河、泜河、午河等生态补水共达3000多万立方米，使该区域缺水状况得到有效缓解，提升了生态景观效果，为市民休闲娱乐提供了良好的水环境。

更为重要的是，南水北调工程提供的稳定水源，减少了受水区地下水开采。在石家庄市栾城装备制造产业园区地表水厂，记者看到南水北调原水干净清澈，源源不断地注入到净水池，经过过滤沉淀加工后，输送到35家大型企业用户。石家庄市南水北调办李延辉对记者说："这家水厂自4月19日运行后，封闭了47眼自备井，地下水水位现在逐步回升。"

2016年，河北省政协将农工党河北省委提交的《加强水资源保护，改善生态环境》提案，作为2016年1号提案办理。提案指出，近10年来，河北省生产生活年均用水量约200亿m^3，年均水资源可利用量仅150亿m^3，如果考虑生态环境用水，年缺水量约100亿m^3。河北长期大量超采地下水，年均超采量59.6亿m^3，超采区总面积6.7km^2，占平原区总面积的91%，形成了7个大的地下水漏斗区，导致地面沉降、地陷地裂、海水入侵等环境问题。

10月27日，在河北省政协新闻发布会上，秘书长郭大建说，河北省地下水超采综合治理试点范围扩大到9市115个县，2016年总投资87.12亿元，计划通过采取"节、引、蓄、调、管"等综合措施，到2017年3月前累计形成农业压采能力22.3亿m^3。同时，关停南水北调受水区自备井3954眼、超采区灌溉机井2401眼。

郭大建表示，2016年以来，河北省超采区地下水位下降速率明显变缓，深层地下水超采势头得到遏制，这对缓解区域内水资源紧张状况，加强水资源保护，涵养地下水，改善水生态环境发挥重要作用。

河南省许昌市通过孟坡分水口门向许昌市区的北海、石梁河、清潩河生态补水615万m^3。郑州市通过退水闸向西流湖生态补水2000多万立方米，置换出来的黄河水用于生态水系建设，因缺水而萎缩的湖泊、水系重现生机。鹤壁市通过退水闸向淇河生态补水700多万立方米，有效缓解了淇河水资源不足问题。按照《河南省南水北调受水区地下水压采实施方案（城区2015~2020年）》，计划到2020年，全省受水城区地下水压采总量为2.7亿m^3。2015年全省受水区压采地下水7583.5万m^3，占城区压采总目标的28.1%，其中浅层水压采4390万m^3，中深层承压水压采3193.5万m^3；处置井数641眼，其中永久填埋408眼，封存备用233眼。累计14个公共供水水厂地下水置换为南水北调水源，置换（压采）地下水量5331.5万m^3。2016年上半年，全省受水区压采地下水4462.4万m^3，完成全年压采计划的65%。

河南省水利厅、省住房城乡建设厅、省南水北调办联合督导，切实加快城市受水水厂建设，努力扩大供水范围和用水量，充分发挥南水北调工程效益。河南省目前南水北调工程供水受益人口已达1600余万人，农业有效灌溉面积115.4万亩。全省受水区已供水的44座水厂中，共有23座水厂水源由开采地下水置换为南水北调水，邓州市、南阳市新野县等21座城市地下水水源得到涵养，地下水位得到不同程度提升，为子孙后代留下发展水源；剩余21座受水水厂主要水源也由当地地表水置换为南水北调水，置换出的黄河水及地下水可以反哺农业用水，为粮食大省农业生产提供动力。

（2016年11月24日　搜狐网）

千龙网：北京将沿六环建第二条地下南水输水线供远郊

千龙网记者从北京市南水北调办获悉，2020年北京市内配套工程要具备接纳14亿~17亿m^3的来水能力，为此，北京正在启动石景山水厂、通州水厂二期、大兴和亦庄（新机场）水厂建设，在这个基础上，还要围绕六环建设环形工程，形成环线供水管网，覆盖除延庆外所有地区。工程完成后，全市百姓将基本实现喝上南水。

一、南水进京让百姓有实实在在获得感

两年前的今天，丹江口水库来水经历1276km长途跋涉正式进京，截至12月27日，北京已累计收水19.4亿m^3，其中2015~2016年度接纳来水11.04亿m^3，超过了规划分配水量10.5亿m^3。水质始终稳定在地表水环境质量标准Ⅱ类以上，全市直接受益人口超过1100万，本市水资源紧缺形势得到缓解。

“以前，北京多年来人均水资源量仅为100m^3左右，通水两年来，人均水资源量已经增加到约150m^3，比原来增加了50%。”北京市南水北调工程建设委员会办公室主任孙国升介绍，南水的到来也有效遏制了地下水下降趋势。

“本市长期以来不得不靠超采地下水来保障用水需求，近年来平原区地下水位年均下降约1.0m。江水进京两年来，2015年底平原区地下水埋深与2014年末基本持平，仅下降0.09m，2016年11月平原区地下水埋深比2015年同期回升0.42m。”孙国升说。

南水进京，按照“喝”“存”“补”的原则，不仅有效缓解了水资源匮乏。同时，也让北京市民有了实实在在的“获得感”。

居民饮水水质有了明显改善，特别是在以南水北调来水为单一水源的郭公庄水厂供水范围内效果尤为突出，自来水硬度由以前的380mg/L降为120~130mg/L，居民普遍反映自来水水碱减少、口感变甜。很多市民的用水条件也得到了改善，有充足的南水保障后，全市大规模开展了自备井置换工程，近两年已关停城区自备井200余眼，近60万市民喝上了市政自来水。

二、水环境的改善让这座城市更宜居

据悉，南水北调向昆明湖、晓月湖、园博湖、“六海”、北护城河等城市河湖补水，极大改善水质和提升景观效果的同时，也传承着历史文化：“卢沟晓月”得以重现，世界遗产颐和园美轮美奂的呈现，“北海泛舟”“银锭观山”等给人更完美的体验。南水北调大宁调蓄水库、团城湖调节池、亦庄调节池等配套工程也实现蓄水，增加水面面积约550hm^2，一湖碧绿清水与岸边郁郁葱葱的树木相映成趣，形成美丽的自然景观。

三、未来南水将被输送至远郊

目前，北京市共有郭公庄水厂、第三水

厂、第九水厂、田村山净水厂、309水厂、门头沟城子水厂、长辛店水厂等7座水厂接纳南水，总规模超过300万m^3。南水入京量稳定在日均340万m^3左右，其中水厂取水225万m^3（夏季供水高峰期），占城区日供水量超过7成。

南水供水范围基本覆盖中心城区、丰台河西地区及大兴、门头沟等新城，昌平、通州部分地区居民也能喝上南水。北京远郊居民什么时候可以喝上、用上南水？

“未来本市将建设更多水厂，目前通州水厂、第十水厂基本具备供水条件，良乡、黄村两座水厂正在紧张建设中，石景山、亦庄、门城3座水厂即将开工。”北京市南水北调工程建设委员会办公室副主任何凤慈介绍，北京的五环路地下深埋着一根南水输水“动脉”，计划在六环路地下建设第二条输水线，通过联通各管线确保南水输送到远郊。

据介绍，第二条输水线将沿六环新建河西干线、南干渠二期、东干渠二期，在东侧与京密引水渠相接，设计输水量可达每年17亿~22亿m^3，并同步建设配套的水厂。完工后，主要为郊区送水，解决郊区水厂落后、长期超采地下水的问题。预计2020年之后开工，2030年完工。届时，北京市将形成“双环供水，相互调配”的城乡供水安全保障格局。

（2016年12月28日千龙网　记者：秦胜南）

中国南水北调报：涓涓南水，润泽北方

——南水北调东中线一期工程全面通水两周年综述

截至2016年12月12日，南水北调东中线一期工程全面通水两周年以来，受水区覆盖北京、天津2个直辖市，及河北、河南、山东、江苏等省的33个地级市，8700万北方居民喝上了南水。两条输水线成为发展保障线，工程沿线各地供水保证率提升，治污环保提速，生态环境改善。南水北调，这一水资源优化配置的重大战略性基础工程，已取得了实实在在的社会、经济、生态综合效益。

一、保水质，受水区水质明显改善

南水北调成败在水质。东中线工程通水两周年来，沿线各省市大力加强水污染治理和生态环境建设，在受水区，水质改善则更为明显。

北京市自来水集团的监测显示，使用南水北调水后自来水硬度由原来的380mg/L降至120~130mg/L。在媒体实地走访时，市民普遍表示，自来水水质明显改善，水碱减少、口感变甜。

天津中心城区的两次水质变化给老居民带来了深刻感受：一次是20世纪80年代引滦入津后由又苦又咸的海河水变成滦河水；再一次就是喝上甘甜的丹江口水库水。平时喜欢喝茶的人们更能真切体会到饮用水口感的变化。河北省供水逐步切换为南水北调水源，沧州、衡水、邢台、邯郸等市及黑龙港地区即将彻底告别祖祖辈辈饮用苦咸水、高氟水的历史。随着水厂的建成，更多的县市将逐步实现水源切换，预计到2020年将有3000多万人喝上优质的南水北调水。河南省受水区城市不少家庭净水器具下岗，对水质要求较高的观赏鱼也不再使用桶装水，家里养殖直接使用自来水。

二、保生态，沿线生态资源配置优化

水是维系经济社会发展和良好生态系统的基础和命脉，建设生态文明、提高生态安全，离不开水资源的保障。

东中线工程通水两年来，北京、天津等受水区六省市加快了南水北调水对当地地下水水源的置换，已压减地下水开采量2.78亿m^3。工程沿线城市超采区的地下水位已经开始回升。南水北调工程的生态效益不断显现。

山东省为应对东平湖、南四湖生态危机，通过东线工程分别向东平湖、南四湖上级湖生态调水0.55亿m^3、1.45亿m^3，极大地改善了“两湖”的生产、生活和生态环境。3年来，东线工程累计为济南市小清河补水2.4亿m^3，改善了小清河上游济南市区段水质和生态环境。2015年2月至今，利用南水北调工程向济南市保泉补源0.58亿m^3，已经“视觉停喷”的泉城济南重现百泉齐涌的美丽景观。东线工程为城市、工业供水，促进了经济、社会发展，城市和工业用水又可回收重复利用，回灌地下，恢复地下水位，增强地下水循环的可再生性。近3年来，山东省地下水开采得到有效遏制，局部地区地下水位上升，大部分地区地下水位下降速率减缓。

江苏省通过东线工程向骆马湖补水，运行期间骆马湖水位由21.87m上升至23.10m，为保障该地区生产生活、航运和生态环境发挥了重要作用。2014年，为保护南四湖下级湖的湖泊生态环境，利用工程进行应急生态补水累计8069万m^3。通过东线水环境治理，提高了区域水环境容量和承载能力，使得工程沿线的城乡水环境极大改善。淮安市获得“国家环保模范城市”称号，原来以脏乱差闻名的“煤都”徐州，也以碧湖、绿地、清水打造成为宜人居住的绿色之城。

北京市利用南水北调水每天向城市河湖补水17万～26万m^3，增加水面面积约550hm^2，城市河湖水质明显改善。随着南水北调水进京，多年来超采严重的密云、怀柔、顺义水源地，遏制了地下水水位下降趋势。2016年10月，全市地下水平均埋深25.46m，同比上升0.53m。同时，通过工程向密怀顺水源地试验性补水0.84亿m^3，补水区域地下水位明显上升，与上年同期相比，局部地区最大升幅达8.08m。

天津市在通水后加快了滨海新区、环城四区地下水水源转换工作，地下水位累计回升0.17m。利用南水北调水置换出的引滦水和本地水向河道补水，改善了城市环境，有效补充了农业和生态环境用水。随着应急补水变为常态化补水，水系循环范围扩大，促进了水生态环境的改善。

河北省利用南水北调工程先后向滹沱河、七里河生态补水0.7亿m^3，使该区域缺水状况得到有效缓解，河道重现生机。

河南省利用南水北调工程向郑州西流湖和鹤壁淇河进行生态补水。邓州等14座城市地下水水源得到涵养，地下水位得到不同程度的回升。许昌市借助南水北调水实施水源置换，开展生态补水，进行水系连通工程和水生态文明建设，中心城区和郊区浅层地下水位较2014年回升约2.6m。南水北调工程以及渠道两侧的绿化带建设，也成为一道风景线，改善了生态环境，美化了人们的生活。

三、保应急，兼顾抗旱防汛减灾

我国水资源时空分配不均，干旱缺水已经成为每时每刻都悬在头上的达摩克利斯之剑。保障包括特大城市在内的居民生活用水，保证农业生产用水，保持社会稳定和经济发展，是南水北调工程基础性、战略性作用的重要体现。

2014年，山东省利用东线工程向潍坊应急供水1566万m^3。江苏省境内刘山站、解台站、金湖站、淮安三站、淮安四站投入抗旱排涝运行，累计抽水5.8亿m^3，为缓解淮北地区旱情和宝应湖周边排涝发挥了积极作用。2015年，江苏省境内刘山站、解台站投入淮北地区抗旱运行，抽水6882万m^3，为保障地区生产生活、航运和生态环境发挥了重要作用。宝应站、金湖站投入排涝运行，抽水1.8亿m^3，缓解里下河地区和宝应湖地区的涝情。

引江济汉工程在湖北省防汛抗旱中也发挥了重大作用，累计向长湖、东荆河补水约5.3亿m^3，积极解决了东荆河区域灌溉及80万人饮水水源问题，并通过多次向沿线河湖补水，满足了204万亩农田灌溉用水及水产养殖需求。2016年7月，为应对湖北强降雨，引江济汉工程开启高石碑出水闸撇洪，撇洪1亿 m^3，有效缓解了长湖防汛压力。2016年“7·19”特大暴雨后，中线工程紧急向河北石家庄、邯郸市区调水，保障了城市的用水紧急需求。南水北调工程还向河北衡水紧急调水5000万 m^3，减轻了衡水市的旱情。

四、保经济，促进地方经济效益显现

东中线一期工程通水后，沿线省市增加了水资源的供给。由于南水北调受水区是重要的工业经济发展聚集区、能源基地和粮食主产区，通过调水让这些地区破除水资源短缺的瓶颈，更加有利于这些地区发挥区位优势、资源优势，建立富有特色的主导产业，并促进关联产业的发展。

工程通水以后，一方面，使北京、天津、石家庄、济南等北方大中城市基本摆脱了缺水的制约，为经济结构调整包括产业结构、地区结构调整创造机会和空间。另一方面，进一步促进受水区节水工作的开展，在受水区带动发展高效节水行业，淘汰限制高耗水、高污染行业的发展。各地大力推广工农业节水技术，逐步限制、淘汰高耗水、高污染的建设项目，实行区域内用水总量控制，加强用水定额管理，提高用水效率和效益。此外，南水北调工程实行成本核算，促进水价机制改革，通过价格杠杆的作用进一步促进节水型农业、工业、服务业发展。

东线工程治污之初，山东省内造纸厂有700多家，遍布各流域，排污量占了全省排污量的70%，一家厂就能染黑一条河。治污工作开展以来，通过实行严格的排放标准，对治污不达标的企业坚决关停，投巨资加快清洁生产，700多家企业最后只剩下10家。到2010年，造纸行业COD排放量比2002年减少了62%，而产业规模却是原来的3.5倍，利税是原来的4倍，实现了经济与环保双赢。

在中线工程水源区，对矿物采选和冶炼、黄姜皂素生产、汽车电镀等重点水污染行业加大治理力度，坚决关闭治理不达标企业，积极推进工业清洁生产，同时做强做大优势装备制造业，加快发展中药材和绿色食品加工业，积极发展以旅游业为主的服务业。例如，中线工程渠首所在的淅川县九重镇针对生态建设需要和移民土地大量减少实际，大力发展施用农药、化肥少，经济效益好的金银花产业，通过基地示范带动全镇发展金银花面积1.35万亩，年综合产值近亿元，成为当地涵养水源、保养水质、快速致富的黄金产业。

南水北调工程之水，既是促进发展之水，又是促进改革之水。全社会正在通过南水北调工程每一滴水的高效节约利用，促使经济结构调整和产业优化升级，为地区经济社会发展注入新的动力。

五、评论（本报评论员）

南水北调东中线工程全面通水两年来，综合效益显而易见。沿线城镇8000多万人直接受益，受水区群众生活幸福指数明显上升。

南水带来的生态效益可观。北京市已经储存了2.64亿 m^3 南水。天津市置换出的引滦水补充到了农业和生态环境上。东线工程则构建起了一个联合调度、优化配置的骨干水网，向骆马湖、南四湖、东平湖补水，有力保障了受水区的生态环境。

河南、湖北、陕西三省水源区不断加大丹江口库区上游水污染防治和水土保持规划项目实施力度，探索出了一条绿色可持续发展道路。其中，陕西省安康市的森林覆盖率由10多年前的49%提高到了现在的65%。

作为缓解我国北方地区水资源严重短缺局面的重大战略性工程，南水北调功在当代、利在千秋。东中线工程全面通水后，我国具备了水资源南北调配的能力。从我国战略发展的角度出发，我们应当把着眼点放在南水北调工程的“长治久安”上。所谓“长治久安”，就是工程设施的长期安全输水，工程综合效益的持续发挥。这应当是当前乃至今后一个时期南水北调系统的重要任务。

确保工程“长治久安”，当务之争是全面提高工程应急保障能力。目前，工程输水量大，南水占到北京城区居民日常用水的7成，更是天津最重要的水源。而南水北调输水线路长，建筑物众多，洪涝、冰冻、地震等自然灾害极有可能引发工程输水安全风险。一旦工程停止输水，直接影响上千万人的饮水安全，形成重大影响。所以，一方面，我们要不断完善各项运行管理制度，全面消除输水安全隐患。另一方面，还要积极推动工程沿线调蓄水库建设，提升特殊情况下的供水保障能力。

南水北调，成败在水质。确保工程“长治久安”，还需要着力提高水质保护能力。目前，水源区贫困县较多，经济发展后劲不足，垃圾填埋场和污水处理厂虽然建成，但有些运行难以为继，水污染防治和水土保持的压力并不小。必须在推动水源区保护的同时，加大对口协作力度，真正让南水北调实现南北双赢，使一渠清水永续北上。

确保工程“长治久安”，还需要加大水费收缴力度，以保证运行管理单位的正常经营。目前，由于工程沿线受水省（市）的经济条件不同，对国家确定的“两部制”水价执行不到位，存在着长期拖欠水费的现象。我们既要考虑南水北调的公益属性，还要保证项目法人正常的运行成本和基本还贷能力，迫切需要在国家层面建立南水北调水费缴纳协调机制。

确保工程“长治久安”，需要进一步理顺工程运行管理体制。目前，南水北调工程在供水的统一调配和统一调度管理上，协调沟通还不够顺畅。这些问题将成为制约现代企业健康发展的最大障碍，亟待解决。我们还要统筹兼顾，在工程运行管理上狠下功夫。继续扩大规范化管理活动成果，构建规范化运行管理体系，深挖内部潜力，多送水，送好水。更要锲而不舍，切实加大管理创新，以人为本，打造和谐南水北调，以南水北调的广阔发展前景吸引人才、留住人才，推动南水北调事业健康持续发展。

（原载2016年12月12日《中国南水北调报》
记者：宣　轩）

捌 综合管理

GENERAL MANAGEMENT

综　述

总 体 进 展

概　述

2016年是“十三五”规划的开局之年，南水北调系统按照年初确定的“稳中求好创新发展”工作思路，把从严治党两个责任扛在肩上，全力做好南水北调各项工作，工程平稳运行、水质持续达标、移民总体稳定，工程综合效益充分发挥，管理水平有新提高，推动后续工程前期工作，促进东线应急供水工程和中线应急调蓄工程建设。

（马永征　潘新备　赵　波）

工程运行管理

2016年，南水北调系统上下加强运行管理规范化建设，国务院南水北调工程建设委员会办公室（以下简称国务院南水北调办）持续保持运行监管高压态势，全年共组织飞检157组次（其中办领导带队飞检35次），组织专项稽察10次，及时发现问题。充分发挥社会监督作用，继续做好运行管理举报调查处理工作。经过一年努力，运行管理制度体系逐步形成，突出问题得到集中解决，人员素质得到较大提高，工程环境形象面貌大为改观，管理水平明显提升。

（一）规范化管理

国务院南水北调办制定了运行管理规范化监管工作方案，组织制定运行管理考核办法，完善运行监管机制和制度。组织召开了规范运行管理现场会，对中线工程进行现场检查、应急实操。成立规范化监管工作组，开展试点建设，并对试点管理处开展定向监管，促进规范化进程。重点解决现场管理“不标准”问题，南水北调中线干线工程建设管理局（以下简称中线建管局）修订或制定现场运行管理工作手册（作业指导书）84项，初步建立了输水调度等核心业务以及与之相关工作（专业）的标准体系。天津市南水北调工程建设委员会办公室（以下简称天津市南水北调办）共制定11项管理办法、2项应急预案、2个技术手册和100余项内部制度。

中线现场管理处针对工作岗位编制《岗位工作手册》，做到“五明确”。实施岗前培训见习、考试上岗、持证上岗、岗中考试及考核等制度，促进岗位人员不断提升技能。南水北调东线山东干线有限责任公司（以下简称山东干线公司）不断强化泵站操作规范化，2016年选派20名选手参加山东省水利行业职业技能大赛全部获奖，几乎囊括了泵站运行工种全部奖项。

中线建管局按照“一级做精、二级做强、三级做实”的总体思路，健全现地管理处科室设置，配齐相应人员，加快绩效管理体系和薪酬体系建设，现地管理处编制内人员到位率95%。南水北调东线总公司（以下简称东线总公司）优化内部机构设置，新增了水质管理中心和政策及技术研究室。

中线规范化管理活动2016年7月进入强推阶段，确定了以调度值班等为重点的第一批强推项目，随后又推出了以闸门启闭演练等为重点的第二批强推项目、以应急演练等为重点的第三、四批强推项目。东线开展了运行管理标准化试点工作，并完成试点标识标牌、上墙制度建设清单等第一阶段工作。

（二）水费收缴管理

在国家发展改革委、财政部、水利部等部门及沿线省（市）政府的支持配合下，国务院南水北调办会同省（市）南水北调办事机构，多管齐下力促水费收缴。截至2016年底，2016年中线建管局共收取水费47.89亿元，较2015年增长88.4%；东线总公司共收取水费14.46亿元，较2015年增长125.2%。北京、天津均明确了水费收缴机制。山东省2016年水费已足额缴纳，正在研究制定水费收缴管理办法，建立长效收缴机制。

（马永征　潘新备　赵　波）

工程综合效益

2016年，国务院南水北调办强推运行管理规范化，沿线省（市）不断加大生态带建设力度，运管单位开展运行环境专项整治。用水量和工程效益不断提升，工程通水以来，受益范围不断扩大，在保障供水、生态恢复、改善水质等方面效益越来越好，得到受水区地方政府和人民一致称赞和肯定。

（1）受益覆盖面。东中线一期工程通水以来，北京、天津两市和河北、河南、山东和江苏4省的33个地级市8900万人受益。中线北京、天津、石家庄、保定、郑州、新乡等18座大中城市的供水保障能力有效改善。江苏省扬州、淮安、徐州等7市50个区（县）共4500多万亩农田的灌溉保证率得到提高。

（2）供用水量。2015～2016供水年度，东线向山东净供水4.42亿m^3（跨省6.02亿m^3），圆满完成年度水量调度计划，约为2014～2015调水年度供水量的2倍，为第一个供水年度的6倍。中线实际供水量37.19亿m^3，约为2014～2015调水年度的2倍；超出主管部门年度下达计划33.23亿m^3的12%；超出年度各省（市）申请用水计划（按每月实际需求计算）36.24亿m^3的3%。其中向北京、天津供水超过规划分配水量。

（3）生态效益。受水区多地地下水位回升，北京全市地下水平均埋深同比上升0.53m，天津市地下水位累计回升0.17m，山东省平原区地下水位较2015年同比上升0.19m。河北省利用南水先后向滹沱河、七里河生态补水0.7亿m^3，河道重现生机；河南省境内主体工程以及渠道两侧的绿化带建设，形成一道亮丽的风景线，极大改善了周边生态环境；湖北省十堰五条河恢复了水清草美的景象。

（4）受水区水质。南水给北方人民带来了实实在在的好处，北京市自来水集团监测显示，使用南水后自来水硬度由原来的380mg/L降至现在的120～130mg/L。天津市民明显感受到自来水口感变甜。

（5）受水区节水。召开受水区各省（市）参加的“三先三后”工作会，跟踪督促受水区“三先三后”落实情况，持续推动受水区节水等相关工作。2016年，受水区万元GDP用水量、灌溉水有效利用系数、万元工业增加值用水量等节水指标全国领先。

（6）地下水压采。国务院南水北调办与国务院有关部门于2016年6月启动了受水区地下水压采工作评估考核。此次评估考核，是2013年国务院批复地下水压采方案以来的第一次，有利于推动地方落实责任，加大南水北调水使用量。多地地下水位明显回升、水环境明显改善，南水北调水大大促进了绿色发展。

（7）生态带建设。北京、天津、河南境内工程管理范围两侧的生态带建设基本完成，累计建成绿化带长度约700km、面积20万亩，达到总体建设任务的60%。中线建管局积极研究引进市场化模式进行干渠管理范围的生态建设，纳入全面整治计划并开展绿化试点

31km，取得了良好效果，同时二期绿化工程也已做好建设准备。

（马永征　潘新备　赵　波）

安全管理

中线成功应对了沿线暴雨洪水考验，化解了极寒天气下冰冻威胁，实践证明，膨胀土边坡总体稳定，工程质量可靠，加上运行管理和安全生产措施不断强化，东中线一期工程都经受了初期运行的考验，没有发生工程质量事故或供水安全事故，积累了管理经验，增强了信心。

（1）安全生产。国务院南水北调办年初召开安全生产领导小组会议、南水北调系统安全生产工作会议，加强特殊时期和重要时间节点安全生产管理，督促做好“两会”及节假日期间南水北调工程安全生产。各运管单位进一步完善安全生产管理组织、责任、制度体系，狠抓责任落实，为工程运行安全和供水安全提供了可靠保障。

（2）应急管理。各运管单位及时建立健全相关预案，全面深化应急管理工作。面对2016年汛期5轮强降雨的严峻汛情，有力、有序、有效地做好防汛工作，确保了工程安全和供水安全。科学应对中线工程冰期输水复杂情况，及时排除风险，保障了北方城市冬季供水安全。中线建设了南阳、新郑、石家庄等10个水污染应急物资储备库。北京、天津、河北、河南4省（市）都将中线工程应急管理纳入地方应急体系，中线应急能力日趋完善。

（3）安保工作。北京市南水北调工程建设委员会办公室（以下简称北京市南水北调办）加强工程设施的监测、检查、巡查、维修和养护，确保安全。山东干线公司专门成立安全生产办公室并配备了5名专职人员。中线建管局密切与地方联系，建立安全保护工作协调机制，联合设立警务室，对危害工程安全行为进行及时有效处置。

（马永征　潘新备　赵　波）

水质安全

在国家发展改革委、环境保护部等部门积极支持下，水源区及沿线地方政府将南水北调水质保护当作政治任务，高度重视、抓实抓细，水质不断向好，风险防范体系逐步建立，中线水源区达到或优于Ⅱ类，东线通水期间保持在Ⅲ类。

《丹江口库区及上游水污染防治和水土保持“十二五”规划》、纳入《淮河流域水污染防治“十三五”规划》的东线治污规划补充项目全面收官落地，水源区及沿线水质持续改善。规划实施情况表明，山东、江苏、河南、湖北、陕西5省的规划完成率和水质达标率均在全国重点流域处于领先水平。《丹江口库区及上游水污染防治和水土保持“十三五”规划》已编制完成。

协调环境保护部组织调水沿线国控断面的水质监测和信息发布，开展中线干线饮用水水源保护区的划定和完善。指导工程运管单位建立水质监测和预警体系，会同交通运输部联合印发文件，指导地方和运管单位加强管理，防控跨渠桥梁突发性水污染事故。

（马永征　潘新备　赵　波）

移民安置

河南、湖北两省不懈努力，移民安置区产业逐步发展，移民就业更加充分，收入稳步提高。整合多项支农惠农政策资金，实施“强村富民”战略，建设“一村一品、一村一业”，提高移民就业增收水平。加强移民技能培训和社会治理创新，创建“移民创业之星”“和谐移民新村”，促进移民村经济社会协调发展。国务院南水北调办会同河南、湖北两省，开展矛盾纠纷排查化解专项活动。2016

年库区及沿线社会大局稳定。

（1）遗留问题扫尾和移民后续工作。河南、湖北两省完成了县级自验，以验收为抓手，及时处理了一批移民遗留问题。淅川县九重镇南水北调移民产业发展试点稳步推进，南水北调丹江口水库移民后续帮扶规划编制完成。

（2）帮扶受灾移民。2016 年湖北省多地遭受大暴雨侵袭，部分移民受灾，国务院南水北调办积极筹措补助资金，协调国家发展改革委，帮助湖北省开展移民灾后安置和生产生活恢复工作。湖北省加强组织领导，第一时间安全转移安置受灾移民，妥善安排灾后重建工作，受灾移民整体稳定。

（3）用地手续。积极协调有关部门和省（市），加快用地组卷报批。湖北、河南两省库区淹没用地获国土资源部批复；河南、河北干线征迁用地组卷经国土资源部正式批复。此外，东中线临时用地累计返还 99.93%。

（4）对口扶贫。国务院南水北调办认真贯彻落实中央定点扶贫工作的方针政策和决策部署，高度重视定点扶贫县湖北省十堰市郧阳区的脱贫工作，向郧阳区选派挂职干部和驻村第一书记，协调相关规划衔接，加强对口协作协调，统筹行业资源，在湖北省南水北调管理局和湖北省移民局的大力支持下，从郧阳区招录 200 余名贫困群众作为中线干线工程安保人员，助力贫困户精准脱贫。

（马永征　潘新备　赵　波）

工　程　验　收

国务院南水北调办组织召开南水北调系统验收工作会议，分析面临的形势和存在的问题，对验收工作进行安排并提出要求。各单位进一步健全了验收机构，制定了完工验收保障方案，完成了 4 个设计单元工程完工验收，核准了 20 个设计单元工程完工财务决算，跨渠桥梁验收移交工作进入收尾阶段。

国务院南水北调工程建设委员会专家委员会（以下简称专家委员会）2016 年 11 月组织专家对中线干线工程运行管理情况进行了全面核查，认为：中线干线工程全线通水两年来，运行安全情况良好，供水效益显著，运行管理规范化已见成效，调度体系日臻完善，安全工作基本满足要求，全线渠道和建筑物运行总体正常。

（马永征　潘新备　赵　波）

后　续　工　程

南水北调系统各单位齐心协力，大力推动后续工程前期工作，大力促进中线应急调蓄工程建设，大力协调体制机制，转型发展难中有进，取得一定成绩。

东中线一期工程通水后，京津冀地区用水结构出现了新变化，用水需求和保障出现了新情况。从了解情况看，东线二三期工程在“十三五”内开工建设有一定难度。为确保“十三五”时期京津冀协同发展和区域生态文明建设、京津冀三地生产生活用水需求，南水北调系统勇于担当，主动作为，依据东线一期工程总体可研内容，大力推动实施一期工程北延应急供水工程。

国务院南水北调办组织开展了现场调研，北京、天津、河北、江苏、山东 5 省（市）南水北调办（局）及南水北调东线总公司、南水北调东线江苏水源有限责任公司（以下简称江苏水源公司）、南水北调东线山东干线有限责任公司积极配合，摸清了应急调水线路有关问题，形成了东线一期向北延伸应急通水研究报告，并向国家发展改革委报告了研究成果。与此同时，大力推动西线工程前期工作。

国务院南水北调办从 2015 年提出建设中线应急调蓄工程，并加快推进相关工作。2016 年，国务院南水北调办充分考虑地方的实际需求，以结合抽水蓄能工程为突破口，协调推动加快项目进度。组织召开南水北调中线工程抽水蓄能专家研讨会，邀请有关专家对有关抽水蓄能调蓄工程选址出谋划策。多次赴河南省和河北省相关地市，现场调研中线调蓄工程选址，进行座谈，协调地方推动应急调蓄工程立项。多次与国务院相关部门沟通协调，阐明应急调蓄工程建设的必要性，了解有关支持政策及行业规划，协助地方推动调蓄工程项目纳入地方或行业规划。河南省南水北调办已将“建设大型引水工程调蓄水库及连通工程”有关任务纳入河南省委“十三五”发展规划建议及省政府“十三五”发展规划纲要中，并组织勘测设计单位，提出了《新乡调蓄工程抽水蓄能电站选址报告》。许昌、新乡已组建了专门机构，筹备相关项目前期工作。

（马永征　潘新备　赵　波）

投资计划管理

概　述

2016年，投资计划管理部门深入落实南水北调工程建设工作会议精神，围绕国务院南水北调办党组提出的“稳中求好，创新发展”的工作总思路，以“着力推动后续工程”和“加强投资收口关闸”为重点，开展各项工作。东线一期北延应急通水工作取得进展；中线应急调蓄工程规划研究成果得到有关地方积极响应；对西线工程综合效益问题进行了大量研究；严管概算内投资使用，项目法人投资控制情况逐渐明朗；严控概算外新增项目，特殊预备费使用监管进一步加强；加强动态投资监控，南水北调工程投资基本可控制在国家批复投资规模内；开展价差审查审批，落实年度投资计划，工程收尾工作投资得到保障。

（王　熙）

投资计划管理

2016年，投资计划管理工作按照“加强投资收口关闸”的总体要求，保障工程尾工建设投资供给，解决尾工建设和初期通水管理并行的特殊时期出现的新情况和新问题。

（1）投资计划总体情况。截至2016年底，国务院南水北调办和水利部累计下达南水北调东、中线一期工程投资计划2619.7亿元。其中，中央预算内投资254.2亿元，中央预算内专项资金（国债）106.5亿元，南水北调工程基金196.5亿元，国家重大水利工程建设基金1586.6亿元，贷款475.9亿元。国务院南水北调办累计下达投资计划2612.8亿元，其中工程建设投资计划2439.7亿元，初步设计工作投资计划14.2亿元，文物保护工作投资计划10.9亿元，待运行期管理维护费10.9亿元，特殊预备费计划0.5亿元，中线一期工程安全风险评估费0.6亿元，过渡性资金融资费用136亿元。水利部累计下达6.9亿元，全部为前期工作投资。

（2）年度投资计划管理。一是下达2016年投资计划，保障尾工建设投资需求。国务院南水北调办2016年下达四批投资计划，共计1.8亿元，全部为国家重大水利工程建设基金。其中，工程建设投资计划0.1亿元，用于陶岔渠首枢纽工程和南四湖水资源监测工程；待运行期管理维护费0.6亿元，用于东线工程试运行费；特殊预备费0.5亿元，用于漕河渡槽和槐河（一）渠道倒虹吸防洪防护工程；中线安全风险评估费0.6亿元。二是向国家发展改革委报送2017年投资建议计划。2017年建议安排投资计划19.9亿元，其中：特殊预备费17.9亿元，用于中线干线防洪防护应急工程、丹江口水库库底清理增加投资、丹江口库区地质灾害治理工程应急项目、中线干线工程防护林及绿化一期工程等10个项目建设。续建项目投资2亿元，用于南四湖水资源监测工程、石家庄段康庄岳村桥梁设计变更、中线安全风险评估、丹江口水利枢纽大坝加高工程等4个项目建设。

（3）三年滚动投资计划。2016年，按照国家发展改革委要求，建立政府投资项目储备，组织指导各项目法人和直属单位对2017～2019年各年度投资需求进行分析，编报三年滚动投资建议计划。项目储备情况包括四类：一是南水北调东、中线一期工程。东中线一期工程已明确投资规模，但尚未下达的投资计划纳入项目储备，用于部分尾工建设、根据运行情况完善功能、应对突发事件、应对新问题和新情况。二是后续工程。根据《南水北调工程总体规划》，将东中线后续工程和西线工程纳入项目储备。三是丹江口库区移民后续帮扶项目。四是其他项目。中线一期调蓄水库、东线一期向北延伸应急供水项目等。建议国家发展改革委2017～2019年三年安排南水北调东、中线一期工程投资计划80亿元，其中2017年20亿元、2018年30亿元、2019年30亿元。

（王　熙）

投资控制管理

2016年，投资控制管理工作按照“加强投资收口关闸”的总体要求，采取一系列措施严管概算投资使用，严控新增项目投资，加强动态投资监管，加快处理工程变更处理，严核工程量和变更单价，严控索赔，保证将投资控制在国家批复南水北调投资规模以内。

严管概算投资使用。一是抓好投资控制监督，组织对超概算风险大的设计单元工程投资使用情况进行专项核查。2016年核查了焦作1段、鹤壁段、淅川段、南阳市段、禹州长葛段、新郑南段6个设计单元工程的结算工程量和投资控制情况，抽查了中线水源工程、江苏段工程和山东段工程的主要工程量和变更单价。二是开展工程量复核。以中线干线工程为重点，组织项目法人委托中介机构对结算工程量的准确性和合理性开展复核。2016年共复核了61个标段。2016年还对东中线90个设计单元工程的工程量开展专项分析，对照概算、招标、结算各阶段工程量，分析查找问题。三是开展重点合同变更项目单价专项分析。在汇总和研究南水北调工程招标合同单价的基础上，通过选取合同重点变更单价案例，分析合同变更单价的合理性，从中查找异常情况，作为下一阶段监督核查的重点。

严控新增项目投资。一是慎重处理中线干线防洪防护应急等新情况、新问题。严格分类处理新增项目、正常维修、第三方责任、施工未完尾工等不同类型项目，按程序严审投资概算。二是谨慎使用特殊预备费。对各项目法人报送的设计遗留问题及工程通水运行以来需要完善的问题进行分析，按照特殊预备费使用的原则和范围，编制特殊预备费使用项目清单。2016年，国家发展改革委批准漕河渡槽防洪防护工程和槐河（一）渠道倒虹吸防洪防护工程两个项目使用特殊预备费0.5亿元。三是加强特殊预备费项目投资监管。要求项目法人建立健全特殊预备费使用的定期自查制度，制定自查工作方案，完善自查工作机制，积极开展自查自纠，并按月报送完成和进展情况。

动态投资监控。一是召开南水北调工程投资管理工作座谈会。总结情况，交流经验，研究措施，达到了统一思想、开拓思路、明确方向的目的，有力推动了下一步工作。二是定期跟踪项目法人投资变化情况，分析投资控制形势，提出季度投资控制分析报告。三是组织项目法人编报南水北调工程合同变更索赔处理工作进度计划。四是开展价差审查审批。2016年对45个2014年价差报告（中线干线44个，湖北1个）进行了复审，批复了引江济汉工程2014年价差报告。

（王　熙）

工程投资完成情况

截至2016年底，南水北调工程建设项目（含丹江口库区移民安置工程）累计完成投资2572.9亿元，占在建设计单元工程总投资2620.2亿元的98%，其中东、中线一期工程分别累计完成投资327.1亿元和2139.1亿元，分别占东、中线在建设计单元工程总投资的98%和99.6%；过渡性资金融资费用105.8亿元，其他0.9亿元。累计完成投资中不含陶岔渠首枢纽工程电站投资、里下河水源补偿等工程的地方分摊投资。

2016年南水北调工程建设完成投资4.7亿元，其中东线一期工程完成投资1.8亿元，中线一期主体工程完成投资2.4亿元，丹江口库区移民安置工程完成投资0.5亿元。

（王　熙）

专　题　专　项

2016年审查批复专题和专项项目5项，共批复投资概算7亿元。分别是：中线一期工程安全风险评估项目实施方案0.8亿元、东线一期工程试运行费用0.6亿元、中线京石段漕河渡槽和邢石段槐河（一）渠道倒虹吸防洪防护工程专题设计报告0.5亿元、东线一期南四湖水资源监测工程江苏境内工程实施方案0.2亿元、中线干线防洪防护应急工程实施方案4.9亿元。

2016年组织处理16项设计变更和专题专项事宜：东线韩庄运河段水资源控制工程魏家沟橡胶坝迁建设计变更、东线里下河水源调整工程新增部分项目、引江济汉工程增设拦污栅桥、石家庄市南绕城高速公路跨越鹿泉市段工程有关事宜、丹江口水库蓄水试验有关事宜、中线桥梁通行车辆超载监测方案、河南段工程压覆矿业权补偿意见、汉江荆门段沿江闸站崩岸等采取工程措施治理、东线工程管理范围和保护范围划定方案编制工作费用、河南境内征迁新增投资、中线干线北拒马河暗渠工程退水渠改造工程实施方案、长葛胡镇消磨村排水、许昌排水问题、中线水源建管费审核、盘石沟左岸防洪处理、峪河设计复核事宜。

（王　熙）

后续工程拓展工作

（一）东线后续工程

为推动东线一期工程效益发挥，促进东线后续工程前期工作，国务院南水北调办组织研究实施东线一期北延应急通水，力推先通后畅。2016年投资计划司会同有关单位开展现场调研，摸底线路上的有关问题，了解京、津、冀、苏、鲁五省（市）意向，敦促有关地方及省（市）南水北调办加强协调配合。组织设管中心完成了《东线一期向北延伸应急供水研究报告》。研究成果表明，实施一期工程北延应急供水，充分利用东线一期工程供水能力，对满足近期内京津冀地区部分生产生活和生态用水需求，促进京津冀协同发展和区域生态文明建设是十分必要和迫切的。东线一期工程可以与位山引黄工程及潘庄应急引黄工程联通，在对局部工程采取治理整治措施后，具备向河北和天津自流输水条件。

（二）中线应急调蓄工程

以结合抽水蓄能的中线应急调蓄工程为突破口，协调推动将有关项目纳入地方或行业规划，促进具备条件的应急调蓄工程及早立项。一是组织召开南水北调中线工程抽水蓄能专家研讨会，邀请专家对抽水蓄能调蓄工程选址出谋划策。二是调研中线调蓄工程选址并与地方政府代表座谈，推动协调地方调蓄工程立项工作。三是与水利部及有关部门沟通协调，阐明中线在线调蓄工程建设的必要性，了解有关支持政策及行业规划，协助地方推动调蓄工程项目纳入地方或行业规划。2016年，河南省南水北调办将“建设大型引水工程调蓄水库及连通工程”有关任务纳入河南省委“十三五”发展规划建议及省政府“十三五”发展规划纲要中，并组织勘测设计单位，提出了《新乡调蓄工程抽水蓄能电站选址报告》。许昌市、新乡市组建了专门机构，筹备相关项目前期工作。

（三）西线工程

2016年，结合“一带一路”、区域协调发展国家战略，就充分发挥西线工程综合效益开展了深入研究。与中国水利水电科学研究院，国家发展改革委宏观院能源所、产业经济研究所，中国科学院寒地与旱地研究所，黄河勘测规划设计有限公司等有关科研机构就西线工程综合效益研究开展深入合作，完成了“黄河水资源与西北生态状况研究”“黄河流域农业灌溉用水影响研究”“西北地区沙漠荒漠治理与水资源”“西北地区水资源和清洁能源发展”等课题研究。加强与社会各界沟通，同四川省老科协一行专家学者，就南水北调西线工程有关问题进行了座谈并交换了意见。同政协提案委员就《关于我国西北地区治水的调研报告》有关批示进行了座谈。

2016年10月，组织邀请政协委员、学者专家，结合课题研究方向，联合实地考察了西线工程甘肃、宁夏、青海、内蒙古、陕西等受水省（区）经济社会现状和发展规划，梳理相关水资源需求，了解土地开发、农业开发、矿产开发、新能源开发、荒漠化及石漠化生态治理、城镇化建设和扶贫开发等方面的现状和潜力，对研究充分发挥西线工程综合效益有了全新的视野。

2016年11月，调研了小江调水方案。

（王　熙）

技术审查

（1）南水北调东线一期南四湖水资源监测工程江苏境内工程实施方案审查。

南水北调工程设计管理中心组织对《南水北调东线一期南四湖水资源监测工程江苏境内工程实施方案》进行了审查，审查同意南四湖水资源监测工程江苏境内调整后的建设内容。

（2）南水北调东线一期工程韩庄运河段水资源控制工程魏家沟橡胶坝工程迁建设计变更报告审查。

南水北调工程设计管理中心组织对《南水北调东线一期工程韩庄运河段水资源控制工程魏家沟橡胶坝工程迁建设计变更报告》进行了审查，审查同意利用已有的魏家沟泄洪闸置换魏家沟橡胶坝的方案，置换后挡水位置上移2.178km。

（3）南水北调中线总干渠防洪防护项目审查。

南水北调工程设计管理中心先后组织对南水北调中线京石段漕河渡槽防洪防护工程和邢石段槐河（一）渠道倒虹吸防洪防护工程、北拒马河暗渠工程退水渠改造工程，以及京石段沙河（北）倒虹吸防护工程、十里河渠道倒虹吸防护工程、沧河渠道倒虹吸防护工程等多个防洪防护项目进行了审查，审查认为对这些南水北调工程建筑物采取工程防护措施是十分必要的。

（杨元月　关　炜）

变更索赔监督管理

（1）南水北调中线干线结算工程量检查和投资控制分析。

南水北调工程设计管理中心先后组织对中线干线焦作1段工程、鹤壁段工程、淅川段工程、南阳市段工程结算工程量情况进行了检查，在此基础上，分别对项目法人编制的焦作1段工程、鹤壁段工程、淅川段工程、南阳市段工程建筑安装投资控制分析报告进行了复核。同时，项目法人在检查期间组织对焦作1段工程、鹤壁段工程、淅川段工程、南阳市段工程检查发现的问题进行了整改。

（2）南水北调中线水源工程结算工程量及单价抽查。

南水北调工程设计管理中心组织抽取了中线水源工程丹江口大坝加高工程左、右岸坝段2个土建标进行结算工程量及单价检查。同时，项目法人在检查期间组织对丹江口大坝加高工程检查发现的问题进行了整改。

（3）南水北调东线一期结算工程量及单价抽查。

南水北调工程设计管理中心组织抽取了东线一期江苏段洪泽湖站工程，山东段梁济运河段2标、4标和小运河段3标、6标进行结算工程量及单价检查。同时，项目法人在检查期间组织对洪泽湖站工程、梁济运河段工程和小运河段工程检查发现的问题进行了整改。

（阎红梅　孙庆宇）

资金筹措与管理使用

概　述

2016年，南水北调东、中线一期工程进入建设扫尾与通水运行的新阶段，全系统经济财务部门按照“稳中求好，创新发展”的工作总要求，积极践行“负责、务实、求精、创新”的南水北调核心价值理念，紧紧围绕服务扫尾工程建设和工程运行，南水北调经济财务工作取得了显著成效。东、中线水价政策落实工作进展顺利，为保障工程安全平稳运行提供了有力支撑；国家重大水利工程建设基金征收稳定增长，南水北调工程过渡性融资工作有序开展，南水北调工程基金征缴顺利，有力保障了工程建设资金需要；资金使用管理进一步规范，资金监管持续强化，规章制度更加健全，资金使用效率显著提高，资金安全得到切实保障；完工财务决算工作稳步推进；预决算管理和会计基础工作切实加强；财务人员业务培训力度不断加大，队伍素质进一步增强；经济问题研究工作成效显著。

（邓文峰）

水价政策落实

2016年，国务院南水北调办进一步加强了与受水区相关省市政府的协调沟通，督促相关省市政府授权的部门或单位（以下简称受水单位）与工程管理单位商谈签订供水合同，并按合同约定缴纳水费，水价政策落实取得了显著成效。

（一）中线水价政策落实

经过谈判，中线建管局于2015年4季度、2016年1月先后与河南、河北、天津、北京4省市受水单位签订了中线一期工程2015～2016年度供水合同。中线建管局还适时采取电话、发函、上门等多种方式，对4省市受水单位全力催缴水费。

2016年3～4月，国务院南水北调办经财司负责同志与河北、河南等省南水北调办负责同志就水费收缴问题进行沟通，督促其严格执行国务院批准的两部制水价政策并足额交纳水费。

2016年8月，国务院南水北调办组织研

究制定了2017年1月底前的水费收缴管理工作方案，按照“全面催缴、一省一策、分别突破”的总体策略，明确了水费督缴措施和计划。10月，还组织研究制定了水费账单制度，由企业定期发送各受水单位，并抄送分管省市领导，计划2017年1月实施。

2016年8月底，针对河北省2015～2016年度南水北调中线水量调度计划执行情况、水费缴纳等情况，国务院南水北调办负责同志约谈了河北省南水北调办主要负责同志，明确要求河北省严格执行两部制水价政策，及时足额交纳水费。

2016年9月，结合中线水费收缴进展情况，国务院南水北调办经财司组织人员分别赴河南、河北两省南水北调办专题督缴水费，中线建管局负责同志参加督缴。

2016年10月，国务院南水北调办以综合司名义致函天津、河北2省市人民政府办公厅和河南省南水北调办，商请尽快落实应交水费资金来源，严格执行两部制水价政策，足额交纳水费。

2016年11月底至12月初，国务院南水北调办会同国家发展改革委、财政部、水利部组成专项督缴组，先后赴河北、河南、天津等省市开展水费联合督缴，重点强调了欠交水费的危害和维护两部制水价政策的严肃性，督促足额交纳水费。

2016年，中线建管局全年共收取水费47.89亿元，较2015年增长88.4%。除北京市受水单位依据合同足额交纳水费（包括基本水费和计量水费）外，天津、河北和河南3省市受水单位均不同程度欠交水费。

（二）东线水价政策落实

2016年3～4月，国务院南水北调办经财司负责同志与江苏、山东两省南水北调办（局）负责同志就水费收缴问题进行沟通，督促其严格执行两部制水价政策并足额交纳水费。

2016年6月，国务院南水北调办经财司组织人员赴东线总公司、江苏水源公司、山东干线公司开展水费交纳问题调研，研究分析水费欠交的原因及影响，探讨加强水费收缴的措施建议。

2016年7月，国务院南水北调办经财司协调并配合国家发展改革委价格司，赴东线总公司和江苏、山东两省专题调研东线水价政策落实情况，强调不论东线工程管理体制是否落地，都要严格执行两部制水价政策并足额交纳水费。

2016年8月，国务院南水北调办组织研究制定了2017年1月底前的水费收缴管理工作方案，按照“全面催缴、一省一策、分别突破”的总体策略，明确了水费督缴措施和计划。10月，还组织研究制定了水费账单制度，由企业定期发送各受水单位，并抄送分管省市领导，计划2017年1月实施。

2016年8月，国务院南水北调办负责同志听取江苏省南水北调办和江苏水源公司工作汇报。其间，明确要求江苏省应严格执行国务院批准的东线水价政策，足额交纳水费。

2016年9月，结合东线水费收缴进展情况，国务院南水北调办经财司组织人员赴江苏、山东两省南水北调办（局）专题督缴水费，东线总公司负责同志参加督缴。

2016年10月中旬，国务院南水北调办以综合司名义致函江苏、山东两省人民政府办公厅，商请尽快落实应交水费资金来源，并督促受水单位严格执行两部制水价政策，足额交纳水费。

2016年10月中旬，国务院南水北调办负责同志与山东省人民政府负责同志就东线水费问题进行了沟通，督促山东省足额交纳水费。

2016年11月底至12月初，国务院南水北调办会同国家发展改革委、财政部、水利部组成督缴组，先后赴江苏和山东两省开展水费联合督缴，重点强调欠交水费的危害和维护两部制水价政策的严肃性，督促足额交纳水费。

2016年12月初，国务院南水北调负责同志会见了江苏省人民政府负责同志。其间，明确要求督促江苏省受水单位及早与东线总公司签订供水合同，并足额交纳水费。

2016年12月，国务院南水北调办致函山东省人民政府，商请尽快落实应交水费资金，督促受水单位先期交纳2016～2017年度水费，并尽早足额补交水费。

2016年，东线总公司全年共收到水费14.46亿元（均为山东省交纳），较2015年增长了125.2%。此外，由于东线工程管理模式尚未明确，东线总公司与江苏省受水单位的供水合同商谈工作仍在进行中，尚未签订，也未收缴水费。

（邓文峰）

资金筹措供应

资金筹措与供应是确保扫尾工程建设顺利进行的重要条件。各类工程建设资金来源的落实情况如下：

（一）南水北调工程基金政策落实情况

2016年，河北省全年上缴南水北调工程基金1.63亿元。同时，财政部严格执行《关于南水北调工程基金有关问题的通知》（财综〔2014〕68号）中有关规定，对河北省未按时完成的2015年度基金任务采取了财政扣款措施，补足其年度基金任务9.22亿元。

截至2016年底，北京、天津、河北、河南、江苏、山东等6省市累计完成南水北调工程基金筹集任务194.00亿元，占基金总任务220亿元的88.2%。其中：北京54.30亿元、天津43.80亿元、河北30.09亿元、河南26.00亿元、江苏12.01亿元（含该省直接投入工程建设资金0.03亿元）、山东27.8亿元（含该省直接投入工程建设资金3.88亿元）。

2016年，依据年度部门预算和南水北调工程建设用款需要，财政部共拨付南水北调工程基金9.58亿元，均用于中线干线工程建设。截至2016年底，财政部累计拨付南水北调工程基金189.42亿元（含用于东线截污导流工程4.58亿元），其中，东线江苏水源工程11.97亿元、东线山东干线工程23.92亿元、中线干线工程153.53亿元。

（二）国家重大水利工程建设基金政策落实情况

2016年，北京、天津、河北、河南、山东、江苏、上海、浙江、安徽、江西、湖北、湖南、广东、重庆等14个南水北调和三峡工程直接受益省份（以下简称14个省份）征收的国家重大水利工程建设基金（以下简称重大水利基金）上缴中央国库，其中按75%的分配比例安排用于南水北调工程建设的重大水利基金为206.86亿元（含增值税返还资金29.02亿元），同比增长约2.8%。截至2016年底，14个省份累计上缴中央国库，其中按75%的分配比例可安排用于南水北调工程建设的重大水利基金为1280.89亿元（尚未扣除分摊用于三峡公益性资产运行维护费的基金规模）。

2016年，财政部拨付用于南水北调工程的重大水利基金为197.43亿元，其中，直接用于南水北调工程建设32.67亿元（包括山东干线工程6.85亿元、苏鲁省际管理工程1.03亿元、中线水源工程8.35亿元、中线干线工程8.94亿元、汉江中下游工程7.20亿元、工程安全风险评估0.30亿元），用于偿付南水北调工程过渡性融资贷款利息、印花税及其他相关费用支出24.26亿元，用于偿还过渡性资金融资贷款本金140.50亿元。截至2016年底，财政部累计拨付用于南水北调工程的重大水利基金为1172.76亿元，其中，直接用于南水北调工程建设828.13亿元，用于偿付南水北调工程过渡性融资贷款利息、印花税及其他相关费用支出148.78亿元，用于偿还过渡性资金融资贷款本金190.50亿元，直接拨付河北、河南两省用于地方负责实施的中线干线防洪影响处理工程

5.35 亿元。

（三）南水北调工程过渡性资金融资工作情况

由于预算安排的重大水利基金可满足年度工程建设用款需要，2016 年国务院南水北调办没有新增提取南水北调工程过渡性资金。截至 2016 年底，国务院南水北调办累计提用并向相关项目法人拨付过渡性资金 620.07 亿元，其中，江苏水源公司 25.8 亿元、山东干线公司 45.15 亿元、安徽省南水北调项目办 2.8 亿元、东线总公司 1.23 亿元（含拨付淮委沂沭泗管理局 0.80 亿元）、中线水源公司 203.71 亿元、中线建管局 302.8 亿元、湖北省南水北调管理局 35.50 亿元、淮委建设局 3.08 亿元。

2016 年，依据重大水利基金支出预算和已签订的融资借款合同，国务院南水北调办偿还相关金融机构过渡性资金借款本金 140.50 亿元。截至 2016 年底，国务院南水北调办累计偿还过渡性资金借款本金 190.50 亿元，借款本金余额为 429.57 亿元。

（四）银团贷款实施情况

2016 年，在银团贷款合同约定的提款期满前，有关项目法人提取了剩余贷款 3.01 亿元，其中，中线水源公司 1.84 亿元、中线建管局 1.17 亿元，保障了扫尾工程建设资金需求。

截至 2016 年底，各项目法人依据投资计划累计提取的银团贷款为 475.89 亿元，其中，江苏水源公司 31.24 亿元（不含截污导流工程贷款）、山东干线公司 41.53 亿元（不含截污导流工程贷款）、中线水源公司 72 亿元、中线建管局 331.12 亿元（含陶岔渠首枢纽工程 1.41 亿元，不含电站贷款）。

（邓文峰）

资金使用管理

（一）资金到位及使用情况

2016 年，根据投资计划和工程建设进度及用款需要，南水北调东、中线一期主体工程共到账资金 452 633 万元，其中南水北调工程基金 95 764 万元，重大水利基金 326 692 万元，银团贷款 30 177 万元。按项目法人划分，山东干线公司 68 483 万元、东线总公司 10 254万元、中线水源公司 101 979 万元、中线建管局 195 728 万元、湖北省南水北调管理局 72 021 万元、淮委建设局 1168 万元，此外，设管中心到账 3000 万元。

截至 2016 年底，南水北调东、中线一期主体工程累计到账资金 24 734 459 万元（含分摊水利部下达的东、中线一期工程前期工作经费，不含地方负责组织实施项目、南水北调工程过渡性融资费用和财政贴息资金，下同），其中，中央预算内资金（含国债专项）3 605 986 万元、南水北调工程基金 1 887 523万元、重大水利基金 8 281 341 万元、南水北调工程过渡性资金 6 200 710 万元、银团贷款 4 758 899 万元。各项目法人的累计到账资金情况分别为，江苏水源公司 1 134 648万元、山东干线公司 2 134 095 万元、安徽省南水北调项目办 37 493 万元、东线总公司 22 579 万元（含以前年度拨付淮委沂沭泗管理局的 8000 万元）、中线水源公司 5 315 089万元、中线建管局 14 876 085 万元、湖北省南水北调管理局 1 140 623 万元、淮委建设局 58 847 万元（陶岔渠首枢纽工程，不含电站）。此外，设管中心累计到账 15 000 万元。

截至 2016 年底，根据年度固定资产投资报表有关统计数据，东、中线一期主体工程建设累计完成基建支出 23 725 283.70 万元，其中，江苏水源公司 979 623.6 万元，山东干线公司 1 854 240.37 万元，安徽省南水北调项目办 36 873.79 万元，东线总公司 9 515.75 万元（含开办费支出），中线水源公司 5 181 631.46万元，中线建管局 14 615 471.98 万元，湖北省南水北调管理局 1 004 041.75 万元，淮委建设局 43 885 万元（陶岔渠首枢纽工程，不含电站）。

（二）年度决算和预算工作

（1）2015年度决算工作。根据财政部编制2015年度部门决算报表、固定资产投资报表、住房改革支出决算报表、政府采购信息统计报表的要求，国务院南水北调办对2015年度预算执行情况进行了系统分析，提出了完善预算管理和资金管理的建议，在此基础上汇总编制了2015年部门决算报表、中央行政事业单位住房改革支出决算报表和固定资产投资报表、政府采购信息统计报表，并于2016年按时报送财政部。根据财政部的要求，国务院南水北调办组织编制了2015年度国库集中支付年度结余资金申报核批表，于2016年3月报送财政部。根据国家机关事务管理局的要求，国务院南水北调办组织办机关和直属事业单位对2015年12月31日前所占用的国有资产进行了全面清查，在此基础上填报了2015年度国有资产年度决算报表。按照中央国家机关工会联合会的要求，国务院南水北调办组织编制并报送了办工会的2015年度预决算报表。

（2）2016年度预算工作。2016年4月，财政部正式下达了国务院南水北调办2016年部门预算。根据财政部下达的2016年部门预算，国务院南水北调办按照《预算法》的相关规定，将2016年预算分解下达到各单位，并要求各单位严格按照预算批复的范围和标准控制支出，同时要加快预算执行进度，落实财政部预算执行管理要求。2016年7月，按照财政部全面推进部门预算改革的要求，国务院南水北调办组织开展2017年部门预算及2017～2019年滚动支出规划申报和审核工作。委托中介机构对机关各司、事业单位编制报送的100万元以上的项目进行预算评审，对其他项目严格审核，形成国务院南水北调办2017年的预算及2017～2019年三年支出规划，于8月初报送财政部。12月中旬，按照财政部下达的2017年部门预算“一下”控制数进行了细化，将基本支出预算细化到基层预算单位，项目支出预算细化到具体执行单位，在此基础上汇总编制了2017年中央部门预算（二上）并报财政部。根据财政部关于项目预算绩效考评的要求，国务院南水北调办对2015年度纳入绩效考评试点的《中国南水北调工程建设年鉴》编印等6个项目开展了绩效评价工作，并向财政部报送了绩效评价报告。2016年6月，财政部印发了这6个绩效项目审核意见，评价结果均为优秀。按财政部要求，国务院南水北调办将评价报告、审核意见反馈给了相应预算执行单位，并要求内部公开。根据财政部关于部门预决算公开的要求，2016年4月国务院南水北调办对2016年部门预算进行了公开；2016年7月对2015年部门决算进行了公开。

（三）财会人员业务培训

2016年12月，国务院南水北调办在北京举办了2016年度会计决算培训班，对决算报表编制以及软件操作进行了培训，各项目法人、项目建设管理单位、各省（直辖市）征地移民机构的60多名财会人员参加了培训。

此外，国务院南水北调办组织办机关及事业单位财会人员参加财政部、国家机关事务管理局、中央国家机关工会等有关方面组织的部门预算、部门决算、政府采购计划、国库集中支付、行政事业单位会计制度等业务培训。国务院南水北调办还组织了办机关、事业单位和中线建管局财会人员参加在京会计人员继续教育学习。

（四）资金管理制度建设

2016年7月，为进一步加强和规范办机关会议费管理，改进会风，提高会议效率和质量，节约会议经费开支，根据《中央和国家机关会议费管理办法》（财行〔2016〕214号）有关规定，国务院南水北调办研究制定并印发了《国务院南水北调办机关会议费管理实施细则》（综经财〔2016〕36号）。

2016年12月，为加强预算绩效管理，提高预算绩效目标管理的科学性、规范性和有效性，根据《预算法》《国务院关于深化预算管理制度改革的决定》和财政部《中央部门预算绩效目标管理办法》等相关规定，结合工作实际，国务院南水北调办研究制定并印发了《国务院南水北调办预算绩效目标管理暂行办法》（综经财〔2016〕62 号）。

（邓文峰　邓　杰）

资 金 监 管

2016 年，国务院南水北调办创新资金监管体制，进一步强化资金监管，纠正和整改存在的问题，消除资金安全隐患。

（一）创新资金监管机制

2016 年 5 月，为强化南水北调系统内部审计，充分发挥中介机构的作用，提高审计质量和水平，国务院南水北调办印发了《关于建立南水北调系统内部审计约束机制的通知》（国调办经财〔2016〕51 号），明确了审计中介机构、审计对象和国务院南水北调办在系统内部审计中的主要责任和义务，并明确了内部审计责任追究制度。

2016 年 6 月，为提高预算编制的科学化水平、提升系统内部审计质量，国务院南水北调办印发了《国务院南水北调办经济财务专家库管理规定》（国调办经财〔2016〕70 号），建立了由财务会计、工程造价、合同法律、经济综合等 4 类共计 42 人组成的“国务院南水北调办经济财务专家库”，明确了专家服务范围、专家管理、专家使用、专家服务费等相关事宜。

（二）开展内部审计和复审工作

2016 年 4 月，国务院南水北调办从“南水北调工程项目内部审计中介机构备选库”中选取 17 家中介机构，对江苏水源公司、山东干线公司、中线水源公司、中线建管局、湖北省南水北调管理局、东线总公司、淮委建设局、安徽省南水北调项目办 2015 年度工程建设资金使用和管理情况，以及河北、河南、江苏、山东、湖北、安徽等 6 个省征地移民机构和组织 2015 年度征地移民资金使用情况进行了全面审计。7 月，针对审计揭示的问题，国务院南水北调办陆续向有关项目法人和省级征地移民机构下达了整改意见书，督促抓紧审计整改。各项目法人和省级征地移民机构根据整改意见书的要求进行了整改，并向国务院南水北调办报告了整改情况。10 月下旬，国务院南水北调办组成 3 个考核小组对各单位审计整改情况进行了复核考核，除 7 个问题分阶段整改外，其余问题已整改到位。

2016 年 10 月上旬，按系统内部审计约束机制要求，国务院南水北调办从“国务院南水北调办经济财务专家库”中随机抽取 14 位专家，对中线建管局 2015 年度工程建设资金内部审计结果进行复审，认为受托审计的中介机构客观反映了中线建管局资金使用和管理情况，未发现有重大审计遗漏和缺失。对复审揭示的不规范行为，中线建管局已按复审建议作了整改。

（三）开展专项审计工作

2016 年 7 月中旬，根据资金监管需要，国务院南水北调办组织对政研中心、监管中心、设管中心、中线建管局、东线总公司等直属单位 2014 年 1 月 ~2016 年 6 月期间的公务招待费和会议费使用管理情况进行了专项审计。

2016 年 8 月，为规范建设运行期项目法人会计核算和财务管理，国务院南水北调办委托中介机构对中线建管局会计制度转型及会计核算情况进行了审计调查。截至 2016 年底，中介机构提出了审计调查报告初稿，形成了初步的审计调查意见。

（四）经济责任审计

2016 年 11 月下旬，根据《党政主要领导干部和国有企业领导人员经济责任审计规定》，国务院南水北调办委托中介机构对直属单位中线建管局、设管中心两位原主要负责同志进行了离任经济责任审计。至2016年底，经济责任审计尚在进行中。

（五）配合审计署开展2016年预算执行审计

2016年12月，审计署建设审计局进驻国务院南水北调办开展2016年预算执行情况审计。国务院南水北调办组织机关各司和直属单位积极配合审计组开展现场审计。截至2016年底，审计署审计工作仍在进行中。

（吉丽喆）

完工项目财务决算

2016年，国务院南水北调办加快推进完工财务决算工作，全年共计核准20个设计单元工程的完工财务决算。

（一）完工项目财务决算业务培训

2016年3月，国务院南水北调办组织召开南水北调系统完工财务决算业务培训班，解读《南水北调工程竣工完工财务决算编制规定》，讲解完工决算编制的经验教训、责任、内容和要求。各省级征地移民机构，各项目法人分管完工财务决算编制工作的负责人和财务部门负责人参加了培训。

（二）研究制定固定资产分类与代码

2016年6月，为了统一南水北调工程固定资产的分类和名称，规范南水北调工程竣工完工财务决算的资产核定，依据《固定资产分类与代码》（GB/T 14885—2010）和相关规章制度，结合南水北调工程实际，国务院南水北调办研究印发了《南水北调工程固定资产分类及代码》（国调办经财〔2016〕76号）。

（三）完工项目财务决算编报及核准

2016年，按照“先审计、后核准”制度，国务院南水北调办组织对各项目法人报送的完工财务决算进行了审计。依据中介机构提交的审计结果，国务院南水北调办核准了20个设计单元工程完工财务决算（即东线血吸虫病北移扩散防护工程、骆马湖以南中运河影响处理工程、洪泽湖抬高蓄水位影响处理、淮安二站改造、刘老涧二站、蔺家坝泵站、皂河二站、皂河一站、金湖泵站、沿运闸洞漏水处理、引黄灌区灌溉影响处理、鲁北段工程灌区影响处理工程、东线穿黄工程、潘庄引河闸、台儿庄泵站、韩庄泵站、南四湖疏浚、二级坝泵站，中线天津市1段、天津市2段工程等），核准数量为以往年度核准总量的2倍。

截至2016年底，国务院南水北调办累计核准了30个设计单元工程的完工财务决算。此外，国务院南水北调办还核准了中线干线京石段应急供水工程征地拆迁项目完工财务决算。

（吉丽喆）

南水北调工程经济问题研究

2016年，为进一步促进南水北调扫尾工程顺利建设和工程良性运行，国务院有关部门开展了南水北调工程经济相关问题研究，着力解决工程建设和运行管理中面临的实际问题。

（1）开展南水北调工程运行初期供水成本控制机制研究。为了研究制定科学、合理的供水成本控制机制，促进工程的长期安全平稳运行，国务院南水北调办于2016年3月委托国家发展改革委经济体制与管理研究所对南水北调工程运行初期供水成本控制机制开展专项研究。该项目梳理分析了南水北调工程运行管理特点，以及工程运行初期供水成本控制现状和问题，在借鉴国内外调水工程和其他运行成本管理与控制经验的基础上，研究提出了南水北调工程运行初期供水成本控制的目标、思路、原则和主要举措。该课题于12月初通过专家审查验收。

（2）协调研究南水北调工程供水收入适用流转税问题。东、中线工程通水以来，尤其是2016年5月起国家全面推开营业税改征增值税试点工作，相关省市税务部门就南水北调工程供水收入适用流转税问题向有关工程管理单位提出了不同要求，使得工程管理单位无法正常依法纳税。由此，国务院南水北调办组织向国家税务总局、财政部反映了相关情况及政策建议。按照营改增后不增加税负的原则，国家税务总局、财政部提出，暂参照不动产租赁行业，按照5%的征收率交纳增值税。

（3）开展经济财务问题专题调研。2016年9月下旬至10月上旬，国务院南水北调办组织人员先后赴湖北省南水北调管理局、湖北省移民局、中线水源公司、河南省移民办、中线建管局等单位开展工程扫尾阶段经济财务问题专题调研，摸清了扫尾阶段面临的新情况、新问题，为研究确定2017年的经济财务工作思路及重点工作任务奠定了基础。

（邓文峰）

建设与管理

概　述

2016年以来，按照国务院南水北调办党组提出的“稳中求好，创新发展”的总体思路，围绕年度工作目标，规范运行管理，保证平稳运行；落实安全责任，确保工程和运行安全；加强工程调度，确保足量供水；强化进度控制，推动工程扫尾；规范工作程序，明确验收计划；开展科研攻关，提供技术支撑。实现了东、中线一期工程安全平稳运行和足量供水的目标。

（1）规范运行管理。组织工程管理单位制定2016年运行管理工作计划，起草南水北调工程运行管理考核办法，研究提出南水北调工程运行管理五年发展规划建议，组织制定实施中线工程冰期输水方案，组织运行管理工作会、中线工程规范运行管理现场会。经过一年的工作开展，形成运行管理制度体系，集中解决突出问题，提升规范化水平。

（2）水量调度。组织实施水量调度计划，组织编制了东、中线工程2015～2016年度水量调度实施方案；加强调度协调，继续实施提高用水量督导方案，督促执行好年度供水计划和提高用水量；编制南水北调工程断水应急预案；配合国家发展改革委起草了关于推动南水北调东中线一期工程用水效益提升有关问题的请示，督导配套工程建设，推动南水北调工程效益提升。

（3）工程验收。组织开展设计单元工程完工验收，对中线通水验收遗留问题整改情况进行督办，组织开展南水北调系统验收工作会，推动解决影响验收的突出问题，协调陶岔水电站启动验收工作，做好桥梁验收移交工作。

（4）体制机制建设。配合中线工程运行管理体制机制协调，推动落实国务院关于中线运行管理体制有关工作意见，推动东线一期工程体制和运行管理模式落实，组织深入开展南水北调管理体制研究。

（5）安全生产管理。南水北调工程安全管理工作紧密围绕工程建设期运行管理特点，认真贯彻落实国务院和国务院安全生产委员会有关工作部署，按照“稳中求好、创新发展”的总思路，不断创新管理工作方法，积极开展运行安全标准化建设，突出日常管理和重点管理相结合，通过试点工作，探索运行安全管理体制机制建设。同时，加大运行安全监督管理和检查力度，积极协调，科学调度，安全度汛，在沿线各省市及工程管理单位共同努力下，全年未发生安全事故，保证了东中线工程安全和度汛安全。

（6）技术管理。组织研究提出了南水北调工程建设期运行管理阶段技术管理重点工作。积极构建由直属事业单位牵头，以工程管理单位、项目法人和科研机构为基础，“产、学、研”相结合的南水北调工程运行管理阶段科技管理工作体系。加强南水北调工程运行管理单位科技管理工作，保证科技管理工作有序开展。及时总结建设管理工作经验，组织编纂出版了膨胀土处理技术丛书，编纂了《中国南水北调工程》建设管理卷和工程技术卷。

（7）科技工作。组织各有关单位认真开展科技需求五年规划编制工作和南水北调工程已开展科研项目有关成果总结，实现科技研究和成果推广应用、加强科技管理工作责任落实和监督检查。组织开展了南水北调东中线二、三期及西线技术需求研究工作，并组织专家对研究成果进行了验收。组织开展了国家科技支撑计划“南水北调中东线工程运行管理关键技术及应用”项目研究和检查工作。组织开展了国家重点研发计划“水资源高效开发利用”重点专项2016和2017年度项目推荐有关工作。

（8）招标投标管理。按规定开展建设项目和运行管理项目招标投标监管工作，组织开展建设期运行管理项目招标投标管理工作调研、建设期运行管理项目招标投标管理研究工作和建设期运行管理项目招标投标管理规范化建设；开展招标投标活动监督管理；加强信用体系建设，健全跨部门失信联合惩戒机制；做好农民工工资发放管理工作。

（白咸勇　罗　刚　牛津剑）

工程建设项目进展

（一）主体工程建设进展

2016年，南水北调工程完成投资2.39亿元。截至2016年底，累计下达南水北调东、中线一期工程投资2619.7亿元，完成2592.5亿元，占在建设计单元工程总投资2620.2亿元的99%；工程建设项目累计完成土石方159 668万m^3，占在建设计单元工程设计总土石方量的99%；累计完成混凝土浇筑4280万m^3，占在建设计单元工程设计混凝土总量的99%。

（二）配套工程建设进展

国务院南水北调办组织对河北、河南、山东省配套工程建设与用水情况进行了专题调研，督促加快配套工程建设，各省市配套工程建设进一步提速，用水量明显提升。

（1）北京市。11个配套工程中的7个参与蓄水或接水；南水北调来水调入密云水库调蓄工程参与运行，向怀柔、密云水库输水；通州支线工程完成分部工程验收36个，占总量的82%；通州水厂（一期）主体工程完工；河西支线工程开工。

（2）天津市。10个配套工程中的7个已完工；塘沽水厂供水泵站、开发区供水泵站完成厂房主体施工；王庆坨水库工程已完成大部分征迁工作，正在坝基土方施工；宁汉管线工程正在开展征迁。

（3）河北省。廊涿、保沧、石津、邢清干渠主体工程建设均已完成，具备通水条件；石家庄、邯郸、邢台等7市水厂以上输水配套工程主体完成96%以上，大部分管线具备通水条件；新（改）建的120座水厂中，共计建成111座具备接水条件，43座已通水，1座在建，8座缓建。

（4）河南省。水厂以上输水配套工程除漯河市部分节点方案变更未完成外，其他各市已完成。85座受水水厂，完工55座（通水52座）；在建4座；16座正在做前期工作；10座缓建。2016年12月，周口市正式接收南水，标志着河南省受水区全部通水。

（5）山东省。38个供水单元工程，其中列入建设考核的37个供水单元工程（不包括引黄济青改扩建工程）累计完成投资205.75亿元，占总投资的96.6%。34个供水单元已经基本建成。2016年3月，威海市正式通水，标志着东线一期工程规划供水目标全部实现。

（罗　刚　王　鹏　杨华洋）

工程技术管理

2016年，国务院南水北调办根据南水北调东、中线一期工程已转入运行管理阶段，技术管理工作面临着新形势和新要求，组织研究提出南水北调工程建设期运行管理阶段技术管理重点工作，要求构建南水北调工程运行管理阶段科技管理工作体系，提出科技需求五年规划，实现科技研究和成果推广应用、加强科技管理工作责任落实和监督检查。

为发挥科技在工程运行管理中的基础性支撑作用，做好国家科研项目申报工作的技术储备工作，整体推进南水北调工程建设期运行管理阶段技术管理工作，积极构建由直属事业单位牵头，以工程管理单位、项目法人和科研机构为基础，“产、学、研”相结合的南水北调工程运行管理阶段科技管理工作体系。

为了及时总结膨胀土处理技术科研成果，交流工程建设经验，会同编辑单位对上百篇文章进行了筛选，并请专家补充了总结性的文章和评审工作，在有关各方的积极推动下，完成了《南水北调工程建设技术丛书》膨胀土处理技术卷出版工作。本书共涉及科学研究、勘察设计、工程建设3个方面的60篇有较高学术和实践价值的论文。南水北调工程膨胀土处理技术实践经验，构成了南水北调工程建设管理科技成果创新的重要组成部分。

组织开展国家科技支撑计划项目研究工作。督促“南水北调中东线工程运行管理关键技术及应用”项目各课题承担单位继续开展好项目研究工作。组织有关专家开展了对项目10个课题的研究进展和经费到位及使用管理情况检查。组织编写课题及项目2016年度执行情况报告。组织召开了项目中间成果检查会议，听取各课题承担单位2016年度课题序时计划执行情况汇报，年度财务执行情况汇报，中间成果汇报，安排部署相关工作。

组织开展南水北调后续工程建设技术需求研究。组织开展了南水北调东中线二、三期及西线技术需求研究工作，组织研究单位就工程建设、工程管理、运行管理、重大关键技术、体制机制建设等方面提出了具有前瞻性的技术需求、线路图和创新点，组织专家对研究成果进行了验收。

组织开展国家重点研发计划“水资源高效开发利用”重点专项2016和2017年度项目推荐有关工作。根据科技部有关文件要求，按程序组织推荐了2016、2017年度项目，参与项目评选。

（白咸勇　张　晶　牛津剑）

安全管理

2016年，南水北调工程安全管理坚持“安全第一，预防为主，综合治理”的工作方针，全面贯彻落实国家安全生产法律法规和2016年安全管理各项工作要求，围绕确保运行安全管理工作目标，开展安全管理工作，全年未发生重特大安全事故和断水事件，确保南水北调东、中线工程安全、度汛安全、供水安全和沿线人民群众生命安全。

国务院南水北调办党组组织召开了2016年安全生产领导小组会议和安全管理工作会议，总结交流安全管理工作经验，制定安全管理工作的总体思路、管理目标和工作重点，全面安排部署2016年安全管理工作。工程沿线各省（直辖市）南水北调办、各项目法人和运行管理单位围绕安全管理部署各项工作，结合所辖区域运行管理实际，加强组织管理，落实安全责任，开展运行安全管理标准化建设，规范运行安全行为管理。

为加强安全生产管理，多次印发关于做好安全防范工作的通知，督促各单位切实做好“两会”及节假日期间南水北调工程安全生产管理工作，保证工程运行安全。

（一）防汛工作

为做好工程防汛抢险工作，经国务院南水北调办领导批准，2016 年 5 月 12 日成立国务院南水北调办防汛指挥部办公室（以下简称国调办防办），统筹协调南水北调工程运行管理防汛日常管理工作，强化防汛规划、预案编制、队伍建设、物料储备、应急演练、值班值守等方面的管理，加强对防汛工作的组织管理和指导。

国务院南水北调办领导分别带队，组织对东、中线工程各单位防汛责任制落实、防汛物资储备、应急预案编制、应急演练、防汛值班、防汛机制、联防联动和应急处置等方面防汛抗洪抢险工作进行检查指导，针对检查发现的隐患和问题，督促各单位限时整改到位，切实做好防汛准备工作。要求各单位完善了防汛结构责任人和联络员，建立了与工程沿线军地防汛指挥机构的紧密联系，加强了工程防汛重点工程部位的安全管理，强化了防汛应急物资、应急设备和应急技术准备。对防汛风险点如左岸防洪影响处理工程建设和保护范围内违法违规行为整治等方面也做了积极的技术措施准备和协调合作工作。上述各项工作对防汛抗洪抢险准备都起到了积极有效的作用。国调办防办梳理南水北调工程防汛工作体系、各相关单位的防汛负责人和联系人及通讯方式、防汛有关规章制度等，编制了防汛工作手册，为防汛工作规范开展提供参考和依据。

2016 年南水北调工程经历了开工建设以来最严峻的汛情，工程多处出现不同程度的险情。面对险情，国务院南水北调办坚决贯彻落实中央、国家防总的要求，提高认识、及早准备、落实责任、强化措施，及时传达国家防总、中央气象局等发布的预警预报信息，及时启动应急预案，启动应急响应 2 次。先后 40 余次印发文件、召开会议，传达和部署防汛工作。组织检查组 20 余次深入工程一线检查督导防汛抗洪抢险工作。特别是“7·9”和“7·19”，中线工程两次遭遇强降雨袭击，出现多处较大险情，办领导深入洪灾现场，积极组织，调动各级党员干部，充分发挥党组战斗堡垒作用，与地方政府、人民军队、工程管理人员一起指导和参与防汛抗洪抢险工作。同时根据工程汛情和抗洪抢险实际，国务院南水北调办先后 3 次向中央领导同志，6 次向国家防总报告南水北调工程防汛工作开展情况，请求给予指导和协调。在中央和国务院南水北调办党组的坚强领导下，在各方力量的共同努力下，防汛抗洪抢险工作取得了最终的胜利。汛后及时总结防汛工作经验教训，指导后续防汛工作。2016 年 9 月，对 2016 年防汛工作的经验教训进行认真总结，并在主任办公会上向办领导专题汇报。11 月，在工程管理单位和稽察大队防汛工作总结基础上，梳理完成 2016 年防汛工作总结，全面总结 2016 年防汛工作经验教训，提出了冰期输水防凌汛的各项要求，确保供水安全。

（二）运行安全管理标准化

为加强南水北调工程运行安全管理，按照“党政同责、一岗双责、失职追责”的要求，结合工程运行管理初期特点，研究制定运行安全管理工作方案，探索运行安全管理体系、制度、标准和行为清单管理，推动运行安全管理标准化试点建设。运行安全管理标准化建设以中线建管局、东线总公司的 9 个管理机构作为试点单位，提出了具体试点目标和要求，组织试点单位制定工程运行安全管理工作方案，探索以三级管理机构为基础、二级管理单位为重点的科学高效的运行安全管理体系建设。通过运行安全管理标准化体系建设试点，形成五大管理体系、四项行为管理清单运行安全管理整体架构，充分检验了运行安全管理标准化体系建设对运行安全管理的可行性和实用性，促进了运行安全管理制度的完善，增强了各级管理人员的安全责任意识，突出了运行安全管理工作重点，丰富了长距离大型调水工程运行安全管理内容，积累了运行安全管理创新发展工作经验，在南水北调工程运行安全组织、责任和制度管理体系、安全行为管理和安全管理机制创新等方面进行了探索，为全面推进运行安全管理标准化和规范化建设奠定了坚实的基础。

（三）日常安全管理

督促各单位切实做好重大政治活动、特殊天气及节假日等特殊时期的安全管理，突出运行阶段的重大危险源、突发性灾害、洪涝灾害、重点工程部位和风险点的重点管理，把安全的日常管理和重点管理相结合，努力做到警钟长鸣，常抓不懈，不留空白。

（四）供用水管理条例

为推动《南水北调工程供用水管理条例》贯彻落实，国务院南水北调办组织调研组赴东、中线工程沿线各单位对条例实施情况、存在问题进行调研。为贯彻落实条例中应急调水管理、保护范围划定、工程设施管理和保护等相关内容，促进供用水管理暨运行维护各项工作，提出了积极有效的协调意见和建议。

（1）推动左岸防洪影响处理工程建设。多次商请水利部协调加快推进南水北调中线防洪影响处理工程建设，督促河北、河南两省有关部门开展左岸防洪影响处理工程建设。通过积极沟通协调，取得了“国务院明确由国家发展改革委做好中央层面协调推进，河南、河北省抓责任落实”的良好工作局面，为下一步加快推进防洪影响处理工程建设创造了有利条件。

（2）推动工程保护范围划定。经过与国务院办公厅、国家防汛抗旱总指挥部、水利部等有关方面沟通协调，国务院同意按照条例明确由水利部负责实施南水北调工程管理范围和保护范围划定，推动工程沿线各省、直辖市履行划定职责，确保工程安全。水利部组织召开了工程沿线省、直辖市及南水北调办、工程管理单位协调工作会，审批了中线保护范围划定工作方案，各单位正在积极落实相关划定工作。

（3）推动保护范围内违规行为排查治理。国务院南水北调办组织中线建管局对工程管理范围和保护范围内违规行为进行全面排查，及时将排查出的违规问题商请有关省市政府尽快严肃治理，并采取积极有效措施督促检查落实，在地方各级政府大力支持下取得了明显效果，切实保障南水北调工程安全、运行安全和供水安全。

（4）配合水量调度应急预案制定。配合水利部和有关省、直辖市人民政府等单位编制南水北调工程水量调度应急预案，确保发生重特大洪涝灾害、生态破坏事故、水污染事故、工程安全事故等突发事件时，有应急管理工作组织指挥体系、预防与预警机制、处置程序、应急保障措施和恢复重建措施，保证了输水安全。

（5）加强工程设施管理和保护。按照条例要求工程管理单位及时编制安全保护方案，建立健全工程安全保护责任制，落实治安防范措施，加强工程设施的监测、检查、巡查、维护，建立安全保护工作协调机制，在重要水域和重要设施等工程部位与地方联合建设警务室，保证危害工程安全的违法案件和群体性事件得到及时有效处置，及时排除安全隐患，保证工程设施安全。

（五）应急管理

结合南水北调工程运行管理阶段特点和需求，不断完善应急预案体系，建设横向到边、纵向到底的应急预案体系，实现应急预案全覆盖，满足制度保障的同时，国务院南水北调办督促工程管理单位积极加强实战应急演练，并针对应急预案执行过程和实战演练中暴露出的问题，及时修订应急预案，逐步提高应急预案的针对性、实用性和可操作性，为工程运行、防汛抗洪抢险、输水调度等应急管理奠定了坚实的基础。

（六）新技术新工艺项目的运行安全管理

督促各工程管理单位建立运行风险因素台账，加强安全监测数据分析，加强对重点风险项目在不同条件下、不同运行工况下的重点监测评估，研究确定运行安全重点项目的风险点，适时开展对策和重大关键技术研究，掌握防范风险的主动性，保障了采用新技术、新工艺建设项目的运行安全。

（七）冰期输水安全管理

总结冬季运行管理经验教训，在冰期来临之前，对所有融冰、扰冰系统及相关配套设备、设施进行了安全检验检测，提前试运行，确保各类设备设施正常运行，保证了冬季输水安全。

（白咸勇　王志翔　杨禄禧）

验收管理

2016 年，国务院南水北调办协调督促落实验收工作方案，组织现场调研，提出了工作要求，有序开展设计单元工程完工验收。组织对中线通水验收遗留问题整改情况进行检查、督办。组织召开南水北调系统验收工作会，对南水北调验收工作进行了总结，分析面临的形势和存在的问题，商讨加强和改善验收工作的措施，对下一步验收工作进行部署并提出要求。印发了进一步加强验收管理的通知，组织各单位进一步健全了验收机构，制定了完工验收保障方案。研究影响验收的突出问题，分类安排处理工作或组织开展研究明确下一步处理工作思路、方法，交由责任主体实施。

（罗　刚　杨华洋　梁　栋）

运行管理

2016 年，国务院南水北调办围绕工程安全平稳运行和足量供水目标，以提高应急管理能力为重点，全面规范运行管理各项工作。组织召开运行管理现场会，制定规范化运行管理工作方案，指导组织项目法人开展规范化建设。研究提出了南水北调工程运行管理五年发展规划建议。组织制定实施中线工程冰期输水方案及现场检查督导。组织召开运行管理工作会，总结工程运行管理工作，交流经验。配合国家有关部门明确南水北调工程水量分年消纳和加快完成南水北调配套工程建设各项工作任务。组织开展南水北调工程效益调研。

2016 年，东线一期工程向山东省供水 6.0 亿 m^3，连续 3 年圆满完成年度供水计划，累计跨省输水 10.9 亿 m^3；中线一期工程安全、平稳度过第二个调水年度，保证了足量供水，年度净供水 37.2 亿 m^3，较 2015 年度提高近 1 倍，自正式通水以来，至 2016 年底，累计向沿线供水 61.2 亿 m^3；湖北兴隆枢纽工程、引江济汉工程运行正常。

（罗　刚　韩　迪　李震东）

其他工作

（一）安全生产会议

2016 年 1 月 18 日，国务院南水北调办安全生产领导小组和重特大事故应急处理领导小组（以下简称领导小组）在京组织召开第十五次全体会议。会议传达学习了全国安全生产电视电话会议精神，听取了领导小组办公室关于 2015 年南水北调工程安全生产工作情况和 2016 年安全生产工作安排建议的汇报，对南水北调工程 2016 年安全生产面临的形势和相关工作进行了研究讨论。

2016 年 4 月 7～8 日，国务院南水北调办在江苏省扬州市召开南水北调工程2016年度安全生产工作会。国务院南水北调办副主任张野出席会议并讲话。国务院应急办、国家安全生产监督管理总局有关同志出席会议。会议充分肯定了2015年度南水北调工程安全生产工作，指出2015年南水北调工程安全生产工作坚持“安全第一，预防为主，综合治理”的工作方针，以“强化监督，落实责任”为重点，全面贯彻落实国家安全生产法律法规和有关要求，紧紧围绕工程建设和运行管理任务，周密部署，狠抓落实，为顺利实现东线工程平稳运行、中线工程全线通水目标奠定了坚实基础。会议还研究分析了南水北调工程安全生产工作面临的形势，明确了2016年安全生产管理工作的总体思路和目标任务。

（二）中线工程规范运行管理现场会

2016年4月19～21日，国务院南水北调办组织召开了中线工程规范运行管理现场会，开展了现场检查，召开了总结座谈会，结合当前工程运行管理工作形势，分析了存在的问题，部署了下一步工作。

（三）验收工作会

2016年10月18日，在山东省济南市组织召开南水北调系统验收工作会议，对南水北调验收工作进行了总结，分析面临的形势和存在的问题，商讨加强和改善验收工作的措施，对下一步验收工作进行部署并提出要求。印发了进一步加强验收管理的通知，组织各单位进一步健全了验收机构，制定了完工验收保障方案。

（四）南水北调工程运行管理工作会

2016年11月25日，国务院南水北调办在天津市召开南水北调工程运行管理工作会，交流经验，分析面临的形势，研究加强运行管理工作的措施，部署下一步工作，并考察了天津段主体工程和天津市配套工程运行管理情况。

（五）检查、调研

2016年1月25日，国务院南水北调办检查南水北调中线京石段冰期输水工作。

2016年2月5日，国务院南水北调办检查南水北调中线天津段、河北段、北京段部分工程冰期输水运行情况。

2016年2月23～25日，国务院南水北调办调研南水北调中线工程冰期输水运行管理工作和中线穿黄工程运行情况。

2016年2月24日，国务院南水北调办检查南水北调中线工程宝丰段、郏县段和长葛段通水期运行管理情况。

2016年3月16～18日，国务院南水北调办组织检查南水北调中线河南段工程防汛工作。

2016年4月5～7日，国务院南水北调办组织检查南水北调东线山东段工程防汛工作。

2016年4月12～13日，国务院南水北调办组织检查南水北调中线河北段工程防汛工作。

2016年4月18～22日，国务院南水北调办组织检查南水北调安徽、江苏境内工程防汛工作。

2016年4月18～20日，国务院南水北调办组织检查南水北调丹江口大坝加高工程防汛工作。

2016年4月25～28日，国务院南水北调办组织检查南水北调湖北境内工程防汛工作。

2016年4月26～28日，国务院南水北调办组织检查南水北调北京、天津段工程防汛工作。

2016年5月30日～6月1日，国务院南水北调办检查南水北调中线河南段工程运行情况。

2016年6月16日，国务院南水北调办考察北京市南水北调配套工程。

2016年6月21～22日，国务院南水北调办调研南水北调中线河南南阳段工程。

2016年7月5～7日，国务院南水北调办调研南水北调中线河北保定段工程和天津干线工程。

2016年7月11~12日，国务院南水北调办组织检查南水北调中线河北段工程防汛工作。

2016年8月22~24日，国务院南水北调办调研南水北调中线工程运行管理规范化建设情况。

2016年8月25日，国务院南水北调办调研南水北调中线工程运行管理规范化建设情况。

2016年9月20~21日，国务院南水北调办调研山东省聊城市、济南市南水北调配套工程建设和运行情况。

2016年10月18~21日，国务院南水北调办组织调研湖北省境内南水北调工程运行安全管理工作情况和《南水北调工程供用水管理条例》实施情况。

2016年10月25~28日，国务院南水北调办组织调研南水北调中线河北、河南和陶岔渠首段工程运行安全管理工作情况和《南水北调工程供用水管理条例》实施情况。

2016年11月1日，国务院南水北调办检查南水北调京石段、天津干线工程运行和冰期输水准备工作情况。

2016年11月1~4日，国务院南水北调办组织调研南水北调东线工程运行安全管理工作情况和《南水北调工程供用水管理条例》实施情况。

2016年11月3~4日，国务院南水北调办组织调研南水北调中线北京段工程运行安全及《南水北调工程供用水管理条例》实施情况。

2016年11月9~11日，国务院南水北调办组织调研南水北调中线天津段工程运行安全及《南水北调工程供用水管理条例》实施情况。

2016年11月16日，国务院南水北调办检查南水北调中线保定管理处、西黑山管理处、徐水管理处所辖工程冬季输水准备工作。

（王志翔　韩　迪　李震东）

生　态　环　境

概　　述

2016年，按照“绿色”发展理念和“稳中求好，创新发展”的要求，国务院南水北调办环境保护司指导东、中线运行管理单位，进一步健全水质监测体系，增强水污染应急处置能力，强化水质风险防范，协调受水区落实“三先三后”原则。南水北调水源及沿线水污染防治工作全面推进，东、中线“十二五”治污环保规划实施收官落地，中线干线生态带建设任务完成60%，京津两市和豫鄂陕三省中线水源区对口协作成效初显，“十三五”相关规划编制工作基本完成，水源保护长效机制建设逐步深入，水源及沿线生态环境保护水平进一步提高。根据环保部对中线7个国控断面和东线17个国控断面的监测结果，中线干线水质稳定在Ⅱ类以上，东线调水期间水质稳定在Ⅲ类；受水区节水水平处于全国领先地位，压采地下水总量约2.78亿m^3。

（任　静　鲁　璐）

水　质　安　全

（一）中线干线工程突发水污染事件应急演练

2016年3月24日，在国务院南水北调办的统一组织和安排下，中线建管局在中线干线河南新郑段十里铺东南公路桥模拟一起由突发交通事故引起的水质污染事件，并展开应急演练，检验中线工程应急管理组织体系和机制运转情况，检验各应急预案的实用性及其衔接有效性，综合检验现场应急处置抢险救援实际执行能力、应急保障和对外协调能力，锻炼和培训队伍，防范和减少突发事件引发的次生灾害。

此次演练的原则是“全流程、真动作、实检验、不断水”。全流程，包括信息报告、启动响应、先期处置、应急处置、应急结束的全过程；真动作，包括污染源分离、水质监测、应急调度、污染处置、退水等实际操作动作；实检验，处置过程全程记录，形成正式专项档案资料，实际检验各岗位操作能力和责任落实情况；不断水，不影响沿线正常供水。

演练模拟一辆载有5t危险化学品硫酸的运输车因司机疲劳驾驶，通过十里铺东南公路桥时，失控撞破隔离网，跌至一级马道。交通事故造成运输车油箱破裂，柴油和车上的硫酸罐进入渠道，部分硫酸沿边坡进入渠道，总计大约有1t硫酸进入渠道水体，污染水质，危及水质安全以及饮水区域人民群众生命安全。

水质污染事件发生后，中线建管局所属新郑管理处、河南分局相关三级运行管理机构分别启动应急预案，中线建管局应急领导小组召开会议，成立应急指挥部，开展应急救援及处置工作。演练过程主要包括“两个阶段、两条主线、五个演练内容”。两个阶段：事件报告并先期处置阶段和现场处置阶段。两条主线：水污染应急处置、应急调度。五个演练内容：一是启动应急调度，关闭事发地点上、下游闸门，防止污染源进一步扩散；二是紧急调运应急物资、应急队伍，分离污染源，开展先期处置工作；三是开展应急监测，先期布置3个监测断面，监测石油类、硫酸盐、pH值等指标；四是开展现场处置，布置2处中和点（采用30%氢氧化钠中和水体中的硫酸），2道围油栏（采用收油机、吸油毡吸附水体中的柴油）；五是经现场处置后，各项水质指标满足生态水要求，通过退水闸退水，并在退水渠设置石灰石、活性炭对水体进一步处理。

国务院南水北调办主任鄂竟平全程对演练进行了指导，并接受媒体采访。演练结束后，国务院南水北调办环境保护司指导中线建管局对演练进行总结，并将成果推广至全线，提高现场运管单位的应急处置能力。

（二）桥面污染隐患整治

环境保护司组织中线建管局对跨渠桥梁进行了排查，分别采取修复更换排水管、设置桥头挡水坎、利用柔性材料对桥梁伸缩缝处理、设置防抛网和防撞栏等措施进行了整治，基本消除了桥面沉积物随雨水入渠问题。

（三）跨渠桥梁污染防控

2016年6月，交通部和国务院南水北调办联合印发了《关于加强南水北调中线工程跨渠公路桥梁管理工作的通知》（交办公路函〔2016〕585号），指导沿线地方强化治超管理，健全桥梁限载标志，加强路面治超执法、监控信息共享和桥梁养护管理，确保桥面污水外排顺畅。

（四）中线干渠两侧饮用水水源保护区划定与完善

为逐步理顺保护区的管理和保护机制，环境保护司组织中线建管局对饮用水水源保护区划定和完善工作进行了研究。经商环境保护部同意，国务院南水北调办印发了《关于组织开展南水北调中线一期工程总干渠两侧饮用水水源保护区划定和完善工作的函》（国调办环保函〔2016〕6号），要求中线沿线四省市依法划定饮用水水源保护区，严格保护。四省市政府对相关工作提出明确意见并逐步开展工作。北京市现有保护区的划分标准和管理要求高于国家有关法律法规规定，不再降低标准对水源保护区范围重新划定，按照相关法律程序对保护区名称进行了规范并印发文件。天津市保护区域内不存在污染源，将明确保护区边界，设立保护区标志，严格控制建设项目及其他活动，杜绝新污染源产生。河北省在全面复核的基础上，完成了重点城区段的水文地质勘查，将在保证饮用水安全基础上适当调整二级保护区范围。河南省已召开沿线8个省辖市座谈会，将以勘测设计单位为技术支撑，在郑州市港区段试点的基础上，提出调整方案。

（五）水质监测体系

2016年，国务院南水北调办印发了《关于做好东线一期工程水质保障有关工作的通知》（综环保函〔2016〕22号），指导东线建成9个人工监测断面和8个水质自动监测站的监测网络，制定水质监测方案，调水前进行本底值监测，调水初期加密监测，异常指标增加监测，水质稳定后常规监测。指导中线建成“1个中心、4个实验室、13个自动监测站、30个固定监测断面”常规指标监测网络，做好常规水质监测；对陶岔、郑湾（郑州）、大安舍（石家庄）、天津外环河、惠南庄5个断面进行叶绿素指标监测，每周对陶岔、沙河南、郑湾、漳河北、大安舍、西黑山、天津外环河、惠南庄8个断面进行藻密度、叶绿素及相关生化指标监测，开展硅监测。组织监管中心、建委会专家委专家对内排段地下水水质监测方案进行技术咨询，对地下水监测工作进行批复，中线建管局根据批复方案组织实施。组织监管中心对中线水质保障工作实施专项稽察。

（六）中线藻类防控

为有效防范藻类增长可能引发的水质风险，2016年2月底，国务院南水北调办印发《关于做好南水北调中线工程藻类水质风险防控工作的通知》（综环保函〔2016〕46号）。环境保护司指导中线建管局在前期监测工作的基础上，按预案进一步完善藻类监测方案，加强水质巡查，做好2016年与2015年同期数据的比对分析，科学研判藻类增长与水质变化规律，继续组织开展藻类防控研究，明确重点风险地段和时段，完善应对措施，细化调度、拦截、分流、清理等工作方案。指导中线建管局组织专家对中线干渠底栖藻类快速增殖及上浮现象进行了调研，进一步了解形成原因、持续时间、影响范围、处置方法。

（七）排查处理中线沿线污染风险点

针对焦作洗煤水进渠道截流沟情况，环境保护司组织中线建管局进行两次水质监测，将水质情况与河南省南水北调办沟通，指导中线建管局及时跟踪，根据排污情况协调河南省加强执法检查。

针对媒体反映的郑州市官城区柴郭村干渠旁养猪场，环境保护司组织河南省南水北调办商有关部门进行核实处理，污水渠已封堵，养殖场已责成搬迁。

针对卫辉管理处辖区生活污水进入渠道截流沟情况，建立地方协调处理机制，协调导流污水，防止污水入渠。

针对郑州港区大量生活污水排入渠道截流沟情况，经与河南省南水北调办沟通，河南省迅速配合、现场核实，并协调省环保厅联合督办，已完成污水管网铺设工作，整改到位。

环境保护司指导中线建管局评估和处置3处垃圾场。对河南叶县垃圾场进行了清运，河北邯郸西槐树村垃圾场已停用并覆土复耕，将河北邯郸东槐树村垃圾场周边地下水纳入地下水监测方案并定期分析，加强3处垃圾场的日常巡查。

2016年，国务院南水北调办印发了《关于组织调查南水北调中线一期工程沿线2016年亟需整治重点农村污染源情况的通知》（综环保函〔2016〕56号），组织有关地方和中线局调查登记亟需处置的农村污染源，协商环保部生态司，争取将南水北调工程沿线首批93处优先解决。河北省印发了《河北省县城及以上集中式饮用水水源地安全防护专项行动方案》（冀水领办〔2016〕29号），明确要求开展南水北调沿线环境综合整治。河北省还集中开展了南水北调沿线重点区域农村环境综合整治试点工作，截至2016年底，已累计投入治理资金17.5亿元，完成了总干渠沿线52个县（区）8000多个村庄的农村环境整治工作。河北省人大对南水北调水环境保护工作进行专项调研，将启动有关专项立法工作。河南省协调省环保厅、中线建管局等联合开展南水北调中线干线工程污染风险点执法检查，对105处农村生活和养殖污水散排点进行了督导。

（八）汛期水质安全保障

2016年7月27～31日，环境保护司赴工程沿线专题调研，重点了解外水入渠情况、水质风险点和运管单位水质风险防范措施落实情况。对跨渠排水渡槽漫溢、暴雨冲刷边坡、地下水直接入渠、废弃暗涵进出口未封堵、水库充水试验入渠沟槽未封闭等12起外水入渠情况逐起进行分析，查明原因，就存在的主要风险、加强汛期水质安全保障工作等与有关方面交换了意见，确保汛期水质安全。

（九）东线水质保障研究

在分析水质的基础上，环境保护司指导江苏、山东两省对专家委有关东线调研报告进行研究，分析问题原因和水质保障风险，对江苏省反映的危化品禁运问题进行研究，2016年5、6月和12月赴江苏、山东对水质情况和水质安全保障机制等进行调研。江苏省将尾水导流工程建设与运行管理作为调水水质稳定达标的重要手段，山东省全面深化“治用保”体系，两省加强输水干线水质监测监控与执法监管，东线总体水质状况达标。

（任　静　杨　伟）

节水和地下水压采

（一）南水北调“三先三后”工作会

2016年11月17日，环境保护司组织受水区六省市南水北调办（建管局）、江苏省淮河流域水污染防治领导小组办公室、山东省南水北调东线治污领导小组办公室、中线建管局、东线总公司在河南省许昌市召开了“南水北调工程受水区落实‘三先三后’原则工作会”。会议总结交流东、中线一期工程受水区落实“三先三后”原则工作经验，分析存在问题，研究有关工作。

（二）四部委评估地下水压采工作

水利部会同国家发展改革委、财政部、国土资源部和国务院南水北调办开展地下水压采评估工作，2016年6月成立《南水北调东中线一期工程受水区地下水压采总体方案》实施情况评估考核组。9月，环境保护司3次派员参加了水利部牵头组织的对河北、山东和河南3省的地下水压采现场检查活动，协调水利部加大对南水北调用水量和地下水压采工作的检查督促力度，落实相应年度计划。

此次检查，是2013年国务院批复地下水压采方案以来的第一次，有力推动了地方落实责任。检查活动后，水利部会同有关部门将有关情况报国务院［《关于南水北调东中线一期工程受水区地下水压采工作情况的报告》（水调〔2016〕461号）］。

（三）组织权威科研单位开展跟踪评价

环境保护司委托中国水利水电科学研究院对受水区2015年的节水和地下水压采工作进行了跟踪评价。研究报告指出：2015年度受水区用水总量控制在1135.44亿m^3，低于年度控制目标1305.03亿m^3，节约了13%；受水区根据地下水压采保护规划和实施方案，全面开展了地下水压采的各项推进工作，积极采取了一系列有效措施，保障地下水压采工作的顺利实施。

（四）“三先三后”年度工作信息汇总分析

环境保护司督促各省市南水北调办协调有关部门跟踪情况，提交年度工作报告，整理分析工作进展较好省市的主要工作措施和亮点。研究回复国家发展改革委有关征求发挥工程效益的意见，提出的推动地下水压采的有关意见被采纳，国家发展改革委2016年9月印发《关于做好南水北调东中期一期工程用水效益提升有关工作的函》（发改办农经〔2016〕1979号），对有关工作明确分工。

（五）赴河北省受水区专项调研

环境保护司商投计司、经财司制定工作方案，2016年11月2～4日会同投计司赴河北省沧州、衡水、邢台、石家庄四市就河北省南水北调配套工程、供水成本构成、水资源费（税）等开展了现场调研，并与相关市水务、住建、物价、南水北调等部门和供水企（事）业单位进行了座谈。

（任　静　杨　伟）

东线水环境保护

（一）"十二五"东线深化治污收尾工作

2016年，国务院南水北调办配合环境保护部，协调做好《重点流域水污染防治规划（2011～2015年）》中东线深化治污项目年度考核和收尾工作。

2016年1月10～16日，环境保护部会同国务院南水北调办等部门，对《重点流域水污染防治规划（2011～2015年）》2015年度实施情况进行考核，重点就淮河流域规划中东线深化治污补充项目实施情况进行核查。

考核结果表明，南水北调东线沿线治污项目年度实施情况在全国重点流域中处于领先；山东省水质达标率100%、项目完成率93%，得分99分，考核结果为"好"，在全国重点流域各省份中连续9年位居第一；江苏省水质达标率93%、项目完成率94%，得分97.4分，考核结果为"好"，在全国重点流域各省份中名列第二。东线沿线各控制断面水质达到治理目标要求，输水期间干线水质为Ⅲ类。

（二）"十三五"东线深化治污规划工作

2016年，国务院南水北调办配合环境保护部开展《重点流域水污染防治规划（2016～2020年）》编制工作，将东线深化治污工作作为全国重点流域治理重点。

2016年3月8～11日，国务院南水北调办环境保护司对"十三五"深化东线治污相关规划编制工作开展专题调研和指导，及时了解东线深化治污需求和工作安排。期间，多次与环境保护部有关司局和国家淮河流域水污染防治"十三五"规划编制承担单位进行沟通和协调。截至2016年底，《重点流域水污染防治规划（2016～2020年）》已编制完成，并征求国家有关部门意见。

（鲁　璐）

中线水源保护

（一）"十二五"中线水源区水污染防治和水土保持收尾工作

2016年1月5日，国务院南水北调办印发《关于做好2015年度丹江口库区及上游水污染防治和水土保持"十二五"规划实施考核工作的通知》，启动《丹江口库区及上游水污染防治和水土保持"十二五"规划》（以下简称《"十二五"规划》）年度实施情况考核工作，组织河南、湖北、陕西三省完成自查。

4月5～20日，国务院南水北调办组织技术评估组赴河南、湖北、陕西三省，对规划2015年度实施情况进行了技术评估，形成《丹江口库区及上游水污染防治和水土保持"十二五"规划2015年度实施情况评估报告》。

6月20～24日，国务院南水北调办、国家发展改革委、财政部、环境保护部、住房和城乡建设部、水利部组成考核组，对水源区河南、湖北、陕西三省2015年度《"十二五"规划》实施情况进行考核，并联合向国务院报送《关于丹江口库区及上游水污染防治和水土保持"十二五"规划2015年度实施考核情况的报告》(国调办环保〔2016〕141号)。

经国务院批准后，2016年10月27日，国务院南水北调办将考核结果印送中央组织部和有关部门，并反馈给三省人民政府，督促其对考核发现的问题进行及时整改。

根据考核，中线水源区水质总体持续向好，丹江口水库陶岔取水口、汉江干流水质达到Ⅱ类，主要入库支流水质符合水功能区要求，满足中线通水水质目标。《"十二五"规划》确定的443个项目实施429个，占96.8%；建成399个，占90.1%。其中河南省综合得分96.46分，结果为好；湖北省综合得分87.67分，结果为较好；陕西省综合得分83.32分，结果为较好。

（二）"十三五"中线水源区水污染防治和水土保持规划工作

2016年，国家发展改革委和国务院南水北调办在2015年已有工作基础上，组织相关省份和技术单位编制《丹江口库区及上游水污染防治和水土保持"十三五"规划》（以下简称《"十三五"规划》）。

2016年1月，水源区河南、湖北、陕西三省完成了《"十三五"规划》资料收集和项目论证筛选，提交了规划项目库和相关基础材料。

国务院南水北调办多次组织环境保护部环境规划院、中国国际工程咨询公司、长江水利委员会长江流域水土保持监测中心站等规划编制承担单位，对《"十三五"规划》开展专题调研和指导，及时协调规划编制遇到的问题。

2016年6月6日，《"十三五"规划》（初稿）专家论证会在北京召开。会后，规划编制承担单位根据相关领域专家意见，修改完善形成《"十三五"规划》(征求意见稿)。

2016年10月31日，国家发展改革委办公厅、国务院南水北调办综合司联合印发《关于征求〈丹江口库区及上游水污染防治和水土保持"十三五"规划〉（征求意见稿）意见的函》（发改办地区〔2016〕2310号），征求水源区三省和国家相关部门意见。

经进一步修改完善后，2016年12月27日，国家发展改革委、国务院南水北调办以《关于报送丹江口库区及上游水污染防治和水土保持"十三五"规划（送审稿）的请示》（发改地区〔2016〕2758号）联合上报国务院。

（三）中线水源区对口协作工作

2016年，国家发展改革委和国务院南水北调办密切沟通合作，组织开展调研和评估，指导京津两市与豫鄂陕三省深入开展对口协作。

2016年1月13～16日，国家发展改革委地区经济司和国务院南水北调办环境保护司联合赴水源区三省，专题开展对口协作工作调研，期间与水源区三省及北京市、天津市相关部门进行座谈，总结对口协作项目实施情况和经验成效，部署五省市研究深化协作的方式方法，探讨进一步做好对口协作的工作思路。

2016年3月，国家发展改革委和国务院南水北调办共同委托中国国际工程咨询公司开展"十二五"期间京津与中线水源区对口协作实施情况跟踪与评价工作。2016年6月13日，中国国际工程咨询公司向国家发展改革委和国务院南水北调办报送有关报告，对"十二五"期间京津两市财政安排14.2亿元(总投资102亿元)的431个对口协作项目逐一进行统计评价。评价认为，自2013年国务院批复《丹江口库区及上游地区对口协作工作方案》以来，在对口协作协调小组指导下，京津两市紧紧围绕"保水质、强民生、促转型"这一主线，认真开展中线水源区对口协作工作，两年来，受水区与水源区初步形成了资源共享、要素整合、优势互补、互惠互利、合作共赢的发展模式，水源区经济社会发展得到较快发展，与全国平均水平的差距正在缩小，对口协作取得初步成效，同时还提出需提升协作资金和示范项目的带动效用等建议。

2016年12月5日，对口协作协调小组办公室全体会议在北京召开，科技部等 19 部门、中国科学院、中国社会科学院、中国工程院及 5 省市等协调小组成员单位联络员参加会议。会议听取了各部门和 5 省市对口协作工作汇报，研究了拟上报国务院的《关于丹江口库区及上游地区对口协作工作情况的报告》，部署了“十三五”对口协作工作。

2016 年 12 月 22 日，国家发展改革委、国务院南水北调办联合向国务院报送《关于丹江口库区及上游地区对口协作工作有关情况的报告》（发改地区〔2016〕2691 号），汇报对口协作工作成效并提出下一步打算。

2016 年 12 月 30 日，对口协作协调小组办公室印发《关于〈北京市与河南省湖北省水源区对口协作“十三五”规划〉（送审稿）的审核意见》、《关于〈天津市与陕西省水源区对口协作“十三五”规划〉（送审稿）的审核意见》，指导京津两市做好“十三五”期间对口协作规划编制工作。

（鲁　璐）

中线干线生态带建设

为推动《南水北调中线一期工程干线生态带建设规划（2014～2020 年）》（以下简称《生态带规划》）实施，2016 年 1 月 17～21 日，国务院南水北调办环境保护司对中线干线河南段生态带建设情况进行调研。2016 年 3 月 16～20 日，国务院南水北调办环境保护司再次赴中线沿线，检查指导地方和中线建管局深化生态带建设。

2016 年 4 月 1 日，国务院南水北调办印发《关于南水北调中线一期工程管理范围内生态带建设工作的函》（综环保函〔2016〕89 号）和《关于南水北调中线一期工程河北段管理范围外生态带建设工作的函》（综环保函〔2016〕88 号），督促指导中线建管局和河北省加快生态带建设。

2016 年 5 月 9～11 日，国务院南水北调办、国家发展改革委、国家林业局联合开展中线干线工程两侧生态带建设规划实施情况现场检查和观摩交流。北京市、天津市、河北省、河南省南水北调、发展改革、林业（园林）部门共同观摩学习南阳市生态带建设。

截至 2016 年底，中线干线北京市、天津市、河南省工程管理范围外的生态带建设已基本完成，累计建成绿化带长度约 700km、绿化面积 20 万亩，占规划任务的 60%。

（鲁　璐）

征　地　移　民

概　　述

2016 年，征地移民工作按照南水北调系统工作会关于“稳中求好、创新发展”的工作部署，围绕“抓稳定、扫遗留、促帮扶、保运行”的目标，突出“四个意识”，落实责任担当，多措并举，及时部署相关工作，加强督促检查协调，在征地移民实施扫尾、库区移民安稳发展、协调推进用地手续办理、临时用地返还、维护稳定环境、促进征迁验收、总结征迁经验等方面积极推进，较好地完成了各项目标任务，确保了征地移民稳定发展和工程安全平稳运行。

（朱东恺　盛　晴）

工　作　进　度

（一）库区移民方面

（1）完工阶段移民验收。督促河南、湖

北两省按照办公室验收工作方案规定及质量要求，完成县级自验。河南、湖北两省分别于2016年11、9月完成了县级自验，并从11月起开始全面开展省级初验。截至2016年底，两省省级初验技术性验收工作已完成，正对验收发现的遗留问题进行整改扫尾，待完成省级验收后，向国务院南水北调办提出终验申请。

（2）遗留问题扫尾。根据南水北调系统工作会精神，“扫遗留”是2016年丹江口库区移民的一项重要工作。针对少量还未完成的移民扫尾工作项目，征地移民司坚持以验收为契机，以扫尾为抓手，以库区移民初步规划为依据，督促库区两省加快做好库区移民遗留问题处理。

（3）河南省淅川县九重镇南水北调移民村产业发展试点。协调国家发展改革委、财政部，结合淅川县九重镇南水北调移民村产业发展试点实施实际，及时落实项目资金4075万元，督促河南省加快试点实施工作。2016年12月，征地移民司会同国家发展改革委、水利部有关司局进行现场调研督导。协助河南省研究解决试点实施工作中的重大问题，建立试点工作信息通报机制，跟踪实施进展，综合信息研判。

（4）移民后续帮扶规划编制报送工作。协调河南、湖北两省和长江勘测规划设计研究院编制完成南水北调丹江口库区遗留问题处理及移民后续帮扶规划，组织国内权威专家进一步论证丹江口水库移民特殊性及规划必要性等，于2016年7月完成规划汇总成果并送国家发展改革委研究。湖北、河南两省人民政府分别于2016年10、11月将分省规划成果上报国务院。按照国务院办公厅要求，及时会同国家发展改革委开展规划立项研究相关工作。

（二）干线征迁方面

2016全年，复垦退还临时用地5620亩，南水北调东、中线一期工程45万亩临时用地基本退还完毕。河北、河南、湖北的用地组卷获得国务院批准。

依据干线征迁验收办法的规定，按照国务院南水北调办确定的工程完工验收时间安排，推进征迁省级验收。沿线各省积极开展市县自验、征迁档案验收，编制征迁财务决算，在条件完备的情况下及时开展省级征迁专项验收工作。完成了山东韩庄泵站等16个设计单元工程、天津市1、2段工程的征迁安置完工验收。

（朱东恺　盛　晴）

政 策 研 究

（一）库区移民收支调查研究

委托长江勘测规划设计研究院跟踪调查2016年丹江口库区移民收支情况，并与安置地居民、库区原住民的收入水平进行比较，分析收入结构及变化情况，提出提高移民收入的措施建议。

（二）丹江口库区移民社会稳定总结性研究

委托三峡移民管理咨询中心，通过深入系统的总结性研究工作，全面总结历年来南水北调丹江口库区移民稳定问题及处置情况、移民稳定工作的措施和经验，对今后进一步加强移民稳定工作的政策措施进行研究，提出建设性意见与建议。

（三）丹江口库区移民实施工作总结

南水北调移民工作成果丰硕，经验弥足珍贵，需要系统回顾库区移民论证决策、规划设计、搬迁实施历程，以对历史和人民负责任的精神，认真总结和传承。经收集整理国家、地方、项目法人、设计监理单位等相关工作成果和资料，全面总结南水北调丹江口库区移民实施工作，形成了实施工作总结成果，为南水北调移民后续工作提供借鉴。

（四）南水北调东、中线一期工程干线征

地拆迁实践经验总结研究

全面回顾南水北调东、中线一期工程干线征地拆迁安置工作过程，从国家宏观战略、省级政府负责、县为实施基础的不同层次，多角度加以梳理分析。收集南水北调东、中线一期工程干线征地拆迁安置工作在前期规划、制度体制建设、实施管理、特殊问题处理、突发事件应对、专项验收等各环节各方面创新成果、典型案例，剖析总结经验。在南水北调东、中线一期工程均已通水运行的新形势下，及时总结干线工程征地拆迁的实践经验，为南水北调后续工程和其他调水工程、国家重大线性工程建设提供指导借鉴和决策参考。

（朱东恺　盛　晴）

管理和协调工作

（一）库区移民方面

（1）移民工作定期商促工作。2016年9月，征地移民司在郑州组织召开南水北调工程丹江口库区移民商促会，听取河南、湖北两省移民部门、中线水源公司、长江勘测规划设计研究院等单位工作情况汇报，督促有关方面按照南水北调系统工作会部署，加快推进移民验收、社会稳定、生产发展、后续规划、实施总结等工作进度，确保按时完成年度工作目标。

（2）湖北省外迁移民抗洪救灾工作。2016年6~7月汛期，湖北省普降暴雨，南水北调丹江口水库外迁移民安置区所在的武汉、黄冈、荆门等地遭受特大暴雨和百年一遇的洪水袭击，共有106个移民安置点、约5.2万移民遭受严重洪涝灾害，造成重大经济损失。国务院南水北调办党组高度重视湖北省外迁移民抗洪救灾工作，国务院南水北调办党组书记、主任鄂竟平专门召开党组会研究，并委托副主任蒋旭光专程赴黄冈市团风县黄湖移民新村，看望慰问受灾移民群众和移民干部。同时筹措3000万元补助资金，专项用于移民灾后重建工作。另外，及时将灾情转送国家发展改革委及协调水利部，帮助湖北省筹措移民灾后重建项目资金和推动后续帮扶工作，为湖北省外迁移民抗洪救灾提供重要支持。

（3）库区移民防汛安全工作。2016年7月，国务院南水北调办印发《关于做好丹江口水库淹没区和移民安置区汛期安全排查处置工作的通知》，对做好库区和移民安置区安全度汛工作进行部署。重点排查淹没线下可能存在的临时房屋、滞留人口和临建设施，移民安置点高切坡治理稳定、监测和安全情况，移民安置区的排涝设施运行情况，新的地质灾害隐患等。

（4）移民帮扶工作。督促河南、湖北两省移民部门继续落实国家后期扶持政策，整合多项支农惠农政策资金，加大对南水北调移民的后续帮扶力度，实施“强村富民”战略，建设“一村一品、一村一业”。加强移民技能培训和社会治理创新，创建“移民创业之星”“和谐移民新村”，促进移民产业转型发展，提高移民就业增收水平。

（5）移民发展经验交流。2016年11月，组织河南、湖北两省移民部门赴广西、福建考察水库移民后期扶持工作，借鉴先进经验，提高移民帮扶工作水平，补齐移民组织管理、乡村建设、历史文化传承、产业转型升级等方面的短板，进一步做好移民后续帮扶发展工作。完成《广西、福建帮扶发展与稳定工作考察报告》并报办党组。

（6）移民发展宣传活动。组织河南、湖北两省移民部门配合开展移民村生产发展专题宣传活动，在《中国南水北调报》完成17期移民村经济社会发展宣传报道，进一步展示移民村产业发展、文化建设、环境整治、社会治理创新等成果，拓宽各地帮扶移民工作思路，提高移民工作管理水平。

（二）干线征迁方面

（1）部署干线征迁重点工作。2016 年 6 月 23 日，国务院南水北调办在济南召开南水北调干线工程征迁工作会，研究协调落实干线征迁重点工作。分析南水北调东、中线一期工程全面通水运行后征迁工作面临的形势和任务，研究部署有关重点工作，理清思路，明确责任，促进征迁遗留问题的解决，督促加快用地组卷、征迁决算、专项验收等收尾工作，促进各项征迁任务完成，维护工程沿线稳定，确保工程正常运行。总结南水北调干线征迁工作的宝贵经验，指导后续工程。

（2）临时用地复垦工作。2016 年初，剩余需返还的临时用地共 5939 亩，位于河南、河北两省。督促中线建管局每周调度进度、每月报送临时用地返还月报并集中开展为期两个月的攻坚战，加快推进临时用地返还工作。同时积极督促协调河北、河南两省征迁主管部门做好相关工作，坚持每周调度一次，掌握情况，及时处理相关问题。对河南禹州冀村东弃土场、新乡庞村弃渣场、河北地方取土场等面积较大的地块，多次赴现场开展督导。为了有效推进，4 月 22 日，在河南段黄河以北剩余临时用地退还现场，专门组织河南省移民办、中线建管局、河南分局、河南省建管局等单位一起看现场、了解存在问题，研究确定解决问题工作方案，制定时间表，督促加快实施。截至 2016 年底，东线临时用地已全部返还，中线临时用地累计已返还 99.98%，南水北调东、中线一期工程 45 万亩临时用地已基本退还完毕。

（3）征迁验收工作。按照国务院南水北调办确定的验收计划，推进征迁省级验收。协调河南省、河北省征迁新增投资落地事宜，督促各省加快剩余补偿资金兑付，解决遗留问题，及时开展征迁档案验收、区县自验等工作。依据干线征迁验收办法，批复了山东韩庄泵站等 16 个设计单元工程和天津市 1、2 段工程征迁安置完工验收的申请，核准验收大纲；参加了山东省南水北调建管局于 2016 年 12 月 27 日召开的验收会和天津市南水北调办于 12 月 28 日召开的验收会，对山东韩庄泵站等 16 个设计单元工程、天津市 1、2 段工程的征迁安置完工验收进行监督。

（朱东恺　盛　晴）

建设用地管理

按照国务院同意的方案，积极协调配合国土资源部、国家林业局，督促河北、河南、湖北三省有关部门和中线工程项目法人，加快用地组卷上报。重点协调国家林业局批复了河南干线和库区林地手续，协调解决了中线总干渠河南段压覆矿产影响用地组卷报批问题，协调督促了河北段林地手续办理工作，妥善解决了影响土地手续报批的前置问题。

截至 2016 年底，南水北调东、中线一期工程的用地组卷均已获国务院批准。

（朱东恺　盛　晴）

信访稳定工作

国务院南水北调办高度重视征地移民稳定工作，确定了“稳中求好，创新发展”的工作思路。征地移民司将征地移民稳定工作作为重中之重，周密部署，抓紧抓好。以强化机制为保障、以创新方式为抓手、以稳定发展为动力，督促落实省级政府负责制，排查化解矛盾纠纷，确保征地移民大局稳定。

（一）维护稳定工作

2016 年 6 月 7 日，鄂竟平主任主持召开主任专题办公会，研究当前稳定工作形势，部署下一步工作方向和重点，对稳定问题的严重性、普遍性作出准确预判。

2016 年 6 月 30 日，在庆祝建党 95 周年会议上，鄂竟平主任在安排下半年工作时，提出要认清形势，盯紧移民稳定不放松，要求对库区移民维稳作出研判。

2016年6月24日，蒋旭光副主任在济南主持召开2016年南水北调征地拆迁商促会，部署干线征迁稳定工作，要求沿线各省（市）进一步做好稳定工作，确保工程沿线征迁群众长远稳定发展。

2016年7月4日，蒋旭光副主任组织征地移民司召开征地移民稳定工作专题研究会，就进一步贯彻落实鄂竟平主任庆祝建党95周年讲话精神，加强形势研判，研究部署下一步稳定工作，为提供准确的决策依据等事项进行专题研究。

2016年12月2日，国务院南水北调办在郑州召开南水北调工程征地移民维护稳定工作会，传达贯彻中央和国家机关信访稳定工作会精神，总结交流今年征地移民信访稳定工作成效和经验，研究部署今后一个时期的工作。会议要求各地、各单位要认真贯彻落实中央和国家机关信访稳定工作会议精神，把南水北调征地移民稳定工作放在党中央对全国信访稳定整体布局中，突出“四个意识”，强化责任担当，确保征地移民大局稳定和工程平稳通水运行。

（二）征地移民矛盾纠纷排查化解专项活动

2016年2月，印发《关于进一步做好南水北调工程征地移民稳定工作的通知》（国调办征移〔2016〕9号），部署开展为期两个月的征地移民矛盾纠纷排查化解专项活动。6月，印发《关于进一步做好当前南水北调征地移民稳定工作的通知》（国调办征移〔2016〕69号），要求各地在矛盾纠纷排查化解工作的基础上，坚持问题导向，结合舆情社情扩大排查分析，全面梳理问题清单和信访台账，准确判别问题的真实性，对存在的问题逐个进行原因分析，制定相应的工作方案和措施，落实责任人，明确处理时限，把矛盾纠纷化解在基层。

（三）创新工作方法

征地移民司高度重视征地移民稳定工作，按照中央提出的“阳光信访、责任信访、法治信访”的精神，方法上坚持“大问题亲自查、敏感问题追踪查、重访诉求要核查”的原则，采取“督查办及联合现场办”等创新方法，力求上下联动、共同研究问题、共同维护稳定。

（四）现场督导重点信访事项

（1）库区移民方面。对湖北省团风县黄湖移民新村、屈家岭管理区外迁移民安置区受灾稳定情况和河南省唐河县昝岗乡双庙村移民滞留库区问题进行现场督导，会商移民稳定形势和群体性事件预防工作。2016年12月5日，蒋旭光副主任率队赴河南省南阳市调研南水北调丹江口库区移民稳定发展工作，深入到淅川县滔河乡双庙村、上集镇竹园移民新村、唐河县昝岗乡双庙移民新村现场，了解库区移民村产业发展情况，督促落实移民稳定工作责任。

（2）干线征迁方面。对舆情信息和信访反映的有关问题，及时督促地方征迁部门进行核实和处理。对重大问题，派员到现场摸清有关情况，现场解决。

（五）征地移民稳定分析报告

根据排查梳理征地移民信访舆情稳定问题，经总结分析和评估预判，汇总完成征地移民稳定分析报告并报国务院南水北调办党组。内容包括：今年开展的主要工作、当前征地移民存在的不稳定因素、原因分析、对策及措施、下一步工作等。同时，汇编完成了征地移民不稳定因素详细调查报告。

（朱东恺　盛　晴）

监 督 稽 察

概 述

2016年是南水北调工程扎实推进运行管理、努力提升管理水平的重要一年。按照国务院南水北调办“稳中求好，创新发展”的工作总思路，以监督司和监管中心、稽察大队为主体的运行监管队伍，按照“为工程平稳运行提供可靠保障”的要求，通过飞检、重点巡查、专项稽察、举报调查、规范化试点等措施开展运行监管工作，努力发现和消除实体缺陷和行为隐患。监管工作中，建立完善工程运行监管制度体系，全面监督检查运行管理问题，紧盯工程重点项目、关键时期和关键部位，开展重点问题研判，强化举报受理和调查处理，探索推进工程运行管理规范化监管，从严实施责任追究，为实现全年安全平稳通水运行的目标提供了保障。

各省（直辖市）南水北调办（局）积极配合工程运行监管工作，及时反馈举报事项调查、跟踪整改情况，为工程安全运行营造良好环境。各工程管理单位积极开展运行管理问题自查自纠，落实监管部门监督意见和要求，做好问题整改，推动工程运行维护规范化建设，实现了工程安全平稳供水，提升了工程功能形象和管理水平。

（魏 伟 赵 镝）

运 行 监 管

（一）运行监管工作部署和规划

2016年，研究制定了《南水北调工程监管工作规划大纲（2016～2020年）》，明确今后五年工程监督的工作目标、指导思想和工作原则、思路，提出了重点任务及保障措施。结合工程运行监管实际，研究制定了2016年工程运行监管工作方案，形成以问题为导向、坚持高压严管、创新监管方式、落实监管措施，推动各项工作取得新进展的运行监管工作思路，明确了年度工作目标和重点内容，并制定了各单项工作方案。

（二）工程监督检查

2016年，开展了东、中线工程全覆盖的监督检查。稽察大队实施全面运管飞检，划分责任片区跟踪整改情况。监管中心开展专项稽察、专项巡查，组织专家研判，对整改情况进行复查。监督司加强重点监管，紧盯重要建筑物和典型渠段运管问题。全年，国务院南水北调办领导带队先后开展了33次飞检和运行检查。稽察大队实施全面飞检共计150组次、专项调查28组次，共发现问题3204项。监管中心紧盯关键环节，对金属结构机电、安全监测、自动化系统、供配电系统等重点专业开展专项稽察10次（16组次），其中特派稽察7次（特派稽察包括3次全面性稽察，4次专题性稽察），稽察复查3次，共发现典型问题768项。通过问题研判、狠抓整改和全面警示，集中消灭一批通水运行初期出现的各类问题，保障工程安全平稳运行，促进工程运行管理规范化建设。

（三）重点项目专项监管

确定了重点建筑物和典型渠段重点监管项目，对运行监管重点项目开展全覆盖、不间断监管。查阅重点监管项目初步设计文件与方案，梳理设计要求与设计意图，随时收集整理“三查一举”和工程管理单位自查自纠发现的问题，对出现重大问题或安全隐患的工程实施现场监管或驻地监管。建立每项重点项目的问题清单和独立档案，按照问题性质、类型、发生部位、发现时间等逐项分类整理并定期更新，分析查找问题发生规律，预判安全隐患，紧盯整改落实，促进工程管理单位努力提升工程运行管理规范化水平，确保工程平稳运行。

（四）重要时期专项督管

强化对重要节假日、重点时期（汛期、冰期）的专项监管，在春节、劳动节、汛期、中秋、国庆、冰期等重点时期节点前专门印发通知，对工程巡查、值班调度、应急处置等工作提出要求。结合南水北调工程特点，在汛期安排对中线干线工程安全监测工程实施了专项稽察，全面检查汛期期间受毁渠道部位断面、膨胀土滑坡段部位断面，以及部分渡槽、渠道倒虹吸、穿黄隧洞、高填方渠段等重点项目的安全监测情况；制定冰期输水监管方案，分析2016年冬季面临的新情况，梳理冰期输水监管的关键项目、关键部位、关键环节，印发《关于切实加强冰期输水运行监管工作的通知》，对科学做好冰期输水调度运行管理、加强监督检查和自查自纠、对影响冰期输水安全的运行管理问题从严责任追究等方面提出要求。

（五）典型问题专项研判

发现并解决影响通水安全的系统性问题、典型问题、频发问题，对膨胀土渠段、安全监测、融冰系统等开展高频飞检、专项稽察和专项巡查，尤其对汛期出现的多处膨胀土重点渠段安全隐患实施了设计、建设、管理情况“回头看”，先后组织召开两次专项研判工作会，邀请行业内资深专家对典型问题逐项进行现场查勘和专项研判，分析产生问题的根源，并提出加强膨胀土重点渠段稳定性措施建议。

（六）工程运行管理规范化监管

面对中线工程线路长、管理层次多、制度标准多、基层管理机构多等特点，在关注中线工程运行管理规范化制度建设顶层设计的同时，选取各分局有代表性的管理处进行规范化试点建设，探索有助于工程规范化管理且可供推广的经验和做法。监督司会同监管中心、稽察大队组织开展运行管理规范化建设监管工作，制定工作方案，印发通知，成立监管工作组，确定采用“3（试点处）+1（重点处）+4（观摩处）”的模式开展运行管理规范化试点研究和示范建设，并进一步组织开展了规范化试点处定向监管工作，自下而上地监督规范化建设成效。通过组织实施跟班调研，提炼分析发现的问题，提出规范管理的建议；多次召开规范化试点建设监管会商会，了解工作进展，明确阶段任务，印发会商任务清单，跟踪检查会商议定任务落实情况。

（七）运行管理问题责任追究

落实《南水北调工程运行管理问题责任追究办法》和运行监管月度会商机制，监督司会同监管中心、稽察大队每月对“三查一举”发现的东中两线运行管理问题进行全面会商和分析研判，提出责任追究意见，进行处罚警示。先后召开月度运行监管会商会11次，印发运行监管会商快报11期。组织实施即时责任追究11批次，追究一级运行管理单位7家次，二级运行管理单位8家次，三级运行管理单位18家次。办公室直接约谈6家次，直接警告1家次，直接通报批评2家次，责成工程管理单位约谈6家次，责成工程管理单位警告5家次，责成工程管理单位通报批评5家次。同时，责成中线建管局将1家代建单位、2家监理单位、2家施工单位列为不可信单位。

（八）监管宣传

借助中国南水北调网站、中国南水北调报和南水北调手机报的宣传平台，对举报公告牌揭牌进行专项宣传，邀请多家中央媒体记者到公告牌揭牌活动现场进行采访报道，通过记者实地采访、提供相关素材等方式，采写发表新闻稿件十余篇，转载百余次，扩大了南水北调工程诚意接受社会监督的公告效果，反响良好。

通过中国南水北调网站，对办公室直接责任追究信息在警示专栏中进行公示，对被责任追究单位追究情况进行通报，警示其他工程管理单位严格运行管理，规范了运行管理行为，督促工程运行管理问题及时有效整改。

（赵　镝　熊雁晖）

质　量　监　督

（一）质量监督工作

2016年1月，南水北调工程建设监管中心（以下简称监管中心）对直管质量监督站和巡查组进行了整合，成立3个质量及运行监管现场工作组，并于3月印发实施《现场工作组规章制度》，明确现场工作组职责范围、工作组职责、工作组人员岗位职责、驾驶员岗位职责、考勤和请（休）假制度、日常办公经费管理、现场车辆管理等要求，使现场工作组的工作规范化、标准化，确保了现场工作组各项工作的顺利开展。

2016年4月，监管中心在京组织召开了2016年南水北调工程质量监督机构系统工作会，听取了各质量监督机构工作汇报，通报了国务院南水北调办对质量和运行监管工作的新要求，交流讨论了质量监督和运行监管工作经验和计划措施，部署了2016年质量监督和运行监管工作任务。

2016年4、12月，开展了两次东线苏鲁省际调度系统质量监督专项巡查，检查共发现问题14处，主要涉及质量评定表填写不规范、通信机房实体环境不符合规范要求、调度运行管理系统工程建设目标和需求尚待进一步完善、机房保密系统有待提高完善等内容。

（二）工程验收核备工作

按照《南水北调工程质量监督导则》的相关要求，各质量监督站点继续对项目法人负责的分部验收、单位验收和合同验收等进行了监督检查，对有关验收签证书（鉴定书）进行了核备。

（三）质量监督报告修编工作

在2015年度工程通水验收提交的《质量监督报告》基础上，各质量监督站点依据2016年度工程尾工施工情况，验收遗留问题整改情况，分部验收、单位验收和合同验收核备情况等，对各设计单元工程《质量监督报告》进行了修改完善，积极做好设计单元工程竣工（完工）验收的准备工作。

（梁　祎　宋海波　常　跃）

运　行　监　督

（一）编制监控项目工作方案

2016年3月，编写了《南水北调中线石家庄以南段工程运行重点监控项目工作方案》，确定了以深挖方膨胀土渠段和高填方渠段为重点的22处重点监控项目（在2015年的12处重点监控项目基础上，新增或调整了淅川1、2、3标等11个标段的13处深挖方膨胀土渠段重点部位），进一步明确了重点监控工作目标、工作组织和工作方式。

（二）开展重点膨胀土渠段稳定性专项巡查

2016年，共开展了7次重点膨胀土渠段专项巡查，检查发现较重问题54处，通过对这54处问题梳理，分析查找问题成因，提出了意见及建议。通过专项巡查及时发现了淅川2标右岸桩号(9+240)~(9+485)段和左岸桩号(8+740)~(8+860)段出现的早期滑坡迹象，2次编写问题专报向国务院南水北调办领导汇报，起到了早发现、早预警，为决策层提供判定依据的作用。

（三）开展无损检测

2016年，针对巡查发现的重点和疑似部位，开展4次探地雷达检测，2次多模式声纳检测和3次水下电视检测。其中探地雷达检测共发现疑似问题90处，涉及膨胀土渠段的疑似填土不密实问题89处，禹长3~4标采空区填土不密实1处，以上问题均不属于急需处理的严重问题；多模式声纳检测共发现衬砌板疑似质量问题10处，推测为9处裂缝和1处底板局部疑似隆起。

（四）重点渠段开展综合分析

2016年4月，通过组织专家对淅川2标开展地质巡查、多模式声纳水下检测和安全监测数据分析等，对淅川2标深挖方膨胀土渠段边坡稳定性进行了综合评估，提交了第一份《问题分析和评估报告》。报告对部分渠段渠坡拱形骨架开裂较普遍，局部开裂错动明显，渠坡渗水洇湿，地下水分布范围和动态变化大，渠道衬砌板开裂及隆起较为集中等情况提出了建议；判断淅川段右岸桩号（9+240）~（9+485）范围渠段土体存在滑坡的可能性，并提要求请责任单位进行加固处理。

2016年8月，组织专家对暴雨后膨胀土渠道稳定破坏情况及安全风险情况开展专项巡查，综合2016年3、6、7月开展的4次专项巡查发现的问题，提交了第二份《问题分析和评估报告》。报告初步分析了膨胀土渠段变形破坏的类型、特点及原因，并提出了进一步加强膨胀土渠段运行管理的意见和建议。

（五）专项调查

（1）禹长4标郭村南桥填土质量问题调查。2016年1月，组织专家对禹长4标采空区段工程，郭村南生产桥上游左岸桩号（77+497）~（77+505）范围的疑似填土疏松体进行调查，初步判断该部位土体疑似质量问题与土体填筑质量有关，与采空区处理没有相关关系，建议运行管理单位对该部位增设沉降观测点、加密观测频率，并加强人工巡视检查工作。2016年3月，再次对该部位进行了探地雷达检测，检测结果表明该处问题没有新的变化且局部松散土体随时间推移逐渐变得均匀。

（2）易县管理处张石高速桥甲醇泄露情况事件调查。2016年6月16日，对跨南水北调干渠的张石高速桥连环车祸的甲醇泄露事件进行现场调查，及时向国务院南水北调办报告事件发展动态并提出相应建议，并开展水质检测取样和现场监督恢复处理工作。

（3）荆轲山分水口漏水事件调查。2016年6月28日，对荆轲山分水口发生漏水进行现场调查取证，及时掌握事件发生的原因，并提出处理方案，在修复施工过程中持续关注，加以监督。

（梁　祎　宋海波　常　跃）

专业、专项稽察

2016年，受国务院南水北调办各业务司委托，监管中心组织实施专项、专业稽察17组（批）次，其中专项稽察16组次、专业稽察1组次。

（一）专项稽察

2016年开展了系统性、高频次的专项稽察16组次，包括机电金属结构机电、供配电、安全监测、冰期输水及相应自动化专项稽察和复查，覆盖东、中线63个运行管理处所辖的96座闸站、13座泵站、4座枢纽工程、3座水库、2座降压站等典型渠段、重点项目及关键部位。专项稽察以监督检查与指导帮助并重为原则，发现机电金属结构、安全监测、供配电及相应自动化等各类问题约804个（项）。12月对2016年稽察发现的问题进行重点复查，共抽查问题372个（其中，山东干线公司46个、中线建管局326个），问题整改率约86.5%，未整改、整改不到位、正在整改、待整改的问题暂不影响通水运行安全。

（二）专业稽察

受环保司委托，2016年监管中心组织专家对中线干线工程水质保障工作进行了检查，覆盖中线建管局及其所属的渠首、河南、河北、北京、天津5个分局，检查了中线建管局水质保护中心，抽查了分局水质监测中心实验室、水质自动监测站的运行管理情况。专家组在制度制定与执行、实验室管理、水质监测及数据报告、水质安全应急能力建设等方面提出问题39项，为南水北调工程的水质保障工作提供帮助。

（李笑一　高立军　谢智龙）

举报受理和办理

2016年，举报受理中心坚持“举报电话24小时电话录音或人工接听”，共接收并追溯的有效信息271项，其中，分类处理举报信息96项，咨询信息109项，重复类信息（与分类处理信息重合）26项，追溯或回复信息40项。2016年共完成兑奖事项16项编制《南水北调工程运行管理举报情况简报》4期。

2016年共接收来电信息195个、邮件信息36封，总信息共计231项，其中有效举报事项96项，涉及运行管理44项、工程质量14项、水质环境19项、征地移民与地方性事务等19项。

2016年举报信息较2015年呈增长趋势，且主要集中在中线，中线的举报信息类型主要为运行管理，而东线主要为水质环境。

（李笑一　高立军　李晓璐）

稽察专家管理

2016年，监管中心根据稽察工作的需要，对金属结构机电、安全监测、自动化控制、水质保护、应急管理等小专业专家及时进行补充和优化，确保专家年龄层次、专业技能、知识结构的合理搭配。现在库稽察专家128名，为监督稽察工作提供技术支撑和保障，在实施各类监督稽察工作中，派出稽察专家72人次。

（李笑一　高立军　李晓璐）

制度建设

2016年，国务院南水北调办提出“稳中求好，创新发展”的工作思路，监督司结合工程运行期特点，健全和完善了运行监管制度，组织制定《南水北调工程运行管理举报受理管理办法（试行）》（国调办监督〔2016〕92号）、《关于切实做好“五一”劳动节和汛期南水北调工程运行监管工作的通知》（综监督函〔2016〕114号）等运行管理制度，为工程平稳安全运行提供制度保障。

制定印发了《南水北调工程运行管理举报受理管理办法》（以下简称《办法》），办法分8章、37条，规范和加强对涉及工程运行管理、工程质量、水质环境的举报事项的受理、调查和处理。该《办法》聚焦举报事项核查环节，对举报事项调查和复核工作的组织形式、责任单位、核查工作组人员组成、核查工作要求、时限提出明确要求，尤其是贯彻办公室从严监管的要求，对核查工作不力、核查结果不实、被核查单位不配合等情形，提出相应的责任追究措施。

根据运行期监管工作开展不同特点，启动《南水北调工程运行管理问题责任追究办法》修订工作，对正文内容及“运行管理违规行为问题分类分级（试行）表”“工程养护缺陷问题分类分级表”进行补充修改，扩大运行管理问题覆盖面，按照工程运行实际重新分类分节，对问题严重程度进行研判定性，对责任追究方式、问题性质和数量标准、加重追责情形等进行调整完善，增强针对性和操作性，更符合工程现场实际情况和运行管理需要。

印发了《关于切实做好“五一”劳动节和

汛期南水北调工程运行监管工作的通知》（综监督函〔2016〕114 号）、《关于切实加强“两节”期间南水北调工程运行监管工作的通知》（综监督函〔2016〕249 号）、《关于切实加强冰期输水运行监管工作的通知》（综监督函〔2016〕345 号）、《关于切实加强元旦、春节期间南水北调工程运行监管工作的通知》（综监督函〔2016〕385 号）等，在重要节假日期间和输水安全关键时期，加强运行管理，制定相应工作方案和应急预案，对值班值守、工程巡查、工程设施维护管理、防汛防冻措施、应急事件处置和运行安全责任等方面提出要求。

（王文元　杨　卫　武铁钢）

其　他　工　作

（一）运行监管会议

（1）运行监管工作会。2016 年 3 月 31 日，国务院南水北调办在郑州组织召开南水北调工程运行监管工作会。蒋旭光副主任出席会议并讲话。会议总结了东、中线一期工程全线通水以来的运行监管工作，部署 2016 年工程运行监管任务，强调了办公室“严字当头”的监管原则。会议充分听取了各省市南水北调办、项目法人关于运行监管工作、努力提高工程规范化管理水平的想法，形成 2016 年运行监管工作的基本思路，达到了统一思想、提高认识、明确任务、落实措施的目的。

（2）运行监管专题工作会。2016 年 11 月 8～11 日、23～26 日，中线工程膨胀土重点渠段专项研判工作会分别在河南省南阳市、新乡市召开。会议通报、研讨了中线工程南阳、河北膨胀土渠段专项巡查情况、典型问题，介绍了膨胀土渠段设计、施工、建设管理、运行管理情况，研究提出问题整改措施，对问题责任进行研判，并研究部署下阶段相关工作。

（二）国家发展改革委专项稽察

国家发展改革委稽察办、中国国际工程咨询公司于 2016 年 7 月对陶岔渠首电站工程开展专项稽察和专项评估，根据办公室工作安排，监督司牵头会同投计司、建管司、设管中心组织中线建管局、淮委建管局等单位，积极配合专项稽察和专项评估工作。期间，全面查阅、梳理分析陶岔渠首枢纽工程审批、建设等有关情况，多次赴现场查勘调研，组织召开专题研讨会，并就陶岔电站建设有关情况与发展改革委稽察办进行多次面对面沟通、专题报告和详细解答等，提出了建议和意见，得到发展改革委稽察办和中国国际工程咨询公司的认可和采纳。经过各方积极努力和配合，发展改革委稽察办得出陶岔渠首枢纽工程电站建设必要可行、审批建设合规的最终稽察与评估结论。

（三）国家财政项目

2016 年，根据年度预算规模和中期规划，国务院南水北调办申报了“南水北调工程监督与稽察”财政项目，具体包括“南水北调工程运行监管方式及成效研究”“南水北调工程运行监管专项档案”“南水北调工程运行管理评价研究”“南水北调工程稽察措施研究”“重要建筑物和典型渠段监管重点研究”“南水北调工程实体问题认证处理导则”等六个专项课题。

通过调研南水北调东、中线一期建筑物工程运行现状，对重点建筑物进行梳理分类，结合其运行特点从供水水质水量、工程安全运行、环境保护等方面提出重点建筑物运行监管目标、内容和机制，研究建筑物工程运行监管措施及实施成效，建立评价指标体系，提出评价方法，对建筑物工程运行监管工作有较好的指导和借鉴作用。

针对南水北调工程运行管理特点，对运行监管稽察机制和责任追究工作提出意见；在此基础上，给出《南水北调工程运行管理问题责任追究办法（试行）》的修订建议及解读说明，总结分析南水北调工程运行监管稽察措施和责任追究取得的成效。

结合工程建设特点分析质量监管工作创新需求，梳理总结南水北调工程质量监管工作在体制机制、分阶段分类型质量监管方面的创新成果，初步构建了南水北调工程质量监管创新成效评价体系，进行了成效评价，对创新成果的应用推广提出了建议。

对中线输水渡槽的实体风险点进行了全面、系统地分类梳理，分类提出了输水渡槽实体风险点研判标准，对输水渡槽的实体风险点进行综合研判和评价，提出输水渡槽实体风险点响应机制、防控及处理措施建议。

结合中线工程特点及运行管理实际，完成南水北调中线建筑物工程运行管理评价研究，构建运行管理评价体系，提出评价指标及其赋分标准，并对典型现场运行管理机构进行了试评价。

全面、系统搜集整理和归类分析2016年南水北调运行监管工作资料，并按照档案专业化、规范化管理要求，完成2016年度南水北调运行监管专项档案。

（庆　瑜　杨　卫　郭凤杰）

技　术　咨　询

专家委员会工作

国务院南水北调工程建设委员会专家委员会（以下简称专家委员会）2016年以确保工程安全平稳运行为目标，准确把握工程运行初期的特点，调整工作思路，创新工作方法，充分发挥技术优势，紧紧围绕事关南水北调工程运行安全、水质保护和后续工程推进等方面的技术问题，积极主动开展技术咨询、专题调研等工作，全年共开展了18项活动，其中专题调研4项，技术咨询6项，专题评审6项，专题研究2项。还完成了2015年度专家委员会咨询意见技术汇编、年鉴资料整编、预算编制和咨询问题征集的其他4项综合工作。

（胡　玮　冯晓波　陈　清）

技术咨询与评审

2016年，专家委员会针对运行安全、水质保护、移民后扶和后续工程推进等方面工作，对重点工程建筑物技术问题、重大关键技术研究成果及实施方案、运行管理方案等开展了综合性的技术咨询和评审，先后开展了技术咨询、评审12次，主要有：

（1）中线京石段应急供水工程（北京段）PCCP管道技术咨询。

（2）中线干线工程运行规范化管理咨询。

（3）《南水北调中线干线工程内排段地下水水质监测方案》技术咨询。

（4）《智慧南水北调规划（纲要）》技术咨询。

（5）《南水北调沿线聚脲防渗体系的调查与分析研究工作大纲》咨询。

（6）《南水北调工程信息化建设国产密码应用（改造）规划》评审。

（7）《南水北调工程水环境保护技术研究》项目评审。

（8）《南水北调工程中线渠道运行安全状况研究报告》技术评审。

（9）中线一期工程安全风险评估项目总体工作大纲评审。

（10）《南水北调工程渠道和建筑物位移变形监测技术研究》项目评审。

（11）《南水北调中线工程丹江口库区移

民安置后续问题研究》项目评审。

（12）南水北调工程水环境保护技术研讨。

（胡 玮 冯晓波 陈 清）

工程检查评价与专题调研

专家委员会重点开展了通水两年来工程运行管理情况的检查工作，同时重点关注了重要工程的运行情况、水质保护情况和冰期输水安全问题，主动进行了四项调研工作，主要有：

（1）中线干线工程运行管理情况检查。

（2）中线穿黄隧洞工程通水运用情况第二次调研。

（3）中线工程水源区水质保护技术情况调研。

（4）中线干线工程冰期输水调研。

调研中专家组通过现场查看、听取汇报、座谈讨论等方式，深入细致的进行了调研，提出了意见和建议，提交了调研报告，有力地促进了工程运行管理。

（胡 玮 冯晓波 陈 清）

专 项 课 题

（1）专家委员会组织开展了“南水北调中线沿线聚脲防渗体系的调查与分析研究”项目研究。聚脲在南水北调沿线的运用，解决了建筑物结构缝（伸缩缝）、裂缝等的防渗问题，但其防渗、防腐蚀、抗冻等性能直接影响了材料本身和水工建筑物的工作功能及使用寿命。鉴于南水北调中线工程参与防渗的施工单位较多，存在使用材料及工艺标准不一、施工质量不均等问题，为掌握工程运行期间防渗体系实际性态，从而开展了本研究。

（2）专家委员会组织开展了“南水北调工程可持续性发展的水价研究”。项目主要分析南水北调受水区通水前、后的水源构成和水价情况及可能存在的问题，研究水价的内涵、构成要素和南水北调受水区统筹不同水源的水价体系的影响因素，最终提出构建南水北调供水价格体系的对策措施和相关制度。

（胡 玮 冯晓波 陈 清）

关键技术研究与应用

重大专题及关键技术研究

（一）国家科技支撑计划“南水北调中东线工程运行管理关键技术及应用”项目

国家科技支撑计划“南水北调中东线工程运行管理关键技术及应用”项目下设“南水北调东线工程泵站（群）优化调度关键技术集成与示范”“南水北调河渠湖库联合调控关键技术研究与示范”“南水北调中线干线工程应急运行集散控制技术研究与示范”“南水北调工程混凝土病害防治关键技术研究与示范”“南水北调平原水库运行期健康诊断及防护技术研究与示范”“南水北调河道疏浚泥堆场综合处置关键技术研究与应用”“南水北调大型跨（穿）河建筑物运行风险识别和预警关键技术研究与示范”“南水北调煤矿采空区渠道运行安全标准与应急处理关键技术研究”“南水北调中线水质差异应对关键技术研究与应用”“南水北调工程地震灾害监测与预警关键技术研究与示范”共10个课题。项目立足于当前工程运行中面临的亟需解决的技术难题，为工程顺利运行提供技术支撑。重点是结合南水北调中东线工程特点、运行情况，开展有针对性的技术攻关，提出解决问题的具体技术措施和方案，为工程安全、平稳、高效运行提供强有力的技术支撑。

2016年，国务院南水北调办继续督促开展好国家科技支撑计划“南水北调中东线工程运行管理关键技术及应用”项目研究工作，加强项目研究组织管理。组织有关专家对各课题的研究进展和经费到位及使用管理情况进行了检查，并对检查发现的相关事项下发整改通知要求限时整改到位。组织编写课题及项目2016年度执行情况报告，并报送科技部。组织召开国家科技支撑计划项目中间成果检查会议，听取各课题承担单位2016年度课题序时计划执行情况汇报、年度财务执行情况汇报、中间成果汇报等。2016年度项目研究进展顺利，较好地完成了课题任务书规定的年度序时工作任务计划，取得了部分科研成果。

（二）国家重点研发计划“水资源高效开发利用”重点专项2016和2017年度项目

根据科技部有关文件要求，按程序组织推荐了2016年度项目申报单位设管中心（申报参与单位18家）和山东大学（申报参与单位6家）申报的“南水北调工程建设与安全运行集成研究及应用”项目和“南水北调东线交叉河流污水阻隔消纳关键技术研究与应用”项目，参与项目评选；按程序组织推荐了2017年度项目申报单位黄河勘测规划设计有限公司（申报参与单位10家）的“南水北调工程应急抢险和快速修复关键技术与装备研究”项目。

（白咸勇　张　晶　牛津剑）

国际合作与交流

概　　述

2016年，国务院南水北调办认真学习习近平总书记关于外事工作的重要论断和中央外事工作各项方针，准确把握我国对外工作面临的新任务和新要求，深刻领会新形势下外交工作的总体要求，坚定不移地服从服务中央对外工作大局，坚决把中央的战略意图深入落实到南水北调外事工作中，自觉把南水北调外事工作放到中央外交工作全局中统筹谋划，扎实开展对外合作，进一步提升外事工作水平。

（普利锋　刘德莉　管玉卉）

外事工作管理

2016年，国务院南水北调办继续坚持党管外事，加强党对外事工作的集中统一领导，建立健全外事工作体制机制。强化外事工作领导小组研究谋划重大问题的作用，指导南水北调外事工作健康有序推进。各单位强化“一盘棋”意识，加强沟通协调，充分整合各类资源，调动各方力量积极办外事，不断完善南水北调办外事工作总体格局；外事部门充分发挥归口管理作用，履行好具体部署、推进和落实责任。

采取有效措施，进一步提升因公出国（境）工作管理水平。严格执行部级人员因公临时出国指标限量管理规定，对司局级（含）以下团组因公临时出国（境）实行计划管理；严格遵守中央和国务院南水北调办外事管理规定，按照因事定人、人事相符、预算先行的原则审核、报批、安排出国（境）团组，不安排照顾性和无实质内容的一般性出访，不安排考察性出访，不安排无实际需要的国外培训；坚持按照“活动实、日程满、安排细”的原则组织安排出访团组，确保团组出访质量。

（普利锋　刘德莉　管玉卉）

重要外事活动

（一）来访

2016年3月，日本国土交通省技监池田幸司（副部级）现场调研南水北调中线双洎河渡槽工程，向其介绍了南水北调中线工程建设情况及初期运行情况。

（二）出访

2016年11月，应澳大利亚农业与水资源部、日本国土交通省的邀请，经国务院批准，国务院南水北调办主任鄂竟平率团出访澳大利亚和日本。期间，鄂竟平主任同澳大利亚农业与水资源部、日本国土交通省等政府机构进行了深入会谈，实地调研了澳大利亚雪山调水工程和金矿区管道工程，以及日本利根川调水工程和东京都供水系统工程，深入了解了两国水利工程建设管理体制和运行机制，吸收和借鉴两国在水资源配置、水污染防治、水价机制、水业市场化等方面的政策法规、创新技术、经济措施和现代化管理经验。代表团向两国同行和我国驻外使领馆介绍了中国南水北调工程建设及初期运行情况。

（普利锋　刘德莉　管玉卉）

新　闻　宣　传

宣　传　工　作

（一）工程节点新闻宣传

围绕东线2015～2016年度调水、实现全线供水目标、年度调水工作完成、年度调水工作启动，中线调水超30亿m^3、中线调水达50亿m^3、年度调水完成，东中线一期工程全面通水两周年等重要节点，精心策划，周密安排，做好专题宣传。

中线调水达50亿m^3的宣传，有20多家媒体发出近40篇报道。围绕东中线一期工程全面通水两周年，邀请17家中央媒体及网络媒体22名记者参加新闻通气会，组织15名中央新闻媒体及网络媒体赴北京、天津、山东实地采访报道，共发出报道近170余条，计17.5万字，图片报道205张，视频35条，共2h16min，各类报道转载量达2000多条。地方媒体共发出83条报道，新媒体微信公众号共发布信息617条。

（二）社会宣传

组织8家媒体参加中线首次突发水污染应急演练集中宣传，召开新闻通气会，采访国务院南水北调办主任鄂竟平。组织中央主要媒体从多个角度、不同层次进行宣传报道，并通过手机报、微信等新媒体进行宣传，对宣传南水北调工程主动应对风险的意识取得了较好效果。

组织中央媒体参加运行管理举报公告牌揭牌宣传，采访有关领导，13家中央主要媒体纷纷作出报道，展示了南水北调工程主动接受社会监督，做好运行管理工作的形象。

组织开展“同饮一江水”水源三省群众代表考察中线工程活动，邀请中央和地方近20家媒体到天津、北京集中采访，共发出报道50余篇，宣传了南水北调工程所取得的社会效益、经济效益和生态效益，维护了南水北调工程的良好社会形象。

（三）宣传项目

编纂《南水北调工程建设新闻集（2015年卷）》，整理2015年南水北调大事记，组织做好南水北调工程丛书、南水北调宣传画册（中英文版）编纂、宣传光盘制作工作。

（四）文化宣传

协调沿线各地有关单位接受采访，委托创作全景式报告文学《龙脉》。

（何韵华　张　栋　潘新备）

信　息　工　作

（一）信息报送工作

向中央办公厅、国务院办公厅报送《信息专报》8期，及时反映南水北调运行动态及工程效益情况，发挥信息在汇报情况、凝聚共识、促进工作等方面的作用。

（二）舆情分析工作

通过舆情监控平台，做好南水北调舆情日报工作，全年共编制舆情日报251期，为工程运行及宣传应对工作提供有效依据。重点做好全国“两会”舆情监控、收集、编发等工作，并结合工作进展，及时进行分析研判，进一步增强舆情引导的针对性和实效性。组建网络舆情应对队伍，做好网络舆情应对工作。

（三）公开相关信息

通过中国南水北调网站及时转发重大时政要闻，发布南水北调方面的政府信息，全年共发布政府信息1871条，其中公共信息类信息1585条、建设进展类286条，满足社会公众的信息需求。进一步规范政府信息依申请公开工作，印发《南水北调办政府信息依申请公开工作管理办法（试行）》。妥善处理政府信息公开申请，及时做好政府信息公开工作，2016年完成4起信息公开工作。

（何韵华　张　栋　潘新备）

北京市新闻宣传

2016年北京市南水北调办的宣传工作，总体来说是从首都大势出发，自觉践行创新、协调、绿色、开放、共享的发展理念，以工程节点和重大工作进展宣传为切入点，以媒体宣传和社会活动为抓手双轮驱动，有效开展了对工程效益、运行管理、感恩节水、后续规划等方面系列宣传活动。

（一）宣传工作

（1）资源整合。2016年9月，北京市南水北调宣传教育中心正式成立，负责新闻宣传、舆情监测、对外交流等工作。组建机构后，初步实现了内部宣传资源的整合，推动了内部宣传参与热情和对外宣传的整体效果。组织了江水进京两周年征稿、喜迎通水两周年感言征集、职工摄影文化展风采比赛、庆祝长征胜利80周年文艺会演等一系列面向基层的内宣活动，广大职工积极响应；剪辑制作了《不忘初心 继续前行》纪录片，全面回顾北京南水北调人13年的建设管理历程，回望前路、展望未来，进一步激发了干部职工的归属感、荣誉感、责任感以及使命感；传播正能量，努力讲好南水北调人物故事，李燕、何占峰等三名一线党员、韦怡冰等技术干部的先进事迹先后登陆北京电视台《党建进行时》栏目和《北京日报》头版，对外展现了南水北调人的良好形象。

（2）媒体宣传。北京市南水北调办始终与媒体保持良好互动，2016年组织集中采访5次，累计刊发纸媒、新媒体报道404篇，转载超过6900条，整体呈现首发媒体权威、转载媒体多样、受众面较广等特点。在12月初配合国务院南水北调办做好东中线一期工程通水两周年宣传的基础上，以“喝得好、用得好”和“建得好、管得好”为主题，策划组织市属主流媒体进行了两次集体采访报道；12月27日，北京市人民政府新闻办公室联合北京市南水北调工程建设委员会办公室、北京市对口支援和经济合作工作领导小组办公室、北京市水务局、北京市自来水集团召开“江水进京两周年”新闻发布会，通报工程巨大的综合效益，各大媒体争相报道，南水北调再次成为京城舆论热点。当月舆情出现六次传播高峰，宣传效果获各级领导肯定，北京市领导蔡奇、夏占义分别作出重要批示指示。

（3）主题活动。2016 年北京市南水北调办联合市政协在孔庙国子监博物馆举办为期一周的中线工程五省市老年书画联展，组织了团城湖现场笔会，通过书法、绘画艺术引导公众感知南水来之不易、饮水需思源；延续开展南水北调进学校、进社区、进景区、进公交等“七进”活动，特别是与广渠门中学合作开展的主题课外实践课程，使学生和家庭接受了一次深刻的感恩节水教育，也为工程科普进学校提供了一套完整可行的模式范本；申请将南水北调北京工程展室挂牌为爱国主义教育基地，通水两年来接待全市机关、企事业单位、学校、社区等社会团体 640 余批次，参观人次突破 5 万。

（4）精品宣传。推出反映工程建设历程的纪实文学《血脉》，并与北京人民广播电台制播了音频版，社会反响良好；与北京电视台合作制作投放的 4 集纪录片《润泽京城》，入选了国家广电总局的中国梦主题优秀短纪录片。

（二）信息工作

（1）内网建设。一是平台建设。根据业务需要优化了“媒体关注”栏目、新增了“两学一做”专栏和《廉洁自律准则和纪律处分条例》学习专栏，根据实时需要开通网页飘窗。二是内容建设。全年发布信息 4169 条，平均每天发布信息十余条，其中机关科室报送 526 条，办属各单位报送 2783 条，另有建设周报、舆情动态、转载信息及媒体发稿等七百余条。

（2）外网建设。北京市南水北调办于 2016 年 5 月启动了外网升级改造项目。主要内容包括：重新规划调整了 30 余个栏目；新增行业动态、工程效益、对口协作等多个新栏目；开发“饮水思源教育基地预约”等公众参与栏目；租用虚拟云服务器，提升硬件高可用性。2016 年 12 月 27 日，新版外网正式切换上线，在江水进京两周年之际，转发各媒体关于通水的宣传报道 30 余篇，及时发布通水相关资讯，起到了很好的舆论宣传作用。

（3）信息传递。全年报送《内部工作动态》27 期、《政务信息》34 期、《舆情动态》43 期、《信息专报》13 期，为工程管理科学决策部署、工作交流创造了条件。

（金良泽　姚　阁　李施政）

天津市新闻宣传

2016 年，天津市南水北调办围绕南水北调工作中心任务，把握正确舆论导向，以南水北调配套工程建设新成就和确保城市供水安全为重点，整合资源，改进方式，积极谋划，主动进位，及时充分展示了天津南水北调工程建设成就和各项工作动态，扩大了南水北调工程在全市乃至全国的影响，为全社会了解南水北调、支持南水北调，更好地推进南水北调工程建设创造了有利的外部环境和舆论氛围。全年组织集中宣传报道活动 4 次，累计在 13 家中央、天津市和兄弟省市重要新闻媒体上刊发（播发）天津市南水北调新闻报道 32 篇，拍摄有价值照片 200 余张、录像资料 150min。全年共编发《南水北调信息》27 期，为领导决策起到了参考作用。特别是积极配合国务院南水北调办，组织做好中央各媒体来津采访南水北调中线工程通水两周年综合效益工作，同时组织做好引江入津两周年本市系列宣传活动，包括组织召开引江进津两周年本市媒体新闻通气会、组织天津市各媒体现场采访、南水北调主题校日（队日）活动、在北方网举办南水北调知识有奖问答等活动，再次在全市掀起了南水北调宣传高潮，营造出节约、保护水资源的良好氛围。

（天津市南水北调办）

河北省新闻宣传

2016 年，河北省南水北调办坚持以正确舆论为先导，社会宣传为重点，围绕加快配套工程和水厂建设、江水切换，促进供用水工作，营造良好的舆论氛围和外部环境。

2016年，组织省级以上新闻媒体及时报道工程建设、通水用水重大进展。组织邀请省级以上媒体集中采访5次，发表文章30余篇。指导各市在工程重要节点及时进行宣传报道。"7·19"洪灾后，组织国家、省级媒体记者赴沿线市县采访，报道南水北调工程对提高中心城市供水保障能力的显著作用。按照中共中央宣传部、国务院南水北调办关于开展中线工程通水两周年宣传工作要求，组织省级以上7家媒体开展了工业、生活用水典型集中宣传活动。完成了电视公益广告制作，拟适时在省和受水区市县电视台，以及其他大众平面媒体大范围传播，促进受水区用足用好长江水。

为促进《河北省南水北调配套工程供用水管理规定》宣传贯彻，向工程沿线社会发放了专题漫画宣传册、海报，举办了专题解读培训班，广泛宣传规定，依法加强工程保护。制作了南水北调特色书签，向市民、中小学生宣传南水北调知识。

在"3·22"世界水日积极开展宣传，向社会发放了《河北省南水北调工程建设纪实画册》。加紧组织修编《河北省南水北调工程志》，留存工程建设史料，发挥文化传承激励作用。

（河北省南水北调办）

河南省新闻宣传

2016年，河南省南水北调办围绕工程运行管理，加强宣传策划，坚持日常宣传与重点宣传相结合，组织媒体采访活动，加大宣传报道力度，弘扬主旋律，汇聚正能量。

（1）组织河南省内媒体开展集中采访。2016年组织新华社河南分社、河南日报、河南电视台、河南电台、河南日报农村版、中国南水北调报等主流媒体先后多次深入工程沿线以及水源区进行采访报道，对干渠两侧生态带建设情况、南水北调中线工程通水两周年等主题集中采访。宣传报道省委省政府、省辖市和直管县市市委市政府对南水北调工程生态带建设的支持和措施，以及南水北调工程发挥的生态效益和社会效益。在河南新闻联播、主流报纸突出位置播出和刊发多条、多篇河南南水北调工程一线和建设者的新闻报道。12月4日，中央电视台《朝闻天下》栏目播出"通水两周年"系列报道河南篇。全年各类媒体刊播南水北调工程河南段的报道100余篇。

（2）开展《河南省南水北调配套工程供用水和设施保护管理办法》的宣传贯彻。制订宣传方案，召开宣传贯彻专题会议，组织河南主流媒体召开新闻通气会，对该《办法》进行全面解读，省内多家媒体对《办法》的颁布实施进行报道。《河南日报》刊登176号省长令和全文，并连续三天刊发三篇解读文章。省辖市、直管县市南水北调办在当地电视台、报纸刊登《办法》全文和相关解读文章。综合处印发多份宣传布告，拟订宣传标语，发放《办法》宣传录音，要求将布告、宣传标语等张贴到配套工程涉及的每一个村庄，并在配套工程沿线村镇进行巡回播放《办法》录音。

（3）南水北调文化建设。完成画册《南水北调惠泽中原》的编辑印制；出版发行报告文学《南水北调过垭口》。联合省社科学院，筹备召开"南水北调精神研讨会"，参与省社科院组织的"南水北调精神教育教材"的编写。

（4）年鉴编撰和供稿工作。2016年，河南省南水北调办年鉴编辑部除正常的《河南省南水北调年鉴》编辑工作和编辑部事务及对外供稿工作，增加"水利志南水北调篇"的组稿和编撰工作、省政协南水北调文史资料的组稿工作、年鉴公开出版事务、出版

《河南南水北调大事记》实施方案。2016 年完成《河南省南水北调年鉴》公开出版，完成河南省政协征集南水北调文史资料阶段任务。同时，《中国南水北调工程建设年鉴》《河南年鉴》《中国水利年鉴》《河南水利年鉴》《长江年鉴》的供稿工作按时完成，质量受到认可。

（5）网络管理和宣传。加强河南南水北调网站的维护和管理工作，及时更新板块和信息，2016 年上传各类信息 487 条，点击量累计达到 34 万人次。开设新浪官方微博，“南水北调润中原”微信公众号，入驻金水河客户端，提升宣传报道的时效性，扩大受众面，其中金水河客户端发文 9 篇，微信公众号推送信息 35 篇，新媒体宣传成为南水北调宣传工作中的新亮点。

（薛雅琳）

湖北省新闻宣传

2016 年，湖北省南水北调网全年发布各类政务信息、新闻动态、文艺作品超过 1700 篇，多篇新闻、信息被中国南水北调网、《中国南水北调》报进行转载。网站位列省直单位绩效评估第 8 名。

2016 年，湖北省南水北调办（局）向国务院南水北调办和湖北省委、省政府报送政务信息共计 60 多条，圆满完成报送任务。组织完成本系统宣传工作人员政务信息专题写作培训。

在南水北调中线工程通水两周年之际，在《湖北日报》专版报道了引江济汉工程在通航、调水等方面产生的巨大效益；在湖北卫视频道《湖北新闻》栏目，分两期对湖北南水北调工程在经济、社会和生态等方面产生的效益进行了报道。

在《湖北日报》上专版刊登了《湖北省南水北调工程保护办法》（以下简称《办法》）及解读文章，印制了《办法》的宣传海报 5000 份、单行本 2000 册，向广大职工及荆州、荆门、钟祥、沙洋、天门、潜江等沿线单位和居民进行发放；邀请湖北省法制办相关负责人到办（局）开展了关于《办法》的专题讲座。

组织编写、出版了《福泽荆楚·水润京华》系列丛书和工程建设画册《平湖与天河》。

（于 振）

山东省新闻宣传

2016 年，山东省南水北调宣传工作紧紧围绕服务工程运行管理大局，对外以宣传报道山东南水北调工程的社会综合效益为主，正面引导各界舆论媒体对南水北调工程的关注与评价，对内宣传推广工程运行管理中岗位创新、技能比武等活动，挖掘先进经验作法和典型人物事迹，在全局范围内营造“比学赶帮超”的创先争优氛围。

（1）通水三周年新闻发布会。2016 年是山东南水北调工程建成通水以来的第三个年头，6 月 21 日，山东省政府组织新闻发布会对山东南水北调工程自 2013 年通水运行以来的工程运行管理情况、效益发挥及今后一个时期的工作安排情况进行全面介绍解读。省南水北调局牵头起草了新闻发布辞、背景材料、宣传口径、会议主持词和微信微博信息等材料初稿。协调组织与省水利厅新闻发言人、厅办公室分管负责同志和省政府新闻办负责同志召开材料修改座谈会，将材料定稿报送省政府新闻办备案，同时协调通知中央驻鲁、山东省和济南市 35 家媒体 50 余名记者参加发布会。会后向省政府新闻办报送新闻发布会信息专报，向省水利厅微博、山东水利网、《中国南水北调报》、中国南水北调网发布信息，引导各级电视及平面媒体正面报道本次新闻发布会事宜，在山东南水北调网和省局内部信息平台发布相关信息，并与分管领导联系撰写后续解读报道。本次新闻发布会共刊播各级各类媒体原创稿件20余篇，转载相关报道150余篇（次），有力有效地向社会各界宣传报道了山东南水北调工程运行管理各项情况，扩大了南水北调工程在社会各界的正面影响力。

（2）宣传推广岗位创新、技能比武系列活动。结合“两学一做”学习教育中基础在学、关键在做的指导思想，坚持以解决工程运行管理中的实际问题为导向，自2016年5月起，省南水北调大力推动开展了岗位创新、对标进位活动，并紧紧围绕这项活动的推动开展进行了跟踪宣传报道。利用省水利厅“两学一做”活动专题简报，先后四次刊发了5～8月期间刘鲁生副局长召开专题座谈会并带队赴现场调研考察相关信息，并对“岗位创新”活动发起和推广过程进行了系统的经验总结，在厅直各单位中广泛地宣传了南水北调工程的科学化运行管理水平。抽调专人组成采访组，赴枣庄管理局进行为期三天的实地采访，通过现场观摩和人员交流，获取了大量一线鲜活的事迹材料，在《每周要情》中以纪实连载形式连续三周刊发，详细介绍宣传了枣庄管理局先进的管理经验和干部队伍。同时以枣庄局岗位创新活动为起点，以山东南水北调工程现场管理逐渐步入科学化制度化轨道为中心思想，在《中国南水北调报》和“中国南水北调网”相继发表了《岗位创新之花绽放》为主题共计4000余字的三期连载纪实通讯，在全国范围内有力推广了山东南水北调岗位创新活动的亮点经验。同时，就10月底在山东淄博举办的全省水利行业职业技能大赛中南水北调系统职工所取得优异成绩，进行了详细的后续宣传报道，通过电话采访和资料收集，撰写了3000余字的人物访谈材料。

（3）东线通水三周年和东中线全面通水两周年中央媒体团采访报道。10月底，由东线总公司带队与中国新闻出版社研究院及中央媒体一行来山东开展东线工程通水三周年宣传报道活动，省南水北调做好相关材料提供和接待陪同工作，先后协调采访团赴枣庄管理局台儿庄、韩庄、二级坝、长沟泵站现场采访，并赴济南市配套工程、济平干渠、济南管理局东湖水库调研座谈。根据采访内容要求，提供了《山东南水北调工程调水及发挥效益情况》新闻通稿和视频资料，并组织进行了实地座谈交流。12月初由国务院南水北调办组织、宣传部组织安排的“东中线全面通水两周年宣传”，积极做好中央、省级等十几家新闻媒体记者采访南水北调工程活动，使社会群众进一步了解南水北调工程对缓解山东水资源短缺局面，保障经济社会发展意义重大、影响深远，以及通水以来南水北调对山东发挥的效益情况。

（4）《中国南水北调报》发稿工作。山东省南水北调局协调各处室、部门挖掘提供新闻素材和通讯线索，赴现场采访调研，获取第一手新闻资料，及时编辑成稿进行报送《中国南水北调报》和中国南水北调网站；并策划大篇幅的宣传主题，组织采访小组进行专题报道。除按时发布工程运行管理信息外，还发表了“东线山东段向胶东地区供水”“岗位创新系列报道”“山东段通水运行情况新闻发布会”等大篇幅新闻稿件。还在《中国南水北调报》第四版“文学副刊”发表古体诗、现代诗、散文、影评等作品近20篇，展示了山东南水北调职工队伍的良好素质。

（5）其他相关工作。一是在工程重要节点筹建工程形象展示厅。通过照片、图表、模型、实物、视频等不同表现形式，简要介绍山东南水北调工程概况、建设过程以及建成后的综合效益，反映管理创新、科技创新和体制创新的优秀成果，进一步加强南水北调文化建设。二是统一规范南水北调标识系统。根据国务院南水北调办《关于规范使用南水北调工程标志标识的通知》要求，完成了泵站、水库等节点工程的标示标牌制作工作，并在工程沿线及主要设施周边统一设置警示标牌，加强警示宣传。三是宣传南水北调工程知识和安全防范措施。以引导社会公众关心支持南水北调、爱护南水北调工程设施、保障沿线人民群众生命财产安全为主要内容，在工程沿线和工程管理范围内开展了大规模的现场安全宣教工作，为工程通水运行、安全维护等各项工作顺利进行提供了保障。四是根据工程由建设期转入运行期的形势变化，对山东省南水北调门户网站进行改版和后台升级改造，在原来栏目的基础上增加了“运行管理”“党建工作”“一线风采”“条例宣贯”等新栏目，并制定相关制度确保各类信息及时维护更新。五是在南水北调工程山东段进行史料征集。展示南水北调山东段一期工程的建设里程，真实地记录建设历程与辉煌成就，为后人留下宝贵史料，传承南水北调文化。

（于颖莹）

江苏省新闻宣传

2016 年，江苏省南水北调办围绕工程运行、重要会议、领导调研等，统筹宣传工作，为工程良性运行营造良好氛围。研究制定了江苏南水北调“十三五”宣传工作规划以及 2016 年度重点宣传工作计划，重点围绕工程效益发挥、水质保护等引导宣传工作开展。

（1）专项宣传。以年度向省外调水为契机，在江苏卫视、新华日报、中国南水北调报、江苏水利网等主流媒体进行专题宣传，在江苏南水北调网开设调水专栏，动态展示调水运行情况、各地工作动态，借势宣传江苏南水北调工程建设成果，累计编发各类信息 150 余篇。以“安全生产月”活动为抓手，会同江苏水源公司共同开展“安全生产月”专项宣传，组织策划一线生产管理单位报道安全生产管理情况，累计编发 30 余篇。

（2）水质保护专题宣传。南水北调东线水质历来是各界关注的热点重点，2016 年，江苏省南水北调办策划开展了南水北调尾水导流工程建设与管理、水质监督监测、船舶污染监管、水质保护措施、“三先三后”落实等方面的水质保护系列宣传，全面展示省有关部门及沿线各市关于南水北调水质保护工作成果、工作亮点，让社会各界进一步了解南水北调水质状况，社会反响良好。

（3）信息简报工作。做好建设与管理月报、信息专报、政务信息、会议纪要的编发和报送工作，突出信息简报内容的实效性、重要性，2016 年度累计编发各类简报 30 余期，推动各级领导及时了解江苏南水北调工程建设、运行管理情况。

（4）江苏南水北调门户网站。切实加强网站日常管理，组织积极挖掘南水北调信息源，2016 年度累计组织编辑发布了各类信息 1000 余条，全面展现了江苏南水北调工程建设管理与运行管理情况和江苏南水北调工程形象。

（王晓林）

南水北调中线干线工程建设管理局新闻宣传

2016 年，中线建管局紧扣“稳中求好，创新发展”的宣传主题，创新宣传形式和手段，全方位立体化宣传。对内充分利用报纸、网站、手机报、微信等宣传阵地，营造中线工程运行舆论导向氛围；对外拓宽媒体沟通渠道，加大央媒、地方媒体宣传力度，讲述南水北调好故事，弘扬南水北调精神，为工程运行管理提供有力的舆论支撑和宣传保障。

（一）重要节点报道工作

根据工程运行重要节点，组织媒体宣传报道。组织宣传中线工程通水两周年、组织中线工程输水 30 亿、40 亿、50 亿 m^3，冰期输水运行等宣传报道。组织中央、地方媒体采访采风。

（二）宣传项目

（1）组织中央、地方媒体开展“中线工程通水1周年”采风活动。组织16家中央及网络媒体，集中宣传南水北调工程发挥效益。报纸、网络、广播、手机客户端、公众微信号、手机网络直播以及社交平台Facebook（脸书）多角度宣传。46家中央地方媒体转载，58家网络媒体转载。中国网发表的文章在国外引起反响，脸书等媒体转载，16万人关注。腾讯网现场直播，有2万多人现场观看。

（2）组织大型活动——中线水源地豫鄂陕三省群众代表考察中线。以“同饮一江水”为主题，组织河南、湖北、陕西30名水源地群众代表考察中线工程，让水源地群众切身感受工程为北方带来的福祉。人民日报、新华社等近20家中央以及地方媒体，现场实地采访拍摄，报道工程发挥的显著效益，在社会上引起强烈反响，扩大了南水北调工程的社会影响。

（3）设计发行“纪念中线工程通水两周年”纪念邮册。策划设计16枚南水北调中线航拍个性化邮票，6枚纪念章，1个首日封，以宣传中线工程优化我国水资源配置为主题，全方位展现宏伟壮观的中线工程形象，扩大中线工程在社会上的影响力。

（4）策划“魅力中线——南水北调中线工程第二届摄影、微视频参赛作品征集大赛”。开展摄影优秀作品展，百余幅优秀作品展览，扩大宣传通水两周年来取得的成果。

（5）创意首部运行期中线工程形象宣传片“中线印象”。创意制作“中线印象”工程形象专题片，对外宣传民生工程形象，分为微信版和网页版，在12月12日同步推出。浏览量超过10 000人次。从渠首陶岔到湍河渡槽，从焦作城区到南水入津京，全角度航拍展示千里水脉的水韵风采。

（6）策划开展“走近南水北调”活动。从3月开始，共策划开展5次“走近南水北调”活动，分别组织水利部水文局离退休老干部，北京市呼家楼小学280多名师生，媒体记者以及南水北调系统通讯员，大型公益骑行活动参与者，走近工程参观感受，关注南水北调效益，了解工程调水之不易。

（7）策划开展南水北调公民大讲堂活动。分别到北京、河北、河南等省市，在北京呼家楼小学，石家庄育才小学、邢台大孟村镇中心小学、长葛淑君中学、唐县南水北调希望小学，开展了12期公民大讲堂活动。邀请省级媒体和地方媒体，及时宣传安全知识教育的情况，讲授南水北调故事，树立南水北调形象，形成了独有的特色。同时研发大讲堂授课试验模型及模具，分别供河南分局、河北分局教学和参观使用。

（8）开设《最美调水人》栏目，讲好南水北调故事。刊发19期栏目，积极宣传一线善于创新、精于管理、甘于奉献的人物事迹，涌现出了徐合忠、曹桂英、刘四平、曹瑞森等一批先进人物。调研和跟访驻村第一书记曹纪文工作，形成了《山道弯弯》一份9000字的调研报告。

（9）策划创新360度全景推出“魅力中线”。运用flash技术制作，全方位、3D视觉效果，11万人点击关注，引起网民热烈反响，2万多网友及工作在工程上参建者和运行管理者，在微信上留言，盛赞南水北调工程造福于民。直观、真实、再现工程现场，实时放大、缩小工程场景。图像安放热点，点击可以实现场景。

（10）集中宣传中线工程抗洪抢险。全面跟踪报道“7·9”“7·19”特大暴雨抗洪抢险的权威信息，及时准确编发抢险简报。推出了程德虎、李舜才、台德伟等50多名的典型人物事迹，展现了南水北调人的智慧、勇气和力量。

（11）出版《岁月流金》《难忘2016》。编辑出版发行《岁月流金》4000册，记录南水北调人。《难忘2016》出版发行，再现中线人波澜壮阔的抗洪抢险的场面，记录抗洪抢险的先进事迹和光辉形象，展示了广大共产党员危难之际尽显先锋本色。

（三）宣传阵地建设

（1）2016年，出版《中国南水北调报》36期，出版通水特刊1期，防汛专刊《美源自距离》，编发“南水北调手机报”52期。

（2）2016年，中线建管局网站发布信息和报道4000多条，策划推出“中线工程通水两周年”“走近南水北调”等10余专题，开设“网络培训平台”专栏，策划拍摄首部系列微纪录片，推出原创品牌栏目，上线37期，网站浏览量超400余万人次。

（3）“长渠微语”微信公众号对外发布新闻60期，策划推出“全面通水两周年”“聚焦中线”“新闻来了”“长渠展映”“千里文化长廊”“中线调水人”等10多个品牌专栏，实时发布工程最新节点，传播时效性最强的权威新闻。

（4）在舆情监测方面，加强互联网及移动互联网舆情监测，充分利用新媒体舆情监测手段，全网络数据化监测舆情编印《南水北调舆情摘要》12期、《南水北调网络专报》11期。

（四）通联队伍建设

以实践锻炼为主，培训与实际相结合，2016年共举办10期培训班。培训采取分期分片的形式，邀请媒体资深专家，现场讲授、实习锻炼，当场点评，得到通讯员的好评。同时，媒体专家还第一时间报道工程规范化建设成果和人物事迹，共发报道86篇，转载量100多篇，实现了扩大影响、提高素质、鼓舞士气的作用。

（王乃卉）

南水北调中线水源有限责任公司新闻宣传

2016年，中线水源公司制定了年度宣传工作计划和月计划，对宣传工作完成情况在办公会上进行了通报。加强了与长江委内网、门户网站的沟通联系，畅通了宣传渠道，公司的稿件可以及时发布在长江委网站。加强了对公司网站的管理，及时登载或转载与公司业务相关的资讯。加大了与人民长江报、中国水利报、中国南水北调报的沟通联系，及时发布公司的工作信息。加强了宣传策划工作，在2016年通水实现30亿m^3和通水两周年时，组织人民长江报、中国水利报、中国南水北调报进行采访报道，取得了良好的社会效果，其中《护佑一库清水永续北上》，先后被人民网、中国水利报、人民长江报、长江水利网、中国南水北调网站登载。《转型路上的变与不变》在人民长江报、中国南水北调报进行了刊登。在中国水利报上发表《从源头流来的是不能忘怀的故事》《保证供水这些人在做什么》2篇专题报道，系统地介绍了公司在保供水方面的工作。

（班静东）

南水北调东线江苏水源有限责任公司新闻宣传

2016年是南水北调工程全面通水两周年，社会各界高度关注工程效益发挥。江苏水源公司按照相关要求部署，制定印发宣传计划，抓好宣传活动组织策划，主要开展了“八个一”活动。

（1）组织召开了一次信息宣传会议。南水北调2016年度宣传会议召开后，组织召开江苏水源公司信息宣传会议，传达贯彻国务院南水北调办会议精神，部署江苏水源公司全年宣传工作，制定印发宣传考核奖惩办法，每季度统计发放宣传稿费，极大地调动了工作积极性。下半年网站投稿量大幅提升，在系统19家单位中排名第五。

（2）举办了一期新闻宣传业务培训。针对宣传稿件质量不高，新闻照片精品不多，宣传人员业务素质参差不齐等问题，在泗洪站举办了一期新闻宣传业务培训班，通过为期两天的基础理论和实操知识培训，以及现场写作与点评，参培人员业务水平普遍得到提高。

（3）建成了一个网站和微信公众平台。2016年初，开展调研，会同数据中心，研究提出网站功能需求和建设方案，结合整体布局、画面设计、基本框架、功能板块等内容听取意见、收集资料、研究会商，加快网站建设。6月完成网站建设，7～8月试运行，9月正式上线。同步公司新媒体建设，发布公司微信公众号，指导抓好网站和微信平台运维，打开公司对外宣传交流的主要窗口。

（4）制作完成了一本宣传画册。结合2016年度工作安排，2016年下半年启动画册设计，7月研究确定方案，着手文稿撰写及资料收集，先后研讨修改12稿，12月完成画册制作，全面展示公司发展战略、业务板块与经营成果，打造对外宣传新载体。

（5）组织了一次主流媒体宣传采访活动。2016年10月，结合南水北调工程通水两周年，邀请人民日报、新华社、光明日报、经济日报等中央媒体17名记者，历时3天，走进东线江苏段采访，发表通讯稿10多篇。江苏水源公司同步开展通水三周年感言活动，公司13名基层员工用质朴的语言讲述与南水北调的精彩故事，江苏水源公司在中国南水北调报和公司网站组织宣传，全面展示工程通水效益和一线人文风采。

（6）组织开展了一次留学生走进南水北调宣传活动。与国家留学生基金委员会、河海大学联合开展“感知中国——运河史诗”留学生文化暑期社会实践与考察活动。在宁4所高校、28个国家、78名外国留学生走进南水北调工程，感受南水北调事业的蓬勃发展。中国留学生网等多家国内知名媒体进行了深度报道。

（7）开展了一次通水现场采风活动。2016年江苏水源公司围绕工程年度调水运行，组织开展了“追寻调水足迹，展示工程风采”专题采风活动，组织摄影专家和南水北调报记者，分两期完成运河和运西线18座泵站和4条河道现场拍摄，收集了大量珍贵的视频资料，江苏水源公司在中国南水北调报和江苏水源公司网站宣传采风成果，展示工程和人文风采。

（8）举办了一次摄影作品比赛活动。以体现南水北调工程形象、供水效益、转型发展成果为宗旨，举办首届“江苏水源杯”摄影比赛，收到参赛作品52幅，近期完成评审，对优秀作品适时展出，展示员工精神文化成果。

2016年江苏水源公司通过多种形式，宣传转型发展成果。全年在江苏水源公司网站责编发稿615篇，在微信平台发布信息256篇；向中国南水北调报责编发稿47篇、手机报12篇；向江苏省国资委网站责编发稿刊载23篇，其中《江苏南水北调工程圆满完成年度向山东供水任务》《江苏水源公司积极投入省内抗旱运行》等2篇信息被国务院国资委网站登载。

（陈思绪）

定点扶贫

概　述

2016年，国务院南水北调办认真贯彻落实习近平总书记、李克强总理等中央领导同志关于定点扶贫的一系列重要指示和中央扶贫开发工作会议、中央单位定点扶贫工作会议精神，进一步加强组织领导，采取有效措施，推动定点扶贫工作。国务院南水北调办高度重视定点扶贫和贫困村扶贫工作，多次专题研究，明确工作方向，提出工作要求。选派优秀干部赴郧阳区挂职区委常委，做好扶贫项目的对接落实；进一步加大对郧阳区扶贫工作的帮扶力度，统筹资源、共同推进，帮助郧阳区和周家河村按期完成脱贫攻坚任务。

（朱东恺　王　琦）

组　织　机　构

2016年3月，国务院南水北调办印发《关于调整国务院南水北调办定点扶贫工作领导小组组成单位及组成成员的通知》（国调办综〔2016〕23号），根据工作需要和人员变动情况，增补监督司、机关党委、政研中心、监管中心、设管中心、东线总公司为国务院南水北调办定点扶贫工作领导小组成员单位；另对部分领导小组成员进行调整。国务院南水北调办定点扶贫工作领导小组下设的办公室承担日常工作，主任、副主任分别由征地移民司、环境保护司负责同志担任。

各成员单位继续结合自身业务，群策群力，共同做好组织保障、沟通协调、实施对接等方面工作，将定点扶贫工作进一步扎实做好。

（朱东恺　王　琦）

扶　贫　会　议

2016年1月29日，国务院南水北调办主任鄂竟平主持召开主任专题办公会，传达习近平总书记和李克强总理对定点扶贫工作的重要批示以及汪洋副总理对中央单位“十三五”时期定点扶贫工作安排部署，听取定点扶贫领导小组办公室以及驻村第一书记有关定点扶贫工作汇报，研究部署2016年和“十三五”规划定点扶贫工作。鄂竟平强调要坚持发挥国务院南水北调办优势与定点贫困县实际相结合，进一步加大对郧阳区扶贫工作的帮扶力度，做到责任清晰、分工明确，共同推进定点扶贫工作，帮助郧阳区和周家河村按期完成脱贫攻坚任务。春节前夕，鄂竟平同志不忘贫困山区人民，带头向定点贫困村——周家河村捐款，在南水北调办系统内开展“送温暖、献爱心”扶贫活动，机关各司、事业单位和中线建管局、东线总公司等在京的干部职工积极响应，共向周家河村募集捐款85 400元。

国务院南水北调办副主任、定点扶贫领导小组组长蒋旭光同志每月定期听取定点扶贫工作领导小组办公室和挂职干部关于定点扶贫工作汇报。要求结合业务，统筹扶贫资源，以挂职干部和第一书记为纽带，协调地方对接相关规划编制时，把贫困村的扶贫项目纳入其中，做到精准帮扶。

（朱东恺　王　琦）

扶　贫　项　目

2016年3月，国务院南水北调办组织编制“十三五”时期《南水北调中线一期工程丹江口水库移民后续帮扶规划（2016～2020年）》，结合郧阳区精准扶贫工作实际，协助郧阳区及周家河村编制“十三五”扶贫攻坚规划，及时协调规划定位、范围、对象、项目等方面的对接，对符合条件的地方扶贫产业项目纳入规划，作为开展定点扶贫工作的指导，按照当地扶贫攻坚计划一并实施，统筹推进精准扶贫和当地经济社会发展。

国务院南水北调办在编制《丹江口库区及上游水污染防治和水土保持“十三五”规划》时，将郧阳区作为水污染防治重点区域，已安排一批污水和垃圾处理、清洁小流域治理、养殖业污染治理、农业面源污染综合整治、河道水环境治理、水土保持以及风险管控等骨干项目，总投资近9亿元，为水源区

49 个县中投资规模和强度最大的县（市、区）之一。目前规划已编制完成，待征求相关方面意见后实施。

2016 年 2 月，郧阳区委、区政府印发了《关于深入推进精准扶贫精准脱贫的实施意见》，提出要扎实推进精准扶贫、精准脱贫，决定举全区之力，实施精准扶贫精准脱贫“16593”行动。

（朱东恺　王　琦）

扶　贫　调　研

2016 年 4 月 6 ~ 8 日，国务院南水北调办主任鄂竟平赴郧阳区和周家河村考察定点扶贫工作，深入郧阳区青山镇周家河村、柳陂镇亮子湾村等，在肖荣举、宋志权、李吉强、易千生等贫困群众家中，与群众和当地干部交谈，倾听群众呼声，了解贫困状况，详细询问家庭情况、脱贫措施、发展设想等，查看扶贫卡，传递党中央、国务院的亲切关怀。现场察看了青山镇青风茶厂、茶店镇樱桃沟村乡村旅游扶贫项目、柳陂镇月亮湖生态农业观光园项目等，看望挂职干部和驻村第一书记，并召开座谈会，与湖北省、十堰市、郧阳区各级干部座谈，共商扶贫大计，分析贫困原因，了解地方工作措施和打算，听取地方关于国务院南水北调办在郧阳区精准脱贫上如何与省市县共同推进的意见和建议。调研中，鄂竟平主任强调，国务院南水北调办将认真贯彻落实习近平总书记、李克强总理对扶贫工作一系列指示和批示精神，按照汪洋副总理对定点扶贫工作的安排部署，与郧阳区一道，尽全心、用足力，在以往对移民、环保上倾斜、对口协作上促进、选派挂职干部等工作的基础上，力争在产业扶贫上多谋划、真出力；与国家有关部门协调、与受水区北京市等联系，出谋划策、沟通协调。同时表示，在南水北调运行管理期，考虑在郧阳招录一批管护保安人员，促进贫困人口就业。

2016 年 6 月 14 日，国务院南水北调办副主任蒋旭光同志赴郧阳区和周家河村调研，与当地党委政府共同研究部署“扶贫人口就业安置对口帮扶”暨南水北调中线工程保安人员招录工作方案，同时督促当地政府做好相关宣传、组织、稳定等配合工作，将符合条件的建档立卡贫困人口招聘为工程保安人员，通过“一人就业、带动一户脱贫”的方式，实现精准扶贫。

国务院南水北调办定点扶贫工作领导小组成员单位均结合自身业务，将扶贫调研与日常业务调研结合起来，利用赴湖北出差机会，到定点扶贫区村调研扶贫工作。据统计，2016 年赴郧阳区、周家河村考察调研 36 人次。

（朱东恺　王　琦）

对　口　协　作

加强协调沟通，持续推进北京市和郧阳区对口协作工作。北京市除安排定额的财政资金支持包括郧阳区在内的湖北省加大生态环保力度外，东城区与郧阳区“一对一”帮扶力度不断深入，形成了乡镇（街道）间的结对关系，继续深化在教育、卫生领域合作，加强了学校间、医院间的交流交往。特别是组织了北京市旅游委到郧阳区参访调研，为郧阳区的乡村旅游、文化发展等问诊把脉，北京市东城区规划设计单位无偿为郧阳区旅游线路进行高端规划设计，为该区发展文化旅游业等新产业注入了新的活力，为解决乡村贫困群众在当地就业创造条件。

（朱东恺　王　琦）

精　准　扶　贫

2016 年 5 月，国务院南水北调办组织中线建管局实施“扶贫人口就业安置对口帮扶”

行动计划，在郧阳区贫困人口中招录200名左右符合条件的工程保安人员，以实现“一人就业、带动一户脱贫”目标。

2016年6月7日，启动了首批保安人员招录工作。国务院南水北调办派员组织中线建管局保安公司与郧阳区政府召开座谈会，就招录原则、方式、分工、步骤、标准等进行会商。同时，依托郧阳区挂职副区长、驻村第一书记在现场加强与郧阳区政府及周家河村协调，调动地方政府发挥组织、动员、宣传作用，协调郧阳区劳动局负责劳务输出工作，及时审查上报应聘对象信息材料。

截至2016年11月17日，共实施了三批招录工作，累计招录工程保安人员163名，并安排到各工程管理处入职上岗，工作进展良好，薪酬待遇较高，按每户4口人计算，可以实现“直接帮扶贫困人口脱贫”的精准扶贫目标。

（朱东恺　王　琦）

干部挂职扶贫

2016年10月，经与湖北省有关地方组织部门沟通联系，国务院南水北调办选派经济与财务司财务处处长陈伟畅同志接替到期挂职郧阳区副区长的韩黎明同志，挂职郧阳区委常委，协助郧阳区加强内引外联扶贫工作。

同时，按照中央组织部、中央农村工作领导小组办公室、国务院扶贫开发领导小组办公室《关于做好选派机关优秀干部到村任第一书记工作的通知》要求，国务院南水北调办选派的机关处级干部曹纪文同志在郧阳区青山镇周家河村任第一书记，协助贫困村加强基层组织建设，协调落实扶贫项目资金，促进贫困村脱贫致富。通过挂职干部作为定点扶贫工作纽带，以业务工作为切入点，积极发挥引导作用，推动精准扶贫。2016年在周家河村发展香菇产业带动贫困户就业，增加收入；组织引进的红心红薯、胭脂米水稻已试点成功，2017年将进行推广；通过协调地方各级交通部门，2016年8月18日开通了周家河村到十堰市的乡村交通班车，极大方便了群众出行和农产品销售；新建120m^{2}卫生室已投入使用，方便了群众就医打针吃药；完善农村安全饮水工程，新建水源地一处，满足群众用水需求；修建村部文化广场，丰富群众业余生活，受到当地干部群众的称赞。

（朱东恺　王　琦）

扶贫宣传

通过《中国南水北调报》发表了《精诚所至　金石为开》《山路弯弯—国务院南水北调办定点扶贫村十堰市郧阳区周家河村精准扶贫工作调查》《湖北十堰市南水北调办精准帮扶斤坪村》等数十篇扶贫工作宣传报道，多角度多层次地展示了郧阳区、周家河村的扶贫工作情况，为扶贫事业提供良好舆论环境。

（朱东恺　王　琦）

成效和经验

国务院南水北调办始终把定点扶贫工作作为贯彻落实中央扶贫开发战略部署的一项重要政治任务，摆在突出位置来抓。主要经验和做法是：

（1）领导高度重视，建立健全扶贫工作体制机制。按照中央统一部署和要求，将定点扶贫工作纳入重要议事日程，加强组织领导，成立扶贫领导小组和扶贫办公室，选派党性强、作风正、业务精的处级干部到郧阳区、周家河村挂职区委常委和驻村第一书记，依托前方统筹推进定点扶贫工作。

（2）深入基层考察调研，倾听群众呼声。国务院南水北调办领导每年率队到郧阳区和贫困村实地考察调研，深入基层与干部群众面对面交流，了解贫困状况，分析贫困原因，研究当地经济社会发展面临的实际困难和问题。

（3）明确工作思路，制定扶贫工作规划。根据当地实际和结合南水北调工程运行管理业务，进一步明确精准扶贫工作思路，推动实施“扶贫人口就业安置对口帮扶”项目，同时协调地方结合相关规划编制扶贫规划，统筹协调落实扶贫项目和资金。

（4）发挥行业优势，统筹多种帮扶方式。结合南水北调丹江口库区移民、环保、水保等业务，发挥南水北调品牌优势，加强对口协作力度，做到多种帮扶方式并重，促进贫困地区经济社会发展和贫困人口脱贫致富。

（朱东恺　王　琦）

定点扶贫工作情况统计

定点扶贫情况统计表见表1。

表1　　定点扶贫情况统计表（2016年1～11月）

指　　标	计量单位	数量
一、挂职干部数量（含第一书记）	人	2
其中：局级	人	
处级	人	2
科级及以下	人	
举办干部和人才培训班	期	
共培训干部和专业技术人才	人次	
其中：干部	人次	
医生、教师等专业技术人员	人次	
创业致富带头人	人次	
二、赴定点县考察	人次	36
其中：部级（或单位负责同志）	人次	3
三、本单位直接投入（含无偿和有偿）	万元	
其中：资金	万元	8.5
物资折款	万元	
实施帮扶项目	个	1
帮助建档立卡贫困人口脱贫数	人	650
本单位直接投入用于：1. 基础设施（水电路气房）	万元	
2. 产业扶贫	万元	
帮助带动建档立卡贫困人口	人	650
3. 文化教育	万元	
其中：3.1 用于资助贫困学生的投入	万元	
3.2 受到资助的贫困学生人数	人	
4. 医疗卫生	万元	
5. 人力资源培训	万元	
6. 赈灾救济送温暖	万元	8.5
7. 其他投向　　　　（请注明）	万元	
四、帮助引进各类资金（含无偿和有偿）	万元	
帮助引进项目数（含全额、部分资助或引进）	个	
受益建档立卡贫困户	人	

续表

指　　标	计量单位	数量
五、举办劳务输出培训班	期	3
培训人数	人次	240
其中：劳务就业培训	人次	240
农业实用技术培训	人次	
帮助建档立卡贫困户实现劳务就业	人次	163
实现劳务收入	万元	

（朱东恺　王　琦）

调水技术交流平台

概　　述

调水工程是优化国土空间水资源配置的重要基础设施。新中国成立以来，我国规划兴建了数十项大中型调水工程，对保障经济社会可持续发展、促进生态文明建设作出了积极贡献。南水北调东、中线一期工程也分别于2013、2014年建成通水并开始发挥效益。

为学习交流国内调水工程在建设和运行管理方面的有益经验和作法，提升调水工程的建设与运行管理水平，促进工程综合效益的发挥，经研究，国务院南水北调办政策及技术研究中心、南水北调中线干线工程建设管理局、南水北调东线总公司于2016年5月联合发起调水工程学术交流平台，得到国内调水工程单位的积极响应和支持。

通过交流平台，各单位能够经常交流经验、互通有无、研讨问题，对谋划好、建设好、运行好调水工程具有重要作用。有助于形成合力，共同解决调水工程面临的各种问题；有利于促进工程建设管理经验借鉴和技术交流，促进调水工程顺利实施和安全平稳运行；有利于共同应对社会上的不同声音，反映调水工程单位的呼声，争取更多的理解与支持，更好发挥调水工程作用。

（胡桂全）

成 员 单 位

截至2016年底，调水工程学术交流平台共有18家成员单位。分别是南水北调中线建管局、南水北调东线总公司、广东粤港供水有限公司、辽宁省大伙房水库工程建设局、新疆额尔齐斯河流域开发工程建设管理局、水利部海委引滦工程管理局、天津市引滦工程管理处、山西省黄河万家寨水务集团有限公司、杭州市千岛湖原水股份有限公司、甘肃省景泰川电力提灌管理局、陕西省引汉济渭工程建设有限公司、河北省引黄入冀补淀工程管理局、安徽省引江济淮工程有限责任公司、青海省引大济湟工程建设管理局、宁夏水利厅水资源局、云南省滇中引水办公室、桂中治旱乐滩水库引水灌区建设管理局、四川省都江堰管理局。

（胡桂全）

交 流 会 议

2016年5月25～27日，国务院南水北调办政策及技术研究中心和中线建管局、东线总公司在北京共同组织召开了调水工程建设与运行管理交流会。

国务院南水北调办主任鄂竟平、副主任张野，国务院南水北调建委会专家委员会主任陈厚群院士、副主任宁远，中国水利水电科学研究院王浩院士、长江委长江勘测规划设计研究院院长钮新强院士出席会议。国内主要调水工程单位、有关高校和科研设计单位及南水北调系统单位负责同志和代表共约110 人参加了会议。

鄂竟平围绕“为什么召开会议”“南水北调的做法”“对调水工程的看法”三个方面作了主旨发言。他指出，南水北调工程经过 50多年的充分论证，党中央国务院 2002 年决定开工建设一期工程，2014 年实现了全面通水目标。工程建设质量有保证，运行平稳安全；一期工程移民 42 万人，搬迁工作很顺利，移民生活也很稳定；调水水质稳定达标，中线一直稳定在Ⅱ类水，东线全部达标，并且持续向好；执行通水初期的水价政策，水价不高，总体上可以承受；供水效益初步显现，前景比较乐观，受益人口已达 8000 万，中线调水已超过 37 亿 m^3，东线向山东调水已超过10 亿 m^3。

鄂竟平阐述了对修建调水工程的看法，从工程“是否势在必得”“是否得不偿失”“是否失而能容”三个方面加以对比分析，指出了我国修建调水工程是必然选择，宜科学规划、早作决策，发挥对国民经济发展的支撑作用。

鄂竟平强调，无论外界如何评论，调水工程管理单位必须重点做好四件事：一是确保工程安全运行，主要靠运行管理规范化；二是追求效益最大化，多供水并利用现有资源，增加工程效益；三是做好工程的调度管理，通过科学调度减少负面影响和增加正面效益；四是及时发出声音，回答社会上的质疑。

鄂竟平最后说，调水工程方兴未艾，希望大家切实正视问题，提出自己的观点，做好自己的事，确保已建调水工程健康有序运行，促进新的调水工程适时建设，使我国的水资源得到最佳配置。

交流会上，中国工程院三位院士作了学术报告。陈厚群院士结合国务院南水北调建委会专家委员会工作作了南水北调工程建设质量管理方面的学术报告，王浩院士作了《南水北调中线干线工程水量水质联合调度与运行控制》的学术报告，钮新强院士作了《中线一期工程关键技术和二期研究的重点问题》学术报告。

广东粤港供水有限公司、辽宁省水资源管理集团等 18 家调水工程单位，11 家高校、科研院所、规划设计单位，以及南水北调系统单位代表分别作了发言。与会代表分别从调水工程的运行管理、工程技术、水质保护、生态影响、水量水费等方面和角度谈了各自的看法和做法。讨论中，代表们认为会议很有意义，各单位交流的经验和做法具有参考、借鉴价值，各调水工程单位之间也应该加强经常性的沟通联系，就一些共性问题进行研究探讨。

（胡桂全）

专 题 调 研

根据有关调水工程的建设和运行情况，2016 年 7 月和 10 月，国务院南水北调办政策及技术研究中心先后组织调水工程单位开展了引大济湟、引大入秦和北疆供水 3 项水工程的专题调研活动。

（胡桂全）

成员单位相关工作

南水北调东线后续工程

2016年1月，根据水利部的工作部署，水利部南水北调规划设计管理局（以下简称调水局）配合水利部规划计划司（以下简称规计司）就东线二期工程供水范围及需调水量，征求了江苏、安徽、山东、天津、河北等沿线各受水省（市）的意见，并会同有关单位和部门开展了东线工程北延向北京供水的论证工作。在此基础上，调水局组织相关单位对《南水北调东线后续工程规划总体方案》进行修改完善。

2016年3月，水利部水利水电规划设计总院组织对东线二期工程规划任务书进行了审查，形成审查意见报水利部。

（王彤彤）

南水北调中线后续工程

为进一步完善南水北调中线一期配套工程体系，提高应急调蓄能力，防范总干渠调水过程中可能出现的风险，保障供水安全，水利部在征求国家发展改革委、国务院南水北调办和地方意见的基础上，研究起草了《关于加快南水北调中线一期工程配套应急调蓄工程建设的指导意见》，提出了配套应急调蓄工程建设的指导思想、基本原则、目标任务和保障措施。

（王彤彤）

南水北调西线工程前期工作

国家发展改革委会同水利部在深入调研和听取西线水源区和受水区各省区意见的基础上，向国务院报送了《关于南水北调西线工程有关问题的报告》（发改农经〔2016〕2030号）。根据国务院领导批示精神和有关工作部署，水利部研究提出了对西线工程下一步前期工作的初步意见和建议。

（王彤彤）

南水北调东中线一期工程水量调度

（1）制定南水北调东线一期工程2016～2017年度水量调度计划。2016年8月19日，水利部办公厅发文要求有关单位开展东线一期工程2016～2017年度水量调度计划编制工作。8月31日，东线总公司报送了2015～2016年度工程运行状况报告；9月6、15日，江苏省、山东省水利厅分别报送了本省2016～2017年度用水计划建议。9月18日，水利部淮河水利委员会（以下简称淮委）依据上述文件和《南水北调东线一期工程水量调度方案（试行）》，编制完成《南水北调东线一期工程2016～2017年度水量调度计划（报批稿）》。

9月23日，调水局组织专家对年度水量调度计划进行了审查。会后根据专家意见，会同水资源司及淮委完善了年度水量调度计划，并于9月25日将审查意见和修改后的调度计划报水利部。水利部于9月29日批复下达东线一期工程2016～2017年度水量调度计划。

（2）制定南水北调中线一期工程2016～2017年度水量调度计划。2016年9月21日，水利部办公厅发文要求有关单位开展中线一期工程2016～2017年度水量调度计划编制工作。

10月18日，湖北省水利厅报送了本省2016～2017年度用水计划建议；10月13日，水利部长江水利委员会（以下简称长江委）报送了2016～2017年度可调水量预测分析报告。

10月11日，汉江水利水电（集团）有限责任公司和南水北调中线水源有限责任公司（以下简称中线水源公司）报送了丹江口水库运行管理状况报告；10月13日，中线建管局报送了中线干线工程运行管理状况报告。

10月13、14、18、19日，北京、天津、河南、河北四省（市）水利（水务）厅（局）分别报送了本省（市）2016～2017年度用水计划建议。

10月24日，长江委依据上述文件和《南水北调中线一期工程水量调度方案（试行）》，编制完成《南水北调中线一期工程2016～2017年度水量调度计划（送审稿）》。

10月23日，调水局组织专家对年度水量调度计划进行了审查。会后根据专家意见，会同水资源司及长江委完善了年度水量调度计划，并于10月26日将审查意见和修改后的调度计划报水利部。水利部于10月31日批复下达中线一期工程2016～2017年度水量调度计划。

（3）南水北调中线一期工程2015～2016年度水量调度计划方案调整。因惠南庄泵站检修，2016年2月25日，中线建管局提出调整北京市供水计划，请求调减北京市2015～2016年度供水量4479万m^3。3月2日，水利部同意调整北京市2015～2016年度调水计划，同时要求检修结束后根据工情、水情加大向北京市供水，力争完成年度供水计划。

受引滦水质恶化影响，2016年3月7日，天津市水务局提出中线一期工程2015～2016年度增加向天津市供水4.5亿m^3的请求。3月14日，调水局组织有关单位召开协调会，研究增加天津市供水量的有关事宜，并于3月15日将会议纪要报水利部。3月24日，水利部同意2015～2016年度增加天津市供水量4.06亿m^3，3～4月新增供水优先满足天津市生活用水需求，后期视丹江口水库来水情况加大天津市供水规模。

2016年8月31日，河南省水利厅提出中线一期工程2015～2016年度增加向河南省供水2.41亿m^3的请求。9月5日，调水局组织有关单位召开协调会，研究增加河南省供水量的有关事宜，并于9月7日将会议纪要报水利部。9月13日，水利部同意2015～2016年度增加河南省供水量2.41亿m^3。

（4）南水北调东线一期工程2015～2016年度水量调度计划执行情况。2016年1月8日，东线一期工程启动2015～2016年度向山东省调水工作，6月20日所有梯级泵站停止运行，圆满完成年度调水任务。

东线一期工程2015～2016年度计划向山东省净供水2.42万m^3，入山东省3.82亿m^3，调水时间为2016年1～5月。2015年11月调整为向山东省净供水4.42亿m^3，入山东省6.02亿m^3，调水时间为2015年12月～2016年5月。

东线一期工程2015～2016年度实际抽江7.67亿m^3，调入山东省6.02亿m^3，入南四湖下级湖5.87亿m^3，入南四湖上级湖5.36亿m^3，入东平湖2.94亿m^3，向胶东干线调水1.94亿m^3。年度累计向山东各受水城市供水2.58亿m^3，其中枣庄3000万m^3、济宁7035万m^3、德州1220万m^3、济南2772万m^3、潍坊7723万m^3、青岛3000万m^3、威海1000万m^3。

（5）南水北调中线一期工程2015～2016年度水量调度计划执行情况。中线一期工程2015～2016年度计划陶岔渠首枢纽供水37.72亿m^3，向受水区各省（市）供水33.23亿m^3，其中北京市11.67亿m^3、天津市4.50亿m^3、河北省6.36亿m^3、河南省10.70亿m^3。

执行过程中，北京市、天津市、河南省供水量均进行了调整，调整后的年度计划为陶岔渠首枢纽供水量42.29亿m^3，向受水区各省（市）供水39.70亿m^3，其中北京市11.67亿m^3、天津市8.56亿m^3、河北省6.36亿m^3、河南省13.11亿m^3。

中线一期工程2015～2016年度陶岔实际供水量38.45亿m^3，完成年度水量调度计划90.9%。向受水区各省（市）供水量37.18亿m^3，其中北京市11.05亿m^3、天津市9.12亿m^3、河北省3.56亿m^3、河南省13.45亿m^3，分别完成年度计划供水量的95%、107%、56%和103%，四省（市）总体完成率为95%。

（6）年度水量调度计划执行情况调研及监督检查。2016年，水资源司、调水局会同有关单位先后6次对东、中线一期工程2015～2016年度水量调度计划执行情况进行了监督检查，重点检查了东、中线年度水量调度计划执行情况，山东省、河南省受水区地下水压采情况，南四湖上级湖向东平湖调水情况，湖北襄阳引丹灌区超计划引水情况，丹江口水库、陶岔渠首、干线沿线的水量调度分中心和分水口门、惠南庄泵站工程运行情况，河北省配套工程建设进展及各地用水情况等。监督检查期间与有关单位进行了座谈并交换意见。

（孙　月）

南水北调东中线一期工程受水区地下水压采检查评估

东、中线一期工程受水区内地下水超采严重，并引发一系列生态与环境地质问题，东、中线一期工程的建成运行，为地下水超采治理提供了水源条件。2013年国务院批复《国务院关于南水北调东中线一期工程受水区地下水压采总体方案》（国函〔2013〕49号），明确2020年及2025年受水区地下水压采目标、任务和措施，并要求水利部要会同有关部门对该方案实施情况进行检查、评估和考核，并向国务院报告。

按照国务院批复要求，2016年6月，水利部会同国家发展改革委、财政部、南水北调办等部门成立了评估考核工作组。同年6～9月，工作组组织相关专家采用技术评估与重点督查相结合的方式，对北京、天津、河北、江苏、山东、河南等6省（市）地下水压采实施情况进行了技术评估，并针对压采任务较重的河北、河南、山东开展了行政督查。在此基础上，工作组组织起草形成《水利部、发展改革委、财政部、南水北调办关于南水北调东中线一期工程受水区地下水压采情况的报告》（水调〔2016〕461号）上报国务院。报告已经国务院主要领导圈阅。

（高媛媛）

环　境　保　护

2016年，南水北调工程沿线各级党委政府和环保部门认真贯彻落实中央要求，按照建委会部署，不断加大治污力度，全面推进南水北调沿线水污染防治工作，确保“清水北送”。

（一）南水北调工程水质现状

（1）东线水质状况。2016年，南水北调东线长江取水口夹江三江营断面为Ⅱ类水质。输水干线京杭运河里运河段、宝应运河段、宿迁运河段、鲁南运河段、韩庄运河段和梁济运河段水质均为Ⅲ类水质。

（2）中线水质状况。2016年，南水北调中线取水口陶岔断面为Ⅱ类水质。丹江口水库5个点位均为Ⅱ类水质，营养状态为中营养。入丹江口水库的9条支流17个断面中，汉江有1个断面为Ⅰ类水质，5个断面均为Ⅱ类水质；天河、金钱河、浪河、堵河、老灌河、淇河和丹江的10个断面为Ⅱ类水质；官山河1个断面为Ⅲ类水质。

（二）南水北调工程水环境保护工作进展

（1）督促工程沿线各省落实《水污染防治行动计划》。受国务院委托，环境保护部与工程沿线相关省（区、市）政府签订了水污染防治目标责任书，明确断面水质目标及工作任务。环境保护部会同发展改革委等10个国务院有关部门制定了《水污染防治行动计划实施情况考核规定（试行）》，组织开展《水十条》2016年度实施情况考核，督促各地任务落实。

（2）编制重点流域水污染防治规划。环境保护部会同发展改革委、水利部等有关部门编制了重点流域水污染防治“十三五”规划，配合发展改革委、南水北调办编制了丹江口库区及上游水污染防治和水土保持“十三五”规划，明确了南水北调东线、中线水污染防治的目标和重点任务。

（3）加强良好湖泊生态环境保护工作。2016年，配合财政部安排水污染防治专项资金15.67亿元，用于支持南水北调中线湖北省、河南省丹江口水库、陕西省瀛湖等，东线江苏省白马湖、山东省南四湖等水质良好湖泊生态环境保护工作和汉江等相关流域水污染防治工作。

（4）强化沿线生态环境保护工作。2016年，安排约21.02亿元开展工程沿线江苏、山东、河南、湖北、陕西、河北农村环境综合整治工作。重点治理村庄中存在的生活污水、垃圾和畜禽养殖污染。指导各省按要求编制2016年农村环境综合整治实施方案，确保整治取得实效。

（环境保护部）

CHINA SOUTH-TO-NORTH WATER DIVERSION PROJECT CONSTRUCTION YEARBOOK

玖 东线工程

THE EASTERN ROUTE PROJECT OF THE SNWDP

综　述

总 体 情 况

概　述

南水北调东线一期工程全线通水三年以来，经多方努力，实现了由建设管理向运行管理的平稳过渡。管理单位建立了权责明确的运行组织体系，组建了现场管理单位和管理队伍。通水三年累计调水入山东境内约11亿 m^3。

2016年，东线一期工程运行情况总体良好，输水安全平稳，调度体系逐步完善，规范化建设初见成效。经环保部监测，调水期间，输水水质全部达到地表水Ⅲ类水标准。基本实现了规划的供水目标，供水、排涝、航运、生态等经济社会综合效益逐步显现。3月10日，长江水到达山东省威海市，标志着东线一期工程规划供水范围目标全部实现。

（任志远）

工 程 管 理

自2016年初完成苏鲁省际工程移交工作以来，南水北调东线总公司（以下简称东线总公司）加强项目建设管理工作，编制印发了《南水北调东线总公司工程建设进度管理办法》等7项制度，为苏鲁省际管理设施专项工程和调度运行管理系统工程建设提供制度保障。同时，参与南水北调东线金湖站等设计单元完工验收，组织开展东线工程清污设备改造技术研究，加快东线工程管理范围和保护范围划定方案编制，推进运行管理标准化建设等相关工作。

苏鲁省际管理设施专项工程于2016年4月8日开工建设。期间，东线总公司派员驻现场监督指导，协调解决工程建设过程中遇到的问题，规范档案管理，严格业绩考核。该工程10月25日完成主体工程验收工作。

在日常管理工作中，重点加强安全生产和运行调度监督工作，节假日、汛前、通水前组织专项安全检查，组织做好节假日及汛期24小时值班，编制完善工程应急预案，并加强供水运行期间现场监督，向主要交水控制工程派驻人员24小时参与运行工作，监督水量调度及工程运行生产全过程。

（东线总公司）

运 行 调 度

按照《水利部关于南水北调东线一期工程2015～2016年度水量调度计划调整意见的函》（水资源函〔2015〕538号），结合受水区用水实际，南水北调东线总公司会同苏鲁两省相关单位，制订了年度水量调度实施方案和每月水量调度方案，提前部署开展工程专项检查维护、监测工作，协调做好水利、供电、航运等运行准备事宜，于2016年1月8日顺利启动向山东省供水工作。5月11日江苏段工程完成调水入骆马湖任务；5月22日台儿庄站抽水6.02亿 m^3、韩庄站抽水5.87亿 m^3、二级坝站抽水5.36亿 m^3，完成年度调水任务陆续停机；6月7日长沟站累计抽水3.15亿 m^3、八里湾站累计抽水2.94亿 m^3，完成计划年度调水任务，6月20日完成向山东省年度净供水4.42亿m^3，供水计划完成率100%；胶东干线工程继续运行，开始向胶东地区的延续供水工作。

2016年度供水共有13个梯级18座泵站参与运行，各站设备设施运行基本正常，调蓄湖泊水位控制合理稳定，河渠运行总体安全可靠。

（东线总公司）

经 济 财 务

2016年1月5日，南水北调东线总公司与山东省南水北调建管局签订《南水北调东线一期工程（山东境内）供水合同》，全年共收到国务院南水北调办按批复预算拨付的省际项目建设资金10 254万元，并预收了山东省2016～2017年度部分基本水费和计量水费共计144 600万元。

2016年初，按照公司相关制度规定编制完成了本年度经费预算；第三季度初，根据工作实际进行了年度预算调整；较好地完成了本年度经费预算。通过预算管理，既控制住了支出，又为各项工作的顺利完成提供了资金保障。

（东线总公司）

工 程 效 益

南水北调东线一期工程正式通水以来，已安全平稳完成三个年度调水任务，累计约向山东调水11亿m^3，增强了受水区的供水保障能力，有效缓解了鲁南、鲁北及山东半岛用水紧缺问题。2016年，南水北调东线一期工程与引黄济青工程联合调度运行，首次向山东省最东端的威海市供水，标志着南水北调东线一期工程规划供水范围的目标全部实现。

此外，东线一期工程在生态效益、防灾减灾、应急供水等方面逐步显现：2016年5月13日刘山站、解台站、蔺家坝站投入抗旱运行，至6月14日，各站累计运行3768台时，累计抽水4.05亿m^3，下级湖水位由31.38m上升至31.59m，有效缓解了6月徐州地区水稻栽插用水压力和微山湖及湖西地区旱情；7月5日～15日，宝应站根据江苏省防汛防旱指挥部调度指令投入里下河地区排涝工作，累计抽水1.14亿m^3；6月21日～9月30日，利用胶东段工程向胶东半岛城市应急供水0.93亿m^3。

（东线总公司）

科 学 技 术

按照国务院南水北调办的要求，南水北调东线总公司加强企业科技人才队伍建设，围绕南水北调东线一期工程运行管理、后续工程建设中的关键技术研究需求，制定了《南水北调东线总公司五年（2016～2020）科技需求规划》。

南水北调东线总公司完成多项重大专项科技项目申报工作。一是配合完成“水资源高效开发利用”重点研发计划项目申报工作。2016年3月～4月，配合南水北调工程设计管理中心完成了“长距离调水工程建设与安全运行集成研究及应用”项目的申报；2016年11月～12月，配合黄河勘测规划设计有限公司完成“南水北调工程应急抢险和快速修复关键技术与装备研究”项目的申报。二是开展国家重点研发计划2017年度项目需求申报。结合东线一期工程正式通水三年来的实际情况和近一段时期的分析研究，提出了“南水北调东线工程运行中水量损失与平衡计算的综合分析研究”“基于物联网技术的南水北调供水安全综合智能保障技术研究与示范”“并联梯级泵站提水系统整体优化运行及控制研究”等多项科技项目研究需求。

2016年7月和11月，南水北调东线总公司作为项目协助单位，分别参与了国家科技支撑计划“南水北调中东线工程运行管理关键技术及应用”项目的研究进展、经费到位及使用、中间成果等情况的检查工作，做好项目研究协助工作。

2016年，南水北调东线总公司按照国务院南水北调办的统一部署，配合完成了《南水北调东线一期工程向北延伸应急供水方案研究报告》编制工作，研究表明抓紧实施东线一期工程北延应急供水是十分必要和紧迫的，对保障天津城市供水安全、支撑京津冀地区生态文明建设具有重要意义。

（东线总公司）

江　苏　段

概　述

2016年，完成了江苏省南水北调工程建设与管理任务。一是统筹组织圆满完成2015～2016年度送水出省6.02亿m^3任务，并启动2016～2017年度调水出省工作。经初步测算，实际调水直接支出约6000万元，利润总额近4000万元，比原定经济指标利润1051万元增加3000多万元。二是研究构建了“江苏省政府统一领导、省水利厅和省南水北调办统筹组织与协调、省防汛防旱指挥机构统一调度、江苏水源公司及厅属管理单位分别具体管理新老工程、省领导小组成员单位分工负责”的南水北调管理体制机制。三是加强输水干线水质监督监测，严格危险化学品船舶禁航监管，强化尾水导流工程运行管理，输水干线15个国控断面水质稳定达标。四是强化新建工程运行监管，明确各方责任，健全运行监管制度，突出安全生产监管，工程运行平稳有序。五是一期配套工程实施方案获江苏省政府批复，二期规划专项研究取得阶段成果，宿迁尾水导流工程前期工作基本完成。六是2016年度工程建设各项目标圆满实现，近70%的设计单元工程通过完工验收或技术验收。

（江苏省南水北调办、江苏水源公司）

工　程　管　理

江苏省南水北调工程是在江苏省已有江水北调工程基础上的扩大规模和向北延伸，工程包括调水工程和治污工程两大类，其中调水工程由已有江水北调工程和南水北调新建工程组成，治污工程由徐州、宿迁、淮安、江都等工程沿线四市（区）尾水导流工程组成。各类工程管理主体包括：南水北调新建工程所属管理单位江苏水源公司；江苏省水利厅直属的各江水北调工程管理处；调水沿线各市、县（区）辖区内的河道、堤防、控制建筑物等地方工程管理单位；调水沿线各地方尾水导流工程管理单位；保障调水水质的江苏省环保厅、住房和城乡建设厅、交通厅、海事局、海洋渔业局等有关职能部门。

为保证所负责运行管理的工程的状态良好，确保随时能够稳定投入调水运行保障，各工程运行管理单位编制了设施设备检查维护计划并严格落实，完善了工程运行管理规章制度，进行人员上岗培训，通过检查考核整体提升了工程运行管理水平。江苏省南水北调办（管理局）根据国务院南水北调办出台的各项南水北调工程初期运行阶段运行管理规程规范，结合江苏省内工程实际，有针对性地加强了对境内工程运行管理工作的指导、监督，确保境内南水北调工程全年运行管理状况，完成年度调水任务。

（一）尾水导流工程运行管理

一是协调落实尾水导流工程运行管理单位。与尾水导流工程有关市、县政府及相关部门的沟通协调，明确沿线4市17县（区）尾水导流工程管理责任，落实运行管理单位、管理人员等，为尾水导流工程平稳运行提供了保障。二是组织制定尾水导流工程运行管理制度。组织制定了尾水导流运行管理、应急预案等制度，加强对尾水导流工程日常管理、维修管养、运行管理等方面的监督指导，推动尾水导流工程运行管理工作有序开展。三是调水运行期间的尾水导流工程运行监管工作。强化尾水导流工程安全运行管理、设备巡查检查、进出口水质监测等工作，全过程跟踪监督调水运行期间各尾水导流工程的进、出口水质情况，确保尾水导流工程切实为调水水质保障服务。

（二）调水工程运行管理

1. 工程管理三级体系

2016年，江苏水源公司立足“完善顶层设计、落实中间监管、强化现地执行”，进行了管理体系建设，组建完善三级管理体系。

（1）2016年，配合组建了徐州、淮安分公司，形成完整的三级管理体系。同时，管理单位发文明确了各级机构职责和管理范围，帮助分公司制定发展规划，明确发展方向。

（2）引导分支机构工作开展。江苏水源公司着力强化分公司在运行管理工作中承上启下和现场监管职责，发挥维修检测中心技术保障和运行保障作用。2016年，分公司在合同监管、运行监督、调度执行、维修养护、日常考核等工作职责得到较好发挥；同时，公司将境内泵站机组大修、电气试验、河道观测任务共计36项763万元年度维修养护项目下达维检中心实施，其中27项424.26万元已经完成、5项（包括刘山站、解台站4台机组大修、河道断面观测等）189.74万元正在实施、受工程开机及达标创建影响，4项149.07万元尚未实施，切实加强了维检中心能力建设，从而全面打造了职责明确、分工具体、精简高效的管理队伍。

（3）开展人员培训。江苏水源公司建立了公司综合培训、分公司专业培训、现地站所岗位资格培训相结合的三级培训体系。2016年初组织各级机构编制了年度培训计划，其中，江苏水源公司组织开展了安全生产、土地确权划界、泵站工程管理、河道工程管理四次技术培训。此外，公司积极督促指导二、三级机构参加各类专业岗位培训，开展现场操作培训和事故应急处理演练等，专业技术岗位全面推行持证上岗。

2. 工程管理规范化

2016年，江苏水源公司进一步提升基础管理技术水平，加强工程管理规范性。

（1）江苏水源公司工程管理制度建设。2016年，江苏水源公司加强建章立制工作，用规章制度规范工程管理行为，做到各项工作有章可循、有据可依。2016年颁布出台了《工程维修养护项目管理办法（试行）》《分公司考核办法（试行）》《工程管理办法（试行）》和《管理维护经费使用办法（试行）》已组织各部门和分公司讨论，待总经理办公会审核后颁发。

（2）细化工程管理基础工作。江苏水源公司对每个工程设施设备基本情况、运行情况、维修养护等信息建立台账并加以分析整理，指导日常工作开展；将泵站和河道工程日常管理维护工作清单化，使日常管理精细化有据可依。同时，江苏水源公司细化巡检记录台账，推行设备设施巡查记录定量化管理，并将经常性检查记录、检修记录、调试记录等进行标准化，实行规范化管理。

（3）日常监督检查和考核。江苏水源公司建立了工程管理工作半月报和月报制度，及时掌握现场管理单位每天具体工作情况。建立了日常监督和季度、年度考核相结合的考核机制，对各工程管理单位定期进行考核评分，量化管理水平。

（4）维修养护项目监管。2016年初，江苏水源公司根据工程实际情况组织批复了83个维修养护项目，共计金额1029万元。项目下达后，江苏水源公司指导分公司和维检中心制定年度日常养护、岁修、大修、电气试验计划表，并加强日常的监督指导，结合季度考核对计划执行情况进行检查，确保维修养护工作有序开展，保障工程设施设备状态良好。其中，79个维养项目基本完成。另外4个项目，刘山站机组大修正在实施，宝应站、淮安四站和解台站机组大修受达标创建影响，略有滞后。

（5）土地确权划界工作。2016年，江苏水源公司加快推进工程确权划界工作，先后完成了洪泽站、金宝航道金湖段土地证办理以及泗洪站规划许可证办理，正在积极开展淮安四站及输水河道和卤汀河工程规划许可证办理工作，超额完成了年度目标任务。另外，江苏水源公司完成了各工程竣工地形图测绘以及界桩交桩手续，进一步明晰管理范围和权限，为依法开展工程管理提供依据。

3. 达标创建和技术创新

2016年，江苏水源公司开展管理创新和技术创新，推动管理水平提升。

（1）工程管理达标创建工作。2016年，江苏水源公司将达标创建作为年度一项重要任务，通过创建提升工程管理水平。年初，结合江苏省实际，确定了宝应站和淮安四站作为申报工程，指导分公司和现场管理单位对照《江苏省水利工程管理考核办法》，制定了创建工作方案，落实工作内容和具体责任人。创建过程中，多次组织专家赴现场进行技术指导，对于创建存在的问题及时召开专题会议予以解决，确保创建工作顺利开展。12月，宝应站和淮安四站顺利通过江苏省水利厅组织的省一级水管单位考核验收。

（2）管理技术创新。2016年，江苏水源公司大力开展管理技术创新，为提升江苏省南水北调泵站群运行管理的效率和质量，开展泵站工程信息管理系统试点研究，泵站工程信息管理系统课题通过了验收并在洪泽站、泗洪站管理中试点运行。起步开展工程安全监测和机泵设备故障远程诊断系统研发。

（3）标准化建设试点工作。应南水北调东线总公司要求，结合江苏水源公司实际需要，管理单位组织洪泽站作为试点泵站大力开展标准化建设，统一工程巡查、养护、检修记录，规范管理行为，提升工程形象。完成的标准化建设实施方案，待东线总公司批复后实施。

4. 年度各项调水任务

（1）调水运行专项检查。调水前江苏水源公司组织分公司对辖管工程开展专项检查，确保工程完好。调水期间组织专家进行现场指导，保证工程安全运行。

（2）工程运行情况报告制度。调水期间，各级管理机构均实行24h值班、运行信息日报和事故报告制度，保证信息流畅，2016年报送内容新增电动机振动和噪声值两项内容。对于运行中发现的问题，江苏水源公司组织专家研究处理，保证工程安全运行。

（3）总结运行管理工作经验。调水结束后，江苏水源公司组织分公司和现场管理单位开展运行总结工作，对运行过程中发现的问题进行汇总和分析，提出整改方案和计划，做好相应台账。汇总分析运行过程中的报表和数据，为工程经济运行和成本分析积累经验数据。

5. 工程安全运行措施

工程安全运行是江苏省工程管理的首要目标和基本任务。江苏水源公司加强巡查监督，排查安全隐患并督促整改到位，保证工程安全生产无事故。

（1）构建工程应急工作体系。2016年，江苏水源公司加强应急体系建设，提高应对突发事件工作能力，编制完成了《南水北调江苏境内工程运行安全综合应急预案》（初稿），明确各级管理机构应急工作职责，建立应急安全反馈工作机制，保证各级管理机构信息畅通、任务明确。

（2）安全生产检查。江苏水源公司结合季度考核、运行检查、汛后检查等，组织开展7次安全生产检查，重点对工程机电设备状况、水工建筑物维护保养情况及历次运行中发现问题整改落实情况进行检查，建立安全台账并进行动态管理，对检查中发现的问题，能解决的及时研究处理，暂时不能解决的，在应急预案和反事故预案中采取相应措施。同时配合各级各部门进行了各项检查近20次。

（3）落实安全生产各项保障。江苏水源公司加强安全生产经费管理，要求专款专用并建立专门台账，在季度考核和年度考核中，作为安全生产一项重要内容进行考核。对于影响工程安全运行的问题，及时研究部署机组大修、工程岁修、防汛急办项目。开展工程安全监测工作，系统掌握安全监测设施工作状态，加强监测数据处理分析，保证工程建筑物安全。

（薛刘宇　卞新盛）

运 行 调 度

（一）运行调度能力建设

2016年，江苏水源公司通过调研、组织专家研讨、借鉴行业优秀经验，编制、完善调度规章制度，全面加强运行调度能力建设。

（1）根据江苏水源公司发展要求和调度业务需求，规划一二级管理机构调度人力资源配置，编制了公司、分公司和数据中心专业调度人员需求方案。

（2）调度运行、防汛制度建设。根据江苏省防汛防旱工作有关规定，在总结现有防汛工作经验的基础上，组织编制完成了《江苏水源公司防汛工作方案（试行）》；根据调度运行值班需要，从实际出发，借鉴同行业经验，组织编制了《运行值班要求》《值班员工作职责》《交接班制度》等操作性强的调度值班制度，并编制完成了《调度值班工作手册》。

（3）应急调度系统的学习应用。利用4、5月调水出省开机运行的时机，开展应急调度系统应用工作，组织各级调度人员熟悉系统各应用模块和功能，为实时调度提供支撑，同时梳理和反馈了应急调度系统需要优化完善的问题。

（4）水量水质监测能力建设。组织水质站工程标水量监测设备采购和使用培训，并与熟悉仪器使用的单位进行比测；2016年下半年开展泗洪站率定工作，组织编制了率定方案；组织宿迁所参与水质监测实验室招标、实验室功能定位、仪器选型对比论证等工作。提前熟悉实验室使用、维护方法，并研究提出了针对管理设施建设的相关建议；结合调度运行管理系统信息采集系统前期工作，优化水文自动采集站点布置，积极开展水文站点行政许可申请报批工作，并完成了五个新建水文自动采集站的行政许可办理。

（二）2015～2016年度向山东供水调度工作

（1）协调优化调度方案。2016年第一季度，江苏水源公司对多种调水线路组合进行了技术经济分析，统筹考虑协调难度等因素，切实按照2016年东线总公司“南水北调东线一期工程2016年向山东供水工作协调会”会议精神优化调度方案，与江苏省防汛防旱指挥部办公室沟通，进一步优化各梯级抽水量。为保证完成调水水量任务，尽可能减少调水出省与省内农业大用水的矛盾，将运西线单线输水调整为双线输水，并根据双线输水量比例和运行时间及时调整调度方案，缩短了运行时间，避开了省内农业用水高峰时期，兼顾了方案经济性与安全性，有效降低了协调工作量。2016年第二季度，江苏水源公司编制完成了《江苏省南水北调2015～2016年度调水出省工程调度方案》，大大提高了方案经济性，以洪泽湖为水源，利用运河线、运西线双线向骆马湖输水，由台儿庄站直接抽水出省，时间短、流量大，减少了长江至洪泽湖段三个梯级泵站和相关河道运行，大大降低了调水成本，初步估算节约费用50%以上。

（2）水文监测工作。2016年第一、二季度，江苏水源公司根据调水方案，调研水文环境、因地制宜，规划年度水文监测工作。江苏省水文局编制完成了《南水北调东线一期工程江苏段2016年上半年向山东供水水文监测方案》。明确水情、水质日报表的报送时间节点和报送途径，开展报送工作。利用南京临时调度室及应急调度系统完成了历次调水水质信息录入工作。

（3）上传下达工作。2016年第二季度调水期间，江苏水源公司始终将调度方案作为各级调度管理机构日常工作的重要依据，根据水、雨、工情的变化实施动态调整调度方案，并确保调度方案、指令的上传下达工作。实现与江苏省水文局、省南水北调办、省环保厅、东线总公司等单位线上交流，水情、水质数据的网络共享，调度和监测安排等各类信息实时沟通。利用江苏省水文局和省南水北调办与淮河水利委员会、环保部门之间已建立的沟通机制，获取淮河水利委员会测流数据以及环保部门水质数据。

（4）调水工作。2016年调水出江苏省期间，江苏水源公司全程跟进调度工作，关注运行状况，24h不间断监视各泵站及河道运行水位、水质等情况；在收集、汇总、上报调水信息的同时，对关键数据进行汇总分析，确保数据信息详实有效，能够作为实时响应突发状况的准确依据。2016年向山东省供水期间，各泵站、水位、水质数据正常，无紧急事件和安全事故发生。

（5）2015～2016年度调水总结及次年调水计划。为总结2015～2016调水年度调度工作，查找问题，解决问题，规划2016～2017调水年度调度工作，江苏水源公司编制了《南水北调东线一期工程江苏段2015～2016年度水量调度计划实施总结》，并积极配合有关部门开展2016～2017年度水量调度计划的编制工作，提前对2016～2017年度调度工作主要任务进行研究。

（6）2016～2017年度水量调度实施方案。针对年度水量调度计划增加，运行时间紧迫的状况，江苏水源公司于南水北调东线一期工程2016～2017年度水量调度计划调整方案讨论会后积极开展工程运行能力调研，从工程实际运行能力出发，研究2016～2017年度水量调度实施方案，联合江苏省南水北调办建管处赴东线总公司参与2016～2017年度水量调度实施方案座谈会，就尽快落实调水费用、集中完成年度调水计划、调水线路安排、省际交水量监测、省际工程报汛、调度方案编制协调、月水量调度方案编制等方面提出了意见建议，并就调水分为两阶段实施的方案与东线总公司达成一致。会后，通过江苏省实用水雨情查询系统收集11～12月上旬运河线新老工程的运行数据，研究运河线用水量及输水损失量，为后期各梯级泵站抽水量协商提供参考；在研究输水损失的基础上编制多个调度方案以供备选；结合调水工程能力吃紧，可能需要协调江水北调泵站协助运行的现状，开展运行成本估算，对比各方案运行成本。

（三）防汛工作

为确保工程安全度汛，主要开展了以下工作：

（1）防汛抗旱能力提升。对2016年的雨情、水情及汛情预测情况进行了认真研究、分析后，在综合考虑江苏省南水北调工程实际情况的基础上，就防汛抗旱工作进行了有针对性的部署落实；组织编制了《南水北调东线江苏段工程防汛工作方案》；组织编制了年度工程度汛方案和包括重点部位防汛抢险应急预案在内的一系列防汛应急预案；汛前，组织分公司重点检查了工程防汛重点部位和度汛措施等，并针对检查中发现的问题督促有关单位落实整改责任人和整改完成时间，并认真组织应急演练。3 月，在宝应站、金湖站等泵站现场组织数据中心及施工单位相关人员进行通水应急系统设备巡检和培训工作。5 月，宿迁分公司组织人员参加江苏省水利厅组织的 2016 年度防汛抢险联合演练培训和实战演练。

（2）防汛协调工作。根据统一指挥、属地管理的调度原则，江苏水源公司与江苏省省防汛防旱指挥部、地方防汛防旱指挥部建立防汛联络协调机制，加强汛情、雨情、工情沟通，并共享信息和资源；密切关注水情、雨情和现场工情变化，明确各单位汛期联系人、联系部门、联系电话等，每天定时上报水情、雨情、工情等信息；汛期，各级管理单位实行 24h 值班和领导带班制度，加大薄弱地段、重点部位的巡查密度，落实各项度汛措施，做到险情早发现、早处理。7 月，组织专家对工程防汛工作开展情况进行了检查，重点抽查了洪泽站和刘山站。检查了江苏省境内工程的防汛组织、防汛责任落实、值班制度落实等情况，评估了预案的针对性、可操作性，查看预案演练记录等，就发现的问题和现场管理人员进行了沟通交流。

（3）汛后检查工作。2016 年 10 月 20 日，江苏水源公司下达了《关于开展江苏省境内南水北调工程汛后检查的通知》，组织分公司开展辖区内工程汛后检查工作。10 月 28 日转发了《江苏省防汛防旱指挥部关于开展水利工程汛后检查的通知》（苏防〔2015〕34 号），明确汛后检查内容和要求；编制完成防汛抗旱工作总结，于 11 月 2 日上报国务院南水北调办、抄送江苏省政府办公厅、省水利厅、省防汛防旱指挥部办公室、南水北调东线总公司。针对防汛工作开展情况，制定了汛后检查工作方案，于 11 月 12～13 日会同江苏省南水北调办对江苏省境内南水北调工程汛后检查工作进行了检查，重点抽查了泗洪站、淮安四站，了解工程防汛工作总体情况及整改工作计划和方案。检查组查看了工程现场和有关档案资料，听取了现场运行管理单位的自查情况报告和扬州、宿迁分公司汛后检查有关工作开展情况汇报，详细了解了工程防汛组织、值班制度是否健全，防汛措施的落实情况，已发现问题的整改情况，主要设备维护情况，设施设备水毁情况，防汛物资管理情况等。

（卞新盛）

工 程 效 益

2016 年，江苏省南水北调办（管理局）按照境内南水北调新老工程统一调度、联合运行的原则，统筹组织工程运行，在完成调水出省任务的同时，发挥工程防汛、抗旱、排涝以及改善水环境等综合效益。一是组织完成 2015～2016 年度向江苏省外调水任务。2016 年 1 月 8 日～5 月 11 日，分两阶段采取“骆马湖以南段工程间歇式、分时段抽引江水至骆马湖调蓄，骆马湖以北段工程不间断、持续性向山东省供水”的方式，开展调水沟通协调、方案制定、组织实施、督促检查、安全运行、水质监测、信息宣传、调水值班等工作，完成了 2016 年度向江苏省外供水 6.02 亿 m^3 任务，调水总量是前 3 年的总和。二是优化调度，发挥了抗旱综合效益。根据江苏省防汛防旱指挥部统一调度，江苏省南水北调刘山站、解台站、蔺家坝站等工程参与了省内抗旱运行，累计翻水 5.2 亿 m^3，为江苏省淮北地区的抗旱工作发挥了积极作用。三是及时投运，发挥了排涝效益。宝应站根据江苏省防汛防旱指挥部调度指令及时投入里下河地区排涝运行，累计抽排涝水 1.1 亿

m^3，有效缓解了工程覆盖范围内的汛情。四是长效管理，发挥了改善水环境的效益。通过治污工作的持续深入，输水干线14个水质控制断面水质均达到地表水Ⅲ类标准，满足调水水质要求；工程沿线城市水环境得到进一步改善，区域水环境容量和承载能力得到有效扩大，提升了城乡居民用水质量，为经济社会可持续发展提供了保障。

江苏省水利厅、省南水北调办会同江苏水源公司等省南水北调领导小组成员单位，按照江苏省南水北调新老工程统一调度、联合运行的原则，统筹加强南水北调工程运行管理，充分发挥了南水北调工程调水、防汛、抗旱、排涝、航运、发电等综合效益，为缓解北方地区水资源短缺、推动苏北经济社会发展发挥了积极作用。一是发挥了送水出省的效益。工程建成以来，江苏省南水北调工程已投入全线试运行、2013～2014年度调水、2014年度向南四湖应急生态调水、2014～2015年度调水、2015～2016年度调水等5批7次向省外调水任务，累计调水至山东省境内12.12亿m^3。二是发挥了提升苏北供水保障能力的效益。根据南水北调规划，一期工程建成后江苏省使用南水北调增供水量达到19.25亿m^3，进一步增加了江苏省现有水利工程的供水能力，补充了苏北地区缺乏的水资源，从根本上优化了苏北用水条件，提高了苏北供水保证率；尤其是保障了苏北用水高峰期的缺水量，提升了农业抗旱灌溉保证率。三是发挥了排涝、航运保障等综合效益。根据南水北调规划，江苏省南水北调宝应站、淮安四站等14座新建泵站工程中，兼备排涝等综合功能的工程超过80%，全部具备改善航运保障功能。工程投入运行以来，已多次投入排涝、航运保障运行。四是发挥了改善生态环境的效益。通过治污工作的持续深入，江苏省南水北调干线化学需氧量年入河削减量超过90%，氨氮年入河削减量达到93%，均完成了规划确定的控制目标和削减任务，干线14个水质控制断面均达到地表水Ⅲ类标准。随着治污工程的逐步运行，沿线城市水环境得到进一步改善，区域水环境容量和水环境承载能力得到有效增加，城乡居民用水质量得到显著提升，为推动沿线经济社会可持续发展提供了保障。

2016年，江苏省南水北调工程圆满完成2015～2016年度调水出省、省内抗旱、金湖站排涝和向骆马湖调水等4次调水任务，累计抽水41.26亿m^3，调水出省6.02亿m^3。

（一）2015～2016年度向山东省供水

根据《水利部关于批准下达南水北调东线一期工程2015～2016年度水量调度计划的通知》，江苏省南水北调工程顺利完成本年度调水出省任务。2016年6月15日，山东省南水北调工程全线停机，东线一期工程完成了2015～2016年度水量调度计划所要求的向山东净供水2.3亿m^3的调水任务。各泵站累计运行29天、13 014台时，累计抽水11.33亿m^3，其中，抽洪泽湖水4.05亿m^3，入骆马湖水量3.53亿m^3，省际交水断面水质稳定达标。

（二）江苏省内夏季抗旱运行

2016年江苏省水稻栽插大用水前，淮北地区降雨明显偏少，沂沭泗诸河基本无来水，骆马湖、下级湖长期得不到上游来水补给，据气象部门预测，淮北地区6月中旬仍无明显降雨。面对徐州西部地区缺水1亿多立方米，淮北地区用水紧张的严峻形势，根据《江苏省防汛防旱指挥部关于启用南水北调刘山站、解台站开机翻水的通知》，组织刘山站、解台站投入省内抗旱运行。6月18日11:00，江苏省防汛防旱指挥部紧急下达开机通知，江苏水源公司在6h内完成了全部开机安排，确保了抗旱运行顺利开展。在6月18～24日开机抗旱期间，刘山站、解台站累计运行655台时，抽水6882万m^3，用于缓解淮北旱情。

（三）江苏省内汛期排涝运行

进入2016年梅雨期后，宝应湖周边地区连续出现暴雨、大暴雨，为保证宝应湖周边地区防洪排涝安全，根据江苏省防汛防旱指挥部办公室6月26日《关于启用南水北调工程金湖站抽排涝水的通知》要求，金湖站于当日17:00开机。6月26日~7月6日，金湖站运行565台时，抽水6482万m^3，进行防洪排涝。

（四）汛后骆马湖补水运行

2016年以来，沂沭泗流域上中游地区降雨偏少达30%~40%，淮北地区降雨量比常年同期偏少2成以上，入汛后沂沭泗各条河流基本无来水，骆马湖、微山湖、石梁河水库基本无来水补充，加之因气候等原因，2016年水稻生长用水延迟约10天，进一步加剧了淮北地区湖库水源消耗。11月初，江苏省淮北地区湖库蓄水明显不足，骆马湖水位比常年同期低0.75m，为保障冬春季节用水，提前与江苏省防汛防旱指挥部办公室进行沟通，开展工程运行能力调研，编制多种开机方案及运行成本估算供省防办比选。11月10日，根据《江苏省防汛防旱指挥部关于加大向骆马湖补水力度的通知》，迅速组织淮安四站、淮阴三站投入汛后骆马湖补水运行。11月10日~12月7日参与汛后骆马湖补水期间，淮安四站、淮阴三站累计运行3802台时，抽水4.50亿m^3，运行期间骆马湖水位由21.87m上升至23.10m，完成调水任务。

（王晓森　卞新盛）

建设管理

2016年度建设目标为：完成工程建设计划投资9000万元，其中管理设施完成5000万元，调度运行管理系统完成4000万元。

2016年累计完成投资9306万元，占年度投资计划的103.4%，超额完成年度建设任务。其中，管理设施南京一级机构土建已完成，功能需求方案已批复，开始装饰工程方案设计；扬州二级机构装饰工程开工建设；淮安、徐州二级机构装饰工程已具备入驻条件。管理设施工程完成建设投资5060万元，占年度投资计划的101.2%；调度运行系统水质自动监测站设备已安装到位，通信设备系统集成加快骨干环网联调联试工作；系统总集成完成数据中心软件采购，通信光缆线路基本完成施工任务。调度运行系统工程完成建设投资4300万元，占年度投资计划的107.5%。

2016年是江苏水源公司深化改革转型发展的关键之年，江苏水源公司结合工程特点，克服主体调水工程收尾难，两个专项工程推进难的特点，围绕国务院南水北调办年初下达的年度目标任务书，统筹工程建设和验收关系，各项工作进展顺利。

（一）批复年度实施计划

根据国务院南水北调办与江苏水源公司签订的2016年建设目标责任书，结合江苏省南水北调工程扫尾的关键点，年初，江苏水源公司组织分析建设形势，针对各自工程，有重点地编制2016年度实施方案，明确关键工期完成时间，同时也对变更处理、合同验收、完工验收等明确节点，对两个专项工程（调度运行管理系统和管理设施专项工程）年度实施方案进行了批复，确定了两个专项工程月度完成工程投资和形象进度，确保完成年度建设任务。

截至2016年底，江苏省南水北调工程累计完成投资127.85亿元，占批复总投资的97.58%。2016年度完成投资9360万元，其中，调度运行管理系统完成投资4300万元（基本完成通信光缆线路工程，水质自动监测站设备已安装到位），管理设施专项工程完成投资5060万元（其中南京一级机构管理设施土建已完成，开始装饰工程方案设计，扬州、淮安、徐州二级机构管理设施基本完成，宿迁二级机构管理设施正在进行实施方案比选）。

（二）落实责任分工

在细排工程量的基础上，江苏水源公司组织梳理合同内和额外工程，建立了工程扫尾、合同处理、施工合同及完工验收责任制度，将每一项工程责任到人，各责任人严格按照分工抓落实，确保工程扫尾、合同变更处理、验收工作按时间节点完成。

（三）现场督查指导

根据各工程各项工作的实际进展情况，各责任人制订工作方案，督促扫尾进度，协调解决问题，确保合同变更处理的质量要求；每周召开调度会，由各责任人汇报工作进展情况和下一步工作安排，商讨解决存在的问题，研究落实措施，每周去一次工地，督促现场落实解决问题。同时树立高标准扫尾的目标，建设中遗留问题不留死角，及时解决影响管理运行的功能性问题。

（四）完工验收

在工程建设扫尾阶段，影响工程建设的矛盾就显得尤为突出，江苏水源公司重点协调解决了制约工程扫尾的关键性问题。多次与地方政府召开推进会，督促工程进度，按期完成施工任务；所有遗留问题都已理清责任，落实整改到位。根据下半年完工验收计划，江苏水源公司提前组织召开完工验收座谈会，邀请江苏省南水北调办、质监站及各工程参建单位负责人参加会议，研究分析完工验收存在的问题和需要协调解决的困难，提出推进工作的各项措施办法，部署下一步验收重点工作任务，明确完成时间节点和要求，落实责任单位和责任人，确保完工验收工作的有序开展。

（五）质量和安全管理

2016年，江苏省南水北调现场主要剩余工程包括：一是管理设施、装饰工程；二是两个专项通信线路、管理设施专项施工。江苏水源公司在加强质量安全检查的同时，结合工程验收，强化质量安全问题整改，确保工程质量安全。

（1）质量监管。2016年江苏水源公司针对南水北调工程质量管理重点，加强调度运行、管理设施、水土保持、道路等工程质量监管，对两个专项工程开展了3批次质量专项检查。认真做好验收遗留问题整改和质量总评工作，江苏省南水北调工程涉及验收的遗留问题均梳理完成，并已落实相关责任。

（2）安全管理。针对2016年安全生产新形势，江苏水源公司组织召开了安全生产领导小组会议，根据公司机构组织变化，构建安全生产责任体系，明确了公司安全生产领导小组及办事机构职责，补充完善各参建单位安全责任人网络，开展全国第15个“安全生产月”活动，同时重点对调度运行和管理设施两个专项工程安全体系建设、现场安全生产管理进行检查；培训分公司和各参建单位人员，定期登录填报水利部安全生产基础信息，每月定期组织检查和整改安全隐患，确保工程安全生产无事故。

（六）加快变更处理和招标工作

2016年，江苏水源公司围绕各设计单元工程进行责任分工，明确各工程相关责任人和批复完成时间，各工作项目责任人要严格按照分工抓好落实，确保合同变更处理按时间节点完成，完成情况作为年度考核重要依据。

（1）合同变更处理工作。2016年，重点对各设计单元工程概算执行情况进行了梳理，建立了变更审批小组，定期组织会商，完成徐洪河、里下河水源调整、睢宁二站等设计单元人工价差补充协议签订工作；完成邳州站、骆南中运河影响处理、洪泽湖抬高蓄水位、徐洪河影响处理、里下河水源调整、睢宁二站、洪泽站等工程合同变更（索赔）处理19项，各设计单元工程合同变更已基本处理完毕，各工程索赔项目已经过初审和会商。

（2）招标工作。根据2016年度招标工作任务，完成调度运行管理系统通信设备系统集成总承包标、分公司数据中心机房工程总承包项目、工程监控与视频监视系统工程洪泽站试点工程、管理设施装饰监理标、徐州二级机构土建改造工程施工标、淮安二级机构装饰施工标、徐州二级机构装饰施工标、维检中心设备项目标、南京一级机构装饰设计标、扬州二级机构装饰施工标、里下河水源调整工程卤汀河海陵段新增防护工程施工标等11个标段的招标。

（七）工程报奖工作

2016年，共有解台站、淮阴三站及江都站改造等3个工程项目获颁水利部“大禹奖”。为巩固建设成果，江苏水源公司多次就奖项申报工作与水利部、江苏省水利厅相关部门进行沟通、咨询，同时邀请省内外多位专家对相关申报材料进行审核把关，并积极配合水利部专家完成大禹奖现场复核工作，进一步展示了南水北调工程的良好形象。

（吴海军　洪剑陵）

科学技术

2016年，江苏省南水北调办积极推进多项科研课题顺利进展。组织完成《南水北调东线江苏境内单项工程运管模式研究》《南水北调与区域生态文明建设研究》等研究课题的验收，推进《南水北调东线一期工程调蓄湖泊优化调度研究》《南水北调江苏省后续工程水量配置及工程布局研究》等科研项目的合同验收准备工作，开展《南水北调导流工程对输水干线水质改善及区域水环境影响的损益研究》《南水北调尾水导流工程生态湿地净化尾水效果及不同季节最大水环境承载能力研究》等课题研究。

2016年，江苏水源公司进入转型期，业务由单一的工程建设向工程运行、经营发展等多业务转变，科研工作的服务对象、任务、目标均发生改变，现有的科研管理体系、制度难以适应。为持续进行科技创新、管理创新，保持企业生命力、促进企业科研技术发展，江苏水源公司技术管理重点变为研究运营期科研管理思路、方向，构建新的管理体系。

（一）启动国家科技支撑计划“南水北调中东线工程运行管理关键技术及应用”项目

根据任务分工，江苏水源公司承担了该项目的1个子课题及1个子专题。2016年完成子课题“南水北调河道疏浚泥堆场综合处置关键技术研究与应用”的立项工作，围绕课题年度目标，编制了2016年度执行情况报告，并通过项目组织单位检查。同时为配合子专题“示范工程应用研究”实施，江苏水源公司选择金湖—洪泽梯级泵站（群）作为示范工程，为该课题落实配套资金，已完成江都数据中心建设。金湖、洪泽等泵站的数据可通过建设的监控、业务内网，上传至数据中心，并在数据中心实现工程监控系统远程监测、泵站视频监视、视频会议、应用系统等功能，采购走航式ADCP等设备。

（二）开展“运行期科研规划”和”科研管理办法”的编制

“运行期科研规划”编制工作主要针对江苏水源公司运营期面临的水资源优化调度、工程管理信息化技术以及水价、水费政策、机制等关键问题进行研究规划，形成科研项目库，用以引导未来一定时期内的科研工作方向。江苏水源公司已完成“运行期科研规划”初稿，正在征询相关专家意见。下阶段将结合公司运营发展实际，补充现有核心技术成果转化、应用前景方面的内容。“科研管理办法”旨在从项目立项、组织实施、经费管理、验收结题、成果管理等各个方面对运营期科技工作进行规范管理。重点在于规范落实公司运营期科技工作，保证科研项目实施推动公司持续发展。目前《江苏水源公司运营期科技项目管理办法》（初稿）已编制完成，办法从项目立项、组织实施、经费管理、验收结题、成果管理等各个方面对科研项目进行规范管理。

（三）开展科研项目执行情况的检查

2016年初，为加强科研管理工作的计划性及严肃性，江苏水源公司对所有拟在年内开展的科研投资项目进行了梳理，对人员及资金进行了合理化配置，在此基础上编制了2016年度科技投资计划，年内开展“企业改革发展关键问题深化研究”“工程运行管理信息化技术应用研究”等五个方面14个专题研究工作，安排年度资金611万元。2016年11月，江苏水源公司对科研项目执行情况进行了检查，从检查反馈结果来看，科研项目基本完成立项并展开实施，执行情况良好。

（四）完成江苏省工程技术研究中心及立项工作的申报

江苏水源公司在江苏省南水北调工程建设期间，培养了一支专业水平精湛、知识结构全面、管理能力较强的复合型人才队伍；围绕泵站工程建设，在科研方面取得了丰硕的成果，先后开展科技项目100余项，获得省部级科技进步奖7项、江苏省水利优秀成果奖7项，取得国家发明专利4项、实用新型专利1项，在实践中逐步形成了自主知识产权的大型泵站设计和建设管理成套技术。江苏水源公司进入运营期后拟针对调水工程“降本增效”需求，组建泵站工程技术研究中心，从泵站设计、建设、运行各个环节研究探索“降本增效”的方法和途径。重点将开展高性能泵及泵装置研发、泵站信息化管理和分析评价技术研究、泵及泵站（群）的调度优化和决策支持，以及大型泵站维修关键技术研究等，实现泵站枢纽“数据采集信息化、安全监测自动化、故障诊断在线化、维修养护一体化”，切实降低运行管理成本。2016年7月，江苏水源公司联合河海大学、扬州大学、江苏大学等高校，联合共同申报江苏省工程技术研究中心。江苏省泵站工程技术研究中心已由江苏省科技厅批准立项，下一步将结合调度中心建设开展工作。

（五）已完课题的奖项申报工作

2016年，江苏水源公司向各级科研主管部门积极争取科技项目，共申报成功6项，其中科技部2项，江苏省科技厅1项，国务院南水北调办1项，江苏省水利厅2项，共争取科研经费589万元。同时，对现有的科研成果进行了梳理、总结，对符合报奖条件的项目积极申报，其中“淤泥质地基堤防填筑施工控制技术”“异形结构混凝土透水模板施工技术与应用研究”2个项目分别获得2016年度江苏省水利科技进步二、三等奖。

（薛刘宇　洪剑陵）

征　地　移　民

（一）征迁工程扫尾及验收

完成南四湖下级湖抬高蓄水位影响处理工程建设并组织完成完工验收，此外，完成了邳州站、睢宁站、高水河整治、金宝航道（宝应县）工程、扬州市境内（卤汀河工程、灌区调整工程、大三王河工程）征迁安置完工验收。截至2016年底，扬州市境内南水北调一期征迁安置验收全部完成，全省南水北调工程征迁安置27个单项已完成完工验收23个。

（二）一期工程用地手续批复

2016年7月，徐州市境内9项工程0.24万亩用地手续获国土资源部批复，至此江苏省南水北调工程用地手续已全部得到国土资源部批复。

（三）维稳工作

调水期间，按照江苏省政府部署要求，江苏省南水北调办积极会同江苏省政府有关部门、江苏水源公司联合建立了运行维稳机制，根据调水运行方案和调度方案，成立了工作组。及时了解调水期间沿途各市、县因征迁安置可能发生的矛盾和问题，认真排查重点地段，特别是对往年调水期间发生影响地方进行重点预防和控制。在做好南水北调征迁安置工作同时，积极配合管理运行单位，做好输水沿线被拆迁安置群众的工作，保证调水期间工程运行安全稳定，善始善终地为送水创造和谐的环境。信访方面，2016年共接到来访4人次，来信2封，电话咨询1次。江苏省南水北调办对群众来信来访始终高度重视，对来信所提的问题，做到件件有落实，事事有回音，在处理电话咨询中，做到不推诿、接待热情、讲清政策，有理有节给予答复。

（刘再国）

环 境 保 护

（一）尾水导流工程建设

截至2016年底，江苏省南水北调工程第一批治污项目中包括截污导流工程共4项，分别为徐州、江都、淮安、宿迁市截污导流工程，现已全部完成并投入使用。第二批治污项目中包括尾水导流工程4项，分别为丰县沛县、新沂市、睢宁县和宿迁市尾水导流工程。目前，丰县沛县、新沂市、睢宁县尾水导流工程均已全部建设完成，各项验收正在积极准备中，宿迁市尾水导流工程初步设计报告也于2016年12月14日获江苏省发展改革委批复。尾水导流工程的建设投运，一是有效保证了输水干线水质达到地表Ⅲ类水要求；二是增加了当地的水环境容量，促进经济社会的发展；三是尾水的资源化利用，变废为宝，减少了天然水的使用量，实现了水资源的综合使用。例如，徐州市截污导流工程自2011年建成通水以来，截至2016年1月，已接入了7个污水处理厂和2个电厂等企业的达标排放的尾水，合计导流尾水量约7.39亿t，为沿线20.37万亩农田提供灌溉水资源3.24亿m^3，为相关企业提供中水回用约1.02亿t。该工程不仅确保了不牢河、房亭河、邳州中运河3个控制单元的水质达标，而且促进沿线地区的水环境综合整治，提升了当地的水环境容量，实现了尾水归道走、清水向北流的目标。

（二）水质达标

除了抓紧推进尾水导流工程建设、加强尾水导流工程运行管理以外，江苏省南水北调办会同省有关部门，加强监督管理，保障了南水北调水质持续、稳定达标。一是水质长效监管。江苏省环保厅每月组织对南水北调沿线开展水质监测与评价，据监测数据显示，2016年度送水水质全部达标；坚持将南水北调沿线地区作为产业结构调整的重点区域，加大重污染行业专项整治力度。江苏省环保厅、江苏省南水北调办加强干线水质监督监测，提高年度调水运行水质监测检查频次，每月将水质监测情况通报沿线各市政府，并提出监管要求；组织开展干线排污口门、沿线陆上区域及河道污染源监督检查，强化水质目标考评，推动输水干线水质稳定达标。二是航运污染管理。江苏省交通厅按照危化品船舶禁航要求，牵头加大禁运监管力度，协调处理相关企业禁运矛盾，确保航运安全和水质安全。三是污水处理建设与管理。江苏省住建厅加快推进苏中苏北地区建制镇污水处理设施全覆盖，督促指导沿线各地加大投入并加快推进城镇污水处理厂配套管网建设，强化设施运行监管，组织开展城镇污水处理厂运行管理考核，提高设施运行管理水平，从源头控制干线污染源。

（倪效欣）

工 程 验 收

2016年，江苏省南水北调办会同江苏水源公司、南水北调江苏质量监督站，根据各设计单元工程准备工作开展情况，编制了详细的年度完工验收计划。验收过程中，一方面严格验收程序、严把工程质量关，另一方面与国务院南水北调办验收主管部门进行沟通协调，帮助项目法人和现场建设单位协调解决具体困难。验收质量和水准获得国务院南水北调办及有关单位的充分肯定，也通过验收的平台宣传了江苏省南水北调的形象与工作动态。全年完成刘老涧二站、皂河一站更新改造、金湖站、骆南中运河影响处理、洪泽湖抬高蓄水位影响处理、徐州市截污导流工程等6个设计单元工程的完工验收，完成徐洪河影响处理、沿运闸洞漏水处理等2个设计单元工程的完工验收前技术性检查。

（一）专项验收

2016年，各专项验收工作有序开展，完成长江—骆马湖段其他工程（第三批）泗洪站、洪泽站、金宝航道及里下河水源调整工程水保专项验收，完成沿运闸洞漏水处理、高水河整治、睢宁二站工程征迁安置专项验收。

（二）完工验收

按照2016年验收工作计划，完成沿运闸洞漏水处理、徐洪河影响处理等2个设计单元工程完工验收技术检查，完成骆南中运河影响处理、洪泽湖抬高蓄水位、金湖站、刘老涧二站、皂河一站等5个设计单元工程完工验收工作。

（吴海军　花培舒）

工程审计与稽查

（一）工程运行监管

2016年，江苏省南水北调办（省南水北调工程管理局）切实履行运行监管职责，保证工程良性运行。一是明确运行监管各方责任。江苏省南水北调办统筹负责境内南水北调工程运行监管，江苏水源公司、水利厅直属管理处及沿线有关水利部门分别加强新建调水工程、江水北调、影响处理等工程运行管理工作。二是健全运行监督管理制度。协调建立了运行管理信息报送与发布、运行管理月报、运行管理检查巡查等制度，从制度上切实加强运行监管工作；加强汛前、汛后及汛期监督指导；加强南水北调规范化管理、维修养护的监督指导。三是加强调水期间监督管理。调水启动前，统筹组织专门工作组检查各类工程准备情况，确保工程随时具备运行条件；调水运行期间，多次组织巡查检查，对工程运行各方面进行实时监督，并将检查结果列入相关单位年度考核范畴，确保在调水运行各环节顺利有序。四是加强南水北调工程安全生产监管。建立运行安全应急预案，积极开展工程防汛度汛及汛后、日常管理等安全生产专项检查，查找安全生产隐患并加强整改落实，保证安全生产总体可控。

（二）水质监督管理

一是开展水质应急处置培训。针对实际情况，江苏省南水北调办组织在扬州等地开展了南水北调沿线水质应急处置培训，提升水质突发事件处置水平。二是输水水质监督监测。江苏省环保厅十分重视南水北调沿线水质保障，每月组织对南水北调沿线开展水质监测与评价，据监测数据显示，2016年度送水水质全部达标；江苏省环保厅、江苏省南水北调办联合采取调水加密监测等措施严密监控断面水质，强化水质监测预警，发现问题及时通报并跟踪督促。三是危化品禁运监管。江苏省交通运输厅严格执行危化品船舶禁航要求，牵头加大禁航监管力度，协调处理相关企业禁运矛盾，保障干线水环境稳定。江苏省南水北调办切实加强与国务院南水北调办沟通协商，尽量提前发布年调水预通告，减少禁航对经济社会影响。四是尾水导流工程运行管理。江苏省南水北调办协调落实尾水导流工程运行管理单位，理顺尾水导流工程维修养护经费渠道，加强尾水导流工程安全运行检查指导，确保充分发挥效益。五是污水处理建设与管理。江苏省住房和城乡建设厅加快推进包括南水北调东线地区在内的苏中、苏北地区建制镇污水处理设施全覆盖，督促指导沿线各地加大投入、加快推进城镇污水处理厂配套管网建设，提高设施运行管理水平，从源头控制干线污染源。江苏省住房和城乡建设厅强化设施运行监管，组织开展城镇污水处理厂运行管理考核，不断提升运行管理水平，充分发挥设施污染物减排效益。六是渔业养殖生产管控。江苏省海洋与渔业局严格渔业行政执法监管，大力清理整治渔业养殖设施，优化调整养殖结构，推广渔业生态养殖，保障湖泊水生态环境。

（三）招投标行政监督

2016年，江苏省南水北调办认真对江苏水源公司以及市县项目法人组织的招标投标评标全过程开展行政监督管理工作，不因招标工作进入尾声而有丝毫懈怠，坚持依照法律法规和既往卓有成效的监管办法的程序规定，开展监督工作，继续推进符合条件的标段进入省水利招投标有形市场开展电子招标，确保江苏南水北调工程招投标工作继续保持“公平、公正、公开”、零投诉的良好形象，也为南水北调江苏境内工程建设收尾提供了保障。

（四）征迁安置资金使用管理和审计

2016年4月12日~5月24日，国务院南水北调办组织对江苏省南水北调工程2015年度征迁移民资金使用进行专项审计，省、市、县各级征迁机构积极配合审计工作，及时提供会计账本和征迁安置档案资料，认真解答审计提出有关问题。对审计期间提出的问题，有关单位随即分清责任，全部落实整改。11月，国务院南水北调办对审计整改情况进行复查，复查时所有问题已全部整改到位。在做好上级审计配合工作的同时，江苏省南水北调办先后组织对高水河整治工程、扬州市境内的里下河水源调整工程、金宝航道工程（宝应县）、盐城市里下河水源调整工程以及邳州站、睢宁二站、洪泽站、南四湖下级湖抬高蓄水位影响处理工程等10个项目进行完工财务决算审计，审计项目投资总额近10亿元。

2016年度，国务院南水北调办共下达江苏水源公司南水北调工程资金56 825万元，已全部到位。

2016年4月初，国务院南水北调办委托江苏天宏华信会计师事务所有限责任公司对2015年度工程建设资金使用管理情况开展专项审计。在审计期间，江苏水源公司主动提供资料，介绍情况，并全程陪同审计人员到各在建工程进行现场审计，对审计单位提出的审计取证材料认真复核，并及时协调组织公司相关人员与审计人员进行交流、沟通，做好解释说明工作。对审计提出的问题认真分析，提出整改意见和措施，并按时向国务院南水北调办报送审计整改报告。2016年11月，国务院南水北调办组织对审计整改落实情况进行检查，检查中能全力配合，确保审计整改意见全部落实到位。

（刘再国　薛刘宇　王潇池）

山　东　段

概　述

2016年，山东省南水北调工程建设管理局（以下简称山东省南水北调建管局）围绕“稳中求好、创新发展”总体思路，以发挥工程效益为中心，保胶东城市供水、完成调水任务、推动配套工程建设、理顺收费机制。

（一）完成调水任务

山东省与有关流域机构、地方水利工程体系沟通协调、联合调度，完成了年度调水、生态补水、胶东地区城市应急供水等工作。一是完成2015~2016年度调水。自2016年1月8日至6月20日，历经146天，累计调入山东省水量6.02亿m^3，向7个受水市先期供水2.3亿m^3。3月10日通过与胶东调水工程联合调度，首次向山东省最东端的威海市调水，标志着东线一期山东段工程13个设区市规划供水范围目标全部实现。二是实施生态补水。2015年11月向国家争取增加2亿m^3水，于2016年1月8～29日调入南四湖上级湖和东平湖，不仅有效改善了湖区生产、生活、生态环境，也为实施年度调水打下了基础。三是保障胶东城市供水安全。2014年以来山东省胶东地区降水持续偏少，至2016年9月底，大中型水库现状蓄水量较历年同期偏少58%，多个城市用水告急，胶东4市出现了历史上最严重的城市供水危机，12月8日省防汛抗旱总指挥部启动了抗旱Ⅳ级应急响应。为应对胶东地区旱情持续加剧的严峻形势，自6月21日开始利用南水北调工程实施向胶东地区延续应急供水，通过与引黄济青、胶东调水工程联合调度，胶东地区城市供水安全初步得到保障。四是启动实施2016～2017年度调水。按照国家批复，新年度山东省计划调引长江水8.89亿m^3，向各受水市净供水5.3亿m^3，调水量创历年之最。调水工作于2016年12月16日正式启动，截至2016年底已通过台儿庄泵站调入山东省水量1.2亿m^3。

（二）基本配套工程建设任务

三年来，山东省委、省政府在全省经济、农村工作会议及省政府工作报告，都对加快南水北调配套工程建设提出明确要求。山东省政府督查室连续3年进行了4次专项督导。通过签订责任书，明确工程月度建设进度目标、倒逼时间安排；成立3个督导组，每月分片包市现场督导，向省政府及各市政府通报考核结果；实行挂牌督办、现场蹲点督导等措施，全力督促加快工程建设。截至2016年底，列入南水北调调度考核的37个供水单元（不含引黄济青改扩建工程）累计完成投资205.75亿元，占总投资的96.6%，基本完成配套工程建设任务；已有32个供水单元完成或基本完成竣工、通水（蓄水）验收，初步具备通水运行条件。为推动配套工程发挥作用，落实与东线总公司签订的供水合同，多方协调、反复沟通，落实供用水合同签订工作，促进各市积极消纳长江水。13个受水市已有12个与山东省南水北调建管局签订了供用水合同，另有1个市相关工作正在全力推进中。

（三）水费收缴机制

为落实国家确定的水价政策和水费收缴工作，山东省采取了督导促各市收缴、协调省财政垫付和纳入财政预算等措施，水费收缴机制逐步理顺。一是协调省财政垫付水费。山东省财政在已垫付以往年度水费的基础上，2016年再次垫付。至2016年12月14日，足额缴纳了2015～2016年度全部基本水费和计量水费。二是经山东省政府同意，山东省水利、财政、南水北调三部门联合印发了《关于做好南水北调水费征缴工作的通知》（鲁水办字〔2016〕52号），要求各市政府自2017年起将基本水费纳入预算，对缴纳水费的时间节点予以再次明确。三是督促各市完成上缴水费任务。

（牛晓东）

工程管理

（一）维修养护

2016年2月，山东省南水北调建管局组织批复2016年度日常维修养护计划。4月，组织专题研究工程维修养护验收问题，完成了2015年度工程维修养护年度验收工作；组织签订2016年度日常维修养护合同；整理工程维修养护通用表格，统一规范维修养护档案资料。5月，建立落实信息月报报送制度，开展维修养护成本测算工作。6月，制定了《工程维修养护项目管理制度》。7月，组织召开维修养护工作培训会议，邀请专家分享维修养护经验和做法。8月，开展了维修养护执行情况现场调研。9月，专题会议研究了维修养护计划、专项界定等问题。11月，组织完成了2017年度日常维修养护计划编报工作。12月，完成计量支付、成本测算等维修养护工作年度总结。

（二）安全监测

2016年4月，山东省南水北调建管局组织了安全监测技术培训班，对各管理处安全监测相关人员进行了集中培训，使安全监测人员进一步掌握了仪器操作和数据的处理技术。

2016年5月，结合工程运行安全管理标准化体系建设和国务院南水北调办新印发的《南水北调东、中线一期工程运行安全监测技术要求》，对安全监测先期发布的规范制度共计5篇进行了修订，修订内容主要集中在监测方法、精度、频率等方面。

2016年5月，利用静水法校准了各闸站水尺安装高程，该方法技术新颖、效率高、成本低，基本满足渠道水位观测要求。

2016年8月，制定了高精度变形观测仪器采购方案，用以解决安全监测仪器设备精度不高及配置不足问题，11月完成变形观测仪器采购项目设计文件及招标文件的审查工作，12月完成设计文件的修改完善工作。

2016年8月，制定了重要节点工程的安全监测基网建设方案，以解决全线缺乏高精度控制网的问题，11月配合设计部门完成野外基准点选点工作，12月设计部门完成设计初稿。

2016年9月，结合国务院南水北调办多次对山东段工程专项稽查，召开专题会议研究部署，形成会议纪要，从安全监测设施、设备及人员等方面努力提高山东段安全监测整体水平。

2016年9月，根据山东省南水北调工程运行初期的现状，提出采用与具备相关资质的服务机构联合开展安全监测工作的模式，用以解决目前安全监测专业技术力量不足及报告分析能力弱等问题，既能节省投资，又能锻炼自己的队伍。

2016年9月，从安全监测设施、设备及人员等方面细化了安全监测千分制考核，使之更全面、更具体，实施性更强。

2016年12月，针对二级坝沉陷区问题编制完成二级坝泵站沉陷有关情况的报告并上报南水北调东线总公司。

2016年12月，完成变形观测仪器年检工作。

（三）工程管理范围及保护范围划定

2016年2月23日，国务院南水北调办以《关于商请开展南水北调东线工程管理范围和保护范围划定的函》（国调办建管函〔2016〕8号）商请山东省人民政府组织开展相关划定工作。为加强山东省南水北调工程管理范围和保护范围划定工作的组织领导，明确责任，确保完成工作任务，2016年6月，经局长办公会研究通过《山东省南水北调工程管理、保护范围划定工作方案》。

2016年8月29日，国务院南水北调办以《关于做好南水北调东线工程管理范围和保护范围划定方案编制工作的通知》（综建管函〔2016〕240号）督促南水北调东线总公司尽快编制划定方案，并于2016年9月10日前分别报送水利部和山东省、江苏省人民政府。2016年9月5日，南水北调东线总公司在北京组织召开“南水北调东线一期工程管理范围和保护范围划定方案编制工作会议”。会议决定由水利部淮河水利委员会水利科学研究院牵头做好南水北调东线工程管理范围和保护范围划定方案编制工作，具体负责省际工程划定方案编制工作；南水北调东线山东干线有限责任公司（以下简称山东干线公司）委托设计单位负责山东境内管理范围和保护范围划定工作。

在国务院南水北调办多次督促南水北调东线总公司尽快完成方案编制工作的形势下，根据2016年9月13日工程管理部工作专题会议精神，山东干线公司于9月16日发函委托山东省水利勘测设计院“尽快启动南水北调东线山东段工程管理范围和保护范围划定方案资料收集、编制工作，并于2016年10月20日前报送干线公司。另承担方案评审相关工作；方案评审通过后，完成与相关市县规划、国土等部门的衔接工作；配合保护范围界桩埋设等后续工作”。

2016年11月22日，山东干线公司主持召开“南水北调东线一期工程山东段管理范围和保护范围划定方案研讨会”，对山东省水利勘测设计院两范围划定工作中遇到的问题进行了充分讨论并形成会议纪要。

2016年12月9日，山东省南水北调建管局、干线公司联合在济南对南水北调东线山东段工程管理范围和保护范围划定方案进行了初步审查。

（四）穿越工程管理

为加强在南水北调东线山东段工程管理范围和保护范围内建设的穿越、跨越、邻接工程的管理，保障东线山东段工程的运行安全、工程安全和供水安全的管理工作，2016年9月，山东省南水北调建管局工程管理部下发《关于统计穿越、跨越、邻接南水北调干线工程建设管理情况的通知》，对穿越工程实行月报制度，及时统计穿越工程的建设管理情况，监督其对辖区内工程的影响。

截至2016年底，南水北调东线山东段工程共有穿越工程36项，其中已完工22项，验收13项；在建工程2项，待建工程12项。

（五）保证金清理规范自查工作

2016年7月，山东省南水北调建管局开始南水北调东线山东干线工程保证金清理规范自查工作。制定了《南水北调东线山东干线公司清理规范工程建设领域保证金工作方案》，以《关于落实南水北调东线山东干线清理规范工程建设领域保证金工作方案的补充通知》《关于进一步落实清理规范保证金工作的通知》文件形式规范工作要求，召开了落实清理规范南水北调工程建设领域保证金工作会议，落实了国务院南水北调办清理规范南水北调工程建设领域保证金检查情况的通报内容。每月按时报送《南水北调东线山东干线工程建设保证金自查情况表》《南水北调东线山东干线工程取消的保证金清理规范情况表》《南水北调东线山东干线工程未按时返还和超额收取（预留）的保证金清理规范情况表》。

（六）安全管理

（1）组织机构建设。2016年4月，山东省南水北调建管局《关于印发〈省南水北调局机关处室及山东干线公司总部部门工作职责〉的通知》（鲁调水局办字〔2016〕17号）文件，明确了山东干线公司安全生产办公室工作职责。5月，成立、调整了公司安全生产领导小组、突发事件应急处置领导小组、防汛工作领导小组和消防安全领导小组及其办公室，明确了工作职责。7月，充实配齐了安全生产办公室3个内部科室和7名工作人员。12月，根据机构和人员变化情况，调整了公司安全生产领导小组、突发事件应急处置领导小组、防汛工作领导小组和消防安全领导小组及其办公室，新成立了工程安防领导小组、工程责任监督检查领导小组及其办公室。

（2）安全生产责任制。按照“一岗双责、党政同责”的要求，山东干线公司各层级签订安全生产责任书。公司主要领导与分管领导，公司与机关部门、现场管理单位都层层签订安全生产责任书，明确了安全生产目标、责任及要求。

（3）安全生产检查。组织开展了安全生产“大、快、严”集中行动。根据不同季节不同时期安全生产工作的特点，组织开展了“电气系统接地排查”“夏季食堂安全检查”“暑期渠道安全检查”“夏季用电高峰期消防检查”等专项检查活动。加强了公司层面的安全生产检查，共开出《安全生产检查告知书》45份，提出问题130余个。要求有关单位做到问题整改“五落实”（责任人、措施、资金、期限和应急预案）。同时，创新检查模式，抽调各管理局骨干力量组成检查组，交叉互查，取得了良好效果。

（4）安全生产培训。2016 年全年组织安全生产演讲 7 场、知识竞赛 12 场、安全展览 9 场、安全教育培训班 9 期 1800 人次、知识讲座 14 期 1000 人次、警示教育 19 期 280 人次、应急演练 14 期 400 人次；公司在济南组织了两期安全生产集中培训班；组织三级安全生产管理人员 29 人赴北京参加了由南水北调东线总公司和国家安监总局培训中心联合举办的安全生产培训班。

（5）安全生产标准化建设。2016 年 6 ~ 8 月，印发了安全生产标准化管理制度、应急预案和安全操作规程。形成了 37 项安全管理制度、153 项应急预案及处置方案、145 项安全操作规程组成的安全生产标准化体系。开展了体系文件培训，完成了自评工作并组织各单位进行自评问题整改。

2016 年度，山东省南水北调系统未发生安全生产责任事故，完成了年度安全生产目标任务，为工程平稳运行奠定了坚实基础。

（桑晋惠　张东霞　李一涛）

运　行　调　度

一、全线运行

（一）前期准备情况

1. 水量计划

2015 年 9 月，水利部印发了《南水北调东线一期工程 2015 ~ 2016 年度水量调度计划》，批复山东省 2015 ~ 2016 年度南水北调工程各分水口门向城市供水 2.42 亿 m^3。2015 年 11 月，山东省向水利部申请增加补湖水量 2 亿 m^3，2015 年 12 月 8 日，水利部批复下达了《关于南水北调东线一期工程 2015 ~ 2016 年度水量调度计划调整意见的函》（水资源〔2015〕538 号），2015 ~ 2016 年度山东省计划用水 4.42 亿 m^3，其中枣庄、济宁、德州、济南、淄博、潍坊、青岛、威海 8 个受水城市计划用水 2.42 亿 m^3，南四湖上级湖补水 1.45 亿 m^3，东平湖补水 0.55 亿 m^3；考虑调水损耗水量 1.6 亿 m^3 后，台儿庄泵站调入山东省境内水量 6.02 亿 m^3，调水时段计划为 2015 年 12 月 ~ 2016 年 5 月。

按照南水北调东线总公司调水方案，考虑沿线水量损耗，各关键节点计划调水量：台儿庄泵站计划从江苏省调水 6.02 亿 m^3，入南四湖下级湖 5.85 亿 m^3。二级坝泵站调水入南四湖上级湖 5.34 亿 m^3，长沟泵站调水出上级湖 3.13 亿 m^3，八里湾泵站调水入东平湖 2.94 亿 m^3。穿黄河工程从东平湖引水 0.15 亿 m^3。胶东干线从东平湖引水 1.79 亿 m^3，入引黄济青工程 1.33 亿 m^3。山东段工程调水开始时间为 2015 年 12 月 21 日，要求 2016 年 5 月底完成调水入南四湖、入东平湖，到胶东和过黄河。

2. 工作准备

（1）行政部门牵头组织协调。山东省水利厅负责年度水量调度计划监督执行工作。调水前，山东省水利厅水资源处与山东省南水北调建管局联合组织会议，督促各受水市按计划接纳水量。调水期间，山东省水利厅多次组织会议，召集山东省南水北调建管局、山东省胶东调水局以及相关受水市研究全省供水形势，协调南四湖、东平湖的输水调蓄以及长江水与黄河水的水量联合调度等工作。山东省南水北调建管局负责山东省境内年度水量调度计划的组织实施工作。2015 年 12 月，山东省南水北调建管局组织山东干线公司制定了《南水北调东线山东段工程 2015 ~ 2016 年度水量调度计划实施方案》，并组织召开了工作会议，部署了年度调水工作，成立调水工作领导机构，负责调度运行管理指挥和工作重大事项的决策与协调。

（2）工程管理单位严格落实。山东干线公司建立“两级调度，三级管理”的调度运行体系，负责山东省境内南水北调干线工程的工程调度和供水管理工作。一级调度管理机构为山东干线公司本部成立的省调度中心，负责全线工程的统一调度、供水管理。二级调度管理机构为各管理局成立的调度分中心，负责分解落实省调度中心指令，并做好工作组织和地方协调工作。三级运行管理机构为水库、泵站、渠道等现场管理处，负责辖区工程的调度运行、水情测报、水质监测、供水计量、应急抢险等工作，服从上级调度机构的调度指挥。

（3）贯彻落实用水合同管理和月度水量调度方案制度。按照《南水北调工程供用水管理条例》和《山东省南水北调条例》规定，南水北调工程供水应签订供水合同。2016年1月5日，山东省南水北调建管局与东线总公司签订了《南水北调东线一期工程（山东省境内）供水合同》，明确了南水北调东线工程向山东省供水的水量水费等内容。2016年4月，山东省南水北调建管局与济南、淄博、枣庄、济宁、滨州、聊城、德州、菏泽8个市签订了《山东省南水北调东线一期工程供用水合同》，约定了省内工程向各受水市供水的水量及水费等内容。因向胶东地区供水涉及胶东调水工程，2016年6月，山东省南水北调建管局、山东省胶东调水局与青岛、潍坊和威海市签订了三方供用水协议。调水期间严格按照合同约定做好水量调度管理工作。按照《南水北调工程供用水管理条例》，南水北调工程水量调度实现月度水量调度方案制度。调水期间，东线总公司组织山东省南水北调建管局、山东干线公司，每月的月末制定下月的月度供水计划、月度水量调度方案和月度工程运行计划，实现年度水量调度计划的总量控制和逐月滚动修正。

（二）调水实施情况

1. 工程运行情况

山东段工程年度调水自2016年1月8日启动，至6月20日全线调水结束。期间分为两个阶段实施：第一阶段1月8～29日，主要任务是为湖泊生态补水和存蓄水量。第二阶段2月18日～6月20日，主要任务是向城市供水。第一阶段仅东平湖以南段工程投入运行，第二阶段东平湖以南段和胶东干线工程投入运行，鲁北干线的渠道工程没有运行。年度全线累计调水运行146天，工程运行平稳，工况良好。各段工程的运行情况如下：

（1）韩庄运河段工程。韩庄运河段运行时段为2016年1月8日～5月22日。第一阶段自1月8日连续运行至1月29日。第二阶段采用间歇运行方式，运行时段分别为3月1日～4月22日、5月4～22日。期间一般安排2～4台机组运行，投入运行时逐台增加机组，停止运行时逐台减少机组。

1）第一阶段运行：2016年1月8日10:00，台儿庄泵站开启1台机组运行，10:10万年闸泵站开启1台机组运行，10:20韩庄泵站开启1台机组运行，至此韩庄运河段工程第一阶段调水投入运行。韩庄运河段于1月9日调增到3台机组运行，1月22日调增到4台机组运行，1月28日调减到2台机组运行，1月29日台儿庄泵站、万年闸泵站、韩庄泵站逐台关闭机组，分别于15:57、15:54、15:54关闭最后1台运行机组，韩庄运河段工程第一阶段调水结束，完成第一阶段水量调度计划。

2）第二阶段运行：2016年3月1日10:00，台儿庄泵站开启1台机组运行，11:00万年闸泵站开启1台机组运行，11:45韩庄泵站开启1台机组运行，至此韩庄运河段工程第二阶段调水投入运行。韩庄运河段于3月2日调增到2台机组运行，4月2日调增到3台机组运行，4月21日调减到2台机组运行，4月22日台儿庄泵站、万年闸泵站、韩庄泵站逐台关闭机组，分别于04:42、05:00、05:02关闭最后1台运行机组；5月4日再次开机运行并逐步调增到2台机组运行，5月22日台儿庄泵站、万年闸泵站、韩庄泵站逐台关闭机组，分别于10:33、11:43、13:00关闭最后1台运行机组，韩庄运河段工程第二阶段调水结束，完成年度水量调度计划。

韩庄运河段运行平稳，期间最大调水流量约130m^3/s（万年闸泵站），台儿庄、万年闸和韩庄泵站分别运行了5354台时、5347台时和5339台时，调水60 248万m^3、61 425万m^3和58 684万m^3。

（2）南四湖段工程。南四湖段运行时段为2016年1月8日~5月22日。第一阶段自1月8日连续运行至1月29日。第二阶段采用间歇运行方式，运行时段分别为3月1~28日、4月1~19日、5月4~22日。期间一般安排2~4台机组运行，投入运行时逐台增加机组，停止运行时逐台减少机组。

1）第一阶段运行：2016年1月8日13:57，二级坝泵站开启1台机组运行，至此南四湖段工程第一阶段调水投入运行，1月9日调增到3台机组运行，1月22日调增到4台机组运行，1月27日调减到3台机组运行，1月28日调减到2台机组运行，1月29日二级坝泵站关闭最后1台运行机组，南四湖段工程第一阶段调水结束，完成第一阶段水量调度计划。

2）第二阶段运行：2016年3月1日10:00，二级坝泵站开启1台机组运行，至此韩庄运河段工程第二阶段调水投入运行，3月6日调增到2台机组运行，3月28日停止机组运行；4月1日再次开机运行，4月2日调增到3台机组运行，4月19日停止机组运行；5月4日再次开机运行并逐步调增到2台机组运行，5月21日调减到1台机组运行，5月22日停止机组运行，南四湖段工程第二阶段调水结束，完成年度水量调度计划。

南四湖段运行平稳，期间二级坝泵站最大调水流量约127m^3/s，运行了4780台时，调水53 602万m^3。

（3）南四湖—东平湖段工程。运行时段为2016年1月9日~6月19日。第一阶段自1月9日连续运行至1月28日。第二阶段采用间歇运行方式，运行时段分别为3月1~27日、4月1~26日、5月3日~6月19日。期间一般安排2~3台机组运行，投入运行时逐台增加机组，停止运行时逐台减少机组。

1）第一阶段运行：2016年1月9日10:00，长沟泵站开启1台机组运行，1月10日11:36邓楼泵站开启1台机组运行，1月11日8:57八里湾泵站开启1台机组运行，至此南四湖—东平湖段工程第一阶段调水投入运行。南四湖—东平湖段于1月11日调增到2台机组运行，1月26日调减到1台机组运行，运行至1月27日长沟泵站、邓楼泵站、八里湾泵站逐台关闭机组，分别于1月27日8:56、1月28日4:35、1月28日15:09关闭最后1台运行机组，南四湖—东平湖段工程第一阶段调水结束，完成第一阶段水量调度计划。

2）第二阶段运行：2016年3月1日10:00，长沟泵站开启1台机组运行，12:24邓楼泵站开启1台机组运行，15:35八里湾泵站开启1台机组运行，至此南四湖—东平湖段工程第二阶段调水投入运行。3月27日南四湖—东平湖段停止机组运行；4月1日开启1台机组运行，4月26日南四湖—东平湖段停止机组运行；5月3日再次开启1台机组运行，运行至6月7日调增到3台机组运行，6月16、17日长沟泵站、邓楼泵站、八里湾泵站分别调减至2台机组运行，运行至6月18日长沟泵站、邓楼泵站、八里湾泵站逐台关闭机组，分别于6月18日17:00、6月19日5:56、6月19日16:26关闭最后1台运行机组，南四湖—东平湖段工程第二阶段调水结束，完成年度水量调度计划（长沟泵站、八里湾泵站分别于6月7日11:00、6月8日00:10完成年度调水计划，自此开始向胶东地区应急调水）。

南四湖—东平湖段运行平稳，期间最大调水流量约107m^3/s（八里湾泵站），长沟泵站、邓楼泵站和八里湾泵站分别运行了3586台时、3598台时和3570台时，调水40 154万

m^3、38 943 万 m^3 和38 519 万 m^3（长沟泵站、八里湾泵站分别完成年度调水计划 31 500 万 m^3、29 400 万 m^3，完成应急供水水量 8654 万 m^3、9119 万 m^3）。

（4）胶东输水干线工程。胶东输水干线工程运行时段为2016 年2 月18 日 ~9 月30 日（6 月20 日年度调水结束后转入向胶东地区应急调水）。2 月 18 日 14:00 开启济平干渠渠首闸引水，开始向胶东干线输水，运行至 6 月 13 日 00:50，年度累计调水量 19 400 万 m^3，完成年度水量调度计划，自此开始了向胶东地区应急供水，运行至 9 月 30 日，济平干渠渠首闸共计运行 226 天，累计调水量 31 505 万 m^3（应急供水水量 12 105 万 m^3）。胶东段2 月 27 日 20:00 开启田家节制闸，开始充渠弃水工作。至 2 月 28 日 11:00 完成胶东干线弃水工作。3 月 1 日 10:00，开启博兴城南节制闸，与胶东调水工程联合调度，向胶东供水。运行至 6 月 21 日 8:00，累计过水量约 14 000 万 m^3，完成年度水量调度计划，自此开始向胶东地区应急供水，运行至9 月30 日，博兴城南节制闸共计运行217 天，累计调水量 25 163 万 m^3（应急供水水量 11 163 万 m^3）。

东湖水库充库分为两个阶段，第一阶段为3 月5 ~23 日，第二阶段为5 月25 ~31 日，东湖水库共计运行 26 天，累计入库水量 1254 万 m^3。

2. 水量调度

（1）工程关键节点实际调水量。2015 ~2016 年度调水实际完成：台儿庄泵站从江苏省调水 6.02 亿 m^3，入南四湖下级湖 5.87 亿 m^3，入南四湖上级湖 5.36 亿 m^3，调入东平湖 2.94 亿 m^3，向胶东干线调水 1.94 亿 m^3，调水补南四湖上级湖、东平湖 2 亿 m^3，调入东湖水库调蓄 1254 万 m^3。

（2）各受水市实际供水情况。2015 ~2016 年度累计向各受水市供水 25 750 万 m^3。截至 2016 年 9 月 30 日，各受水市供水量分别为：枣庄 3000 万 m^3；济宁 7035 万 m^3；德州 1220 万 m^3；济南 2772 万 m^3；潍坊 7723 万 m^3；青岛 3000 万 m^3；威海 1000 万 m^3；淄博市 2016 年未受长江水。

（3）湖泊补水情况。全线调水期间按计划完成向南四湖上级湖补水 1.45 亿 m^3，向东平湖补水 0.55 亿 m^3。完成湖泊生态补水后，根据省政府安排将暂存长江水集中调入东平湖用于向胶东供水。2016 年 8 月下旬，大汶河来水，黄河东平湖管理局因防汛需要将暂存长江水弃水入黄河 9980 万 m^3。

（4）水量调蓄情况。利用大屯水库存蓄水量向德州市供水 1220 万 m^3（已计入向德州市供水量）。因淄博市没有受水，相应水量调入东湖水库调蓄，入库水量 1254 万 m^3。利用双王城水库存蓄水量向潍坊市供水 867 万 m^3（已计入向潍坊市供水量）。

3. 供水计划变化原因

2015 ~2016 年度计划中安排鲁北干线从东平湖调水 1500 万 m^3，入大屯水库 1000 万 m^3，用于向德州市供水，实际执行中调整鲁北干线运行计划，不再从东平湖调水，大屯水库实行多年调节，利用之前存蓄水量向德州市供水；年度计划中鲁北干线安排的水量改为调入胶东干线供水。

鲁北干线多为非封闭管理土渠，并利用地方原有灌溉渠道输水，启用前需协调河道管理部门组织冲渠弃水，另外山东省连续干旱，渠道蓄水运行期间的蒸发渗漏水量会大于正常年份，甚至调水期间会出现群众抢水灌溉现象，沿线损失水量将会超出计划（批复损失水量为 500 万 m^3）。如果鲁北干线 2016 年运行，其输水效率较低，成本很高。

鉴于大屯水库蓄水量 3665 万 m^3，能够满足德州市年度用水计划和实际需求。根据年度水量调度计划中关于水量实时调度可根据水情、湖库蓄水情况实时调整、滚动修正的原则，鲁北干线不再运行，将原计划水量转为用于满足胶东干线运行要求。

4. 工作总结

2016 年 1 月 8 日台儿庄泵站开机运行，6 月 20 日完成各级泵站调水入东平湖。位于胶东干线末端的威海市本年度首次接纳长江水，这标志着南水北调东线工程规划供水范围全部得以覆盖。东平湖以南段工程 2016 年度首次在冬季调水，在遭遇极端寒潮天气（最低气温 -18°C）情况下，实现了冬季安全输水 21 天，完成了调水补湖任务，也为冬季输水积累了经验。各级单位按照工作要求，以问题为导向，逐层次对该次调水进行了工作总结和整理。

调水期间，山东省调度中心共下达调度指令 70 份，向南水北调东线总公司报送调度日报 145 期；向山东省南水北调建管局、山东干线公司发送内部情况通报 143 期；接收整理水情报表 1041 份，日报表 339 份；完成与山东省胶东调水局联系调度通告表 112 份；与各受水市联系水量报表 94 份；与山东黄河东平湖管理局及东平县湖管委联系水量报表 142 期。

二、区域调水

（一）向胶东地区应急调水

根据山东省政府要求，从 2016 年 6 月 7 日开始实施向胶东地区应急供水工作。长沟泵站自 6 月 7 日运行至 18 日，累计应急调水水量 8654 万 m^3；八里湾泵站自 6 月 8 日运行至 19 日集中调水入东平湖，累计应急调水水量 9118 万 m^3。济平干渠渠首闸 6 月 13 日开始向胶东地区延续供水，至 9 月 30 日累计从东平湖应急调水 12 105 万 m^3。其中黄河部门防汛调度后，9 月 1～30 日，向胶东地区延续应急供水水源调整为省政府安排购置黄河部门的东平湖湖水，累计为 2966m^3。胶东干线博兴城南节制闸 6 月 21 日开始向胶东地区应急供水，至 9 月 30 日累计向胶东地区应急供水水量 11 163 万 m^3。

（二）向德州市供水

应德州市南水北调局要求，2015 年 10 月 1 日～2016 年 9 月 30 日南水北调大屯水库通过德州供水洞向德州城区供水 885 万 m^3，通过武城供水洞向武城县供水 335 万 m^3。向德州市合计供水量 1220 万 m^3。

（三）为济南市保泉补源和小清河生态补水

（1）应济南市政府要求，为改善济南市区段小清河水质，提升济南水生态环境，2015 年 10 月 7 日～2016 年 1 月 24 日，从平阴田山沉砂池引黄河水经京福高速节制闸向小清河生态补水，累计入小清河水量约 2001. 23 万 m^3。

（2）应济南市政府要求，2015 年 10 月 10 日，开启贾庄分水闸，在生态补水的基础上向济南市玉符河保泉补源供水。11 月 16 日，应济南市南水北调局要求，保泉补源改为与济南市南水北调配套工程贾庄泵站至卧虎山水库进行联合试运行，试运行结束后继续向卧虎山水库供水，供水流量约 2.5～3m^3/s。运行至 2016 年 1 月 23 日停止向卧虎山水库供水，贾庄分水闸累计供水量约 2172. 61 万 m^3。

（3）应济南市南水北调局要求，2016 年 5 月 14～24 日，东湖水库向章丘供水试运行，累计供水水量 3. 39 万 m^3。2016 年 7 月 21 日东湖水库开启章丘放水洞向章丘市供水，运行至 2016 年 9 月 30 日，累计供水水量 1. 97 万 m^3。

（四）向潍坊市供水

（1）应潍坊市南水北调局要求，2015 年 5 月 25 日双王城水库开启寿光供水洞，向寿光市供水。2015 年 10 月 1 日～2016 年 9 月 30 日，累计供水量约 1550. 86 万 m^3（包含 2016 年 3 月 8 日～9 月 30 日双王城水库通过寿光供水洞向羊口方向供水，累计供水量约 34. 86 万 m^3）。

（2）应寿光市政府要求，双王城水库于 2015 年 11 月 5～13 日、2016 年 1 月 24 日～2

月4日两次开启入库泵站通过引黄济青渠道抽取黄河水入库，入库水量分别为385.78万m^3、257.74万m^3。

（五）渠道蓄水保温

为保障南水北调工程运行安全，适应冬季输水工况，经现场调研并与济南局、胶东局等相关单位协商，2015年12月10~12日，对南寺节制闸至入分洪道涵闸之间渠道渠底进行冬季蓄水保温，此次蓄水保温累计从东湖水库放水94万m^3，各衬砌段渠道闸前水位达到1.2~1.4m。蓄水过程中各现场局加强工程调度与巡查，东湖水库采取了防止鱼苗流失措施，2016年1月19日起，山东经历了历史少有的极寒天气，由于及时采取了蓄水保温措施，有效避免了渠道混凝土冻胀破坏，保障了工程安全。

（邵军晓）

工 程 效 益

山东南水北调一期工程主要是缓解山东半岛和鲁北地区城市缺水问题，并为向河北省、天津市应急供水创造条件，供水区范围涉及山东省的13个市、68个县（市、区），每年可为山东省调引13.53亿m^3的长江水，从战略上调整山东省的水资源布局，实现长江水、黄河水、淮河水和当地水的联合调度、优化配置，为山东省经济社会可持续发展提供水资源支撑。

一、山东南水北调通水以来效益

山东南水北调工程自建成通水以来，发挥了调水、生态、社会等方面综合效益，基础性、战略性作用日益凸显。主要体现在以下几个方面：

（1）增强水资源供给保障能力。人多地少水缺是山东省长期面临的基本省情。南水北调东线一期工程运行后，不仅为山东省增加了净供水量13.53亿m^3的能力，缓解了水资源短缺矛盾，而且打通了长江水的调水通道，构建起了长江水、黄河水、当地水联合调度、优化配置的骨干水网，增加了特殊干旱年份水资源的供给保障能力。山东南水北调工程自2013年建成以来，历经试通水、试运行、正式运行，完成了2013~2014、2014~2015、2015~2016三个年度的调水任务，工程运行安全稳定。2016年3月10日，调引长江水到达山东省最东端的威海市，标志着山东南水北调一期工程13个设区市的规划供水范围目标全部实现。自2013年11月山东南水北调工程建成通水以来，已经历了三个调水年度，截至2016年5月22日，从江苏省进入山东省水量为11亿m^3。这些水量主要分为四个用途：一是通过南水北调配套工程管网引水入水厂和调蓄水库，三个调水年度给各受水地区调水净水量为3.3亿m^3，其中：济南市1905万m^3、青岛市4000万m^3、淄博市2481万m^3、枣庄市6100万m^3、潍坊市11 576万m^3、济宁市4835万m^3、威海市1000万m^3、德州市1351万m^3。这部分水量进入受水区后主要是保障城市生活用水和重要电厂、工矿企业用水。二是为保护生态环境向南四湖、东平湖、小清河、济南市保泉补充生态用水2.4亿m^3。三是向济宁市提供航运用水5000万m^3。四是调入湖泊、水库调蓄备用2.1亿m^3。五是用于输水沿线补充地下水和改善水环境等2.7亿m^3。其中，2015~2016年度，通过台儿庄泵站从江苏省调入山东省水量6.02亿m^3，扣除输水损失后，为南四湖、东平湖补水存水2亿m^3，向济南、青岛等8个受水市供水2.42亿m^3。

（2）服务胶东地市应急供水和临时应急抗旱。2014年以来受干旱天气影响，山东省降水量整体偏少。为保障胶东地区生活生产用水，2015年山东省利用南水北调工程在实施年度调水过程中向胶东地区输水约1.17亿m^3。2016年胶东地区连续干旱，应地方要求和根据山东省政府安排，在完成年度正常调水计划之后，随即于2016年6月7日启动延续调水计划，全力保障了胶东四市应急抗旱用水之需。特别是2015年潍坊市遭遇连续严重干旱，国家又要求引黄济青改扩建工程必须开工建设，潍坊市面临用水无着的严峻局面。山东省充分利用南水北调双王城水库蓄水向潍坊市城区及寿光市应急供水2271万m^3，既保证了潍坊市用水需求，又为引黄济青改扩建抢工建设赢得了施工时间。

（3）发挥保护生态环境等综合功能。一是实施生态补水。2014、2015年，先后引江、引黄向南四湖补水9536万m^3。2015年冬2016年春旱情持续，又引江向南四湖、东平湖补水、存水2亿m^3，极大地改善了南四湖、东平湖的生产、生活、生态环境。南水北调济平干渠工程自2005年运行后，先后引江、引黄累计为小清河补源2.4亿m^3，明显改善了小清河上游济南市区段水质和生态环境。另外，应济南市要求，2015年2月～2016年6月，利用南水北调工程引江、引黄保泉补源5800万m^3。二是截蓄导用工程效益显著。截蓄导用工程，在保障输水干线水质的基础上，还利用工程回用中水5.67亿m^3，通过实施工程增加湿地面积20.29万亩，退耕还湿（湖）11.8万亩，不仅改善了当地小气候及农业灌溉条件，对当地地下水补给和生态环境的改善也发挥了重要的作用，成为保障南水北调东线工程水质的可靠屏障。结合南水北调截污导流工程的湿地工程建设，构筑了沿河水系生态绿色长廊，形成了河畅水清、岸绿景美的生态景观带。

（4）提升沿线经济社会发展质量。一是南四湖—东平湖段工程调水与航运结合实施，使京杭运河通航航道从济宁市延伸到东平湖，为东平湖直接通航至长江创造了条件；通水以来，通过调水满足了通航必要的水位、水量条件，对航运保障作用十分明显。据初步统计，因南水北调工程实施，增加航运里程68km。二是工程沿线湿地、水文化旅游景点建设，因调水供沿线南四湖、东平湖和相关河渠保持了较高水位，为环境生态提供了良好条件，促进了旅游业的发展，通水以来增加的旅游人数400多万人，其中2015～2016年度增加160万人。三是渔业效益增速明显。南水北调工程实施后严格的水污染物排放标准以及先节水后调水、先治污后通水、先环保后用水“三先三后”原则的贯彻，发挥了重要的导向作用和倒逼机制，沿线湖泊水质得到大幅改善，同时南水北调工程生态补水避免了干旱年份的渔业损失，渔业效益明显。通水以来，渔业增加效益3.82亿元，避免损失1.68亿元。

（5）促进了地下水超采区的综合治理。南水北调工程通水后，按照国家规定要逐步关停南水北调供水区超采地下水设施，逐步用南水北调水源替换超采的地下水资源。这项工作的开展，不仅能为南水北调用水腾出市场容量，发挥工程综合效益，而且能够从根本上持续遏制地下水超采局面，持续改善地下水生态环境。同时，将逐步涵养的地下水资源还可作为战略储备，以应对不时之需。

二、2015～2016年度效益

（1）城市供水效益。至2016年9月30日，2015～2016年度南水北调工程供水运行累计向山东省7个受水市供城市用水25 750万m^3，保障了各受水市的城市生活和工业用水需求。

（2）航运供水效益。2015～2016年度南水北调工程共计提供航运用水5000万m^3，其中向南四湖下级湖提供航运用水3000万m^3，向南四湖上级湖提供航运用水2000万m^3，保障了南四湖地区内河航运其在汛前枯水时段没有发生断航。

（3）生态补水效益。

1）湖泊补水。为南四湖上级湖补水1.45亿m^3，为东平湖补水0.55亿m^3，弥补了湖泊干旱缺水的生态之需，使其保持在最低生态水位以上，避免了湖区生态遭受毁灭性破坏。

2）济南市保泉补源供水。向济南市提供保泉补源生态用水2723万m^3，通过实施回灌补源，维持济南市的泉群持续喷涌。

（4）社会效益。2013年以来，胶东地区连年干旱，当地水资源几近枯竭，而引黄济青工程从黄河引水能力不能满足沿线城市用水需求。2016年3月以来，南水北调工程与胶东调水工程联合运行，长江水与黄河水汇流后共同向潍坊、青岛和威海市供水，保障了各受水市的城镇用水，促进了受水地区的社会稳定。南水北调工程在胶东地区极度缺水的时刻为其提供了"救命水"，扩大了社会影响力，取得了显著的社会效益。

（徐瑞华　张立同　邵军晓）

建设管理

2016年，干线工程建设主要有管理设施专项、调度运行管理系统和南四湖水资源控制工程。

（一）管理设施专项

（1）一级机构管理设施。2016年5月6日，一级机构管理设施通过招标确定中标单位为中建八局第一建设有限公司，并举行开工典礼仪式。7月11日，开始组织施工生产。9月23日，主楼完成地下二层施工；12月底，主楼施工完成16层、附楼施工完成3层建设。2016年，一级机构管理设施完成工程施工投资2000万元。

（2）二级机构管理设施。

1）枣庄局二级机构管理设施。2016年，枣庄局二级机构建设完成施工投资530万元。办公楼建筑、安装及装饰装修工程2016年2月26日主体工程通过验收、7月16日合同项目通过竣工验收。室外水土保持及室外铺装工程2016年4月3日建筑分部工程通过验收、7月12日安装分部工程通过验收、8月20日道路铺装分部工程通过验收、8月30日园林绿化分部工程通过验收、9月8日合同项目工程通过完成验收。

2）泰安局二级机构管理设施。2016年，泰安局二级机构建设完成土地招拍挂、项目立项、各类备案手续、规划许可、监理招标以及一期主体施工图审查工作。规划地上总建筑面积16 101m^2，分两期实施。其中，一期2450m^2为南水北调泰安调度分中心；二期业务用房13 651m^2。

（二）调度运行系统

2016年，南水北调东线一期工程山东段调度运行管理系统工程沿线具备建设条件的硬件设备安装工作已基本全部完成，有明确需求的应用系统软件开发工作基本完成；完成了南水北调东线一期工程山东段调度运行管理系统运行实体环境与视频会议的招投标工作；完成3个工程项目的合同验收，1个工程项目的单位验收，6个工程项目的分部验收。

（三）南四湖水资源控制工程

2016年，南四湖水资源控制工程累计完成投资1600万元。完成南四湖水资源监测工程山东境内工程水资源监测管理中心围墙、大门施工，完成综合楼配套设施建设及基础施工。南水北调东线一期南四湖水资源监测工程山东境内工程水资源监测中心、二级坝水质自动站仪器设备采购安装项目完成部分设备采购安装。南水北调东线一期南四湖水资源监测工程山东境内工程水量监测设施、巡测基地设施及数据传输网络建设项目枣庄境内水文站主体建筑建设完成，济宁镜内水文站完成部分征迁工作。

2016年7月，完成对施工一标（南水北调东线一期南四湖水资源监测工程山东境内工程管理中心综合楼建设项目）招投标工作，投标金额819.2万元。

（杨忠堂）

科 学 技 术

(一) 科技项目进展情况

“十二五”国家科技支撑计划项目课题“南水北调河渠湖库联合调控关键技术研究与示范”“南水北调平原水库运行期健康诊断及防护技术研究与示范”“南水北调工程地震灾害监测与预警关键技术研究与示范”已根据项目要求完成了2016年度的研究任务。

组织申报了2016年山东省级水利科研与技术推广项目“渠道自动化巡查系统研究”，该项目于2016年4月完成立项，课题组根据项目要求完成了2016年度的研究任务；山东省省级水利科研及技术推广项目“河-湖-泵站复杂系统调度关键技术研究”根据项目要求，完成了2016年度的研究任务；2016年11月，山东省水利厅科外处组织对山东南水北调承担的山东省科技发展计划项目“北方地区平原水库垂直连锁混凝土预制块护坡技术研究”进行了验收。

2016年12月，组织对自立项项目“山东地区护坡混凝土预制块生产技术研发与应用”进行了课题的结题验收。

(二) 科技成果获奖情况

2016年组织推荐了五项科技成果，其中“南水北调东线穿黄河工程建设综合技术研究”获得山东省水利科技进步一等奖；“物联网自动化闸门联合调度技术”“土壤湿度地面观测及数据处理技术”“勘测定界三维建模技术在南水北调工程中的应用研究报告”获山东省水利软科学一等奖，“南水北调工程东平湖生产开发项目管理与实践研究报告”获山东省水利软科学二等奖。

(焦璀玲　宋　翔)

征 地 移 民

(一) 土地确权发证工作

2016年度，山东省南水北调建管局采取多种对策措施，推动土地确权登记发证工作取得决定性成果。一是加大与省国土资源厅协调力度，对重点难点问题，逐个分析，制定解决方案；二是对不能按期完成任务的市、县进行严格考评，对问题地块跟踪协调，安排专人盯靠现场；三是督促有关现场管理局尽快协调解决影响确权发证的问题。在省、市、县各级南水北调办事机构和国土资源主管部门的共同努力下，在地方各级有关部门的支持配合下，截至2016年底，累计完成发证面积7.9万亩，占应发证面积的98%。

(二) 设计单元工程征地移民省级验收工作

根据国务院南水北调办关于南水北调工程验收计划安排，山东省南水北调建管局组织开展了山东省南水北调工程征地移民省级技术性验收和省级完工验收工作。2016年度，组织完成了大屯水库、小运河、七一·六五河、鲁北灌区影响处理、长沟泵站、邓楼泵站、八里湾泵站、梁济运河、柳长河、湖内疏浚、梁山引黄灌区影响处理、穿黄河等11个设计单元工程征地移民省级技术性验收，完成了韩庄泵站、台儿庄泵站、韩庄运河水资源控制、二级坝泵站、姚楼河闸、杨官屯河闸、大沙河闸、潘庄引河闸、湖内疏浚、邓楼泵站、梁山引黄灌区影响处理、陈庄输水工程、东湖水库工程、穿黄河工程、鲁北灌区影响处理、南四湖下级湖抬高蓄水位影响处理等16个设计单元工程征地移民省级完工验收。截至2016年底，29个设计单元工程中，除东平湖蓄水影响处理工程外的28个设计单元工程已全部通过省级技术性验收，18个设计单元工程完成了省级完工验收。

(三) 干线工程沿线界桩恢复补设工作

为做好南水北调山东段干线工程管理范围划定工作，山东省南水北调建管局组织开展了南水北调干线工程沿线界桩恢复补设工作。自2016年2月下旬至11月下旬，历时9

个月，山东省南水北调建管局组织山东省水利勘测设计院、山东省国土测绘院、山东正衡国土咨询勘测有限公司等3家埋桩单位完成了全部界桩恢复补设工作，共补设界桩8582个。

（四）遗留问题处理

为维护南水北调工程沿线群众切身利益，保障工程通水安全，2016年山东省南水北调建管局组织协调开展了临清市、夏津县、任城区等3项干线工程遗留问题处理工作。2016年5月，批复了临清市、夏津县、任城区等3项干线工程遗留问题处理实施方案；8月，批复了施工图设计报告；至年底，已完成项目招投标工作，进入了正式实施阶段。

（五）信访舆情处理

2016年山东省南水北调建管局共接待处理信访上访案件10起，其中7起属于重信重访案件，3起属于首访。对于这些信访案件，山东省南水北调建管局通过查阅资料、现场调研、走访相关群众、召开座谈会等形式进行了调查处理，均给予了明确答复意见。

（黄国军）

工　程　验　收

2016年2月29日~3月4日，完成鲁北段小运河段设计单元工程档案专项验收。由国务院南水北调办组织验收的山东段主体工程28个设计单元工程（除信息系统、管理设施、南四湖水质监测3个设计单元工程在建），全部顺利通过国家专项验收。共形成工程档案106 356卷（3套）。

2016年，完成了韩庄泵站、韩庄运河段水资源控制工程2个设计单元工程完工验收项目法人验收（验收自查）工作。为完成年度完工验收计划打下基础。

2016年，完成韩庄泵站工程、台儿庄泵站工程、韩庄运河水资源控制工程、二级坝泵站工程、姚楼河闸工程、杨官屯河闸工程、大沙河闸工程、潘庄引河闸工程、湖内疏浚工程、邓楼泵站工程、梁山灌区影响处理工程、陈庄输水线路工程、东湖水库工程、穿黄河工程、鲁北灌区影响处理工程、南四湖下级湖抬高蓄水位影响处理工程16个单元工程征迁安置完工验收。

2016年，水土保持（8个单项）和环境保护（8个单项）专项验收均以单项工程为单位进行验收。包括韩庄运河段工程、南四湖水资源控制工程、两湖段工程、东平湖蓄水影响处理工程、穿黄工程、济平干渠工程、鲁北段工程、济东段工程全部完成。

（于锋学　张东霞）

工　程　审　计

2016年4月17日~5月10日，根据国务院南水北调办《关于开展南水北调工程资金审计的通知》（综经财函〔2016〕9号）要求，中兴财光华会计师事务所（特殊普通合伙）和江苏兴光会计师事务所分别对山东境内南水北调工程建设资金和征地移民资金进行了审计。2016年9月29日山东省南水北调建管局向国务院南水北调办上报了《关于2015年度山东南水北调工程征地移民资金审计整改意见落实情况的报告》（鲁调水局计财字〔2016〕49号），2016年9月27日山东干线公司向国务院南水北调办上报了《关于2015年度山东南水北调工程建设资金审计整改意见落实情况的报告》（鲁调水企财字〔2016〕16号）。

2016年9月18~30日，根据国务院南水北调办经财司《关于开展南水北调东线一期二级坝泵站枢纽工程等3个设计单元工程完工财务决算审计的函》（经财函〔2016〕25号）要求，北京中永信会计师事务所有限公司、北京中天恒会计师事务所有限责任公司和中审众环会计师事务所（特殊普通合伙）

分别对二级坝泵站枢纽工程、韩庄泵站枢纽工程和南四湖湖内疏浚工程完工财务决算进行了审计。

2016年10月26~29日，根据国务院南水北调办经财司《关于开展2016年南水北调系统内部审计整改落实情况复核的通知》（经财函〔2016〕35号）要求，国务院南水北调办复核小组对2016年山东境内南水北调工程建设资金和征地移民资金审计揭示的问题整改落实情况进行全面复核。

（刘传霞）

监 督 稽 察

（一）水政监察工作

（1）开展水政监察巡查检查活动。依据《山东省南水北调条例》及《水政监察工作规则（试行）》，先后组织开展3次水政监察巡查检查活动。2016年1月27~28日对八里湾泵站工程、东湖水库工程开展重点巡查活动；3月29~30日、4月12~15日对山东南水北调干线工程开展全面巡查活动；8月22~26日对青岛、东营、烟台、枣庄、济宁、泰安、聊城等调水沿线7市进行执法检查。针对巡查中发现的问题与现场运行管理单位交换意见，并提出建议形成巡查报告。

（2）开展专项调研活动。结合前期巡查情况，开展工程现场治安机构人员设置情况及工程管理范围被侵占现象的专项调研活动。

（3）开展法律知识培训。邀请山东省南水北调建管局法律顾问，于2016年6月30日、12月19日采用集中授课方式对局机关全体人员及干线公司有关人员组织开展2次法律知识培训。

（4）采购执法装备并制定水政监察装备配置及使用管理办法。通过公开招标，采购了水政执法和辅助执法装备，分发至工程管理一线，并于2016年5月20日印发《山东省南水北调水政监察装备配置及使用管理办法》（鲁调水局发〔2016〕3号），明确了水政监察设备配置、使用、维修养护管理等标准要求。

（二）干线工程运行质量监管工作

按照《山东省南水北调工程运行管理问题责任追究实施办法（试行）》，山东干线公司定期开展自查自纠工作，三级管理机构每月开展一次自查自纠并填写问题汇总表上报二级管理机构，二级管理机构每季度开展一次自查自纠并填写问题汇总表上报一级管理机构。

按照《山东省南水北调工程运行管理问题责任追究实施办法（试行）》标准要求，2016年4月26~29日、5月5~6日，山东省南水北调建管局分两批次组织对滨州、淄博、济东、平阴、长清、夏津、临清、东昌府9个渠道管理处的运行管理情况进行检查，并组织各被查单位开展问题整改工作。8月2~4日，山东干线公司组成两个专项检查组，分别对德州、聊城、胶东、济南、枣庄、济宁、泰安等7个管理局的库房和档案实体、遗留问题整改落实情况等进行了检查。2016年3月14日，针对2015年运行管理问题对有关责任单位进行责任追究，约谈了4个二级机构及8个三级机构。7月15日，山东干线公司对一、二季度的运行管理问题进行了梳理，没有管理单位达到责任追究标准，未进行责任追究。11月5日，针对国务院南水北调办专项稽察复查和9月飞检发现问题，对1个二级机构和2个三级机构进行了责任追究。

（三）质量监督工作

（1）综合方面。完成了颐正大厦办公用房租赁、专职质量监督员的续聘和日常管理、2017~2019年度预算编制等工作。参加了南水北调工程质量监督机构系统工作会，并提交会议交流材料。按照国务院南水北调办有关要求，以鲁调水局稽函字〔2016〕2号文编写上报了《关于山东南水北调工程建设质量监督工作情况的报告》。

(2) 质量监督方面。对南四湖—东平湖段新增桥梁影响工程、邓楼泵站西大堤护砌工程等在建重点工程进行了质量监督巡查；组织开展了2次调度运行管理系统工程专项质量监督检查，印发了监督检查报告；完成了南四湖水资源监测工程质量监督手续办理，开展了3次质量监督检查工作；完成了大屯水库警务用房等6项工程的项目划分确认批复工作。

(3) 工程验收方面。参加了小运河设计单元工程档案专项验收、济东明渠现地管理设施工程合同项目完成验收等8次工程验收会，及时核备了有关质量评定资料；完成韩庄泵站设计单元工程完工验收工程质量监督报告等；印发了《关于报送工程验收质量有关遗留问题及处理情况的通知》(鲁调水局稽字〔2016〕8号)，收集整理了工程验收尚未处理完成和新发现的质量问题。

(4) 工程运行质量监督管理有关工作。完成了工程运行质量观测仪器设备到货验收，针对经纬仪、水准仪等仪器操作技术，组织供货商开展了现场培训。

(四) 配套工程监督检查工作

2016年，印发了《关于报送质量监督工作开展情况的通知》(鲁调水局稽字〔2016〕4号)，明确2016年工作计划，形成了《关于各市南水北调续建配套工程质量监督工作开展情况的报告》。组织质量监督专家开展了3次工程质量监管专项抽查工作，检查了枣庄市、济宁市、滨州市和聊城市配套工程建设质量，分别以鲁调水局稽字〔2016〕9、10、13号和14号文印发了质量监管工作抽查报告，提出了检查发现的质量问题和有关建议。结合配套工程建设实际，以鲁调水局稽字〔2016〕12号文转发《山东省水利厅关于建立大中型水利工程质量终身责任制的通知》，要求切实落实南水北调配套工程项目负责人质量终生责任。根据山东省南水北调建管局关于配套工程建设大检查的工作部署，制定质量监管检查方案，组织人员参加了济南市、枣庄市、潍坊市、滨州市、东营市、聊城市、烟台市等配套工程建设大检查，负责检查了工程质量监督管理工作开展情况。以鲁调水局稽字〔2016〕16号文印发了《关于进一步做好南水北调配套工程质量监督工作的通知》梳理总结了各市配套工程2016年质量监督工作开展情况，明确了2017年工作计划，形成了《山东省南水北调配套工程2016年质量监督工作总结和2017年工作计划》。

(五) 联合稽查督办工作

由山东省南水北调建管局机关、山东干线公司有关部门及现场专业技术人员组成两个联合稽查督办考核小组，分别于2016年7月21~27日，12月26~30日对3座水库、7座泵站、10个渠道管理处共20个三级管理单位进行上半年和下半年工程现场管理千分制考核，并下发考核发现问题整改通知，组织整改。2016年上半年，山东省南水北调建管局组织现场管理单位、机关有关部门对《山东南水北调工程管理千分制考核办法》进行修订和完善，调整了考核体系格式、部分考核内容、部分考核分值、部分评分责任部门。下半年，山东干线公司组织对考核标准进行了修订。

(六) 配合国务院南水北调办的有关工作

2016年3月23~31日、4月5~8日，配合南水北调工程建设监管中心专项稽察组对山东省双王城、东湖、大屯水库，穿黄河工程，韩庄、台儿庄、二级坝泵站7个管理处进行运行管理专项稽察。8月19~26日配合南水北调工程建设监管中心专家组对山东南水北调工程运行管理专项稽察问题整改情况复查。开展了各类专项稽察、飞检、检查等发现运行管理问题的整改落实工作。按照要求做好国务院南水北调办上半年工程运行管理工作会议有关资料的准备工作。收集整理了南水北调东、中线工程运行管理交互稽察专家信息并上报国务院南水北调办。

（崔　梅　孙玉民　刘晓娜）

工 程 运 行

长江—洪泽湖段工程

概　　述

长江—洪泽湖段新建工程主要包括宝应站、金湖站、洪泽站、淮安四站、淮阴三站等泵站工程，以及淮四输水河道等河道工程。设计抽江流量500m³/s，设计最大入洪泽湖流量450m³/s。2016年度该区段泵站工程参与了宝应湖地区排涝和汛后骆马湖补水运行，累计抽水4.50亿m³，工程效益得到显著发挥。

（霍安新）

宝 应 站 工 程

一、工程概况

南水北调宝应站位于扬州市宝应县氾水镇境内，其主要作用是与江都站共同组成一级抽水站，以满足南水北调规划确定的东线一期工程抽江水500m³/s北送的要求，并可结合抽排里下河地区涝水。

工程由泵站、下游清污机桥、扬淮公路桥、灌溉涵洞各一座以及泵站专用变电所和相应的管理设施等组成。泵站设计流量100m³/s，安装3500HDQ-7.6型立式导叶液压全调节混流泵，配TL-3400/48立式同步电动机4台套。水泵设计扬程7.6m，单机设计流量33.4m³/s，配套电动机功率3400kW，总装机容量13600kW。水泵叶轮中心安装高程为-3.0m，主厂房高程28.30m，泵站进、出水侧翼墙顶高程分别为4.0m和9.5m。

2015～2016年度向山东供水分为春节前后两个阶段，宝应站累计开机运行76天，5116.74台时，累计抽水6.22亿m³。2016年7月5～15日，宝应站开机配合里下河地区排涝，累计运行917.6台时，抽水排涝1.14亿m³，完成排涝任务。

二、工程管理

宝应站由江苏水源公司委托江苏省江都水利工程管理处管理，现场管理机构为江苏省南水北调宝应泵站工程管理项目部。

（霍安新）

金 湖 站 工 程

一、工程概况

金湖站工程是南水北调东线一期的第二级抽水泵站，位于江苏省金湖县银集镇境内，三河拦河坝下的金宝航道输水线上。其主要任务是通过与下级洪泽站联合运行，由金宝航道、入江水道三河段向洪泽湖及以北地区调水，调水设计流量150m³/s；并结合宝应湖地区排涝，排涝设计流量为130m³/s。工程包括泵站、110kV变电所、站上跨河公路桥、站下清污机桥、上下游引河以及配套管理设施。泵站安装液压全调节卧式灯泡贯流泵5台套（含备机1台），单机设计流量

37.5m^3/s，设计扬程2.45m，配套电动机功率2200kW，总装机容量11 000kW。工程总投资3.78亿元。

2016年度，金湖站按照南水北调工程管理要求，健全规章制度，修订工程管理细则、运行规程、作业指导书等技术文件，开展了工程运行和维修保养工作，全年安全无事故，工况良好。

二、工程管理

金湖站工程采用委托管理模式，江苏水源公司与省洪泽湖水利工程管理处签订委托协议书，成立了江苏省南水北调金湖站工程管理项目部，具体负责日常管理工作。下设工程部、综合部、财务部等三个部门，运行期安排30人参加管理，非运行期安排19人参加管理。

2016年，项目部在淮安分公司的领导和技术指导下，加强工程维修养护，重视安全生产，重点做好以下工作：

（1）设备管理。一是完善和更新泵房内工程平、剖面图、电气接线图、维修揭示图、操作规程等图表和标牌；二是定期更新设备标识和管理卡，完善台账，及时记录设备维修情况，明确责任人；三是加强设备汛前、汛后检查保养，重点对主机组、高低压开关柜、清污机、拦污栅、输送机、液压启闭机、变电所设备、观测沉陷标点、测压管、断面桩等设施进行维修和保养，确保设备与设施时刻处于良好状态；四是坚持日常保养，每周对设备开展1次动态巡检，并进行1次清洁保养，每月对设备进行1次经常性检查，每季度对主辅机组进行1次试运转，及时掌握设备状况，确保设备随时可以投入运行。

（2）建筑物管理。一是做好日常检查与维护，汛前汛后组织技术人员对水工建筑物进行全面检查，及时处理发现问题；进行汛期每月2次、非汛期每月1次巡查并记录。夏、秋季节及时组织人员清除堤防上杂草，及时修复雨淋沟，清除河道内漂浮物、水草和混凝土表面附着物，保证建筑物整洁美观。二是依据规范，定期开展工程观测。2016年全年开展垂直位移测量4次，工程沉降已趋于稳定；泵站底板扬压力每月观测5次，测压管水位浸润线变化基本正常；每年汛前和汛后各开展河道断面观测一次，上、下引河底部混凝土浇筑平坦，推移质较少，引河河床淤积量基本正常，河床稳定；每2年开展一次水下检查，经检查，上下游翼墙、护坦、护坡及进出水池等部位均正常，泵站机组水下部分无异常。

（3）安全管理。根据人员变动及时调整项目部安全生产领导小组，配备了专职安全员，层层落实安全生产责任制。每月定期开展1次安全检查，对查出的问题及时进行整改，完善安全台账，及时上报安全信息和安全月报。加强安全培训，安排特种作业人员参加培训，项目部有5人持有电力调度系统运行值班证，2人持有劳动部门颁发的起吊作业证书，做到持证上岗。加强危险源管理，根据江苏水源公司部署，对站区危险源进行识别、分类，危险防控措施牌上墙，明确责任人，落实应急救援和处置措施，确保隐患消除在萌芽状态。安全工具配备齐全，定期进行试验维护，特别是委托专业维保单位对泵房消防报警系统进行每月维护，定期年检。2016年全年未发生安全事故。

三、运行调度

2016年，金湖站工程未运行。项目部开展了季度机组试运行，通过试运行，主机组各部位温度、振动、噪声及电气参数均处于正常范围；辅机设备运转良好，冷却水压、水量、水温正常，叶片调节机构运转正常；各项电气测量、监视、自动化控制等设备动作正常。

经年度巡检维护，金湖站自动化系统总

体运行状况稳定，发现问题已基本处理，但仍存在部分监测数据不准确，待后续维护改造解决。

2016 年，金湖站工程未投入运行。

四、验收工作

2016 年 6 月 17 日，金湖站工程通过省南水北调办主持的金湖站设计单元工程完工验收技术性初步验收，印发了《南水北调东线一期工程金湖站设计单元工程完工验收鉴定书》（苏调办〔2016〕40 号），验收专家组同意金湖站通过设计单元工程完工验收。

（郭　军）

洪泽站工程

一、工程概述

洪泽站工程位于淮安市洪泽县境内的三河输水线上，介于洪金洞和三河船闸之间，紧邻洪泽湖，是南水北调东线第三梯级泵站之一，其主要任务是通过与下级金湖站联合运行，由金宝航道、入江水道三河段向洪泽湖调水 150m^3/s，并结合宝应湖、白马地区排涝。

洪泽站工程由挡洪闸、泵站、进水闸、洪金地涵等组成，泵站设计流量 150m^3/s，安装 3150HLQ37.5-6 立式全调节混流泵 5 台套（含备机 1 台套），单泵设计流量 37.5m^3/s，配套电动机功率 3550kW，总装机容量 17 750kW。挡洪闸设计泄水流量 150m^3/s，进水闸设计引水流量 150m^3/s。

2016 年全年洪泽站水电站、主机组反转发电共运行 157 天，发电量约 740 万 kW·h，创造效益 200 多万元。

二、工程管理

洪泽站现场管理单位为江苏省南水北调洪泽站管理所，是江苏水源公司直属三级管理机构。2016 年管理所工程管理工作稳步前进。一是做好维修项目管理。2016 年洪泽站维修项目共 6 项，批准经费 70.57 万元，养护经费 20 万元，安全经费 4.5 万元，备品备件 4 万。在维修项目实施过程中，严格按照公司维养项目管理办法、合同管理办法，严格履行相关流程和手续，专款专用，规范实施。二是做好设备管理。管理所切实开展设备检查及日常养护，顺利完成主机组反转发电改造，严格实施设备评级管理。三是做好建筑设施管理。注重观测成果的分析。四是做好运行管理。扎实推进运行管理标准化建设。五是做好安全管理。健全安全管理五大体系及四项清单，及时调整防汛组织，落实度汛工作；完善安全设施，维护治安环境；注重安全宣教，提高安全意识。

三、运行调度

2016 年，洪泽站积极与区供电部门、三河闸沟通协调，充分利用洪泽湖弃水资源，如利用三河闸向金宝航道补水契机，穿缝插针开机发电。2016 年全年洪泽站水电站、主机组反转发电共运行 157 天，发电量约 740 万 kW·h，创造效益 200 多万元。

四、环境保护与水土保持

洪泽站绿化总面积约 35 万 m^2，包括站区 3.9 万 m^2 以及泵站上下游 5km 引河河道两侧堤身护坡。洪泽站绿化委托江苏水源绿化工程有限责任公司维护，严格按照园林绿化养护规程和质量标准进行绿化养护，合理组织人员进行除草、修剪、施肥。及时安排喷水和病虫害防治。2016 年度养护工作进展顺利，植物生长状态良好、修剪美观、无病虫害。

（陈光普）

淮阴三站工程

一、工程概况

淮阴三站工程是南水北调东线工程第三

级泵站的组成部分，与现有淮阴一站并列布置，和淮阴一、二站及洪泽站共同组成南水北调东线第三梯级，具有向北调水、提高灌溉保证率、改善水环境、提高航运保证率等功能。设计调水流量 $100m^3/s$，安装 4 台直径 3.2m 的灯泡贯流泵机组，单机流量 $33.4m^3/s$，配套功率 2200kW，总装机容量 8800kW。

2016 年，淮阴三站累计运行 5121 台时，累计抽水 68 539.51 万 m^3，全年安全运行无事故，充分发挥南水北调工程效益。

二、工程管理

淮阴三站采取委托管理模式，受托单位江苏省灌溉总渠管理处成立淮阴三站工程管理项目部，具体负责淮阴三站的日常管理、维护、运行等事宜。

淮阴三站实行动态、全过程维护管理模式，按照合同、行业规范，每年及时安排汛前、汛后检查、开机运行检查、季度考核、年终考核等项目，认真组织检查；做好主辅机、电气设备的检查维护工作。对主机及清污机、风机、液压启闭机、变频器、励磁系统等辅机设备每周进行一次常规巡视检查，发现缺陷及时处理。每月对辅机进行一次检查性试运行，做好巡视检查及检查性试运行的记录；对所有设备建档挂卡，并明示责任人。江苏水源公司维修检测中心按时对电气设备进行试验，对损坏的仪表、继电器等及时更换。对于存在的问题及时编报岁修方案、抢修方案、应急方案等，在上报淮安分公司批准后及时组织实施。2016 年，项目部根据淮安分公司下达的岁修项目，完成了液压启闭机维修、机电设备维修、备品件采购等，及时消除工程安全隐患。

淮阴三站工程管理项目部建立以项目经理为组长的安全生产责任网络，设立安全员，并成立了义务消防队；修订完善了运行管理规章制度、防汛预案、反事故预案等一系列规章制度和规程规范，认真做好安全用具检定试验等工作。每月开展安全专项检查，根据观测任务书要求，开展垂直位移、扬压力等观测，按时上报安全月报和安全监测月报。认真组织开展安全生产月活动，组织做好节假日前专项安全检查、机组运行安全生产检查、安全度汛等工作。项目部按照要求认真做好淮阴三站安全台账收集整档工作，积极开展对职工的安全教育培训，增强干部职工安全生产意识，防患于未然。

三、运行调度

2016 年 1 月 8 日，根据江苏水源公司调度要求，淮阴三站开机运行，5 月 10 日结束，顺利完成了向山东省供水任务，机组安全运行 75 天，其中执行调度运行指令 11 次，开停机累计 24 次，机组累计运行 5121 台时，累计抽水量 68 539.55 万 m^3。

运行期间，值班人员严格执行调度指令、遵守操作规程和安全规程，认真做好巡视检查，各项数据记录准确真实，及时处理运行中发现的问题并上报分公司，按时报送工情、水情报表，能源单耗计算表等报表，并做好新闻通讯报道宣传工作。

淮阴三站自动化系统于 2009 年 12 月投入运行，在这次开机运行中，发现自动化系统存在数据显示不准确，视频画面模糊等问题，已上报岁修项目，由江苏水源扬州分公司维检中心组织实施。

（杨　俊）

淮 安 四 站 工 程

一、工程概况

南水北调淮安四站工程地处淮河流域下游平原区，属淮河水系，位于江苏省淮安市淮安区三堡乡境内里运河与灌溉总渠交汇处，和已建成的江苏江水北调淮安一、二、三站共同组成南水北调东线一期工程的第二个梯级，梯级流量为300m³/s，加上备机在内的总装机流量为340m³/s。南水北调淮安四站工程建设内容：泵站工程、站下清污机桥、新河东闸工程、环境保护及水土保持工程等。工程总投资额为1.557亿元，2005年12月开工兴建，泵站主体工程建于2006年2月，2008年8月各项主要工程完工，2008年9月9日通过泵站试运行验收，2012年7月29日，南水北调东线一期淮安四站工程通过国务院南水北调办完工验收。

淮安四站泵站工程选用4台叶轮直径为2.9m的全调节立式轴流泵机组，设计扬程4.18m，单机流量33.4 m³/s，配套电动机功率2500kW，设计流量为100m³/s，总装机容量为10 000kW。

2016年，淮安四站工程累计安全运行76天，共5678台时，抽水67 638.36万m³，充分发挥了南水北调工程效益。

二、工程管理

淮安四站采取委托管理模式，受托单位江苏省灌溉总渠管理处成立淮安四站工程管理项目部，具体负责淮安四站的日常管理、维护、运行等事宜。

淮安四站注重日常巡视检查，根据工程需要和设备情况，损坏工程设施及时进行维修，2016年度完成了3号机组大修、液压启闭机维修、机电保护装置更新维修、消防报警系统维护、备品件购置等项目。

项目部认真开展常规检查和试运行工作，按时完成并做好记录。每周完成一次辅机系统常规检查，每月完成一次专项检查、测量主电动机定子、转子绝缘电阻。每月完成一次设备检查性试运行，检查辅机系统在远控和手动操作下运行状况，同时还进行模拟开机，严格按正常开机流程进行模拟开机演练将辅机投入远控状态，由上位机执行开机程序，检查主机组断路器、闸门和励磁系统的联动状态，确保机组随时可以投入运行。

项目部认真开展工程设施巡视检查及维护，在非运行期每月完成一次工程例行检查，每月完成两次水政巡查。根据观测规范规程和观测任务书要求，认真开展垂直位移、河床断面、伸缩缝、测压管观测等。根据观测成果分析，测点间隔最大位移量4.7mm，累计最大位移量22mm，工程沉降正常；上、下游引河河床冲淤量基本正常，河床稳定。2016年2月29日，组织对进出水池等建筑物水下部分进行了专项检查，未发现问题。

项目部建立了以项目经理为组长的安全生产责任网络，配备了安全员，年初与每位职工签订了《安全生产责任状》，进一步落实安全责任。及时修订安全生产制度、预案，狠抓落实，积极组织预案演练，提高人员安全意识。每月至少开展一次安全生产检查，运行期、汛期加密检查频次，做好检查记录，按时上报安全月报等。定期对灭火器材进行压力检查，更换压力不足的灭火器，做好绝缘手套、绝缘靴、安全帽、安全带等用具配置和检测试验，确保人身、作业安全。

三、运行调度

2016年1月8日9:00淮安四站开机，1月29日11:00停机，第一阶段合计开机2024台时，抽水24 509.01万m³。第二阶段第一期于3月1日10:00开机，流量达到94.5m³/s，至3月16日10:00停机，合计开机1080台时，抽水量12 571.3万m³；第二期于3月26日10:00开机，流量达到100m³/s，至4月10日10:00停机，合计运行1080台时，抽水量12 726.21万m³；第三期于4月20日11:00开机，流量达到100m³/s，至5月11日5:00停机，合计开机1498台时，抽水17 831.87万m³。

运行期间，值班人员严格执行调度指令、遵守操作规程和安全规程，认真做好巡视检查，各项数据记录准确真实，及时处理运行中发现的问题并上报分公司，按时报送工情、水情报表，能源单耗计算表等报表，并做好新闻通讯报道宣传工作。

淮安四站 2016 年度共运行 76 天，5678 台时，抽水 67 638.36 万 m^3，充分发挥南水北调工程效益。

（赵才全）

淮安四站输水河道工程

一、工程概况

南水北调东线淮安四站输水河道（淮安段）工程位于淮河下游白马湖地区，全长 29.8km，由运西河、穿白马湖段、新河三段组成，其中：运西河东连京杭运河，西至白马湖，河长 7.47km；穿白马湖段长 2.3km；新河南连白马湖，北至淮安四站进水前池，长 20.03km。沿线配套及影响（泵站、闸、涵）工程 23 座，桥梁 12 座。

2016 年，淮安区淮安四站河道管理所在江苏水源公司及淮安分公司的领导下，认真开展淮四河道工程管理维护及运行工作，顺利完成全年调水运行和度汛任务，全年安全运行无事故，河道工程工况良好。

二、工程管理

淮安区运西水利管理所为做好河道管理工作，专门成立了项目管理机构——南水北调淮安区淮安四站河道管理所，专职负责淮安四站输水河道的管理和维护工作。主要职能为：负责本段河道工程日常运行维护，安全及应急事件处理，负责河道巡查、水质观测、安全保护、安全度汛等日常管理工作，负责执行来自上级的调水指令等工作。

淮安四站输水河道每段堤防都有专职护堤人员，每天巡查，管理所针对每段堆堤安排专人负责，定期巡查，发现问题及时整改汇报，并设立管理台账。管理所每周组织不低于 2 次集中巡查，2016 年全年共组织巡查 220 余次，出动车辆 220 余次，巡查人次合计 3700 余人次。组织人力及时清除堆堤杂草，全年清除杂草 200 余亩。积极开展宣传工作，全年向沿线群众散发宣传通告，张贴宣传告示 300 余张，在不同媒体上发表宣传报道 15 篇。全年共组织水政执法人员和南水北调治安办民警联合执法 19 次，出动车辆 55 辆次，人员 260 人次，清除一处 2000m^2 左右的违章围养处；拆除违章搭建 3 处；清除违章种植 40 余亩；查处违章伐树 5 起，并移交公安部门立案查处 1 起；拆除临时搭建鸡圈 16 个；查处毁堤建设 1 起，有力打击了违章侵占河道管理范围行为。

2016 年，管理所组织人员对沿线缺失树木进行了补栽，实施了管理房维修项目；组织人员对堆堤上的杂草进行人工清除，对淮四河道西堤林集段不通畅防汛、巡查通道进行整理，对部分淤积严重的截水沟进行清理。

管理所积极开展安全生产预防管理工作，2016 年全年召开安全生产会议 12 次，安全教育培训 12 次，安全检查 12 次，节前安全检查 6 次，对所管河道堤防、涵闸进行认真细致检查，4 月组织人员对新河闸启闭设备进行了维修保养，确保工程工况良好，安全运行。积极开展安全月活动，通过制作、悬挂宣传横幅，张贴宣传通告等方式进行宣传活动。组织职工进行安全生产知识培训、学习，并组织职工进行安全知识考试，以考促学，让每位职工明确各自岗位的安全职责。同时开展安全排查活动，请供电部门协作，对河道沿线影响电力安全的树木进行排查，共排查出树木 81 棵，及时清除树障。

认真开展汛前检查，成立汛前检查和防汛组织，编制防汛预案，并组织职工进行预案学习、演练。同时根据公司要求，购置了铁锹、编织袋、土工布、雨衣、雨鞋以及应急照明灯等防汛物资，储存在管理所防汛物资仓库中，随时备用。进入汛期后，每天组织人员进行河道巡查，组织人员实行24h防汛值班，及时上报水情，确保工程安全度汛。

三、运行调度

管理所成立了运行工作领导小组，下设运行协调组、运行工作组、工程资料组、后勤保障组，加强管理，保证淮安四站输水河道调水运行期安全。

运河线调水运行期间，管理所每天组织人员进行河道堤坝巡查，严密监视水质，确保调水安全，每天安排专人24h值班，做好水情记录及上报工作。

南水北调淮安四站输水河道在2016年度管理运行期间严格按照南水北调工程相关规程、规范要求，安全运行，顺利完成向山东调水以及度汛任务，发挥了工程效益。

四、环境保护与水土保持

2016年，管理所组织对沿线缺失树木进行补植，共补植栾树、红叶石楠1300多棵，并在运西河周庄段新整治的岸坡上培育女贞苗12 000余株，在河段岸坡播撒三叶草；组织人员对截水沟进行清理，修复雨淋沟；组织人员对堆堤杂草进行清除。通过一系列工作，做好河道环境保护及水土保持。

五、其他

加强与白马湖农场沟通协调，封堵污水排放管道。建立河道管理员监督考核机制。积极配合完成淮四河道不动产权证办理工作。

（姜兆清）

洪泽湖—骆马湖段工程

概　　述

洪泽湖—骆马湖段新建工程主要包括泗洪站、睢宁二站、邳州站、泗阳站、刘老涧二站、皂河二站等泵站工程。设计最大抽洪泽湖流量350m^3/s，设计入骆马湖流量275m^3/s。2016年度该区段泵站工程参与了2015～2016年度向山东供水，累计抽水21.26亿m^3，工程效益得到显著发挥。

（江苏水源公司）

泗洪站工程

一、工程概况

泗洪站枢纽工程是南水北调东线工程的第四梯级泵站，其主要任务是将第三梯级抽入洪泽湖江水通过运西线徐洪河继续北送至第五梯级睢宁站，再由房亭河入骆马湖；同时结合地方排涝和通航。枢纽位于江苏省泗洪县朱湖镇东南的徐洪河上，距三岔河大桥下游约4km，距洪泽湖顾勒河口上游约16km。泗洪站枢纽工程包括泵站、排涝调节闸、徐洪河节制闸、利民河排涝闸、泗洪船闸及引河等调水、排涝、挡洪、航运交通建筑物。

二、工程管理

泗洪站枢纽管理所是江苏水源公司直管的南水北调枢纽工程，隶属宿迁分公司，主要负责包括泗洪泵站、泗洪船闸、徐洪河节制闸以及利民河排涝闸等工程的运行和维修保养等工作。为做好枢纽工程的管理工作，制定并完善了规章制度，开展安全生产工作，实现安全生产全覆盖、零事故的工作目标。

泗洪站枢纽管理所对照相关管理制度、规范及技术要求，针对枢纽工程特点，对照南水北调泵站运行管理考核办法，制定设备日常巡视检查制度，将所有设备划分到人、责任到人，及时开展工程日常检查、维护保养工作。

为做好工程管理工作，促进员工业务技能水平上台阶，泗洪站枢纽管理所开展了员工培训工作。组织开展对新入职员工的教育；开展专题培训工作，邀请专家为泗洪站员工进行培训；安排运行人员前往大修现场、安装现场跟班学习；前往厂家学习，先后前往扬州华平、北京前锋等厂家进行学习；组织人员参加公司、分公司组织的专题培训。通过培训积累运行人员的操作运行经验，提高员工的业务技能水平、安全生产意识。

三、运行调度

泵站工程运行期间，执行调度指令，及时上报水情工情；加大操作票、工作票的执行与管理，杜绝无票作业；执行交接班制度，明确交接内容；做好巡视检查工作，保障设备安全运行。

泵站工程自2013年4月通过机组启动验收以来，完成了试通水、试运行、通水运行、生态补水等运行任务，2015～2016年度向省外调水运行5028台时，调水4.72亿m^3，自2013年投入运行以来，累计运行12 107台时，累计调水11.79亿m^3。泗洪船闸于2013年2月25日试通航，3月10日正式通航，2016年度累计船舶通行108.15万t，收费73.75万元；自2013年通航以来，累计船舶通行2249.87万t，收费1524.03万元。徐洪河节制闸工程，严格执行分公司调度指令，2016年度累计开关闸27次。

四、验收工作

泗洪站枢纽工程于2009年11月16日开工建设，工程主要建设内容包括：船闸、节制闸、泵站、导流河、排涝调节闸、利民河排涝闸、管理设施、永久道路、水保环保9个单位工程。2012年12月船闸、节制闸通过单位工程验收，2014年1月导流河、泵站、排涝调节闸、利民河排涝闸通过单位工程验收，2014年7月管理设施单位工程通过验收，2014年12月永久道路单位工程通过验收，2015年5月水保环保单位工程通过验收，2015年7月工程合同项目完成验收。此外，2015年8月通过环保专项验收，2016年8月通过水保专项验收。

（刘厚爱）

泗阳站工程

一、工程概况

泗阳站工程坐落于泗阳县城东南约3km处的中运河输水线上，是南水北调东线第四梯级、江苏省淮水北调第一梯级调水工程，和泗阳二站和泗阳节制闸三座大型水工建筑物及其附属工程共同组成泗阳水利枢纽。

泗阳站于2012年5月8日正式投入抽水运行。该站设计调水流量165m^3/s，设计扬程6.3m，装设6台套泵（含备机1台），单机功率3000kW，总装机容量18 000kW。

工程自建成以来先后参与2013年全线试通水、2014年生态补水、2015～2016年调水出省等运行工作，安全高效的发挥了工程效益。

二、工程管理

项目部严格按照“一排、二查、三整改、四验收”的工作步骤，排定任务，排定工期，明确到人，查细、查全、查实工程设施设备，尽早落实问题整改，及时消除安全隐患，确保辖区水利工程安全度汛。项目部严格按照“谁检查、谁负责”的原则和“严、高、细、实、全”的要求，积极开展设备设施维护、工程观测、水下检查、资料完善等相关工作，稳步提升工程管理水平。

三、运行调度

2016 年，泗阳站执行调度指令于 1 月 16～26 日开机发电运行。2016 年 4 月 6 日接江苏省防汛防旱指挥部办公室调度指令抽水运行，09:00 开机 3 台，流量 81.5m^3/s，工程金属结构机电设备及自动化系统总体运行情况良好。

2016 年 1 月，泗阳站并网发电，共发电运行 1215 台时，上网约 46 万 kW·h；4 月，执行南水北调任务，至 4 月 18 日 08:00，泵站抽水运行 861 台时，抽水 8838 万 m^3。

工程自建成截至 2016 年 4 月 18 日 08:00，执行江水北调及南水北调任务，泵站共计运行 52 643 台时，抽水 61.26 亿 m^3。

（王　岩）

刘老涧二站工程

一、工程概况

刘老涧二站位于江苏省宿迁市宿豫区仰化镇境内的大运河上，工程于 2009 年 5 月开工建设并于 2011 年 9 月试运行成功。刘老涧二站由泵站、节制闸、清污机桥和站内交通桥等部分组成，主体工程采用闸站合一的形式，设计调水流量 80m^3/s，考虑阶级备用机组，泵站选用 4 台（含一台备机）3000ZLQ29.4-3.7 立式轴流泵，配 2000kW 立式同步电动机 4 台套，单机流量为 29.4m^3/s，总装机流量为 117.5m^3/s，总装机容量为 8000kW。

二、工程管理

刘老涧二站工程受托于江苏省骆运水利工程管理处管理，该管理处成立了现场管理项目部。现场管理项目部下设工程部、综合部、财务部。

项目部按照“一排二查三整改四验收”的工作模式，排定任务，倒排工期，明确到人，确保汛前检查工作有序开展。

项目部坚持“安全第一，预防为主”的指导方针，将安全生产作为工程管理工作的头等大事来抓。建立安全组织网络，层层落实安全责任制。加强安全生产教育和培训。项目部与安保公司签订了合同，实行了站区 24h 保卫。

（李　庄）

睢宁二站工程

一、工程概况

睢宁二站工程是南水北调东线工程的第五级泵站，位于江苏省徐州市睢宁县沙集镇境内的徐洪河输水线上。该站的主要作用是通过徐洪河抽引泗洪站来水，沿徐洪河向北输送到邳州站，再由邳州站向东经房亭河调入中运河。睢宁站的设计流量 110m^3/s，鉴于睢宁一站（沙集站）现状规模为设计流量 50m^3/s，新建睢宁二站设计流量 60m^3/s，考虑睢宁一站、二站共用备用流量 20m^3/s，因此睢宁二站装机流量采用 80m^3/s。

泵站安装 2600HDQ20-9 立式混流泵 4 台套，单机流量 20m^3/s，配备 TL3000-40/3250 同步电动机，总装机容量 12 600kW。设计流量 60m^3/s，叶轮中心高程 9.8m。采用堤身式块基型结构，进水采用肘型流道，出水采用虹吸管出水，真空破坏阀断流。泵站下游距站中心 165m 处布置 6 孔清污机桥，上游设有拦污栅。站上设计水位 21.6m，站下 13.3m。

二、工程管理

睢宁二站工程受托于江苏省骆运水利工程管理处管理，该管理处成立了现场管理项目部负责开展各项管理工作。项目部努力推进工程管理规范化、常态化。每天开展值班巡查，每半月对励磁系统、直流系统、气系统、油系统、水系统、计算机监控系统、清污机等设备进行带电调试，每月开展一次经常性检查；每季度开展一次反事故预案的演练，一次带电试运行。

在管理过程中，按照观测规程要求，根据年度观测任务书的内容定期开展垂直位移、水平位移、河床断面、伸缩缝、扬压力等观测任务。通过对工程建成以来观测数据的分析，泵站沉降稳定。

定期组织对安全用具等进行预防性试验，并向江苏水源公司宿迁分公司申请了年度电气设备的预防性试验。

项目部针对日常巡视、经常性检查和运行中发现的问题，及时制定解决方案并尽快整改，确保工程设施、设备完好。

三、运行调度

2016年，睢宁二站参加了南水北调东线江苏段调水任务。为圆满完成调水任务，项目部成立了以项目经理为组长，项目副经理、技术负责人为副组长，各部门负责人分工协作的工作领导小组，下设运行班组（运行组、检修组）、机电抢修抢险组、水工抢险组、技术资料组、后勤保障组等，明确电力调度、运行调度和信息报送人员。工作小组先后就运行工作2次召开了专题会议，明确分工，落实责任。

根据运行计划安排，项目部组建了四个运行班组和一个检修班组，按照四班三运转轮值，所有人员均挂牌上岗。试运行期间实行总值班24h带班制度，总值班由项目经理、副经理和技术负责人担任。检修班由业务相对熟练的技术人员担任，以便对突发情况进行及时检修。运行期间，能严格遵守各项规章制度和安全操作规程，做好各项运行记录。期间，曾先后出现下游清污机传动链条故障、油压装置压力表故障、两台工控机数据采集故障等问题，进行了妥善处理，保证了工程安全运行。

为确保南水北调水质及水量要求，项目部重点开展了以下三个方面工作：一是配合有关部门开展断面水量的监测；二是清理打捞河道中的水草、生活垃圾等杂物；三是严格执行调度指令、水量控制指标，根据上下游水位及时调整叶片角度，在保证调度流量的基础上节能增效。

根据江苏水源公司调度指令要求，2015年10月31日～2016年1月8日，睢宁站梯级开机运行向山东调水，睢宁二站累计运行3874台时，抽水约3.014亿m^3；2016年2月23日～2017年4月19日08:00，睢宁二站累计运行2436台时，抽水约1.839亿m^3，保证了南水北调水质、水量要求，充分发挥了工程调水、抗旱、保生态等社会效益。

自2013年5月睢宁二站交付使用，至2016年4月19日，泵站共抽水运行12 330.1台时，抽水10.389亿m。

（张前进）

皂河二站工程

一、工程概况

皂河二站工程是南水北调东线第一期工程第六梯级泵站之一，位于江苏省宿迁市皂河镇北5km处。工程是以调水为主，结合灌溉、排涝、为航运补水的综合利用功能。泵站装机3台套，单机流量25m^3/s，总流量75m^3/s，安装3台2700ZLQ25-4.7立式轴流泵，配套3台TL2000－40同步电动机，设计扬程4.7m，总装机容量6000kW。

工程自建成以来先后参与2013年全线试通水、2014年生态补水、2015～2016年调水出省，安全高效地发挥了工程效益。

二、工程管理

皂河二站工程现场管理单位为江苏省骆

运水利工程管理处设立的皂河二站工程管理项目部。工程管理范围包括皂河二站泵站工程、下游公路桥、清污机桥、邳洪河北闸、变电所（部分）、管理设施等。项目部负责工程管理的具体工作包括：泵站、邳洪河北闸、变电所（部分）、管理楼机电设备及建筑物的日常检查、养护、维修工作；工程管理资料的收集、整理、归档工作；工程岁修项目的管理工作；工程的安全检查、安全知识培训、预案及消防演练等管理工作；工程调度运行工作；工程环境、绿化、水土保持等工作。

三、运行调度

2016年皂河二站执行调度指令于1月16～26日开机发电运行。2016年4月6日接江苏水源公司调度指令抽水运行，09:00开机3台，流量75m^3/s，工程金属结构机电设备及自动化系统总体运行情况良好。

2016年皂河二站1月16～26日，共发电运行720台时，上网约20万kW·h；截至4月18日08:00，泵站抽水运行933台时，抽水0.73亿m^3，邳洪河北闸开关9次，开闸运行104天。

工程自建成截至2016年底，泵站累计运行9449台时，抽水8.52亿m^3；邳洪河北闸累计开关闸145次，开闸运行1218天。

（魏　伟）

邳州站工程

一、工程概况

邳州站工程位于江苏省邳州市八路镇刘集村徐洪河与房亭河交汇处东南角，是南水北调东线工程第六梯级泵站。

主要作用是通过徐洪河抽引上一梯级泵站睢宁站来水进入房亭河下段送入中运河入骆马湖，同时结合抽排房北地区涝水。

邳州站安装4台套（含1台备机）竖井贯流泵，主泵直径3.3m，扬程3.1m，单机流量33.4m^3/s，邳州站设计流量为100m^3/s，配套1950kW卧式同步电动机，总装机容量7800kW。

二、工程管理

江苏水源公司成立了南水北调邳州站管理所，组建了运行管理项目部，实行合同管理。项目部管理人员由江苏省江都水利工程管理处派出，具体负责日常运行管理工作。

日常管理中，项目部按每月1次的频次对设备进行检查维修，并进行试运行和试运转，以保证设备完好。项目部对建筑物、金属结构和机电设备等开展了设备检查维护，确保泵站安全度汛。汛后，项目部及时开展检查，排查各种隐患，并提出下一年度的维修计划。

项目部每年按计划实施年度维修项目、养护项目，并严格按照规程和规范施工，确保工程质量，项目管理卡及台账资料完整，维修后及时组织验收。

三、运行调度

邳州站工程是南水北调东线第一期工程第六梯级泵站，其作用是通过徐洪河抽引睢宁站来水，沿房亭河送入骆马湖或沿中运河北送，同时通过刘集地涵调度，利用邳州站抽排房北地区涝水。

自2013年2月试运行以来，邳州站共执行过5次运行任务，历次调水累计运行台时6534h，抽水量7.13亿m^3，充分发挥了工程效益和社会效益。

（徐士坤）

洪泽湖抬高蓄水影响处理工程安徽省境内工程

一、工程概况

南水北调东线一期洪泽湖抬高水位影响

处理工程安徽省境内工程，涉及蚌埠市五河县、滁州市凤阳县和明光市、宿州市泗县共3市4县。建设内容主要包括：新建、拆除重建及技改52座排涝（灌）站，总装机容量29 963kW，疏浚开挖张家沟等16条河道大沟，批复总投资3.75亿元。安徽省南水北调东线一期洪泽湖抬高蓄水位影响处理工程建设管理办公室为项目法人，安徽省水利水电基本建设管理局、蚌埠市治淮重点工程建设管理局、滁州市治淮重点工程建设管理局、宿州市南水北调工程建设管理处等四家建设管理单位具体实施五河泵站及各市境内的泵站及河沟疏浚工程。

二、工程进展

截至2016年底，安徽省已完成五河站等51座泵站及16条大沟疏浚工程（柳湾泵站功能由地方资金新建泵站替代，技术改造不需实施），顺利实现工程建设目标。累计完成投资3.72亿元，土方开挖415万m^3，土方回填57万m^3，混凝土6.5万m^3。

根据工程建设投资初步结算情况和经费包干使用的原则，安徽省利用剩余资金完成了增补完善项目，包括新（重）建泵站2座，新（重）建涵闸2座、渡槽1座，改建防汛道路4km、维修进场道路9.7km，以及完善管护设施、监控设备等。

三、工程管理

（一）验收工作

安徽省南水北调工程五河站、蚌埠市境内、宿州市境内、滁州市境内批复建设合同工程验收已全部完成。各专项验收工作也已全部完成，主要包括：水土保持已经通过水利部组织的专项验收；环境保护通过了环境保护部组织的专项验收；移民征地已由各县（市）人民政府组织验收；工程档案通过了国务院南水北调办组织的专项验收。

（二）质量和安全管理

安徽省南水北调工程2016年进行质量检查6次、抽检3次，已建工程总体质量合格，未出现质量事故和重大质量隐患。全年工程建设安全生产总体平稳，未发生安全生产事故，实现了安全度汛。

（三）竣工决算

2016年，安徽省成立了竣工决算工作领导小组，召开了两次领导组工作会议，及时研究解决竣工决算中遇到的各种问题。聘请的会计事务所已完成各市的造价审核、财务收支审计，竣工决算编制已经完成，正在汇总全省决算。

（四）运行管理

安徽省南水北调洪泽湖抬高蓄水位影响处理工程涉及52座排涝泵站及16条排涝河沟。重建和改造的泵站多为20世纪70年代中期以前和1985年前后兴建，规模较大的泵站一般由县级以上水行政主管部门管理，配备有固定的管理人员；其他小型泵站一般由乡、镇、村自行管理，管理人员也不固定；城市排涝站由城建部门建设，并由市政管理单位负责管理。

（章　佳）

骆马湖—南四湖段工程

概　述

骆马湖—南四湖段采用不牢河和韩庄运河双线输水，通过不牢河和顺梯河输水，实现从骆马湖（中运河）抽引125m^3/s供不牢河沿线用水并调水如南四湖下级湖75m^3/s的规划目标。台儿庄站与刘山站组成东线一期工程第七梯级泵站，万年闸站与解台站组成第八梯级泵站，韩庄站与蔺家坝站组成第九梯级泵站。

骆马湖—南四湖段江苏境内新建工程主要包括刘山站、解台站、蔺家坝站等泵站工程。设计抽骆马湖能力 $125m^3/s$，设计入南四湖能力 $75m^3/s$。2016 年度该区段泵站工程参与了江苏省内夏季抗旱，累计抽水 6882 万 m^3。

韩庄运河段工程位于山东省南部，是连接骆马湖与南四湖的省间输水关键工程，是南水北调东线第一期工程的重要组成部分。韩庄运河段工程包括台儿庄、万年闸、韩庄 3 座泵站（设计流量均为 $125m^3/s$）及魏家沟橡胶坝、三支沟橡胶坝、峄城大沙河大泛口节制闸、潘庄引河闸工程等水资源控制工程。

（江苏水源公司、山东干线公司）

刘山站工程

一、工程概况

刘山站是南水北调东线第一期工程的第七梯级泵站，位于江苏省邳州市宿羊山镇境内。刘山站设计流量 $125m^3/s$。主体工程包括泵站（机组 5 台套，含备机 1 台）、节制闸（5 孔，设计流量 $828m^3/s$）、相关变配电设施和管理设施等工程。工程于 2005 年 3 月开工建设，2008 年 10 月基本建成，与解台站、蔺家坝站联合运行，其主要任务是扩大江苏境内骆马湖—南四湖的输水规模，共同实现出骆马湖 $125m^3/s$，向南四湖供水 $75m^3/s$ 的调水目标。

2016 年，刘山站完成了向微山湖补水的运行任务，开机运行 1836 台时，抽水水 2.1 亿 m^3；汛期开闸调整 4 次，泄洪排涝 2153 万 m^3，工程设备均安全运行，充分发挥了工程效益和社会效益。

二、工程管理

刘山站工程采用委托管理模式，委托徐州市水利局解台站管理所管理。刘山站工程项目部除接受江苏水源公司的检查、指导、考核和调度外，徐州市水利局也将刘山站纳入正常的管理范围，正常开展汛前、汛后检查，加强业务指导，开展职工教育培训，组织年度目标管理考核。

刘山站工程管理范围主要包括刘山泵站、刘山节制闸及相应工程用地范围及相关配套设施，管理内容主要有工程建（构）筑物、设备及附属设施的管理，工程用地范围土地、水域及环境等水政管理，工程运行管理及工程档案管理等。

2016 年，刘山站根据管理实际需要，修订完善了防汛预案、反事故预案、调度制度、冬季运行应急预案等。积极开展项目部人员的专业技能培训。在开展管理工作的同时，项目部积极开展党风廉政建设，积极开展“两学一做”学习教育，未发生违法违纪事件。

项目部对水工建筑物定期开展检查养护，保持建筑物完好整洁；按照观测任务书及时对建筑物伸缩缝进行观测，对测压管进行观测；对测压管高程进行考证，对测压管进行注水试验，对建筑物进行垂直位移观测和河床断面观测，并对观测资料进行整理和分析，做好资料的整编工作。2016 年项目部对检修层南楼梯口渗水进行了处理，并在所有楼梯口加装了防止渗水的挡板；对部分护坡进行了维修；开展了 4 号机组的水下检查；对部分观测设施进行了完善，并进行了保养。泵站工程和节制闸工程水工建筑物完好。

三、运行调度

2016 年，向微山湖补水运行，为保证工作顺利开展，项目部及时抽调运行经验丰富的技术干部和职工，负责刘山站的开机运行工作，还聘请了有关技术专家对刘山站进行指导，为工程运行提供了可靠的技术保障。

2016年，项目部根据江苏水源公司的调度指令，于5月13日开机向微山湖补水运行，于6月23日停机，完成了各项调水任务，开机运行1836台时，抽水2.1亿m^3。2016年汛期，刘山节制闸开闸4次，泄洪2052万m^3。发挥了排泄徐州市北部、市区及南四湖湖西片涝水和利用南四湖蓄水补充灌溉、航运用水的工程效益。

四、验收工作

2016年1月28日，江苏水源公司组织了对刘山站3、4号机组大修后试运行验收。验收组听取了相关汇报，查看了5号机组大修后试运行情况，查阅了相关资料，对刘山站5号机组大修后试运行情况进行了充分讨论，提出了意见和建议后，同意验收。

五、其他

在抓好技术管理的同时，项目部加强站区环境卫生工作，执行卫生保洁制度，聘用了专人对综合楼和厂房进行保洁，每周一上午全体职工进行站区大扫除。每台设备责任到人，要求主机组每天外观检查，发现不清洁的立即处理，其他设备每周至少全面保洁两次，主厂房地面、楼道、中控室、卫生间等每天保洁，确保机组设备、内外环境的整洁卫生。

（翟中雷）

解台站工程

一、工程概况

解台站工程位于徐州市贾汪区境内。解台站设计流量125m^3/s，设计扬程5.84m，配套TL2800-40/3250型同步电动机，水泵直径2900mm，单机设计流量31.5m^3，单机容量2800kW，总装机容量14 000kW。主体工程包括泵站（机组5台套，含备机1台）、节制闸（设计流量500m^3/s）、拆除解台老闸建公路桥等工程，闸站合建布置形式。导流工程包括导流河、导流闸（设计流量250m^3/s）和灌溉闸拆除建公路桥工程。

二、工程管理

解台站工程管理机构是江苏省南水北调解台泵站工程管理项目部。项目部设立了行政部、技术部、财务部三个职能管理部门，部门岗位职责明确。南水北调解台站的管理范围主要为解台泵站、解台节制闸、相应水利工程用地（院内）、相关的变配电设施及其他配套管理设施。解台站办公楼工程包括防汛值班室、职工办公楼、宿舍、食堂等办公设施。

（1）工程维护检修。解台站于2015年底至2016年初、2016年底至2017年初分别对4、5号以及3号进行了机组大修，处理了相关问题，并对三台机组的叶调机构进行了改造。

（2）质量管理。无论是对工程设施、设备的日常管理还是在岁修专项工程的实施过程中，项目部都注重质量管理，以水利行业泵站、水闸的有关规程、规范为标准，开展各项工作，进行了每年一次的电气定期预防性试验、透平油和变压器油及液压油的化验、行车和安全用具的检测等，确保了设备的完好。

（3）管理机制探索。解台站于2008年8月试运行，但实际上解台站于2007年建成，由于许多电子产品使用寿命在8~10年，逐步要对直流屏、励磁装置和保护装置等进行改造，保证设备、设施的可靠性。对于现阶段尚未改造并存在隐患的设备，加强重点巡视、进行定期检查，并制定了相应的应急预案。保证设备的正常运行。

（4）安全生产。项目部调整了安全生产领导小组，健全了安全生产网络，做到了岗位明确，责任清晰。多次组织技术干部和技术骨干，以“防火、防爆、防高温、防触电、防淹溺、防交通事故”等为重点，开展了全面的安全生产和隐患自查自纠工作。并根据解台站工程的实际情况，及时对应急预案进行修订，并组织运检人员，进行反事故演练。提高了运检人员应对突发事故的能力。项目部还调整了防汛抢险领导小组，完善了防汛抢险网络，健全了防汛工作制度，明确了工作责任，落实了工作措施。确保应急设施和人员一旦发生重大安全事故，能按规定及时启动应急预案，快速反应，妥善处理。

三、运行调度

抽水站主机的开停由南水北调东线江苏水源有限责任公司运行管理部直接调度。节制闸开关闸经过江苏水源公司批准，由徐州市防汛防旱指挥部将指令下到徐州市解台闸管理处，再由其下发给解台站项目部。值班人员在收到开关闸指令后，填写操作票，按照开关闸操作程序进行操作。此外，按照要求，汛期节制闸上下游水位、开关闸时间、泄水流量等实行日报制度，报江苏水源公司运行管理部。金属结构机电情况运行情况良好，自动化系统由于电子产品的更新换代较快以及使用寿命的原因，普遍存在隐患，急需更新改造消除安全隐患。

2016年5月13日21:00开机抽水运行，至6月23日10:00停机，扣除期间供电部于6月5～7日对线路进行改造，解台站运行30天，加上前期4月的机组修后试运行，共开机运行1965.2台时，抽水2.1亿m^3。

2016年，解台节制闸分别于6月24日晚上2:10开闸排涝，10:50关闸。8月7日22:25开闸排涝，8月8日9:40关闸。累计开闸近20h，共泄洪313.24万m^3。自2008年8月接管解台站管理工作以来，节制闸开关闸380次，共泄水13.4亿m^3。解台站于4月1日、4月8日、4月10日分别进行了机组试运行，5月13日～6月24日进行夏季抗旱翻水，共翻水2.1亿m^3。运行以来，累计开机8369.6台时，抽水约9.36亿m^3。

四、验收工作

2016年5月10～12日，水利部专家组对解台站大禹奖申报进行了复核，在江都召开了评审会；9月29日，徐州市档案局档案测评小组通过了对解台站档案三星级规范等级的验收；11月10日，调度运行中心莫兆祥副总、总渠管理处戴启播副主任、骆运管理处张合朋副主任带领考核专家组对解台站进行达标初验；12月20～21日，江苏省水利厅组织专家组对解台泵站进行一级管理单位达标验收，解台泵站顺利通过验收。

（杨春宝）

蔺家坝站工程

一、工程概况

蔺家坝泵站工程位于江苏省徐州市铜山县境内。泵站设计水位站上33.30m（废黄河高程，下同），站下30.90m，设计扬程2.4m，平均扬程2.08m，最高扬程3.1m。其主要任务是抽调前一级解台泵站来水向南四湖下级湖送水，满足南水北调工程调水要求，同时可以结合郑集河以北、下级湖沿湖西大堤以外的洼地排涝。

蔺家坝站设计流量75m^3/s，安装2850ZGQ25-2.4灯泡贯流式泵4台套（其中1台套备用），单机流量25m^3/s，转速为120r/min，设计扬程2.4m，平均扬程2.08m，最高扬程3.1m；配套TKS-1250/630同步电动机，电动机容量1250kW，转速为750转/min，总装机容量为5000kW。

2016年5月23日09:00开机，开机流量

$50m^3/s$；6月20日20:00，18号令停机；累计运行29天，机组总运行1090台时，抽水0.9994亿m^3，为缓解南四湖地区旱情发挥较好的工程效益。

二、工程管理

蔺家坝泵站管理机构为江苏省南水北调蔺家坝泵站工程管理项目部。

（1）工程维护检修。项目部注重对工程的巡视检查，注重工程缺陷的记录积累，能处理的及时处理，保证工程的完好，不能处理的及时建立缺陷记录档案，每年按时编报工程维修养护项目。在江苏水源公司批复后及时组织实施，实施工程中安排专人对项目的进度、工艺、材料以及质量、安全等进行监督检查，确保工程维护检修做到实处，工程质量合格。项目部及后方技术支持单位能够及时的组织技术人员对工程设备出现的问题故障进行排除，分析原因，查找故障根源，制定维修方案，该换的必须换，该修的必须修，始终坚持保证设备的完好，确保在接到开机调度指令能够按时开机，保证调水任务的完成。

（2）设备维护。项目部按照工程管理的要求定期组织对工程设施、设备进行检查。注重对各种设备经常性检查、清理、养护，对主机泵、励磁设备、启闭机、闸门、供水系统、气系统等主辅机设备和计算机监控系统进行检查、维护，及时更换常规易损件，确保设备处于完好状态。在日常管理工作中，要求当班人员每天对设备、设施、建筑物等进行巡查，并将巡查情况及时记入班组运行日志内，并每月按时上报工程月报。项目部对检查发现的工程设施、设备存在问题，能够及时处理的，组织进行处理；不能够及时处理的，向上级部门反应情况，并与施工单位和设备厂家联系进行处理。汛前、汛后对设备进行了重点检查、维护、保养，编写汛前、汛后检查报告，并及时将检查报告报送分公司备案。同时每年进行两次设备评定级工作。项目部每月都对辅机设备进行一次试运行，主机设备不带电的联调联动操作；每季度对主机组设备进行一次带电试运行，每台主机运行时间不少于8h。

（3）工程设施管理。项目部对所管辖的工程设施每月进行巡查一次，并编制日常巡查报表，主要巡查内容有上下游河道、护坡、进出水池、翼墙、金属护栏、工作桥、泵站主厂房、办公楼及生活区等，对建筑物沉降、伸缩缝渗漏、厂房及房屋的墙壁开裂、主厂房墙壁渗水、空箱流道渗水、玻璃门窗破损等问题及时进行处理。2016年对主厂房所有窗户进行内部更换橡胶压条外部重新涂抹耐候胶处理。对1号主机流道、4号主机北侧空箱内墙渗水进行高压灌注密封胶处理。汛期每天值班人员都对工程设施进行巡查，恶劣天气特别是暴雨期间更是加大巡查力度，并按照要求上报汛期工程设施巡查报表。冬季进行防寒防冻防冰凌措施，进出水池扎制芦把固定在翼墙边水面，有效地阻碍因河面结冰膨胀对混凝土翼墙的挤压。项目部于2016年9月委托骆运防汛抢险队对泵站引河、出水池、防洪闸和出水渠、主机组进行了全面的水下检查。每月、每季度按照观测任务书的要求开展工程观测工作。观测过程做到测次、测项齐全，数据采集规范完整真实，观测数据按规定进行科学分析，做到成果真实客观。

（4）安全生产管理。项目部坚持“安全第一，预防为主”的指导方针，将安全生产作为工程管理工作的头等大事来抓。建立安全组织网络，层层落实安全责任制。加强安全生产教育培训和值班保卫，执行“两票三制”，规范了工作票、操作票的使用，禁止和杜绝随意口头命令的发生。2016年6月开展了安全生产月活动。

2016年项目部修订和建立了《蔺家坝泵站安全规程》《工程观测工作制度》《工程养护管理制度》，根据江苏水源公司统一部署修订了蔺家坝泵站的《防汛预案》《应急预案》《反事故预案》，集中在汛前检查、汛后检查和年度考核期间制作了危险源登记制度牌匾，并在各危险源悬挂标示牌明确责任人；对主厂房宣传标语进行更换；对厂房其他位置张贴的不符合要求规范的警示禁止标示牌进行更换；对消防柜进行编号，更换消防标示增加消防器材使用说明等；对闸阀型号开关状态作用标示牌进行更换；在主变压器室增加了防护隔离设施；对主要设备进行双重编号；在35kV室、10kV室和主要设备的显著位置悬挂设备操作规程制度牌，更加有利于设备的安全操作；在泵站重点位置增加泵站巡视记录表，要求值班人员每天至少巡视两次并把巡视情况记录在册；印制安全规程、操作规程、运行规程放在中控室，便于职工学习查阅。

三、运行调度

江苏水源公司徐州分公司是蔺家坝泵站的直接主管部门，蔺家坝泵站工程的防洪与排涝接受南水北调江苏水源公司徐州分公司下达的调度指令。

值班人员接到上级调度运行指令后，第一时间内送达值班经理，由值班经理根据调度要求，下达具体操作指令。防洪闸在接到上级调度指令后30min内执行完毕，泵站在接到上级调度指令后1h内执行完毕。待工程、设备运行稳定后，立即将本次指令的执行情况书面反馈到分公司。

2016年5月23日09:00开机运行，开机流量50m³/s；6月20日20:00，18号令停机；累计运行29天，机组总运行1090台时，抽水0.999 4亿m³，为缓解南四湖地区旱情发挥较好的工程效益。

2016年总体机组运行良好，机组的运行参数等数值符合设计要求，震动、摆度、噪声、温度等均在规定值范围内。自动化系统运行正常，各类数据报表显示正常，能够正确的反映机组及辅机设备的运行参数，为安全运行提供了可靠地保证。保护装置定值设置正确，各跳闸参数和回路正常，能够有效地保证机组运行安全。

蔺家坝泵站先后四次开机运行，分别是2013年5月南水北调江苏段试通水、2013年10～11月南水北调东线全线试通水运行、2014年8月向南四湖生态调水、2016年5～6月南四湖下级湖抗旱翻水，截至2016年底累计开机2900.07台时，抽水2.63亿m³。

（程　森）

台儿庄泵站工程

一、工程概况

台儿庄泵站工程是进入山东省境内的第一级泵站，位于山东省枣庄市台儿庄区境内，由项目法人南水北调东线山东干线有限责任公司（以下简称山东干线公司）委托淮委治淮工程建设管理局（以下简称淮委建管局）负责工程招标、建设、验收全过程，山东干线公司负责迁占协调、资金拨付等工作。

台儿庄泵站工程一期设计调水流量125m³/s，设计水位站上25.09m（85国家高程基准，下同），站下20.56m，设计扬程4.53m，平均扬程3.73m，主泵房内安装ZL31-5型立式轴流泵5台（其中1台备用，单泵设计流量31.25m³/s），叶轮直径2950mm，配套额定功率为2400kW的同步电动机5台，总装机容量12 000kW。

二、工程管理

台儿庄泵站管理机构为南水北调东线山东干线枣庄管理局台儿庄泵站管理处（以下简称台儿庄管理处），受南水北调东线山东干线枣庄管理局（以下简称枣庄局）领导，内设工程科、运行科和综合科开展运行管理各项工作。台儿庄泵站管理范围包括站区和管理区两部分。站区：东起进水渠进口，西至出水渠出口，南至建筑物南侧外边线以南10m，北至韩庄运河北堤顶。东西方向总长约1800m，南北方向总宽160m。管理区：泵站管理区设在泵站东、韩庄运河北堤外侧的弃渣场处，距泵站约2.5km，与泵站之间通过韩庄运河北堤连接。管理范围包括办公楼、仓库、油库、机修车间、职工宿舍、围墙等管理设施以及弃土区水土保持项目等。

（一）工程维护检修

根据往年岁修计划的实施经验，台儿庄泵站对2016年的维修养护项目进行详细分解，合理安排时间节点，保质、保量地完成维修养护任务。2016年度，台儿庄泵站主要完成了变电所围墙裂缝处理、大理石栏杆维修更换、排涝涵闸护栏维修更换、排涝涵闸北侧门更换等25项日常维修养护项目。完成安全阀购置、特种设备检测、消防设施维保、叶调机构密封及端盖改造等11项专项维修养护计划项目。通过岁修，提高了泵站工程设施和设备的完好率，提高了台儿庄泵站整体的安全运行率。

（二）工程设施管理

根据枣庄局及台儿庄管理处2016年重点工作的要求，为规范泵站工程运行管理，加强责任追究，落实员工责任，台儿庄管理处于2016年3月18日下发《关于下发台儿庄泵站人员职责分工的通知》，将工程责任区、设备及日常工作明确到具体责任人。台儿庄泵站坚持每周对泵站的机电设备进行维护保养，同时，保证每月进行一次模拟开机，每季度一次开机维护。在做好设备维护、日常岁修等工作的同时，认真及时上报各项材料；对于运行期与非运行期的工程运行、设备维护档案，根据日常工作具体情况，明确分工、责任到人，坚持"随形成、随归档"，2016年总共完成归档档案27项。

（三）安全生产

2016年初，台儿庄泵站编制了2016年安全生产工作计划，台儿庄泵站完成山东省局（公司）、枣庄局及其他上级单位下发的安全生产相关的任务，对上级部门安全检查需落实整改问题进行认真整改；安全生产实行网格化管理，细化落实安全生产责任，进一步完善安全生产责任体系；每月进行安全检查，并根据计划和实际情况进行专项安全检查；每月召开安全例会，传达上级安全生产精神，强调安全生产的重要性，提高职工的安全意识；按计划并结合实际情况组织安全教育培训工作，进行了《安全管理内控体系》《安全生产法》《电力安全工作规程》等培训，培训达到预期效果；做好各项演练工作，进行了防汛联合应急演练、溺水救援演练、消防演练等演练工作；认真开展安全隐患排查治理和整改工作；抓好消防和交通安全管理工作；严格按照安全生产制度、规程做好通水运行、维修养护、防汛度汛、工程测量、机组大修等工作。2016年度，台儿庄泵站安全生产零事故，圆满完成2016年度安全生产任务目标。

根据山东干线公司《关于印发南水北调东线山东干线有限责任公司运行安全管理标准化建设试点工作方案》的通知，台儿庄泵站被选定为运行安全管理标准化试点单位，开展运行安全管理标准化试点工作。建立健全了运行安全管理体系、防洪度汛管理体系、安防管理体系、应急管理体系、责任监督检查管理体系等五大运行安全管理体系，成立了相应的组织机构，明确了相关责任，梳理了现有的各类制度、预案、处置方案等，并补充至五大体系中。同时，根据四大清单建设要求及台儿庄泵站工程实际，组织人员编制完成了安全责任清单、工程设备设施运行缺陷清单、工程运行和水量调度问题清单和应急管理行为清单等四大清单。

三、环境保护及水土保持

2016年度，台儿庄管理处贯彻落实水质

巡查制度，切实加强环境保护工作。通过巡查，杜绝了工程管理范围内的污水排放、垃圾堆放现象。同时，台儿庄管理处加强了水土保持工作，与专业养护单位签订了水土保持专项整治施工合同，委托专业人员对站区、管理区栽植的苗木进行了浇水、施肥、修剪及病虫害防治等养护管理，确保了苗木的成活率，在管理区、弃土区进行了白蜡、木槿苗、苦楝苗、五角枫等树木的栽植，进行了国槐、白蜡嫁接，对管理区办公楼前草皮进行了铺种，确保泵站水土保持效果。

四、运行调度

根据南水北调东线总公司的调水计划安排，台儿庄泵站于2016年1月8日~5月22日，共分3个阶段进行调水工作，累计运行5354台时，总调水量6.0248亿m^3，安全、平稳地完成了2015~2016年度的调水任务。

通水运行中，严格遵守调度指令，执行“两票三制”，加强现场设备的巡检，及时消除设备的隐患，确保设备安全运行；运行结束后，台儿庄管理处及时进行了通水总结，对通水运行中发现的问题进行了统计、分析和整改。

五、运行管理标准化建设试点工作

根据东线总公司工作要求，台儿庄泵站进一步开展运行管理标准化建设试点工作。2016年度，主要进行了六大标准中相关章节内容修订完善和第一阶段现场相关工作实施，如制度上墙、设备标牌和工作服等工作；六大标准完成了管理条件、管理行为相关章节内容的修订完善，已通过专家评审，形成了阶段性成果。

六、机组大修工作

根据2016年6月20日山东干线公司批复《关于会签〈南水北调山东干线泵站机组大修合同〉以及进行台儿庄泵站2、4号机组大修的请示》等文件精神，台儿庄泵站于2016年7月15开始维修2、4号机组，10月30日完工，11月4日顺利通过了机组试运行验收。

七、岗位创新工作

积极落实创新管理工作，在山东省局及干线公司的大力推动下，台儿庄泵站领导高度重视、职工积极上进、努力创新，把创新与日常工作紧密结合，精益求精，2016年7月底，建立了创新工作室，并把电工试验台、钳工试验台、小型车床及台钳等布置安装到位，为创新工作开展提供了有利的条件，在2016年度中申报了机组出风口百叶窗改造、机组进线柜紧急视窗改造、清污机联动遥控、增加语音讲解及巡视提示红外感应器等项目，共计14项。

（王　燕　张新雨　苏　阳）

韩庄运河段水资源控制工程

一、工程概况

韩庄运河段水资源控制工程由魏家沟橡胶坝、三支沟橡胶坝、峄城大沙河大泛口节制闸、潘庄引河闸等建筑物组成。魏家沟、三支沟水资源控制性工程均采用单跨橡胶坝结构。峄成大沙河大泛口节制闸具备引水、排涝、泄洪、挡洪功能，控制流域面积1700m^2。潘庄引河闸位于南四湖湖东大堤与潘庄引河的交汇处附近，具有引水、排涝、泄洪、挡洪的功能，控制流域面积39km^2。

二、工程管理

大泛口节制闸、魏家沟和三支沟水资源控制工程、潘庄引河闸分别由枣庄局所辖的台儿庄、万年闸和韩庄三个泵站管理处具体负责管理。

2016年，按照南水北调东线山东干线有限公司批复的维修养护计划，各泵站管理处分别组织对大泛口节制闸、魏家沟和三支沟水资源控制工程、潘庄引河闸开展了工程设施维修、机电设备维护、工程设施看护及水土保持。其中工程设施维修类、工程看护及水土保持类委托山东润鲁水利工程养护有限公司实施，泵站管理处加强监督检查，符合了省局要求的“管养分离”的指导思想，起到了较好的效果，机电设备维修及日常养护类由泵站自行组织实施。

截至2016年12月22日，韩庄运河段水资源控制工程所有维修养护项目均已完成，工程设施维修完成投资占批复费用99.99%；工程看护及水土保持完成投资占批复费用100%；机电设备维修及日常养护完成投资占批复费用99.89%。通过年度维修养护计划的顺利实施，实现了工程设施、机电设备不低于原设计标准，确保工程安全平稳运行。

三、运行调度

调水运行期，大泛口节制闸、魏家沟和三支沟橡胶坝、潘庄引河闸严格执行上级部门调度指令，运行状况稳定，为确保调水计划的顺利实施发挥了重要作用；汛期接受省防指的监督和统一调度，实现了当地水和外调水的联合调度和优化配置。

非运行期注重泵站机电设备维护保养工作。严格按照《检修与维护细则》规定，实行设备管理责任制，各设备均有管理责任人并挂牌公示，日常巡视检查、检修和维护保养等工作扎实有效，设备处于受控和完好状态，为充分发挥韩庄运河段水资源控制工程经济效益、社会效益和生态效益打下了坚实基础。

四、工程效益

2016年度，大泛口节制闸通过闭闸拦污，拦截了峄城大沙河上游污水，确保了调水期间韩庄运河水质。同时，大泛口节制闸通过启闭调度运行，为峄城大沙河防汛度汛、调蓄截污发挥了关键作用。

三支沟、魏家沟水资源控制工程为防止调水期间水流向支流倒漾，造成水资源流失，发挥了重要作用。同时，三支沟、魏家沟水资源控制工程通过启闭调度运行，对于当地防汛度汛、调蓄截污发挥出关键作用。

潘庄引河闸通过闭闸拦水，有效控制微山湖水量，使其不出现减少。同时，潘庄引河闸通过启闭调度运行，对于薛城区防汛度汛、调蓄截污发挥出关键作用。

（王　燕　张新雨　苏　阳）

万年闸泵站工程

一、工程概况

万年闸泵站枢纽位于韩庄运河中段，是山东境内的第二级泵站。该泵站枢纽位于山东省枣庄市峄城区境内，东距台儿庄泵站枢纽14km，西距韩庄泵站枢纽16km，设计输水流量125m^3/s，设计扬程5.49m。站上及站下分别开挖引水渠和出水渠接韩庄运河主槽，输水条件良好。其主要任务是从韩庄运河万年闸节制闸闸后提水至闸前，通过韩庄运河向北输送，以实现南水北调东线工程向北调水的目的，结合排涝并改善运河的航运条件。

二、工程管理

万年闸泵站管理处为南水北调东线山东干线有限责任公司三级管理机构，主管单位为二级机构南水北调东线山东干线枣庄管理局。万年闸泵站管理处主要管理5台（套）设备、2200m进出水渠道、4座涵闸、4座桥梁、1500m^{2}办公用房、80亩厂区绿化、弃土区300亩土地水土保持、约9000m护栏、14km架空电力线路（110kV，4km；10kV，10km）、1座变电站的维护及三支沟水资源控制工程。管理处设综合科、工程技术科及调度运行科。

（一）工程维护检修

万年闸泵站已经逐步向“管养分离”机制转变，泵站管理人员和运行人员负责泵站的日常管理及机组设备的运行维护和维修管理工作，大型维修和专业维修委托有资质的专业维修企业完成。治安管理已签订委托协议委托地方公安机关负责管理。进出水渠、弃土区等已签订委托协议委托山东润鲁水利工程养护有限公司负责管理。110kV、10kV线路与电力单位签订了协议，对线路进行代维护检修。

为确保工程维护检修顺利实施，万年闸泵站管理处多次召开专题会议研究讨论细化方案。对施工所需原材料进行抽检，要求关键项目编制施工方案、技术措施和作业指导书，做好施工设计和组织准备工作；对隐蔽工程，要进行验收后才能继续进行施工，确保工程质量；对工程维修项目要有：工程养护（维修）记录表、工程养护（维修）质量检验表；对设备维修项目要有：设备（零部件）到货质量检验表、设备维护（检修）记录表、设备维护（检修）质量检验表。

通过2016年度日常及专项维修养护计划的顺利实施，彻底解决制约泵站工程、设备安全稳定运行的一系列关键问题，实现工程设施、机电设备不低于原设计标准，保证了万年闸泵站安全生产目标和方针的顺利实现，使泵站管理从标准化向精细化更迈进了坚实的一步。

（二）安全生产

万年闸泵站管理处根据山东干线公司和枣庄局制定的2016年度安全生产工作方案，结合泵站实际情况，制订了安全生产活动工作方案，细化工作内容，从培训、例会、消防和安全监测等方面抓起，一步一个脚印，扎实地完成了2016年安全生产目标。万年闸泵站管理处在与枣庄局签订了安全生产责任书的同时，在站内又层层签订安全生产责任书，建立了“横向到底，纵向到边”的安全生产责任网络，使每位职工都能明确自己的安全生产责任和目标，为2016年度安全生产工作奠定了坚实的基础。

三、运行调度

按照调度方案的要求，运行期间实行统一调度、分级负责制度。万年闸泵站服从枣庄局调度分中心及穿黄备调中心的统一调度、统一指挥。

2016年1～5月，累计运行5346台时，共计调水61 425.44万m^3；12月16～31日共运行1086台时，调水11 806.27万m^3。通水运行期间，主机组、辅机、清污机、电气设备与电力设备、闸门均运行正常，计算机监控系统正常，主要技术参数满足设计和规范要求，站内各种设备工作协调，停机后检查机组各部位无异常现象。

金属结构机电及自动化是保证工程正常运行调度的关键，2016年，万年闸泵站管理处进一步细化明确设备系统责任人，加强问题排查，对于发现的问题，与设计、维护施工、制造厂家等方面密切合作，深入分析原因，采取切实措施予以整改，消除工程隐患，从而推动工程运行规范化、精细化管理，真正提高了金属结构机电及相关自动化的运行管理水平。

四、工程效益

2016年，万年闸泵站累计运行6432台时，共计调水73 231.71万m^3。自2013年11月进入运行期至2016年底已累计调水10.59亿m^3，发挥了良好的经济效益、社会效益和生态效益。

五、环境保护及水土保持

2016年度，万年闸泵站加大对站区、弃土区及进出水闸护坡水土保持及绿化投入，委托专业人员负责苗木栽植、浇灌、修剪、施肥、治虫等养护管理工作，达到水土保持效果，整体景观形象得到提升；制定水质巡查制度，加强环境保护工作，通过水质巡查，杜绝工程管理范围内的污水排放、垃圾堆放现象。

（韩业庆　肖　楠　叶敦卫）

韩庄泵站工程

一、工程概况

韩庄泵站工程是山东省境内的第三级泵站，位于山东省枣庄市峄城区古邵镇八里沟村西，管理范围包括站区和管理区两部分。韩庄泵站一期设计调水流量为125m^3/s，设计净扬程为4.15m，任务是将站下来水通过泵站提水入南四湖下级湖，以实现南水北调东线一期工程的调水目标。

二、工程管理

韩庄泵站管理机构为南水北调东线山东干线枣庄管理局韩庄泵站管理处，受南水北调东线山东干线枣庄管理局领导，内设工程科、运行科和综合科开展运行管理各项工作。

（一）工程维护检修

为保证工程设施的良好运行，做好工程设施的维护维修工作，根据岁修工作计划，2016年度，韩庄泵站工程项目主要完成了清污机桥东配电室、电力电池室及综合机房防水处理、电缆间出水侧墙壁渗水处理、渠道两岸护栏整治、水泵层高压化学灌浆、潘庄闸卫生设施维修等。同时，根据工作计划，还完成了电力线路维护、防汛仓库建设、流量计增加主机项目、3号机组水下检测、变频器维修检测的专项工作。通过维修养护保养，提高了泵站工程设施的完好率，确保了韩庄泵站的安全运行。

（二）设备维护

为确保泵站设备能够“随用随开”，韩庄泵站管理处制定了2016年度泵站运行管理工作计划，做好并完善设备的养护工作。

（1）开机维护。根据《泵站维护与检修细则》要求，韩庄泵站5台机组每季度开机维护一次。2016年度，开机维护3次，确保了泵站设备始终处于“热备”状态，泵站人员始终处于“临战”状态。

（2）日常维修养护。2016年度，韩庄泵站加强了设备日常维修养护工作力度。2016年度，韩庄泵站设备日常维修养护主要完成了门机机房顶部损坏修复、变电所、清污机两处摄像头改光缆传输、电缆通道增设防火隔离、宣传牌警示牌标识牌维护、变频器下方吊装孔封堵、5台机组前轴承室更换齿轮机油等维修养护项目。同时，还完成了电气设备预防性试验、特种设备的年检、消防器材年检等。通过岁修，提高了泵站设备的完好率，为韩庄泵站安全运行提供保障。

三、运行调度

根据省南水北调局下达的调度方案要求，按照枣庄局调度分中心调度指令，2016年1月8日10:02开启第一台机组提水，5月22日13:00停机，累计运行台时5339h，累计过水量58 683.83万m^3，完成本次输水任务。

通水前，为保证工程设备和人员安全，韩庄泵站依据相关规程、规范、标准的要求编制《韩庄泵站工程运行方案》，完善运行期间所需的各种规章制度，召开通水运行开机前会议，对各项工作进行周密的安排和落实。运行前技术交底及班前会议。对调水运行过程中，设备设施基本情况、工程现场、安全生产、运行管理、工程运行危险点、突发事件应急处置及其他与试运行有关的事情等进行培训、告知。

通水期间，泵站机电设备运行状态良好，所有机组均为一次启动成功，启动过程平稳，运行期间设备稳定、正常，各仪表指示基本正确，主机组各部位运行稳定，辅机均运转状况良好；泵站自动化控制系统基本可靠；主要设备技术性能指标及主要技术参数符合要求；输配电线路运行可靠，相关参数稳定、符合要求。

四、环境保护及水土保持

韩庄泵站2016年加大对泵站站区、管理区、弃土区水土保持及绿化投入，委托专业人员负责苗木栽植、浇灌、修剪、施肥、治虫等养护管理工作，达到水土保持效果，整体景观形象得到提升；制定水质巡查制度，加强环境保护工作，通过水质巡查，杜绝工程管理范围内的污水排放、垃圾堆放现象；2016年4月，与专业养护单位签订2016年度工程看护、水土保持项目及工程设施日常维修养护协议合同，补栽补植部分苗木和草皮，确保泵站水土保持效果。

五、工程验收

2016年12月6日韩庄泵站顺利通过项目法人自检完工验收。

（赵汝浩　徐小龙　宋　强）

南四湖—东平湖段工程

概　述

南四湖—东平湖段输水与航运结合工程是沟通黄、淮、海和连接胶东输水干线、鲁北输水工程的咽喉，处于山东境内“T”字形输水大动脉的心脏地带。所辖工程主要包括梁济运河段工程、柳长河段工程、南四湖湖内疏浚工程、二级坝泵站工程、长沟泵站工程、邓楼泵站工程、八里湾泵站工程、灌区灌溉影响处理工程等8个设计单元工程。

南四湖—东平湖段输水与航运结合工程是实现南四湖和东平湖之间的调度利用的骨干工程，工程设计输水流量$100m^3/s$，输水线路全长约108km。该工程位于山东省南部，沿线分布在山东省济宁市（微山县、鱼台县、金乡县、任城区、太白湖新区、嘉祥县、汶上县、梁山县）、泰安市（东平县）2个地市的9个县、区。涉及淮河、黄河两大流域水系。工程的基本任务是将南四湖下级湖的江水经辖区四个泵站，逐级提水北输至东平湖，经东平湖调蓄后，北向德州、聊城等鲁北地区供水，并进而可以向冀东、天津供水；向东通过济平干渠向济南供水，并进而通过胶东输水线调水至淄博、潍坊、烟台、威海、青岛等城市。有效解决这些地区水资源的紧缺问题，并满足沿运河经济带经济发展对水运的要求。短期内即可实现南四湖和东平湖之间水资源的联合调度，初步改善山东水资源空间分布不均的状况，并对下步沂沭泗洪水利用，实现洪水资源化具有重大的现实意义。

南四湖—东平湖段一期工程设计输水流量$100m^3/s$，年调水量13亿～14亿m^3。工程建成后上述8个设计单元统一划归南水北调东线山东干线济宁管理局（以下简称济宁局）管辖范围。济宁局下设五个管理处，济宁市微山县境内二级坝泵站管理处、济宁市任城区境内长沟泵站管理处、济宁市梁山县境内邓楼泵站管理处、济宁市梁山县境内济宁渠道管理处、泰安市东平县境内八里湾泵站管理处。自2013年11月正式通水以来，济宁局工程运行安全平稳，通水期间无较大事故发生，按时完成上级下达的年度调水任务。

（李明慧）

二级坝泵站枢纽工程

一、工程概况

二级坝泵站是南水北调东线一期工程的第十级抽水梯级泵站，位于南四湖中部，山东省济宁市微山县欢城镇境内。一期设计输水流量125m^3/s，设计站上水位（黄海高程，下同）34.10m，设计站下水位30.89m，设计净扬程3.21m，平均扬程1.99m，安装5台套后置式灯泡贯流泵（4用1备），单机流量31.25m^3/s，单机功率1650kW，总装机流量8250kW，多年平均设计装机年利用时间数4364h。工程主要任务是将水从南四湖下级湖提至上级湖，实现南水北调东线工程梯级调水目标。

二、工程管理

二级坝泵站工程的运行管理工作归属南水北调东线山东干线济宁管理局二级坝泵站管理处（以下简称二级坝泵站管理处）负责，内设运行科、工程科和综合科配合开展运行管理各项工作。

为确保工程设施良好运行，按照《南水北调泵站工程管理规程》《山东南水北调工程现场管理千分制考核办法》和《山东省南水北调工程维修养护管理暂行办法》，结合工程现场实际情况，工程维修养护采用“管养分离”的原则，分为日常维修养护和专项维修养护，实行合同制管理。二级坝泵站2016年度日常维修养护项目共计25项，专项维修养护项目3项，截至2016年12月31日，以上项目已全部完成，整个工程面貌焕然一新，保障了工程的安全平稳运行。

二级坝泵站管理处严格为安全生产责任制，自上而下签订了安全生产目标责任书，实行安全责任网络体系管理；成立安全生产、防汛度汛、消防安全、应急管理四个领导小组，完善泵站安全领导组织机构；配合济宁局完成37项制度、8项预案、32项规程的编写汇总工作，并将标准制度上墙明示，稳步推进安全生产标准化建设；积极开展“安全生产月活动”，2016年度未出现任何安全事故。

三、运行调度

2016年1月8日~5月21日，二级坝泵站管理处按照国务院南水北调办和山东省南水北调建管局工作部署，顺利完成2015~2016年度通水运行工作。本次调水期时间长、跨度大，二级坝泵站管理处提前筹划，积极准备，提早检修维护各类设备，认真做好技术培训和模拟演练，及时编制二级坝泵站调水方案及相应的事故预案。

通水运行期间，二级坝泵站主机组、辅机、清污机、电气设备与电力设备、闸门均运行正常，计算机监控系统正常，主要技术参数满足设计和规范要求，站内各种设备工作协调，输配电线路运行可靠，相关参数稳定、符合要求。

按照山东省调度中心调度运行指令，二级坝泵站于2016年1月8日13:47开机，5月21日19:28停机。泵站的4台机组参与2016~2017年度调水运行，本次供水机组累计运行4781.97台时，累计调水53 602.08万m^3。截至2016年底，二级坝泵站机组已安全无故障运行8865.53台时，总调水量98 483.5万m^3。

二级坝泵站枢纽工程已经按照山东省调度中心的指令实现了梯级调水，并顺利地完成了本次年度调水任务，发挥了其应有的效益。

（张俏俏）

长沟泵站枢纽工程

一、工程概况

长沟泵站是南水北调东线工程的第十一

级抽水梯级泵站，位于济宁市长沟镇新陈庄村北，泵站选用肘型进水流道，直管出水流道液压全调节立式轴流泵，一期设计输水流量 $100m^3/s$，多年平均年调水量 14.3 亿 m^3，设计选用4 台液压全调节式3150ZLQ-4 立式轴流泵，配套电动机型号 TL2240-48，装机 4 台，其中备用 1 台，泵站总装机容量 8960kW。

二、工程管理

长沟泵站枢纽工程的运行管理工作归属济宁局长沟泵站管理处（以下简称长沟泵站管理处）负责。为确保泵站机组运行可靠，设备完好，按照《南水北调泵站工程管理规程》《山东南水北调工程现场管理千分制考核办法》和《山东省南水北调工程维修养护管理暂行办法》，结合工程现场实际情况，工程维修养护采用“管养分离”的原则，分为专项维修养护和日常维修养护，实行合同制管理。同时按规程要求定期对设备进行日常巡检，并填写检查记录表，发现问题及时汇报，并要求相关维修单位及时修复，确保工程随时可以投入运行。

三、运行调度

长沟泵站管理处按照调度方案的要求，合理安排机组投入运行，确保机组累计运行时间均衡；根据供水计划、上下游水位、流量等条件，合理安排泵组机组的开机台数，尽量减少泵站开停机次数。泵站值班人员实行四班两倒制。

通水运行期间，长沟泵站主机运行平稳，工况良好，振动摆度均在标准要求范围内，电气与电力设备、闸门均运行正常，计算机监控系统正常，主要技术参数满足设计和规范要求，站内各种设备工作协调，停机后检查机组各部位无异常现象。运行期间，各建筑物基底扬压力正常，沉降位移无异常变化，建筑物安全，长沟泵站工程运行安全稳定可靠。

按照山东省调度中心调度运行指令，长沟泵站于2016 年1 月 9 日开机，6 月 18 日停机。泵站的 4 台机组均参与 2016 年度调水运行，本次供水机组累计运行 2018.4 台时，累计调水 40 153.51 万 m^3。截至 2016 年底，长沟泵站各机组已安全无故障运行 7512 台时，累计抽调水量 8.5 亿 m^3。

长沟泵站枢纽工程已经按照山东省调度中心的指令实现了梯级调水，并顺利地完成了本次年度调水任务，发挥了其应有的效益。

（齐士国）

邓楼泵站枢纽工程

一、工程概况

邓楼泵站工程是山东境内的第六级抽水泵站，位于山东省梁山县司垓村以西。一期设计调水流量为 $100m^3/s$，设计净扬程 3.57m，多年平均年调水量 13.60 亿 m^3。设计选用 4 台 3150ZLQ33.5-3.57 型机械全调节液压全调节式立式轴流泵，配套 4 台 TL2240-48 型同步电动机（3 用 1 备），泵站总装机容量 8960kW。设计年运行时间 3770h。采用肘形流道进水，虹吸式流道出水，真空破坏阀断流。主要建筑物包括主副厂房、引水闸、出水涵闸、梁济运河节制闸、引水渠、出水渠、变电所、办公楼等。

二、工程管理

邓楼泵站枢纽工程的运行管理工作归属南水北调济宁局邓楼泵站管理处（以下简称邓楼泵站管理处）负责。管理处主要职责是按照上级调度指令完成调水任务，定期开展设备维修和日常养护工作，不断提高运行管理水平，探索高效的泵站运行机制和资产保值增值途径，逐步使工程达到规范化、标准化。

为确保泵站机组运行可靠，设备完好，邓楼泵站管理处按照《南水北调泵站工程管理规程》《山东南水北调工程现场管理千分制考核办法》和《山东省南水北调工程维修养护管理暂行办法》等开展工程检查、巡查，对工程设施、工程设备进行维修和养护。结合工程现场实际情况，工程维修养护采用“管养分离”的原则，分为专项维修养护和日常维修养护，实行合同制管理。同时按规程要求定期对设备进行日常巡检，并填写检查记录表，发现问题及时汇报，并要求相关维修单位及时修复。泵站职工结合泵站实际积极创新，对技术供水系统进行改造，对抓斗清污机改遥控操作，对水泵层局部混凝土裂纹灌注堵漏剂等，确保工程安全平稳高效运行。

三、运行调度

邓楼泵站管理处按照调度方案的要求，合理安排机组投入运行，确保机组累计运行时间均衡；根据供水计划、上下游水位、流量等条件，合理安排泵组机组的开机台数，尽量减少泵站开停机次数。泵站值班人员实行四班三倒制。调水期、汛期及非调水期，严格按照调度运行管理的各项制度，及时准确执行上级调度指令，按规定做好巡查工作、运行记录，确保设备完好，安全运行，工况稳定。

调水运行中，邓楼泵站管理处高度重视，加强领导，精心组织，各职能部门各司其职，根据以往年度调水及捞运水草经验，攻坚克难，同时配备1台HB150反铲配合装草、2辆三轮车运草；在极寒天气下，通过对冰期输水预案的成功实施保证了邓楼泵站运行平稳，顺利完成了调水任务，为长期输水积累了运行经验。

通水运行期间，邓楼泵站主机运行平稳，工况良好，振动摆度均在标准要求范围内，输变电设施、机电设备、闸门启闭机均运行正常，计算机监控系统正常，主要技术参数满足设计和规范要求。站内各种设备工作协调，停机后检查机组各部位无异常现象。运行期间，泵站及各建筑物垂直位移、水平位移、沉降、土压力、扬压力及应力应变无异常变化，邓楼泵站工程运行安全稳定。

根据《水利部关于南水北调东线一期工程2015～2016年度水量调度计划调整意见的函》，遵照调度指令，邓楼泵站于2016年1月10日11:36站下水位达到34.17m时开机，于2016年6月19日05:56站下水位达到33.82m最低时停机，历时116天，圆满完成了本次调水任务。本次调水共计运行3597.07台时，共计抽调水量38 937.97万m^3。自2013年5月试运行以来，邓楼泵站共执行9次调水运行任务，截至2016年底，邓楼泵站机组已安全无故障运行7358台时，总调水量82 533万m^3。

邓楼泵站枢纽工程已经按照山东省调度中心的指令实现了梯级调水，并顺利完成年度调水任务，发挥了南水北调工程应有的效益。

（黄雪梅）

八里湾泵站枢纽工程

一、工程概况

八里湾泵站枢纽工程位于山东省东平县境内的东平湖新湖滞洪区，是黄河以南输水干线最后一级泵站。装机流量133.6m^3/s，设计调水流量100m^3/s，安装了立式轴流泵4台，配套额定功率为2800kW的同步电动机4台（3用1备），总装机容量11 200kW。设计水位站上40.90m（85国家高程基准，下同），站下36.12m，设计净扬程4.78m，平均净扬程4.15m。工程主要任务是抽引前一级邓楼泵站的来水入东平湖，并结合东平湖新湖区的排涝。

二、工程管理

八里湾泵站枢纽工程的运行管理工作归属南水北调济宁局八里湾泵站管理处（以下简称八里湾泵站管理处）负责。

为确保泵站机组运行可靠，设备完好。按照《南水北调泵站工程管理规程》《山东南水北调工程现场管理千分制考核办法》和《山东省南水北调工程维修养护管理暂行办法》，结合工程现场实际情况，工程维修养护采用“管养分离”的原则，分为专项维修养护和日常维修养护，实行合同制管理。同时按规程要求定期对设备进行日常巡检，并填写检查记录表，发现问题及时汇报，并要求相关维修单位及时修复，确保工程随时可以投入运行。

三、运行调度

八里湾泵站管理处按照调度方案的要求，合理安排机组投入运行，确保机组累计运行时间均衡；根据供水计划、上下游水位、流量等条件，合理安排泵组机组的开机台数，尽量减少泵站开停机次数。泵站值班人员实行四班两倒制。

通水运行期间，八里湾泵站主机运行平稳，工况良好，振动摆度均在标准要求范围内，输变电设施、机电设备、闸门启闭机均运行正常，计算机监控系统正常，主要技术参数满足设计和规范要求。站内各种设备工作协调，停机后检查机组各部位无异常现象。运行期间，泵站及各建筑物垂直位移、水平位移、沉降、土压力、扬压力及应力应变无异常变化，八里湾泵站工程运行安全稳定。按照山东省调度中心调度运行指令，八里湾泵站于2016年1月11日10:00开机，6月19日16:27停机。泵站4台机组均参与2016年度调水运行，本次供水机组累计运行3574.39台时，累计调水38 518.7万m^3。截至2016年底，八里湾泵站各机组已安全无故障运行3966.12台时，总调水量43 213.63万m^3。

八里湾泵站枢纽工程已经按照山东省调度中心的指令实现了梯级调水，并顺利地完成了本次年度调水任务，发挥了其应有的效益。

（翟一鸣）

梁济运河段输水航道工程

一、工程概况

梁济运河输水线路从南四湖湖口至邓楼泵站站下，长58.252km，采用平底设计，设计流量100m^3/s。其中，湖口—长沟泵站段，长25.719km，设计最小水深3.3m，设计河底高程28.7m，底宽66m，边坡1:3～1:4；长沟泵站—邓楼泵站段，长32.533km，设计最小水深3.4m，设计河底高程30.8m，底宽45m，边坡1:2.5～1:4。

沿线共新建、重建主要交叉建筑物25座（处），包括新建支流口连接段7处、拆除重建生产桥13座、新建管理道路交通桥1座、加固公路桥2座。

二、工程管理

南水北调东线一期工程梁济运河段输水航道工程的运行管理工作由济宁渠道管理处负责。

2016年主要对渠道工程进行了日常维修项目。做好管理区的环境卫生清洁、苗木的日常养护工作；完成安全防护网、浮标警示带和警示标识牌建设工作；及时对渠道的衬砌边坡、信息机房等工程进行维修，为通水运行创造良好的运行管理环境。

三、运行调度

梁济运河段输水航道工程在运行期间，各项运行指标均满足设计要求，已经按照调度指令顺利完成了调水、度汛、灌溉等各项任务。

四、工程验收

2016 年 10 月 26 日，南水北调东线一期梁济运河 3 标段河道围堰遗留土方清理工程完成验收；南水北调东线一期梁济运河 5 标段河道围堰遗留土方清理工程完成验收。2016 年 12 月 30 日，梁济运河张山浮桥处模袋混凝土衬砌及部分管理道路工程完成验收。

（杨青文　李明慧）

柳长河段输水航道工程

一、工程概况

柳长河输水线路从邓楼泵站站上至八里湾泵站站下，输水航道长 20.984km，其中新开挖河段 6.587km，利用柳长河老河道疏浚拓挖 14.397km。设计最小水深 3.2m，采用平底设计，设计河底高程 33.2m，边坡 1∶3，采用现浇混凝土板衬砌方案，设计河底宽 45m，护坡不护底，渠底换填水泥土。

共有新建、重建交叉建筑物 27 座，包括公路桥 4 座、生产桥 7 座、涵闸 11 处、倒虹 2 座、渡槽 1 座、节制闸 1 座、连接段 1 处。

二、工程管理

南水北调东线一期工程柳长河段输水航道工程的运行管理工作由济宁渠道管理处负责。

2016 年对渠道工程进行了日常维修项目。

柳长河段输水航道工程在运行期间，各项运行指标均满足设计要求，已经按照山东省调度中心和济宁调度分中心的指令完成南水北送、引黄补湖、区域灌溉等输水任务。

组织专人进行河道巡视检查，严禁外来人员进入河道护栏范围内放牧、捕鱼、游泳、排放污水等破坏水环境行为。

三、工程验收

2016 年 6 月 3 日，南水北调东线一期柳长河 1 标段河道围堰遗留土方清理工程完成验收。2016 年 7 月开工建设南水北调梁山治安办公室，王庄节制闸管理房，柳长河 2、3、5、6 号永久弃土区管理房，总工程面积 420m^2，单价 1430 元/m^2，工程总造价为 60.06 万元（含 30% 的管理费、税金等），截至 2016 年底还未建成，未组织验收。

（杨青文　李明慧）

南四湖下级湖抬高蓄水位影响处理工程

一、工程概况

南四湖下级湖抬高蓄水位影响处理工程主要任务是对湖区受影响的房屋、畜禽养殖场及生产生活配套设施进行补助，消除和改善因抬高蓄水位对湖区群众的生产和生活影响。工程投资为补助性质，基本不涉及较大型建筑工程的建设。根据淹没影响范围，采取不同标准的补助处理措施。工程涉及山东省境内济宁市微山县的夏镇街道办事处、昭阳街道办事处、韩庄镇、欢城镇、傅村镇、微山岛乡、高楼乡、张楼乡、西平乡、赵庙乡等 10 个乡（镇、办事处）109 个行政村。补助项目包括房屋、泵站、生产道路、田间配套、简易码头等交通设施、畜禽养殖场、湖田、台田、鱼蟹塘、网围、水生植物等，总投资 40 984 万元（山东部分）。

二、工程管理

2016 年 12 月，完成了山东省级征迁安置完工验收工作。

通过实施南四湖下级湖抬高蓄水位影响处理工程，沿湖群众得到了应有的补偿，消除和控制了因抬高蓄水位对生产生活带来的影响，改善了下级湖湖区的水生态环境，奠定了山东干线工程平稳运行的物质基础，达到了项目实施的目的。

（王其同）

东平湖蓄水影响处理工程

一、工程概况

东平湖蓄水影响处理工程建设的任务是对南水北调东线利用东平湖蓄水而产生的影响问题进行处理和补偿，确保东平湖老湖区安全，从而实现向胶东和鲁北输水的目标。东平湖蓄水影响处理工程包括蓄水影响补偿和工程措施两部分（工程措施包括围堤加固工程、排涝排渗泵站改扩建工程、济平干渠湖内引渠清淤工程三部分）。蓄水影响补偿投资批复为44 439万元，主要实施内容是对蓄水影响补偿范围内的耕地以移民安置规划项目的形式进行补偿，包括涝洼地改造项目、农业生产开发项目、家庭养殖业与畜禽养殖繁育场、水产养殖项目、生产加工项目和专项设施等。项目涉及环东平湖的州城、新湖、商老庄、戴庙、银山、斑鸠店、老湖、旧县等8个乡镇，全部在泰安市东平县境内。

二、工程管理

2011年11月，山东省南水北调指挥部下发了《关于印发〈南水北调东线一期东平湖蓄水影响处理工程移民安置规划项目实施管理办法〉的通知》，为项目的建设管理工作提供了制度保障，省市县三级政府及其职能部门按照各自职责履行建设管理义务。

南水北调东线一期东平湖蓄水影响处理工程移民安置规划项目共91个项目（含后来增加的补充移民规划项目15个），分五批实施。截至2016年底，原规划的前4批76个项目中的75个已通过完工验收并投入使用，剩余1个项目完工待验收；补充规划的15个项目中的10个项目已通过完工验收并投入使用，剩余5个项目完工待验收。已投入生产的项目能较好地发挥效益；正在建设的补充移民规划项目，施工形象进度符合总体建设进度计划，施工质量、安全可控。

（王其同）

胶 东 段 工 程

概　　述

胶东段工程是南水北调东线一期工程的重要组成部分，是沟通连接南水北调山东段南北输水干线与胶东输水干线中、东段工程的关键性工程。该工程上起东平湖渠首引水闸，下至小清河分洪道子槽引黄济青上节制闸，输水线路全长约240km，途径泰安、济南、滨州、淄博、潍坊、东营五市。由济平干渠、济南市区段、明渠段、陈庄输水线路、东湖水库和双王城水库工程6个设计单元组成。工程实施后，设计输水流量50m^3/s，加大流量60m^3/s，计划年调水量8.83亿~10.26亿m^3。

该工程为胶东地区的重点城市调引长江水奠定了基础，实现南水北调工程总体规划的供水目标，从而有效缓解该地区水资源紧缺问题。

（贾永圣）

济 平 干 渠 工 程

一、工程概况

济平干渠工程是南水北调东线一期工程的重要组成部分，也是向胶东输水的首段工程。其输水线路自东平湖渠首引水闸引水后，途径泰安市东平县、济南市平阴县、长清区和槐荫区至济南市西郊的小清河睦里庄跌水，输水线路全长 90.055km。主要建设内容为输水渠道工程、输水渠提防工程、输水渠两岸排水工程、河道复垦工程、输水渠上建筑物工程、水土保持工程等，全线设计输水流量 $50m^3/s$，加大流量 $60m^3/s$。

二、工程管理

南水北调东线山东干线济南管理局行使济平干渠工程管理职能。济平干渠工程设有平阴渠道管理处和长清渠道管理处。辖区内设有八个管理站、两个维修队伍，对辖区内输水渠道及水土保持进行日常巡查养护，对辖区内的渠道及其他建（构）筑物按照日常维修养护计划进行维修养护等。

山东润鲁水利工程养护有限公司济南分公司为济平干渠工程维修养护单位。

济平干渠设平阴渠道管理处和长清渠道管理处，作为三级管理机构对济平干渠工程进行运行管理。济平干渠工程的调度运行权限属于南水北调东线山东干线济南管理局，平阴渠道管理处和长清渠道管理处具体实施，按照济南局的调度指令对济平干渠工程进行相应的调度运行管理。

2016 年度济平干渠段渠道工程运行安全平稳，未发生安全事故。

（1）前期准备工作。通水前各管理处组织对现场各渠段、各闸室进行全面的工程隐患排查及整改。排查内容包括机电设备、工程运行情况、调度管理系统、视频监控系统等，对显示故障的闸室启闭机进行了显示器更新。

（2）运行制度建设。通水前运行科人员现场采集流量计信息、校核电子水尺等，保障通水数据的正确性。管理处组织各闸站负责人进行《济南局 2015 ~ 2016 年度通水工程实施方案》《济南局 2015 ~ 2016 年度通水应急预案》等的学习，并向各闸站管护员发放《机电设备安全操作手册》等规程，由站长组织学习。

（3）巡查工作。管理处加强巡查并监督各管理站巡查，组织各管理站长、管护员全线巡查，要求巡查人员佩戴红袖章，携带救生圈（衣）、救生绳、电动车捆绑巡查小红旗，特别加强早中晚三个时间段的巡查。对巡查中发现的问题，当场整改，现场完成不了的，限期整改。

（4）安全宣传方面。各管理站制作的横幅，悬挂于重要节点或者交通桥；山东干线公司和管理处印发的安全公告和南水北调条例也延渠道周边村庄张贴；巡逻车不定期在渠道进行播放南水北调条例的配音；密切与渠道沿线各中小学校联系，将安全手册发放到位，做好安全宣传。

三、运行调度

济平干渠工程 2016 年度调水时间及水量分别为：

（1）2015 年 10 月 7 日 ~ 2016 年 1 月 22 日，2015 年济南市生态补水；累计供水 109 天，累计供水量 3685.5 万 m^3；

（2）2016 年 2 月 16 日 ~ 6 月 20 日，南水北调东线 2015 ~ 2016 年度调水；累计供水时间 126 天，供水量 2.03 亿 m^3；

（3）2016 年 6 月 21 日 ~ 9 月 30 日，2016 年度胶东应急调水；累计供水 102 天，供水量 1.09 亿 m^3；

（4）2016 年 10 月 1 日 ~ 12 月 31 日，南水北调东线 2016 ~ 2017 年度调水；累计供水 92 天（尚在进行中），供水量 1.3 亿 m^3。

2016 年全年共计调水 342 天，水量 4.79 亿 m^3；在完成全年调水计划的同时，配合完成保泉补源和向济南市生态补水，在历次工程调水运行期间，按照调度指令运行，做好运行值班记录，总结上报运行水情观测情况，未发生安全生产责任事故。

（朱春生　李　品）

济东渠道段工程

一、工程概况

济东渠道段工程是济南局济东渠道管理处所辖工程，西起睦里庄节制闸，东至济东明渠段济南与滨州交界处，全长 66.877km，主要包括济南市区段输水工程和济东明渠段济南段输水工程。

济南市区段输水工程是胶东输水干线西段工程的关键性工程，位于山东省省会城市济南，西起济平干渠末端睦里庄跌水，东至济南市东郊小清河洪家园桥下，横穿济南市区，全长 27.914km，含睦里庄节制闸、京福高速节制闸和出小清河涵闸等控制性建筑物。其中利用小清河段自睦里庄节制闸闸下起，至小清河枢纽（京福高速节制闸和出小清河涵闸）止，长 4.324km，输水暗涵段自出小清河涵闸起，沿小清河左岸布置至小清河洪家园桥下，长 23.59km，全线自流输水。工程设计输水流量 $50m^3/s$，加大流量为 $60m^3/s$。

济东明渠段济南段工程上接济南市区段输水工程洪家园桥暗涵出口，下至济东明渠段济南与滨州交界处，输水线路长 38.963km，工程设计输水流量为 $50m^3/s$，加大流量为 $60m^3/s$。

二、工程管理

山东干线公司下设济南管理局（以下简称济南局），济东渠道管理处作为济南局的三级管理机构，行使济东渠道段工程运行管理职能。

2016 年，济东渠道管理处根据工程实际和《山东省南水北调工程维修养护暂行办法》，编制了 2016 年工程维修养护计划。南水北调山东干线公司与山东润鲁水利工程养护有限公司签订了《南水北调东线山东干线济南管理局 2016 年度日常维修养护协议》，其中济东渠道管理段工程日常养护费用 108.35 万元，工程看护费用 115.5 万元。实际完成维修养护费用 156.29 万元，工程看护 114.4 万元。

济东渠道管理处所辖工程供电线路及供电设施检测检查维护委托山东佳迅电气工程有限公司设施，主要包括各闸站各项电力设施设备，遥水线 10kV 架空线路的检测检查维护以及线杆上鸟窝清理等内容。电力线路及供电设施检测检查维护费用 17 万元。2016 年 11 月 30 日，南水北调济东渠道段供电线路及供电设施检测检查维护工程完成合同项目。

2016 年 9 月根据山东干线公司《安全生产标准化体系试运行实施方案》安排，济东渠道管理处组织全体职工参与安全生产标准化建设，按照《水利工程管理单位安全生产标准化评审标准（试行）》要求，从“安全生产目标”“组织机构和职责”“安全生产投入”“法律法规与安全管理制度”“教育培训”“生产设施设备”“作业安全”“隐患排查和治理”“重大危险源监控”“职业健康”“应急救援”“事故报告、调查和处理”“绩效评定和持续改进”13 个方面进行抓好落实工作，全员参与、全过程控制、全方位展开。

三、运行调度

2016 年济东渠道管理处进行了四个阶段的调水运行工作，调水历时共计 334 天，供水水量总计 42 287.38 万 m^3，其中经大沙溜倒虹涵闸向胶东供水 40 393.78 万 m^3，向东湖水库供水 1254 万 m^3，向小清河补源 639.6 万 m^3。

（一）向小清河生态补水调水

2015 年 10 月 7 日～2016 年 1 月 24 日，济东渠道管理处京福高速节制闸向小清河生态供水调水运行 108 天，总过水时间为 2544h，总过水量为 1954.77 万 m^3，在供水期间，小清河上游来水量约 460.8 万 m^3，本次向小清河生态供水 1493.97 万 m^3，其中 2016 年 1 月 1～24 日向小清河供水 458.07 万 m^3。

（二）2015～2016年度供水

济东渠道段工程于2016年2月26日～6月20日完成2015～2016年度供水任务。截至2016年6月21日08:00，大沙溜倒虹涵闸累计过水量15 463.23万m^3，累计过水时间为2756h；供水运行期间，累计向东湖水库供水1254万m^3。

（三）2016年度汛期应急通水

济东渠道段工程于2016年6月21日开始延期供水运行，2016年9月30日完成年度供水任务，自10月1日08:00起进入“2016～2017年度供水运行任务”。截至2016年10月1日08:00，大沙溜倒虹涵闸累计过水量12 804.43万m^3，累计过水时间为2434h。

（四）2016～2017年度供水

2016年10月1日起开始2016～2017年度供水运行工作，计划至2017年5月31日，向胶东供水5.95亿m^3。截至2016年12月31日，大沙溜倒虹涵闸累计过水量12 126.12万m^3，向小清河补水181.53万m^3。

这四次调水期间严格执行调度指令、运行值班制度、工程巡视巡查制度及渠道、暗涵现场管理制度等，按时交接班，按照巡视路线对闸站设备进行巡视检查，划分责任区域，明确责任人员，确保了调水、蓄水运行安全，且汛期调水未发生安全生产责任事故。

四、工程验收

2016年7月13日，南水北调东线一期工程山东段济南市区段工程和济东明渠段工程水土保护设施项目通过验收。

2016年9月7日，南水北调东线一期工程山东段济南市区段工程和济东明渠段工程环境保护验收合格。

2016年9月27日，南水北调东线一期工程山东段济南市区段工程补源明渠穿济西编组站专项工程通过完工验收。

南水北调东线一期工程山东段利用小清河输水下穿济西铁路站河道护砌工程，2012年9月1日开工，2013年6月30日竣工，2016年11月17日通过验收。

五、环境保护及水土保持

据2016年环境保护部环境工程评估中心编制的《南水北调东线山东干线有限责任公司南水北调东线第一期工程济南至引黄济青段工程竣工环境保护验收调查报告》表明，济南市区段工程和济东明渠段工程施工期生产废水、生活污水均采取了相应处理措施，运行期污水主要来源水各闸站管理人员少量的生活污水，基本不会对周边地表水环境产生影响；工程涉及的区域内生态环境状况协调，生物多样性较工程建设以前变化较小；施工单位对工程涉及的施工营地、取弃土区等临时占地均完成了平整或复耕，闸站管理所内永久占地采取了植树种草等绿化措施，生态恢复良好，工程沿线土地利用类型的主次顺序变化不大，仍然是以农田为主；区域总体景观异质性加大，景观破碎化程度有所增加，但毕竟影响的范围有限，整体上对整个评价区域土地利用格局的影响很小。在工程运行期间济东渠道管理处内未设置锅炉房，采用空调取暖，食堂排烟口安装有油烟净化器，对周围大气环境影响甚微。运行期噪声主要是闸站运营噪声，据抽查监测结果，符合《工业企业厂界噪声标准》中的Ⅰ类标准。施工期与运行期产生的固体废物均得到妥善处置。济东渠道管理处采取了一系列的环境风险防范措施和应急管理措施，针对突发性水质污染环境事件制定了《济南市区段及济东明渠段工程水质保障应急预案》，工程建设期间和运营以来均未发生过环境污染事故。山东省环境保护厅2016年9月7日签发了《山东省环境保护厅关于南水北调东线山东干线有限责任公司南水北调东线第一期工程济南—引黄济表段工程竣工环境保护验收合格的函》，标志着济南—引黄济青段工程其中的济南市区段工程和济东明渠段工程环境保护验收合格。

2016年8月4日水利部签发了《水利部关于印发南水北调东线第一期工程胶东输水干线西段济南—引黄济青段工程水土保持设施验收鉴定书的函》，函中阐述了根据《开发建设项目水土保持设施验收管理办法》的规定，水利部于2016年7月13日在山东省济南市组织召开了南水北调东线第一期工程胶东输水干线西段济南—引黄济青段工程水土保持设施验收会议，会议认为，济南—引黄济青段工程水土保持设施基本达到了水土保持法律法规及技术规范、标准的要求，工程质量总体合格，运行管理责任落实，同意通过验收。

（韩念丽　赵天宇　李　冬）

陈庄输水线路工程

一、工程概况

陈庄输水线路工程上接南水北调东线第一期工程济南—引黄济青明渠段输水工程上段（即沿小清河左岸新辟明渠输水段）末端，下接济南—引黄济青明渠段输水工程下段（利用小清河分洪道子槽输水段）起点，全线位于高青县境内，输水线路全长13.225km，采用梯形明渠断面，全断面现浇混凝土防渗衬砌，渠底宽9.1～14.4m，渠道内坡1∶2.25，外坡1∶2.0；设计流量50m^3/s，加大流量60m^3/s。共建设各类交叉建筑物47座，其中水闸3座，桥梁19座，穿渠倒虹吸21座，田间灌排影响渡槽4座。

南水北调东线山东干线胶东管理局（以下简称胶东局）作为二级机构对陈庄输水线路工程进行工程现场管理，胶东管理局淄博渠道管理处作为三级机构，负责陈庄输水线路工程的日常管理、维修养护、调度运行等事宜。

二、运行管理

2016年2月27日～9月30日，完成了2015～2016年度通水运行工作，调水历时5046.5h，累计输水25 162.86万m^3。从2013年通水至2016年底，累计调水运行时间为292.5天，平均流量14m^3/s，累计输水33 406.54万m^3。输水结束后，渠道平均水深1.5m。

在输水期间，各个部门均完成了通水运行的管理工作，信息传递畅通，指令传达和执行及时、准确，渠道、建筑物、机电设备及闸门等运行正常，状况良好。

供用水有效地涵养了工程沿线的地下水源，解决了部分地区水资源紧缺问题。

三、验收工作

2016年，陈庄段工程完成了水土保持和环境保护验收工作。

（贾永圣　宋丽蕊）

明渠段工程

一、工程概况

明渠段工程上起济南市区段输水暗涵出口，下至小清河分洪道引黄济青上节制闸，中间与陈庄输水线路工程衔接，输水线路全长111.26km；分为两段，第一段自济南市区段输水暗涵出口到高青县前石村公路桥上游（陈庄输水段工程起点），长76.685km。第二段自入小清河分洪道涵闸末端（陈庄输水段工程终点）到引黄济青上节制闸，利用小清河分洪道子槽输水，长34.575km。工程设计流量为50m^3/s，加大流量为60m^3/s。共建设各类交叉建筑物407座，其中节制闸、分水闸、泄水闸等24座，倒虹177座，桥梁163座，其他建筑物43座。

二、工程管理

南水北调东线山东干线胶东管理局作为二级机构负责明渠段工程[明渠段(38+868)～

(76＋590)，明渠段(87＋895)～(122＋470)]现场管理工作，下设三级管理机构淄博渠道管理处、滨州渠道管理处，负责工程的日常管理、维修养护、调度运行等事宜。淄博渠道管理处管辖明渠段桩号(38＋868)～(76＋590)段长37.722km的渠道，滨州渠道管理处管辖明渠段桩号(87＋895)～(122＋470)段长34.575km的渠道。

（一）工程维修养护

2016年度，完成维修养护金额613.27万元，占合同额的98%，其中完成合同内投资567.45万元，新增项目投资45.84万元。组织完成了电力线路维护工程和淄博处管理道路限高限宽设施工程两项专项维修养护项目，已累计完成工程投资23.0万元。

2016年度，完成了胶东局管理范围内的日常巡查看护与建筑物、渠道、设备、闸门、树木绿化以及安全防护设施、重要设备等日常维护保养，泥结石路面、路缘石维修、更换，防护网修复，混凝土路面修复，桥梁维修养护等工作，同时加强工程巡视检查，对损坏的防护网及时修复；重新补设界桩，共计补设界桩2218座。

（二）安全生产

一是组织调整了南水北调东线山东干线胶东管理局防汛组织机构，组织开展汛前检查，组织编制工程度汛方案防汛预案，排查安全隐患并限期整改，按需采购防汛物资并建立防汛仓库，专人管理，组织成立了防汛抢险队伍，组织开展防汛应急演练，每月开展隐患排查。

二是组织负责安全监测的人员现场交流学习闸站位移观测方法，参加山东干线公司组织的安全监测培训，同时组织做好工程安全监测工作，收集整理安全监测设施设备运行及维护保养情况，建立安全监测设施设备台账。

三是建立健全安全生产组织机构、规章制度和安全生产责任制度，成立了安全生产领导小组，落实安全生产责任制，签订了安全生产责任书及安全生产承诺书，完善了安全生产责任制网格。同时结合“大、快、严”集中整治行动，组织开展安全隐患排查工作，及时签报安全生产周报及安全生产信息系统月报。

2016年度未发生任何安全生产责任事故。

三、运行调度

2016年2月27日～9月30日，完成了2015～2016年度通水运行工作，调水历时5046.5h，累计输水25 162.86万m^3。从2013年通水至2016年底，累计调水运行时间为292.5天，平均流量14m^3/s，累计输水33 406.54万m^3。输水结束后，渠道平均水深1.5m。

输水期间信息传递畅通，指令传达和执行及时、准确，渠道、建筑物、机电设备及闸门等运行正常，状况良好。为保证调度运行系统正常运行，各管理处对调度运行系统进行了全面检查；对自动化设备接地电阻进行了全部检测更换，保障设备正常运行；同时加强沿线巡查，以确保光缆安全运行。

四、验收工作

2016年，组织完成了明渠段设计单元水土保持专项验收工作；组织完成了“南水北调东线山东干线工程资料汇编——胶东局”篇目的审核、上报工作；督促调度明渠段施工、监理标段完成建设期档案整改移交工作；完成了淄博渠道管理处辅助生产用房、滨州渠道管理处水毁工程、警示牌工程的完工结算工作。

（时庆洁）

东湖水库工程

一、工程概况

东湖水库位于济南市历城区东北部与章丘市交界处，距济南市区约30km。工程总投资

99 890万元，工程永久占地8073.56亩，水库围坝轴线全长8.125km，最大坝高13.7m，最高蓄水位30.00m，相应总库容为5377万m^3。建成后每年向章丘市供水1700万m^3，向济南市区供水4050万m^3，向滨州、淄博两市供水2347万m^3。泵站总装机容量2700kW，主厂房内安装1400HLB-9.5型立式混流泵2台，扬程范围12.7~8.78m，流量范围5.2~6.8m^3/s，配套电动机型号为TL900-16/900kW；900HLB-9.5型立式混流泵2台，扬程范围13.1~9.25m，流量范围2.35~3.07m^3/s，配套电动机型号YL560-10/450kW。

二、工程管理

南水北调东线山东干线济南管理局行使东湖水库工程运行管理职能；东湖水库管理处作为三级管理机构，具体负责东湖水库及其泵站蓄水附属工程的运行、生产、维护及水土资源开发经营等现场管理工作，东湖水库工程调度运行权限属于济南局。

2016年调水前，养护小组对安全监测设施进行检查，对坝顶、上游坝坡、下游坝坡、坝脚、穿坝建筑物等进行全面巡视，对检查发现坝坡部分雨淋沟及坝脚排水沟局部坍塌问题，部分观测设施无盖板、被掩埋，全防护网缺失或损坏，安排山东润鲁水利工程养护有限公司及时进行修补；东、南、西侧截渗沟沟底清淤工作；打捞前池及库区水面漂浮物。

三、运行调度

2016年，东湖水库管理处严格按照调度指令认真做好充库及放水工作，东湖水库在2016年3月5~23日，5月25~31日，经历两个调水充库阶段，共安全运行24天，累计运行台时为569.29h，累计入库水量为1254万m^3。东湖水库自2016年5月15日第一次试机向章丘配套工程供水开始至2016年12月31日累计供水6.028 4万m^3。

闸门金属结构设备均运行正常，主要设备的制造安装质量及主要技术参数满足设计要求，符合有关规程、规范，调水运行资料齐全、整理规范，未发生安全事故。

四、环境保护及水土保持

东湖水库工程于2010年6月正式开工，2013年4月主体工程完工。2016年3月完成场区树木移植工作，2016年7月13日召开水土保持工程专项验收会议，讨论并通过了东湖水库工程水土保持专项验收。同时水土保持苗木养护等工作已列入2016年维修养护计划，2016年下半年对东湖水库管理区及围坝区苗木进行浇水、施肥、打药等养护工作。

五、工程验收

2016年完成了南水北调东线东湖水库电气试验委托协议和南水北调东线东湖水库输电线路委托运行维护管理协议。完成了南水北调济南—引黄济青段输水工程济南市区、东湖水库管理处食堂扩建工程。

完成了南水北调东线山东干线济南管理局2016年度日常维修养护协议。完成了东湖水库入出库闸等节点位置增加绿化措施合同。

（范立庆）

双王城水库工程

一、工程概况

双王城水库位于山东省寿光市北部的寇家坞村北，距市区约31km。利用原双王城水库扩建而成，双王城水库为中型平原水库，设计最高蓄水位12.50m，相应最大库容6150万m^3，设计死水位3.90m，死库容830万m^3，调节库容5320万m^3。年入库水量为7486万m^3，出库水量6357万m^3，蒸发渗漏损失水量1128万m^3。出库水量中包括向胶东地区年出库水量4357万m^3，向寿光市城区年供水量1000万m^3，水库周边地区高效农业年灌溉用水量1000

万 m^3，设计灌溉面积 2 万亩。设计最大入库流量 8.61m^3/s，设计出库流量 28m^3/s。

二、工程管理

南水北调东线山东干线胶东管理局作为二级机构负责双王城水库工程的现场管理工作，下设三级管理机构双王城水库管理处，负责工程的日常管理、维修养护、调度运行等事宜。双王城水库管理处下设综合科、工程运行管理科、泵站管理科、经营管理科，具体承担双王城水库的日常管理工作。

按照山东省水利厅下发的《全省水利系统安全隐患大排查快整治严执法集中行动方案》的要求，双王城水库管理处自 2016 年每月集中开展“大、快、严”安全隐患排查工作，对查出的问题记录台账，明确责任人及整改时限，汇编材料报于胶东局。

按照国务院安委会办公室、山东省政府安委会、水利厅、省局、干线公司及胶东局的通知要求，双王城水库管理处于 2016 年 6 月 1 日至 30 日，开展了“安全生产月”活动。

2016 年，组织开展了各类专项安全检查，分别在汛前、汛中、讯后组织进行了安全检查，对发现的雨淋沟、塌陷、建筑物漏水等涉及防汛安全的问题记录台账并限期整改，保证了度汛安全；于 2016 年 6 月 29 日，开展了夏季消防安全检查工作，主要对泵站、厨房、维修养护仓库等场所进行了消防安全检查。对于发现的问题认真记录，制定了整改措施、明确了整改时限，确保双王城水库管理处夏季消防安全。

2016 年 10 月 12 日双王城水库管理处连同寿光市消防大队组织开展了 2016 年度消防应急演练，通过基础知识的讲解和实际操作演练，每一位员工对消防安全有了重新的认识，为安全生产标准化工作开展奠定了良好的基础。

双王城水库管理处按照安全监测规程规定的监测频次，定期对测验管、水位、蒸发、渗漏、表面变形等进行观测，对观测数据进行了安全分析，形成安全监测报告。通过报告分析，双王城水库工程安全监测指标均满足要求。

三、工程运行管理

2016 年度共完成 5 次充库任务，共计 454.36 万 m^3。具体如下：

（1）2016 年 1 月 24 日开始通水至 2 月 4 日结束，累计通水 12 天，充库量 257.74 万 m^3。

（2）2016 年 6 月 24 日开始通水至 6 月 25 日结束，累计通水 2 天，充库量 17.84 万 m^3。

（3）2016 年 6 月 30 日开始通水至 6 月 30 日结束，累计通水 1 天，充库量 27.04 万 m^3。

（4）2016 年 7 月 11 日开始通水至 7 月 15 日结束，累计通水 5 天，充库量 39.94 万 m^3。

（5）2016 年 8 月 28 日开始通水至 8 月 29 日结束，累计通水 2 天，充库量 111.8 万 m^3。

四、验收情况

2016 年，双王城水库于 2016 年 11 月完成双王城水库公安派出所办公设施合同验收。

（王子春　田昆鹏）

鲁 北 段 工 程

概　述

鲁北段工程是南水北调东线山东干线的关键性输水线路之一。起于黄河南岸的东平湖，止于德州市武城县大屯水库，包括穿黄工程 7.87km、聊城段渠道工程 110.006km、德州段渠道工程 64.83km、大屯水库工程及临清市、夏津县、武城县灌区影响工程。主要任务是通过穿黄工程打通东线穿黄隧洞，连接东平湖和聊城段、德州段输水干线，实现调引长江水通过沿线渠道上的分水口门和大屯水库供水洞，向聊城市东阿县、阳谷县、莘县、江北水城旅游度假区、冠县、高唐县、茌平县、临清市及德州市德城区、陵城区、夏津县、乐陵市、平原县、庆云县、宁津县、武城县供水，满足调水沿线城区生活、工业、生态环境用水，同时具备向河北省东部、天津市应急供水的条件。

（张　健　董卫军　马　涛）

穿　黄　工　程

一、工程概况

穿黄工程是南水北调东线自黄河南岸的东平湖至黄河北岸的输水干渠之间的一段输水工程，全长 7.87km，是南水北调东线的关键控制性项目。项目建设的主要目标是打通东线穿黄河隧洞，并连接东平湖和鲁北输水干线，实现调引长江水至鲁北地区，同时具备向河北省东部、天津市应急供水的条件。工程建设规模按照一、二期结合实施，过黄河设计流量为 $100m^3/s$。工程位于山东省东平和东阿两县境内，黄河下游中段，地处鲁中南山区与华北平原接壤带中部的剥蚀堆积孤山和残丘区。其中南岸输水渠段包括东平湖出湖闸、南干渠，全长 2.54km；穿黄枢纽段包括埋管进口检修闸、滩地埋管、穿黄隧洞，全长 4.61km；北岸穿引黄渠埋涵段包括隧洞出口连接段、穿引黄渠埋涵、穿引黄渠埋涵出口闸和连接明渠，全长 0.72km。

二、工程管理

南水北调东线山东干线泰安管理局（以下简称泰安局）为穿黄河工程现场管理机构，下设综合科、工程技术科、调度运行科、闸门（隧洞）管理科、财务经营科，具体负责穿黄河工程的管理。

（一）安全生产和防汛度汛

围绕工程运行安全，泰安局组织层层签订了安全生产责任书，完善安全生产责任网格体系，建立健全安全生产台账，按照上级一系列安全生产文件要求，结合工程实际，组织开展安全生产、防汛安全、冬季防火用电等系列安全生产检查活动，形成问题台账，做好问题整改落实工作，做到有检查，有整改、有落实；注重技术管理，加强安全监测的规范和分析工作，并排查影响安全生产的因素，针对性提出工程管理措施，确保工程运行安全；完成对泰安局所辖工程范围内的所有界桩普查工作及补埋缺损界桩工作；根据要求，持续推进开展“大排查、快整治、严执法”集中行动；根据《安全生产标准化体系试运行实施方案》要求，配合山东干线公司开展安全生产标准化建设自评工作，做好本级达标要求的问题整改工作；组织泰安局全体职工和山东润鲁水利工程养护有限公司穿黄河工程管理站全体人员多次组织开展安全生产、交通安全、生产安全事故典型案例盘点、火灾警示录等警示教育培训学习，积极参加水利部、山东省水利厅及山东干线公司组织的安全知识竞赛活动；认真组织开展“安全生产月”活动；完成了消防应急疏散和消防演练。

根据山东省南水北调 2016 年度防汛工作会议暨局安委会 2016 年第二次工作会议讲话精神，组织细化了《穿黄河工程 2016 年度汛方案及防汛预案》，组织完成了对度汛方案及防汛预案的集中培训学习，完成了穿黄河工程防汛演练；与地方防汛部门沟通联系，做好防汛有关工作，编写完成 2016 年度防汛工作总结和安全生产工作总结并上报公司。

（二）维修养护

完成了穿黄河工程维修养护计划的报批工作及签订工作，签订了《南水北调东线山东干线泰安管理局2016年度日常维修养护协议》，按照批复的维修养护计划及维修养护标准，加强对山东润鲁水利工程养护有限公司穿黄河工程管理站的考核管理，做好工程维修养护工作验收及支付准备工作，按照要求每月完成维修养护情况月报，落实穿黄河工程维修养护工作。根据国务院南水北调办对工程运行管理进行的专项稽察和飞检提出的问题，制定整改措施，认真完成了问题整改落实工作。结合工程运行管理工作，组织开展了《南水北调工程维修养护标准》和《南水北调工程维修养护验收办法》的培训。

（三）安全监测

根据穿黄河隧洞监测方案，做好隧洞监测工作；按照山东干线公司有关规定和相关规范要求，结合穿黄河工程实际，规范安全监测工作，并及时进行计算、分析和校核监测数据，分析监测成果，并及时编写安全监测月报，指导工程安全运行工作；组织技术性巡查，重点针对安全监测不能覆盖的工程，形成巡查制度。

（四）工程宣传

通过悬挂南水北调宣传条幅、设立警示标牌、张贴安全警示标语等方式，结合“世界水日”、“中国水周”宣传活动，引导工程沿线人民群众了解南水北调工程，爱护南水北调工程，支持南水北调工程，营造良好的工程运行管理良好外部环境；通过在工程沿线张贴、发放《山东省南水北调条例》，组织开展山东省南水北调条例宣贯工作，引导工程沿线人民群众了解《山东省南水北调条例》。

三、运行调度

2016年度泰安局未安排调水任务。在东平湖调蓄调水期间，完成了东平湖沿岸的水情工情巡查工作，并将巡查结果形成工作报告上报运行部门；泰安局相继组织开展了穿黄河工程联合调度运行相关知识培训，组织完成穿黄河工程各水闸机电设备、备用发电机组、穿黄调度系统的调试，完成调水前期工程安全监测初始值监测工作，为调水做好准备；同时对各类安全监测数据的采集、上报及整理均按照规范严格执行；顺利完成了本年度调水工作的协调和后勤保障工作。

穿黄工程2016年度运行正常，水土保持绿化苗木长势良好，干渠沿线形成了渠水清澈、绿树成荫的生态景观长廊。工程管理专用道路和排水专项设施方便了群众交通，确保斑鸠店镇万亩耕地及时排水，未发生汛期内涝，发挥了很好的社会效益。

四、岗位创新管理

泰安局根据山东南水北调“岗位创新活动”实施方案要求，结合工程管理实际，制定了《泰安局岗位创新实施方案》，以解决工程运行管理中存在的问题，提高工程运行管理水平为导向，积极组织全体职工开展岗位创新活动，认真收集整理总结岗位创新实施项目并完成初评和申报工作。2016年泰安局岗位创新活动共评审管理创新、技术创新、技术改进、合理化建议共18项，其中一等4项，二等7项，三等7项。

（张　山　赵　超　马　涛）

德州段渠道工程

一、工程概况

德州段渠道工程在建设期间被称为“七一·六五河段工程”。

德州段渠道工程包括南水北调东线山东干线德州市夏津段渠道工程和武城段渠道工程，由南水北调东线山东干线德州管理局夏津渠道管理处负责现场管理工作，起自聊城、德州市界闸下游师堤西生产桥至草屯生产桥，全长65.2km。工程沿线8处管理站所，建筑物126座，其中公路桥2座、生产桥33座、人行桥3座、节制闸8座、涵闸76座、穿输水渠倒虹3座及橡胶坝1座，交通管理道路65.2km。

二、工程管理

南水北调东线山东干线德州管理局（以下简称德州局）作为山东干线公司现场派驻机构，负责德州段的干线工程运行管理工作。德州局下设夏津渠道管理处，具体负责德州段渠道工程运行管理工作。

（一）完善安全监测工作

根据相关规范要求，夏津渠道管理处编制了《南水北调德州局夏津渠道管理处安全监测实施细则》，根据细则及时组织人员对渠道进行安全监测工作，加强观测资料和分析报告的整理、归档工作，完善了安全监测档案。

（二）日常维护养护

夏津渠道管理处编制完成了夏津渠道管理处所辖工程的日常维修养护计划，并根据山东干线公司审查意见及时进行了修改完善，2016年2月19日，山东干线公司批复了日常维修养护计划，夏津渠道管理处根据批复情况编制了日常维修养护实施方案，并起草了日常维修养护合同，经与养护单位多次协调、沟通于2016年4月28日由山东干线公司与山东润鲁水利工程养护有限公司签订了2016年度日常维修养护协议。

合同签订后，夏津渠道管理处会同养护单位进行了细致研究和协商，养护单位提交了年度维修养护实施计划，编制了专项维护技术方案，严格按照合同约定的项目和要求积极开展维修养护工作，夏津渠道管理处及时进行了检查考核。

（三）专项维修养护

2016年1月7日，山东干线公司在夏津渠道管理处组织召开了“南水北调东线一期工程德州段四座跨渠桥梁桥下护砌实施方案审查会”。与会人员通过现场查勘，听取设计单位汇报并审阅了实施方案，经座谈讨论，基本同意山东省水利勘测设计院编制的《南水北调东线一期工程德州段四座跨渠桥梁桥下护砌实施方案》，并要求设计单位根据与会人员座谈建议进一步优化实施方案。

2016年3月3日，根据实施方案德州局于夏津渠道管理处组织召开了“南水北调东线一期工程德州段四座跨渠桥梁桥下护砌工程竞争性谈判会”，确定由威海水利工程集团有限公司进场施工。

合同签订后，夏津渠道管理处会同施工单位进行了细致研究和协商，严格按照合同约定的项目和要求施工。

（四）边界管理工作

按照山东省南水北调工程建设管理局《关于界桩埋设有关问题的通知》（鲁调水局征函〔2016〕2号），夏津渠道管理处积极配合做好了边界桩补植工作。界桩补植结束后夏津渠道管理处以德州局2016呈签〔3〕号《关于实施德州段部分专项维修项目的请示》上报山东干线公司，批复后以竞争性谈判方式确定施工单位为由山东润鲁水利工程养护有限公司，2016年8月29日山东干线公司与施工单位签订了《南水北调东线德州段渠道工程边界沟开挖协议》，施工单位于2016年8月31日进场施工，通过开挖边界沟进一步明确了德州段渠道工程征地边界，为运行管理等工作奠定了基础。

三、运行调度

2016年德州段渠道工程无调水任务，主要配合地方做好闸门启闭工作。为了规范调度运行管理，管理处安排专人负责并制定了调度程序，工程运行状态良好，无安全事故发生。

2016年度河道防洪排涝通畅，没有发生洪涝灾害。

四、验收工作

2016年度主要配合山东省南水北调工程

建设管理局、干线公司完成了七一·六五河段工程征迁安置专项验收省级技术验收、水土保持专项验收、环保专项验收等专项验收工作。完成了德州段四座跨渠桥梁桥下护砌工程验收工作，做好了七一·六五河段工程设计单元工程完工验收准备工作。

2016年5月31日，山东干线公司在德州组织进行了南水北调东线一期工程德州市境内干线工程征地移民省级技术验收。

2016年5月18日，南水北调东线第一期工程鲁北段工程水土保持设施工程通过国家专项验收。2016年6月29日，中华人民共和国水利部以水保函〔2016〕254号文印发了《水利部关于印发南水北调东线第一期工程鲁北段工程水土保持设施验收鉴定书的函》。

2016年9月7日，山东省环境保护厅以鲁环验〔2016〕65号文印发了《山东省环境保护厅关于南水北调东线山东干线有限责任公司南水北调东线第一期工程鲁北段工程竣工环境保护验收合格的函》。

2016年8月9日，南水北调东线一期工程德州段四座跨渠桥梁桥下护砌工程通过了单位工程验收。8月10日，通过了合同项目完成验收。

2016年9月9日，成立了七一·六五河段工程设计单元工程完工验收工作组，按照《南水北调设计单元工程完工验收工作导则》中有关规定，梳理了设计单元工程完工验收任务清单，明确责任人和完成时限。11月15日，以《关于做好七一·六五河设计单元完工验收准备工作的通知》通知各参建单位，配合做好设计单元完工验收准备工作。

（孟繁义　田汉功　谢　峰）

大屯水库工程

一、工程概况

大屯水库工程位于山东省德州市武城县恩县洼东侧，距德州市德城区25km，距武城县城区13km。水库围坝大致呈四边形，南临郑郝公路，东与六五河毗邻，北接德武公路，西侧为利民河东支。大屯水库工程总占地面积9732.9亩，围坝坝轴线总长8914m，设计最高蓄水位29.8m，最大库容5209万m^3，设计死水位21.0m，死库容745万m^3，水库调节库容4464万m^3。入库泵站设计入库流量为12.65m^3/s，向德城区供水设计流量为4m^3/s，向武城县城区供水设计流量为0.6m^3/s。工程建成运行后，可分别向德州市德城区、武城县城区年供水10919万m^3和1583万m^3。

二、工程管理

南水北调东线山东干线德州管理局（以下简称德州局）作为现场派驻机构，负责德州段的干线工程运行管理工作。德州局下设大屯水库管理处，具体负责大屯水库工程运行管理工作。

（一）现场管理工作

2016年大屯水库管理处根据运行管理实际，结合职工的专业特长，明确了岗位职责和人员职责分工；调整了安全生产、消防、防汛、应急管理等工作领导小组成员，明确了领导小组责任；调整并完善31项内部管理制度，制定并印发了44项安全生产制度，起草编制水库调度规程、泵站调度规程、水泵检修规程、变压器运行规程、继电保护及自动化装置运行规程等27项运行及检修规程，编制大屯水库管理处现场处置方案与应急预案11项，逐步完善了应急管理体系。2016年，共归档运行管理资料57卷，上报各类汇报材料39个，上报每周要情112条，整理编制2016年度工程运行管理大事记，完成“世界水日”“中国水周”以及《山东省南水北调条例》的宣传活动。每周定期对管理区安全用电、用水、用气、卫生等方面进行检查。2016年，上报技术创新评审项目13项，其中一等3项、二等2项、三等8项。

（二）维修养护工作

一是编制了2016年度工程日常维修养护计划及实施方案，整理了2015年维修养护资料并归档；二是按照相关制度和维护计划做好入库泵站、六五河节制闸、供水洞等建筑物的金属结构、机电设备日常检查维护工作；三是检查督促维修养护单位认真做好日常和专项维修养护工作，督促施工单位完成了水库大坝雨淋沟整治、坝坡草皮修剪工作以及坝内坡预制块修复、生态袋护坡挡墙修复、增设泵站排水设施等工作，并按照维修养护考核办法，定期组织进行考核验收；四是对大屯水库管理区内的水、土、苗木等资源进行普查建档，形成辖区内水、土、林等资源调查报告，督促水保施工单位进行苗木浇灌、开穴、养护和补植等工作。

（三）安全监测工作

一是定期对水库测压管井、水尺、基准点、标点等进行维护，对测压管管口高程进行了校核，对水位观测井进行灵敏度实验。二是安排人员每天对水库围坝、坝后截渗沟、入库泵站穿坝涵洞、德州供水洞、武城供水洞等重点部位进行巡视检查。三是及时监测、采集数据，对管理区范围内观测点的垂直位移测量4次；9个断面的水平位移测量3次，每日统计气温、水库库内、外水位等数据及环境量观测。四是加强观测资料和分析整理，定期核对处理渗压力、土压力、泵站测压管、星形磁铁内部变形、水位观测井等监测数据，按月编制安全监测报告归档并上报德州局。

（四）安全生产工作

一是每月召开安全生产工作会议，总结部署安全生产工作。二是加强安全生产网格化管理，修订完善了安全生产网格体系和网格责任制台账，层层签订安全生产责任书。三是组织开展了安全生产管理知识培训和消防知识培训，定期开展消防知识培训与演练，及时学习宣传各项安全生产规章制度。四是加强库区巡查和安保工作，保障工程、水质和人员安全。积极做好工程管理范围内防护网、救生设施、警示牌、警示标语等的维护和补充工作，建立警示标语管理台账。五是编制了度汛方案和防汛预案，认真组织防汛度汛应急演练。六是组织开展了大快严专项整治活动、夏季消防检查专项工作、危化品安全专项整治活动等。七是组织开展了安全生产检查和隐患排查等活动，按时上报安全生产情况，汛期按时上报水库汛情简报。在重要节假日和敏感季节组织进行了安全生产检查。2016年开展重要节假日安全生产检查6次、冬季安全检查1次，日常水库安全巡查每天5次，大坝安全专项巡查每3天一次，汛前汛中汛后安全大检查各1次，汛期每周都组织人员进行安全检查，共检查9次。对于检查中发现的问题及时督促相关单位进行整改，有效防止了安全生产事故的发生。八是积极配合维保单位对35kV和10kV供电线路定期进行巡视巡查。九是完成工程地下线缆警示柱埋设工作。

（五）边界执法管理

一是积极配合大屯水库派出所做好水库安全保卫工作；二是配合完成水库界桩普查、补设和验收工作，恢复界桩42个，定期开展界桩巡视巡查；三是加强边界水政管理，配合开展水政检查工作。

（六）突发应急事件处理

一是及时处理因35kV高压器室湿度较大造成的部分设备故障事故；二是及时协调处理因西电东送线路施工保护不当造成35kV供电线路损坏事故；三是完成管理区西侧生态带护坡局部滑塌处理、增设排水沟以及道路排水工作；四是协调完成汛期雷电突发德州市区丁东水库供水中断临时启用大屯水库水源向德州市区紧急供水。

三、运行调度

2016年大屯水库没有调水任务。管理处执行山东干线公司和德州局供水指令，专人负责供水计量核对，及时上报水情。2016 年向武城县供水 426.45 万 m^3，向德州市供水 555.87 万 m^3。

配合山东省南水北调工程建设管理局水保处开展“放鱼养水”活动，2016 年继续向大屯水库放养滤草性鱼类 1 万余斤，用以改善库内水质。配合山东大学以及武城县环保部门定期采集水样，进行水质监测，水库水质全年稳定达标。

四、验收工作

2016 年 3 月 2 日，完成大屯水库泵站电气设备试验工程合同项目验收。

2016 年 3 月 30 日，完成 2015 年度日常维修养护合同项目验收。

2016 年 5 月 18 日，南水北调东线一期工程鲁北段工程水土保持设施通过竣工验收。

2016 年 5 月 25 日，完成南水北调东线一期大屯水库 35kV 供电线路工程代维护合同项目验收。

2016 年 5 月 31 日，完成南水北调东线一期大屯水库单元工程征迁安置工作省级技术验收。

2016 年 9 月 7 日，南水北调东线一期工程鲁北段工程竣工环境保护通过山东省环境保护厅验收。

（蒋金川　崔彦平　王　晓）

聊城段工程

一、工程概况

聊城段工程途经聊城市的东阿县、阳谷县、江北水城旅游度假区、东昌府区、经济技术开发区、茌平县、临清市 7 个县（市、区）。由小运河工程、七一·六五河段六分干工程组成。主要工程内容为输水渠道、输水暗渠及沿线各类交叉建筑物。工程范围上起穿黄隧洞出口，下至师堤西生产桥，接七一·六五河段工程。聊城段工程渠道全长 110.006 km，其中小运河段长 98.289 km，设计流量 50m^3/s，利用现状老河道 58.156km，新开挖河道 40.133km；临清六分干段长 11.717km，设计流量 25.5 ~ 21.3m^3/s。各类建筑物 436 座，其中水闸 192 座（节制闸 13 座、分水闸 8 座、涵闸 171 座），桥梁 150 座，倒虹吸 44 座，渡槽 11 座，穿路涵 10 座，七级分干枢纽 1 座，暗涵 4 座，涵管 2 座，管理用房 21 处，水质监测站 1 处。

二、工程管理

南水北调东线山东干线聊城管理局（以下简称聊城局）负责聊城段工程运行管理工作。聊城局于每个季度末，对两个渠道管理处开展一次工程现场管理千分制考核。千分制考核标准涉及工程现场的综合管理、工程管理、运行管理、安全管理共 4 个类别 26 个项目。

聊城段工程按管辖范围划分为上游段工程和下游段工程，上游段工程由东昌府渠道管理处管辖，下游段工程由临清渠道管理处管辖。实行工程管理包站制，定期开展工程安全监测，进一步规范穿越工程项目施工管理。

东昌府渠道管理处所辖工程，上起穿黄隧洞出口，下至马颊河倒虹吸中段，起止桩号为（0 + 000） ~ （66 + 243）。跨越东阿县、阳谷县、东昌府区、江北水城旅游度假区、经济技术开发区、茌平县 6 个县（市、区）。渠道全长 66.243km。输电线路长 34.3km。各类建筑物 324 座，其中桥梁 104 座，倒虹吸 39 座，节制闸 7 座，分水闸 6 座，涵闸 127 座，渡槽 11 座，穿路涵 10 座，涵管 2 处，暗涵 2 座，七级分干枢纽 1 处，管理用房 15 处。交通管理道路 67.455km，其中泥结石路面 43.917km，混凝土路面 23.538km，七级镇段为双侧交通道路。

临清渠道管理处所辖工程，上起马颊河倒虹吸中段，下至师堤西生产桥，起止桩号为（66 + 243） ~ （110 + 006）。跨越东昌府区、临清市 2 个县（市、区）。渠道全长 43.763km。输电线路长 6.57km。各类建筑物 112 座，其中桥梁46座，倒虹吸5座，节制闸6座，分水闸2座，涵闸44座，暗涵2座，管理房6处，水质监测站1处。交通管理道路43.763km，其中泥结石路面17.044km，混凝土路面26.719km。

按照“管养分离”原则，山东润鲁水利工程养护有限公司聊城分公司承担聊城段工程的维修养护任务。2016年4月28日，山东干线公司与山东润鲁水利工程养护有限公司签订《南水北调东线山东干线聊城管理局2016年度日常维修养护协议》（协议编号：NSBDDX-RC-2016-01）。聊城局及东昌府、临清渠道管理处成立工程考核小组，督促养护单位开展维护，进行日常维修养护质量控制，并按月考核日常维修项目合同执行情况，在此基础上进行月度计量支付及年度合同验收。同时，两个渠道管理处抽调人员协助养护站站长搞好工程日常维修养护、监督养护人员上岗及工作开展，督促问题整改。2016年度维修养护完成投资901.63万元。

三、运行调度

根据《南水北调东线山东段工程2015～2016年度水量调度计划实施方案》，大屯水库如果能够满足德州市用水和自身生态需求，则鲁北干线不再运行。鉴于大屯水库实际情况，2016年度聊城段工程未进行输水。2016年聊城段当地配套工程正在建设中，聊城段工程尚未开始供水。

运行管理实行水情日报制，做好水情、工情统计整理及上报，科学调度闸门，保证水位平稳运行。贯彻落实《南水北调供用水管理条例》《山东省南水北调条例》，开展渠道巡视巡查，联合治安办开展以禁止钓鱼、放羊、取水及侵占种植等为主要内容的宣传教育及巡视巡查120次。落实安全生产责任制，制定度汛方案、防汛预案及运行期突发事件应急预案。开展安全生产标准化体系建设，开展安全生产隐患“大排查、快整治、严执法”集中行动，开展“安全生产月”活动，开展安全生产宣传教育，进行防汛抢险及消防逃生应急演练，2016年度无各类突发事件发生。

四、工程验收

2016年2月29日～3月4日，鲁北段工程小运河段工程档案通过国务院南水北调办在临清组织的专项验收。5月18日，南水北调东线一期鲁北段水土保持设施通过水利部海河水利委员会在德州组织的专项验收。9月7日，山东省环境保护厅以《山东省环境保护厅关于南水北调东线山东干线有限责任公司南水北调东线第一期工程鲁北段工程竣工环境保护验收合格的函》（鲁环验〔2016〕65号）致函南水北调东线山东干线有限责任公司，鲁北段工程正式通过竣工环境保护验收。

2016年7月18日，聊城局南水1号线东昌府分水闸10kV变电所检修工程通过合同项目完成验收。9月21日，聊城局闸室标牌制作及安装工程通过合同项目完成验收。9月23日，聊城局城区6座涵闸维修工程通过合同项目完成验收。12月20日，聊城局南水2号线10kV线路改造工程通过合同项目完成验收。12月23日，聊城局二级管理机构设施通过合同项目完成验收。

（马存兵　张凌东　张　健）

聊城段灌区影响处理工程

一、工程概述

聊城段灌区影响处理工程即临清市灌区影响处理工程，兴建目的就是消除南水北调东线一期工程利用七一·六五河输水对灌区带来的不利影响。其主要任务是通过调整水源、扩挖（新挖）渠道、改建（新建）建筑物等措施，满足因南水北调东线一期工程利用临清市境内的六五河输水而受其影响的58.75万亩灌区的灌溉供水需求。

二、工程管理

临清市灌区影响处理工程运行管理机构是临清市灌区排灌工程管理处，隶属于临清市水务局，负责临清市引黄及其他工程的运行管理和工程管护。临清市灌区影响处理工程只对灌区进行渠系调整，并不扩大灌区规模，没有加重灌区管理任务，仍由临清市灌区排灌工程管理处管理。

临清市灌区影响处理工程已按照设计内容建设完成。输水渠道已在2012年2月开始承担春灌放水任务，水闸工程已发挥作用，桥梁工程运行正常。

（马存兵　张凌东　张　健）

专　项　工　程

概　　述

南水北调东线专项工程包括江苏段专项工程和山东段专项工程。其中，江苏段专项工程包括血吸虫北移防护工程、江苏段调度运行管理系统，山东段专项工程包括山东调度运行管理系统工程和山东工程管理设施专项工程。江苏段血吸虫北移防护工程于2012年底建成完工，江苏段调度运行管理系统于2014年建成完工。

山　东　段

一、调度运行管理系统工程

（一）工程概况

2011年9月南水北调东线一期山东境内调度运行管理系统工程初步设计获得国务院南水北调办正式批复，主要建设内容包括通信系统、计算机网络系统、闸（泵）站监控系统、信息采集系统、应用系统等；运用先进的信息采集技术、自动监控技术、通信和计算机网络技术、数据管理技术、信息应用与管理技术，建设一个以采集输水沿线调水信息为基础（包括水位、流量、水量等水文信息、水质信息、工程安全信息及工程运行信息等），以通信、计算机网络系统为平台，以闸（泵）站监控系统和调度运行管理应用系统为核心的南水北调东线山东段调度运行管理系统，保证南水北调东线山东干线工程安全、可靠、长期、稳定的经济运行，实现安全调水、精细配水、准确量水。

（二）通水运行管理

2016年通水运行期间，信息运行管理中心结合工程建设实际，统筹安排，制定相应的通信保障措施，进一步严肃运行期间的巡视检查制度和值班纪律，安排专人7×24值班，每天定时巡检，保证系统运行正常；组织施工单位对主要业务进行维护和工程全线巡检；各级管理单位定期巡查；调度运行管理系统整体运行良好，调度管理行为规范，严格执行调度指令，完成通水运行工作，保证了整个系统能够平稳安全运行无事故。

（三）建设管理

山东省南水北调管理信息系统建设项目领导小组全面负责协调、指导山东省南水北调调度运行管理和机关电子政务等系统工程的信息化建设管理工作，山东省南水北调管理信息系统建设项目办公室（以下简称信息办）作为领导小组的办事机构，负责领导小组的日常工作。各现场建管机构（运行管理机构）成立调度运行管理系统建设项目组，具体负责各自工程范围内及相关区域调度运行管理系统的现场组织实施与协调工作。

截至2016年底，调度运行管理系统已签订建设安装设备合同金额41 867.9万元（含三大段通信管道工程），尚未签订建设安装设备合同额3160万元。具备建设条件的硬件设备安装工作已基本全部完成，有明确需求的应用系统软件开发工作基本完成。

2016年，在做好调度运行管理系统建设工作的同时，逐步规范自动化调度系统的运行维护管理工作，编制完成了《南水北调东线一期工程山东段自动化调度系统运行维护管理办法（试行）》，在此基础上，完善了现场巡查表，规范现场巡查工作。为提高现场管理人员自动化技术水平，开展了水位计、流量计等自动化采集设备的维护管理培训工作。

（田　莹）

二、管理设施专项工程

（一）工程概况

2011年8月，国务院南水北调办对山东境内工程管理设专项工程初步设计报告进行了批复。共批复一、二、三级机构征地141亩。管理设施专项批复管理用房面积38 409m^2（其中一级14 592m^2，二级23 817m^2）。山东段管理设施总投资30 101万元，静态投资29 641万元，管理征地11 900万元。2013年12月31日，国务院南水北调办对《南水北调东线一期工程山东境内工程管理设施专项工程征地投资方案》进行了批复（国务院南水北调办投计〔2013〕38号），在初步设计概算基础上增加管理设施征地投资27 420万元。

（二）工程进展

一级机构（与济南局合建）选址于济南市邢村立交桥东侧，经十路与唐冶西路交叉路口西北角，西距奥体中心约9km。2016年5月6日，一级机构管理设施通过招标确定中标单位为中建八局第一建设有限公司，并举行开工典礼仪式。7月11日，开始组织施工生产。9月23日，主楼完成地下二层施工；12月底，主楼施工完成16层、附楼施工完成3层建设。2016年，一级机构管理设施完成工程施工投资2000万元。

二级机构包括济南、济宁、泰安、枣庄、聊城、德州、胶东等七个现场局和济宁、济南、聊城三个应急抢险中心。

（1）枣庄局二级机构。2016年，枣庄局二级机构建设完成施工投资530万元。办公楼建筑、安装及装饰装修工程2016年2月26日主体工程通过验收、7月16日合同项目通过竣工验收。室外水土保持及室外铺装工程2016年4月3日建筑分部工程通过验收、7月12日安装分部工程通过验收、8月20日道路铺装分部工程通过验收、8月30日园林绿化分部工程通过验收、9月8日合同项目工程通过完成验收。

（2）泰安局二级机构。2016年，泰安局完成土地招拍挂、项目立项、各类备案手续、规划许可、监理招标以及一期主体施工图审查工作。规划地上总建筑面积16 101m^2，分两期实施。其中，一期2450m^2为南水北调泰安调度分中心；二期为总调度中心业务用房13 651m^2。

（3）德州局二级机构。建设采取购置方式，选址定于德州市经济技术开发区三八东路与康博大道交汇处西250m路北东汇大厦。2015年5月27日南水北调东线山东干线有限责任公司与山东润昌置业有限公司签订东汇大厦房屋购置合同，完成装修和办公用具购置后，德州局二级机构于2016年8月4日入住办公。

（4）胶东局二级机构。采用购置方式实施二级机构管理设施建设工作，将山东省调水工程技术研究中心开发建设的邹平农林办公大楼（和润大厦）14、15层作为胶东局二级机构管理设施，两层面积合计为3533.36m^2。该办公大楼位于山东省邹平县鹤伴二路与醴泉七路交叉西南。2015年3月，胶东局二级机构管理设施14、15层办公楼基本装修完成，水电暖等办公设施已开通，因该楼未取得房屋测绘部门的测绘报告，未能正式签订购房合同，报经南水北调管理设施专项工程建设工作领导小组同意，先期在2014年12月签订《购置意向书》情况下，于2015年3月底入驻办公。2016年，南水北调东线山东干线有限公司与山东省调水工程技术研究中心正式签订《房屋买卖合同》。

（翟　雯　徐瑞华）

治污与水质

概　　述

东线治污

东线治污以控制工业和城市污染源为主，规划实施了城市污水处理厂、截污导流、点源治理等一系列治污工程及流域综合整治工程，形成“治理、截污、导流、回用、整治”一体化的治污工程体系。经过多年努力，东线治污取得了一定成效。江苏、山东两省控制单元治污实施方案确定的426项治污项目已经全部完工。其中包括214项工业点源治理项目，155项城市污水处理项目及再生利用项目，31项流域综合整治项目，26项截污导流项目。东线治污效果逐步显现，沿线入河排污总量呈明显下降趋势，输水干线水质得到持续改善。

江　苏　段

概　　况

南水北调东线一期工程江苏段利用大量现有京杭运河、三阳河、潼河、金宝航道、徐洪河等河道输水，实际是河网送水，输水线路复杂，途经许多城市，水质保护任务艰巨。为保障南水北调调水水质稳定达标，江苏省先后实施两批南水北调治污项目。第一批治污项目是根据《南水北调东线治污规划》（以下简称《治污规划》）及《南水北调东线江苏段14个控制单元治污实施方案》（以下简称《实施方案》）确定的102项治污项目，投资70.2亿元。主要包括工业点源治理项目65项、城镇污水处理工程项目26项、综合治理工程6项、截污导流工程5项（泰州市境内工程由地方实施，实际完成截污导流工程4项）。经过努力，2013年江苏省全面完成了《治污规划》和《实施方案》确定的目标任务，并通过了国务院南水北调工程建设委员会专家委员会组织的治污规划实施效果的总体评估。第二批治污项目是江苏省政府为确保干线水质稳定达标，在第一批项目基本完成的基础上确定的203个新增治污项目，规划总投资63亿元，主要包括新沂市、丰县沛县、睢宁县及宿迁市等4个尾水资源化利用及导流工程，丰县复新河、邳州张楼、高邮北澄子河等3个水质断面158个综合整治工程，27个污水处理厂管网配套工程以及沿线14个断面水质自动监测站等项目。截至2016

年底，第二批治污项目已基本建设完成。

（倪效欣）

环 境 保 护

（一）落实治污责任

江苏省政府多次召开南水北调水污染防治专题会议和工作现场会，将断面水质达标纳入政府目标责任书，明确沿线地方政府主要领导为第一责任人。推行“河长负责制”和“断面长制”，对影响南水北调的重点河流和断面，明确由市、县（市、区）政府一把手任“河长”“断面长”，负责辖区内河流的综合整治和长效管理，把水污染防治工作纳入综合考核指标体系，实行环保工作考核“一票否决制”和责任追究制；省环保厅多次召开专题会议研究部署，厅领导带队对沿线水质和治污情况进行现场督查，明确要求各地各部门加快工程建设，加大治污力度，确保水质稳定达标。细化明确针对重点断面水质异常责任地区通报、约谈、挂牌督办和区域限批要求；沿线各级党委政府高度重视，分别制定了流域治污工作方案，精心组织实施，形成了“政府主导、部门协作、全社会共同参与”的齐抓共管工作格局。

（二）重大行动方案

江苏省第十三次党代会上，省委书记李强提出“在南水北调沿线高起点规划建设江淮生态大走廊，以此为主轴构筑起江淮大地的生态安全屏障”，省委、省政府先后出台《“两减六治三提升”专项行动方案》《苏北苏中地区生态保护网建设实施方案》，均把打造南水北调东线清水长廊作为重点任务；省有关部门高度重视南水北调沿线生态保护修复工作，省财政厅、省国土厅、省环保厅等部门以南水北调东线为核心向国家有关部委积极申报“山水林田湖”生态保护修复试点工程；沿线各市均成立了“263”专项行动办公室，并结合实际制定行动方案，扬州市编制了《江淮生态大走廊建设规划》，淮安市正在编制《淮河生态经济带发展规划》，宿迁市正在编制《生态经济示范区发展规划》，徐州市也初步提出徐州参与江淮生态大走廊建设的总体思路、主要目标、主要任务和工作重点。

（三）生态保护红线管理

推进江苏省国家级生态红线划定工作，建立完善市、县生态空间管控制度。优化生态红线区域，对现有生态红线进行补充、优化、调整，做到应保尽保、规范管理。组织南水北调源头扬州市编制《南水北调东线水源地国家级生态保护区功能规划》，把输水干线周边地区共340km^2范围划定为核心保护区，大力实施植树造林和生态湿地修复，搬迁关停污染企业，严格保护三江营调水源头区水质。将引江河长江入河口划入泰州市生态红线保护一级管控区，禁止一切形式开发和建设活动，将引江河和新通扬运河两侧一千米范围划入泰州市生态红线保护二级管控区，禁止有损主导生态功能的开发建设活动。

（四）环境综合整治

一是调整产业结构，严把项目源头关。淘汰一批污染严重企业，坚持将南水北调沿线地区作为产业结构调整的重点区域，加大重污染行业专项整治力度，提高环保准入门槛。新建项目方面凡不属国家鼓励发展产业类的项目，不再平衡污染物排放总量，不再安排建设用地指标，不再享受政府性补贴和其他优惠政策，倒逼淘汰一批产业层次低、资源消耗高、环境污染重、安全风险大的劣质企业，结构性污染程度逐年改善。二是推动重点项目入园进区。坚持“在保护中开发，在开发中保护”，各开发区、工业园区严格实施区域规划环境影响评价，依照产业定位和规划要求，加强区域环境准入管理，确保污染物实现集中治理。对未经环保部门批准的项目，一律不准进入园区；对经环保部门批准，且投资额5000万元以上（不含土地费用）的新建化工项目，一律进入化工集中区建设。三是下大力整治农村环境。按照“六整治六提升”的要求，大力实施农村环境综合整治工程，扎实推进农村环境连片整治工作，在国家和省财政支持下，重点开展农村生活垃圾转运系统和生活污水处理工程建设。全面推进秸秆禁烧和综合利用，开展大规模的秸秆清运和沟渠河塘秸秆“禁抛”大检查，确保不出现秸秆下水污染水体事件。在沿线地区积极发展生态农业，建成无公害农产品、绿色食品和有机食品基地。四是持续推进“清水廊道”建设。坚持把尾水导流工程作为“清水廊道”建设的支点，进一步完善“清水廊道”建设，徐州、淮安、扬州、宿迁市截污导流工程以及丰县沛县、新沂市、睢宁县尾水导流工程已经全部投入运行。巩固输水干线排污口关闭清理工作成效，减少排污总量，真正从根本上防治了工业污染对调水工程的威胁。

（倪效欣）

治污工程进展

（一）尾水导流工程建设

第一批治污项目中包括截污导流工程共4项，分别为徐州、江都、淮安、宿迁市截污导流工程，现已全部完成并投入使用。第二批治污项目中包括尾水导流工程4项，分别为丰县沛县、新沂市、睢宁县和宿迁市尾水导流工程。目前，丰县沛县、新沂市、睢宁县尾水导流工程均已全部建设完成，各项验收正在积极进行中。宿迁市尾水导流工程初步设计报告于2016年12月14日获江苏省发展改革委批复，正抓紧开展建设准备工作。

（二）尾水导流工程运行管理

为保证兴建的尾水导流工程正常运行，充分发挥投资效益，江苏省高度重视尾水导流工程运行管理工作。尾水（截污）导流工程涉及4市17区县，截至2016年均已落实运行管理单位。第一批治污项目中徐州截污导流工程由徐州市截污导流工程运行养护处负责运行管理工作，江都截污导流工程由江都市截污导流工程运行管理处负责运行管理工作，宿迁截污导流工程由宿迁市区水务工程管理所负责运行管理工作。淮安市境内截污导流工程则采取属地管理的办法，由各区县水利局或水利局直属机构负责各自辖区内工程运行管理。第二批治污项目丰沛尾水导流工程中县区交界的闸站由徐州市截污导流工程运行养护处运行管理，其余工程由属地管理。睢宁尾水导流工程由睢宁县尾水导流工程管理服务中心负责运行管理。新沂市尾水导流工程由新沂市尾水导流管理所负责运行管理。宿迁市尾水导流工程已明确由宿迁市区水务工程管理处负责工程的运行管理工作。

（三）城镇污水处理设施建设

住房和城乡建设厅着力推进城镇污水收集管网及处理设施建设，不断提高污水处理设施运管水平。截至2016年，实现南水北调东线江苏段所在的苏中、苏北地区建制镇污水处理设施基本全覆盖，累计建成污水收集管网约9650km。

（江苏省南水北调办）

水质情况

江苏南水北调输水沿线正处于工业化、城镇化快速发展期，又位于淮河、沂沭泗流域下游，要承受自身发展和上游客水污染的双重压力，水污染防治压力很大。经省各有关部门及沿线各市的不懈努力，江苏南水北调一期工程输水干线水质满足《治污规划》和《实施方案》中规定的通水条件，在历次调水期间，水质均稳定达到地表Ⅲ类水标准。

（1）输水水质监督监测。江苏省环保厅每月对南水北调沿线15个控制断面开展水质监测与评价。调水期间严格执行加密监测制度，严密监控断面水质，强化水质监测预警，发现问题及时通报并跟踪整改情况。

（2）“双向补偿”。在太湖流域、通榆河沿线实行水环境区域单向补偿试点工作的基础上，江苏于2014年在全省各大流域选取了66个补偿断面，按照“谁达标、谁受益，谁超标、谁补偿”的原则全面实现“双向补偿”，2015年度全省补偿资金为4亿元，其中正向补偿3.2亿元，反向补偿0.8亿元；2016年度全省补偿资金为3.6亿元，其中正向补偿2.7亿元，反向补偿0.9亿元。

（3）污水处理设施建设。在完成《治污规划》确定的城镇污水处理设施建设任务后，江苏省住建厅继续着力推进城镇污水收集管网及处理设施建设，不断提高污水处理设施运管水平。截至2016年，实现南水北调东线江苏段所在的苏中、苏北地区建制镇污水处理设施基本全覆盖，累计建成污水收集管网约9650km。江苏南水北调输水沿线城镇污水处理能力已达282.5万m^3/日。

（4）危化品禁运监管。江苏省交通厅切实加强船舶污染防治及危化品禁运监管，“十二五”期间，为江苏航行于京杭运河江苏段的400t以上的运输船舶安装了船舶生活污水处理装置，并为江苏省籍危化品船舶安装了“船舶身份识别与轨迹传感器”船载终端。调水期间密切与江苏省南水北调办沟通，协调处理相关企业禁运矛盾，并提前发布年度调水预通告，提醒企事业单位做好生产准备，减少了禁运对沿线经济社会的影响。

（5）重大行动方案。江苏省第十三次党代会上，省委书记李强提出“在南水北调沿线高起点规划建设江淮生态大走廊，以此为主轴构筑起江淮大地的生态安全屏障”，省委、省政府先后出台《“两减六治三提升”专项行动方案》《苏北苏中地区生态保护网建设实施方案》，均把打造南水北调东线清水长廊作为重点任务。重视南水北调沿线生态保护修复。省有关部门高度重视南水北调水质保护工作，省财政厅、省国土厅、省环保厅等部门以南水北调东线为核心向国家有关部委积极申报“山水林田湖”生态保护修复试点工程。

（6）明确地方政府责任。沿线地方政府将南水北调断面水质达标纳入治污目标责任书，明确主要领导为第一责任人，把水污染防治工作纳入综合考核指标体系，实行“一票否决制”。以水质目标倒逼治污，建立水质达标“断面长制”，市、县两级政府负责同志担任“断面长”对断面水质和工程项目实行包干负责。

（7）水源地保护。扬州市编制了《南水北调东线水源地国家级生态保护区功能规划》，把输水干线周边地区共340km^2范围划定为核心保护区，搬迁关停污染企业，实施植树造林和生态修复。泰州市将引江河长江入河口划为生态红线一级管控区，禁止一切形式开发和建设活动。

（8）农村环境整治。依托国家试点支持，各地重点开展农村生活垃圾转运系统和生活污水处理工程建设。全面推进秸秆禁烧和综合利用，开展大规模的秸秆清运和沟渠河塘秸秆“禁抛”大检查，确保不出现秸秆下河污染水体事件。各市积极落实专项行动方案要求。沿线各市均成立了“263”专项行动办公室，并结合实际制定行动方案，扬州市编制了《江淮生态大走廊建设规划》，淮安市正在编制《淮河生态经济带发展规划》，宿迁市正在编制《生态经济示范区发展规划》，徐州市也初步提出徐州参与江淮生态大走廊建设的总体思路、主要目标、主要任务和工作重点。

按照《南水北调东线江苏段14个控制单元治污方案》要求，在调水干线设定14个水质控制断面，为更好掌握关键断面水质情况，江苏省又增加了淮安市洪泽湖老山乡断面，考核断面共15个。为加强对南水北调沿线水质的监控，江苏省环境监测中心组织对各考核断面水质开展每月一次的例行监测；调水期间对输水沿线夹江三江营、新通扬运河江都西闸、洪泽湖老山乡、徐洪河顾勒大桥、京杭大运河五叉河口、京杭大运河马陵翻水站、骆马湖骆马乡、骆马湖三场、京杭运河张楼、京杭运河蔺家坝等10个断面进行加密监测；对南水北调东线江苏段15个控制断面中已建水质自动监测站的12个断面（房亭河单集闸、淮河老子山、洪泽湖老山乡3个断面未建）进行自动监测。

2016年2～4月和12月调水期间加密监测结果显示，输水沿线10个断面以pH值、溶解氧、高锰酸盐指数和氨氮四项指标评价，水质均稳定达标。南水北调东线江苏段15个控制断面月度例行监测结果显示，以高锰酸盐指数和氨氮两项指标评价，2016年除7月外，其余月份所有断面水质均达标。

（倪效欣）

山　东　段

环　境　保　护

（一）水质监测

2016年1月8日，南水北调东线工程启动了2015～2016年度调水，分两轮累计调水146天，调水量6.02亿m^3。调水期间严格按照《山东省南水北调东线工程调水水质监测方案》，开展水质加密监测，监测数据显示输水干线的9个测点全部稳定达标。组织济宁、泰安市环保局和省环境监测站完成了2016年4、10月南四湖、东平湖水质空间监测，监测数据显示输水干线水质稳定达标、持续向好。6月7日，中央电视台新闻直播间栏目，以“最严标准换回鲁南明珠”为题报道了微山湖的污染治理成效。

（二）全链条水污染防治工作

（1）工业污染防治。组织开展“十小”企业排查和省级工业聚集区水污染治理，调水沿线各市共关停取缔“十小”企业105家；61个省级工业集聚区，已有47个建设了污水集中处理设施，并安装了在线监控设备，与环保部门联网，解决了企业直排对环境的污染。

（2）生活污水收集处理。2016年度，调水沿线各市新建污水处理厂11座，新增污水处理能力31.5万t，解决生活污水污染问题。

（3）饮用水水源保护。针对调水沿线环境安全、航运船舶、渔业养殖、农村污水垃圾等污染问题及个别区域总氮、氟化物、硫酸盐超标问题，编制实施《南水北调沿线及重要饮用水水源水质保障行动计划》，系统提升水质保障和安全防控能力，提炼梳理水源地规范化建设、生态修复、污染源治理等项目101个，总投资96.3亿元。

（4）沿线水污染治理。针对南水北调东线沿线38个控制单元，沿线各市初步提炼筛选了300个治污项目，总投资超过200亿元。2016年度，调水沿线济宁、临沂、菏泽3个市通过竞争性立项，争取国家水污染防治资金6亿元，用于治污项目的建设。

（山东省环保厅）

截 污 导 流 工 程

南水北调截污导流工程是南水北调东线第一期工程的重要组成部分，是贯彻“三先三后”原则的重要措施。山东省共21个截污导流项目，分布在主体工程干线沿线济宁、枣庄等7个地级市、30个县（市、区）。工程建设的主要目的是将达标排放的中水进行截、蓄、导、用，使其在调水期间不进入或少进入调水干线，以确保调水水质。2012年工程全部通过竣工验收并投入运行。

（一）临沂市邳苍分洪道截污导流工程

1. 工程概况

临沂市南水北调中水截蓄导用工程主要包括邳苍分洪道截蓄导用工程和引祊入涑工程两部分，是南水北调东线一期工程的附属工程，于2008年10月开工，2012年10月竣工，工程总投资3.94亿元，其中邳苍分洪道截蓄导用工程投资1.2亿元，引祊入涑工程投资2.74亿元。该工程位于临沂市兰山区、罗庄区、郯城县、兰陵县（原苍山县）等四区县境内，共有14座主要水工建筑物，主要工程类型为橡胶坝、拦河闸、节制闸、泵站等，年设计拦蓄中水3535万m^3，为沿线51.34万亩农田提供灌溉用水，同时向武河湿地、城内河道等提供生态补水。管理处于2008年11月成立，内设综合科、工程科、调度科、罗庄管理所、苍山管理所、郯城管理所、引祊入涑管理办。2013年3月临沂市南水北调中水截蓄导用工程管理移交至工程管理处，工程正式进入日常运行管理阶段。

2. 新增项目建设情况

2016年，邳苍分洪道完善项目建设完成，并通过了单位工程验收；引祊入涑省、市级专项资金维修工程和分涑入祊排涝泵站工程通过了竣工验收。

3. 工程调度运行

2016年以保证管理处所辖14处主要单位工程安全运行为主线，突出抓好工程运行维护和养护，保障出省断面水质安全。一是完善各项日常管理制度。进一步修订完善了日常调度运行、值班值守、安全检查等制度，出台了《临沂市南水北调工程管理细则（试行）》《临沂市南水北调绿化工程养护标准（试行）》《临沂市南水北调绿化工程养护管理考核办法（试行）》等工程管护标准和考核办法。二是实行工程管护项目"包干制度"。在总结近年来的运行经验和征询基层站所意见的基础上，出台了各所办工程项目养护"包干制度"和相配套的工作考核办法，明确了各自的包干责任。三是对机电设备、管理环境等硬件进行了完善提升。新建王庄橡胶坝备用发电机房、多福庄闸管理房，王庄橡胶坝管理站连通了自来水管网，对蒋史汪橡胶坝、廖家屯闸、多福庄闸机电设备进行了大修。四是引祊入涑工程安全鉴定工作有序推进。引祊入涑工程安全鉴定报告编制完成。五是规范工程养护经费招标工作。经临沂市财政部门批准，管理处按照政府采购程序和有关规定，完成了养护经费招标工作。六是完成闸坝注册登记工作。2016年，管理处对蒋史汪橡胶坝等8座南水北调闸坝工程进行了注册登记。七是全力做好市环保突出问题攻坚行动迎查工作的督导落实。根据临沂市水利局关于环保突出问题攻坚的统一部署，管理处班子细化了责任分工，成立了环保督导领导小组，多次会同临沂市环保局、罗庄区政府赴现场进行实地调查研究，查找亟待解决的突出问题和薄弱环节，现场办公破解难点，"跟进式"督导整改进度，限期清理了武河湿地内的河道阻碍物，解决了邳苍分洪道廖家屯闸、永安橡胶坝等闸坝中水溢流问题，有力保障了出省断面水质安全。

临沂市南水北调工程管理处充分发挥所辖工程的调节作用，最大限度地满足沿线农业灌溉、生态供水和中水水质改善要求，统筹协调各管理站所运行。2016年，管理处共调蓄水量约2亿m^3，其中导流中水5200万m^3，提供生态用水1.28亿m^3、农业灌溉用水2000万m^3，保障了临沂市出境断面水质安全。

（二）宁阳县洸河截污导流工程

1. 工程概况

宁阳县洸河截污导流工程位于南四湖主要入湖河流洸府河上游，涉及宁阳县境内洸河、宁阳沟两条河流。工程新建橡胶坝4座，提水泵站2座，铺设输水管道16km，扩挖河道15km，改建交通桥1座、生产桥6座。工程于2011年10月竣工，总投资5956万元。

2. 工程调度运行

2016年积极响应省市南水北调调水要求，确保洸河和宁阳沟两条河流下泄水量不超过122.1万m^3及水质指标达标。全面发挥工程“截、蓄、导、用”效益。

2016年度积极发挥工程灌溉效益，灌溉面积4.54万亩，5万多群众受益，惠及2个乡镇48个村庄。2016年截蓄水量1200万m^3，灌溉用水量1090万m^3。

（三）枣庄市薛城小沙河控制单元截污导流工程

1. 工程概况

薛城小沙河控制单元截污导流工程位于枣庄市境内，包括薛城小沙河、薛城大沙河和新薛河三条河道。主要建设内容：①新建朱桥、挪庄和渊子崖3座橡胶坝；②扩挖薛城小沙河、小渭河及小沙河故道回水段；③华众纸业中水导流管道；④小沙河堤外截渗沟。工程等别为Ⅲ等，主要建筑物级别为3级，临时建筑物级别为4级；小水库工程等别为Ⅴ等，主要建筑物级别为5级，临时建筑物级别为5级。工程概算总投资5675.63万元。

2. 工程调度运行

薛城小沙河控制单元截污导流工程由枣庄市南水北调局负责管理，枣庄市南水北调局委托枣庄智信瑞安水利工程管理有限公司具体实施调度运行管理工作。

2016年，按照工作要求，实施完成年度调度运行工作，并结合各项日常管理制度，对工程的节制闸、橡胶坝及泵站机组等及时进行维护、保养，确保了设备的正常运行。

2016年，枣庄市薛城小沙河控制单元截污导流工程拦截水量396万m^3，其中拦截中水290万m^3，天然径流106万m^3；增加水面面积1.8km^2，改善灌溉面积8.0万亩。

（四）枣庄市峄城大沙河截污导流工程

1. 工程概况

枣庄市峄城大沙河截污导流工程位于峄城大沙河上。主要建设内容：①新建大泛口、裴桥2座拦河闸；②在峄城大沙河分洪道处新建良庄橡胶坝1座；③对已建红旗闸和贾庄闸进行维修改造；④铺设3000m管道将台儿庄区中水排放改道入峄城大沙河。工程等别为Ⅲ等，主要建筑物级别为3级，次要建筑物级别为4级，临时建筑物级别为5级。工程概算总投资4465.88万元。

2. 工程调度运行

枣庄市峄城大沙河截污导流工程由枣庄市南水北调局负责管理，枣庄市南水北调局委托枣庄智信瑞安水利工程管理有限公司具体实施调度运行管理工作。

2016年，枣庄智信瑞安水利工程管理有限公司受枣庄市南水北调建管局委托，按照峄城大沙河控制单元中水截蓄导用工程初步设计的运行任务和运行指标，对所辖节制闸、橡胶坝及泵站等进行运行管理及日常维护、保养等工作，实现了正常运行，发挥了应有的效益。

2016年枣庄市峄城大沙河截污导流工程拦截水量2371万m^3，其中拦截中水1286万m^3，天然径流1085万m^3；增加水面面积2.2km^2，改善灌溉面积15.5万亩。

（五）滕州市北沙河截污导流工程

1. 工程概况

滕州市北沙河截污导流工程主要内容为：在北沙河干流新建邢庄、刘楼、赵坡、西王晁4座橡胶坝，河道扩挖治理8.3km；在4座橡胶坝上游各新建灌溉泵站1座及中水回用配套渠系。

2. 工程调度运行

为合理利用拦蓄河水，充分发挥工程效益，采取多种措施进行调度：一是建立了河水优先使用、地下水控制使用原则；二是优化了调蓄方式，加强了全河网联动调蓄能力，完善了各河道自上而下逐级调蓄衔接制度；三是做好统筹协调工作，在下游主灌区用水高峰期间，加大上游橡胶坝河水下泄量，在统筹下游主灌区用水的同时协调好上游用水需求，一系列举措有力保障了沿河各灌区粮食安全。

工程于2013年验收后交付滕州市河道管理处进行运行管理。

滕州市北沙河截污导流工程2016年全年度共拦蓄下泄中水1495.84万m^3，其中干线输水期间拦截下泄中水1307.96万m^3，总回用量900万m^3（其中灌溉回用量900万m^3）。2016年全年累计灌溉面积12万亩，通过中水灌溉回用，减少COD入河量304t，减少氨氮入河量31t。

（六）滕州市城漷河截污导流工程

1. 工程概况

城漷河截污导流工程主要内容有：新建东滕城、杨岗、吕坡、曹庄、于仓和北满6座橡胶坝，改建洪村、荆河、城南和南池4座橡胶坝，河道扩挖25.22km；在新建橡胶坝工程上游，各新建提水泵站6座，提水泵站流量8.34m^3/s；城漷河人工湿地净化工程总面积为2270.6亩。

2. 新增项目建设情况

2014年，根据滕州市委市政府安排，在杨岗橡胶坝与东滕城橡胶坝间建设新丰橡胶坝，同时埋设滕城和新丰2处涵洞排水管道，确保排水及时、畅通。

工程于2014年11月13日开始施工，2015年5月29日完工。

3. 工程调度运行

工程于2013年验收后交付滕州市河道管理处进行运行管理。

为合理利用拦蓄河水，充分发挥工程效益，采取多种措施进行调度：一是建立了河水优先使用、地下水控制使用原则；二是优化了调蓄方式，加强了全河网联动调蓄能力，完善了各河道自上而下逐级调蓄衔接制度；三是做好统筹协调工作，在下游主灌区用水高峰期间，加大上游橡胶坝河水下泄量，在统筹下游主灌区用水的同时协调好上游用水需求，一系列举措有力保障了沿河各灌区粮食安全。

滕州市城漷河截污导流工程2016年全年度共拦蓄下泄中水4405.61万m^3，其中干线输水期间拦截下泄中水3585.67万m^3，总回用量2664.6199万m^3（其中灌溉回用2050万m^3，工企业回用94.6199万m^3，湿地用水量520万m^3）。2016年全年累计灌溉面积46万亩，通过中水灌溉回用，减少COD入河量1133.1t，减少氨氮入河量98.7t。

（七）枣庄市小季河截污导流工程

1. 工程概况

工程位于枣庄市台儿庄区境内，包括小季河、台兰干渠、拦河闸、生产桥和中水回用等工程，主要建设内容：

（1）河道工程：对小季河、台兰干渠（兰祺河）、北环城河疏浚扩挖，用于接纳台儿庄区污水处理厂处理后达标排放的中水。小季河（0+786）～（5+765）段5.0km河道全线疏浚、底宽20m，在季庄西拦河闸以上至（5+765）段1.7km河底扩宽至40m；对台兰干渠（兰祺河）、北环城河（0+000）～（4+960）进行清淤，台兰干渠（兰祺河）（1+480）～（4+580）段3.1km扩宽至河底宽30m。

（2）拦河闸工程：在小季河（4+087）处新建季庄西拦河闸，维修小季河末端赵村站防洪闸，控制中水的拦蓄。维修胜利渠各支渠进水闸。

（3）中水回用泵站工程：新建陶沟桥、林桥、陈塘、邵庄中水回用灌溉泵站4座，改建斗沟灌溉泵站，配套泵站防渗渠道与原灌溉渠系衔接。

（4）生产桥工程：小季河沿线拆除重建生产桥6座。

（5）房屋建筑工程：新建小季河截污导

流工程管理所一处，主要包括管理房、院内道路硬化等附属设施。

工程于2009年3月开工建设，2011年11月6日完成竣工验收。

2016年利用结余资金103万元实施枣庄市小季河截污导流工程完善项目台涛河治理工程，工程于2016年6月完工。

2. 工程调度运行

2016年在南水北调调水期间，截污导流工程由区南水北调工程建设管理局统一管理、调度，实现区域产生的中水不进入调水干线、达到零排放标准，确保调水水质。

调水期间由区南水北调工程建设管理局调度，非调水期间（汛期、用水期）服从区防汛抗旱指挥部统一调度，通过季庄西拦河闸、赵村站防洪闸协调调度，拦蓄中水和上游产水、来水，壅高、控制水位在调水期间及非调水期间为农业灌溉以及城区生态景观提供水源。

2016年水稻灌溉1.2万亩灌溉用水423万m^3；冬小麦种植面积1.5万亩，灌溉用水135万m^3；城区生态用水60万m^3。累计全年通过截污导用工程拦蓄为灌溉、生态提供水源603万m^3，其中导用中水量283万m^3。

小季河截污导流工程实施完成后，地方政府投资相继建设了小季河湿地、小季河南堤道路混凝土路一期及彩色混凝土路面两期工程，小季河全线进行了绿化、亮化工程建设，2013年以来连续在小季河上举行台儿庄河钓大赛，沿小季河沿线举办了2016、2017年两届台儿庄半程马拉松赛事，已经成为人们旅游、观光、休闲的好去处。

（八）菏泽市东鱼河截污导流工程

1. 工程概况

工程位于菏泽市开发区、定陶、成武和曹县境内的东鱼河、东鱼河北支及团结河。

菏泽市东鱼河中水截污导流工程包括：新建雷泽湖水库、入库泵站、中水输水管道，扩挖东鱼河北支，在东鱼河北支新建张衙门、侯楼、王双楼拦河闸，利用袁旗营、刘士宽、杨店、马庄、邵堂、裴河、楚楼、肖楼拦河闸，在团结河新建后王楼、鹿楼拦河闸，利用东鱼河干流徐寨、张庄、新城拦河闸，拦蓄总库容3216.6万m^3。灌溉回用工程为：在雷泽湖水库新建李楼、贵子韩提水站，在东鱼河北支新建雷楼、侯楼、邵家庄、周店提水站，在团结河新建宋李庄、前朱庄、欧楼、鹿楼提水站，并开挖疏通站后输水渠道，维修涵洞1座。实际控制总灌溉面积132.4万亩，改善农田灌溉面积62.4万亩。

2. 工程调度运行

菏泽市南水北调工程建设管理局在建立健全工程运行管理制度的基础上，进一步强化管理考核和责任追究制度，加强对工程运行、水质状况的日常监测和巡查，并落实好相关责任人，确保了水质安全稳定、工程运行安全。为进一步加强工程设施管理，维护工程的安全和完整，管理局制定基础台账管理制度，设立工程设施登记台账，按照“统一领导、归口管理”的原则开展工作，并明确一名领导主管资产管理工作，内部各部门合理分工，明确职责，健全制度，做好工程设施的各项日常管理工作，做到及时更新，确保工程设施账面记录的真实完整。

菏泽市南水北调工程建设管理局利用工程的“截、蓄、导、用”功能，充分发挥工程经济社会及生态环保效益，在确保南水北调输水干线输水期间水质达到规定要求的同时，当地的水源涵养水平得到提升，水生态环境也得到有效改善。并且，着力抓好中水回用工作，为开发区的经济发展提供强有力的水利支撑，日均供水达4万m^3。

（九）金乡县截污导流工程

1. 工程概况

工程位于金乡县境内的大沙河、金济河、金鱼河。

工程主要内容：新建金济河郭楼橡胶坝、大沙河王杰节制闸、金马河金鱼河交汇口连庄涵闸、大沙河孔楼生产桥、大沙河马集涵闸、金济河右岸周桥排灌站、大沙河左岸石岗排灌站、维修加固大沙河右岸高庄排灌站，大沙河五级沟涵闸共计9处建筑物。

2. 工程调度运行

在调水期间，入输水干线河渠末级闸门关闭，全封闭挡水。农业灌溉用水原则优先使用地表径流、中水，不足补客水，控制使用地下水，采取全河网调蓄，自上而下，逐级调算，优化调度的方式；在下游灌溉高峰期间，上游节制闸加大泄量，尽量满足下游灌溉用水。

2016年度干线输水期间，中水不进入输水干线，总揽蓄量由1159.1万m^3增加到1479.6万m^3，总回用量由2375.9万m^3增加到2520.4万m^3。有效改善农田灌溉面积8.9万亩。截至2016年，所有工程运行良好，在干线输水期间，截污导流工程拦截城区工业企业和金乡县污水处理厂达标排放的中水814万m^3，通过中水灌溉回用，减少COD入河量549.6t，减少氨氮入河量94.8t。运行期间，工程拦蓄的中水，可有效回补地下水，对缓解地区水资源紧缺状况将起到积极作用，同时充分发挥工程截、蓄等方面的景观和生态功能，在2013~2016年利用金济河橡胶坝、莱河橡胶坝及大沙河王杰节制闸所拦蓄的上游河段成功申报金济河千寿湖省级水利风景区、金水湖省级水利风景区及金水湖国家级水利风景区。

（十）曲阜市截污导流工程

1. 工程概况

该工程位于曲阜市境内泗河支流沂河下游，分别在曲阜市沂河郭家庄、杨庄新建橡胶坝各一座，在橡胶坝上游分别新建提水泵站各一座，总库容达到253.1万m^3，灌溉农田7.7万亩，满足《控制单元治污方案》的要求。工程静态总投资2714.21万元。

2. 工程调度运行

曲阜市政府为确保调水水质和工程正常运行，成立了截蓄导用工程管理所。

2016年，曲阜市截蓄导用工程上游的两座污水处理厂每天排放达标中水引入到沂河公园、蓼河公园、人工湿地作为公园景观用水。满足公园用水后的下泄水进入截蓄导用工程郭庄橡胶坝拦截，启动提水泵站进行灌溉，在不灌溉时下泄水进入截蓄导用工程杨庄橡胶坝拦截，打开橡胶坝上游涵闸自流入平原水库，上游来水全部截蓄导用。自此截蓄工程没有下泄水排入输水干线。

（十一）嘉祥县截污导流工程

1. 工程概况

嘉祥县截污导流工程位于嘉祥县中部前进河、洪山河。工程涉及嘉祥县马村镇、万张镇、卧龙山镇、马集镇、嘉祥街道办事处五镇（街）。

工程等别为Ⅳ等，工程规模为小（1）型，河道工程和主要建筑物级别为4级，次要建筑物级别为5级。主要工程建设内容：疏通治理前进河、洪山河21.1km，洪山河局部扩挖0.645km，新建前进河拦河闸，改建曾点涵闸、洪山涵闸。

2. 调度运行情况

2016年，建立健全了管理制度和管理队伍。组建应急事件综合调度机构。为防止应急事件的发生，加大截污导流工程沿线巡查力度。同时，多方筹资对各涵闸再次进行了维修。

2016年南水北调截污导流工程总拦蓄水量1080万m^3，其中农业灌溉375万m^3，中水回灌面积2.5万亩，绿化浇灌63万m^3，侧渗补给地下水及水面蒸发损失约200万m^3，非调水期导入南四湖448万m^3。利用嘉祥县第一污水处理厂处理中水，通过洪山河分别向前进河、洪山河、龙祥河景观工程补水作为景观用水使用，2016年利用中水量90万m^3。

（十二）济宁市截污导流工程

1. 工程概况

工程位于济宁市任城区接庄镇、石桥镇。

济宁市截污导流工程对济宁市和高新区污水处理厂共计19m^3天达标排放中水进行联合调度。在南水北调调水期间（每年10月至翌年5月），最大限度地利用老运河湿地、洸府河湿地接纳中水，其余中水用做农田灌溉和进入蓄水区调蓄。工程建成后，每年调水期间可通过2万余亩农田灌溉回用和蓄水区拦蓄中水1144万m^3，是保障南水北调东线输水干线水质的一项重要工程措施。同时，对进一步改善济宁市城市水环境，促进全市经济社会与资源环境协调发展，具有十分重要的意义。工程总投资1.86亿元。

2. 新增项目建设情况

（1）济宁市截污导流蓄水区人工湿地水质净化工程。

为解决截污导流蓄水区蓄存中水对当地水环境的不利影响，改善区域生态环境质量，在蓄水区实施人工湿地项目，对蓄存的中水进行深度生态处理，使水质达到地表水Ⅲ类水标准，切实保障南水北调水质安全。人工湿地占地8797亩，批复总投资5813.16万元，是截污导流工程的续建和提升。该项目历经规划设计、可研批复、施工图设计、资金筹措及公开招投标等环节，于2013年9月正式开工，2016年6月底基本完工，工程分为先后两期，累计投入资金2500万元，且全部为环保专项资金。

工程运行以来，蓄水区水质得到极大改善，周边农业灌溉和中水工业回用得到有效保障。蓄水区初步呈现出水活流清、地绿路通、草木竞秀、百鸟争鸣的秀美景像，原来的中水库已变成现在的净水潭，当地环境大为改观，生态效益和社会效益突出。

（2）济宁市截污导流蓄水区人工湿地水质净化工程水质在线监测系统。

为动态管好截污导流工程，及时了解掌握不同地点水质变化情况，为科学调度管理提供数据支撑。经积极协调，争取环保资金300万元，用来建设水质在线监测系统。工程于2016年1月28日公开招标，6月底基本完工，仪器设备全部安装到位，功能调试正常，已经投入使用。

（3）山东兖矿集团济三电力有限公司供（退）水工程。

为进一步强化截污导流工程功能，更好地消化利用蓄存中水，实现水资源的优化配置和可持续利用，依据签订的中水供水协议，山东兖矿集团济三电力有限公司供（退）水工程于2014年5月开工建设，工程总投资2596万元。工程建成后，年供应中水350万m^3，接纳企业生产废水100万m^3。

2016年3月，工程全面建成并投入正常运行。截至2016年底，该工程已累计向企业供水210万m^3，接收企业退水45万m^3，实现直接经济收入180余万元。

3. 工程调度运行

在运行管理方面，根据济宁市人民政府会议纪要（济政纪〔2012〕27号）精神，采用“花钱买服务，养事不养人”的市场化运作模式。2015年底，截污导流工程运行管理第一个合同周期（合同周期为3年）到期终止。2016年1月，市南水北调局对下一个合同周期运行管理单位进行公开招标，中标单位为济宁市水利工程施工公司，负责工程日常运行和维护管理，保障工程发挥“截、蓄、导、用”功能和综合效益。合同期限自2016年2月1日起至2019年1月31日止。

截污导流工程始终保持安全正常运行，水质、水量符合设计要求，达到了预期效果，现已成为连接济宁市、高新区两个污水处理厂与老运河、洸府河人工湿地工程的重要枢纽，生态效益、经济效益和社会效益显著。2016年全年，截污导流工程通过加压泵站输送济宁市污水处理厂中水2400万m^3，蓼沟河节制闸拦蓄高新区污水处理厂中水2550万m^3，沿途利用中水灌溉农田3万亩次，消耗中水500万m^3。

（十三）微山县截污导流工程

1. 工程概况

微山县南水北调截污导流工程是南水北调东线第一期工程治污的重要组成部分，是为实现老运河微山段的水质控制目标和总量控制目标，通过新建拦蓄工程，在干线输水期间拦截微山县污水处理厂排放中水入老运河后，利用老运河渡口橡胶坝至新薛河段及其支流小新河、五公尺河等河槽拦蓄中水及小新河非汛期天然径流，并用于蓄水河道两岸现状2.8万亩农田灌溉，达到截污目标。调水期老薛王河天然径流由三河口闸拦截后，通过倒虹吸入下游老薛王河，最终排入南四湖。老运河总拦截能力167.5万m^3，批复概算总投资6505万元。

2. 工程调度运行

为做好南水北调截污导流运行管理工作，微山县南水北调工程建设管理局除按上级管理单位要求分时段定期完成导流控制性建筑物的管控外，还组织有关工程管理人员做好运行管理中的检测、巡查、检修工作，按规章制度上岗定位，规范操作，科学管理，确保南水北调截污导流工程安全运行管理。

在做好截污导流工程管理工作的同时，与水利局、环保局密切配合，做好了沿湖排污口的排放工作，加强了在南水北调输水范围内新建工程的监督工作。

2016年工程拦蓄中水530万m^3，中水回用510万m^3。

回用中水主要用于灌溉农业、园林和生态用水，累计产生经济效益4000多万元。

（十四）梁山县截污导流工程

1. 工程概况

梁山县南水北调截污导流工程位于济宁市梁山县中部，总库容330.6万m^3，灌溉面积4.5万亩。工程内容：梁济运河邓楼闸至宋金河入口河道扩挖28.472km；新建龟山河灌溉提水泵站；维修加固龟山河闸；拆除重建任庄、郑那里、东张博生产桥等。工程批准概算投资5336万元，建设工期为2年。

2. 工程调度运行

为了有效发挥梁山县中水截蓄导用工程功能，确保干线输水水质安全，多渠道促进中水回用，扩大中水回用途径，充分发挥工程截蓄等方面的灌溉、景观、生态功能，最大限度发挥其综合效益，结合流畅河湿地工程，利用中水向湿地补水，并可向湿地两岸农田提供灌溉用水。通过泵站把中水提入梁山风景区山北水库（水库面积800亩，蓄水量100万m^3）作为景观生态用水。扩挖梁济运河新成区段，建设了景观湿地工程，该工程规划设计下游从后孙庄大桥向上到张桥之间，全长约3.5km，扩大了中水水库蓄水能力100万m^3。

在工程运行期间，逐月详细记录工程拦蓄水位、水量、水泵开机时间、灌溉水量、闸门开启关闭时间、开启高度等运行数据。

汛期服从防洪调度，调水期服从干线调水的运行调度。

2016年度共拦蓄中水273.1万m^3，回用水量234.28万m^3，工程的运行满足设计要求，运行状态良好。

梁山县截污导流工程自建成以来，在拦蓄中水、排涝、抗旱、生态环境改善等方面发挥了重要作用，实现南水北调输水期年截蓄导用中水目标，改善自然环境。

通过河道拦蓄中水和其他水资源，为当地秋种和冬春抗旱保苗提供水源保障，在抗旱保春耕中发挥了重要作用，改善农田灌溉面积20万亩，为缓解区内作物旱情和农作物丰收创造了条件，发挥了巨大的工程效益。

（十五）鱼台县截污导流工程

1. 工程概况

工程位于鱼台县的唐马、谷亭镇境内。

工程主要内容：新建唐马拦河闸工程、中水管道工程、维修加固西支河郭楼涵闸、惠河林庄涵闸。

工程新建输水管道全长6.5km，设计流量

0.35m^3/s，唐马拦河闸总净宽160m，设计蓄水位34.62m，拦蓄库容1095万m^3。

鱼台县截污导流续建工程于2016年1月完成招投标工作，现工程施工已基本完成，正在进行工程资料的整理。工程建设内容包括：新建管理所及管理区监控系统工程，唐马拦河闸机电设备、金属机构设施维护保养及附属设施的修缮防护工程，输水管道安全防护工程，回用排灌站工程修缮与维护，唐马拦河闸管理与保护范围内的水土保持和环境绿化工程等。

2. 工程调度运行

鱼台县截污导流工程每年6月1日~9月30日可以开闸放水，其他时间关闭闸门拦蓄中水。

工程新建输水管道全长6.5km，设计流量0.35m^3/s，唐马拦河闸总净宽160m，设计蓄水位34.62m，拦蓄库容1095万m^3。通过灌溉回用在南水北调工程输水期间，每年消减COD、氨氮分别为505.3t和110.0t。

鱼台县污水处理厂和企业达标排放的中水通过中水管道全部蓄存于唐马拦河闸上游，利用河道的自净能力对中水进行再处理，美化区域环境，提高水质标准；通过现有排灌设施溉灌农田7.6万亩，改善了农田灌溉条件，提高了农田灌溉保证率，增加了工程所在地的防洪效益、除涝效益、灌溉效益、生态效益及城乡景观效益；同时在一定程度上改善了当地的基本生活设施，提高了当地居民的生活水平，推动了当地的经济发展，也有利于维护鱼台县经济、社会的稳定和发展，具有十分显著的经济效益、社会效益和环境效益。

（十六）武城县截污导流工程

1. 工程概况

工程位于德州市武城县、平原县境内。

武城县中水截蓄导用工程主要建设内容包括：六六河河道清淤疏浚5.2km，重建利民河东支郑郝节制闸，新建六六河东大屯闸，新建北支沟、棘围沟、青龙河、改碱沟、甜水铺支流节制闸，新建小董王庄沟、姜庄沟涵闸，新建后程倒虹吸1座，维修六六河与利民河东支、洪庙沟、头屯南干沟、改碱沟、棘围沟、北支沟交汇处以及头屯南干沟、洪庙沟、赵庄沟末端共9处涵闸。形成河道拦蓄库容186.94万m^3，改善农田灌溉面积2.25万亩。

2. 工程调度运行

根据调度运行统计表统计，2016年全年武城县截污导流工程共拦蓄水量223万m^3，其中回用中水量184.16万m^3，用于农业灌溉77.73万m^3、景观8.05万m^3、生态62.72万m^3、其他35.66万m^3。

（十七）夏津县截污导流工程

1. 工程概况

工程位于夏津县城北六五河流域。

夏津县截污导流工程是将县污水处理厂处理后的中水经三支渠输送到城北改碱沟及青年河，利用河道上的节制闸对中水实现层层拦蓄，形成竹节水库，在农田灌溉季节实现中水灌溉回用，主要工程建设内容包括清挖三支渠6.23km，重建桥梁16座，提水泵站2座，涵管12座，节制闸3座，维修节制闸1座，工程等级为四等，抗震强度为6度。核定工程总投资2505.86万元，夏津县截污导流工程总调蓄能力171.8万m^3。

夏津县南水北调截污导流工程完善项目于2016年5月开工建设，于2016年12月完工。是通过对胜利渠及支渠进行渠道清淤并修建阎庙南泵站，减少中水对青年河的蓄水压力，同时解决附近两个乡镇的农田灌溉问题。该工程是在闫庙村南侧胜利渠上新建泵站一座，并对胜利渠及其支渠清淤，清淤长度12.207km。

2. 工程调度运行

夏津县截污导流工程的任务与目标是：在该控制单元全部完成治污工程的前提下，为实现七一河至六五河的水质控制目标和总量控制目标，通过新建拦蓄工程，水平年干线输水期间可拦蓄城区下泄尾水 546.8 万 m^3，通过中水灌溉回用，减少 COD 入河量 546.8t，减少氨氮入河量 82.1t，实现污染物零入河的目标。

夏津县截污导流工程实施后，通过河道多级拦蓄，增加蓄水量 707.85 万 m^3，增加水面面积近 0.7km^2，不仅补有利于改善当地小气候及农业灌溉条件，而且利用中水灌溉，还可以减少地下水的开采量，改善了当地水环境和生态环境。

2016 年，工程拦蓄中水量 336.4 万 m^3，灌溉用水 144.8 万 m^3，灌溉面积 2.2 万亩。通过新建拦蓄工程，水平年干线输水期间可拦蓄城区下泄尾水 546.8 万 m^3，通过中水灌溉回用，减少 COD 入河量 546.8t，减少氨氮入河量 82.1t，实现污染物零入河目标，保证了南水北调东线一期工程的供水水质。

（十八）临清市汇通河截污导流工程

1. 工程概况

南水北调东线第一期工程临清市汇通河截污导流工程位于临清市城区。其主要任务是将污水处理厂处理后的中水改排，不再排入临清六分干，以保证南水北调输水干线水质，中水排放规模 6 万 t/天。另外，市区原排入六分干的城市非汛期雨涝水不再排入六分干，进行改排。

临清市汇通河截污导流工程主要建筑物级别为 4 级，次要建筑物级别为 5 级。穿卫运河大堤涵闸按所在堤防工程的级别确定为 2 级。

工程主要建设内容包括：新建红旗渠入卫穿堤涵闸 1 座。北大洼水库至大众路口铺设管线长度 417m（单排 ϕ2000mm 管）；顶管管线长度 85.15m（双排 ϕ1500mm 管）。大众路口至石河铺设管线长度 2159.25m（双排 ϕ2000mm 管）。红旗渠 4.03km 河道清淤疏浚及红旗渠纸厂东公路涵洞、红旗渠纸厂 1 号公路涵洞、红旗渠纸厂 2 号公路涵洞、红旗渠纸厂 3 号公路涵洞 4 座过路涵改建。

为了节制中水流入夏津影响南水北调干线输水水质，完善临清市汇通河截污导流工程存在的不足，需要在临清十八里干沟入口及临夏边界建设节制建筑物。南水北调东线第一期工程临清市汇通河截污导流工程完善项目经山东省南水北调工程建设管理局以鲁调水局保字〔2016〕1 号文批准建设，主要建设内容包括渠道清淤工程：①十八里干沟清淤长度 5.22km，清淤土方 7.26 万 m^3；②西支渠清淤长度 1.5km，清淤土方 4.12 万 m^3；③中支 1 渠清淤长度 1.3km，清淤土方 2.76 万 m^3；④中支 2 渠清淤长度 1.6km，清淤土方 3.56 万 m^3；⑤东支渠清淤长度 1.73km，清淤土方 5.67 万 m^3。建筑物工程：①十八里干沟入口闸工程；②西支渠北朱庄闸工程；③中支 1 渠小屯西闸工程；④中支 2 渠小屯闸工程；⑤东支渠柴庄闸工程。该项目于 2016 年 6 月 5 日正式开工建设。

2. 工程调度运行

临清市污水处理厂处理后的中水进入红旗渠后，在红旗渠末端利用两孔 1.5m × 2.5m 涵洞向南输水入北大洼，在北大洼南通过铺设完成的管道穿过北环路后，向西至大众路口，再沿大众路已铺设完成的两排管道向南输水入汇通河。从汇通河输水入新河段，通过胡家湾涵洞输水入胡家湾水库，用于灌溉周边农田。另外，在红旗渠西首建卫运河穿堤涵闸，临清市城区中北部的非汛期涝水通过新铺设的管道和红旗渠汇流后排入卫运河。

临清市汇通河截污导流工程的建成，使污水处理厂处理后的中水，通过红旗渠、北大洼水库、北环路埋管、大众路埋管、汇通河（小运河）、胡家湾水库连成一体，形成了城区大水系，既改善了城区水环境，富余水量又可灌溉周围农田，具备了截污导流工程的“截、蓄、导、用”功能，削减污染物，使其在调水期间不进入调水干线，确保了调水水质。

2016 年度拦蓄中水 2190 万 m^3，回用中水 2190 万 m^3，其中灌溉用水 1290 万 m^3、景观用水 120 万 m^3、生态用水 730 万 m^3、其他用水 50 万 m^3。

（十九）聊城市金堤河截污导流工程

1. 工程概况

工程位于聊城市阳谷县、东阿县、东昌府区境内。

工程主要内容：新开小运河至郎营沟渠道，疏通治理 3.7km；扩挖郎营沟，疏通治理 22.3km；扩挖郎营沟至四新河渠道，扩挖 2.3km。新建马湾节制闸、马湾排水涵闸工程，改建油坊穿涵工程，新建、重建桥梁、涵闸、渡槽等小型建筑物。

山东省发展改革委批复的聊城市金堤河截污导流工程初概算总投资 4839.6 万元。2012 年 10 月工程完工财务决算核定完成投资 3896.59 万元。

为加强工程管理和中水回用力度，使其更好地发挥综合效益，利用工程招标结余资金和基本预备费，实施了金堤河截污导流工程后续治理项目，于 2015 年完工。

2. 工程调度运行

聊城市金堤河截污导流工程全长 65km，跨全市 5 县（区），运行管理工作按照属地管理的原则，由市、县南水北调办事机构分级管理，即由市南水北调局负责总体协调调度管理，导流渠道沿线县（区）南水北调办事机构（包括阳谷县、东阿县、江北水城旅游度假区、经济技术开发区和高新技术产业开发区 5 县区）进行日常管理，具体负责对导流渠道输水水质、水位、流量等项目的检测，并对堤防和建筑物的管护和维修等；在南水北调调水期服从省南水北调项目法人调度，汛期依照聊城市防汛抗旱指挥部统一调度。

2016 年，按照运行调度原则，利用聊城市金堤河截污导流工程及其续建项目，将金堤河、小运河上游来水拦截、导流排入徒骇河，保障了南水北调工程输水干线水质。

同时，通过对河道的新挖、扩挖及提防的加固和生产桥的建设，扩大了河道的过水能力，提高了当地的防洪标准，也给沿岸群众的交通运输带来了方便。同时，增加了农田灌溉用水条件，改善了当地生产生活环境条件，提升了工程范围内的生态环境质量。

（翟　雯　徐瑞华）

拾 中线工程

THE MIDDLE ROUTE PROJECT
OF THE SNWDP

综 述

干 线 工 程

工 程 投 资

（一）投资批复

1. 项目批复情况

中线干线工程9个单项76个设计单元工程的初步设计已于2016年底前全部批复，其中土建设计单元工程67个，自动化调度系统、工程管理专题等设计单元工程9个。2016年共批复专题项目投资5.46亿元，其中动用特殊预备费的京石段漕河渡槽和邢石段槐河（一）渠道倒虹吸防护工程投资0.53亿元，中线干线防洪防护应急工程投资4.93亿元。

2. 投资批复情况

截至2016年底，中线干线9个单项工程批复总投资共计1500.26亿元。按时间和项目批复详细情况如下：

（1）按投资类型划分。批复投资1500.26亿元，其中静态投资1256.69亿元，动态投资243.57亿元［贷款利息86.55亿元，建设期已批复价差91.23亿元，重大设计变更52.82亿元，征迁新增投资3.29亿元，待运行管理维护费4.22亿元、防护应急工程4.93亿元、京石段漕河渡槽和邢石段槐河（一）渠道倒虹吸防护动用特殊预备费0.53亿元］。

（2）按时间划分。2003年批复投资8.26亿元，2004年批复166.15亿元，2005年批复35.73亿元，2006年批复25.59亿元，2007年批复8.29亿元，2008年批复195.71亿元，2009年批复381.85亿元，2010年批复452.30亿元，2011年批复48.18亿元，2012年批复51.77亿元，2013年批复74.92亿元，2014年批复30.06亿元，2015年批复15.99亿元，2016年批复5.46亿元。分别占批复概算总投资的比例为0.55%、11.07%、2.38%、1.71%、0.55%、13.06%、25.45%、30.15%、3.21%、3.45%、4.99%、2.00%、1.07%、0.36%。

（3）按项目划分。京石段应急供水工程批复投资229.96亿元，漳河北—古运河段工程批复投资250.71亿元，穿漳河工程批复投资4.42亿元，黄河北—漳河南工程批复投资242.18亿元，穿黄工程批复投资34.34亿元，沙河南—黄河南工程批复投资304.33亿元，陶岔渠首—沙河南工程批复投资307.40亿元，天津干线工程批复投资106.14亿元，中线干线专项工程批复投资20.25亿元，利用特殊预备费工程批复投资0.53亿元。分别占批复总投资的比例为15.33%、16.71%、0.29%、16.14%、2.29%、20.29%、20.49%、7.07%、1.35%、0.04%。

（二）投资计划下达

截至2016年底，国家累计下达中线干线工程投资计划共1492.18亿元，占批复投资1500.26亿元的99.46%。其中，2016年下达京石段漕河渡槽和邢石段槐河（一）渠道倒虹吸防护投资计划5280万元，资金来源为国家重大水利工程建设基金。

（1）按资金来源划分。中央预算内投资111.12亿元，中央预算内专项资金（国债）80.85亿元，南水北调基金161.25亿元，银行贷款329.71亿元，重大水利工程建设基金809.25亿元。分别占累计下达投资计划的比例分别为7.45%、5.42%、10.81%、22.10%、

54.23%。

（2）按时间划分。2003 年下达 2.30 亿元，2004 年下达 35.69 亿元，2005 年下达 48.55 亿元，2006 年下达 71.49 亿元，2007 年下达 72.10 亿元，2008 年下达 100.75 亿元，2009 年下达 114.02 亿元，2010 年下达 181.34 亿元，2011 年下达 227.21 亿元，2012 年下达 344.12 亿元，2013 年下达 234.80 亿元，2014 年下达 42.65 亿元，2015 年下达 16.62 亿元，2016 年下达 0.54 亿元，分别占累计下达投资计划的比例分别 0.15%、2.39%、3.25%、4.79%、4.83%、6.75%、7.64%、12.15%、15.23%、23.06%、15.74%、2.86%、1.11%、0.04%。

（3）按项目划分。京石段应急供水工程下达投资计划 225.33 亿元，占批复投资的 97.99%；漳河北—古运河段工程下达投资计划 249.87 亿元，占批复投资的 99.66%；穿漳河工程下达投资计划 4.37 亿元，占批复投资的 98.87%；黄河北—漳河南段工程下达投资计划 239.83 亿元，占批复投资的 99.03%；穿黄工程下达投资计划 34.34 亿元，占批复投资的 100%；沙河南—黄河南段工程下达投资计划 303.59 亿元，占批复投资的 99.75%；陶岔渠首—沙河南工程下达投资计划 306.23 亿元，占批复投资的 99.62%；天津干线工程下达投资计划 105.57 亿元，占批复投资的 99.47%；中线干线专项工程下达投资计划 22.52 亿元，占批复投资的 111.20%；利用特殊预备费工程下达投资计划 0.53 亿元，占批复投资的 100%。

（三）投资完成

截至 2016 年底，累计完成投资 1484.60 亿元，占批复总投资的 98.96%，占累计下达投资计划的 99.49%。其中，2016 年完成投资 1.88 亿元。

（1）按时间划分。2004 年完成投资 1.91 亿元，2005 年完成 3.60 亿元，2006 年完成 73.69 亿元，2007 年完成 62.23 亿元，2008 年完成 33.00 亿元，2009 年完成 111.10 亿元，2010 年完成 208.10 亿元，2011 年完成 231.03 亿元，2012 年完成 387.14 亿元，2013 年完成 312.22 亿元，2014 年完成投资 48.41 亿元，2015 年完成投资 10.29 亿元，2016 年完成投资 1.88 亿元。各年度完成投资占年度下达投资计划的比例分别为 5.35%、7.42%、103.08%、86.31%、32.75%、97.43%、114.76%、101.68%、112.50%、132.97%、113.50%、61.94%、356.67%。

（2）按项目划分。京石段应急供水工程完成 218.043 亿元，占下达计划的 95.80%；漳河北—古运河段工程完成投资 251.72 亿元，占下达计划的 100.74%；穿漳河工程完成 4.25 亿元，占下达计划的 97.25%；黄河北—漳河南段工程完成 247.39 亿元，占下达计划的 103.15%；中线穿黄工程完成 36.56 亿元，占下达计划的 106.46%；沙河南—黄河南段工程完成 296.45 亿元，占下达计划的 97.65%；陶岔渠首—沙河南工程完成 303.79 亿元，占下达计划的 99.20%；天津干线工程完成 102.55 亿元，占下达计划的 97.14%；中线干线专项工程完成 23.86 亿元，占下达计划的 117.86%。

（宋广泽　张慎强　武晓芳）

工　程　管　理

2016 年，中线建管局组织制定《南水北调中线干线工程土建和绿化工程维修养护管理办法（试行）》《南水北调中线干线工程土建和绿化工程维修养护工作内容手册》，明确了维修养护职责；组织制定《南水北调中线干线渠道工程维修养护标准（试行）》《南水北调中线干线输水建筑物维修养护标准（试行）》《南水北调中线干线左排建筑物维修养护标准（试行）》《南水北调中线干线泵站维修养护标准（试行）》《南水北调中线干线工程土建项目维修通用技术规程（试行）》等，制订了工程维护标准，验收办法；审核编制2017年度土建和绿化工程维修养护日常项目、专项项目预算；及时组织汛期水毁项目修复工作，对可以纳入日常项目的水毁项目要求现场尽快实施，对于需要纳入专项项目的水毁项目，逐项现场排查，下达计划和预算资金；组织完成停水检修必要性研究；组织排空两个倒虹吸，分析研究输水倒虹吸淤积情况。

（肖文素　孙　义）

运行调度

（一）月水量调度方案

中线建管局与中线水源公司及四省市建立输水调度协调机制，在国家水行政主管部门下达年度水量调度计划后，每月协调各省市上报月水量调度计划，结合实际工况，制定月水量调度方案，并组织实施。在实施过程中，密切与沿线受水区沟通协调，确保计划执行到位。

（二）水量调度工作

一是按照年度水量调度计划编制年度输水调度实施方案，为全线输水调度工作提供技术支撑；二是每月根据月水量调度方案，编制月输水调度实施方案，提出月输水调度策略，用以指导日常的输水调度工作；三是为确保冰期输水安全，组织编制冰期输水调度方案，确定了冰期运行水位、控制流量、提出冰期运行调度策略等，确保冰期输水平稳安全。

（三）应急调度预案

针对工程运行实际情况，修订完善应急调度预案：一是修订了应急调度策略及应急调度响应流程，更新各单位联络信息，建立应急联动协调机制等；二是对可能发生的各类突发事件进行典型案例分析，在此基础上编制完善了各类突发事件应急调度方案，突出时效性，提高应急处置能力。

（四）输水调度规范化管理活动

2016年3～5月份组织各级输水调度机构开展为期三个月的“抓规范、上水平、保运行”输水调度安全生产主题活动的基础上，根据《南水北调中线干线工程运行管理规范化建设实施方案》，印发了《输水调度规范化管理活动实施方案》，强力推进输水调度值班岗位规范化管理工作。3月11日、6月30日及9月30日，先后印发了《南水北调中线干线输水调度管理工作标准（修订）》《南水北调中线干线输水调度工作补充要求》《南水北调中线干线工程输水调度业务指导书（修订）》，从而对全线输水调度业务标准和工作流程等做出进一步明确。7月8日、10月31日，先后印发了《南水北调中线建管局总调中心管理办法（试行）》《南水北调中线建管局分调中心管理办法（试行）》《南水北调中线建管局现地管理处中控室管理办法（试行）》，进一步规范了各级调度值班场所进出规定以及设备设施管理、安全管理、保密管理和环境卫生管理等规范化管理要求，有效保障输水调度安全。10月中下旬，根据《南水北调中线干线工程建设管理局输水调度业务工作手册》《南水北调中线干线工程突发事件应急调度预案（修订）》等输水调度制度，编制并下发值班长岗和值班员岗笔试和现场考试题库，完成了各分局输水调度值班长、值班员选拔初考和补考试卷组卷及现场监考等工作，有效推动了输水调度人员持证上岗规范化管理工作。

（李立群　刘　爽　周　梦）

工程效益

（一）北京市

中线工程通水以后，北京市主力水厂使用南水置换密云水库水，两年累计减少出库水量近10亿m^3。同时，通过南水北调来水调入密云水库调蓄工程，密云水库蓄水量已超过16亿m^3，创2000年以来的蓄水新高。北京市接纳南水北调来水的水厂共七座，日供水总规模超过300万m^3，中心城区供水安全系数由1.0提升至1.2，全市直接受益人口超过1100万。

（二）天津市

截至2016年底，南水北调中线工程供水区范围涵盖天津市中心城区（和平区、河北区、河东区、河西区、南开区、红桥区）、环城四区（东丽区、西青区、津南区、北辰区）、滨海新区及静海区、武清区、宝坻区等14个行政区部分区域，供水人口752万人，供水量占天津城市供水（引滦、引江联合供水）的87%。

（三）河北省

2016年度供水量较2015年有明显提高，43座水厂已实现江水切换，受益总人口约1000万。2016年4月中线工程通过石津干渠向衡水市引应急抗旱灌溉水量4710万m^3。

（四）河南省

2016年，南水北调中线工程供水区范围实现了南阳、漯河、平顶山、许昌、郑州、焦作、新乡、鹤壁、濮阳、安阳、周口11个省辖市及邓州市、滑县2个省直管县市等规划受水区通水全覆盖，1800万城镇居民用上了优质的丹江水。

（李立群　陈　宁）

建设管理

2016年，南水北调中线工程进入全面平稳运行阶段，土建工程建设主要以尾工建设扫尾和防洪防护项目建设为主。

中线建管局于2016年年初对全线剩余尾工项目进行梳理，剩余尾工项目主要为辉县段黄水河支倒虹吸至西孟庄低洼地截（导）流沟、新卫一标王门村倒虹吸尾水渠、焦作2－5标中铝工企站铁路桥左右岸防洪影响处理工程、荥阳段枯河河道与枯河倒虹吸交叉部位枯河连接工程。剩余尾工涉及征地拆迁、资金分摊等事宜，中线建管局与地方政府、调水部门等单位建立工程建设联系机制，协调解决存在的问题，不断推进工程建设，辉县段黄水河支倒虹吸至西孟庄低洼地截（导）流沟、新卫一标王门村倒虹吸尾水渠、焦作2－5标中铝工企站铁路桥左右岸防洪影响处理工程按期完成，荥阳段枯河河道与枯河倒虹吸交叉部位枯河连接工程已与荥阳水务局就分摊资金和建设内容达成一致，确保2017年汛前完成。

十里河渠道倒虹吸防洪防护工程、沧河倒虹吸防洪防护工程、部庄沟排水倒虹吸尾水渠整治工程等防洪防护项目是为解决河床变化、左排出口不畅等造成汛期工程存在安全隐患，中线建管局高度重视防洪防护项目，与河南省南水北调办、河南省南水北调建管局合力推动项目建设，十里河渠道倒虹吸防洪防护工程按期完成项目建设，沧河倒虹吸防洪防护工程完成主体工程建设，部庄沟排水倒虹吸尾水渠整治工程完成征地事宜并完成排水通道开挖成型，保障了工程度汛需要，预计2017年汛期全部完成。

（郝清华）

科学技术

按照《南水北调中线干线工程科技项目管理办法》，对已批复立项的科技项目，强化科技项目责任管理，加强过程监控。并以问题为导向，组织开展2016年度科技项目征集和立项工作，继续发挥科技支撑保障作用。组织对穿黄工程三维数字实景模型及应用研究、南水北调中线冰凌观测预报及应急措施关键技术研究、中线一期工程总干渠煤矿采空区渠段变形监测及稳定性研究、大型预应力U形预制槽1∶1原型试验和预应力张拉试验研究等项目成果进行了技术评审。组织开展了2016年度科技项目建议征集和立项工作，共征集科技项目建议47项，经专家评审，研究批复“总干渠油污拦截、清除设备研究”等9项科技项目立项研究。

（姚　雄）

征地移民

定期统计临时用地返还进度，分析每个地块存在的具体问题，研究制定解决措施，现场督促协调有关单位及时处理，攻克了一大批难点地块，如：河北邢台方等取土场、河南新乡庞村弃渣场等等。2016年全年累计返还5620亩，中线干线工程完工以来累计返还34.10万亩，全线临时用地返还工作全部完成。

办理河南、河北的林地手续和土地组卷报批手续，协调处理了矿产压覆问题、未批先用问题、补充耕地问题等，截至2016年底，河南、河北的土地组卷已经报送至国土资源部待批。

参与北京、天津的征迁验收各项工作，截至2016年底，北京境内、天津境内工程征迁安置工作已经通过验收。

（常志兵）

环境保护

进一步加强了水土保持和环境保护专项验收管理工作。2016年2月，天津干线工程顺利通过了水利部的水土保持设施竣工验收。11月，天津干线工程顺利通过了环保部的环境保护设施竣工验收。

进一步加快了绿化一期工程剩余项目、变更索赔和后期养护等后续扫尾相关工作。按照合同约定，全线共计11个施工标段于2016年基本完成了第一阶段的养护管理任务。同时，所有标段的变更索赔处理工作也已基本完成。防护林及绿化一期工程历经一年建设及一年养护，现场绿化效果逐渐显现，保水保土、水质保护和防风防沙等作用也已逐步得到发挥。根据沿线防护林立地条件，并深入结合沿线生态带建设，在总结一期防护林及绿化工程和绿化试点实施经验基础上，遵循“宜林则林、宜草则草、经济实用、便于维护”的实施原则，积极探索绿化建设模式的创新，充分利用社会资本，在2016年谋化做好剩余的防护林及绿化项目的实施。

（郭雪峰　刘洋洋）

工程验收

2016年，工程验收主要围绕跨渠桥梁竣工验收和移交、委托（代建）项目移交接管及设计单元工程完工验收前期准备等工作开展。

（1）跨渠桥梁竣工验收和移交。全线1238座桥梁，除焦作市2座桥梁未完成移交外，其余已全部完成移交；此外，跨渠桥梁竣工验收工作全面推进，已完成283座。

（2）委托（代建）项目移交接管。积极推动河南境内委托项目移交接管工作，就有关事宜同河南建管局多次协商，2016年9月底，顺利完成了河南委托项目移交接管工作。除北京段委托项目移交工作正在协商外，全线其他段委托和代建项目移交接管工作已全部完成。

（3）设计单元工程完工验收前期准备。一是按照国务院南水北调办下发的验收总体计划，全面推进专项验收工作开展，截至2016年底，水保验收已完成穿漳河工程、天津干线工程、京石段工程北段3个单项工程，环保验收已完成天津干线工程、京石段工程2个单项工程，消防设施验收已完成16个设计单元工程，档案验收已完成26个设计单元工程，征地补偿与移民安置验收已完成京石段应急供水工程（北京段）和天津干线工程天津段。二是为保障完工验收工作顺利开展，

2016 年 10 月制定了完工验收保障方案，并对完工验收计划进行了调整。

（刘敬洋）

工程审计与稽察

2016 年，中线建管局配合国务院南水北调办专项审计 5 次，组织开展内部审计稽察活动 3 次，组织开展工程建设举报事项调查 48 项。

（1）外部审计稽察配合，组织有关部门和单位配合国务院南水北调办开展了 2015 年度建设资金专项审计、“三公”经费财务专项检查、内部审计质量复审、中线建管局原局长经济责任审计等审计工作，继续借助外部监督力量促进管理水平持续提高。每项审计过程中，认真做好配合服务工作，及时组织有关各方对审计事项进行充分沟通和深入交流，努力做到了边审边改、立行立改；审计整改意见下达后，组织各部门各单位认真开展问题整改工作，除个别事项受整改周期影响正在整改外，其他整改意见均已按期按质整改落实到位；同时督促有关单位以审计整改为契机，举一反三，全面排查，消除隐患，最大限度地利用外部审计监督促进各单位管理水平的提高。

（2）内部审计稽察活动，组织开展了 2015 年全线渠道边坡除草专项审计、分局工资薪酬及津贴发放情况审计调查、全线改性土及抗滑桩变更项目处理情况自查自纠等内部审计稽察，通过发现问题和督促整改，及时消除资金使用安全隐患。除草专项审计对全线各管理处 2015 年渠道边坡除草实施情况逐一进行了审计复核，对发现的 25 类 99 项问题，督促相关单位认真整改落实，该扣款的扣款，该完善的完善，所有问题全部按期整改到位，为规范后续渠道绿化养护管理工作起到了重要促进作用。工资薪酬发放情况审计调查主要以河南分局和天津分局 2014 ~ 2015 年度职工薪酬发放情况为审计对象，客观评价了被审单位职工薪酬管理状况，提出了进一步规范各分局职工薪酬管理的意见和建议。针对全线改性土及抗滑桩变更项目审计反映出的共性问题，组织各分局对全线改性土及抗滑桩变更项目处理情况开展了自查自纠工作，督促各分局全面排查，发现问题，即知即改，消除隐患，强化了对重大变更项目处理的监督检查。

（3）工程建设举报事项调查核实，组织开展了 48 项举报事项的调查核实和处理落实工作，不断纠偏管理行为，促进管理水平提升。2016 年全年共组织完成了 48 项举报事项的调查核实和处理落实工作，涉及工程质量、运行环境、水质污染、桥梁超重、合同纠纷、农民工工资拖欠等多个方面，举报事项的及时有效处理，对维护工程运行良好环境和提高运行管理水平起到了积极促进作用。

（4）局内事务监督职责，认真履行局内事务监督职责，对采购项目进行合理监督、参与变更索赔处理审查、参与重要规章制度制定等，积极发挥内部监督作用。对局本级组织开展的招标项目全过程以及非招标项目的评审环节实施现场监督；处理审签重大变更索赔事项，重点从是否合法合规提出审核意见。制定运行阶段采购管理办法、财务管理办法、资金管理办法等多项经济财务规章制度。

（5）完善规章制度建设，制定完成了采购监督管理办法。针对运行阶段采购监督工作缺乏统一标准的现状，以相关法律法规和内部规章制度为依据，及时完成了《南水北调中线干线工程建设管理局采购监督管理办法（试行）》的制定，建立了覆盖一至三级机构的采购全过程监督体系，明确了采购监督的责任部门和责任人、监督方式和监督内容、监督流程和工作要求、责任追究与奖励措施等。

（郭　芳）

规范化管理

为贯彻落实国务院南水北调办有关要求，解决中线干线工程运行管理中的“不规范”问题，提高日常工作规范化管理水平和突发事件处置能力，2016年下半年中线建管局在全线开展了为期半年的规范化建设活动。通过规范化建设，共完善和修订制度、规程、手册等140项，培训持证上岗1700人次，动态巡视闸站193座、闸门543扇，应急演练170次，人员有了新形象，工程有了新面貌，管理上了新台阶，实现了安全生产和安全度汛。

（1）领导重视，统一决策部署。2016年4月，中线建管局召开规范化管理活动部署动员视频会，对规范化管理活动目标、任务等进行部署，印发《南水北调中线干线工程运行管理规范化建设实施方案》，明确规范化建设的工作目标、工作思路、工作内容、工作要求及考核奖惩等，成立由局长担任组长的工作领导小组，负责统筹领导规范化建设工作。局属有关部门、各分局根据《规范化实施方案》，印发了各自的规范化建设实施方案，针对工作中的突出问题下达第一批规范化建设项目及标准。

（2）重视顶层设计，建立制度标准体系。中线建管局机关有关业务职能部门深入基层进行调研，编制、完善各类制度办法、规程规范、工作手册等140项，初步建立了较为完善、基本满足工程运行初期需要的制度标准体系。为使制度办法更接地气，规范化建设期间，中线建管局直接发文征求各现地管理处对相关制度办法的意见与建议，对现地管理处提出的293条意见、建议组织局机关有关业务部门分头研究落实。根据现地管理处工作实际和专业需求，对现地管理处与安全生产有关的重要作业岗划分了工程巡查、水质监控、安全监测等18个作业岗，编制印发《现地管理处作业岗位工作手册》。

（3）开展集中培训宣贯，促使制度落地。中线建管局举办现地管理处规范化建设专题研修班，共计90余人参加，围绕“干什么，怎么干，谁来干，干不好怎么办”的总体思路进行讨论，指导做好各专业标准化管理体系文件编制工作。局机关各业务部门及各分局组织开展了包括现场集中培训、视频培训、现场实操等不同形式的培训宣贯活动，确保培训有抓手、有效果，员工素质有提升。

（4）创新立制，用制度推动规范化建设。建立了规范化定期会商制度、定点督导制度、信息周报制度等，定期组织会商，对现地管理处规范化建设定期、定点督导，及时汇总报送相关信息，有效推动规范化进展。

（5）开展四批强推项目，集中解决重点问题。先后开展了以工程巡查岗位、安全监测岗位、调度值班岗位、信息机电岗位、应急管理岗位、闸站动态巡视、膨胀土安全监测、维护和抢险、关键岗位持证上岗、工程准入及身份标识、应急演练等为重点的四批强推项目，通过强力、集中推动规范化建设，许多遗留问题得到集中解决。

（6）取得的主要成效。2016年，通过开展规范化建设活动，基本上实现了“人员要有新形象，工程要有新面貌，管理要上新台阶，以规范化管理确保安全生产”的总体工作目标，主要成效如下：全年未发生安全事故，实现工程安全运行；基本实现制度“标准化”；初步实现行为“规范化”；工程设施设备形象面貌焕然一新，运行状态基本安全可控；发现和解决问题有了新突破，减少存量，遏制增量。

（刘　杰）

防汛抗旱

2016年汛期，南水北调中线工程经历了全线通水以来首次特大汛情考验，全线共发生了5次强降雨，分别为6月5日河北沙河和河南郑州局部发生了大暴雨，6月23日河南宝丰局部特大暴雨，7月2日河北易县、涞水、涿州局部大暴雨，7月9日新乡、鹤壁范围特大暴雨，7月19日全线范围特大暴雨。其中7月9日新乡辉县市区最大12h降雨量442mm，突破历史极值，为有水文记录以来最大值。中线工程沿线151条交叉河流出现了行洪过流和水位上涨，其中17条河流超过了建筑物警戒水位，17条河流超过了建筑物保证水位。2016年汛期暴雨洪水导致工程沿线发生了4处较大险情、洪水入渠10余处、千余处大小程度不同的水毁项目。

在国务院南水北调办的正确领导下及沿线省市政府、各有关部门和驻地部队的大力支持下，中线建管局立足于防大汛、抗大洪、抢大险，提早安排部署，严格防汛责任制，传达落实各级防汛指示精神，组织排查防汛风险项目，细化完善度汛方案和防汛应急预案，实施重点风险项目现场驻汛盯防，做好应急抢险各项准备工作。汛前组织多次防汛检查、召开防汛会议、开展防汛演练培训，汛中加强巡查排险。深化与地方政府联动协调机制，严格执行防汛值班制度，密切关注天气情况，及时发布预警信息，发现险情及时启动应急响应，各级领导靠前指挥，快速妥善应急处置，汛期七下八上关键期及时调整防守重点，聚焦关键隐患部位，再加强设备队伍布局。经过各方共同努力，严防死守，顽强拼搏，齐心协力，2016年汛期全线未发生人员伤亡，供水正常有序，水量和水质未受影响，同时在河北省石家庄和邯郸市生活水源危急情况下实施了应急供水，中线工程总体上经受住了全线通水以来首次大汛考验，取得了抗洪抢险全面胜利，实现了“两个确保”目标，即确保了人民群众生命财产安全和南水北调工程运行供水安全，为沿线社会经济稳定做出了较大贡献，取得了良好的社会效益和经济效益。

防汛应急管理主要做了以下工作：

（1）格落实防汛责任制，提早安排部署，及时传达落实各级防汛指示精神，汛前组织开展了全线防汛专项检查。

（2）修订中线工程防汛风险项目分级标准，组织全面系统排查防汛风险项目，编制2016年工程度汛方案和防汛应急预案。组织编写了分局防汛应急预案编制大纲、三级管理处工程防洪度汛应急预案和工程突发事件现场应急处置方案范本及编写指南。

（3）组织落实2016年应急抢险队伍组建及抢险物资、设备的配备工作，实施主汛期现场驻汛，在进入“七下八上”关键时期，针对排查出的10处重点安全隐患重新布局了抢险队伍和设备，组织开展防汛应急演练培训，参与组织开展了邓州高填方渠段工程安全事故应急演练和新郑水污染事件应急演练。

（4）做好中线建管局机关突发事件应急管理值班，强化突发事件信息报告制度，做好信息汇总和上传下达工作，参与各类突发事件应急处置及事后调查处理工作。汛期应急值班和防汛值班合二为一，建立防汛值班抽查制度，密切关注天气预报及水文汛情信息，做好汛期汛情、工情、险情信息汇总传递，及时发布预警、启动应急响应会商。加强汛期巡查排险，及时发现险情，及早处置险情。

（5）加强与地方防汛应急联动机制建设。充分依靠地方政府做好防汛工作，组织中线建管局各分局加强与沿线省市防汛部门联动协调机制建设，包括汛前联合检查、联合召开防汛会议、共享水文气象信息、抢险物资保障、汛情险情信息通报、抢险救援机制等。

（槐先锋　任秉枢）

信息机电管理

（一）日常运行维护管理工作

2016年是信息、机电、电力设备全面投

入运行的一年。中线建管局信息机电中心全力协调、积极谋划，确保各类设施、设备、系统处于安全平稳运行状态，经受了冬季极寒、汛期洪峰的考验，为输水调度工作的正常开展提供了强有力的保障。

(1）组织各分局继续做好过渡期的运行维护工作，从维护经费、备品备件配置、临时队伍管理、工作成效考核等多方面加强协调和指导，组织各分局及时总结过渡期运行维护工作情况，找出不足、不断完善、提高水平，为正式队伍进场后的管理打下良好的基础。

(2）配合有关部门做好运行维护队伍的招标工作。根据中线建管局的总体规划，信息机电电力设备运行维护合同一签三年，因此初期选择的承包商至关重要，直接影响着中线建管局信息机电电力设备今后维护水平。信息机电中心组织设计单位编制招标技术文件，并多次组织审查工作，开展调研工作，吸取其他单位的先进管理经验，确保技术文件的编制质量，在各部门的密切配合下，供配电及金属结构维护队伍于 2016 年 10 月进场，液压启闭机及自动化招标预计 2017 年 1 月完成。

(3）提前谋划，规范对运行维护队伍的全方位管理。在正式队伍进场前，组织编制了《南水北调中线干线工程信息机电运行维护队伍管理办法（试行)》，按照“统一标准，统一流程，规范管理”的要求，从日常维护、专项维护、应急维护、信息及电力运行、安全文明生产、考核和计量支付等方面对维护队伍的工作流程、工作标准、人员配置、工作行为、形象展示进行了规范和要求。在队伍正式进场后，及时组织宣贯和培训，加强监督和考核管理，切实提高了运行维护队伍的工作水平。

(二）规范化管理工作

按照中线建管局规范化管理工作的统一部署，信息机电中心印发了《南水北调中线干线工程信息机电规范化建设实施方案》，从制度建设、岗位设置、人员培训、管理行为等方面明确规范目标、建立规范台账。

(1）补充完善一批制度办法、规程规范和工作手册。在原有基础上组织编制了 10 个管理办法、12 个规程规范、13 个工作手册，共计 35 个。其中队伍管理办法 1 个、机电电力专业 13 个、信息自动化专业 21 个。

(2）加强人员培训。组织机电、电力设备共 12 个专业岗位的持证上岗考核工作，通过考核约 500 余人次；督促各分局组织机电、电力专业现场培训约 20 次，受训人员 400 余人次；组织信息相关专业 15 个集中培训班，受训人员 300 余人次。

(3）强推制度上墙、工作流程及闸站值守，先后印发了《节制闸液压启闭机操作流程》《控制闸液压启闭机操作流程》《柴油发电机组操作流程》《南水北调中线建管局闸站动态巡视规范化管理强推工作实施方案》《闸站准入管理规定》《电缆沟、油管沟防火封堵阻火包施工技术要求》《南水北调中线干线工程节制闸闸站值守管理办法》等一批管理制度。

(三）组织应急演练

根据中线建管局的统一部署，信息机电中心组织信息机电电力设备设施系统的应急演练工作，不断提高全线信息机电突发事件应急处置能力和应急保障水平。信息机电中心针对工作范围内面临的主要风险和应急体系存在的突出问题，组织各分局精心设置演练科目，积极开展突发事件应急演练工作，全年共组织应急演练 53 项，其中机电金属结构专业 17 项，供电专业 16 项，自动化专业 20 项，涉及启闭机、柴油发电机组、电力供电设施、光缆线路、电动葫芦、清污机、检修闸、闸控系统、程控交换系统等多种设备或系统，参加演练人员近 700 人次。

(四）尾工建设和合同验收工作

(1）加强协调、重点突破，紧盯部分剩

余尾工的建设。组织完成了工程防洪系统、陶岔渠首自动站、新搬迁后的渠首分局机房及水质实验室、全填方段视频监控、剩余16座分水口门调试等一些受各种因素制约导致前期进展缓慢项目的建设；加强与北京市有关单位的协调，啃下了团城湖水质自动站、北京段37座安全监测站、团城湖管理处等一批拖延数年的项目。除陶岔管理处和北京段仍有剩余项目外，全线自动化调度系统建设已基本完成。

（2）加强技术攻坚，优化应用系统性能，提升安全保障。组织完成了闸控系统报警功能开发并投入运行，进一步优化了水质监测系统、工程防洪系统、三维仿真系统、消防联网系统等平台功能和性能，组织开展了闸控系统、安全监测系统、视频监控系统、工程防洪系统、水质监测系统等容灾测试，实时启动了第三方软件测评项目的试点工作。

（3）完成安防系统建设。安防系统是2016年重点建设项目，剩余工作量大、调试任务重、技术难度大。信息机电中心派专人驻扎现场，增强技术协调工作，及时印发了安防系统调试分工界面、安防系统联合调试技术方案、调试工作方案。2016年3月底完成了全部2330公里微缆、2805台摄像机、1750公里电子围栏的敷设，6月底基本完成单机调试并开始联合调试，至年底已基本完成南阳、郑州、邢台、邯郸等一些管理处的联合调试并在全线开展为期一年的试运行工作。

（4）优化工作流程，加速合同验收工作。全线自动化调度系统共有44个合同项目、62个单位工程、238个分部工程，验收工作量巨大。信息机电中心组织人员精心准备、全力冲刺，除2个标段外，完成了全部分部工程、单位工程和42个合同项目的验收，并完成了合同档案预验收。

（孙维亚）

水　质　保　护

南水北调中线建管局建成“1个中心，4个实验室，13个水质自动监测站，30个固定监测断面”的水质监测网络体系，建立了较为完善的应急保障体系，确保水质稳定达标。

（一）水质监测方面

（1）通水运行期全方位水质监测工作。根据国务院南水北调办批复的《南水北调中线一期工程水质监测方案》，每月定时开展水质常规监测工作，2016年取得常规监测数据13 200多组，各断面水质稳定达到或优于地表水Ⅱ类标准，满足供水要求。根据国务院南水北调办批复的《南水北调中线干线工程藻类监测方案》，每周开展藻类生态监测工作，及时关注总干渠藻类变化趋势，2016年获得藻类监测数据3000多组，目前总干渠藻密度值相比2015年同比大幅度降低，整体可控。

（2）水质实验室监测能力建设性目标。中线建管局沿线共设置了渠首、河南、河北、天津4个固定实验室。河北实验室2014年完成国家级计量认证工作，一直负责河北、北京、天津段的常规监测和应急监测工作，2016年已向国家计量认证委员会提交监测项目扩展的申请。河南实验室和天津实验室分别于2016年9月、12月成功取得由国家认证认可监督管理委员会颁发的“检验检测机构资质认定证书”，已满足国家计量认证有关法律法规的要求，具备向社会出具有监测数据和结果能力，标志着中线建管局实现独立自主承担常规和应急监测的阶段性目标。

（3）水质监测自动站试运行及运行维护管理工作。中线建管局共设置了13个水质自动监测站，其中陶岔水质自动站监测项目为89参数，其余12个水质自动站为日常的6、9和12参数。截至2016年底，除陶岔、团城湖以外，其他11个水质自动站均已完成试运行工作，进入待运行期，陶岔水质自动监测站正在开展试运行工作，团城湖水质自动监测站仪器设备已安装调试完毕，将开展试运行工作。已完成试运行的11个水质自动监测站的监测数据的准确性和稳定性有了较大提高，可基本反映水体变化趋势。

（二）应急管理

（1）应急物资。中线建管局加强应急物资设备的使用培训，组织编制完成水污染应急物资管理办法，针对应急物资的入库、领用、采购、管理等明确了职责分工，提出了具体要求，规范了管理行为。

（2）应急演练。按照国务院南水北调办的工作安排，2016年3月24日，中线建管局在河南分局新郑管理处组织开展了跨渠桥梁水污染事件应急演练工作，演练模拟一辆载有5吨危险化学品（硫酸）的运输车，从河南新郑段十里铺东南公路桥掉入渠道，导致硫酸、车内柴油泄漏入渠，中线建管局立即开展现场应急处置。

（3）处置突发水污染事件。针对全线发生的突发水污染事件，先后指挥处张石高速公路桥严重交通事故导致甲醇泄漏及汛期外水入渠等水污染事故。

（三）水质保护规范化建设

以问题为导向，梳理完善已有制度，制定新制度，编制完成了《南水北调中线干线工程建设管理局水质监测管理办法》等12个技术操作及管理制度，于2016年6月22日以中线局水质〔2016〕56号文正式印发。开展了宣贯培训工作，各管理处做到“基本动作做到位，自选动作有创新”，水质保护规范化呈现显著。

（唐　涛　王树磊　张爱静）

水　源　工　程

概　　述

2016年是中线水源公司全面转型开拓的关键之年。总目标是“抓好收尾、保障供水、力促转型”。中线水源公司组织完成了丹江口大坝右岸营地综合楼水质试验室屋顶防水施工项目、坝顶绿化项目、坝顶钢栏杆最后一道面漆涂刷、左岸土石坝上游面板维修、武警守卫部队营房、18号坝段坝顶孔洞钢格板改造、坝顶建筑物贴面及铺装施工、坝顶排水系统完善处理等项目的建设。配合湖北、河南两省完成征地移民、环境保护和水土保持等项目的建设和库区淹没用地手续的办理工作；由7个自动监测站（监测31个断面）、1个固定实验室（能做109项全指标水质实验）构成的库区水质监测站网投入运行。

（黄朝君）

建　设　管　理

2016年，完成了丹江口大坝右岸武警营地建设并移交武警中队使用，坝区安全防护围栏、视频监控系统完建并投入使用，坝顶排水系统改造、左右岸测压管补打、土石坝新增渗流监测设施、坝顶建筑物贴面及铺装、18号坝段坝顶孔洞钢格板改造、左右岸土石坝下游巡检通道施工完成并通过验收。加快鱼类增殖放流站生态保护项目建设。项目综合楼已建成正在内部装修，饵料车间等土建基础设施建设接近尾声，养殖设备已陆续进场，工程质量满足设计要求，施工进度按计划进度正常推进。

（黄朝君）

工 程 验 收

2016年，大坝加高工程完成5个分部工程、6个合同工程验收；库区征地移民工程完成已实施的地质灾害监测与防治项目、高切坡项目验收，省级移民初验工作和非省属项目初验工作也即将完成。

（黄朝君）

工 程 投 资

截至2016年底，水源工程累计完成投资534.11亿元，其中：大坝加高工程29.00亿元，库区征地移民安置工程504.85亿元，调度运行管理专项工程2622万元（按实际结算统计）。

（赵　伽）

运 行 管 理

（一）供水运行管理

2016年，中线水源公司按照水利部批准的年度调水计划，编制了月度水量计划和调度方案并报批；与汉江集团、中线建管局、陶岔渠首建管局协调配合，供水调度联系机制，确保了供水调度指令畅通。同时，做好了水量计量监测和水量确认工作，建成了陶岔渠首枢纽水量监测数据远程实时传输系统并投入运行，为供水调度和水费结算提供依据。2016年全年实际供水38.45亿m^3，水质稳定达标。

（二）工程运行管理

中线水源公司制定了运行管理相关办法和制度；形成了行之有效的管理模式。对于具备条件的项目，如大坝金属结构、电厂机电设备、升船机系统等，委托汉江集团运行管理；尚不具备条件的，如右岸新建土石坝、混凝土坝和左岸加高等项目，督促施工单位及时进行日常管养维护。建立了工程巡查机制，定期进行工程巡查，发现问题及时督促整改落实。加强工程管护，尤其对于水情测报、水库诱发地震监测和大坝强震监测等影响加高工程安全运行的项目，加大监测数据分析力度，及时消除安全隐患，确保了工程运行安全。

（三）水库运行管理

中线水源公司建立了库区定期巡查制度，深入库区，现场查看移民安置、城集镇迁复建、文物保护、消落区现状、征地界桩和标志牌、库叉水域水质等情况。加强地灾监测和应急项目报批，库区地灾监测系统正常运行，并按期上报监测数据。关注水库运行的后续征地移民稳定、绿色发展，配合相关单位编制丹江口水库移民发展帮扶规划，开展库区相关科研项目研究。

（黄朝君　张乐群）

工 程 效 益

中线工程通水两年以来，工程效益显著发挥，供水量逐年提高，已经成为北京市、天津市的主要水源，河北省、河南省的用水量也在逐步提高。人文效益初步显现，丹江口大坝加高工程作为中线工程的关键性、控制性工程，与武当山一起已经成为湖北省重要的旅游名片，特别是随着工程亮化和坝区环境整治的完工，吸引了众多游客前来参观。

（班静东）

征地移民与环境保护工作

2016年，按照国务院南水北调办征地移民总体验收的安排，中线水源公司已配合河南、湖北两省做好了验收的相关准备工作，完成了已实施的地质灾害监测与防治项目、高切坡项目的验收；河南、湖北两省已开展省级移民初验工作，并在对验收存在的问题进行整改；非省属项目初验工作已全部完成，上报国务院南水北调办申请终验。

按照国土资源部和国务院南水北调办部署，中线水源公司启动了库区淹没用地手续的办理工作，完成了库区淹没用地手续相关的材料的整理和编报，国土资源部已于2016年11月底批复。

国务院南水北调办、河南和湖北两省政府都高度重视移民稳定、发展问题，由国务院南水北调办牵头，河南和湖北两省负责，中线水源公司配合，设计单位编制了丹江口水库移民发展帮扶规划，中线水源公司已多次参加规划编制的征求意见讨论并提出了很多宝贵意见。

中线水源公司委托水利水电规划设计总院对河南湖北两省提交的库区地质灾害紧急治理项目报告进行了初审，并将审核后的地灾治理项目上报国务院南水北调办，待国务院南水北调办批复意见下达后委托河南、湖北两省组织实施。中线水源公司将湖北省编制完成的库区蓄水地质灾害规划上报了国务院南水北调办。

（张乐群）

丹江口水库来水

2015年11月~2016年10月，丹江口水库以上流域降雨769.3mm，较多年平均降雨（892.9mm）偏少13.8%左右；丹江口水库来水量为215.358亿m^3，较多年平均来水量（355.729亿m^3）偏少39.5%，属于来水特枯年份。

2016年汛期水库来水整体偏枯，除6月较多年平均略偏多外，5月偏少15.6%，主汛期的7~10月均来水特枯或偏枯，分别偏少52.6%、58.0%、84.2%、62.3%，其中9月入库流量仅347m^3/s，为1974年建库以来同期第三低值。全年水库无入库洪峰流量超过5000m^3/s的洪水发生。

（黄朝君）

丹江口水库蓄水调度

枯水期（2015年11月~2016年4月）水库按长江防汛抗旱总指挥部调度令实施应急调度。进入汛期后，水库恢复正常调度，但仍严控汉江中下游供水，逐步抬升水库蓄水位。由于2016年7月、8月来水持续特枯，水库在8月16日最高蓄至155.92m后，逐步下降。为做好汛末蓄水工作，尽量为下年度调水预留水量，自8月23日起水库按照长江防汛抗旱总指挥部要求，向汉江中下游供水流量按日均490m^3/s控制，因9月来水仅为多年均值的15.8%，库水位逐步降低，9月底库水位降至154.43m。10月水库进入蓄水期，由于水库蓄水位偏低，蓄水量不足，10月向汉江中下游供水流量依据长江水利委员会的调度令，按450m^3/s控制。10月丹江口水库平均入库流量671m^3/s，比多年均值偏少四成。上中旬水位逐步降低，月底，水库以上流域发生了中到大雨过程，水位止落转涨，逐步抬升至154.44m，较2015年11月1日水库水位（152.44m）抬升2m。

（黄朝君）

工 程 运 行

京石段应急供水工程

概 述

一、工程概况

京石段应急供水工程起点位于石家庄市西郊田庄村以西古运河暗渠进口前，起点桩号970+293，终点至北京市团城湖，终点桩号为1277+508。渠线长307.215km。其中明渠长度201.05km（全挖方渠段长86km，半挖半填渠段长102km，全填方渠段长13km），建筑物长度26.34km（建筑物共计448座，其中控制性建筑物37座，河渠交叉建筑物24座、隧洞7座，左岸排水建筑物105座，渠渠交叉建筑物31座，公路交叉建筑物243座，铁路交叉建筑物1座）。渠段始端古运河枢纽设计流量为170m^3/s，加大流量200m^3/s；渠道末端北拒马河中支设计流量为60m^3/s，加大流量为70m^3/s。

京石段工程沿线共布置13座节制闸、7座控制闸、13座分水闸、11座退水闸、37座检修闸。通水运行管理期间，通过闸站联合调度，实现渠道输水水位和流量控制、突发事件应急处置退水及建筑物检修隔离等功能。此外，工程沿线还布置了29座排水泵站，定时抽排渠道高地下水位段集水，保护渠道衬砌板不受扬压力破坏。京石段工程沿线共布置安全监测1万多个观测基点，其中3000个工程表面外观测点，4200多个工程埋设内观测点。

二、工程管理

南水北调中线建管局河北分局负责京石段应急供水工程运行管理工作，沿线设置石家庄、新乐、定州、唐县、顺平和保定六个现地管理处。

2016年，河北分局修订完善了各专业日常巡视制度和考核办法，组织开展了岗位培训、技术比武活动，统一配备了日常巡视工器具。积极开展京石段工程运行安全管理标准化建设试点工作，顺利完成新增警务室建设任务。土建工程和绿化日常维护项目实施规范有序，工程形象显著提升。针对京石段工程特点、防汛重点部位及可能出现的险情，结合预案进行系统的防汛抢险实战演练，与工程沿线有经验的抢险队伍签订应急抢险协议，统一调动抢险队伍。面对2016年大汛，河北分局组织各管理处对强降雨和长时间降雨造成的水毁问题及时进行处置，做到抢护及时，措施得当。

三、运行调度

运行调度系统、机电金属结构设备和自动化信息系统之间衔接日益顺畅，2016年内未发生设备系统运行安全事故。工程防洪系统和填方段视频系统顺利通过合同验收，安防系统逐步完成培训、交接、试运行工作。河北分局水质监测中心负责京石段工程监测断面的水质监测工作，全线水质长期稳定达到或优于地表水Ⅱ类水质标准，满足供水要求。

四、工程效益

通水以来，河北分局京石段工程累计开启田庄、滹沱河退水闸、永安、西名、中管头、留营、高昌、大寺城涧、塔坡、郑家佐等10座分水口（退水闸），累计向石家庄市和保定市分水近4亿m^3，为沿线生产生活和经济发展提供有力保障，发挥了显著的社会效益、经济效益和生态效益。

五、验收工作

2016年3月11～13日，保定1段设计单元工程档案专项验收自查。

2016年3月25日，京石段2015年汛前维修养护项目1标合同验收。

2016年4月12～15日，天津市1段档案专项验收评定自查。

2016年8月9日，京石段沙河北渠道倒虹吸防护工程合同项目完工验收。

2016年5月23日，接收中水北方勘测设计研究有限责任公司南水北调中线京石段唐河总干渠输水影响段治理项目监理部档案2套，每套10卷。

2016年7月18日，接收南水北调中线干线京石段工程（河北境内）2015年汛前维修养护项目一标段档案2套，每套20卷。

2016年8月9日，京石段沙河北渠道倒虹吸防护工程合同项目完工验收。

（郭亚津）

北京段永久供电工程

一、工程概况

北京段永久供电工程为京石段应急供水工程的一项设计单元工程，供电范围涵盖南水北调中线干线工程北京段全部工程。南起北拒马河暗渠，北至中线干线工程终点团城湖，跨河北省保定市涿州市，穿北京市房山区、丰台区、海淀区。其主要建设任务为：惠南庄泵站110kV送电线路工程（以下简称惠南庄线路工程）、韩房220kV线路升高改造工程（以下简称韩房升改工程）、韩涿220kV线路迁移改造工程、北京段10kV线路引接工程等四部分。

二、工程管理

惠南庄线路工程于2013年11月开工，2014年9月29日建成并正式送电投运。由于在送电前，韩房升改工程尚未完工，为满足泵站永久供电建设进度要求，采取了在惠南庄线路工程组立四基低铁塔架设线路的临时措施穿越韩房线路，待韩房升改工程完成后，再拆除临时塔，恢复原设计，导线直接钻越。

韩房升改工程由中线建管局委托北京市电力公司组织施工，工程征迁前期工作由中线局水质保护中心（原移民局）负责。韩房升高改造工程于2014年8月开工，中间受电力公司施工组织、停电计划控制等因素影响，工程未能当年完工；2015年，因停电计划未批准，施工未实质进行；2016年，因征迁工作受阻，施工未实质进行。2016年12月，北京市电力公司向中线局发文并组织有关会议，提出按北京市政府要求，计划在韩房升改工程范围内新建北京市煤改电专线工程，该工程与韩房升改工程相互影响，要求韩房升改工程必须于2017年6月完工。为此，中线建管局加大了前期征迁工作力度，协调北京市南水北调拆迁办、北京市房山区南水北调办，共同推动韩房升改工程早日开工，计划2017年6月底完工。

北京段10kV线路引接工程仅剩房山区长辛店分水口供电线路，2016年12月取得房山供电公司更新供电方案，计划在2017年督促原项目管理单位完成施工。

三、运行调度

10kV永久供电线路建成后产权已移交北京市电力公司，其运行、维护及调度依据属地原则，分别归北京市电力公司下属海淀、丰台、房山供电公司负责。

惠南庄110kV永久供电线路产权归南水北调中线建管局所有，其运行、维护由中线建管局委托专业维护队伍中原豫安建设工程有限公司承担，线路调度权于2016年8月由房山区电力调度转移到北京市电力公司调度负责。

（王　耿　耿兴宁）

漳河北—古运河南段工程

概 述

南水北调中线工程总干渠河北省漳河北—古运河南段工程，起自冀豫交界处的漳河北，沿京广铁路西侧的太行山麓自西南向北，经河北省邯郸、邢台两市，穿石家庄市高邑、赞皇、元氏三县，至古运河南岸，线路全长238.546km，共分为12个设计单元。该渠段设计流量为235～220m^3/s，加大流量265～240m^3/s。

漳河北—古运河南段工程共布设各类建筑物457座。其中，大型河渠交叉建筑物29座、跨路渠渡槽1座、输水暗渠3座、左岸排水建筑物91座、渠渠交叉建筑物19座、控制性建筑物53座、公路交叉建筑物253座、铁路交叉建筑物8座。

2016年，河北分局组织完成磁县段工程监理档案进行预验收、磁县段工程设计单元工程档案项目法人验收、南沙河倒虹吸设计单元工程档案专项验收评定前自查、南沙河倒虹吸设计单元工程档案专项验收评定、南沙河倒虹吸设计单元工程档案专项验收、邢台市区段及高邑县—元氏县段工程档案项目法人验收、高邑县—元氏县段工程监理档案预验收、高邑县—元氏县段工程元氏1标档案预验收及河北段其他工程建管档案专项验收。

2015～2016年供水年度，河北分局辖区水量调度运行正常，沿线19座节制闸均参与调度，共开启分水口（退水闸）31座，累计分水3.5亿m^3，供水面积约为1600km^2，受益人口约为1640万人。尤其在河北省2016年“7·19”特大暴雨期间，总干渠紧急向邯郸、邢台、石家庄加大供水量，全力保障沿线城市供水安全，工程战略地位日益凸显。

（郭亚津　焦小彦　朱志伟）

磁县段工程

一、工程概况

磁县段工程由南水北调中线干线磁县管理处所辖，渠段起自河北省与河南省交界处的漳河北岸，止于邯山区河北村村西，全长40.056km，其中渠道长38.986km，建筑物长1.07km。该段设计流量为235m^3/s，加大流量为265m^3/s。

沿线共布置各类建筑物78座，其中大型交叉建筑物4座，左排倒虹吸18座，渠渠交叉建筑物4座，铁路交叉建筑物2座，公路交叉桥梁42座，节制闸1座，退水闸2座，排冰闸2座，分水口门工程3座。

截至2016年底，向邯郸地区供水4758.79万m^3，其中，于家店分水口分水275.32万m^3、白村分水口分水983.25万m^3，滏阳河退水闸生态补水3500.22万m^3。

二、工程管理

磁县管理处现有人员19人，下设综合科、运行调度科、工程科、合同财务科四个科室。

日常维护方面，磁县管理处2016年绿化及日常维护分为两期合同，第一期一个标段，合同工期4月1日～6月30日，延期至8月31日；第二期合同分为三个标段，合同工期9月1日～12月31日。

应急管理方面，2016年管理处根据中线建管局、河北分局文件要求，先后编制了磁县管理处《2016年度汛方案》《2016年防洪度汛应急预案》《一级风险项目防汛应急抢险专项预案》《应急撤离预案》《突发事件现场应急处置方案（试行）》等防汛、工程安全事故突发事件应急预案和现场应急处置方案，成立了洪涝灾害、工程突发事件现场应急处置小组，并按计划开展了应急演练及培训工作。

2016年7月19日，磁县遭遇了超百年一遇的强降雨，平均降雨量超过200mm，磁县西部最大降雨量达到了784mm。超标准洪水引发了磁县段干渠工程沿线多处滑塌、冲沟、输水建筑物裹头局部塌陷等。牤牛河北支倒虹吸高填方渠段出现险情，管理处快速响应，措施得当，确保了汛期工程运行安全，保证了附近村庄、马头电厂、京广铁路、107国道的安全，取得了抗洪抢险的胜利。

水质保护方面，每季度对污染源进行一次专项巡查，并分类建立台账。对保护区内发现的污染源及时向地方环保部门及地方政府致函，请求协调解决，并加强该部位巡查，跟踪处理进展。编制了磁县管理处《水污染事件应急预案》《水污染事件应急处置方案》，并根据方案进行了水质应急演练。

安全管理方面，磁县管理处编制了年季月安全生产工作计划，开展安全生产工作总结。明确安全生产负责人和兼职安全员，与运维队伍、后穿越单位等进行安全交底并签订了安全生产协议书。定期组织安全生产检查、开展安全培训、召开安全会议。全年零伤亡。2016年10月11日，配合中线安保公司顺利接管磁县段工程安保工作。

三、运行调度

运行调度方面，2016年，磁县管理处进一步规范中控室调度工作内容、工作流程，做好水情数据统计、各项信息汇总报送等工作；推行调度场所和现地闸站规范化布置工作。截至2016年底，中控室累计接受上级闸门调度指令691次，指令正确执行率100%；水情测报5025次，正确、及时率100%，调度运行工作安全平稳进行。

金属结构机械电气、供配电及自动化管理方面，推行运行管理规范化建设，四批规范化建设强推项目全部落实，闸站各类制度、标识齐全；日常管理通过视频检查驻点人员在岗情况、现场跟踪监督运维单位人员作业，组织运维单位召开月度安全生产例会和月度考核会等管理方式，加强对运行维护单位监督管理。2016年，金属结构机械电气、供配电及自动化系统全年运行平稳，闸站规范化建设过程中未发生安全事故，确保了输水调度工作的稳定开展。

四、工程效益

磁县管理处管辖范围内有三个分水闸，分别为民有南干渠临时分水闸、于家店分水闸和白村分水闸。管理处按照月度分水计划监控分水情况，每月1日8时协调邯郸市调水办对上月分水量现场进行计量，确保渠道分水和地方配套用水安全。截至2016年底，磁县管理处所辖分水闸累计向地方供水1258.57万m^3，其中于家店分水闸275.32万m^3，白村分水闸983.25万m^3。通过滏阳河退水闸先后两次向磁县滏阳河进行生态补水，累计补水总量3500.22m^3，为邯郸市生态城市建设发挥显著的生态和社会效益。

五、验收工作

2016年5月27日完成对各参建单位档案预验收，2016年10月26日完成档案项目法人验收。

（连丽沙　谢兵波　李振华）

邯郸市—邯郸县段工程

一、工程概况

邯郸市—邯郸县段工程位于河北省邯郸

境内，由南水北调中线干线总干渠邯郸管理处管辖，起自邯郸市邯山区与磁县交界的郑家岗村西南，止于丛台区与永年县交界的南两岗村西，总干渠全长21.112km；主要建筑物44座，其中，大型河（路）渠交叉工程3座，铁路交叉工程1座，控制工程6座，左岸排水工程9座，跨渠桥梁25座。

总干渠设计流量分为两段，沁河上游设计流量235m^3/s，加大流量265m^3/s，沁河下游设计流量230m^3/s，加大流量250m^3/s；辖区内设有下庄、郭河及三陵3座分水口门，设计分水流量分别为5.0m^3/s、8.0m^3/s、0.5m^3/s。

二、工程管理

邯郸管理处共有正式在岗职工26人，下设工程、运行、综合、合同财务四个科。2016年，邯郸管理处提出“讲规矩、强素质、抓细节、谋发展”的口号，以问题为导向，以培训学习为保障，以强推项目为突破点，以安全为落脚点，实现了人员新形象、工程新面貌、管理新台阶。

2016年，管理处组织开展安全培训和应急演练共13次；督促地方对危害总干渠安全的霍北渣土堆进行了开挖削坡，消除了隐患；持续加强对总干渠水源地保护范围的巡查管理，水质稳定达标；全年未发生安全事故。2016年7月19日，邯郸市突降特大暴雨，累计降雨量336mm，其中19日凌晨0时至20日8时降雨量达到297mm。林村北沟排水倒虹吸出口有漫堤危险，邯郸管理处应急得当，避免了洪水入渠问题的发生。

三、运行调度

运行调度平稳有序，自动化、金属结构机械电气设备运转正常，2016年度沁河节制闸累计过水量21.2亿m^3，全年接远程指令304条，成功率为97.6%。2016年度通过下庄分水口门向邯郸市区分水3556万m^3。尤其是2016年7月19日特大暴雨造成了邯郸市主城区主要水源地岳城水库出现水体浑浊水质下降，影响城市供水。自19日22时开始逐步加大下庄分水口分水量至满负荷供水，解决了邯郸市供水危机，充分发挥了工程战略保障作用。

四、验收工作

组织完成了2016年上半年土建绿化日常维护项目验收及西袁庄沟排水涵洞出口排水通道疏通清理工程专项验收，配合中线建管局完成陆港桥上游右岸滑坡应急抢险项目实体完工验收。

五、其他

与河北工程大学共建，举办了南水北调节点绿化设计竞赛评比活动，谋划多项合作开发方案，如《水藻打捞浮桥改造方案》《边坡机器人除草实验研究》《边坡清淤实验研究》等。

（何腾飞　郭亚津）

永年县段工程

一、工程概况

永年县段工程位于邯郸市永年县，京广铁路的西侧。起自邯郸县与永年县交界的北两岗村西，止于邯郸市与邢台市交界的邓上村村北。渠道被洺河渡槽分为洺河南和洺河北两段，渠道总长17.262km。按不同地形条件，分全挖、全填和半挖半填三种情况。其中全挖方渠段长6.37km，占37%，一般挖深7.6～19.2m，最大挖深33.46m；全填方渠段长0.855km，占5%，填方高为7.6m以上，最高达13.9m；半挖半填渠段长度10.037km，占58%。工程设计输水流量230m^3/s，加大输水流量250m^3/s。

沿线有大型河渠交叉建筑物渡槽1座，

退水闸、排冰闸各1座，左岸排水建筑物10座，分水建筑物1座，跨渠桥梁19座。

二、工程管理

永年管理处人员到岗18人，设置四个职能科（组）室，完成2016年度运行调度工作。2016年度安保工作由原来合同单位转变为中线建管局自有安保公司负责。

永年管理处成立了应急组织机构，明确应急组织和人员的管理职责。“7·19”暴雨洺河洪峰流量5710m^3/s，洪水水位峰值78.36m，超保证水位0.37m，邓上沟洪水水位峰值91.83m，超保证水位0.9m，永年管理处提前预防，应对有力均安全度汛。

2016年度安全监测渡槽内观监测53次，左排建筑物及渠道监测断面52次、内部沉降观测23次、内部测斜观测24次、外观检测12次，未发现安全监测数据异常现象。

三、运行调度

采用中控室班、闸站值守的方式，中控室值班采取5班2倒，闸站值守2班倒的方式。2016年度，永年管理处以工程运行安全管理标准化建设试点为基础，建立了运行安全管理体系等五个体系和设备设施运行缺陷清单等四个清单，指导进行运行调度工作。

2016年全年开闸运行平稳，共收到调度指令418条，启动闸门818门次，均能及时完成闸门操作，吴庄分水口累计分水741万m^3。

四、工程效益

吴庄分水口自2015年9月1日分水以来，累计分水1037.09万m^3，供水面积覆盖邯郸市永年区、鸡泽县、曲周县和邱县一区三县，分水口供水运行调度平稳，设备正常，水质达标，初步缓解了邯郸地区严重缺水的状况。

五、验收工作

2016年度完成了全面整治期间除草、植草、衬砌维护、闸站标准化、错车平台及警示柱、排水沟截流沟修复、台口桥上下游绿化项目及2016年维护合同项目等11个标段的合同验收工作。

（杜金山　郭亚津）

洺河渡槽工程

一、工程概况

洺河渡槽工程位于邯郸市永年区城西邓底村与台口村之间的洺河上，全长930m，包括槽身段829m和进出口连接段101m。工程设计输水流量230m^3/s，加大输水流量250m^3/s。洺河渡槽由渡槽、节制闸、退水闸、检修闸、排冰闸组成综合枢纽。渡槽槽身纵向16跨简支梁结构，单跨长40m。槽身为三槽一联矩形预应力钢筋混凝土结构。

二、工程管理

永年管理处安排4名闸站值守人员，2班倒24h驻守闸站。永年管理处成立了应急组织机构，明确应急组织和人员的管理职责。“7·19”暴雨洺河洪峰流量5710m^3/s，洪水水位峰值78.36m，超保证水位0.37m，永年管理处提前预防，应对有力，安全度汛。

2016年度安全监测渡槽内观监测53次，外观检测12次，未发现安全监测数据异常现象。

三、运行调度

2016年全年开闸运行平稳，共收到调度指令418条，启动闸门818门次，均能及时完成闸门操作，总干渠累计过水23.22亿m^3。

四、验收工作

2016年度完成了全面整治期间闸站标准

化项目的合同验收工作。

（杜金山）

沙河市段工程

一、工程概况

沙河市段工程起自邯郸市与邢台市交界处的邓上村村北，止于南沙河南岸，共分为两个施工标段。沙河市段工程总干渠全长14.261km，其中渠道长14.031km，建筑物长0.230km。该设计单元工程主要建筑物共10座，包括大型排洪渡槽1座、左岸排水建筑物7座（其中排水渡槽5座，排水倒虹吸2座）、渠渠交叉渡槽1座、分水闸1座、桥梁16座。设计流量230m³/s，加大流量250m³/s。

二、工程管理

2016年，沙河管理处组织开展水质取样732次，工程巡查9516人次；组织开展各类应急实操演练4次，推演6次，组织特大暴雨应急抢险2次，及时处置险情7处；安装外观监测工作基点保护盒320个；全年完成非招标采购项目5项，完成投资270万元。2016年沙河管理处先后处置了“6·5”和“7·19”两次特大暴雨灾害，有效降低了暴雨对工程造成的损失。

2016年，沙河管理处进一步完善安全生产体系，组织全体职工学习贯彻落实《南水北调中线干线工程通水运行安全管理责任追究规定》；邀请沙河市消防支队人员现场指导消防演练，增强员工消防意识；开展安全教育培训，全年共计组织消防安全、安全生产案例分析等安全专项培训4次；每月由处室负责人带队进行一次全面安全检查，每周由专职安全员进行一次经常性安全检查；深入沿线中小学校园、村庄开展“南水北调大讲堂进校园”“基地共建”等活动，营造南水北调安全外部环境。

三、运行调度

沙河管理处成立了以管理处负责人为组长的规范化工作领导小组，制定了《南水北调中线干线沙河管理处规范化管理实施方案》，梳理各级部门历次检查中存在的问题。

2016年，沙河管理处执行上级调度指令395条，完成闸门操作853次，闸门操作成功率97.5%；全年共组织机械电气设备消缺35次，完成设备技术改造2次；完成设备静态巡视53次，动态巡视2次。截至2016年底，沙河管理处累计分水5009.8万m³。

四、环境保护与水土保持

2016年，沙河市段共种植乔木1643株，灌木4714株，边坡草皮养护912 751m²，种植草皮10万m²。自2015年9月到2016年底，该项目共共种植乔木1643株，灌木4714株，边坡草皮养护912 751m²。

2016年全年共清除杂草300万m²，清除排水沟及截流沟淤泥1万余m³，修复排水沟310m，修复沥青路面911m²、泥结碎石路面12 484m²，修复雨淋沟6500处，清理建筑垃圾400m³，完成18 000m²草皮浇灌。

五、验收工作

2016年2月16日，完成沙河管理处土建绿化日常维护项目（合同编号：ZXJ/HB/SH/WH2016-001）。

2016年4月28日，完成全面整治除草一标、二标合同验收。

2016年12月15日，完成沙河管理处绿化项目合同验收。

（王　澜　纪晓辉　孟繁浪）

南沙河倒虹吸工程

一、工程概况

南沙河倒虹吸工程位于邢台市与沙河市之

间、高店村东北2km处，总长4.395km。南沙河倒虹吸工程是南水北调中线一期工程大型河渠交叉建筑物之一，担负着总干渠穿越南沙河的输水任务。南沙河倒虹吸工程工程设计输水流量230m^3/s，加大输水流量250m^3/s。

南沙河倒虹吸工程布置为进口渠道、南段倒虹吸、中间明渠、北段倒虹吸、出口渠道五大部分。其中南、北段倒虹吸分别由进口渐变段、进口检修闸、管身、出口检修闸（北段出口为节制闸）、出口渐变段组成。

二、工程管理

南沙河倒虹吸工程现场工程管理机构为沙河管理处。2016年，沙河管理处在闸站严格实行操作设备、检修维护申请操作票、工作票制，设备操作及巡视做到一人操作一人监护。

南沙河节制闸闸站坐落于邢台襄湖岛湿地公园西500m的南沙河上，该地聚集了种类繁多的鸟类，时常有鸟类进入南沙河节制闸的检修闸室。沙河管理处根据闸站所处位置的实际情况，研制了全自动新型防鸟网，取得了良好的效果。

三、运行调度

沙河管理处为加强中控室值班，组织11人参加了中线建管局组织的值班人员资格考试，参考人员全部通过考试并取得值班资格。2016年，沙河管理处完善运行人员管理考核办法、调度业务工作手册等多项制度，统一了运行调度环境。

四、工程效益

2016年南沙河倒虹吸共计完成输水231 052.9万m^3，共接到上级调度指令395条，完成闸门操作853次，闸门操作成功率97.5%。截至2016年底，南沙河倒虹吸累计完成输水389 764.8万m^3。

五、环境保护与水土保持

南沙河倒虹吸绿化工程分为节点绿化和防护林两部分。截至2016年底，共种植乔灌木约8178株，乔木69 658株。

（王　澜　孟繁浪　纪晓辉）

邢台市段工程

一、工程概况

邢台市段工程渠段长度47.564km，起自邢台市桥西区东前留村，止于内丘县和临城县交界的西邵明村。沿线包括节制闸3座，分别是七里河倒虹吸节制闸，设计流量为230m^3/s，加大流量为250m^3/s；白马河倒虹吸节制闸和李阳河倒虹吸节制闸，设计流量为220m^3/s，加大流量为240m^3/s。退水闸3座，分别为七里河退水闸，设计退水流量为115m^3/s，白马河退水闸和李阳河退水闸，设计退水流量为110m^3/s。供电系统包括南大郭中心开关站1座，降压变电站10座及管理处箱式变电站1座。2016年度，输水调度工作安全平稳，设备状态良好。

二、工程管理

邢台市段工程现场管理机构为邢台管理处，管理处分为综合科、工程科、调度科、合同财务科。

2016年5月，邢台管理处按照“干什么，怎么干，谁来干，干不好怎么办”的总体思路，坚持以问题为导向，以影响运行安全的主要因素和薄弱环节为突破口，以提高突发事件处置能力为抓手，把日常工作和规范化管理活动相结合，打造规范化管理新的工作体系。完成了“人员有新形象，工程有新面貌，管理上新台阶”的工作任务，实现了“以规范化管理确保安全生产”的工作目标。

三、运行调度

创建“周考核”制度，建立“人员考核”档案，开展领导带队检查等常态化活动，建立“随机抽查提问、集中答题，现场复测、重点培训”的考陪方式，持续快速提升了人员业务素质。2016 年，管理处共组织培训 92 次，参培人员 1200 余人次；组织各类检查、抽查 492 次，规范化效果提升显著。在 10 月份持证上岗考核中，全体人员一次性全部通过专业考试，在技术比武活动中名列前茅。

邢台管理处不断加强金属结构、机械电气自动化设备日常管理和维护，确保了液压设备、启闭机、发电机、变压器、高压开关柜及自动化系统等设备安全运行。

按照“统一调度、集中控制、分级管理”的调度要求，邢台中控室严格执行“5 班 2 倒”的值班方式，分别在七里河节制闸、白马河节制闸和李阳河节制闸安排专人进行现场值守，提高了输水调度的应急处置能力。

四、工程效益

至 2016 年底，分别向七里河生态分水 4 次，分水量 3183.64 万 m^3，向李阳河生态分水 2 次，分水量 438.41 万 m^3，刘家庄分水口持续向刘家庄水厂分水，累计分水量 17.8 万 m^3，缓解了受水区水资源紧缺状况，使邢台市的生态环境恶化的趋势得到了缓和，推动了邢台的经济发展。

南水北调沿线配置了多个水质监测站，对水质进行监测，自通水以来，水质质量保持在二类以上，缓解了邢台地区地表水污染严重，地下水水质超标，饮用高氟水问题，为提高人民生活水平起到重要支撑和保障作用。

五、验收工作

2016 年 12 月完成邢台市段工程档案项目法人验收工作。

（赵渊飞　郭亚津）

邢台县和内丘县段工程

一、工程概述

邢台县和内丘县段设计单元工程是南水北调中线一期工程总干渠（漳河北—古运河南）邯邢段的组成部分，工程位于河北省邢台市邢台县及内丘县境内，起自邢台市与邢台县交界的会宁村西南，止于内丘县与临城县交界的西邵明村西。该段渠道设计流量 $220m^3/s$，加大流量 $240m^3/s$，起点设计水位 84.479m，终点设计水位 82.177m。设置刘家庄分水口门 1 处，设计流量 $1.0m^3/s$。

邢台县和内丘县段工程总干渠全长 31.666km，该设计单元工程包括大型河渠交叉建筑物 5 座，左岸排水建筑物 12 座（其中排水渡槽 3 座，排水倒虹吸 9 座），退水闸 2 座，排冰闸 3 座，分水闸 1 座，节制闸 2 座。

二、工程管理

邢台县和内丘县段工程的现场管理机构，与邢台市段工程为同一个，即邢台管理处。工程管理与邢台市段工程一致。

（赵渊飞）

临城县段工程

一、工程概况

临城县段工程所辖总干渠起自内丘县与临城县交界的西邵明村西，止于邢台市与石家庄市交界的梁村村北，途经 1 县 4 乡（镇）25 村，总长度 27.171km。其中渠道长 26.379km，渠道建筑物长 0.792km（包括泜河渠道渡槽 458m、午河渠道渡槽 334m）。渠道横断面型式均为梯形断面，受地形起伏变化影响，渠道总干渠设计流量 $220m^3/s$，加大流量 $240m^3/s$。

临城段共布置各类建筑物 60 座。其中控制性工程 7 座（包括节制闸 1 座，退水闸 2 座，排冰闸 2 座，分水口门 2 座）；河渠交叉建筑物 3 座，左排建筑物 17 座；渠渠交叉建筑 3 座；跨渠桥梁 30 座（公路桥 15 座，生产桥 15 座）。

二、工程管理

临城县段工程的现场管理机构是临城管理处，管理处设置工程、运行、综合、财务合同四个科，岗位职责明确。临城管理处成立了安全生产领导小组，严格按照计划开展各类安全生产工作。为保证渠道通水安全，管理处联合安保单位加强渠道安保巡视和定点值守工作，及时发现制止违法跨越线路、破坏围网、钓鱼、私自进入围网等事件，及时发现救灭火灾十余起，修复围网200余处，有效预防扰乱、破坏、偷盗等治安案件和人身安全事故的发生。

努力做好金属结构机械电气设备的巡视检查工作，及时发现各类缺陷，并制定消缺计划，缺陷处理率100%。建立缺陷台账，缺陷处理及时，缺陷处理工作流程明确、时效性强，整体消缺质量满足要求。并对所辖金属结构、机械电气设备建立清单，为方便管理对所有设备逐项建立档案卡；金属结构、机械电气各项记录、资料管理规范，标示清晰；备品备件台账齐全，摆放整齐。

加强运维队伍管理，严格要求运维单位根据设备维护项目合同文件开展维护工作，每月对相关运维单位进行考核，规范运维单位服务行为，提高其服务水平。

2016年7月19日，临城县段范围普降大到暴雨，造成工程多处受损，管理处立即组织人员开展应急抢险，组织人员、设备疏通北盘石倒虹吸出口；张家台桥风险点处继续抽排积水同时堤顶铺设土工膜，垒沙袋进行防护；膨胀土裂缝渠段土工膜覆盖；临城一支渠边坡卸载、积水抽排、大坑回填等重点部位进行应急抢险先期处置，确保了工程平稳安全度汛。

三、运行调度

临城管理处制订了《抓规范、上水平、保运行输水调度安全生产主题活动工作方案》，调度人员坚守岗位，严格按规程操作，调度工作正常开展，金属结构、机械电气自动化设备运行稳定，在输水调度安全生产主题活动考核中取得了优异成绩。全面推进输水调度规范化管理工作，在调度管理和调度业务等方面强力推进，同时对中控室的调度环境进行了规范，人员业务能力进一步提高、环境面貌整体提升。自动化系统运行正常，工况良好，年内完成了安防视频、安防电子围栏系统、全填方段视频监控系统的建设。

四、工程效益

2016年度泜河退水闸累计分水263.37万m^3，北盘石分水口累计分水1.88万m^3，黑沙村分水口累计分水138.17万m^3，受益人口约28.4万人。

高邑县—元氏县段工程

一、工程概况

南水北调中线一期工程漳河北—古运河南段工程高邑县—元氏县段设计单元位于石家庄市高邑县、赞皇县、元氏县境内，起点位于邢台市和石家庄市交界，终点位于石家庄市元氏县与鹿泉市交界。高邑县—元氏县段全长40.743km，其中渠道长38.284km、建筑物长2.459km。渠道采用明渠自流输水方式。大型河渠交叉建筑物6座，左岸排水建筑物13座，渠渠交叉建筑物7座，控制性建筑物7座（分水口门4座，节制闸、退水闸和排冰工程各1座），外排泵站1座，降压变电站8座，中心开关站1座，公路交叉建筑物40座，水土保持、环境保护、35kV输电线路等。总干渠设计流量为220m^3/s，加大流量为240m^3/s。起点设计水位为80.649m，终点设计水位为78.174m，总水头差为2.475m。

二、工程管理

高邑县—元氏县段工程现场管理机构为

高邑元氏管理处，下设综合科、财务合同科、工程科、调度科四个科室。

管理处所辖范围内维修养护项目主要分为日维项目、汛前项目、影响安全和水质项目、绿化及除草项目、汛后水毁项目、应急抢险项目等，工作已全部完成。

（1）机械电气、金属结构管理。规范设备操作流程上墙制度，电缆沟、油管沟防火封堵，安装、动态巡视等工作全部完成。

（2）应急管理。2016 年汛期，先后投入人力 1035 人次，对所有水毁问题均采取了相应的应急处置措施，有效防止了险情发展、损失加大的风险。修建应急道路 8 条，解决了出现险情时，无应急抢险道路及防汛物资无法运输的问题，结合应急演练对槐河（一）倒虹吸管身段进行了加固。

（3）安全生产。2016 年开展进场安全教育培训会 28 次，签署安全生产协议书 8 份，安全生产资质审查 8 份，车辆人员保险备案 8 份，抽查日维队伍安全生产会议记录 4 次，危险作业监控 2 次，违章作业处罚 2 次。

三、运行调度

2016 年高邑元氏管理处调度运行平稳，调度指令执行准确，调度运行管理逐步规范化、标准化，调度运行环境不断提升，未发生任何调度运行安全事故。2016 年度获得“调度运行先进集体”荣誉称号。

调度运行过程中，值班人员严格按照《输水调度业务工作手册》等相关要求进行值班，实现了五班两倒的调度模式，调度操作符合要求，各项记录规范、整齐，水情上报及时、准确，值班人员坚守岗位，全年未发生一次错报、漏报、脱岗、漏岗情况，保障了输水安全。

四、工程效益

管理处管辖泲河分水闸、北马分水闸、赵同分水闸和万年分水闸四座分水闸，分别向高邑县、赞皇县、元氏县、赵县、栾城县和窦妪工业区供水，供水后将惠及约 170 万人民。截至 2016 年底，累计分水量，泲河分水闸分水 6.24 万 m^3，北马分水闸分水 44.98 万 m^3，赵同分水闸分水 2.67 万 m^3，万年分水闸分水 618.67 万 m^3；2016 年度分水量，泲河分水闸分水 6 万 m^3，北马分水闸分水 44.98 万 m^3，赵同分水闸分水 2.67 万 m^3，万年分水闸分水 615.79 万 m^3。

五、环境保护与水土保持

高邑元氏管理处所辖范围内防护林及绿化工程南起泲河渡槽，经过槐（一）倒虹吸至北沙河倒虹吸。其中防护林长度 1.27km（单侧长度），工程节点绿化共计 5 个，涉及槐（一）倒虹吸 1 个主要性节点以及泲河渡槽、槐（二）倒虹吸、潴龙河倒虹吸、北沙河倒虹吸 4 个一般性节点进行绿化。共种植乔灌木约 3894 株，边坡植草约 130 000m^2，场区植草约 15 800m^2，花海 9000m^2，苗圃（连翘）8300m^2。

六、验收工作

2016 年 3 月完成了元氏Ⅰ段档案预验收工作。

2016 年 4 月完成了元氏Ⅰ段合同项目验收工作。

2016 年 7 月完成了监理第三标段档案预验收工作。

2016 年 12 月完成了高邑县至元氏县段设计单元工程档案项目法人验收。

2016 年 12 月组织完成高邑元氏管理处全面整治活动项目 12 个标段的合同验收，验收资料真实、完整。

（冯　荣　郭亚津）

鹿泉市段工程

一、工程概况

鹿泉市段工程全长 12.786km，渠段起点设计水位78.174m，终点设计水位77.218m。设计流量220m^3/s，加大流量240m^3/s。鹿泉市段工程渠道长11.459km、建筑物长1.327km，沿线共布置各类建筑物29座，其中河渠交叉建筑物3座、左岸排水建筑物4座、渠渠交叉建筑物4座、分水口门2座、节制闸1座（洨河渠道倒虹吸出口闸作为节制闸使用）、退水闸1座、排冰闸1座、跨渠桥梁14座。

二、工程管理

石家庄管理处全面负责鹿泉市段工程运行管理工作，以工程巡查、安全保卫、安全监测为依托发现问题，报告问题，土建及绿化日常维护专业及时整改问题，完善工程功能并维护工程形象。水质专业通过对水体进行日常取样、监测以及定时打捞对所辖渠段水质加以管理，并负责将相关信息报至上级相应部门。安全生产为一切之基，石家庄管理处通过安全检查、安全教育等手段保证人员安全、工程安全及水质安全。

三、运行调度

石家庄管理处鹿泉市段工程调度运行平稳，金属结构、机械电气、自动化设备设施运行正常。石家庄管理处中控室以实施调度、全程监控、应急调度三大核心职能，并通过闸站监控系统、视频监控系统、安防系统、会商系统、安全监测系统等全程对辖区金属结构、机械电气、自动化设备进行监控，确保设备运行安全。

2016年，金属结构机械电气、自动化设备管理工作以规范化建设为目标，运维单位按照金属结构、机械电气、供配电、液压、闸控、视频监控、自动化设备、通信光缆等专业进行设备维护。石家庄管理处巡检人员通过定期静态和动态巡视，保证设备健康运行。

四、工程效益

鹿泉市工程含分水口2座，上庄分水口、新增上庄分水口。上庄分水口设计分水流量5m^3/s，孔口尺寸2.2m×2.2m（宽×高），设计水头5.633m。新增上庄分水口设计分水流量1.3m^3/s，孔口尺寸1.5m×1.8m（宽×高），设计水头5.233m。

新增上庄分水口于2016年5月11日开始投入运行并进行分水，2016年累计分水量8.99万m^3，上庄分水口配套工程正在建设中。

五、验收工作

2016年11月，完成南水北调中线河北分局石家庄管理处土建、绿化日常维护项目合同验收。

六、尾工建设

安防系统建设完成石家庄辖区微管微缆敷设（倒虹吸、暗渠除外）、电子围栏振动光缆敷设、视频立杆、摄像机安装、机房机柜及设备的安装等工作。

（边传伟）

石家庄市区段工程

一、工程概况

石家庄市区段工程位于石家庄市桥西区和新华区，起点位于石家庄市和鹿泉市交界处台头村，终点位于新华区大安舍村，工程全长12.266km，渠道总长10.439km。总干渠设计流量为220m^3/s，加大流量为240m^3/s。本设计单元包括大型交叉建筑物3座，左岸排水建筑物1座，控制工程（分水口门）1座，公路交叉桥梁共15座，铁路交叉工程2座。

二、工程管理

石家庄市区段工程现场管理机构与鹿泉市段工程一致，为石家庄管理处。

三、工程效益

石家庄市区段工程南新城分水口设计分水流量 $1.5m^3/s$，孔口尺寸 1.5m×1.8m（宽×高），设计水头 4.471m。2016 年 8 月 30 日开始投入运行进行分水，2016 年累计分水量 2 万 m^3。

（田　杨）

穿漳河工程

一、工程概况

南水北调中线一期总干渠穿漳河交叉建筑物工程包括南北两岸渠道连接段和倒虹吸段，总长共计 1081.81m，由南向北分别由南岸连接渠道、退水排冰闸、进口渐变段、进口检修闸段、倒虹吸管身段、出口节制闸段、出口渐变段、北岸连接渠道 7 段组成。漳河南岸总干渠设计水位 92.19m，加大水位 92.56m，北岸总干渠设计水位 91.87m，加大水位 92.25m，设计流量 $235m^3/s$，加大流量 $265m^3/s$。

二、工程管理

穿漳管理处作为穿漳河工程的现地管理处，全面负责辖区内运行管理工作，保证工程安全、运行安全、水质安全和人身安全。负责或参与辖区内直管和代建项目尾工建设、征迁退地、工程验收工作。穿漳管理处内设综合科、合同财务科、工程科、调度科四个科室。

（1）安全管理。穿漳管理处成立安全生产工作小组，明确安全生产负责人和兼职安全员，编制年季月安全生产工作计划，修订安全生产管理实施细则，开展安全生产工作总结。加强日常维护项目管理，与运维队伍等进行安全交底并签订了安全生产协议书。定期组织安全生产检查、开展安全宣传培训、召开安全会议。全年零伤亡。2016 年第四季度，配合保安公司顺利接管工程安保工作。

（2）土建绿化工程维护。管理处采取竞争谈判、询价等多种采购形式开展日常项目维护。为确保土建和绿化工程养护按期开展，穿漳管理处将土建和绿化日常维护养护项目分汛前和汛后两个阶段来组织实施，完成土建和绿化工程的日常维修养护工作，同时对“7·19”特大暴雨水毁项目进行了修复。按照南水北调中线工程防护林及绿化一期工程建设要求，完成了南水北调中线工程防护林及绿化一期工程穿漳绿化节点的乔木、灌木和地被植物的养护工作。

（3）工程应急管理。2016 年管理处根据中线建管局、河南分局文件要求成立突发事件现场管理处置机构，穿漳管理处成立突发事件现场处置小组；根据中线建管局相关突发事件应急预案，编制了穿漳管理处《2016 年防洪度汛应急预案》《水污染事件应急预案》《2016 年度度汛方案》《突发事件现场处置方案》等；汛期建立防汛值班制度，进行全年 24h 应急值班，收集和上报汛情、险情信息，处置各类突发事件；制定了应急管理培训和突发事件应急演练工作计划，并按计划开展了相应应急演练及培训工作。

三、运行调度

2016 年，全年辖区工程运行平稳、水质稳定达标。穿漳管理处与安阳管理处合署办公。2016 年，累计上报水情信息 11 891 次，没有出现重大漏报、错报现象，漳河节制闸成功执行调度指令 659 条。

（1）金属结构机械电器设备运行。按照中线建管局的有关要求，金属结构、机械电器设备为过渡期维护模式，由河南分局组织有关单位开展维护工作。中线建管局招标的金属结构、机械电器设备维护项目金属结构设备维护队伍于2016年10月1日进场，液压启闭机设备维护队伍预计2017年一季度进场。2016年金属结构、机械电器设备运行情况良好，无影响通水和调度的事件发生，运行可靠性高。

（2）永久供电系统运行。截至2016年9月30日前，永久供配电系统为过渡期维护模式，由河南分局组织有关单位开展维护工作。中线建管局招标的永久供电系统运行维护项目维护队伍2016年9月30日进场。2016年永久供电系统运行情况稳定。

（3）信息自动化系统运行。2016年自动化调度系统运维采取过渡期维护模式，河南分局组织有关单位开展维护工作。2016年，穿漳管理辖区内自动化调度系统运行平稳，保障了输水调度工作。

四、工程效益

自2014年12月12日，南水北调中线工程正式通水运行以来，穿漳段工程安全运行751天，累计往下游输水391 613.885万m^3。

五、环境保护与水土保持

2016年5月30～31日，中线建管局邀请专家、各参建单位在郑州组织召开穿黄工程水土保持设施项目法人自查初验收会，验收组查勘了穿黄工程水土保持措施实施情况，并对施工单位、设计单位、水土保持监理和监测单位等各参建单位提交的资料进行了审核，会议通过了穿黄工程水土保持设施项目法人自查验收。

六、验收工作

2016年5月12日、2016年9月13日分别完成了穿漳河工程南岸和北岸消防设施验收备案。完成土建绿化日常维护零星用工项目合同验收。2016年12月，穿漳工程完成设计单元档案专项验收。

（王志刚　张　毅　樊少彪）

黄河北—漳河南段工程

概　述

总干渠黄河北—漳河南段工程起点为穿黄工程出口S点，终点为安阳县施家河村东豫、冀两省交界的穿漳河工程交叉建筑物进口。线路全长237.074km。设计流量为265～235m^3/s，加大流量为320～265m^3/s。

黄河北—漳河南段工程由全挖、全填、半挖半填土质渠道、岩质及土岩结合渠道和河渠交叉工程、左岸排水工程、渠渠交叉工程、公路和铁路交叉工程、控制工程等建筑物组成。

黄河北—漳河南段工程渠道总长220.471km、建筑物总长16.603km；各类交叉建筑物339座，其中河渠交叉建筑物37座、左岸排水建筑物73座、渠渠交叉建筑物23座、控制建筑物34座、公路交叉建筑物154座、铁路交叉建筑物18座。

黄河北—漳河南段包括温博段、沁河倒虹吸、焦作1段、焦作2段、辉县段、石门河倒虹吸、潞王坟膨胀岩试验段、新乡和卫辉段、汤阴段、鹤壁段、安阳段等11个设计单元，其中温博段、沁河倒虹吸、焦作1段为直管项目，汤阴段、鹤壁段为代建项目，其他为委托建管项目。

2014年9月29日，黄河北—漳河南段工程11个设计单元均通过了通水验收，2014年12月12日正式通水，进入运行期。设计单元内各合同项目也已完成合同项目完成验收。

根据中线建管局《南水北调中线干线工程建设管理局组织机构设置及人员编制方案》（中线局编〔2015〕2 号），2015 年 6 月 30 日，在河南直管建管局基础上分别成立河南分局和渠首分局。河南分局负责叶县至冀豫界（全长 546.13km）工程运行管理工作，保证工程安全、运行安全、水质安全和人身安全。

河南分局内设 9 个处（中心），分别为综合管理处、计划经营处、人力资源处、财务资产处、分调中心、工程管理处（防汛与应急办）、信息机电处、水质监测中心（水质实验室）、监督二队，按职能分别负责综合、生产经营、人力资源、财务、调度、工程、机电金结、自动化信息、水质等方面管理工作。

河南分局下设 19 个现地管理处，其中黄河北—漳河南段设 8 个管理处，分别为温博管理处、焦作管理处、辉县管理处、卫辉管理处、鹤壁管理处、汤阴管理处、安阳管理处、穿漳管理处，负责辖区内运行管理工作，保证工程安全、运行安全、水质安全和人身安全，负责或参与辖区内直管和代建项目尾工建设、征迁退地、工程验收工作。

2015～2016 供水年度，该渠段 10 座分水口、1 座退水闸开闸分水，累计向焦作市、新乡市、鹤壁市、安阳市供水 19 980.69 万 m^3。

（王志刚　蓬　宁）

温 博 段 工 程

一、工程概况

温博段起点位于河南省温县北张羌村穿黄工程的末端 S 点，终点为博爱县聂村东北过大沙河交叉建筑物出口。该渠段全长 26.616km，其中明渠段长 25.329km，沿线共布置各类交叉建筑物 44 座（不包括沁河渠道倒虹吸工程），其中河渠交叉建筑物 6 座；左岸排水建筑物 4 座；渠渠交叉建筑物 2 座；控制建筑物 3 座（节制闸 1 座，分水口门 2 座）；跨渠桥 29 座。渠段起点设计水位 108.000m，终点设计水位 105.916m，总设计水头差 2.084m。该段设计流量 265m^3/s，加大流量 320m^3/s。

二、工程管理

温博管理处作为温博段工程的现地管理处，全面负责辖区内运行管理工作，保证工程安全、运行安全、水质安全和人身安全。负责或参与辖区内直管和代建项目尾工建设、征迁退地、工程验收工作。温博管理处内设综合科、合同财务科、工程科、调度科四个科室。

（1）安全管理。辖区管理处成立安全生产工作小组，明确安全生产负责人和兼职安全员，编制年季月安全生产工作计划，修订安全生产管理实施细则，开展安全生产工作总结。加强日常维护项目管理，与运维队伍、后穿越单位等进行安全交底并签订了安全生产协议书。定期组织安全生产检查、开展安全宣传培训、召开安全会议。全年零伤亡。

（2）土建绿化工程维护。温博管理处为确保土建和绿化工程养护按期开展，将土建和绿化日常维护养护项目分汛前和汛后两个阶段来组织实施，完成土建和绿化工程的日常维修养护工作。主要完成的土建和绿化工程日常维护项目有警示柱刷漆、路缘石缺陷处理、沥青路面修复、排水沟修复、雨淋沟修复、截流沟清淤和修复、管理处和闸站缺陷处理、渠道边坡草体修剪和除杂草、闸站和渠道保洁等内容。同时完成了土质截流沟的改造专项项目。

（3）工程应急管理。2016 年管理处根据中线建管局、河南分局文件要求成立突发事件现场管理处置机构，温博管理处成立突发事件现场处置小组；根据中线建管局相关突发事件应急预案，编制了温博管理处《2016 年防洪度汛应急预案》《水污染事件应急预案》《2016年度度汛方案》《突发事件现场处置方案》等；汛期建立防汛值班制度，进行全年24h应急值班，及时收集和上报汛情、险情信息，高效、迅捷处置各类突发事件，减少或避免突发事件造成的损害；制定了应急管理培训和突发事件应急演练工作计划，并按计划开展了相应应急演练及培训工作。

三、运行调度

温博管理处全面负责温博段工程的运行管理，管理处中控室调度值班人员10人，按照“5班2倒”的方式值班。济河节制闸配备4名值班人员，每班2人，每班24h，分时段以1人为主，另一人为辅。2016年，所属节制闸、分水口平稳运行，没有出现较大延报、漏报、错报情况。2016年度中控室共计接收调度指令401条，成功395条，成功率98.5%。

（1）金属结构机电设备运行。按照中线建管局的有关要求，金属结构、机械电气设备为过渡期维护模式，由河南分局组织有关单位开展维护工作。中线建管局招标的金属结构、机械电气设备维护项目金属结构设备维护队伍于2016年10月1日进场，液压启闭机设备维护队伍预计2017年一季度进场。2016年金属结构、机械电气设备运行情况良好，无影响通水和调度的事件发生，运行可靠性高。

（2）永久供电系统运行。截至2016年9月30日，按照中线建管局的有关要求，永久供配电系统为过渡期维护模式，由河南分局组织有关单位开展维护工作。中线建管局招标的永久供电系统运行维护项目维护队伍2016年9月30日进场。2016年永久供电系统运行情况稳定。

（3）信息自动化系统运行。按照中线建管局的有关要求，2016年自动化调度系统运维采取过渡期维护模式，河南分局组织有关单位开展维护工作。

四、工程效益

自通水运行以来，温博段工程安全运行751天，截至2016年底累计过境流量439 743.75万m^3，其中2016年度过境流量为259 089.28万m^3，辖区内北石涧分水口2015年11月8日开始分水，截至2016年底累计向武陟县分水670.97万m^3，其中2016年度累计向地方分水649.15万m^3。有力地支撑其城市建设，为地方居民饮水和农业生态灌溉提供了有力保障。

五、验收工作

2016年12月，温博段工程完成了设计单元档案专项验收。

完成2016年度汛前维修养护项目土建1标和2标、蒋沟河倒虹吸出口降压站修复项目、闸站保洁项目、纵向排水沟修复项目、齐村东北公路桥桥面修复项目等土建绿化维修养护日常项目合同验收；完成（K494+855.99）～（K496+149.89）段左岸干砌石截流沟硬化处理项目专项合同验收。

（杨　波　魏红义　赵军锋）

沁河渠道倒虹吸工程

一、工程概况

沁河渠道倒虹吸工程位于河南省温县徐堡镇北、博温公路沁河大桥下游约300m处，是南水北调总干渠于沁河的交叉建筑物，工程由进、出口渠道段和穿沁河渠道倒虹吸管身组成，该段设计流量265m^3/s，设计水位100.6～106.933m，加大流量320m^3/s，加大水位108.256～107.587m。

渠倒虹轴线与沁河基本呈正交，建筑物总长1197m，其中进口渐变段长60m，进口闸室段长15m，倒虹吸管身段水平投影长1015m，出口闸室段长22m，出口渐变段长 85m。

二、工程管理

沁河倒虹吸工程的现地管理处与温博段工程一致，也为温博管理处。管理处全面负责辖区内运行管理工作，保证工程安全、运行安全、水质安全和人身安全。负责或参与辖区内直管和代建项目尾工建设、征迁退地、工程验收工作。

三、验收工作

2016 年 10 月，沁河渠道倒虹吸工程完成了设计单元完工验收前的档案专项验收。

（王志刚　张国锋　王　竞）

焦作 1 段工程

一、工程概况

焦作 1 段起点位于河南省博爱县聂村东北大沙河渠倒虹吸出口，终点为焦作市蔺西李河渠倒虹吸出口。渠段总长 13.513km，其中明渠长 11.598km，建筑物长 1.915km，沿渠共布置各类交叉建筑物 18 座，其中河渠交叉建筑物 5 座；控制建筑物 3 座（节制闸、退水闸、分水口门各 1 座）；跨渠公路桥 9 座；铁路桥 1 座。渠段起点设计水位 104.686m，总设计水头差 1.23m。该段设计流量 $265m^3/s$，加大流量 $320m^3/s$。

二、工程管理

焦作管理处作为焦作 1 段工程的现地管理处，全面负责辖区内运行管理工作，保证工程安全、运行安全、水质安全和人身安全。负责或参与辖区内直管和代建项目尾工建设、征迁退地、工程验收工作。焦作管理处内设综合科、合同财务科、工程科、调度科四个科室。

（1）安全管理。辖区管理处成立安全生产工作小组，明确安全生产负责人和兼职安全员，编制年季月安全生产工作计划，修订安全生产管理实施细则，开展安全生产工作总结。加强日常维护项目管理，与运维队伍、后穿越单位等进行安全交底并签订了安全生产协议书。定期组织安全生产检查、开展安全宣传培训、召开安全会议。全年零伤亡。

（2）土建绿化工程维护。管理处采取竞争谈判、竞争磋商、询价、直接采购等多种采购形式开展日常项目维护。为确保土建和绿化工程养护按期开展，焦作管理处将土建和绿化日常维护养护项目分汛前和汛后两个阶段来组织实施，完成土建和绿化工程的日常维修养护工作，同时对水毁项目进行了修复。按照南水北调中线工程防护林及绿化一期工程建设要求，完成了南水北调中线工程防护林及绿化一期工程焦作 1 段乔木、灌木和地被植物的养护工作。主要完成的土建和绿化工程日常维护项目有警示柱刷漆、路缘石缺陷处理、沥青路面修复、排水沟修复、雨淋沟修复、截流沟清淤和修复、管理处和闸站缺陷处理、渠道边坡草体修剪和除杂草、闸站和渠道保洁等内容。

（3）工程应急管理。2016 年管理处根据中线建管局、河南分局文件要求成立突发事件现场管理处置机构，焦作管理处成立突发事件现场处置小组；根据中线建管局相关突发事件应急预案，编制了焦作管理处《2016 年防洪度汛应急预案》《水污染事件应急预案》《2016 年度度汛方案》《突发事件现场处置方案》等；汛期建立防汛值班制度，进行全年 24h 应急值班，收集和上报汛情、险情信息，处置各类突发事件，减少或避免突发事件造成的损害；制定了应急管理培训和突发事件应急演练工作计划，并按计划开展了相应应急演练及培训工作。

三、运行调度

2016 年，焦作管理处坚持“稳中求好，创新发展”的工作思路，推进规范化建设进程，焦作段工程全年安全运行、水质稳定达标。

中控室采取“5 班 2 倒”的方式实施 24h 值班，每班 2 人，值班人员共计 10 名。调度值班人员主要通过闸站监控系统和视频监控系统，结合人工校核，负责指令执行与反馈、水情采集与上报、设备设施运行监控等工作。

2016 年 7～12 月闫河节制闸由于上游地下水位较高，闸前水位超设计水位 30～50cm 运行，焦作段全年共执行指令 729 条，1809 门次，成功 617 条，成功率 85%，累计输水量 44.8 亿 m^3。闫河节制闸单孔闸门开度最大 1.46m，过闸流量最大 135.37m/s，聩城寨节制闸单孔闸门开度最大 1.50m，过闸流量最大 136.36m/s。

四、工程效益

自 2014 年 12 月 12 日南水北调中线干线工程正式通水以来，焦作段工程安全运行 751 天，累计输水 44.8 亿 m^3，2016 年焦作管理处辖区内苏蔺分水口累计向焦作市修武地区分水 1063.253 万 m^3，受惠人口约 28 万人。

五、验收工作

2016 年 11 月，焦作 1 段工程经过了中线建管局组织的设计单元工程档案项目法人验收。

完成管理用房和闸站维修项目、焦作段起点至李河倒虹吸进口渠道维护项目、焦作段李河倒虹吸出口至聩城寨倒虹吸进口渠道维护项目、聩城寨出口至焦作段终点渠道维护项目、排水沟横向支撑项目、闸站环境保洁维护项目、焦东路跨渠桥及府城分水口园区绿化维护完善项目、渡槽下部边坡安全防护项目、汛后维修养护项目等日常维修养护项目合同验收。

（顾　莉　樊少彪　刘　阳）

焦作 2 段工程

一、工程概况

焦作 2 段工程位于焦作市境内，是南水北调中线一期工程总干渠第Ⅳ渠段（黄河北—羑河北）的组成部分，全长 25.560km，其中明渠段长 23.794km，占水头建筑物长 1.766km。焦作 2 段工程渠道设计流量 265～260m^3/s，加大流量 320～310m^3/s。有各类建筑物 46 座，其中河渠交叉 3 座，左岸排水 3 座，分水闸 2 座，节制闸 1 座，退水闸 1 座，交通桥 18 座，生产桥 8 座，铁路桥 10 座（不含铁路桥）。

二、工程管理

河南分局推行了闸站标准化建设和信息机电规范化完善项目，实现了器材摆放统一化、设备巡视路线统一、制度牌、设备、设施标识标牌统一，巡查巡视记录格式化。加强日常巡查和运维队伍管理，制定了运维单位考核细则，加强巡检维护，进行应急推演，辖区内信息机电自动化设备保障有力，调度系统运行安全可靠。

根据《河南分局现地闸站第一批规范化建设项目培训会》要求，焦作管理处积极开展招投标工作，督促中标单位按照要求制定、安装设备标识牌。自动化专业共安装各类大小标识牌 600 余块：制度牌 15 个，各类结构、示意图标牌 60 个，设备名称牌 232 个，各类小标牌 230 个，线缆挂牌 60 个。

中线建管局推动了“金属结构机械电气岗位规范化建设”“闸门启闭演练”“关键操作岗位持证上岗”“应急项目抢险演练”四个项目，发布了 18 项机电金属结构专业相关标准化规章制度。河南分局推动了闸站标准化建设和信息机电规范化完善项目，实现了闸站器材摆放统一化，规划了设备巡视路线，规范了制度牌、线路示意图、设备设施标识标牌，实现了巡查巡视记录格式化，规范了闸站制度牌安装标准、设备巡查记录表存放栏资料存放标准等。

三、运行调度

焦作2段工程由焦作管理处负责日常运行管理工作。2016年，焦作2段全年共执行指令369条，919门次，成功312条，成功率85%。

（1）金属结构机械电气设备运行。焦作2段工程有闸站建筑物6座，各类启闭机设备15套，闸门27扇（套）。按照中线建管局要求，金属结构机械电气设备为过渡期维护模式，由河南分局组织有关单位开展维护工作。中线建管局招标的金属结构机械电气设备维护项目金属结构设备维护队伍于2016年10月1日进场，液压启闭机设备维护队伍预计2017年一季度进场。2016年金属结构机电设备运行情况良好，无影响通水和调度的事件发生，运行可靠性高。

（2）永久供电系统运行。焦作2段工程有35kV降压站5座，高低压电气设备58套，柴油发电机2套。截至2016年9月30日，按照中线建管局要求，永久供配电系统为过渡期维护模式，由河南分局组织有关单位开展维护工作。中线建管局招标的永久供电系统运行维护项目维护队伍2016年9月30日进场。2016年永久供电系统运行情况稳定。

（3）信息自动化系统运行。焦作2段工程有视频监控摄像头72套，闸控系统水位计11个、流量计2个，通信站点6处，包含通信传输设备、程控交换设备、计算机网络设备、实体环境控制设备等。按照中线建管局要求，2016年自动化调度系统运维采取过渡期维护模式，河南分局组织有关单位开展维护工作。2016年，焦作管理辖区内自动化调度系统运行平稳，有力保障了输水调度工作。

（李效宾　薛腾飞　周贵涛）

辉县段工程

一、工程概况

辉县段是南水北调中线一期工程总干渠Ⅳ渠段（黄河北—羑河北）的组成部分，位于Ⅳ渠段的中部，地域上属于河南省的辉县市。该设计单元自修武县与辉县市交界的纸坊河左岸起，与焦作2段的终点相接；终点位于辉县市与新乡凤泉区交界的孟坟河左岸，与新乡卫辉段起点相连接，全长47.39km（不包括石门河渠道倒虹吸工程），其中渠道长度43.40km建筑物长度3.99km。共有各类建筑物77座，其中，河渠交叉7座，渠渠交叉2座，左岸排水18座，分水闸2座，交通桥30座，节制闸3座，退水闸3座，生产桥12座。辉县段设计流量260m^3/s，加大流量310m^3/s。设计水位102.961～98.938m。

二、运行调度

辉县管理处负责辉县段工程的日常运行管理工作，2016年管理处坚持“稳中求好，创新发展”的调度工作思路，推进规范化建设进程，通过开展“输水调度安全生产主题活动”、“规范化活动”等规范值班人员的行为，提高值班人员的业务水平。工程全年安全运行、水质稳定达标，实现了安全平稳供水目标。

中控室严格按照“5班2倒”的方式实施24h值班，每班2人，值班人员共计10名。值班人员全部经过岗前培训考核合格并颁发上岗证。自动化调度系统不断完善，调度办公系统各项功能全面启用，调度工作不断向自动化、智能化迈进，大大提高了调度业务效率。

辉县段工程参与输水调度的节制闸3座，分别为峪河、黄水河支、孟坟河节制闸。2016年全年共执行调度指令6341门次，其中

2016年执行调度指令2690门次，远程成功率92.6%。工程还经受住了“7·9”“7·19”特大暴雨的考验，锻炼了值班人员的应急调度能力。

（1）金属结构、机械电气设备运行。辉县段工程有闸站建筑物17座，液压启闭机设备45台套，液压启闭机现地操作柜90台，电动葫芦设备34台，闸门98扇，固定卷扬式启闭机8台套。按照中线建管局的有关要求，金属结构、机械电气设备为过渡期维护模式，由河南分局组织有关单位开展维护工作。中线建管局招标的金结机电设备维护项目金属结构设备维护队伍于2016年10月1日进场，液压启闭机设备维护队伍2017年3月份进场。2016年金属结构、机械电气设备运行情况良好，无影响通水和调度的事件发生，运行可靠性高。

（2）永久供电系统运行。辉县段工程有35kV降压站15座，箱式变电站1座，高低压电气设备134套，柴油发电机13套。截至2016年9月30日，按照中线建管局要求，永久供配电系统为过渡期维护模式，由河南分局组织有关单位开展维护工作。中线建管局招标的永久供电系统运行维护项目维护队伍2016年10月1日进场。2016年永久供电系统运行情况稳定。

（3）信息自动化系统运行。辉县段工程有视频监控摄像头189套，闸控系统水位计31个，流量计5个，通信站点16处，包含通信传输设备、程控交换设备、计算机网络设备、实体环境控制设备等。按照中线建管局的有关要求，2016年自动化调度系统运维采取过渡期维护模式，河南分局组织有关单位开展维护工作。辉县管理辖区内自动化调度系统运行平稳，有力保障了输水调度工作。

三、工程效益

自2014年12月12日南水北调中线干线工程正式通水以来，辉县段工程安全运行751天，累计向下游输水42.9亿m^3，其中2016年输水25.5亿m^3。辖区内郭屯分水口自2015年5月供水以来已累计向新乡市获嘉县供水1111.59万m^3，其中2016年累计供水786.32万m^3，受益人口达17万人。

（王志刚　袁卫涛　郭志才）

石门河倒虹吸工程

一、工程概况

石门河倒虹吸工程渠长1550m，设计流量260m^3/s，加大流量310m^3/s。本标段包括倒虹吸两端渠道总长374m，其中进口段渠道长99.4m，出口段渠道长274.6m；进口渐变段、闸室段长68m，出口闸室段及渐变段长93m；倒虹吸管身段水平投影长1015m。

二、运行调度

（1）金属结构机械电气设备运行。石门河渠道倒虹吸段设计单元，包括进口检修闸、出口控制闸、出口检修闸三个部分，其中进口检修闸共3孔，设2套检修闸门，出口控制闸共3孔，每孔设置一扇工作闸门，出口检修闸共3孔，设2套检修闸门。按照中线建管局要求，金属结构机电设备为过渡期维护模式，由河南分局组织有关单位开展维护工作。中线建管局招标的金属结构机电设备维护项目金属结构设备维护队伍于2016年10月1日进场，液压启闭机设备维护队伍2017年3月份进场。2016年金属结构机械电气设备运行情况良好，无影响通水和调度的事件发生，运行可靠性高。

（2）永久供电系统运行。石门河渠道倒虹吸设计单元，含35kV降压站1座，高低压电气设备10套，柴油发电机1套。截至2016年9月30日，按照中线建管局要求，永久供配电系统为过渡期维护模式，由河南分局组织有关单位开展维护工作。中线建管局招标的永久供电系统运行维护项目维护队伍2016年10月1日进场。2016年永久供电系统运行情况稳定。

(3) 信息自动化系统运行。石门河渠道倒虹吸设计单元，包括视频监控摄像头13套，闸控系统水位计2个，通信站点1处，包含通信传输设备、程控交换设备、计算机网络设备、实体环境控制设备等。按照中线建管局要求，2016年自动化调度系统运维采取过渡期维护模式，河南分局组织有关单位开展维护工作。辉县管理辖区内自动化调度系统运行平稳，有力保障了输水调度工作。

(袁卫涛　赵俊杰　靳潇凯)

新乡和卫辉段工程

一、工程概况

新乡和卫辉段工程是南水北调中线一期工程总干渠Ⅳ渠段（黄河北—羑河北）的组成部分，第7个设计单元。地域上属于河南省新乡市的新乡市凤泉区和卫辉市。该设计单元起点位于新乡市凤泉区前郭柳村西南孟坟河渠倒虹吸出口，终点位于沧河倒虹吸出口，与鹤壁段起点相接。新乡和卫辉段被潞王坟膨胀岩试验段设计单元分隔成二段，潞王坟试验段长1.5km。新乡和卫辉段全长27.20km，其中渠道长25.416km，建筑物长1.784km。新乡和卫辉段渠段共有各类交叉建筑物48座，其中河渠交叉4座，左岸排水9座，渠渠交叉2座，公路交叉20座，生产桥9座，控制建筑物4座（节制闸和退水闸各1座，分水口门2座）。总干渠设计流量250m^3/s，加大流量310m^3/s。新乡卫辉段渠段起点设计水位98.935m，终点设计水位97.061m，总水头差1.874m，扣除其中潞王坟试验段占用0.075m水头后，新乡卫辉段设计水头为1.799m。

二、运行调度

卫辉管理处负责新乡和卫辉段工程和潞王坟试验段工程的日常运行管理工作，2016年管理处坚持“稳中求好，创新发展”的调度工作思路，通过开展“输水调度安全生产主题活动”、“规范化活动”等规范值班人员的行为，提高值班人员的业务素质。工程全年安全运行、水质稳定达标，实现了安全平稳的供水目标。

中控室严格按照“5班2倒”的方式实施24h值班，每班2人，值班人员共计10名。调度值班人员主要通过闸站监控系统和视频监控系统，结合人工校核，负责指令执行与反馈、水情采集与上报、设备设施运行监控等工作。

新乡和卫辉段工程参与输水调度的节制闸1座，即香泉河节制闸。2016年共接收调度指令364门次，远程成功率76%。

(1) 金属结构机械电气设备运行。新乡和卫辉段工程和潞王坟试验段工程有闸站建筑物7座，各类启闭机设备27套，闸门35扇(套)。按照中线建管局要求，金属结构机械电气设备为过渡期维护模式，由河南分局组织有关单位开展维护工作。中线建管局招标的金属结构机械电气设备维护项目金属结构设备维护队伍于2017年3月进场，液压启闭机设备维护队伍2016年9月进场。2017年金属结构机电设备运行情况良好，无影响通水和调度的事件发生，运行可靠性高。

(2) 永久供电系统运行。新乡和卫辉段工程和潞王坟试验段工程有35kV中心站1座、降压站6座，高低压电气设备83套，柴油发电机5套，拖车电站1套。截至2016年9月30日，按照中线建管局要求，永久供配电系统为过渡期维护模式，由河南分局组织卫辉电力安装工程公司承担维护工作。2016年9月30日，中线建管局招标的永久供电系统运行维护项目维护队伍众信电力工程有限公司进场承担维护工作。2016年，永久供电系统运行情况稳定。

山庄河中心开关站作为新乡和卫辉段工程和潞王坟试验段工程35kV运维单位的驻点，24h有人值守。卫辉管理处结合维护单位众信电力对山庄河中心站从规章制度、组织架构、岗位职责、办公生活环境、安全管理、员工档案、学习培训等方面进行规范化建设。

（3）信息自动化系统运行。新乡和卫辉段工程有视频监控摄像头138套，闸控系统水位计17个，流量计4个，通信站点8处，包含通信传输设备、程控交换设备、计算机网络设备、实体环境控制设备等。按照中线建管局的有关要求，2016年自动化调度系统运维采取过渡期维护模式，河南分局组织有关单位开展维护工作。卫辉管理辖区内自动化调度系统运行平稳，有力保障了输水调度工作。通过设置自动化专责岗位、制定自动化制度开展设备巡检、故障处理等举措保障了自动化系统平稳运行，无重大运行及安全事故。

三、工程效益

自2014年12月12日南水北调中线干线工程正式通水以来，辉县段工程安全运行751天。截至2016年底，累计向下游输水40.1亿m^3，其中2016年输水24.9亿m^3。辖区内老道井分水口自2015年5月供水以来已累计向新乡市供水9788.903万m^3，其中2016年累计供水7127.063万m^3，受益人口达120余万人；温寺门分水口自2015年4月供水以来已累计向新乡市供水3284.0万m^3，其中2016年累计供水2068.4万m^3，受益人口达22余万人。

（齐增辉　张仪诗　刘洪超）

鹤壁段工程

一、工程概况

鹤壁段设计单元工程是南水北调中线一期工程总干渠Ⅳ渠段（黄河北—羑河北段）的组成部分，属于第9设计单元，地域上属于河南省鹤壁市和河南省安阳市境内，渠段起点为鹤壁市淇县沧河渠倒虹出口导流堤末端，终点为汤阴县行政区划边界处，全长约30.833km，其中明渠长29.344km，建筑物长1.489km。共有各类建筑物63座，其中，河渠交叉建筑物4座，左岸排水建筑物14座，渠渠交叉建筑物4座。控制建筑物5座（节制闸和退水闸各1座，分水口门3座）。跨渠公路桥21座，生产桥14座（含新增3座），铁路桥1座。设计水深均为7.0m，加大水深7.403～7.469m。鹤壁段总干渠分2个流量段，设计流量250m^3/s、245m^3/s；加大流量300m^3/s、280m^3/s。

二、工程管理

鹤壁管理处作为鹤壁段工程的现地管理处，全面负责辖区内运行管理工作，保证工程安全、运行安全、水质安全和人身安全。负责或参与辖区内直管和代建项目尾工建设、征迁退地、工程验收工作。鹤壁管理处内设综合科、合同财务科、工程科、调度科四个科室。

（1）安全管理。辖区管理处成立安全生产工作小组，明确安全生产负责人和兼职安全员，编制年季月安全生产工作计划，修订安全生产管理实施细则，开展安全生产工作总结。加强日常维护项目管理，与运维队伍、后穿越单位等进行安全交底并签订了安全生产协议书。定期组织安全生产检查、开展安全宣传培训、召开安全会议。全年零伤亡。2016年第四季度，配合保安公司顺利接管工程安保工作。

（2）土建绿化工程维护。管理处采取竞争谈判、询价等多种采购形式开展日常项目维护。为确保土建和绿化工程养护按期开展，鹤壁管理处将土建和绿化日常维护养护项目分汛前和汛后两个阶段来组织实施，完成土建和绿化工程的日常维修养护工作，同时对水毁项目进行了修复。

主要完成的土建和绿化工程日常维护项目有警示柱刷漆、路缘石缺陷处理、沥青路面修复、排水沟修复、雨淋沟修复、截流沟清淤和修复、管理处和闸站缺陷处理、渠道边坡草体修剪和除杂草、闸站和渠道保洁等内容。

（3）工程应急管理。2016 年管理处根据中线建管局、河南分局文件要求成立突发事件现场管理处置机构，鹤壁管理处成立突发事件现场处置小组；根据中线建管局相关突发事件应急预案，编制了鹤壁管理处《2016 年防洪度汛应急预案》《水污染事件应急预案》《2016 年度度汛方案》《突发事件现场处置方案》等；汛期建立防汛值班制度，进行全年 24h 应急值班，收集和上报汛情、险情信息，处置各类突发事件，减少或避免突发事件造成的损害；制定了应急管理培训和突发事件应急演练工作计划，并按计划开展了相应应急演练及培训工作。

2016 年汛期工程主要遭遇了 6 月 5 日局地强降雨、6 月 14 日局地大风强降雨、7 月 9 日新乡和鹤壁地区特大暴雨、7 月 19 日较大范围暴雨等极端天气。分局辖段内共计发生工程险情 15 次，造成水毁部位 867 处，险情发生后，河南分局组织相应管理处及时进行现场抢险处置和信息上报，各单位险情处置共投入人员约 2000 人/次，各类设备约 300 台/套，确保了工程安全和供水安全。

三、运行调度

鹤壁段工程的运行管理由鹤壁管理处全面负责，输水调度工作按照“统一调度、集中控制、分级管理”的原则实施，管理处中控室配置 10 名输水调度值班人员，负责指令执行反馈、调度数据监控、应急处理等日常输水调度值班工作，其中 5 名自有人员任值班长，5 名外聘人员任值班员，实行“5 班 2 倒” 24h 值班制度。2016 年调度指令执行准确无误，无擅自操作闸门或不按指令操作行为。设备设施实时监控到位，按时上报水情，未发生瞒报、漏报等重大事故。

鹤壁段工程参与输水调度的节制闸 1 座，即淇河节制闸。2016 年，淇河节制闸累计接收远程调度指令操作闸门 632 门次，成功 608 门次，远程成功率 96. 2% 。

（1）金属结构机械电气设备运行。中线建管局招标的金属结构机械电气设备维护项目金属结构设备维护队伍已于 2016 年 10 月 1 日进场，液压启闭机设备维护队伍预计 2017 年一季度进场。2016 年金属结构机械电气设备运行情况良好，无影响通水和调度的事件发生，运行可靠性高。

（2）永久供电系统运行。鹤壁段永久供电系统运行维护项目维护队伍由中线建管局统一招标，中标单位众信电力工程有限公司，于 2016 年 9 月 30 日进场。2016 年永久供电系统运行情况稳定。

（3）信息自动化系统运行。按照中线建管局的有关要求，2016 年自动化调度系统运维采取过渡期维护模式，河南分局组织有关单位开展维护工作。

四、工程效益

2016 年全年累计输水 23. 1 亿 m^3，辖区内袁庄分水闸、三里屯分水闸、刘庄分水闸 3 座分水口门分别向鹤壁市淇县、浚县、安阳市滑县、濮阳市华龙区、鹤壁市淇滨区 5 个县区供水，2016 年累计分水 0. 9 亿 m^3；淇河退水闸先后 6 次向鹤壁市淇河补充生态用水 1054 万 m^3，其中 2016 年补充生态用水 339. 2 万 m^3。南水北调中线工程成为鹤壁段周边县区的非常重要的生活、生态水源，南水北调中线工程为当地的经济建设、环境建设发挥越来越重要的作用。

五、验收工作

完成渠道边坡植草项目、汛前维修养护

项目、“7·9”和“7·19”特大暴雨损毁应急抢险项目、渠道垃圾打捞及清运项目、管理用房及闸站2016年汛前日常维修养护项目、淇河退水闸闸墩和闸门止水改造项目、2016年下半年工程日常维修养护绿化项目、闸站保洁项目、2016年下半年工程日常维护养护土建补充项目等日常维修养护项目合同验收；完成2016年汛期芥屯南生产桥水毁专项项目、盖族沟渡槽漏水处理项目、盖族沟渡槽漏水处理项目进口横向排污管道疏通项目等专项项目合同验收。

六、尾工建设

2016年5月底，完成南水北调中线工程鹤壁市淇河一级5号拦河坝复建工程。

（樊少彪　王志刚　王　竞）

汤阴段工程

一、工程概况

汤阴段工程是南水北调中线一期工程总干渠Ⅳ渠段（黄河北—羑河北）的组成部分，地域上属于河南省安阳市汤阴县。汤阴段工程南起自鹤壁与汤阴交界处，与总干渠鹤壁段终点相连接，北接安阳段的起点，位于羑河渠道倒虹吸出口10m处。汤阴段全长21.316km，明渠段长19.996km，建筑物长1.320km。共有各类建筑物39座，其中河渠交叉3座，左岸排水9座，渠渠交叉4座，铁路交叉1座，公路交叉19座，控制建筑物3座（节制闸、退水闸和各分水口门各1座）。设计水深均为7.0m，设计流量245m^3/s，加大流量280m^3/s。

二、工程管理

汤阴管理处作为汤阴段工程的现地管理处，全面负责辖区内运行管理工作，保证工程安全、运行安全、水质安全和人身安全。负责或参与辖区内直管和代建项目尾工建设、征迁退地、工程验收工作。汤阴管理处内设综合科、合同财务科、工程科、调度科四个科室。

（1）土建绿化工程维护。管理处采取竞争谈判、询价等多种采购形式开展日常项目维护。为确保土建和绿化工程养护按期开展，汤阴管理处将土建和绿化日常维护养护项目分汛前和汛后两个阶段来组织实施，完成土建和绿化工程的日常维修养护工作，并完成对水毁项目进行了修复。实施完成了闸站节点和防护林试点绿化养护工作。

主要完成的土建和绿化工程日常维护项目有警示柱刷漆、路缘石缺陷处理、沥青路面修复、排水沟修复、雨淋沟修复、截流沟清淤和修复、管理处和闸站缺陷处理、渠道边坡草体修剪和除杂草、闸站和渠道保洁等内容。

（2）安全管理。辖区管理处成立安全生产工作小组，明确安全生产负责人和兼职安全员，编制年季月安全生产工作计划，修订安全生产管理实施细则，开展安全生产工作总结。加强日常维护项目管理，与运维队伍、后穿越单位等进行安全交底并签订了安全生产协议书。定期组织安全生产检查、开展安全宣传培训、召开安全会议。全年零伤亡。

（3）工程应急管理方面。2016年管理处根据中线局、河南分局文件要求成立突发事件现场管理处置机构，汤阴管理处成立突发事件现场处置小组；根据中线建管局相关突发事件应急预案，编制了汤阴管理处《2016年防洪度汛应急预案》《水污染事件应急预案》《2016年度度汛方案》《突发事件现场处置方案》等；汛期建立防汛值班制度，进行全年24h应急值班，收集和上报汛情、险情信息，处置各类突发事件，减少或避免突发事件造成的损害；制定了应急管理培训和突发事件应急演练工作计划，并按计划开展了相应应急演练及培训工作。

三、运行调度

汤阴段工程的运行管理由汤阴管理处全面负责。通过建立岗位职责和作业手册、规范人员行为、完善规章制度等手段，解决了日常工作中存在的不规范问题，人员管理行为日趋规范，现场操作能力得到锻炼和检验。2016年共接收、执行输水调度指令438门次，均在规定时间内完成并反馈。

四、工程效益

自2014年6月份充水试验以来，汤阴段累计有水运行933天，累计输水量41.49亿m^3。2014年12月12日正式通水以来，汤阴段累计向下游输水40.17亿m^3，其中2016年全年累计输水量24.86.亿m^3。辖区内董庄分水口门2016年全年向汤阴地区分水443.28万m^3，累计分水444.68万m^3。

五、验收工作

2016年，完成了水毁修复项目、汛后实施项目等日常维修养护项目合同验收；完成了羑河倒虹吸进口绕行路引道水毁专项项目合同验收。2016年9月7日完成了汤阴管理处办公楼消防设施验收备案。

（徐振国　王志刚　张国锋）

安阳段工程

一、工程概况

安阳段工程处于Ⅳ渠段的最北部，南起羑河渠道倒虹吸出口，北接穿漳河工程的起点，全长40.262km，其中渠道长39.299km。沿渠共布置各类交叉建筑物76座。总干渠设计流量245～235m^3/s，设计水深70m，渠道纵比降1/28 000，输水横断面采用梯形明渠，渠道边坡为1:2～1:3，渠底宽12.0～18.5m。

二、运行调度

2016年，安阳管理处全年辖区工程运行平稳、水质稳定达标。安阳管理处与穿漳管理处合署办公，中控室统一调度值班，中控室配备10名调度值班人员，实行“5班2倒”24h值班制度。截至2016年底，累计上报水情信息11 891次，没有出现重大漏报错报现象，安阳管理处辖区闸站共执行指令833条。2016年管理处辖区1个分水口运行使用，截至2016年底，累计向安阳市分水517.89万m^3。

（1）金属结构机械电气设备运行。安阳段工程有闸站建筑物6座，各类启闭机设备24套，闸门26扇（套）。按照中线建管局要求，中线建管局招标的金属结构机械电气设备维护项目金属结构设备维护队伍于2016年10月1日进场，液压启闭机设备维护队伍2017年3月1日进场。金属结构机械电气设备运行情况良好，无影响通水和调度的事件发生，运行可靠性高。

（2）永久供电系统运行。安阳段工程有35kV降压站4座，箱式变压器2座，高低压电气设备46套，柴油发电机3台。中线建管局招标的永久供电系统运行维护项目维护队伍2016年9月30日进场。新进场运维队伍严格按照合同约定开展运行维护工作，有力保障了供电系统平稳运行。

三、工程效益

自2014年12月12日，南水北调中线干线工程正式通水以来，安阳段工程安全运行751天，通过安阳河节制闸累计往下游输水391 557.824万m^3。2016年安阳管理处小营分水口启用，截至2016年底累计向安阳市区分水517.89万m^3，受惠人口50余万人。

（王　振　张文奇　司凯凯）

穿 黄 工 程

一、工程概况

穿黄工程是南水北调中线一期工程中的关键、控制性工程，于郑州市荥阳孤柏山湾由南向北穿越黄河，横跨郑州市荥阳市和焦作市温县，是南水北调中线总干渠穿越黄河的大型输水工程，其任务是将中线调水从黄河南岸输送到黄河北岸，在水量丰沛时，视需要向黄河补水。工程位于河南省郑州市黄河京广铁路桥上游约30km处，于孤柏山湾横穿黄河。工程南岸起自荥阳市王村化肥厂南的A点，与中线总干渠荥阳段相接，终点为北岸温县南北张羌乡马庄东的S点，与温博段工程连接，总长19.30km，设计流量为265m^3/s、加大流量为320m^3/s。

穿黄工程由南岸明渠、南岸退水建筑物、进口建筑物、穿黄隧洞段、出口建筑物、北岸明渠、北岸新蟒河渠道倒虹吸、老蟒河河道倒虹吸、北岸防护堤、南北岸跨渠建筑物和南岸孤柏嘴控导工程等组成。其中明渠长13 949.6m（南岸明渠长4628.57m，北岸明渠长9321.03m），建筑物长度5354.9m，沿途穿越黄河、新蟒河、老蟒河等3条河流，与14条等级公路交叉。

二、工程管理

穿黄管理处作为穿黄工程的现地管理处，全面负责辖区内运行管理工作，保证工程安全、运行安全、水质安全和人身安全。负责或参与辖区内直管和代建项目尾工建设、征迁退地、工程验收工作。穿黄管理处内设综合科、合同财务科、工程科、调度科四个科室。

（1）安全管理。辖区管理处成立安全生产工作小组，明确安全生产负责人和兼职安全员，编制年季月安全生产工作计划，修订安全生产管理实施细则，开展安全生产工作总结。加强日常维护项目管理，与运维队伍、后穿越单位等进行安全交底并签订了安全生产协议书。定期组织安全生产检查、开展安全宣传培训、召开安全会议。全年零伤亡。

（2）土建绿化工程维护。工程分黄河南北两段分段管理，为确保土建和绿化工程养护按期开展，穿黄管理处将土建和绿化日常维护养护项目分汛前和汛后两个阶段来组织实施，完成土建和绿化工程的日常维修养护工作。按照南水北调中线工程防护林及绿化一期工程建设要求，完成了南水北调中线工程防护林及绿化一期工程穿黄段的乔木、灌木和地被植物的养护工作。

（3）工程应急管理。2016年管理处根据中线建管局、河南分局文件要求成立突发事件现场管理处置机构，穿黄管理处成立突发事件现场处置小组；根据中线建管局相关突发事件应急预案，编制了穿黄管理处《2016年防洪度汛应急预案》《水污染事件应急预案》《2016年度度汛方案》《突发事件现场处置方案》等；汛期建立防汛值班制度，进行全年24h应急值班，收集和上报汛情、险情信息，处置各类突发事件，减少或避免突发事件造成的损害；制定了应急管理培训和突发事件应急演练工作计划，并按计划开展了相应应急演练及培训工作。

三、运行调度

穿黄工程辖区内共有节制闸1座，即穿黄隧洞出口节制闸。穿黄管理处运行调度工作地点为中控室和穿黄北岸平台闸站值班室。

根据《南水北调中线干线输水调度管理工作标准（修订）》要求，中控室按照5班2倒方式排班，早班8:00至18:00，晚班18:00至次日

8:00。每班调度值班人员2名，其中值班长1名，调度值班员1名。调度值班人员共计10名。

考虑到穿黄隧洞出口的特殊性，实行24h现地值守。每班2人，每班24h，分时段以1人为主，另1人为辅，发生事件时2人共同处理。主要工作内容为进行闸站巡视检查、竖井渗漏水泵启停、竖井渗漏量观测、应急闸门操作、应急供电等。

穿黄工程是南水北调中线的咽喉，调度运行管理工作风险大、责任重。截至2016年底，穿黄节制闸共收到调度指令954次，其中，2016年共收到调度指令447次，其中成功429次，成功率95.97%。通水至今，节制闸单孔闸门开度最大1.82m，过闸流量最大115.52m^3/s，累计输水量43.9亿m^3。

2016，永久供电系统完成柴发保养5台次，预防性试验1次。重点完成了穿黄节制闸应急电源车与柴油发电机ATS改造工作，提高了节制闸供电保证能力，有效降低了供电风险。

四、工程效益

自2014年12月12日，南水北调中线干线工程正式通水以来，穿黄工程安全运行751天，2016年全年共输水26.6亿m^3，确保下游用户的用水需求。

五、验收工作

完成汛前维修养护项目、闸站环境保洁维护项目、汛后维修养护项目、测斜仪采购、隧洞顶部黄河冲淤断面测量项目、水质规划改造项目、新蟒河倒虹吸检修闸室新增钢梯项目等日常维修养护项目合同验收。2016年7月14日完成了穿黄管理处办公楼、南岸工程建筑物消防设施验收备案。

六、尾工建设

2016年5月6日，河南分局组织审核了《退水洞洞顶塌陷处理灌浆试验方案》。6月6日，河南分局以《关于穿黄工程退水洞洞顶塌陷处理灌浆处理有关事宜的请示》（中线局豫工〔2016〕126号）请示中线建管局，经批复后启动洞内灌浆试验项目，2016年12月底完成灌浆试验。

（蓬　宁　王志刚　赵军锋）

沙河南—黄河南段工程

概　　述

沙河南—黄河南段工程起点位于河南省鲁山县薛寨村北，终点在荥阳市西北王村与总干渠第Ⅲ渠段（即穿黄工程）的起点A点相接。线路全长234.934km，本渠段设计流量为320～265m^3/s，加大流量380～320m^3/s。

该渠段工程由全挖、全填、半挖半填土质渠道、岩质及土岩结合渠道和河渠交叉工程、左岸排水工程、渠渠交叉工程、公路和铁路交叉工程、控制工程等建筑物组成。

在该渠段总长234.934km中，其中渠道长215.549km，建筑物长19.385km。沿线共布置各类建筑物344座，其中河渠交叉建筑物32座，左岸排水建筑物96座、渠渠交叉建筑物14座、分水口门13座、节制闸9座、退水闸10座、公路桥160座、铁路交叉10座。

沙河南—黄河南段包括沙河渡槽段、鲁山北段、宝丰至郏县段、北汝河渠道倒虹工程、禹州和长葛段、新郑南段、双洎河渡槽、潮河段、郑州2段、郑州1段、荥阳段11个设计单元，其中沙河渡槽段、鲁山北段、北汝河渠道倒虹工程为直管项目，双洎河渡槽为代建项目，其他为委托建管项目。

2014年9月29日，沙河南—黄河南段工程11个设计单元均通过了通水验收，2014年12月12日正式通水，进入运行期。设计单元内各合同项目也已完成合同项目完成验收。

河南分局下设19个现地管理处，其中沙河南—黄河南段设9个管理处，分别为鲁山管理处、宝丰管理处、郏县管理处、禹州管理处、长葛管理处、新郑管理处、航空港区管理处、郑州管理处、荥阳管理处，负责辖区内运行管理工作，保证工程安全、运行安全、水质安全和人身安全，负责或参与辖区内直管和代建项目尾工建设、征迁退地、工程验收工作。

2016年，沙河南—黄河南段工程运行总体平稳、安全，供水效益逐步显现。2015～2016供水年度，该渠段13座分水口、4个退水闸开闸分水，累计向平顶山市、许昌市、郑州市供水54262.29万m^3。

（王志刚　蓬　宁）

沙河渡槽工程

一、工程概况

沙河渡槽工程是南水北调中线一期工程总干渠沙河南—黄河南的组成部分，位于河南省鲁山县城东约5km处，总干渠全长11.938km，其中明渠长2.888 1km，建筑物长9.05km。总设计水头差1.881m，其中渠道占用水头0.111m，建筑物占用水头1.77m。设计流量320m^3/s，加大流量380m^3/s。该工程跨沙河、将相河、大郎河三条河流，各类交叉建筑物共13座，其中渡槽1座（统称沙河渡槽），包括沙河梁式渡槽、沙河—大郎河箱基渡槽、大郎河梁式渡槽、大郎河—鲁山坡箱基渡槽和鲁山坡落地槽；左岸排水建筑物5座，节制闸1座，退水闸1座，桥梁工程5座。

二、工程管理

鲁山管理处作为沙河渡槽工程的现地管理处，全面负责辖区内运行管理工作，保证工程安全、运行安全、水质安全和人身安全。负责或参与辖区内直管和代建项目尾工建设、征迁退地、工程验收工作。鲁山管理处内设综合科、合同财务科、工程科、调度科四个科室。

（1）安全管理。辖区管理处成立安全生产工作小组，明确安全生产负责人和兼职安全员，编制年季月安全生产工作计划，修订安全生产管理实施细则，开展安全生产工作总结。加强日常维护项目管理，与运维队伍、后穿越单位等进行安全交底并签订了安全生产协议书。定期组织安全生产检查、开展安全宣传培训、召开安全会议。全年零伤亡。

（2）土建绿化工程维护。管理处采取竞争谈判、询价等多种采购形式开展日常项目维护。为确保土建和绿化工程养护按期开展，将土建和绿化日常维护养护项目分汛前和汛后两个阶段来组织实施，完成土建和绿化工程的日常维修养护工作，并实施完成了闸站节点绿化养护工作。

主要完成的土建和绿化工程日常维护项目有警示柱刷漆、路缘石缺陷处理、沥青路面修复、排水沟修复、雨淋沟修复、截流沟清淤和修复、闸站缺陷处理、渠道边坡草体修剪和除杂草、闸站和渠道保洁等内容。

（3）工程应急管理。2016年管理处根据中线建管局、河南分局文件要求成立突发事件现场管理处置机构，鲁山管理处成立突发事件现场处置小组；根据中线建管局相关突发事件应急预案，编制了鲁山管理处《2016年防洪度汛应急预案》《水污染事件应急预案》《2016年度度汛方案》《突发事件现场处置方案》等；汛期建立防汛值班制度，进行全年24h应急值班，收集和上报汛情、险情信息，处置各类突发事件，减少或避免突发事件造成的损害；制订了应急管理培训和突发事件应急演练工作计划，并按计划开展了相应应急演练及培训工作。

三、运行调度

沙河渡槽工程位于鲁山境内，隶属于南水北调中线鲁山管理处，由鲁山管理处进行日常运行管理及维护。

鲁山管理处调度运行科共有自有员工8人，中控室配置10名输水调度值班人员，负责指令执行反馈、调度数据监控、应急处理等日常输水调度值班工作，其中5名自有人员任值班长，5名外聘人员任值班员，实行“5班2倒”24h值班制度。2016年调度指令执行准确无误，无擅自操作闸门或不按指令操作行为。认真做好设备设施实时监控，按时上报水情，未发生瞒报、漏报等重大事故。

沙河渡槽工程参与调度的有沙河渡槽进口节制闸，2016年度共接受调度远程指令227条，成功205条，成功率90.3%，全年共输水317 632.00万m^3。未参与调度的还有沙河退水闸，2016年未进行退水。

四、工程效益

自2014年12月12日，南水北调中线干线工程正式通水以来，沙河渡槽工程安全运行751天，2016年全年累计输水317 632.00万m^3，确保下游用户的用水需求。

五、验收工作

完成了汛前土建及绿化维护项目、2016年下半年土建及绿化工程维护项目、2016年度下半年草皮护坡补植项目等日常维修养护项目合同验收。2016年9月29日完成沙河渡槽、沙河退水闸消防设施验收备案。

（徐振国　段瑞瑞　冯旭宁）

鲁山北段工程

一、工程概况

鲁山北段工程渠道全长7.744km，渠线穿越10条较小排水沟河。总干渠与沿线灌渠、公路的交叉工程全部采用立交布置型式，沿线建筑物工程有左岸排水倒虹吸、渠渠交叉、控制工程和路渠交叉工程4种类型。共有各类建筑物24座，其中初设批复左岸排水建筑物10座；渠渠交叉建筑物3座；跨渠公路桥5座，生产桥5座；另有设计变更增加分水口门1座。

渠道设计流量320m^3/s，加大流量380m^3/s。渠道设计水深为7.0m，加大水深为7.643～7.656m，设计底宽22.5～25m。起点设计水位130.489m，终点设计水位130.191m。总设计水头差0.298m。张村分水口门设计流量1m^3/s，设计水头0.02m。

二、工程管理

鲁山北段工程的现地管理处与沙河渡槽工程一致，也为鲁山管理处。管理处全面负责辖区内运行管理工作，保证工程安全、运行安全、水质安全和人身安全。负责或参与辖区内直管和代建项目尾工建设、征迁退地、工程验收工作。

三、工程效益

鲁山北段设置分水口闸一座，除2名安保人员外，无闸站值守人员。分水口向鲁山县供水，地方配套工程尚未完工，未向鲁山进行供水。在配套工程管路施工过程中，向管道内充水做压力试验时，供水6000m^3。

四、验收工作

2016年，完成了汛前土建及绿化维护项目、2016年下半年土建及绿化工程维护项目、2016年度下半年草皮护坡补植项目等日常维修养护项目合同验收。2016年9月29日完成张村分水口消防设施验收备案。

（杨莉莉　王志刚　刘　阳）

宝丰—郏县段工程

一、工程概况

宝丰—郏县段工程位于河南省宝丰县、郏县境内，该渠段长40.769km（不含北汝河渠倒虹），其中明渠长38.318km，建筑物长2.451km。该渠段设计流量320~315m^3/s，设计水位为130.191~127.166m，设计水深7m。

宝丰—郏县段渠道沿线布设各类建筑物84座。其中，河渠交叉8座（应河、玉带河、净肠河、石河、青龙河5座渠倒虹，胡坡河河倒虹，肖河、兰河2座涵洞渡槽），渠渠交叉8座（昭北干六支渡槽、昭北干七支渡槽、昭北干渠渡槽、昭北干一分干渡槽、昭北干一分干二支倒虹吸、昭北干一分干三支渡槽、引汝大牛干渠涵洞和广阔干渠渡槽），左岸排水16座，分水闸3座（鲁山县马庄、宝丰县高庄、郏县赵庄），公路桥28座，生产桥15座，节制闸2座，退水闸1座。铁路交叉工程3座（其中铁路暗渠1座，铁路桥2座）。

二、工程管理

宝丰—郏县段工程位于宝丰和郏县境内，由宝丰管理处和郏县管理处负责工程的日常运行管理工作。工程保持闸前常水位（设计水位）水位运行，调度工作严格按照“统一调度、集中控制、分级管理”的原则开展。

宝丰管理处和郏县管理处中控室各配置10名输水调度值班人员，负责指令执行反馈、调度数据监控、各类突发事件应急响应等日常输水调度值班工作，实行5班2倒的24h值班制度。2016年调度指令执行准确无误，无擅自操作闸门或不按指令操作的违规行为。日常工作中利用闸控系统和视频监控系统等严格做好设备设施实时监控，按时上报水情及有关调度的警情、故障处理等相关事项，未发生迟报、误报、漏报等重大事故。

工程辖区内玉带河节制闸和兰河节制闸参与正常输水调度，2016年玉带河节制闸累计接收远程指令操作闸门639门次，成功626门次，远程成功率98.0%；兰河节制闸累计接收远程指令241条，成功234条，远程成功率97.1%。辖区内兰河退水闸未进行退水操作。

三、调度运行

（1）金属结构机械电气设备运行。宝丰—郏县段宝丰部分工程有闸站建筑物15座，各类启闭机设备40套，闸门40扇（套）。按照中线建管局的有关要求，金属结构机械电气设备为过渡期维护模式，由河南分局组织有关单位开展维护工作。中线建管局招标的金属结构机械电气设备维护项目金属结构设备维护队伍于2016年10月1日进场，液压启闭机设备维护队伍预计2017年一季度进场。2016年金属结构机械电气设备运行情况良好，无影响通水和调度的事件发生，运行可靠性高。宝丰—郏县段郏县段工程有闸站建筑物5座，各类启闭机设备17套，闸门21扇（套）。按照中线建管局的有关要求，金属结构机械电气设备为过渡期维护模式，由河南分局组织相关单位开展维护工作。中线建管局招标的金属结构机械电气设备维护项目金属结构设备维护队伍于2016年10月1日进场，液压启闭机设备维护队伍预计2017年第一季度进场。2016年金属结构机电设备运行情况良好，无影响通水和调度的事件发生，运行可靠性高，有力地保障了通水运行安全。

（2）永久供电系统运行。宝丰—郏县段宝丰部分工程有35kV降压站8座，高低压电气设备78套，柴油发电机7套。截至2016年9月30日，按照中线建管局的有关要求，永久供配电系统为过渡期维护模式，由河南分局组织有关单位开展维护工作。中线建管局招标的永久供电系统运行维护项目维护队伍

2016年9月30日进场。2016年永久供电系统运行情况稳定。宝丰—郏县段郏县段工程有35kV降压站4座，箱式变电站1座，高低压电气设备22套，柴油发电机3套。截至2016年9月30日，按照中线建管局的有关要求，永久供配电系统为过渡期维护模式，由河南分局组织有关单位开展维护工作。中线建管局招标的永久供电系统运行维护项目维护队伍2016年9月30日进场。2016年永久供电系统运行情况稳定。

（3）信息自动化系统运行。宝丰—郏县段宝丰部分工程现有视频监控摄像头106套，闸控系统水位计20个、流量计4个，通信站点7处（包含管理处），包含通信传输设备、程控交换设备、计算机网络设备、实体环境控制设备等。按照中线建管局的有关要求，2016年自动化调度系统运维采取过渡期维护模式，河南分局组织有关单位开展维护工作。宝丰管理辖区内自动化调度系统运行平稳，有力保障了输水调度工作。宝丰—郏县段宝丰部分工程自动化现地站点共7处，渠道总长度却仅有21.98km，闸站密度位列河南分局之首。站点多、设备多、专业多，作为管理处自动化管理人员，面临着一个巨大的问题：如何能及时发现现地站设备出现的所有问题。面对这个问题，管理处领导高度重视，开专题会共同讨论，最终制定了宝丰管理处“分段分专业巡检制”，解决了机电信息设备的巡查难得问题。宝丰—郏县段郏县段工程有视频监控摄像头43套，闸控系统水位计11个，流量计2个，通信站点3处，包含通信传输设备、程控交换设备、计算机网络设备、实体环境控制设备等。按照中线建管局的有关要求，2016年自动化调度系统运维采取过渡期维护模式，河南分局组织有关单位开展维护工作。郏县管理辖区内自动化调度系统运行平稳，有力保障了输水调度工作。

四、工程效益

自2014年12月12日，南水北调中线干线工程正式通水以来，宝郏段工程已安全运行751天，水质稳定达标，实现了安全平稳供水目标。

通水以来向下游累计输水53.8亿m^3，辖区内高庄分水口2016年全年累计分水1301.00万m^3，赵庄分水口2016年全年累计分水754.62万m^3，惠及当地20余万人，为当地的经济、环境建设起着举足轻重的作用。

（白国涛　雷　曦　任德辉）

北汝河渠道倒虹吸工程

一、工程概况

北汝河渠道倒虹吸工程位于河南省宝丰县东北大边庄与郏县渣园乡朱庄村之间北汝河上。工程采用渠道倒虹吸型式下穿北汝河。工程自起点至终点依次分段为进口连接明渠段、进口渐变段、进口检修闸闸室段、倒虹吸管身段、出口节制闸闸室段、出口渐变段、出口连接明渠段，在进口渐变段上游侧右岸还布置有退水闸。

北汝河渠道倒虹吸工程全长1482m，设计流量315m^3/s，加大流量375m^3/s，倒虹吸管身横向为两联，每两孔一联，左右对称布置。渠进、出口渠段起止点设计水位分别为128.761～128.758m、128.258～128.254m，起止点加大水位分别为129.399～129.396m、128.896～128.892m，总设计水头为0.507m。退水闸位于倒虹吸进口明渠右岸，设计流量157.5m^3/s。

二、工程管理

宝丰管理处作为北汝河渠道倒虹吸工程的现地管理处，全面负责辖区内运行管理工作，保证工程安全、运行安全、水质安全和人身安全。负责或参与辖区内直管和代建项目尾工建设、征迁退地、工程验收工作。宝丰管理处内设综合科、合同财务科、工程科、调度科四个科室。

（1）安全管理。辖区管理处成立安全生产工作小组，明确安全生产负责人和兼职安全员，编制年季月安全生产工作计划，修订安全生产管理实施细则，开展安全生产工作总结。加强日常维护项目管理，与运维队伍进行安全交底并签订了安全生产协议书。定期组织安全生产检查、开展安全宣传培训、召开安全会议。全年零伤亡。2016年第四季度，配合保安公司顺利接管工程安保工作。

（2）土建绿化工程维护。采取竞争谈判、询价等多种采购形式开展日常项目维护。为确保土建和绿化工程养护按期开展，将土建和绿化日常维护养护项目分汛前和汛后两个阶段来组织实施，完成土建和绿化工程的日常维修养护工作，并实施完成了闸站节点绿化养护工作。主要完成的土建和绿化工程日常维护项目有警示柱刷漆、路缘石缺陷处理、沥青路面修复、排水沟修复、雨淋沟修复、截流沟清淤和修复、闸站缺陷处理、渠道边坡草体修剪和除杂草、闸站和渠道保洁等内容。

（3）工程应急管理。2016年管理处根据中线建管局、河南分局文件要求成立突发事件现场管理处置机构，宝丰管理处成立突发事件现场处置小组；根据中线建管局相关突发事件应急预案，编制了宝丰管理处《2016年防洪度汛应急预案》《水污染事件应急预案》《2016年度度汛方案》《突发事件现场处置方案》等；汛期建立防汛值班制度，进行全年24h应急值班，收集和上报汛情、险情信息，处置各类突发事件，减少或避免突发事件造成的损害；制定了应急管理培训和突发事件应急演练工作计划，并按计划开展了相应应急演练及培训工作。

三、运行调度

北汝河渠道倒虹吸工程位于宝丰和郏县交界处，隶属于南水北调中线宝丰管理处，由宝丰管理处进行日常运行管理及维护。工程保持闸前常水位（设计水位）水位运行，调度工作严格按照“统一调度、集中控制、分级管理”的原则开展。

宝丰管理处中控室配置10名输水调度值班人员，负责指令执行反馈、调度数据监控、各类突发事件应急响应等日常输水调度值班工作，实行5班2倒的24h值班制度。2016年调度指令执行准确无误，无擅自操作闸门或不按指令操作的违规行为。日常工作中利用闸控系统和视频监控系统等严格做好设备设施实时监控，按时上报水情及有关调度的警情、故障处理等相关事项，未发生迟报、误报、漏报等重大事故。2016年北汝河节制闸累计接收远程指令操作闸门687门·次，成功672门·次，远程成功率97.82%。辖区内北汝河退水闸，迄今为止暂未进行退水操作。

四、工程效益

自2014年12月12日，南水北调中线干线工程正式通水以来，北汝河渠道倒虹吸工程安全运行751天，水质稳定达标，实现了安全平稳供水目标。2016年全年向下游共计输水32.27亿m^3，通水以来累计输水50.87亿m^3。南水北调中线工程已经成为周边县区非常重要的生活、工业水源，为当地的经济、环境建设起着举足轻重的作用。

五、验收工作

2016年，完成汛前维修养护项目、“6·23”强降雨水毁恢复项目、土建及绿化日常维护项目、闸站及园区保洁服务项目等日常维修养护项目合同验收。2016年10月，北汝河倒虹吸工程通过了南水北调设管中心组织的设计单元工程档案检查评定。

（张　毅　樊少彪　王　竞）

禹州和长葛段工程

一、工程概况

禹州和长葛段工程是南水北调中线总干

渠第Ⅱ渠段（沙河南—黄河南段）的组成部分，位于河南省禹州市及长葛市境内。禹州和长葛段工程起点位于兰河涵洞渡槽出口100m处，终点位于长葛和新郑市交界，全长53.7km。其中，明渠长52.323km，建筑物长1.377km，总干渠以明渠为主，明渠和河流交叉全部采用立交。禹州长葛段设计流量305～315m^3/s，设计水深7m。

二、工程管理

禹州和长葛段工程位于禹州市和长葛市境内，由禹州管理处和长葛管理处负责工程的日常运行管理工作。2016年管理处高度重视输水调度工作，牢牢把握“以规范化管理促安全生产”的工作目标，以问题为导向找准工作方向，以精细统一为原则指导工作开展，以培训考核为抓手巩固工作成果，认真谋划、有序推进。通过建立岗位职责和作业手册、规范人员行为、完善规章制度等手段，解决了日常工作中存在的不规范问题，人员管理行为日趋规范，现场操作能力得到锻炼和检验，夯实了管理基础，提升了应急能力，运行安全得到更好保障。

工程辖区内颍河节制闸和小洪河节制闸参与正常输水调度，2016年累计接收远程指令操作闸门1406门次，成功1350门次，远程成功率96.0%。

三、调度运行

（1）金属结构机械电气设备运行。禹州段工程共有闸站建筑物9座，各类启闭机设备24套，闸门31扇（套）。长葛管理处辖区禹长七标涵盖闸站1座（石良河控制闸），启闭设备5套，闸门6套；禹长八标涵盖闸站2座（小洪河节制闸、洼李分水口），强排泵站5座，启闭设备13套，闸门10扇（套）。中线建管局招标的金属结构机械电气设备维护单位于2016年10月1日进场开展运维工作。液压启闭机设备维护队伍2017年一季度进场，中线建管局签订技术保障服务协议开展过渡期运维。2016年禹州段金属结构机电设备运行情况良好，无影响通水和调度的事件发生，运行可靠性高。

（2）永久供电系统运行。禹州段工程有35kV降压站8座，包括分水口3座，抽排泵站2座，节制闸1座，控制闸1座，事故闸1座。禹州段高低压电气设备27套，柴油发电机5套。长葛管理处辖区禹长七标涵盖35kV降压站1座，高低压电气设备9套，柴油发电机1套。禹长八标涵盖35kV降压站6座高低压电气设备36套，柴油发电机5套。中线建管局招标的永久供电系统运行维护项目维护队伍2016年9月30日进场。2016年永久供电系统运行情况稳定。

（3）信息自动化系统运行。禹州段工程有视频监控摄像头76套，安防摄像头102套，闸控系统水位计14个，流量计8个，通信站点7处，包含通信传输设备、程控交换设备、计算机网络设备、实体环境控制设备等。按照中线建管局的有关要求，2016年自动化调度系统运维采取过渡期维护模式，河南分局组织有关单位开展维护工作。禹州管理辖区内自动化调度系统运行平稳，有力保障了输水调度工作。长葛管理处禹长七标有通信站点1处，视频监控摄像头13套，水位计1套；禹长八标包含通信站点3处，视频监控摄像头32套，闸控系统水位计8套，流量计2套。自动化系统在硬件基础上构建了视频监控系统、闸站监控系统、消防联网系统、程控电话系统、视频会议系统、防洪系统、安全监测系统、动环监控等8大应用系统，前端设备信号采集后经过由通信机房传输设备和渠道两岸的光缆组成的通信传输系统将信号传输至远方服务器，从而实现信息远程监控、自动控制。2016年长葛管理处信息自动化以“规范管理、精细管理”为主线，以“强化考核、文明创建”为抓手，按照河南分局“深度、广度、高度、速度、安全度”的“五度标准”，真抓实干，扎实推进“规范化”管理工作。2016 年自动化调度系统运维采取过渡期维护模式，河南分局组织有关单位开展维护工作。长葛管理辖区内自动化调度系统运行平稳。

四、工程效益

自 2014 年 12 月 12 日，南水北调中线干线工程正式通水以来，禹长段工程安全运行 751 天，水质稳定达标。

截至 2016 年底，工程累计向下游输水 50.2 亿 m^3，辖区内宴窑、孟坡、任坡及洼李分水口均已启用。截至 2016 年底，累计向当地供水 1.96 亿 m^3，其中 2016 年度向当地供水 1.25 亿 m^3，惠及禹州和长葛 30 余万人，经济效益和社会效益显著。

（王　迪　庞永涛　权凤光）

潮河段工程

一、工程概况

南水北调中线工程总干渠潮河段起点位于新郑市梨园村南，与双洎河渡槽工程末端相连接，终点位于中牟县与郑州市交界处，与郑州 2 段工程起点相接，全长 45.847km，其中明渠长 45.244km，建筑物长 0.603km。共布置各类建筑物 80 座，其中，河渠交叉 5 座，左岸排水 17 座，分水闸 2 座，节制闸 2 座，公路桥 36 座，生产桥 16 座，铁路桥 2 座。潮河段渠道设计流量 305～295m^3/s、加大流量 365～355；设计水深 7.0m，加大水深 7.668～7.624m。

二、工程管理

潮河段工程位于新郑市和航空港区辖区内，由新郑管理处和港区管理处共同进行工程的日常运行管理及维护。2016 年，围绕“以规范保安全”的工作目标，开展和实施了“抓规范、上水平、保运行”输水调度安全生产主题活动、运行调度规范化建设工作，从提高责任意识、优化人员配置、完善制度、更新台账、规范流程、强化应急能力、优化环境面貌、以及加强人员履职能力建设等方面逐步推进运行调度工作规范化，各项工作井然有序。

管理处中控室调度值班工作实行 24h 值班制，按照“5 班 2 倒”方式，共配备调度人员 20 人，每班 2 人，其中值班长 1 人，值班员 1 人。调度人员及时准确执行和反馈调度指令，定时采集和上报水情等信息。2016 年度，共执行调度指令 648 条，均能及时完成指令的复核和操作。

潮河段工程共 7 个标段，其中 1～3 标为新郑管理处管辖，4～7 标为航空港区管理处管辖。

三、调度运行

（一）潮河 1～3 标信息机电运行管理

（1）金属结构机械电气设备运行。潮河段 1～3 标工程有节制闸 1 座（梅河节制闸）、分水口 1 座（李垌分水口）、强排泵站 7 座，机电金结设备设施包括弧形工作闸门 4 扇、平板门 2 扇、叠梁门 4 套；液压启闭机 5 套、电动葫芦 9 套（含 7 个泵站）、固定式卷扬机 1 套。按照中线建管局的有关要求，金属结构机械电气设备为过渡期维护模式，由河南分局组织有关单位开展维护工作。中线建管局招标的金属结构机械电气设备维护项目金属结构设备维护队伍于 2016 年 10 月 1 日进场，液压启闭机设备维护队伍预计 2017 年一季度进场。2016 年，全年金属结构机械电气设备运行情况良好，无影响通水和调度的事件发生，运行可靠性高。

（2）永久供电系统运行。潮河段 1～3 标工程有 35kV 降压站 10 座，高低压电气设备 10 套，柴油发电机 9 套。截至 2016 年 9 月 30 日，按照中线建管局的有关要求，永久供配电系统为过渡期维护模式，由河南分局组织有关单位开展维护工作。中线建管局招标的永久供电系统运行维护项目维护队伍2016年9月30日进场。2016年永久供电系统运行情况稳定。

（3）信息自动化系统运行。潮河段1～3标工程有视频监控摄像头27套，闸控系统水位计流量计10套，通信站点3处，包含通信光缆、传输设备、程控交换设备、计算机网络设备、实体环境控制设备等。按照中线建管局的有关要求，2016年自动化调度系统运维为过渡期运维模式，采用河南分局组织，现地管理处配合的方式开展维护工作。2016年规范了自动化机房出入管理，对机房温湿度参数修改，安装自动化调度系统的系统结构示意图和配电系统示意图，组织专业队伍对定期清理、擦拭摄像头，开展关键岗位的持证上岗培训。新郑管理辖区内自动化调度系统运行平稳，有力保障了输水调度工作。

（二）潮河4～7标信息机电运行管理

（1）金属结构机械电气设备运行。潮河段4～7标工程有节制闸1座（丈八沟节制闸）、分水口1座（小河刘分水口）、强排泵站4座，金属结构机械电气设备设施包括弧形工作闸门4扇、平板门2扇、叠梁门4扇；液压启闭机5套、电动葫芦6套、固定式卷扬机1套。金属结构机械电气设备为正式维护模式，中线建管局招标的金结机电设备维护项目金属结构设备维护队伍于2016年10月1日进场，液压启闭机设备维护队伍于2017年3月进场。2016年金属结构机械电气设备运行情况良好，无影响通水和调度的事件发生，运行可靠性高。

（2）永久供电系统运行。潮河段4～7标工程有35kV降压站6座，高压电气设备20面，低压配电柜14面，直流电源系统2面，柴油发电机5套，35kV供电线路27.02km。永久供配电系统为正式维护模式，中线建管局招标的永久供电系统运行维护项目维护队伍2016年9月30日进场。2016年永久供电系统运行情况稳定。

（3）信息自动化系统运行。潮河段4～7标工程有视频监控摄像头84套，闸控系统水位计8套，流量计2套，通信站点3处，包含通信光缆、传输设备、程控交换设备、计算机网络设备、实体环境控制设备等。按照中线建管局的有关要求，2016年自动化调度系统运维为过渡期运维模式，采用河南分局组织，现地管理处配合的方式开展维护工作。航空港区管理辖区内自动化调度系统运行平稳，保障了输水调度工作的开展。航空港区管理处每月对管理的4家6个专业的自动化运维单位进行考核，考核定量化、奖惩有据，考核结果以正式文件报送河南分局。

四、工程效益

自2014年12月12日，南水北调中线干线工程正式通水运行以来，潮河段工程已安全运行751天。截至2016年底，累计向下游输水51.4亿m^3，所辖小河刘分水口2016年向地方分水4891万m^3，惠及人口20余万，为郑州航空港经济综合实验区的建设发展提供了有力的水资源保障，发挥了应有的社会和生态效益。

（张权召　李晓斌　熊世洋）

新郑南段工程

一、工程概况

南水北调中线工程总干渠新郑南段起点位于长葛市与新郑市交界处，终点位于新郑市城关乡王刘庄村双洎河渡槽进口前150m处。渠段线路总长16.183km，其中明渠长15.190km，建筑物长0.993km。共布置各类建筑物28座，其中河渠交叉2座，渠渠交叉1座，左岸排水7座，铁路交叉1座，公路桥7座，生产桥9座，控制建筑物（退水闸）1

座。新郑南段设计流量 305m^3/s，加大流量 365，设计水位 124.528～123.524m。

二、工程管理

新郑南段工程位于新郑市境内，隶属于南水北调中线新郑管理处，由新郑管理处进行日常运行管理及维护。2016 年，新郑南段工程运行调度工作以安全、稳定为核心，以规范化建设项目实施为契机，逐步推进运行调度工作规范化、标准化。全年运行稳定，调度正常、设备状况良好、水质稳定达标，完成了各项调度工作任务。

新郑管理处中控室调度值班工作实行 24h 值班制，按照"5 班 2 倒"方式，共配备调度人员 10 人，每班 2 人，其中值班长 1 人，值班员 1 人。调度人员及时准确执行和反馈调度指令，定时采集和上报水情等信息。2016 年辖区内李垌分水口累计向新郑市供水 3345.7 万 m^3；所辖沂水河退水闸生态补水 1 次，累计完成分水 207.12 万 m^3。

2016 年，围绕"以规范保安全"的工作目标，先后开展和实施了"抓规范、上水平、保运行"输水调度安全生产主题活动、运行调度规范化建设工作，从提高责任意识、优化人员配置、完善制度、更新台账、规范流程、强化应急能力、优化环境面貌、以及加强人员履职能力建设等方面逐步推进运行调度工作规范化，中控室环境面貌焕然一新，各项工作井然有序。

三、运行调度

（1）金属结构机械电气设备运行。新郑南段工程有闸站建筑物 4 座，各类启闭机设备 19 套，闸门 24 扇（套）。按照中线建管局的有关要求，金属结构机械电气设备为过渡期维护模式，由河南分局组织有关单位开展维护工作。中线建管局招标的金属结构机械电气设备维护项目金属结构设备维护队伍于 2016 年 10 月 1 日进场，液压启闭机设备维护队伍预计 2017 年一季度进场。2016 年 5 月份开展规范化建设以来，主要完成了闸站相关规章制度的贯彻和落实，开展了闸门启闭动态巡视强推项目，初步完成了设备设施基础数据库建设，完成了一批标识牌的完善项目。2016 年金属结构机械电气设备运行情况良好，无影响通水和调度的事件发生，运行可靠性高。

（2）永久供电系统运行。新郑南段工程有 35kV 降压站 3 座，高低压电气设备 3 套，柴油发电机 2 套。截至 2016 年 9 月 30 日，按照中线建管局的有关要求，永久供配电系统为过渡期维护模式，由河南分局组织有关单位开展维护工作。中线建管局招标的永久供电系统运行维护项目维护队伍 2016 年 9 月 30 日进场。2016 年开展规范化建设以来，主要完成了电力制度牌的上墙、电缆沟的封堵、电力柜体的标识、电缆沟盖板的快速开启等，同时做好电力设备的日常巡视和试运行以及检修工作等。2016 年永久供电系统运行情况稳定。

（3）信息自动化系统运行。新郑南段工程有视频监控摄像头 32 套，闸控系统水位流量计 9 个，通信站点 3 处，包含通信传输设备、程控交换设备、计算机网络设备、实体环境控制设备等。按照中线建管局的有关要求，2016 年自动化调度系统运维采取过渡期维护模式，河南分局组织有关单位开展维护工作。2016 年规范了自动化机房出入管理，对机房温湿度参数修改，安装自动化调度系统－系统结构示意图和自动化调度系统—配电系统示意图，组织专业队伍对人手孔清理 8 次、摄像头擦拭 7 次，开展关键岗位的持证上岗培训，如机房专用空调操作管理培训、自动化闸站监控系统维护管理与操作培训、通信电源系统操作管理培训、电源监控及中控室音视频操作管理培训、消防报警及联网系统操作管理培训等。新郑管理辖区内自动化调度系统运行平稳，保障了输水调度工作。

四、工程效益

自2014年12月12日，南水北调中线干线工程正式通水运行以来，新郑南段工程已安全运行751天。2016年度累计完成输水33亿m^3。辖区内李垌分水口承担着向新郑市供水任务，2016年度共向新郑市供水3345.7万m^3，通过沂水河退水闸进行生态补水1次，补水207.12万m^3，惠及人口50余万，发挥了良好的社会效益和生态效益。

（张权召　李晓斌　熊世洋）

双洎河渡槽工程

一、工程概况

双洎河渡槽工程起点为双洎河渡槽前150m，终点为新密铁路倒虹吸出口296.4m，即潮河段工程的起点。该单元渠段长1.849 4km，其中明渠段长772.4m，建筑物长1077m。该段设计流量305m^3/s、加大流量365m^3/s。该段内有各类建筑物6座，其中河渠交叉建筑物1座、左岸排水建筑物1座、铁路交叉建筑物1座、公路交叉建筑物1座、节制闸和退水闸各1座。双洎河渡槽工程的建设管理模式为代建制，由山西省万家寨引黄工程总公司代建。

二、工程管理

新郑管理处作为双洎河渡槽工程的现地管理处，全面负责辖区内运行管理工作，保证工程安全、运行安全、水质安全和人身安全。负责或参与辖区内直管和代建项目尾工建设、征迁退地、工程验收工作。新郑管理处内设综合科、合同财务科、工程科、调度科四个科室。

（1）安全管理。辖区管理处成立安全生产工作小组，明确安全生产负责人和兼职安全员，编制年季月安全生产工作计划，修订安全生产管理实施细则，开展安全生产工作总结。加强日常维护项目管理，与运维队伍进行安全交底并签订了安全生产协议书。定期组织安全生产检查、开展安全宣传培训、召开安全会议。全年零伤亡。

（2）土建绿化工程维护。采取竞争谈判、询价等多种采购形式开展日常项目维护。为确保土建和绿化工程养护按期开展，将土建和绿化日常维护养护项目分汛前和汛后两个阶段来组织实施，完成土建和绿化工程的日常维修养护工作，并实施完成了闸站节点绿化养护工作。主要完成的土建和绿化工程日常维护项目有警示柱刷漆、路缘石缺陷处理、沥青路面修复、排水沟修复、雨淋沟修复、截流沟清淤和修复、闸站缺陷处理、渠道边坡草体修剪和除杂草、闸站和渠道保洁等内容。

（3）工程应急管理。2016年管理处根据中线建管局、河南分局文件要求成立突发事件现场管理处置机构，新郑管理处成立突发事件现场处置小组；根据中线建管局相关突发事件应急预案，编制了新郑管理处《2016年防洪度汛应急预案》《水污染事件应急预案》《2016年度度汛方案》《突发事件现场处置方案》等；汛期建立防汛值班制度，进行全年24h应急值班，收集和上报汛情、险情信息，处置各类突发事件，减少或避免突发事件造成的损害；制定了应急管理培训和突发事件应急演练工作计划，并按计划开展了相应应急演练及培训工作。

三、运行调度

双洎河渡槽工程位于新郑市境内，隶属于南水北调中线新郑管理处，由新郑管理处进行日常运行管理及维护。2016年，运行调度工作以安全、稳定为核心，以规范化建设项目实施为契机，逐步推进运行调度工作规范化、标准化。全年运行稳定，调度正常、设备状况良好、水质稳定达标，圆满完成各项调度工作任务。

管理处中控室调度值班工作实行24h值班制，按照“5班2倒”方式，共配备调度人员10人，每班2人，其中值班长1人，值班员1人。调度人员及时准确执行和反馈调度指令，定时采集和上报水情等信息。2016年度，共执行调度指令330条，闸门操作865门次，均能及时完成指令的复核和操作。双洎河退水闸生态补水1次，累计完成分水205.86万m^3。

2016年开展规范化建设以来，主要完成了电力制度牌的上墙、电缆沟的封堵、电力柜体的标识、电缆沟盖板的快速开启、落实中心开关站的值班等，同时做好电力设备的日常巡视和试运行以及检修工作等。2016年永久供电系统运行情况稳定。

2016年规范了自动化机房出入管理，对机房温湿度参数修改，安装自动化调度系统－系统结构示意图和自动化调度系统－配电系统示意图，组织专业队伍对人手孔清理8次、摄像头擦拭7次，开展关键岗位的持证上岗培训，如机房专用空调操作管理培训、自动化闸站监控系统维护管理与操作培训、通信电源系统操作管理培训、电源监控及中控室音视频操作管理培训、消防报警及联网系统操作管理培训等。

四、工程效益

自2014年12月12日，南水北调中线干线工程正式通水运行以来，双洎河渡槽工程已安全运行751天。2016年度，累计完成输水33亿m^3。所辖双洎河退水闸2016年进行生态补水1次，补水205.86万m^3，惠及人口30余万，发挥了良好的社会和生态效益。

五、验收工作

2016年，完成节制闸水尺制作安装项目、闸站保洁维护项目、汛后土建绿化维护项目等日常维修养护项目合同验收；完成双洎河渡槽裂缝处理项目专项合同验收。2016年12月7日完成双洎河渡槽消防设施验收备案。

（张茜茜　张国锋　王　敏）

郑州2段工程

一、工程概况

南水北调中线工程总干渠郑州2段起点位于郑州市中牟县与管城区交界处潮河倒虹吸进口，终点位于郑州市西南金水河与贾鲁河之间郑湾村附近，全长21.961km，其中渠道长20.515km，建筑物长1.446km。明渠全挖方段长18.500km，半挖半填段长2.015km；最大挖深约33m，最大填高1.2m左右。渠线穿越大小河流11条，与19条等级公路交叉。共布置有各类建筑物43座，其中河渠交叉建筑物4座，左岸排水建筑物6座，控制建筑物5座（节制闸2座、退水闸1座，分水口门2座），公路桥22座、生产桥6座。郑州2段渠道设计流量295～285m^3/s、加大流量355～345m^3/s；设计水深7.0m，加大水深7.644～7.699m。

二、工程管理

郑州2段工程位于郑州市境内，由郑州管理处负责工程的日常运行管理及维护。2016年，围绕“以规范保安全”的工作目标，组织开展和实施了“抓规范、上水平、保运行”输水调度安全生产主题活动、运行调度规范化建设工作，从提高责任意识、优化人员配置、完善制度、更新台账、规范流程、强化应急能力、优化环境面貌、以及加强人员履职能力建设等方面全面推进运行调度工作规范化，调度值班规章制度更加完善，值班人员的综合素质得到了有效提升，各项工作井然有序，完成年度各项调度工作任务。

管理处中控室调度值班工作实行24h值班制，按照“5班2倒”方式，共配备调度人员20人，每班2人，其中值班长1人，值班员1人。调度人员及时准确执行和反馈调度指令，定时采集和上报水情等信息。辖区内潮河节制闸和金水河节制闸参与正常输水调度，2016年度，共接受调度指令690条，其中远程指令673条，1901门次，成功660条，远程成功率98.1%。

三、运行调度

（1）金属结构机械电气设备运行。郑州2段有闸站建筑物7座，各类启闭机设备19套，闸门38扇（套）。按照中线建管局的有关要求，金属结构机械电气设备为过渡期维护模式，由河南分局组织有关单位开展维护工作。中线建管局招标的金属结构机械电气设备维护项目金属结构设备维护队伍于2016年10月1日进场，液压启闭机设备维护队伍预计2017年一季度进场。2016年，金属结构机械电气设备运行情况良好，无影响通水和调度的事件发生，运行可靠性高。

（2）永久供电系统运行。郑州2段有35kV降压站10座，高低压电气设备74套，柴油发电机8套。截至2016年9月30日，按照中线建管局的有关要求，永久供配电系统为过渡期维护模式，由河南分局组织有关单位开展维护工作。中线建管局招标的永久供电系统运行维护项目维护队伍2016年9月30日进场。2016年永久供电系统运行情况稳定。

（3）信息自动化系统运行。郑州2段有视频监控摄像头81套，闸控系统水位计17个，流量计2个，通信站点7处，包含通信传输设备、程控交换设备、计算机网络设备、实体环境控制设备等。按照中线建管局的有关要求，2016年自动化调度系统运维采取过渡期维护模式，河南分局组织有关单位开展维护工作。郑州管理辖区内自动化调度系统运行平稳，有力保障了输水调度工作。

四、工程效益

自2014年12月12日，南水北调中线干线工程正式通水运行以来，郑州2段工程已安全运行751天。截至2016年底，累计向下游输水49.4亿m^3，所辖密垌分水口暂未启用，刘湾分水口正常分水，截至2016年底累计分水1.32亿m^3，其中2016年累计分水7743.83万m^3。惠及郑州及周边100余万人，极大地改善了当地饮水条件水质，社会和生态效益显著。

（王志刚　王永刚）

郑州1段工程

一、工程概况

南水北调中线工程总干渠郑州1段工程位于河南省郑州市中原区贾鲁河南岸郑湾附近，终点接荥阳段起点，位于郑州市董岗村西北，该渠段全长9772.97km，其中渠道长9401.97km，须水河渠倒虹吸长371m，设计水深7m。共有各类建筑物23座，其中，河渠交叉3座，左岸排水3座，交通桥14座（其中委托地方自建桥梁4座），控制建筑物3座（分水口门3座、节制闸3座、退水闸3座）。

二、工程管理

郑州1段工程位于郑州市境内，由郑州管理处负责工程的日常运行管理及维护。2016年度，共接受调度指令364条，其中远程指令357条，980门次，成功352条，远程成功率98.6%。

三、调度运行

（1）金属结构机械电气设备运行。郑州1段有闸站建筑物3座，各类启闭机设备7套，闸门14扇（套）。按照中线建管局的有关要求，金属结构机械电气设备为过渡期维护模式，由河南分局组织有关单位开展维护工作。中线建管局招标的金属结构机械电气设备维护项目金属结构设备维护队伍于2016年10月1日进场，液压启闭机设备维护队伍预计2017年一季度进场。2016年金属结构机械电气设备运行情况良好，无影响通水和调度的事件发生，运行可靠性高。

（2）永久供电系统运行。郑州1段有35kV降压站2座，高低压电气设备22套，柴油发电机2套。截至2016年9月30日，按照中线建管局的有关要求，永久供配电系统为过渡期维护模式，由河南分局组织有关单位开展维护工作。中线建管局招标的永久供电系统运行维护项目维护队伍2016年9月30日进场。2016年永久供电系统运行情况稳定。须水河中心开关站作为郑州段35kV运维单位的驻点，24h有人值守，35kV运维单位员工工作、生活都在其中。管理处联合35kV运维单位制定须水河中心开关站规范化方案，从规章制度、组织架构、岗位职责、办公生活环境、安全管理、员工档案、学习培训等方面进行规范，确保安全运行。

（3）信息自动化系统运行。郑州1段有视频监控摄像头27套，闸控系统水位计10个，流量计1个，通信站点2处，包含通信传输设备、程控交换设备、计算机网络设备、实体环境控制设备等。按照中线建管局的有关要求，2016年自动化调度系统运维采取过渡期维护模式，河南分局组织有关单位开展维护工作。郑州管理辖区内自动化调度系统运行平稳，保障了输水调度工作。

四、工程效益

自2014年12月12日，南水北调中线干线工程正式通水运行以来，郑州1段工程已安全运行751天。截至2016年底，累计向下游输水48.5亿m^3，所辖中原西路分水口2015年1月开始分水，至2016年底，累计分水3.30亿m^3，其中2016年累计分水1.92万m^3。惠及郑州及周边200余万人，极大地改善了当地饮水水质，社会和生态效益显著。

（王永刚　王志刚）

荥阳段工程

一、工程概况

荥阳段工程位于河南省荥阳市境内，起点在郑州市董岗村西北，终点在荥阳市王村乡王村变电站南（即穿黄工程进口A点），线路全长23.973km。渠系建筑物38座，包括河渠交叉建筑物2座、渠渠交叉建筑物1座、左岸排水建筑物5座、分水口门2座、节制闸1座、退水闸1座、公路桥15座、生产桥11座（含1座新增桥梁）。

二、工程管理

荥阳管理处作为荥阳段工程的现地管理处，全面负责辖区内运行管理工作，保证工程安全、运行安全、水质安全和人身安全。负责或参与辖区内直管和代建项目尾工建设、征迁退地、工程验收工作。荥阳管理处内设综合科、合同财务科、工程科、调度科四个科室。

（1）安全管理。辖区管理处成立安全生产工作小组，明确安全生产负责人和兼职安全员，编制年季月安全生产工作计划，修订安全生产管理实施细则，开展安全生产工作总结。加强日常维护项目管理，与运维队伍、后穿越单位等进行安全交底并签订了安全生产协议书。定期组织安全生产检查、开展安全宣传培训、召开安全会议。全年零伤亡。

（2）土建绿化工程维护。管理处采取竞争谈判、询价等多种采购形式开展日常项目维护。为确保土建和绿化工程养护按期开展，将土建和绿化日常维护养护项目分汛前和汛后两个阶段来组织实施，完成土建和绿化工程的日常维修养护工作，并实施完成了闸站节点绿化养护工作。

主要完成的土建和绿化工程日常维护项目有警示柱刷漆、路缘石缺陷处理、沥青路面修复、排水沟修复、雨淋沟修复、截流沟清淤和修复、管理处和闸站缺陷处理、渠道边坡草体修剪和除杂草、闸站和渠道保洁等内容。同时完成了水毁专项项目的修复。

（3）工程应急管理。2016 年管理处根据中线建管局、河南分局文件要求成立突发事件现场管理处置机构，荥阳管理处成立突发事件现场处置小组；根据中线建管局相关突发事件应急预案，编制了荥阳管理处《2016年防洪度汛应急预案》《水污染事件应急预案》《2016 年度度汛方案》《突发事件现场处置方案》等；汛期建立防汛值班制度，进行全年 24h 应急值班，收集和上报汛情、险情信息，处置各类突发事件，减少或避免突发事件造成的损害；制定了应急管理培训和突发事件应急演练工作计划，并按计划开展了相应应急演练及培训工作。

三、运行调度

荥阳段工程隶属于南水北调中线荥阳管理处，由荥阳管理处进行日常运行管理及维护。2016 年，运行调度工作以安全、稳定为核心，以规范化建设项目实施为契机，逐步推进运行调度工作规范化、标准化。全年运行稳定，调度正常、设备状况良好、水质稳定达标，圆满完成各项调度工作任务。

管理处中控室调度值班工作实行 24h 值班制，按照“5 班 2 倒”方式，共配备调度人员 10 人，每班 2 人，其中值班长 1 人，值班员 1 人。调度人员及时准确执行和反馈调度指令，定时采集和上报水情等信息。

四、工程效益

2014 年 12 月 12 日通水以来，截至 2016年底，荥阳段工程安全运行 751 天，累计通水 471 515.81 万 m^3，提高了沿线城市的供水保证率，且工程运行安全平稳、水质稳定达标，通水效益显著。

荥阳段下辖两处分水口，其中前蒋寨分水口自 2015 年 6 月 12 日开始分水以来，累计分水 2007.07 万 m^3；上街分水口自 2015 年 3 月 31日开始分水以来，累计分水 1054.01 万 m^3，满足了荥阳市和郑州市上街区居民用水需求，居民用水质量显著提高，缺水态势得到有效遏制，生态环境得到明显改善，供水和生态效益凸显。

五、验收工作

2016 年，完成汛前维修养护项目、汛后维修养护项目等日常维修养护项目合同验收；完成土建维护专项整治项目、白松路桥左岸防洪堤等水毁项目先期应急处置及后续加固施工项目、渠道水面交接部位衬砌面板冻损破坏修复项目、局以鱼净水索河渡槽进口右岸园区新建实验鱼池项目等专项项目合同验收。

2016 年 10 月 19 日完成荥阳管理处办公楼消防设施验收备案。2016 年 11 月，荥阳段工程经过了中线建管局组织的设计单元工程档案项目法人验收。

（樊少彪　李珺妍　王志刚）

陶岔渠首—沙河南段工程

概　　述

陶岔渠首—沙河南段为南水北调中线一期工程的起始段，该段起点位于陶岔渠首枢纽闸下，终点位于平顶山市鲁山县杨蛮庄。沿线经过河南省南阳市的淅川、邓州、镇平、方城四县市及卧龙、宛城两个城郊区和平顶山市的叶县。线路全长 237.532km，设计流量为 350～320m^3/s，加大流量 420～380m^3/s。

该渠段工程由全挖、全填、半挖半填土质渠道、岩质及土岩结合渠道和河渠交叉工程、左岸排水工程、渠渠交叉工程、公路和铁路交叉工程、控制工程等建筑物组成。

陶岔渠首—沙河南段共划分为11个设计单元，分别为淅川段、湍河渡槽、镇平段、南阳段、方城段、白河倒虹吸、膨胀土（南阳）试验段、叶县段，澧河渡槽、鲁山南1段、鲁山南2段，其中淅川段、湍河渡槽、鲁山南1段、鲁山南2段为直管项目，镇平段、叶县段，澧河渡槽为代建项目，南阳段、方城段、白河倒虹吸、膨胀土（南阳）试验段为委托项目。

该渠段总长237.532km，其中渠道长226.597km，建筑物长10.935km。沿线共布置各类建筑物492座，其中河渠交叉建筑物9座，左岸排水建筑物202座、渠渠交叉建筑物14座、分水口门12座、节制闸9座、退水闸9座、公路桥235座、铁路交叉2座。

2014年5月23日，陶岔渠首—沙河南段工程淅川段、湍河渡槽、镇平段、澧河渡槽、叶县段和鲁山段6个设计单元均通过了通水验收，2014年12月12日正式通水，进入运行期。设计单元内各合同项目也已完成合同项目完成验收。

根据中线建管局《南水北调中线干线工程建设管理局组织机构设置及人员编制方案》（中线局编〔2015〕2号），2015年6月30日，在河南直管建管局基础上分别成立河南分局和渠首分局。其中陶岔渠首—沙河南段的叶县段，澧河渡槽、鲁山南1段、鲁山南2段4个设计单元属于河南分局管理范围。渠首分局负责陶岔渠首—方城（全长185.545km）工程运行管理工作，保证工程安全、运行安全、水质安全和人身安全。

渠首分局内设7个处（中心），分别为综合管理处、计划经营处、财务资产处、分调中心、工程管理处（防汛与应急办）、信息机电处、水质监测中心（水质实验室），按职能分别负责综合、生产经营、财务、调度、工程、机电金结、自动化信息、水质等方面管理工作。

陶岔渠首—沙河南段设7个管理处，其中渠首分局下设5个现地管理处，分别为陶岔管理处、邓州管理处、镇平管理处、南阳管理处、方城管理处，河南分局2个管理处，分别为叶县管理处、鲁山管理处，负责辖区内运行管理工作，保证工程安全、运行安全、水质安全和人身安全，负责或参与辖区内直管和代建项目尾工建设、征迁退地、工程验收工作。

2016年，陶岔渠首—沙河南段工程运行总体平稳、安全，供水效益逐步显现。陶岔渠首—沙河南段累计输水本渠段12座分水口，共6座分水口进行分水，截至2016年底累计分水95 138.92万m^3，其中肖楼88 297.52万m^3，望城岗2167.96万m^3，谭寨1291.9万m^3，田洼0.48万m^3，大寨882.93万m^3，半坡店2188.88万m^3，白河退水闸309.24万m^3。

（王志刚　翅玲玲　解　林）

淅川段工程

一、工程概况

淅川段工程位于河南省南阳市淅川县和邓州市境内，起点位于淅川县陶岔渠首，桩号0+300，设计流量350m^3/s，加大流量420m^3/s；终点位于邓州市和镇平县交界处，桩号52+100，设计流量340m^3/s，加大流量410m^3/s。其中桩号（36+289）~（37+319）段为湍河渡槽，长度1.03km，单独作为设计单元另行分标，本单元实际长度为50.770km。输水明渠沿线共布置各类大小建筑物84座。其中，河渠交叉建筑物6座，左岸排水建筑物16座，渠渠交叉建筑物3座，跨渠桥梁52座，分水口门3座，节制闸2座，退水闸2座。穿刁河、格子河、堰子河，过湍河、严陵河到终点。

淅川段工程是中线干线工程的重要组成部分，担负着向豫、冀、津、京地区调水的任务。

二、工程管理

邓州管理处是淅川段工程和湍河渡槽工程的现场管理机构，管理处设置四个科室，分别为综合科、合同财务科、工程科和调度科。

（一）工程设施管理、维护

2016年，工程维护项目共划分15个标段，其中上半年5个维护标段，包括1个左排清淤标，3个岸坡维护标，1个河道交叉及左排建筑物水尺标识采购安装标；下半年10个维修养护标段，包括1个深挖方段渠道边坡排水沟增设挡水坎专项维护项目，下半年第一批6个土建及绿化工程日常维修养护标段，下半年第二批2个土建日常维修养护标段、1个邓州管理处2016年宣传标语规范化设置项目。2016年，渠道、建筑物等土建工程维修养护整体形象良好，满足渠道、输水建筑物、排水建筑物等土建工程相关维修养护标准；渠道、防护林带、闸站办公区等管理场所绿化养护总体形象良好，满足绿化工程维修养护标准。建设方面，在深挖方段渠道边坡排水沟增设挡水坎9300个；对17座桥梁下部阴影部分进行了硬化，硬化面积3100m²；对淅川段深挖方渠道桩号（9+250）~（9+450）右岸二、三级边坡进行加固处理，在二级和三级边坡增设抗滑桩123个，边坡微型桩417个。

（二）安全生产

淅川段工程属邓州管理处所辖范围，2016年，邓州管理处按上级安全生产工作要求，开展安全生产规范化建设，做好各项安全生产规范化工作，管理处编制安全生产年计划1份、季计划4份、月计划12份；明确了安全生产主管负责人和兼职管理人员；开展安全生产检查33次，检查发现问题98项，检查问题均督促整改，并按要求填写安全检查记录表和建立安全生产问题台账；与11家运维单位签订安全生产管理协议书；组织安全生产教育培训28次，参与人次达496人次，其中内部培训8次，参与人次158人次，外部培训20次，参与人次338人次，并积极参加中线建管局、渠首分局组织的安全生产教育，如安全度汛视频会、参加石家庄防汛安全培训等；筹备召开安全生产会议22次，其中安全生产专题会11次，安全周例会11次，参与人数达401人次；实现了安全生产事故为零、无较重人员伤残和财产损失的生产目标。

三、设备维护

邓州管理处调度科按照管理处确定的目标任务，以安全运行为中心，以规范化建设为指导，以人员培训、设备维护、形象提升、强化管理为重点，结合渠首分局相关要求，进行规范化建设，确保安全运行。2016年，共开展月度设备维护60次，设备专业巡检和维修48次，设备一般性巡检784次。全年共处理国务院南水北调办和中线建管局等上级单位检查发现的问题91项，处理自查发现的问题271项，除1项遗留至2017年元月完成外其他均在年底前迅速得到了整改和处理，整改率为99.7%。

2016年3~5月，邓州管理处调度科组织解决了2015年遗留的3项E类问题，解决了弧门漏水和节制闸异响问题，对台车变速箱渗油、液压系统渗油进行了集中整改。加强设备巡视和检查，确保安全运行管理工作。完成静态巡视、动态巡视等工作，检修门、事故门等累计动作一百多次安全可靠，没有发生过影响操作和安全的问题。从2016年10月起，金属结构机械电气、永久供电等正式运维队伍开始进场，交接期平稳过渡，保证了输水调度和设备的安全运行。

2016年8月，管理处闸站开始实行1+4的管理模式，金属结构机械电气、闸站值守人员共参加渠首分局培训5次，累计培训59人次，管理处组织培训8次，累计培训136人次，信息机电人员共20人取得中线建管局上岗证。管理处组织参加社会化资格考试，共有15人取得低压电工操作证，12人取得高压电工进网作业许可证，10人具有液压启闭机培训合格证书，2人具有特种设备操作培训合格证。

四、运行调度

2016年，节制闸弧门启闭操作平均成功率在96%以上；检修门、事故门等累计动作一百多次安全可靠，没有发生过影响操作和安全的问题，确保了供水安全和稳定运行。自动化系统主要以闸控系统和视频监控系统应用最多，保证率均在95%以上，其他高填方视频监控、安防系统、工程防洪系统、安全监测系统等都基本完成，正在有序调试和试运行。

为推进规范化建设，各闸站制作液压启闭机、柴油发电机等操作流程手册和闸站值守、准入等相关制度，并按规定落实制度流程等上墙和制作展示牌等。3座节制闸全部采用有人值守方式，落实两人一班、两天一换班值守模式，配置安全帽，为值守人员统一配备夏装、春秋装、冬装等统一服装，确保闸站门有人看、事有人管、设备检查维护按规范、应急处置不慌乱。对电缆沟防火封堵用阻火包、防火泥和防火涂料等对各闸站相关部位进行了检查和完善，对设备标牌和闸站展示牌等进行了补充完善，确保统一要求的规范动作落实到位。增加了设备房间巡检棒、手孔井抽水定期打点、高低压室巡视步道、设备操作巡视明白卡等内容，加强了设备的管理和提升了闸站的形象。

为了提高信息机电人员事故的应急处置能力，组织学习了相关的预案和流程，2016年组织了35kV供电系统事故、节制闸门卡阻等应急演练工作，参加了邓州管理处消防、水质、防汛、工程应急等多次大型演练和渠首分局组织的专业应急处置。

2016年，共收到调度指令676条，其中远程指令617条，现地指令59条，中控室值班员接收到分调中心传达的调度指令后，均能准确记录并及时反馈，各类调度指令记录规范、全年调度指令执行准确无误。根据邓州管理处调度运行观测记录，发现超过设计水位0.05m的94次，发现OA系统自动标红共计15次，暂未发现每小时降幅超过0.10m，日降幅超过0.20m及在未进行调度操作的情况下，流量每小时变幅超过20%的现象；经抽查发现中控室调度值班人员数据采集的时间都在规定时间之内，未出现迟报、漏报、早报现象。

随着闸控系统、消防报警系统、安防系统等逐步完善和金属结构、机械电气设备管理和维护的加强，设备的完好率和可靠性逐步提高，调度值班人员均能熟练使用闸站监控系统、视频监控等自动化系统，实时监控辖区内参与调度闸站及断面的水位、流量、流速、闸门开度等调度数据；调度人员能够遵照输水调度作业流程认真履行岗位职责，较好地开展各项工作，人员素质满足输水调度工作要求。

五、工程效益

截至2016年底，南水北调中线工程入渠水量为61.23亿m^3，因为长距离输水存在蒸发等损耗，累计向各受水区分水达59.5亿m^3，其中河南省受水量最大为21.7亿m^3，京津冀三地分别为20亿m^3、12.09亿m^3和5.74亿m^3，工程涉及北京、天津、石家庄、郑州等沿线18座大中城市，受益人口达8700万。肖楼分水口累计向南阳引丹灌区分水约8.82亿m^3，望城岗分水口累计向邓州、新野分水约2167.92万m^3。

六、验收工作

2016 年 10 月 19 ~ 25 日，淅川县段设计单元工程档案通过中线建管局法人验收。

（邓州管理处）

湍河渡槽工程

一、工程概况

南水北调中线一期总干渠湍河渡槽位于河南省邓州市小王营—冀寨之间的湍河上，西距邓州—内乡省道 3km，北距内乡县 20km，南距邓州市 26km。渡槽槽身为相互独立的 3 槽预应力混凝土 U 型结构，单跨 40m，共 18 跨，单槽内空尺寸（高 × 宽）7.23m × 9.0m。湍河渡槽设计流量为 $350m^3/s$，加大流量为 $420m^3/s$。

湍河渡槽顺总干渠流向，自起点至终点，依次为右岸渠道连接段、进口渐变段、进口闸室段、进口连接段、槽身段、出口连接段、出口闸室段、出口渐变段、左岸渠道连接段等 9 段组成，其中右岸渠道连接段设退水闸 1 座，工程轴线总长 1030m。

二、工程管理

2016 年，邓州管理处通过增加闸站园区人员配置、加强区域内巡查人员管理、设置安保和工程巡查巡检系统；加强渡槽附近河道非法采砂的监控，协调河道管理单位取缔了附近的非法采砂点，确保渡槽工程安全。同时，加强对工程缺陷的跟踪处理，确保渡槽工程始终处于最优运行状态。

2016 年度，湍河渡槽尚处于正式通水运行的第二个年度，主要维护的工程项目为出口楼梯间沉降处理，即在出口左右岸楼梯间下部增加树根桩 1400m，固结灌浆 $1300m^2$，对钢挂板、沉陷等进行了恢复。其他工程维护项目较少，包括建筑物进出口裹头部位的雨淋沟和轻微塌陷等，均已及时处理，重点以巡查和观测为主。

三、运行调度

湍河工程段主要自动化调度系统包括闸站监控子系统和视频监控子系统各 1 套，布置在退水闸监控室内。湍河段主要自动化系统相关设施设备包括通信机房及监控室各 1 个、超声波流量计 1 套（安装在节制闸前）、压力式水位计 3 套（退水闸前 1 套，节制闸前左右岸各 1 套）、超声波水位计 3 套（闸后 3 孔渡槽各安装 1 套）、闸控 PLC 设备柜、安全监测设备柜、传输机柜、综合配线柜、视频监控及门禁设备机柜和安防设备机柜各 1 套，布置在通信机房；闸控 UPS 设备 3 套，分别布置在 2 号启闭机室、通信机房和退水闸室；机房空调系统 1 套；2016 年新建成雨量计站 1 套。

2016 年，湍河段自动化调度系统及相关设备设施运行情况良好，系统稳定，湍河闸站自动化调度系统远程成功率达到 99% 以上。

四、验收工作

2016 年 4 月 19 日，湍河渡槽设计单元工程档案通过国调办档案专项验收前检查评定。2016 年 7 月 1 日，湍河渡槽设计单元工程档案通过国调办专项验收。

（邓州管理处）

镇平县段工程

一、工程概况

镇平县段工程位于河南省南阳市镇平县境内，起点在邓州尚寨以北约 1km 的邓州市与镇平县交界处（马庄村南），终点在官鲁岗镇潦河右岸的镇平县与南阳市卧龙区交界处，全长 35.825km。渠道总体呈西东向，穿越南阳盆地北部边缘区，起点设计水位 144.375m，终点设计水位 142.540m，总水头 1.835m，其中建筑物分配水头 0.43m，渠道分配水头 1.405m。全渠段设计流量 $340m^3/s$，加大流量 $410m^3/s$。

镇平段共布置各类建筑物 64 座，其中河渠交叉建筑物 5 座、左岸排水建筑物 18 座、渠渠交叉建筑物 1 座、分水口门 1 座、跨渠桥梁筑 38 座，管理用房 1 座。

二、工程管理

镇平管理处为镇平县段工程的现场管理机构，管理处设置了四个科室，分别为综合科、合同财务科、工程科和调度科。

（一）工程维护、设施管理

2016 年，完成渠道内外边坡、三角区及绿化带维护 127.35 万 m^2，闸站及办公区绿化维护面积 2.16 万 m^2。完成左排倒虹吸清淤 2 座，截流沟清淤 73.6km，排水沟清淤 72.3km。沥青路面修补 $3320m^2$，泥结石路面维护 1.73 万 m^2。完成辖区 21 座左排倒虹吸、2 座输水倒虹吸、1 座分水口门、1 座渠渠交叉渡槽、38 座跨渠桥梁、2 座闸站园区及管理处园区的日常维护工作。完成辖区 152 座钢大门及 14.75 万 m^2 防护网的日常维护，增设巡视踏步 45 处。安装刺丝滚笼 1.66 万 m，左排倒虹吸进出口安装刺丝 933m，建筑物标识标牌制作安装 24 块。完成镇平段 2016 年汛期水毁截流沟修复 2188m，完成水毁排水沟及围网修复。

（二）安全生产

镇平县段工程为南水北调中线干线镇平管理处管辖，2016 年根据人员变动对安全生产领导小组进行调整，明确了安全生产领导小组组长对安全工作负总责，明确了分管领导、兼职安全员、各专业责任人的职责。

2016 年镇平管理处完成了“工程安全、水质安全、调度安全”目标。管理处每月开展 1 次安全生产大检查，每周开展一次日常检查，对存在问题进行通报，限期责令整改，2016 年共检查安全生产问题 97 项，均及时整改到位。对上级检查出的安全问题及时整改并按上级要求形成问题整改报告或记录按要求上报，实现对安全生产问题的闭环管理。

2016 年，全年累计安全生产检查 12 次，召开安全生产专题会议 12 次，印发会议纪要 12 份；每季度组织开展 1 次全员安全生产教育培训，累计开展安全培训 4 次；遇重要节日、寒、暑假等节日通过散发安全宣传页、海报、挂条幅、进校园宣传等方式进行安全宣传，共计 5 次；与维护、施工（穿越）单位签订了安全生产管理协议 10 份，明确了双方安全管理人员职责；对维护、施工（穿越）单位安全培训及技术交底累计 10 次；对所有进场作业人员、车辆、设备等实行严格的登记制度，车辆均配备《车辆通行证》，人员均配备《人员通行证》。2016 年 8 月 18 日，镇平管理处警务室挂牌成立，配备 2 名民警 4 名协警及日用警务器材，积极开展警务巡逻，配合管理处及安保单位制止违规违法行为。2016 年 12 月 2 日，成功举行防恐怖袭击应急演练。2016 年 12 月 28 日，南水北调中线工程保安服务有限公司正式接管镇平段安保工作。

三、运行调度

（一）运行调度

2016 年，共收到调度指令 235 条，操作闸门 633 门次，其中远程指令 207 条，操作闸门 543 门次；现地指令 28 条，操作闸门 90 门次。均已按照指令内容要求完成指令复核、反馈及闸门操作，全年调度指令执行无差错。根据镇平管理处淇河节制闸调度运行观测记录，发现超过闸前水位超过设计水位共计 115 次，发现 OA 系统自动标红共计 53 次；发现闸控系统报警均按要求进行相关接警、警情分析、恢复正常、消警；发现调度数据采集、监控相关设备设施无法正常使用共计 1 次；

发现的问题均及时上报分调、总调中心，联系相关专业负责人进行处理，完善应急检修调度申请单手续，并在日志中记录；严格按照上级要求开展规范化建设工作并提出合理建议，规范化建设成果显著。

（二）金属结构机械电气设备运行

2016年，完成了闸站准入管理规定、电缆沟油管沟阻火包整改施工技术要求、操作流程上墙、闸站动态巡视、人员持证上岗等5项项目，明确了闸站值守人员的职责，巩固了供配电、金属结构机械电气、液压设备的管理。组织完成了消防应急演练、移动式柴油发电机应急启动演练、闸门意外关闭应急演练3项应急演练工作，增强了紧急情况下处理问题的能力。全年共发现问题122项，其中国务院南水北调办飞检检查问题57项，中线建管局检查问题10项，管理处自检问题55项，于2016年年底前完成全部整改工作。

（三）自动化系统运行

镇平段自动化调度系统包括闸站监控子系统和视频监控子系统各4套，布置在中控室和镇平段3座（西赵河工作闸、谭寨分水口、淇河节制闸）现地站内；安全监测自动化系统、语音调度系统、门禁系统、安防系统、消防联网系统各1套，均布置在中控室；综合网管系统、动环监控系统、光缆监测系统、电话录音系统、程控监测系统、内网监测系统、外网监测系统、专网监测系统各1套，均布置在管理处网管中心；视频会议系统1套，布置在镇平管理处二楼会议室。除安防系统、安全监测自动化系统、工程防洪系统处于试运行外，其他系统均已投入使用。

2016年，完成了信息自动化规范化建设、消防系统调试、工程防洪系统调试、信息自动化日常维护队伍（过渡期）的管理及积极参加上级部门组织的信息自动化相关业务培训等工作。

四、工程效益

谭寨分水口安全平稳运行无间断。2016年，全年累计向镇平县城供水920.33万m^3，全部用于城镇居民用水，受益人口16万以上。

五、验收工作

镇平工程段2016年共验收11个全面整治项目合同验收工作，完成上半年土建和绿化工程日常维护1～3标验收工作。

（镇平管理处）

南阳市段工程

一、工程概况

南阳市段工程位于河南省南阳市境内，涉及卧龙、宛城、高新、城乡一体化示范区等4行政区7个乡镇（街道办）23行政村，全长36.826km，总体走向由西南向东北绕城而过。工程起点位于潦河西岸南阳市卧龙区和镇平县分界处，终点位于小清河支流东岸宛城区和方城县的分界处。工程设计输水流量330～340m^3/s，设计水位142.54～139.44m。

二、工程管理

南水北调中线干线南阳管理处（以下简称南阳管理处）为南阳段工程运行管理单位，设有综合、调度、工程、合同财务等四个科室。管理处制定了《南阳管理处工程巡查工作手册》，明确了工程巡查责任人及巡查工作职责，并加强工巡人员的培训及考试。对工巡人员服装和巡查设备进行了统一，完善细化了工巡路线及巡查时间，在高填方渠段坡脚位置设置了工程巡查步道20km，台阶15处，在高填方坡脚及深挖方坡顶设置了工程巡查巡检点50个，使工程巡查工作进一步规范化。

管理处成立了安全监测工作组，建立了安全监测管理责任制，完善了各项规章制度。

共配置监测人员6人，统一配备的反光背心和工具包，车辆2台，专用办公室1间，资源配置满足监测工作需要。制定了数据采集操作流程，监测数据及时进行整理、整编，定期进行初步分析，编写并上报月报。建立了异常问题台账，制定了异常情况处置程序，对异常问题进行更新并在实践中不断完善。加强了对外观监测单位的管理，及时掌握工程运行情况，每月收集观测月报并审核，并对观测量进行复核确认。

三、运行调度

南阳管理处辖区内共有各类建筑物71座，其中，输水建筑物8座；穿跨渠建筑物61座；退水闸2座。辖区共有各类闸门48扇，启闭设备45套，降压站11座，自动化室11座，35kV永久供电线路全长38.74km。

（1）调度值班。配备调度值班10人，其中值班长5人，值班员5名。严格值班制度，严格执行进出中控室管理规定。加强调度人员业务培训，累计组织学习宣贯33次，累计508人次；考试15次，累计205人次。

（2）应急管理。成立了工程突发事件现场应急处置小组，成立了安全度汛工作小组，明确小组成员工作分工。编制了南阳管理处《突发事件应急处置方案》《2016年防汛度汛应急预案》，对工程突发事件危险源和各类隐患及时进行排查，建立台账并及时更新。加强防汛应急业务培训，累计组织防汛应急培训、消防演练培训等各类培训6次。成功处置了“7·19”潦河渡槽进口左岸翼墙后土体沉陷、白河倒虹吸出口右岸挡墙背部回填土局部沉陷、鸭东一分干渡槽即将漫槽及姜沟浮桥上游疑似油污等4次险情。

（3）金属结构机械电气。加强专业技能培训学习，累计参加渠首分局组织的培训4次共40人次，管理处组织培训11次153人次。严格执行节制闸管理办法，每座节制闸站4人值守。严格执行闸站准入制度，安装闸站准入管理标识牌15块。

（4）安全生产。成立了处长为组长的安全生产领导小组，明确主任工程师为分管安全负责人，制定了安全生产管理实施细则，明确了各个专业的安全生产管理人员和相应职责。以广播、电视、公交车为宣传媒体，开展安全生产进学校、进社区活动，增进沿线群众爱渠、护渠意识，防止溺亡事件发生。召开安全生产例会进行宣贯，2016年先后召开安全例会、专题会议27次，形成安全生产会议记录17份、专题会议纪要10份。同时，对自有员工、外聘人员、外协单位、维护单位等进行安全培训教育16次，参加培训330余人次。与运维单位签订安全生产管理协议10份，开展安全教育10余次，及时制止和纠正运维单位施工过程中的违规行为，并将其纳入月度考核。

2016年9月2日，成立了南阳段警务室，新建了南阳段警务室值班用房，配备了2名干警、4名协警，以及警车、警械、服装、办公物品等。12月20日，中线建管局保安公司保安分队共18人正式入驻白河出口倒虹吸、娃娃河倒虹吸和梅溪河倒虹吸，开展日常机动巡逻工作，辖区渠道安保力量进一步加强。

按照中线建管局《安全生产检查制度》和《专（兼）职安全生产管理人员工作手册》的要求，加强日常和重要节日的安全生产检查，内容包括消防、用电、车辆、文明卫生、防护设施、工程隐患、设备运行、调度值班等方面。2016年，累计开展日常检查和定期检查34次，发现安全问题90余项，均已整改完成。

四、工程效益

截至2016年底，向南阳城区供水882.93万m^3，实现了辖区内工程安全、运行安全和供水安全。

（南阳管理处）

南阳膨胀土试验段工程

一、工程概况

南阳膨胀土试验段工程位于南水北调中线干线工程陶岔渠首—沙河南段南阳市境内，起点位于南阳市卧龙区靳岗乡孙庄东，终点位于南阳市卧龙区靳岗乡武庄西南，全长2.05km。试验段渠道设计流量为340m^3/s，加大流量为410m^3/s。渠道设计水深7.5m，加大水位深8.23m，试验段布置有跨区公路桥及生产桥各1座，即丁洼东南跨渠公路桥（长100.98m，荷载等级为城A级，桥面宽30.7m）和武庄东生产桥（长102.08m，荷载等级为公路Ⅱ级，桥面总宽4.7m）。

二、工程管理

南阳膨胀土试验段工程运行管理单位与南阳市段工程一致，均为南阳管理处，管理处设有综合、调度、工程、合同财务四个科室。管理处每月组织进行膨胀土段专项巡查，并配合国务院南水北调办监管中心每月对南阳段进行膨胀土渠段稳定性专项巡查工作。管理处建立了膨胀土稳定性专项台账，登记相应问题，督促维护单位抓紧时间处理。2016年，膨胀土试验段共发现问题16处，均以全部处理完成。

根据中线建管局编制的《南水北调中线干线工程总干渠膨胀土渠段加强安全监测方案》的要求，南阳管理处膨胀土渠段需增设测斜管10套，水平位移测点14个，渗压计12个，测压管1套，渠首分局正在做方案实施前的准备工作，待招标流程完毕后实施。管理处对膨胀土渠段现有监测仪器采取加密观测频次的措施保障膨胀土渠段的安全。

（南阳管理处）

白河倒虹吸工程

一、工程概况

白河倒虹吸工程，位于南阳市蒲山镇蔡寨村东北，总长度为1337m。白河倒虹吸工程设计流量为330m^3/s，加大流量为400m^3/s，退水闸设计退水流量165m^3/s。起点断面设计水位为140.624m，终点断面设计水位为139.924m，建筑物分配水头0.7m。工程主要建筑物由进口至出口依次为进口渐变段、退水闸及过渡段、进口检修闸、倒虹吸管身、出口节制闸（检修闸）、出口渐变段。白河倒虹吸进口事故检修闸门采用平面定轮闸门共2扇，出口工作闸门采用弧形闸门共4扇，出口检修闸门采用叠梁闸门共2扇。

二、工程管理

白河倒虹吸工程运行管理单位为南阳管理处，管理处设有综合、调度、工程、合同财务四个科室。

在白河倒虹吸闸站管理工作中推行“站长责任制”，按照站长负责、分工协作、统筹兼顾、强化管理的原则，对白河倒虹吸明确站长1名，专业负责人员5名。站长和专业负责人均明晰了各自职责，站长主要负责闸站的日常运行管理问题排查及日常检查任务，督促各有关单位责任人进行问题整改，并对所负责闸站的运行管理问题承担管理责任；专业负责人员主要职责是明确各专业运行管理标准，负责问题整改的质量验收，并对问题整改质量负责，有助于加快形成闸站运行管理和问题整改的长效机制，全面实现闸站管理全天候、问题整改无死角的目标。

2016年，累计开展日常检查和定期检查34次，存在的安全问题均已整改完成。

三、工程效益

白河退水闸从2016年12月20日9时40

分开启，到2017年1月11日14时06分关闭，白河退水闸工作门上调140mm，向白河分水，主要目的是对白河进行生态补水。分水流量为$3m^3/s$，总退水期约为50天，总退水量约为575万m^3。

（南阳管理处）

方城段工程

一、工程概况

方城段工程位于河南省方城县境内，涉及方城县、宛城两个县区，起点位于小清河支流东岸宛城区和方城县的分界处，终点位于三里河北岸方城县和叶县交界处，包括建筑物长度在内全长60.794km，其中建筑物7座，累计长度1.969km，渠道长58.825km。渠段线路总体走向由西南向东北，上接南阳市段始于南阳盆地的东北部边缘地区的小清河支流，沿伏牛山脉南麓山前岗丘地带及山前倾斜平原，总体北东向顺许南公路西北侧在马岗过许南公路，顺许南公路东南侧过汉淮分水岭的方城垭口，止于方城与叶县交界三里河，下连叶县渠段，穿越伏牛山东部山前古坡洪积裙及淮河水系冲积平原后缘地带。设计流量330～$340m^3/s$，设计水位139.435～135.728m。渠道沿线共布置各类建筑物102座，其中，河渠交叉建筑物8座，左岸排水建筑物22座，渠渠交叉建筑物11座，跨渠公路桥53座，分水口门3座，节制闸3座，退水闸2座。截至2016年底，累计向下游输水54.8亿m^3，工程运行平稳。

二、工程管理

方城管理处是方城段工程运行管理单位，设有综合、调度、工程、合同财务四个科室。辖区内共有各类建筑物107座，其中跨渠桥梁58座、左排建筑物33座、闸站12座。辖区共有各类闸门56扇，启闭设备52套，降压站11座，自动化室11座，35kV永久供电线路全长60.8km。

（1）工程设施管理维护。2016年中线建管局下达土建与绿化工程维护经费781万元，已结算金额781万元，全部结算完成。全年共采购13个维护项目，其中12个采用竞争性谈判方式、1个采用询价方式选择维护单位，所有工程项目已全部实施完成。完成土建与绿化项目的合同谈判13次、技术交底6次、月度考核7次、合同验收4次、工程管理检查24次。完成了2015年全面整治项目及2016年上半年工程维护项目的验收、档案归档工作。完成了中线建管局统一部署的膨胀土渠段、建筑物标识标牌的安装，完成了不规范问题的上报与整改。汛前完成了防汛风险点的排查及防汛“两案”的编制与备案，根据规范化建设第一批强推项目要求完成了值班室规范化建设，完成防汛应急和工程事故安全应急演练，圆满完成了中线建管局、渠首分局启动的2次防汛应急4级响应和1次综合应急4级响应，完成了4次现场工程应急处置，完成了防汛应急工作总结。

（2）安全生产。2016年分别与各维护单位签订安全生产协议，共计签订协议17份。2016年共开展安全教育培训18期，培训451人/次，安全交底29次，403人/次。2016年开展各项安全检查36次，发现安全问题46项，整改完成46项，整改率100%。利用视频安防系统，对安保值守、巡逻、巡查及工程维护人员进行监督检查，并及时排查隐患，发现问题。每周召开安全生产例会，每月召开安全管理专题会，总结分析存在的问题，部署安全管理工作。月末组织对工程巡查、工程维护、安保服务、外委单位等进行考核，下发考核通报，将考核结果与薪酬挂钩。

（3）安全监测。2016年，方城管理处共采集振弦式仪器数据48 128个，测压管水位数据960个，沉降管数据1960个，测斜管数据1488个，所有数据均已整编完成，编写安全监测内观工作月报12期。对外观单位外业作业检查了29次（其中一次是与渠首分局联合检查），内业作业检查了12次。对1594个外观水准测点加装了保护盒并刷漆维护，对162个外观水准基点加装了保护盖，对16个现场集线箱设置编号标识，对22个观测墩进行标识，对96支测管进行刷漆维护。对38台（套）安全监测二次仪器仪表进行了2次定期清洁、检查、通风防霉、通电驱潮、对需充电的仪器进行充电等日常保养。对10台（套）安全监测二次仪器仪表进行了1次检定。共开展培训15次，共92人次，全部为专业内部培训，主要以开展安全监测技能培训、安全教育为主。参加了渠首分局安全监测技能比武1次。

（4）水质安全。配备1名专职水质专员负责方城段水质保护工作。2016年2月19日开始，每天10:00和16:00对渠道藻类情况进行取样、观测、分析及数据上报。在水质保护工作中，对日常巡查、水质监控、漂浮物管理、污染源管理和水质应急工作等方面进行规范，确保方城管理处水质保护工作始终处于正常运行状态。完成方城段水污染事件应急预案环保备案工作，并取得备案号。至2016年底，方城段未出现水质污染事件，水质稳定达标。

三、运行调度

（1）金属结构机械电气设备运行。方城段工程共有钢闸门56扇（弧形闸门22扇、平板闸门34扇）；启闭设备52台（液压启闭机25台、固定卷扬启闭机2台、电动葫芦16台、移动式台车式启闭机9台）。2016年，金属结构机械电气设备整体运行情况良好。在金属结构机械电气维护工作中，编制金属结构机械电气设备操作手册，按照管理制度及文件要求进行设备巡查和记录，建立故障记录台账，发现故障及时记录并跟踪处理及时消缺，填写维护记录表，同时加强对运行维护单位工作的检查、监督、考核，保证运行维护工作有序开展。

（2）自动化系统运行。南水北调中线方城段涉及自动化调度系统相关的设备设施房间沿线设置有管理处电力电池室、通信机房、网管中心及现地站的自动化室、监控室。2016年自动化调度系统中包括方城段现地闸站，有3座节制闸、2座退水闸、3座分水口、3座控制闸，1座检修闸，共布置人手孔199个，摄像头117个。自动化调度系统包括3部分内容：系统运行实体环境、通信系统、计算机网络系统等基础设施；服务器等应用支持平台；以及闸站监控、视频监控、自动化安全监测、水质监测、视频会议、工程防洪、安防等14个应用系统。自动化设备主要有综合配线柜、视频监控机柜、PCM传输机柜、网络综合机柜、安全监测机柜、PLC控制柜、UPS电源控制柜、通信电源机柜、安防机柜等。在自动化系统维护工作中，进驻自动化运行维护人员16人，其中，闸控系统维护3人，视频监控系统维护3人，安全监测自动化系统维护3人，实体环境系统维护3人，通信系统维护2人，光缆系统维护2人。各系统的集中监视、定期巡检、维护和故障处理工作已正常开展。2016年，自动化调度系统设备整体运行情况良好。

（3）调度指令执行。方城段辖区共3座节制闸、3座分水闸、3座控制闸、1座检修闸和2座退水闸。管理处要求调度值班人员严格遵守上级单位制定的各项输水调度相关制度，能够熟练掌握调度工作基本知识及操作技能，充分利用自动化调度系统开展输水调度业务。严格遵守各项管理规定，认真落实相关文件要求。按时收集上报水情信息、运行日报及有关材料，各项记录、台账及时归档。2016年，中控室共执行远程指令754条（门次），现地指令388条。

四、工程效益

2016年，方城段工程全年运行365天。

自正式通水以来，至2016年底，累积运行749天，向下游输水达54.8亿m^3。

（方城管理处）

叶县段工程

一、工程概况

叶县段工程是南水北调中线一期工程总干渠陶岔至沙河南渠段的组成部分。陶岔至沙河南渠段总共分为7段11个设计单元，叶县段（含澧河渡槽）是第5段，地域上属于河南省叶县境内。渠段起点位于叶县保安乡胡安村西南、方城县与叶县交界处，终点位于平顶山市叶县常村乡新安营村东北、叶县与鲁山县交界处，全长30.266km。该渠段起点设计水位135.727m，终点设计水位133.89m，总水头1.837m。起始断面设计流量330m^3/s、加大流量400m^3/s，终点断面设计流量320m^3/s、加大流量380m^3/s。沿渠布置各类建筑物62座，其中，河渠交叉建筑物1座，左岸排水建筑物17座，渠渠交叉建筑物8座，分水口门1座，闸室2座，路渠交叉建筑物（以下简称桥梁）32座，永久管理房1座。

二、工程管理

叶县管理处作为叶县段工程的现地管理机构，全面负责辖区内运行管理工作，保证工程安全、运行安全、水质安全和人身安全。负责或参与辖区内直管和代建项目尾工建设、征迁退地、工程验收工作。叶县管理处内设综合科、合同财务科、工程科、调度科四个科室。

（1）安全管理。辖区管理处成立安全生产工作小组，明确安全生产负责人和兼职安全员，编制年季月安全生产工作计划，修订安全生产管理实施细则，开展安全生产工作总结。加强日常维护项目管理，与运维队伍、后穿越单位等进行安全交底并签订了安全生产协议书。定期组织安全生产检查、开展安全宣传培训、召开安全会议。全年零伤亡。

（2）土建绿化工程维护。叶县管理处采取竞争谈判、询价等多种采购形式开展日常项目维护。为确保土建和绿化工程养护按期开展，将土建和绿化日常维护养护项目分汛前和汛后两个阶段来组织实施，完成土建和绿化工程的日常维修养护工作，并实施完成了闸站节点绿化养护工作。

主要完成的土建和绿化工程日常维护项目有增设巡视道路、警示柱刷漆、路缘石缺陷处理、沥青路面修复、排水沟修复、雨淋沟修复、截流沟清淤和修复、管理处和闸站缺陷处理、渠道边坡草体修剪和除杂草、闸站和渠道保洁等内容。完成的专项项目为孤山村下穿通道增设照明设施专项项目。

（3）工程应急管理方面。2016年管理处根据中线建管局、河南分局文件要求成立突发事件现场管理处置机构，叶县管理处成立突发事件现场处置小组；根据中线建管局相关突发事件应急预案，编制了叶县管理处《2016年防洪度汛应急预案》《水污染事件应急预案》《2016年度度汛方案》《突发事件现场处置方案》等；汛期建立防汛值班制度，进行全年24h应急值班，收集和上报汛情、险情信息，处置各类突发事件，减少或避免突发事件造成的损害；制定了应急管理培训和突发事件应急演练工作计划，并按计划开展了相应应急演练及培训工作。

三、运行调度

叶县段工程位于平顶山叶县境内，由叶县管理处进行日常运行管理及维护。管理处中控室调度值班人员10人，按照“5班2倒”方式排班，每班调度值班人员2名，其中值班长1名，调度值班员1名。

叶县段工程有闸站建筑物7座，各类启闭机设备13套，闸门7扇（套）。叶县段工程有35kV降压站4座，高低压电气设备4套，柴油发电机2套。叶县段工程有视频监控摄像头130套，闸控系统水位计8个、流量计2个，通信站点4处，22个安全监测站，左排水位监测设备17套，雨量监测设备1套，包含通信传输设备、程控交换设备、计算机网络设备、实体环境控制设备等包含通信传输设备、程控交换设备、计算机网络设备、实体环境控制设备等。

2016年，叶县管理处开展了输水调度安全生产主体活动和运行调度规范化建设活动，增强了中控室调度值班人员的安全意识，纠正了调度不规范工作行为，提高了风险防范能力，提升了调度值班人员的业务水平；中控室的环境面貌焕然一新，调度值班规章制度更加完善，值班人员的综合素质得到了有效提升。在中线建管局全局率先试用调度管理系统，并逐步实现无纸化办公。

（1）金属结构机械电气设备运行。按照中线建管局的有关要求，金属结构机械电气设备为过渡期维护模式，由河南分局组织有关单位开展维护工作。中线建管局招标的金属结构机械电气设备维护项目金属结构设备维护队伍于2016年10月1日进场，液压启闭机设备维护队伍预计2017年一季度进场。2016年叶县段金属结构机械电气设备运行情况良好，无影响通水和调度的事件发生，运行可靠性高，未发生人员溺亡安全事故。机电金结日常巡视工作顺利开展，按照规范化要求的内容和频次，对所辖范围内金属结构、机械电气及供配电设备开展静动态巡视及日常巡视，并完成相应巡视记录。严格落实故障和缺陷保修工作责任制，发放故障和缺陷处理任务书，跟踪和督促落实故障和缺陷的处理。

（2）永久供电系统运行。截至2016年9月30日，按照中线建管局的有关要求，永久供配电系统为过渡期维护模式，由河南分局组织有关单位开展维护工作。中线建管局招标的永久供电系统运行维护项目维护队伍2016年9月30日进场。2016年叶县段永久供电系统运行情况稳定，无影响通水和调度的事件发生，运行可靠性高，未发生人员溺亡安全事故。

（3）信息自动化系统运行。按照中线建管局的有关要求，2016年自动化调度系统运维采取过渡期维护模式，河南分局组织有关单位开展维护工作。2016年叶县管理辖区内自动化调度系统运行平稳，有力保障了输水调度工作，按照规范化要求的内容积极开展运行管理、维护等各项工作，确保自动化调度系统“规范、可靠、平稳”。

四、工程效益

自2014年12月12日南水北调中线干线正式通水以来，截至2016年底，叶县段工程已安全运行751天，向下游累计输水535 216.743 3万 m^3，其中2016年度累计输水量329 385.841 9万 m^3。辖区内辛庄分水口2016年正常分水，年度累计向漯河地区、周口地区供水3853.79万 m^3，为漯河市、周口市的城市建设发挥了良好的社会效益和生态效益。

五、验收工作

完成汛前维修养护项目、汛后土建绿化日常维护项目、部分渠段增设监测设施工程、叶县4标桩号（210+130）~（211+700）右岸沥青路面维修项目、警务室建设项目、闸站保洁项目、高填方渠道坡脚增设巡视道路项目、2016年下半年维修养护项目等日常维修养护项目合同验收；完成孤山下穿通道增设照明、文庄村东引道修复等专项项目合同验收。

2016年1月25日完成辛庄分水口、府君庙河倒虹吸及叶县管理处办公楼消防设施验收备案。

（魏红义　刘　阳　王　竞）

澧河渡槽工程

一、工程概况

澧河渡槽工程位于河南省平顶山市叶县常村乡坡里与店刘之间的澧河上。自起点至终点依次为退水闸段（进口明渠段）、进口渐变段、进口节制闸、进口连接段、槽身段、出口连接段、出口检修闸、出口渐变段、出口明渠段，根据调度需要并结合总干渠及本建筑物布置。退水闸设在进口渐变段前右岸，退水闸轴线与总干渠交角为55°。

澧河渡槽工程全长860m，其中渡槽槽身长540m，为双线双槽矩形槽，采用三向预应力简支梁结构。设计输水流量320m^3/s，加大输水流量380m^3/s。工程段内退水闸设计流量160m^3/s。

二、工程管理

澧河渡槽工程的现地管理处与叶县段工程一致，均为叶县管理处，管理处全面负责辖区内运行管理工作，保证工程安全、运行安全、水质安全和人身安全。负责或参与辖区内直管和代建项目尾工建设、征迁退地、工程验收工作。叶县管理处内设综合科、合同财务科、工程科、调度科四个科室。

三、运行调度

澧河渡槽工程位于平顶山叶县境内，由叶县管理处进行日常运行管理及维护。目前管理处中控室调度值班人员10人，按照“5班2倒”方式排班，每班调度值班人员2名，其中值班长1名，调度值班员1名。2016年度，累计完成水情上报7268次，未出现漏报错报现象；执行操作指令206次，其中远程操作闸门201次，远程操作成功195次，成功率97.01%。

澧河渡槽段有闸站建筑物4座，各类启闭机设备6套，闸门6扇（套），35kV降压站1座，高低压电气设备1套，柴油发电机1套，视频监控摄像头21套，闸控系统水位计5个、流量计1个，通信站点1处，2个安全监测站，雨量监测设备1套。

四、工程效益

自2014年12月12日南水北调中线干线正式通水以来，截至2016年底，澧河渡槽工程已安全运行751天，向下游累计输水535 216.743 3万m^3，其中2016年度累计输水量329 385.841 9万m^3，发挥了良好的社会和生态效益。

五、验收工作

完成汛前维修养护项目、汛后土建绿化日常维护项目、闸站保洁项目、2016年下半年维修养护项目等日常维修养护项目合同验收。2016年1月25日完成澧河退水闸、澧河渡槽消防设施验收备案。

（付　帅　樊少彪　张国锋）

鲁山南1段工程

一、工程概况

鲁山南1段工程位于河南省平顶山市境内，起始端与平顶山市叶县相邻，渠线穿越昭平台水库灌区，基本平行于昭平台南干渠布置，沿途经过鲁山县张官营、磙子营、张良三个乡（镇）。全长13.451km。该段渠道设计流量320m^3/s，加大流量380m^3/s。起止控制点的设计水位分别为133.89m、133.17m，水头差0.72m，其中渠道占用水头0.52m。渠道沿线共布置30座交叉建筑物，其中河渠交叉建筑物1座、左岸排水建筑物6座、渠渠交叉建筑物10座、跨渠公路桥7座及生产桥6座。

二、工程管理

鲁山管理处作为鲁山南 1 段工程的现地管理处，全面负责辖区内运行管理工作，保证工程安全、运行安全、水质安全和人身安全。负责或参与辖区内直管和代建项目尾工建设、征迁退地、工程验收工作。鲁山管理处内设综合科、合同财务科、工程科、调度科四个科室。

（1）安全管理。辖区管理处成立安全生产工作小组，明确安全生产负责人和兼职安全员，编制年季月安全生产工作计划，修订安全生产管理实施细则，开展安全生产工作总结。加强日常维护项目管理，与运维队伍、后穿越单位等进行安全交底并签订了安全生产协议书。定期组织安全生产检查、开展安全宣传培训、召开安全会议。全年零伤亡。

（2）土建绿化工程维护。采取竞争谈判、询价等多种采购形式开展日常项目维护。为确保土建和绿化工程养护按期开展，将土建和绿化日常维护养护项目分汛前和汛后两个阶段来组织实施，完成土建和绿化工程的日常维修养护工作，并实施完成了闸站节点绿化养护工作。主要完成的土建和绿化工程日常维护项目有警示柱刷漆、路缘石缺陷处理、沥青路面修复、排水沟修复、雨淋沟修复、截流沟清淤和修复、闸站缺陷处理、渠道边坡草体修剪和除杂草、闸站和渠道保洁等内容。

（3）工程应急管理。2016 年管理处根据中线建管局、河南分局文件要求成立突发事件现场管理处置机构，鲁山管理处成立突发事件现场处置小组；根据中线建管局相关突发事件应急预案，编制了鲁山管理处《2016 年防洪度汛应急预案》《水污染事件应急预案》《2016 年度度汛方案》《突发事件现场处置方案》等；汛期建立防汛值班制度，进行全年 24h 应急值班，收集和上报汛情、险情信息，处置各类突发事件，减少或避免突发事件造成的损害；制定了应急管理培训和突发事件应急演练工作计划，并按计划开展了相应应急演练及培训工作。

三、运行调度

鲁山南 1 段工程位于鲁山境内，隶属于南水北调中线鲁山管理处，由鲁山管理处进行运行管理及维护。目前管理处调度科共有自有员工 8 人，中控室配置 10 名输水调度值班人员，负责指令执行反馈、调度数据监控、应急处理等日常输水调度值班工作，其中 5 名自有人员任值班长，5 名外聘人员任值班员，实行“5 班 2 倒”24h 值班制度。2016 年调度指令执行准确无误，无擅自操作闸门或不按指令操作行为。认真做好设备设施实时监控，按时上报水情，未发生瞒报、漏报等重大事故。

鲁山南 1 段工程有闸站建筑物 1 座，包含弧形闸门 4 扇（节制闸）、台车 1 台、电动葫芦 1 套（检修闸）、叠梁门 2 组（检修闸）、平板闸门 2 组。鲁山南 1 段工程有 35kV 降压站 1 座，高压柜 4 面、低压柜 4 面、变压器 1 台、充电馈电柜 1 台、直流电源柜 1 台、发电机 1 台。鲁山南 1 段工程有视频监控摄像头 13 套，闸控系统水位计 1 个、流量计 0 个，通信站点 1 处，包含通信传输设备、程控交换设备、计算机网络设备、实体环境控制设备等。

鲁山南 1 段工程无参与调度的闸门，灰河倒虹吸出口控制闸作为备用节制闸设置在此段工程内。

四、验收工作

完成了汛前土建及绿化维护项目、2016 年下半年土建及绿化工程维护项目、2016 年度下半年草皮护坡补植项目、东盆窑东沟排水倒虹吸清淤项目等日常维修养护项目合同验收。2016 年 9 月 29 日完成灰河倒虹吸消防设施验收备案。2016 年 12 月，鲁山南 1 段工程经过了中线建管局组织的设计单元工程档案项目法人验收。

（段瑞瑞　张国锋　赵军锋）

鲁山南2段工程

一、工程概况

鲁山南2段工程位于陶岔—沙河南段最末标段，起于鲁山县张良镇西盆窑村东北、止于沙河南岸鲁山县马楼乡薛寨村北。设计流量320m³/s，加大流量380m³/s。起点设计水位133.168m，终点设计水位132.370m，分配水头0.798m。

该设计单元渠线全长9.78km，其中渠道长9.066km，建筑物长0.714km（澎河涵洞式渡槽建筑物长310m，沙河倒虹吸建筑物长404m）。渠线穿越大型河流2条、小型河流3条。总干渠与沿线河流、灌渠、公路的交叉工程全部采用立交布置型式，沿线建筑物工程有河渠交叉、左岸排水、渠渠交叉和路渠交叉、控制工程等类型。共有各类建筑物25座，其中，大型河渠交叉建筑物2座、左岸排水建筑物3座、渠渠交叉建筑物7座、控制建筑物3座、公路桥5座、生产桥5座。另外，还有35 kV降压站2座以及鲁山管理用房1处。

二、工程管理

鲁山管理处作为鲁山南2段工程的现地管理处，全面负责辖区内运行管理工作，保证工程安全、运行安全、水质安全和人身安全。负责或参与辖区内直管和代建项目尾工建设、征迁退地、工程验收工作。鲁山管理处内设综合科、合同财务科、工程科、调度科四个科室。

三、运行调度

鲁山南2段工程位于鲁山境内，隶属于南水北调中线鲁山管理处，由鲁山管理处进行日常运行管理及维护。鲁山管理处调度运行科共有自有员工8人，中控室配置10名输水调度值班人员，负责指令执行反馈、调度数据监控、应急处理等日常输水调度值班工作，其中5名自有人员任值班长，5名外聘人员任值班员，实行“5班2倒”24h值班制度。2016年调度指令执行准确无误，无擅自操作闸门或不按指令操作行为。认真做好设备设施实时监控，按时上报水情，未发生瞒报、漏报等重大事故。

鲁山南2段工程有闸站建筑物2座，包含弧形闸门6扇（节制闸2扇、控制闸4扇）、电动葫芦4套（检修闸）、叠梁门6组（检修闸）、固定卷扬机2台（退水闸）液压启闭机3台（沙河控制闸为“一拖四”式）。鲁山南2段工程有35kV降压站2座，高压柜8面、低压柜6面、变压器2台、充电馈电柜2台、直流电源柜2台、发电机2台（一台为移动式，放置在沙河闸站）。鲁山南2段工程有视频监控摄像头30套，闸控系统水位计8个、流量计1个，通信站点3处，包含通信传输设备、程控交换设备、计算机网络设备、实体环境控制设备等。

鲁山南2段工程参与调度的有澎河渡槽进口节制闸，2016年度共接受远程调度指令206条，成功195，成功率94.7%。辖区内还有澎河退水闸、澎河分水口，2016年未进行退水、分水。

四、工程效益

自2014年12月12日，南水北调中线干线工程正式通水以来，鲁山南2段工程已安全运行751天，2016年全年累计输水328 963.23万m³，确保下游用户的用水需求，发挥了良好的社会和生态效益。

五、验收工作

2016年，完成了汛前土建及绿化维护项

目、2016年度下半年土建及绿化工程维护项目、2016年度下半年草皮护坡补植项目等日常维修养护项目合同验收。2016年9月29日完成澎河涵洞式渡槽、沙河倒虹吸消防设施验收备案。2016年12月，鲁山南2段工程通过了中线建管局组织的设计单元工程档案项目法人验收。

（王志刚　樊少彪　张国锋）

天 津 干 线 工 程

概　　述

一、工程组成

天津干线工程西起河北省保定市徐水县西黑山村附近的南水北调中线一期工程总干渠西黑山节制闸，东至天津市外环河西，全长155.305km。途径河北省保定市的徐水、容城、雄县、高碑店，廊坊市的固安、霸州、永清、安次和天津市的武清、北辰、西青，共11个区县。

天津干线工程以现浇钢筋混凝土箱涵为主，主要建筑物共268座，其中控制建筑物17座、河渠交叉建筑物49座、灌渠交叉建筑物13座、铁路交叉建筑物4座、公路交叉建筑物107座。

二、设计输水能力

根据初步设计，天津干线工程设计流量50～18m^3/s，加大流量60～28m^3/s。工程建成后，多年平均向天津供水10.15亿m^3（陶岔水量），向天津市供水8.63亿m^3（口门水量），向河北省供水1.2亿m^3（口门水量）。

三、年度水量调度

2015～2016调水年度输水调度平稳，按照《水利部关于南水北调中线一期工程2015～2016调水年度水量调度计划调整意见的函》（水资源函〔2016〕118号）相关要求，2015～2016调水年度计划向天津市供水8.56亿m^3。天津干线于2016年3月开始逐步加大输水流量，输水流量保持在40～43m^3/s，每月均能按计划完成调水任务，截至2016年底，天津干线已累计向天津市供水13.7亿m^3，2015～2016调水年度供水量达到9.1亿m^3，已超额完成年度调度任务。另外天津干线河北省境内白沟、北城南、郎五庄、口头分水口正在进行试分水试验。

四、工程管理

南水北调中线干线工程输水调度实行分级管理，统一调度的原则。中线建管局设置总调中心（一级调度机构），天津分局设置分调中心（二级调度机构），管理天津干线工程（包括总干渠天津分局管辖范围）运行调度全部工作；下设西黑山管理处、徐水管理处、霸州管理处、容雄管理处、天津管理处5个现地管理处调度中控室（三级调度机构），管理辖区范围内运行调度工作，分调中心、中控室采取24h调度值班制度。

（许先水　开小三　屈亮　程德鑫）

西黑山进口闸—有压箱涵段工程

一、工程概况

西黑山进口闸—有压箱涵段为天津干线第一设计单元，工程西起河北省保定市徐水县西黑山村西，东至徐水县丁家庄南，全长15.2km。西黑山进口闸至有压箱涵段工程连接南水北调中线干线工程，承担向天津市和河北保定及廊坊地区部分县乡供水的输水任务。西黑山进口闸至有压箱涵段工程设计输水流量 $50m^3/s$，加大输水流量 $60m^3/s$。

2016 年度箱涵安全输水 365 天，根据文村北调节池流量统计，全年共过水 9.6 亿 m^3。工程管理方面，该段未发生任何质量安全问题，工程总体运行平稳，经济效益、社会效益、生态效益显著。

二、工程管理

2016 年度西黑山进口闸—有压箱涵段由徐水管理处进行运行管理，工程维护检修方面，徐水管理处巡查人员、安保巡逻人员发现工程缺陷后，上报天津分局，择机解决。设备维护天津分局委托专业机构进行定期检修。

（1）安全生产。徐水管理处在 2016 年初成立了安全生产领导小组，并配备兼职安全管理人员负责日常管理工作，7 月，又根据实际情况对安全生产领导小组组织机构进行了调整。实现了规章制度上墙明示管理。修订编制《2016 年安全生产工作计划》《安全生产管理实施细则》《安全保卫人员培训手册》《安全生产检查制度》《安全生产教育培训制度》等二十余项规章制度并发布实施，期间修订编制完成《防汛度汛方案》《防洪预案》《水质污染预案》《应急事故预案》《火灾事故应急处置预案》《场内交通安全管理实施细则》等十六项应急预案及实施细则，对安全生产进行规范化管理。其中《防汛度汛方案》《防洪预案》《水质污染预案》《应急事故预案》完成了到地方政府的备案工作，做到了与地方政府联动管理，确保安全生产工作无死角。为贯彻“管生产必须管安全”和“谁主管、谁负责”的原则，落实各项安全生产规章制度，徐水管理处主要负责人与每位员工分别签订了安全生产责任书，安全生产工作实行一票否决制。将安全生产责任层层落实到每个员工，实现安全生产全员、全过程、全方位、全天候管理。

（2）工程维护。在土建日常维护、绿化管理方面，徐水管理处安排专人负责具体质量安全工作。要求所有进场作业人员实行严格的登记制度和持证上岗制度。进场作业前负责同志要与施工人员进行安全作业交底和安全教育。进一步提高施工作业人员的安全意识，从根源上做好安全工作。在保水堰、调节池、陡坡等部位配置了救生圈、救生绳等设施，明水部位均设置了防护盖、围栏、安全标示等。定期检查施工作业队伍和人员安全技术措施的制定及完善情况，安全防护措施及劳动保护用品配备情况，现场安全警示标识、标牌情况，应急预案制定、修订及演练情况，安全技术交底情况，是否存在违规操作和违章作业情况等。针对存在的问题和薄弱环节，制定整改计划，落实整改措施，消除事故隐患，严防事故发生。在日常巡查方面，徐水管理处成立了工程巡查、安全保卫组织机构，明确了责任人员。编制了《徐水管理处工程巡查手册》用于指导工程安全巡查工作。对责任区段进行了详细划分，对重点巡查部位进行了明确，对主要巡查项目列入巡查记录表中，对巡查路线要求确保沿箱涵徒步巡查。为加强管理，安保单位实行巡查打更器、车辆 GPS 定位等制度，确保巡查无死角。

（3）工程巡查。徐水管理处在工程巡查规范化过程中，严格按照中线建管局质安〔2016〕60 号文规定的工程巡查管理办法的要求，以及中线建管局质安〔2016〕67 号文关于强推工程巡查规范化的要求对工程巡查规范化进行落实。2016 年 6 月 21 日，徐水管理处参与了中线建管局质量安全监督中心在北京召开的工程巡查规范化工作中关于工程巡查手册编写的研讨会，初步确定了以徐水管理处为试点的关于天津干线现地管理处工程巡查手册编写的样板稿讨论版，为天津干线工程巡查规范化起到有版可参的模范作用。7

月4日，徐水管理处参与了中线建管局召开的工程巡查研讨会第二次会议，并完成工程巡查手册最终版的编制工作。中线建管局以中线建管局质安〔2016〕66号文将此工程巡查手册编写成果作为天津干线工程巡查样板。7月15日，中线建管局质量安全监督中心在天津召开了天津分局现地管理处工程巡查手册编制宣贯会，在会上将徐水管理处工程巡查手册的编写结果作为样板进行宣贯。并在会后强调了关于中线建管局质安〔2016〕67号文有关工程巡查规范化强推工作相关事宜。7月20日，徐水管理处完成工程巡查规范化强推工作的各项要求，完成工程巡查手册的编写定稿和印发，完成工程巡查人员着装的配发，完成工程巡查管理办法中关于工程巡查人员工器具的配置，完成对工程巡查人员有关规范化工作的培训，组织培训考试两次。对工程巡查机构进行调整，明确组织机构和人员工作安排，为规范化工作提供有力保障。为保证工程巡查规范化顺利落实，根据天津分局统一安排和要求，8月1日，工程巡查人员按要求开始填写新的工程巡查记录表。按照要求着装和佩戴工器具，严格执行文件中有关工作时间的规定。依据最新巡查管理办法完成工程巡查手册编制。徐水管理处已经顺利完成关于强推工程巡查规范化的落实工作，并正在严格按照新办法和新要求执行中。徐水管理处不定期对外聘巡查巡视人员进行业务考试，同时不定期对巡视人员到岗情况、工器具佩戴情况、巡查记录填写情况进行检查，并将考试成绩、检查情况与工资直接挂钩，取得了很好效果。

（4）安全监测。绘制完成了安全监测信息一览图，配合天津分局进行内外观作业检查，并加强了对外委队伍的管理工作。徐水管理处接受了《安全监测数据采集和初步分析技术指南》宣贯，完成了安全监测《外观数据采集操作手册》的编写工作。召集中水北方安全监测人员进行了合同执行情况检查督导，对不符合合同要求的行为令其严格按合同执行，对于人员考勤采取巡检考勤办法，保证安全监测工作有序妥善完成，向中水北方相关人员学习内观数据分析方法，为后续自主分析做准备。协助天津分局编辑完善外观检查记录表。参加了《安全监测数据采集和初步分析技术指南》宣贯会，完成了安全监测《外观数据采集操作手册》的编写工作。编制完成《安全监测作业方案》。

（5）金属结构机械电气。主要建筑物西黑山进口闸及文村北调节池各项金属结构、机械电气设备定期进行巡检及维修保养工作，启闭机室及各设备间整洁有序，设备干净明亮；时刻处于待命状态，各重要闸站24h有人值守，定时对供配电系统进行巡视，备用发电机时刻处于待命状态，保证供配电系统正常运行，保证为天津市及沿线各省市按调度计划供水。

（6）信息自动化。各闸站闸控系统均已完工且投入使用，可实现远程闸门控制，远程查看流量、水位、流速、闸门开度等水文信息功能，同时配合视频监控系统、门禁等系统，可实现各现地站智能化管理及调度工作，大大提高了工作效率及管理水平。完成了中线建管局下发的《低压配电设备运行巡视岗位工作手册（试行）》和《柴油发电机组运行巡视岗位工作手册（试行）》等手册的学习；完成了各闸站设备间记录桌、工具柜的安装、布置工作；按天津分局要求开展了机电设备巡视、安全隐患排查工作；按照中线建管局《电缆沟、油管沟防火封堵阻火包施工技术要求》相关内容，完成了电缆沟及油管的封堵阻火工作。完成对电缆沟等防火部位所需物资的统计申报。做好汛期防雨防汛工作：组织机电自动化维护、物业的部门加强对电缆沟排水工作。针对汛期特点加强日常巡检工作。

三、运行调度

采取以考促学的方式，进行调度知识考

试，使新入职员工尽快掌握《输水调度业务工作手册》，熟悉工作内容。

按照《工作标准》的要求，对生产调度值班场所、交接班休息室的环境面貌进行了集中整治。保证文件资料摆放整齐有序，环境整洁卫生无死角，完成调度制度上墙。

贯彻执行中控室外来人员出入登记制度；每班值班人员上岗前对卫生进行检查，并填写卫生检查表；来人一律穿戴一次性鞋套方可进入中控室。

2016 年，调度工作没有出现瑕疵、纰漏。全面完成了各项调度任务，实现 365 天安全输水。西黑山—有压箱涵段全年累计过水 9.1 亿 m^3。

四、验收工作

2016 年 6 月 1 ~ 5 日，通过国务院南水北调办组织的南水北调天津干线西黑山进口闸至有压箱涵段设计单元工程档案检查评定。

2016 年 7 月 1 日，通过了徐水区公安消防大队主持的南水北调天津干线西黑山进口闸至有压箱涵段设计单元工程消防验收备案。

2016 年 10 月 21 日，通过国务院南水北调办组织的南水北调天津干线西黑山进口闸至有压箱涵段设计单元工程档案专项验收。

2016 年 11 月 2 日，南水北调中线一期工程天津干线工程（含西黑山进口闸—有压箱涵段）通过环保部组织的环境保护验收。

五、其他

在规范化建设期间，徐水管理处在第一批完成工程巡查、调度、安全生产、应急管理、安全监测、金属结构机械电气、合同管理等各项工作，第二批次又完成：

（1）人员岗位管理规范化。徐水管理处按照一人多岗，一岗多职的原则，结合现有到岗职工，完成了岗位分工工作。

（2）消防安全。针对消防安全规范化，徐水管理处与河北省建管中心联合，完成了徐水管理处管辖段内消防专项验收及备案工作。

（3）自动化系统排查。按照分局要求，徐水管理处详细排查了自动化报警系统存在的问题并上报。

（4）标牌标识规范化。按照分局要求，对闸站、配电室、电缆沟等场所的标识标牌设置情况进行了梳理，并建立了台账。

（5）宣传标语及办公场所规范化。积极落实《天津分局宣传标语及办公场所规范化实施方案》，按照方案要求，徐水管理处完成桌旗、纸抽盒、笔筒等由分局购置的物品统计上报工作。

（马金全　耿宝江）

保定市境内 1、2 段工程

一、工程概况

保定市境内 1 段工程为天津干线第二设计单元。工程位于河北省保定市徐水县、容城县、白沟白洋淀温泉城开发区和雄县境内，东西走向，相应的起止桩号为（XW15 + 200）~（XW60 + 842），渠线全长 45.68km。工程主要以 3 孔 4.4m × 4.4m 现浇钢筋混凝土输水箱涵为主，共包含穿越铁路建筑物 1 座（京广铁路涵）、穿越公路交叉建筑物 35 座、河渠交叉建筑物 16 座、保水堰 3 座、分水口门 3 座以及检修闸、通气孔等共 81 座建筑物。设计输水流量为 50m^3/s，加大流量为 60m^3/s。

保定市境内 2 段工程是天津干线工程的重要组成部分。工程途径河北省保定市高碑店市、雄县，起止桩号（XW60 + 842）~（XW75 + 927），全长 15.085km，承担向天津市和河北省高碑店、雄县供水的输水任务。设计输水流量 50m^3/s，加大输水流量 60m^3/s。

二、工程管理

负责保定市境内 2 段工程管理的三级机

构为容雄管理处。管理处下设工程科、调度科、综合科、合同财务科四个专业科室。

依据《工程巡查工程手册》，在辖区沿线划分为责任区，每个责任区配备2人，设组长1人（加大输水流量加强每责任区4人），按照手册内容组织开展工程巡查工作。针对辖区天津干线工程特点，结合辖区内工程实际情况，水质日常巡查工作与工程巡查同步进行，努力及时发现、及时监控、及时处理。

三、运行调度

2016年天津分局运行调度工作。统一中控室制度上墙、调度值班方式、值班各项的台账与报表、规范调度指令的下达、执行与反馈、认准并落实中控室值班人员的工作定位。力促调度工作标准化、规范化，完成了年度输水调度任务。2016年度输水调度指令完成率100%。

2016年度天津分局完成对金属结构、机械电气自动化维护单位的管理和考核工作，专业管理人员按中线建管局相关制度手册开展日常巡视检查工作，以问题为导向整改各级检查发现的缺陷。

四、工程效益

2016年度共完成向天津平稳供水9.1亿m^3，为天津市民送上“放心水、优质水”。

保定市境内2段工程辖区内雄县口头分水口结合地方配套工程完成了联调联试工作，联调联试过程中天津分局分调中心及相关专业处室获取并掌握了分水口各项设备设施的详细性能参数，为2017年实现向辖区周边县市正式供水积累了运行调度经验。

五、环境保护与水土保持

2016年，对辖区内污染源、可能引起水土流失的薄弱部位进行了排查和处理。辖区内建筑物进行了工程宣传标语粉刷。绿化维护单位对枯死树苗进行了更换。

六、验收工作

2016年3月30日～4月1日，中线建管局组织专家对保定市2段设计单元工程档案进行自查。

2016年4月25～28日，通过国务院南水北调办组织的南水北调天津干线保定市2段设计单元工程档案检查评定。

2016年7月29日，环境保护部委托河北省环境保护厅对南水北调中线一期工程天津干线工程竣工环境保护现场进行了检查。

2016年10月17～21日，通过国务院南水北调办组织的南水北调天津干线保定市2段设计单元工程档案专项验收。

2016年11月2日，南水北调中线一期工程天津干线工程（含保定市2段）通过环保部组织的环境保护验收。

（李　斌　高玉芬）

廊坊市境内段工程

一、工程概况

南水北调中线一期工程天津干线廊坊市段工程起点位于河北省廊坊市固安县马庄镇李洪庄村西约900m处，终点位于河北省廊坊霸州市与天津市武清区分界处，全长55.4km。廊坊市段工程设计输水流量50m^3/s，加大输水流量60m^3/s。

2016年，各级运行管理机构均已完善。在强推规范化的同时，管理处不断建立健全运行调度、维修养护等规章制度、应急体系和应急预案。运行调度方面工程安全平稳运行，在工程管理方面工程形象全面提升，经济效益、社会效益、生态效益显著。

二、工程管理

廊坊市境内段工程直接隶属于中线建管局天津分局霸州管理处管辖，霸州管理处下设工程科、调度科、综合科、合同财务科。

（1）工程维护抢修。霸州管理处理处对项目安全、进度、质量、计量、验收和档案负责。每周上报进度计划。天津分局采用巡查、重点布查等方式对项目质量安全监控。天津分局与河北省水利工程局签署了应急保障协议，当工程发生突发事件时，能够第一时间到达现场开展应急处置工作。为加强金属结构、机械电气及自动化设备工程维护管理，由天津分局与原设备供应商协商，签订了相关维护协议。协议中明确了维护方案和维护考核目标，维护单位参照各自合同内的项目和频次执行维护工作。霸州管理处对维护队伍的设备巡查工作通过现场跟踪、视频跟踪或抽查三种方式进行监督、考核。

（2）应急管理。为加强突发事件应急管理工作，霸州管理处发文成立了突发事件应急管理工作小组，明确了小组各成员工作职责，确保应急工作顺利开展。霸州管理处与地方防汛应急、环保和公安等机构建立了有效联系机制。建立了应急物资和抢险设备管理台账，积极组织人员进行应急演练和专业培训，并及时进行总结。霸州管理处于2016年11月10日在三号渠东分水口开展水污染应急演练，并于11月23日在三号渠东分水口开展通信光缆被挖断应急演练；处理了5起应急事件。

（3）设施管理与保护。2016年，通过工程巡查、安全监测等手段多次制止违规占压、穿越施工，消除了安全隐患渗，保证了工程运行安全。土建和绿化工程均通过招标、竞争性谈判等方式选择维修养护队伍。2016年，土建维护队伍为河北雄威建筑工程有限公司，绿化维护队伍为涿州市怡美园林绿化有限公司。金属结构机械电气、自动化系统及安全监测均由中线建管局委托相应单位进行维护管理。其中金属结构机械电气维护单位为河北省水利工程局；自动化系统运行维护单位为武汉贝斯特通信集团股份有限公司及北京林克森自动化系统工程有限公司；安全监测维护管理为中水北方勘测设计研究有限责任公司。

三、运行调度

（1）运行调度。2016年，霸州管理处全面贯彻规范化的有关要求，逐步完善和细化运行调度规章制度，补充调度人员，固定值班长、值班员，并持证上岗，中控室调度人员24h值班，调度值班日志、日报及交接班记录准确、清楚，各管理院区实时监控，调度信息传递畅通，调度指令执行及时、准确，建筑物、金结机电及自动化设备运行正常，在调度方面实现了全年度安全平稳运行。

（2）金属结构机械电气运行。霸州管理处对主要建筑物（保水堰、分水口、检修闸）各项金属结构机械电气设备定期进行巡检及维修保养工作，启闭机室及各设备间整洁有序，设备干净明亮；各重要闸站24h有人值守；定时对供配电系统进行巡检，备用发电机时刻处于待命状态，保证供配电系统正常运行，保证为天津市及沿线各省市按调度计划供水。

（3）自动化系统运行。各闸站闸控系统均已完工且投入使用，实现远程查看流量、水位、流速、闸门开度等水文信息功能，同时配合视频监控系统、门禁等系统，实现各现地站智能化管理及调度工作，大大提高了工作效率及管理水平。消防系统已建设完成，实现火灾告警功能、视频图像监控功能，语音告警功能，门禁功能，查询各类告警信息及原因功能，远程控制及操作功能，打印各种告警信息及原因功能，多种传输功能。对于闸站的消防安全与自动化进行实时监控、统一管理，为实现闸站的管理提供了有效的监控管理手段和工具。

四、工程效益

从2014年12月12日正式通水以来，至

2016调水年底已安全平稳运行750天，过境水量13.7亿m^3。2016年，完成了大流量供水任务，累计供水9.1亿m^3，经济效益初步显现。

五、验收工作

积极协助中线建管局开展验收工作。2016年5月10日，完成档案专项验收评定；2016年7月29日，完成工程竣工环境保护验收。

六、其他

（1）规范化建设。霸州管理处深入学习贯彻中线建管局规范化建设有关要求，细化落实方案，坚持问题导向、积极落实整改，全面排查运行风险、研究制定防范措施，强化学习培训、熟悉标准要求，完善工作记录、规范管理行为，加强工程维护、提升工程形象，同时不断总结工作、持续深入推进，基本达到了“人员要有新形象、工程要有新面貌、管理要上新台阶”目标要求。

（2）党务建设。2016年度霸州管理处在新增党员7名，预备党员1名，完善了整个党建系统。制作霸州管理处共产党员“户籍”卡，便于清晰直观的了解每位共产党员的基本信息。重新布置党员活动室，增添红色基调，加强党员学习的氛围，定做了党务笔记本，做到党务会议记录专本专用。规范的分类整理各项党务资料，做到随时快捷方便地查阅各类资料。

（3）思想建设。2016年度霸州管理处创办内部刊物《水韵》，不仅为工程管理添上一抹文艺的绿色，更是提高了青年职工的写作技能，增强了团队的感召力和凝聚力。《水韵》在开办以来，员工踊跃投稿，将自己在工作和生活中的建议和想法通过刊物的方式发表出来，记录我们工作生活的点滴，展现青春的活力。

（屠　波　王玲玲　闫海涛）

天津市境内1段工程

天津市境内1段工程为天津干线第五设计单元工程，工程起点位于武清区王庆坨镇西南与河北省交界处，总体走向自西向东，沿线经过天津市武清、西青、北辰三区，终点位于西青区西青道以南奥森物流东侧，线路全长19.661km。

天津市境内1段工程全部采用C30地下钢筋混凝土输水箱涵结构形式，以子牙河北分流井为界，其上游段为3孔4.4m×4.4m有压输水箱涵17.297km，设计流量45m^3/s，加大流量55m^3/s；其下游段为2孔3.6m×3.6m有压输水箱涵2.233km，设计流量18m^3/s，加大流量28m^3/s。工程主要建筑物有王庆坨连接井、子牙河北分流井、子牙河南检修闸、通气孔、子牙河河道倒虹吸及京沪高速公路、津同公路、京福公路、西青道、京沪铁路等公路、铁路穿越箱涵。

天津市境内1段工程于2011年7月底全部完工。2014年，天津市境内1段工程顺利通过通水验收，并完成全部临时占地复垦验收工作。

（天津市南水北调办）

天津市境内2段工程

一、工程概况

天津市境内2段工程属天津干线工程尾端，位于天津市西青区中北镇中北工业园区内，起点位于西青道以南、奥森物流公司东侧，沿园区内的春光路向南穿过阜盛道至元宝路，后折向东沿元宝路前行穿过星光路、曹庄排干，至外环河以西约270m处再折向北至天津干线终点，全长4.197km。天津市境内2段工程设计流量18m^3/s，加大流量28m^3/s。

天津市境内2段工程是天津干线工程的

重要组成部分，承担向天津市市区及滨海新区供水的输水任务。

二、运行调度

天津市境内2段工程为直管项目，由中线建管局天津直管建管部（现更名为天津分局）负责建设管理。现场协调和管理由建管部工程管理一处（现更名为天津分局天津管理处）负责。

2014年12月12日，南水北调中线干线工程全线通水，2014年12月27日，丹江水通过天津市境内2段工程到达天津市内配套工程曹庄泵站，至2016年底，已累计向天津市输水超过13.7亿m^3。2016年完成输水9.1亿m^3。

2016年3月5日，通过工程巡查，发现68号通气孔门前渗水点，3月18日完成了处理施工。9月23日发现61号通气孔上游渗水点，10月1日完成了61号通气孔上游渗水点处理施工，消除了安全隐患。多次制止违规占压、穿越施工，保证了工程运行安全。

三、验收工作

2016年3月18日，天津市境内2段工程完成档案验收。10月19日完成工程竣工环境保护验收，12月15日完成消防验收备案。

（李永鑫　赵　宇）

中线干线专项工程

陶岔渠首枢纽工程

一、工程概述

陶岔渠首枢纽工程施工已于2013年底基本完工。2016年主要开展了新增上游引渠围挡工程招标、施工，工程验收，水电站机组试运行验收准备，工程资料整理归档等工作。因工程运行管理单位未确定，淮河水利委员会治淮工程建设管理局（以下简称淮委建设局）暂时负责工程运行管理维护工作，在继续做好工程建设收尾工作的同时，工作重心为工程运行管理，保障供水。

二、建设管理

2016年7月，通过招标选择了上游引渠围挡工程施工单位，工程于9月6日开工，11月6日完成。工程内容为左、右岸长度各2km，共4km钢栅栏围挡施工。

依照水利部与国务院南水北调办达成由工程建设单位负责办理电站并网手续的意见，编制并向国务院南水北调办报送了《南水北调中线一期陶岔渠首枢纽工程水电站机组启动试运行工作方案》，成立了机组启动试运行工作小组，向电力部门递交了电站机组并网申请。

2016年，签订合同2个，补充协议6个。合同履行情况良好，未发生合同纠纷。

建设单位组织对各参建单位2016年及以前形成的工程建设资料进行了集中整理归档，共整理归档6350卷。

三、工程验收

2016年，完成了4个分部工程验收，水土保持工程和上游引渠围挡工程2个单位工程暨合同项目完成验收。水土保持单位工程质量评定为优良，上游引渠围挡单位工程质量评定为合格。

陶岔渠首枢纽工程共分为10个单位工程，其中主体工程6个、附属工程4个（包含新增工程1个）。截至2016年底，累计完成8个单位工程验收。因运行管理单位未确定，电站机组试运行验收未能完成，影响了电站厂房和升压变电站2个单位工程验收，主体工程施工合同项目完成验收也未能进行。

四、工程投资

2016年，下达新增上游引渠围挡建设投资314万元，截至2016年底累计批复工程总投资91 659万元，已全部下达。

五、运行管理

（1）运行管理模式。工程暂由淮委建设局负责管理。淮委建设局继续委托主体工程施工单位水电十一局承担工程运行管理维护任务，水电十一局设立南水北调中线工程陶岔渠首枢纽工程项目经理部（以下简称项目部）具体负责工程的运行管理维护工作。淮委南水北调中线一期陶岔渠首枢纽工程建设管理局（以下简称淮委陶岔建管局）作为工程现场建设管理机构，负责对项目部运行管理维护工作的监督、检查与考核管理。

（2）运行调度方式。因运行管理体制未确定，工程运行调度仍按照相关单位协商共识意见执行。中线建管局将引用水流量申请报送给水利部长江水利委员会（以下简称长江委），长江委向淮委陶岔建管局下达调度指令，淮委陶岔建管局将调度指令书面转达项目部执行。若遇紧急突发情况，淮委陶岔建管局可根据中线建管局书面要求项目部先行执行，并向长江委报告情况。

（3）运行管理工作。除正常维护保养外，还开展：①电站厂房屋顶渗漏水问题防渗处理；②引水闸闸门液压启闭系统管路渗油处理；③增配小型发电机组作为备用电源，临时解决了长时间停电造成自动化系统和监控系统数据丢失缺陷；④更新、修复了拦鱼设施被盗网坠、网纲与破损拦鱼网；⑤增设了办公生活管理区域视频监控系统；⑥定期进行运行安全监测（汛期增加测量频次）和监测数据统计分析；⑦完成了2015～2016年度南水北调水量调度计划；⑧项目部与有经验、有实力的专业运行管理单位签订技术服务协议，提升工程运行管理维护规范化建设。

（4）考核情况。根据2016年度工程运行管理维护委托协议，淮委陶岔建管局组织对被委托单位运行管理维护工作进行了考核。

六、工程效益

2016年，通过陶岔枢纽工程向中线干渠引水37.96亿m^3，按计划完成了年度调水任务，保障了京、津、冀、豫四省市部分城市饮水需要，使受水区居民饮水水质和生态环境得到了较好的改善。

（赵　彬）

丹江口大坝加高工程

一、工程概况

丹江口大坝加高工程是南水北调中线一期工程水源工程的三个设计单元之一，工程建设已基本完工并于2013年8月29日通过国务院南水北调办组织的蓄水验收。丹江口大坝加高后，坝顶高程由162m抬高至176.6m，正常蓄水位由157m抬高至170m，相应库容由174.5亿m^3增加至290.5亿m^3，总库容339亿m^3，水库由年调节变为多年调节，汉江中下游的防洪能力由以前的二十年一遇提高到近百年一遇，通航规模由初期工程的150t级提高至300 t级，工程的主要功能调整为防洪、供水、发电及航运。工程设计近期年供水95亿m^3，后期年供水120亿～130亿m^3，装机容量900MW。

二、工程管理

2016年完成了丹江口大坝右岸武警营地建设并移交武警中队使用，坝区安全防护围栏、视频监控系统完建并投入使用，坝顶排水系统改造、左右岸测压管补打、土石坝新增渗流监测设施、坝项建筑物贴面及铺装、18号坝段坝顶孔洞钢格板改造、左右岸土石坝下游巡检通道施工完成并通过验收。

三、运行调度

丹江口大坝加高工程的混凝土坝、土石坝由中线水源公司直接组织相关参建单位按照《丹江口大坝加高工程质量隐患排查整改方案》及相关养护修理规程规定，落实工程质量隐患排查整改及管养维护。2016年，未发现影响工程运行安全的隐患。

水情测报、水质监测、丹江口水库诱发地震监测和大坝强震监测项目仍委托相应的专业队伍按照要求进行管养维护。结合日常运行情况及监测数据分析，运行处于正常状态。

大坝加高部分安全监测系统设施维护和数据观测仍由工程施工单位（葛洲坝集团、水电三局、长江空间公司）完成，年度资料由中线水源公司进行统一汇总委托长江设计公司完成数据分析。丹江口大坝老的监测系统由汉江集团公司丹江口水电厂负责设施维护、观测和数据分析。中线水源公司监督相关责任单位按照《丹江口水利枢纽大坝加高工程蓄水期安全监测技术要求》制定了大坝安全监测计划和巡视检查方案，汛期按照监测技术要求开展了加密监测。

安全监测数据分析显示，混凝土坝段内部温度变化率较小，坝体应力、变形、孔隙压力、渗流、渗压等监测成果数值稳定；土石坝体沉降量结果合理，坝基及坝体沉降状况正常；大坝整体安全稳定。

四、环境保护与水土保持

（1）坝区水保实施。完成了老虎沟挡渣墙合同验收，清理了坝区水土保持剩余项目，对坝区目前尚需开展的水保项目编制了实施方案。

（2）水质监测站网。完成了水质监测站网建设任务，全面转入试运行，试运行情况良好；完成水质监测站网运行管理单位招标工作。

（3）鱼类增殖放流站。已完成鱼类增殖放流站建设任务的55%，工程质量满足设计要求，施工进度按计划进度正常推进。

五、验收工作

2016年完成了运管码头、视频监控等5个分部验收，对主标工程最后一个单位工程（12）——安全监测项目的完工资料进行了审核和单位工程验收，对主标工程完工工程量展开了全面复核，完成了视频监控系、混凝土坝顶排水系统完善处理施工等6个合同工程验收。

六、尾工建设

中线水源公司按照尾工项目实施整体方案，明确重点部位和关键环节，实施过程中多次召开专题会督促落实，完成了左右岸土石坝堵塞测压管的补打、左右岸土石坝增补安全监测设施施工、左右岸土石坝下游巡检通道等尾工项目的施工。

（黄朝君）

汉江中下游治理工程

概　述

汉江中下游治理工程包括兴隆水利枢纽工程、引江济汉工程、部分闸站改造工程、局部航道整治工程，建设目的是为减少或消除中线调水后对汉江中下游的影响。四项工程均已建成，兴隆水利枢纽工程和引江济汉工程由湖北省南水北调建管局进行管理，部分闸站改造工程建成后已交付地方水行政管理部门进行管理，局部航道整治工程已移交交通部门进行管理。

汉江兴隆水利枢纽工程

一、工程概况

兴隆水利枢纽位于汉江下游湖北省潜江、天门市境内，上距丹江口水利枢纽378.3km，下距河口273.7km。作为南水北调汉江中下游四项治理工程之一，是南水北调中线工程的重要组成部分，其开发任务是以灌溉和航运为主，兼顾发电。兴隆水利枢纽正常蓄水位36.2m（黄海高程，下同），相应库容2.73亿m^3，设计、校核洪水位41.75m（相当于防洪高水位），总库容（校核洪水位以下库容）4.85亿m^3，最大下泄流量19 400m^3/s，灌溉面积327.6万亩，规划航道等级为Ⅲ级，电站装机容量为40 MW。

二、工程建设

（1）工程投资。兴隆水利枢纽2016年尾工建设项目包括环境整治工程、泄水闸裂缝处理、值班房改造。到2016年底，环境整治标已完成产值571.9万元，结算236.5万元；泄水闸裂缝处理已全部完成，总产值约300万元，结算240万元；兴隆值班房改造项目已全部完成，2016年度结算65.9万元。2016年度共完成投资871.9万元，结算542.4万元。

（2）工程验收。除环境整治标外，已完成全部建设工程的分部工程验收工作。2016年度内已完成合同项目验收3个（分别为水保绿化合同、环保措施施工合同，现场值班用房维修改造合同），阶段验收2个（3号、末台机组启动验收），专项验收1个（消防验收）。抛石与管理用房标合同、安全监测标合同项目及船闸剩余标合同项目等3个合同项目已完成合同项目验收准备工作，并已向湖北省南水北调建管局报请验收，已具备验收条件。

（3）完工结算。截至2016年底，完成全部22个土建安装项目（其中三个主体标移交咨询机构）和20个机械电气、金属结构项目的审核工作，1个服务项目的审核上报工作。

三、工程管理

湖北省汉江兴隆水利枢纽管理局作为湖北省南水北调建管局的直属机构，下设综合科、党群科、管理与计划科、财务科、信息化科及安全生产与经济发展科6个职能部门和电站管理处、泄水闸管理所及船闸管理所3个生产运行单位，负责兴隆水利枢纽运行管理工作。

（1）管理制度。2016年，增编、修订、完善了各类运行管理制度。电站管理处组织修订了《电站运行规程》《电站检修规程》《综合应急预案》等，编制了《电站工作手册（初稿）》；新制订《电站管理处“两票”实施细则》《投退管理制度》等管理制度10余项，完善了各类台账，日常使用台账达到26种。泄水闸所对管理手册、规章制度、操作规程、岗位职责、安全应急预案等进行了修编，完善了安全管理制度、泄水闸应急预案等多项规章制度，形成了综合管理、运行调度、安全生产、设备操作、维修养护、安全监测六大部分。船闸所完善了《安全生产巡回检查制度》《船闸管理所应急预案》等制度，编制了《船闸水工建筑物检查表》，将安全生产巡检台账融入船闸日常运行日志里。

（2）技能培训。2016年初，湖北省南水北调办制定了各项培训计划，开展分批分类培训和取证工作。

“走出去”。电站处选派2名管理人员赴南水北调样板江苏泵站蹲点学习；选派2名职工到荆州市滗水西斋电站，就制度建设、业务管理、教育培训、其他日常管理进行学习并提交4000字调研报告；全局选派6名业务骨干赴江苏扬州东线工程驻点学习，组织干部职工参加其他专业技术及安全审查等培训共计50余人次。

“请进来”。邀请湖北水利水电职业技术学院老师送课到现场，宜昌高新润滑油有限公司技术人员来进行液压系统和液压油知识培训。通过培训，已有8人取得电工操作证，2人取得船员驾驶服务簿，1人取得电梯安全管理人员证；建筑物消防员已经有5人通过考核，全体运行管理维护人员的业务水平得到提高。

（3）运行管理。组织生产单位对国务院南水北调办“飞检”稽查组和湖北省南水北调建管局在巡视中发现的运行管理违规行为、养护缺陷等问题进行认真落实整改。其中，2016年国务院南水北调办“飞检”组到兴隆水利枢纽工程开展运行管理问题检查，累计发现问题44个。已累计完成整改43个，剩余1个问题也已制定整改方案；湖北省南水调管理局共发现运行管理问题56个，已累计完成整改54个，剩余2个问题正在加紧推进中。

（4）设施设备维护。完成了船闸运行配套设施完善工作；安装了上、下游电缆廊道自动抽水系统、左、右岸管线栈道照明系统；处理了门机小车、司机室屋顶漏水、平板检修门吊杆难穿销、金属设备局部老化、锈蚀等问题；安装了设备房空调并增设玻璃房；完成了下游引航道清淤与防渗墙清除工作。泄水闸集控室改造、电气设备维护、智能巡检系统开发等项目完成实施；汛前相继完成了左岸下游护坡塌陷修复、静磁栅改造等工程。电站共完成设备定期工作1205项（次），共发现设备缺陷135条。电气、机械等各维护专业人员开展检修维护和缺陷处理工作，共消除各类缺陷95条，消缺率达到83.3%。电气维护人员指导施工单位完成4号机组压油装置启动报故障，处理了3号机组励磁变分接头烧蚀、1号低压气机空压机PCL更换、4台发电机组保护定值确认、试验校核、整组试验，7台损坏风机更换等电气缺陷共计152项。机械维护专业发现缺陷问题45项，已处理41项，其余4项正在处理，处理率为91%。2016年全年工程运行，工作状态总体良好，未发生生产安全事故和航道断航、下游断水等不良社会影响事件。

（5）安全生产管理。一是修订完善了《安全生产管理办法》《安全生产事故应急预案》等制度。二是按照“谁主管，谁负责”的原则，与4个直属单位和在建参建单位签订了安全生产和防火安全责任书。三是开展安全生产监督检查，对现场17台特种设备进行了登记造册，对危险源实行了登记，对所有灭火器进行了重新检验和再充装工作。四是开展安全生产法律法规宣传教育，组织学习新版《安全生产法》和相关文件精神，成立了运行管理安全事故应急领导小组和事故应急救援队，并进行了多项应急演练和消防演练，五是社会综合治理工作。与地方渔政、公安及海事等职能部门沟通联系，对工程管理区内非法捕鱼、采砂等行为进行严厉打击，做好生产安全和生态保护。全年现场安全均处于可控状态。

（6）配套设施建设。2016 年，先后完成了兴隆水利枢纽两岸大门建筑工程施工项目、管理局职工宿舍改善维护维修工程，以及两岸滩地环境整治工程。

（7）信息系统建设。2016 年度内，兴隆水利枢纽管理局编制了《兴隆水利枢纽管理局信息化系统运行管理制度汇编》，完成了视频监视及闸站监控系统和广播语音系统的安装调试，泄水闸集控信息、船闸集控信息、电站计算机监控信息、大坝安全监测信息、视频监视信息以及消防火灾自动报警系统信息均已接入，泄水闸门实现远程控制功能；完成南水北调通信传输网络建设，实现了与湖北省南水北调建管局的业务网连通；完成了办公会议（含视频会议）系统的安装调试，已投入日常使用，完成了水情自动化测报系统的更新改造工程。

四、工程调度原则

兴隆水利枢纽的主要任务是抬高水位，改善库区灌溉和航运条件，并利用既有水头发电以发挥水资源综合利用效益。调度运用主要原则为：

（1）防洪。一是必须在保证工程安全的条件下，合理综合利用水资源，充分发挥工程效益。当兴利与防洪矛盾时，兴利应服从防洪。二是在运行调度中遇有工程安全与通航发电矛盾时，应首先保证工程安全。三是为确保枢纽安全和满足水库灌溉、航运要求，枯水期库水位应控制在正常蓄水位 36.20m 附近。四是水库无调节库容，当来水量小于 4108m^3/s（下游最高发电水位 34.1m 对应的流量）且库水位为水库正常蓄水位 36.20m 时，通过电站运行和水闸控泄，使下泄水量等于来水量。当来水量大于 4108m^3/s 时，电站停止运行。当来水量大于 4108m^3/s、小于 7080m^3/s（水库水位 36.2m 对应的下泄流量）时，来水通过水闸控泄调节。当洪水来量大于 7080m^3/s 时，泄水闸全部开启敞泄。

（2）航运。一是航运调度应服从工程安全及防洪要求，保障过闸船舶安全、顺利、有序过闸，提高通过能力。二是船闸最大通航流量为 10 000m^3/s，最小通航流量为 420m^3/s，当流量不满足设计条件或气象条件不满足通航条件时，船闸停航。

（3）发电。一是电站水头受下游水位影响较大，为尽可能提高电站运行水头和发电量，水库水位应尽量维持在正常蓄水位。二是电站投入运行的机组台数按水库来水流量确定，当来水流量小于电站额定流量 1156m^3/s 时，均由电站过水；当来水流量超过 1156m^3/s 时，电站引水富余部分由泄水闸下泄，不能为提高电站发电效益而抬高水库运行水位。

五、工程效益

（1）工程防洪。兴隆枢纽位于汉江上游控制性水库丹江口水利枢纽的下游，其径流由丹江口水库调节下泄及丹江口至兴隆区间径流组成，兴隆枢纽设计洪峰流量为 19 400m^3/s。自投用来，最高入库流量为 4000m^3/s（对应坝址上下游水位分别为黄海高程 36.27m 和 33.44m）。2016 年度内，兴隆水利枢纽管理局编制了《湖北省汉江兴隆水利枢纽 2016 年防洪度汛预案》，并通过了湖北省南水北调建管局的审查和批准。按照批准的预案，兴隆水利枢纽管理局完成了防汛组织机构的建立和责任制的落实，调整了防汛抢险突击队，完成了防汛物资检查工作，组织完成了防汛演练并形成了记录和总结报告。在汛期，按计划和制度开展了防汛工作，汛后组织进行水毁检查与维修，防汛工作取得了显著成绩。

（2）保障灌溉。兴隆水利枢纽所处的汉江中下游平原地区，是湖北省重要的经济走廊，也是我国重要的粮棉基地之一。库区两岸有天门市罗汉寺灌区、潜江市兴隆灌区、沙洋县和沙洋监狱管理局电灌站，在正常年份年均需供农田用水20亿m^3左右。自库区蓄水之后，农田灌溉面积从过去的170万亩增加到约327.6万亩，灌区供水保证率达到95%以上，极大地提升了库区两岸用水保障能力，促进了区域农业经济发展。泄水闸所2016年总入库水量为243.47亿m^3，总弃水量为57.146m^3，最大来水量为7月份的34.83亿m^3，上游最高水位36.4m，最低水位35.36m，下游最高水位34.01m，最低水位28.66m，最大水位差7.14m，有计划、有目的的蓄水、放水，充分利用了水资源，调节干旱季节的需水量，保证了周边工农业及生活用水。

（3）改善航运。兴隆水利枢纽水库蓄水通航后，渠化汉江航道达78km，航道由原来的四级提升为三级，通航标准由300 t提升到1000t。该航道段在兴隆水利枢纽建成前年通航能力不足3000艘，而2016年通行近7000艘，库区航运能力翻了一番以上，自2013年4月12日通航以来安全过闸船舶数量累计已达22 216艘。同时，库区沿线一批现代化的船舶码头正开工建设，将进一步提升区域货物运输吞吐能力，推动地方经济的发展。

（4）水力发电。兴隆水利枢纽电站总装机容量4万kW，利用库区水资源发电，多年平均发电量2.25亿kW·h，满足了该地区不断增长的用电需要。2016年，电站全年完成发电量2.269 4亿kW·h，突破电站工程年发电量设计值2.25亿kW·h，继2015年刷新年发电量历史纪录之后再创新纪录。电站投产至2016年底已连续安全运行1200天，累计发电总量达6.622 4亿kW·h，2016年实现了三个“百日无事故”目标。

（5）旅游观光。兴隆枢纽工程56孔泄水闸，库区水面宽阔、生态和谐、环境秀美。区域生态环境改善，不仅吸引湖北省内外游客前来观光旅游，还催生区域旅游文化产业开发。随着汉江兴隆水利枢纽的生态效益发挥，这片绿色的水域还吸引了国家一级保护动物中华秋沙鸭的光顾，给汉江再增添一幅精美画卷。

（黄英杰）

引江济汉工程

一、工程概况

引江济汉工程主要是为了满足汉江兴隆以下生态环境用水、河道外灌溉、供水及航运需水要求，还可补充东荆河水量。引江济汉工程供水范围包括汉江兴隆河段以下的潜江市、仙桃市、汉川市、孝感市、东西湖区、蔡甸区、武汉市等7个市（区），及谢湾、泽口、东荆河区、江尾引提水区、沉湖区、汉川二站区等6个灌区，现有耕地面积645万亩，总人口889万人。工程建成后，可基本解决调水95亿m^3对汉江下游“水华”的影响，解决东荆河的灌溉水源问题，从一定程度上恢复汉江下游河道水位和航运保证率。

引江济汉工程进水口位于荆州市李埠镇龙洲垸，出水口为潜江市高石碑。在龙洲垸先建泵站，干渠沿东北向穿荆江大堤、太湖港总渠，从荆州城北穿过汉宜高速公路，在郢城镇南向东偏北穿过庙湖、海子湖，走蛟尾镇北，穿长湖后港湖汊和西荆河后，在潜江市高石碑镇北穿过汉江干堤入汉江。渠道全长67.23km，设计流量350m^3/s，最大引水流量500m^3/s，其中补东荆河设计流量100m^3/s，补东荆河加大流量110m^3/s，多年平均补汉江水量21.9亿m^3，补东荆河水量6.1亿m^3。进口渠底高程26.5m，出口渠底高程25m，设计水深5.72~5.85m，设计底宽60m，各种交叉建筑物共计78座，其中涵闸16座，船闸5座，倒虹吸15座，橡胶坝3座，泵站1座，跨渠公路桥37座，跨渠铁路桥1座，另有与西气东输忠武线工程交叉一处。穿湖长度 3.89km，穿砂基长度 13.9km。渠首泵站装机 6×2100 kW，设计提水流量 $200m^3/s$。

二、运行管理

2016 年，湖北省引江济汉工程管理局以运行管理实现良好开局为中心，竞进提质，取得了较好成绩。截至 2016 年底，引江济汉工程累计调水 56.94 亿 m^3，及时满足了汉江兴隆以下河段、长湖流域荆州市江陵县和监利县等地、荆州古城不同层次的供水需求。为实现工程运行管理良好开局，湖北省引江济汉工程管理局主要做了以下工作：

（1）制度建设。引江济汉工程管理局于 2016 年初组织人员编写有关工程运行管理制度，完成了引水调度规程、渠道巡视检查、枢纽建筑物度汛方案以及管理技术培训等 10 余个运行管理方面的规章制度。在已有的规章制度基础上，又组织编制了工程运行管理制度 72 项，操作规程 53 项，各类专项应急预案 19 项，现场处置方案 21 项，汇编成册，为实施工程"规范化、科学化、精细化"运行管理提供依据。为提升工程运管形象，认真制定了《现场管理机构"站容站貌"评比考核办法》《物业服务及渠道代维考核管理办法》。

（2）技能培训。引江济汉工程管理局组织了一系列的技能培训。2016 年 3 月，组织 60 余名员工赴滗水水库参观学习；4 月，在湖北省南水北调办（局）支持下，组织 22 名工程运行管理人员前往江苏水源公司开展为期 20 天培训，学习内容涵盖泵站机械电气设备运行管理、水工建筑物观测及现场实际跟班作业等内容；8 月，组织开办了泵站运行和闸门运行 2 个培训班，邀请了湖北水利水电职业技术学院电力系、机械电气系、水利系专家为学员进行了为期 12 天的授课，参训人员达 45 人；湖北水利水电职业技术学院专家按水利行业特有工种泵站运行、闸门运行 2 个工种高级工行业标准并结合引江济汉实际编写了培训计划、大纲，形成培训教材，为培训工作进一步规范提供了保证；12 月，组织 10 名现场运管人员赴江苏武进液压启闭机有限公司参加技能培训，学习启闭机日常维护、常规保养、常见故障排查等方面的知识和技能。

（3）工程调度。2016 年，组织人员重新编制了《引江济汉工程调度规程》。调度规程的有效执行，使 2016 年工程调度更加科学，应对突发状况更加从容，不仅半年就完成了湖北省人民政府下达的全年调水任务，还成功抵御了工程沙洋境内"超 50 年一遇洪水"。

（4）问题整改。针对国务院南水北调办稽察大队、监管中心等检查发现的问题，安排专人对分类管理汇总问题台账，并多次组织召开工程运行管理问题整改专题会，成立问题整改专班，编制了《引江济汉工程运行管理问题督办考评办法》，研究制定整改方案，明确问题整改责任人、督办人、责任期限和整改措施，定期复核问题整改情况。对一般性问题，组织各分局开展问题整改；对建设期遗留问题，联系设计、厂家等单位专业人员到现场技术指导帮助解决；对技术要求较高和资金量较大的项目，联系专业队伍帮助整改。2016 年全年飞检问题 148 项，已整改 120 项；专项稽查问题 82 项，已整改 72 项；湖北省南水北调办（局）检查问题 111 项，已整改 99 项，综合整改率 86%。对暂未整改的 49 项，正在整改或已编制完成设计方案，待审批后组织实施。

三、工程验收

按照 2016 年初制定的验收工作计划，引江济汉工程今年需完成 17 个单位工程验收。到 2016 年底，实际完成了拾桥河左岸节制闸渠道、堤顶道路泥结石路面、四处管理值班用房、拾桥河上、下游泄洪闸、安全监测 1、2 标等共 17 个单位工程的验收工作。为进一步推进合同验收进度，完成了运管车辆大客车采购项目、光源标识牌与警示牌等项目采购、三个分局渠道及物业托管合同等22项合同验收。

四、工程结算

2016年，按照湖北省南水北调办（局）完工结算集中办公精神，组织4家监理单位、6个土建、16个金属结构设备标段在武汉市集中办理完工结算审核。全年完成24个标段完工结算审核。

对湖北省南水北调办（局）委托造价咨询单位审核的标段，及时进行组织协调，集中进行变更项目报告单审核，多次组织设计、监理、造价咨询单位、施工单位召开了进口泵站标、拾桥河枢纽标、左岸节制闸标、高石碑枢纽标完工结算审核协调会。依据专家审查意见，进一步对进口渠道标、防洪闸标、西荆河枢纽标完工结算进行复核、对进口段护岸标等标段变更费用进行复核。配合湖北省南水北调办（局）对审计单位提出的13个已批复变更项目进行补充整改。

2016年，审签建设期工程价款结算表53份，共计金额约10 759万元。审签运管合同价款结算表43份，共计金额约971万元。

五、工程度汛

2016年6月20日晚，相交水系拾桥河枢纽水位3h暴涨3.8m，洪峰流量达到1100m^3/s，超980m^3/s的50年一遇洪水标准，拾桥河下游的长湖水位超保证0.45m；7月，两场暴雨连续袭击了引江济汉工程所在的沙洋县局部区域，12h雨量达630.9mm，最高峰每小时超100mm。在成功应对拾桥河、西荆河、殷家河等中小河流防汛任务后，密切关注水雨工情变化，瞅机会适时协助长湖撇涝。至8月4日长湖退出设防水位，2016年两次累计撇洪量10 162万m^3，有效排解了长湖防洪压力。

六、工程效益

在湖北省南水北调建管局的指导下，湖北省引江济汉工程管理局科学调度，截至2016年底，累计供水56.94亿m^3，汉江兴隆以下河段生态、航运、灌溉、供水条件得以改善；向长湖补水累计5.75亿m^3，及时满足了荆州市江陵县、监利县等160万亩农田灌溉和渔业用水需求；向荆州护城河补水累计1.27亿m^3，极大改善了城区水环境，且通过工程调度基本解决了拾桥河防汛难题。综合效益显著发挥，取得了良好社会反响。

七、最大设计流量引水试验

引江济汉工程从2014年9月26日正式通水至此次试验前，还未达到最大设计引水流量。2016年10月底，三峡水库蓄水位达到175m，出库流量明显加大，是最大设计流量引水试验的最佳时机。引江济汉工程管理局组织编制试验方案，组织了专家评审，并于11月1日8时开始进行引江济汉工程最大设计引水流量（350m^3/s）试验，至11月5日8时引水试验结束，工程正常运行81h，实测最大流量362m^3/s，渠道和各类建筑物无异常，工程质量、运行调度系统和设计成果得到了很好的检验。

（黄英杰）

部分闸站改造工程

一、工程概况

部分闸站改造工程是汉江中下游四项治理工程之一，是南水北调中线工程的重要组成部分。该工程是对因南水北调中线一期工程调水影响的闸站进行改造，恢复和改善汉江中下游地区的供水条件，满足下游工农业生产的需水要求。

工程建设内容由谷城至汉川汉江两岸31

个涵闸、泵站改造项目组成，工程范围自上而下依次分布于襄阳市（谷城市勤岗泵站、靠山寺泵站、刘家沟泵站、龚家河泵站、回流湾泵站，樊城区茶庵泵站、卢湾泵站、鲢鱼口泵站，宜城市荣河泵站）、荆门市（钟祥市漂湖闸站、双河闸站、中山闸站、沿山头闸、迎河泵站、皇庄中闸，沙洋县杨堤闸）、潜江市（谢湾倒虹管）、仙桃市3处（徐鸳口闸站、卢庙闸站和鄢湾闸站）、天门市（彭市闸站、彭麻闸站、杨家月泵站、刘家河闸站）、孝感市（汉川市杜公河闸站、龚家湾闸站、郑家月闸站、杨林闸站、小分水闸站、庙头泵站、曹家河泵站）境内。

二、襄阳市南水北调闸站改造项目——芦湾、茶庵泵站

（一）工程概况

芦湾泵站位于襄阳市樊城区太平镇芦湾村汉江左岸一级阶地岸坡和河漫滩上，地面高程63.52～87.6m，岸坡坡度20°～30°，坡高约18m左右。工程枢纽建筑物包括引水渠、取水口、泵站、出水管、出水渠等部分。装机容量2×45 kW，设计流量0.25m^3/s，设计灌溉面积0.3万亩。

茶庵泵站位于襄阳市樊城区太平镇茶庵村汉江左岸一级阶地岸坡，地面高程66.0～91.43m左右，岸坡坡度30°～50°，坡高约20m。从外江到内湖分别由引水渠、取水口、泵站、出水管、出水渠等组成。装机容量2×110kW，设计流量0.5m^3/s，设计灌溉面积0.52万亩。

（二）建设管理

茶庵泵站于2015年9月22日开工建设，2016年3月底完工；芦湾泵站于2015年3月18日开工建设，2016年1月完工。这2座泵站于2016年6月1日完成单位工程验收后，先由樊城区太平镇水利站负责运行调试，经过半年使用没有发现质量问题后，于2016年底交由当地村组负责管理，茶庵泵站由茶庵村周先成负责管理，芦湾泵站由芦湾村赵大伟负责管理，主要负责工程维护检修、设备维护、应急管理、工程设施的管理与保护及安全生产。

（三）工程效益

茶庵、芦湾两座泵站均以灌溉为主，泵站更新改造前由于取水口高，在枯水期难以抽到水，更新改造后降低了取水高程，在枯水期也能抽到汉江水，能充分满足灌溉用水需求，提高农业灌溉用水保证率。茶庵泵站原有农业灌溉面积900亩，更新改造后增加灌溉面积200亩。芦湾泵站原有农业灌溉面积800亩，更新改造后增加灌溉面积500亩。2016年，这2座泵站从5月开始提水至9月底，累计运行时间2500h，提水75万m^3，解决2400多亩农田的灌溉用水问题。其中，茶庵泵站运行时间1200h，提水36万m^3，解决灌溉面积1100亩；芦湾泵站运行时间1300h，提水39万m^3，解决灌溉面积1300亩。

三、钟祥市南水北调闸站改造工程

（一）工程概况

钟祥市部分闸站改造工程共6处，其中皇庄中闸位于郢中镇城区，漂湖闸位于胡集镇新岗村，双河闸位于双河镇，中山闸站位于洋梓镇中山村汉江左岸；沿山头闸站位于文集镇沿山村汉江右岸；迎河泵站位于洋梓镇直河村。

钟祥市闸站改造工程涉及的6处闸站均已移交给当地水务站进行管理调度。该工程自完工投入使用以来，为其所覆盖范围内乡镇的农业生产、群众生活等方面发挥了重要作用。

（二）运行调度

当外江水位在设防水位以下时，其运用由钟祥市市四防指挥部调度；在设防水位以上时，其运用由市四防指挥部审查，报省防汛抗旱指挥部治江防汛办公室批准；在警戒水位以上时，其调度运用由省防汛抗旱指挥部汉江防汛办公室指挥调度。

2016年度各闸站金属结构及机械电气设备运行基本正常，自动化控制基本正常。

（三）工程效益

该项目完工投入使用以来，为钟祥市的农业灌溉和农民生产生活发挥了重要作用。2016年度工程效益见表1。

表1　2016年度工程效益一览表

泵站名称	累计运行时间（h）	水量（万 m^3）	灌溉农田（万亩）
皇庄中闸	480	656.64	2.08
漂湖闸	700	3780.00	6.50
双河闸	85	137.70	1.00
中山闸	650	444.60	2.00
沿山头闸	485	558.72	23.00
迎河闸	950	324.90	1.50

（黄英杰）

局部航道整治工程

一、工程概况

局部航道整治工程作为汉江中下游四项治理工程之一，是南水北调中线一期工程重要组成部分，是为解决丹江口水库调水后汉江中下游航运水量减少、通航等级降低，恢复现有500t级通航标准的一项补偿工程，全长574km。其中丹江口至兴隆河段384km按四类航道标准建设，兴隆至汉川长190km河段结合兴隆至汉川1000t级航道整治工程按三类航道标准建设。根据各河段特点，其主要工程内容是采用加长原有丁坝和加建丁坝及护岸工程、疏浚、清障和平堆等工程措施，以维持500t级航道的设计尺度，达到整治的目的。

二、工程建设

局部航道整治工程兴隆至汉川段（与汉江兴隆至汉川段1000t级航道整治工程同步建设）于2010年5月开工建设，2014年9月施工图设计的工程项目全部完工，并通过交工验收，工程进入试运行，基本达到1000t级通航标准。

局部航道整治工程丹江口至兴隆段于2012年11月开工建设，2014年7月施工图设计的工程项目分7个标段全部按照设计要求建设完成，并通过交工验收，工程进入试运行。交工验收后，委托设计单位对全河段进行了多次观测，根据观测资料及沿江航道管理部门运行维护情况分析，库区部分河段仍存在出浅碍航、航路不畅或航道水流条件较差状况，根据航道整治“动态设计、动态管理”的原则，对不达标河段进行了2次完善设计，完善工程计划于2017年3月底完工。

（一）资金情况

工程概算总投资4.61亿元，根据湖北省港航管理局与省南水北调建管局签订代建协议，应拨付4.35亿元，截至2016年底，已到位资金4.31亿元，已完成投资4.28亿元，预计需要建设资金4.35亿元，资金基本能满足工程建设和工程完工至竣工前枯水期应急维护的需求。

（二）存在问题

（1）在设计阶段，设计单位考虑到新集、雅口和碾盘山枢纽即将建设，丹江口至碾盘山河段整治建筑物的整治参数（坝高、坝长以及航宽等整治参数）未按规范要求布设到位。

（2）2014年丹江口水库调水以来，枯水期下泄流量长期低于设计整治流量470m^3/s。

（3）航道内乱采乱挖猖獗，影响了河势的稳定，或者破坏了成形的航槽，或者航道乱弃形成了新的碍航物。

虽然总体上航道能满足500t级通航要求，但在枯水期水位陡涨陡落时，航道经常出现浅点。工程完工至库区蓄水前，需安排资金在枯水期进行应急抢通和航道维护管理，以保证枯水期库区航道畅通。

（黄英杰）

生态环境

河南省生态环境保护工作

（一）概述

2016年，河南省水质保护工作多措并举，输水水质稳定保持在Ⅱ类标准。在常规检测24项指标中，有21项指标为Ⅰ类。

1. 划定水源保护范围

在丹江口水库库区，河南省划定1596km^{2}饮用水水源保护区，并由省政府予以公布；在河南省731km总干渠两侧，划定3054km^{2}保护区。在各类保护区均明确具体保护措施和产业禁入范围。

2. 编制和实施规划

组织实施《丹江口库区及上游水污染防治和水土保持“十二五”规划》，河南省规划项目已全部完成建设任务并投入运行。在国家六部委联合对水源地三省（河南、湖北、陕西）“十二五”规划实施情况考核中，河南省连续四年位居第一。积极配合国家《丹江口库区及上游水污染防治和水土保持“十三五”规划》的编制工作，国家发展改革委、国务院南水北调办正在对规划文本进行修改完善；组织编制了《河南省南水北调“十三五”专项规划》，并纳入河南省“十三五”规划纲要，已经河南省发展改革委审查印发。规划主要内容包括新建调蓄工程、扩大供水目标、建设生态廊道，以及水源区水污染防治等4大类28个项目，规划投资约596亿元。

3. 点源面源治理

在水源保护区，对库区水质及生态环境有影响的新、改、扩建项目执行严格环境影响评价制度，关闭水源地污染企业1000多家，先后否决、终止汇水区域内大型建设项目59个，其中2016年共受理新建扩建项目16个，2个因存在污染风险被否决。水源区各地发展生态农业，引导群众科学施肥施药，提倡生物防治，从源头上减少了对丹江口水库水质的污染风险。先后对1000多个项目进行环境审核，有600个存在污染风险的项目被拒之门外。

4. 执法检查

会同环保、住建、水利等有关部门开展联合督导和执法检查，彻底消除总干渠两侧污染风险点40处，查处纠正各类环境违法行为376起。

5. 水源区发展绿色经济

水源区各地积极转变经济增长方式，大力调整产业结构，发展绿色、低碳、循环经济，初步形成了一批茶叶、金银花、猕猴桃、食用菌、中药材等生态产业带，走出了一条绿色发展之路。2008～2016年，河南省累计争取中央财政对水源区6县市生态转移支付资金58.72亿元，其中2016年争取生态转移支付资金10.28亿元，为水源地污染治理和生态建设提供了有力支撑。

6. 生态带建设

按照“土地流转、大户承包、政府补贴、合作共赢”的模式，加快推进总干渠两侧生态带建设，累计完成生态带绿化面积约23.23万亩，占生态带建设任务86%以上，超额完成国家规划任务；完成丹江口库区环库生态隔离带建设5.17万亩，基本形成闭合圈层，为水源水质安全筑起生态安全屏障。11月16日，中央环保督察组反馈时，对河南省南水北调水质保护工作给予高度评价和赞扬。

（二）栾川县水源区保护

河南省栾川县是洛阳市唯一的南水北调中线工程水源区，水源区位于丹江口库区上游栾川县淯河流域，包括三川、冷水、叫河3

个乡镇，流域面积320.3km²，区域辖33个行政村，370个居民组，总人口10.8万人，耕地3.2万亩，森林覆盖率达82.4%。

1. 水源区工业点源污染治理

栾川县继续坚持水源区工业项目从严从紧审批机制，禁止水源区新上废水排放企业，2016年没有出现任何污染企业。同时对水源区21座病险尾矿库进行加固治理，保证水源区水质长期稳定达标。

2. 土地流转

2016年在水源区发展彩叶苗木、连翘、花椒、山茱萸、核桃、皂角等经济林4000亩，最大限度降低化肥和农药使用量，控制农业面源污染。

3. 生态林业和水土保持工程

2016年水源区完成退耕还林、森林抚育91.3km²，新增林地2800亩，产生生态效益700万元，增加贮水20.4万m³。采取坡改梯、溪沟整治等措施，治理水土流失面积4.6km²。

4. 生态移民

结合扶贫搬迁、危房改造、工矿区搬迁，实施水源区生态移民工程，在水源区三个乡镇建成搬迁社区4个，搬迁安置群众157户606人。

（靳文娟　周天贵）

陕西省生态环境保护工作

（一）概述

陕西省南水北调中线工程水源地保护范围是汉江、丹江全流域，总面积6.52万km²，涉及汉中、安康、商洛、宝鸡和西安5市31个县（区）。多年来年均径流量289亿m³，其中汉江273亿m³，丹江16亿m³，占南水北调中线工程调水总量的70%以上。自2012年国务院批复实施《丹江口库区及上游水污染防治和水土保持“十二五”规划》（以下简称《规划》）以来，陕西省委、省政府作出了“一泓清水永续北上”的庄严承诺，把确保水质安全作为一项重大政治责任，按照“循环、集中、工程、补偿、问责”的工作思路，全力加快汉江、丹江水污染防治和水土保持项目建设，统筹推进陕南水源区生态文明建设和经济社会协调发展，水源保护工作取得显著成效，取得了国家六部委水质考核较好等次，汉江、丹江出陕西省境水质常年保持在Ⅱ类，主要入库河流水质符合水功能区要求。

（二）制度建设

2016年，陕西省制定了《陕西省南水北调中线水源地保护行动计划》，经陕西省政府同意，于2016年年底印发14个省级部门和水源区5市31县区贯彻执行。

（三）水源保护项目建设

陕西省开展了对建设项目进行旬统计、月调度、年考核的工作机制，推进项目建设进度。一是开展水污染防治项目建设。2016年全省规划实施的中央预算内资金支持项目13个，完成投资6800万元。注重做好丹江口水库治理“十二五”规划项目的收尾工作，督促64个项目尽快竣工验收。二是安排重点流域水污染防治专项建设资金支持南水北调水源地6个项目，已投资1.81亿元。三是开展水土保持项目建设。2016年植树造林面积125.22万亩，退耕还林32.27万亩，治理小流域63个，治理水土流失面积1242.22km²。

（四）汉丹江综合整治工程

按照陕西省汉丹江综合整治规划总体部署，在汉江、丹江沿线实施生态环境治理、水资源配置和防洪设施一体化建设工程。2016年汉丹江流域综合整治工程完成投资5.52亿元，建成堤防、护坡42.26km。

（五）环保监测预警体系

一是全面实施排污许可证制度。二是优化水源地工业企业布局。加强项目审批管理，严格限制在汉江、丹江干流新建和扩建高耗能、高污染项目。三是在水源区推行河长制。

四是开展国控、省控和应急断面在线监控。五是建成并运行市级水质监测网络平台，安康市建成南水北调环境应急指挥处置中心，为环境保护部门安装了“千里眼”和“顺风耳”。

（六）水质监管措施

一是在汉丹江流域建立水污染环境定期执法制度。二是开展联合执法。水源区发展改革委、环境保护、住房与城市建设、水利等相关部门开展专项督查和环境联合执法活动，有效解决影响环境的突出问题。三是坚持城乡环境治理并重，解决农村环境保护的短板问题。

（七）水源地科学发展

一是实施水源地移民搬迁工程。2016 年共筹集陕南水源区生态移民搬迁资金 6.23 亿元，搬迁 3.67 万户，为水源保护创造了有利条件。二是大力实施绿色循环发展战略。陕西省财政每年安排 6 亿元支持陕南实施绿色循环发展战略，陕南水源区经济增速连续 7 年高于全省平均水平。三是完善生态补偿机制。2016 年安排陕南三市 21.64 亿元国家生态补偿资金，要求水源区政府要把资金主要用于改善民生和生态环境保护，明确提出资金使用“其中用于生态环境保护治理资金不得低于该项资金的 30%”硬性要求。

（八）宣传工作

一是整合基层力量共抓宣传。2016 年，陕西省研究印发了《关于加强南水北调中线工程宣传工作的通知》，建立了覆盖水源区 31 县的通讯员网络和队伍，实行水源区市县新闻宣传统计报告制度。二是注重和主流媒体的合作。2016 年，邀请中央电视台、人民日报、新华社等中央与地方主流媒体，在陕西开展了系列采访活动；利用通水两周年前后的重要宣传窗口期，在《中国南水北调报》《陕西日报》等媒体上集中推出了中线通水两周年系列报道，刊登了陕西省组织撰写的“为有源头活水来：陕西省南水北调水源区生态保护工作纪实”等重点文章；邀请香港凤凰卫视组织拍摄了 5 集反映南水北调陕西贡献的纪录片，分两轮在中文台和美洲台、欧洲台播出。

（陕西省南水北调办）

征　地　移　民

北京市征地移民工作

亦庄调节池扩建工程施工占地共涉及 960 亩，已移交 737 亩，保证了工程建设的启动；团城湖至第九水厂输水工程（二期）临时建设用地规划许可证获得批复，完成地上物清登及拆迁补偿工作；河西支线工程临时用地规划许可证获得批复，施工场地共 56 处，移交 26 处；大兴支线工程首次以“一会三函”的形式启动，完成开工段地上物清登，完成开工段 1 公里场地移交。

通州支线工程调度中心建设项目选址意见书获得批复，完成全部地上物补偿及拆迁工作；南水北调来水调入密云水库调蓄工程全部管理设施建设用地规划许可证获得批复，调度中心拆迁工作全部完成，密云水库管理处和京密引水管理处的房屋复建工程顺利通过验收并移交；东干渠工程完成 59 处永久占地建设用地选址意见书，临时占地共 94 处，退还 50 处；团城湖调节池工程建设用地规划许可证获得批复；东水西调改造工程临时占地全部退还。

2016 年完成征地拆迁投资共计 13.3 亿元。其中南干渠工程完成投资 1018 万元，东干渠工程（含亦庄调节池扩建工程）完成投资12 618万元，团城湖调节池工程完成投资153 万元，南水北调来水调入密云水库调蓄工程完成投资 7013 万元，通州支线工程完成投资 2788 万元，团城湖至第九水厂输水工程（二期）完成投资 14 044 万元，河西支线工程完成投资 25 781 万元，大兴支线工程完成投资 69 600 万元。

（刘　畅　王祯梅）

天津市征地移民工作

2015 年，天津干线天津 1、2 段工程征地拆迁工作全部完成。工程长度约 24km，涉及天津市武清、北辰和西青三个区 5 个乡镇及 1 个国有农场，主要实物指标有工程永久征地 87. 22 亩，临时占地 6579. 73 亩；拆迁房屋 34 541 m^3；搬迁企事业单位及村组副业 14 家；切改（迁建）专项设施 136 条（处），需搬迁安置人口 164 人；天津干线天津 1、2 段工程征地拆迁补偿投资已按市人民政府批准的工程征迁实施方案兑付。工程永久征地手续已办理完成；临时用地已复垦并完成退还移交。

2016 年 9 月 6 日，天津市南水北调办主持召开了南水北调中线一期天津干线天津市 1、2 段工程征迁档案验收会议，按照档案管理验收程序要求，成立了档案验收专家组。专家组认为档案文件材料收集齐全、分类清晰、组卷合理、编目准确，较完整的记录了南水北调中线一期天津干线天津市 1、2 段工程征迁工作全过程，档案案卷质量符合《南水北调工程征地移民档案管理办法》和有关档案管理要求，同意通过验收。

2016 年 12 月 28 日，天津市南水北调办公室主持召开南水北调中线一期天津干线天津市 1、2 段工程征迁安置市级验收会议。会议成立了验收委员会。验收委员会认为天津干线天津市 1、2 段工程征迁安置任务全面完成，补偿资金兑付到位；永久征地面积、权属和地类确定，已获取土地产权证；临时用地已完成退还；安置项目按设计要求已落实完毕并投入使用；农村搬迁安置、生产安置人口已经得到妥善安置；专项设施迁建工程按设计要求已建成完工，通过合同验收并移交权属单位；征迁安置资金管理制度健全，征迁安置补偿资金使用和管理规范，财务决算已完成；档案整理、组卷、归档符合工作实际和行业规范，已通过档案专项验收。同意天津干线天津市 1、2 段工程征迁安置项目通过天津市级验收。

（天津市南水北调办）

河南省征地移民工作

一、概况

2016 年，河南省南水北调移民征迁系统全年共完成移民征迁投资 17. 64 亿元。丹江口库区移民完成了县级自验和省级初验技术验收，继续实施移民村社会治理和“强村富民”战略，创新实施了移民企业挂牌上市、移民乡村旅游、金融扶贫“移民贷”三项改革举措，河南省 208 个移民村都有集体收入，移民人均纯收入 10 500 元，同比增长 10. 2%；全年移交新增用地 174 亩，返还临时用地 1. 6 万亩，总干渠 20. 5 万亩临时用地，累计返还 20. 3 万亩，并完成复垦退还群众耕种，及时处理了征迁遗留问题。

2016 年，中央政治局常委、国务院副总理张高丽对河南移民工作作出重要批示；河南省省委常委、政法委书记许甘露对移民信访稳定作出批示，“这件大难事办成得民心的大好事，实属不易！堪称社会治理创新的典型，且有积极推广意义。”省信访局印发简报。全省移民系统有 8 个单位、8 名同志被人力资源和社会保障部、国务院南水北调办授予南水北调东中线一期工程建成通水先进集体、先进工作者荣誉称号。

二、丹江口库区移民

河南省南水北调丹江口库区淹没涉及移民16.5万人，安置在郑州、新乡、许昌、平顶山、漯河和南阳6个省辖市27个县（市、区）及1个省直管市邓州市，2012年3月全部搬迁结束，全面进入后期发展阶段。2016年，河南省坚持以扶持移民发展为主题，以移民安置验收为抓手，创新实施移民企业挂牌上市、移民乡村旅游、金融扶贫“移民贷”三项改革举措，深化社会治理创新，全面完成县级自验和省初验技术验收，社会大局总体稳定。

（一）“强村富民”战略实施

河南省根据经济发展新常态，结合移民村实际，推动丹江口库区移民“强村富民”战略实施实现新突破。

（1）促进移民生产发展。2016年4月12～15日，河南省移民办派出以主任崔军和副主任万汴京、张松林为组长的3个督导组，赴有关市县督导“强村富民”等工作，指导各地理清发展思路，协调解决存在的问题；2016年8月16日，河南省移民办在许昌市召开南水北调丹江口库区移民“强村富民”暨创新社会治理观摩会，交流工作经验，拓展发展思路。

（2）推动移民企业挂牌上市。河南省借助全国中小企业股份转让系统（“新三板”）和中原股权交易中心（“四板”）开通运行的契机，省移民办与省政府金融办联合下达了《关于加快推进我省移民企业挂牌上市工作的指导意见》，与中原股权交易中心签订了战略合作协议，并举办了由有关市县移民干部、移民企业负责人参加的全省移民企业挂牌上市业务培训班，启动了移民企业挂牌上市工作。截至2016年底，全省有2家企业成功在“四板”挂牌，另有20家企业按照“新三板”和“四板”挂牌要求，积极培育挂牌上市。

（3）发展移民乡村旅游。河南省移民办与河南省旅游局、河南省扶贫办、河南省国土资源厅、中国人民银行郑州中心支行联合出台了《关于在全省移民村大力扶持乡村旅游产业发展的指导意见》，对试点村补助规划设计费5万元，对有条件的移民村进行集中打造和产品推介，吸引社会各界进入移民村旅游、消费，增加移民收入。郑州、南阳市丹江口库区10个移民村旅游村项目已经批复，下达扶持资金2340万元，涉及生态、餐饮、垂钓、采摘观光、移民创业园等。

（4）开展金融扶贫“移民贷”。河南省移民办与邮储银行河南省分行联合出台了《关于联合开展金融扶贫“移民贷”工作的指导意见》，利用村集体收入、移民后期扶持未来直补资金期权、移民后期扶持结余资金设立担保基金，试点放大5～10倍贷款，解决移民创业就业资金瓶颈问题；组织各级移民机构进行了业务培训，平顶山市鲁山县已率先启动。

截至2016年底，丹江口库区208个移民村累计投入生产发展资金24亿元，已建成和在建生产发展项目近800个（不含商业服务业），移民人均纯收入达到1.05万元，同比增长10.2%；208个移民村基本实现村村有集体收入，个别移民村集体收入已超过200万元，20%的移民村超过30万元，70%的移民村5万～30万元，只有10%的移民村在5万元以下。

（二）九重镇移民产业发展试点

2016年，按照国家发展改革委、财政部、国务院南水北调办等部门有关批复要求，淅川县成立了以县长任组长，县发展改革委、财政、移民、九重镇等19个职能部门及乡镇主要负责同志为成员的九重镇南水北调移民村产业发展试点推进工作领导小组，并明确责任分工。淅川县编制了《淅川县九重镇南水北调移民村产业发展试点工作2016年实施方案》，并经南阳市发展改革委、财政局和移民局审查批复，方案涉及4个村6个项目，规划投资4206.2万元。河南省移民办会同省财政厅、水利厅下达了2016年度中央和省配套资金4075万元，并组织编制了2017～2019年度省财政配套资金滚动预算。在项目实施过程中，河南省移民办会同省发展改革委等有关部门多次赴淅川县督促检查，指导、协调解决有关问题。

（三）移民后续帮扶规划

为解决移民严重缺乏产业发展资金等问题，确保移民“稳得住，可致富”，河南省和湖北省共同委托设计单位，参照三峡移民后续工作做法，着手编制丹江口库区移民后续帮扶规划。2016年10月，河南省编制完成了《南水北调中线工程河南省丹江口水库移民遗留问题处理及后续帮扶规划》，总投资164.14亿元，其中项目直接费148.60亿元，其他费用7.73亿元，基本预备费7.81亿元；直接费中，移民产业发展与扶持109.53亿元、基础设施建设与完善17.45亿元、村庄功能完善与治理能力建设9.23亿元、劳动力就业创业扶持3.81亿元、库区地质灾害防治1.52亿元、库区消落区保护与综合治理7.06亿元。2016年11月22日，河南省政府已上报国务院。

（四）移民安置验收工作

根据国务院南水北调办安排部署，河南省南水北调丹江口库区移民安置验收工作于2015年9月正式启动。为督促各地加快自验工作进度，河南省移民办实行验收进展情况半月报制度，并委托中介机构赴各地开展技术指导，及时解决存在的问题。2016年9月底，河南省6个省辖市、1个省直管市和27个县（市、区）的自验工作全部完成，具备了省级初验条件。河南省移民安置指挥部制定了《河南省南水北调丹江口库区移民安置总体验收工作大纲》，印发了《河南省南水北调丹江口库区移民安置总体验收初验工作方案》，编制了《河南省南水北调丹江口库区移民安置总体验收工作实施细则》，成立了河南省南水北调丹江口库区移民安置总体验收初验委员会。初验委员会主任委员由河南省政府办公厅巡视员胡向阳担任，副主任委员由河南省移民安置指挥部办公室和中线水源公司领导担任。2016年11月2日，河南省移民安置指挥部办公室正式启动了移民搬迁安置、资金管理、档案管理和文物保护省级初验技术验收。技术验收分设农村移民安置、城（集）镇和单位企业、专业项目、资金管理、档案管理和文物保护6个组开展工作，12月1日全部完成了省级初验技术验收。针对验收中发现的个别移民村房屋渗水、部分项目未按要求完成行业验收、部分地方资金管理不规范、档案收集不完整等问题，要求各地2017年3月31日前将问题整改到位。结合验收工作的开展，河南省移民办按照国务院南水北调办的安排和审定的编写提纲，完成了实施总结初稿的编写工作，共约14万字，已提交长江设计公司汇总。

（五）移民村社会治理创新

2016年8月3～8日，中国社会科学院农村发展研究所一行11人，在所长魏后凯的带领下，对河南省南水北调丹江口库区移民村社会治理创新工作及“强村富民”战略实施情况进行了专题调研，8月下旬组织对8个移民村和8个当地对照村进行了入户调查和座谈，基本完成了调研报告。8月16日，河南省移民办在许昌市召开的全省南水北调丹江口库区移民“强村富民”暨创新社会治理观摩会，交流了创新社会治理经验。在11月11～20日开展的农村移民安置省级初验技术验收中，验收组对抽查的移民村社会治理创新工作进行了检查。

（六）建设用地手续办理

在淹没区林地占用手续办理过程中，由于《初步设计报告》和《使用林地可行性报告》调查依据不同，导致《使用林地可行性报告》中森林植被恢复费大量超出预算，影响使用林地手续办理。在河南省政府的大力协调和省林业厅的支持下，省移民办补缴了森林植被恢复费缺口近3000万元，成功办理了淹没区林地占用手续。2016年8月，河南省国土资源厅将河南省南水北调建设用地手续分为丹江口库区淹没及淅川县内安置用地和外迁移民安置及总干渠用地两个卷，组卷上报国土资源部，并已获得批准。

三、中线工程干线征迁

河南段南水北调中线工程总干渠南起淅川县陶岔渠首，北至安阳县漳河，总长731 km，征迁安置涉及南阳、平顶山、许昌、郑州、焦作、新乡、鹤壁、安阳8个省辖市所辖44个县（市、区）和1个省直管邓州市。初设批复总干渠建设用地39.72万亩，其中永久用地16.52万亩，临时用地23.20万亩；需搬迁居民5.5万人；拆迁房屋面积262.01万m^2；占压企事业单位329家，占压电力线路、通信（广电）线路、各类管道4806条（处）。国家批复征迁安置总投资233.96亿元。

（一）新增用地征迁和遗留问题处理

2016年，全年共移交新增用地174亩。截至2016年底，共移交建设用地36.83万亩。2016年，先后6次配合中线建管局组织建管、设计和监理单位及市县征迁机构，深入征迁一线，逐地块、逐项目研究解决征迁遗留问题，分析、制定解决措施，明确责任单位、责任人员和完成时限，40余项征迁遗留问题得到有效解决，维护了沿线群众的合法权益，保障了尾工建设顺利进行和通水安全。

（二）临时用地返还、复垦和退还工作

2016年，全年共返还临时用地1.6万亩。截至2016年底，河南省总干渠20.5万亩临时用地，已返还20.3万亩，并完成复垦退还群众耕种。针对存在问题的地块，协调有关方面，逐地块深入调研，论证解决方案，专人督导落实，形成责任压力，确保问题快速解决。针对临时用地超期使用导致群众补偿资金无法及时兑付的情况，配合中线建管局深入一线逐地块排查，确定了临时用地超期的原因，明确承担超期补偿责任的单位，以签字盖章形式予以固定落实，并正式汇总上报中线建管局。2016年，河南省移民印发了《关于调整南水北调中线干线工程临时用地超期补偿费发放标准等有关问题的通知》（豫移安〔2016〕82号），明确2016年5月31日以后仍需进行超期补偿的临时用地，自2016年6月1日起，临时用地超期补偿费采用当地土地流转价格进行补偿，不再执行南水北调中线干线工程原征地补偿标准；对临时用地按要求复垦后，当地以种种原因不予种植或接收的，所产生的损失费用不予补偿；对耕种后，出现损失的，给以适当补助。通过以上措施，加快了临时用地返还、复垦和退还进度。

（三）积极推进永久用地手续办理工作

2016年，河南省南水北调中线干线工程建设用地使用林地手续办理工作全部完成，并报至国土部门。按国家批复标准，缴纳耕地开垦费9.19亿元，河南省国土厅上报的16.53万亩工程建设用地和迁建用地手续已经国土资源部批准。对南阳、平顶山和焦作3个市剩余的3519亩工程用地和693亩迁建用地，按国家批复结果，预留1171.95万元耕地开垦费用于办理用地手续。

（四）征迁安置验收工作

2016年，河南省成立了征迁安置验收委员会，按照之前印发的《关于做好河南省南水北调中线干线工程完工阶段征迁安置验收工作的通知》和《南水北调总干渠征迁安置验收实施细则》，启动了陶岔渠首征迁验收工作。

（五）总干渠资金计划调整

2016年，结合总干渠27个设计单元征迁工作实际，完成了县、市两级总干渠征迁资金计划调整工作。与南水北调中线建管局就包干资金拨付问题进行了对接和梳理；对单批的4个项目协议文本进行了讨论，其中，电力包干协议已完成签订，黄河南郑州2段、潮河段、沙河渡槽段、禹长段等4个设计单元单批桥梁和黄河北管理用地及铁路交叉工

程包干协议已形成共识；完成了黄河北国控预备费申报工作，国务院南水北调办已全部下达资金，黄河南及穿黄工程、穿漳河工程国控预备费使用情况报告已经河南省移民办审查；河南省移民办与南水北调中线建管局对新增拨付的6.58亿元资金进行了反复沟通，达成一致意见。

（六）南水北调总干渠临时用地图集编制

2016年，按照河南省辖市和省直管县分别编制成册的方式，总干渠涉及的2414块临时用地，共完成了一套10册的临时用地图集评审和验收工作，完成了临时用地图集出刊书号的申请工作，正式交付印刷出刊。

四、征迁资金管理

截至2016年底，共收到上级拨款146 149.213 8万元。其中，南水北调干线征迁资金96 149.213 8万元，丹江口库区移民资金50 000万元。共拨（支）移民（征迁）资金18.4亿元。其中，丹江口库区移民资金8.55亿元，南水北调干线征迁资金9.83亿元，南水北调陶岔渠首征迁资金177.35万元。2016年，按时汇总河南省南水北调系统账面资金余额，上报国务院南水北调办。开展了南水北调完工财务决算培训、资金管理暨审计整改督促培训会等工作，有针对性地组织培训指导，提高了财会人员业务素质，规范了征地移民资金管理工作。

五、信访工作

2016年，河南省南水北调移民系统认真落实中央和河南省委、省政府有关指示精神及国调办征移〔2016〕9号文件精神，深入开展“矛盾纠纷排查化解”和“下基层、解民忧、办实事”等活动，树立把移民来访化解在源头，化解在基层，化解在初访的信访工作理念。重视移民后续发展和问题排查，以发展促稳定。在移民信访接访工作中，热心接待来访移民，耐心解答政策规定，深入细致解决问题，对重点信访案件实行挂牌督办和领导包案等制度，促进了问题处理，有效地拉近了与移民距离，与广大移民建立了深厚情谊，维护了移民村的社会稳定。2016年，河南省南水北调移民到省赴京上访共42起92人次，较上；年同期明显下降。其中，到省访23起72人次，赴京上（网）访19起，无重大信访事项发生。到省访已结案21起，赴京访结案16起。

（河南省移民办）

湖北省征地移民工作

（一）工作概况

2016年，湖北省南水北调中线工程丹江口水库移民工作在湖北省委、省政府的坚强领导和国务院南水北调办的指导下，围绕移民安稳致富同步小康这一目标，坚持“四抓四保”，以帮扶发展和社会治理为抓手，推动移民后续帮扶规划工作，完成了移民各项工作。

（二）移民防汛抗灾救灾工作

2016年，湖北省连续遭受百年一遇的暴雨袭击。南水北调外迁移民13个县（市、区）、106个点、5.2万人，其中21个点房屋被淹，紧急转移安置移民1.2万人，淹没土地5.2万亩，其中绝收3.8万亩，直接经济损失达5亿元。国务院南水北调办主任鄂竟平、副主任蒋旭光，召开专题会议研究湖北省移民救灾问题并给予大力支持。蒋旭光深入团风县黄湖移民新区视察灾情，看望慰问受灾移民。湖北省委、省政府主要领导和分管领导高度重视移民抗灾救灾和灾后重建和维稳工作，多次作出重要批示。湖北省副省长任振鹤在灾情发生后赴团风县查看灾情，并现场解决安置点排水问题。根据湖北省政府专题协调会精神，湖北省移民局会同省发展改革委、省民政厅等8部门赴团风、天门、屈家岭实地调研移民灾后重建工作，并提出支持意见。9 月 20 日，任振鹤主持专题会议，研究推进移民重灾区灾后重建工作，印发了《关于研究推进南水北调重灾区灾后重建工作的纪要》，要求湖北省直部门在防洪安保、基础设施、土地整理、危房倒房重建和生产扶持等方面给予南水北调移民灾后重建重点支持。到 2016 年底，移民灾后生产生活基本恢复，重大项目对接进展顺利，移民总体稳定。

（三）移民总体验收省级初验工作

一是成立了湖北省移民总体验收验收委员会。2016 年 8 月，湖北省移民局报请湖北省政府批准成立了“湖北省南水北调工程丹江口水库移民总体验收工作委员会”，由湖北省副省长任振鹤任主任委员，副秘书长吕江文和省移民局局长陈树林任副主任委员，16 个单位负责人为成员。验收委员会下设办公室，负责总体验收省级初验的综合、组织和协调。办公室设在湖北省移民局，办公室主任由陈树林兼任，办公室副主任由荣以红兼任。二是验收前期准备工作。湖北省移民局通过公开招标，确定了长江设计公司作为湖北省移民总体验收技术服务单位。编制了《湖北省南水北调中线工程丹江口水库移民总体验收初验工作方案》。会同设计、监督评估单位组成检查组，检查指导各县（市、区）严格遵循验收程序，认真开展自验工作。三是开展移民验收省级初验工作。11 月 16 日，湖北省政府召开了省验收委员会第一次会议，听取前期验收工作开展情况，安排部署省级初验工作。根据会议要求，11 月 20 日 ~12 月 10 日，省验收工作组一行 50 多人通过“听、查、看、访”等方式，分别对库区、外迁安置区进行了省级初验。

（四）移民后续帮扶规划编制工作

湖北省移民局会同省发展改革委开展《湖北省南水北调中线工程丹江口水库移民后续帮扶规划》（以下简称《后续规划》）编制工作。2016 年 2 月，湖北省移民局向时任省委书记李鸿忠报送了《关于南水北调中线工程移民后续帮扶发展规划编制与立项工作情况的汇报》。5 月 30 日 ~6 月 3 日，湖北省移民局委托中国国际工程咨询公司组织对《后续规划》和《丹江口库区地质灾害防治规划》进行了咨询评估。10 月 29 日，上报国务院。11 月 21 日，湖北省发展改革委会同湖北省移民局赴国家发展改革委农经司汇报并进行了对接。湖北省上报的 20 个地灾防治紧急项目通过了水利部水规总院的复审，并上报国务院南水北调办。2016 年 9 月，国务院南水北调办副主任张野赴湖北省调研丹江口库区地质灾害紧急项目，对地灾治理工作提出了要求。

（五）移民生产发展工作

一是组织开展“双创”活动。在全省开展“移民创业之星”、“和谐移民新村（社区）”创建活动，评选表彰 10 名移民创业之星和 10 个和谐移民新村（社区），通过典型示范，促进移民创业增收。二是积极探索产业经营新模式。武汉市东西湖区采用“公司 + 合作社 + 移民户”模式，建设全国最大的移民食用菌示范基地和蔬菜示范园。项目建设后，可安置 1000 多名移民就地就业，年产值可达 3000 万元。三是积极支持移民电商发展。全年组织开展移民农村电子商务培训 35 期 926 人次，建成移民重点村电子商务服务站点 96 家，每个站点支持 2 万元。据统计，湖北省全省引进龙头企业 65 家，组建专业合作组织 309 家。全省南水北调移民村集体总收入 4168 万元，比上年增长 11%；移民人均纯收入 9022 元，比上年增长 4.7%。

（六）移民矛盾排查化解工作

2016 年 3 月，湖北省开展移民信访矛盾纠纷排查化解专项活动，共排查出各类矛盾、问题 247 件，其中库区 109 件，外迁安置区 138 件。对移民重访、缠访反映的问题，组织有关市县移民局、长江设计公司、监督评估部等单位集中进行“个案会诊”4 次。据统计，2016 年湖北省本级共接待、办理南水北调来访 33 批次、95 人次，批次同比上涨 3%

（人数同比下降68.4%）；来信21件，同比上涨162.5%，办结率100%。全省县（市、区）共接待、办理信访519批（件），其中来访394批、2734人次，信件78件，网络件47件，较去年均成倍上升。

（七）移民资金管理工作

一是加强移民资金监管。配合国调办开展移民资金审计，督促有关县（市、区）边审边改，完善制度，规范管理，审计指出的问题全部整改到位。配合湖北省委巡视组、省审计厅完成湖北省移民局2013～2015年度移民资金检查和经济责任审计。二是大力推进资金去存量。进一步下放计划调整的审批权限，督促县（市、区）加快资金结算销号，2016年湖北省南水北调移民资金消化9.37亿元。三是积极开展完工财务决算准备。草拟完成了完工财务决算工作方案和实施细则等相关办法。

（八）投资计划下达工作

（1）移民投资计划下达情况。截至2016年底，共下达南水北调移民投资计划2 569 752.79万元。其中下达丹江口水库库区和外迁安置区征地移民资金计划2 551 543.41万元，包括库区文物发掘资金计划35 933.18万元；前期规划配合费和前期试点工作经费计划2990万元；移民安置试点经费计划145 970.39万元；环保水保资金计划14 797.2万元；课题费750万元；信息采集费300万元；名木保护费331.32万元；地质灾害监测与防治费9500.6万元；高切坡治理项目49 653.39万元；大规模搬迁资金计划2 291 317.33万元。2016年度省级共下达投资计划4005.86万元。

（2）征地移民资金拨出情况。截至2016年底，湖北省移民局累计拨出南水北调征地中线工程征地移民资金2 430 870.12万元，其中拨出大坝加高工程征地移民资金15 788.75万元，拨出中线工程库区（含库区和外迁安置区）征地移民资金2 415 081.37万元。

（3）征地移民资金支出情况。截至2016年底，湖北省各级移民管理机构累计支出南水北调征地移民资金2 343 605.34万元，占累计下达移民投资计划2 569 752.79万元的91.2%。湖北省大坝加高工程累计支出征地移民资金16 158.08万元，占大坝加高工程移民资金累计计划的18 209.38万元的88.73%；湖北省南水北调中线工程丹江口水库库区和外迁安置区累计支出征地移民资金2 327 447.26万元，占累计征地移民资金计划2 551 543.41万元的91.22%。

（湖北省移民局）

文 物 保 护

河南省文物保护工作

2016年，河南省南水北调文物保护工作完成丹江口库区河南省文物保护总体验收初验工作，完成丹江口库区消落区2016年度文物巡护与被盗墓葬的抢救清理工作，完成丹江口库区77处和焦作市4处明清古民居的搬迁复建工作，出版考古发掘报告6本。2016年河南省挑选一些具有重要学术价值的文物点继续进行考古勘探与发掘。

（一）丹江口库区河南省文物保护总体验收

按照国务院南水北调办和河南省南水北调丹江口库区移民指挥部办公室要求，编写《南水北调工程丹江口库区河南省总体验收文物保护自验报告》，并组织专家进行自验，自验内容包括库区消落区的文物巡护、地面文物保护工程配套设施建设、出土文物的展示与利用、研究成果、档案管理与资料移交、出土文物保管、资金使用情况。2016 年 12 月 1 日，河南省文物局联合河南省南水北调丹江口库区移民指挥部办公室组织考古、档案、财物方面的专家完成总体验收初验工作。

（二）抢救清理被盗墓葬

2016 年，对巡护中发现的墓葬进行抢救性考古勘探和发掘清理工作。南阳市文物考古研究所对丹江口库区消落区发现被盗扰的墓葬进行调查，共发现 100 多座墓葬被盗扰。为避免丹江口库区消落区内的文物遭到进一步破坏，对这批墓葬进行抢救性考古勘探和发掘清理工作，取得重要收获，新发现墓群 2 处，发掘清理古墓葬 117 座。

葛家沟墓群，位于丹江口库区淹没区的西岸，共发掘清理战国至西汉时期墓葬 80 座，其中南岭中部 2 座，南岭东部丹江岸边 12 座，南岭南部丹江岸边 66 座（包括土坑墓 58 座，砖室墓 8 座）。出土陶、铜、铁、石器等 300 余件，主要有铜锭、铜方壶、铜铃、铁剑、陶罐、陶壶、陶钵、陶鼎、陶盘、陶甑等。

李沟墓群，位于丹江口库区淹没区的西岸，共发现 40 余座汉墓，已发掘清理 37 座，包括土坑墓 33 座，砖室墓 4 座。出土陶、铁、铜、银器等 200 余件，主要有铜洗、陶鼎、陶壶、陶甑、陶釜、银手镯、银耳饰、铜钱等。

（三）明清古民居搬迁复建

2016 年，淅川县文物部门在丹江口库区巡护过程中，发现 77 间明清古民居需要搬迁复建。为此，河南省安排专门经费建设排洪渠、管网、院墙、道路、绿化配套设施，并对 77 间古民居进行搬迁复建。2016 年，淅川县地面文物配套设施建设基本完成。主要成果有新扩建白亭商业街 14 间；扩建贾氏民居披檐 17 间，扩建门楼 2 个；修建王家大院围墙 41m，门楼 1 座，凉亭 1 座；修建张湾民居围墙 44m，门楼 1 座，假山 1 座；修建土地庙围墙 56m；修建主干道 620m^2，平整土地 4200m^2，绿化面积 2000m^2。

组织专家对南水北调中线工程焦作段渠道内 7 处明清时期古民居的搬迁复建项目进行中期检查验收。2016 年，4 处古民居搬迁至省级文物保护单位北朱村传统村落内，另外 3 处拟另选址复建。

（四）新增文物保护项目

2005 年开始河南省南水北调中线工程的田野考古发掘，由于受到南水北调工程施工范围和施工进度的影响，一些文化遗存丰富、具有重要学术价值的文物保护项目的考古发掘工作未能深入细致进行。为全面解这些项目的学术价值，2016 年，河南省再次对关帝庙遗址、叶县文集遗址、安阳吉庄遗址、淅川沟湾遗址、鹤壁鹿台遗址等 9 处文物点开展田野发掘工作。

（五）出版考古发掘报告

2016 年出版《淅川阎杆岭墓地》《淅川赵杰娃墓地》《淅川全寨子墓地》《淅川下寨遗址——东晋至明清墓葬》《鲁山杨南遗址》《汤阴五里岗战国墓地》等 6 本考古发掘报告。

（王双双）

对 口 协 作

北京市对口协作工作

2016 年是“十三五”的开局之年，按照北京市对口支援和经济合作工作领导小组会议精神，北京市南水北调办紧紧围绕“保水质、强民生、促转型、助扶贫”要求，根据年初的工作计划，积极开展对口协作，顺利完成各项工作任务。

（一）2016 年项目计划

积极做好对口协作项目计划编制，在河南、湖北两省提出初步项目计划的基础上，充分发挥统筹协调作用，征求北京市有关部门及各区意见，并将有关意见与河南、湖北两省进行了反馈，经双方协商一致，对项目计划进行了完善，报经北京市南水北调对口协作工作协调小组审批同意，并下达两省实施，各项工作进展顺利。全年共计划实施项目 178 项（河南 80 项，湖北 98 项），安排协作资金 5 亿元（河南、湖北两省各 2.5 亿元），其中精准扶贫项目 41 项 1.8 亿元，占总资金的 36%，助推受援地 1.1 万名贫困人口脱贫；保水质项目 30 项 1.65 亿元，占总资金的 33%；社会事业项目 22 项 0.75 亿元；交流合作项目 85 项 0.8 亿元。

（二）精准扶贫工作

按照北京市市委书记郭金龙在北京市对口支援和经济合作工作领导小组会议上提出的“聚焦全面小康，助力脱贫攻坚”的指示精神，北京市南水北调办多次到水源区的贫困村考察调研，了解实际需求，确定 7 个贫困村作为对口协作重点帮扶村，会同北京市农委结合北京村级发展情况，积极探索“村级结对帮扶模式”进行帮扶，助推脱贫攻坚。

（三）帮解决技术难题

为解决对口协作地区产业技术难题，发挥北京市科技优势，北京市南水北调办会同北京市支援合作办、北京市科委对河南、湖北两省提出的 50 项技术需求，进行了初步对接筛选，确定 13 个项目作为合作重点，组织首都科技条件平台、现代农业、生物医药等领域专家，赴协作地区实地考察和合作洽谈，组织企业到北京对接，取得了成效。南阳淅减汽车减振器有限公司与北京万瑞思创科技有限公司已签署技术合作协议，湖北大运汽车有限公司、十堰恒进科技有限公司与中科院力学研究所签署合作协议，中国黄金集团中原矿业有限公司与北师大化学学院达成合作意向。

（四）产业协作

2016 年，对口协作地区各县市积极行动，认真开展各类招商推介活动 10 余次，签约及达成合作意向 50 余项，意向金额 100 多亿元。南阳市与北京投资促进局联合召开 2016 年京宛投资洽谈会，签订战略合作协议 1 份，达成初步合作意向 45 个，投资总额达 100 多亿元。淅川县在北京举办“弘扬移民精神、深化京淅协作”宣传月活动期间，开展项目洽谈、产业对接等专项活动，与汉能集团薄膜太阳能电池及组件开发、北京许继新能源科技有限公司风电资源建设等达成合作意向，投资数十亿。邓州市在西城区举办名优特产推介会，对邓州名优特产、风景名胜等进行推介宣传，邓州南水源商贸有限公司分别与北京菜篮子联合会、健康网全国名优特产中心签订了战略合作协议。栾川县与惠银东方（北京）投资管理有限公司签署框架协议，达成投资 50 亿元，打造牡丹第六产业园和牡丹度假小镇的合作意向；栾川县旅游产业集聚区与北京空军部队、华洮通用航空有限公司达成在栾川考察建设通用机场项目的合作意向。十堰市和神农架林区已签订产业合作意向协议的项目达 10 余个，多数都已开展相关前期工作。郧西县政府与北京农众实业有限公司签订湖北郧西药食同源植物工厂项目合作协议，总投资6000 万元，目前已开工建设；正大集团拟投资 12 亿元，采用“政府 + 企业 + 银行 + 农户”的模式，在郧西建设百万只马头羊产业化项目；十堰经济开发区引进的十堰维克多工业有限公司与北京创士奇科技有限公司签订了“商用车 AMT 变速箱”开发和“能量回收利用装置”合作协议；东风斯诺威科技（北京）有限公司十堰生产基地项目已签约，并完成工商登记税务登记；竹溪县政府与北京凯希能公司签订了光伏发电项目协议书；神农架聚能药业有限公司与北京同仁堂达成了投资合作协议，建立了有效的长期合作机制。

（五）合作交流

（1）区县结对工作。双方领导深化互访对接交流，不断拓展协作领域，拓展到乡镇、部门，开展务实合作。朝阳区、昌平区、密云区等区主要领导率团到结对区县考察调研，共商协作。淅川县在京开展京淅协作宣传月活动，组织乡镇（街道）结对对接，实现乡镇（街道）结对全覆盖，同时开展商务对接工作，取得积极效果；海淀区真情帮助丹江口市招商引资，推动商务合作；丰台区党政代表团到张湾区考察对接，考察期间，丰台区王佐镇、卢沟桥街道等与张湾区相关乡镇街道签订对口协作协议，至此，又一结对区县实现乡镇（街道）结对协作全覆盖；昌平区与栾川县在旅游、教育、卫生对接的基础上，拓展农业优势产业领域合作，昌平捐赠栗蘑菌种在栾川试种成功，并援建栗蘑栽培示范基地；顺义区与西峡县积极开展文化艺术交流合作活动，举办顺义·西峡书法美术摄影展，开展宣传文化交流。卢氏县参加第六届北京电影节嘉年华活动，与北京雁栖湖旅游开发总公司就开发卢氏旅游资源达成合作意向。

（2）部门对接工作。北京市南水北调办会同北京市支援合作办到对口协作地区调研对接，会同北京市农委开展扶贫协作，会同北京市科委开展技术对接，协调北京市委宣传部、北京市气象局推动对口协作地区宣传工作，帮助十堰市农业局协调西城区开展武当道茶在京展销工作；协调北京市旅游委组织对口协作地区参加2016年北京国际旅游博览会等系列活动，河南南阳、湖北十堰相关旅游企业参展；南阳市商务局到北京市投资，促进局对接举办京宛投资洽谈会合作事宜。

（六）培训工作

2016年，北京市充分利用技术、管理、教学等方面优势，开展水源地县（市）农业、旅游、生态环保等领域专业技术人才培训，为水源地经济社会发展提供了有力的人才支援和智力支持。举办科技、教育、环保等专业技术人才培训班，培训人员1200余人次。各结对医院、学校开展的各类人才培训、挂职学习、业务学习等，培训人员900余人次。中国工程院党组成员、秘书长、汽车工程专家钟志华院士及其科研团队与湖北凸凹模具科技股份有限公司正式签约建立院士工作站，并就在张湾辖区建立商用车研究院达成合作意向。

（七）南水北调对口协作“十三五”规划编制工作

协助组织课题组到对口协作地区调研，认真研究，起草形成规划初稿；召开中期论证会，修改完善后，征求对口协作地区意见，形成评审稿；召开专家评审会。

（王建均）

天津市对口协作工作

2016年，按照《丹江口库区及上游地区对口协作工作方案》和《天津市对口协作丹江口库区上游地区工作实施方案》，天津市对口协作范围在原有陕西省汉中市、安康市、商洛市28个县（区）基础上增加宝鸡市的太白县、凤县和西安市的周至县，达到31个县（区）。全年投入对口协作资金3亿元，共实施生态环境建设、产业转型升级、社会事业、脱贫攻坚、经贸交流等五大类36个项目。其中，加大生态环保产业与工程支持力度，建设汉江滨水生态公园工程，通过河道清淤疏浚、岛屿整治、绿化等生态环境基础工程措施，有效修复汉江城区段水生生物资源，减少水土流失，净化水质，确保汉江汉中出境断面水质符合Ⅱ类以上标准；建设商洛市垃圾渗滤液处理工程，加强商洛市城市垃圾的无害化处理，保护丹江源头水质，保障“一泓清水供京津”；加强职业教育合作，实施安康职业技术学院提升改造项目，建设学院新校区图书馆，为教师教学科研搭建重要平台，为学生拓展知识视野提供宽广渠道。推进经贸交流与合作，协助汉中市和安康市在津举行“天津—汉中合作交流暨招商洽谈会”和“共护南水北调水源汉江，同建安康生态富硒茶乡”招商推介活动，天津市合作交流办、市农委、市商务委、市旅游局分别与汉中市人民政府签订合作框架协议，有关企业与陕西省汉中市、安康市签订投资合作协议17个，签约投资额19.86亿元。编制完成《天津市对口协作陕西省水源区“十三五”规划》，明确了“十三五”期间天津市对口协作陕西省水源区工作的指导思想、基本原则、协作目标、重点任务和保障措施等，确定“十三五”期间共安排对口协作资金15亿元。

（天津市南水北调办）

河南省对口协作工作

2016年，河南省委书记谢伏瞻、省长陈润儿率河南省代表团访问北京，就推进南水北调京豫战略合作进行座谈，签订“1+6”合作协议。河南省南水北调办主要领导随团出访北京，签订“1+6”其中之一的合作协议《北京市南水北调办河南省南水北调办战略合作协议》。

为贯彻落实《2016年度京豫对口协作合作类项目实施方案》，提高水源区及沿线南水北调干部和技术骨干业务能力，2016年10月，组织水源区及沿线各市30名管理和技术人员，参加由北京市南水北调办、北京市水务局主办，北京水利水电学校承办的“南水北调水质保护培训班”。

2016年，邓州市委书记吴刚、市长罗岩涛多次带队赴北京西城区和有关国家部委汇报联系，高位对接，互动交流。邓州市发展改革委、财政、环保、国土、工信、教体、卫生等各相关部门及时跟进，十余次赴京汇报对接。2016年3月2日，副市长岁秀强、徐建生带领有关部门负责人赴国家发展改革委、教育部、水利部、国土资源部、环保部等部委汇报工作。4月12日，副市长丁心强、徐建生率市工信委、移动公司一行赴京，就申报创建“宽带中国”示范城市相关工作向国家工信部领导进行汇报，寻求指导支持。5月15日，国家卫计委体改司副司长姚建红率调研组到邓州市调研。7月21日，北京市西城区区委书记卢映川一行到邓州实地考察对口协作工作。11月27日，北京支援合作办常务副主任王银成率调研组一行到邓州市考察精准扶贫、对口支援、农产品进京等工作。

（1）邓州市协作项目。2015年对口协作项目共10个，协作资金2300万元，由于资金下拨较晚，均延续实施，2016年全部竣工。2016年对接下达对口协作项目11个，协作资金2125万元。其中援助类项目6个，协作资金1870万元；合作类项目5个，协作资金225万元；京豫结对县区“手拉手”项目1个，协作资金20万元。思源实验学校教学楼建设、中心医院诊疗设备购置和人民医院设备购置这3个项目已实施完毕，杏山村引水灌溉项目已开工建设，其余项目已进入实施前准备工作。2017年度项目筛选上报工作顺利开展，邓州市南水北调办会同发展改革委已筛选上报京豫对口协作项目共11个，申请协作资金共3000万元。待河南省发展改革委审核批复后实施。在项目建设上，由北京市西城区支持2000万元建设资金援建的邓州市一水厂于2016年11月中旬竣工投运，加上前期已接通配套工程水源的二水厂，标志着我市城区供水实现了丹江水全覆盖。

（2）邓州市产品进京展销。一是引导组建成立了邓州南水源商贸有限公司，由南水源商贸有限公司注册“南水源”公共服务商标，整合邓州市名优特农产品集体使用，统一打包向北京市场销售。二是通过对口协作搭建平台，拓宽邓州名优特产品进京渠道。2016年5月11日和9月14日，邓州市组织参加在北京市的展销会，现场销售额29.79万元，签订销售合同 305 万元，达成合作意向 1090 万元。三是落实经常性销售活动。截至 2016 年 11 月，通过对口协作平台，南水源商贸有限公司向北京市场销售特色企业产品品种 30 余个，销售额共计 5672 万元。

（靳文娟　石帅帅）

湖北省对口协作工作

2016 年，按照“突出精准扶贫、突出产业合作、突出水质保护”的原则，顺利编制完成并下达《湖北省 2016 年度丹江口库区对口协作项目计划》。2016 年度湖北省京鄂对口协作项目计划共安排项目 98 个，其中精准扶贫 22 项，保水质 15 项，社会事业 6 项，交流合作 55 项。总投资 88 819 万元，使用北京市对口协作资金 25 000 万元，其中十堰市安排对口协作资金 22 500 万元，神农架林区安排对口协作资金 2500 万元。

（徐中品）

陕西省对口协作工作

以国务院批复《丹江口库区及上游地区对口协作工作方案》（国函〔2013〕42 号）为标志，陕西省与天津市对口协作工作正式启动。对口协作工作启动三年来，在国家发展改革委和国务院南水北调办的指导下，陕西省按照工作方案确定的原则，在构建对口协作工作机制、落实对口协作重点任务、拓展对口协作领域、营造对口协作良好氛围等方面积取得进展。

（一）对口协作工作机制

初步建立了陕西省和天津市南水北调协作机制。陕西省发展改革委和陕南三市负责同志多次赴天津市商谈对口协作事宜，并就深化两省市合作开展对接。天津市合作交流办和相关部门也多次赴陕南考察三市的经济社会发展情况和重点协作项目情况，了解三市的协作诉求。建立了工作联络对接平台。天津市编制了《天津市对口协作丹江口库区上游地区（陕西省汉中市、安康市、商洛市）规划》，2014 年底，国家发展改革委批准了《规划》。天津市进一步制定了《天津市对口协作丹江口库区上游地区工作实施方案》，明确了对口协作重点领域，对口协作关系正式建立；初步建立了省南水北调办和陕南三市纵向工作推进机制。

（二）津陕对口协作工作

（1）编制规划。陕西省和天津市共同研究编制了《天津市对口协作陕西省水源区“十三五”规划》，重点支持生态环境建设、产业转型升级、经贸交流合作、科技成果交流推广、人力资源开发、公共服务六大领域发展。

（2）津陕对口协作项目。天津市对口协作资金规模从“十二五”的每年 2.1 亿元提高到“十三五”的每年 3 亿元。2016 年支持水源地实施了重在加强经济发展造血功能的重点项目 36 个，总投资 50.22 亿元。

（3）对口协作工作。陕南三市和京津冀地区充分发挥双方比较优势，引导各类要素对接融合，在生态建设、产业对接、经贸合作、科技支持、人才交流等方面开展了多形式的交流合作。2016 年，水源区各级政府赴京津冀地区开展招商活动 5 次，签约项目 46 个，总投资 14.5 亿元。

（陕西省南水北调办）

CHINA SOUTH-TO-NORTH WATER DIVERSION PROJECT CONSTRUCTION YEARBOOK

拾壹 西线工程

THE WESTERN ROUTE PROJECT OF THE SNWDP

综　述

概　述

2016年，南水北调西线仍处于前期论证阶段。国家发改委、国务院南水北调办等有关部门按职责稳步推进西线前期工作。

国务院南水北调办为推动后续工程，提出要积极开展市场化操作的可行性和途径研究，加强与西线工程有关省区的联系沟通，邀请学者专家进行实地考察，对有关重大问题积极建言献策。并继续安排课题委托有关单位开展专题研究。

国家发改委在向国务院的报告中提出，对南水北调西线工程要进行全面、深入、系统的科学研究和方案论证。据此要求，黄委会组织技术总负责单位黄河设计公司梳理工程关键技术问题，在南水北调西线第一期工程项目建议书已有成果的基础上，继续开展有关专题研究，并谋划新的研究课题。

2016年12月印发的《水利改革发展“十三五”规划》提出，根据经济社会发展新形势、新理念、新要求和黄河流域水沙变化等情况，进一步深化南水北调西线工程前期论证。

（任志远）

重点研究项目

南水北调西线工程受水区水资源问题及对策研究

受国务院南水北调办工程设计管理中心委托，2016年黄河设计有限公司承担了“南水北调西线工程受水区水资源问题及对策研究”工作。根据要求，黄河设计公司组织开展西线部分受水区实地调研，了解部分受水区的水资源条件、未来发展态势及其对水资源的需求；分析黄河上中游地区不同区域、省区、行业的缺水分布、缺水程度和缺水影响等；分析研究跨流域调水等解决水资源问题的对策。根据合同要求，组织对青海、甘肃、宁夏、内蒙古、陕西、山西等地的西线工程受水区进行了实地调研，了解了受水区的水资源条件、供用耗水现状及现状用水水平，未来发展态势及其对水资源的需求状况。在此基础上，完成了《南水北调西线工程受水区水资源问题及对策研究》报告，共9万字，分9章。第一章综述，第二章黄河流域水资源开发利用现状，第三章黄河流域水资源需水预测，第四章黄河流域水资源供需预测，第五章黄河流域水资源供需分析，第六章上中游重点地区缺水分析，第七章河道内生态环境缺水分析，第八章解决上中游地区水资源短缺对策措施，第九章建议。报告在以往规划研究成果的基础上，重新调查黄河流域供用耗水现状，分析现状用水水平；结合国家发展新形势和生态文明建设要求，重点分析黄河上中游地区能源基地重点园区、新型城镇化和重点经济带节点城市的水资源刚性需求和农业灌溉用水要求；分析黄河上中游地区不同区域、省区、行业的缺水分布、缺水程度和缺水影响等；研究提出跨流域调水等解决水资源问题的对策。2016 年 12 月 22 日，国务院南水北调办设管中心在郑州组织专家对成果进行了验收。

（崔　荃　陈红莉）

南水北调西线工程有关争议问题调查研究

2016 年，黄河设计公司承担了“南水北调西线工程有关争议问题调查研究”工作。黄河设计公司进行了广泛的调查，搜集了大量的资料，对有关问题进行了梳理和分析，编制了《南水北调西线工程有关争议问题调查研究》报告，共 8.7 万字，分为 7 章。第一章水资源开发利用现状调查，第二章新形势下黄河流域需水形势分析，第三章水资源供需分析，第四章小江调水替代西线供水的可能性分析，第五章西线工程调水对水力发电影响研究，第六章西线有关争议问题分析，第七章结论与建议。报告结论认为，黄河流域总体属于资源性缺水地区，水少、沙多、水沙关系不协调，难以支撑经济社会的可持续发展。为增加黄河可利用水资源量、拓展经济社会发展空间、改善流域生态环境，实施跨流域调水是国家重要的战略措施；小江调水方案和南水北调西线工程均为向黄河流域调水的方案，两种方案具有不同的供水范围和目标，不可相互替代，可相互补充，共同解决黄河流域的缺水问题；目前各方面对西线工程的一些关键问题尚存在分歧，下一步还需要加快对西线工程前期进行全面、深入、系统的科学研究和方案论证，尽早实现向黄河流域调水，支撑经济社会可持续发展。2016 年 12 月 2 日，国务院南水北调办政研中心在北京组织专家对报告进行了验收。

（崔　荃　周翔南）

黄河流域农业灌溉用水影响研究

受国务院南水北调办投资计划司委托，2016 年黄河设计有限公司承担了“黄河流域农业灌溉用水影响研究”工作，该专题研究，主要分析黄河流域节水潜力及存在的问题，为南水北调西线工程的必要性提供技术支撑。黄河设计公司对黄河流域节水灌区进行了实地的调查，搜集了大量的资料，对有关问题进行了分析和研究，编制了《黄河流域农业灌溉用水影响研究》报告，共 5.9 万字，分为 7 章。第一章黄河流域农业灌溉发展现状，第二章典型灌区用水状况及特点，第三章新形势下黄河流域需水预测，第四章水资源供需分析，第五章缺水形势及对农业灌溉影响分析，第六章流域水资源统一调度对农业用水的影响，第七章结论。报告结论认为：黄河流域节水潜力有限，由于灌溉引水系统复杂，渠系越长水量损失越大，灌溉水利用系数提高越困难，节水难度也越大。并且，大规模节约用水必然改变灌区水循环过程和地下水补给规律，进而可能对灌区及其周边植被、湖泊湿地带来影响；2030 年流域缺水量 131.69 亿 m^3，主要集中于农林牧灌溉；缺水造成黄河流域 1939.13 万亩农田未得到有效灌溉；由于受水资源短缺等影响因素制约，今后黄河流域粮食新增生产能力将主要依靠提高单产、提高灌溉保证率和适度发展灌溉面积来解决；黄河水量统一调度后超额用水得到极大的缓解和有效遏制，同时兼顾了流域生活生产用水安全。2016 年 12 月 8 日，国务院南水北调办投资计划司在北京组织专家对报告进行了验收。

（崔　荃　王林威）

重 要 会 议

《南水北调西线第一期工程若干重要专题补充研究》成果咨询会

2016年3月27~31日，黄委规划计划局委托总工办组织黄委科技委及有关单位专家，在郑州召开会议，对黄河设计公司编制完成的《南水北调西线第一期工程若干重要专题补充研究》成果进行了技术咨询。参加会议的有水利部南水北调规划设计管理局，水利水电规划设计研究院，中国水利水电科学研究院，中国农业大学，武汉大学，中科院水工程生态所，环境保护部环境评估中心，黄委科技委、总工办、规计局、水调局和黄河设计公司等单位的专家及代表40余人。黄委科技委主任陈效国主持会议，与会专家听取了专题主要成果的汇报，并进行了认真的讨论。会议认为：六个专题在西线第一期工程项目建议书工作基础上，结合新形势下水利工作新要求，以工程建设必要性为重点，进一步加强西线工程重大问题的分析论证工作，对充实完善项目建议书成果具有重要意义。各专题开展了大量调查分析和深入研究工作，成果资料丰富、数据翔实、内容全面、研究思路正确、方法合理。咨询会提出了下一步修改建议，项目组将根据咨询意见，尽快完成修改。

（崔 荃 周翔南）

其 他

全国政协委员呼吁尽快开工建设南水北调西线工程

在2016年中国人民政治协商会议第十二届全国委员会第四次会议上，多位全国政协委员呼吁尽快开工建设南水北调西线工程。

陕西、甘肃、宁夏、青海四省区的全国政协委员共同联名提交提案，呼吁加快推进南水北调西线工程前期工作，争取“十三五”期间开工，早日解决西北地区干旱缺水问题。委员们指出，南水北调是我国缓解北方水资源严重短缺局面的重大战略性工程。根据2002年国务院批复的《南水北调总体规划》，南水北调工程分东线、中线、西线三条调水线路，与长江、淮河、黄河、海河相互连接，构成我国“四横三纵、南北调配、东西互济”的水资源配置总体格局。南水北调东、中线调水工程已陆续建成并投入运行，其中中线一期工程已正式向北京供水。西线工程国内多单位联合攻关，进行了大量勘测、规划和研究工作，取得了丰硕的技术成果，前期基础工作已经非常扎实。建议有关部委要加快推进南水北调西线工程前期工作，尽快立项建设南水北调西线一期工程，力争在“十三五”期间开工建设。

全国政协委员、陕西能源集团有限公司原董事长梁平认为，南水北调西线工程对西部地区意义非常重大，对于推进国家“一带一路”战略部署，打造陆海内外联动、东西开放的新格局起到一定的促进作用。工程主要功能是为沿黄河各省市能源基地建设、城市建设、生态环境建设提供新的水源，改善沿路水资源的短缺情况。中国历来因水而兴，建议应加快南水北调西线建设工程的进度，改善西部地区的生态环境。

（崔　荃）

国家发改委农经司吴晓司长对南水北调西线工程规划有关情况进行调研

2016年7月4~9日，国家发展改革委农经司司长吴晓率队，对南水北调西线工程规划有关情况进行调研，参加的单位有水利部、国务院南水北调办、黄委等。在四川省阿坝考察了南水北调西线第一期工程阿柯河克柯坝址、坝址下游的中阿坝灌区、格尔登寺。在重庆市云阳县视察了小江调水涉及的渠马镇取水口和玉龙水库。分别在成都市和巫山县与地方政府有关单位座谈，听取四川省和重庆市对南水北调西线工程的意见建议。结合实地调研，听取调出和受水省（区）的意见和建议，组织专家开展专项咨询，书面征求国家民族事务委员会、财政部、国土资源部、环境保护部、住房城乡建设部等部门的意见，经商水利部、国务院南水北调办，编写了《国家发展改革委关于南水北调西线工程有关问题的报告》，9月22日，以发改农经〔2016〕2030号文报国务院。

（崔　荃）

黄委岳中明主任考察黄河源区及南水北调西线工程线路

2016年9月1~7日，黄委主任岳中明考察调研黄河源区径流与生态变化情况，查看南水北调西线第三期工程线路，了解黄河上游梯级枢纽调度运行管理情况。3~4日，岳中明现场察看了青海湖、鄂陵湖与扎陵湖，并深入黄河源区考察生态环境演变情况。9月5日，岳中明查看了南水北调西线第三期工程通天河侧坊坝址，听取黄河设计公司专题汇报，详细了解工程总体布局、调水河流水资源条件、各水库枢纽布置情况和输水线路工程地质情况等。岳中明强调，要高度重视黄河源区生态保护工作，当好黄河代言人和守护者，通过强化责任、扎实工作、开拓创新、加快发展，更好地实施黄河治理开发保护与管理，确保黄河岁岁安澜和水资源可持续利用。他指出，南水北调西线工程是解决黄河资源性缺水问题的根本举措，是国家战略性工程。要坚定信心，扎实推进项目各项前期工作，按照“五大发展理念”和水利工作“十六字方针”，进一步论证分析项目的必要性和可行性，加强与有关地方政府的联动，稳步推进项目进程。

（崔　荃　曹海涛）

国务院南水北调办公室张野副主任考察小江调水方案

2016年10月20~25日，国务院南水北调办公室副主任张野率队对引江济渭入黄工程进行考察，黄河设计公司派员陪同考察。考察自西安出发，从调水线路末端开始，翻过秦岭、凤凰山、大巴山，跨越渭河、汉江、嘉陵江、小江等流域，主要考察了小江调水工程所涉及的取水口及泵站、长江支流高山水库、小江—任河段隧洞出口、任河唐家湾水库、过汉江高渡槽、秦岭长隧洞、沣河出口及平原水库等工程，并对引汉济渭三河口水库工程进行了考察。考察组听取了项目组的现场汇报，并对有关技术问题进行了沟通、交流。张野副主任指出小江调水方案不仅可以向黄河流域供水，而且可以向汉江补水，为中线调水提供水源保障，国调办将积极推动小江调水的下一步深化研究工作。

（崔　荃　张　权）

水文观测工作

2016年，四川省水文水资源勘测局继续在达曲东谷、阿柯河安斗，青海省水文水资源勘测局继续在玛柯河班玛等专用水文站进行水文测验、资料整编工作。黄委会上游水文水资源勘测局继续在雅砻江温波专用水文站、泥曲泥柯、杜柯河壤塘专用水文站进行水文观测、资料整编工作。黄河设计公司对观测承担单位提交的2015年水文整编资料进行了验收、归档。

（崔　荃　张　玫）

拾贰 配套工程

THE MATCHING PROJECTS

北 京 市

概 述

2016年，北京市南水北调市内配套工程进入全面建设推进期。

2016年6月，东干渠工程顺利通过阶段通水验收，沿着北五环、东五环、南五环、西四环形成的闭合输水环路全线贯通，北京市形成南水北调来水、地下水、密云水库蓄水三水联调的大供水格局。

截至2016年底，北京市南水北调配套工程南干渠、东干渠工程项目处于收尾阶段验收、竣工决算等后续工作，南水北调来水智能调度管理系统基本建成，密云水库调蓄工程9级泵站完工试运行，亦庄调节池顺利实现蓄水。通州支线工程主体工程提前建设完成，完成通水阶段验收，具备通水条件。2016年新开工项目包括团九二期工程、亦庄调节池扩建工程、河西支线工程和大兴支线工程，各项目总体进展顺利。

（北京市南水北调办工程处）

前 期 工 作

（一）配套工程项目前期工作进展

1. 团城湖至第九水厂输水工程（二期）

团城湖至第九水厂输水工程是以团城湖调节池为中心，向第九水厂及第八水厂等用水户在不同运行工况条件下的稳定的供水道，是《北京市南水北调配套工程总体规划》中的重要组成部分，是实现外调水和本地水联合调度，保证北京市主力水厂具备双水源供水的重要条件，对于保障首都供水安全和支撑可持续发展具有重要意义。工程起点团城湖调节池，终点龙背村闸站，输水规模正向28.3m^3/s，反向18.3m^3/s，工程隧洞总长约4km。

2016年9月取得了《北京市规划和国土资源管理委员会、北京市发展和改革委员会关于北京市南水北调配套工程团城湖至第九水厂输水工程（二期）初步设计概算批复》（市规划国土函〔2016〕330号），该项目前期手续已办理完结，2016年底已启动工程建设。

2. 河西支线工程

河西支线工程自房山大宁调蓄水库取水，新建3座加压泵站，输水管线终点为门头沟区三家店，规划为丰台河西第三水厂、首钢水厂、门城水厂供水，为丰台河西第一水厂、城子水厂及石景山水厂提供备用水源，计划2020年具备通水条件。工程将重点解决丰台河西及门头沟地区的用水需求，提高石景山地区的供水安全保障，也是北京市规划第二道南水北调水源环线的一部分，可有力促进非首都功能向郊区疏解。

2016年9月取得了《北京市规划和国土资源管理委员会、北京市发展和改革委员会关于北京市南水北调配套工程河西支线工程初步设计概算批复》（市规划国土函〔2016〕329号），该项目前期手续已办理完结，2016年底已启动工程建设。

3. 东干渠亦庄调节池扩建工程

东干渠亦庄调节池扩建工程位于北京东南部南海子公园以东，已建亦庄调节池（一期）工程的东侧和北侧，承担第十、亦庄等水厂的水源切换任务和近期通州水厂的应急调蓄任务。扩建调节池调节容积207.5万m^3，计划2019年底主体工程完工，届时亦庄调节池调蓄量将达到260万m^3。调节池的扩建，将为东南城区联合调度创造条件，显著提高城市东南部，特别是北京城市副中心的供水安全，有效改善区域周边生态、生活环境。

2016年9月取得了《北京市规划和国土资源管理委员会北京市发展和改革委员会关于北京市南水北调配套工程东干渠亦庄调节池扩建工程初步设计概算批复》（市规划国土函〔2016〕331号），该项目前期手续已办理完结，2016年底已启动工程建设。

4. 大兴支线工程

大兴支线工程起点位于北京大兴区，往南延伸至河北固安县，将连通北京南干渠与河北廊涿干渠，主要为首都新机场区域及南部地区供水，进一步支撑北京东南部重点区域的发展建设，计划2018年底具备通水条件。

根据《京津冀协同发展规划纲要》中关于加强区域间水资源统筹配置和水量调度的要求，工程建设可直接连通河北省和天津市南水北调配套工程，为区域水资源优化配置、高效利用创造工程条件，在京津冀协同发展水资源利用方面进行有益探索，并增加北京市外调水量和首都供水安全保障。

2016年9月取得北京市发展改革委制发的《北京市发展和改革委员会关于南水北调配套工程大兴支线工程建设前期工作函》[京发改（前期）〔2016〕4号]，10月取得北京市规划国土委出具的《北京市规划和国土资源管理委员会关于北京南水北调配套工程大兴支线工程设计方案审查意见的函》（市规划国土函〔2016〕799号），2016年底前完成施工备案登记，并实现开工建设。

（二）配套水厂项目前期工作进展

2016年北京市南水北调配套水厂项目包括通州水厂、良乡水厂、黄村水厂、门城水厂、亦庄水厂、石景山水厂。其中，6项配套水厂前期工作及工程建设均取得实质进展，通州水厂已具备并网供水条件；良乡水厂主体工程已完工；黄村水厂、门城水厂、亦庄水厂于2016年底前已开工建设；石景山水厂已取得输水管线施工登记意见书。

（北京市南水北调办计划处）

投 资 计 划

根据北京市政府确定的工作任务，结合北京市南水北调配套工程实际进展，2016年，北京市南水北调配套工程除继续推进续建项目外，新开工建设河西支线、团城湖至第九水厂输水（二期）、大兴支线3项输水工程以及黄村、良乡、门城3项配套水厂工程。2016年北京市南水北调配套工程当年完成投资45.54亿元；截至2016年底，累计完成投资249.98亿元。

（北京市南水北调办计划处）

资金筹措与使用管理

2016年，落实配套工程项目资本金20.9亿元，为历年最高，累计到位资本金116亿元，有效保障工程建设资金需求，为融资工作开展奠定扎实基础。同时，不断拓宽融资渠道，新获得中国农业发展银行对配套工程的政策性贷款，并探索利用政府债券解决项目融资来源的新模式，2016年，新增融资额度44.93亿元，拨付融资款5.66亿元。

（北京市南水北调办计划处）

在 建 项 目

随着北京市南水北调市内配套工程全面进入建设推进期，各项在建工程建设进展顺利，具体情况如下：

（1）大宁调蓄水库工程。2016年度主要开展了永久外电源工程及调蓄水库西堤巡库路建设。永久外电源工程至2016年底完成电力管道施工2021m，管井62座，占总工程量的39%；调蓄水库西堤巡库路于4月1日开工，5月9日完工。

（2）南干渠工程。2016年度主要进行盾构段隧洞检修工作，郭公庄分水口永久外电施工，38号排气阀井隧洞加固修复施工。2016年底，盾构段隧洞检修工作完成；郭公庄分水口永久外电正式发电；38号排气阀井隧洞加固修复完成施工前洞内准备工作。

（3）东干渠工程。2016年度主要进行工程附属设施施工。截至2016年底，电气二次设备采购及安装工程，隧洞沿线58处永久阀井及井内设备施工已完成，并移交运行管理单位。

（4）亦庄调节池工程。池体工程及调度中心工程均已完工并移交运行管理单位。

（5）团城湖调节池工程。2016年度主要开展团城湖管理设施建设前期准备工作，年底管理设施建筑方案已获得北京市规划国土委认可，正在开展施工图强审工作。

（6）密云水库调蓄工程。2016年度完成工程新增项目施工，包括兴寿泵站出水池增设水位调节设施，温泉倒虹吸进口清污机改造工程，京密引水渠怀柔水库至雁栖泵站段渠道防渗工程；另外，走马庄隧洞加固工程7月底完成，白河发电隧洞进出口闸门启闭机大修11月底完成，5条阀井连接路完成。硬隔离防护网工程年底前安装完成108km，占工程总量的77.7%。

（7）通州支线工程。2016年7月工程实现双线贯通，8月完成静水压试验后移交运行管理单位，9月完成通水阶段验收，11月完成全部27座阀井施工。

（8）河西支线工程。2016年9月初工程初步设计获得批复，11月正式开工，2016年底共有两个施工单位已经进场，进行围挡等临建施工。

（9）团九二期工程。2016年11月底完成监理、施工合同的签订工作，具备进场施工条件。

（10）亦庄调节池扩建工程。2016年12月工程开工，施工单位进场进行围挡搭建等临建施工。

（11）大兴支线工程。2016年底完成1个监理标段，1个施工标段的招投标工作。

（12）南水北调来水智能调度管理系统。南水北调来水智能调度管理系统作为北京南水北调工程的现代化调度管理系统，是开展运行调度保障供水安全不可缺少的重要工具。系统以业务为导向，以数据为基础，围绕供水调度、预警与抢险应急、工程日常管理、电子政务等业务，2016年底，建设完成了5个应用系统、1个数据中心、1个实体环境、3个支撑平台、3个保障体系，形成1个指挥中心与分中心互联互通，为南水北调配套工程实现安全输水、精确量水、智能调水提供信息技术支撑。项目采购软硬件322台（套），开发软件73套；骨干网络覆盖率（配套工程沿线）达到100%，带宽达到1000M；整合视频监测点240余个，数据采集点数2万余个；建立基础库、监测库等7大子库，基础对象编码55类，累计数据入库量1000余万条，数据存储能力达到40TB，数据中心初具规模。

（北京市南水北调办工程处）

建 设 管 理

2016年6月，随着南水北调来水、地下水、密云水库水三水联调的大供水格局的基本形成和北京市南水北调配套工程建设的全面推进，工程建设管理也在不断深化和细化。

2016年，北京市南水北调配套工程在建项目无重大质量、安全生产事故。东干渠工程施工十五标和亦庄调节池调度中心工程分别被评为2015年度市政基础设施结构长城标金质奖和银质奖。

工程建设管理、工程项目管理、工程施工监理、工程质量管理等方面，重点加大了以下几个方面的工作力度：

（1）对参建单位的管控。依据北京市南水北调配套工程管控办法，加强工程过程控制，2016 年对 58 家参建单位及 34 名单位、部门负责人进行考核，按月、按季度完成考核通报工作。

（2）质量管理。除现场机构日常巡查外，加强对工程实体质量检测，聘请专家开展外观质量及内业资料管理情况检查。进一步提高各参建单位质量意识，有效强化质量管理行为，为工程建设质量提供了保证。2016 年共组织开展质量巡查 193 次，专项检查 20 次，质量集中检查 2 次，开展原材料及中间产品抽检 67 组，对 45 家参建单位质量工作进行考核，其中 43 家单位优良，2 家单位合格，未出现严重质量违规行为或考核等级不合格的单位。针对在建工程收尾这一特点，加强工程通水验收前的监督检查及工程尾工施工质量的监督检查，重点加强对南干渠隧洞加固等项目的质量监督。坚持质量监督高压态势，严抓不懈，通过日常质量巡查、重点检查、专项检查及质量集中检查等多种手段，多措并举、综合施策，确保工程质量始终可控并持续向好。

（3）安全管理。以“安全生产月”活动为契机，以安全责任制落实为突破，全年开展安全生产、文明施工、防汛检查 30 次及专项整治 5 次，排查安全隐患 240 余处，责成责任单位按照三定原则及时整改。与新中标的 30 家单位签订安全生产责任书，确保配套工程参建单位明确安全生产责任。做好防汛组织工作，提前编制防汛预案，落实防汛物资储备，组建 340 余人的防汛队伍，组织专项防汛演习 2 次，汛中加强值班值守和通讯保障，平安度汛。

（4）工程验收。结合北京市南水北调配套工程建设进度实际，开展了大宁水库调蓄工程（不含小哑叭河、管理设施工程）水土保持设施和环境保护专项验收工作，2016 年底已通过水土保持设施竣工验收，环境保护验收调查报告通过专家技术审核会。完成东干渠工程和通州支线工程通水阶段验收。组织完成东干渠工程施工第十四标段合同项目完工验收。2016 年组织配套工程各项政府性验收 3 次，推进干线消防设施验收等工作。5 月20 日组织完成了东水西调改造工程恢复通水及泵站机组启动阶段验收；6 月 23 日组织完成东干渠工程通水阶段验收；9 月 6 日组织完成通州支线工程通水阶段验收。

（5）新建工程。结合北京市政府加快公共服务类项目审批意见等文件，参照水利部取消水利工程开工审批规定，将市内配套工程原来的开工审批改为施工备案登记，出台了《北京市南水北调配套工程施工备案登记暂行办法》，进一步简化了办理流程。河西支线、亦庄二期、团九二期、大兴支线等重点项目如期实现年内开工的建设目标。

（6）收尾工程。2016 年开始，针对在建项目大多处于收尾阶段，现场施工人员减少、通水前验收工作时间紧等特点，紧紧围绕各项目通水时间节点，抓要害、抓关键、抓责任落实，强化监督检查，实行定期会商、关键事项重点督办、多部门联合协调推进等工作机制，确保工程收尾工作顺利进行。

（7）招投标工作。依据工程实际情况，2016 年度主要针对团九二期工程、东干渠亦庄调节池扩建工程、河西支线工程及大兴支线工程有序开展了招标工作。工程处作为国务院南水北调办招投标行政监督部门，认真履责，加强监管，落实责任，确保了招标工作的效率和质量。2016 年总共启动招标 17 批次、42 个标段，签订合同 42 份，签订合同金额约 289 131 万元（不含勘察设计）。其中，监理合同 10 份，合同金额约 3974 万元；施工合同 27 份，合同金额 272 286 万元；货物及设备采购合同2份，合同金额12 871万元；服务类合同3份。

（8）主动工作。创新工作思路，及时审批通州支线等加快施工优化方案；可研批复后，立即组织亦庄二期渣填土清运招标工作；提前介入团九二期、河西支线施工方案调整工作，从前期工作着手，全方位提升工程建设进度，确保了河西支线、亦庄二期、团九二期招投标的顺利进行，如期实现2016年底前开工建设。

（9）穿跨越工程高效审批。发布实施了《其他工程穿越、跨域或邻近北京市南水北调工程设计技术要求（试行）》和《其他工程穿越、跨域或邻近北京市南水北调工程安全影响评价导则（试行）》，进一步完善了其他工程穿越、跨越南水北调工程的项目审查和审批程序，规范了其他工程穿越、跨域或邻近北京市南水北调工程的设计和安全影响评价工作。审批工作分为规划方案、初步设计和施工图设计三阶段评审，逐步形成规划方案有沟通、初步设计重细节、施工图设计重实施的工作要求。2016年共完成26项其他工程穿越、跨越南水北调工程的项目审查和审批，有力地保障了南水北调工程安全。

（10）文明施工。严格落实有关“先绿化，后建设”的指示精神，进一步加强文明施工管理。一是从源头做起，对于新开工项目，根据国务院南水北调办文件将有关文明施工经费有关要求在招标文件中予以明确，并严格落实“先绿化，后开工”，施工现场文明管理水平得到提高；二是加大在建项目检查力度，组织专家集中检查、随机抽查等方式，重点强化文明施工管控；三是以申报北京市住建委绿色文明工地为契机，进一步提高文明施工管理水平。2016年组织通州支线工程各施工标段参加北京市住建委绿色文明工地申报，并通过了专家组的检查。

（北京市南水北调办工程处）

运行管理

2016年是进一步理顺工程运行管理体制的一年，运行管理经受住了考验。年内南水北调北京段工程历经了冰期大流量输水、惠南庄泵站检修、惠南庄泵站机组多次切换、北京“7·20”暴雨的考验，积极协调各有关单位理顺体制机制、密切联动、加强巡查，确保了工程平稳运行。主要体现在以下几个方面：

一是应对突发事件能力提升。惠南庄泵站多次进行机组切换，其中由于外电源故障等原因多次未按规程切换，在北京市南水北调办的积极协调下，精准调度、排除隐患、安全有效应对，确保了首都供水平稳。

二是工程维修养护按计划进行。编制了南水北调维修养护定额，完成了部分泵站站后新建舌瓣闸、增设清污机工作，并对京密引水渠渗水渠段进行防渗施工；在惠南庄泵站检修期间，完成了干线北京段PCCP工程部分故障蝶阀、永定河控制闸启闭机系统、流量计等进行维修更换。

三是工程保护范围划定取得突破性进展。积极推进北京市南水北调配套工程南干渠和东干渠工程保护范围划定事宜，保护范围划定方案上报北京市政府，待批复后发布执行。

四是供水协议签订工作完成。牵头与中线建管局多次沟通2015～2016调水年度供水协议和补充协议的内容，最终完成签订工作。

（北京市南水北调办工程处）

科技工作

2016年，北京市南水北调办坚持科技创新保质量、机制创新保效率、管理创新保安全的“三个创新”原则，不断增强创新意识、突出创新特色，注重创新效果，成效显著。

（1）技术攻关。进行了“预应力钢筒混

凝土管道断丝数量对结构安全的影响评价及管内补强加固研究”，对断丝管的承载能力做出正确评价，通过试验确定 PCCP 原装管完全失效的断丝数目，制定 PCCP 断丝管的补强加固方案，确保了 PCCP 管道的运行安全。获得北京市科委“绿色通道项目”资金支持 240 万元，用于输水暗涵漏损智能监控预警关键技术研究与示范，直接服务于北京市南水北调工程安全管理、供水智慧管理。

（2）科研先行。为确保南水北调来水与本地水安全融合，进行了“密云水库调蓄南水北调来水后库区水质及水生态演变研究”，成立了院士领衔、首席专家把关、特聘专家献计的专家团队和人员固定的科研团队，建立了课题组研究、专家团队指导、领导层决策和定期会商、预研预判、高效指导实践的工作机制。2016 年编制了三期《密云水库调蓄南水北调来水水质与水生态监测评价简报》。研究表明，密云水库水质良好、水生态健康。为维护北京市南水北调调蓄库池水质安全和生态平衡，依法合理利用水质资源，制定《北京市南水北调调蓄库池水质保障生物净化实施办法》，规范增殖放流工作。

（3）人才培养。2016 年北京市南水北调全系统征集调水论文 8 篇，袁博宇、刘立才荣获“跨流域调水与区域水生态文明建设”优秀论文奖。北京市南水北调办在征文过程中积极组织、成绩显著，荣获了中国水利学会颁发的优秀组织奖。积极申报北京水务科学技术奖，4 个项目荣获一等奖，5 个项目荣获二等奖，2 个项目荣获三等奖。这对技术人员专业技能的提高起到了积极作用，技术人员队伍素质进一步提高。

（北京市南水北调办工程处）

天 津 市

概 述

2016 年，天津市南水北调配套工程建设实际完成投资 7.086 亿元。科学规范地开展水源调度和运行管理工作，引江供水系统整体运行平稳、水质良好，完成 2015 ~ 2016 调水年度 8.39 亿 m^3 引江调水任务，2016 年水质常规监测 24 项指标始终保持在地表水Ⅱ类标准。2016 年供水量占城市供水总量的 86%，供水区域覆盖天津市 14 个行政区，面积超过 1200 km^2，850 万市民从中受益。

（天津市南水北调办）

前 期 工 作

2016 年，协调天津市各有关部门，加快推进配套后续工程前期工作，为各项工程实施奠定了基础。完善南水北调市内配套工程总体布局，工程规划修订报告报天津市发展改革委审批（未批复）。

（一）宁汉供水工程管线工程

2016 年 2 月 3 日，天津市南水北调办依据天津市发展改革委核定的工程概算，批复宁汉供水工程管线工程干线段初步设计报告，该段管线工程进入实施阶段；开展宁汉供水工程汉沽支线段管线工程初步设计工作，设计单位按照评审意见基本完成工程方案布置等工作；配合天津市政府投资项目评审中心开展宁汉供水工程泵站工程可行性研究报告复审工作，设计单位按照评审意见对工程方案进行进一步修改完善。

（二）武清供水工程

2016 年 6 月 27 日，武清供水工程泵站工程可行性研究报告报天津市发展改革委审批；

10月15日，天津市发展改革委批复武清供水工程管线工程可行性研究报告。

（三）天津市内配套工程管理一期工程

2016年9月29日，天津市发展改革委批复天津市内配套工程管理一期工程实施方案，工程进入实施阶段。

（四）北塘水库工程

2016年，完成北塘水库大坝安全鉴定工作，根据鉴定结论，天津市水务投资集团组织开展了北塘水库维修加固工程前期工作，并将北塘水库维修加固工程实施方案报天津市发展改革委审批（未批复）。12月16日，天津市发展改革委批复城上村泵站工程项目建议书。

在利用永青渠等河道应急调送引江水解决供水危机后，为彻底联通引江、引滦水源，实现引江水向引滦尔王庄水库的常态调送，2016年5月，启动引江向尔王庄水库供水联通工程前期工作；8月12日，天津市发展改革委批复了引江向尔王庄水库供水联通工程项目建议书；9月1日，天津市南水北调办依据天津市发展改革委核定的工程概算批复了初设报告，该工程随即进入实施阶段。

（天津市南水北调办）

投资计划

2016年初，天津市南水北调配套工程年度投资计划安排9.086亿元，主要包括王庆坨水库工程1亿元，北塘水库完善工程0.486亿元，运营管理设施工程1.5亿元，武清供水工程0.6亿元，宁汉供水工程5.5亿元。年中，因宁汉供水工程线路上由于抢栽抢种、线路调整、天津市水务局搬迁方案未确定等原因，及时调整年度投资计划至7.086亿元，王庆坨水库工程1亿元、北塘水库完善工程0.486亿元、武清供水工程0.6亿元、宁汉供水工程2.5亿元、新增引江向尔王庄水库供水联通工程2.5亿元，运营管理设施工程调出2016年投资计划。

2016年实际完成投资7.086亿元，为年度计划投资的100%。其中王庆坨水库工程完成投资1亿元，为年度投资的100%，累计完成投资16.947 1亿元，占总概算投资的88%；北塘水库完善工程完成投资0.486亿元，为年度投资的100%，累计完成投资1.886亿元，占总概算投资的100%；武清供水工程完成投资0.6亿元，为年度投资的100%（初设尚未批复）；宁汉供水工程完成投资2.5亿元，为年度投资的100%，累计完成投资4.2亿元，占总概算投资的57.1%；引江向尔王庄水库供水联通工程完成投资2.5亿元，为年度投资的100%，累计完成投资4.478亿元，占总概算投资的56%。

加强投资计划执行的管理和监督，细化计划管理，按季、月、周分解年度投资计划，分析可能影响计划完成因素，及时调整措施，以周保月、月保季、季保年，保证投资计划完成。协调天津市财政局，落实天津市南水北调配套工程偿还银团贷款本息4.061亿元。加强与金融机构沟通，提取银团贷款2.13亿元。加强财务管理制度建设，加强大额度资金使用管理，严控超预算、无预算支出，制定印发了《天津市南水北调办固定资产管理办法》。

（天津市南水北调办）

建设管理

（一）在建工程

截至2016年底，北塘水库完善工程基本完工，建成蓄水后将实现塘沽地区、天津经济技术开发区、天津自由贸易试验区等滨海新区核心区域的引江长期稳定供水。王庆坨水库工程正在进行围坝坝基土方工程施工，累计完成围挡2850m，占总量的35.63%；完成土方开挖39.1万m^3，占总量的5.8%；完成土方回填18.5万m^3，占总量的3.6%；封堵井217眼，占总量的24.89%；完成4895亩地上物清理工作，占总征地面积的82%。宁汉供水工程管线工程已完成进场道路平整及硬化，正在进行顶坑施工准备工作和基槽开挖施工准备工作。启动实施引江向尔王庄水库供水联通工程，建设加压泵站和永久性输水管涵，管线工程接近完工，泵站工程正在进行土方开挖和灌注桩施工，工程建成生效后将联通引江、引滦水源，实现引江水向引滦尔王庄水库的常态调送。在建配套工程单元工程一次验收合格率都达到100%，优良率均保持在90%以上。

（二）监督检查

重点开展质量安全监督检查，坚持日常巡查与专项检查相结合的方式，对在建工程质量安全管理体系、现场施工质量安全管理、文明施工、扬尘治理等情况进行了不间断督查，并组织开展春季安全生产大检查、汛前安全生产大检查、汛期安全生产大检查等专项检查。2016年对在建工程质量安全管理体系、现场施工质量安全管理、文明施工、扬尘治理及春季、汛前、汛期安全生产日常巡查20余次，专项检查10次。

（三）工程质量

制定《天津市南水北调办关于进一步加强南水北调市内配套工程质量问题责任追究的通知》，结合国务院南水北调办《质量责任追究办法》和《质量责任终身制实施办法》，作为监督检查的依据，在工作中全面推行。

（四）技术指导

控制和加强王庆坨水库水井封堵工程质量，规范施工工艺及验收工作流程，组织封堵试验、质量检测试验和专家论证，先后制定专项方案、质量检测试验方案，在先期水井封堵试验的基础上，编制并审定施工及验收方案。同时，组织制定并印发王庆坨水库工程库底水井封堵验收管理工作的通知，对水井普查、封堵工艺、控制指标、检测方法、评定标准、验收程序进行规范，以确保封井严密，保证水库库底防渗效果。

（五）监管方案

在总结以往工程监管经验的基础上，根据工程的特点和不同的实施阶段，有针对性地明确各项目监管目标计划和监管要点，制定了王庆坨水库工程、北塘水库完善工程、宁汉供水工程、引江向尔王庄供水联通工程建设监管工作方案，使工程监管工作更实际有效，推进了工程优质高效又好又快建设。

（天津市南水北调办）

稽查审计

2016年，加强配套工程建设资金监管，对滨海新区供水二期工程开展委托全面审计，涉及建设资金20.5亿元，内容包括概算执行、招投标、合同执行、价款结算、设计变更、资金的管理与使用等。

（天津市南水北调办）

征地拆迁

（一）宁汉供水管线工程征迁

2016年2月3日，天津市南水北调办以《市南水北调办关于天津市南水北调中线市内配套工程宁汉供水工程管线工程（A0+000～A43+850）初步设计报告的批复》（津调水规〔2016〕1号）批复了工程初步设计报告。天津市南水北调征迁中心按照批复的工程初步设计报告，与天津市水务投资集团签订了征迁委托协议；与宝坻区、宁河区征迁工作办公室分别签订了征迁投资包干协议，两区征迁办公室与相关街镇层层签订了征迁投资协议；并组织开展宁汉供水工程征迁监理招标工作，确定天津市金帆工程建设监理有限公司为征迁监理单位，为征迁工作的顺利开展奠定了基础。2016年3月底～5月底，天津市南水北调征迁中心组织设计单位、监理单位、北辰区征迁机构、相关街镇等部门，完成了该工程征迁实物量调查复核及确认工作。

截至2016年底，宝坻区段18.8km已经完成全部征迁工作，并交付施工单位，宁河区段1.7km完成征迁工作，并交付施工单位，宁河段剩余23.38km，正在开展实物量清点确认及补偿兑付工作。共计完成征迁任务量：临时用地1311.89亩；拆迁房屋面积257.66 m^2；砍伐零星树木7813株；搬迁坟墓508座等。共计完成征迁投资4067万元。

（二）引江向尔王庄水库供水联通工程征迁

2016年8月中旬~9月中旬，天津市南水北调办征迁中心组织设计单位、监理单位、北辰区征迁机构、相关街镇等部门，完成了该工程征迁实物量调查复核及确认工作。2016年9月1日，天津市南水北调办《市南水北调办关于引江向尔王庄水库供水联通工程初步设计报告的批复》(津调水规〔2016〕19号）批复了工程初步设计报告。天津市南水北调办征迁中心按照批复的工程初步设计报告，与天津市水务投资集团签订了征迁委托协议，与北辰区征迁机构和征迁涉及的青光、北仓镇政府、北辰区河道管理二所签订三方协议。

截至2016年底，天津市南水北调办征迁中心完成该工程征迁工作，共计完成征迁实物量：永久征地4.38亩，临时占地252.21亩；拆迁房屋面积1048.70m^2；砍伐树木8274株；搬迁坟墓5座；切改电力线路4.5km；切改通信线路11.65km；切改污水管道284m；切改自来水管道762m等。共计完成征迁投资1610万元。

（天津市南水北调办）

河　北　省

概　述

河北省南水北调配套工程分为水厂以上输水工程和水厂及配水管网工程两部分。河北省政府把完成南水北调配套工程建设列为省政府2016年重点工作目标任务之一。

（1）水厂以上输水工程基本建成。在严格质量安全管理的前提下，河北省南水北调办狠抓工程建设进度。定期召开配套工程建设主任办公会，及时调度解决工程建设中存在的主要问题。实行水厂以上输水工程建设通报制度，每半月通报一次工程进展情况，对影响通水的主要问题逐一明确责任单位和完成时限。河北省南水北调办领导和机关各处有关人员组成7个督导组，在2016年4月、7月和8月先后3次对各市配套工程逐一进行了现场督导；10月对剩余工程建设任务进行了分解，由相关处室分工包片工程建设，并对剩余建设任务较重的沧州市派驻了现场工作督导组，对建设进展缓慢的沧州、廊坊市发送了督办函。截至2016年底，水厂以上输水工程已基本建成，全长2056km的输水明渠和管道已建成2050km，其中廊涿、邢清、保沧、石津4条大型输水干渠全部具备通水条件；从中线总干渠和4条大型输水干渠向各供水目标引水的133条（段）管线中，除4条（段）因大气污染防治禁止施工等原因未全线贯通外，其余129条（段）全部具备通水条件。

（2）配套水厂工程建设接近尾声。水厂由市县负责筹资建设。河北省政府于2016年初即对水厂工程建设做出统一部署，逐座水厂确定了开工和建成时间。2016年11月，河北省政府督查室、省监察厅和河北省南水北调办组成联合督查组，对水厂工程建设进行专项督查。河北省南水北调办实行水厂工程建设专报制度，每周向河北省政府领导报送、向受水区市政府通报工程进展情况，并对个别进度滞后的水厂进行现场督导。截至2016年底，需新（改）建的112座水厂中，除1座（石家庄市东南水厂）正在施工建设外，其余111座已全部建成并具备接水条件。

（卢亚卓）

前期工作

（一）工程设计方案审批工作

2016年先后审查、批复了石津干渠管理处、石津干渠管理及自动化、鹿泉泵站供电、绿岛开发区泵站供电等31项重大设计变更，涉及原批复概算投资49 857万元，核定变更概算投资59 719万元，核增9862万元。先后完成了西北水厂提升改造专题设计、石津干渠明渠段绿化工程专题设计的审批；对保定现地站业务用房变化、廊涿干渠排气检修阀涡轮头提升改造、石津干渠沧州段边坡支护设计变化等事项进行了协调、研究，并出具了指导性文件。研究、解决了保定市管理用房建设标准提高问题，石家庄建设用房提升改造设计和支付的手续完善问题，邯郸市管理用房标准提高问题，邯郸市增设旋转滤网问题。

（二）江水直供工作

为减少供水处理环节、降低企业用水成本、提高企业经济效益和江水用量，2016年按照河北省政府常务会议第92号和第96号会议纪要的要求以及河北省南水北调办领导的安排，河北省南水北调办与邢台市政府确定了将邢台市作为直供水试点工作。经反复协商，完成了邢台市江水直供水试点工作方案。在全省受水区范围内全面推进江水直供项目，先后开展了固安产业园区、东光化工园区、衡水电厂、永年特钢等直供水工作。

（卢亚卓）

运行管理

2014年12月，中线干线工程通水以来，河北省在加快推进配套工程建设的同时，边建设边用水，截至2016年底，累计利用江水4.4亿m^3，其中2016调水年利用江水3.55亿m^3，有近千万人喝上了江水，群众反响良好。南水北调工程在抗击“7·19”洪涝灾害中，为保障石家庄、邯郸城市供水发挥了巨大作用。

（卢亚卓）

河南省

概述

在国家和河南省南水北调工程运行管理体制机制尚未明确的情况下，河南省南水北调办按照河南省委、省政府统一部署，工作重点由建设管理向运行管理转变，成立河南省南水北调配套工程运行管理领导小组，组建运行管理办公室，安排专人负责运行管理工作。2016年，河南省南水北调配套工程运行平稳、安全，全省有31个口门及6个退水闸开闸分水。

（一）规章制度实施

实施《河南省南水北调受水区地下水压采实施方案（城区 2015～2020 年）》，截至 2016 年底，在南水北调供水范围内，通过控采地下水，涵养地下水源，城市地下水位得到不同程度回升，其中郑州市回升 2.02m，许昌市回升 2.6m。实施《河南省南水北调水量交易管理办法（试行）》，截至 2016 年底，河南省完成 2 宗水量交易，累计交易丹江水 1 亿 m^3，其中，2016 年 9 月南阳市与新郑市交易 0.8 亿 m^3。2016 年 9 月 22 日，《河南省南水北调配套工程供用水和设施保护管理办法》（河南省人民政府令第 176 号）经省政府第 102 次常务会议通过，2016 年 10 月 11 日公布，自 2016 年 12 月 1 日起施行。

（二）运行维护人员培训

河南省南水北调办委托设计单位为每个口门线路编制试通水调度运行方案，并在试通水前组织人员对线路运行管理和现地操作人员进行设计交底培训，同时督促各省辖市、省直管县市南水北调办加强学习培训。2016 年 4 月和 7 月，河南省南水北调办分别委托华北水利水电大学、河南水利与环境职业学院，举办两期运行维护培训班，全省共有 176 人参加培训。

（三）建立例会制度

河南省南水北调办每月组织召开一次全省南水北调工程运行管理例会，通报上月水量调度情况，研究解决工程运行管理中存在的问题，形成会议纪要，督办落实。截至 2016 年底，河南省累计召开 19 次运行管理例会。

（四）应急演练

河南省南水北调办、各省辖市和直管县市南水北调办以及工程管理单位分别制订突发事件应急预案，建立健全三级应急预案体系，建立与中线建管局、市（县）南水北调办、用水单位的联络协调机制，落实节假日期间领导带班、值班制度，建立应急保障机制和备用水源切换应急机制。河南省南水北调办于 2016 年 3 月 29 日在许昌组织开展许昌市断水应急演练。

（五）运行维护

河南省南水北调办于 2016 年 12 月 1 日印发《关于加强我省南水北调配套工程维修养护工作的通知》，明确责任：河南省南水北调办负责配套工程维修养护的组织领导和监督管理，明确工作要求和技术标准；各省辖市、省直管县市南水北调办具体负责辖区内配套工程维修养护工作，制定工作计划报河南省南水北调办批准后执行；工程维修养护单位负责工程维修养护各项工作任务的落实，明确工作方案，按计划组织实施。

（六）供水效益

水利部《南水北调中线一期工程 2015～2016 年度水量调度计划》（水资源函〔2015〕470 号）明确河南省 2015～2016 年度供水计划量 10.69 亿 m^3，其中引丹灌区用水 4.01 亿 m^3，城市水厂用水 6.63 亿 m^3，充库调蓄 0.05 亿 m^3。2016 年 9 月 13 日，水利部下发《关于南水北调中线一期工程 2015～2016 年度河南省供水计划调整意见的函》（水资源函〔2016〕352 号），同意河南省 2015～2016 年度供水计划用水量调增至 13.11 亿 m^3。

截至 2016 年 10 月 31 日，河南省有 31 个口门及 5 个退水闸开闸分水，向引丹灌区、44 个水厂、禹州市颍河供水、3 个水库充库及郑州市西流湖、唐寨水库、双洎河和鹤壁市淇河生态补水，供水目标有南阳、漯河、平顶山、许昌、郑州、焦作、新乡、鹤壁、濮阳、安阳 10 个省辖市及省直管邓州市，2015～2016 年度供水 13.45 亿 m^3，完成年度计划用水量的 102.59%，占调整前年度计划用水量的 125.82%。其中，引丹灌区实际用水 5.21 亿 m^3，占引丹灌区年度计划用水量的 129.93%；城市水厂实际用水 7.82 亿 m^3，占城市水厂年度计划用水量的 117.95%；充库调蓄实际用水 0.09 亿 m^3，占充库调蓄年度计划用水量的173.08%。

（庄春意）

建 设 管 理

2016年河南省配套工程建设任务主要有：新增濮阳清丰、焦作博爱配套供水工程，配套管理处（所），周口、漯河、郑州等市个别配套穿越工程。

河南省最后一个供水目标周口市于2016年12月14日通水。除漯河穿越沙河工程、郑州市21号口门线路入尖岗水库，以及管理站所、自动化设施建设外，配套尾工建设任务基本完成；全省配套工程60个管理处（所）中，已建成15个（其中，已投入使用7个）、在建1个、未开工建设的管理处（所）44个。其中，濮阳、南阳等地管理处所和自动化系统建设基本完成，正在调试；新增清丰配套工程累计完成沟槽开挖13.87km、管道铺设12.87km，分别占总长的75%、70%；新增博爱配套工程完成管沟开挖9.3km、管道铺设6.5km，分别占总长的67%、47%；新增鄢陵县供水配套工程建设资金基本落实，征迁全面展开。

2016年，完成配套工程自动化调度与运行管理决策支持系统建设内容如下：

（1）流量计安装。流量计原合同安装总数167套，后变更为166套。截至2016年12月16日，整套安装完成110套；部分安装41套，未安装15套。

（2）通信系统建设。截至2016年底，共完成河南省光缆敷设合计约52.5km。其中，完成濮阳市通信线路35号线施工约24km；许昌市18号线人工穿缆或架空约14km；南阳市方城县9号线吹缆施工约4.3km，镇平县3-1号线人工穿缆0.68km，南阳市主城区完成管道租赁穿缆约3.0km；焦作市25号线人工穿缆约0.5km；鹤壁市35号线吹缆施工约6km。

（3）设备安装。截至2016年底，涉及河南省调度中心大楼设备安装的5标（UPS）、6标（DLP）、7标（装修）、8标（计算机网络）、10标（视频会议）、11标（总集成）已全部完成设备安装，其中6标、7标已完成合同完工验收。完成濮阳市设备安装工作，并完成濮阳市与河南省调度中心的联网。

截至2016年底，河南省南水北调配套工程共完成13条口门线路的通水验收工作；完成80%分部工程、31%单位工程的验收任务。

（刘晓英　王海峰）

投 资 计 划

2016年，河南省发展改革委批复鄢陵供水工程初步设计报告，完成了濮阳二水厂支线设计变更审批，内乡县和登封市正在组织编制新增供水工程的初步设计报告和可研报告。其他省辖市、直管县正在开展前期工作。

编制完成了《河南省南水北调“十三五”专项规划》。其中主要内容包括新建调蓄工程、扩大供水目标、建设生态廊道以及水源区水污染防治等4大类28个项目，投资约644.32亿元。

河南省南水北调配套工程概算总投资155.929亿元，至2016年9月，累计下达投资计划157.2449亿元，其中初步设计共批复15个设计单元工程，投资计划较概算投资多12 462万元（2014年重大水利工程第一批中央预算内投资，4300万元用于南阳市配套工程变更及内乡、官庄工业园区新增配套工程前期工作，8162万元弥补新乡配套工程32号线因设计变更增加投资）；新增供水目标3个（博爱县、清丰县和鄢陵县），投资计划较概算多698万元（博爱县供水工程投资计划较概算少1504万元、清丰县供水工程投资计划较概算多2202万元）。2016年，中央下达河南省南水北调配套工程投资46 885万元，其中中央预算内投资40 000万元，市县投资6885万元，用于新增供水目标和变更项目。

截至2016年底，配套工程变更索赔台账2049项，预计增加投资12.91亿元。已批复952项，占总数的46.46%，增加投资2.77亿元；尚有1097项待批复，预计增加投资10.13亿元，其中100万元以上变更190项，预计增加投资8.62亿元，100万元以下变更907项，预计增加投资1.51亿元。

依据《其他工程穿越邻接河南省南水北调受水区供水配套工程设计技术要求（试行)》和《其他工程穿越邻接河南省南水北调受水区供水配套工程安全评价导则（试行)》。2016年共审查穿越配套工程设计方案12个，批复8个。

（王海峰）

投资及完成情况

2016年，河南省南水北调配套工程完成投资37 589万元，开工以来累计完成投资1 284 983万元。其中，工程建设累计完成投资830 291万元，征地拆迁累计完成投资389 293万元，融资利息65 037万元。

2016年，河南省南水北调办与河南省发展改革委申请到中央下达河南省南水北调配套工程投资46 885万元，其中中央预算内投资40 000万元，市县投资6885万元，用于新增供水目标和变更项目。河南省南水北调办将投资计划分解后，分别下达给南阳、焦作、新乡、濮阳市南水北调办和清丰县配套工程建管局。转发2015年投资计划73 530万元。下达新增鄢陵供水工程投资计划24 696万元，其中河南省南水北调配套工程建设资金结余8000万元，许昌市自筹16 696万元。截至2016年9月，河南省南水北调配套工程15个设计单元工程和新增的3个供水工程投资计划全部下达，共计157.244 9亿元。2016年配套工程自动化调度建设完成投资6804.76万元，占合同额的35.09%。

（王海峰）

新增供水目标前期工作

2016年，河南省南水北调办陆续收到河南省政府批转的驻马店市、濮阳市、鹿邑县、登封市使用南水北调水的请示，河南省人大代表、永城市委书记马富国提出的向豫东输水的建议，全国人大代表蒋忠仆等5位代表提出的加快推进开封市南水北调工程项目实施的建议，郑州市政府提出的向新郑市龙湖镇供水的申请，周口市政府提出的向周口二水厂供水的建议，濮阳市、鹤壁市、焦作市南水北调办分别提出的向濮阳二水厂、鹤壁老城区、武陟二水厂供水的请示。

经协调，2016年3月河南省发展改革委批复新增鄢陵供水工程初步设计报告，濮阳二水厂支线设计变更完成审批，内乡县和登封市正在组织编制新增供水工程的初步设计报告和可行性研究报告。其他省辖市、直管县正在解决南水北调水量指标问题。

（王海峰）

山 东 省

概　　述

南水北调东线一期工程山东省续建配套工程消纳调江水量14.67亿m^3，其中鲁南片2.10亿m^3、胶东片8.77亿m^3、鲁北片3.80亿m^3。续建配套工程建设涉及枣庄、济宁、菏泽、德州、聊城、济南、滨州、淄博、东营、潍坊、青岛、烟台、威海等13个市的68个县（市、区）。供水范围总面积为6.42万km^2，占山东省国土面积的40.85%。工程建设内容主要包括输水工程、调蓄工程、泵站工程和供水工程等。规划输水渠道747km，调蓄水库62座，新（改）建泵站88座，调蓄水库出库至净水厂供水管道总长806km，规划总投资253.2亿元。

山东省原规划41个供水单元工程经优化调整为38个，2016年承诺调江水量14.67亿m^3不变，工程总投资由253.2亿元调减为224.33亿元，较规划减少28.9亿元。工程永久占地由13.67万亩调减为6.90万亩，减少7.23万亩，占规划永久占地面积的52.9%。输水渠道长314.06km（其中，利用原河道23.29km，扩挖疏浚河道24.85km，新挖渠道13.42km；引黄济青改建工程渠道长252.50km），新建输水管道长336.65km；需调蓄水库52座，其中利用已建水库18座，新建24座，扩建6座，加固水库4座；泵站94座，总装机容量10.43万kW；供水工程线路总长1079.04km。

截至2016年底，累计完成投资208.65亿元，具备消纳长江水9.32亿m^3的能力。

（段志强　李　娟）

前　期　工　作

2016年1月27日，山东省水利厅对邹平供水单元工程引水工程变更《关于南水北调东线一期工程邹平县续建配套工程辛集洼水库引水工程变更设计的批复》（鲁水许字〔2016〕11号）予以批复。2月，对山东省38个供水单元工程初设批复文件及重大设计变更文件进行详细梳理，汇编成册，为配套管理相关部门及领导提供决策服务。4月8日，山东省水利厅召开会议专题研究《南水北调东线一期工程淄博市续建配套工程新城水库至齐鲁石化段输水工程变更设计报告》，并形成会议纪要。4月12日，按照山东省水利厅会议纪要要求，山东省南水北调工程建设管理局在济南组织《南水北调东线一期工程淄博市续建配套工程新城水库至齐鲁石化段输水工程变更设计报告》专家审查会。4月9日，山东省水利厅对淄博供水单元工程新城水库至齐鲁石化段输水工程变更设计《南水北调东线一期工程淄博市续建配套工程新城水库至齐鲁石化段输水工程变更设计的批复》（鲁水发规字〔2016〕13号）予以批复。6月16日，山东省南水北调工程建设管理局在北京组织召开《南水北调东线一期济南—引黄济青段明渠输水工程滨州市博兴县新增分水口门设计变更报告》审查会。7月15日，山东省政府办公厅召开全省南水北调工作推进会，要求如期保质保量完成山东省政府确定的配套工程建设目标任务。7月29日，山东省南水北调工程建设管理局印发了《关于开展全省南水北调配套工程建设大检查的通知》（鲁调水局计财字〔2016〕45号）。共分两个阶段，第一阶段各市自查，第二阶段进行现场大检查。8月，在全省范围内开展南水北调配套工程建设大检查。大检查涉及工程前期及建设、投资计划执行、工程进展与专项验收、质量监督管理等方面的情况。10月，抽调工作人员形成3个检查组，对部分供水单元进行了现场大检查，并及时印发整改通知。11月底，各市就检查中发现的主要问题提交了整改报告。经对整改报告进行梳理，对尚未整改落实到位的问题，提出详细节点目标，分解任务，落实责任，下一步继续加大工作力度，强化措施，确保2017年完成剩余供水单元工程建设扫尾工作。此次工程建设大检查工作的开展，规范了建设程序，大大促进了配套工程建设进度。

2016年11月，按照山东省委、省政府提出农业提质增效转型升级工作部署，山东省南水北调工程建设管理局组织编写的《南水北调东线一期工程山东省配套工程建设实施方案》纳入山东人民出版社出版的《山东农业提质增效转型升级》一书。

（段志强　李　娟）

投　资　计　划

2016年3月25日，为促进山东省南水北调续建配套工程建设，尽快发挥南水北调工程效益，山东省南水北调工程建设管理局、山东省水利厅、山东省财政厅三部门联合以鲁调水局计财字〔2016〕15号文件下达了山东省财政补助资金投资计划10 000万元。2012～2016年，已分6批下达省级补助资金共计47 700万元。

（段志强　李　娟）

在　建　项　目

截至2016年底，济南章丘，青岛市区、平度，淄博市区，枣庄市区、滕州，东营广饶、中心城区，烟台市区、龙口、蓬莱、莱州、栖霞，潍坊寿光、昌邑、滨海新区，济宁邹城、高新区、兖州曲阜，威海市区，德州市区、武城、夏津、旧城河，聊城冠县、莘县、临清、高唐、阳谷、东阿、茌平，滨州邹平、博兴，菏泽巨野34个供水单元已经基本建成。仅剩济南市区供水单元东湖输水单项工程，烟台招远，聊城东昌府区，引黄济青改扩建供水单元工程。

（段志强　李　娟）

建　设　管　理

2016年，山东省各级南水北调坚持把配套工程建设进度作为重点工作内容，采取多种措施，细化责任，强化督导，工程建设得到全面加快建设。3月4日，山东省南水北调局制定印发了《关于2016年度南水北调配套工程建设督导考核的通知》（鲁调水局建字〔2016〕2号），明确了2016年底对各市南水北调办事机构的考核内容。4月1日，山东省南水北调局制定印发了《关于印发南水北调配套工程2016年度建设月度分解计划的通知》（鲁调水局建字〔2016〕8号），明确了各个供水单元的年度、月度建设计划。为督促进度，每月采取现场督导、月通报考核、红黄牌督办等措施，全力以赴加快南水北调配套工程建设。

根据山东省政府办公厅2016年度督查计划安排，5月24日～6月1日，由山东省政府督查室、山东省水利厅、山东省南水北调局组成2个督查组，重点对东营、聊城、滨州等市省级及以上资金计划到位及使用管理、市县资本金匹配情况，配套工程建设进展情况、年底前完成工程建设任务的制约因素和存在的突出问题，南水北调供用水合同签订和水费征缴工作进展情况进行了专项督查。

山东省南水北调配套工程共有38个供水单元，工程概算总投资总计224.7亿元，其中，列入南水北调配套工程建设考核的37个供水单元（不包括引黄济青改扩建工程）概算总投资213亿元，截至2016年底，37个单元工程累计完成投资205.75亿元，占总投资的96.6%。

山东省续建配套工程通水（蓄水）验收情况：截至2016年底，济南章丘供水单元完成竣工验收；青岛市区、平度，淄博市区，东营广饶，烟台市区、招远、龙口、蓬莱、莱州、栖霞，潍坊寿光、昌邑、滨海新区，济宁邹城、高新区、兖州曲阜，威海市区，德州市区、武城、夏津、旧城河，聊城冠县、莘县、临清、高唐、阳谷、东阿，滨州邹平、博兴，菏泽巨野30个供水单元完成通水（蓄水）验收；济南市区供水单元5个单项工程中有4个单项工程完成通水（蓄水）验收；以上32个供水单元已基本具备消纳承诺调引江水的能力。圆满完成了山东省政府2016年初确定的建设目标任务。

（杨忠堂）

运行管理

根据《南水北调东线一期工程山东省续建配套工程规划》（以下简称《规划》）及后期调整规划，山东省南水北调续建配套工程分为14个单位、38个供水单元工程，工程概算总投资224.7亿元，永久占地6.85万亩，配套工程建设范围为南水北调干线分水口门至自来水厂入口工程。水厂及以下工程由各受水市自行组织建设。

随着山东南水北调配套工程陆续完工验收，配套工程逐步进入运行管理为主的时期。配套工程采用的运行管理模式主要有以下两种：

（1）政府购买服务形式。配套工程建设区域分散、涉及范围广，工程线路长、运行专业性强，紧靠有限的编制人员无力承担繁重的日常管理工作。按照市场经济发展规律和转变政府职能改革的相关要求，以政府购买服务的形式，择优选取专业队伍进行工程运行管理。

（2）政府指导，企业运行管理模式。组建水务有限公司，作为配套工程的运营管理主体。针对调水工程的运行特点，研究制定管理办法，形成操作性、实用性、效益性相结合的管理制度体系；引进专业管理人才，培养满足工程运行管理的专业技术人员。

2015年9月30日，水利部下达了《南水北调东线2015~2016年度水量调度计划》（水资源函〔2015〕427号），后根据山东省申请，对年度水量计划进行了增加调整。山东省8个受水城市计划用水共计2.42亿m^3，分别为枣庄市3000万m^3、济宁市7035万m^3、德州市1000万m^3、济南市2000万m^3、淄博市1000万m^3、潍坊市6172万m^3、青岛市3000万m^3、威海市1000万m^3。为南四湖上级湖补水1.45亿m^3，为东平湖补水0.55亿m^3。

2016年1月8日，南水北调东线一期山东段工程开始进行2015~2016年度调水运行。年度调水计划为6.02亿m^3，扣除输水损失后，为南四湖、东平湖补水存水2亿m^3，向7个受水市调水共2.5亿m^3，其中济南2772万m^3、青岛3000万m^3、枣庄3000万m^3、潍坊7039万m^3、济宁7035万m^3、威海1000万m^3、德州1220万m^3。2015~2016年度，枣庄市区、滕州，济宁高新区、邹城、兖州曲阜，德州市区、武城，济南市区，潍坊寿光、滨海新区、昌邑，青岛市区，威海市区共计13个供水单元接纳了长江水。

2016年3月10日，首次向山东省最东段的威海市调水，标志着南水北调东线一期山东段工程13个设区市的规划供水范围目标全部实现。5月22日，省界工程停止运行，顺利完成省界调水计划，调入山东水量6.02亿m^3。6月20日，历经146天的调水运行，省内2015~2016年度调水工作结束。

（一）向胶东地区应急调水

根据山东省政府要求，从2016年6月7日开始实施向胶东地区应急供水工作。长沟泵站自6月7日运行至18日，累计应急调水水量8654万m^3；八里湾泵站自6月8日运行至19日，集中调水入东平湖，累计应急调水水量9118万m^3；济平干渠渠首闸6月13日开始向胶东地区延续供水，至9月30日累计从东平湖应急调水12 105万m^3；胶东干线博兴城南节制闸6月21日开始向胶东地区应急供水，至9月30日累计向胶东地区应急供水水量11 163万m^3。

（二）向德州市供水

应德州市南水北调局要求，2015年10月1日~2016年9月30日，南水北调大屯水库通过德州供水洞向德州城区供水885万m^3；

通过武城供水洞向武城县供水335万m^3，向德州市合计供水量1220万m^3。

（三）为济南市保泉补源和小清河生态补水

（1）应济南市政府要求，为改善济南市区段小清河水质，提升济南水生态环境，2015年10月7日～2016年1月24日，从平阴田山沉砂池引黄河水经京福高速节制闸向小清河生态补水，累计入小清河水量约2001.23万m^3。

（2）应济南市政府要求，2015年10月10日，开启贾庄分水闸，在生态补水的基础上向济南市玉符河保泉补源供水。11月16日，应济南市南水北调局要求，保泉补源改为与济南市南水北调配套工程贾庄泵站至卧虎山水库进行联合试运行，试运行结束后继续向卧虎山水库供水，供水流量约2.5～3m^3/s。运行至2016年1月23日，停止向卧虎山水库供水，贾庄分水闸累计供水量约2172.61万m^3。

（3）应济南市南水北调局要求，2016年5月14～24日，东湖水库向章丘供水试运行，累计供水水量3.39万m^3。2016年7月21日，东湖水库开启章丘放水洞向章丘市供水，运行至2016年9月30日，累计供水水量1.97万m^3。

（四）向潍坊市供水

（1）应潍坊市南水北调局要求，2015年5月25日，双王城水库开启寿光供水洞，向寿光市供水。2015年10月1日～2016年9月30日，累计供水量约1550.86万m^3（包含2016年3月8日～2016年9月30日双王城水库通过寿光供水洞向羊口方向供水，累计供水量约34.86万m^3）。

（2）应寿光市政府要求，双王城水库于2015年11月5～13日、2016年1月24日～2月4日两次开启入库泵站通过引黄济青渠道抽取黄河水入库，入库水量分别为385.78万m^3、257.74万m^3。

（徐瑞华　张立同）

江　苏　省

概　述

2008年7月，江苏省南水北调受水区配套工程规划工作正式启动。2010年底，配套工程规划编制完成，于2011年1月通过江苏省发展改革委组织的专家审查。根据规划，江苏南水北调配套工程主要任务是围绕消化干线供水能力、提高水资源配置水平、发挥东线南水北调工程整体效益的目标，完善江苏供水配套工程体系，提高输配水系统的节水、管水和水质保护能力，实现对南水北调供水区的科学调度和科学管理，更好地满足经济和社会发展对水资源的保障需求。规划的工程内容主要包括输水干线口门完善工程、输水支线配套工程、干（支）线水量计量与水质监测工程、水质保护补充工程等，估算投资57.7亿元。

2011年以来，为保证东线一期工程通水时的水质安全，江苏省人民政府决定启动新一轮治污工程，配套工程规划中水质保护补充工程部分项目得以先期实施。截至2016年底，已开工建设的新沂市、丰县沛县、睢宁县尾水资源化利用和导流工程，全部建设完成，完成工程总投资9.63亿元；宿迁市尾水导流工程初步设计报告已获江苏省发展改革委批复，正在抓紧推进工程建设。

2014年9月，江苏省水利厅、江苏省南水北调办依据配套工程规划，结合南水北调东线一期主体工程运行以来存在的有关问题，对配套工程项目进行了优化，启动开展配套工程可行性研究和实施方案编制工作。2015年12月，《江苏省南水北调一期配套工程实施方案》编制完成，主要工程建设内容包括输水线路完善工程、输水干线水质保护完善工程、输水干线节水计量与监测监控工程等三部分，估算总投资约为40.55亿元。2016年7月，江苏省政府以《江苏省政府关于江苏境内南水北调一期配套工程建设事项的批复》（苏政复〔2016〕84号）文件原则批复了实施方案。

（薛刘宇）

前期工作

2016年，江苏省水利厅、江苏省南水北调办积极推进江苏南水北调一期配套工程前期工作，取得阶段成果。一是一期配套工程实施方案获江苏省政府批复。江苏省南水北调办加强省市县之间的沟通协调，赴沿线专题调研并听取有关专家咨询意见，多次召开会议研究完善实施方案。江苏省发展改革委、江苏省水利厅、江苏省南水北调办联文向省政府报请审批一期配套工程实施方案，2016年7月，江苏省政府批复同意。二是基本完成配套工程规划中提办项目宿迁市尾水导流工程的前期工作。江苏省南水北调办切实加强与江苏省发展改革委和工程项目法人的沟通协调，协助项目法人加快工程项目审批各项前置条件的报批流程，积极推进宿迁尾水导流前期工作，2016年，宿迁市尾水导流工程的可行性研究报告和初步设计报告已经江苏省发展改革委批复通过，工程已基本具备开工实施的基础条件。

（薛刘宇）

资金筹措与使用管理

配套工程规划中先期开工实施的尾水导流工程，建设资金主要由省级财政直接投资和地方配套组成，其中省级投资约67%，地方配套约33%。目前已实施完成的新沂市尾水导流工程、丰县沛县尾水资源化利用及导流工程、睢宁县尾水资源化利用及导流工程，投资计划已完成，资金已基本到位；宿迁市尾水导流工程，省级投资已到位，地方配套资金正在落实中，投资计划尚未下达。

配套工程实施方案中剩余未开工实施的工程，资金筹措方案正在研究。

（薛刘宇）

在建项目

江苏省南水北调配套工程中已开工的新沂市尾水导流工程、丰县沛县尾水资源化利用及导流工程、睢宁县尾水资源化利用及导流工程等，均已全部建设完成并移交管理运行，正在进行完工验收准备，总计完成投资9.63亿元。宿迁市尾水导流工程尚未正式开工建设，2016年完成工程勘察设计、移民监理、工程监理、质量检测等4个标段的招标工作。

（薛刘宇）

运行管理

截至2016年，江苏省南水北调一期配套工程中先期开工实施的新沂市尾水导流工程、丰县沛县尾水资源化利用及导流工程、睢宁县尾水资源化利用及导流工程，均已落实了运行管理单位并移交管理，管理人员基本到位，管理责任体系和规章制度正在健全完善。2016年，有关尾水导流工程与东线一期江苏境内主体工程中的其他截污导流工程一同参与了年度调水运行，为江苏境内输水干线的水质保障起到了重要作用。

（薛刘宇）

科 技 工 作

2016年，江苏省南水北调办结合配套工程规划建设，积极推进多项科技研究工作。一是继续推进《南水北调截污导流工程对输水干线水质改善及区域水环境影响的损益研究》的科技课题研究工作，基本完成研究工作报告。二是启动开展《南水北调尾水导流工程生态湿地净化尾水效果及不同季节最大水环境承载能力研究》科技课题研究。

（薛刘宇）

拾叁 队伍建设

TEAM BUILDING

国务院南水北调工程建设委员会办公室

概 述

国务院南水北调办2016年干部人事工作，深入贯彻党的十八大和十八届三中、四中、五中、六中全会精神，深入贯彻习近平总书记系列重要讲话精神，按照全国组织部长会议、人力资源和社会保障工作会议、行政机关公务员管理工作会议、干部监督工作座谈会等有关工作要求，坚持围绕中心、服务大局，将从严要求贯彻到领导班子和干部队伍、人才队伍建设全过程，规范干部选拔任用程序，改进干部考核评价，强化干部监督管理，着力提高干部人事工作水平，为确保南水北调东、中一期工程高效平稳运行提供了坚强的组织保证和有力的队伍支撑。

（普利锋　刘德莉　管玉卉）

组 织 机 构

（一）干部队伍建设

认真做好选人用人检查反馈问题整改，逐条逐项研究分解整改任务，加强制度建设，细化整改措施，确保整改到位。规范选人用人程序，发文明确考察人选时书面征求纪检监察部门意见，突出把好人选廉洁关。研究制定《南水北调办及直属单位任命国家工作人员宪法宣誓组织办法》，强化领导干部的法治观念和廉洁自律意识。根据工作需要，分批调整办管干部和机关处级干部。拓宽选人用人视野，畅通机关、企事业单位之间的干部交流渠道，分批组织开展办管干部副职和各司各单位一把手交流轮岗工作。继续做好援疆、对口扶贫、西部地区和革命老区等挂职干部的选派和管理服务工作。配合派驻纪检组做好向中纪委推荐干部工作。完成2016年度新录用公务员考录工作。督促事业单位用好人员编制资源，加强事业单位公开招聘监督管理，做好公开招聘方案审核和人员备案工作。

（二）干部教育培训和考核评价

继续做好干部教育培训工作，积极向中组部争取调训名额计划和司局级干部专题研修名额，为干部创造培训机会，同时保持与有关施教院校的沟通，做好干部参训的后续服务工作。组织申报和批复年度办机关业务培训班计划，强化培训费管理，确保培训工作取得实效。稳妥有序地组织开展干部考核工作。配合中组部完成办领导年度考核民主测评，组织完成2015年度办管干部考核工作，统筹完成机关处级以下公务员和聘用人员年度考核工作。组织编制2016年度办管干部考核任务书，为年度考核做好准备。落实国企负责人薪酬制度改革要求，开展办管企业负责人2015年度综合考核和经营业绩考核工作。及时总结问题，改进办管企业考核，修订经营业绩考核指标，提高考核的针对性和可操作性。

（三）干部监督管理

2016年7月组织召开干部监督工作会，传达学习全国组织部长会议精神，研究分析干部监督工作新形势新任务，安排部署年度重点工作。按照中组部要求，组织机关各司、事业单位副处级及以上和企业部门副职及以上领导干部完成个人有关事项报告。按照保密要求，按时保质完成个人事项信息录入与综合汇总工作。按照国务院南水北调办党组要求，加大随机抽查比例，根据中组部反馈查询结果进行对比，发现问题进行深入细致地调查核实，按规定进行严肃处理；针对拟提拔为副处级以上领导岗位、转任重要岗位或群众反映的情况，开展个人事项报告重点核查工作。积极推进干部人事档案专项审核，及时将审核中发现的问题反馈干部本人，要求协助查找相关证明材料、收集缺失档案材料等，依据调查核实情况和物证鉴定机构鉴定结果，经综合研判提出初步认定建议，提交国务院南水北调办党组会审定通过后，制作《干部任免审批表》送干部本人对“三龄两历一身份”等重要信息进行签字确认，按时向中组部提交总结报告。配合中组部做好国务院南水北调办党组干部选拔任用工作“一报告两评议”，统筹部署直属单位“一报告两评议”工作，并对测评结果进行统计分析报国务院南水北调办领导审阅。

（四）干部人事日常管理

根据工程运行管理期治污环保、水质安全保障工作需要，研究批复监管中心成立内设处级南水北调工程水质保护中心；根据加强纪检工作需要，开展纪检组织建设调研，研究专职纪检干部配备方案。加强办管企业薪酬管理，完善办管企业负责人薪酬审核机制，研究提出综合考核结果与绩效年薪关联方案。根据“改革后薪酬水平不得高于改革前”的精神，核定办管企业负责人2015年度基本年薪和绩效年薪，按人社部要求做好年度薪酬清算、公开和备案工作。组织做好年度京外调干、高校毕业生接收等人员调配工作。做好工资和社会保险日常管理。继续做好国家工作人员因私出国（境）登记备案工作，按照新要求，完成办机关涉密人员登记备案，及时更新直属单位登记备案人员信息。做好因私出国（境）审批工作和护照管理工作。做好职称评审相关工作。

（普利锋　刘德莉　管玉卉）

人事管理

2016年1月7日，国务院南水北调办以办任〔2016〕1号文件，免去孙庆国的南水北调工程设计管理中心副主任职务（保留原待遇）。

2016年3月1日，国务院南水北调办以办任〔2016〕2号文件，任命王仲田为综合司巡视员。

2016年3月22日，国务院南水北调办以办任〔2016〕3号文件，确定卢胜芳职级为正司级。

2016年5月4日，国务院南水北调办以办任〔2016〕4号文件，经任职试用期满考核合格，任命李新军为国务院南水北调办总工程师，朱卫东为国务院南水北调办总经济师，于合群为投资计划司司长，熊中才为经济与财务司司长，苏克敬为国务院南水北调办政策及技术研究中心主任，耿六成为南水北调工程设计管理中心主任。

2016年5月19日，国务院南水北调办以办任〔2016〕5号文件，经任职试用期满考核合格，任命袁文传为建设管理司副司长，王宝恩为征地移民司副司长。

2016年6月27日，国务院南水北调办以办任〔2016〕6号文件，任命曹为民为国务院南水北调办政策及技术研究中心副主任（列苏克敬之后），免去其南水北调中线干线工程建设管理局副局长职务；任命刘远书为南水北调工程建设监管中心副主任，免去其国务院南水北调办政策及技术研究中心副主任职务；任命赵存厚为南水北调工程设计管理中心副主任，免去其南水北调东线总公司副总经理职务；任命由国文为南水北调东线总公司副总经理（列赵登峰之后），免去其南水北调工程建设监管中心副主任职务。

2016年6月27日，中共国务院南水北调办党组以办党任〔2016〕3号文件，免去曹为民的中共南水北调中线干线工程建设管理局党组成员职务。

2016年7月4日，国务院南水北调办以办任〔2016〕7号文件，任命李开杰为南水北调中线干线工程建设管理局副局长（试用期一年），免去其综合司副巡视员职务。

2016年7月4日，中共国务院南水北调办党组以办党任〔2016〕5号文件，任命李开杰为中共南水北调中线干线工程建设管理局党组成员。

2016年7月14日，国务院南水北调办以办任〔2016〕8号文件，免去卢胜芳的综合司副司长职务；任命刘岩为综合司副司长（试用期一年），免去其南水北调工程设计管理中心副主任职务；任命谢义彬为投资计划司副司长，免去其经济与财务司副司长职务；任命王平为经济与财务司副司长，免去其投资计划司副司长职务。

2016年7月15日，国务院南水北调办以办任〔2016〕9号文件，因到龄，免去王仲田的综合司巡视员职务，批准退休。

2016年8月23日，国务院南水北调办以办任〔2016〕10号文件，免去朱卫东的国务院南水北调办总经济师职务。

2016年8月25日，国务院南水北调办以办任〔2016〕11号文件，经任职试用期满考核合格，任命谢民英为经济与财务司副司长，赵世新为环境保护司副司长。

2016年11月2日，国务院南水北调办以办任〔2016〕12号文件，任命史晓立为经济与财务司副巡视员。

2016年11月21日，国务院南水北调办以办任〔2016〕13号文件，任命耿六成为综合司司长（试用期一年），免去其南水北调工程设计管理中心主任职务；免去程殿龙的综合司司长职务。

2016年11月21日，国务院南水北调办以办任〔2016〕14号文件，任命石春先为投资计划司司长，免去其环境保护司司长职务；任命张忠义为环境保护司司长（试用期一年），免去其南水北调中线干线工程建设管理局局长职务；任命于合群为南水北调中线干线工程建设管理局局长，免去其投资计划司司长职务。

2016年11月21日，中共国务院南水北调办党组以办党任〔2016〕11号文件，任命于合群为中共南水北调中线干线工程建设管理局党组书记，免去张忠义的中共南水北调中线干线工程建设管理局党组书记职务。

2016年11月30日，国务院南水北调办以办任〔2016〕15号文件，任命程殿龙为国务院南水北调办总经济师（试用期一年）。

2016年12月6日，国务院南水北调办以办任〔2016〕16号文件，因到龄，免去彭克加的综合司副司长（正司级）职务，批准退休。

2016年12月9日，国务院南水北调办以办任〔2016〕17号文件，任命赵存厚为南水北调工程设计管理中心主任（试用期一年）。

（普利锋　刘德莉　管玉卉）

党建与精神文明建设

2016年，在中央国家机关工委和办党组领导下，国务院南水北调办机关党建围绕“服务中心、建设队伍”两大核心任务，全面贯彻党的十八大和十八届三中、四中、五中、六中全会精神，深入学习贯彻习近平总书记系列重要讲话精神，落实全面从严治党责任，加强巡视反馈问题的整改，深入开展“两学一做”学习教育，不断强化机关党建工作，深化机关党建与业务工作融合，为南水北调工程建设和运行管理提供了有力的思想政治保证。

（一）党建工作基础保障

（1）全面从严治党实施意见。根据《中国共产党党和国家机关基层组织工作条例》

和《中央国家机关贯彻落实全面从严治党要求实施方案》，国务院南水北调办党组2016年9月修订并印发了《南水北调办贯彻落实全面从严治党要求实施意见》，提出要强化全面从严治党主体责任，提高机关党的建设科学化水平；构建党组书记负总责、分管领导分工负责、机关党委推进落实、司局长“一岗双责”的党建工作格局；并从思想政治建设、党建工作格局、严肃党内生活、从严管理干部、持续深入改进作风、加强纪律和廉政建设、拓宽监督渠道、研究全面从严治党规律8个方面作了具体的要求。

（2）党建和纪检工作联席会议制度。为深入贯彻落实全面从严治党要求和中央巡视组的整改要求，协助国务院南水北调办党组研究制定了《国务院南水北调办党建工作联席会议制度》和《国务院南水北调办纪检工作联席会议制度》，在党建工作领导小组的领导下，联合有关方面共同召开会议专门研究直属机关党建和纪检工作。联席会议制度作为加强党建和纪检工作的平台，通过整合各方面力量，完善议事协调机制，形成齐抓共管党建和纪检工作的合力。

（3）党建工作述职评议考核。根据中央国家机关工委统一部署，研究制定了直属机关2016年度党建述职评议考核实施方案，部署开展三级联述联评联考，将述职评议考核作为落实党建工作责任制的重要抓手，发挥考核的导向作用，党支部（党委）书记“抓好党建是本职，不抓党建是失职，抓不好党建是不称职”的责任意识显著增强。

（二）思想政治建设

（1）政治理论学习。采取集中学习、短期培训、专家辅导、学习讨论等多种形式，组织党员干部深入学习贯彻党的十八大和十八届三中、四中、五中、六中全会精神，学习习近平总书记系列重要讲话精神。2016年度，国务院南水北调办党组理论学习中心组结合“两学一做”学习教育进行了11次集中（扩大）学习讨论，举办了5次辅导报告，共有30人次进行了重点发言。机关各党支部（党委）认真组织党员干部进行集中学习讨论，着力增强党员干部“四个意识”和“四个自信”等政治素质。

（2）党员干部经常性教育培训。认真贯彻落实全国干部教育培训规划，适时开展各层次党员干部教育培训。2016年度共选派17名司局级以上干部参加中组部组织的干部调训和选学活动、7名党员干部参加中央国家机关党校学习培训。组织开展了机关礼仪大讲堂，邀请中国人民大学金正昆教授专题讲授机关工作礼仪与人际交往。积极组织党员干部参加中央国家机关工委举办的历史文化讲座、“强素质、作表率”读书活动、中国干部网络学院等学习。

（3）党员干部自学。定期向各党支部发送《中办通讯》《党建研究》《党风廉政建设》《紫光阁》等学习材料。为党员干部发放购书卡、在线学习卡，购买《中国共产党章程》《中国共产党廉洁自律准则》《中国共产党纪律处分条例》《中国共产党问责条例》《习近平总书记系列重要讲话读本（2016年版）》《习近平总书记重要讲话文章选编》《习近平总书记在中国共产党成立95周年大会上的讲话》《中国共产党的九十年》《关于新形势下党内政治生活的若干准则》《中国共产党党内监督条例》等30余种书籍，每半年向党员干部推荐阅读书目，引导和督促党员干部好读书，读好书，加强理论修养。

（4）思想政治教育。注重开展谈心谈话活动，2016年民主生活会前，国务院南水北调办领导和各司各直属单位领导班子成员坚持与党员干部进行谈心谈话，及时了解党员干部的思想动态，释惑解疑，理顺情绪，化解矛盾。机关党委及时召开退伍转业军人、党外人士、困难职工座谈会，听取意见建议，为党员干部办实事，积极解决他们的合理诉求。下半年开展了国务院南水北调办直属机关干部职工思想状况问卷调查，发放问卷300份，收回298份，通过调查及时了解和把握机关干部职工尤其是基层干部职工的思想状况，在对统计结果进行分析研判的基础上形成了调查报告。

（三）党组织建设

（1）基层党建重点工作。一是党员干部学习教育，坚持两手抓、两促进，扎实推进学习教育。二是党员组织关系集中排查。经查，国务院南水北调办在职职工中的党员都在岗；退休党员无失联情况。完善了党员名册，认真核实了党员的身份信息、入党时间、转正时间及党员档案存放情况，所有信息真实可信，党员发展程序符合规定，无党员身份造假情况。三是党代会代表和党员违纪违法未给予相应处理排查。经查，国务院南水北调办无此情况。2015年以来，根据中央巡视组或纪检组指导意见，依据《党章》和《中国共产党纪律处分条例》，国务院南水北调办对6名违纪党员分别给予党内警告或严重警告处分。四是基层党组织按期换届专项检查。经查，国务院南水北调办基层党组织都能按期换届。直属机关党委自2004年成立以来，严格遵循《中国共产党党和国家机关基层组织工作条例》，先后于2009年和2013年召开党员代表大会按期换届。直属机关基层党支部（党委）都能按照《中国共产党基层组织选举暂行条例》到期换届。五是党费收缴工作专项检查。各党支部（党委）对2008年4月以来党费收缴工作进行自查自纠，共补交党费30余万元。

（2）各级党组织建设。根据干部人事调整，及时调整部分机关和直属单位的党支部成员，落实好司局长“一岗双责”。及时推动新组建机构党的建设，批复东线总公司成立了党委，建立了党支部。中线建管局基层管理处全部成立了党支部，设立了党员活动室。加强退休干部党支部建设，组织老同志开展学习交流活动，为他们订阅报刊书籍，春节前慰问，加强人文关怀。七一前夕，组织开展了庆祝建党95周年暨“两优一先”表彰大会，表彰了40名优秀共产党员、32名优秀党务工作者、10个先进基层党组织。

（3）主题党日活动。以纪念红军长征胜利80周年为主题，开展革命传统和党性教育，2016年11月组织党员干部观看电影《遵义会议》。基层党组织结合实际和业务工作特点，积极开展多种形式的党日活动，加强党员干部党性锻炼。例如，投计司党支部到狼牙山红色教育基地接受教育并重温入党誓词；经财司党支部赴涉县八路军一二九师司令部旧址参观学习；环保司党支部瞻仰了人民英雄纪念碑和毛主席纪念堂；征移司库区移民党小组参观了彭雪枫纪念馆；监督司党支部赴许昌县杨水才纪念馆和长葛市习仲勋同志蹲点调研点参观学习；政研中心党支部参观了焦裕禄纪念馆；监管中心党支部参观了红旗渠纪念馆并重温入党誓词。

（4）日常组织管理工作。一是认真贯彻“坚持标准、保证质量、改善结构、慎重发展”的方针，积极稳妥地做好党员发展工作，2016年按计划共发展新党员7名。二是及时办理党员组织关系接转手续。三是认真做好党费收缴工作。四是认真做好党内统计工作。五是及时向中央国家机关工委报送信息。六是认真办好机关党建工作简报，办好“党建与精神文明”专区网站。

（四）直属机关精神文明建设工作

（1）工青妇群众组织。机关工会关心职工权力和利益，组织干部职工参加中央国家机关“公仆杯”象棋比赛、乒乓球联赛、羽毛球比赛等，组织“绿色出行万步走”活动，组织开展新春联谊活动；开展节日送温暖活动，及时慰问困难职工，常年坚持为干部职工送上生日祝福，为职工购置公园卡等。机关妇工委关心女职工的权益和健康，坚持做好女职工专项体检工作；对在孕期哺乳期的女职工给予生活工作上的关心照顾，建立了女职工哺乳室；开展家庭助廉活动；开展玉渊潭公园健步走活动；组织女职工赴山东开展工程运行管理情况专题调研；组织女职工编织毛衣献爱心；重视职工子女的成长教育。机关团委组织青年干部参加中央和国家机关“根在基层”调研活动；深化“青年文明号”创建活动；组织“青春在南水北调闪光”演讲比赛；组织赴中线干线易县段植树活动；开展中线净水千里传递活动；组织开展“通水杯”拔河比赛等活动。

（2）精神文明建设工作。按照国务院南水北调办党组统一部署，办直属机关开展了内容丰富、形式多样的精神文明创建活动。一是为纪念红军长征胜利80周年，举办了第十届职工文化艺术展，共展出书画、摄影、手工艺三大类126件作品。二是开展公益活动。与慈善总会联合在办公室六楼大厅摆放了爱心屋，用以收集废旧纸张和书刊。三是召开退伍军人、困难职工等各类座谈会，听取对加强机关建设的意见建议。“八一”前夕慰问退伍军人。四是开展普法和知法守法活动，认真贯彻计划生育基本国策，引导党员干部遵守交通法规。五是做好《中国南水北调工程丛书·文明创建卷》党建工作部分编写工作。

（3）统战和维稳工作。关心重视民主党派和无党派人士的思想、工作和生活，及时召开党外人士座谈会，引导他们用党的方针政策，特别是党的十八大和十八届三中、四中、五中、六中全会精神统一思想，指导工作。认真做好维稳工作，配合行政部门，加强安全检查，保障机关的安全稳定。坚持重大节日和重要时间节点零报告制度。

（五）获得荣誉

（1）国务院南水北调办直属机关党委杜鸿礼荣获“中央国家机关优秀党务工作者”称号，建设管理司井书光荣获“中央国家机关优秀共产党员”称号。中线建管局河南分局党总支荣获“中央国家机关先进基层党组织”称号。

（2）国务院南水北调办严丽娟、谢静家庭荣获第十届全国五好文明家庭称号。中线建管局向德林家庭荣获全国“最美家庭”称号。

（3）在中央国家机关工委组织开展的“守纪律、讲规矩、促成长”主题征文活动中，中线建管局河北分局保定管理处朱梅的《心中有尺，做人方贤》荣获三等奖，河南分局卫辉管理处王霄红的《有这样一群筑梦者》鲁山管理处崔肖肖的《愿守千里长堤四十年——关于习近平总书记“守纪律、讲规矩”讲话的心得体会》获得优秀奖。

（4）王宁新所写的《关于南水北调工程档案工作》一文荣获中央国家机关党外干部和归侨侨眷首届“智库论坛”征文活动优秀奖。

（严丽娟）

“两学一做”学习教育

根据中央有关要求，国务院南水北调办结合工作实际，认真组织全体党员开展“两学一做”学习教育。国务院南水北调办直属机关有基层党组织98个，党员1051名，全部参加了“两学一做”学习教育。

（一）办党组部署开展学习教育

中央部署全党开展“两学一做”学习教育后，国务院南水北调办党组认真学习中央文件精神，抓好贯彻落实。2016年3月以来，办党组书记、主任鄂竟平亲自部署“两学一做”学习教育，作出明确指示和具体安排；党组两次召开会议研究学习教育方案，并于4月初印发。8月，国务院南水北调办党组专门听取学习教育情况汇报，并对下步工作作出部署。9月，国务院南水北调办党组专门召开会议听取各司各直属单位学习教育情况汇报，部署“突出四个意识，落实担当精神”专题研讨。11 月，鄂竟平专门部署学习十八届六中全会精神、深化“两学一做”学习教育工作。12 月，国务院南水北调办党建工作联席会议再次专门听取“两学一做”学习教育和专题研讨查摆问题情况。

国务院南水北调办党组带头学习，带动面上党员干部的学习。一是举办两次专门传达学习。2016 年 4 月 11 日，党组（扩大）会议传达学习中央“两学一做”学习教育工作座谈会精神。8 月 12 日，国务院南水北调办党组传达学习刘云山同志在部分地区和部门“两学一做”学习教育工作座谈会上的讲话精神。二是举办十一次党组中心组专题学习。2016 年 1 月 28 日，党组中心组（扩大）专题学习十八届中央纪委六次全会精神。3 月 29 日，专题学习《党章》。6 月 3 日，专题学习党内法规。7 月 8 日，专题学习习近平总书记在庆祝中国共产党成立 95 周年大会上的重要讲话。7 月 25 日，专题学习《中国共产党问责条例》。8 月 8 日，专题学习中央有关八项规定的文件。10 月 13 日，专题学习中央对辽宁拉票贿选案查处情况及其教训警示的通报。10 月 19 日，专题就红军长征胜利 80 周年进行学习。10 月 31 日和 11 月 17 日，专题学习党的十八届六中全会精神。12 月 8 日，专题学习《关于新形势下党内政治生活的若干准则》和《中国共产党党内监督条例》。

党组成员以身作则，积极参加党支部活动，指导督促基层单位开展好学习教育。鄂竟平 2016 年 6 月 2 日讲授《扎实开展“两学一做”学习教育，推动全面从严治党在党支部落地生根》专题党课，积极参加投资计划司党支部学习并带头做重点发言，先后深入中线工程鹤壁管理处、新郑管理处、南阳管理处、安阳管理处、穿漳管理处、磁县管理处等单位调研指导“两学一做”学习教育。张野积极参加建设管理司党支部活动并在支部讲党课，先后到中线工程郑州管理处、穿黄管理处、新郑管理处等地检查指导“两学一做”工作。蒋旭光积极参加征地移民司党支部学习并在支部讲党课，听取淅川县移民精神报告团主题宣讲“忠诚奉献、大爱报国”的移民精神报告，先后到中线工程荥阳管理处、磁县管理处检查“两学一做”工作和党群活动室建设情况。

（二）机关党委推进“两学一做”

机关党委根据国务院南水北调办党组要求认真推进学习教育。一是协助国务院南水北调办党组制定了《南水北调办“学党章党规、学系列讲话，做合格党员”学习教育实施方案》（国务院南水北调办党〔2016〕11 号），对学习教育作出总体部署，指导基层党组织制定各自的方案。二是为党员干部购置《中国共产党章程》《中国共产党廉洁自律准则》《中国共产党纪律处分条例》《中国共产党问责条例》《习近平总书记系列重要讲话读本（2016 年版）》《习近平总书记重要讲话文章选编》《习近平总书记在中国共产党成立 95 周年大会上的讲话》等学习书籍。三是 2016 年 6 月举办了党支部书记“两学一做”学习教育专题培训班，采取讲党课、专题辅导、分组讨论和交流发言的形式，30 余人参加培训。四是加强对各党支部学习教育的指导和督导，多次召集基层党组织开会，指导学习教育深入开展；先后发出通知要求认真学习习近平总书记的重要讲话、《中国共产党问责条例》党的十八届六中全会精神、优秀共产党员的先进事迹；发掘“两学一做”典型和特色案例，开展典型案例总结征集活动。五是 9～11 月对各党支部（党委）学习教育进行了集中督导，听取学习教育情况汇报，召开党员干部座谈会，进行重要知识点小测试，查看党支部学习台账、工作手册和党员干部学习笔记。六是组织开展了庆祝建党 95 周年暨“两优一先”表彰大会，表彰了 40 名优秀共产党员、32 名优秀党务工作者、10 个先进基层党组织。七是组织开展党员学习教育“灯下黑”

问题专项整治，制定了工作方案，修订了《南水北调办贯彻落实全面从严治党要求实施意见》，及时汇总基层党组织的问题清单和工作台账，并督促整改。八是开展整治“四风”问题回头看工作，制作了“四风”举报告示牌悬挂各党支部会议室，对会议费、招待费进行财务专项审计，对基层管理处办公用房、财务票据、文件等进行专门检查，现场提出反馈意见，跟踪落实整改。九是抓好基层党建重点工作，抓严抓实党员干部学习教育；认真开展党员组织关系集中排查，国务院南水北调办无失联党员；开展党代会代表和党员违纪违法未给予相应处理排查，国务院南水北调办无此情况；开展基层党组织按期换届专项检查，国务院南水北调办基层党组织都能按期换届；开展党费收缴工作专项检查并及时进行补缴。十是组织党员干部参加工委组织的“两学一做”知识竞赛（参与率为93.7%，平均分为87.9分），注册登录支部工作APP平台；到西城区人民检察院进行预防职务犯罪警示教育；开展机关工作礼仪与人际交往修养大讲堂；开展干部职工思想状况问卷调查；总结防汛抢险先进事迹材料，开展巡回演讲，用身边人和事进行典型引路教育；做好宣传和信息报送工作。

（三）各级党组织开展“两学一做”

国务院南水北调办机关各司各直属单位党组织坚持两手抓两促进，扎实推进学习教育。一是各党支部（党委）认真制定了实施方案，结合业务工作实际，对如何开展好学习教育做出了具体安排部署。二是组织开展了百余次专题学习研讨。机关各党支部（党委）组织党员干部着重学习《党章》《中国共产党廉洁自律准则》《中国共产党纪律处分条例》《中国共产党问责条例》、习近平总书记系列重要讲话、党的十八届六中全会等内容，强调学原文，写心得，组织重点发言，全体讨论，基本做到了月月有支部活动，有些党支部每周都组织学习。按照办党组专题部署开展“突出四个意识，落实担当精神”专题学习研讨，查问题找不足抓整改。三是党员领导干部讲党课。机关和直属单位司局级层面党支部（党委）书记100%讲党课，30多名司局级党员领导干部讲了党课；有的党支部处级干部和普通党员也讲党课，以讲促学。四是组织党员干部参加“两学一做”知识竞赛和APP支部工作注册。五是建立了党员学习教育“灯下黑”问题清单，根据“三会一课”等基本制度的落实情况、有关专项检查工作和支部日常运行情况，及时填报学习教育月工作台账。六是积极组织开展党日活动，加强党员干部党性锻炼。如，投计司党支部到狼牙山红色教育基地接受教育并重温入党誓词；经财司党支部赴涉县八路军一二九师司令部旧址参观学习；环保司党支部瞻仰了人民英雄纪念碑和毛主席纪念堂；征移司库区移民党小组参观了彭雪枫纪念馆；监督司党支部赴许昌县杨水才纪念馆和长葛市习仲勋同志蹲点调研点参观学习；政研中心党支部参观了焦裕禄纪念馆；监管中心党支部参观了红旗渠纪念馆并重温入党誓词。七是组织开展好主题联学活动，机关党支部与基层单位党支部共同深入学习理论，提升学习质量，凝聚思想共识，调研难点问题，研究思路举措，推动南水北调中心工作。

（四）学习教育成效

一是党员的党性意识、党员意识增强。通过深入学习党章党规和习近平总书记系列重要讲话精神，广大党员干部把思想和行动统一到中央部署和要求上来，统一到习近平总书记系列重要讲话精神上来，增强了“四个意识”，坚定了“四个自信”，提高了党性修养。二是工作作风改进。通过学习教育，弘扬了求真务实、清正廉洁、联系群众、艰苦奋斗、勤思爱学5种作风和“负责、务实、求精、创新”的南水北调核心价值理念。三是加强了国务院南水北调办机关党建工作。在学习教育中，国务院南水北调办制定了党建工作联席会议制度和纪检工作联席会议制度，建立了党建纪检工作平台，完善议事协调机制，形成齐抓共管党建的合力。各党支部（党委）积极探索强化党建工作的方式，以落实“一账一册一法”为抓手，逐步建立学习台账、党支部工作手册，创新和总结支部工作法，促进支部工作规范化科学化，确保全面从严治党责任在党支部落地生根。一些党支部在学习中探索建立双会制度，征移司党支部、政研中心党支部每周例会将党建会和业务会一起召开，建立起党建业务齐抓共管的长效机制。中线建管局组织全体党员开展了手抄党章活动、“党员示范岗”活动；2016 年 4 月举办了纪检监察工作培训班，120 余名纪检干部参加培训；7 月举办了党支部书记“两学一做”学习教育培训班，120 余人参加培训。水质保护中心党支部和长江流域水环境监测中心通过“互联网 + 党建”的智慧模式，用信息技术服务党建工作。河南分局党总支在所属党支部广泛设立“党员示范岗”，发挥党员先锋模范作用；设立党建微信公众号、局域网共享等现代化信息手段，实现智能式教育。东线总公司党委完善了党建工作制度，制定了《党委会议事规则》《党委中心组学习制度》《党委民主生活会制度》《党支部组织生活会、民主生活会制度》《做合格党员考核办法》等。四是推动了南水北调各项工作。广大党员干部立足岗位作奉献，着力规范运行管理，积极落实“三先三后”，切实抓好尾工建设，努力推进东线二期和西线工程建设。目前，通水运行开局良好，移民总体稳定，水质良好达标，尾工建设顺利，后续工程积极推进，南水北调工程在供水用水、生态保护、环境改善、抗旱减灾等方面综合效益逐步显现。五是发挥了党组织的战斗堡垒作用和党员的先锋模范作用。在 2016 年夏季防汛抢险工作中，国务院南水北调办党组领导身先士卒，带领党员干部一线奋战，党员干部坚持汛情不退不回家，险情不减不离岗，以严的要求、实的作风、硬的担当，成功处置了辉县杨庄沟渡槽、峪河暗渠、韭山公路桥险情，排除了邯郸段陆港桥膨胀土段等 20 多处险情，有效应对了各类突发险情，确保了南水北调供水安全。

（严丽娟）

党风廉政建设

（一）廉政教育

把反腐倡廉理论学习作为党组中心组学习的重要内容。组织党员干部认真学习十八届中纪委六次全会和国务院第四次廉政会议精神，学习中央有关文件。以党支部（党委）为单位组织观看《清风廉韵》专题教育片。2016 年 8 月组织党员干部到北京市西城区人民检察院预防职务犯罪警示教育基地学习参观，通过参观展厅、观看犯罪嫌疑人忏悔录、听取法制课，接受警示教育。中秋国庆元旦前夕，及时发出通知要求廉洁过节。

（二）廉政工作会议

2016 年 4 月，国务院南水北调办召开了廉政工作会，分析南水北调党风廉政建设和反腐败工作形势，安排部署有关工作。国务院南水北调办主任鄂竟平要求深刻学习领会习近平总书记在十八届中纪委六次全会重要讲话和李克强总理在国务院第四次廉政工作会讲话，把纪律建设挺在前面，做好廉政风险防控，强化监督管理，正确把握监督执纪“四种形态”，打造忠诚、干净、担当的南水北调队伍，坚定不移地做到“政治上跟党走、经济上不伸手、生活上不丢丑”。

（三）整治“四风”问题回头看工作

2016 年，国务院南水北调办印发了《关于强化落实全面从严治党主体责任，持之以恒整治“四风”的通知》，要求各单位自查自纠，领导干部带头回头看。机关纪委联合财务部门对直属单位会议费、接待费等费用开支情况进行专项审计并及时反馈意见，跟踪整改结果。纪委建立了纪检监察举报平台，制作了举报方式告示牌悬挂各单位会议室。中线建管局采用飞检形式，在全局开展了整治“四风”问题回头看检查，到基层管理处检查有关文件材料、财务记录单据、办公用房面积等，现场点评并提出整改意见。

（四）党风廉政建设责任制

一是把廉政工作渗透到南水北调业务工作中，同部署同落实同检查同考核。在工程建设和运行管理中，对重大决策、重要干部任免、重大项目安排和大额度资金使用实行集体研究决策，加强工程建设的重要环节和关键领域的监督管理。二是严格执行重大事项报告制度、干部任前谈话和诫勉谈话制度，通过干部考核、问责以及督办等管理办法，对关键岗位，对领导班子、领导干部特别是“一把手”加强监督。三是做好信访举报受理工作，及时查处群众来信来访、举报调查、上级转办的问题线索，坚持依法依纪依规认真处理，接到的信件做到件件有着落。四是按月及时向中央国家机关纪工委报送反映问题线索处置情况统计表和落实八项规定精神情况月报表。

（严丽娟）

2016年直属机关党建述职评议考核

根据中央组织部的统一部署和《中央国家机关工委关于开展2016年度机关党建述职评议考核的通知》（国工发〔2016〕16号）文件精神，按照国务院南水北调办党组“要把党建述职评议考核作为贯彻全面从严治党的重要举措，认真研究布置和落实”的要求，国务院南水北调办结合实际，认真开展了2016年度直属机关党建述职评议考核工作。

（一）述职评议考核工作基本情况

一是制定实施方案。2016年12月，机关党委在认真学习工委文件的基础上，研究制定了《南水北调办直属机关2016年度党建述职评议考核实施方案》，经国务院南水北调办党组同意，并报送中央国家机关工委审核后印发实施。实施方案对党建工作述职形式、述职内容、工作步骤、整改落实、结果运用、工作要求作出了具体的部署，明确了机关党委书记向工委书面述职，机关党委常务副书记、党支部书记和党员实行三级联述联评联考。

二是准备述职报告。围绕贯彻中央关于基层党建工作部署要求、落实全面从严治党责任和贯彻《中国共产党党和国家机关基层组织工作条例》《中央国家机关贯彻落实全面从严治党要求实施方案》《南水北调办贯彻落实全面从严治党要求实施意见》，全面梳理党建工作，总结经验和不足，明确整改方向和措施。国务院南水北调办基层党组织书记都自己动手，认真撰写述职报告，征求党员意见，数易其稿，反复修改完善。机关党委对各司各直属单位党支部书记的述职报告严格要求，认真审核把关。

三是开展联述联评联考。国务院南水北调办党组成员、副主任、直属机关党委书记蒋旭光同志向工委提交了党建工作书面述职报告，常务副书记卢胜芳同志因新任职提交了岗位书面述职报告。2017年1月16日，国务院南水北调办党组书记、主任鄂竟平主持召开直属机关党建工作述职评议考核大会，机关10名党支部（党委）书记就2016年党建工作情况、存在的问题及原因、下一步工作思路举措进行了现场集中统一述职；机关党委委员和党员代表对党支部（党委）书记履职情况进行了严肃认真的现场评议，并按“好、较好、一般、差”4个等次进行考核打分，10名书记考核结果均为“好”。直属机关1051名党员向党支部进行述职，党支部对党员进行了考评。

四是制定整改方案。党支部（党委）书记在述职中都查找了履职工作的薄弱环节和不足之处，主动亮短板、查不足、揭软肋，把问题摆在当面、晒在现场，既查摆了党建工作的薄弱环节，深入剖析了问题产生的原因，又认真制定了整改方案，提出了切实可行的整改措施，将整改措施融入2017年党建工作计划中抓好整改落实，进一步明确了党建工作思路和努力方向。

五是形成综合评价意见并通报考评结果。依据平时了解、督查检查和对党支部（党委）书记的考评得分，机关党委形成了对党支部（党委）书记抓党建工作的综合评价意见。2017年2月27日，机关党委会审议通过了党支部（党委）书记述职评议考核综合评价意见和考核结果。3月3日，国务院南水北调办党组书记、主任鄂竟平主持召开党建工作联席会议，通报了党支部（党委）书记述职评议考核综合评价意见和考核结果。会后，机关党委将党支部（党委）书记考核结果转送人事部门，供干部考核参考。

（二）述职评议考核工作的主要特点

一是办领导重视。国务院南水北调办党组书记、主任鄂竟平亲自审定实施方案，亲自主持述职评议考核大会，亲自主持党建工作联席会议通报考核结果。鄂竟平指出，国务院南水北调办述职考评大会准备充分，党支部（党委）书记述职认真，汇报内容主题突出，重点明确，参会人员的评价直奔主题，直面问题，实事求是。鄂竟平要求，党支部（党委）书记继续坚持问题导向，学习借鉴其他党组织党建工作的经验，对照中央全面从严治党要求，对照习近平总书记关于机关党建工作重要论述，进一步查找自身的不足，切实把“两个责任”扛在肩上，落到实处，通过整改推动2017年党建工作取得新的进步，促进南水北调事业“稳中求好，创新发展”。国务院南水北调办党组成员、副主任、直属机关党委书记蒋旭光也对党支部（党委）书记述职情况作了综合点评，他指出，2016年，各党支部（党委）认真开展“两学一做”学习教育，加强思想理论武装，夯实党的组织建设，深化作风和党风廉政建设，注重统战和工青妇工作，直属机关党建工作得到全面加强和系统提升，2017年要进一步深入落实全面从严治党责任，创新工作方法，抓细抓实抓出成效，为南水北调工程建设和运行管理提供有力的思想政治保证。

二是党支部书记述职述廉同步进行。机关党委要求，党支部书记述职要检查履行党风廉政建设责任制、《党风廉政建设责任书》和落实“两个责任”情况，检查自身落实中央八项规定、廉洁自律情况，并将廉洁从政作为一项重要的考核内容，通过党建工作述职加强对机关各司各直属单位廉政工作的监督检查。

三是党员述职与组织生活会、民主评议党员结合。会上，按照个人自评、党员互评、民主测评的程序，先由党员个人述职，再开展自我批评和相互批评，最后进行党员民主测评，便于组织对党员作出评定，使述职和点评更有内容，更易操作，更切合实际，针对性更强，党员干部普遍反映效果很好。

四是发扬民主。述职报告集思广益，机关党支部（党委）书记的述职报告征求了支部委员和党员的意见，根据大家的意见进行了认真修改。点评畅所欲言，述职考评会上，广大党员在发言中既肯定党支部书记的工作，又坦诚地指出存在的问题和不足，真诚地提出意见建议，民主氛围浓厚。

（严丽娟）

有关省（直辖市）南水北调工程建设管理机构

北京市

组织机构

北京市南水北调办完善了组织架构。以职能为依据，合理调控现有编制资源和人员力量，积极协调市编办成立了北京市南水北调干线管理处，北京市南水北调办所属事业单位增至13家；协调北京市人力资源与社会保障局，将北京市南水北调工程质量监督站纳入工资规范管理单位，在职人员全部整体划转。

（杨　颖　康　姁）

人事管理

（一）干部晋升交流工作

北京市南水北调办加强机关与事业单位人员之间的交流，横向拉长干部的“板凳”，促进干部跨部门晋升和交流，丰富干部任职经历，提升干部素质与能力，激发干部队伍的生机与活力。北京市南水北调办属各单位的领导班子优化，人员配备更加整齐，年龄、知识结构更加合理。

（二）干部监督制度

按照中央《关于防止干部“带病提拔”的意见》精神，北京市南水北调办落实“凡提必审，凡提必核，凡提必听，凡提必查”的要求，坚持干部选拔任用全程记实，提拔前认真审核干部档案、核查个人有关事项、认真听取纪检监察机关意见，任职前依据考察情况有针对性地开展任前谈话。

（三）干部考核工作

北京市南水北调办组织办属单位领导班子和领导干部进行述职述德述廉，开展干部群众民主评议，及时反馈考核结果，加强监督整改，并将考核结果作为班子调整和配备的依据，切实增强领导班子的履职意识和忧患意识。

（四）养老保险入库工作

按照北京市统一部署，北京市南水北调办完成了机关公务员和事业单位工作人员的养老保险待遇发放工作，全系统在职职工全部入库，退休人员实现由社保中心发放养老金。在调整过程中，积极做好政策解释工作，保证政策平稳落实。

（杨　颖　康　姁）

队伍建设

（一）扩充公务员队伍

按照公务员招录的程序和要求，北京市南水北调办继续从在基层一线有工作经历的人员中选录公务员，2016年共招录公务员6名，其中3人为研究生以上学历；同时认真做好机关公务员职务晋升和核定工作，公务员队伍整体素质提高。

（二）高层次、高素质人才引进

北京市南水北调办认真组织开展应届毕业生招聘、接收大学生士兵和接收大学生村官等工作，全年共招聘工作人员24名。截至2016年底，全系统具有大学本科以上学历人数的占比达90%，干部队伍结构优化。

（三）军转干部接收安置工作

根据北京市军转办的统一安排，北京市南水北调办认真落实军转干部接收安置政策，扎实开展了岗位申报、报名审查、考试考核、阅档政审、体检接收、培训实习等各阶段工作，为南水北调人才队伍增添了新的活力。

（杨　颖　康　姁）

干部培训

（一）专题培训

北京市南水北调办坚持问题导向，按照“干什么学什么，缺什么补什么”的原则，利用社会优质教育资源，有针对性、有重点地举办干部专题培训班，全年共组织200余名干部参加培训。同时，组织办机关公务员和办属单位处级以上干部，完成了年度干部在线学习。通过培训，干部职工的业务知识得到更新，工作视野拓宽，业务水平和综合素质提升。

（二）评优表彰工作

北京市南水北调办配合国务院南水北调办、人力资源与社会保障部，完成了南水北调中线干线工程先进集体和先进个人表彰工作，北京市南水北调办建设管理中心、拆迁办公室、质量监督站等3家单位荣获“南水北调东中线一期工程建成通水先进集体”称号；冯启、巢坚、刘秋生、何占峰等4名同志获得“南水北调东中线一期工程建成通水先进工作者”荣誉称号。完成了北京市南水北调配套工程先进集体和先进个人表彰工作，100家先进集体和1000名先进个人获得了荣誉证书和奖金等奖励。通过评选表彰，树立了一批长期奉献在一线的工作典型，激发了广大干部职工的工作热情。

（杨　颖　康　姁）

党建与精神文明建设

（一）政治理论学习

北京市南水北调办认真学习贯彻党的十八届六中全会精神、习近平总书记系列重要讲话精神和治国理政新理念新思想新战略，选派16名党员代表参加学习全会精神中央和北京市宣讲团宣讲报告会，将宣讲内容整理成文字让参会者分头进行宣讲。邀请北京市宣讲团成员通过办视频会议系统，向全体党员进行面对面的辅导讲座。购买发放党的十八届六中全会文件学习辅导资料数百册。坚持学理论、议大事、谋发展、出成效，紧紧围绕南水北调发展工作实际，深化理论学习，打牢学习基础。

（二）思想政治工作

北京市南水北调办各级党组织严格落实“三会一课”、领导干部民主生活会、双重组织生活会制度，广泛开展批评与自我批评，规范党内政治生活，有针对性地做好党员的思想工作，引导党员牢固树立“四个意识”，更好地发挥党员先锋模范作用和支部战斗堡垒作用。以庆祝中国共产党成立95周年、纪念红军长征胜利80周年为契机，举办《中国梦长征魂》文艺汇演。用建设南水北调这一世纪工程的共同的愿景和目标引导队伍，以学习型团队、创新型团队、和谐型团队的建设来凝聚力量、建设队伍，扎实推进思想政治建设。

（三）党组织建设

及时增补基层支部委员。北京市南水北调办机关党总支、南干渠管理处党总支、大宁管理处党总支、拆迁办党支部因干部人事调整，分别召开党员大会进行委员补选，并结合实际重新调整了委员分工，充实基层党组织力量。调整优化党支部设置。及时督促指导任期届满党组织按照规定启动换届工作，严格换届纪律，规范换届程序。对个别联合党支部进行调整，通过优化拆分重组，进一步完善基层党组织建设。

（四）制度建设

制定了《办党组关于落实全面从严治党加强党风廉政建设责任制》《党组主体责任和纪检组监督责任的实施意见》《北京市南水北调办党组关于推进领导干部落实党风廉政建设主体责任全程记实工作的实施办法》《北京市南水北调工程建设委员会办公室领导班子“三重一大”决策制度》等相关制度，扎紧制度笼子，坚持用制度管权管事管人，做到阳光行权、规范用权。

（五）重点工作

（1）开展党员组织关系排查。把开展党员组织关系集中排查作为严格党员管理的源头性基础性工程，召开专题部署会，明确排查工作的重要意义、工作重点、方式方法、时间要求，坚持全面清理与重点排查相结合，全面梳理分析全系统党员的现状，及时完善相关手续。各级党组织共为6名调出党员补办了组织关系调动回执，为39名调入党员补开党组织关系介绍信，全系统290名党员均与党组织联系顺畅，组织生活正常。

（2）组织党费收缴工作。成立党费收缴工作专项检查领导小组，举办《党章》和《党费收缴、使用和管理的规定》专题培训，按照规定要求准确测算每名同志应交的党费，引导党员自觉履行党员义务足额交纳党费。全办党员均已按要求提前足额完成党费补缴。

（六）工青妇工作

（1）坚持党建带工建。指导机关工会深化“送温暖、送文化、送健康”活动。2016年，机关工会顺利完成换届、职工运动会及厨艺大赛等活动，对办系统5名困难职工进行救助，为干部职工营造和谐、愉快的工作环境。机关妇工委以开展“巾帼建功”活动为抓手，引导妇女职工在各项工作中发挥半边天作用。

（2）坚持党建带团建。团结带领广大团员青年在南水北调各项事业中发挥生力军作用。各级团组织开展“三强三立”活动，以争创青年文明号，学雷锋、五四青年节、青年建设者足迹烙印、通水两周年等重要活动鼓励引导团员立足岗位做贡献。

（七）精神文明建设

开展内容丰富、形式多样的精神文明活动，突出宣传重点，营造良好氛围。一是结合重要时点，组织开展系列专题宣传。习近平总书记视察北京两周年之际，参与录制北京电视台大型专题片《春潮》，向社会各界阐述了北京市南水北调建设在贯彻落实“五大发展理念”方面的各项举措；弘扬工匠精神，推出“大国工匠”南水北调；建党95周年之际，录制《党建进行时》《新活法·党员精彩故事》南水北调专题片；江水进京两周年之际，组织两批系列报道并召开新闻发布会，通报两年来北京市南水北调建管运行和工程效益发挥情况，回应社会关切。二是大力表彰宣传先进典型。北京市委、市政府对南水北调配套工程建设中作出突出贡献的100家先进集体和1000名先进个人予以表彰。全系统干部职工接连荣获“南水北调东中线一期工程建成通水先进工作者”、北京市优秀共产党员、北京市直机关优秀党务工作者、首都学习之星、北京市“三八”红旗奖章、首都“最美家庭”等荣誉，社会各界对南水北调的认知度、认可度和重视度显著提升。

（翟书旺　王欣冉）

“两学一做”学习教育

北京市南水北调办统一印制了学习资料和学习笔记本，制定学习教育方案、指导分工及重点任务督察清单，认真组织检查督导，深入开展“两个规范”大讨论。通过设置党员桌牌、佩戴党徽、制作承诺墙、党员责任区挂牌、张贴宣传画等，强化视觉教育，营造学习教育环境和争先创优氛围。针对非编党员的特点，探索组建临时党支部，让党员找到归属感，过上健全的组织生活。

开展“一支部一品牌一亮点”创建活动，构建具有南水北调特色的党建品牌体系。如南干渠党总支“闪光的承诺，飘扬的党旗”，每名党员办公桌设置“我是党员，我做到了吗”“我是党员，你看出来了吗”桌牌，使党员在履行职责的时候既有自我约束，又有他人监督；团城湖党总支开展党员重温入党历程活动，每名党员重书入党申请，重审入党动机、重写思想汇报，重走入党历程；大宁党总支从“政治信仰、遵章守纪、工作作风、爱岗敬业、精钻技术、责任担当”六方面为合格党员“画像”，引导党员对标看齐，边学边改。

运用“内网专栏、微信、视频会议系统、电子期刊”搭建形成“网、微、视、刊”四个平台，推动8小时内外双强化、线上线下学习交互并行。在办内网建立“两学一做”学习教育专栏，及时展示“两学一做”工作动态；组建微信群，通过每日诵读党章三分钟等形式展开学习；开通微信号，定期推送微党课、微动漫、微视频等学习内容；创办“党建参考”电子期刊，及时传递上级精神，实现学习资料的扁平化共享。大力表彰宣传“两优一先”典型，通过身边鲜活的榜样言传身教，用身边人、身边事教育带动广大党员干部，营造积极向上的浓厚氛围。

（翟书旺　王欣冉）

党风廉政建设

（一）落实“两个责任”

北京市南水北调办建立了以机关党委、基层党组织为纵向，以各层级具体责任为横向的立体化党建责任体系，严格落实党风廉政建设责任制。年初召开会议，全面部署机关党建工作；年中开展督促检查，召开专题会议推进工作的落实；年底安排办领导带队检查考核各级党组织落实党风廉政建设责任制情况，切实把从严治党的责任落到实处。下发了《2016年贯彻全面从严治党落实党风廉政建设主体责任工作要点》《2016年贯彻全面从严治党落实党风廉政建设主体责任清单》《2016年党风廉政建设责任分解》，以“两个责任”为抓手，以强化权力运行制约和监督为重点，清晰化明责、台账化履责，一级抓一级、层层抓落实，形成了横到边、纵到底、覆盖各个层面的党风廉政建设主体责任和监督责任体系。

（二）党建述职评议工作

北京市南水北调办机关党委书记向北京市直机关工委述职，7名机关基层党组织书记现场向机关党委述职并接受质询，二级支部书记向党总支述职，晒出成绩、摆出问题、分析原因、明确下一步抓党建的思路和整改措施。党员群众代表现场对述职书记评定等次，考核结果作为当年干部考核和年度评选“两优一先”的重要依据。

（三）党风廉政建设责任制

（1）北京市南水北调办成立了全面从严治党加强反腐倡廉建设领导小组，主要负责贯彻全面从严治党要求，认真落实管党治党主体责任和监督责任，切实加强对反腐倡廉工作的组织领导，积极开展廉政风险防控等工作。

（2）强化纪律规矩教育，举办《中国共产党问责条例》专题辅导讲座，引导党员强化底线意识和纪律意识，筑牢思想道德防线。

（3）严肃党内政治生活。严格执行全程纪实制度，为领导干部印制《全程记实工作手册》。

（4）持续改进作风，在服务基层上下功夫，做到经常检查指导，经常督促落实，切实解决基层实际问题。

（5）严肃执纪追究问责。坚持关口前移，用好“四种形态”，抓早抓小，编发廉洁过节微信，加强自查、抽查，把公款送礼、公款吃喝、公车私用等问题作为重点，严防“四风”问题反弹，纯洁过节风气，确保全系统无违纪问题发生。

（翟书旺　王欣冉）

天　津　市

概　述

2016年，天津市南水北调办认真学习贯彻党的十八届六中全会精神，把思想认识和行动统一到中央、天津市委和局党委决策部署上来。按照天津市水务局党委的部署，扎实开展“两学一做”学习教育，深入学习关于新形势下党内政治生活的若干准则和中国共产党党内监督条例，切实增强党员干部“四个意识”，实现了政治生态进一步好转、党的建设进一步规范、全面从严治党进一步加强。

（天津市南水北调办）

组　织　机　构

2016年8月，天津水务集团公司以《关于设立天津水务集团有限公司供水运营管理中心的通知》（津水集团党发〔2016〕17号）文件设立天津水务集团公司供水运营管理中心，负责供水调度管理、供水水质管理、防汛、供水工程运行管理等工作，其中包括引江供水调度管理、水质管理、防汛、供水工程运行管理等。

人　事　管　理

天津市南水北调办围绕选人用人深入开展六项专项整治，召开处级以上领导班子增强“四个意识”、反对圈子文化和好人主义专题民主生活会；开展处级干部年度考核测评推优、领导干部谈话、个人有关事项报告和人事档案专项审核认定工作，组织处级干部参加3期处级干部轮训班。天津市南水北调办赵考生、杜铁锁在市水务局2015年度处级干部考核中被评为优秀等次。

赵考生同志免去天津市水务局（天津市引滦工程管理局）副总工程师、天津市南水北调工程建设委员会办公室总工程师职务；徐宝山同志免去天津市南水北调工程建设委员会办公室计划财务处副处长职务；杜铁锁同志任天津市南水北调工程建设委员会办公室规划设计处处长；陈菁同志任天津市南水北调工程建设委员会办公室计划财务处处长（试用期一年）；刘学功同志免去天津市南水北调工程建设委员会办公室规划设计处处长职务；陈绍强同志不再担任天津市南水北调工程建设委员会办公室建设管理处副处长职务，退休；孙铁同志经任职试用期满考核合格，任天津市南水北调工程征地拆迁管理中心主任，任职时间从2015年11月20日计算。

（天津市南水北调办）

党建与精神文明建设

天津市南水北调办认真学习贯彻党的十八届六中全会精神，深入学习关于新形势下党内政治生活的若干准则和中国共产党党内监督条例，教育引导广大党员干部切实增强了“四个意识”，提高了党性修养，改进了工作作风。落实党组织书记和党员干部讲党课制度，建立“两学一做”整改任务台账，开展4个专题交流研讨。严格落实“三会一课”、党员领导干部参加双重组织生活和“书记讲党课”制度，“网上党校”实现全覆盖，取得良好效果。精神文明建设活动广泛开展，组织学习贯彻习近平总书记系列重要讲话和社会主义核心价值观等活动，以党的最新理论成果武装干部职工；进一步加强民主管理，推进职工素质工程建设，广泛开展职工文体活动。

（天津市南水北调办）

“两学一做”学习教育

天津市南水北调办以“两学一做”学习教育为契机，把学习教育贯穿于南水北调工作全过程，坚持全面从严治党和推动南水北调业务工作齐抓共管，带动全办工作呈现出新面貌。大局意识明显增强，全办干部职工认真贯彻局党委各项决策部署，心往一处想，劲往一处使，确保全年任务圆满完成；工作作风明显转变，各级干部以身作则，以上率下，机关工作节奏明显加快，人浮于事的现象明显改观，办公环境得到很大改善，干部职工的精神状态明显提振、干事创业的意识明显增强。

（天津市南水北调办）

党风廉政建设

天津市南水北调办坚持廉政先行，结合工程建设全面加强党风廉政建设，认真落实党风廉政建设责任制，签订党风廉政建设责任书，层层压实党风廉政建设主体责任，坚持打造廉洁工程。加强工程建设资金监管，规范领导干部权力运行，对关键岗位、关键环节加强监督，南水北调系统全年未发现干部违规违纪问题。认真落实中央八项规定精神，深入开展领导干部办公用房、公车私用等专项治理，有效防范了“四风”问题回潮反弹。

（天津市南水北调办）

河　北　省

党建与精神文明建设

2016年，河北省南水北调办全面贯彻党的十八届六中全会精神，认真组织学习了习近平总书记系列重要讲话精神，深入开展了“机关作风整顿”“两学一做”学习教育、“一问责八清理”专项清理、深化“走在前、做表率”主题实践活动，全面提升了机关党建工作精准化、科学化水平，圆满完成了各项党建工作任务。

（一）“两学一做”学习教育

坚持把“学党章党规、学系列讲话，做合格党员”学习教育作为全年党建工作的“中心任务”，按照中央和省委统一部署，加强以党章为重点的党内法规学习教育，推动党内教育从“关键少数”向全办党员拓展、从集中性教育活动向经常性教育延伸。

（二）“走在前、做表率”主题实践活动

丰富拓展走在前、做表率内涵，引导全办党员干部在强化看齐意识、加强理论武装上走在前，做对党绝对忠诚的表率；在深化改革、攻坚克难上走在前，做敢于担当尽责的表率；在廉洁自律、拒腐防变上走在前，做严守纪律规矩的表率；在崇尚实干、力戒空谈上走在前，做弘扬优良作风的表率。

（三）党风廉政建设

始终把落实党风廉政建设主体责任作为一项重要政治任务，切实强化“不抓廉政建设就是失职”的责任意识，提高了领导班子对落实主体责任重要性和必要性的认识。认真学习领会习近平总书记关于党风廉政建设的一系列重要论述和中纪委、河北省纪委全会精神，明确了党风廉政建设工作的责任，形成了层层传导压力，层层抓好落实的责任体系。

通过三会一课、专题讲座等方式，组织党员干部学习十八届六中全会精神和《中国共产党廉洁自律准则》《中国共产党纪律处分条例》，使全体党员干部深入领会六中全会精神实质，自觉在思想上政治上行动上同以习近平同志为核心的党中央保持一致。党内政治生活更加严格，监督更加有力，增强了大局观念、责任意识，更加注重站在全局角度考虑问题，统筹安排部署工作，在具体工作中更加注重围绕中心、协调配合，各项工作开展更加顺畅、高效。

（四）精神文明建设

以“中国梦·赶考行”宣传教育为载体，推进中国特色社会主义和中国梦宣传教育。深化拓展“善行河北”主题道德实践活动，把严和实纳入社会主义核心价值观教育重要内容。深入开展纪念中国共产党成立95周年和中国工农红军长征胜利80周年宣传。

（河北省南水北调办）

河 南 省

概 述

2016年，河南省南水北调办主要工作是开展制度创新，规范运行管理，提升供水规模。组织开展“两学一做”学习教育，配合河南省委专项巡视，创新建立运行管理体系，完善规范“4+2”党建及配套制度，完成年度各项工作任务，实现河南省南水北调工程经济、生态和社会效益逐步扩大的工作目标。2016年有31个分水口门向52座水厂供水，累计供水22.7亿m^3，1800多万城镇居民直接受益。

（一）开展“两学一做”学习教育

河南省南水北调办领导班子多次带着问题组织中心组学习，学习党的十八大和十八届三中、四中、五中、六中全会精神，学习习近平总书记系列重要讲话精神，深刻领会和把握新时期党的治国理政新理念、新思想、新战略。坚持从严从实要求，推进党员领导干部学习教育向广大党员延伸，向经常性教育延伸。以“学”为基础，统一思想，增强党要管党、全面从严治党的政治责任感和使命感。对照“四讲四有”标准，主动查找在贯彻落实全面从严治党要求和履行主体责任上的差距。以“做”为关键，迅速行动、认真整改，坚持“学”“做”并举，知行合一，坚决把思想和行动统一到中央和省委的部署要求上来，做合格党员。

（二）巡视整改工作

2016年2月28日~4月26日，河南省委第八巡视组对河南省南水北调办开展了专项巡视。11月28~30日，河南省委第八督查组对河南省南水北调办开展了巡视整改重点督查。河南省南水北调办始终把河南省委巡视作为重大政治责任来抓落实，对于河南省委第八巡视组专项巡视反馈指出的问题，河南省水利厅党组、省南水北调办“照单全收”，明确责任，强化措施，全力推进整改落实，取得了良好成效，得到了河南省委巡视组的肯定。

（三）落实全面从严治党“两个责任”

河南省南水北调办始终把贯彻落实“两个责任”扛在肩上，聚焦中心任务，突出主业主责。坚持党建工作和业务工作同谋划、同部署、同检查、同考核，严格党员日常监督管理，强化对权力运行的监督制约，切实履行党风廉政建设主体责任。牢固树立四个意识，领导班子主要负责同志带头履行党建“第一责任人”职责，班子成员严格履行分管责任，实行“一岗双责”。定期组织开展警示教育，经常提醒、经常警示，教育引导干部职工自重、自省、自警、自励，时刻绷紧廉洁自律这根弦，严守政治纪律和政治规矩。注重细节，抓早抓小，加强监督执纪“四种形态”的运用，从细节入手，对苗头性、倾向性问题，及时预警、及时纠正。坚持“纪挺法前”的原则，强化监督检查，严肃执纪问责，营造不敢腐、不能腐、不想腐的氛围，强力推进“两个责任”落实。

（四）完善过程控制制度体系

坚持贯彻依法审计、督促履职尽责，强化自身建设、强化内部控制、完善长效监督制约机制，实现决策权、执行权、监督权相互制约又相互协调的权力结构。坚持按季度进行内部审计，及时发现问题解决问题，完善内部审计规章制度，建立长效监督制约机制，不断提高依法行政意识，为河南省南水北调事业健康发展保驾护航。配合审计署、国务院南水北调办及河南省审计厅审计，严把资金关口，发挥南水北调工程建设资金的使用效率。全年累计完成干部离任审计 1 次，完成河南省南水北调办（建管局）内部财务审计 3 次，完成河南省配套工程 2007 ~ 2016 年工程建设资金使用管理专项审计任务。

（五）完善“4 + 2”党建制度

河南省南水北调办紧密结合专项巡视反馈问题的薄弱环节及河南省南水北调工程运行管理以来面临的新机遇、新挑战，针对重点人、重点事、重点问题等廉政风险点，开展查漏补缺活动，分析问题产生的根源，集中研究制定了基础性、长期性的“4 + 2”党建制度体系。2016 年 2 月印发了《关于完善反腐倡廉制度的实施细则》等 15 项党建制度为主要内容的制度汇编，2016 年 11 月印发了《中共河南省水利厅党组全面从严治党主体责任清单》等 24 项党建制度为主要内容的制度汇编，构建了相互衔接、可操作性强、较为系统的党建制度体系，为河南省南水北调办适应新时期党建工作新要求。

（六）培育干事创业干部队伍

组织河南省南水北调办领导班子参加河南省水利厅党组中心组的集体学习，带头学《党章》、讲心得、谈体会，坚定理想信念，统一干部职工的思想认识。及时传达学习贯彻党的十八届六中全会精神和河南省第十次党代会精神，学习《关于新形势下党内政治生活的若干准则》和《中国共产党党内监督条例》，严守政治规矩和政治纪律。组织开展“两学一做”学习教育，有计划地到联系点讲党课，以普通党员身份参加所在支部的组织生活，开展批评和自我批评，引领各支部落实“三会一课”制度。有计划地组织党员干部到井冈山干部学院、确山县竹沟革命纪念馆、红旗渠等红色教育基地进行党性锻炼，组织各支部成员分批到河南省南水北调办定点扶贫村开展对贫困户的一对一帮扶活动，丰富党建工作的内容和载体。对照“四讲四有”，查摆理想信念、遵守纪律、道德修养、践行宗旨等方面的问题，边学边改、即知即改，争做合格党员，提升党员干部工作能力。

（杜军民）

组 织 机 构

2016 年，河南省南水北调办（河南省南水北调建管局）下设综合处、投资计划处、经济与财务处、环境与移民处、建设管理处、监督处、审计监察室 7 个处和南阳、平顶山、郑州、新乡、安阳 5 个南水北调工程建设管理处（豫编〔2008〕13 号）。根据工作需要，内设机关党委、机关纪委、机关工会。受国务院南水北调办委托代管南水北调工程河南质量监督站。批复人员编制156名，其中行政编制40名，工勤编制12名，财政全供事业编制104名。

（杜军民）

人 事 管 理

2016年河南省南水北调办现任主要领导如下：

刘正才，河南省南水北调办主任、河南省水利厅党组副书记。

贺国营，河南省南水北调办副主任、河南省水利厅党组成员。

李颖，河南省南水北调办副主任、河南省水利厅党组成员。

杨继成，河南省南水北调办副主任、河南省水利厅党组成员。

2016年5月，以豫水组〔2016〕48号文件发布了以下人事任免：

申来宾任河南省南水北调办总工程师，免去其河南省南水北调办投资计划处处长职务。

卢新广任河南省南水北调办总会计师，免去其河南省南水北调办经济与财务处副处长职务。

王家永任河南省南水北调办综合处处长，免去其河南省南水北调办环境与移民处处长职务。

雷淮平任河南省南水北调办投资计划处处长，免去其河南省南水北调办建设管理处处长职务。

张兆刚任河南省南水北调办经济与财务处处长，免去其河南省南水北调办总会计师职务。

李国胜任河南省南水北调办环境与移民处处长，免去其河南省南水北调办监督处处长职务。

单松波任河南省南水北调办建设管理处处长，免去其河南省南水北调办总工程师职务。

田自红任河南省南水北调办监督处处长，免去其河南省南水北调办综合处副处长职务。

郭强任河南省南水北调办监督处调研员，免去其河南省南水北调办监督处副处长职务。

2016年7月，以豫水组〔2016〕66号文件发布了以下人事任免：

蒋勇杰任河南省南水北调办综合处副处长，免去其河南省南水北调建设管理局平顶山段建设管理处副处长职务。

吴顶任河南省南水北调办综合处副处长（试用期一年），免去其河南省南水北调办综合处副调研员职务。

李岩任河南省南水北调办综合处副调研员。

杜卫兵任河南省南水北调办投资计划处副处长，免去其河南省南水北调建设管理局南阳段建设管理处副处长职务。

王璞任河南省南水北调办经济与财务处副处长（试用期一年）。

安琦任河南省南水北调办监督处副处长（试用期一年），免去其河南省南水北调办监督处副调研员职务。

郝家凤任河南省南水北调建设管理局南阳段建设管理处副处长（试用期一年）。

谢道华任河南省南水北调建设管理局郑州段建设管理处副处长（试用期一年）。

李华光任河南省南水北调建设管理局平顶山段建设管理处副处长（试用期一年）。

（王笑寒）

纪 检 监 察

河南省南水北调办贯彻落实党风廉政建设各项规定，坚持讲制度建设和党风廉政建设相结合，构建教育、制度、监督并重的惩治和预防腐败体系，聚焦中心任务，突出主业主责，推动全面从严治党，形成风清气正的政治生态。

一是加强警示教育。以落实中央八项规定、河南省委省政府20条意见为抓手，常抓实抓党的建设和党风廉政建设，强化忧患意识，坚决反对和抵制“四风”。定期组织开展警示教育，经常提醒、经常警示，使党员干部时刻绷紧廉洁自律这根弦，严守政治纪律和政治规矩，教育引导干部职工自重、自省、自警、自励，从反面典型案例中吸取教训，始终保持清醒头脑，筑牢拒腐防变的思想防线。注重细节，抓早抓小，教育和引导党员干部清醒认识党风廉政建设和反腐败工作抓早抓小的必要性，注重监督执纪“四种形态”的运用，坚持从小处着眼，从细节入手，对苗头性、倾向性问题，及时预警、及时纠正，杜绝问题升级和蔓延。

二是畅通信访渠道。建立健全信访工作机制，设立信访监察工作专栏，宣传党风廉政建设的各项法律法规，公开办事政策和程序。设立举报信箱和举报电话，畅通信访举报通道，认真对待群众来信来访，澄清事实，依法办理。全年共处理3起信访事项，全部得到了群众满意答复。

三是严格执纪问责。以全面完成河南省南水北调办全面从严治党主体责任清单及监督责任清单为目标，以签订的年度党风廉政建设任务为抓手，加强投资控制和资金监管，确保“工程安全、质量安全、资金安全、干部安全。”树立法制意识，把遵守各项规章制度作为干部职工立言立行立德的“生命线”、为人处事交友的硬约束。坚持“纪挺法前”的原则，强化监督检查，严肃执纪问责，营造不敢腐、不能腐、不想腐的氛围，推进“两个责任”落实。先后7次组织开展对机关各处室、各项目建管处人员在岗情况、工作纪律情况、廉洁自律情况、服务意识情况、工作作风情况随机抽查和暗访。依据《中国共产党巡视工作条例》《中国共产党问责条例》《全面从严治党监督检查问责机制暂行办法》及《事业单位工作人员处分暂行规定》，严肃进行责任追究。对事实清楚、问题严重、构成问责要件的，经河南省水利厅党组及河南省南水北调办集体研究决定，2016年共进行责任追究14人次，追回资金33.03万元。

（杜军民）

精　准　扶　贫

2016年，河南省南水北调办依据《河南省南水北调办公室驻确山县肖庄村脱贫帮扶工作方案》，加强资金、项目和政策的支持和对接，引导和鼓励社会力量以多种形式参与扶贫工作，推动扶贫措施落到实处。

一是改善肖庄村小学教学条件。2015年9月，河南省南水北调办拿出10万元经费，对教学楼进行重新粉刷，添置了100套学生课桌和10套教师办公桌椅；2016年协调河南省内一家企业投资36万元，援建一栋教师宿舍；协调河南省设计院投资15万元，援建一间电教室；协调确山县水利局投资10万元，援建完成一口吃水井。

二是实施美丽乡村建设。河南省南水北调办拿出35万元专项扶贫资金对4个村民组的人居环境进行整治；争取项目扶贫专项资金512万元，硬化完成村内道路；争取项目扶贫专项资金120万元，进行村内电力线路升级整治；争取项目扶贫专项资金72万元，改建村部；争取专项扶贫资金80万元，开展村内路灯、绿化等实施建设；利用扶贫专项资金10万元，建设村内一处文化广场；争取210万元专项扶贫资金，开展部分村民的整体搬迁。

三是开展农田水利建设。争取510万元扶贫项目专项资金，开展村内11处堰塘清淤整修等农田水利基础设施建设。

四是实施安全饮水提升工程。争取250万元扶贫项目专项资金，完成肖庄村18个村民组2200余人的集中供水项目建设等。

五是推动旅游项目开发。协调驻马店市艾森房地产公司投资590余万元，完成11.8公里盘山旅游道路建设；争取300万元专项扶贫资金，建设王富贵经济发展园区；利用30万元扶贫项目资金，建设完成旅游道路绿化；争取50万元专项扶贫专项资金，完成农村旅游餐饮厨房设施建设。截至2016年底，累计完成投入2840万元。按照“一对一帮扶”方式认定的全部49户（120人）贫困户已有13户（43人）成功实现脱贫目标。

（杜军民）

党建与精神文明建设

2016年，河南省南水北调办围绕南水北调运行管理中心任务，开展党建工作，加强理论学习教育、组织建设、制度和廉政建设、精神文明建设工作等方面工作。

河南省南水北调办机关党委下设11个基层党支部，党员101名，有党务专干和精神文明建设专干各1名，各党支部书记配备齐全，均设有组织员。党组织的活动经费能够满足需要。

落实思想建党、制度管党、从严治党责任，安排部署，定期讨论、研究、指导党建工作，听取党建工作汇报。班子主要负责人带头履行党建“第一责任人”的职责，班子成员严格履行分管责任，实行“一岗双责”，并在主任办公会上带领大家共同学政治、学业务、学党建知识，为机关党委完成各项业务工作创造环境、提供指导、给予保障。

根据《中国共产党章程》河南省委省直工委《关于同意成立中共河南省南水北调中线工程建设领导小组办公室机关纪律检查委员会的批复》意见，2016年10月25日，召开机关党委换届选举大会暨第一届机关纪律检查委员会成立选举大会，选举产生了中共河南省南水北调办公室第二届机关委员会委员7名，选举产生了中共河南省南水北调办公室第一届机关纪律检查委员会委员5名。

结合贯彻落实《中国共产党党和国家机关基层组织工作条例》和《中共河南省委关于加强新形势下机关党的建设的意见》，针对河南省委第八巡视组反馈意见指出的党建工作方面存在的问题，立行立改，在符合条件的8个党支部成立了支部委员会，加强了基层党组织建设。并根据人员调整变化情况，及时更新各支部党员人数名单，便于各支部开展党内活动和收缴党费。

贯彻落实中共中央办公厅《关于加强新形势下发展党员和党员管理工作的意见》和《中国共产党发展党员工作细则》，加强对入党积极分子的培养和教育。按照“坚持标准、保证质量、改善结构、慎重发展”的方针和“成熟一个、发展一个”的原则，通过入党积极分子参加党内活动，了解和考察他们对党的认识、入党动机、思想觉悟等方面的情况，有针对性地进行培养和教育。2016年发展预备党员1名，列入发展对象1名。“七一”前夕，邹根中被河南省水利厅党组授予优秀共产党员称号。

将收缴党费作为增强党员党性观念，加强作风建设的重要措施来抓。严格履行收缴党费手续，党员交纳党费有登记，党支部上缴党费有收据，每年进行收缴党费公示。2016年8月中旬，根据省委省直工委《关于严肃党费收缴、使用和管理的通知》要求，开展缴纳情况核查工作，对党费交纳标准进行重新核准，对少缴的党费进行了补交。

政治理论学习结合党中央全面从严治党和“两学一做”学习教育的总体要求，制订学习计划，明确学习内容，划定学习重点，注重学习实效。

组织党员干部学习《中国共产党章程》《中国共产党廉洁自律准则》《中国共产党纪律处分条例》《中国共产党问责条例》《关于新形势下党内政治生活的若干准则》和《中国共产党党内监督条例》等党规党纪，学习

《习近平总书记系列重要讲话读本》（2016年版）、《习近平总书记系列重要讲话文章选篇》《在庆祝中国共产党成立95周年大会上的讲话》《十八大党章学习读本》《党的十八届六中全会文件学习辅导百问》等书籍文章。印发了《关于深入学习宣传贯彻党的十八届六中全会精神的通知》，转发了河南省委办公厅、省委组织部《关于深入学习省十次党代会精神的通知》等文件。

（崔　堃）

“两学一做”学习教育

河南省南水北调办机关党委在省委省直工委和水利厅党组领导下，开展“两学一做”学习教育。在学习教育中，坚持从严从实要求，推进党内学习教育从“关键少数”向广大党员拓展、从集中性教育向经常性教育延伸。

“学”为基础，深化思想认识。第一时间传达学习中央和省委重大决策部署，及时了解党的路线方针政策，把握党中央治国理政的新思路新理论新战略，增强贯彻落实的自觉性和主动性。通过邀请专家讲座、观看影视教育片、在河南省南水北调网站上传“两学一做”学习教育有关内容及有关党建知识，开展“微型党课”演讲比赛、进行“两学一做”知识答题、撰写读书心得、组织青年党员干部职工开展“弘扬红旗渠精神做合格党员”主题活动等多种学习形式，增强了学习的吸引力，提高了学习教育的覆盖面，提升了党员干部的政治思想水平。

“做”为关键，解决突出问题。在学习教育中，坚持改促并举、知行合一。按照上级党组织要求，开展党员组织关系排查工作、党费收缴专项检查、巡视整改等工作。针对党组织战斗堡垒作用不明显、党员意识薄弱等突出问题，提出强化党员意识“六个一”的要求。即：会议室和正处级以上领导办公室要摆放一面党旗；每位党员佩戴一枚党徽；党员每月按时缴纳一次党费；党员每人手写一份党章；办领导和党支部书记每年至少讲一次党课；党支部每年至少召开一次民主生活会。

丰富学习载体，营造学习氛围。印发“两学一做”学习教育简报20期，及时向上级党组织汇报学习教育工作动态；汇编印发“两学一做”学习资料10篇；开通“河南‘两学一做’微信公众号手机报”；建立“两学一做”学习教育微信群；制作“两学一做”学习教育展板等，为学习教育的深入推进营造学习氛围。

抓好督导检查，落实各项任务。对各支部“两学一做”学习教育情况进行督导检查，明确督导重点内容，抽查支部学习会议记录、支部书记讲党课课件、党员学习心得体会等，掌握基层一线的真实情况，及时发现问题，提出整改意见，推动学习教育各项任务落实落细。

（崔　堃）

文明单位创建

（一）创先争优活动

2016年，继续开展以改进工作作风、严明工作纪律、提升工作水平、美化工作环境为内容的创先争优流动红旗评比活动。

（二）思想道德教育

邀请中国人民解放军军事科学院研究员、北京大学特聘教授陈宇作“坚持理想信念，传承长征精神”专题报告；组织干部职工观看《感动中原2015年度人物颁奖盛典》《德耀中原——第五届河南省道德模范颁奖仪式》等电视节目。举办社会主义核心价值观、诚信无穷价、消防安全、健康知识等系列文化讲堂活动。开展文明处室、文明职工和最美文明家庭评比活动、2016年度“我评议、我推荐身边好人”系列活动。

（三）志愿服务活动

开展环境保护活动。组织志愿者参加省直义务植树、到南阳郑岗帮扶村清洁家园、冬季除雪铲冰等义务服务活动。春节前对退休干部进行慰问，组织干部职工开展义务献血活动。

（四）文明宣传活动

举办新商务礼仪知识讲座，开展“低碳环保”健步走、自行车趣味赛和“抵制不文明”倡议活动。

（五）节日主题活动

在春节、元宵节、端午节、中秋节等传统节日里，组织开展新春联谊会、猜灯谜、包粽子、除尘杂等形式多样、具有民俗特色的活动。

（六）群众文体活动

开展“活力机关”建设和群众性健身活动，组织40名干部职工（其中厅级4名）参加省直六运会，参与广播操、射击、拔河、羽毛球、游泳、乒乓球共计7个项目的比赛。其中，广播操获团体赛二等奖，李颖获乒乓球“公仆杯”团体二等奖，杜卫兵获B组男子乒乓球单打二等奖，宁俊杰获B组女子乒乓球单打一等奖；张攀获男子50m自由泳三级粉海豚三等奖。河南省南水北调办获“体育道德风尚奖”。

（七）文明单位验收

按照《在届省级文明单位年度复查测评体系》及河南省南水北调办2016年度精神文明创建工作要点，细化分工、落实责任，把每一项工作落实到位。河南省级文明单位考核组对河南省南水北调办的文明建设工作进行全面检查，并对巩固省级文明单位建设成果所做的工作表示肯定，同时也指出了不足。河南省南水北调办通过年度考核验收。

（龚莉丽）

湖　北　省

组　织　机　构

2016年7月，《湖北省编办关于组建碾盘山水利水电枢纽工程建设管理机构的批复》（鄂编办文〔2016〕73号）：经湖北省编委同意，设立湖北省碾盘山水利水电枢纽工程建设管理局（筹），为湖北省南水北调管理局所属公益二类事业单位，建设期间作为工程项目法人单位，承担项目法人建设管理职责，具体负责建设资金的筹措、工程建设与管理工作。根据实际工作需要，工程建设期间按照“满足需要、精干高效”的原则，暂定人员控制数40名，从湖北省引江济汉工程管理局划转；领导职数1正3副，分别按相当正、副处级选配，总工程师1名，按相当副处级选配。划转后，湖北省引江济汉工程管理局人员控制数减少为205名。

人　事　管　理

湖北省委组织部鄂组干〔2016〕267号通知，湖北省委批准：王少国任湖北省南水北调管理局（湖北省南水北调工程领导小组办公室）副巡视员，任职时间从2016年5月12日起计算。

2016年，根据《党政领导干部选拔任用条例》，结合机关交流轮岗需要实际和干部职数空缺情况，按照配齐配强机关部门和直属单位班子要求，机关和直属事业单位调整和配备主要负责人6人，调整机关和直属单位副处级干部岗位2人，选拔副处级干部9人，其中：机关4人、直属单位5人。从机关和直属事业单位抽调领导干部筹备成立了省碾盘山水利水电枢纽工程建设管理局（筹）领导班子，明确由党组成员、副局长（副主任）李静兼任局长、党委书记。

根据湖北省委省政府2016年军队转业安置政策，2016年12月，湖北省南水北调管理局（湖北省南水北调工程领导小组办公室）接收安排1名正团职军队转业干部。

根据事业发展需求，结合单位岗位空缺，通过多种途径，积极充实基层力量，组织直属事业单位面向社会公开招聘工作人员8名。

组织完成了2016年湖北省南水北调管理局水利电力工程专业技术中级职务评审工作，评审通过水利电力工程师2名、助理工程师14名。

贯彻落实中央《干部教育培训工作条例》和省实施意见，按照提升能力、增强素质，突出政治理论、党性党风教育，加强干部教育培训工作。2016年选派科级及以上干部参加党校调训17人；组织机关干部业务能力集中培训7次、直属单位专业技能培训5次，共培训560余人次。

（马　云）

党风廉政建设

2016年，湖北省南水北调办（局）党组认真落实全面从严治党主体责任，坚持高起点谋划、高标准推进、高频次检查，着力抓好党风廉政建设和惩防体系建设，取得了显著成效。

（一）廉政教育

认真组织开展了第十七个党风廉政建设宣传教育月活动，组织干部集中观看了《忠诚与背叛》，层层签订了《党风廉政建设承诺书》，组织人员参加湖北省法院审判旁听，实案接受教育。认真落实党员领导干部上党课制度，党组书记和其他班子成员都与分管处室或所联系单位讲了一次党课。积极营造廉政氛围，持续开展党风廉政建设“我知晓、我参与、我监督”活动，落实党务公开制度，及时公布涉及干部晋职、评优等切身利益的相关信息，自觉接受群众监督。普遍与干部职工家庭签订了《党风廉政建设助廉书》，将廉政教育延伸至家庭。

（二）组织建设

结合基层换届选举，设立了机关纪委，由原纪检监察员专责担任机关纪委书记，并增设了2名纪委委员。直属各单位分别成立了纪委，并由一名副局长任纪委书记，专责分管本单位党的建设工作。认真落实《中共湖北省委关于落实党风廉政建设党委主体责任纪委监督责任的意见》和《中共湖北省委关于落实党风廉政建设主体责任清单》的规定，2016年7月研究制定了《湖北省南水北调办（局）党组落实党风廉政建设主体责任清单》，构建了党组班子、党组书记和班子成员落实党风廉政建设的责任体系，并建立了领导干部履责情况纪实制度，确保把责任传导到位。认真落实党员干部重大事项报告制度，副处级以上领导干部个人有关事项2015年集中年报23人，报告率100%，全年重点抽查核实11人，随机抽查3人。机关纪委全年参加采购和招标会议共13次，函询1人次。

（三）巡视整改

2016年4月15日~5月20日，湖北省委第五巡视组对湖北省南水北调办（局）进行了政治巡视。2016年9月3日，湖北省委巡视办和省委第五巡视组反馈了巡视意见。湖北省南水北调办（局）党组重视巡视整改工作，及时研究成立了巡视整改工作领导小组，将巡视组反馈的6个方面、17个问题，细化分解为51个事项、80条整改措施。建立了整改清单台账，按照2016年10月底前完成整改任务的目标，倒排时间节点，不断强化跟踪督办，做到完成一件销号一件。坚持把立行立改与建章立制结合起来，围绕巡视整改落实，党组研究修订了《干部选拔任用流程规范》《机关干部下派挂职和直属单位人员上派工作管理办法》等制度。

（四）专项整治

始终把落实中央八项规定和湖北省委六条意见作为推进作风建设最有力的抓手紧抓不放，做到会议上常讲，工作上常查，重要时间必提醒。严格控制公务接待范围和接待标准，“三公经费”继续大幅下降。结合中秋、国庆等重大节日，着力抓好违规发放津补贴、机关内部食堂违规公款消费、公车违规使用、到私人会所消费娱乐、工会经费管理使用不规范等问题专项整治，实现单位全覆盖。2016 年 6 月，监督机关工会，研究出台了《关于机关工费经费管理使用规定》。监督机关干部婚丧喜庆事宜操办情况，没有发现大操大办行为。对机关干部遵守工作纪律情况，经常开展明察暗访，对遵守上下班时间不够严格的干部职工，采取不同形式进行通报曝光了 11 人次，形成了强有力的震慑作用。

（谭　旻）

党建与精神文明建设

（一）党建工作

2016 年，湖北省南水北调办（局）牢牢把握全面从严治党总要求，坚持以开展“两学一做”学习教育为主线，以持续开展“三抓一促”活动为载体，深入学习贯彻《中共湖北省委关于落实全面从严治党要求加强省直机关党的建设的意见》（以下简称《意见》），着力在健全机制、强化责任、创新实践上谋发展，基层党的建设基础夯实。

一是突出一条主线。即“两学一做”学习教育，一年来，组织党组中心组集体学习 16 次，落实干部在线学习平均 160.1 学时。依托兴隆局召开了“支部主题党日”活动示范观摩会，规范了“支部主题党日”活动的标准要求。广泛开展“两学一做”知识竞赛，编印了《知识竞赛 300 题》，开展了“一日一问一答”活动。开展“讲微型党课”比武竞赛，促进了支部党课制度落实。认真开展“严管与厚爱”组织生活会，分阶段组织了“四讲四有”专题讨论。党员干部赴教育基地开展理想信念教育，参学率 100%。抓好意识形态工作，制定了《党组落实意识形态工作实施意见》，落实了党组书记“上讲台”制度，努力打造“四铁”党员队伍。

二是抓住一个载体。即“三抓一促”活动，开展了一期党务干部培训，深入学习《意见》，研究部署“红旗党支部”创建工作。完成机关党委换届工作，并成立了机关纪委。指导群团组织及时换届，支持群团组织按章程开展活动。按照“紧贴人员素质、紧贴工作需要、紧贴未来发展”的思路，组织党员干部能力培训 478 人次，组织了 9 个项目比武竞赛，参加了省直机关 4 个项目比赛展示，其中“讲微党课”、“课题调研”获三等奖。

三是推动一个试点。依托引江济汉工程管理局开展“示范基层党组织创建观摩”活动，研究探索“三个规范”，即规范责任清单、规范活动载体、规范“三本账”，理清了三级党组织落实从严治党“抓什么、怎么抓、抓到什么程度”的问题，构建了纵向到底、横向到边的“责任网格”，把责任和压力传导到每一个支部和党员。指导引江济汉工程管理局编写了《干部职工培训大纲》和《干部职工培训教材》，对于加强干部职工能力建设，促进工程运行“三化”管理，起到较好的示范引路作用。

四是抓好“三项任务”。积极推动精准扶贫工作，投入 230 余万元，帮助网新村推动产业扶贫，组织所属党支部结对帮扶贫困户 18 户，共送慰问金 1.95 万元，已有 4 户实现了脱贫。开展“爱心妈妈”为精准扶贫做贡献活动，发动干部职工为留守儿童捐款 11000 余元。切实做好抗灾救灾工作，坚决贯彻省委部署要求，先后派驻工作组深入仙桃、天门、潜江和郧西支援当地群众抗灾救灾。重视文明创建工作，持续开展“全民阅读、书香机关”活动，建成“电子职工书屋”，开展文明“细胞建设”，持续抓好“无烟机关创建”活动。

（二）精神文明建设

（1）思想教育。完成党组中心组集体学习16次，扎实推进“两学一做”学习教育，干部在线学习平均完成160.1学时。认真开展党风廉政教育月、“道德讲堂”、意识形态等工作。评选表彰“最美南水北调好人”5名。

（2）创建活动。积极开展文明城市创建、文明旅游、安全行车、文明餐桌、“细胞建设”、未成年人教育等活动。2015～2016年，累计向贫困村注入资金310万元。成立了网络文明传播志愿者队伍，创建了“网络文明传播”微信群。

（3）文化活动。机关“职工书屋”被省总工会列为样板“职工书屋”。推进课题调研式学习方法。组织开展了“我心中的榜样”演讲比赛、支部书记讲党课比武大赛、“两学一做”知识竞赛及“能力大比武”等活动，组织进行了系列培训。“微党课”比赛获省直机关三等奖。坚持开展经常性文体活动；举办第六届“南水北调杯”趣味运动会。

（4）民主管理。制定印发了推进诚信制度化建设实施方案，开展了公共机构节能减排活动，进行了门难进、脸难看、事难办专项整治。利用“湖北省南水北调网”，公开政务信息。按期组织进行工会换届选举，并开展了工会经费规范管理、发放会员福利等活动。通过了湖北省普法办组织的学习测试，被评为省直机要工作先进单位。

（5）环境综合治理制度。定期开展机关院落卫生评比活动。被湖北省控烟办授予“无烟机关”称号，湖北省南水北调办（局）主要负责人被全国控烟协会授予“中国控烟贡献奖”。实施环境绿化、美化、亮化工程，环境综合治理成效明显。

（谭　旻）

山　东　省

概　　述

2016年，山东省南水北调建管局不断加强人才队伍建设，组织修订了规章制度，健全完善了组织体系，严格干部选拔任免、强化干部教育培训、完善干部考核评价，取得了显著的成效，人才队伍能结构大大改善，职工队伍整体素质明显增强，为全省南水北调事业又好又快发展奠定了坚实的基础。

（隋勋斌）

组　织　机　构

（一）人员编制

2016年，山东省南水北调建管局实有编制47名，共有在职人员41名，其中省管干部3名，处级干部20名，主任科员以下人员18人。

（二）地方办事机构

随着续建配套工程的全面建设，各有关地市、县级办事机构也逐渐完善，工程沿线济南、淄博、枣庄、济宁、泰安、德州、聊城、潍坊、东营、滨州、莱芜、临沂等市相继成立了领导机构，其中，济南、淄博、枣庄、济宁、泰安、德州、聊城、潍坊、东营、滨州、临沂等市成立了市南水北调工程建设管理局；淄博市高青县，枣庄市台儿庄区、滕州市，济宁市市中区、任城区、微山县、鱼台县、梁山县、嘉祥县、金乡县，泰安市东平县、宁阳县，德州市夏津县、武城县，聊城市东阿县、临清市、冠县、阳谷、高唐、茌平等多个县（市、区）成立了相应的县一级办事机构，具体负责辖区内的续建配套工程建设。

（隋勋斌）

人 事 管 理

（一）重点任务

（1）人事管理制度体系。2016年以来，山东省南水北调建管局科学筹划，深入调研，先后组织完成并印发《局机关处室及干线公司总部部门工作职责》，修订局党委《议事规则》和局《工作规则》，组织制定山东干线公司党总支《议事规则》和公司《工作规则》，确保局与公司分开办公后政令畅通、工作运转顺畅。健全完善山东干线公司人事管理制度体系，制定《泵站运行工、渠道维护工、电工、特种设备操作员、机动车驾驶员、工勤人员管理规定》，规范6类岗位人员的招聘、薪酬管理、职业技能鉴定、奖惩、辞退等方面的人事管理工作；出台《干线公司负责人薪酬管理暂行办法》，切实加强对公司负责人的薪酬管理；制定《驻一线岗位补助管理暂行规定》《工程现场劳动防护用品管理暂行规定》，修订《企业年金方案》、出台《劳务外包管理规定》等制度规定，为山东干线公司独立运行和持续健康发展提供了有力的制度保障。

（2）人事调配工作。认真落实山东省南水北调建管局党委部署要求，严格程序，精心组织，先后配合山东省水利厅人事处完成一名处长的民主推荐、组织考察和4名处级领导干部试用期满考核等工作；从山东干线公司选拔11名骨干充实到局机关挂职锻炼，有效解决了山东省南水北调建管局机关人员少、任务重的突出矛盾。组织完成对山东干线公司总部和一线管理单位22名正科、38名副科级干部选拔推荐和考察、聘任等工作，通过配备加强公司科级干部队伍，为山东干线公司二、三级管理机构分开办公创造了条件；首次组织完成山东干线公司一线管理局4个正科和1个副科岗位竞聘工作，增强了广大职工进取意识和责任担当意识，激发了干事创业的动力和活力；有序开展泵站运行一级值班长竞聘工作，通过公平竞争，优中选优，选拔出21名泵站运行一级值班长和2名渠道维护一级值班长；通过落实山东干线公司《三定方案》，调整优化了山东干线公司总部组织和人员结构，确保了山东省南水北调建管局、山东干线公司各项工作无缝对接、良性运转。

（3）人员招聘。根据工程管理需要和山东干线公司岗位空缺情况，及时制定公司人员招聘计划，积极与山东水利技师学院和山东水利职业学院等相关院校对接沟通，严密组织完成人员招聘笔试、面试、体检、培训、入职等各个重点环节工作，为工程一线补充了32名新生力量（其中管理人员13名，泵站运行值班人员19名），为工程安全管理和调水任务完成提供了可靠的人力资源保障。

（4）考核工作。组织完成全系统2015年度目标管理考核和年度个人考核工作，协调各部门较好地完成山东省水利厅对山东省南水北调建管局的科学发展综合考核任务，制定考核通知和工作方案，跟踪加强督导，及时制发通报、兑现奖励措施。

（二）日常事务性工作

一是按上级要求圆满完成了南水北调东中线建成通水先进集体、先进个人和山东水利基层优秀水利人员推选表彰任务，制定工作方案，严格资料初审，及时报送材料，山东省9个单位、9名同志分别获得先进集体、先进工作者荣誉称号，2人入选山东水利优秀基层人员。二是全程跟踪做好第一书记服务保障工作，3次向山东省政府办公厅报送精准扶贫专题报告，帮助第一书记核准贫困人口相关信息，建立底数清单、对策清单和责任清单，压实工作责任，协调完成山东省南水北调建管局领导到帮包村调研和慰问贫困群众等工作，配合第一书记做好迎接省委组织部考核的各项准备。三是完成山东省南水北调建管局编处以上干部和山东干线公司中层以上人员个人重要事项报告工作，组织专题培训，详细讲解填报要求，严格落实填报纪律，确保填报内容符合上级要求。四是按时完成山东省南水北调建管局和山东干线公司人员工资调整、社保缴纳、退休人员手续办理、党费缴纳基数核算、各类年报统计、法人及组织机构代码年检等工作，做到了零误差。五是严格外事管理工作，加强因私护照管理，积极协调公安部门将山东干线公司列为单独审批单位，完善了有关人员的备案手续等；做好赴英国、瑞典考察团出访的手续报批、政审、安全教育、护照办理等工作，确保出国（境）团组的按时出行。六是严格山东干线公司职称评定、确认资料审核，完成公司9人确认中级、高级专业技术职务工作，为34人办理了职称证书；完成了8名泵站运行工职业技能鉴定工作。七是认真做好基本养老关系转移、医疗保险关系转移、社保关系合户、事业单位未启动社保员工备案、社保费补缴、工伤保险申报、异地医院住院备案、生育保险报销、医保卡办理领取等一系列服务工作，服务水平不断提高。八是跟踪监督各项培训计划落实到位，制发年度培训计划，购置各类管理学书籍，加强对各部门、单位的培训完成情况的督导检查，不断提高工程管理队伍整体素质。九是严格人事档案管理，完成了党员档案资料整理和人事档案凡提必审等工作，严审把关，确保每名人员信息准确无误。

（三）岗位创新和业务创新

为落实党委“转思想、转职能、转方式”工作部署，结合“两学一做”学习教育，积极推进岗位创新工作，着力在规范工作流程、细化工作责任、狠抓工作落实上下功夫，对照职责任务，规范工作流程，将人事管理每一项工作程序都通过流程图予以规范，并细化职责分工，责任到岗到人，强化工作督导，狠抓工作落实。加大人事管理信息建设力度，开发完善山东干线公司人力资源管理系统，充实招聘、绩效考核、培训、薪酬、社保等各管理模块内容，为人事管理信息系统如期建成投入使用和顺畅运转创造条件。认真做好山东干线公司分公司注册工作，主动学习新业务相关知识，及时提供注册审查各类资料，多方积极协调沟通，帮助解决分公司注册过程中遇到的各类问题，锻炼和提升了业务创新能力。

（隋勋斌）

党建与精神文明建设

（一）基层党组织结构及党员情况

山东省南水北调建管局党委共管理基层党组织21个，包括山东干线公司党总支和20个党支部（其中局机关党支部7个、山东干线公司党支部13个）。现有在册正式党员199名、预备党员7名，其中局机关党员37名，山东干线公司党员169名（含7名预备党员）。山东省南水北调建管局党委认真贯彻执行《中国共产党章程》和《中国共产党发展党员工作细则》，严格遵循发展党员“坚持标准、保证质量、改善结构、慎重发展”十六字方针，扎实做好发展党员工作。

（二）基层党建工作情况

山东省南水北调建管局党委始终紧紧围绕服务南水北调工程建设管理大局，大力加强基层党组织建设工作，扎实开展“两学一做”学习教育，不断增强全体党员的政治意识、大局意识、核心意识、看齐意识，巩固加强基层党组织的凝聚力、战斗力，努力提升基层党建工作科学化、制度化、规范化水平。

（1）探索构建起“总—分—总”基层党建工作机制。针对南水北调工作特点和党员队伍实际情况，山东省南水北调建管局党委出台《落实全面从严治党要求的实施意见》《规范党内生活记实工作规则》《加强学习型党组织建设的实施意见》等制度规定，每年制定《党建工作要点》，系统安排和认真抓好基层组织党建各项工作任务的落实。建立起局党委书记负总责、分管领导靠上抓、班子成员“一岗双责”的总体负责制，成立党的工作领导小组，由局党委书记任组长，分管领导任副组长，有关处室、部门主要负责人任成员，负责对党建工作实施统一领导、部署安排、推动落实；建立起局办公室组织协调、各党支部（总支）书记具体落实的分工责任体系，初步构建起总体统筹规划、层层分解落实、及时汇报总结的基层党建工作机制。

（2）紧贴工程管理特点和实际需要开展专题教育。根据上级部署要求，每年确定学习教育主题，研究制定具体工作方案，扎实推动学习教育各项工作任务的落实。一是认真组织开展“两学一做”学习教育，成立专门机构，明确目标责任，加强督导检查，严格落实“三会一课”制度和专题教育规定要求，突出抓好支部书记上党课、集体学习研讨、专题民主生活会和组织生活会、查摆问题与整改落实、立规执纪等关键动作，确保专题教育扎实开展、取得实效。二是针对山东省南水北调工程战线长、点多面广，党员大多分布在工程一线难集中的特点，通过在各工程管理基层单位成立工地党员学习小组、局领导班子成员及支部书记一线讲党课、巡回开展政策指导及定期组织现场督导检查等措施，强化学习效果，提高教育质量，防止学习、工作“两张皮”，实现了教育开展与工作落实两不误、两促进。三是紧紧围绕完成工程建设管理中心任务，定期开展“为党旗添光彩，为又好又快建设南水北调工程做贡献”主题党日、“南水北调攻坚会战，我该怎么办”大讨论和“三无一带头（党员身边无违纪、无事故、无难题，在困难和艰巨任务面前发挥带头作用）”、岗位创新等活动，将学习教育融入工程建设管理各项工作之中，发挥党员队伍的先锋模范作用，不断巩固和提高学习教育成效。

（3）从严加强基层党组织和党员队伍自身建设。一是严格按照基层党组织设置要求，健全完善党组织建设，加强对基层党组织换届选举工作的监督检查，配齐配强支委班子。二是注重加强基层党支部（总支）书记队伍建设，山东省南水北调建管局党委每名委员负责帮抓 1 ~ 2 个党支部（总支），指导党支部（总支）规范组织生活，落实“三会一课”制度，健全日常教育管理机制，发挥战斗堡垒作用。三是始终坚持高标准、高质量发展党员，注重从入党积极分子队伍抓起，严把入口关、考察关、政审关、程序关，从严有序，优中选优。

（4）严格落实党内民主监督和党务公开制度。一是山东省南水北调建管局党委严格执行民主集中制原则，出台了《重大事项决策议事工作规则》，坚持集体研究、民主决策。二是制定印发了《基层党组织党务公开实施细则》，将党务公开内容规范为 8 大类 20 项 48 条，接受广大党员群众监督。三是认真实行党员承诺、践诺、评诺制度，引导党员干部以身作则、率先垂范、树立标杆。四是结合廉政风险防控管理，绘制权力运行廉政风险防控流程图并上墙公示，保证权力运行公开透明。

（田传江　邓　妍）

“两学一做”学习教育

（一）学习教育工作情况

2016 年 4 月 25 日，山东省水利厅“两学一做”学习教育工作座谈会后，山东省南水北调建管局认真贯彻落实会议精神以及厅党组学习教育实施方案有关要求，迅速启动了

"两学一做"学习教育。

2016年4月27日，山东省南水北调建管局党委召开专题会议，传达学习座谈会精神，专题研究制定"两学一做"学习教育实施方案。4月28日，山东省南水北调建管局党委召开"两学一做"学习教育工作座谈会，局机关全体党员；山东干线公司党总支全体委员，各党支部书记、副书记和组织委员参加会议。会议传达学习了习近平总书记关于"两学一做"学习教育重要指示精神、姜异康书记在全省"两学一做"学习教育工作座谈会上的讲话精神和山东省水利厅厅长在厅工作座谈会上的讲话精神。山东省南水北调建管局党委书记作了动员讲话，要求山东干线公司党总支和各党支部严格按照上级要求和实施方案总体安排，切实抓紧抓好学习教育，确保取得真正实效。各党支部（总支）于4月30日前，分别组织召开支部（总支）全体党员大会，传达贯彻上级有关精神和山东省南水北调建管局党委部署要求，结合自身实际，研究制定了支部学习教育计划，全面启动了"两学一做"学习教育工作。

（二）学习教育的落实情况

为发挥山东省南水北调建管局党委在学习教育中的示范引领作用，形成上行下效、整体联动的学习教育氛围，专门制定了山东省南水北调建管局党委班子成员"两学一做"学习教育安排计划，共安排12次集中学习研讨，并拟定学习教育重点任务配档表。山东省南水北调建管局党委班子全体成员认真执行学习计划安排，带头落实主体责任、带头参加学习讨论、带头讲党课、带头落实双重组织生活制度，通过带动示范效应，调动全体党员参加学习、接受教育的主动性和积极性。

山东省南水北调建管局各级党组织认真严肃开展组织生活，"三会一课"突出政治学习和教育、突出党性锻炼，集体学习围绕党章党规、系列讲话进行交流讨论，建过硬支部、"岗位创新"活动取得突出成效；全体党员掌握了党章党规、习近平系列讲话的基本内容和基本要求，对标"四讲四有"查摆、整改了自身存在的问题，把坚定理想信念体现在做好本职工作上，履职尽责、苦干实干。

（三）"两学一做"学习教育督导情况

一是成立山东省南水北调建管局学习教育协调小组，局党委书记任组长，分管副局长任副组长，各党支部（党总支）书记为成员，具体负责"两学一做"学习教育的组织协调、督查指导和推进交流等工作，确保学习教育各项工作任务落实到位。二是成立督导工作组，制定督导工作方案，根据上级和局党委开展"两学一做"学习教育有关精神和工作要求，按照时间节点，对各党支部学习教育情况进行督促检查，调度学习教育进展情况，总结推广各党支部学习教育中的好经验好做法，发现存在的问题和不足，并督促有关党支部及时解决和改进，并定期向局学习教育协调小组汇报各党支部学习教育落实情况，提出有效推进学习教育的工作意见建议，切实增强整体学习教育质量和效果。

（田传江　邓　妍）

党风廉政建设

（一）从严治党

山东省南水北调建管局认真学习贯彻落实中央、山东省委及山东省水利厅党组关于加强党风廉政建设和反腐败工作的部署要求，结合工作实际，起草了《关于对水利厅2015年度落实党风廉政建设责任制重点检查情况反馈意见的整改方案》的落实方案，督促各处室及山东干线公司认真落实方案整改要求；落实"一岗双责"要求，层层签订党风廉政建设责任书和廉政风险防控承诺书，将责任压实压紧，最终落实到具体岗位、具体人。

2016年，山东省南水北调建管局纪委与各支部纪检委员签订监督责任书19份。落实党风廉政建设专项述职和日常廉政谈话制度，局班子成员先后与局机关7个支部书记和山东干线公司总支书记进行了日常廉政谈话。按照局党委《党风廉政建设专项述职实施办法（试行）》，组织下属党组织主要负责同志向党委专项述职。拟制局领导日常廉政谈话工作实施方案，协助局领导完成对分管处室、单位主要负责人的廉政谈话；结合对二级机构管理设施专项督查，分别对山东干线公司管理局各党支部主要负责人、纪检委员进行廉政谈话，听取谈话对象对局党风廉政建设和反腐败工作的意见建议，要求各管理局在二级机构管理设施建设中，不但要做到程序规范、工程安全，而且还要做到资金安全、干部安全。结合举报调查工作，对济南局党支部进行了廉政谈话；落实党风廉政建设制度规范化试点成果，全年组织了2次督导检查，通过检查，各支部基本达到了学习教育、制度落实、廉政风险防控管理、干部廉政档案管理规范统一。

（二）廉政教育

山东省南水北调建管局统一购置了《习近平关于严明党的纪律和规矩论述摘编》，并下发通知组织学习，把思想和行动统一到中央关于严明党的纪律的要求和部署上来，增强守纪律讲规矩意识，为推进全面从严治党提供坚强纪律保证；借助微信、网站等媒体平台，开展推广使用山东省纪委监察厅官网微信公众号，设立局党风廉洁建设网站专栏，提升党风廉政宣传和舆论引导能力。2016年，山东省南水北调建管局组织机关干部及山东干线公司中层正职共63人，分别观看了《中国共产党廉洁自律准则》《中国共产党纪律处分条例》专题辅导培训和《永远在路上》警示教育片；坚持以考促学，组织党员、非党员干部299人参加德廉和党风党纪知识学习测试，考试成绩全部优秀（其中，局机关副处级以上干部参加山东省纪委统一组织的考试22人，局机关科级党员、非党员参加山东省水利厅机关党委组织的考试20人，山东干线公司科级以上人员参加局党委组织的考试257人，共计299人）。通过学习考试，在全系统营造了浓厚的廉政教育工作氛围，强化了各级党员干部纪律和规矩意识；组织局机关全体干部、局属单位副科级以上干部189人到省警示教育基地，现场听取服刑人员忏悔报告，起到了良好的警示教育效果；坚决整治和查处群众身边的不正之风和腐败问题，印发了《实施方案》。重点对贯彻落实中央八项规定精神和山东省委实施办法、配套工程建设、资金使用管理、“第一书记”扶持项目、水行政执法、落实党风廉政建设“两个责任”等6个方面的不正之风和腐败问题进行整治，有效遏制发生在群众身边的不正之风和腐败问题，推动党风廉政建设在南水北调系统落地生根。

（三）廉政风险防控管理工作

结合山东省南水北调建管局、山东干线公司分开办公的实际，指导局机关各处室、山东干线公司党总支重新梳理重点岗位廉政风险点，督促各单位制定有针对性的廉政防控措施；严格落实工程合同与廉政合同双签制度，把风险防控触角延伸到工程建设和运行管理各个环节、各个层面；将各处室（单位）党风廉政建设方面存在的薄弱点、风险点、隐患点及苗头性、倾向性问题，梳理形成各单位党风廉政建设问题清单，书面移交给各处室（单位），并对各单位落实风险防控责任和问题清单整改情况进行监督检查，增强了监督的针对性、实效性。

加强配套工程预防职务犯罪工作。根据配套工程建设进展情况，适时会同山东省检察院，深入现场开展教育检查和督导，推动联合预防职务犯罪各项制度措施的贯彻落实。目前山东省配套工程建设仅剩聊城东昌府区供水单元进度相对滞后，针对此情况，山东省南水北调建管局纪委会同山东省检察院分别安排聊城市南水北调局、聊城市检察院进行联合督办，并开展教育检查和督导，以推动联合预防职务犯罪工作落实到位。

（四）监督问责

围绕落实中央八项规定精神，山东省南水北调建管局狠抓关键节点反腐。每逢重大节日，坚持早部署、早行动，坚持教育与监督并举，单位自查、巡查检查与接受群众举报多管齐下，有效杜绝了公款送礼、公款吃喝、滥发福利等“节日腐败”问题；紧盯“四风”问题新形式、新动向，及时传达学习中央、山东省纪委下发的关于违反中央八项规定精神问题典型案例通报，深刻反思，汲取教训，引以为戒，坚决杜绝类似问题在本人、本单位、本系统发生；认真受理、查办各类举报。2016 年，约谈提醒山东省南水北调建管局机关处级干部和山东干线公司副总各 1 人，局机关 1 名处级干部因私自借用关系单位车辆被诫勉谈话；对山东干线公司 5 起群众举报进行了认真初核调查，对 3 名企业负责人进行了诫勉谈话；对山东干线公司 1 名中层副职（问题发生在原调水中心工作期间）因涉嫌贪污犯罪中止其表决权、选举权和被选举权等党员权利，下一步根据司法机关处理结果，再对其作出党纪政纪处理。

加强了党员干部廉政档案管理。指导、督促各支部为每名党员建立廉政档案，将干部述职述廉、重大事项报告，遵守《廉洁自律准则》部门领导评价、廉政谈话等情况，均记入个人廉政档案，作为干部选拔任用和评先树优的重要依据，督促引导全体党员干部遵章守纪、创先争优、廉洁从业。

（张铭锋）

江　苏　省

概　　述

根据江苏省委、省政府部署，江苏省水利厅、省南水北调办针对境内工程涉及防汛、调水、灌溉、航运等综合功能的复杂情况，在开展大量调研论证工作的基础上，提出了江苏省南水北调工程运行管理体制方案。2014 年 11 月，经过江苏省委常委会研究，省编办已经批复同意成立江苏省南水北调工程管理局（在江苏省南水北调办基础上增挂牌子）。

2016 年，江苏省南水北调办（管理局）按照江苏省水利厅党组的要求，加强干部队伍建设，做好干部教育培训工作。结合江苏省水利厅系统党委（总支）中心组专题学习安排，定期组织干部职工参加政治学习和业务学习。认真学习贯彻党的十八届六中全会、江苏省委常委会十二届十二次全会和省第十三次党代会精神，深入开展“两学一做”学习教育活动，通过理论教育和学习交流，领会了党在不同时期提出的新思想、新观念、新理念，提高思想政治觉悟，坚定理想信念，增强做好南水北调工作的政治责任感和使命感。全年，教育成果显著，作风建设优良，群众口碑较好。

（周珺华）

党建与精神文明建设

（一）理论学习

2016 年，江苏省南水北调办（管理局）围绕党第十八届三中、四中、五中和六中全会精神、习近平总书记系列重要讲话特别是视察江苏省重要讲话精神、江苏省委常委会十二届十二次全会和省第十三次党代会精神，按照年度厅系统党委（总支）中心组专题学习安排和省水利厅“两学一做”学习教育总体安排和部署，组织集中理论学习和读书交流活动十余次，积极组织党员干部参加水利厅机关党委举办的各类专题讲座、主题演讲和学习交流等各项学习活动。

学习以“学党章党规、学系列讲话”为主线，一是引领党员逐条逐句通读《党章》，牢记入党誓词，明确做合格党员的标准和条件，增强党性修养。二是强化学习《关于党内政治生活的若干准则》《中国共产党廉洁自律准则》《中国共产党纪律处分条例》《中国共产党党员权利保障条例》《中国共产党问责条例》等一批党的行为和纪律规范，夯实全体党员的纪律意识、制度意识。三是重点学习领会习近平总书记系列重要讲话特别是视察江苏省重要讲话的主要精神，围绕坚持和发展中国特色社会主义这个主题，着重领会以习近平同志为总书记的党中央治国理政新理念新思想新战略。此外还组织了“四个全面”战略布局专题学习和五大发展理念专题学习。通过理论教育和学习交流，领会党在不同时期提出的新思想、新观念、新理念，提高思想政治觉悟，坚定理想信念，增强做好南水北调工作的政治责任感和使命感。

（二）知行合一教育

认真贯彻落实江苏省委、省水利厅党组“两学一做”学习教育精神，要求全体党员自觉实践，通过行动检验学习效果。一是要求支部全体党员，在日常言行举止中要时刻谨记共产党员的行为准则和道德规范，以合格党员为基本要求，努力争取优秀。互相监督、共同执行，打造风清气正的环境。二是认真履行工作职责，高质量完成本职工作。江苏省南水北调办始终坚持开展学习教育与推动南水北调工作相结合，注重在“做”的实践中体现“学”的成果。在全年的工作中，顺利完成年度调水出省任务，工程安全运行106天，累计调水出省6.02亿m^3，调水期间省内15个国控断面水质继续保持稳定达标。

（三）组织活动

2016年，根据江苏省水利厅机关党委的部署要求，结合工作实际，积极开展了丰富多彩的组织活动。在“三解三促”活动中，党员干部带着感情、带着课题、带着服务、带着形象深入基层，通过集中座谈、结对联系、个别访谈、走访慰问等方式，赴南水北调沿线泰州、扬州、宿迁、徐州等地围绕江苏南水北调后续工程规划工作进行了深入调研，认真听取沿线各地在开展南水北调东线后续工程规划工作过程中的意见和建议，及时研究处理措施和解决办法，组织开展多项专题研究工作，并取得了阶段成果。在“两学一做”学习教育活动中，一是以三会一课为基本形式，通过讲好党课、组织个人和集体学习、集中讨论和深入查摆解决突出问题等方式，注重提高政治意识、大局意识、核心意识和看齐意识等4种意识；二是主要领导亲自给全体党员上党课；三是给全体党员发放了《习近平谈治国理政》《习近平总书记系列重要讲话读本（2016年版）》等重要理论著作和党的相关规章制度文件，督促利用业余时间，加强自学自修；四是积极开展“领导干部立家规，共产党员正家风”大讨论。在日常工作中，注重做好党员的思想政治工作，及时分析党员心理需求，因地制宜开展一些活动，通过党建知识答题竞赛、机关党员服务社区等，努力调动党员同志参与活动、搞好活动的积极性，在宽松愉快的氛围中缓解党员职工的工作压力，保证党员职工身心健康、精神饱满、队伍和谐。

（周珺华）

党风廉政建设

2016年，江苏南水北调系统认真学习贯彻习近平总书记系列重要讲话和十八届五中、六中全会精神，扎实开展“两学一做”学习教育，取得了显著成效。切实强化全面从严治党政治责任，认真贯彻执行党章和党内政治生活、党内监督、廉洁自律、纪律处分等党内法规；以加强思想教育、完善制度体系、强化监督检查为抓手，切实加强党风廉政建设和作风建设教育，细化主体责任清单，层层签订党风廉政建设责任状和承诺书，强化廉政目标管理、责任管理、监督管理。严明党的纪律规矩，扎实开展精神文明创建，认真执行中央八项规定、省委十项规定精神，不断深化"四风"整治，积极践行社会主义核心价值观，各级各单位行风作风向好。

（周珺华）

项目法人单位

南水北调中线干线工程建设管理局

组织机构

2016年1月18日，中线建管局党组研究决定：成立南水北调中线干线工程建设管理局河南水质监测中心和天津水质监测中心。

2016年6月15日，中线建管局印发中线局人〔2016〕5号文件：经国务院南水北调办批准，决定成立南水北调中线工程保安服务有限公司（简称保安公司）。

（杨君伟　谢　静）

制度建设

2016年1月18日，中线建管局党组审议通过《南水北调中线干线工程建设管理局干部选拔任用办法》（中线局人〔2016〕7号）。

2016年6月6日，中线建管局党组审议通过《南水北调中线干线工程建设管理局应届高校毕业生公开招聘管理办法》（中线局人〔2016〕49号）。

2016年7月18日，中线建管局党组审议通过《南水北调中线干线工程建设管理局干部人事档案管理办法》（中线局人〔2016〕55号）。

2016年8月26日，中线建管局党组审议通过《南水北调中线干线工程建设管理局现地管理处科级干部选拔任用办法》（中线局人〔2016〕61号）。

2016年9月30日，中线建管局印发《南水北调中线干线工程建设管理局员工持证上岗管理办法》（中线局人〔2016〕68号）。

2016年10月17日，中线建管局印发《南水北调中线干线工程建设管理局任命国家工作人员宪法宣誓组织办法》（中线局人〔2016〕69号）。

（杨君伟　谢　静）

人事管理

国务院南水北调办党组2016年6月24日决定：李开杰任中共南水北调中线干线工程建设管理局党组成员、副局长。

国务院南水北调办党组2016年10月31日决定：于合群任中线建管局党组书记、局长；免去张忠义中线建管局党组书记、局长职务。

根据工作需要，结合工程实际，中线建管局对干部进行优化配置。经中线建管局党组会研究，对干部调整如下：

（一）局机关

田勇任综合管理部副部长（主持工作），免去其水质保护中心副主任职务；张德华任宣传中心副主任（主持工作），免去其档案馆副馆长职务；夏国华任财务资产部会计处处长；左丽任科技管理部技术管理处处长，温世亿任科技管理部科研管理处处长；郭芳任审计稽察部审计处处长；马艳军任工会工作部综合处处长；胡敏锐任宣传中心新闻宣传处处长；刘祥臻任档案馆业务指导处处长；李立群任总调中心供水处处长，刘爽任总调中心水情工情处处长，李景刚任总调中心运行调度处处长；张娟任信息机电中心通信网络处处长；唐涛任水质保护中心水质监管处处长。

（二）渠首分局

刘亚丽任渠首分局计划经营处处长；赵建伟任渠首分局工程管理处副处长（排周学友之后）；李斌任渠首分局邓州管理处处长，王西苑任渠首分局邓州管理处主任工程师；王军任渠首分局镇平管理处处长，马世茂任渠首分局镇平管理处主任工程师；高广灿任渠首分局南阳管理处处长；宋明耀任渠首分局方城管理处主任工程师。

（三）河南分局

曹桂英任河南分局信息机电处处长；安康任河南分局禹州管理处处长；纪明辉任河南分局焦作管理处处长；张晓伟任河南分局安阳管理处处长。

（四）河北分局

李占京任河北分局分调中心主任；冀海河任河北分局工程管理处副处长；郭贵有任河北分局石家庄管理处处长；王志文兼任河北分局顺平管理处处长。

（五）天津分局

方红仁任天津分局财务资产处处长；张忠林任天津分局西黑山管理处处长；肖智和任天津分局容雄管理处处长。

（六）北京分局

王宏波任北京分局计划经营处处长；张跃生任北京分局综合管理处副处级干部；曹瑞峰任北京分局易县管理处主任工程师；于怀涛任北京分局涞涿管理处副处长。

（七）保安公司

委派戴占强、杜元强、于澎涛、李英杰为保安公司董事，其中戴占强当选董事长；委派黄礼林、秦颖为保安公司监事，其中黄礼林当选监事会主席。

（杨君伟　谢　静）

评　优　评　先

2016年4月21日，人力资源和社会保障部、国务院南水北调办印发人社部发〔2016〕39号文件，决定表彰南水北调东中线一期工程建成先进集体、先进工作者和劳动模范。其中，授予中线建管局河南分局等12个单位“南水北调东中线一期工程建成通水先进集体”荣誉称号，授予汪伦焰“南水北调东中线一期工程建成通水先进工作者”荣誉称号，授予程德虎等11名同志“南水北调东中线一期工程建成通水劳动模范”荣誉称号。具体名单如下：

（1）南水北调东中线一期工程建成通水先进集体（12个）。中线建管局河南分局、中线建管局河北分局、中线建管局质量安全监督中心、中线建管局工程维护中心、河南省水利勘测设计研究有限公司、北京市水利规划设计研究院、中水北方勘测设计研究有限责任公司南水北调中线直管工程邢台段项目监理部、河南华北水电工程监理有限公司南水北调中线惠南庄泵站监理部、中国水利水电第四工程局有限公司南水北调中线一期工程总干渠沙河南—黄河南段沙河渡槽工程一标项目部、中国铁建大桥工程局集体有限公司南水北调中线直管工程磁县段三标项目部、中国水利水电十三工程局有限公司南水北调天津干线西黑山至有压箱涵段项目部、中国水利水电第七工程局有限公司北京惠南庄泵站机电安装项目部。

（2）南水北调东中线一期工程建成通水先进工作者（1 名）。华北水利水电大学监理中心副主任、河南华北水电工程监理有限公司副总经理汪伦焰。

（3）南水北调东中线一期工程建成通水劳动模范（11 名）。中线建管局副总工兼河南分局副局长程德虎、中线建管局河北分局临城管理处处长王博、中线建管局河北分局副局长李英杰、中线建管局北京分局惠南庄管理处处长唐文富、长江勘测规划设计研究有限责任公司南水北调中线一期工程总干渠邓州设计代表处处长谢波、黄河勘测规划设计有限公司项目经理凌霄、黄河勘测规划设计有限公司南水北调中线工程淅川监理 1 标项目部总监理工程师岳朝林、黄河建工集团有限公司南水北调中线淅川段工程施工 5 标项目部常务副总经理杨小东、平顶山华辰电力集团有限公司项目经理庞建军、中国水利水电第七工程局有限公司第六分局南水北调北汝河倒虹吸工程项目部常务副经理冷洪明、中线建管局河北分局高级工程师许国锋。

（杨君伟　谢　静）

干部培训

（一）培训制度体系

根据培训管理需要，中线建管局编制印发了《员工培训组织机构及主要职责》（中线局人〔2016〕31 号）、《员工持证上岗管理办法》（中线局人〔2016〕68 号），进一步健全了培训制度体系。

（二）培训软硬件资源建设

中线建管局开展内部讲师队伍建设。举办首届内部讲师培训班，挑选业务骨干，经过培训、研讨、试讲等环节，分专业建立了 50 余人的内部讲师队伍。

组织培训课程资源建设。为加强岗位动手操作能力培养，提高培训的针对性和实用性，组织完成了中线干线工程自有的 12 类机电金结设备操作及维护的视频培训课件制作。

创新培训硬件设施建设。利用废旧设备，设立“实习工场”；利用备用设备，设立“练兵基地”，开展操作性培训，增强直观印象，历练动手能力，提升培训效果。

开展培训新媒介建设。开发了培训资源汇集与员工学习互为一体的“中线人”网络培训平台，运用“互联网 + 培训”模式，推进资源共享，开展网络信息化教学。

（三）教育培训

各级培训主体利用网络培训平台、实习工场等资源，采用走出去参加培训、外聘专家请进来教学、内部讲师传帮带等方式，开展集中培训、有组织自学、知识竞赛、技能比武等形式的员工培训。广大干部员工踊跃参与培训、训后积极实践，在一定程度上提高了干部员工的业务素质和规范化履职能力。

（四）持证上岗

为加强岗位管理，提高工作技能，组织了运行调度、应急管理等 6 个岗位的持证上岗培训和岗位技能考核，对安全生产和运行管理有重要影响的现地运行管理关键岗位基本实现了持证上岗。

（张同颖）

党建与精神文明建设

2016 年是南水北调中线工程“稳中求好，创新发展”的关键之年，在国务院南水北调办的正确领导下，中线建管局以党的十八大及十八届六中全会精神为指导，紧紧围绕中线干线工程建设规范化运行管理工作大局，以“两学一做”学习教育为主线，聚焦全面从严治党，强化管党治党责任，抓实基层党组织建设，突出廉政风险防范，着力增强“四个意识”，落实担当精神，注重党建与业务工作相融合，有效地促进了南水北调中线干线工程各项工作的顺利开展。

（一）政治理论学习

一是制定并落实《中线建管局党组中心组2016年度理论学习计划》，在加强自学的基础上，中线建管局党组中心组（扩大）学习会专题学习8次，在认真学习党章党规、习近平总书记系列重要讲话精神的基础上，又适时将十八届六中全会精神、习总书记七一讲话等列入必学内容，认真学习领会，并加以贯彻落实到基层党支部。

二是及时组织学习十八届六中全会审议通过的《关于新形势下党内政治生活的若干准则》和《中国共产党党内监督条例》，全局各级党组织通过召开学习会、专题座谈会、讲授专题党课、撰写学习心得等多种形式，深刻领会十八届六中全会精神核心，切实促进广大党员干部牢固树立“四个意识”，增强纪律规矩观念，并联系实际贯彻到具体工作实践中。

三是创新学习方式，丰富学习内涵，积极鼓励各党支部（总支）结合实际创造性地开展学习，组织开展了一系列活动，参观红色教育基地、义务献血、爱心助学、歌咏比赛、手抄党章、“四讲四有”专题演讲、“七一”主题党日活动、开展联学联做、推动精准扶贫等，力促全体党员干部做到认识到位、学习到位、思想到位，切实补好党员、干部的精神之“钙”，解决好世界观、人生观、价值观这个“总开关”问题，树立党员干部良好的学风。

四是组织开展“突出四个意识，落实担当精神”专题研讨，认真查找不足，深刻剖析根源，列出清单、深入整改，不断强化党员领导干部增强“四个意识”的自觉性和坚定性，始终做到政治方向不偏、政治信仰不变、政治立场不移。

（二）党组织建设

一是严格落实《中国共产党党和国家机关基层组织工作条例》，结合中线建管局实际工作需要，及时调整党的组织机构设置，截至2016年底，全局共有835名党员，设置1个机关党委、15个机关直属党支部、5个分局党总支及其下属56个党支部（其中渠首分局6个、河南分局23个、河北分局17个、天津分局6个、北京分局4个），共计77个基层党组织。

二是扎实开展创先争优活动，注意发现、培养和宣传作风优良、业绩突出、勤政务实的优秀干部，组织“两优一先”（先进基层党组织、优秀共产党员、优秀党务工作者）评选表彰。2016年度，共表彰了18个先进党支部（总支）、77名优秀党员、20名优秀党务工作者，并推荐国务院南水北调办表彰7个基层党组织、24名优秀党员、20名优秀党务工作者，持续营造学先进、见行动、比贡献的浓厚氛围。

三是严格按照新“十六字”方针和有关程序，认真做好发展党员工作，落实入党积极分子的培训教育、培养和考察，确保发展党员的质量。2016年根据计划和上级下达指标，全局共发展党员7名，新党员绝大部分来自基层，通过有制度、有步骤的把关工作，不仅提高了新党员的素质，同时也增强了党支部的战斗力。

四是积极开展党费清查收缴工作。根据《中共中央组织部关于在“两学一做”学习教育中开展党费收缴工作专项检查的通知》（组通字〔2016〕33号）和国务院南水北调办《关于开展党费收缴工作专项检查的通知》（机党〔2016〕22号）文件精神，中线建管局专门召开机关党委会，对党费收缴基数和具体标准进行明确，督促各支部做好党员思想政治工作，按时完成清查。同时，以本次党费清缴工作为契机，建立健全了“专人管、足额收、及时缴、定期查”的党费交纳工作机制，规范和推动了今后党费交纳管理工作。

（三）制度建设

一是贯彻落实全面从严治党要求，强化落实从严治党主体责任和党风廉政建设“两个责任”，从党组到机关党委和机关纪委、党支部（总支），层层传导压力、分解责任，推动落实。2016年共组织召开5次机关党委会议，认真研究解决党建工作存在的突出问题，试行机关党委、纪委委员定点联系基层党建及党风廉政建设工作制度。

二是加强基层党建工作规范化管理，制定了《中线建管局2016年党建工作要点》和《中线建管局2016年廉政工作要点》，对2016年党建工作和党风廉政建设工作进行了统筹安排，并制定了党群（监察）工作手册，分发到各基层党组织，对党建工作进行了详细规划。

三是规范“三会一课”制度，努力提高党组织生活质量，突出以人为本，严肃党内政治、组织生活，加强思想教育、引领道德提升，更好地发挥基层党支部的战斗堡垒作用，提升基层党支部的党建水平，真正让每个党员学起来、做起来、改起来，使每个支部动起来、严起来、强起来。

（贾秀忠）

“两学一做”学习教育

一是认真组织，及时部署推动，扎实有效开展“两学一做”学习教育。中线建管局根据中央精神和国务院南水北调办相关部署，结合实际，细化措施，把“两学一做”学习教育融入全局日常工作之中，2016年全局各党支部学习讨论共300余次，汇集学习总结80篇，讲党课材料80篇，学习心得、个人感言200余份。

二是坚持以知促行，推动“四讲四有”具体化。在认真开展学习党章党规、习近平总书记系列重要讲话精神的基础上，中线建管局组织全体党员对照党章要求、对照“四讲四有”、对照岗位实际，从政治合格、思想合格、发挥作用合格3个维度，提出个人践行“四讲四有”的具体内容，让每一名党员都知道合格党员的标准是什么，把党员先进性转化为鲜活生动的工作实践，把全面从严治党责任转化为每个党组织、每名党员的共同意志与自觉行动。

三是创新方式，以学促做，着重解决实际问题。结合运行管理和规范化建设实际，在全局范围组织开展共产党员“亮身份、作表率、抓规范、促运行”主题活动，设立党员示范岗、划分党员责任区、开展基层党组织和党员公开承诺，发挥共产党员的先锋模范带头作用，领导班子成员带头申报，全局共计300余名党员同志申报了党员示范岗，真正把党员先进性体现在日常工作中、体现在本职岗位上。

四是认真召开2016年度党员领导干部民主生活会，做好征求意见、谈心谈话、对照检查、批评与自我批评、落实整改等环节工作，既达到了“团结—批评—团结”的目的，又有效地促进了干部队伍建设和思想作风建设，有力推动了全局各项工作。

（贾秀忠）

党风廉政建设

（一）落实“两个责任”

认真贯彻落实全面从严治党要求，坚持把纪律和规矩挺在前面，强化监督执纪问责，坚持业务工作与廉政工作“一岗双责”。2016年初召开廉政工作会议，研究部署了2016年党风廉政建设和反腐败工作任务，制订了加强中线建管局廉政工作的措施，层层签订党风廉政建设责任书，全面落实党风廉政建设责任制，推动“两个责任”严格落实。定期召开纪检工作联席会议，分析业务工作中发现的问题和风险，研究风险防范措施，加强对举报案件的核查，及时处理反映党员干部违纪违法有关问题线索。

（二）党建述职评议和党风廉政建设责任制考核

按照中央国家机关工委和国务院南水北调办直属机关党委的工作要求，认真组织局属各党支部（总支）扎实开展党建述职评议考核工作，采取机关党委、党支部、党员三级联述、联评联考方式，坚持述职述党建、评议评党建、考核考党建，真正把党建工作放在心上、扛在肩上、抓在手上，切实履行党建工作第一责任人职责，做到守土有责、守土负责、守土尽责，聚精会神抓好党建工作。结合中线建管局运行管理期的机构特点，对党风廉政建设责任制考核采取日常检查和年终考核相结合、集中检查与各分局自查相结合的方式，加强对各分局以及各基层管理处党风廉政建设的检查考核力度，不断提高党建工作的制度化、规范化、科学化水平。

（三）作风纪律建设

按照国务院南水北调办相关部署，深刻理解作风建设的重要性和必要性，重点查摆问题，整改落实，下大力气扭转作风问题。对沿线各管理处进行了全面检查，重点对“四风”问题整治情况回头看，对存在的问题进行现场指导，及时整改，并专门下发通知，要求各部门对照有关规章制度强化食堂管理、车辆使用、办公用房管理，继续精简会议文件，严控“三公”经费，厉行勤俭节约，推进节约型机关建设，并在沿线各支部悬挂“作风建设永远在路上”警示举报标牌。健全和落实改进作风常态化制度，促使党员干部牢固树立廉洁意识，加强党性修养，树立清风正气，切实把作风纪律建设抓紧、抓实、抓出成效。

（四）精神文明建设

贯彻落实社会主义核心价值观和南水北调核心价值理念，组织参加中央国家机关工委党建信息化案例征集评选活动、中共中央组织部“两学一做”学习教育优秀案例征集等活动。积极开展文明员工、文明部门（单位）和文明家庭评选表彰活动，切实营造文明和谐的工作环境和建设氛围。2016 年度共推荐评审表彰文明部门（单位）15 个、文明员工 155 名、文明家庭 83 个。大力开展职工文化活动，2016 年共组织开展了中线建管局第一届职工体育竞赛活动、沿线净水传递、文艺小分队下基层、“五四”演讲比赛、篮球比赛、书画比赛、健步走、“家风建设在行动——家庭助廉”、“7·19”抗洪抢险精神宣讲、文化座谈会等活动，丰富文化活动内涵，弘扬主旋律，积聚正能量，使全体员工牢固树立“负责、务实、求精、创新”的南水北调精神。

中线建管局始终不渝地坚持“促进企业发展、维护职工权益”的企业工会工作原则，认真总结经验，积极探索新形势下开展职工活动的有效形式和途径，不断深化主题，创新活动形式和载体，丰富活动的内容，为职工建功立业搭建平台，努力为员工办实事、做好事、解难事，把组织的温暖送到员工心中。

根据职工意愿，2016 年共解决了 70 名职工跨分局调动问题，职工夫妻分居问题，子女教育问题等正逐步解决。重视困难员工的帮扶工作，编制并印发了《南水北调中线干线工程建设管理局困难职工补助实施办法（试行）》，逐级建立困难员工档案，全年累计帮扶困难职工 39 名。组织开展职工健康大讲堂，购置健身器械，方便职工了解健康知识和日常健身，努力打造“感情暖人心、待遇稳人心”的暖心行动模式。

发挥工会工作的优势和特点，紧紧围绕中线建管局中心工作，组织开展了“出点子，促规范”主题活动，从工会工作的角度，助推中线建管局规范化管理工作开展，号召广大员工从不同专业、不同岗位，全方位、多视角，为运行管理规范化工作出谋划策。活动共收到职工提案 524 个，凝心聚力，共谋发展的良好氛围逐步形成。

积极探索，不断创新形式，编制并印发了《南水北调中线干线工程建设管理局职工文体协会管理办法（试行）》，推进各类职工文体协会筹建工作，提升职工自我管理、自我服务的意识，助推中线建管局职工文化和企业文化建设。

关注半边天，全力做好女工工作。组织女职工看中线活动，并积极组织职工参加全国妇联等单位组织的“亲情一线牵”为新疆儿童织毛衣、“全国最美家庭”评选、“家庭助廉”和央务阳光助学等活动。其中渠首分局向德林家庭获得“全国最美家庭”荣誉称号，3名困难员工的子女获得了央务阳关助学资助。

通过不断深化工青妇组织建设和作用发挥，努力用真情温暖职工群众心灵，用真心维护职工群众利益，多措并举，不断推进企业文化建设融入生产生活和党建工作中，牢牢抓住企业文化建设工作的核心，不断提升中线建管局积极进取的软实力。

（邓小聪　马艳军　贾秀忠）

南水北调东线总公司

概　述

2016年，东线总公司干部人事工作紧紧围绕公司工作大局，认真贯彻执行党的路线、方针、政策，以理顺运行管理机制、完善绩效考核和加强教育培训为重点，严格选拔调配程序，基本配齐关键岗位，员工培训突出安全生产、岗位技能和党的建设等重要内容，持续宣贯市场经营理念，引导、推动、激励职能部门业务单位更加积极主动地运用绩效管理的理念、技术和方法来提升管理水平，有力支撑和保障了东线工程平稳高效运行。

（李　波　许开健　李亚鹏）

管　理　机　构

2016年3月4日，东线总公司以东线人发〔2016〕37号文件，设立水质管理中心，主要承担东线一期工程水质监测与报告、水质应急方案编制与落实等有关工作。

2016年11月7日，东线总公司以东线人发〔2016〕125号文件，对南水北调东线工程运行安全管理有关组织机构进行调整和增设，包括东线工程安全生产领导小组、东线工程防洪度汛领导小组、东线工程安防领导小组、东线工程应急管理领导小组、东线工程责任监督检查领导小组。

2016年11月9日，东线总公司以东线人发〔2016〕126号文件，对东线总公司招标工作委员会组成人员和工作职责进行调整。

2016年11月29日，东线总公司以东线人发〔2016〕131号文件，对东线总公司保密工作领导小组工作职责和成员进行调整。

（李　波　许开健　李亚鹏）

人　事　管　理

2016年2月2日，东线总公司印发东线人发〔2016〕19号文件，经任职试用期满考核合格，聘任宿耕源为综合管理部副部长（主持工作）、马兆龙为工程运行部副部长。

2016年4月11日，工程运行部副部长滕海波和直属分公司副经理赵明根参加中央党校中央国家机关分校处级干部进修一班学习，为期三个月。

2016年6月13日，副总经理高必华参加井冈山干部学院第5期厅局级干部加强党性修养专题培训班，为期21天。

2016年7月12日，东线总公司印发东线人发〔2016〕88号文件，经任职试用期满考核合格，聘任李波为人力资源部部长、李庆中为计划资产部副部长、刘纲为工程运行部副部长。

（李 波 许开健 李亚鹏）

党建与精神文明建设

2016年，东线总公司党委全面贯彻党的十八大和十八届三中、四中、五中、六中全会精神及习近平总书记系列重要讲话精神，紧紧围绕“五位一体”总体布局和“四个全面”战略布局，以落实全面从严治党要求为主线，以“创新、协调、绿色、开放、共享”的发展理念为引领，坚持“稳中求好，创新发展”的工作思路，突出问题导向，强化党建工作责任，深化党建与业务工作融合，为公司各项工作顺利开展提供了坚强的组织保障。

（一）党建工作

（1）党委自身建设。一是认真履行“三上三下”的党委筹建审批程序，历经2个多月时间，顺利完成了公司党委、纪委筹建的全部工作。二是及时补选党委委员。因公司原党委委员赵存厚同志调离，经国务院南水北调办直属机关党委批准，公司党委于2016年8月12日组织召开党员大会，补选由国文同志为党委委员。三是不断规范党建工作程序，制定印发了《南水北调东线总公司党委会议事规则》等7项规章制度。同时，认真做好各项制度执行情况的监督检查工作。四是认真做好相关工作的记录工作。指定专人，对党建工作会议、党委会议和中心组学习会议等内容及时记录，并按时印发党委会会议纪要6期、中心组学习专刊4期。

（2）思想理论建设。一是做好党委中心组学习工作。公司党委印发了《2016年党委中心组专题学习安排》，明确了中心组全年的学习范围，既包括了政治理论学习内容，又安排了具有国有企业特色的课程。党委中心组发挥龙头示范作用，有效带动了面上党员干部学习。二是加强党员干部教育。及时向公司各党支部和党员干部发放学习辅导教材，年度内，共向各党支部和党员干部发放《党支部工作手册》《关于新形势下党内政治生活的若干准则》等学习教材14册。不断强化党支部书记委员政治素质和业务技能提升，2016年10月17日至19日，东线总公司举办了党支部书记委员业务技能提升培训班，时任国务院南水北调办直属机关党委常务副书记杜鸿礼等3名讲师为培训班学员进行了授课。三是深入开展“两学一做”学习教育，加强思想政治工作。通过党员领导干部带头讲党课的方式，提高党员干部思想政治水平。2016年4月，在公司“两学一做”学习教育动员部署会上，赵登峰同志为全体党员干部讲授了《在“两学”中统一思想转变观念 在“一做”中落实责任 创新发展》的专题党课。年度内，公司党委班子成员在公司或在所在党支部为党员干部共讲授7期党课。开展谈心谈话活动，党委制定印发了《干部职工谈心谈话制度》，通过谈心谈话活动，针对党员干部关注的热点、难点和疑点问题，进行心理疏导和思想沟通；印发《2016年度党委领导班子民主生活会工作方案》，要求领导干部要做到“四必谈”；在党建述评、组织生活会中，支部书记与班子成员及普通党员做到“两必谈”。通过开展谈心谈话活动，深入了解职工思想动态，强化思想政治工作。

（3）基层党组织建设。一是为加强对党员的教育、管理、监督与服务工作，发挥党的基层组织的战斗堡垒作用，结合公司实际，成立了7个党支部。二是做好“灯下黑”问题专项整治工作。公司党委开展了党员学习教育“灯下黑”问题专项整治，各党支部每月按时完成了《基层党组织学习教育工作台账》填报工作，建立了党支部工作记录本（手册）和党支部学习记录本，总结提炼了7个支部工作法。三是贯彻好公司党支部“三会一课”、领导干部双重组织生活等制度。各党支部全年共召开党员大会16次，支委会27次，党小组会10次，按时上党课29次。四是深入开展创先争优活动。积极参加国务院南水北调办“两优一先”评选工作，2016年向办直属机关党委推荐的3名优秀共产党员和1名优秀党务工作者受到了表彰。五是做好党支部日常组织工作。严格按照《中国共产党发展党员工作细则》等有关内容的规定，整理归纳入党流程，规范各党支部开展党员发展工作。按照机关党委要求，认真做好党员党组织关系转接工作，及时完成公司62名党员的信息收集。认真做好党费收缴专项检查工作，在完成数据统计工作的基础上，明确党员党费交纳基数计算方法，足额收取补交党费共计27.21万元，并于2016年11月24日，向国务院南水北调办上报了《党费收缴专项检查情况报告》。

（二）群团工作与精神文明建设

（1）工会建设。制定下发了《南水北调东线总公司工会2016年工作要点》，明确了2016年度工会的工作任务。制定下发了《南水北调东线总公司工会2016年度劳动竞赛活动方案》，教育引导广大职工在促进公司实现科学化发展中建功立业，评选出3个模范单位、8名模范员工。为调动员工参与公司管理的积极性，全员树立持续改进意识，制定下发了《关于开展合理化建议征集活动的通知》，面向全体职工开展了以“小建议·大责任”为主题的合理化建议征集活动，活动共征集合理化建议23条。办理了工会法人资格证，在北京市落实全国总工会“两证合一”政策启动办理工作后，第一时间准备相关材料，于2016年10月完成工会法人资格注册，并在建设银行办理了工会银行账户。同时，完成了2016年工会会费收缴工作。组织全体干部职工在景山公园举办健步走活动。组织女职工参加机关妇工委开展的山东境内工程运行管理情况专题调研活动等。

（2）团的建设。2016年5月24日，东线总公司召开团员大会，选举产生了共青团南水北调东线总公司委员会，并根据公司团委工作需要及团员青年人数情况，成立了3个团支部。团委成立后，认真做好团费收缴工作，开展了“青春与担当”主题演讲比赛，与中线建管局天津分局团委开展了主题联学活动。

（3）精神文明建设。为加强公司精神文明建设，倡导讲文明、树新风的社会主义新风尚，制定下发了《文明职工、文明家庭评选活动方案》，在公司内开展文明职工、文明家庭评选活动。开展“流动红旗”评比活动，激发了各部门的集体荣誉感；开展“一张纸献爱心”活动，倡导热心公益；同时，认真做好节能减排、计划生育、环境绿化、交通安全、卫生健康、光盘行动等文明创建工作，力求环境优美、文明有序。鼓励干部职工参加国务院南水北调办职工文化艺术作品展，提升了干部职工的高尚情趣。

（郭绍坤　张思泽　史　宇）

“两学一做”学习教育

（一）部署谋划

2016年4月14日，东线总公司召开了“两学一做”学习教育动员部署会议，会议对公司如何开展好“两学一做”学习教育进行了部署，并提出了具体要求。5月5日，东线总公司党委制定下发了《南水北调东线总公司“学党章党规、学系列讲话，做合格党员”学习教育实施方案》（简称《方案》）。《方案》明确了学习教育的指导思想、总体要求和主要措施等5部分内容。同时，在开展“两学一做”学习教育中，注重区分层次，针对全体党员和党员领导干部提出了不同的学习要求。

（二）党委中心组学习

2016年，党委中心组围绕中央、办党组会议精神等内容开展了4次专题学习。党委中心组成员坚持以身作则、模范带头、以上率下，在公司内形成了上行下效、上率下行的良好风气。

（三）开展“党课大讲堂”活动

为深入落实“三会一课”制度，开展了“党课大家讲，思想齐提升”主题活动，举办“党课大讲堂”，7个党支部轮流在公司范围内讲授党课。同时，东线总公司党委成立评委小组，对党课进行评比。活动的开展，在公司内营造了浓厚的学习氛围，增强了团队合作精神，切实提升了公司党员干部的政治理论水平。

（四）组织各党支部开展专题学习讨论

7个党支部围绕“两学一做”有关内容，坚持每个季度至少开展一次专题学习研讨活动。各党支部全年共组织学习讨论会38场次，提交学习讨论总结15份。

（五）公司党委和各党支部积极开展主题联学活动

2016年5月19日，时任南水北调东线总公司临时党支部委员赵存厚带领计划资产和人力资源两个党小组全体同志，与北京市南水北调办团城湖管理处开展联学活动。9月9日，中央纪委派驻纪检组与公司党委开展了以“不忘初心，继续前进”为主题的联学活动，参观了中国人民抗日战争纪念馆，对南水北调团城湖调蓄池工地进行了实地考察调研。10月、11月，计划资产、工程运行和人力资源党支部分别赴中线建管局河北分局、中线建管局渠首分局、山东干线公司枣庄局等地开展主题联学活动。

（六）“支部工作”APP

组织开展“支部工作”APP学习竞赛活动，激发了党支部和广大党员的学习热情，在公司内形成了你追我赶的学习氛围。

（七）“精品党日活动”评选工作

为提高党日活动的质量和效果，更好地推进基层党组织建设，制定印发了《关于开展“精品党日活动”评选工作的通知》（简称《通知》）。《通知》明确了评选范围、评选标准、评选办法和奖励方法。该项工作有力地激发了各党支部开展主题党日活动的积极性，彰显了基层党组织和广大党员在公司改革、发展中保持先进，争创一流业绩的精神风貌。

（八）革命传统和爱国主义教育

2016年11月11日，组织全体干部职工赴国家博物馆复兴之路展区，开展“突出四个意识，落实担当精神”主题参观活动。通过参观，大家加深了对习近平总书记在参观《复兴之路》展览时所作重要讲话精神的理解，增强了责任感和使命感，强化了四个意识，培养了敢于担当的精神。

（郭绍坤　张思泽　史　宇）

党风廉政建设

（一）落实党风廉政建设责任制

一是构建由上至下、全面覆盖的责任体系。研究制定了《南水北调东线总公司落实党风廉政建设党委主体责任和纪委监督责任办法（试行）》。同时，东线总公司党委与各部门和直属分公司签订党风廉政建设责任状，细化分解党风廉政建设工作任务。

二是开展述职述廉和廉政谈话。各支部书记在党建述评过程中，向东线总公司党委和纪委报告本人履行党风廉政建设责任和廉洁自律情况。公司领导班子成员每年与所分管部门主要负责人定期开展廉政谈话。新提拔干部正式任职前，组织廉政谈话，加强党内监督，推动责任落实和干部清正廉洁。

三是加大两部党内法规宣贯力度。认真做好《中国共产党廉洁自律准则》和《中国共产党纪律处分条例》的学习贯彻，并号召东线总公司党员干部积极参与中央国家机关党章党规知识测试，党员答题率为100%。

四是主动配合国务院南水北调办党组做好民主生活会问题的整改工作，制定了《落实中共南水北调办党组2015年度“三严三实”专题民主生活会整改方案》，针对查摆的突出问题，列入公司督办事项，由专责部门定期督办，真正做到把管党治党责任扛在肩上、抓在手上。

五是加强廉洁从业文化建设和强化警示教育。2016年7月1日，公司全体党员干部共同观看了教育电影《黄克功案件》。8月5日，公司党委组织全体党员干部观看了警示教育片《蜕变》，学习了中纪委驻水利部纪检组下发的《水利纪检监察》期刊，重点学习了期刊通报的驻水利部纪检组查处的2起违反中央八项规定精神典型案件和贵州省水利厅原党组书记、厅长黎平严重违纪问题剖析。通过这些活动，筑牢了广大党员干部反腐倡廉的道德防线和法律底线，提高反腐倡廉的警惕性和自觉性。

六是加快建立纪检监察相关制度。制定了《纪委工作规则》，着力推动纪委工作科学化和规范化。按照中央纪委对信访举报和问题线索处置的最新要求，制定了《信访举报工作管理办法》。印发《招标采购工作监督暂行办法》，加强对招标采购工作重点环节的监督检查，确保权力正确行使。

七是深入推进作风建设，严防“四风”反弹。在重要节日节点，公司纪委提前下发文件，重申中央八项规定精神，要求干部职工持续加强作风建设。同时，公司纪委突出日常监督，重点加强对“三公经费”使用、会议和培训、招标采购等日常工作的监督，切实提高干部职工的纪律意识和规矩意识。

（二）三级联述联评联考

一是高度重视，科学谋划。根据国务院南水北调办直属机关党委的统一部署，公司党委研究制定了《南水北调东线总公司2016年度党建述职评议考核实施方案》（简称《党建述评方案》）。

二是公司各级党组织负责人根据《党建述评方案》要求，重点围绕贯彻中央关于基层党建工作部署、落实全面从严治党责任，贯彻《南水北调办贯彻落实全面从严治党要求实施意见》，从推动党支部班子建设情况、履行基层党建工作责任情况、党风廉政建设工作开展情况、党支部工作开展情况、党支部推动中心工作成效、联系和服务群众、存在问题及改进措施等方面撰写了党建工作述职报告。

三是层次分明，做好三级述评。2017年1月6～13日，各党支部书记向公司党委和支部内全体党员述职，党委班子成员和支部党员填写《2016年度党支部书记述评打分表》对其进行考评。1月16日，赵登峰同志参加了办直属机关党建工作述职评议考核大会，进行党建述职。1月17日～2月20日，全体党员分别在各自支部内述职评议完毕。

四是突出结果运用，注重将考核结果与绩效挂钩。公司党委根据述职考评情况对各党支部书记抓党建工作按照“好、较好、一般、差”4个等次作出总体评价。对党支部书记的总体评价意见经公司党委会研究后向本人反馈，写入干部年度考核评价，并在一定范围通报。公司严格遵守中央规定，党建述职评议考核结果为“好”的，年度绩效考核才能确定为优秀等次；公司各党支部结合评议情况，综合分析党员日常表现，给每名党员评定等次并向本人反馈。对评为优秀的党员予以了表扬；对评为合格的党员肯定了优点并提出希望和要求。

（郭绍坤　张思泽　史　宇）

南水北调东线江苏水源有限责任公司

概　述

2016年，江苏水源公司党委认真学习贯彻党的十八大和习近平总书记系列重要讲话精神，认真落实省第十三次党代会精神，在国务院南水北调办、江苏省委组织部和省国资委党委指导下，紧紧围绕和服务公司改革发展，以开展"两学一做"学习教育为龙头，不断加强党的思想、组织、作风、制度和反腐倡廉建设，与公司中心工作紧密融合，推动公司党建工作迈上新台阶。2016年3月，中组部调研组专题调研公司党建工作，给予高度评价。

（吴丹华）

组织机构

2016年，江苏水源公司由工程建设运行管理为主转向工程运行管理业务与市场经营业务并重的新局面，根据转型发展需要，全面深化改革，及时进行机构调整，加强组织建设。

结合改革发展工作实际，调整了五部五中心四分公司职能配置及岗位设置，根据公司新的组织架构，完善职能定位和干部配置。先后组织对17人次干部考察任命，组织省委组织部组织的中层干部档案的专项审查工作和1个研究员级高工、2个高工、8个工程师的职称申报工作，办理了3位同志的出国手续。有计划地组织开展培训工作，年内培训干部人才8批次，做到了对新提拔中层干部轮训一次。结合公司需要，提出了人才引进和培养目标计划，为公司深化发展提供人才支撑，制定印发了《公司主管（经理）级管理人员选拔任用工作暂行办法》。

（吴丹华）

人事管理

根据江苏水源公司新的组织架构，对公司各级党组织的重新设置，成立了5个党总支、18个党支部，1个临时党总支和5个临时党支部，实现了公司控股三级企业和外出经营发展党员党组织全覆盖。二是选优配强党支部委员。根据《党章》及相关规定，严格按照组织程序，采取自下而上的方式选举产生了各级党组织的书记和委员，经公司党委研究进行了组织任命，配备了52名书记和委员，明确了工作职责，选优配强党务工作人员。三是加强党员规范化管理。2016年，组织12名入党积极分子参加省国资委组织的短期培训，通过向国务院国资委争取，发展7名预备党员，按期转正了2名党员。积极开展组织关系排查，清理1名"空挂"党员，理顺了组织关系。围绕庆祝建党95周年，组织开展江苏省国资委和公司优秀党员评选，共有16名同志当选，树立先进典型。积极开展党费补缴工作，在按标准完成2016上半年党费收缴工作基础上，结合"两学一做"学习教育，认真开展党费补缴工作，公司共有110名党员进行了补缴，补缴金额约35万元。四是推行党建目标责任制。严格按照《公司党支部目标管理办法》，深入分公司党总支、子公司党支部进行调研，对基层党支部开展目标管理工作进行指导，将党建工作纳入年底考核重要内容，突出重点，明确任务，丰富工作内容，创新工作载体，加快推进党建工作规范化建设，促进党建工作与企业中心工作有效结合。

（吴丹华）

党建与精神文明建设

（一）思想建设

2016年5月，在江苏水源公司范围内征集企业文化建议，并于7月印发了《江苏水源公司企业文化建设方案》，根据方案全年开展了义务植树志愿服务、无偿献血、职工体育运动会、高温慰问、扶贫捐款等具有鲜明特色的企业文化活动；抓好精神文明创建工作，按照江苏省文明单位创建要求通过积极申报，公司获得"2013～2015年度江苏省文明单位"荣誉称号；公司工会成功换届选举并组建了公司团委，完成了工会和团委基础规章制度的建立，根据年度工会和团委工作安排，同时结合员工需求，结合国庆、中秋、春节等重大节日，开展喜闻乐见文体活动，丰富员工文化生活，发挥党组织联系群众的桥梁作用，增强员工队伍凝聚力。

（二）"两学一做"学习教育

按照上级部署要求，江苏水源公司党委把开展"两学一做"学习教育作为2016年党建工作的龙头任务。根据工作职责，起草了《江苏水源公司"两学一做"学习教育实施方案》《开展"两学一做"、争当发展先锋》和《江苏水源公司领导班子学习教育具体方案》等3个方案，细化工作方案，分解月度工作任务，明确进度目标，同时将学习教育的范围扩大到公司团员。组织公司党委理论中心组每月定期开展集体学习，在完成既定学习任务基础上，对中央和江苏省委最新的会议和文件精神进行宣传。组织开展业务培训，先后组织两次党支部书记集体培训和座谈，邀请江苏省国资委专家和公司外聘律师做专题讲座，分两批次组织赴井冈山进行专题培训。组织开展专题研讨，按照实施方案，按时完成了3个专题讨论，同时要求每名党员讨论完成后撰写学习心得。加强对各支部检查指导，从制定方案和学习计划、具体工作开展等全方位进行指导，组织开展结对共建活动，定期不定期开展检查，先后发出两次检查通报，督促各支部深入开展学习教育。加强活动宣传，在公司网站开辟"两学一做"学习教育专栏，将公司各支部好的做法、党员心得体会予以刊登，及时向上级单位进行投稿宣传，《新华日报》刊发了公司开展"争当学习先锋"主题活动的做法。

（吴丹华）

党风廉政建设

江苏水源公司党委围绕工作目标，学习贯彻国务院南水北调办党组、江苏省国资委党委和纪委工作要求，及时研究部署党风廉政建设，认真分解工作目标、责任和措施，确保年度廉政责任落实到位。

2016年初，在江苏水源公司党风廉政建设工作会上，江苏水源公司党委书记与党委委员、纪委书记与各单位一把手分别签订了年度党风廉政建设责任书，层层分解责任，督促分管领导及各级党组织负责人履行"一岗双责"责任，推动公司党风廉政责任向基层延伸。年中召开纪检监察工作会议，检查各单位党风廉政责任落实情况，部署重点工作任务。围绕监督执纪"四种形态"，坚持挺纪于前，结合公司实际，研究制定公司《党员领导干部提醒关爱办法》和《一案双查办法（试行）》等制度。结合公司廉洁风险防控体系，排查公司廉洁风险防控点，不断完善廉洁风险防控体系，研究印发公司《党员领导干部廉洁自律手册》，严明规矩，挺纪于前。

（吴丹华）

南水北调东线山东干线有限责任公司

组 织 机 构

山东干线公司设董事会、监事会和经理层，实行董事会领导下的经理层负责制。

山东干线公司一级机构内设综合部、工程管理部、安全生产办公室、调度运行部、发展运营部、财务部、法律事务部、纪检督查室、信息运行管理中心、工会10个部门。二级机构设立济南、枣庄、济宁、泰安、德州、聊城、胶东7个管理局和济宁应急抢险分中心、水质监测预警中心2个直属分中心。三级机构设立3个水库管理处、7个泵站管理处、9个渠道管理处、1个穿黄河工程管理处共20个管理处，按属地分别由7个管理管辖。

（杨 捷）

人 事 管 理

一是建立完善人事管理制度。山东干线公司制定实施了《泵站运行工、渠道维护工、电工、特种设备操作员、机动车驾驶员、工勤人员管理规定》《干线公司负责人薪酬管理暂行办法》《驻一线岗位补助管理暂行规定》《企业年金方案》《工程现场劳动防护用品管理暂行规定》，起草了《山东干线公司专业技术职称评聘管理办法》《劳务外包管理规定》。二是尽职尽责做好日常工作。配合完成了人力资源与社会保障部和国务院南水北调办对南水北调东中线建成通水先进集体和先进个人推选表彰工作。组织完成了第九届山东水利基层优秀水利人员的推选工作。完成了山东干线公司2016年个人绩效考核工作。按时完成山东干线公司中层以上人员个人有关事项报告工作。将公司中层副职以上人员及财务人员因私护照进行统一管理。完成了职称评审工作。完成了8名泵站运行工职业技能鉴定工作。对职称晋升、职务变化及考核进档等人员的工资及时进行调整。认真做好公司员工基本养老关系转移、医疗保险关系转移、社保关系合户、社保费补缴、工伤保险申报、异地医院住院备案、生育保险报销、医保卡办理领取等服务工作。跟踪监督2016年度培训计划落实到位。严格审查人事档案，并做好日常的档案收缴、转移、材料整理审核入档工作。完成了法人及组织机构代码年检、残疾人就业保障金缴纳、党费缴纳基数核算、各类年报统计等工作。做好了公司全体人员年休假督促落实、跟踪统计工作。三是参与了人员调整、泵站运行一级值班长竞聘、员工招聘等工作。

（杨 捷）

党风廉政建设

2016年，山东干线公司党总支认真学习十八届六中全会和国有企业党建工作会议精神，贯彻落实全面从严治党要求，紧紧围绕推进工程管理规范化、程序化、精细化目标要求，不断完善党风廉政建设责任制落实体系，强化权力运行制约和监督，持续深化作风建设，推动全面从严治党走向“严紧硬”。

（一）健全制度，落实责任

为规范公司党风廉政建设工作，切实推进公司党总支从严治党主体责任和监督责任的落实，结合干线公司工作实际，出台了《山东干线公司党总支党风廉政建设工作制度》，填补了公司党风廉政建设工作制度的空白。党总支研究建立了党总支委员联系二级机构党风廉政建设工作制度，实现了党总支对基层党支部党风廉政建设工作联系的全覆盖，强化了对各管理局党风廉政建设的联络和监督，成为层层落实廉政建设责任制的有力抓手。党总支书记与总支委员、总支委员与分管的支部书记层层签订了党风廉政建设责任书。2016 年 12 月，党总支委员分别对二级管理机构党风廉政建设情况进行督导检查、听取二级管理机构的党风廉政建设工作汇报，并对主要负责人进行约谈。通过督导检查，督促下属党支部成员廉洁从业，推进公司各项工作廉洁高效开展。

（二）廉政教育

一是结合“两学一做”学习教育，山东干线公司组织党员干部深入学习《中国共产党廉洁自律准则》《纪律处分条例》及《习近平关于严明党的纪律和规矩论述摘编》等内容，不断强化纪律和规矩意识。二是警示教育。及时转发山东省纪委关于违规违纪问题典型案例和责任追究情况的通报，吸取教训、举一反三，用身边事教育身边人，做到警钟长鸣；2016 年 8 月 16 日，组织山东干线公司正科级以上干部共计 100 余人，赴山东省监狱开展了廉政警示教育，现场听取服刑人员忏悔报告，提高了自警自律意识。三是开展学习测试，以考促学。2 月底~3 月上旬，组织全体党员开展了《准则》和《条例》学习测试；9 月份，组织全体党员及副科级以上非党员干部共计 257 人开展了德廉和党风党纪知识学习测试，山东省南水北调建管局纪委派员监考，山东省水利厅机关党委进行了巡考。通过学习测试，营造了浓厚的学习氛围，强化了各级党员干部尊崇《党章》、遵守党规党纪意识。

（三）廉政监督

一是纪检督查室按时列席党总支会议、总经理办公会和专题会议，参加党总支组织的集体学习，对公司重大决策环节进行监督，同时也为决策执行环节的监督、督查督办打下基础。二是对工程管理重点环节进行监督。三是加强日常监督。以廉政建设规范化管理为依托，以“问题清单”整改为抓手，狠抓各项工作任务的落实。对 7 个管理局整治和查处群众身边的不正之风和腐败问题工作落实情况、党风廉政建设规范化建设、党风廉政建设问题清单整改情况进行了现场检查，促进了二级机构党风廉政建设相关工作的落实。四是开展廉政谈话。认真落实廉政谈话制度，对存在苗头性问题的单位和个人开展廉政谈话，进行面对面的谈心交流，起到了谈话提醒、化解矛盾、预防警示、纪律监督的作用。

（四）督查督办工作

一是规范督查督办工作流程。为使督查督办工作有章可循，提高工作质量和效率，制定了《南水北调东线山东干线有限责任公司督查督办工作暂行办法》，明确了督查督办工作内容、工作形式、工作程序、工作要求等，为督查督办工作高效开展提供有力依据。二是注重工作实效，做好督办工作。将年初确定的 196 项重点工作任务，逐项落实责任单位和责任人，及时跟踪督办，按月提交督办报告。重点抓好公司党总支会确定事项落实，加强督办催办，做到件件有落实，事事有回音。对领导批示需要督办的事项，强化跟踪督导，有力推动了相关工作的落实。

（张慧清　李秋香）

南水北调中线水源有限责任公司

管 理 机 构

根据国务院南水北调工程建设委员会《关于〈南水北调中线水源工程项目法人组建方案〉的批复》（国调委发〔2004〕2 号）中的要求，按照政企分开、政事分开、政资分开的原则，中线水源公司于 2004 年 8 月由水利部组建。中线水源公司作为南水北调中线水源工程建设的项目法人，在国务院南水北调办的领导和监督下，负责丹江口大坝加高和水库征地移民等的工程建设管理工作。公司法人治理结构完备，权责清晰。公司成立之初，即成立了股东会、董事会和监事会，并制订了《中线水源公司章程》。依据水利部南水北调中线水源工程建设领导小组审定的方案，公司内设综合部、工程部、计划部、财务部、环境与移民部5个部门和陶岔分公司。其中，综合部内设审计纪检监察处、人力资源处、综合处；计划部内设经济管理处、计划合同处；工程部内设工程技术处、质量安全处、机电设备处、陶岔项目处。2008年12月，随着丹江口水库移民试点工作的启动，经公司董事会批准，环境与移民部内设一处（湖北）和二处（河南）。2006年1月公司临时党委成立后，又相应地成立了党委办公室（与综合部合署办公）和工会，并分别组建了3个党支部和3个工会小组。

（刘兆增）

人 事 管 理

（一）人事任免

2016年4月，长江委党组以长党〔2016〕31号文件任命吴道喜为中线水源公司临时委员会书记（试用期一年）。

2016年9月，根据《长江水利委员会关于调整南水北调中线水源有限责任公司董事会监事会组成人员的通知》（长任〔2016〕381号）文件精神，公司董事会由胡军、吴志广、吴道喜、董晓伟、汤元昌5位组成，胡军为董事长；公司监事会由陈宗洲、印猛、方启军3位组成，陈宗洲为监事会主席。

2016年10月，根据《长江水利委员会关于万育生、张彬职务任免的通知》（长任〔2016〕421号）文件精神，公司董事会研究决定：聘任万育生为中线水源公司副总经理（副局级），免去张彬的中线水源公司副总经理职务。

2016年10月，长江委党组以长党〔2016〕81号文件任命万育生为中线水源公司临时委员会委员，免去张彬的中线水源公司临时委员会委员职务。

2016年10月，中线水源公司临时党委以中水源党〔2016〕16号文件任命张安锦为中线水源公司纪委副书记（正处长级），试用期一年。

2016年12月，长江委党组以长党〔2016〕94号文件任命胡军为中线水源公司临时委员会副书记。

（二）人才队伍建设

中线水源公司加大培训力度，适应转型发展需要。制订了员工年度培训计划，积极参加上级举办的理论和业务培训，举办了完工财务决算和水质采样取证培训班。各级各类人员培训学时均达标。

（三）外事工作

综合部人力资源处负责中线水源公司的外事管理工作，包括出国出境报批手续办理和涉外媒体来访的接洽等工作。2016年12月18~23日，公司组织赴美国丹江口水源地水质保护机制项目合作团，公司副总经理齐耀华任团长，吴世凡、李全宏、陈泽涛为团员。

（刘兆增）

党建与精神文明建设

（一）理论学习

2016年，中线水源公司发挥党委中心组的示范引领作用，以中心组（扩大）学习会、专题党课、辅导讲座、支部“主题党日”活动等多种形式，组织党员干部认真学习了党的十八届六中全会精神和习近平总书记系列重要讲话精神，学习了全国国有企业党的建设工作会议精神和长江委党建、党风廉政建设会议精神，开展了“两学一做”学习教育，专题学习了党章党规党纪和党风廉政建设等内容。

（二）“两学一做”学习教育

根据中央和长江委党组的统一部署，2016年5月，中线水源公司“两学一做”学习教育工作正式启动。主要做好了以下工作：

（1）组织学习教育。公司党委成立了“两学一做”学习教育协调小组，制订印发了实施方案、工作方案、具体安排3个文件，明确了学习教育的总体要求、主要内容、方法措施和组织领导。召开了“两学一做”学习教育工作座谈会，进行动员和部署。

（2）开展专题研学。公司党委以中心组（扩大）学习会的形式认真开展专题学习讨论6次，组织全体党员干部认真学习了十八届六中全会精神、习近平总书记关于“两学一做”学习教育工作的重要指示及“七一讲话”精神，学习了《党章》《廉洁自律准则》《纪律处分条例》《问责条例》《关于新形势下党内政治生活的若干准则》《党内监督条例》和毛泽东《党委会的工作方法》、周恩来《有关共产党员加强自我改造和党性修养的论述》以及《湖北省委关于加强意识形态工作主要精神》等内容，传达学习了长江委“两学一做”座谈会、推进会和魏山忠主任专题党课精神。学习会上，领导班子成员带头领学、谈学习体会，把自己的思想和公司的工作摆进去，做到入脑入心，学以致用。党办为全体党员配发了学习资料和专用学习记录本。

（3）宣讲专题党课。2016年7月1日，公司召开了庆祝建党95周年大会暨“两学一做”学习教育专题党课，党委书记带头讲专题党课。8月底前，紧紧围绕“两学一做、四讲四有”的主题，公司其他班子成员和支部书记分别在所在支部讲专题党课。

（4）组织“支部主题党日”活动。作为学习教育的主体，各党支部按照公司党委的部署，切实履行责任，组织开展好“主题党日”活动，确保每个党员受到教育和监督。2016年7月，组织党员赴大悟、红安教育基地开展“主题党日”活动，不忘初心、重温入党誓词，缅怀历史、向革命烈士纪念碑敬献花篮。

（三）党建工作

中线水源公司党委制订了2016年党建工作计划，开展了党组织关系集中排查工作，和党费补缴整改和规范收缴工作，公司40名党员共补交2008年4月～2016年6月期间的党费共26.27万元，完成了长江委下达的两批党建清单的对照整改工作。推行党建工作三级联述联考制度，落实了党建工作责任清单，完成了长江委党建工作考核，开展了党支部书记述职评议工作。

中线水源公司党委召开了“三严三实”专题民主生活会和组织生活会，完成了2016年度民主生活会的筹备工作，落实支部“三会一课”制度，严格党内生活。全面开展了“红旗党支部”创建活动和“七一”评先表彰活动，公司1个先进基层党组织、1名优秀共产党员、1名优秀党务工作者受到长江委表彰，5名优秀共产党员受到公司表彰。完成了民主评议党员、党内统计等基础工作，以及丹江口市人大代表、政协委员、十堰市人大代表推选工作，做好了湖北省十九大代表候选人的推荐工作。

（四）党风廉政建设

中线水源公司始终坚持工程建设管理和党风廉政建设两手抓。

（1）落实党委的党风廉政建设主体责任。2016年初召开党建会、年中召开党风廉政建设推进会议进行部署，并制订了党风廉政建设年度工作计划；开展党风廉政教育，强化党员干部的廉政意识；按照管理权限层层签订了廉政建设责任书和承诺书，并加强考核；制订了《党风廉政建设主体责任清单》，细化公司党委、班子成员和纪委的主体责任，形成一级抓一级、层层抓落实的责任机制；充实了纪检力量，提任纪委副书记一名。

（2）纪检监督。按照党委党组的统一部署，开展了严守政治纪律政治规矩、贯彻落实中央八项规定精神、水利部对汉江集团巡视成果对照等专项检查；加强对工程招投标、合同签订、变更与索赔、合同结算等关键环节的监督检查，完善了廉政风险防控体系；开展了新提拔干部廉政考试和廉政谈话，发挥纪委的廉政把关作用。

（五）干部队伍建设

（1）领导班子建设。执行民主集中制和“三重一大”事项决策制，依法决策、科学决策、民主决策，坚持集体领导和个人分工相结合，增强班子合力，促进单位和谐。根据班子成员的变动，及时调整领导分工，保证工作连续性。

（2）贯彻《干部任用条例》和长江委干部选任制度，2016 年提任中层干部（纪委副书记）1 名。

（3）培训工作。制订了员工年度培训计划，参加上级举办的政治理论和业务培训，举办了完工财务决算和水质采样取证培训班。

（4）干部管理和监督。完成了对 2 名中层干部试用期满的组织考核，开展了员工年度绩效考核工作；按要求做好了领导干部有关事项报告、干部人事档案专项审核、出国出境管理等工作。

（六）工会工作

工会以职工大会为平台，积极参与民主决策和民主监督，广泛征集群众意见，为公司建言献策，被长江委工会评为 2013～2016 年度全江执行职代会制度“先进单位”。组织开展了远足健身、趣味体育比赛、工间操等文体活动和帮扶慰问等送温暖活动，深受员工好评。

（刘兆增）

CHINA SOUTH-TO-NORTH WATER DIVERSION PROJECT CONSTRUCTION YEARBOOK

拾肆 统计资料

THE STATISTICAL INFORMATION

基建投资统计

概　述

截至2016年底，国家累计安排国务院南水北调办负责投资计划管理的南水北调主体工程建设项目投资计划2619.7亿元，按投资来源分：中央预算内投资254.2亿元，中央预算内专项资金（国债）106.5亿元，南水北调工程基金196.5亿元，国家重大水利工程建设基金1586.6亿元，贷款475.9亿元，如图1所示。

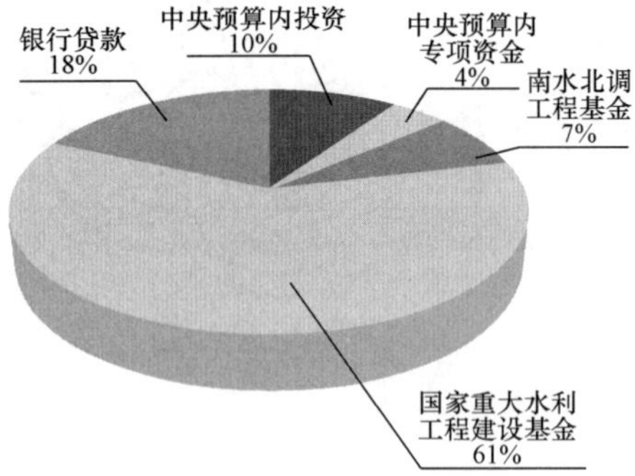

图1　累计安排投资计划

其中：国务院南水北调办累计下达投资计划2612.8亿元（工程建设投资计划2439.7亿元，初步设计工作投资计划14.2亿元，文物保护工作投资计划10.9亿元，待运行期管理维护费10.9亿元，特殊预备费计划0.5亿元，中线一期工程安全风险评估费0.6亿元，过渡性资金融资费用136亿元）。水利部累计下达6.9亿元，全部为前期工作投资。

截至2016年底，累计完成投资2572.9亿元，占在建设计单元工程总投资2620.2亿元的98%，其中东、中线一期工程分别累计完成投资327.1亿元和2139.1亿元，分别占东、中线在建设计单元工程总投资的98%和99.6%；过渡性资金融资费用105.8亿元，其他0.9亿元。

各年完成情况是：2003年完成投资7.7亿元，2004年完成投资12.6亿元，2005年完成投资18.3亿元，2006年完成投资80.5亿元，2007年完成投资71.3亿元，2008年完成投资51.1亿元，2009年完成投资147.9亿元，2010年完成投资408.3亿元，2011年完成投资578亿元，2012年完成投资652.9亿元，2013年完成404.9亿元，2014年完成109.2亿元，2015年完成43.5亿元，2016年完成4.7亿元，如图2所示。2003～2016年各年度完成投资之和为2590.9亿元，较截至2016年底累计完成投资多18亿元。主要原因

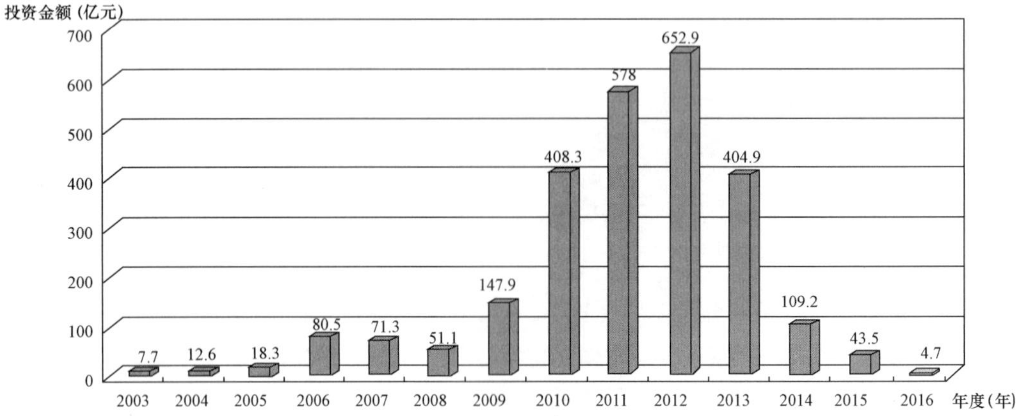

图2　分年度投资完成情况

是各年度完成投资中包含里下河水源补偿工程地方分摊投资约4亿元、陶岔渠首枢纽工程电站投资约3亿元、2015年5~9月过渡性资金融资费用约12亿元、不包含山东段安全防护体系投资约1亿元。截至2016年底累计完成投资中不包含里下河水源补偿工程地方分摊投资、陶岔渠首枢纽工程电站投资、2015年5~9月过渡性资金融资费用共计19亿元（此3项投资不属于国务院南水北调办负责管理的投资规模2814亿元范围内），包含山东段安全防护体系投资约1亿元（此项目投资2015年以前已经完成，但未计入完成投资）。

2016年，国家安排南水北调主体工程建设项目投资计划1.8亿元，全部为国家重大水利工程建设基金。其中，安排工程建设投资计划0.1亿元，用于陶岔渠首枢纽工程和南四湖水资源监测工程；安排待运行期管理维护费0.6亿元，用于东线工程试运行费；安排特殊预备费0.5亿元，用于漕河渡槽和槐河（一）渠道倒虹吸防洪防护工程；安排中线安全风险评估费0.6亿元。

完成投资4.7亿元（其中东线一期工程完成1.8亿元，中线一期主体工程2.4亿元，库区移民安置工程0.5亿元），如图3所示。

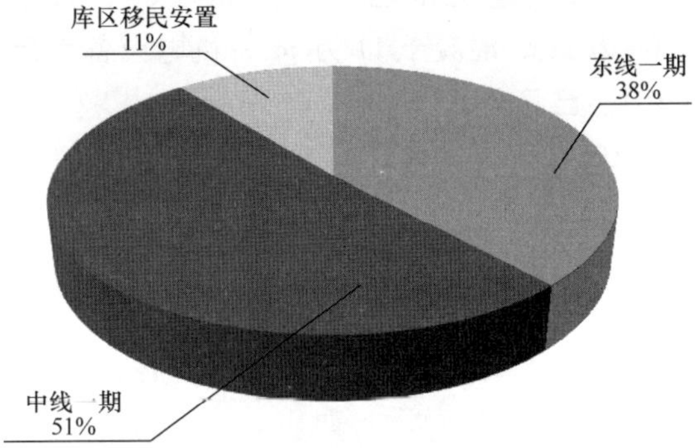

图3　2016年投资计划完成情况

东线一期工程建设进展情况

根据各项目法人单位报送的2016年建设投资统计年报，截至2016年底，南水北调东线一期在建各设计单元工程建设进展情况如下：

（一）三阳河、潼河、宝应站工程

三阳河、潼河、宝应站工程于2002年12月开工建设，是南水北调首个开工工程。工程总投资97 922万元，累计完成投资97 922万元。完成土方挖填2713万m^3，石方5.95万m^3，混凝土浇筑13.4万m^3，金属结构237t。已通过完工验收并移交运管单位。

（二）长江—骆马湖段2003年度工程

1. 江都站改造工程

工程总投资30 302万元，累计完成投资30 302万元。完成土方64.46万m^3，石方1.76万m^3，混凝土2.56万m^3，金属结构1000t，机电设备17台（套）。已通过完工验收并移交运管单位。

2. 淮阴三站工程

工程总投资29 145万元，累计完成投资29 145万元。完成土方247万m^3，石方4.51万m^3，混凝土2.53万m^3，金属结构307t，机电设备17台（套）。已通过完工验收并移交运管单位。

3. 淮安四站工程

工程总投资18 476万元，累计完成投资18 476万元。完成土方153.8万m^3，石方2.35万m^3，混凝土2.35万m^3，金属结构460t，机电设备4台（套）。已通过完工验收并移交运管单位。

4. 淮安四站输水河道工程

工程总投资31 898万元，累计完成投资31 898万元。完成土方412.51万m^3，石方1.31万m^3，混凝土2.42万m^3，金属结构339.2t，机电设备21台（套）。已通过完工验收。

（三）骆马湖—南四湖段工程

1. 刘山泵站工程

工程总投资为29 576万元，累计完成投资29 576万元。完成土方196万m^3，石方

3.65 万 m^3，混凝土 4.69 万 m^3，金属结构 660t，机电设备 5 台（套）。已通过完工验收并移交运管单位。

2. 解台泵站工程

工程总投资为 23 242 万元，累计完成投资 23 242 万元。完成土方 110.9 万 m^3，石方 6.17 万 m^3，混凝土 3.88 万 m^3，金属结构 460t，机电设备 5 台（套）。已通过完工验收并移交运管单位。

3. 蔺家坝泵站工程

工程总投资为 25 700 万元，累计完成投资 25 700 万元。完成土方 121.99 万 m^3，石方 0.4 万 m^3，混凝土 3.49 万 m^3，金属结构 457.04t，机电设备 4 台（套）。已移交运管单位。

（四）长江—骆马湖段其他工程

1. 高水河整治工程

工程总投资 15 996 万元，累计完成投资 15 996 万元。完成土方 135 万 m^3，石方 40 万 m^3，混凝土 0.86 万 m^3。

2. 淮安二站改造工程

工程总投资 5464 万元，累计完成投资 5464 万元。完成土方 3.52 万 m^3，石方 0.52 万 m^3，混凝土 0.11 万 m^3，金属结构 67t，机电设备 2 台（套）。已通过完工验收并移交运管单位。

3. 泗阳站改建工程

工程总投资 33 447 万元，累计完成投资 33 447 万元。完成土方 128.51 万 m^3，石方 3.88 万 m^3，混凝土浇筑 3.89 万 m^3，金属结构 292t，机电设备 6 台（套）。已移交运管单位。

4. 刘老涧二站工程

工程总投资 22 923 万元，累计完成投资 22 923 万元。完成土方 80.27 万 m^3，石方 2.8 万 m^3，混凝土浇筑 3.04 万 m^3，金属结构 285t，机电设备 4 台（套）。已通过完工验收并移交运管单位。

5. 皂河二站工程

工程总投资 29 268 万元，累计完成投资 29 268 万元。完成土方 172.71 万 m^3，石方 1.22 万 m^3，混凝土 4.38 万 m^3，金属结构 359.8t，机电设备 3 台（套）。已移交运管单位。

6. 皂河一站更新改造工程

工程总投资 13 248 万元，累计完成投资 13 248 万元。完成土方 30.33 万 m^3，石方 0.46 万 m^3，混凝土 3.23 万 m^3，金属结构 130t，机电设备 2 台（套）。已通过完工验收并移交运管单位。

7. 泗洪站枢纽工程

工程总投资 59 784 万元，累计完成投资 59 784 万元。完成土方 558.8 万 m^3，石方 7.31 万 m^3，混凝土浇筑 14.07 万 m^3，金属结构 1560t，机电设备 5 台（套）。已移交运管单位。

8. 金湖站工程

工程总投资 39 954 万元，累计完成投资 39 954 万元。完成土方 176 万 m^3，石方 5.31 万 m^3，混凝土 4.5 万 m^3，金属结构 885t，机电设备 5 台（套）。已移交运管单位。

9. 洪泽站工程

工程总投资 51 817 万元，累计完成投资 51 817 万元。完成土方 540.22 万 m^3，石方 0.64 万 m^3，混凝土 11 万 m^3，机电设备 5 台（套）。已移交运管单位。

10. 邳州站工程

工程总投资 33 138 万元，累计完成投资 33 138 万元。完成土方 103.72 万 m^3，石方 2.18 万 m^3，混凝土 5.15 万 m^3，金属结构 489.7t，机电设备 4 台（套）。已移交运管单位。

11. 睢宁二站工程

工程总投资 25 518 万元，累计完成投资 25 518 万元。完成土方 115.5 万 m^3，石方 1.51 万 m^3，混凝土 5.18 万 m^3，金属结构 118.9t，机电设备 4 台（套）。已移交运管单位。

12. 金宝航道工程

工程总投资 102 722 万元，累计完成投资 102 722 万元。完成土方 859.4 万 m^3，石方 0.53 万 m^3，混凝土 12.35 万 m^3，金属结构 378.4t，机电设备 30 台（套）。已移交运管单位。

13. 里下河水源调整工程

工程总投资 182 118 万元（不含地方分摊投资），累计完成投资 184 255 万元。完成土方 2958.98 万 m^3，石方 11.63 万 m^3，混凝土 17.34 万 m^3，金属结构 5421t，机电设备 123 台（套）。工程建设已全部完成。

14. 骆马湖以南中运河影响处理工程

工程总投资 12 527 万元，累计完成投资 12 527 万元。完成土方 38.75 万 m^3，石方 0.55 万 m^3，混凝土 1.45 万 m^3，金属结构 655.7t。已移交运管单位。

15. 沿运闸洞漏水处理工程

工程总投资 12 252 万元，累计完成投资 12 252 万元。完成土方 79.5 万 m^3，石方 4 万 m^3，混凝土 1.7 万 m^3，金属结构 433.67t，机电设备 225 台（套）。

16. 徐洪河影响处理工程

工程总投资 27 609 万元，累计完成投资 27 609 万元。完成土方 150.4 万 m^3，石方 4.88 万 m^3，混凝土 11.72 万 m^3，金属结构 20t，机电设备 5 台（套）。

17. 洪泽湖抬高蓄水位影响处理工程江苏省境内工程

工程总投资 26 003 万元，累计完成投资 26 003 万元。完成土方 163.44 万 m^3，石方 1.42 万 m^3，混凝土 12.87 万 m^3，金属结构 333.34t，机电设备 65 台（套）。已通过完工验收并移交运管单位。

18. 洪泽湖抬高蓄水位影响处理工程安徽省境内工程

工程总投资 37 493 万元，累计完成投资 37 230 万元，批复建设内容已完成。累计完成土石方 542.6 万 m^3，混凝土 6.37 万 m^3。

（五）江苏段专项工程

1. 江苏省文物保护工程

工程总投资 3362 万元，已完成全部投资并发挥作用。

2. 血吸虫北移防护工程

工程总投资 4643 万元，累计完成投资 4643 万元。累计完成土石方 1.36 万 m^3，混凝土 4.54 万 m^3。工程已全部建成。

3. 江苏段调度运行管理系统工程

工程总投资 58 221 万元，2016 年完成投资 4300 万元，累计完成投资 31 193 万元。基本完成传输系统的光缆线路工程 4 个骨干环网，骨干节点的通信设备系统集成；完成水环境监测中心及水质移动实验室设备采购工程、水质自动站工程；基本完成淮安、徐州分公司数据中心机房工程；完成通水应急机房、沙盘、总集成工程等。

4. 江苏段管理设施专项工程

工程总投资 44 505 万元，2016 年完成投资 5060 万元，累计完成投资 41 741 万元。南京一级机构管理设施正在完善装饰设计；淮安、徐州、扬州二级机构管理设施装饰已基本完成；宿迁二级机构管理设施正在完善实施方案；三级机构管理设施已完成所有建设内容。

5. 江苏段试通水费用和试运行费用

江苏段试通水费用 4010 万元，含苏鲁省际段试通水费用 40 万元；江苏段试运行费用 3872 万元，含苏鲁省际段试运行费用 42 万元。两个项目总投资 7882 万元。累计完成投资 4740 万元。

（六）南四湖水资源控制、水质监测和骆马湖水资源控制工程

1. 二级坝泵站工程

工程总投资 31 962 万元，累计完成投资 32 846 万元。累计完成土石方 234 万 m^3，混凝土浇筑 4.97 万 m^3。已全部建成并发挥效益。

2. 姚楼河闸工程

工程总投资2412万元，由江苏和山东共同完成。累计完成投资2175万元。累计完成土方8.5万m^3，石方0.1万m^3，混凝土0.33万m^3，金属结构34t，机电设备6台（套）。已全部完工并移交管理单位。

3. 杨官屯河闸工程

工程总投资5996万元，由江苏和山东共同完成。累计完成投资7272万元。累计完成土方5.3万m^3，石方0.2万m^3，混凝土1.24万m^3，金属结构111t，机电设备4台（套）。已全部完工并移交管理单位。

4. 大沙河闸工程

工程总投资11 776万元，由江苏和山东共同完成。累计完成投资12 744万元。累计完成土方46万m^3，石方1万m^3，混凝土2.4万m^3，金属结构396t，机电设备11台（套）。已全部完工并移交管理单位。

5. 潘庄引河闸工程

工程总投资1497万元，累计完成投资1360万元。潘庄引河闸工程已建设完成并发挥效益。

6. 南四湖水资源监测工程

工程总投资6427万元，由江苏省和山东省共同完成。2016年完成投资1611万元，累计完成投资2004万元，均为山东省境内工程投资，山东省境内工程正在建设中。江苏省于2016年11月组建“江苏省南水北调南四湖水资源监测工程建设处”，江苏省境内工程正在进行工程前期准备工作。

7. 骆马湖水资源控制工程

工程总投资3081万元，累计完成投资3081万元。累计完成土方15.53万m^3，石方0.88万m^3，金属结构82.5t，机电设备4台（套）。已建成并移交管理单位。

（七）南四湖下级湖抬高蓄水位影响处理工程

工程总投资63 749万元，由江苏省和山东省共同完成。累计完成投资63 749万元。

（八）东线其他专项工程

1. 苏鲁省际工程管理设施专项工程

工程总投资3793万元，累计完成投资2137万元。2016年完成投资1519万元。2016年完成桩基子工程、基础工程、主体工程、屋面工程、外墙保温工程、消防电气、消防给排水工程、部分幕墙工程、部分室内装修工程及部分空调等。

2. 苏鲁省际工程调度运行管理系统工程

工程总投资14461万元，累计完成投资8137万元。2016年完成投资2407万元。2016年完成通信线路主体建设和修复，完成现地闸泵站接地工程、通信传输设备安装和视频监视系统设备安装等工作。软件系统开发建设形成初步成果。

3. 东线总公司开办费

总投资4325万元，累计完成投资3390万元。2016年完成投资595万元。

（九）东平湖蓄水影响处理工程

工程总投资49 488万元，累计完成投资49 488万元。累计完成土方101.49万m^3，混凝土0.23万m^3。围堤防渗加固工程完成全部2670m的湖堤截渗墙；济平干渠湖内引渠清淤工程完成清淤76万m^3。

（十）济平干渠工程

工程总投资150 241万元，累计完成投资150 241万元，已通过完工验收。累计完成土石方开挖1221.83万m^3，土方填筑725.46万m^3，钢筋制作安装19 094t；混凝土及钢筋混凝土浇筑53.32万m^3，机电设备安装581台（套），完成金属结构安装605.43t，渠道衬砌完成约86km，完成桥梁130座，倒虹39座，水闸33座，渡槽7座，排涝站2座，跌水1座，完成植树33.2万株。

（十一）韩庄运河段工程

1. 台儿庄泵站工程

工程总投资26 611万元，累计完成投资26 874万元，累计完成土方128.6万m^3，石方0.11万m^3，混凝土5.37万m^3，金属结构 804t。

2. 韩庄运河段水资源控制工程

工程总投资 2268 万元，累计完成投资 2268 万元，累计完成土方 4.28 万 m^3，混凝土 0.21 万 m^3。

3. 万年闸泵站工程

工程总投资 26 259 万元，累计完成投资 27 190 万元，累计完成土方 168.5 万 m^3，石方 5.1 万 m^3，混凝土浇筑完成 5.06 万 m^3，金属结构制作安装 1228.14t。

4. 韩庄泵站工程

工程总投资 30 357 万元，累计完成投资 30 905 万元。累计完成土方 152 万 m^3，石方 4.66 万 m^3，混凝土 3.79 万 m^3。

（十二）南四湖—东平湖段工程

1. 长沟泵站工程

工程总投资 30 091 万元，累计完成投资 30 238 万元。累计完成土石方 156.68 万 m^3，混凝土 7.54 万 m^3。

2. 邓楼泵站工程

工程总投资 27 730 万元，累计完成投资 28 685 万元。累计完成土石方 131.31 万 m^3，混凝土 5.74 万 m^3。

3. 八里湾泵站工程

工程总投资 28 683 万元，累计完成投资 28 683 万元。累计完成土石方开挖 35.73 万 m^3，土石方回填 50.47 万 m^3，混凝土浇筑 4.94 万 m^3。

4. 柳长河段工程

工程总投资 52 499 万元（不含地方分摊投资），累计完成投资 52 449 万元。累计完成土方 690.43 万 m^3，混凝土浇筑 10.29 万 m^3。

5. 梁济运河段工程

工程总投资 79 445 万元（不含地方分摊投资），累计完成投资 79 445 万元。累计完成土方 767.3 万 m^3、混凝土浇筑 25.45 万 m^3。

6. 南四湖湖内疏浚工程

工程总投资 23 348 万元，2016 年完成投资 15 万元，累计完成投资 24 132 万元。累计完成土方 281 万 m^3。

7. 两湖段引黄灌区影响处理工程

工程总投资 18 696 万元，累计完成投资 19 974 万元。累计完成土石方 215.39 万 m^3，混凝土浇筑 5.37 万 m^3。

（十三）济南—引黄济青段工程

1. 济南市区段工程

工程总投资 305 319 万元，累计完成投资 312 192 万元。累计完成土石方 700.59 万 m^3，混凝土浇筑 89.49 万 m^3。

2. 明渠段工程

工程总投资 271 371 万元，累计完成投资 271 463 万元。累计完成土石方 1872.5 万 m^3，混凝土浇筑 56.56 万 m^3。

3. 东湖水库工程

工程总投资 102 099 万元，累计完成投资 102 099 万元。累计完成土石方 1574.11 万 m^3，混凝土浇筑 15.16 万 m^3。

4. 双王城水库工程

工程总投资 86 804 万元，累计完成投资 86 804 万元。累计完成土石方 989.8 万 m^3，混凝土浇筑 19.43 万 m^3。

5. 陈庄输水线路工程

工程总投资 33 103 万元，累计完成投资 33 011 万元。累计完成土石方 241.71 万 m^3，混凝土 8.01 万 m^3。

（十四）东线穿黄河工程

工程总投资 70 245 万元，累计完成投资 70 245 万元。累计完成土石方 709.02 万 m^3，混凝土浇筑 22.07 万 m^3。

（十五）鲁北段工程

1. 小运河段工程

工程总投资 262 601 万元，累计完成投资 262 601 万元。累计完成土方开挖 1366.62 万 m^3，土方回填 536.18 万 m^3，混凝土 52.3 万 m^3。

2. 七一·六五河工程

工程总投资 66 672 万元，累计完成投资 66 672 万元。累计完成土方 582.82 万 m^3，混凝土浇筑 7.18 万 m^3。

3. 鲁北灌区影响处理工程

工程总投资 35 008 万元，累计完成投资 35 008 万元。累计完成土石方开挖 573 万 m^3，混凝土浇筑 2.89 万 m^3。

4. 大屯水库工程

工程总投资 130 829 万元，累计完成投资 130 829 万元。累计完成土方 2436.03 万 m^3，混凝土浇筑 8.72 万 m^3。

（十六）山东段专项工程

1. 山东段调度运行管理系统工程

工程总投资 68 299 万元，累计完成投资 54 976 万元。安全防护体系累计完成投资 11 139万元。工程沿线具备建设条件的硬件设备安装工作已基本全部完成，应用系统中，信息监测与管理系统、水量调度系统、工程管理系统、通用办公系统软件开发工作基本完成。通信系统、计算机网络系统已投入运行，信息监测与管理系统、水量调度系统、工程管理系统、视频监控系统、闸（泵）站监控系统等正逐步投入运行。完成了系统运行实体环境与视频会议标（施工 12 标）招标工作，进入实施阶段。安全防护体系中，因七一、六五河段受征地影响无法按合同实施，合同金额由 4607 万元调减为 2309 万元，其他段均顺利完成。

2. 山东省文物专项工程

工程总投资 6776 万元，累计完成投资 6776 万元，建设任务全部完成。共保护地下文物 62 处，地面文物 5 处，建设资料整理基础 8 处。

3. 山东段管理设施专项工程

工程总投资为 57 521 万元，2016 年完成投资 2547 万元，累计完成投资 27 200 万元。除一级机构与济南二级机构合建外，枣庄、聊城、德州、胶东二级机构已建成或购买入驻，济宁二级机构已确定选址、签订购买协议，泰安二级机构已开工建设。

4. 山东段试通水费用和运行费用

山东段试通水费用 2887 万元，含苏鲁省际段试通水费用 40 万元。山东段试运行费用 2164 万元，含苏鲁省际段试运行费用 43 万元。两个项目共计 5051 万元。累计完成投资 5051 万元。

中线一期工程建设进展情况

根据各项目法人单位报送的 2016 年建设投资统计年报，截至 2016 年底，南水北调中线一期在建各设计单元工程建设进展情况如下：

（一）京石段应急供水工程

京石段应急供水工程共 22 个设计单元工程，包括新增的滹沱河等 7 条河流防护影响处理工程、北拒马河暗渠穿河段防护加固工程及 PCCP 管道大石河段防护加固工程、中线干线工程调度中心土建项目。京石段应急供水工程总投资 2 281 832 万元，累计完成投资 2 180 355 万元。除北京段工程管理专题外，已全部完工。累计完成土方 17 000 万 m^3，石方 2535 万 m^3，混凝土 504.61 万 m^3，金属结构 7046t，机电设备 612 台（套）。

（二）漳河北—古运河南段工程

1. 磁县段工程

工程总投资 382 011 万元，累计完成投资 381 106 万元。累计完成土方 2822 万 m^3，石方 104 万 m^3，混凝土 59.40 万 m^3，金属结构 387t，钢筋制作安装 19 595t，机电设备 152 台（套）。已全部完工。

2. 邯郸市—邯郸县段工程

工程总投资 226 644 万元，累计完成投资 231 076 万元。累计完成土方 1733 万 m^3，石方 15 万 m^3，混凝土浇筑 35.37 万 m^3，金属结构 260t，钢筋制作安装 15 644t，机电设备 152 台（套）。已全部完工。

3. 永年县段工程

工程总投资 148 654 万元，累计完成投资 149 127 万元。累计完成土方 1039 万 m^3，石方 325 万 m^3，混凝土浇筑 18.49 万 m^3，钢筋制作安装 4490t。已全部完工。

4. 洺河渡槽工程

工程总投资 37 481 万元，累计完成投资 36 038 万元。累计完成土方 98 万 m^3，石方 8 万 m^3，混凝土 9.8 万 m^3，金属结构 182t，钢筋制作安装 8283t，机电设备 30 台（套）。已全部完工。

5. 沙河市段工程

工程总投资 191 905 万元，累计完成投资 191 590 万元。累计完成土方 1863 万 m^3，石方 101 万 m^3，混凝土 30.74 万 m^3，钢筋制作安装 3769t。已全部完工。

6. 南沙河倒虹吸工程

工程总投资 102 088 万元，累计完成投资 101 995 万元。累计完成土方 763 万 m^3，石方 17 万 m^3，混凝土浇筑 31.67 万 m^3，金属结构 362t，钢筋制作安装 11 985t。已全部完工。

7. 邢台市段工程

工程总投资 193 611 万元，累计完成投资 193 328 万元。累计完成土方 1607 万 m^3，石方 128 万 m^3，混凝土浇筑 31.95 万 m^3，金属结构 273t，钢筋制作安装 9768t，机电设备 100 台（套）。已全部完工。

8. 邢台县和内邱县段工程

工程总投资 286 461 万元，累计完成投资 283 804 万元。累计完成土方 1873 万 m^3，石方 280 万 m^3，混凝土浇筑 56.65 万 m^3，金属结构 614t，钢筋制作安装 22 300t，机电设备 89 台（套）。已全部完工。

9. 临城县段工程

工程总投资 237 614 万元，累计完成投资 239 429 万元。累计完成土方 1646 万 m^3，石方 475 万 m^3，混凝土浇筑 43.22 万 m^3，金属结构 169t，钢筋制作安装 12 768t，机电设备 97 台（套）。已全部完工。

10. 高邑县—元氏县段工程

工程总投资 313 877 万元，累计完成投资 312 948 万元。累计完成土方 2115 万 m^3，石方 158 万 m^3，混凝土浇筑 67.76 万 m^3，金属结构 1231t，钢筋制作安装 27 493t，机电设备 135 台（套）。已全部完工。

11. 鹿泉市段工程

工程总投资 127 242 万元，累计完成投资 126 825 万元。累计完成土方 783 万 m^3，石方 3 万 m^3，混凝土浇筑 28.56 万 m^3，金属结构 903t，钢筋制作安装 11 399t，机电设备 35 台（套）。已全部完工。

12. 石家庄市区段工程

工程总投资 192 501 万元累计完成投资 207 367 万元。累计完成土方 1503 万 m^3，石方 1 万 m^3，混凝土浇筑 33.30 万 m^3，金属结构 319t，钢筋制作安装 15 237t。已全部完工。

13. 电力设施专项迁建工程

工程总投资 34 979 万元，累计完成投资 34 979 万元。已全部完工。

14. 邯邢段压矿及有形资产补偿

工程总投资 27 602 万元，累计完成投资 27 602 万元。已全部完工。

（三）穿漳河工程

工程总投资 44 244 万元，累计完成投资 42 477 万元。累计完成土方 180 万 m^3，混凝土 10.56 万 m^3，金属机构 602t，钢筋制作安装 9628t，机电设备 32 台（套）。已全部完工。

（四）黄河北—漳河南段工程

1. 温博段工程

工程总投资 185 434 万元，累计完成投资 184 667 万元。累计完成土方 1482 万 m^3，石方 8 万 m^3，混凝土浇筑 47.15 万 m^3，金属结构 699t，钢筋制作安装 21 156t，机电设备 90 台（套）。已全部完成。

2. 沁河渠道倒虹吸工程

工程总投资 41 206 万元，累计完成投资 40 612 万元。累计完成土方 561 万 m^3，石方 3 万 m^3，混凝土浇筑 11.9 万 m^3，金属结构 289t，钢筋制作安装 9014t，机电设备 17 台（套）。

3. 焦作1段工程

工程总投资264 535万元，累计完成投资312 794万元。累计完成土方1147万m^3，混凝土浇筑75.7万m^3，金属结构1376t，钢筋制作安装52 499t，机电设备132台（套）。已全部完成。

4. 焦作2段工程

工程总投资426 904万元，累计完成投资423 463万元。累计完成土方3594万m^3，石方1172万m^3，混凝土浇筑67.66万m^3，钢筋制作安装36 293t。已全部完成。

5. 辉县段工程

工程总投资489 734万元，累计完成投资477 778万元。累计完成土方4531万m^3，石方237万m^3，混凝土浇筑108.44万m^3，金属结构3166t，钢筋制作安装52 848t，机电设备141台（套）。已全部完工。

6. 石门河倒虹吸工程

工程总投资30 985万元，累计完成投资29 900万元。累计完成土方239万m^3，混凝土浇筑12.49万m^3，金属结构271t，钢筋制作安装9392t，机电设备18台（套）。已全部完工。

7. 新乡和卫辉段

工程总投资211 008万元，累计完成投资207 574万元。累计完成土方1818万m^3，石方259万m^3，混凝土浇筑53.93万m^3，金属结构1209t，钢筋制作安装24 302t，机电设备61台（套）。已全部完工。

8. 鹤壁段工程

工程总投资268 530万元，累计完成投资283 033万元。累计完成土方2198万m^3，石方721万m^3，混凝土浇筑59.8万m^3，钢筋制作安装25 296t，机电设备91台（套）。已全部完工。

9. 汤阴段工程

工程总投资205 402万元，累计完成投资203 917万元。累计完成土方819万m^3，石方866万m^3，混凝土浇筑40.6万m^3，金属结构432t，钢筋制作安装16 827t，机电设备73台（套）。已全部完工。

10. 膨胀岩（潞王坟）试验段工程

工程总投资30 834万元，累计完成投资29 977万元。累计完成土方152万m^3，石方332万m^3，混凝土浇筑3.08万m^3，钢筋制作安装644t。已全部完工。

11. 安阳段工程

工程总投资247 215万元，累计完成投资280 223万元。累计完成土方2288万m^3，石方865万m^3，混凝土浇筑62.28万m^3，金属结构929t，钢筋制作安装23 157t。已全部完工。

（五）中线穿黄工程

工程总投资343 366（含工程管理专题）万元，累计完成投资（含工程管理专题）365 568万元。累计完成土方2156万m^3，石方22万m^3，混凝土57.54万m^3，金属结构466t，钢筋制作安装50 254t，机电设备36台（套）。已全部完工。

（六）沙河南—黄河南段工程

1. 沙河渡槽工程

工程总投资303 656万元，累计完成投资299 321万元。累计完成土方461万m^3，石方144万m^3，混凝土浇筑126.49万m^3，金属结构68t，钢筋制作安装116 840t，机电设备29台（套）。已全部完工。

2. 鲁山北段工程

工程总投资71 170万元，累计完成投资70 577万元。累计完成土方320万m^3，石方286万m^3，混凝土浇筑14.3万m^3，钢筋制作安装7949t，机电设备9台（套）。已全部完工。

3. 宝丰—郏县段工程

工程总投资467 731万元，累计完成投资454 736万元。累计完成土方2297万m^3，石方1061万m^3，混凝土浇筑96.59万m^3，金属结构2500t，钢筋制作安装49 211t，机电设备102台（套）。已全部完工。

4. 北汝河倒虹吸工程

工程总投资67 246万元，累计完成投资66 896万元。累计完成土方196万m^3，石方86万m^3，混凝土浇筑21.4万m^3，金属结构373t，钢筋制作安装18 661t，机电设备27台（套）。已全部完工。

5. 禹州和长葛段工程

工程总投资561 645万元，累计完成投资547 886万元。累计完成土方4119万m^3，石方804万m^3，混凝土浇筑104.92万m^3，金属结构1420t，钢筋制作安装40 916t，机电设备241台（套）。已全部完工。

6. 潮河段工程

工程总投资537 152万元，累计完成投资512 887万元。累计完成土方3970万m^3，混凝土浇筑77.19万m^3，金属结构639t，钢筋制作安装29 809t，机电设备19台（套）。已全部完工。

7. 新郑南段工程

工程总投资163 994万元，累计完成投资163 665万元。累计完成土方1184万m^3，混凝土浇筑43.96万m^3，金属结构663t，钢筋制作安装22517t，机电设备26台（套）。已全部完工。

8. 双洎河渡槽工程

工程总投资79 196万元，累计完成投资77 331万元。累计完成土方350万m^3，石方5万m^3，混凝土浇筑30.74万m^3，金属结构689t，钢筋制作安装26 048t，机电设备40台（套）。已全部完工。

9. 郑州2段工程

工程总投资380 219万元，累计完成投资367 887万元。累计完成土方3846万m^3，混凝土浇筑63.38万m^3，金属结构1479t，钢筋制作安装32 702t，机电设备30台（套）。已全部完工。

10. 郑州1段工程

工程总投资162 760万元，累计完成投资159 602万元。累计完成土方1171万m^3，混凝土浇筑29.88万m^3，金属结构373t，钢筋制作安装17 667t，机电设备12台（套）。已全部完工。

11. 荥阳段工程

工程总投资244 874万元，累计完成投资243 695万元。累计完成土方2199万m^3，混凝土浇筑50.6万m^3，金属结构308t，钢筋制作安装34 907t，机电设备88台（套）。已全部完工。

（七）陶岔渠首—沙河南段工程

1. 淅川段工程

工程总投资848 744万元，累计完成投资825 805万元。累计完成土方8704万m^3，混凝土浇筑137.3万m^3，金属结构700t，钢筋制作安装111 724t，机电设备67台（套）。已全部完工。

2. 湍河渡槽工程

工程总投资48 317万元，累计完成投资48 221万元。累计完成土方48万m^3，混凝土浇筑13.42万m^3，钢筋制作安装13 229t，机电设备18台（套）。已全部完工。

3. 镇平段工程

工程总投资379 939万元，累计完成投资378 816万元。累计完成土方2691万m^3，混凝土浇筑68.09万m^3，金属结构1128t，钢筋制作安装38 329t。已全部完工。

4. 南阳市段工程

工程总投资496 947万元，累计完成投资496 212万元。累计完成土方3249万m^3，混凝土浇筑103.8万m^3，钢筋制作安装69 994t。已全部完工。

5. 南阳膨胀土试验段工程

工程总投资18 856万元，累计完成投资18 818万元。累计完成土方228万m^3，石方1万m^3，混凝土浇筑5.56万m^3，钢筋制作安装2075t。已全部完工。

6. 白河倒虹吸工程

工程总投资54 925万元，累计完成投资54 561万元。累计完成土方247万m^3，石方4

万 m^3，混凝土浇筑 26.63 万 m^3，钢筋制作安装 19 858t。已全部完工。

7. 方城段工程

工程总投资 599 736 万元，累计完成投资 595 102 万元。累计完成土方 4855 万 m^3，混凝土浇筑 140.72 万 m^3，钢筋制作安装 75 052t。已全部完工。

8. 叶县段工程

工程总投资 354 857 万元，累计完成投资 352 832 万元。累计完成土方 3120 万 m^3，石方 3 万 m^3，混凝土浇筑 59.99 万 m^3，金属结构 481t，钢筋制作安装 34 307t。已全部完工。

9. 澧河渡槽工程

工程总投资 44 394 万元，累计完成投资 43 189 万元。累计完成土方 94 万 m^3，混凝土浇筑 12.22 万 m^3，金属结构 434t，钢筋制作安装 10 336t，机电设备 17 台（套）。已全部完工。

10. 鲁山南 1 段工程

工程总投资 132 752 万元，累计完成投资 130 867 万元。累计完成土方 824 万 m^3，石方 160 万 m^3，混凝土浇筑 24.7 万 m^3，金属结构 173t，钢筋制作安装 12 256t，机电设备 17 台（套）。已全部完工。

11. 鲁山南 2 段工程

工程总投资 94 560 万元，累计完成投资 93 449 万元。累计完成土方 553 万 m^3，石方 90 万 m^3，混凝土浇筑 21.42 万 m^3，钢筋制作安装 12 424t，机电设备 30 台（套）。已全部完工。

（八）天津干线工程

1. 西黑山进口闸—有压箱涵段工程

工程总投资 86 184 万元，累计完成投资 83 042 万元。累计完成土方 757 万 m^3，石方 3 万 m^3，混凝土浇筑 38.06 万 m^3，金属结构 295t，钢筋制作安装 30 346t，机电设备 93 台（套）。已全部完工。

2. 保定市 1 段工程

工程总投资 288 331 万元，2016 年完成投资 117 万元，累计完成投资 269 729 万元。累计完成土方 1998 万 m^3，混凝土浇筑 142.1 万 m^3，金属结构 335t，钢筋制作安装 126 426t，机电设备 66 台（套）。已全部完工。

3. 保定市 2 段工程

工程总投资 95 914 万元，累计完成投资 91 409 万元。累计完成土方 721 万 m^3，混凝土浇筑 45.78 万 m^3，钢筋制作安装 39 970t，机电设备 9 台（套）。已全部完工。

4. 廊坊市段工程

工程总投资 376 965 万元，累计完成投资 376 044 万元。累计完成土方 2878 万 m^3，混凝土浇筑 173.39 万 m^3，金属结构 210t，钢筋制作安装 148 163t，机电设备 72 台（套）。已全部完工。

5. 天津市 1 段工程

工程总投资 176 515 万元，累计完成投资 171 319 万元。累计完成土方 1196 万 m^3，混凝土浇筑 62.21 万 m^3，金属结构 319t，钢筋制作安装 54 532t，机电设备 333 台（套）。已全部完工。

6. 天津市 2 段工程

工程总投资 26 426 万元，累计完成投资 26 306 万元。累计完成土方 131 万 m^3，石方 1 万 m^3，混凝土浇筑 7.93 万 m^3，金属结构 23t，钢筋制作安装 5907t，机电设备 5 台（套）。已全部完工。

7. 天津干线河北段输变电工程迁建

工程总投资 7620 万元，累计完成投资 7620 万元。已全部完工。

（九）中线干线专项工程

1. 中线干线自动化调度与运行管理决策支持系统工程（京石段除外）

工程总投资 149 980 万元，2016 年完成投资 18 715 万元，累计完成投资 136 564 万元。

2. 中线干线文物保护专项工程

工程总投资 41 025 万元，累计完成投资 38 567 万元。已全部完成并发挥作用。

3. 中线干线测量控制网（京石段以外）

工程总投资 2400 万元，累计完成投资 3524 万元。

4. 京石段临时通水措施费

工程总投资 9062 万元，累计完成投资 10 315万元。累计完成土石方 51 万 m^3，混凝土 0.092 万 m^3。

5. 待运行期管理维护费

中线干线待运行期维护费累计完成49 663 万元。

（十）特殊预备费项目

1. 中线京石段漕河渡槽防洪防护工程

工程总投资 2723 万元，累计完成投资 0 万元。2016 年进行招标相关工作。

2. 中线邢石段槐河（一）渠道倒虹吸防洪防护工程

工程总投资 2557 万元，累计完成投资 0 万元。2016 年进行招标相关工作。

（十一）陶岔渠首枢纽工程

工程总投资 58 847 万元（不包含电站部分投资），累计完成投 57 998 万元（不包含电站部分投资）。累计完成土方 63.79 万 m^3，石方 45.18 万 m^3，混凝土 26.37 万 m^3，金属结构 2069t，机电设备 2 台（套）。工程已全部建成并投入运行。

（十二）丹江口大坝加高工程

工程总投资 292 118 万元，2016 年完成投资 1758 万元，累计完成投资 290 001 万元。累计完成土方 551.94 万 m^3，石方 57.98 万元，混浇筑 117.11 万 m^3，金属结构 10 500t，机电设备 8 台（套）。工程已基本完工，2016 年主要进行坝顶装饰、绿化等尾工项目施工。

（十三）丹江口库区移民安置工程

工程总投资 4 983 840 万元，2016 年完成投资 4822 万元，累计完成投资 4 994 518 万元。河南、湖北两省累计搬迁移民近 34.5 万人。城集镇迁建、专项设施恢复改建及工业企业淹没处理均已完成。

（十四）中线水源专项工程

中线水源专项工程总投资 4923 万元，累计完成投资 4923 万元。

（十五）中线水源文物保护工程

工程总投资 54 025 万元，累计完成投资 54 025 万元。河南、湖北两省文物保护工作已完成。

（十六）兴隆水利枢纽工程

工程总投资 342 789 万元，2016 年完成投资 1143 万元，累计完成投资 344 624 万元。累计完成土石方 2736.89 万 m^3，混凝土 70.49 万 m^3。已建成并投入运行。

（十七）引江济汉工程

工程总投资 691 636 万元（含引江济汉调度运行管理系统工程），2016 年完成投资 1716 万元，累计完成投资 697 805 万元。累计完成土石方 8030.91 万 m^3，混凝土 149.36 万 m^3。已建成并通水。

（十八）部分闸站改造工程

工程总投资 56 423 万元，2016 年完成投资 286 万元，累计完成投资 56 709 万元。累计完成土石方 378.39 万 m^3，混凝土 14.48 万 m^3。已建成并投入运行。

（十九）局部航道整治工程

工程总投资 46 142 万元，累计完成投资 46142 万元。累计完成土石方 378.8 万 m^3，混凝土 2.39 万 m^3。已建成并投入运行。

（二十）汉江中下游文物保护项目

工程总投资 3633 万元，累计完成投资 3633 万元。已完成并发挥作用。

（王　熙）

投资计划统计表

南水北调东、中线一期设计单元项目投资情况表

截至2016年底

序号	工程名称	在建设计单元工程总投资（万元）	累计下达投资计划（万元）	累计完成投资（万元）	投资完成比例（%）	2016年完成投资（万元）
总　计		**26 202 295**	**26 195 510**	**25 728 901**	**98**	**46 611**
东线一期		**3 333 048**	**3 332 663**	**3 270 677**	**98**	**18 054**
江苏水源公司		**1 138 905**	**1 138 520**	**1 106 112**	**97**	**9360**
一	**三阳河、潼河、宝应站工程**	**97 922**	**97 922**	**97 922**	**100**	
二	**长江—骆马湖段2003年度工程**	**109 821**	**109 821**	**109 821**	**100**	
1	江都站改造工程	30 302	30 302	30 302	100	
2	淮阴三站工程	29 145	29 145	29 145	100	
3	淮安四站工程	18 476	18 476	18 476	100	
4	淮安四站输水河道工程	31 898	31 898	31 898	100	
三	**骆马湖—南四湖段工程**	**78 518**	**78 518**	**78 518**	**100**	
1	刘山泵站工程	29 576	29 576	29 576	100	
2	解台泵站工程	23 242	23 242	23 242	100	
3	蔺家坝泵站工程	25 700	25 700	25 700	100	
四	**长江—骆马湖段其他工程**	**693 788**	**693 788**	**695 925**	**100. 31**	
1	高水河整治工程	15 996	15 996	15 996	100	
2	淮安二站改造工程	5464	5464	5464	100	
3	泗阳站改建工程	33 447	33 447	33 447	100	
4	刘老涧二站工程	22 923	22 923	22 923	100	
5	皂河二站工程	29 268	29 268	29 268	100	
6	皂河一站更新改造工程	13 248	13 248	13 248	100	
7	泗洪站枢纽工程	59 784	59 784	59 784	100	
8	金湖站工程	39 954	39 954	39 954	100	
9	洪泽站工程	51 817	51 817	51 817	100	
10	邳州站工程	33 138	33 138	33 138	100	
11	睢宁二站工程	25 518	25 518	25 518	100	
12	金宝航道工程	102 722	102 722	102 722	100	
13	里下河水源补偿工程①	182 118	182 118	184 255	101	

续表

序号	工程名称	在建设计单元工程总投资（万元）	累计下达投资计划（万元）	累计完成投资（万元）	投资完成比例（%）	2016年完成投资（万元）
14	骆马湖以南中运河影响处理工程	12 527	12 527	12 527	100	
15	沿运闸洞漏水处理工程	12 252	12 252	12 252	100	
16	徐洪河影响处理工程	27 609	27 609	27 609	100	
17	洪泽湖抬高蓄水位影响处理江苏省境内工程	26 003	26 003	26 003	100	
五	**江苏段专项工程**	**118 613**	**118 613**	**85 679**	**72**	**9360**
1	江苏省文物保护工程	3362	3362	3362	100	
2	血吸虫北移防护工程	4643	4643	4643	100	
3	江苏段调度运行管理系统工程	58 221	58 221	31 193	54	4300
4	江苏段管理设施专项工程	44 505	44 505	41 741	94	5060
5	江苏段试通水费用②	4010	4010	4740	118	
6	江苏段试运行费用②	3872	3872			
六	**南四湖水资源控制、水质监测工程和骆马湖水资源控制工程**	**17 478**	**17 093**	**15 482**	**89**	
1	姚楼河闸工程③	1206	1206	1206	100	
2	杨官屯河闸工程③	4346	4164	4346	100	
3	大沙河闸工程③	6849	6793	6849	100	
4	南四湖水资源监测工程③	1996	1849			
5	骆马湖水资源控制工程	3081	3081	3081	100	
七	**南四湖下级湖抬高蓄水位影响处理（江苏）**	**22 765**	**22 765**	**22 765**	**100**	
	安徽省南水北调项目办	**37 493**	**37 493**	**37 230**	**99**	
一	**洪泽湖抬高蓄水影响处理工程安徽省境内工程**	**37 493**	**37 493**	**37 230**	**99**	
	东线公司	**22 579**	**22 579**	**13 664**	**61**	**4521**
一	**东线其他专项**	**22 579**	**22 579**	**13 664**	**61**	**4521**
1	苏鲁省际工程管理设施专项工程	3793	3793	2137	56	1519
2	苏鲁省际工程调度运行管理系统工程	14 461	14 461	8137	56	2407
3	东线总公司开办费	4325	4325	3390	78	595
	山东干线公司	**2 134 071**	**2 134 071**	**2 113 671**	**99**	**4173**
一	**南四湖水资源控制、水质监测工程和骆马湖水资源控制工程**	**45 673**	**45 673**	**45 999**	**101**	**1611**
1	二级坝泵站工程	31 962	31 962	32 846	103	
2	姚楼河闸工程③	1206	1206	969	80	
3	杨官屯河闸工程③	1650	1650	2926	177	
4	大沙河闸工程③	4927	4927	5895	120	

续表

序号	工程名称	在建设计单元工程总投资（万元）	累计下达投资计划（万元）	累计完成投资（万元）	投资完成比例（%）	2016年完成投资（万元）
5	潘庄引河闸工程	1497	1497	1360	91	
6	南四湖水资源监测工程③	4431	4431	2004	45	1611
二	**南四湖下级湖抬高蓄水位影响处理（山东）**	**40 984**	**40 984**	**40 984**	**100**	
三	**东平湖蓄水影响处理工程**	**49 488**	**49 488**	**49 488**	**100**	
四	**济平干渠工程**	**150 241**	**150 241**	**150 241**	**100**	
五	**韩庄运河段工程**	**85 495**	**85 495**	**87 237**	**102**	
1	台儿庄泵站工程	26 611	26 611	26 874	101	
2	韩庄运河水资源控制工程	2268	2268	2268	100	
3	万年闸泵站工程	26 259	26 259	27 190	104	
4	韩庄泵站工程	30 357	30 357	30 905	102	
六	**南四湖—东平湖段工程**	**260 492**	**260 492**	**263 656**	**101**	**15**
1	长沟泵站工程	30 091	30 091	30 238	100.49	
2	邓楼泵站工程	27 730	27 730	28 685	103	
3	八里湾泵站工程	28 683	28 683	28 683	100	
4	柳长河段工程①	52 499	52 499	52 499	100	
5	梁济运河段工程①	79 445	79 445	79 445	100	
6	南四湖湖内疏浚工程	23 348	23 348	24 132	103	15
7	两湖段灌区影响处理工程	18 696	18 696	19 974	107	
七	**济南—引黄济青段工程**	**798 696**	**798 696**	**805 569**	**101**	
1	济南市区段工程	305 319	305 319	312 192	102	
2	明渠段工程	271 371	271 371	271 463	100.03	
3	东湖水库工程	102 099	102 099	102 099	100	
4	双王城水库工程	86 804	86 804	86 804	100	
5	陈庄输水线路工程	33 103	33 103	33 011	100	
八	**穿黄河工程**	**70 245**	**70 245**	**70 245**	**100**	
九	**鲁北段工程**	**495 110**	**495 110**	**495 110**	**100**	
1	小运河段工程	262 601	262 601	262 601	100	
2	七一、六五河段工程	66 672	66 672	66 672	100	
3	鲁北段灌区影响处理工程	35 008	35 008	35 008	100	
4	大屯水库工程	130 829	130 829	130 829	100	
十	**山东段专项工程**	**137 647**	**137 647**	**105 142**	**76**	**2547**
1	山东段调度运行管理系统工程④	68 299	68 299	66 115	97	
2	山东省文物保护	6776	6776	6776	100	

续表

序号	工程名称	在建设计单元工程总投资（万元）	累计下达投资计划（万元）	累计完成投资（万元）	投资完成比例（%）	2016年完成投资（万元）
3	山东段管理设施专项工程	57 521	57 521	27 200	47	2547
4	山东段试通水费用②	2887	2887	2887	100	
5	山东段试运行费用②	2164	2164	2164		
	中线一期	**21 487 647**	**21 487 647**	**21 391 464**	**99.6**	**28 557**
	中线建管局	**14 953 271**	**14 953 271**	**14 846 009**	**99**	**18 832**
一	**京石段应急供水工程**	**2 281 832**	**2 281 832**	**2 180 355**	**96**	
1	永定河倒虹吸工程	37 045	37 045	38 240	103	
2	惠南庄泵站工程	86 278	86 278	85 066	99	
3	北拒马河暗渠工程	15 902	15 902	15 561	98	
4	北京西四环暗涵工程	117 119	117 119	116 591	99.55	
5	北京市穿五棵松地铁工程	5824	5824	5823	99.98	
6	北京段铁路交叉工程	19 545	19 545	20 000	102	
7	惠南庄—大宁段工程、卢沟桥暗涵工程、团城湖明渠工程	415 811	415 811	449 582	108	
8	滹沱河倒虹吸工程	66 884	66 884	63 956	96	
9	釜山隧洞工程	24 711	24 711	24 389	99	
10	唐河倒虹吸工程	28 315	28 315	28 117	99	
11	漕河渡槽段工程	102 397	102 397	96 387	94	
12	古运河枢纽工程	22 592	22 592	22 445	99	
13	河北境内总干渠及连接段工程	1 150 586	1 150 586	1 092 062	95	
14	北京段永久供电工程	7586	7586	4124	54	
15	北京段工程管理专项	4673	4673			
16	河北段工程管理专项	9369	9369	5905	63	
17	河北段生产桥建设	36 675	36 675	36 675	100	
18	北京段专项设施迁建	26 926	26 926			
19	自动化调度与运行管理决策支持系统工程（京石应急段）	55 970	55 970	43 330	77	
20	滹沱河等七条河流防洪影响处理工程	6224	6224	3777	61	
21	南水北调中线干线工程调度中心土建项目	22 684	22 684	22 684	100	
22	北拒马河暗渠穿河段防护加固工程及PCCP管道大石河段防护加固工程	18 716	18 716	5641	30	
二	**漳河北—古运河南段工程**	**2 502 670**	**2 502 670**	**2 517 214**	**101**	
1	磁县段工程	382 011	382 011	381 106	99.76	

续表

序号	工程名称	在建设计单元工程总投资（万元）	累计下达投资计划（万元）	累计完成投资（万元）	投资完成比例（%）	2016 年完成投资（万元）
2	邯郸市—邯郸县段工程	226 644	226 644	231 076	102	
3	永年县段工程	148 654	148 654	149 127	100. 32	
4	洺河渡槽工程	37 481	37 481	36 038	96	
5	沙河市段工程	191 905	191 905	191 590	99. 84	
6	南沙河倒虹吸工程	102 088	102 088	101 995	99. 91	
7	邢台市段工程	193 611	193 611	193 328	99. 85	
8	邢台县和内邱县段工程	286 461	286 461	283 804	99	
9	临城县段工程	237 614	237 614	239 429	101	
10	高邑县—元氏县段工程	313 877	313 877	312 948	99. 70	
11	鹿泉市段工程	127 242	127 242	126 825	99. 67	
12	石家庄市区段工程	192 501	192 501	207 367	108	
13	电力专项设施迁建	34 979	34 979	34 979	100	
14	邯邢段压矿及有形资产补偿	27 602	27 602	27 602	100	
三	**穿漳河工程**	**44 244**	**44 244**	**42 477**	**96**	
四	**黄河北—漳河南段工程**	**2 401 787**	**2 401 787**	**2 473 938**	**103**	
1	温博段工程	185 434	185 434	184 667	99. 59	
2	沁河渠道倒虹吸工程	41 206	41 206	40 612	99	
3	焦作 1 段工程	264 535	264 535	312 794	118	
4	焦作 2 段工程	426 904	426 904	423 463	99	
5	辉县段工程	489 734	489 734	477 778	98	
6	石门河倒虹吸工程	30 985	30 985	29 900	96	
7	新乡和卫辉段工程	211 008	211 008	207 574	98	
8	鹤壁段工程	268 530	268 530	283 033	105	
9	汤阴段工程	205 402	205 402	203 917	99	
10	膨胀岩（潞王坟）试验段工程	30 834	30 834	29 977	97	
11	安阳段工程	247 215	247 215	280 223	113	
五	**穿黄工程**	**343 366**	**343 366**	**365 568**	**106**	
1	穿黄工程	341 839	341 839	364 046	106	
2	工程管理专项	1527	1527	1522	99. 67	
六	**沙河南—黄河南段工程**	**3 039 643**	**3 039 643**	**2 964 483**	**98**	
1	沙河渡槽工程	303 656	303 656	299 321	99	
2	鲁山北段工程	71 170	71 170	70 577	99	
3	宝丰—郏县段工程	467 731	467 731	454 736	97	

续表

序号	工程名称	在建设计单元工程总投资（万元）	累计下达投资计划（万元）	累计完成投资（万元）	投资完成比例（%）	2016 年完成投资（万元）
4	北汝河倒虹吸工程	67 246	67 246	66 896	99	
5	禹州和长葛段工程	561 645	561 645	547 886	98	
6	潮河段工程	537 152	537 152	512 887	95	
7	新郑南段工程	163 994	163 994	163 665	99. 80	
8	双洎河渡槽工程	79 196	79 196	77 331	98	
9	郑州 2 段工程	380 219	380 219	367 887	97	
10	郑州 1 段工程	162 760	162 760	159 602	98	
11	荥阳段工程	244 874	244 874	243 695	99. 52	
七	**陶岔渠首—沙河南段工程**	**3 074 027**	**3 074 027**	**3 037 872**	**99**	
1	淅川县段工程	848 744	848 744	825 805	97	
2	湍河渡槽工程	48 317	48 317	48 221	99. 80	
3	镇平县段工程	379 939	379 939	378 816	99. 70	
4	南阳市段工程	496 947	496 947	496 212	99. 85	
5	膨胀土（南阳）试验段工程	18 856	18 856	18 818	99. 80	
6	白河倒虹吸工程	54 925	54 925	54 561	99	
7	方城段工程	599 736	599 736	595 102	99	
8	叶县段工程	354 857	354 857	352 832	99	
9	澧河渡槽工程	44 394	44 394	43 189	97	
10	鲁山南 1 段工程	132 752	132 752	130 867	99	
11	鲁山南 2 段工程	94 560	94 560	93 449	99	
八	**天津干线工程**	**1 057 955**	**1 057 955**	**1 025 469**	**97**	**117**
1	西黑山进口闸—有压箱涵段工程	86 184	86 184	83 042	96	
2	保定市 1 段工程	288 331	288 331	269 729	94	117
3	保定市 2 段工程	95 914	95 914	91 409	95	
4	廊坊市段工程	376 965	376 965	376 044	100	
5	天津市境内 1 段工程	176 515	176 515	171 319	97	
6	天津市境内 2 段工程	26 426	26 426	26 306	99. 55	
7	河北段输变电迁建工程	7620	7620	7620	100	
九	**中线干线专项工程**	**202 467**	**202 467**	**238 633**	**118**	**18 715**
1	自动化调度与运行管理（京石段以外）	149 980	149 980	136 564	91	18 715
2	其他专题⑤	43 425	43 425	42 091	97	
3	北京 2008 年应急调水临时通水措施费	9062	9062	10 315	114	
4	待运行期管理维护⑥			49 663		

续表

序号	工程名称	在建设计单元工程总投资（万元）	累计下达投资计划（万元）	累计完成投资（万元）	投资完成比例（%）	2016 年完成投资（万元）
十	**特殊预备费**	**5280**	**5280**			
1	中线京石段漕河渡槽防洪防护工程	2723	2723			
2	中线邢石段槐河（一）渠道倒虹吸防洪防护工程	2557	2557			
	淮委建设局	**58 847**	**58 847**	**57 998**	**99**	
一	**陶岔渠首枢纽工程⑦**	**58 847**	**58 847**	**57 998**	**99**	
	中线水源公司	**5 334 906**	**5 334 906**	**5 338 544**	**100. 07**	**6580**
一	**丹江口大坝加高工程**	**292 118**	**292 118**	**290 001**	**99**	**1758**
二	**中线水源专项工程**	**4923**	**4923**			
三	**丹江口库区移民安置工程**	**5 037 865**	**5 037 865**	**5 048 543**	**100. 21**	**4822**
1	丹江口库区移民安置工程	4 983 840	4 983 840	4 994 518	100. 21	4822
2	丹江口库区文物保护项目	54 025	54 025	54 025	100	
	湖北省南水北调管理局	**1 140 623**	**1 140 623**	**1 148 913**	**101**	**3145**
一	**兴隆水利枢纽工程**	**342 789**	**342 789**	**344 624**	**101**	**1143**
二	**引江济汉工程**	**691 636**	**691 636**	**697 805**	**101**	**1716**
三	**汉江中下游部分闸站改造工程**	**56 423**	**56 423**	**56 709**	**101**	**286**
四	**汉江中下游局部航道整治工程**	**46 142**	**46 142**	**46 142**	**100**	
五	**汉江中下游文物保护**	**3633**	**3633**	**3633**	**100**	
	过渡性资金融资费用⑧	**1 360 200**	**1 360 200**	**1 058 260**	**78**	
	设管中心工作投资	**21 400**	**15 000**	**8500**	**40**	

注 ① 里下河水源补偿、梁济运河和柳长河工程总投资、累计下达投资和累计完成投资均为南水北调工程分摊投资。其中，梁济运河、柳长河工程按照初设批复比例分摊，里下河水源补偿工程累计完成投资中不含地方分摊 52086 万元。

② 江苏段试通水费用和山东段试通水费用各含苏鲁省际段试通水费用 40 万元；江苏段试运行费用含苏鲁省际试运行费用 42 万元，山东段试运行费用含苏鲁省际试运行费用 43 万元。

③ 姚楼河闸总投资 2412 万元，杨官屯河闸总投资 5996 万元，大沙河闸总投资 11 776 万元，南四湖水资源监测工程总投资 6427 万元，由江苏和山东两省各执行一部分投资。

④ 山东段调度运行管理系统工程总投资及累计下达投资中不含安全防护体系投资，完成投资中包含安防体系投资 1. 1 139 亿元。

⑤ 中线建管局其他专题的内容包含文物专项和测量网。

⑥ 待运行期管理费总投资和下达投资均已分解计入各设计单元工程，但完成投资项目法人未分解计入设计单元工程。

⑦ 陶岔渠首枢纽工程总投资、累计下达投资和累计完成投资中均扣除了电站部分投资 30 555 万元。

⑧ 国务院南水北调办经财司确认 2015 年 4 月以后发生的过渡性资金融资费用应计入运营成本，不属于基建投资。因此，过渡性资金融资费用累计完成投资截至 2015 年 4 月底，较《南水北调工程建设年鉴 2016》中完成投资减少 11. 957 5 亿元。

（王　熙）

南水北调东、中线一期工程设计单元项目完成工程量表

截至 2016 年底

序号	工程名称	设计总土石方（万 m^3）	累计完成土石方（万 m^3）	土石方完成比例（%）	设计总混凝土（万 m^3）	累计完成混凝土（万 m^3）	混凝土完成比例（%）
总　计		**154 926**	**159 866**	**103**	**3933**	**4279**	**109**
东线一期		**29 471**	**27 875**	**95**	**604**	**593**	**98**
江苏水源公司		**11 196**	**10 614**	**95**	**170**	**164**	**97**
一	**三阳河、潼河、宝应站工程**	**2718.95**	**2718.95**	**100**	**13.39**	**13.40**	**100.07**
二	**长江—骆马湖段 2003 年度工程**	**1064.24**	**887.70**	**83**	**13.25**	**10.05**	**76**
1	江都站改造工程	74.98	66.22	88	2.92	2.57	88
2	淮阴三站工程	251.51	251.51	100	2.53	2.53	99.96
3	淮安四站工程	100.54	156.15	155	3.54	2.53	71
4	淮安四站输水河道工程	637.21	413.82	65	4.26	2.42	57
三	**骆马湖—南四湖段工程**	**457.63**	**439.11**	**96**	**12.27**	**12.06**	**98**
1	刘山泵站工程	199.65	199.65	100	4.69	4.69	100
2	解台泵站工程	116.78	117.07	100	3.68	3.88	105
3	蔺家坝泵站工程	141.20	122.39	87	3.90	3.49	90
四	**长江—骆马湖段其他工程**	**6761.91**	**6383.89**	**94**	**114.06**	**112.83**	**99**
1	高水河整治工程	184.60	175.00	95	0.86	0.86	100
2	淮安二站改造工程	4.03	4.04	100	0.11	0.11	100
3	泗阳站改建工程	142.81	132.39	93	3.90	3.89	99.78
4	刘老涧二站工程	89.24	83.07	93	3.13	3.04	97
5	皂河二站工程	173.93	173.93	100	4.63	4.38	94
6	皂河一站更新改造工程	53.87	30.79	57	3.23	3.23	100
7	泗洪站枢纽工程	571.91	566.11	99	14.07	14.07	100
8	金湖站工程	195.98	181.31	93	4.50	4.50	100
9	洪泽站工程	621.00	540.86	87	11.00	11.00	100
10	邳州站工程	106.74	105.90	99	5.15	5.15	100
11	睢宁二站工程	117.01	117.01	100	5.18	5.18	100
12	金宝航道工程	889.47	859.93	97	13.06	12.35	95
13	里下河水源补偿工程	3020.46	2970.61	98	17.43	17.34	99
14	骆马湖以南中运河影响处理工程	51.40	39.30	76	2.43	1.45	60
15	沿运闸洞漏水处理工程	160.11	83.50	52	1.30	1.70	131
16	徐洪河影响处理工程	169.67	155.28	92	10.25	11.72	114
17	洪泽湖抬高蓄水位影响处理江苏省境内工程	209.68	164.86	79	13.83	12.87	93

续表

序号	工程名称	设计总土石方（万 m^3）	累计完成土石方（万 m^3）	土石方完成比例（%）	设计总混凝土（万 m^3）	累计完成混凝土（万 m^3）	混凝土完成比例（%）
五	**江苏段专项工程**	**7.73**	**1.36**	**18**	**5.71**	**4.54**	**80**
1	血吸虫北移防护工程	7.73	1.36	18	5.71	4.54	80
六	**南四湖水资源控制、水质监测工程和骆马湖水资源控制工程**	**78.59**	**76.63**	**98**	**4.90**	**4.85**	**99**
1	姚楼河闸工程	8.60	8.60	100	0.39	0.33	86
2	杨官屯河闸工程	7.46	5.50	74	1.24	1.24	100
3	大沙河闸工程	47.00	47.00	100	2.40	2.40	100
4	骆马湖水资源控制工程	15.53	15.53	100	0.88	0.88	100
七	**南四湖下级湖抬高蓄水位影响处理（江苏）**	**106.80**	**106.80**	**100**	**6.10**	**6.10**	**100**
	安徽省南水北调项目办	**543**	**543**	**100**	**6**	**6**	**100**
一	**洪泽湖抬高蓄水影响处理工程安徽省境内工程**	**542.69**	**542.60**	**100**	**6.37**	**6.37**	**100**
	东线公司	**0.20**	**0.28**	**140**	**0.28**	**0.28**	**100**
一	**东线其他专项**	**0.20**	**0.28**	**140**	**0.28**	**0.28**	**100**
1	苏鲁省际工程管理设施专项工程	0.20	0.28	140	0.28	0.28	100
	山东干线公司	**17 732**	**16 718**	**94**	**428**	**422**	**99**
一	**南四湖水资源控制、水质监测工程和骆马湖水资源控制工程**	**312.02**	**295.10**	**95**	**13.89**	**13.04**	**94**
1	二级坝泵站工程	248.96	234.00	94	5.77	4.97	86
2	姚楼河闸工程	8.60	8.60	100	0.39	0.33	86
3	杨官屯河闸工程	7.46	5.50	74	1.24	1.24	100
4	大沙河闸工程	47.00	47.00	100	2.40	2.40	100
5	潘庄引河闸工程				4.10	4.10	100
二	**东平湖蓄水影响处理工程**	**102.00**	**101.49**	**100**	**0.29**	**0.23**	**79**
三	**济平干渠工程**	**2313.19**	**1947.29**	**84**	**55.32**	**53.32**	**96**
四	**韩庄运河段工程**	**457.30**	**463.24**	**101**	**16.79**	**14.43**	**86**
1	台儿庄泵站工程	121.61	128.70	106	6.21	5.37	86
2	韩庄运河水资源控制工程	4.70	4.28	91	0.21	0.21	100
3	万年闸泵站工程	170.83	173.60	102	6.47	5.06	78
4	韩庄泵站工程	160.16	156.66	98	3.90	3.79	97
五	**南四湖—东平湖段工程**	**2421.42**	**2328.31**	**96**	**63.37**	**59.33**	**94**
1	长沟泵站工程	156.67	156.68	100	7.54	7.54	100
2	邓楼泵站工程	130.99	131.31	100	6.62	5.74	87

续表

序号	工程名称	设计总土石方（万 m^3）	累计完成土石方（万 m^3）	土石方完成比例（%）	设计总混凝土（万 m^3）	累计完成混凝土（万 m^3）	混凝土完成比例（%）
3	八里湾泵站工程	86.20	86.20	100	5.06	4.94	98
4	柳长河段工程	764.26	690.43	90	13.02	10.29	79
5	梁济运河段工程	767.30	767.30	100	25.76	25.45	99
6	南四湖湖内疏浚工程	292.00	281.00	96			
7	两湖段灌区影响处理工程	224.00	215.39	96	5.37	5.37	100
六	**济南—引黄济青段工程**	**5444.47**	**5378.71**	**99**	**195.09**	**188.65**	**97**
1	济南市区段工程	765.83	700.59	91	94.92	89.49	94
2	明渠段工程	1872.50	1872.50	100	57.11	56.56	99
3	东湖水库工程	1574.11	1574.11	100	15.53	15.16	98
4	双王城水库工程	989.80	989.80	100	19.52	19.43	99.55
5	陈庄输水线路工程	242.23	241.71	100	8.01	8.01	100
七	**穿黄河工程**	**687.63**	**709.02**	**103**	**23.76**	**22.07**	**93**
八	**鲁北段工程**	**5993.79**	**5494.65**	**92**	**59.18**	**71.09**	**120**
1	小运河段工程	2386.39	1902.80	80	40.01	52.30	131
2	七一、六五河段工程	589.00	582.82	99	7.18	7.18	100
3	鲁北段灌区影响处理工程	575.99	573.00	99	3.27	2.89	88
4	大屯水库工程	2442.41	2436.03	100	8.72	8.72	100
	中线一期	**125 456**	**131 991**	**105**	**3329**	**3686**	**111**
	中线建管局	**113 095**	**119 747**	**106**	**2936**	**3306**	**113**
一	京石段应急供水工程	18435.00	19535.00	106	507.19	504.61	99
1	永定河倒虹吸工程	270.00	267.00	99	14.13	13.90	98
2	惠南庄泵站工程	133.00	149.00	112	14.80	15.61	105
3	北拒马河暗渠工程	133.00	121.00	91	6.90	6.18	90
4	北京西四环暗涵工程	105.00	107.00	102	24.86	24.20	97
5	北京市穿五棵松地铁工程	1.00	1.00	100	0.46	0.41	90
6	北京段铁路交叉工程	11.00	11.00	100	2.84	2.82	99
7	惠南庄—大宁段工程、卢沟桥暗涵工程、团城湖明渠工程	3012.00	2944.00	98	45.58	48.95	107
8	滹沱河倒虹吸工程	623.00	583.00	94	23.40	24.10	103
9	釜山隧洞工程	74.00	73.00	99	6.10	7.20	118
10	唐河倒虹吸工程	250.00	278.00	111	10.90	11.00	101
11	漕河渡槽段工程	306.00	396.00	129	34.79	36.61	105
12	古运河枢纽工程	142.00	126.00	89	7.60	7.60	100
13	河北境内总干渠及连接段工程	13 185.00	14 299.00	108	304.80	293.70	96

续表

序号	工程名称	设计总土石方（万 m^3）	累计完成土石方（万 m^3）	土石方完成比例（%）	设计总混凝土（万 m^3）	累计完成混凝土（万 m^3）	混凝土完成比例（%）
17	河北段生产桥建设	163.00	161.00	99	7.04	8.38	119
22	北拒马河暗渠穿河段防护加固工程及PCCP管道大石河段防护加固工程	27.00	19.00	70	3.00	3.95	132
二	**漳河北—古运河南段工程**	**18 581.00**	**19 456.00**	**105**	**389.81**	**446.91**	**115**
1	磁县段工程	2774.00	2926.00	105	54.36	59.40	109
2	邯郸市—邯郸县段工程	1699.00	1748.00	103	29.95	35.37	118
3	永年县段工程	1087.00	1364.00	125	27.28	18.49	68
4	洺河渡槽工程	109.00	106.00	97	9.09	9.80	108
5	沙河市段工程	1902.00	1964.00	103	17.94	30.74	171
6	南沙河倒虹吸工程	752.00	780.00	104	22.21	31.67	143
7	邢台市段工程	1575.00	1735.00	110	23.47	31.95	136
8	邢台县和内邱县段工程	2153.00	2153.00	100	50.29	56.65	113
9	临城县段工程	2030.00	2121.00	104	37.63	43.22	115
10	高邑县—元氏县段工程	2272.00	2273.00	100	61.08	67.76	111
11	鹿泉市段工程	777.00	783.00	101	27.30	28.56	105
12	石家庄市区段工程	1451.00	1503.00	104	29.20	33.30	114
三	**穿漳河工程**	**149.00**	**180.00**	**121**	**9.87**	**10.56**	**107**
四	**黄河北—漳河南段工程**	**20 697.00**	**23 292.00**	**113**	**457.53**	**543.03**	**119**
1	温博段工程	1382.00	1490.00	108	42.81	47.15	110
2	沁河渠道倒虹吸工程	468.00	564.00	121	11.63	11.90	102
3	焦作1段工程	895.00	1147.00	128	42.65	75.70	177
4	焦作2段工程	4134.00	4766.00	115	56.30	67.66	120
5	辉县段工程	4283.00	4768.00	111	99.93	108.44	109
6	石门河倒虹吸工程	222.00	239.00	108	12.58	12.49	99
7	新乡和卫辉段工程	1714.00	2077.00	121	46.73	53.93	115
8	鹤壁段工程	3009.00	2919.00	97	52.92	59.80	113
9	汤阴段工程	1584.00	1685.00	106	35.72	40.60	114
10	膨胀岩（潞王坟）试验段工程	435.00	484.00	111	2.26	3.08	136
11	安阳段工程	2571.00	3153.00	123	54.00	62.28	115
五	**穿黄工程**	**2133.00**	**2178.00**	**102**	**54.09**	**57.54**	**106**
1	穿黄工程	2133.00	2178.00	102	53.95	57.40	106
2	工程管理专项				0.14	0.14	100
六	**沙河南—黄河南段工程**	**21 430.00**	**22 499.00**	**105**	**579.03**	**659.45**	**114**
1	沙河渡槽工程	603.00	605.00	100	126.49	126.49	100

续表

序号	工程名称	设计总土石方（万 m^3）	累计完成土石方（万 m^3）	土石方完成比例（%）	设计总混凝土（万 m^3）	累计完成混凝土（万 m^3）	混凝土完成比例（%）
2	鲁山北段工程	589.00	606.00	103	12.50	14.30	114
3	宝丰—郏县段工程	3357.00	3358.00	100	85.20	96.59	113
4	北汝河倒虹吸工程	272.00	282.00	104	21.35	21.40	100.23
5	禹州和长葛段工程	4537.00	4923.00	109	81.00	104.92	130
6	潮河段工程	3927.00	3970.00	101	69.83	77.19	111
7	新郑南段工程	1173.00	1184.00	101	35.00	43.96	126
8	双洎河渡槽工程	261.00	355.00	136	27.80	30.74	111
9	郑州2段工程	3559.00	3846.00	108	57.49	63.38	110
10	郑州1段工程	1096.00	1171.00	107	24.40	29.88	122
11	荥阳段工程	2056.00	2199.00	107	37.97	50.60	133
七	**陶岔渠首—沙河南段工程**	**23 830.00**	**24 871.00**	**104**	**464.77**	**613.85**	**132**
1	淅川县段工程	8382.00	8704.00	104	93.26	137.30	147
2	湍河渡槽工程	39.00	48.00	123	13.33	13.42	101
3	镇平县段工程	2711.00	2691.00	99	57.38	68.09	119
4	南阳市段工程	2940.00	3249.00	111	67.90	103.80	153
5	膨胀土（南阳）试验段工程	194.00	229.00	118	2.70	5.56	206
6	白河倒虹吸工程	262.00	251.00	96	20.52	26.63	130
7	方城段工程	4464.00	4855.00	109	101.41	140.72	139
8	叶县段工程	3068.00	3123.00	102	49.00	59.99	122
9	澧河渡槽工程	89.00	94.00	106	11.00	12.22	111
10	鲁山南1段工程	998.00	984.00	99	24.07	24.70	103
11	鲁山南2段工程	683.00	643.00	94	24.20	21.42	89
八	**天津干线工程**	**7789.00**	**7685.00**	**99**	**474.08**	**469.47**	**99**
1	西黑山进口闸—有压箱涵段工程	764.00	760.00	99	38.20	38.06	99.63
2	保定市1段工程	2007.00	1998.00	100	143.30	142.10	99
3	保定市2段工程	743.00	721.00	97	47.43	45.78	97
4	廊坊市段工程	2974.00	2878.00	97	175.30	173.39	99
5	天津市境内1段工程	1156.00	1196.00	103	61.59	62.21	101
6	天津市境内2段工程	145.00	132.00	91	8.26	7.93	96
九	**中线干线专项工程**	**51.00**	**51.00**	**100**	**0.09**	**0.09**	**100**
3	北京2008年应急调水临时通水措施费	51.00	51.00	100	0.09	0.09	100
	淮委建设局	**109**	**109**	**100**	**26**	**26**	**100**
一	**陶岔渠首枢纽工程**	**108.97**	**108.97**	**100**	**26.37**	**26.37**	**100**
	中线水源公司	**620**	**610**	**98**	**125**	**117**	**93**

续表

序号	工程名称	设计总土石方（万 m^3）	累计完成土石方（万 m^3）	土石方完成比例（%）	设计总混凝土（万 m^3）	累计完成混凝土（万 m^3）	混凝土完成比例（%）
一	**丹江口大坝加高工程**	**619.70**	**609.92**	**98**	**125.45**	**117.11**	**93**
	湖北省南水北调管理局	**11 632**	**11 525**	**99**	**240**	**237**	**99**
一	**兴隆水利枢纽工程**	**2843.88**	**2736.89**	**96**	**70.49**	**70.49**	**100**
二	**引江济汉工程**	**8030.91**	**8030.91**	**100**	**149.57**	**149.36**	**99.86**
三	**汉江中下游部分闸站改造工程**	**378.39**	**378.39**	**100**	**14.48**	**14.48**	**100**
四	**汉江中下游局部航道整治工程**	**378.80**	**378.80**	**100**	**5.89**	**2.93**	**50**

注 本表格序号同投资情况表相对应。部分设计单元工程无土石方和混凝土工程量，略去不计。

（王　熙）

拾伍 大事记

MAJOR EVENTS

一　月

6日，国务院南水北调办主任鄂竟平主持召开主任专题办公会，研究《中线调水对汉江中下游流域影响调研报告》。副主任张野出席。

同日，国务院南水北调办副主任张野参加全国安全生产电视电话会议。

7日，国务院南水北调办党组书记、主任鄂竟平主持召开会议，听取直属机关党委和工青妇组织工作汇报，研究部署直属机关2016年度党建工作。党组成员、副主任、直属机关党委书记蒋旭光出席会议，工青妇组织负责同志参加会议。

同日，国务院南水北调办党组书记、主任鄂竟平主持召开办党组会议，讨论系统工作会主报告，研究干部管理有关问题。党组成员、副主任张野、蒋旭光出席。

同日，国务院南水北调办主任鄂竟平主持召开主任专题办公会，听取中线干线工程通水验收遗留问题整改方案情况汇报。副主任张野出席。

8日，国务院南水北调办主任鄂竟平赴山东就东线工程供水有关事宜与山东省省长郭树清进行磋商。

11日，国务院南水北调办党组书记、主任鄂竟平主持召开党组扩大会议，传达学习习近平总书记在中央政治局民主生活会上的讲话，审议系统工作会主报告。党组成员、副主任张野出席。总工程师、总经济师出席。

同日，国务院南水北调办主任鄂竟平主持召开主任专题办公会，听取太阳能光伏发电调研情况汇报。副主任张野出席。

12日，国务院南水北调办党组书记、主任鄂竟平参加十八届中央纪委六次全会。

13日，国务院南水北调办主任鄂竟平带队，对中线工程的安阳管理处、穿漳管理处、磁县管理处、邯郸管理处辖区内的通水运行情况进行飞检。

同日，国务院南水北调办党组书记、主任鄂竟平主持召开国务院南水北调办党组2015年度考核测评会和干部选拔任用工作评议结果及问题整改措施通报会。党组成员、副主任张野代表党组作2015年度总结报告。党组成员、副主任、直属机关党委书记蒋旭光代表党组通报干部选拔任用评议结果及问题整改措施。总工程师、总经济师出席。中央组织部干部四局有关同志列席。

同日，国务院南水北调办党组成员、副主任、直属机关党委书记蒋旭光主持召开直属机关党委会议，研究党内有关工作。

14日，国务院南水北调办主任鄂竟平主持召开主任办公会，研究工程管理体制、后续工程前期工作。副主任张野出席。总工程师、总经济师出席。

15日，国务院南水北调办党组书记、主任鄂竟平参加中央国家机关第三十次党的工作会议暨第二十八次纪检工作会议。

同日，国务院南水北调办副主任张野主持召开主任专题办公会，听取北京市南水北调办关于中线北京段工程通水以来突发事件应急处理有关情况汇报。

同日，国务院南水北调办党组成员、副主任、直属机关党委书记蒋旭光参加全国组织部长会议。

16日，国务院南水北调办党组书记、主任鄂竟平主持召开会议，传达习近平总书记在十八届中央纪委六次全会上的重要讲话精神，并就配合中央纪委派驻纪检组工作提出了明确要求。中央纪委派驻水利部纪检组（以下简称派驻纪检组）组长田野传达了王岐山同志在六次全会上所做的工作报告，对综合派驻工作提出了意见和要求。

18日，国务院南水北调办安全生产领导小组召开第十五次全体会议。国务院南水北调办副主任、领导小组组长张野主持会议并讲话。

同日，国务院南水北调办副主任蒋旭光主持召开主任专题办公会，研究征地移民工作。

19～20日，国务院南水北调办副主任张野检查南水北调东线江苏段工程调水期间运行安全工作。

19日，国务院南水北调办副主任蒋旭光主持召开主任专题办公会，研究宣传工作。

20～22日，国务院南水北调办副主任蒋旭光带队，对中线工程黄河以南段的南阳管理处、方城管理处、叶县管理处、鲁山管理处、宝丰管理处、禹州管理处和穿黄管理处辖区内的通水运行情况进行飞检。

25日，国务院南水北调办副主任张野对南水北调中线京石段冰期输水工作进行检查。

26～27日，2016年南水北调工作会议在北京召开。国务院南水北调办主任鄂竟平做工作报告。派驻纪检组组长田野出席会议并讲话。

27日，国务院南水北调办主任鄂竟平，副主任张野、蒋旭光参加张高丽副总理主持召开的经济与党建工作座谈会。

28日，国务院南水北调办党组中心组（扩大）再次专题学习十八届中央纪委六次全会精神，党组书记、主任鄂竟平主持学习研讨并讲话。

同日，国务院南水北调办副主任蒋旭光主持召开主任专题办公会，研究工程运行监管工作。

29日，国务院南水北调办党组书记、主任鄂竟平主持召开直属机关党委常务副书记杜鸿礼同志党建工作述职考评。

同日，国务院南水北调办主任鄂竟平主持召开主任专题办公会，听取扶贫工作情况汇报。副主任蒋旭光出席。

29～30日，国务院南水北调办副主任蒋旭光带队，对中线工程北京段、河北段部分工程冰期输水运行情况进行飞检，检查春节值班落实情况，并慰问一线职工。

二　月

1日，国务院南水北调办党组书记、主任鄂竟平主持召开办党组会议，讨论《政府工作报告（征求意见稿）》和《十三五规划纲要（草稿）（征求意见稿）》。党组成员、副主任张野、蒋旭光出席。

2日，中央巡视工作领导小组成员、办公室主任黎晓宏向国务院南水北调办党组书记、主任鄂竟平传达了习近平总书记关于巡视工作的重要讲话精神，中央第十五巡视组组长杨文明，副组长丁伯东、李维超、杨景海反馈了对南水北调办的专项巡视情况。

3日，南水北调中线建管局召开2016年工作会议。国务院南水北调办主任鄂竟平、副主任张野出席会议。

4日，国务院南水北调办党组书记、主任鄂竟平主持召开党组会议，研究巡视整改方案。党组成员、副主任张野、蒋旭光出席。

5日，国务院南水北调办主任鄂竟平带队检查节日值班落实情况，对中线天津段、河北段、北京段部分工程冰期输水运行情况进行检查，并慰问看望坚持生产的职工。

15日，国务院南水北调办主任鄂竟平主持召开主任专题办公会，听取中线输水建筑物、铁路和公路交叉建筑物排查及安全监测情况汇报，听取关于中线河北段融冰系统运行情况专题检查汇报。副主任张野、蒋旭光出席。

15日，国务院南水北调办主任鄂竟平主持召开办公室巡视整改工作领导小组第一次全体会议，部署巡视整改工作。副主任张野、蒋旭光出席。

16日，国务院南水北调办主任鄂竟平主持召开主任专题办公会，听取河北地下水压采调研情况汇报，听取专家委关于东线工程通水运行水质保护工作调研情况汇报。

17日，国务院南水北调办主任鄂竟平主

持召开主任专题办公会，研究工程建设期运行管理阶段招标项目分标方案核准有关事宜，听取有关专家对西线工程提出意见建议研究情况汇报。副主任张野出席。

16～17 日，国务院南水北调办副主任蒋旭光带队赴河北邯郸、邢台、石家庄等地检查工程运行情况。

18 日，国务院南水北调办主任鄂竟平主持召开主任专题办公会，听取对《优化东线工程恢复京杭大运河全面通航》研究情况的汇报，听取东线江苏境内工程运行管理模式协商情况汇报。副主任张野出席。

同日，国务院南水北调办副主任蒋旭光参加国务院各部门负责人及办公厅（室）主任会议。

19 日，国务院南水北调办党组书记、主任鄂竟平主持召开办党组会议，研究干部问题。

同日，国务院南水北调办主任鄂竟平主持召开主任专题办公会，听取丹江口库区移民后续帮扶发展规划编制情况汇报。副主任蒋旭光出席。

21 日，南水北调中线一期工程向北京、天津、河北、河南四省市调水超 30 亿 m^3，工程运行安全平稳，水质稳定达标。

22 日，国务院南水北调办党组书记、主任鄂竟平主持召开主任办公会，传达习近平总书记在省部级主要领导干部学习贯彻十八届五中全会精神专题研讨班上的讲话精神、李克强总理在国务院第 123 次常务会议上关于当前经济形势和做好有关工作的讲话精神，研究部署 2016 年宣传工作。党组成员、副主任张野、蒋旭光出席。总工程师、总经济师出席。

23～24 日，国务院南水北调办主任鄂竟平赴河南许昌检查中线工程运行管理工作。

23～25 日，国务院南水北调办副主任张野出席中线建管局在河北保定召开的冰期输水运行管理工作座谈会，并调研中线穿黄工程运行情况。

23 日，国务院南水北调办党组成员、副主任，直属机关党委书记蒋旭光主持召开直属机关党委会议，研究党建有关工作。

24 日，国务院南水北调办主任鄂竟平带队检查中线工程宝丰段、郏县段和长葛段通水期运行管理情况。

24 日，派驻纪检组组长田野到中线建管局检查调研，听取中线建管局总体工作和党风廉政建设工作情况汇报，并与中层以上干部座谈。

24 日，国务院南水北调办副主任蒋旭光与全国政协提案委员会副主任田杰就南水北调西线工程前期工作进行座谈。

25 日，国务院南水北调办副主任张野检查中线穿黄隧洞工程通水运行及检修情况。总工程师参加。

24～25 日，国务院南水北调办副主任蒋旭光带队检查中线天津干线工程运行管理工作。

26 日，国务院南水北调办主任鄂竟平主持召开主任专题办公会，听取稽察大队关于中线煤矿采空区与部分湿陷性黄土区渠段安全监测专项检查情况汇报和中线跨渠桥梁车辆监测情况汇报。副主任蒋旭光出席。

同日，南水北调东线总公司召开 2016 年工作会议。国务院南水北调办副主任张野出席会议并作重要讲话。

29 日，国务院南水北调办党组书记、主任鄂竟平主持召开办党组会议，传达学习栗战书同志有关讲话及中纪委监察二室有关领导讲话精神，审议中线建管局 2015 年工作总结，研究机关党建工作平台有关事宜，审定办管干部 2015 年度考核结果。派驻纪检组田野组长出席。党组成员、副主任张野、蒋旭光出席。

同日，国务院南水北调办副主任张野赴发展改革委与张勇副主任商谈中线运行管理机构设置有关事宜。

三　月

1 日，南水北调东线一期工程开始向山东省威海市首次供水，标志着东线工程规划供水目标全部实现。

同日，国务院南水北调办党组书记、主任鄂竟平主持召开办党组会议，研究干部问题。党组成员、副主任张野、蒋旭光出席。

同日，国务院南水北调办主任鄂竟平主持召开主任专题办公会，听取关于完善南水北调系统内部审计机制方案有关情况汇报。副主任蒋旭光出席。

2 日，国务院南水北调办主任鄂竟平听取“三先三后”五年规划有关情况汇报。

同日，国务院南水北调办党组书记、主任鄂竟平会见来访的陕西省委常委、宣传部长梁桂，副省长冯新柱一行，就陕西省南水北调有关工作交换意见。

同日，南水北调工作座谈会在北京召开。国务院南水北调办副主任张野主持会议并讲话。

1 ~2 日，国务院南水北调办副主任蒋旭光赴河南新乡、焦作等地检查工程运行监管情况。

3 日，国务院南水北调办主任鄂竟平主持召开主任专题办公会，听取工程运行管理 2016 年工作安排暨五年规划有关情况汇报。副主任张野、总工程师出席。

3 日，国务院南水北调办副主任张野列席全国政协十二届四次会议开幕式。

3 日，国务院南水北调办副主任蒋旭光带队检查中线工程温博段、焦作段通水期运行管理情况。

4 日，国务院南水北调办主任鄂竟平主持召开主任专题办公会，听取后续工程及中线调蓄工程五年规划汇报。副主任张野出席。

2 ~4 日，国务院南水北调专家委员会开展中线干线工程冰期输水调研，专家委主任陈厚群院士，副主任高安泽、宁远、汪易森参加调研活动。

5 日、9 日、13 日、16 日，国务院南水北调办主任鄂竟平分别列席十二届全国人大四次会议开幕会、第二次全体会议、第三次全体会议和闭幕会。

7 日，国务院南水北调办党组书记、主任鄂竟平主持召开办党组（扩大）会议，传达学习中央办公厅《关于在全体党员中开展“学党章党规、学系列讲话，做合格党员”学习教育方案》通知精神。派驻纪检组田野组长出席。党组成员、副主任张野、蒋旭光，总工程师、总经济师出席。

同日，国务院南水北调办党组书记、主任鄂竟平主持召开办党组会议，研究回复中央有关文件的意见和建议，传达学习习近平总书记重要讲话，学习中央组织部有关通知。派驻纪检组田野组长出席。党组成员、副主任张野、蒋旭光出席。

同日，国务院南水北调办副主任蒋旭光主持召开主任专题办公会，研究运行监管重点工作。

8 日，国务院南水北调办直属机关妇工委联合机关工会在玉渊潭公园举办以庆祝三八妇女节为主题的户外低碳健步走活动。党组书记、主任鄂竟平，党组成员、副主任、直属机关党委书记蒋旭光与广大干部职工一起参加。

8 日、10 日，国务院南水北调办副主任蒋旭光参加全国政协十二届四次会议。

10 日，国务院南水北调办主任鄂竟平主持召开主任专题办公会，研究巡视反馈问题整改工作。副主任蒋旭光出席。

11 日，国务院南水北调办主任鄂竟平主持召开主任专题办公会，研究中线工程运行管理现场办公会有关事宜。

14 日，国务院南水北调办党组书记、主任鄂竟平主持召开办党组会议，讨论“两学一做”学习教育方案，研究干部问题。党组成员、副主任张野、蒋旭光出席。

14日，水利部和南水北调办系统纪检监察干部综合业务培训班举行开班式，派驻纪检组组长田野出席开班式并讲话。

14～16日，国务院南水北调专家委员会开展中线穿黄隧洞工程运用情况调研，专家委副主任宁远、汪易森参加调研活动。

15日，国务院南水北调办副主任张野主持召开会议，听取河北省邢台市政府关于中线调蓄工程有关情况汇报。

15日，国务院南水北调办召开保密委全体会议。国务院南水北调办副主任、保密委主任蒋旭光出席会议并讲话。

同日，国务院南水北调办党组成员、副主任、直属机关党委书记蒋旭光同志出席第三届机关纪委第五次会议，研究机关纪检工作。

16～18日，国务院南水北调办副主任张野带队检查中线河南段工程防汛工作。

16日，国务院南水北调办党组成员、副主任、直属机关党委书记蒋旭光主持召开直属机关党委会议，研究党建有关工作。

16～18日，国务院南水北调办副主任蒋旭光带队检查山东段工程通水运行监管工作。

17日，国务院南水北调办党组书记、主任鄂竟平列席中央政治局常委会议。

18日，国务院南水北调办主任鄂竟平主持召开主任专题办公会，听取南水北调中线干线水污染突发事件应急演练准备情况汇报。

21日，国务院南水北调办党组书记、主任鄂竟平主持召开办党组（扩大）会议，学习中央领导批示精神，学习贯彻中组部《关于“三严三实”专题教育总结报告》。派驻纪检组田野组长出席。党组成员、副主任张野、蒋旭光，总工程师、总经济师出席。

同日，国务院南水北调办党组书记、主任鄂竟平主持召开办党组会议，研究巡视整改意见，讨论中央有关文件。派驻纪检组田野组长出席。党组成员、副主任张野、蒋旭光出席。

22日，国务院南水北调办主任鄂竟平主持召开主任专题办公会，研究东线后续工程。副主任张野出席。

同日，国务院南水北调办副主任张野参加国家防总2016年第一次全体会议。

同日，国务院南水北调办副主任蒋旭光主持召开主任专题办公会，听取《中国南水北调工程》丛书各分卷编纂工作汇报。

23日，国务院南水北调办副主任张野出席南水北调工程投资管理工作座谈会。

23～24日，国务院南水北调办主任鄂竟平带队对中线汤阴段至新郑段工程通水运行情况进行检查。

23～24日，国务院南水北调办在北京召开南水北调工程投资管理工作座谈会。副主任张野出席会议并作重要讲话。

23～24日，国务院南水北调专家委员会对中线北京段PCCP管道工程安全运行情况进行咨询，专家委主任陈厚群院士，副主任高安泽、汪易森参加活动。

24日，南水北调中线干线工程在河南新郑段举行首次水污染应急演练。国务院南水北调办主任鄂竟平讲话，副主任张野主持演练，河南省副省长王铁参加观摩。

同日，国务院南水北调办副主任蒋旭光主持召开主任专题办公会，研究库区移民稳定发展工作。

25日，国务院南水北调办党组书记、主任鄂竟平列席中央政治局会议。

同日，国务院南水北调办党组书记、主任鄂竟平主持召开办党组会议，研究巡视整改工作。党组成员、副主任张野、蒋旭光出席。

同日，国务院南水北调办主任鄂竟平主持召开主任专题办公会，研究纪检工作平台建设。副主任张野、蒋旭光出席。

同日，国务院南水北调办副主任蒋旭光主持召开主任专题办公会，研究干线征迁工作。

24~25日，派驻纪检组组长田野检查汉江水利水电（集团）有限责任公司、南水北调中线水源有限责任公司及南水北调中线建管局渠首分局党风廉政建设工作。

26日，国务院南水北调办副主任张野参加2016年共和国部长义务植树活动。

28日，国务院南水北调办主任鄂竟平参加国务院第四次廉政工作会议。

同日，国务院南水北调办党组成员、副主任、直属机关党委书记蒋旭光主持召开党外人士座谈会。

29日，国务院南水北调办党组中心组（扩大）专题学习党章并进行研讨。党组书记、主任鄂竟平，党组成员、副主任张野、蒋旭光参加学习。

30日，国务院南水北调办主任鄂竟平主持召开主任专题办公会，听取丹江口水库调度规程复审会议有关情况汇报和惠南庄泵站检修及水量调度计划调整过程有关情况汇报。副主任张野出席。

同日，国务院南水北调办主任鄂竟平主持召开国产密码应用推进工作领导小组第一次全体会议，研究国产密码应用推进相关工作。副主任张野出席。

31日，国务院南水北调办副主任张野主持召开主任专题办公会，研究东线运行管理有关事宜。

同日，国务院南水北调办在郑州召开南水北调工程运行监管工作会议，总结东、中线一期工程全线通水以来的运行监管工作，部署2016年工程运行监管任务。副主任蒋旭光出席会议并讲话。

四　月

1日，国务院南水北调办主任鄂竟平主持召开主任专题办公会，听取东线调水期间部分水体总氮偏高等问题研究情况汇报。

同日，国务院南水北调办副主任蒋旭光带队对中线工程郑州段、荥阳段通水运行管理情况进行检查。

5日，国务院南水北调办主任鄂竟平主持召开主任办公会，传达学习中央有关文件精神，安排部署后三个季度重点工作。副主任张野、蒋旭光出席。

5~7日，国务院南水北调办副主任张野率队检查南水北调东线山东段工程防汛工作。

6~8日，国务院南水北调办主任鄂竟平带队赴定点扶贫县湖北省十堰市郧阳区调研扶贫工作，商讨扶贫工作并看望挂职干部和驻村第一书记。湖北省副省长任振鹤陪同调研。

6日，国务院南水北调办党组书记、主任鄂竟平参加中央“两学一做”学习教育工作座谈会。

同日，国务院南水北调办在中线易县段开展主题为“推动绿色发展、打造美丽渠道”的学雷锋志愿植树活动。国务院南水北调办副主任蒋旭光与办机关、直属事业单位企业干部职工一起参加植树活动。

7~8日，国务院南水北调办在江苏扬州召开南水北调工程2016年度安全生产工作会。国务院南水北调办副主任张野出席会议并讲话。国务院应急管理办公室、国家安全生产监督管理总局有关同志出席会议。

8日，国务院南水北调办在河南安阳召开南水北调宣传工作会议，总结近年来工作，交流经验，安排部署下一步宣传工作任务。国务院南水北调办党组成员、副主任蒋旭光出席会议并讲话。

8日，国务院南水北调办副主任蒋旭光赴河南安阳、鹤壁检查工程运行情况。

11日，国务院南水北调办党组书记、主任鄂竟平主持召开党组（扩大）会议，传达学习“两学一做”学习教育工作座谈会精神，派驻纪检组组长田野，办党组成员、副主任张野，总工程师、总经济师及机关各司各直属单位负责同志参加会议。

12～13日，国务院南水北调办主任鄂竟平率队检查中线河北段工程防汛工作。河北省政府副省长沈小平、国家防汛抗旱总指挥部办公室防汛抗旱督察专员田以堂参加检查。

14日，国务院南水北调办主任鄂竟平主持召开主任专题办公会，听取中线投资控制情况汇报。副主任张野出席。

15日，国务院南水北调办主任鄂竟平主持召开主任专题办公会，听取东线苏鲁省际工程移交及管理维护费有关情况汇报。副主任张野出席。

11～15日，国务院南水北调办党组成员、副主任、直属机关党委书记蒋旭光赴中国浦东干部学院参加中央国家机关部门机关党委书记"两学一做"专题培训班。

19日，国务院南水北调办召开廉政工作会，学习贯彻落实十八届中央纪委六次全会精神和国务院第四次廉政工作会精神，分析南水北调党风廉政建设和反腐败工作形势，安排部署2016年工作。党组书记、主任鄂竟平，派驻纪检组组长田野出席会议并作讲话，党组成员、副主任张野、蒋旭光，总工程师，总经济师及机关全体公务员、直属单位班子成员参加会议。

19～21日，国务院南水北调办组织召开中线工程规范运行管理现场会。国务院南水北调办主任鄂竟平、副主任蒋旭光分别带队进行现场检查，参加总结座谈会并讲话。

21日，南水北调工程运行管理举报公告牌在河南郑州中原路跨南水北调桥揭牌。国务院南水北调办主任鄂竟平为举报公告牌揭牌，副主任蒋旭光讲话。

同日，国务院南水北调办副主任张野率队检查中线京石段工程防汛工作。

22日，国务院南水北调办党组书记、主任鄂竟平主持召开会议，研究党建工作联席会议制度、纪检工作联席会议制度建设。党组成员、副主任张野、蒋旭光出席。

同日，国务院南水北调办党组成员、副主任直属机关党委书记蒋旭光主持召开直属机关党委会议，研究近期党建有关工作，推选中央国家机关"两优一先"推荐名单。

25日，国务院南水北调办党组书记、主任鄂竟平主持召开办党组会议。派驻纪检组组长田野同志出席。办党组成员、副主任张野、蒋旭光出席。

26日，国务院南水北调办主任鄂竟平主持召开主任专题办公会，研究防汛工作。副主任张野出席。

27日，国务院南水北调办主任鄂竟平主持召开主任专题办公会，听取南阳市有关工作情况汇报。

同日，国务院南水北调办副主任张野主持召开座谈会，研究中线干线工程管理范围和保护范围划定有关工作。

28日，国务院南水北调办主任鄂竟平主持召开主任专题办公会，听取藻类防控研究情况汇报。

同日，国务院南水北调办副主任张野主持召开主任专题办公会，听取中线运行委托管理工作汇报。

26～28日，国务院南水北调办副主任蒋旭光率队检查南水北调湖北境内工程防汛工作。其间，会见了湖北省副省长任振鹤，就有关工作交换了意见。

29日，国务院南水北调办主任鄂竟平主持召开主任专题办公会，听取丹江口库区移民帮扶发展有关情况汇报。副主任蒋旭光出席。

五　月

4日，国务院南水北调办直属机关团委举办"青春在南水北调闪光"青年演讲比赛。国务院南水北调办党组书记、主任鄂竟平观看比赛并向获奖青年颁奖，党组成员、副主任蒋旭光出席并讲话。

4～19日，国务院南水北调办党组成员、副主任张野参加井冈山干部学院省部级干部党性教育专题培训班学习。

5日，国务院南水北调办主任鄂竟平主持召开主任专题办公会，听取中线膨胀土渠段边坡稳定监控情况汇报。副主任蒋旭光出席。

6日，国务院南水北调办主任鄂竟平主持召开主任专题办公会，听取中线建管局落实4月5日主任办公会精神工作情况汇报。副主任蒋旭光出席。

9日，国务院南水北调办主任鄂竟平在国务院主会场参加全国推进简政放权放管结合优化服务改革电视电话会议。副主任蒋旭光在办公室分会场参会。总工程师、总经济师参会。

10日，国务院南水北调办主任鄂竟平带队检查东线山东境内泵站工程运行情况。

同日，国务院南水北调办党组成员、副主任、直属机关党委书记蒋旭光主持召开直属机关党委会议，研究“两学一做”学习教育和党建相关工作。

12日，国务院南水北调办主任鄂竟平主持召开主任专题办公会，研讨《南水北调工程运行管理举报受理管理办法》。副主任蒋旭光出席。

同日，国务院南水北调办防汛指挥部办公室正式发文成立。

13日，国务院南水北调办主任鄂竟平主持召开会议，听取党建、纪检工作情况汇报。副主任蒋旭光出席。

16日，国务院南水北调办主任鄂竟平主持召开主任专题办公会，研究调水工程建设与运行管理交流会讲话。

同日，国务院南水北调办副主任蒋旭光主持召开主任专题办公会，研究运行监管工作。

17日，国务院南水北调办主任鄂竟平主持召开主任专题办公会，听取2016年过渡性资金还款计划有关情况汇报。

同日，国务院南水北调办蒋旭光副主任带队调研北京市配套工程建设和运行情况。其间，会见了北京市政府领导夏占义，就有关工作交换了意见。

18日，国务院南水北调办党组书记、主任鄂竟平深入中线建管局生产一线运行管理处，调研指导“两学一做”学习教育。

19日，国务院南水北调办主任鄂竟平主持召开主任专题办公会，听取稽察大队有关情况汇报。

20日，国务院南水北调办主任鄂竟平主持召开主任专题办公会，研究运行管理单位重大事项报告及处理有关事宜，研究落实国务院领导关于中线管理体制有关问题的批示精神。副主任张野出席。

19～20日，国务院南水北调办副主任蒋旭光一行赴河南省调研干线征迁和工程运行有关工作，现场查看焦作城区段征迁，检查闫河倒虹吸、索河渡槽、穿黄工程进口闸等工程运管现场，并在郑州召开座谈会。

23日，国务院南水北调办党组书记、主任鄂竟平主持召开办党组会议，讨论中央有关文件，研究东线公司党委、纪委委员候选人推荐人选。派驻纪检组田野组长出席。党组成员、副主任张野、蒋旭光出席。

同日，国务院南水北调办副主任蒋旭光主持召开主任专题办公会，研究干线征迁和库区移民相关工作。

24日，南水北调东线一期工程2015～2016年度调水入山东省工作顺利完成。共抽水6.02亿m^3。

同日，国务院南水北调办副主任张野出席陕西省安康市在人民大会堂举行的“共护南水北调水源汉江，同建安康生态富硒茶乡”活动启动仪式。

26日，国务院南水北调办主任鄂竟平听取中央巡视整改落实情况汇报。

24～29日，国务院南水北调办副主任蒋旭光赴广东深圳、河源、珠海等地调研东深供水、珠澳供水等调水工程。

25～27 日，国务院南水北调办政策及技术研究中心、中线建管局、东线总公司在北京共同组织召开“调水工程建设与运行管理交流会”。国务院南水北调办主任鄂竟平、副主任张野，国务院南水北调建委会专家委员会主任陈厚群、副主任宁远，中国工程院院士王浩、长江委长江勘测规划设计研究院院长钮新强出席会议。国内主要调水工程单位、有关高校和科研设计单位及南水北调系统单位负责同志和代表共约 110 人参加会议。

27 日，国务院南水北调办主任鄂竟平主持召开主任专题办公会，研究山东省南水北调建管局在《东线通水运行水质调研报告》办理情况中所提的有关建议。

29～30 日，派驻纪检组组长田野赴中央纪委北戴河培训中心，看望水利和南水北调纪检干部纪律审查业务培训班参训学员，为大家授课并座谈。

30 日，国务院南水北调办主任鄂竟平参加全国科技创新大会。

同日，国务院南水北调办副主任张野主持召开主任专题办公会，研究审定办管企业 2015 年度经营业绩考核结果。

同日，国务院南水北调办副主任蒋旭光主持召开会议，研究东深供水、珠澳供水考察调研总结工作。

31 日，国务院南水北调办主任鄂竟平主持召开主任专题办公会，听取调水工程建设与运行管理交流会总结情况汇报。总工程师出席。

同日，南水北调东线总公司召开党员大会，总结部署东线总公司党建工作，选举产生东线总公司党委、纪委。国务院南水北调办党组成员、副主任，直属机关党委书记蒋旭光出席会议并讲话。

5 月 30 日～6 月 1 日，国务院南水北调办副主任张野检查中线河南段工程运行情况，河南省政府党组成员、省委农村工作领导小组副组长赵顷霖陪同检查。

5 月 31 日～6 月 1 日，国务院南水北调办副主任蒋旭光带队检查中线邢台至保定段工程输水运行和规范化建设情况。

六　月

2～3 日，国务院南水北调办举办党支部书记“两学一做”学习教育专题培训班。办党组书记、主任鄂竟平出席开班式并讲“两学一做”专题党课，党组成员、副主任张野、蒋旭光，总工程师、总经济师，派驻纪检组有关负责同志出席开班式，机关及直属单位党支部（党委）书记、中线建管局二级单位以上党支部书记参加培训。

6 日，国务院南水北调办党组书记、主任鄂竟平主持召开办党组会议，研究办管干部副职交流任职事宜。派驻纪检组田野组长，党组成员、副主任张野、蒋旭光出席。

7 日，国务院南水北调办主任鄂竟平主持召开主任专题办公会，听取江苏省南水北调办向省政府申请动用征迁安置结余资金有关事项报告，听取近期群众信访问题突出有关情况和处理建议汇报，研究《国务院南水北调办政府信息公开工作管理办法》。副主任蒋旭光出席。

同日，国务院南水北调办主任鄂竟平主持召开主任专题办公会，研究给国务院领导的报告。

12 日，国务院南水北调办主任鄂竟平主持召开主任专题办公会，听取穿黄隧洞上下游水位异常变化事件责任追究情况汇报。副主任张野、蒋旭光出席。

13～14 日，国务院南水北调办主任鄂竟平带队检查中线邢台至卫辉段工程输水运行和防汛工作。

15 日，国务院南水北调办主任鄂竟平主持召开主任专题办公会，听取山东省南水北调建管局有关情况汇报。副主任张野出席。

13～15日，国务院南水北调办副主任蒋旭光赴湖北省调研丹江口库区移民和定点扶贫工作。

16日，国务院南水北调办党组书记、主任鄂竟平主持召开办党建、纪检工作联席会议，党组成员、副主任蒋旭光，派驻纪检组副组长张志刚出席会议，党建工作领导小组成员，直属机关党委、纪委、各司各直属单位党组织以及工青妇组织负责人参加会议。

16日，国务院南水北调办副主任张野考察北京市南水北调配套工程。

17日，国务院南水北调办党组书记、主任鄂竟平主持召开办党组会议，研究东线总公司党委、纪委选举结果，研究《中国共产党党组工作条例》贯彻落实情况和办党组工作报告。派驻纪检组田野组长出席。党组成员、副主任张野、蒋旭光出席。

20日，国务院南水北调办副主任蒋旭光主持召开主任专题办公会，审核中线建管局、东线总公司公务用车制度改革实施方案。

21日，国务院南水北调办主任鄂竟平主持召开主任专题办公会，听取水质环境举报、信访和舆情反映问题处理方式有关情况汇报。

同日，国务院南水北调办党组成员、副主任、直属机关党委书记蒋旭光主持召开直属机关党委会议，研究下半年党建工作安排，审议国务院南水北调办2015年度“两优一先”拟表彰名单。

21～22日，国务院南水北调办副主任张野调研中线河南南阳段工程。

23日，国务院南水北调办主任鄂竟平主持召开主任专题办公会，听取北京段、天津段工程委托运行管理工作方案有关情况汇报。副主任张野出席。

同日，国务院南水北调办在济南召开南水北调征地拆迁商促会，研究部署干线征迁安置近期重点工作。党组成员、副主任蒋旭光出席会议并做讲话。

24日，国务院南水北调办党组书记、主任鄂竟平主持召开办党组会议，研究办管干部副职交流任职事宜。派驻纪检组田野组长出席。党组成员、副主任张野、蒋旭光出席。

同日，国务院南水北调办党组成员、副主任、直属机关党委书记蒋旭光参加中央国家机关优秀共产党员、优秀党务工作者和先进基层党组织表彰大会。直属机关党委、直属机关纪委负责同志、受表彰代表参加。

28～29日，国务院南水北调办副主任蒋旭光带队检查中线陶岔至禹州段工程输水运行和规范化建设工作。

30日，国务院南水北调办召开庆祝建党95周年暨“两优一先”表彰大会，党组书记、主任鄂竟平，党组成员、副主任张野、蒋旭光出席会议，机关和直属单位党员干部，受表彰的“两优一先”代表参加会议，张野主持会议。

七　月

1日，国务院南水北调办主任鄂竟平、副主任张野参加庆祝中国共产党成立95周年大会。

4日，国务院南水北调办副主任蒋旭光主持召开主任专题办公会，研究移民稳定工作。

5日，国务院南水北调办主任鄂竟平主持召开主任专题办公会，听取易县段威胁水质安全事故应急处置情况和中线水源区生态环境变化遥感监测研究情况汇报。副主任蒋旭光出席。

同日，国务院南水北调办副主任蒋旭光主持召开主任专题办公会，研究规范化运行监管工作。

6日，国务院南水北调办主任鄂竟平主持召开主任专题办公会，听取水费收缴情况汇报。副主任张野出席。

5～7日，国务院南水北调办副主任张野调研中线河北保定段工程和天津干线工程。

6～7日，国务院南水北调办主任鄂竟平

对中线温博、焦作以及辉县段工程输水运行及度汛情况进行飞检。

6日，国务院南水北调办召开干部监督工作会，深入学习贯彻全国组织部长会议精神，研究分析干部监督工作面临的新形势新任务，安排部署当前重点工作。党组成员、副主任蒋旭光出席会议并讲话。

7日，国务院南水北调办副主任、南水北调办防汛指挥部总指挥张野参加国家防总全体会议。南水北调办防汛指挥部办公室负责同志参加。

8日，国务院南水北调办党组中心组（扩大）专题学习习近平总书记在庆祝中国共产党成立95周年大会上的重要讲话，党组书记、主任鄂竟平主持学习会，党组成员、副主任张野、蒋旭光参加学习。

11日，国务院南水北调办副主任、南水北调办防汛指挥部总指挥张野主持召开南水北调工程2016年度防汛工作第一次全体会议。

11～12日，国务院南水北调办主任鄂竟平参加中央会议。

11～12日，国务院南水北调办副主任张野率队检查中线河北段工程防汛工作。

11～13日，国务院南水北调办副主任蒋旭光带队检查中线宝丰段至辉县段工程防汛工作和输水调度运行情况。

13日，国务院南水北调办主任鄂竟平主持召开主任专题办公会，听取建设期运行管理项目招投标管理办法审批有关情况汇报。副主任张野出席。

14日，国务院南水北调办主任鄂竟平主持召开主任专题办公会，研究办管企业经营业绩考核有关问题，研究投资控制收口工作。副主任张野、蒋旭光出席。总经济师出席。

15日，国务院南水北调办副主任蒋旭光参加保密轮训。

18日，国务院南水北调办主任鄂竟平主持召开会议，听取纪检工作汇报。副主任蒋旭光出席。

19日，国务院南水北调办主任鄂竟平在北京会见参加“国外调水工程运行管理学术报告会”的美国加州水资源管理部主任助理、北水南调工程办公室副主任马克·安德森先生、北水南调工程办公室运行管理部主任约翰·利海先生一行。

同日，国务院南水北调办政策及技术研究中心、中线建管局、东线总公司在北京共同组织召开“国外调水工程运行管理学术报告会”。

同日，国务院南水北调办主任鄂竟平主持召开主任专题办公会，听取稽察大队关于中线运行管理系统性问题稽察情况汇报。副主任蒋旭光出席。

20日，南水北调工程调水14亿m^3进京，供北京1100万人口用水，首都人均水资源增加近五成。

同日，国务院南水北调办主任鄂竟平检查指导中线工程防汛抢险工作，河南省南水北调办公室主任刘正才、副主任杨继成同往。

21日，国务院南水北调办主任鄂竟平主持召开专题会议，学习贯彻习近平总书记关于做好当前防汛抗洪抢险救灾工作的重要讲话精神，进一步安排部署南水北调防汛工作。

22日，国务院南水北调办主任鄂竟平听取环保司关于丹江口库区及上游水污染防治、水土保持“十二五”规划执行和“十三五”规划编制情况的汇报。

20～22日，国务院南水北调办副主任蒋旭光带队赴湖北检查引江济汉工程防汛和移民安置点抗洪救灾工作，看望防汛和抗洪救灾一线的干部职工，慰问受灾群众。期间，在武汉会见了湖北省副省长任振鹤，并就工程和移民点抗洪救灾工作交换意见。

23日，受国务院南水北调办主任鄂竟平委托，蒋旭光副主任参加国家防汛抗旱总指挥部2016年第三次全体会议，会后立即组织召开专题会，传达汪洋副总理在国家防汛抗旱总指挥部第2016年三次全体会议上的重要讲话精神。

25日，国务院南水北调办党组中心组（扩大）专题学习《中国共产党问责条例》，党组书记、主任鄂竟平主持学习会，党组成员、副主任张野、蒋旭光参加学习。

25日，国务院南水北调办副主任、南水北调办防汛指挥部总指挥张野主持召开2016年度防汛工作第二次全体会议。传达汪洋副总理在国家防汛抗旱总指挥部第三次全体会议上的重要讲话精神，听取中线建管局关于防汛抗洪抢险情况介绍，结合东、中线工程防汛抗洪抢险现状，研究部署了下阶段防汛抗洪抢险工作。

26日，国务院南水北调办党组书记、主任鄂竟平主持召开防汛会商会，深入贯彻落实习近平总书记关于做好当前防汛抗洪抢险救灾工作的重要讲话精神。副主任张野参加会商会。

同日，国务院南水北调办党组书记、主任鄂竟平主持召开会议，传达贯彻国务院副总理张高丽、汪洋就南水北调工程防汛工作作出的重要批示精神，进一步安排部署防汛工作。

27日，国务院南水北调办主任鄂竟平主持召开主任专题办公会，研究建设期运行管理项目招投标管理办法审批有关问题。副主任张野出席。

27～28日，国务院南水北调办主任鄂竟平对中线河南段部分防汛重点渠段进行工作检查指导。

27～28日，国务院南水北调办副主任蒋旭光带队对中线河南、河北段防汛抢险工作进行检查，看望抗洪抢险一线干部职工。

28日，中央“两学一做”学习教育督导组到国务院南水北调办检查指导“两学一做”学习教育工作。党组成员、副主任张野向督导组介绍了“两学一做”学习教育开展情况和南水北调工程建设、运行管理情况，直属机关党委、机关各司各直属单位党员代表20余人参加座谈会。

29日，国务院南水北调办主任鄂竟平参加李克强总理主持召开的防汛工作专题会议。

同日，国务院南水北调办主任鄂竟平主持召开主任专题办公会，研究中线工程总体检修工作。副主任张野出席。

同日，国务院南水北调办副主任、南水北调办防汛指挥部总指挥张野主持召开防汛会商会，就深入贯彻落实习近平总书记重要讲话精神、张高丽副总理和汪洋副总理重要指示批示精神，以及进一步推进中线工程左岸防洪影响处理工程实施和南水北调工程保护范围划定工作，与有关方面进行会商。

30日，国务院南水北调办主任鄂竟平主持召开会议，深入学习贯彻李克强总理关于做好防汛工作的重要讲话精神，专门安排部署南水北调防汛工作。国务院南水北调办副主任张野参加会议。

八　月

1日，国务院南水北调办党组书记、主任鄂竟平主持召开会议，传达学习贯彻习近平总书记、李克强总理关于加强安全生产工作的重要指示批示精神及李克强总理在国家防总会议上的讲话精神，安排部署南水北调安全生产和防汛工作。国务院南水北调办副主任张野、蒋旭光参加会议。

同日，国务院南水北调办召开复转退伍军人座谈会。党组成员、副主任、直属机关党委书记蒋旭光出席会议，与直属机关复转退伍军人座谈交流。

2日，国务院南水北调办组织党员干部到北京市西城区人民检察院预防职务犯罪警示教育基地学习参观，接受警示教育。党组书记、主任鄂竟平，党组成员、副主任蒋旭光与办直属机关70余名党员干部一起参加活动。

3 日，国务院南水北调办主任鄂竟平主持召开主任专题办公会，研究移民工作。副主任蒋旭光出席。

3 日，国务院南水北调办副主任蒋旭光主持召开会议，听取湖北省移民局关于库区移民防洪救灾有关工作汇报。

2～3 日，南水北调中线干线防汛抗洪抢险现场工作会在河南新乡召开。国务院南水北调办副主任、南水北调办防汛指挥部总指挥张野出席会议并讲话。

3～4 日，国务院南水北调办副主任蒋旭光对中线郑州段部分防汛重点渠段进行工作检查。

4 日，国务院南水北调办主任鄂竟平对中线河北段部分重点风险渠段防汛抢险工作进行检查指导。

4 日，国务院南水北调办副主任张野参加南水北调建委会专家委主任工作会。专家委主任陈厚群同志主持会议。专家委副主任高安泽、汪易森同志参加会议。

5 日，国务院南水北调办主任鄂竟平主持召开主任专题办公会，研究保障首都供水安全和推进东线二期工程有关问题。副主任张野出席。

8 日，国务院南水北调办党组中心组（扩大）专题学习中央八项规定精神并进行研讨，部署深入整治“四风”。党组书记、主任鄂竟平主持学习会，党组成员、副主任张野参加学习。

9 日，国务院南水北调办主任鄂竟平主持召开主任专题办公会，研究中线防汛工作。副主任张野出席。

10 日，国务院南水北调办主任鄂竟平主持召开主任专题办公会，听取中线建管局运行期薪酬改革方案研究情况汇报。副主任张野出席。

11 日，国务院南水北调办主任鄂竟平主持召开主任专题办公会，听取中线光伏发电项目规划研究情况汇报。副主任张野出席。

12 日，国务院南水北调办党组学习刘云山同志在部分地区和部门“两学一做”学习教育工作座谈会上的讲话精神，听取机关“两学一做”学习教育情况汇报，并对下一步工作作出部署。党组书记、主任鄂竟平主持会议，党组成员、副主任张野和派驻纪检组有关同志出席会议。

16 日，国务院南水北调办副主任张野赴发展改革委参加会议。

16～18 日，国务院南水北调办副主任蒋旭光带队对中线河北、河南部分防汛抢险后继工作进行检查。

19 日，国务院南水北调办主任鄂竟平参加全国卫生与健康大会。

22 日，国务院南水北调办党组书记、主任鄂竟平主持召开办党组会议，研究干部有关问题，讨论中央有关文件。办党组成员、副主任张野、蒋旭光出席。

23 日，国务院南水北调办主任鄂竟平主持召开主任专题办公会，研究水费收缴问题，听取中线跨渠桥梁运行管理研究工作情况汇报。副主任张野出席。

24 日，国务院南水北调办主任鄂竟平主持召开主任专题办公会，研究设立纪检举报告示牌事宜，听取办公室资产清查情况汇报。副主任蒋旭光出席。

25 日，自南水北调中线一期工程正式通水以来，已经平稳运行 623 天，输水总量达 50 亿 m^3，水质稳定达标。

同日，国务院南水北调办主任鄂竟平带队对中线工程运行管理规范化建设工作情况进行专题调研。

29 日，国务院南水北调办副主任蒋旭光主持召开主任专题办公会，研究中线规范化运行监管工作。

30 日，国务院南水北调办主任鄂竟平主持召开主任专题办公会，研究办管企业考核有关工作。副主任张野、蒋旭光出席。

同日，国务院南水北调办副主任张野主

持召开会议，就用水计划执行、水费收缴等事宜约谈河北省南水北调办。

31 日，国务院南水北调办主任鄂竟平主持召开主任专题办公会，研究中线规范化管理重点工作。副主任张野出席。

九　月

1 日，国务院南水北调办主任鄂竟平主持召开主任专题办公会，研究东线机构问题。副主任张野出席。

1～14 日，国务院南水北调办党组成员、副主任蒋旭光参加井冈山干部学院第 11 期省部级干部党性教育专题培训班。

2 日，国务院南水北调办主任鄂竟平、副主任张野参加保密轮训。

5 日，国务院南水北调办主任鄂竟平主持召开主任办公会，审定办公室任命国家工作人员宪法宣誓组织办法，听取各单位工作汇报，安排部署第四季度重点工作。副主任张野、总工程师出席。

6 日，国务院南水北调办主任鄂竟平赴中线新乐管理处检查指导规范化建设有关工作。

6～9 日，国务院南水北调办组织“同饮一江水——水源地豫鄂陕三省群众代表考察南水北调中线工程”活动。来自水源地的河南、湖北、陕西省 30 名群众代表，考察中线干线天津、北京段及配套工程，与工程受水区城市天津、北京用水市民面对面交流沟通。

7 日，国务院南水北调办主任鄂竟平主持召开主任专题办公会，听取中线工程保护范围内违规行为排查复核情况汇报。副主任张野出席。

8 日，国务院南水北调办主任鄂竟平主持召开主任专题办公会，听取中线水源公司建管费和移民实施管理费审计调查情况汇报。

9 日，国务院南水北调办主任鄂竟平参加国务院领导主持召开的有关会议。

7～10 日，国务院南水北调办副主任张野赴湖北调研兴隆库区蓄水影响和丹江口库区地质灾害紧急治理项目。

12 日，国务院南水北调办党组扩大会学习习近平总书记重要指示精神和刘云山同志在部分地区和部门“两学一做”学习教育工作座谈会上的讲话精神，听取机关各司各直属单位“两学一做”学习教育情况汇报，并对下步工作作出部署。党组书记、主任鄂竟平主持会议，党组成员、副主任张野出席会议。

13 日，国务院南水北调办主任鄂竟平主持召开主任专题办公会，研讨南水北调工程管理办法。副主任张野出席。

19 日，国务院南水北调办党组召开会议，研究进一步加强保密工作。党组书记、主任鄂竟平，派驻纪检组组长田野，党组成员、副主任张野、蒋旭光出席，保密办负责同志参加会议。

20～21 日，国务院南水北调办主任鄂竟平带队对中线邢台、高元、西黑山段工程汛期险情处置及运行管理情况进行检查。

20～21 日，国务院南水北调办副主任张野赴山东省聊城市、济南市调研南水北调配套工程建设和运行情况。

21 日，国务院南水北调办副主任蒋旭光参加全国推行“双随机一公开”监管工作电视电话会议。

22 日，国务院南水北调办主任鄂竟平主持召开主任专题办公会，听取集团公司组建构想研究情况汇报。副主任张野、蒋旭光出席。

23 日，国务院南水北调办召开中线工程防汛工作主任专题办公会，国务院南水北调办主任鄂竟平主持会议，张野副主任出席会议。

同日，国务院南水北调办在郑州召开丹江口库区移民商促会，研究库区移民工作有关问题，部署下阶段工作。党组成员、副主任蒋旭光出席会议。会见了河南省副省长王铁，并就移民工作交换了意见。

26日，国务院南水北调办党组书记、主任鄂竟平主持召开办党组会议，研究干部问题。派驻纪检组田野组长出席。党组成员、副主任张野、蒋旭光出席。

27日，国务院南水北调办党组书记、主任鄂竟平主持召开党组会议，研究干部问题。党组成员、副主任张野、蒋旭光出席。

同日，国务院南水北调办主任鄂竟平会见国办秘书二局巡视员兼副局长徐畅等同志一行，就南水北调有关问题交换意见。副主任张野出席。

29日，国务院南水北调办主任鄂竟平参加中央召开的胡锦涛文选报告会。

28~29日，国务院南水北调办副主任蒋旭光带队检查中线叶县、鲁山、宝丰段工程运行管理规范化建设情况。

十　月

8日，国务院南水北调办党组成员、副主任蒋旭光主持召开直属机关党委会议。

9日，国务院南水北调办主任鄂竟平主持召开主任专题办公会，研讨南水北调宣传图册。副主任张野、蒋旭光出席。

10日，国务院南水北调办党组书记、主任鄂竟平参加全国国有企业党的建设工作会议。

同日，国务院南水北调办副主任张野出席中线建管局2016年四季度攻坚收尾工作会。

11日，国务院南水北调办主任鄂竟平主持召开主任专题办公会，听取中线膨胀土段汛期问题分析评估情况汇报。副主任张野出席。

同日，国务院南水北调办副主任张野主持召开会议，听取中线惠南庄泵站2016年冬季检修计划情况汇报。

12日，国务院南水北调办主任鄂竟平主持召开主任专题办公会，听取北京市拟从廊涿干渠引水调研情况汇报。副主任张野出席。

11~12日，国务院南水北调办副主任蒋旭光带队检查东线山东段部分工程输水运行情况。

13日，国务院南水北调办党组中心组（扩大）专题学习中央关于辽宁拉票贿选案及其教训警示的通报，传达学习中央关于部分干部违反八项规定精神有关情况的通报。党组书记、主任鄂竟平主持学习会，党组成员、副主任张野、蒋旭光参加学习。

14日，国务院南水北调办主任鄂竟平主持召开主任专题办公会，听取受水区地下水压采检查评估情况汇报。副主任张野出席。

18日，国务院南水北调办主任鄂竟平主持召开主任专题办公会，研究南水北调博物馆筹建及通水两周年宣传事宜。副主任蒋旭光出席。

同日，国务院南水北调办在山东省济南市召开南水北调工程验收工作会。国务院南水北调办副主任、验收工作领导小组组长张野出席会议并讲话。

同日，国务院南水北调办副主任蒋旭光主持召开主任专题办公会，研究运行监管工作。

19日，国务院南水北调办党组中心组（扩大）专题学习红军长征精神并进行研讨，党组书记、主任鄂竟平，党组成员、副主任蒋旭光参加学习。

同日，国务院南水北调办副主任蒋旭光观看纪念红军长征胜利80周年文艺晚会。

19~20日，国务院南水北调办副主任张野赴陕西省西安市出席中国大坝工程学会2016年学术年会和中国大坝工程学会第二届理事会第五次会议。

21日，国务院南水北调办主任鄂竟平参加中央纪念红军长征胜利80周年大会。

同日，国务院南水北调办副主任蒋旭光带队检查中线工程冬季输水准备以及汛期水毁工程修复情况。

24日，南水北调中线累计向河南省供水20亿m^3。

21~24日，国务院南水北调办副主任张野赴陕西省安康市、重庆市考察引江济渭入黄工程方案。

24~27日，国务院南水北调办主任鄂竟平参加中央十八届六中全会。

25日，国务院南水北调办党组书记、主任鄂竟平主持召开办党组会议，研究干部问题。党组成员、副主任张野、蒋旭光出席。

26~27日，国务院南水北调办副主任蒋旭光带队检查中线南阳段部分工程输水运行情况和规范化建设。

28日，国务院南水北调办党组召开专门会议传达学习党的十八届六中全会精神。

31日，国务院南水北调办党组中心组（扩大）专题学习党的十八届六中全会精神，办党组书记、主任鄂竟平主持学习会并对学习贯彻全会精神提出要求，党组成员、副主任张野、蒋旭光，机关各司各直属单位负责人等中心组扩大成员参加学习。

同日，南水北调中线一期工程2015~2016调水年度结束。年调水量38.3亿m^3，接近首个调水年度的两倍。水质各项指标稳定达到或优于地表水Ⅱ类指标。

十 一 月

1~12日，国务院南水北调办党组书记、主任鄂竟平参加中国浦东干部学院2016年省部级干部深化改革开放专题研讨班（第6期）学习。

1日，国务院南水北调办副主任张野赴工地现场检查京石段、天津干线工程运行和冰期输水准备工作情况。

2日，国务院南水北调办副主任蒋旭光主持召开会议，听取《中国南水北调工程》丛书编纂工作汇报，研究部署有关工作。总工程师出席。

3日，国务院南水北调办副主任蒋旭光带队对中线河南段部分水毁修复工程开展情况进行检查。

4日，国务院南水北调办副主任蒋旭光主持召开主任专题办公会，研究规范化运行、膨胀土和冰期输水等监管工作。

7日，国务院南水北调办副主任蒋旭光参加中央和国家机关信访工作会议。

8日，国务院南水北调办副主任张野主持召开会议，听取汉江集团公司、中线水源公司工作汇报。

同日，国务院南水北调办党组成员、副主任蒋旭光参加中央国家机关学习贯彻党的十八届六中全会精神动员部署会暨贯彻落实全面从严治党要求党组（党委）书记座谈会。

11日，国务院南水北调办副主任张野参加纪念孙中山先生诞辰150周年大会。

14日，国务院南水北调办主任鄂竟平主持召开主任专题办公会，研究发挥中线工程综合效益的有关建议。

8~15日，国务院南水北调办副主任蒋旭光赴广西、福建考察移民后期生产生活帮扶发展和稳定工作，期间分别同广西壮族自治区黄世勇副主席、福建省洪捷序副省长会谈。

16日，国务院南水北调办主任鄂竟平带队检查中线保定管理处、西黑山管理处、徐水管理处所辖工程冬季输水准备工作。

同日，国务院南水北调办副主任蒋旭光主持召开信访工作会，传达中央和国家机关信访工作会议精神，通报今年信访有关情况，安排部署下一阶段信访工作。

17日，国务院南水北调办党组中心组（扩大）第二次专题学习党的十八届六中全会精神，党组书记、主任鄂竟平，党组成员、副主任蒋旭光参加学习。

14~18日，国务院南水北调办党组成员、副主任张野参加中央党校省部级干部“两个法规”专题学习。

21日，国务院南水北调办党组书记、主任鄂竟平主持召开党组会议，研究干部问题。派驻纪检组田野组长出席。党组成员、副主任张野、蒋旭光出席。

22~29日，国务院南水北调办主任鄂竟平出访澳大利亚、日本两国，分别与两国水务管理部门会谈交流水资源管理方面的理念经验并实地调研两国部分调水工程项目。期间，分别拜会中国驻澳和驻日使馆。

22日，国务院南水北调办副主任张野出席中国水力发电工程学会第八次全国会员代表大会，并当选学会第八届理事会理事长。

同日，国务院南水北调办副主任蒋旭光主持召开主任专题办公会，研究征地移民重点工作。

23日，国务院南水北调办司局级干部专题学习习近平总书记在党的十八届六中全会上的报告和讲话。受党组书记、主任鄂竟平委托，党组成员、副主任、直属机关党委书记蒋旭光主持学习会并讲话。

23~24日，国务院南水北调办副主任蒋旭光带队对中线河北邯郸、永年、沙河段工程冰期输水准备及运行管理工作进行飞检。

25日，南水北调中线一期工程已累计调水超过60亿m^3，惠及北京、天津、河南、河北四省市4200万人。

同日，南水北调工程运行管理工作会在天津市召开。国务院南水北调办副主任张野出席会议并讲话。

29日，国务院南水北调办副主任张野出席南水北调专家委会议。专家委主任陈厚群院士主持会议，副主任高安泽、宁远、汪易森出席。

同日，国务院南水北调办副主任蒋旭光主持召开主任专题办公会，研究第四季度运行监管工作。

同日，国务院南水北调办党组成员、副主任蒋旭光与“两学一做”专题教育督导协调小组督导二组有关同志进行座谈。

30日，国务院南水北调办副主任蒋旭光主持召开主任专题办公会，研究移民稳定发展工作。

同日，国务院南水北调办党组成员、副主任蒋旭光出席南水北调系统宣传工作会。

十 二 月

2日，国务院南水北调办主任鄂竟平主持召开主任专题办公会，听取南水北调负面舆情应对情况汇报。

同日，国务院南水北调办党组成员、副主任张野会见江苏省委常委、副省长杨岳一行，商谈东线运行管理模式有关事宜。

同日，国务院南水北调办召开征地移民维护稳定工作会，传达贯彻中央和国家机关信访稳定工作会精神，总结交流征地移民信访稳定工作成效和经验，研究部署工作。副主任蒋旭光出席会议并讲话。

5日，国务院南水北调办主任鄂竟平主持召开主任专题办公会，研究南水北调中线跨区域水量转让有关事宜，听取东、中线一期工程验收有关工作汇报。

6日，国务院南水北调办主任鄂竟平主持召开主任专题办公会，研究集团公司组建方案（建议稿）。

5~6日，国务院南水北调办副主任蒋旭光率队调研丹江口库区移民稳定发展工作并会见河南省委常委、南阳市委书记穆为民，就有关移民工作交换了意见。

7日，国务院南水北调办党组书记、主任鄂竟平参加中央有关会议。

同日，国务院南水北调办主任鄂竟平参加国务院第157次常务会议。

8日，国务院南水北调办党组中心组（扩大）第三次学习党的十八届六中全会精神并进行研讨，专题学习《关于新形势下党内政治生活的若干准则》和《中国共产党党内监督条例》。党组书记、主任鄂竟平，党组成员、副主任张野、蒋旭光参加学习。邀请中央纪委法规室正局级副主任谭焕民作专题辅导报告。

同日，国务院南水北调办副主任蒋旭光主持召开主任专题办公会，听取湖北省移民局库区移民重点工作汇报。

12日，南水北调东、中线一期工程全面通水两周年，工程安全平稳运行，输水水质全线达标，在保障受水区居民生活用水、修复和改善生态环境、促进库区和沿线治污环保、应急抗旱排涝等方面，取得了社会、经济、环境等综合效益。

同日，国务院南水北调办主任鄂竟平出席南水北调东、中线一期工程全面通水两周年新闻通气会，介绍通水效益、运行管理、水质保障、移民帮扶等情况，回应媒体关切。副主任张野、蒋旭光出席。

13日，国务院南水北调办党组书记、主任鄂竟平主持召开办党组会议。派驻纪检组田野组长出席。党组成员、副主任张野、蒋旭光出席。

14～16日，国务院南水北调办主任鄂竟平参加中央经济工作会议。

14日，国务院南水北调办党组成员、副主任、定点扶贫工作领导小组组长蒋旭光主持召开定点扶贫工作领导小组全体会议。

15～16日，国务院南水北调办副主任蒋旭光带队赴湖北省检查南水北调兴隆枢纽和引江济汉工程运行监管工作并会见湖北省副省长童道驰，就有关工作交换意见。

16日，南水北调东线一期工程台儿庄泵站启动调水，2016～2017调水年度供水工作开始。

19日，国务院南水北调办党组书记、主任鄂竟平主持召开党组（扩大）会议，传达学习中央经济工作会议精神。党组成员、副主任蒋旭光出席。

19～20日，国务院南水北调办副主任张野参加中央农村工作会议。

20日，国务院南水北调办副主任蒋旭光主持召开主任专题办公会，总结通水两周年宣传工作，研究下一步宣传工作计划。

21日，国务院南水北调办主任鄂竟平参加国务院第158次常务会议。

同日，国务院南水北调办党组书记、主任鄂竟平主持召开办党组会议。派驻纪检组田野组长出席。党组成员、副主任张野、蒋旭光出席。

同日，国务院南水北调办党组书记、主任鄂竟平主持召开党建工作联席会议，听取机关各司、各直属单位“两学一做”学习教育情况汇报。党组成员、副主任蒋旭光出席。

22日，国务院南水北调办党组书记、主任鄂竟平主持召开座谈会，听取机关各司各直属单位、工青妇群众组织和党外人士对办党组和党组成员的意见建议。

同日，国务院南水北调办副主任张野参加国家防汛抗旱总指挥部全体会议。

22日，国务院南水北调办直属机关团委、机关工会共同组织举行第三届“通水杯”拔河比赛。

23日，国务院南水北调办主任鄂竟平主持召开主任专题办公会，研究东线一期工程北延应急调水有关事宜，听取《智慧南水北调规划（纲要）》编制情况汇报。

26日，国务院南水北调办党组书记、主任鄂竟平主持召开办党组会议。党组成员、副主任张野、蒋旭光出席。

同日，国务院南水北调办主任鄂竟平主持召开主任办公会，审定预算绩效目标管理暂行办法。副主任张野、蒋旭光出席。总工程师出席。

同日，国务院南水北调办党组书记、主任鄂竟平主持召开纪检工作联席会议，听取巡视反馈问题整改落实情况汇报。党组成员、副主任蒋旭光出席。

同日，国务院南水北调办党组成员、副主任张野主持召开会议，传达学习中央农村工作会议精神。

同日，国务院南水北调办党组成员、副主任、直属机关党委书记蒋旭光主持召开直属机关党委会议，部署推荐提名直属机关党的十九大代表候选人工作。

28 日，国务院南水北调办主任鄂竟平主持召开主任专题办公会，听取中线工程规范化建设定点监督工作情况汇报。

同日，国务院南水北调办副主任张野主持召开南水北调办 2016 年度预算执行等情况审计进点会。

29～30 日，国务院南水北调办主任鄂竟平到中线工程河南段检查元旦前运行管理和安全生产工作。

Contents

Chapter Two Important Speeches

Chapter Three Important Events

Chapter Four Policies, Laws and Regulations

Chapter Five Important Files

Chapter Six Visit and Inspection

Chapter Seven Article and Interview

Chapter Eight General Management

Chapter Nine The Eastern Route Project of the SNWDP

Chapter Ten The Middle Route Project of the SNWDP

Chapter Twelve The Matching Projects

Chapter Thirteen Team Building

Chapter Fourteen The Statistical Information

Chapter Fifteen Major Events

南水北调系统有关单位规范名称

全　　称	简　称
国务院南水北调工程建设委员会	建委会
国务院南水北调工程建设委员会专家委员会	专家委员会
国务院南水北调工程建设委员会办公室	国务院南水北调办（南水北调办）
机关各司及直属事业单位	
国务院南水北调办综合司	综合司
国务院南水北调办投资计划司	投资计划司（投计司）
国务院南水北调办经济与财务司	经济与财务司（经财司）
国务院南水北调办建设管理司	建设管理司（建管司）
国务院南水北调办环境保护司	环境保护司（环保司）
国务院南水北调办征地移民司	征地移民司（征移司）
国务院南水北调办监督司	监督司
国务院南水北调办直属机关党委	机关党委
国务院南水北调工程建设委员会办公室政策及技术研究中心	政研中心
南水北调工程建设监管中心	监管中心
南水北调工程设计管理中心	设管中心
各省（直辖市）南水北调办（建管局）	
北京市南水北调工程建设委员会办公室	北京市南水北调办
天津市南水北调工程建设委员会办公室	天津市南水北调办
河北省南水北调工程建设委员会办公室	河北省南水北调办
江苏省南水北调工程建设领导小组办公室	江苏省南水北调办
山东省南水北调工程建设管理局	山东省南水北调建管局
河南省南水北调中线工程建设领导小组办公室	河南省南水北调办
湖北省南水北调工程领导小组办公室	湖北省南水北调办
项　目　法　人	
南水北调中线干线工程建设管理局	中线建管局
南水北调东线总公司	东线总公司
南水北调中线水源有限责任公司	中线水源公司
南水北调东线江苏水源有限责任公司	江苏水源公司
南水北调东线山东干线有限责任公司	山东干线公司
湖北省南水北调管理局	湖北省南水北调管理局
淮河水利委员会治淮工程建设管理局	淮委建设局
安徽省南水北调东线一期洪泽湖抬高蓄水位影响处理工程建设管理办公室	安徽省南水北调项目办
淮河水利委员会沂沭泗水利管理局	淮委沂沭泗管理局

续表

全　　称	简　称
其 他 常 用 单 位	
河北省南水北调工程建设管理局	河北省南水北调建管局
河南省南水北调中线工程建设管理局	河南省南水北调建管局
河南省人民政府移民工作领导小组办公室	河南省移民办
湖北省移民局	湖北省移民局
水利部水利水电规划设计总院	水规总院

注　淮委建设局、安徽省南水北调项目办、淮委沂沭泗管理局不具有项目法人身份，但承担相关工程建设任务，为方便行文统称为项目法人。

《中国南水北调工程建设年鉴 2017》编辑出版工作人员

终　　审　张运东

复　　审　杨伟国

责任编辑　姜　萍　安小丹　孙建英

美术设计　王红柳　张俊霞

版式设计　赵姗姗

责任校对　黄　蓓　太兴华　李　楠

出版印制　蔺义舟